U0514911

中国水力发电工程学会抽水蓄能

抽水蓄能电站工程建设文集 2022

CHOUSHUI XUNENG
DIANZHAN GONGCHENG
JIANSHE WENJI 2022

中国水利水电出版社
www.waterpub.com.cn
·北京·

图书在版编目（CIP）数据

抽水蓄能电站工程建设文集. 2022 / 中国水力发电工程学会抽水蓄能行业分会组编. -- 北京 : 中国水利水电出版社, 2022.12

ISBN 978-7-5226-1151-8

Ⅰ. ①抽… Ⅱ. ①中… Ⅲ. ①抽水蓄能水电站－水利水电工程－建设－文集 Ⅳ. ①TV743-53

中国版本图书馆CIP数据核字(2022)第243483号

书　　名	**抽水蓄能电站工程建设文集 2022** CHOUSHUI XUNENG DIANZHAN GONGCHENG JIANSHE WENJI 2022
作　　者	中国水力发电工程学会抽水蓄能行业分会　组编
出版发行	中国水利水电出版社 （北京市海淀区玉渊潭南路1号D座　100038） 网址：www. waterpub. com. cn E-mail：sales@mwr. gov. cn 电话：(010) 68545888（营销中心）
经　　售	北京科水图书销售有限公司 电话：(010) 68545874、63202643 全国各地新华书店和相关出版物销售网点
排　　版	中国水利水电出版社微机排版中心
印　　刷	清淞永业（天津）印刷有限公司
规　　格	210mm×297mm　16开本　38印张　1204千字
版　　次	2022年12月第1版　2022年12月第1次印刷
印　　数	0001—1000册
定　　价	**230.00**元

凡购买我社图书，如有缺页、倒页、脱页的，本社营销中心负责调换

版权所有·侵权必究

序

抽水蓄能具有调峰、调频、储能、调相、系统备用、黑启动等“六大功能”，凭借其容量大、工况多、速度快、安全可靠、经济性好等“五大技术经济优势”，在保障大电网安全，促进新能源消纳，提升电力系统性能中发挥了重要作用。随着新型电力系统建设，抽水蓄能的功能作用随之拓展，承担着基础性调节作用、综合性保障作用和公共性服务作用，成为未来电力系统调节技术的主力军，能源保供的生力军。同时，抽水蓄能电站投资规模大，产业链条长，带动作用强，经济、生态、社会效益显著，对于构建新发展格局，推动地方经济社会发展，也具有重要意义。

去年以来，中共中央、国务院发布的《关于完整准确全面贯彻新发展理念做好碳达峰碳中和工作的意见》《2030年前碳达峰行动方案》，对推进抽水蓄能发展提出明确要求。今年全国两会上，李克强总理在政府工作报告中强调要落实碳达峰行动方案，推进能源低碳转型，明确提出要加强抽水蓄能电站建设，提升电网对可再生能源发电的消纳能力，这是抽水蓄能产业发展首次写入中央政府工作报告。国家发改委、能源局又联合印发通知，落实“十四五”现代能源体系规划和抽水蓄能中长期发展规划，对进一步加快“十四五”抽水蓄能项目开发建设提出要求。列入“十四五”核准计划的抽水蓄能电站219座，总装机容量2.7亿kW。

截至2021年底，中国建成投运的大中型抽水蓄能电站40座，装机容量3639万kW，占全国电力总装机22亿kW的1.43%。核准在建的抽水蓄能电站48座，总装机容量6153万kW，全国已建、在建抽水蓄能电站装机容量9792万kW，处于世界第一。2022年抽水蓄能电站核准进程明显加快，预计2022年一个年度核准的抽水蓄能电站装机容量超过6000万kW。机组制造国产化水平不断提高，目前高水头、高转速、大容量定速机组的制造能力已经达到了世界先进水平。2022 年投产运行的长龙山抽水蓄能电站最高扬程达到 763m，为世界第二。近期建成投运的阳江抽水蓄能电站，单机容量 400MW，已经招标的天台抽水蓄能电站单机容量 425MW，是我国自主研制的最大单机容量抽水蓄能机组。

随着双碳目标提出和新型电力系统建设加快，特别是抽水蓄能中长期规划和“十四五”开发（核准）目标的明确，抽水蓄能发展迎来了新的重大历史机遇，行业内外呼吁尽快成立全国性的行业组织。2022 年 4 月 25 日，中国水力发电工程学会抽水蓄能行业分会成立。是由原抽水蓄能专委会升级改组而成，发起单位有 5 家，分别是国网新源公司、南网调峰调频公司、三峡集团公司、水电总院和中电建北京院，会员进一步拓展为投资、设计、施工、装备制造、高等院校、科研机构和部分关联产业单位。

中国水力发电工程学会抽水蓄能行业分会，是我国抽水蓄能电站建设方面的全国性学术组织，也是学术交流和相关政策研讨的平台，分会将秉承使命，在引领行业发展、引导抽水蓄能市场规范健康有序，促进技术进步、交流与合作，推动抽水蓄能高质量发展等方面发挥更大的作用。《抽水蓄能电站工程建设文集 2022》将出版，对提高抽水蓄能电站建设运营水平和推动技术进步，将发挥积极作用。

让我们共同祝愿抽水蓄能事业的明天更美好，为建设社会主义现代化强国做出更大的贡献。

中国水力发电工程学会抽水蓄能行业分会

目录

序

规划与建设管理

工　程　设　计

机电设备制造与试验

工 程 施 工

运行及维护

规划与建设管理

业主视角下抽水蓄能工程投资控制能力评价研究

王 川 吴杨兵
（浙江仙居抽水蓄能有限公司，浙江省仙居县 317300）

【摘 要】本文基于业主视角对抽水蓄能工程投资控制能力评价进行了研究。一是通过文献分析和抽水蓄能电站现场走访调查的方法，确立了影响抽水蓄能工程投资控制的因素集。二是通过德尔菲法对影响因素集进行了优化，剔除了相关无效因素，形成了抽水蓄能工程投资控制能力评价指标集。三是运用层次分析法对评价指标体系各类指标的权重进行了量化处理。四是采用模糊综合评价法建立了抽水蓄能工程投资控制能力评价数学模型。五是采用实证分析法将评价数学模型分别在H电站、仙居电站进行了第一次及第二次模型应用，验证了研究成果的可行性，对实际工作有较好的参考和指导意义。

【关键词】抽水蓄能工程 投资控制 影响因素 模糊综合评价

1 研究背景

1.1 抽水蓄能行业发展背景

近年来，我国抽水蓄能行业进入高速发展期，根据国家能源局发布的《抽水蓄能中长期发展规划（2021—2035年）》，今后15年内我国抽水蓄能电站投资预计将达到1.8万亿元，其中“十四五”“十五五”“十六五”期间分别为9000亿元、6000亿元、3000亿元，建设投资规模将处于历史高峰期。

1.2 抽水蓄能各类投资主体

目前，抽水蓄能电站投资主体目前主要为电网企业、发电集团和地方能源企业，国家电网和南方电网在运、在建装机容量占比最高。后续1.2亿kW抽蓄储备项目已初步确定投资主体，其中发电集团、地方能源企业以及民营资本投资占比呈现提升趋势。从目前来看，随着国企改革的不断深入，未来抽水蓄能投资主体将呈现更加多元化趋势。

1.3 投资管控存在诸多问题

一方面，由于抽水蓄能工程具有建设周期长、投资额大、交叉协作队伍多、施工技术复杂等特点，单座电站建设周期一般达6～7年，影响工程建设的不可预见因素较多；另一方面，抽水蓄能投资主体逐渐多元化，各投资主体的建管模式各不相同，管理水平有高有低，抽水蓄能工程投资失控的情形时有发生。因此，需要结合抽水蓄能工程建设特点，探寻影响工程投资的各类因素，并建立相应的评价体系及模型，用于指导今后在建、拟建抽水蓄能项目投资管理，确保业主在投资管理时能够应用最优的管理策略，进而保证投资可控、在控，提高工程投资管控能力。

2 研究方法

本文用到的研究方法如下：

（1）采用文献分析法阅读分析文献，搜集影响抽水蓄能工程投资控制相关因素，罗列评价指标。

（2）采用德尔菲法（走访调查法）走访调查抽水蓄能项目参各建方，确立指标初始范围，并结合文献搜集因素对初始指标进行筛选与修正，确定最终评价指标体系。

（3）采用层次分析法对评价指标体系各类指标的权重进行计算，对权重指标进行量化处理。

（4）采用模糊综合评价法建立抽水蓄能工程投资控制能力评价数学模型。

（5）采用实证分析法将评价模型应用到具体的案例中，对比分析运行结果，看与实际抽水蓄能工程投资控制结果拟合度的高低情况，以最终判定该评价体系的有效性。

3 抽水蓄能工程投资控制能力评价指标的建立

本节运用文献研究法分析文献，搜集影响抽水蓄能工程投资控制相关因素，列出评价指标。运用德尔菲法（走访调查法）走访抽水蓄能项目的各参建方调查确立指标初始范围，对初始指标进行筛选与修正，确定最终评价指标体系，如表1所示。

表1 抽水蓄能工程投资控制能力评价指标

一级指标	二级指标	三级指标
S抽水蓄能工程投资控制能力评价体系	A设计管理	A1 设计概算编制质量
		A2 施工图设计管理
		A3 招标设计管理
		A4 设计变更管理
	B计划管理	B1 投资计划编制准确性
		B2 施工进度计划准确性
		B3 采购计划编制准确性
	C招标采购管理	C1 工程量清单编制深度
		C2 采购策略设置合理性
		C3 招标限价设置合理性
	D合同履约管理	D1 工程量签证计量准确性
		D2 融资管理水平
		D3 人材机价差管理水平
		D4 执行概算管理水平
		D5 工程付款控制能力
		D6 变更索赔处理效率
	E竣工结算管理	E1 竣工结算及时性与准确性
	F业主造价组织机构管理	F1 工程建设期部门设置的合理性
		F2 造价管理人员数量
		F3 造价管理人员经验
		F4 造价人员执业资格水平
		F5 部门间协调机制是否完备
	G业主造价制度体系建设	G1 造价管理制度是否健全
		G2 计价体系完备性
	H业主造价管理信息化水平	H1 信息化建设与应用水平
		H2 造价信息共享水平
	I咨询机构服务质量	I1 设计单位服务质量
		I2 监理单位服务质量
	J施工企业管理水平	J1 工程技术人员业务素质
		J2 经营管理人员业务水平
		J3 项目经理人员素质
	K行业协会提供服务质量	K1 定额站计价依据编制水平

4 抽水蓄能工程投资控制能力评价模型的构建

本文首先采用层次分析法对评价指标体系各类指标的权重进行计算，然后采用模糊综合评价法对抽水蓄能工程投资控制能力评价数学模型进行构建。

4.1 运用层次分析法对评价指标权重进行量化

评价指标权重的大小代表了其对目标层的影响程度，最终影响评价结果，权重的测算是抽水蓄能工程投资控制能力评价研究的关键环节。本文层次分析法下的分级情况如下：

一级指标为抽水蓄能工程投资控制能力评价体系。二级指标为设计管理、计划管理、招标采购管理等合计 11 项指标。三级指标为设计概算编制质量、施工图设计管理、招标设计管理、设计变更管理、投资计划编制准确性等合计 32 项指标。

使用层次分析法对抽水蓄能工程投资控制能力评价指标权重进行计算，步骤如下：

（1）打分数据处理。对 11 项二级指标权重进行计算和一致性检验，通过专家调查问卷，对二级指标间进行两两比较打分，对打分结果进行数据处理，得到 01 号专家评价结果判断矩阵。

（2）计算抽水蓄能工程投资控制能力二级指标的权重。首先对判断矩阵各行数值进行连乘处理，得到乘积结果后，再开 n 次方，最后得到开 n 次方值与所有开 n 次方值和的比值，该比值即为指标的权重。

（3）检验判断矩阵的一致性。首先，根据公式（1）计算判断矩阵 S 特征值：

$$\lambda_{\max}=\frac{1}{n}\sum_{i=1}^{n}\frac{(SW)_i}{W_i} \tag{1}$$

$$SW=\begin{bmatrix}1 & 3 & 5 & 5 & 6 & 3 & 3 & 6 & 3 & 7 & 9\\ 1/3 & 1 & 6 & 5 & 7 & 3 & 3 & 5 & 2 & 6 & 7\\ 1/5 & 1/6 & 1 & 2 & 3 & 1/5 & 1/6 & 2 & 1/5 & 2 & 2\\ 1/5 & 1/5 & 1/2 & 1 & 4 & 2 & 1/3 & 2 & 1/6 & 2 & 2\\ 1/6 & 1/7 & 1/3 & 1/4 & 1 & 1/7 & 1/8 & 1/5 & 1/8 & 1/2 & 1/2\\ 1/3 & 1/3 & 5 & 1/2 & 7 & 1 & 1/2 & 2 & 1/2 & 3 & 5\\ 1/3 & 1/3 & 6 & 3 & 8 & 2 & 1 & 3 & 2 & 6 & 8\\ 1/6 & 1/5 & 1/2 & 1/2 & 5 & 1/2 & 1/3 & 1 & 1/4 & 2 & 2\\ 1/3 & 1/2 & 5 & 6 & 8 & 2 & 1/2 & 4 & 1 & 5 & 7\\ 1/7 & 1/6 & 1/2 & 1/2 & 2 & 1/3 & 1/6 & 1/2 & 1/5 & 1 & 2\\ 1/9 & 1/7 & 1/2 & 1/2 & 2 & 1/5 & 1/8 & 1/2 & 1/7 & 1/2 & 1\end{bmatrix}\begin{bmatrix}0.252\\ 0.194\\ 0.041\\ 0.049\\ 0.015\\ 0.08\\ 0.143\\ 0.04\\ 0.137\\ 0.028\\ 0.021\end{bmatrix}=\begin{bmatrix}3.081\\ 2.335\\ 0.513\\ 0.628\\ 0.190\\ 0.977\\ 1.699\\ 0.463\\ 1.620\\ 0.312\\ 0.240\end{bmatrix}$$

$$\lambda_{\max}=\frac{1}{11}\left(\frac{3.081}{0.252}+\frac{2.335}{0.194}+\frac{0.513}{0.041}+\frac{0.628}{0.049}+\frac{0.190}{0.015}+\frac{0.977}{0.08}+\frac{1.699}{0.143}+\frac{0.463}{0.04}+\frac{1.620}{0.137}+\frac{0.312}{0.028}+\frac{0.240}{0.021}\right)=11.996$$

其次，根据公式（2）计算一致性指标 CI：

$$CI=\frac{\lambda_{\max}-n}{n-1} \tag{2}$$

$$CI=\frac{\lambda_{\max}-n}{n-1}=\frac{11.996-11}{11-1}=0.0996$$

最后，根据公式（3）计算相对一致性指标 CR：

$$CR=\frac{CI}{RI} \tag{3}$$

RI 取值如表 2 所示。根据要求，当 $CR\leqslant 0.1$ 时，判断矩阵符合一致性条件。

表 2　　RI 取值

矩阵阶数 n	1	2	3	4	5	6	7	8	9	10	11	12
RI	0	0	0.52	0.89	1.12	1.26	1.36	1.41	1.46	1.49	1.52	1.54

根据公式（3）计算 01 号专家 CR 值，由 $n=11$，查表得 $RI=1.52$，计算得到 $CR=\frac{CI}{RI}=\frac{0.0996}{1.52}=0.0655<0.1$，判断 01 号专家打分结果符合一致性要求。

同理对专家组其他成员打分结果进行数据处理，可得到 S 层所属指标的权重和一致性检验结果。对计算结果进行算术平均化处理后，可得到 11 项二级指标对于 S 层的相对权重向量：$W_S^T=(0.248, 0.176, 0.126, 0.042, 0.015, 0.064, 0.113, 0.060, 0.109, 0.036, 0.011)$。参照以上算法，可得三级指标相对于二级指标的所有权重向量。

（4）计算评价指标总权重。在得到各级指标权重向量后，最后可得出各级相对权重及重权重。

4.2 抽水蓄能工程投资控制能力评价模型构建

4.2.1 抽水蓄能工程投资控制能力评价标准建立

本书对抽水蓄能工程投资控制能力评分结果分成四个等级，其中，80～100 为优、60～80 为良、40～60 为中、0～40 为差，见表 3。

表 3　抽水蓄能工程投资控制能力评分等级

评价集等级	优	良	中	差
得分	80～100	60～80	40～60	0～40

为规范抽水蓄能工程投资控制管理，国家制定并出台了诸多相关的法律法规和行业专业规范，本书依据规范中投资控制的标准及措施等内容，并结合抽水蓄能工程投资控制管理实际，制定出抽水蓄能工程投资控制能力评价参考标准作为后期专家调查问卷打分参考依据。

4.2.2 抽水蓄能工程投资控制能力的模糊综合评价数学模型

（1）模糊综合评价主要包含的要素。模糊综合评价主要包括因素集、权重集、评价集三要素。其中因素集用 $Y=\{y_1,y_2,\cdots,y_m\}$ 来表示，$y_i(i=1,2,\cdots,m)$ 为与抽水蓄能工程投资控制能力相关的各影响因素；权重集用 $W=\{w_1,w_2,\cdots,w_i\}$ 来表示，其中 $w_i\geqslant 0$，$\sum_{i=1}^{m} w_i=1$；评价集用 $P=\{p_1,p_2,\cdots,p_n\}$ 来表示，$p_i(i=1,2,\cdots,n)$ 为不同等级的评价结果，本文采用优、良、中、差四个评价等级。

（2）模糊综合评价数学模型。模糊综合评价数学模型根据公式 $Z=W\cdot P$ 进行运算得到，其中 $W=\{w_1,w_2,\cdots,w_m\}$。

$$P=\begin{bmatrix} y_{11} & y_{12} & \cdots & y_{1m} \\ y_{21} & y_{22} & \cdots & y_{2m} \\ \vdots & \vdots & \cdots & \vdots \\ y_{n1} & y_{n2} & \cdots & y_{nm} \end{bmatrix} \quad (m,n\text{ 为自然数})$$

式中：Z 为模糊综合评判矩阵；W 为各级指标和影响因素的权重系数的行向量；y 为体系中各指标隶属度；P 为总评价矩阵。

4.2.3 抽水蓄能工程投资控制能力的模糊综合评价步骤

（1）设置因素层单因素集 Y。设置因素层单因素集合：$Y_{\text{因素层}}=\{Y_A, Y_B, Y_C, Y_D, Y_E, Y_F, Y_G, Y_H, Y_I, Y_J, Y_K\}$。

（2）建立单因素模糊评价矩阵 V。V 表示模糊评价矩阵从 Y 到 P 的一个映射，$V=\{y_{ij}\mid i=1,2,\cdots,n;\ j=1,2,\cdots,m\}$。抽水蓄能工程投资控制能力评价指标体系的影响因素层级 Y_A 的评价矩阵 V_A：$V_A=\begin{bmatrix} y_{A11} & y_{A12} & y_{A13} & y_{A14} \\ y_{A21} & y_{A22} & y_{A23} & y_{A24} \\ y_{A31} & y_{A32} & y_{A33} & y_{A34} \\ y_{A41} & y_{A42} & y_{A43} & y_{A44} \end{bmatrix}$，该评价矩阵表示 Y_A 到评价集 V_A 的一个模糊关系，y_{A11} 表示分指标集 Y_A 中，

因素 A_1（设计概算编制质量）对评价集因素 P_1（优）的隶属度，即表示“设计概算编制质量”这个因素被评为优的比例。假设因素 A_1“设计概算编制质量”专家评价中有 50%为优、20%为良、20%为中、10%为差；因素 A_2“施工图设计管理”专家评价中有 40%为优、30%为良、20%为中、10%为差；因素 A_3“招标设计管理”专家评价中有 20%为优、30%为良、10%为中、40%为差，因素 A_4“设计变更管理”专家评价中有 30%为优、20%为良、25%为中、25%为差，那么

$$V_A=\begin{bmatrix}0.5 & 0.2 & 0.2 & 0.1\\ 0.4 & 0.3 & 0.2 & 0.1\\ 0.2 & 0.3 & 0.1 & 0.4\\ 0.3 & 0.2 & 0.25 & 0.25\end{bmatrix}，同理可得 V_B,V_C,V_D,V_E,V_F,V_G,V_H,V_I,V_J,V_K$$

（3）计算因素层及各指标层模糊综合评价集。根据 $Z_A=W_A\cdot V_A$ 可以得到分指标集 Y_A 的模糊综合评判集 Z_A，同理可以计算 Z_B，Z_C，Z_D，Z_E，Z_F，Z_G，Z_H，Z_I，Z_J，Z_K。因此因素层的模糊评价集为：

$$Z_{因素层}=\{Z_A,Z_B,Z_C,Z_D,Z_E,Z_F,Z_G,Z_H,Z_I,Z_J,Z_K\}$$

同理，可计算出总指标层的模糊综合评价集：

$$Z_{总指标层}=W_{总指标层}\cdot V_{总指标层}$$

总指标层的模糊评价集合为最终的模糊评价集合。

（4）计算模糊综合评价结果。

1）等级确定。在计算得出指标体系总指标层的评价集后，根据模糊数学综合评价方法最大隶属度原理，即将模糊综合评价集中最大值对应评价集 P 中元素给出的评价等级为抽水蓄能工程投资控制能力的等级。

2）计算分值。对评价集 P 中每个元素进行赋值，并构成一向量，然后转置成一列向量 Q。根据公式 $X=Z\cdot Q$，可得出最终模糊综合评价分值，本文中 $Q=\{100，80，60，40\}$。其中：X 为抽水蓄能工程投资控制能力的评价分值；Q 为 4 个评价等级的分数所构成的列向量。

5 实证分析

本节选取了先后开工陆续建设投产的两座抽水蓄能电站 H 电站、仙居电站为例，按照前文所构建的抽水蓄能工程投资控制能力评价模型，分别对两座电站工程投资控制能力进行评估，并将评价结果与电站实际投资控制情况进行对比分析，以验证模型的可行性和有效性。首先在 H 电站进行第一次模型应用，根据 H 电站评价结果，对存在的问题进行改进；然后在仙居电站相应指标进行改进并进行第二次模型应用，进一步验证评价模型的有效性。

5.1 第一次模型应用

1. 确定评价矩阵

本节拟采用邀请 40 位专家对本文所构建的抽水蓄能工程投资控制能力评价指标体系中的各项指标进行等级评价，对 H 电站工程投资控制能力进行打分，按照上述指标隶属度计算方法，经统计打分情况，计算得出各评价指标的隶属度，汇总所有指标的隶属度，得到抽水蓄能工程投资控制能力评价指标的综合评价矩阵。

2. 计算评价结果

根据公式 $Z_{因素层}=W_{因素层}\cdot V_{因素层}$，计算评价结果，并得到二级指标的评价集，最终计算出 H 抽水蓄能工程投资控制能力的总体评价结果。

$$Z=W\cdot V=[0.248\ 0.176\ 0.126\ 0.042\ 0.015\ 0.064\ 0.113\ 0.060\ 0.109\ 0.036\ 0.011]\begin{bmatrix}0.458 & 0.287 & 0.063 & 0.192\\0.272 & 0.204 & 0.143 & 0.381\\0.382 & 0.420 & 0.100 & 0.098\\0.242 & 0.204 & 0.199 & 0.355\\0.350 & 0.450 & 0.100 & 0.100\\0.309 & 0.302 & 0.306 & 0.083\\0.278 & 0.579 & 0.100 & 0.043\\0.100 & 0.313 & 0.340 & 0.246\\0.512 & 0.329 & 0.100 & 0.060\\0.373 & 0.454 & 0.109 & 0.065\\0.200 & 0.150 & 0.550 & 0.100\end{bmatrix}$$

$$=[0.299\ 0.387\ 0.136\ 0.178]$$

3. 确定评价等级和模糊评价分值

（1）确定评价等级。由 $Z=[0.299\quad 0.387\quad 0.136\quad 0.178]$，根据最大隶属度原则 $z(z=\max\{z_i\})$，$z=0.387$ 对应评价等级为“良”，故 H 抽水蓄能工程投资控制能力评价等级应为“良”。

（2）模糊评价分值。根据公式 $X=Z\cdot Q$，可求得模糊综合评价分值，本文中 $Q=\begin{bmatrix}100\\80\\60\\40\end{bmatrix}$。因此，

$$X=Z\cdot Q=[0.299\quad 0.387\quad 0.136\quad 0.178]\begin{bmatrix}100\\80\\60\\40\end{bmatrix}=77.91$$，符合等级“良”的分值区间。

4. 投资管理指导性意见

根据 H 电站评价结果，“执行概算管理”做的最差，发生超概现象；“设计概算编制”“设计变更管理”“投资计划编制准确性”及“信息化建设与应用水平”方面与优秀都存在较大差距，故应加大后续建设电站项目上述各方面的管控力度，相关建议如下：

（1）加强设计概算编制质量管理。今后在电站项目可研阶段，要加强涉及概算编制的深度与质量，充分考虑编制期价格水平及相关物价上涨风险，避免实际投资超设计概算。

（2）严格设计变更管理，加强设计变更可行性、必要性论证，加强变更内容审核。在工程建设过程中注意设计优化和采用新技术、新材料，对于重大的设计变更，均按程序及原审查单位审核批准。

（3）加强投资计划编制准确性。不断总结抽水蓄能电站建设特点，从招标采购、合同结算、施工进度、物资到货验收等多方位、立体式考虑投资计划编制工作。

（4）加强执行概算管理力度。严格执行公司执行概算管理制度，定期进行执行概算回归检查分析，做好单项概算超概管理，避免实际投资超执行超概。

（5）提高信息化建设与应用水平。充分借助信息化手段开展投资控制管理，对投资、概算、合同、造价管理功能进行相互整合，实现投资数据自动化归集、动态管理的目标。

5.2 第二次模型应用

根据 H 电站评价结果，仙居电站业主充分借鉴 H 电站管理经验及教训，在仙居电站实施过程中重点针对上述评价指标评分较低的项目进行加强管理。根据仙居电站改进情况，现进行第二次模型应用，并验证改进效果。

再次邀请 40 位专家对仙居电站投资控制能力重新评价，重复上次评价步骤，得仙居电站投资控制能

力评价指标的综合评价矩阵，参照 H 评价过程及步骤，根据公式 $Z_{因素层}=W_{因素层}\cdot V_{因素层}$，得到仙居电站投资控制能力的总体评价结果：$Z=[0.519\quad 0.309\quad 0.106\quad 0.067]$，根据最大隶属度原则，仙居电站投资控制能力等级为“优”，总体得分为

$$X=Z\cdot Q=[0.519\quad 0.309\quad 0.106\quad 0.067]\begin{bmatrix}100\\80\\60\\40\end{bmatrix}=90.91$$

5.3 模型应用效果分析

在 H 电站投资控制能力情况基础上，仙居电站业主有针对性地提出了投资控制改进建议，经仙居电站业主不断改进后，在第二次的评价中，仙居电站投资控制能力得到明显提高，等级“良”提升至“优”，分值从 77.91 提升至 90.91，达到了提升抽水蓄能电站投资控制能力的目的。

第二次评价结果 90.91 处于优等级（80～100）分值的中部，投资控制能力指标没有达到最好，表明还有很大的提升空间。

5.4 优质投资项目奖

根据上述两次模型运行结果，仙居电站投资控制效果在 H 电站基础上有了较为明显的提升，表明了仙居电站投资管理水平明显优于 H 电站，其中 H 电站设计变更管理、设计概算编制质量、执行概算管理水平、投资计划编制准确性、信息化建设与应用水平 5 项指标评分较低，造成 H 电站投资控制效果逊于仙居电站。

2019 年 4 月，中国投资协会依据《国家优质投资项目审定标准》，经专家审查委员会评价打分、审定委员会审定，评选仙居电站工程为 2018—2019 年度国家优质投资项目，H 电站未能获得此奖。本文评价仙居电站工程投资控制能力为“优”的结论与荣获国家优质投资项目奖具有高度一致性，既保证了该评价体系的可靠性，评价过程又体现了抽水蓄能业主投资管理的视角，进一步验证了本评价数学模型应用效果。

参考文献

[1] 周文冬. 电力工业固定资产投资指标解释 [D]. 北京：国网新源控股有限公司，2010.
[2] 葛树亭，莫恺，何金祥，等. 江苏宜兴抽水蓄能电站项目实施阶段概算控制 [J]. 水力发电，2009，35 (2)：15-17.
[3] 王胜军，江献玉，张东跃. 宝泉抽水蓄能电站投资控制思路 [J]. 水力发电，2008 (10).
[4] 刘世锋. 抽水蓄能电站的全生命周期造价管理 [J]. 电网技术，2011：145-148.
[5] 汪业林. 响水涧抽水蓄能电站工程投资控制实践 [J]. 抽水蓄能电站工程建设论文集，2016.
[6] 凌宇辰. 模糊层次分析法在构建造价评价体系中的应用 [J]. 中国电力企业管理，2020，(36)：70-71.
[7] 徐葛婷. 德尔菲法的应用及其难点 [J]. 中国统计，2006 (9).
[8] 郭金玉，张忠彬，孙庆云. 层次分析法的研究与应用 [J]. 中国安全科学学报，2008，18 (5)：148-153.
[9] 高智博. 业主视角下施工企业工程施工质量保证能力评价研究 [D]. 杭州：浙江大学，2015.

抽蓄电站碳排放和碳配额平衡的关键要素分析与计算

武海鑫 赵立新

（北京十三陵蓄能电厂，北京市 102200）

【摘 要】 本文通过对碳排放和碳配额政策进行分析，计算出抽水蓄能电站在现行政策下电站运行的碳排放和碳配额平衡点时机组的综合转换效率值。再通过对影响机组综合转换效率的各项要素进行分析，确定影响机组综合转换效率的关键要素，推导出在既有假设条件的情况下，需要满足碳排放与碳配额平衡所需的发电量极小值。最后提出如何提高电站提高综合转换效率值的建议，实现碳排放和碳配额的平衡。

【关键词】 碳排放 碳配额 循环效率 抽水蓄能电站 综合转换效率

1 引言

我国已经是抽水蓄能电站装机容量最大的国家，抽水蓄能电站在提升系统调节性能，促进新能源消纳、保障电力系统平稳运行中发挥了至关重要的作用，具有显著的碳减排效益。在二氧化碳排放力争于2030年前实现“碳达峰”，努力争取2060年前实现“碳中和”的大背景下，部分地区的抽水蓄能电站已经被列入重点碳排放单位名单，积极参与碳排放权交易市场，完成在碳排放权交易市场中碳履约工作。本文根据现行的政策，对影响抽水蓄能电站碳排放和碳配额的关键要素进行了量化分析，在各要素数据量化分析的基础上，对于涉及电站运行存在的两种实际情况进行了数学分析与计算，并提出了如何提高电站的综合转换效率的建议，促使电站能在合理调度运行的基础上尽快达到碳排放与碳配额实现平衡。

2 抽水蓄能电站现行的碳排放和碳配额政策简述

按照碳排放与碳配额的相关文件要求，电力生产、水泥制造、石油化工生产、热力生产和供应、服务业、道路运输等行业按照《二氧化碳排放核算和报告要求 电力生产业》（DB11/T 1781—2020）等7个标准核算碳排放值。电力生产、热力生产和供应、水泥制造、数据中心等行业等按基准法核发配额；其他发电（抽水蓄能）、电力供应（电网）两个细分行业配额核定方法由历史强度法调整为基准值法[1]。

2.1 碳排放数额的计算[2]

按照碳排放数额计算公式：

$$E = E_{燃烧} + E_{外购电} + E_{外购热} \tag{1}$$

式中：E 为二氧化碳排放总量，t；$E_{燃烧}$ 为化石燃料燃烧产生的二氧化碳排放量，t；$E_{外购电}$ 为消耗外购电力产生的二氧化碳排放量，t；$E_{外购热}$ 为消耗外购热力产生的二氧化碳排放量，t。

一般抽水蓄能电站的碳排放构成为外购电碳排放，外购电的主要构成为，抽水用电、办公用电，泵站及厂用电等几部分。其中抽水用电为最大占比。$E_{燃烧}$ 一般为汽油、天然气燃烧产生，根据既往年份碳核查数据占比极少，低于万分之一，本文计算中忽略不计。电站的外购电属于间接排放，按照间接排放核算公式：

$$E_d = D f_g \tag{2}$$

式中：E_d 为二氧化碳排放量，t；D 为企业的净购入电量，MW·h；f_g 为电力消耗间接排放系数，采用本年排放系数的给定值，此处为 0.604t CO_2/(MW·h)。

2.2 碳配额的计算

因地区、行业的差别，碳配额计算选取的方法不同，抽水蓄能电站主要涉及的有基准值法、历史强度法等计算方法，此处采用基准值法进行碳配额的计算，二氧化碳配额总量（T）采用基准线法核定，计

量单位为吨。计算公式为

$$T=QB \tag{3}$$

式中：T 为二氧化碳配额总量；Q 为发电企业供电量；B 为行业碳排放基准值，为常数，此处为 0.820t CO_2/(MW·h)。

2.3 碳排放和碳配额平衡点计算

碳排放和碳配额平衡，即 $E_d=T$，所以 $Df_g=QB$，推导出 $\frac{Q}{D}=\frac{f_g}{B}=\frac{Q_{发电}}{Q_{总用电}}=\eta_{综}=73.659\%$，而机组机组上网电量和抽水用电的比值，是衡量抽水蓄能电站的能源转换的综合转换效率，碳排放和碳配额的关系最终由抽水蓄能电站的综合转换效率决定，当综合转换效率大于基准值时，碳配额大于碳排放，当综合转换效率小于基准值时，碳配额小于碳排放数额，企业需要在碳排放市场中买进碳汇实现碳履约，因此提高抽水蓄能电站的综合转换效率是实现碳排放和碳配额平衡的关键变量。

3 综合转换效率影响因子分析

抽水蓄能的综合转换效率主要由电站抽水-发电的循环效率决定，但是综合产用电消耗、办公生活用电消耗等其他用电消耗也会在一定程度上降低抽水蓄能电站的综合转换效率值。一般情况下，电站抽水—发电的循环效率占比最大，一般大于 98%，其次为综合厂用电的消耗，办公生活用电占比极小。

3.1 机组抽水—发电循环效率计算

抽水蓄能机组的循环效率系数是一个关系到抽水蓄能电站在电力系统中的运行和效益的重要参数[3]，在机组发电、抽水能量转化中，水能损失主要包括上库的蒸发渗漏量、输水系统的水头损失、渗漏损失等，电量损失主要包括主变压器损耗、直接厂用电、励磁损耗等，能量转化损失主要包括水泵水轮机和电动发电机损失[4]。在计算抽水蓄能电站的循环效率时应考虑不同工况下水泵、水轮机、电动机、发电机、水道及变压器的效率，计算公式如下：

抽水工况：
$$\eta_{抽水}=\eta_{电动机}\ \eta_{水泵}\ \eta_{水道}\ \eta_{变压器} \tag{4}$$

发电工况：
$$\eta_{发电}=\eta_{发电机}\ \eta_{水轮机}\ \eta_{水道}\ \eta_{变压器} \tag{5}$$

循环效率：
$$\eta_{循环}=\eta_{抽水}\ \eta_{发电} \tag{6}$$

一般情况下，由于 $\eta_{发电机}$、$\eta_{电动机}$、$\eta_{变压器}$ 变化不大，因此循环系数的大小主要受 $\eta_{水泵}$、$\eta_{水轮机}$、$\eta_{水道}$ 影响。其中 $\eta_{变压器}$ 的转换效率一般都在 99% 以上，在本文中不作为重点介绍，可以查阅相关的设备资料文件。目前抽水蓄能电站的循环效率多处在 70%～80% 区间范围内。

$\eta_{水道}$ 的计算的依据为抽水蓄能电站的上下库容曲线以及抽水蓄能电站的水头损失曲线。每个电站因客观环境和设计有别，会有一定的差别。水头损失曲线分为抽水和发电两种情况：

$$\Delta h_{抽水}=\alpha_1 Q_{流}^2 \tag{7}$$

$$\Delta h_{发电}=\alpha_2 Q_{流}^2 \tag{8}$$

式中：α_1、α_2 分别为抽水和发电时电站水头损失所的对应常量；$Q_{流}$ 为对应的机组水流量值，m^3/s；$\Delta h_{抽水}$、$\Delta h_{发电}$ 分别为抽水工况和发电工况下的水头损失。在一个已建成的电站，水头损失主要取决于水流量的变化情况。

图 1 和图 2 显示了一管单机与一管双机发电工况和抽水工况下水头损失与流量关系曲线，根据工作水头与毛水头相比较，可以估算得到机组的水道效率。

$$\eta_{水道}=\frac{h_{工作水头}}{h_{毛水头}}=\frac{h_{毛水头}-\Delta h}{h_{毛水头}} \tag{9}$$

式中：$h_{毛水头}$ 为根据库容曲线确定；Δh 为上文计算的抽水或发电情况下的水头损失值 $\Delta h_{抽水}$ 或 $\Delta h_{发电}$。

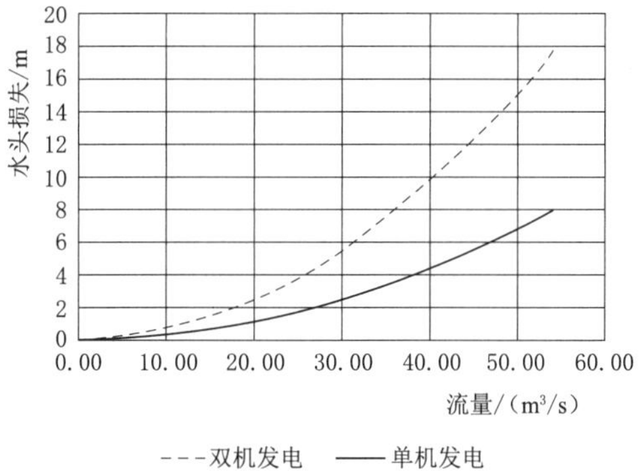

图 1　一管单机与一管双机发电水头损失

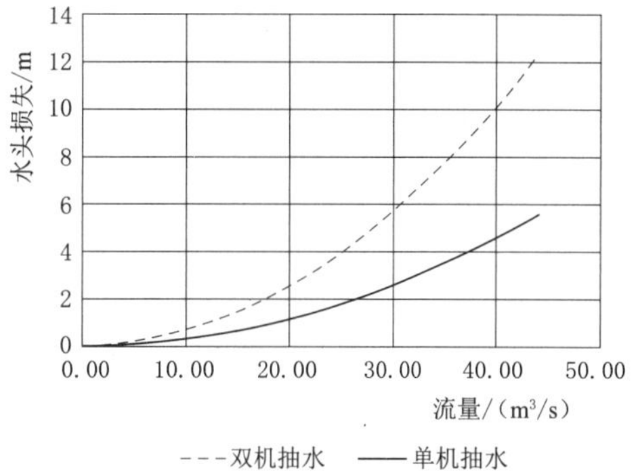

图 2　一管单机与一管双机抽水水头损失

$\eta_{水泵}$与水头，流量，负荷存在相关性，图 3 为某抽水蓄能电站运行的水泵效率与水头关系曲线，水泵效率在抽水蓄能电站的正常运行水位内，水泵效率值变化不大，幅度在 1.5%范围内，超出电站的正常运行水位，水泵效率急剧下降。图 4 展示了水泵效率与机组流量的对应关系，随着机组流量的增大，水泵效率有一定的提升，考虑到水泵运行时机组运行在额定容量附近，不再进行负荷控制，因此，水泵效率基本处在最优区间内，变化范围在 1.5%以内。

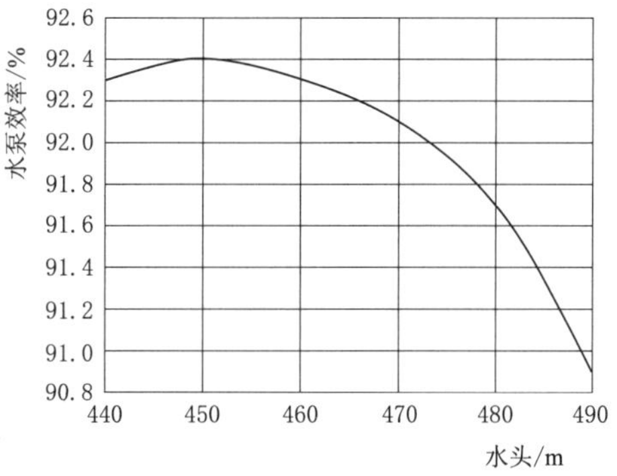

图 3　水泵运行水头—效率曲线

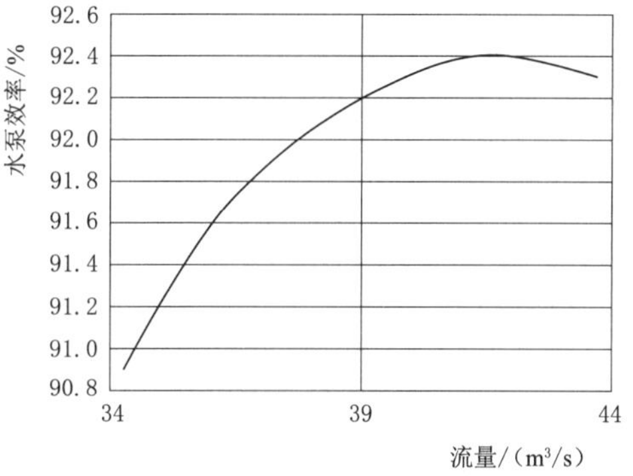

图 4　水泵运行流量—效率曲线

$\eta_{发电机}$、$\eta_{电动机}$与机组当前运行负荷相关，图 5 为某抽水蓄能机组的发电机效率与负荷关系的效率曲线。$\eta_{发电机}$在机组负荷 50%～100%额定变化的范围内，发电机效率变化幅度小于 1%以内。图 6 为电动机效率与抽水负荷关系曲线，由于机组在抽水工况运行时，基本运行在额定抽水负荷区间内，不进行机组负荷控制，因此 $\eta_{电动机}$的效率变化值要小于 $\eta_{发电机}$的值，$\eta_{电动机}$变化范围约为 0.3%。

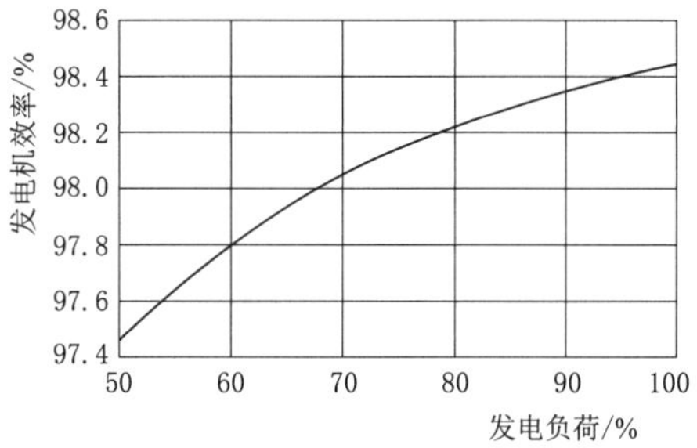

图 5　发电机负荷—效率曲线

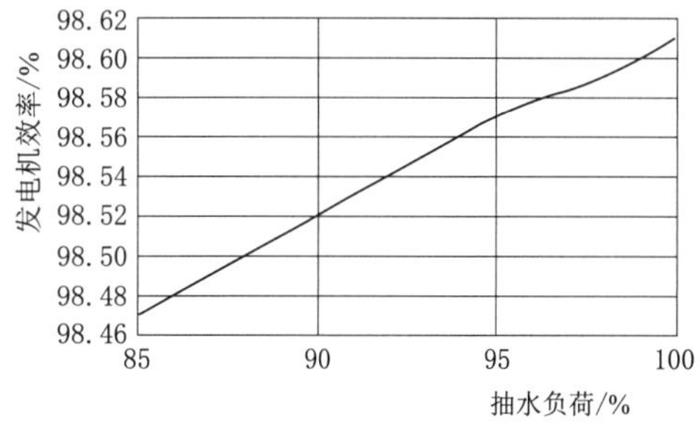

图 6　电动机负荷—效率曲线

$\eta_{水轮机}$与负荷、流量、水头相关，不同型式的水轮机其转换效率也具有一定的差异性，需要根据具体机组的实际情况分析影响 $\eta_{水轮机}$的最大关键要素，图 7 为在某固定水头下，水轮机效率与机组负荷关系曲线，随着机组负荷的变化，水轮机效率的变动值约为 7%。图 8 为在固定负荷（90%P 额定负荷）的情况下，水轮机效率因机组水头变化的比例约为 1.5%，两者对比，显然水轮机效率受机组负荷的影响最大。

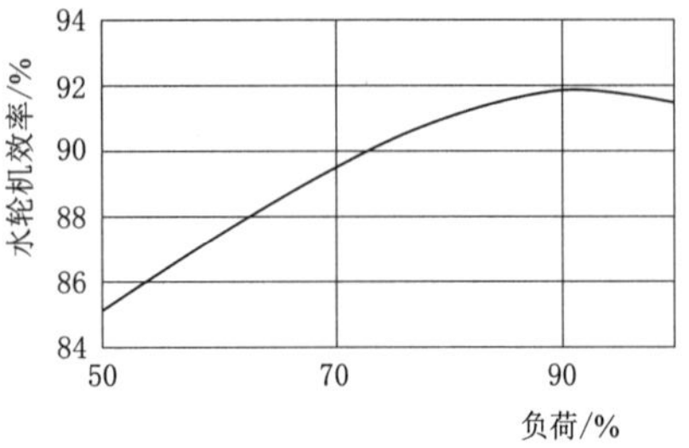

图7 机组负荷—水轮机效率曲线

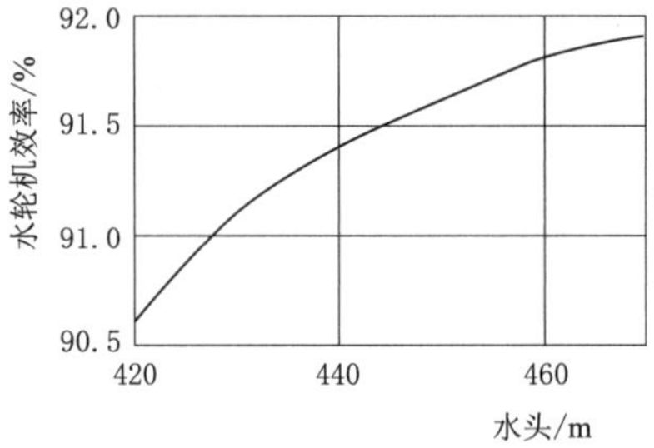

图8 运行水头—水轮机效率曲线

考虑运行水头、机组负荷变化，计算得出以上两个因素与水轮机效率变化相关性曲线，如图9所示，分别是机组在50%、60%、70%、80%、90%、100%额定负荷下，随着水头变化的水轮机效率曲线，数据显示水轮机效率的变化主要取决于机组负荷的变化，且随着机组负荷趋向于额定负荷，水轮机效率也逐渐增加至91%～92%。

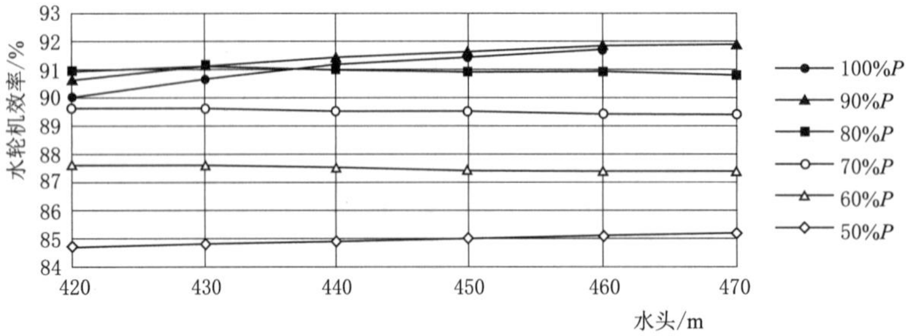

图9 机组负荷—运行水头—水轮机效率曲线

综上所述，以上述$\eta_{发电机}$、$\eta_{电动机}$、$\eta_{变压器}$、$\eta_{水泵}$、$\eta_{水轮机}$、$\eta_{水道}$的转换效率数据进行计算，分别得出在一管单机和一管双机情况下机组的发电效率和循环效率值。如图10所示，在发电工况50%额定负荷至100%额定负荷区间内，发电工况一管单机的循环效率在82.3%～88.3%，一管双机的循环效率在81.9%～86.4%。同理，计算一管单机和一管双机的循环效率，如图11所示，一管单机循环效率值在71.5%～76.7%，一管双机循环效率值在71.1%～75.1%。机组循环效率在最优值时大致处在机组运行额定负荷的90%～100%。根据抽水蓄能机组的运行特点，运行受电网调度要求，完成调峰调频功能，并不能实时运行在最优循环效率—负荷段，实际机组的循环效率并不能达到最优值。

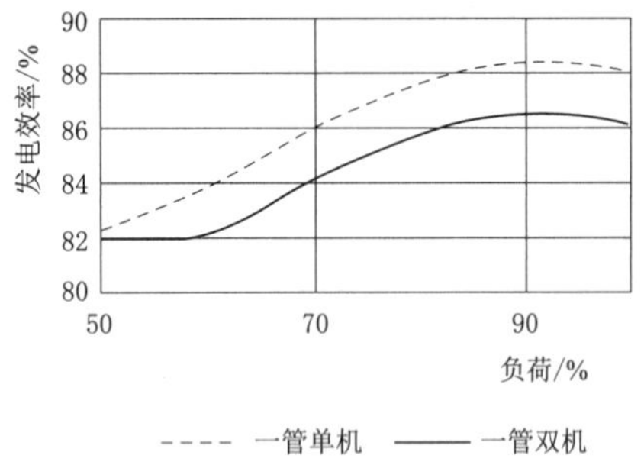

图10 一管单机与一管双机发电效率曲线

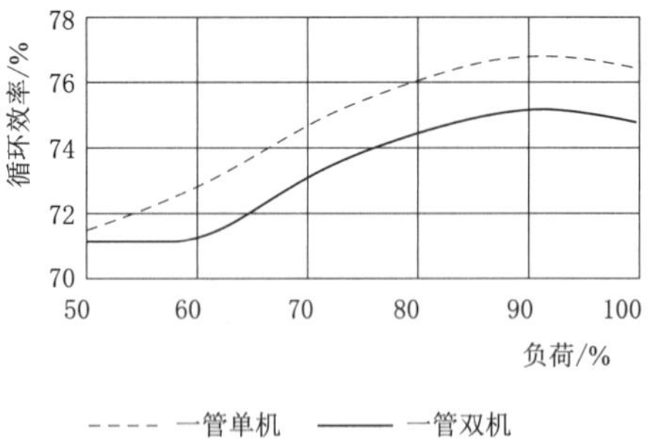

图11 一管单机与一管双机循环效率曲线

除去上述影响机组循环效率的重点因素，还有其他因素影响电站的循环效率。如上水库是否有来水及来水量的大小、上水库的蒸发量、上水库的渗漏量，这些都会在一定程度上影响机组的循环效率值[5]。因本文计算中涉及的电站并无天然来水，上水库蒸发及渗漏量转换为发电量占电站额定发电量之比小于千分之一，故不作为讨论重点。

3.2 综合厂用电与发电量关系拟合计算

抽水蓄能电站的厂用电用电量的多少和电站的运行强度相关，厂用电包含电站的厂用变压器用电，泵站用电，照明用电等其他用电，涉及的设备分布广，数量多。为了计算厂用电的固有损耗及对碳排放的影响占比，这里采用历史数据一元线性回归的方法估算出厂用电电量和发电量的关系曲线。

设用 $Q_{厂用电}$ 表示厂用电电量（单位为万 kW·h，后文如无特别说明，发电量单位均为万 kW·h），用 $Q_{发}$ 表示机组发电量，则线性回归方程[6]：

$$Q_{厂用电}=aQ_{发电}+b \tag{10}$$

用式（10）进行线性回归分析，其中 a、b 均为不依赖 $Q_{发}$ 的常数，将厂用电与发电量的历史数据代入方程中进行拟合计算，如果拟合优度 R^2 接近于 1，则可证实厂用电与发电量的近似线性回归关系。例如某组厂用电与发电量数据拟合如图 12 所示，$Q_{厂用电}=0.0102Q_{发电}+216.77$，其中拟合优度 $R^2=0.9806$，线性拟合度良好，证实厂用电消耗和机组发电量存在很好的线性关系。取 $Q_{发}=0$，则上式为 $Q_{厂用电}=216.77$ 万 kW·h，为电站发电量为 0 时所需承担的固有损耗值。一般情况下，远远小于抽水蓄能电站年发电量数值，据此估算综合厂用电对电站的综合转换效率影响约在 1%。

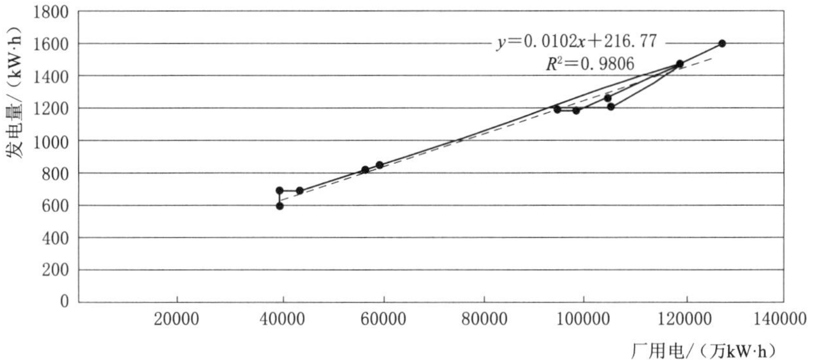

图 12 厂用电与发电量线性回归分析

3.3 碳排放和碳配额平衡时所需发电量的计算

3.3.1 抽水蓄能电站实现碳排放与碳配额平衡的最小发电量计算

按照以上的分析计算结果，电站在发电量为 0 时存在一定的固有损耗，因此在循环效率为 $\eta_{循环}$ 情况下，为了达到碳排放与碳配额的平衡，下面计算电站需要的发电量 $Q_{发电}$ 的极小值。结合机组的循环效率与厂用电一元线性回归的拟合公式与数据，可以进行如下计算：

$$\eta_{综}=\frac{Q_{发电}}{Q_{抽水}+Q_{厂用电}} \tag{11}$$

$$\eta_{循环}=\frac{Q_{发电}}{Q_{抽水}}=\eta_{发电}\times\eta_{抽水} \tag{12}$$

以及根据上文拟合厂用电表达式 $Q_{厂用电}=aQ_{发电}+b$，将式（10）和式（12）代入式（11）有

$$\eta_{综}=\frac{Q_{发电}}{\dfrac{Q_{发电}}{\eta_{循环}}+aQ_{发电}+b} \tag{13}$$

整理则有

$$Q_{发电}=\frac{b\eta_{循环}\ \eta_{综}}{\eta_{循环}-\eta_{综}-a\eta_{综}\ \eta_{循环}} \tag{14}$$

如本文中的某电站例，在碳配额和碳平衡时，$\eta_{平衡}=\eta_{综}=73.66\%$，$a=0.0102$，$b=216.77$，$\eta_{循环}$ 取电站一管双机情况下的最大的循环效率，即 $\eta_{循环}=75\%$，代入式（14）中，可得出电站碳配额和碳平衡时，电站所需发的最小电量 $Q_{最小}=15422.355$ 万 kW·h。

3.3.2 抽水蓄能电站在已知发电量和综合转换效率下实现碳排放与碳配额平衡时需最小增发电量的计算

假设某抽水蓄能电站已发电的电量为 Q_0，综合效率为 η_0，且 $\eta_0<\eta_{平衡}$，此时为了满足碳排放和碳配额的平衡，机组需要在循环效率为 $\eta_{循环}$ 处增加发电量 Q 才能实现碳平衡，显而易见，$\eta_{循环}>\eta_{平衡}$。由在碳排放与碳配额相等处有等式：

$$\eta_{综}=\eta_{平衡}=\frac{Q_0+Q}{\frac{Q_0}{\eta_0}+\frac{Q}{\eta_{循环}}+Q_{厂用}} \tag{15}$$

将厂用电拟合等式式（10）代入整理有

$$\eta_{平衡}=\frac{Q_0+Q}{\frac{Q_0}{\eta_0}+\frac{Q}{\eta_{循环}}+aQ+b} \tag{16}$$

将式（7）整理

$$Q=\frac{\eta_{平衡}\ \eta_{循环}\ Q_0+\eta_{平衡}\ \eta_{循环}\ \eta_0 b-Q_0\eta_{循环}\ \eta_0}{\eta_{循环}\ \eta_0-\eta_{平衡}\ \eta_0-a\eta_{平衡}\ \eta_{循环}\ \eta_0} \tag{17}$$

如本文中的某电站例，在实现碳排放与碳配额平衡时，$\eta_{平衡}=73.66\%$，$a=0.0102$，$b=216.77$，$\eta_{循环}$选取电站一管双机情况下的最大的循环效率 $\eta_{循环}=75\%$，已发电量 $Q_0=30000$kW·h，此时的电站的综合转换效率 $\eta_0=72\%$，则将上述数据代入式（17）中可得 $Q=82227.84$kW·h，即：需要机组在一管双机满负荷发电情况下再增发 82227.84 万 kW·h 才能实现碳排放与碳配额的平衡。

4 提高综合转换效率的建议与措施

根据以上对影响机组综合转换效率各要素的分析与计算，可以得出以下增加机组综合运行效率的措施：

（1）如果机组发电（抽水）运行，尽量选不同水道的单独机组运行。这样效率值优于一管双（多）机的方式。

（2）机组单机发电运行尽量保持额定负荷的 70%以上，低于 60%额定负荷时循环效率会大幅下降并且低于碳排放与碳配额的平衡效率 $\eta_{平衡}$。机组一管双机运行尽量保持每台机组均在 80%额定负荷以上，低于 70%额定负荷运行时机组的循环效率值已经低于 $\eta_{平衡}$。

（3）尽量减少抽水蓄能机组的抽水（发电）调相运行时间和机组空载运行时间，减少机组在水轮机低效率段的运行，机组最优循环效率段在 90%额定负荷到 100%额定负荷段，低于 90%额定负荷段，循环效率逐渐递减。

（4）上述影响综合转换效率的要素中，$\eta_{水轮机}$的变化范围最大，对综合转换效率的影响也最大，因此可以选用转换效率较高的水轮机型式，并且使机组运行在最佳转换效率的负荷段是提高机组综合转换效率的关键。

（5）采取节能措施降低厂用电消耗，包括通风系统，加热、渗漏排水等采取节能设备，采用节能电机及水泵，降低厂房的渗漏排水，节能灯的使用等。

5 结语

抽水蓄能行业作为电力行业不可或缺的组成部分，随着国家“双碳”目标的确立，部分抽水蓄能电站已经被逐渐纳入了碳排放市场，参与了碳市场的履约交易。现行碳配额计算所采用的基准值法相较历史强度法对抽水蓄能机组的综合转换效率提出了更严格的要求。而抽水蓄能机组的调度运行特点，需要频繁参与调峰调频调相，使抽水蓄能机组很难一直维持在机组最佳转换效率处运行，根据统计资料显示，某些状态下电站的综合循环效率会低于 50%[7]，因此对抽水蓄能电站的能源管理提出了更高要求。抽水蓄能电站应在保证电网安全稳定运行的前提下，充分与调度合理沟通，更合理精准的安排机组的运行方式，逐步淘汰能耗高的设备，选用更节能的设计、设施，提高机组的综合转换效率，尽早尽快实现抽水蓄能电站的碳排放与碳配额的平衡，助力国家“双碳”目标的实现。

参考文献

［1］ 北京市生态环境局．北京市重点碳排放单位配额核定方法［OL］．2022.
［2］ 北京市发展改革委资源节约和环境保护处．北京市碳排放权交易试点文件汇编［OL］．2017.

[3] 辛晟. 惠州抽水蓄能电站能效分析 [J]. 水电与新能源，2015 (12)：30 - 34.

[4] 杨洪涛. 江西洪屏抽水蓄能电站综合效率分析 [J]. 水电与抽水蓄能，2019 (8)：78 - 83.

[5] 谢琛. 十三陵抽水蓄能电站综合循环效率分析 [J]. 水力发电，2002 (9)：7 - 13.

[6] 盛骤，谢式千，潘承毅. 概率论与数理统计 [M]. 北京：高等教育出版社，1989.

[7] 翟国寿，刘新建. 关于抽水蓄能电站循环效率系数的探讨 [J]. 水利水电技术，1996 (1)：6 - 10.

新形势下抽水蓄能发展探讨

靳亚东　能锋田

（中国电建集团北京勘测设计研究院有限公司，北京市　100024）

【摘　要】本文详细介绍了我国抽水蓄能电站建设的发展阶段，以及现阶段我国抽水蓄能电站发展的特点和主要成就。现阶段我国抽水蓄能建设取得了丰硕成果，积攒了丰富的技术设计研发和施工建设经验，形成了一套完整的抽水蓄能勘测设计和建设核心技术。目前，抽水蓄能电站功能作用悄然变化，政策机制逐步完善，国家管控逐渐放开，技术水平日趋成熟。同时，文章对我国未来抽水蓄能电站的发展提出了展望，未来我国抽水蓄能将迎来新的发展机遇，需进一步找准定位，统筹规划，科学有序推进抽水蓄能高质量发展；加快关键技术革新，完善标准体系，规范技术论证体系；突破区域平衡边际，优化抽水蓄能资源匹配，推动新形势下我国抽水蓄能在新征程上健康有序发展，为实现“碳达峰、碳中和”等国家目标发挥重要作用。

【关键词】新时代　抽水蓄能电站　发展阶段　展望

1　我国抽水蓄能发展阶段

我国抽水蓄能电站的发展始于1968年，河北岗南水库电站安装了第一台容量11MW的进口抽水蓄能机组。1973年和1975年，北京密云水库白河水电站改建并安装了两台国产11MW抽水蓄能机组，总装机容量22MW。经过半个多世纪的发展，我国已经跻身于世界强国之列。截至2021年年底，已投产抽蓄电站总规模达36390MW，在建抽蓄电站总规模达61530MW。总结起来大致经历了四个阶段（图1）。

1.1　第一阶段（20世纪80—90年代）

十一届三中全会后，随着改革开放，国民经济快速发展，电力负荷急剧增长，负荷特性也因用电结构的改变而发生很大变化，负荷率下降，峰谷差逐渐增大。在严重缺电的形势下，各地加快了电源建设，特别是燃煤火电，水电比重迅速下降，调峰问题日益突出，拉闸限电频繁，影响各项事业快速发展，电网安全受到严重威胁。为解决电网调峰问题，在京津唐、华东和广东等地区加快了抽水蓄能电站建设必要性、可能性和经济性的规划论证工作。于1980—1985年相继选出了第一批大型抽水蓄能站址，并深入开展了各个阶段的勘测设计工作，并陆续获得批准开工。代表性电站有潘家口270MW、十三陵800MW、广蓄一期二期2400MW、天荒坪1800MW。

1.2　第二阶段（2000—2010年）

进入21世纪，我国经济建设又进入新一轮的快速发展期，随之电力负荷迅速增长，多省市出现了缺电现象。伴随着空调等家用电器普及化，电力负荷的峰谷差也不断扩大，第一批抽水蓄能电站投入运行后在电网中发挥了很好的作用，深受电网调度管理人员欢迎，成为电网管理的有力工具，使人们对抽水蓄能电站建设的必要性有了进一步认识。从1999年起，又一批共11座抽水蓄能电站陆续开工建设，建设规模达到11220MW。抽水蓄能电站分布范围从东部沿海经济发达地区扩展到华中和东北地区。不仅在火电比重大的电网，也开始在水电比重大但调节性能并不好的电网建设抽水蓄能电站。代表性电站有张河湾、西龙池、桐柏、泰安、宜兴、琅琊山、白莲河、黑麋峰、白山等。

1.3　第三阶段（2010—2020年）

随着产业结构的优化调整和人民生活水平的不断提高，用电负荷的不均匀性越来越大，尤其是大规模风电基地的建设，具备储能功能的抽水蓄能电站开始由负荷中心向送电端分散。2009年8月7日，国家能源局在山东省泰安市召开了“抽水蓄能电站建设工作座谈会”，会议指出，“要充分认识做好抽水蓄能电站建设工作的重要性，切实加强建设规划工作”。为落实会议精神，2009—2013年，国家能源局组织水电总院、国网新源、南网调峰调频公司等单位，在华北、东北、华东、华中、西北和华南等区域的多个省份统一开展了新一轮的抽水蓄能选点规划工作，共推荐规划站址 59 个，总装机容量 74850MW，备选站址 14 个，总装机容量 16600MW。"十二五""十三五"期间，为适应新能源、特高压电网快速发展，抽水蓄能发展迎来新的高峰，代表性电站有陆续投产的丰宁、敦化、文登、沂蒙、绩溪、洪屏、仙居、阳江、周宁、牡丹江等。

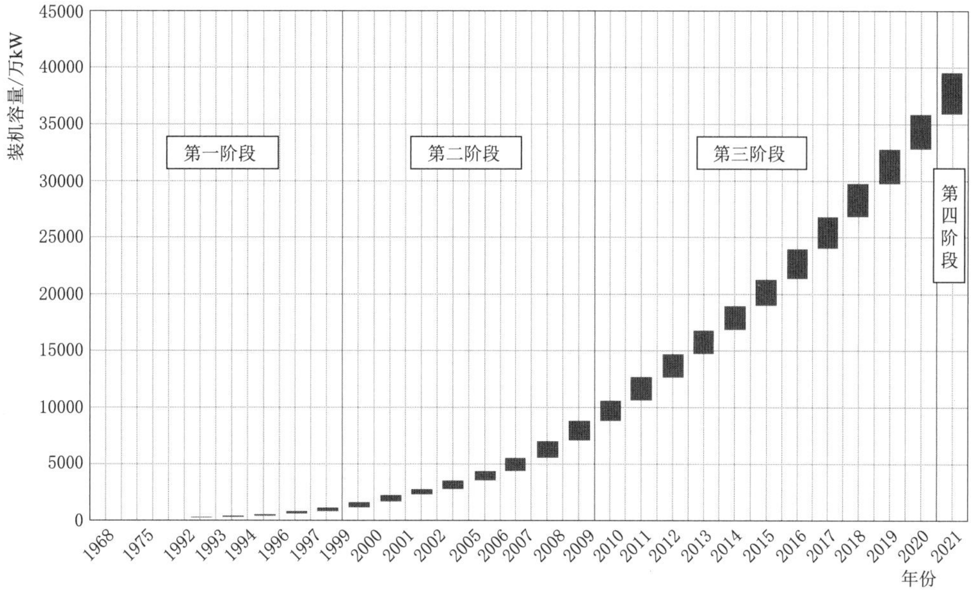

图 1 我国抽水蓄能发展阶段

1.4 第四阶段（2020 年至今）

习近平总书记在第七十五届联大会上作出"碳达峰、碳中和"郑重承诺，在气候雄心会上提出 2030 年我国风电、太阳能发电总装机容量达到 12 亿 kW 以上的具体目标，我国将形成以新能源为主体的新型电力系统。新能源的随机性、波动性特性决定了新能源并网规模越大，电网协调平衡调节需求越大。2021 年国家发改委、国家能源局印发《关于进一步完善抽水蓄能价格形成机制的意见》（以下简称"《意见》"）《抽水蓄能中长期发展规划（2021—2035 年）》，提出到 2025 年，抽水蓄能投产总规模 6200 万 kW 以上，到 2030 年，投产总规模 1.2 亿 kW 左右。抽水蓄能开始了新一轮的开发热潮，如今项目建设呈现"大干快上""四处开花"之局面。

2 抽水蓄能各阶段发展特点

2.1 功能作用悄然变化

第一、二阶段由于国民经济的快速发展，对电网调峰及安全稳定运行提出更高要求，这两个阶段的抽水蓄能电站绝大部分由电网企业投资建设，主要用于电网调峰、调频、调相、事故备用及黑启动等；第三阶段进入 21 世纪后，我国加入世界贸易组织，经济社会持续加快发展，工业化水平逐年提高，为了提高非化石能源比重，国家提出了积极利用核能，开发风电、太阳能等新能源，因此抽水蓄能电站在电力系统中除继续发挥调峰、填谷、调频、调相及事故备用等功能的同时，对平抑风电和光伏出力的不稳定性和间歇性方面发挥了重要作用；第四阶段随着以新能源为主体的新型电力系统的构建，抽水蓄能电站的储能功能将会得到大大发挥，尤其是配合新能源基地而建设的抽水蓄能电站，储能将是其主要功能，这类抽水蓄能电站在工程开发任务及经济评价方面将发生很大的变化。

2.2 政策机制逐步完善

抽水蓄能的政策体制总体是在中国电力体制改革大背景下发展起来的。1997 年 1 月 16 日，中国国家电力公司在北京正式成立，这个按现代企业制度组建的大型国有公司的诞生，标志着我国电力工业管理体制由计划经济向社会主义市场经济的历史性转折。2002年2月，国务院下发《电力体制改革方案》。这份被称作电改“5号文”的改革方案提出“政企分开、厂网分开、主辅分离、输配分开和竞价上网”的目标。当年12月，国家电力公司被拆分成11家新的公司，自此，两大电网公司（国家电网和南方电网）和“五大四小”发电企业的电力新格局逐渐形成。

抽水蓄能在第一发展阶段，我国电力市场处于计划经济阶段；随着我国进入社会主义市场经济阶段，抽水蓄能发展开始了第二阶段，国家陆续出台了多个文件。

2004年，为了规范抽水蓄能电站的建设和管理，促进抽水蓄能电站的健康有序发展，国家发展改革委颁发了《国家发展改革委关于抽水蓄能电站建设管理有关问题的通知》（发改能源〔2004〕71号），基本形成了我国抽水蓄能电站开发建设现状的总体格局。71号文从原则上规定了我国抽水蓄能电站由电网经营企业全资建设，不再核定电价，其成本纳入当地电网运行费用统一核定。71号文后，电网企业投资建设抽水蓄能电站成为一种最主要的投资管理方式。截至2017年，电网公司已投产抽水蓄能电站25240MW，非电网企业2985MW，电网公司建设抽水蓄能电站占总容量的89.4%。

2007年，国家发展改革委下发《关于桐柏、泰安抽水蓄能电站电价问题的通知》（发改价格〔2007〕1517号），该文件是为了解决71号文件下发前审批但未定价的抽水蓄能电站电价问题。通知指出：“71号文件下发前审批但未定价的抽水蓄能电站将作为遗留问题由电网企业租赁经营，租赁费由国务院价格主管部门按照补偿固定成本和合理收益的原则核定。”1517号文明确对新投产项目的电价政策，这也是我国抽水蓄能产业历经近40年发展后首次明确的电价政策，但文件提出的租赁电价机制难以完全执行，特别是发电企业和用户承担的50%的租赁电费不能很好落实。

2011年，国家能源局颁发了“国能新能〔2011〕242号文”——《国家能源局关于进一步做好抽水蓄能电站建设的通知》，该政策提出了坚持“厂网分开”的原则。按照国家电力体制改革和电价市场化形成机制改革的有关规定，禁止电网和非电网企业合资建设抽水蓄能电站，明确抽水蓄能电站的投资建设主体是电网，对非电网企业投资建设的抽水蓄能电站要严格审批，这也明确了非电网企业可以投资建设抽水蓄能电站，但投资方式为全资建设，不能与电网合资建设。国能新能〔2021〕242号文颁布后，已建的电站基本划拨给当地电网企业经营管理。国能新能〔2021〕242号文颁布执行之后投产了回龙、白山、泰安、桐柏、琅琊山、宜兴、西龙池、张河湾、惠州、宝泉、白莲河以及黑麋峰等12座抽水蓄能电站。

2013年，国家能源局相继出台了《关于加强抽水蓄能电站运行管理工作的通知》（国能新能〔2013〕243号）和《关于印发抽水蓄能电站调度运行导则的通知》（国能新能〔2013〕318号），进一步强调抽水蓄能电站是具有调峰填谷、调频调相和事故备用等多种功能的特殊电源，是确保电网安全、稳定、经济运行的重要保障。针对近年来蓄能电站运行调度存在的问题，为进一步加强运行管理，有效发挥其调峰、蓄能和备用的功能。但这段时间蓄能电站没有推出切实可行的政策，抽水蓄能市场推进工作没有实质性进展。

2014年，国家发展改革委下发《关于完善抽水蓄能电站价格形成机制有关问题的通知》（发改价格〔2014〕1763号）。通知明确了电力市场形成前，抽水蓄能电站实行两部制电价。本次发布的抽水蓄能电站新价格政策文件共5条10款，对电价确定的方式、抽水蓄能电站费用的回收方式、抽水蓄能电站建设和运行的管理以及执行范围和执行时间等都予以明确。抽水蓄能价格机制中明确了直接支付主体为电网公司，同时也将抽水蓄能电站在系统提供的各项服务如何从电价中疏导做出了解释。费用回收方式方面，明确了纳入当地省级电网（或区域电网）运行费用统一核算，并作为销售电价调整因素统筹考虑。投资主体方面，明确在具备条件的地区，鼓励采用招标、市场竞价等方式确定抽水蓄能电站项目业主、电量、容量电价、抽水电价和上网电价。两部制电价的出台将对今后我国抽水蓄能电站运营和产业发展产生深远影响。1763号文被认为是抽水蓄能电价体制改革的最强音，为我国蓄能电站电价体制发展提供新思路，也为抽水蓄能效益评价体系奠定了良好基础。

2014年对于抽水蓄能电站体制改革乃至整个国家电力体制改革都是意义非凡的一年，国家先后出台了多项政策促进抽水蓄能发展。11月1日，国家能源局下发了《关于促进抽水蓄能电站健康有序发展有关问题的意见》(发改能源〔2014〕2482号)。再次强调加快推进抽水蓄能电站健康有序发展，以保障电力系统安全稳定经济运行、促进能源结构调整、提高新能源利用率、减少温室气体排放、实现经济社会可持续发展为目标，把发展抽水蓄能电站作为构建安全、稳定、经济、清洁现代能源体系的重要战略举措，促进抽水蓄能产业持续健康有序发展。文件在电价机制方面提出要推动两部制电价尽快实施。积极探索市场化机制，通过投资主体竞争，降低建设成本，形成市场化的容量电价；通过辅助服务补偿及调峰交易手段，形成市场化的电量电价，实现常规电源与抽水蓄能电站的互利共赢；通过市场交易方式，招标用电低谷时期抽水电量，适当降低抽水电价，进一步消纳负荷低谷时段的风电、水电等可再生能源。11月16日国务院下发《关于创新重点领域投融资机制鼓励社会投资的指导意见》(国发〔2014〕60号)，提到要建立多元化的投资机制，鼓励社会资本投资，促进抽水蓄能电站投资建设市场化。研究推行抽水蓄能电站和核电、风电等项目协调配套投资及运营管理模式，实现项目联合优化运行，促进优势互补、良性互动，减少资源浪费。

从2011年242号文中提出投资建设主体是电网到2014年60号文投资建设市场化，短短3年多的时间我国蓄能电站发展从需要浓厚的政策性电价体系向市场电价体系逐渐过渡，证明了我国电力改革的迅速和决心。

2014年抽水蓄能电站发展从电价、功能、建设投资等多层面多方位出台多项政策，这与我国的电源结构调整、电力改革和电力市场的迅猛发展是紧密相连的，也与对抽水蓄能电站在电网中作用的不断认识紧密相关，对蓄能之后的发展意义深远。

2021年，国家发展改革委下发《国家发展改革委关于进一步完善抽水蓄能价格形成机制的意见》(发改价格〔2021〕633号)，文件明确现阶段，坚持两部制电价政策为主体，进一步完善抽水蓄能价格形成机制，以竞争性方式形成电量价格，将容量电价纳入输配电价回收。

2.3 国家管控逐渐放开

2.3.1 2004年以前

国务院关于投资体制改革的国发〔2004〕20号文件，明确抽水蓄能电站采用核准制，由国务院投资主管部门进行核准，在此之前抽水蓄能电站建设实行审批制，由国家行政主管部门审批建设，规划也是由政府委托开展。

华北地区抽水蓄能电站资源调查工作开始于20世纪70年代，勘测设计单位曾先后多次开展了大规模的资源调查、踏勘、普查和规划选点工作。1987年，提出《华北地区抽水蓄能电站规划选点报告》，提出了十三陵、西龙池、张河湾等一批优秀的站点。1990年，中国电建集团北京勘测设计研究院有限公司（以下简称“北京院”）北京院提出《华北地区抽水蓄能电站规划选点综合报告》，在河北省推荐5个站址，其中北部地区为郭家湾和雾灵山2个站址，南部地区为张河湾、朱庄和王快3个站址。1993年，根据能源部水利部水利水电规划设计总院水规计〔1993〕018号文通知，北京院完成《华北地区2020年抽水蓄能电站发展规划》，对河北北部的大黑汀和郭家湾2个站址以及河北南部的张河湾、横山岭2个站址进行了初步规划。根据水利水电规划设计总院水规计〔1993〕082号文要求，北京院承担华北地区2020年水电部分的规划，并在以往抽水蓄能电站研究成果的基础上，进一步研究需求与可能，提出切实可行、具有可操作性的水电规划建议，并完善技术经济指标。1994年，提出《华北地区2020年水电发展规划建议报告》，在1993年抽水蓄能发展规划的基础上，增加了3个京津唐电网站址，其中河北北部为抚宁站址，河北南部增加了2个站址，即白云山和元坊抽水蓄能电站。1994年，天津勘测设计研究院和河北省水利电力勘测设计院完成《滦河上游抽水蓄能电站选点查勘报告》，推荐丰宁抽水蓄能电站站址。至此，河北省抽水蓄能电站规划布局基本形成，即北部的丰宁、郭家湾、大黑汀和抚宁，南部的张河湾、横山岭、白云山和元坊。

2.3.2 2004—2014年

2004—2014年，抽水蓄能电站采用核准制，但核准权限在国务院投资主管部门，《国务院关于发布政府核准的投资项目目录（2014年本）的通知》(国发〔2014〕53号)，明确抽水蓄能由省级政府核准。因此抽水蓄能发展的第一、二阶段，选点规划及项目审批都是由政府把控。

2.3.3 2014—2020 年

2009 年，国家能源局在山东省泰安市召开了“抽水蓄能电站建设工作座谈会”，会议指出，“要充分认识做好抽水蓄能电站建设工作的重要性，切实加强建设规划工作”。为落实会议精神，2009—2013 年，国家能源局组织水电总院、国网新源、南网调峰调频公司等单位，在华北、东北、华东、华中、西北和华南等区域的多个省份统一开展了新一轮的抽水蓄能选点规划工作，推荐出一大批抽水蓄能电站站点。第三阶段国家对抽水蓄能的选点规划进行把控，对报告质量进行严格把关，但从 2014 年，抽水蓄能电站的核准权限下放到各省级政府。

2.3.4 2020 年至今

2020 年，国家能源局综合司下发《关于新一轮抽水蓄能中长期规划编制工作的通知》[国能综通新能（138 号)]，2021 年上半年在全国范围内开展抽水蓄能站址资源普查工作，9 月国家能源局发布《抽水蓄能中长期规划（2021—2035 年)》。本次资源普查历时仅半年，规划深度较浅，共提出重点实施项目 4.21 亿 kW，储备站址 3.05 亿 kW。国家能源局综合司下发《关于做好〈抽水蓄能中长期规划〉实施工作的通知》[国能综通新能（101 号)]，提出可及时滚动调整抽水蓄能中长期规划。相当于国家放开了对抽水蓄能选点规划的管控，项目的核准权限也还在省级政府。

从抽水蓄能站址普查历程看，共进行了四次大型资源普查：1987 年、1990—1994 年、2009—2014 年、2021 年，与抽水蓄能发展阶段基本对应，普查资源规模越来越大，国家对规划和核准的把控越来越放开。

2.4 技术水平日趋成熟

抽水蓄能技术经过 50 多年的发展，在选点规划、勘测设计及总承包等积累了一大批关键核心技术，建立了一整套技术标准体系，培养了一大批专业技术骨干人才。装备制造方面，单机容量 400MW，水头 700m 级抽水蓄能机组已完全实现国产化。多项关键技术已非常成熟，比如北方寒冷冰冻、多泥沙地区抽水蓄能电站勘测设计的技术经验；沥青混凝土和钢筋混凝土面板全库防渗设计以及岩溶地区水库防渗设计，竖井式进/出水口的水力设计、体型布置和大 *PD* 值高压钢岔管设计，复杂地质条件下超大地下洞室的开挖支护设计和厂房防振动设计，长斜井（深竖井）导井反井钻机施工技术；TBM 技术在抽水蓄能电站地下洞室中应用等。

抽水蓄能行业技术标准方面，《抽水蓄能电站水能规划设计规范》《抽水蓄能电站经济评价规范》《水电工程水生生态调查与评价技术规范》等行业技术标准，以及《抽水蓄能电站工程技术》等专著，形成了一整套抽水蓄能电站勘测设计的核心技术标准和理论成果。

3 新形势下抽水蓄能发展的思考

随着抽水蓄能规划资源约束和电价瓶颈的解决，各类社会资本积极布局、抢占规划资源，加上地方政府的大力支持，抽水蓄能开发建设热度空前高涨，抽水蓄能发展迎来了前所未有的大好形势，对解决构建新型电力系统所面临的调节和储能电源不足问题奠定了有利基础。根据《抽水蓄能中长期发展规划（2021—2035 年）》，到 2025 年，抽水蓄能投产总规模 6200 万 kW 以上；到 2030 年，投产总规模 1.2 亿 kW 左右。新形势新机遇也对抽水蓄能发展提出了新的挑战，我国抽水蓄能发展需要在以下几方面引起注意。

3.1 科学有序高质量发展方面

2009 年泰安会议之前，抽水蓄能选点规划由各区域电网公司委托，比如华北抽水蓄能选点规划由当时的华北电力公司委托，选出站址由省电力公司委托开展预可行性研究及可行性研究工作，技术把关单位为水利水电规划设计总院，项目可行性报告完成后，编制项目建议书，由中国国际工程咨询公司评估，国家发改委批准建设。随着抽水蓄能需求规模的增长，各省纷纷提出抽水蓄能建设需求，为科学有序发展，国家提出由国家统一把控规划，规划批准后方可建设。2014 年始，对于纳入国家抽水蓄能选点规划的站址由省里核准开工，因此在前三个阶段抽水蓄能技术把关和需求管理非常有序，只是由于电价政策一直未落实，项目建设仍然以电网公司为主。随着“双碳”目标及构建新型电力系统的提出，电网对储能和调节电源的需求规模井喷式增长，2021年抽水蓄能中长期及后续的滚动规划政策，相当于国家放开了对规划的管控，核准权限仍在省级政府，第四阶段抽水蓄能发展进入了政策极为宽松的阶段。

在规划严格把控阶段，抽水蓄能的需求规模以及布局经过科学详细的分析论证，抽水蓄能站址条件经过严格筛选，技术可行性经过技术主管部门的审查把关，因此推荐的抽水蓄能站址在建设必要性、技术可行性及经济合理性方面经过充分论证，投资部门可踏实稳定推进。

《抽水蓄能中长期发展规划（2021—2035年）》推荐的重点实施项目及储备项目以及后续滚动规划入规的项目，工作深度没有达到规范要求深度，对于需求及布局分析不透彻，很多重点实施项目经济指标较差，这就给抽水蓄能后续发展埋下了隐患：一是需求论证不充分，布局不合理，可能造成电站建成不需要或无法使用；二是电站建设条件差，指标过高，建成后增加居民用电负担；三是前期论证不充分，成为烂尾工程，造成投资浪费，等等。因此建议国家能源主管部门规划或核准把控其一，目前规划已经放开，建议把控核准环节，确保抽水蓄能科学有序高质量发展。

3.2 抽水蓄能电站技术论证方面

在“双碳”目标的大背景下，新型电力系统加快构建，作为技术最成熟、全生命周期碳减排效益最显著、经济性最优且最具大规模开发条件的电力系统灵活调节电源，抽水蓄能承担着保障电力系统安全稳定运行、提升新能源消纳水平和改善系统各环节性能等重要作用。新形势对抽水蓄能电站的技术分析论证提出了新的要求，从现在的需求看，有些抽水蓄能电站接入电网服务于电力系统，有些抽水蓄能电站可能要服务于新能源基地，作为新能源基地的储能设施，对于这类抽水蓄能电站的技术论证与服务于电力系统的抽水蓄能电站的论证无论从必要性、装机利用小时数、经济评价等都与服务电力系统的抽水蓄能电站不同；另外从未来新型电力系统的模型看，以新能源为主体的新型电力系统在负荷备用、事故备用等各方面都将与传统电力系统不同。更有随着《国家发改委关于进一步完善抽水蓄能价格形成机制的意见》（发改价格〔2021〕633号）文件的发布，对于抽水蓄能电站的经济评价方法也将发生根本性变化，“可避免成本法”已经不再适用于目前情况下的经济评价。因此，我国抽水蓄能电站标准体系较为完备，但个别规范如《抽水蓄能电站水能规划设计规范》《抽水蓄能电站经济评价规范》等技术规范需要修订。

3.3 跨区域平衡方面

我国的经济发展水平和资源禀赋不协调，中东部经济发展快，用电负荷高，西部地区经济发展慢，但新能源富集，抽水蓄能资源也受地区限制，差别较大。有些新能源富集区域，抽水蓄能资源贫乏或指标较差，因此打破区域限制，在更大范围内统一配置资源很重要。而且服务于电网的抽水蓄能电站普遍受区域网调调度，服务范围跨越多省，需要在更大范围内进行统筹。以省为界进行抽水蓄能需求论证和配置在资源合理配置方面不够合理，比如京津冀，京津经济发达用电负荷大，用电保证要求高，但京津区域抽水蓄能资源缺乏，京津冀北本来就是一个区域电网，在抽水蓄能资源配置方面应该统筹考虑，优化抽水蓄能资源科学合理配置。

4 结语

抽水蓄能电站作为电力系统中最成熟、经济、低碳、安全的调节电源，具有调峰、填谷、储能等功能，有保障大电网安全、促进新能源消纳、提升电网全系统性能等基础作用。自1968年河北岗南混合抽水蓄能机组投产，拉开了我国抽水蓄能建设的帷幕，经过半个世纪的发展，我国抽水蓄能经历了多个发展阶段，取得了丰硕成果。随着“碳达峰、碳中和”目标的提出以及构建新型电力系统步伐的加快，抽水蓄能将担负越来越重要的作用，有着良好的发展前景。国家行业主管部门应尽快出台促进抽水蓄能高质量发展的指导意见，不断完善技术论证体系，在更大范围内统一配置资源，促进行业健康发展。

构建抽蓄标准新体系的思考与建议

赵 轶
（中国电建集团北京勘测设计研究院有限公司，北京市 100024）

【摘 要】本文基于构建抽蓄标准新体系的必要性和紧迫性，回顾水电行业标准体系的沿革，分析蓄能标准体系的权威性和代表性、与水电行业技术标准体系的关系、技术标准交叉重复矛盾等亟需解决的问题，提出了建立蓄能标准体系的管理机构和维护机制、水电行业（含抽水蓄能）技术标准体系表作为立项依据、中英文版同时构建、与标准同步公开的个人建议。

【关键词】蓄能 标准体系 水电行业 高质量 发展

1 构建蓄能标准新体系的必要性和紧迫性

加快发展抽水蓄能，对构建新型电力系统、促进可再生能源大规模高比例发展、实现“碳达峰、碳中和”目标、保障电力系统安全稳定运行、提高能源安全保障水平，以及促进扩大有效投资、保持经济社会平稳健康发展，具有重要作用。2021 年 8 月，国家能源局发布《抽水蓄能中长期发展规划（2021—2035 年）》，布局重点实施项目 340 个，总装机容量约 4.21 亿 kW；提出 2025 年抽水蓄能投产总规模 6200 万 kW 以上，2030 年投产总规模 1.2 亿 kW 左右。2022 年 4 月，国家发展改革委、国家能源局联合印发通知，部署加快“十四五”时期抽水蓄能项目开发建设，能核尽核、能开尽开。同时，随着全国蓄能规划选点等工作的深入，各省（自治区、直辖市）新增优质站点不断纳入国家重点实施项目，越来越多的单位转型进入蓄能工程建设行业，越来越多的跨界人才开始承担蓄能电站的规划设计、工程施工、设备制造与安装、运行管理等工作。

毋庸置疑，行业行为规范的依据是标准，而标准规范的依据是标准体系。水电行业技术标准作为水电工程建设和运行管理的技术与经验总结，是提升行业技术水平、管理能力的重要保障，是工程建设和安全可靠运行的重要基础。伴随着我国水电工程建设和技术的快速发展，行业技术标准建设取得了巨大的成绩，现行标准已涵盖了工程的全生命周期，为我国水电工程建设提供了有力的技术保障和支持。通常，水电工程分为常规水电站和抽水蓄能电站两类。抽水蓄能电站因具有上下水库且渗漏标准要求严格、机组作用水头较高、输水系统水流往复循环等特点，已制定了一些专用技术标准，但在蓄能技术日新月异的背景下，亟需补充一批适应蓄能建设发展的新标准。但是，目前水电行业还缺少权威公认、共同执行的标准体系，且已有的标准体系疏于维护导致指导性较差。

因此，尽快健全蓄能技术标准体系，进一步满足行业技术、安全、健康发展的需要，提升技术水平和标准管理能力；为工程建设和运行管理提供技术保障和支持，为简政放权后行业的建设和政府管理提供技术支撑和监管依据；为行业技术标准的制修订和管理提供体系原则和依据，促进行业技术标准的科学有序发展，是新时代赋予水电人的历史使命。

2 水电行业标准体系沿革

1995 年，中国电力企业联合会标准化部编制的《电力标准体系表》经广泛征求意见、修改，报原电力工业部批准以电技〔1995〕645 号文发布实施，对指导电力标准化工作起到了积极的作用。为适应电力体制的变化和电力工业技术的发展，在 2005 年和 2012 年，中国电力企业联合会标准化管理中心对《电力标准体系表》进行了两次修订，水力发电与火电、核电、风电一起，作为电力标准体系的一部分纳入其中。2012 版体系表收录水电国家和行业有关标准 147 项（有效标准 128 项，拟编标准 19 项），其中在基础标准 4 类（通用、安全与环保、质量与管理、电力监管）收录名称中提及水电的 4 项，水电个性标准 6 类收录 143 项（规划 29 项、勘测 31 项、水工 26 项、机电 26 项、水库移民 10 项、金属结构 7 项、施工组织设计 14 项）。

2012 年 10 月，国家发展改革委能源局委托水电水利规划设计总院和中国水电顾问集团北京勘测设计研究院有限公司开展抽水蓄能标准体系研究。2014 年 6 月，《抽水蓄能标准体系表》通过国家能源局验收。2014 版抽水蓄能标准体系框架见图 1，收录国家和行业有关标准 399 项（有效标准 356 项，含修订 73 项；制定标准 5 项；拟编标准 38 项），按标准类别统计，工程规划设计 166 项，设备 47 项，工程施工（含安装、调试及验收）129 项，运行管理 57 项；按标准属性统计，抽水蓄能电站专用标准 24 项，抽水蓄能电站与常规水电站共用标准 60 项、通用标准 315 项。

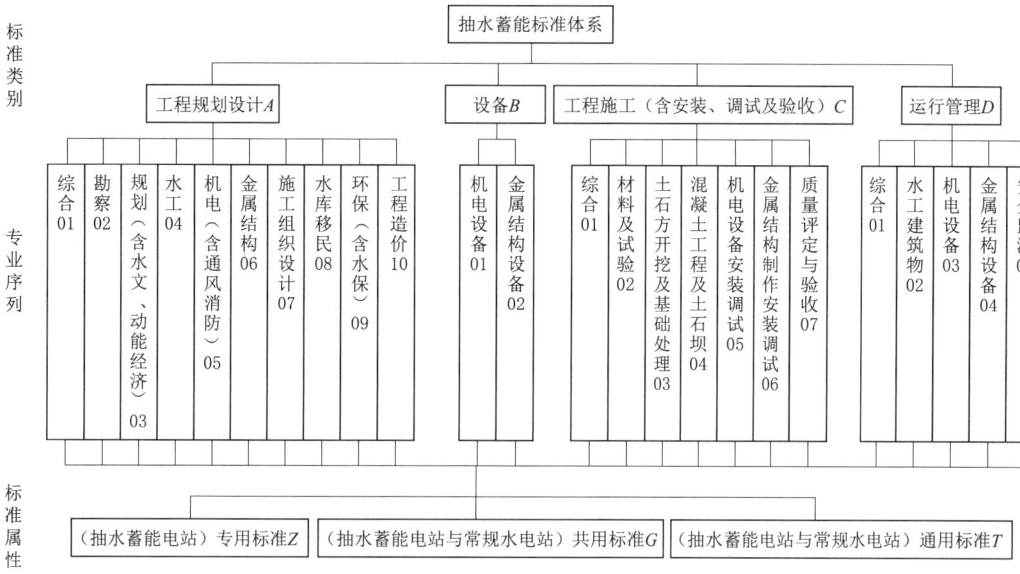

图 1　2014 版抽水蓄能标准体系框架

2015 年 3 月，国家能源局综合司以国能综科技〔2015〕57 号文委托水电水利规划设计总院牵头组织开展水电行业技术标准体系研究。参研单位 20 家，按国家技术标准体系编制原则和要求，结合水电行业技术标准的现状和发展需要，系统地建立了标准体系框架。2016 年 7 月，成果通过国家能源局验收。2017 年 12 月，《水电行业技术标准体系表》以水电水利规划设计总院的名义出版发行，收录国家和行业有关标准 898 项，其中通用及基础标准 64 项、规划及设计 303 项、设备 125 项、建造与验收 268 项、运行维护 132 项、退役 6 项；研究可通过合并、废止等方式减少标准 71 项，即建议保留在体系表中的技术标准为 827 项。

2017 年 2 月，国家能源局综合司以国能综科技〔2017〕140 号文委托水电水利规划设计总院开展中国水电技术标准"走出去"研究。参研单位 22 家，在"水电行业技术标准体系研究"的基础上，全面系统收集整理了 93 项中国承建国际水电工程的技术标准使用情况，编制了使用技术标准目录、技术标准应用案例研究报告和技术标准应用汇编；按"接轨国际、适应国情"的理念，系统地建立了水电行业技术标准体系框架，由"主观（人）"（管理类）、"客观（建筑物、设备）"（技术类）两大部分标准组合而成，分别按各自的特性分层次展开；2018 年 7 月，成果通过国家能源局验收，能源行业水电标准全文公开系统上线，可查询总院负责版块的部分中英文标准信息，有力推进了水电行业标准化工作。

2022 年 2 月，国家能源局科技司下发通知，要求各能源行业标准化管理机构报送能源领域标准体系。水电水利规划设计总院对《水电行业技术标准体系表》（2017 版）进行了修订，截至 2 月 25 日，收录国家和行业有关标准 1144 项，其中通用及基础标准 75 项、规划及设计 297 项、设备 139 项、建造与验收 437 项、运行维护 189 项、退役 7 项；研究可通过合并、废止等方式减少标准 139 项，即建议保留在体系表中的技术标准为 1005 项，含蓄能专用标准 52 项。

3 蓄能标准体系亟需解决的问题

3.1 蓄能标准体系的权威性和代表性

多年以来，水电行业技术标准由国家能源局负责管理，由水电水利规划设计总院和中国电力企业联合会提出并负责日常管理，相关的标准化技术委员会有 10 个，其中水电水利规划设计总院管辖 6 个，兼秘书处承担单位；中国电力企业联合会管辖 4 个，包括 3 个秘书处承担单位设在中国电力建设股份有限公司、1 个设在中国水利水电科学研究院（图 2)。水电行业技术标准化存在管理机构较为分散的问题，标准体系表虽已建过多版，但一直无行业发布的权威版本，也无完整的标准全文库（目前能源行业水电标准全文公开系统收录中英文有效标准 308 项)，导致在标准立项、制修订管理等过程中缺少依据。

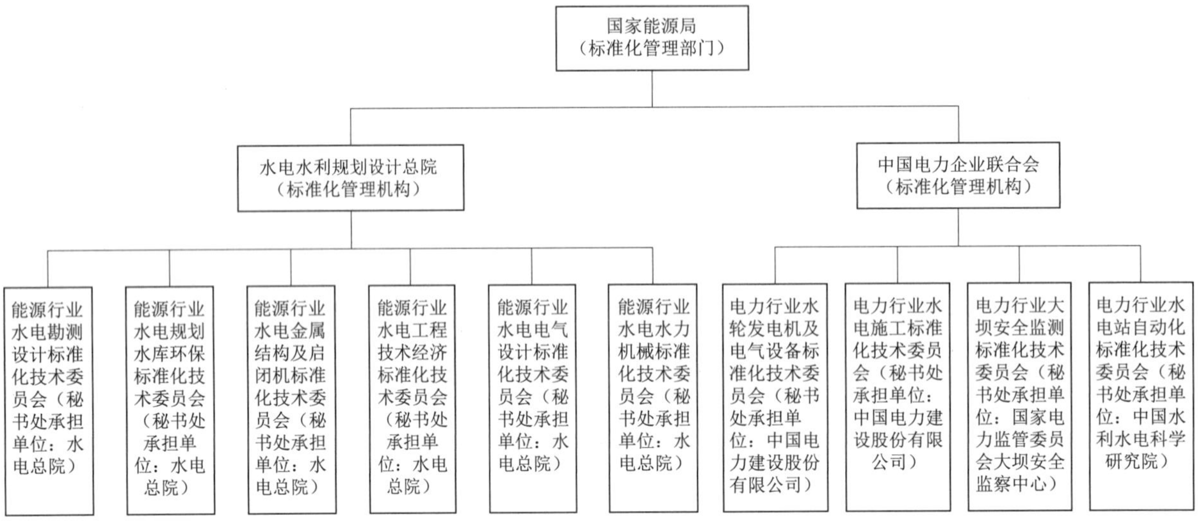

图 2 水电行业技术标准管理体系框架

抽水蓄能是一个庞大复杂、建设周期长、上下游全产业链分工明确的系统工程，需要集行业之智、聚行业之力才能顺利完成，技术标准体系的建立和编制亦然。以 2022 年 4 月 25 日抽水蓄能行业分会成立为例，会员单位已包括投资、设计、施工、装备制造、高等院校、科研机构和部分关联产业单位 139 家，会员涵盖行业全链条。纵观已有水电行业技术标准体系表的建立过程，参与单位的广度还有所欠缺。

面对众多的蓄能技术标准编制和使用单位，如何确保蓄能标准新体系既具有行业的权威性，又具有广泛的代表性，并能够得到动态维护，成为水电人首先要思考的问题。

3.2 厘清与水电行业技术标准体系的关系

随着抽水蓄能建设队伍的不断壮大，对标准的需求日益旺盛，要求构建蓄能标准新体系的呼声越来越高，引起了各级部门的高度重视，有些单位也开始付诸行动。但如何构建蓄能标准体系需要顶层设计，是另立门户制定一套完整的贯穿抽水蓄能工程全生命周期的标准体系，将绝大多数标准名称简单从“水电工程”换成“蓄能工程”，内容基本靠翻版发布实施？还是集中行业精锐，只补充蓄能特有的个别标准，其他与常规水电站共用和通用标准进行管理？

两种解决思路都有其成立的道理。在目前抽水蓄能电站建设如火如荼，而专业型人才相对匮乏的形势下，厘清蓄能标准体系与水电行业标准体系的关系，理顺二者之间的管理模式是当务之急。

3.3 水电行业技术标准交叉重复矛盾问题

长期以来，水电行业技术标准建设存在着明显的系统性不强、管理条块分割、部分标准间逻辑关系不清、内容交叉重复矛盾等问题。

近年来，随着各级部门科技创新考核对技术标准数量提出要求，但鲜有区分标准大小和重要性的做法，导致水电行业技术标准间逻辑关系不清，以及局部标准过多、过细、过散、操作性不强等问题日趋突出，如将大标准分拆为多个小标准、标准修订增加章节即可解决却另立门户、不同单位甚至同一单位对同一标准重复立项、申请无单位相应资质内容的标准任务等，制修订标准的数量急剧增加。

以《水电行业技术标准体系表》为例，2017 年 8 月版收录的 898 项标准中，有效标准 506 项（含修订 142 项），制定标准 300 项，拟编标准 92 项；2022 年 2 月版收录的 1144 项标准中，有效标准 739 项（含修订 97 项），制定标准 321 项，拟编标准 84 项（图 3）。短短 4 年半时间，水电标准激增了 246 项。

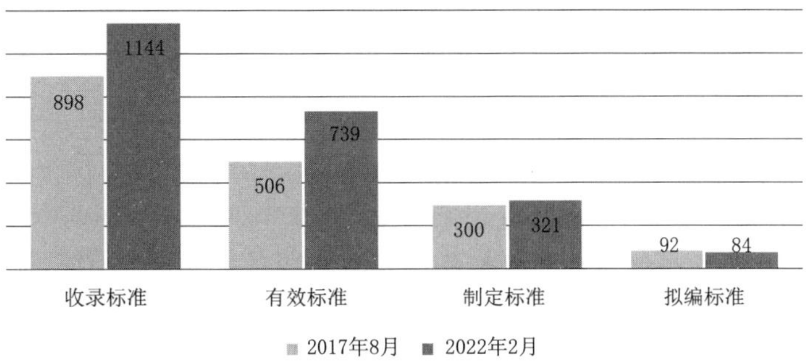

图 3 《水电行业技术标准体系表》标准数量对比

2022 年 6 月，水电水利规划设计总院向有关单位征集抽水蓄能专项标准立项建议，十多天就收到标准项目建议书百余份。全社会对参与蓄能建设的热情可见一斑。

与标准立项各单位的高度重视相反，标准的编制质量却呈现逐年下滑趋势，进度不满足立项时间要求的标准不在少数，标准内容交叉重复矛盾等问题不降反增。标准之间层级不清，内容相互大量引用，或各说各话，有的连术语和定义都不一致；有些标准太小，实质性内容不多，越写越薄，或为凑字数写成了技术手册；甚至有实在编不下去的标准，标准名称一改了之，立项计划一废了之。

4 个人对蓄能标准体系的建议

4.1 建立蓄能标准体系的管理机构和维护机制

水利行业与水电行业最为相近，《水利技术标准体系表》的管理做法值得借鉴，由水利部牵头负责制定，定期修订，各版次均以水利部通知的形式发布，网上公开，并明确水利部国际合作与科技司是水利标准化工作的主管机构，水利部规划计划司和财务司是水利标准化项目的经费主管机构，水利部有关业务司局等单位是有关水利技术标准的主持机构。

建议由国家能源局牵头成立构建蓄能标准新体系的领导小组，统筹协调水电水利规划设计总院和中国电力企业联合会 2 家标准化管理机构，充分发挥 10 个水电行业技术委员会的作用，调动蓄能全产业链龙头企业的积极性，落实《中华人民共和国标准化法》和国务院深化标准化工作改革方案有关要求，共同加快建设推动高质量发展的蓄能标准新体系，尽快发布实施。

同时，建议建立蓄能标准体系长期维护机制，成立工作组，实行动态管理，根据有关的国家、行业标准制修订立项计划和标准发布公告及时修订，约 5 年间隔定期网上发布，以持续提升水电行业标准化水平。

4.2 建立水电行业（含抽水蓄能）技术标准体系表

从各版水电体系表不难看出，蓄能专用标准都很少。2014 版《抽水蓄能标准体系表》的蓄能专用标准仅 24 项，占收录数量的 6%；而与常规水电站共用和通用标准 375 项，占比高达 94%。2022 年 2 月版《水电行业技术标准体系表》的蓄能专用标准仅 52 项，占收录数量的 4.5%。

为理顺蓄能标准体系与水电行业标准体系的关系，能让更多专业型人才全身心投入蓄能工程建设，最大化地节约标准体系构建、标准制修订和动态维护的管理成本，建议两套标准体系合并构建，推出接轨国际、适应国情的标准体系，名称宜为“水电行业（含抽水蓄能）技术标准体系表”，便于各类人员查找使用。对蓄能电站与常规水电站差异不大的，尽量采用通用和共用标准；对蓄能专用和新技术类的，如蓄能利用矿坑矿洞、变频机组与新型储能配合等，尽快补充有关标准。

4.3 标准体系作为立项依据

对比《水利技术标准体系表》各版收录标准数量及内容的变化，从 2001 版（615 项）→2008 版（942 项）→2014 版（788 项）→2021 版（504 项）；从 2014 版《基础水文数据库表结构及标识符标准》（SL 324—2005）、《水质数据库表结构与标识符规定》（SL 325—2014）、《土壤墒情数据库表结构及标识符》（SL 437—2014）、《地下水数据库表结构及标识符》（SL 586—2012）的合并构想，到《水文数据库表结构及标识符》（SL/T 324—2019）的代替，可见水利部标准化改革先立再整合的明显成效。

建议全面适应蓄能发展新形势的需要，优化完善推荐性标准，逐步精简整合相近标准，提升单项标准覆盖面，已处于制修订状态的标准宜一步整合到位，加速清理和缩减不适应要求的标准数量和规模，该废止的及时废止，尽快建立科学合理的“水电行业（含抽水蓄能）技术标准体系表”。

建议将标准体系作为立项的重要依据，各级标准化管理机构严把立项关，对提出的制定标准是否为体系表的拟编标准、立项单位是否具备相应的资质、标准草案深度是否符合要求等加以审核，对超出体系范围的标准立项可提高申报要求，如公开标准任务申请书、标准征求意见稿等，进一步提升标准质量，促进抽水蓄能高质量发展。

4.4 标准体系中英文版同时构建，与标准同步公开

随着中国综合国力的提升，水电建设企业积极参与国际水电工程的建设和开发，不断展现高效的项目建设能力和强大的投资能力。但走出去的经验和教训表明，水电行业技术标准是推进我国水电与国际合作的重要组成，中国水电标准在国际水电市场上的影响力还有待提升，技术标准已成为我国水电对外技术交流工作和参与国际市场竞争的主要瓶颈之一，亟须同国际接轨。

建议“水电行业（含抽水蓄能）技术标准体系表”中英文版同时构建，与标准全文同步公开，打造中国水电标准的名片，让标准引领全产业链，迈得更高，走得更远。分析选择那些基础性的、重要的、能适应国际的标准，拟定存量翻译计划，新的制修订标准中英文同步立项，便于加速中国水电技术标准和全套产业链“走出去”；而对那些专业面窄、用途不大或到国外水土不服（如征地移民、工程造价类）的标准，以及中文版已开始修订的标准，不予外文版翻译立项。

5 结语

本文基于构建蓄能标准新体系的必要性和紧迫性，回顾水电行业标准体系的沿革，分析蓄能标准体系的权威性和代表性、与水电行业技术标准体系的关系、技术标准交叉重复矛盾等亟需解决的问题，提出了建立蓄能标准体系的管理机构和维护机制、水电行业（含抽水蓄能）技术标准体系表作为立项依据、中英文版同时构建、与标准同步公开的个人建议。所见所感囿于个人经历，粗浅甚或不妥，敬请各位专家批评指正。

“双碳”目标背景下抽水蓄能电站服务电网形势分析

韩明明 赵晓明 金清山 梁晓龙 杜志健
（河北张河湾蓄能发电有限责任公司，河北省石家庄市 050300）

【摘 要】张河湾电站是河北南部电网唯一一座在运抽水蓄能电站。据统计，能源燃烧占我国全部二氧化碳的88%左右，而电力行业排放又占能源行业排放的40%左右，因此，要实现“双碳”目标，电力是减排减碳的主战场。当前我国正处于能源绿色低碳转型发展的关键时期，风电、光伏发电等新能源处于大规模高比例发展时期，构建以新能源为主体的新型电力系统对抽水蓄能发展提出更高要求，近年来抽水蓄能电站电网服务优势越发明显。

【关键词】“双碳” 电网服务 抽水蓄能

1 引言

近年来全球变暖、冰川融化海平面上升，极端恶劣天气增多我国仍处于快速发展中的发展中国家，而我国经济发展仍需要巨大的化石能源消耗和二氧化碳的排放，习近平主席多次发表关于碳达峰重要讲话，要力争在2030年前实现“碳达峰”，2060年实现“碳中和”的伟大目标，向全世界展现了一个大国担当。实现“双碳”目标要求我国调整能源结构，实现碳排放进入下降通道，加快推动电力供应绿色低碳。作为世界上最大的能源消费国和碳排放国，加快推动电力结构绿色化是我国的必由之路。

2 电力行业碳排放形势

随着社会发展需求不断增加，二氧化碳排量也逐步上升，我国总体二氧化碳排放量从2005年的54.07亿t到2021年的105.23亿t，增长将近一倍。而电力行业碳排放量占比高达40%左右（图1），主要原因为煤电是我国电力供应的主要来源，虽然煤电为我国电力和供热稳定供应做出巨大贡献，但是同时也产生大量二氧化碳。随着“双碳”目标的提出，不得不要求碳排放大户电力行业做出改革，电力改革是推动我国尽早实现“双碳”目标的重要措施，在要求电力行业做出改进的同时，还要助力全社会往低碳转型。

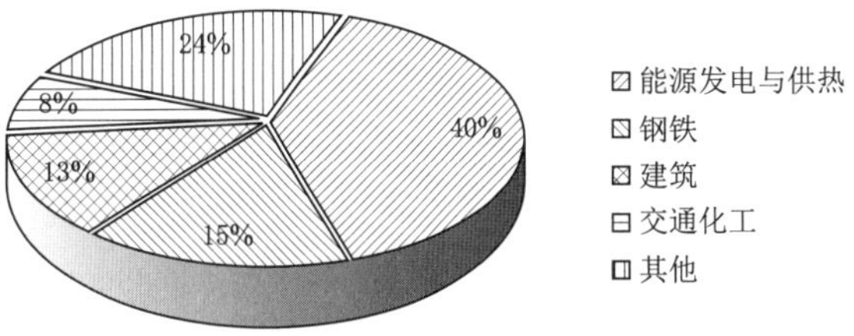

图1 各个行业碳排放占比图

3 基于“双碳”目标下新能源的发展

加快煤炭减量步伐，就要加快发展风电、太阳能等新能源发展，新能源属于新兴清洁能源，与煤电相比具有煤电不具备的清洁性和碳排放较低的特点，电力行业改革离不开新能源电力的发展，其中清洁能源主要包括核能、太阳能、生物质能、风能、地热能、潮汐能等。截至2021年底全国发电装机总量23.7亿kW·h，同比增长7.8%。其中可再生能源发电装机容量10.6亿kW，历史上首次超过煤电的装机比重，其中风能装机总量3.28亿kW，较2016年底实现翻倍，太阳能装机总量3.06亿kW，已连续7年稳居全球首位。发展清洁能源是大势所趋，清洁能源的替代也是人类社会面临的共同课题，促进电力能源结构向清洁化转型，是我国目前是实现“双碳”目标的最好选择。

4 新能源对电网负荷的影响

近年来随着新能源装机总量的快速增加（表1），也对电网稳定运行提出新的挑战。虽然新能源电力

表 1 **近年来新能源装机容量表** 单位：亿 kW

项　目	年　份			
	2018 年	2019 年	2020 年	2021 年
可再生能源装机	7.28	7.94	9.34	10.6
风能装机总量	1.84	2.1	2.81	3.28
太阳能装机总量	1.74	2.04	2.53	3.06
水电	3.52	3.56	3.7	3.91

装机总量大幅增加，有效降低了传统化石能源发电带来的碳排放，但是新能源发电的缺点同样明显，新能源电力往往具有随机性、间歇性、波动性、不可控制性和可调节性差等特性，同时新能源电力大规模并网，由于新能源电力不确定性也易造成电力平衡，且风电和水电难以预测，例如 2022 年四川电网电力缺口非常大，因为四川省水利发电量居全国首位而且是远远领先其他省份，而 2022 年地区干旱河流水库蓄水水位较低，导致此次事件的发生。由于新能源的一些不确定性这将给电网稳定带来巨大挑战。

5　抽水蓄能机组的服务电网作用更加突出

随着新能源大量装机，在并网时会产生对电网影响较大的冲击电流，同时也会引起电网频率的产生偏差，电压波动和电能闪变会引导电网潮流发生改变，这使得电网的不可控性增大，如果电网没有足够的调峰容量，将对电网稳定性构成威胁，河北南网新能源装机容量逐年增加，近 3 年以来河北南网新能源装机增长率超过 23.9%，2020 年上半年规模达到 1097 万 kW，已成为河北南网第二大电源，与此同时，河北南部电网用电负荷特性、电源结构发生了较大变化，用电负荷最大峰谷差率超过 44%；新能源装机大幅增加，然而供热机组和新能源机组参与调峰能力差，系统调峰问题十分突出。实例：张河湾公司作为河北南网唯一一座在运的大型抽水蓄能电站，在河北南部电网中调峰和消纳新能源中作用尤为突出。2020 年、2021 年蓄能电站服务电网形势分析如下。

5.1　2020 年蓄能电站服务电网形势分析

张河湾公司 2020 年总体运行特点呈现为：无计划负荷曲线，按照调度指令启停机组；机组启停频次增高，运行时间短，服务电网作用更加突出。

一是“两个频繁”（机组启停频繁、负荷调整频繁）、“一个减少”（受疫情影响 2020 年全年发电量略微减少）特点明显，全年抽发累计启动 3898 台次，日均抽发启动 10.67 台次，由于 2020 年受疫情影响全年电量较去年略微减少，2020 年月度抽发启动次数如图 2 所示。

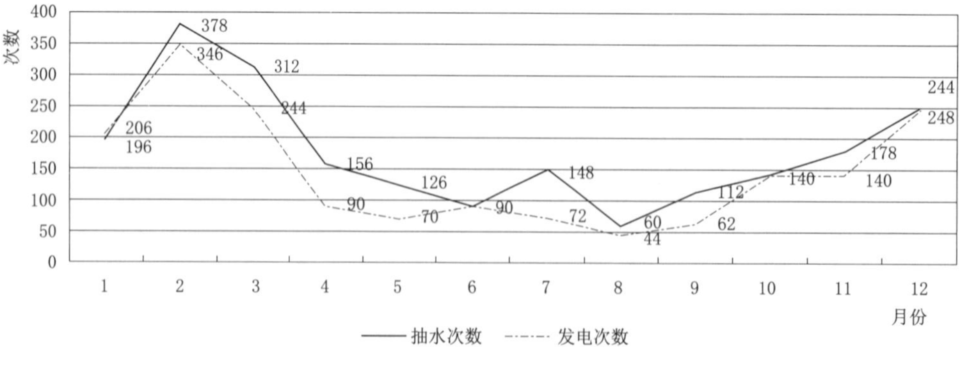

图 2　2020 年张河湾公司抽蓄机组月度发电、抽水启动次数折线图

二是疫情期间抽水蓄能呈现的运行特点。2020 年 2—6 月，张河湾电站累计发电为 2.51 亿 kW·h，去年同期为 2.61 亿 kW·h，同比减少 4.0%；累计启动次数 1854 台次，去年同期为 1618 台次，同比增加 14.6%。通过数据分析发现，疫情期间机组启动次数较去年同期增加，总电量略有减少，机组呈现的运

行特点是启动频繁，运行时间短。虽然疫情期间发电量有所减少但启动次数增加明显，电网负荷变化呈现不规律性，反映出电网对张河湾公司的需求尤为迫切。

三是对河北南网服务次数明显增加，张河湾电站全年服务电网事件 87 次，服务时长共计 8685min。其中清洁能源消纳服务 53 次，共 4088min，主要原因为风电、光电大发，张河湾电站接河北省调指令，增开 4 台机组抽水运行消纳风光电。其中调频调相等辅助服务 34 次，共 4595min，主要原因为河北南网负荷紧张，电站接河北省调指令，启动 4 台机组满负荷发电，配合调度顶出力。紧急事故支撑 2 次。

四是张河湾公司对河北南网服务效果明显增强，由于电网对新能源消纳要求越来越高，负荷变化的多样性。因此电网需要对负荷做出快速响应，张河湾公司机组具有启动迅速、调整灵活、运行稳定等优点。2020 年全年在受疫情影响的情况下，机组启动次数不降反升，这也体现电网对张河湾的削峰填谷的需求尤为迫切，张河湾公司也在不断提高机组服务电网质量，争取为河北南网安全运行保驾护航做出更大贡献同时也为实现“双碳”目标保驾护航。

5.2 2021 年蓄能电站服务电网形势分析

2021 年河北南网新能源装机容量逐年增加，“十三五”以来新能源装机规模达到了 1675 万 kW，已成为仅次于火力发电的第二大电源，并且河北南网有不弃风、不弃光的要求，新能源消纳压力巨大；此外河北南网用电负荷紧张，负荷调节方式较为单一，河北省调日常负荷调整均需张河湾公司机组启停配合调节。因此张河湾公司近年均按照河北省调指令随调随启，呈现不规则的运行方式：

一是库盆容量最大化利用，发电量明显增加。上半年张河湾公司上水库水位日均在 780～805m 变化，每日除了预留的库容，几乎对库盆容量最大化利用，由于河北南网只有一座抽水蓄能电站，本着不弃风不弃光的原则，充分利用张河湾公司削峰填谷的作用，在负荷低谷时启动抽水，在负荷高峰时进行发电运行，为电网注入了 1000MW 清洁能源，为河北南部电网的安全稳定运行提供了强有力的支持。2 月上水库水位变化如图 3 所示。

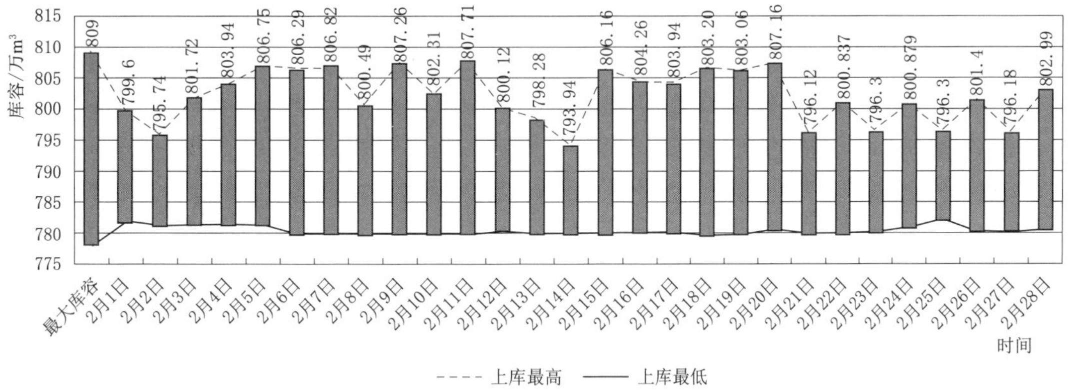

图 3 2021 年 2 月张河湾公司上水库库容日变化曲线图

二是定检工作时间安排呈现特殊性，由于河北南网调峰困难，消纳新能压力大，2021 年上半年共进行了 12 台次定检，均安排在晚峰过后进行，其中跨夜进行 9 台次，占比 75%；其中 4 台次定检时间压缩 50%，占比 33.33%。张河湾公司机组定检工作呈现出工期紧、任务重、时间段特殊等特点，也表明张河湾公司在河北南部电网调峰和消纳新能源中发挥了重要作用。

三是抽水调相与抽水间转换次数增多，由于电网对新能源消纳要求越来越高，上半年张河湾公司机组工况转换呈现特殊性，即根据调度指令开机至抽水调相工况次数明显增多。停机稳态至抽水工况运行约需 8min，抽水调相工况至抽水工况运行仅需 2min，机组优先启动至调相工况运行便于调控中心精准计算负荷点，可以实现电网负荷无扰动调节。张河湾公司机组特殊工况启动次数增多，一方面反映出电网负荷组成更加复杂，调节难度增大；另一方面也反映抽水蓄能机组具有灵活性和快速性的特点，可以以更优的方式为电网提供有力支撑。

6 结语

综上，抽水蓄能快速发展是适应新型电力系统建设和大规模高比例新能源发展的内在需要，是助力实现“双碳”目标的有效手段。当前我国正处于能源绿色化低碳化转型发展的时期，风光等新能源大规模高速度的建设，对调节电源的需求更加迫切，构建以新能源为主体的新型电力系统对抽水蓄能发展提出更高的要求。随着新型电力系统的构建，新能源并网对电力系统调节需求也更大，抽水蓄能将在服务电网中发挥更大作用，为实现“碳中和、碳达峰”提供强大助力。

参考文献

[1] 庄贵阳，窦晓铭. 新发展格局下碳排放达峰的政策内涵与实现路径 [J]. 新疆师范大学学报：哲学社会科学版，2021，42 (6)：10.

[2] 宫艳玲. 新能源与低碳经济 [J]. 化工管理，2021，8 (13)：30 - 31.

[3] 周宏春，霍黎明，李长征，等. 开拓创新 努力实现我国碳达峰与碳中和目标 [J]. 城市与环境研究，2021 (6)：35 - 51.

浅谈抽水蓄能与风电联合开发可行性

陆金琦[1]　王卿然[2]　任建川[1]
（1. 辽宁清原抽水蓄能有限公司，辽宁省抚顺市　113300；
2. 国网新源控股有限公司，北京市　100052）

【摘　要】 随着国家“双碳”目标的提出，可再生能源发展迎来新的窗口期，高质量发电上网成为可再生能源开发新挑战。由于风电产能具有间歇性、随机性等特点，故需配建一定容量的调峰电源，以提升电网对风电的消纳能力，现阶段抽水蓄能电站是风电配套调峰电源最好的选择，本文将从风电厂和抽水蓄能电站各自运行特性出发，分析各自的出力特点及适用性，探索联合开发的可能性并提出有关开发建议。

【关键词】 风力发电　抽水蓄能　联合开发　调峰

1　风电发展现状

风电作为我国近年来发展比较成熟的新能源技术，在我国得到大规模推广，由于其建设成本逐步下降及建设规模不断扩大，在供电端逐步成为可以可靠替代化石能源的新型能源。根据我国国土辽阔，风能资源储备充足的基本特性，规划有9个千万千瓦级风电基地，分别在河北、内蒙古、吉林、甘肃、新疆、江苏、山东、黑龙江，并逐步开始启动建设（表1）。2020年10月14日，《风能北京宣言》发布，明确提出为了实现国家“双碳”目标，在“十四五”期间，风电发展要与国家战略相适应，保证年均新增装机5000万kW以上，就此我国风电产业迎来又一次高潮。

表1　全国大型风电基地基本情况

所在地区	基地名称	重点开发区域	消纳市场
河北	张家口一、二、三期，承德一、二、三期，唐山海上风电场项目	张家口、承德、沿海地区	华北电网
内蒙古东	通辽开鲁百万基地、通辽科左中旗珠日和百万基地、兴安盟桃合木百万基地、呼伦贝尔百万基地	通辽、呼伦贝尔、兴安盟	东北电网
内蒙古西	包头达茂旗百万基地、巴彦淖尔乌拉特中旗百万基地、锡林郭勒百万基地、乌兰察布幸福和吉庆百万基地	包头、巴彦淖尔、乌兰察布、锡林郭勒	华北电网、华东电网
吉林	白城通榆瞻榆百万基地、白城洮南百万基地、大安百万基地、四平大黑山百万基地、松原长岭百万基地	白城、四平、松原	东北电网
甘肃	酒泉千万基地一、二期工程，金（昌）武（威）张（掖）地区千万千瓦级风光互补发电基地	酒泉、武威	西北电网
新疆	哈密东南部百万基地、乌鲁木齐达坂城百万基地，哈密三塘湖百万基地、哈密淖毛湖百万基地	哈密、乌鲁木齐	西北电网、华中电网
江苏	首批特许权海上风电项目，盐城东部、南部海上百万基地	盐城、南通	华东电网
山东	三大海上风电基地：渤中基地、半岛北基地、半岛南基地；淄博、泰安、济宁、临沂等市丘陵地带为重点，建成陆上千万千瓦级风电基地	淄博、泰安、济宁、临沂	华北电网
黑龙江	大庆西部百万基地，大庆北部、齐齐哈尔富裕百万基地	大庆、齐齐哈尔、哈尔滨东部（依兰、通河）、佳木斯、绥化、牡丹江等	东北电网

1.1　风电特性

风力发电其影响因素很多，其中风速和风向是影响最为突出的两个因素，受以上因素影响，风电厂输出电能具有明显的随机性、波动性以及难以预测性。

（1）随机性。由于风电主要的能量来源是风能转换，风具有随机性，由于季节不同、地点不同、高度不同都可以造成风的变化，以上因素是无法调节的。所以在日常电网调度中，不考虑“弃风”的情况下，风电的输出功率具有明显的随机性。

（2）波动性。由于风是随时变化的，所以风电产出功率是从零到额定功率间随时变化的，这个变化周期可以是每天、每小时甚至每分钟。周期可短可长、变化可大可小。研究过程中常用变化率来衡量风电的波动性，其变化率公式为：

$$r=\frac{|p_t-p_{t-\tau}|}{p_{\text{total}}}\times 100\%$$

式中：r 为风电出力变化率；p_t 为 t 时刻的风电出力；$p_{t-\tau}$ 为 τ 时段以前的风电出力；p_{total} 为装机总容量。

（3）难预测性。风电场的输出功率跟风量有直接关系，风量受区域、时段、季节的直接关系，现有科技水平暂时无法实现风量准确预测。

由于风电具有以上特性，所以不可预知风电场的发电量，在运行调度过程中无法准确考虑风电产能，若强行将风电上网，会影响电网整体的安全性、经济性和灵活性。

1.2 “弃风”问题

随着风电技术的发展，“弃风”限电现象得到有效改善，但由于一些技术问题及体制机制问题，“弃风”问题仍未完全解决。“弃风”现象是指，为维持电网稳定运行，控制电能传递在合理的波动区间，根据电网自身消纳能力控制部分风机暂停运行的现象。主要原因有两点：

（1）地区风电储备与自身消纳能力不匹配。我国现有的九大风电基地多处于电网末端，虽有 77％的全国风电储备，但是上述风电基地所在区域普遍生产行业欠发达，人口密度低，城市用电负荷低，导致自身电力产能过剩，无法消纳多余电能，造成被动“弃风”现象。

（2）电力品质差。电能是一种生产出来就要马上用掉的能量，无法实现大规模储存。风电由于其随机性和不确定性，其产出电能极不稳定，输出电能可能连续多日处在零电量附近，也可能连续几天在满负荷运转，产能波动大，现有科学技术无法进行人为干预，由此对电网调度造成极大困难。另外风电往往具有反调峰性，城市电能负荷曲线往往是白天高峰，夜间低谷，风电出力曲线与之恰恰相反，因此不得不在这种情况下进行“弃风”处理。

2 抽水蓄能电站开发现状

抽水蓄能电站是现阶段公认的安全可靠、技术成熟、兼具调峰调频作用的储能装置，对于服务新型电力系统建设、消纳风电、光伏等新能源、提升核电、火电机组使用寿命、助力我国实现能源转型等方面起到至关重要的作用，能够有效提升电网稳定性。区别于常规水电站，抽水蓄能电站既是发电端又是用电端，具有削峰填谷的能力，被誉为巨型电网充电宝。

当前“双碳”背景下，能源转型不断深化，新型电力系统加速构建，对系统的灵活性要求更高，2022 全国两会政府工作报告中强调要落实碳达峰行动方案，推进能源低碳转型，明确提出要加强抽水蓄能电站建设，提升电网对可再生能源发电的消纳能力。根据《抽水蓄能中长期发展规划（2021—2035 年）》，本次规划共储备抽水蓄能项目 247 个，储备装机规模 3.05 亿 kW，计划 2025 年投产 6200 万 kW；至 2030 年投产 1.2 亿 kW；至 2035 年装机规模增加至 3 亿 kW。近日，国家发展改革委和国家能源局联合发文，要求加快“十四五”期间抽水蓄能电站建设开发，各省积极落实文件要求，抽水蓄能储备站点能核尽核，能开尽开，抽水蓄能电站建设迎来新的发展窗口期。

3 风蓄联合开发构想

风电与抽水蓄能电站联合开发，即在风电场附近规划配套设置与之发电量相匹配的抽水蓄能电站，将水的势能作为风电储存媒介，结合风电场的反调峰性和抽水蓄能电站高效调峰能力配套运行，进而实现电能稳定输出，安全高效服务电网。

结合风电波动性的特点，在白天风力较小、电网用电负荷较大时，风电厂和抽水蓄能电站联合发电，此时抽水蓄能电站处于发电工况，充当风电厂的补充电源，弥补电力空缺；当夜间风力较大、电网整体负荷较小时，抽水蓄能电站启动用电工况，将风电厂发出的电能通过机组运转转换为水的势能储存在上水库，有效缓解地方弃风问题。

以呼和浩特抽水蓄能电站为例，电站装机容量 1200MW，根据相关研究统计，电站投产后，该地区电网弃风率减少 5%以上，弃光率减少 2%以上，消纳新能源作用显著。由此可见风电厂与抽水蓄能电站联合运行有助于电网对风能的消纳，提升电网稳定性，对于大规模开发风电的风电基地是必要的，联合开发的构想是可行的。

4 风蓄联合开发经营模式探讨

近年国家对抽水蓄能电站开发政策逐步趋于市场化，由早期电网独家建设经营逐步放开，基于抽水蓄能电站以电网经营企业建设和管理为主的现状，鼓励在具备条件的地区采用招标、市场竞价等方式确定抽水蓄能电站项目业主，旨在逐步建立引入社会资本市场多元化投资体制机制。投资主体逐步趋于多元化。

考虑风蓄联合开发主要受益单位主要为地方风电企业，按照“谁受益、谁投资”原则，在项目规划阶段可以考虑风电企业投资建设或参股开发抽水蓄能电站。此种开发方式对电网和风电企业来说都是一种互利共赢，多方受益的投资开发方式。一方面电网有调度运行权及大量的能源需求，急需安全可靠电源并网运行。基于此前提，当风电富裕时电网调动抽水蓄能电站抽水，在风能不足时发动蓄能机组发电，可以有效提高风电机组有效运行小时数，还可以充分发挥抽水蓄能调峰填谷、调频调相的作用，将风电部分“垃圾电”转化为优质电稳定供电；另一方面风电场的弃风问题也能得到有效缓解，风电机组效益显著提升。经研究，120 万 kW 的抽水蓄能电站机组最大可以使 400 万 kW 风电机组运行小时数增加 650h，增加发电量 26 亿 kW·h，可见联合开发后经济效益优势显著。

综上，风电企业投资建设抽蓄电站是可行的，且在大型风电场附近开发效益会更为显著。投资收益主要分为两部分：一部分是直接收益，我国一直在探索适合我国抽蓄发展现状的运营模式和价格形成机制，经过不断探索，目前逐渐朝两部制电价机制发展，但文件中提出仅作为省级电网电价调整的考虑因素，并未明确相应承担主体，因此，目前两部制电价机制还在逐步落实过程中。另一部分采用此种联合开发的模式，由于抽水蓄能对风电的调节，进一步提升风电利用小时数，风电上网发电量显著提高，弃风量减小。抽水蓄能电站目前能源转化率普遍认可为抽四发三，以 1800MW 的抽水蓄能电站为例，年抽水电量 40 亿 kW·h，在理想化模型下，此部分均可为消纳多余的风电电量（弃风量），按现行风电均价 0.51 元/(kW·h) 计算，风电企业可以增加收益 50.4 亿元，即使弃风量不能得到完全消化，收益也是效果显著。通过抽水蓄能调节，可转换为 30 亿 kW·h 的优质发电量，按照现有民用电 0.62 元/(kW·h) 价格计算，电网企业可以获利 18.6 亿元。由此可见联合开发后带来的间接经济效益显著，待两部制电价机制进一步完善落实后，经济效益将进一步得到提升，逐步实现成本回收甚至盈利。

5 联合开发建议

5.1 加强风电基地附近抽水蓄能电站规划

从现有形势及研究成果上来看，抽水蓄能电站由于其灵活快速的启停方式、良好的调峰能力，是风电最优的配套设施，可以有效帮助电网适应风电反调峰性。我国目前 9 个千万千瓦级风电基地多处于低负荷地区，供电网络末端，其特点是电力负荷需求量小，电网自身消纳能力有限，更需要抽水蓄能进行配套调节，因此，在抽水蓄能开发选点过程中就要适当考虑向主要风电基地靠拢。

根据《抽水蓄能中长期发展规划（2021—2035 年）》文件内容，本次中长期规划提出抽水蓄能储备项目 247 个，后续各省（自治区、直辖市）不断滚动开展抽水蓄能站点资源普查和项目储备工作，综合考虑地形地质等建设条件和环境保护要求，开展规划储备项目调整工作。从政策层面上，抽水蓄能选点实行滚动动态调整，为配合风电发展创造一定条件。后续可以根据各风电基地风机容量的增长及所在地电网电源结构的变化进行抽水蓄能动态选点，合理配置抽水蓄能容量，做到抽水蓄能开发、风电建设协调发展。

抽水蓄能站点储备调整已有成功案例。2022 年 4 月，国家能源局印发《关于〈抽水蓄能中长期发展规划（2021—2035 年）〉山西省调整项目有关事项的复函》（国能函新能〔2022〕13 号），明确同意山西省盂县上社（装机容量 140 万 kW）、沁源县李家庄（装机容量 90 万 kW）、沁水（装机容量 120 万 kW）、代县黄草院（装机容量 140 万 kW）、长子（装机容量 60 万 kW）5 个项目纳入规划“十四五”重点实施项目；绛县（装机容量 120 万 kW）、垣曲二期（装机容量 100 万 kW）、西龙池二期（装机容量 140 万 kW）3 个储备项目调整为规划“十四五”重点实施项目；五寨（装机容量 120 万 kW）项目纳入规划储备项目。由此可见抽水蓄能储备站址动态调整是可以实现的。

5.2 开展抽水蓄能节水设计

纵观我国大型风电基地位置，普遍存在水资源匮乏的特点。以新疆为例：新疆属干旱内陆气候区，降水稀少、蒸发量大。据统计，新疆全区多年平均降水量为 147mm，仅为全国年平均降水量的 23%，平均年蒸发量 2000～2500mm，水资源不充足。抽水蓄能电站主要工作原理为实现电能和水的势能之间的转换，虽然与常规水电相比需水量相对较少，但也有一定库容要求，通常抽水蓄能电站有上下两个水库，库容在 1000 万 m^3 左右，水量对电站的运行起到决定性作用。所以针对西北等干旱少雨、蒸发量大的区域需进行专门电站节水设计，如开展上下水库库盆防渗的研究、增加水库蓄水水深、降低库内渗漏量等。通过抽水蓄能电站运行节水研究，助力干旱地区抽水蓄能电站开发建设。

5.3 加大抽水蓄能技术科研

围绕我国规划的 9 大风电基地站址及其开发规划，对所在区域的附近的区域进行系统排查，探寻开发抽水蓄能电站的可能性，为后续风电与抽水蓄能协调开发做好站址资源储备。结合抽水蓄能发展机遇，主动进行新技术的吸纳与研究，加大科研投入，探索进一步提高能源转换系数、降低工程造价等可能性，做到投资利益最大化；建立抽水蓄能电站与风电厂联合运行模型，分析最有容量配比及运行方式，综合提高配套开发效率；探索矿坑抽水蓄能电站等新形式抽水蓄能电站建设可能性，将抽水蓄能电站建设与地方废弃资源改造、景观规划等相结合，让抽水蓄能电站与城市建设做到有机融合。

6 结语

随着我国新能源快速发展，如若风电与抽水蓄能联合开发模型建立试点得到良好应用，完全可以对模型进行部分修改，推广至太阳能、潮汐能等甚至多种新能源形式与抽水蓄能联合开发，实现多方互利共赢的局面。

综上所述，风电与抽水蓄能电站配套发展的方案是可行的，在规划方面，需统筹调查国内风电基地周边站址，结合风电开挖情况配套开发抽水蓄能电站；技术方面，开展抽水蓄能电站节水设计等科研技术研究，结合发展浪潮提升国内建设水平；运行方面，开展风电与抽水蓄能配套运行模型研发，探索最优配套比例及运行方式。通过协调开发、统一调度方式充分发挥抽水蓄能电站的电网“稳压器”作用，保证风电安全稳定上网。

参考文献

[1] 邹金，赖旭，汪宁渤．以减少电网弃风为目标的风电与抽水蓄能协调运行［J］．电网技术，2015，39（9）：2472-2477.
[2] 李红军．对配套风电开发的抽水蓄能电站发展的若干问题分析［J］．科技创新导报，2012（16）：2.
[3] 谭志忠，刘德有，欧传奇，等．风电-抽水蓄能联合系统的优化运行模型［J］．河海大学学报，2008，36（1）：5.

基于霍尔三维结构的并网二次工程EPC项目质量管理模糊综合评价

高 熹 高从闯 王小建 陈 强
（江苏国信溧阳抽水蓄能发电有限公司，江苏省溧阳市 213334）

【摘 要】 随着我国抽水蓄能电站建设的大力推进，并网二次工程作为电站建设的重要组成部分，也得到了迅速发展，其承包模式从DBB模式逐步过渡到EPC模式。但关于评价和提高总承包商质量管理的研究尚处于起步阶段。本文基于层次分析法采用霍尔三维结构建立了三维多层递阶评价指标体系，并结合模糊数学的方法，建立了模糊综合评价数学模型，为进一步优化总承包商的质量管理提供了参考。最后结合案例验证了该方法是简单易行、科学合理的。

【关键词】 并网二次工程 EPC 霍尔三维结构 模糊综合评价

1 引言

随着国家“双碳”目标的推进和“十四五”规划的开展，抽水蓄能电站迎来了建设高峰。抽水蓄能电站并网二次工程包括电站并入电网所需的系统通信、调度自动化和系统继电保护等三个专业的设备建设。并网二次设备投运是电厂与电网公司签署调度协议、购售电合同的基础，也是机组完成系统倒送电、更早获取调试电源的必备条件，因此其质量管理至关重要。

近年来该类工程的承包模式逐步从DBB过渡到EPC模式，一般委托电力设计院来完成。考虑EPC模式下该类工程往往存在工作界面复杂、设备要求严格、规范更新快等问题，给质量管理带来了不小的挑战，在这种情况下如何客观、合理地对质量管理开展评价和提高，具有一定的理论价值和实际意义。

2 研究现状分析

目前，国内外有许多关于电力项目的EPC模式、项目质量管理及质量管理评价的研究。程玉光等[1]根据PMBOK第5版的定义，从规划质量管理、实施质量保证和控制质量三个过程探讨了国际EPC项目中的质量管理模式。康延领等[2] 总结了EPC模式下大型水电工程的采取的质量管理举措，提出强化资质审核、建立质量评价与激励、重视设计控制、建立良好合作关系等建议。程俊[3] 从纵向和横向两个维度对影响110kV输变电工程项目管理质量因素进行了分析，构建了基于层次分析法（AHP）的二维质量评价指标模型。赵婉旭[4] 使用模糊数学和AHP的方法建立了华能丹东电厂项目的质量管理评价体系。张鑫[5] 通过主成分分析法找出了L变电站建设项目的评价指标，采用层次分析法确定指标权重，构建了L变电站的质量管理评价体系并进行了应用。

虽然当前电力项目在质量管理模式、质量评价体系、评价模型、指标构成以及权重等方面取得了一些研究成果，尤其是对输变电工程、火电厂的质量管理评价已经较为成熟，但是对于抽水蓄能电站并网二次工程的质量评价研究几乎为零。同时，当前研究大多使用PMBOK第五版定义的规划质量管理、实施质量保证和控制质量这三种管理过程和ISO 9000质量管理体系，而PMBOK第六版和第七版已经对质量管理理论进行了更新升级，在抽水蓄能电站中如何应用最新PMBOK理论，有待进一步探索。此外，EPC总承包商承担设计、采购、施工等任务，其管理任务具有系统性和复杂性，当前的研究仅局限于某种特定视角，例如质量管理过程、工程开展顺序、4M1E或者分专业的视角来构建指标体系，有必要探索建立一种具备多种视角的系统化指标体系，能科学、全面、多维度评价并网二次工程质量管理水平，找出质量管理的薄弱点和改进方向，从而完善质量管理措施，助力抽水蓄能电站并网二次工程建设。

3 并网二次工程 EPC 项目质量管理评价指标体系

3.1 评价体系的构建思路

霍尔（A. D. Hall）于 1969 年提出霍尔三维结构。该结构是一种解决大型、复杂项目的系统工程方法论。在霍尔三维结构中，分别以进度视角的时间维、过程视角的逻辑维和应用视角的知识维/专业维为坐标系，组成三维空间来详细展开系统工程活动，同时还保持了系统的整体性，有效地求解了复杂系统问题。

结合文献研究，目前有根据项目开展先后顺序构建指标，根据不同的管理过程构建指标，据工程的不同专业划分构建指标，基于 4M1E 法构建指标等四种思路构建思路。这四种思路均适用于并网二次工程。

对照系统工程理论，本文结合工程开展、PMBOK 质量理论和并网二次工程的专业特点，提出使用霍尔三维结构构建质量管理评价体系，可同时体现时序性、逻辑性和专业性，也更具系统性和更全视角。

3.2 三维质量管理分析

本节从霍尔三维结构的时间维、逻辑维和专业维对并网二次工程 EPC 项目的质量管理进行分析。

（1）时间维。EPC 总承包商承担该工程的设计、采购和施工任务[6]。其总承包商按时间顺序开展质量管理，详见图 1。其中，总承包商的质量管理随着时间变化、工程开展而发生变化，这构成了时间维。

（2）逻辑维。质量管理在实现质量目标的管理活动中有不同的管理过程，这构成了逻辑维。在该维度中，根据 PMBOK，存在三种管理过程，分别为规划质量管理过程、管理质量过程和控制质量过程[7]。

从主要数据流向的角度，首先由规划质量管理过程根据项目章程、管理计划、项目环境等内容形成质量管理计划和质量测量指标，然后管理质量过程根据规划质量管理过程的质量管理计划和质量测量指标形成质量报告，最后控制质量过程根据质量报告、质量管理计划、质量测试指标来核实成果的质量是否达到质量测量指标的要求，并将核实的结果反馈给管理质量过程，主要数据处理和流向见图 2。

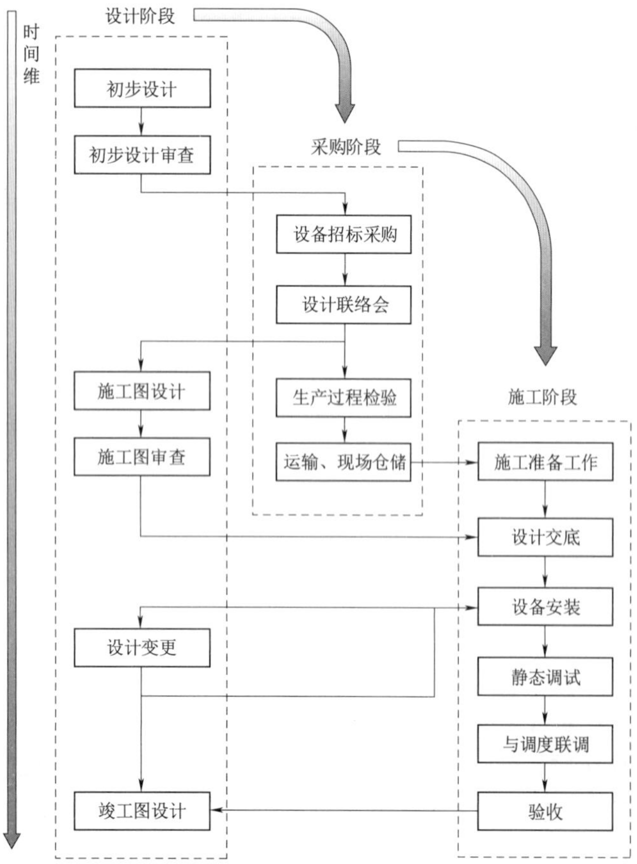

图 1 质量管理按时间顺序开展示意图

（3）专业维。抽水蓄能电站并网二次工程需要建设完成的信息与控制系统包括十多种不同的主要设备，这些主要设备根据不同的理论体系和实践规范分为三个专业，即系统继电保护专业、系统调度自动化专业和系统通信专业。系统继电保护一般有线路保护、断路器保护、母线保护、保护信息子站及故障录波器等；调度自动化一般包括调度数据网设备、网络安全防护设备、远动工作站、电能量计量系统、自动发电/电压控制（AGC/AVC）和相量测量装置（PMU）等；系统通信一般包括光缆及光纤配线架、同步数字序列（SDH）光传输设备及数字配线架、脉冲编码调制（PCM）综合业务接入设备及音频配线架、调度电话等，专业划分见图 3。

这三大专业设备具备不同的特性和标准规范，决定了不同的质量管理要求。质量管理可

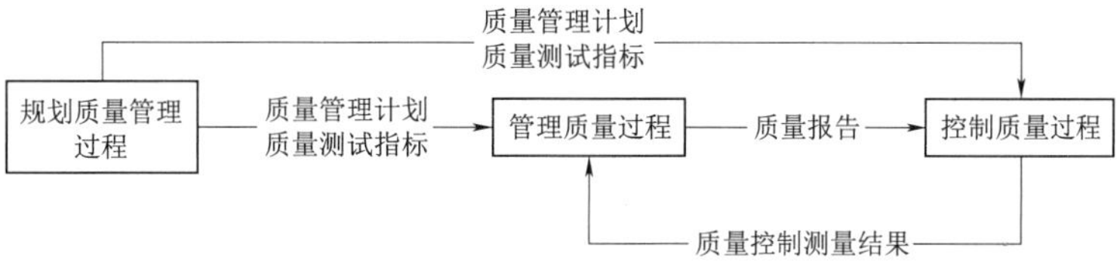

图2 质量管理过程数据流向

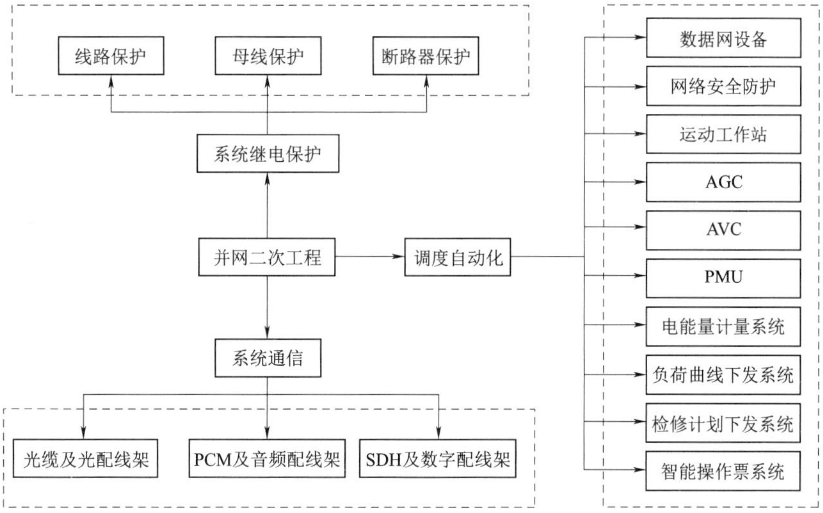

图3 并网二次工程主要专业划分

按这三大专业分别进行划分，分别为系统继电保护、系统调度自动化和系统通信。

3.3 并网二次工程霍尔三维结构评价指标体系构建

本节参考大量有关电力工程质量评价的文献研究，本着系统性、代表性、独立性、可行性、时效性的原则，使用霍尔三维结构分析质量管理的关键影响因素，再根据影响因素构建评价指标，结合层次分析法特点建立评价指标体系。抽水蓄能电站并网二次工程质量管理的霍尔三维结构见图4。

三维评价指标体系见表1。

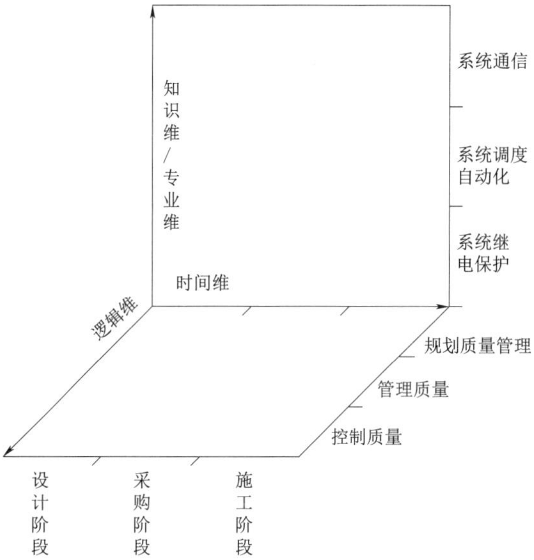

图4 抽水蓄能电站并网二次工程质量管理的霍尔三维结构图

4 并网二次工程EPC项目质量管理评价模型

4.1 建立因素集和评语集

因素集即评价指标，用集合 $\boldsymbol{U}$ 表示，$\boldsymbol{U}=\{u_1,u_2,\cdots,u_m\}$，本文指标集见表1。由于每个指标的评价值不同，通常会形成不同的等级。评语集是指每一个因素（评价指标）所处状态的 n 种决断，即评价等级，用集合 $\boldsymbol{V}=\{v_1,v_2,\cdots,v_n\}=\{$优秀,良好,一般,较差,差$\}$ 表示，即划分为五个等级。

4.2 确定各指标权重

本文利用层次分析法确定指标权重，层次分析法是一种常用的系统评价与决策方法，还可以辅助评价。层次分析法在确定指标权重时，将要评价的目标分解成几个部分，形成一个树状的层次结构，然后对每层次各个指标的相对重要性进行比较，得出判断矩阵，进行一致性检验，最终确定每层指标权重。

表 1　　质量管理评价指标体系

目标层	准则层	指标层
时间维评价指标	设计阶段（u_{T1}）	设计评审（u_{T11}）
		专业协调配合（u_{T12}）
		设计变更（u_{T13}）
	采购阶段（u_{T2}）	供应商资质（u_{T21}）
		设计联络（u_{T22}）
		出厂验收（u_{T23}）
	施工阶段（u_{T3}）	人员（u_{T31}）
		设备材料（u_{T32}）
		技术方法（u_{T33}）
		环境（u_{T34}）
逻辑维评价指标	规划质量管理（u_{L1}）	质量标准辨识（u_{L11}）
		质量组织与职责（u_{L12}）
		质量程序（u_{L13}）
	管理质量（u_{L2}）	质量监督（u_{L21}）
		质量问题解决（u_{L22}）
		质量改进（u_{L23}）
	控制质量（u_{L3}）	质量检查（u_{L31}）
		质量统计（u_{L32}）
		质量会议（u_{L33}）
专业维评价指标	系统继电保护（u_{P1}）	定值管理（u_{P11}）
		二次回路（u_{P12}）
		保护检验（u_{P13}）
	系统调度自动化（u_{P2}）	调度要求响应（u_{P21}）
		网络安全防护（u_{P22}）
		与调度联调（u_{P23}）
	系统通信（u_{P3}）	通信通道（u_{P31}）
		接入测试（u_{P32}）
		通信电源（u_{P33}）

根据上文提出的质量管理三维评价指标体系，请多位专家对指标进行评价，通过对专家给分进行计算，根据层次分析法，采用 9 标度法将同一层级的各个指标进行两两比较，判断两者之间哪个相对重要构造判断矩阵 $\boldsymbol{A}$，使用特征根法计算特征根 λ_{max} 值，得到对应的特征向量 $\boldsymbol{W}_{max}$，归一化后得到权重向量 $\boldsymbol{W}$，再计算一致性指标 $C.I.$，进行一致性检验。计算流程见图 5。

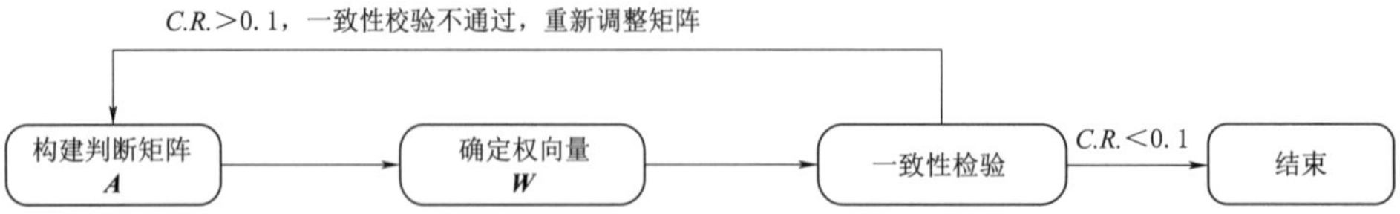

图 5　AHP 法确定权重向量流程图

4.3　构造隶属度矩阵和评价向量

确定各评价指标集 $\boldsymbol{U}$ 对应评价等级集 $\boldsymbol{V}$ 的隶属度，开展单指标评价，每个单指标评价结果组成一行向量，最终形成隶属度矩阵 $\boldsymbol{R}$：

$$R=\begin{bmatrix} r_{11} & r_{12} & \cdots & r_{1j} \\ r_{21} & r_{22} & \cdots & r_{2j} \\ \vdots & \vdots & \ddots & \vdots \\ r_{i1} & r_{i2} & \cdots & r_{ij} \end{bmatrix}$$

仅凭单指标评价结果是不全面的，还应将全部的指标都进行综合评价，综合过程中使用了模糊数学中的合成算子。将模糊综合评价向量设为 $\boldsymbol{B}$，计算公式为：$\boldsymbol{B}=\boldsymbol{W}\cdot\boldsymbol{R}$，其中，为较全面地评价指标信息，本文采用 $M(\cdot,\oplus)$ 算子计算模糊综合评价矩阵，公式为

$$b_j=\min\{1,\sum_{k=1}^{m}w_k r_{kj}\}\quad j=1,2,\cdots,n$$

在得出评价向量后，可采用最大隶属度法。

评价向量 $\boldsymbol{B}$ 中选取最大数所对应的指标，并对其映射到 $\boldsymbol{V}$ 中的结果作为最终结果：

$$V=\{V_m\,|\,V_m\rightarrow\max b_j\}\quad j=1,2,3,4,5$$

5 应用实例

根据本文提出的质量管理评价指标体系和模型，对某抽水蓄能电站并网二次工程 EPC 项目开展评价，首先邀请 15 位专家对指标权重进行打分，另外再邀请 10 位专家对各评价指标进行打分。

以时间维为例，得出权重结果总排序见表 2，经计算，$C.R.<0.1$，层次总排序经过一致性检验。

表 2　　时间维权重总排序

目标层	一级指标	一级权重	二级指标	二级权重	总权重
时间维度（u_T）	设计阶段（u_{T1}）	0.2385	设计评审（u_{T11}）	0.6586	0.1571
			专业协调配合（u_{T12}）	0.2628	0.0627
			设计变更（u_{T13}）	0.0786	0.0187
	采购阶段（u_{T2}）	0.1365	供应商资质（u_{T21}）	0.6370	0.0870
			设计联络（u_{T22}）	0.2583	0.0353
			出厂验收（u_{T23}）	0.1047	0.0143
	施工阶段（u_{T3}）	0.6250	人员（u_{T31}）	0.5409	0.3381
			设备材料（u_{T32}）	0.2298	0.1436
			技术方法（u_{T33}）	0.1535	0.0959
			环境（u_{T34}）	0.0758	0.0474

隶属度矩阵：

$$\boldsymbol{R}_{T1}=\begin{bmatrix} 0.3 & 0.5 & 0.1 & 0.1 & 0 \\ 0.5 & 0.4 & 0.1 & 0 & 0 \\ 0.3 & 0.4 & 0.3 & 0 & 0 \end{bmatrix}\quad \boldsymbol{R}_{T2}=\begin{bmatrix} 0.6 & 0.3 & 0.1 & 0 & 0 \\ 0.5 & 0.5 & 0 & 0 & 0 \\ 0.4 & 0.5 & 0.1 & 0 & 0 \end{bmatrix}\quad \boldsymbol{R}_{T3}=\begin{bmatrix} 0.5 & 0.3 & 0.2 & 0 & 0 \\ 0.4 & 0.4 & 0.2 & 0 & 0 \\ 0.4 & 0.6 & 0 & 0 & 0 \\ 0.5 & 0.3 & 0.2 & 0 & 0 \end{bmatrix}$$

根据表 2 的权重，计算评价向量：

$$\boldsymbol{B}_{T1}=\boldsymbol{W}_{T1}\cdot\boldsymbol{R}_{T1}=[0.3526,0.4658,0.1157,0.0659,0]$$

$$\boldsymbol{B}_{T2}=\boldsymbol{W}_{T2}\cdot\boldsymbol{R}_{T2}=[0.5532,0.3726,0.0742,0,0]$$

$$\boldsymbol{B}_{T3}=\boldsymbol{W}_{T3}\cdot\boldsymbol{R}_{T3}=[0.4617,0.3690,0.1693,0,0]$$

将上述评价指向量作为一级的隶属度矩阵：

$$\boldsymbol{R}_{T}=\begin{bmatrix} 0.3526 & 0.4658 & 0.1157 & 0.0659 & 0 \\ 0.5532 & 0.3726 & 0.0742 & 0 & 0 \\ 0.4617 & 0.3690 & 0.1693 & 0 & 0 \end{bmatrix}$$

算出一级评价向量：

$$\boldsymbol{B}_{\mathrm{T}}=\boldsymbol{W}_{\mathrm{T}}\cdot\boldsymbol{R}_{\mathrm{T}}=[0.4481,0.3926,0.1435,0.0157,0]$$

同样可对逻辑维、专业维进行计算，分别得出评价向量：

$$\boldsymbol{B}_{\mathrm{L}}=\boldsymbol{W}_{\mathrm{L}}\cdot\boldsymbol{R}_{\mathrm{L}}=[0.6095,0.2878,0.0922,0.0104,0]$$

$$\boldsymbol{B}_{\mathrm{P}}=\boldsymbol{W}_{\mathrm{P}}\cdot\boldsymbol{R}_{\mathrm{P}}=[0.5755,0.2772,0.1400,0.0073,0]$$

按照最大隶属度原则，该项目在时间维、逻辑维、专业维等三个维度的质量管理结果均为优秀，表明项目总承包商质量管理水平较高。该抽水蓄能电站于2021年12月获得国家优质工程金奖，并网二次工程作为电站工程的一部分，是电站倒送电和机组调试前的关键线路和必备条件，其优秀的承包商质量管理水平也在其中起到了积极的作用。同时，根据专家打分和各维度评价向量结果，还可精益求精，在后续项目管理中对稍弱的指标进行加强和改进，例如时间维设计阶段的设计评审、设计变更，逻辑维规划质量管理的质量组织与职责、质量程序，专业维系统通信的通信通道、接入测试、通信电源等方面。

6 结语

随着国家大力开发抽水蓄能电站，电力建设进入新阶段。为保证电站主体工程质量，业主对并网二次工程的质量要求也越来越高。与此同时，EPC模式在我国电力工程实践中不断推广，该模式下总承包商的质量管理范围和内容比传统DBB模式更广和更多，实现工程质量管理目标颇具挑战。当抽水蓄能电站并网二次工程采用EPC模式委托设计单位总承包时，如何评价和提高其承包商质量管理水平，成为新的关切。本文整合了当前主流的指标体系构建思路，基于霍尔三维结构从三个维度构建一套新的评价指标体系，应用层次分析法和模糊综合评价法对抽水蓄能电站并网二次工程EPC项目质量管理进行评价，该方法步骤简明，科学合理，所得结果可以为抽水蓄能电站并网二次工程的质量管理改进提供依据。此外，该类项目质量管理涉及范围广，以国家标准、行业规范、调度管理要求为标准导向，其质量管理内容会随着电站项目特点的不同有所差异。因此，在指标设计过程中，可以考虑各类关键影响因素，需要结合实际情况进行适当修正调整，进一步完善整个指标体系。

参考文献

[1] 程玉光，梁远利．国际EPC总承包项目质量管理模式探讨［J］．南方能源建设，2016，3（S1）：168-172.

[2] 康延领，唐文哲，张旭腾，等．杨房沟水电EPC项目质量管理创新与实践［J］．项目管理技术，2020，18（1）：75-79.

[3] 程俊．110kV输变电工程项目质量管理评价及应用研究［D］．北京：华北电力大学，2014.

[4] 赵婉旭．华能丹东电厂建设项目质量管理评价［D］．北京：华北电力大学，2018.

[5] 张鑫．变电站建设项目质量管理评价研究［D］．济南：山东大学，2020.

[6] 美国项目管理协会（PMI）．项目管理知识体系指南（第六版）［M］．北京：电子工业出版社，2018.

[7] 丰景春，高佳旭．基于AHP的水利工程建设管理信息化项目模糊综合评价［J］．项目管理技术，2012，10（11）：38-42.

新疆哈密抽水蓄能电站促进新能源消纳能力新研究

李长健　何　琼

（新疆哈密抽水蓄能有限公司，新疆维吾尔自治区哈密市　839000）

【摘　要】本文着眼于哈密新能源消纳，以哈密全面且最新（2022年6月）的能源和电力数据为基础，对哈密新能源消纳特性和制约因素进行再研究，得出调峰能力是哈密新能源消纳的决定性制约因素的初步结论，从技术经济比较中得出蓄能电站是提升哈密新能源消纳的最佳手段的进一步结论。在新的约束条件下对新疆哈密抽水蓄能电站促进新能源消纳的实际能力进行了重新测算，测算结果超出该电站原可行性研究报告中给出的既有结论。

【关键词】抽水蓄能　调峰　新能源消纳

1　引言

工业革命以来，巨量的地球固态碳与液态碳氢化合物，被人类燃烧、利用，并最终排放到大气中。地球大气温室气体浓度持续提高，地球升温也成为工业革命以来的持续趋势。

2021年10月25日，WMO发布《2020年WMO温室气体公报》，指出全球大气主要温室气体浓度继续突破有仪器观测以来的历史记录，2020年大气二氧化碳浓度增幅约2.5ppm，高于过去十年平均增幅（2.4ppm）。

2022年的夏天，极端高温天气覆盖江南、华中、川渝等大半个中国，欧洲、北极等域外也都出现极端高温天气。给地球减碳，控制地球升温再一次成为一个逼在眼前的严峻问题。

中国是全球经济大国也是碳排放大国，提出“碳达峰、碳中和”目标，而根据全球能源互联网发展合作组织的研究结论，电力行业减碳是中国实现碳中和的决定性因素。电力行业在2050年前实现碳中和方能保证中国碳中和目标的最终实现。

加快以新能源为主体的新型电力系统建设则是电力行业减碳的根本途径和基本手段。

2　哈密能源禀赋与电力现状

地处新疆东部的哈密市纵跨天山南北，地域十分广阔，煤炭资源、风能资源和太阳能资源蕴含量都十分丰富，被称为“煤都、风库和光谷”。丰富的能源储备加之靠近内地的区域优势使得能源产业在哈密占据重要地位，新能源开发更是近些年来的投资热点。

2.1　电源开发情况

2.1.1　煤炭及火电

哈密市煤炭预测资源储量5708亿t，占全国预测资源储量的12.5%，占新疆预测资源储量的31.7%，居全疆第一位，哈密煤炭同时具有低灰、低硫、低磷、高热值、高含油率、高挥发分的“三低三高”特点。

新疆的煤炭资源主要分布在西部的伊犁哈萨克自治州，中部昌吉回族自治州的淮南、淮北、淮东以及东部哈密的大南湖、三塘湖、淖毛湖一带，淮东、大南湖两地都已建起煤电基地。

哈密市主要煤电装机见表1。

表1中前10台机组都为2014年投运的哈密—郑州800kV特高压直流输电工程配套电源。在新能源大发展的大背景下，以上12台大型煤电机组正由主体性电源向提供可靠容量、调峰调频等辅助服务的保障性电源转型。

表1　哈密市主要煤电装机

哈密主力火电厂	厂装机容量	机组台数	单机容量
国神哈密花园电厂	4×660MW	4	660WM
国投（中煤）哈密发电厂	2×660MW	2	660WM
国电哈密大南湖电厂	2×660MW	2	660WM
兵团红星电厂	2×660MW	2	660WM
国网能源大南湖电厂	2×300MW	2	300MW
合计	7200MW	12	

2.1.2　风能及风电

新疆风能资源总储量8.72亿kW，技术可开发量1.2亿kW，是全国风能资源最丰富的地区之一。哈密占有新疆9大风区中的3个，是国家千万千瓦级风电基地之一。

风能资源丰富的新疆，早在1989年就率先建成装机规模超过10万kW的并网风电场，到2005年底，新疆并网风电装机规模一直保持全国第一。然而2006年之后，由于新疆电网长期孤网运行，全网调峰能力不足等原因制约了风电发展，新疆风电产业随之发展速度渐缓。

“十一五”以来新疆全面加快“疆电外送”步伐。2010年11月实现750kV新疆与西北电网联网，“疆电外送”从此打开局面。

新疆地域广阔，人口数量少，本地电能消耗较少。外送通道打通后，新疆能源基地通过建设大功率火电机组，利用火电机组进行调峰，将“风、火、光”打捆利用超高压、特高压通道对外输出，新疆风电、光伏发展的制约因素得到缓解，新疆风电产业再一次迈上“快车道”。

哈密境内风电技术开发量达7500万kW，具备开发平价风电的资源总量约3000万kW[1]。

哈密三大风区分别是天山北部的淖毛湖、三塘湖风区，天山南部的东南部风区（景峡）、十三间房风区（烟墩）等。

2010年，哈密地区建成装机规模9.9万kW风电场，并于当年并网发电，实现了风电产业零的突破。制约因素解除后，哈密风电也快速发展，截至2022年6月，哈密地区风电装机达1176.1万kW。

2.1.3　光能及光电

哈密太阳能资源理论蕴藏量22.6万亿kW·h，资源可开发量达49.38亿kW，技术可开发量达32.09亿kW。

哈密全年日照时数3170～3380h，属全国日照时间最长的地区之一。哈密地区的太阳年总辐照度是全疆最大的地方，接近年6600MJ/km^2。

自西向东移动的气流到达哈密地区后，受东部祁连山所阻分为两股：一股进河西走廊，另一股经库鲁克塔克格低山区倒灌塔里木盆地。哈密地区因此低层气流减弱，高层气流下沉，空气中水分少，晴天多，总辐射量增大[2]。

此外，哈密地域辽阔，荒漠、戈壁等土地资源多，适合大规模铺设光伏组件，开发光电。

哈密石城子光伏产业园区占地面积35km^2，是新疆最大的光伏园区之一。截至2022年7月，已有22家光伏企业入驻，并网装机容量82万kW。产业园配套建有两座220kV升压汇集站负责光电接入与输出。

截至2022年6月，哈密市电力装机构成见表2。

表2　哈密市电力装机构成表（截至2022年6月）

火电	风电	光伏	光热及其他	总装机容量	新能源装机占比
800万kW	1176.1万kW	252.7万kW	61.8万kW	2290.6万kW	62.4%

注　数据来源：《哈密日报》。

2.2　电力外送情况

新疆地域广大，能源丰富，对外输出能源既是新疆发展的需要也是全国发展的需要。

“疆电外送”必须电网先行。在国家电网公司的大力支援下，2010年后，新疆电网建设加速。

2010年11月，哈密—敦煌750kV输变电工程投运，新疆电网从此结束孤网运行历史，正式并入西北电网。

2013年6月，新疆与全国联网750kV第二通道建成投运；2014年1月，哈密—郑州±800kV特高压直流输电工程投运，疆电外送第三条通道建成。至此，哈密地区形成了“一直两交”三条电力外送通道的基本格局。

哈密作为疆电外送的桥头堡，具有电力外送的区位优势，更具有风光火电打捆外送的资源组合优势。当前，哈密已建成全国规模最大的风光火电打捆外送基地。

疆电外送已从2010年（结束孤网年）的30亿kW·h扩大到2021年的1224亿kW·h，送电规模增长约40倍。

截至2021年，哈密市电力外送量见表3。

表3　哈密市电力外送量表

通过哈密三条电力通道外送电量/(亿kW·h)	本地外送电量/(亿kW·h)	本地电量占比/%	本地外送新能源电量占比/%
651.72	560.39	86	45

注　数据来源：《哈密日报》。

2022年一季度，哈密外送电量159.43亿kW·h，同比增长14%。

截至2022年4月30日，疆电外送累计已达5269.23亿kW·h，其中清洁能源电量1446.46亿kW·h，占比27.45%。

作为新能源基地，哈密本地新能源外送比例高于全疆。

3　调峰与新能源消纳

为保证电能质量及电网的安全稳定运行，电力系统需实时动态平衡。在电力系统的用电侧，用电需求具有随机性，供需不平衡是电力系统最本质和最普遍的存在。

为适应并保障用电侧随机性的用电需求，对发电侧电源进行调度调节就成了电力调度的主要工作内容。

电力系统在一天之内最大负荷与最小负荷之差即是电力系统的峰谷差。按照优先保障用电侧需求的原则，调峰一般通过启停或增减发电机组机组出力进行。

以中国电力装机现状，参与调峰的机组类型主要有煤电机组、水电机组、燃气轮机组和抽水蓄能机组。

各类型机组调峰能力与优缺点比较见表4。

表4　各类型机组调峰能力与优缺点比较

机组类型	调峰能力	调峰优点	调峰缺点
火（煤）电机组	具有低负荷调峰、启停调峰和停机调峰三种运行模式	装机容量大，大机组多，调节能力强	1. 发电量、发电经济性下降 2. 机组损耗及检修成本上升
水电机组	调峰能力强，易于调度	启停快，调峰率可达100%	水电资源稀少，水电占比低，大机组少
燃气轮机组	调峰能力高于火电厂	启停方便、响应速度快	燃气为高品质燃料，用于发电经济性不佳，不适合大规模装机
抽水蓄能	相比水电，同时具有调峰填谷双重功能	大机组多，反应迅速，运行灵活，启停方便	在电源装机占比中较小

2006年以后，国内电网新增火电机组大多是60万kW、100万kW大容量机组，30万kW以上大容量机组一般拥有50%左右的调峰能力。

3.1 火电机组调峰的负因素分析

在三种调峰方式中，火电机组最主要采用的是低负荷调峰方式，在电网调峰较为困难的情况下，也会采用停机调峰和启停调峰方式。

低负荷调峰是在负荷低谷时段通过降低机组出力以满足系统调峰需要的运行方式。这种方式实现较为容易，机组寿命损耗小（为启停调峰寿命损耗率的1/8～1/4），安全性、机动性也好。该方式调峰成本主要由低负荷运行下机组效率低于设计工况而引起。当负载率降低时燃煤机组煤耗增加较多，发电成本有较大提高。

启停调峰是机组由于电网调峰需要而停机（热态），并在24h内再度开启的调峰方式。由于火电机组启停过程复杂，频繁启停将导致火电机组安全性下降，事故概率增大。在成本方面，由于启停时工况急剧大幅度变化，产生冷热交变应力，部件易疲劳，机组寿命缩短。同时火电机组启动过程中，会消耗大量的水、蒸汽、燃油和厂用电，也会产生较大费用。

停机调峰是火电机组以停机（冷态）来适应系统长周期（一般为3天以上）低负荷运行的一种运行状态。停机调峰对机组的影响主要为寿命损耗和启停费用两方面，在寿命损耗方面，每次冷态启动的寿命损耗率是热态启停的5倍；在启停费用方面，由于冷态启动时所需时间较长，约为热态启动的3～4倍，启动费用也比热态启动时更高。

火电机组由低负荷常规调峰至低负荷深度调峰直至启停调峰乃至停机调峰，成本逐级加大。

30万kW以上大功率机组低负荷常规调峰率一般可达50%，低负荷深度调峰率可达40%甚至更低。

如前文所述，哈密电网是典型的送端电网，当前哈密新能源消纳外送都以哈密火电机组参与调峰实现，即通过下调火电机组出力，为风电上网提供空间。

正值壮年期的国网能源大南湖电厂两台300MW机组2021年全年维持在减半低功率运行。2022年4月，国神哈密花园电厂660MW超临界机组20%深度调峰研究招标结果确定，哈密地区大型机组20%深度调峰进入研究实施阶段。

哈密大型燃煤机组在常规调峰基础上进一步向深度调峰挖潜，也可见，哈密地区为保证新能源消纳外送对调峰容量需求急迫。

3.2 新能源引起的峰谷差

通常意义上的峰谷差由电网系统内用电侧负荷高低变化引起，煤电机组参与调峰是为响应用电侧负荷的变化。在哈密新能源基地，煤电机组降出力调峰运行主要为风电、光伏等新能源优先并网输出。

依照表2数据，截至2022年6月，哈密地区风电装机1176.1万kW，光伏252.7万kW，风电是哈密新能源的主体。

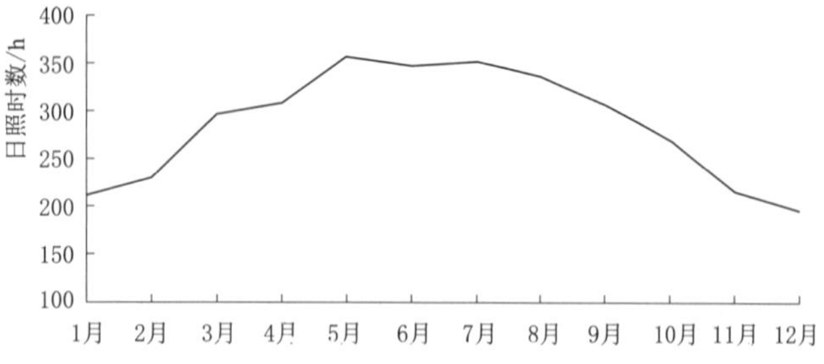

图1 哈密20年（1998—2017年）月均日照时数

哈密地区极少阴雨天。依照1998—2017年20年的气象资料（见图1），哈密地区日照时数最大值为5月，日照时数为356.6h；最小值为12月，日照时数为195.2h，日照时数最低月份每日光照时间也超6.5h[3]。

可见，在哈密地区，光伏是一种变幅较为稳定的电源。为保障新能源消纳，哈密电网调峰的重点是应对具有间歇性、随机性和反调峰特性的风电。

按照2022年6月数据，哈密电网800万kW火电装机，当前综合调峰率为50%。

4 蓄能电站参与哈密电网调峰

2017年全年新疆电网累计弃风电量132.5亿kW·h，弃风比例达到29.8%；弃光电量28.2亿kW·h，弃光比例达到21.6%。

随着新能源成本的越来越低，新能源在电力市场越来越受到欢迎。自2021年开始，新疆解除市场化交易电量中新能源占比不超13%的限制，新能源市场进一步激活。在这种背景，促进新能源消纳的主要问题也就是加大调峰能力建设问题。

4.1 哈密蓄能电站与调峰

如上分析，在哈密地区，解决新能源消纳问题就是要解决电网调峰问题，解决电网调峰问题首选建设抽水蓄能电站。

2018年，装机1200MW的新疆哈密抽水蓄能电站获得项目核准，2020年9月，哈密蓄能电站开工建设。

哈密蓄能电站未来将以220kV一级电压接入哈密750kV变电站220kV侧。在运行调度上，哈密蓄能电站主要考虑为哈密地区能源基地风电外送配套，不考虑在新疆网内平衡。

哈密地区能源消费能力较低。满足本地区负荷所需调峰容量较小。按照2020年水平，哈密本地最高负荷3110MW，最小负荷率为0.839，系统峰谷差仅500.7MW。

4.2 哈密风电消纳算式方程

当前，哈密地区新能源（风电、光伏）装机中，风电装机占比超82%。哈密另有500MW熔盐塔式光热发电站，该型光热电站可实现24h不间断稳定、可调发电，该型电站可视为自身具备调峰能力的新能源电源。

仅考虑风电的哈密电网调峰容量计算关系示意图如图2所示。

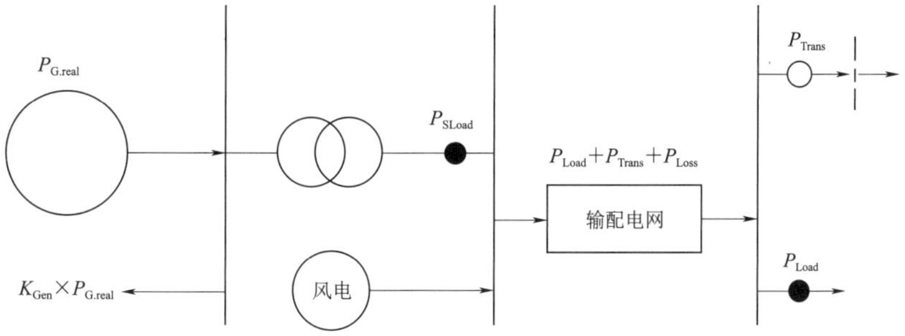

图2 电力系统调峰容量计算简化示意图

$P_{G.real}$—电网之电源侧即时发电出力；K_{Gen}—电源侧所有电厂的平均厂用电率；P_{Load}—电网用电负荷（哈密本地）；P_{Trans}—三条通道外送功率；P_{Loss}—电网网损

以调峰容量为约束的风电消纳算式：

$$P_{G.real}=P_{Load}+P_{Trans}+P_{Loss}+K_{Gen}\times P_{G.total}$$

$$P_{Reserve}=P_{Spin}+P_{Contingency}$$

$$P_{Balance}=P_{G.Real}-P_{G.Low}$$

$$P_{WBalance}=P_{G.real}-P_{G.low}-P_{Spin}$$

式中：$P_{Reserve}$为电网总备用容量；P_{Spin}为电网的旋转备用容量；$P_{Contingency}$为电网事故备用容量；$P_{Balance}$为电网总的调峰容量；$P_{G.low}$为电网某个运行方式发电最低出力下限；$P_{WBalance}$为电网可用于平衡风电波动的调峰容量。

4.3 哈密风电出力特性

哈密三大风区大风天气多且大风气流具有传递相关性。哈密十三间房风区多年平均风速都能达到8.46m/s（数据来源：《中国日报》2022年5月18日）。哈密气象部门位于淖毛湖的9903号测风塔70m高程测得年平均风速为6.530m/s。

按哈密风场8m/s标准日平均风速统计测算，哈密风电基地风速日变化及风电出力日变化如图3所示[4]。

依图3测算得出，哈密风电在一个标准运行日，最低出力约为最高出力的50%（出力峰谷差50%）。

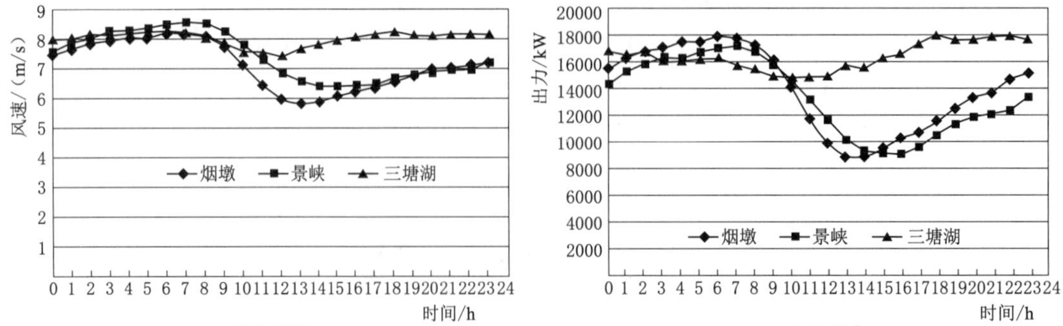

(a) 风速 (b) 出力

图3 哈密风场标准日风速及出力日变化图

因受地理跨距影响，哈密各风电场风速及出力波形并不同步，风电场之间能形成一定的互补，哈密风电实际出力高低差会小于50%。

4.4 新疆哈密抽水蓄能电站促风电消纳能力新测

计算约束条件：

(1) 不弃风全部消纳。

(2) 哈蓄电站只为促销新能源服务，不考虑在新疆网内平衡。

则哈蓄 $P_{\mathrm{WBalance}}=1200\mathrm{MW}$

$$P_{\mathrm{W}}=P_{\mathrm{WBalance}}/50\%=2400\mathrm{MW}$$

式中：P_{W} 为可新增风电容量，50%常量为哈密风电出力峰谷差。

5 结语

(1) 哈密电网为送端电网，本地用电侧电能消费形成的峰谷差较小，影响新能源外送的主要因素是新能源出力变化形成的峰谷差对应的调峰需求。

(2) 风电是哈密新能源的主体，新能源的峰谷差主要由风电形成。哈密风能质量优良，标准日风电场出力风谷差为50%。

(3) 配合新能源输出的哈密火电机组正在向20%负荷率深度调峰（调峰率80%）挖潜改造，哈密电网调峰需求巨大。

(4) 蓄能机组调峰能力最为突出，在哈密新能源基地配套建设蓄能电站综合效益十分显著。

(5) 新疆哈密抽水蓄能电站投运后可促进消纳2400MW风电（大于原2000MW测算值)。

(6) 哈密新能源开发潜力巨大，作为最佳拍档的蓄能电站还需加大开发力度。

参考文献

[1] 陈晓萍．哈密地区风电产业发展及问题分析 [J]．时代金融，2014 (5)：49-79.

[2] 冯刚，李卫华，韩宇，张艳红，等．新疆太阳能资源及区划 [J]．可再生能源，2010，28 (3).

[3] 魏哲花，冯广麟．哈密市太阳能资源评估 [J]．气候变化研究快报，2019 (2)：168-174.

[4] 章凯．哈密风电基地出力特性研究 [J]．西北水电，2018，(5)：84-87.

雄安调蓄工程综合开发利用研究

能锋田　靳亚东　张　娜　唐修波　赵旭润
（中国电建集团北京勘测设计研究院有限公司，北京市　100024）

【摘　要】设立雄安新区是党中央深入推进京津冀协同发展战略、疏解北京非首都功能做出的一项重大决策部署，是千年大计、国家大事。为高标准建设雄安新区，满足雄安新区长期稳定供水需求，推进雄安基础设施绿色建设，在雄安新区和南水北调中线干渠相邻部位修建雄安供水保障综合利用工程是非常有必要的，工程建设不仅可以解决新区供水保障需求、提高新区供水安全，满足南水北调中线干渠调蓄及应急供水的需求，同时利用工程建设过程中弃渣满足新区建筑骨料需求，并且利用本工程两个水库存在的天然落差建设抽水蓄能电站，解决生活用水循环保质、保障河北南网调峰填谷储能及解决两个水库水循环带来的消能问题，此外还为矿山生态修复的难题提供创新思路，有效改善区域生态环境等，本文从实现资源、环境、经济综合效益最大化的角度出发，开展供水保障、骨料供应、抽水蓄能电站建设、在线沉藻沉沙和矿山生态修复等多任务综合开发利用的研究，以充分挖掘南水北调中线雄安调蓄库工程的综合效益。

【关键词】雄安调蓄工程　供水保障　骨料供应　抽水蓄能电站　沉藻沉沙　矿山生态修复　综合效益

1　雄安调蓄工程概况

1.1　南水北调中线概况

南水北调中线干线工程，是国家南水北调工程的重要组成部分，是缓解我国黄淮海平原水资源严重短缺、优化配置水资源的重大战略性基础设施，是关系到受水区河南、河北、天津、北京等省（直辖市）经济社会可持续发展和子孙后代福祉的百年大计。

南水北调中线一期工程从丹江口水库陶岔渠首闸引水，沿线开挖渠道，经唐白河流域过长江流域与淮河流域的分水岭方城垭口，沿黄淮海平原西部，在郑州穿过黄河，沿京广铁路西侧北上，全程自流到北京、天津。规划分两期实施，先期实施中线一期工程，多年平均年调水量 95 亿 m^3，其中河南省 37.70 亿 m^3，河北省 34.71 亿 m^3，北京市 12.37 亿 m^3，天津市 10.15 亿 m^3。

雄安新区起步区距南水北调中线总干渠仅 40km，距天津干线最近仅 6km，中线工程向雄安新区供水地理位置优越。此外，雄安新区建设范围雄县、容县、安新县是中线一期工程的受水区，中线工程天津干线规划由雄县口头村分水口门和容城县北城南分水口门分别向雄县、容城县和安新县分水 1200 万 m^3、1100 万 m^3 和 700 万 m^3，雄县口头村和容城县北城南分水口门设计分水流量分别为 $0.5m^3/s$ 和 $1.0m^3/s$，通过南水北调中线工程向雄安新区供水，具有较好的工程基础条件。

《河北雄安新区总体规划（2018—2035 年）》提出，雄安新区供水水源依托南水北调、引黄入冀补淀工程等区域调水工程，合理利用上游水库、当地水、再生水，建设南水北调水库和雄安干渠，完善新区供水网络，实现多水源互补的新区供水格局。由于南水北调中线长距离输水，供水过程不均匀，年内年际变化大，冰期输水流量受限，且总干渠需定期进行检修，存在事故断水的风险，难以满足雄安新区供水要求，迫切需要建设调蓄工程，保障雄安新区稳定的供水需求。

1.2　雄安调蓄工程

雄安调蓄工程位于河北省保定市徐水区境内，毗邻南水北调中线干渠，距保定市区约 30km，距雄安新区约 50km，距北京约 120km。工程区紧邻荣乌高速和京昆高速，可直达保定、北京、天津等地，对外交通比较方便。

工程主要包括雄安调蓄库（调蓄上库、调蓄下库）、抽水蓄能电站、连通工程（含沉藻池），其中雄安调蓄库总库容为 2.56 亿 m^3、总兴利库容为 2.34 亿 m^3，调蓄上库正常蓄水位 234m，死水位 155m，兴利库容 1.57 亿 m^3，调蓄下库正常蓄水位 75m，死水位 20m，兴利库容 0.77 亿 m^3。抽水蓄能电站装机容量 600MW（4×150MW），额定水头 148m，连续满发小时数 6h，调蓄库另设一台 30MW 的机组。沉藻池有效工作面积约 36 万 m^2，有效容积约 320 万 m^3。

工程调蓄供水设计水平年为 2035 年，供水范围为雄安新区，兼顾总干渠下游用水户应急供水；抽水蓄能电站设计水平年为 2030 年，供电范围河北南网。

工程主要任务是优化配置北调水量，满足雄安新区正常稳定供水要求，保障新区在总干渠停水检修、突发事故停水期间的应急供水，兼顾提高总干渠下游用水户应急供水能力，为提高总干渠冰期输水能力创造条件；建设抽水蓄能电站，保障河北南网供电安全；实现总干渠在线沉藻，保护供水水质；同时兼顾开挖骨料利用、矿山修复等综合效益，并为新能源利用、大数据中心建设创造条件。

2　调蓄工程综合开发利用

2.1　供水保障

根据雄安新区总体规划和《白洋淀水资源保障规划（2017—2030 年）》，南水北调中线水为新区生活和工业生产的唯一供水水源，目前新区所在流域水资源紧缺，境内地表水和地下水可利用量不足，需通过当地水资源与北调水联合供水、相互补充来共同满足新区供水需求。南水北调中线干渠长 1432km，其间渡槽、倒虹吸、隧洞、桥梁等各类交叉建筑物众多，任何一个环节所引发的风险事故均会影响到整个系统的安全运行。南水北调干渠自丹江口水库以北，1000 多 km 渠道沿线无调蓄工程，尤其是位于中线渠保定片区周围区域的雄安、河北省沿线地区，一旦发生自然或人为灾害断水的紧急事故，将严重影响受水区的供水安全。因此，满足新区供水以及南水北调中线工程安全稳定运行的需求是建设具有年内年际调蓄能力的水库。

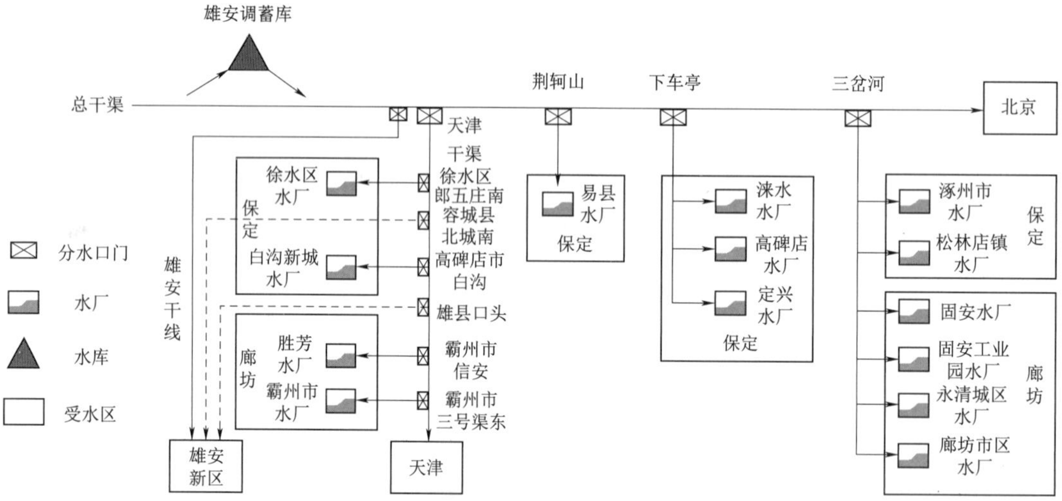

图 1　雄安调蓄工程与总干渠关系

雄安调蓄工程设计水平年为 2035 年（图 1），根据《新区总体规划》，2035 年新区总用水量控制在 6.5 亿～7.5 亿 m^3，其中城镇生活生产用水量 3.0 亿 m^3，白洋淀生态用水量 2.0 亿～3.0 亿 m^3，农业、林业及城市生态环境用水量 1.5 亿 m^3。工程设计阶段考虑河北省中线受水区水量调剂给雄安新区后，雄安新区供水保障率为 97%。

根据雄安调蓄库满足雄安新区在正常调蓄供水保障、总干渠停水检修和突发事件应急供水保障等条件对调蓄规模需求的分析，满足雄安新区停水检修和突发事件应急供水所需调蓄规模分别为 0.75 亿 m^3 和 0.61 亿 m^3；考虑备用应急供水规模条件下，实现雄安新区供水保障率 97%所需要调蓄库兴利库容为 2.23 亿 m^3，其中供水调节库容为 1.62 亿 m^3，备用应急库容为 0.61 亿 m^3。同时，考虑到雄安调蓄库位于向北京、雄安新区、天津供水交叉点的关键位置，较大的库容规模可以极大提升雄安调蓄库的应急供水保障作用。因此，从满足供水安全保障考虑，雄安调蓄库所需供水调蓄库容为2.23亿m^3，未考虑调节总干渠水温、提高冰期输水能力所需规模。

2.2 弃渣利用

根据雄安新区建设的总体部署，到2020年，雄安新区对外骨干交通路网将基本建成，起步区基础设施建设和产业布局框架基本形成，雏形初步显现；到2030年，建成绿色低碳、信息智能、宜居宜业，具有较强竞争力和影响力，人与自然和谐共处的现代化城市。在此期间，雄安新区市政、管廊、轨道交通、房建等工程将全面铺开，对绿色建筑骨料、商品混凝土和装配式构建的需求量都将在短时间迅猛增长。

初步测算砂石骨料总需求量约4亿t，高峰年需求量2500万t；混凝土总需求量约1.2亿m^3，高峰年需求量1300万m^3；建筑装配式构件总需求量约0.6亿m^3，高峰年需求量480万m^3。现状年保定市骨料供应量仅为1400万t，由于原有粗放式骨料开采导致区域生态环境破坏和地质灾害隐患增加，保定地区多处砂石开采项目叫停，区域骨料供应能力降低，产能规模小，生产稳定性差，无法满足雄安新区建设所需绿色建筑骨料要求。因此，新区建筑骨料需求存在较大缺口。

根据现场调查和工程地质勘探成果，调蓄库开挖产生的弃渣以白云岩为主，是良好的建筑骨料石材。经测算，调蓄库建设过程中产生的弃渣料，在满足本工程建设骨料需求基础上，可基本满足雄安新区建设对骨料品质和规模的需求，可由雄安新区牵头组建项目公司负责调蓄下库开挖和部分边坡支护，利用矿山开挖成库，节约调蓄库建设成本，减少开挖骨料堆积占地面积以及其对区域土地生产力、生态环境、河道水质、居民生产生活等造成的不利影响。

调蓄库开挖弃渣料以岩性较硬的白云岩为有效利用料，去除断层、岩溶发育、断层破碎带与溶洞分布的开挖部位进行骨料储量计算，经计算，调蓄库弃渣可提供1.3亿～1.4亿m^3骨料，可基本满足雄安新区建筑骨料高峰时期的预测规模需求。建设过程中，最大限度地实现了开挖骨料的综合利用，既满足了工程建设的需求，还可为雄安新区建设提供骨料，大幅度节约调蓄库建设成本，达到经济、社会和环境效益的协调统一。

2.3 抽水蓄能电站

根据中共中央、国务院批复的《新区规划纲要》，对于高起点规划、高标准建设雄安新区具有重要意义。纲要指出："落实安全、绿色、高效能源发展战略，突出节约、智能，打造绿色低碳、安全高效、智慧友好、引领未来的现代能源系统，实现电力、燃气、热力等清洁能源稳定安全供应，为新区建设发展夯实基础。"雄安新区2030年最大负荷4500～6000MW，全社会年均用电量200亿～250亿kW·h，电力需求空间较大。未来，随着雄安绿色智慧新城建设，区外风电、太阳能等绿色能源大规模、高比例接入雄安电网，将对新区电力稳定供应带来较大冲击。建设一定装机容量的抽水蓄能电站，可进一步增强区外风电、光伏的稳定性，提升新区绿色能源的使用比例，提高电网供电质量，保障电网安全稳定运行。

雄安调蓄水库主要包括调蓄上库和调蓄下库，其中调蓄上库正常蓄水位初选为251m，远高于南水北调中线总干渠设计水位65m。当调蓄上库向南水北调中线干渠供水时，由于上下两库正常蓄水位落差达176m，水体流速较大，消能问题十分突出。鉴于此，结合现有工程布置特点和补水、放水需求，采用可逆式水泵水轮机代替补水泵站，建设抽水蓄能电站，不仅能够满足工程补水和放水需求，解决消能问题，同时还能够为雄安新区、河北南网的安全稳定运行提供保障。

抽水蓄能电站结合调蓄库补/放水需要，实现综合利用，具备日调节性能，装机容量600MW，连续满发小时数6h，调蓄上库正常蓄水位234m，死水位155m，工作水深29m，蓄能运行区间库容7119万m^3，发电库容1063万m^3，调蓄下库正常蓄水位75m，死水位20m，蓄能运行低水位60m，蓄能运行区间库容2609万m^3，电站工程额定水头148m，年发电量约10.04亿kW·h，年抽水电量13.9亿kW·h，综合效率系数75%。

2.4 在线沉藻沉沙

南水北调中线总干渠大部分渠段为明渠，流速较缓，光照条件好，长距离输水过程为藻类生长提供了有利的自然环境，藻类生长及总干渠重点部位藻类夹杂泥沙的沉积物已成为影响水质和工程运行调度的重要风险源。总干渠和各类建筑物交叉的特殊部位，尤其是水流相对静止或者底部有挡坎的分水口门、退水闸闸址附近等部位沉积较为严重。其中，邢台管理处李阳河退水闸、保定管理处漕河退水闸以及天津外环河出口闸等处最大沉积厚度可达数米。沉积物在退水闸等部位大量沉积，可能使过水断面减小，妨碍退水闸等建筑物的正常运行，影响总干渠的运行调度安全。因藻类繁殖、水体藻密度值较高已影响到中线总干渠下游水厂生产，如惠南庄泵站前池以及河南、河北等地受水区水厂反映进厂原水藻密度值高，导致沉淀池藻密度值高，栅格网藻类附着生长，增加了水厂的处理成本，影响水厂的运行效率。

总干渠沉积物由藻类和泥沙组成，藻类约占沉积物重量的2%～15%，其余85%～98%为各种入渠的泥沙。藻类夹杂泥沙的沉积物是水中营养物质与污染物质迁移转化的载体、归宿和蓄积库。水体中的有机物、矿物质颗粒等会通过吸附沉淀等作用，随藻类和泥沙沉积至水体底部。经研究，1g底泥（湿重）中含藻细胞1749万～6588万个，1t底泥中（湿重）含有藻类重量为17～72kg（不同部位含量有所不同，天津箱涵因无阳光死藻更多）。同时，惠南庄沉积物检测结果发现沉积物中氮、磷等营养元素和有机质含量较高，且有部分化肥、农药检出。沉积物中有机质的矿化可导致水生生物缺氧，引起有毒素的释放，不仅仅直接危害着底栖生物的健康，而且影响总干渠的水质。

面对藻类和泥沙等沉积物对南水北调中线总干渠输水水质和工程运行调度的威胁，目前主要措施包括：针对退水闸采取定期大开度、大流量、短时开启退水闸的冲刷方式进行清理，必要时采用大流量污泥泵进行抽排；针对分水口管涵和前池内沉积物，通过潜水员潜入对廊道底板及壁上淤泥进行冲洗和扰动，采用抽排方式进行清理。现有对总干渠沉积物处理措施费时费力，且仅能短期内解决局部问题，难以系统解决总干渠藻类和沉积物的问题。同时，因中线水水质保护要求，禁止采用化学方法进行藻类的处理；因而，采用物理方法通过沉藻沉沙池消减总干渠的藻类、集中处置沉积物，是保障总干渠输水水质和运行调度安全的关键途径。因此，结合雄安新区调蓄池建设的契机，建设沉藻池，完善调蓄库沉藻沉沙功能设计，可有效解决藻类和泥沙等沉积物对总干渠输水水质和运行调度安全的影响。沉藻池和总干渠通过进出水闸联通，为满足总干渠在线沉藻的要求，需将总干渠全部流量通过联通工程进入调蓄下库沉藻池进行在线沉藻。

2.5 矿山生态修复

保定西部山区历史上因无序开采造成部分地区生态环境破坏和地质灾害隐患，当地政府近年已关停了多项砂石开采项目，并考虑进行矿山生态环境的恢复治理。调蓄下库所在的崖儿峪山白云岩矿产丰富，由于粗放式开发，山体地表现状已千疮百孔，满目疮痍，资源浪费严重、生态环境污染、地质灾害隐患凸现，是保定西部山区遭遇无序开采破坏并亟需生态修复的矿山之一。

党的十九大报告提出，加大生态系统保护力度。开展国土绿化行动，推进荒漠化、石漠化、水土流失综合治理，强化湿地保护和恢复，加强地质灾害防治。

结合调蓄库工程，利用调蓄下库蓄水形成的7000余亩水面面积可以形成良好的区域生态小环境，通过生态修复、景观绿化、美化，紧密契合保定地区的“釜山合符”文化。以“符合釜水，德美合一”为主题，结合周边的自然环境和调蓄库，进而营造出充满“水清木华、山色锦绣、文史寻踪”之韵味的总体风貌，借此打造雄安新区“后花园”工程，带动地方生态旅游发展。另外，工程建设过程中带动促使当地劳务输出，使地方建材业和服务业快速发展，增加当地财政收入，促进当地经济发展。

2.6 其他

（1）为大数据中心建设提供可靠的冷却水源。雄安新区是智慧城市建设的典范，数据信息是支撑其现代化和智慧化的基础，随着信息化的发展，未来数据中心建设需求十分迫切。雄安调蓄库工程建成后，上库调蓄库总库容高达1.61亿m^3，水深超百米，常年保持在10℃左右，可为数据中心提供稳定冷却用水源，克服了北方地区数据中心选址缺少冷却水源问题。大数据中心建设条件优越，可在支撑雄安新区智慧化建设的同时，为京津冀地区提供数据服务。

（2）为新能源综合利用提供实践经验。调蓄工程建设装机600MW的蓄能电站，有着就近取得电源的便利条件，大数据的电力接入具有得天独厚的优势；同时，蓄能机组具有启动迅速、具有事故备用功能的优势，可以研究利用蓄能机组替代大数据部分柴油发电机组的可行性。调蓄库项目区属于太阳能资源很丰富区，开发建设光伏电站的条件优越，可研究工程区内电力“自发自用”，降低大数据用电成本，同时为国内其他新能源综合利用提供实践经验。

（3）为破解冰期输水难题提供实测数据，积累运行经验。冰期雄安调蓄库库存水体水温高于总干渠冬季水温，利用这个特点，在冰期调蓄库向总干渠补充温度相对较高的水体，调节总干渠西黑山以下输水水温，在一定程度上改善总干渠冰期输水条件，提高雄安新区及下游总干渠冰期供水能力。然而，冰期总干渠输水过程受来水水温、来水流量、调蓄库水温和蓄水量以及气象条件等因素影响。现阶段调蓄库调节总干渠水温模拟计算中对调蓄库水位下降后水温变化和总干渠明渠输水与大气热量交换等影响机理尚不明确。随着调蓄库向总干渠补水调节水温，其水位不断降低，水库水温也将随着气温出现明显降低，水库补水调节总干渠水温能力将降低；此外，明渠输水过程中总干渠水体和大气热量交换非常充分，混合后的水温可能随气温快速降低。因此，冰期通过调蓄库调节总干渠水温相关研究尚不成熟，缺少必要实测数据作为支撑。本工程建设以后，冰期通过监测雄安调蓄库和总干渠水温以及补水过程等，研究调蓄库补水对总干渠冰期输水能力改善作用，可为破解总干渠冰期输水难题提供实测数据和实践经验。

3 结语

雄安新区建设是千年大计、国家大事，党中央对雄安新区的规划建设提出了更为细化的定位：“绿色生态宜居新城区”“创新驱动发展引领区”“协同发展示范区”和“开放发展先行区”。高点定位的理念要求雄安调蓄工程创新思维，深度挖掘工程综合效益，以最小的代价满足新区更多经济社会发展的需求，本文以雄安调蓄工程为例，贯彻“创新、协调、绿色、开放、共享”的五大发展理念，以满足多方需求和合理优化配置资源要素为原则，从实现资源、环境、经济综合效益最大化的角度出发，开展供水保障、骨料供应、抽水蓄能电站建设、在线沉藻沉沙和矿山生态修复等多任务综合开发利用的研究，提出了调蓄库工程综合利用任务，为工程推动和建设提供借鉴。

GIM在抽水蓄能电站地质勘察中的应用

王国岗　牛明智
（中水北方勘测设计研究有限责任公司，天津市　300222）

【摘　要】抽水蓄能电站勘察工作范围广、涉及专业多、数据资料分析烦琐，且勘察周期紧张，传统勘察手段难以满足要求。将GIM（Geological Information Model）应用到抽水蓄能电站的地质勘察工作中，摸索出基于GIM技术的勘察流程，并研发了GIM平台作为支撑，走通了勘察全过程的正向三维设计。在具体项目的应用实践，取得了较好的效果，具有一定借鉴意义。

【关键词】地质勘察　GIM　应用流程　平台研发

1 引言

随着“碳中和、碳达峰”目标的提出，新一轮抽水蓄能电站建设掀起高潮。《抽水蓄能中长期发展规划（2021—2035年）》中指出，到2025年、2030年投产总规模达到6200万kW以上和1.2亿kW左右，按平均装机120万kW计，分别为50座和100座电站。与此同时，抽水蓄能电站较于传统水利水电项目，特征水位、工程布置等方案比选较多，且勘察设计周期大大缩短；对地质条件要求高，地质勘察手段多样，涉及测绘、地质、勘探、物探、试验等多专业的配合，数据融合分析难度大；工程安全、质量、环保、进度要求越来越严，提高抽水蓄能电站智能化建造水平，成了未来建设的方向。

《天津市岩土工程信息模型技术标准》（DB/T 29－292—2021）中GIM（Geological Information Model），即岩土工程信息模型，解释为“基于岩土工程专业工作特点，运用数字化的建模方法将岩土工程数据进行整合和集成，形成三维空间的信息传递和存储载体，并满足岩土工程专业在建设工程全生命期各阶段进行数据传递和应用需要的数字模型。”本文将GIM应用于地质勘察工作中，通过三维数字化采集、地质数据标准化管理、地质（物探）三维可视化分析及快速出图等数字化手段，解决了勘察周期短、成果要求提交快、地质数据冗余异构与资料分析难等问题，大大提高了勘察成果的质量。

2 GIM流程

抽水蓄能电站工程区一般由上水库、输水系统、地下厂房、下水库及地面开关站等部分组成，外业测绘、勘探范围广，内业整理分析烦琐。通过GIM技术，综合考虑地质勘察工作的总体需求，实现了地质勘察的数字化采集、数据管理、三维可视化展示与分析等功能（见图1），有效避免了传统的手工填写数据表单和手绘二维图件导致的数据不直观、编录效率低、无法实时校核编录数据等弊端，大幅提高了地质勘察效率。

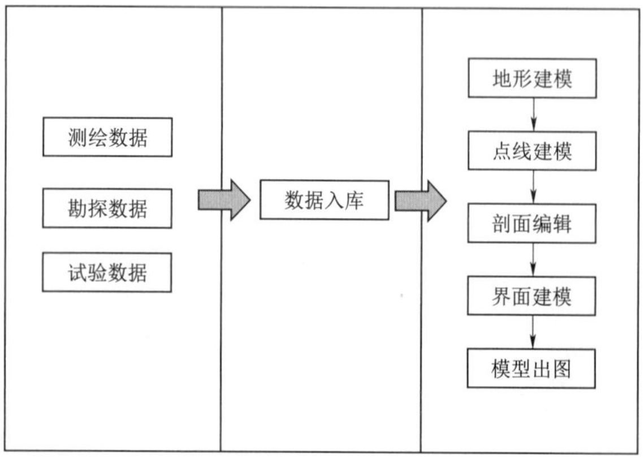

图1　GIM应用技术路线

在工程地质测绘时，可将前期收集到的纸质图纸、CAD图纸、文本类数据、GIS数据等资料通过影像纠偏、坐标配准等手段进行标准化，并基于遥感卫片或区域地质图绘制出初始的地质界线等地质要素，集成多种图源制作成数字化的融合底图。基于移动端的融合底图、高精度定位等功能辅助地质人员快速定位到初始的地质界线附近，并通过野外对地质现象的判断复核修正相应的地质界线，完善对工程区某工程部位的认识，并逐步形成对整个工程区的整体地质条件的正确认识。对工程区整体的认识又可反过来验证和提高对工程区局部地质条件的认知水平，数据化采集工作思路导图如图2所示。

获取地质数据后，进行三维地质可视化展示与分析主要包含以下步骤（图3）：①利用地质点、等高线建立地形面网格；②读取数据中心的地质界线信息，将地质界线三维可视化；③根据断层迹线及产状参数化生成断层网格面；④利用地表测绘成果和钻孔数据，快速生成地层岩性界面，形成地质三维正向设计成果；⑤随着勘探数据增加以及相关建筑物剖面的解译，利用二三维联动技术修正网格面，更新三维地质模型；⑥通过布尔运算，生成坝址区三维地质体模型；⑦在三维地质模型上，利用地质出图工具，快速抽取地质剖面图。

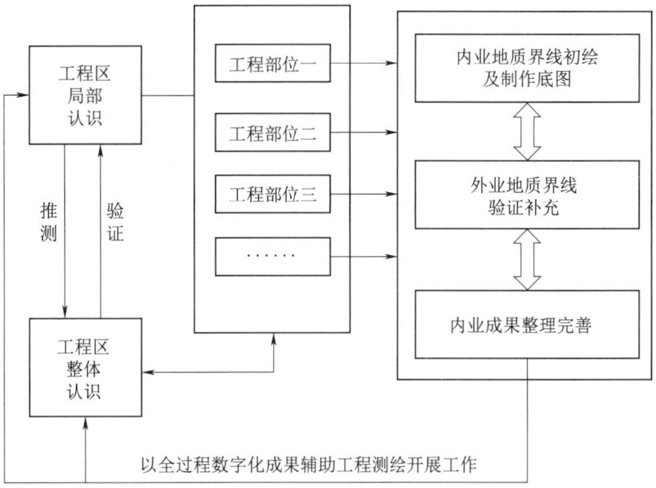

图2 数据化采集工作思路导图

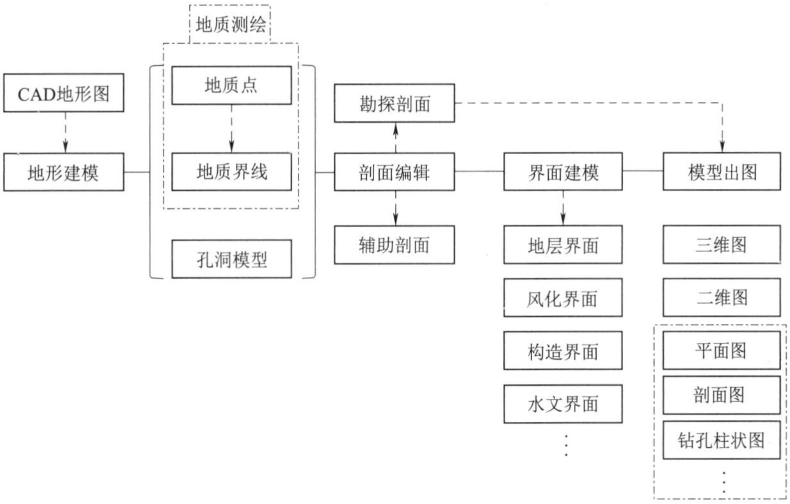

图3 勘察三维可视化分析过程图

3 GIM平台研发

为解决抽水蓄能电站地质勘察生产需求，中水北方勘测设计研究有限责任公司充分利用3S、无人机倾斜摄影、工程数据库、三维地质建模等现代信息技术，研发了“水利水电工程三维地质勘察系统”，形成了“1+3+5+N”的技术体系，即“1个系统”“3大模块”“5个软件”“N个应用”，为地质勘察全过程信息化提供了切实可行的解决方案（图4、图5）。

系统实现了勘察生产的作业流程——勘察数据采集、数据传输与集成、数据挖掘与分析、三维建模与出图、模型拓展应用的数字化。其中，服务于外业数据采集的三维地质数字化采集子系统与数字化地质测绘子系统开发了项目管理、通信设备连接、底图管理、坐标系统管理、坐标校正、高精度定位、测绘数据采集、勘探数据采集、三维编辑、辅助分析、系统管理等功能模块，形成了空天地一体的测绘技术；三维地质信息数据库子系统构建了多源异构的地质数据管理体系，创建了可拓展的地质字典，通过制定分类和编码规则，建立了地质数据传输、存储、管理、分析与挖掘的标准化工作流程；三维地质建模及出图子系统通过对原始勘察数据的分析利用，采用优化的网格曲面生成算法、数模联动技术、二三维联动技术等直接拟合得到三维地质模型，实现了基于数据驱动的正向三维地质建模。

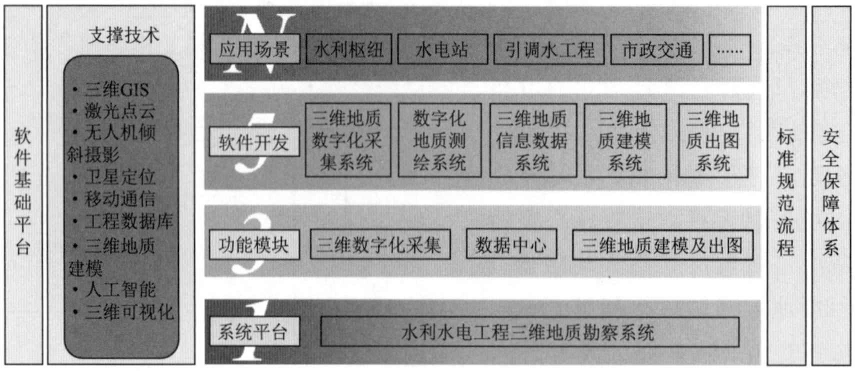

图 4　水利水电工程三维地质勘察系统技术体系

4　工程应用

4.1　项目概况

浙江某抽水蓄能电站工程枢纽建筑物主要由上水库、输水系统、地下厂房、下水库及地面开关站等组成。初拟总装机容量1200MW，为大（1）型Ⅰ等工程。工程区属低—中山地貌，总体地势北东高南西低。工程区内出露地层主要为侏罗系上统—白垩系下统南园组第四段流纹质晶玻屑熔结凝灰岩及沉凝灰岩和白垩系下统小溪组第三段流纹质玻屑凝灰岩、流纹质晶玻屑熔结凝灰岩、沉凝灰岩及黏土质粉砂岩，第四系覆盖层堆积其上。

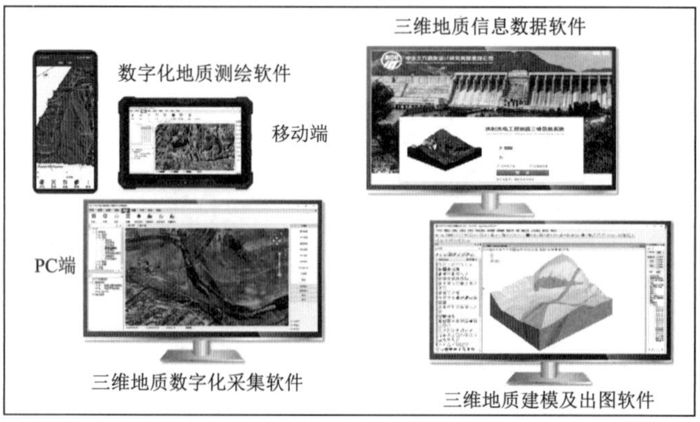

图 5　水利水电工程三维地质勘察系统软件产品

工程区以断裂构造为主，褶皱不发育，Ⅱ级结构面发育有 f_2、f_3、f_4，破碎带宽度一般 2～4m；Ⅲ级结构面发育有 f_{22}，破碎带宽度一般 1～2m；其他断层规模多较小，为Ⅳ级结构面，破碎带宽度一般为 0.1～0.5m，以走向 NNE 向的中～陡倾角为主，次为 NEE、NWW 向。

4.2　具体工程应用

工程地质测绘工作中，利用数字化采集模块，首先在桌面端建立工程项目，结合区域图纸、卫片及其他地质内业资料整理出工程地质的野外融合底图；其次将融合底图导入移动端进行外业数据的实地验证及智能采集；然后将采集的数据导回桌面端，结合外业成果对内业进行更正，形成的三维地质测绘成果见图 6。

采用地面地质测绘、钻探、物探和试验等综合勘探手段，对区域地质、上水库（坝）、输水发电系统和下水库（坝）的工程地质条件及工程所需天然建筑材料等开展了地质勘察工作，得到多专业多源异构的结构化、半结构化数据，综合分析利用存在较大困难。通过对数据进行坐标转化、矢量化等标准化处理后，将勘察数据导入或录入数据库中，对数据进行统一的存储、管理、分析，利用数据驱动技术建立三维地质结构模型及三维地质属性模型（见图 7 及图 8）。将水工 BIM 模型，如厂房 BIM 模型，集成到三维地质模型中，形象直观地分析水工建模物所处的地质环境，为地质下一步勘察工作布置及水工布置调整决策起到了较好的辅助作用。

5　小结

针对抽水蓄能电站勘察工程部位多、周期紧张等现状问题，提出了以 GIM 技术为核心的勘察方法，包括勘察的数字化采集、数据管理、三维可视化展示与分析等内容，并研发了相应的 GIM 平台，通过具

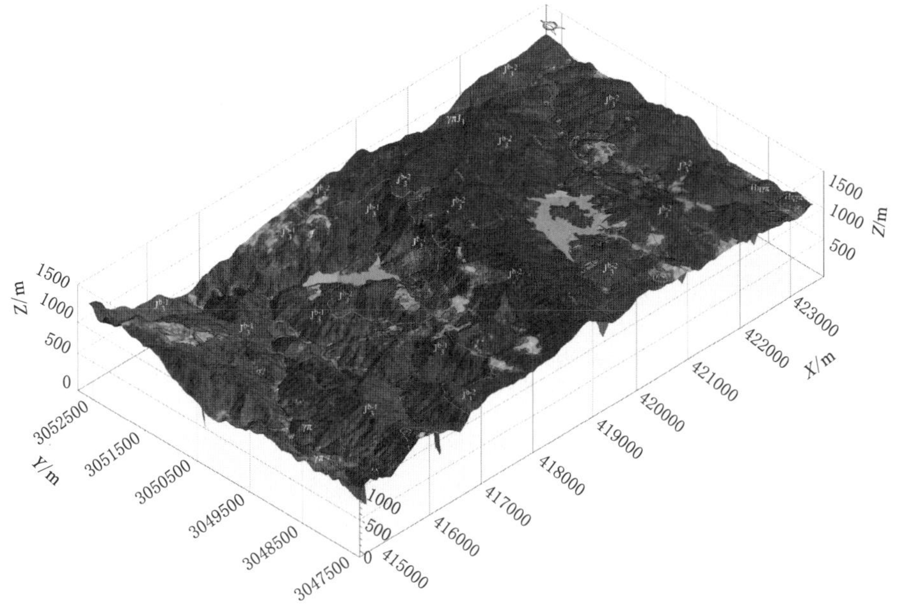

图 6　三维地质测绘成果图

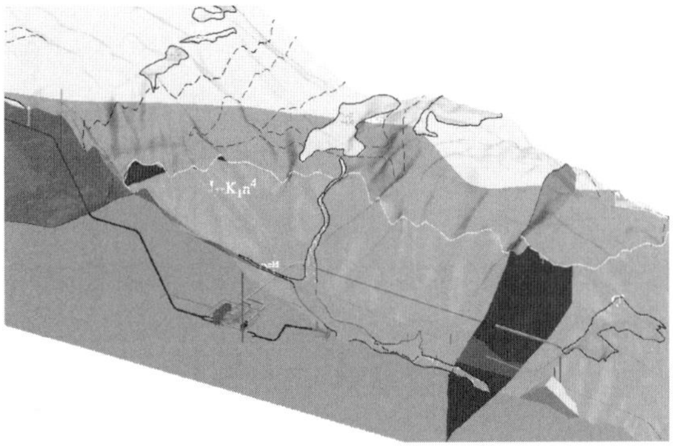

图 7　厂房区及下水库区三维地质结构模型

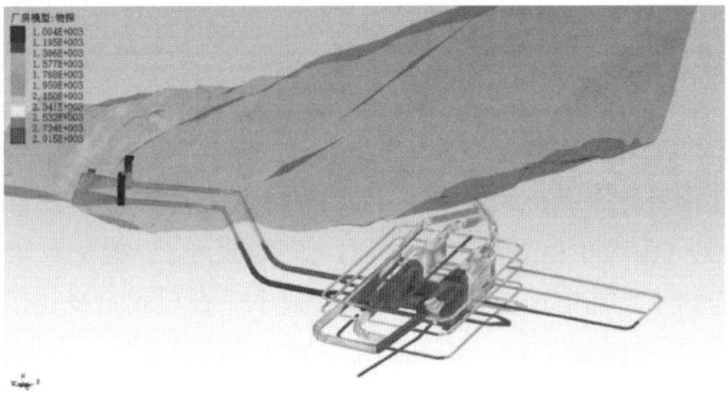

图 8　物探微动三维地质属性模型

体项目实践，验证了此方法的可行性。更进一步的，面对未来如火如荼的抽水蓄能电站建设，更加紧密地结合勘察生产流程探索 GIM 的应用方向及应用模式已成必然。此外，基于 GIM 技术的勘察成果三维数字化展示、汇报及交付也是以后研究的重点。

参考文献

[1]　国家能源局．抽水蓄能中长期发展规划（2021—2035 年）[R]．2021.

[2]　曹畅，柴建峰，赵强，等．浅析抽水蓄能电站预可研和可研阶段地勘工作 [J]．水电与抽水蓄能，2019，1（5）：58-61.

[3]　林金洪．抽水蓄能电站主要工程地质问题探讨 [J]．水力发电，2013，39（5）：24-26.

[4]　赵文超，王国岗，陈亚鹏．水利水电工程三维地质勘察系统研发综述 [J]．中国水利，2021，（20）：46-49.

[5]　张小冬，吴超，刘学山，等．基于 3D-GIS 的抽水蓄能电厂动态监控与仿真技术研究 [J]．测绘工程，2017（11）：74-79.

基于抽水蓄能电站机组及附属设备特定影响因素下的价格指标研究

刘芳欣　翟海燕
（国网新源控股有限公司抽水蓄能技术经济研究院，北京市　100006）

【摘　要】 抽水蓄能电站机组及附属设备投资占抽水蓄能项目总投资的25％～30％，目前700m级超高水头抽水蓄能机组成功投产，其中阳江、敦化、长龙山电站的额定水头分别达到了653m、655m、712m，标志着中国实现了700m级超高水头抽水蓄能机组的自主研发和装备制造，达到了国际领先水平[4]。本文旨在以在建抽水蓄能电站机组及附属设备采购标合同价格，通过对电站水头高度、装机容量、库容、设备自身重量、材料成本等特性汇总整理，分析不同情况下影响抽水蓄能机组价格指标的相关性，提出机组设备价格指标，为今后抽水蓄能投资决策提供了参考。

【关键词】 抽水蓄能机组　设备价格指标　影响因素　相关性分析

1　引言

随着以新能源为主体的新型电力系统建设提速，抽水蓄能电站具有调节规模大、调度灵活，响应速度快等优点[1]。2021年4月，国家发展改革委员会印发《关于进一步完善抽水蓄能价格形成机制的意见》（发改价格〔2021〕633号），强调了完善容量电价核定机制，健全抽水蓄能电站费用分摊疏导方式，为抽水蓄能电站的建设运营弥补成本、合理收益提供了保障[2]。截至2021年，我国抽水蓄能电站建设规模为3639万kW[3]，“十四五”期间核准开工1.6亿kW，到2025年，投产总规模预算6200万kW，未来10年，抽水蓄能市场新增投资将超万亿元。

抽水蓄能电站机组及附属设备投资占抽水蓄能项目总投资的25％～30％，目前700m级超高水头抽水蓄能机组成功投产，其中阳江、敦化、长龙山电站的额定水头分别达到了653m、655m、712m，标志着中国实现了700m级超高水头抽水蓄能机组的自主研发和装备制造，达到了国际领先水平[4]。本研究旨在以在建抽水蓄能电站机组及附属设备采购标合同价格，通过对于电站水头高度、装机容量、库容、设备自身重量、材料成本等特性，分析抽水蓄能机组价格在不同特性参数下的相关性，提出机组设备价格指标，为抽水蓄能投资决策作为参考。

2　抽水蓄能机组样本选择

目前，我国大约90％的已建抽水蓄能电站由电网企业独资或控股建设，国家电网区域是国网新源控股有限公司、南方电网区域是南方电网调峰调频发电有限公司。其中新源公司运营的抽水蓄能电站占全国抽水蓄能的60％左右[4]。新源公司会同哈尔滨电机厂责任有限公司、东方电气集团电机有限公司、国电南瑞科技股份有限公司和相关设计单位联合攻关，历时10年，大型抽水蓄能机组关键技术取得突破[5]。本研究主要以国网新源公司16个抽水蓄能电站机组实际投资为样本，为了同口径对比和分析，样本采用2015—2021年合同签订数据，从机组的主合同签订年限、额定水头、装机容量、库容以及供货厂家等对水泵水轮机及其附属设备、机组辅助设备系统、发电电动机及其附属设备等费用进行分析。从样本直观可看出，不同供货厂家签订抽水蓄能电站机组及附属设备采购标合同给出的报价差异明显，其中，哈尔滨电机厂责任有限公司、东方电气集团东方电机有限公司、上海福伊特设备有限公司三大设备厂商为抽水蓄能机组主要设备供货商，在不同参数条件下，哈尔滨电机厂有限责任公司的平均合同价格为

21404.13 万元/台机，东方电气集团东方电机有限公司平均合同价格为 24493.51 万元/台机，上海福伊特水电设备有限公司平均合同价格为 23250.00 万元/台机。具体如图 1 所示。

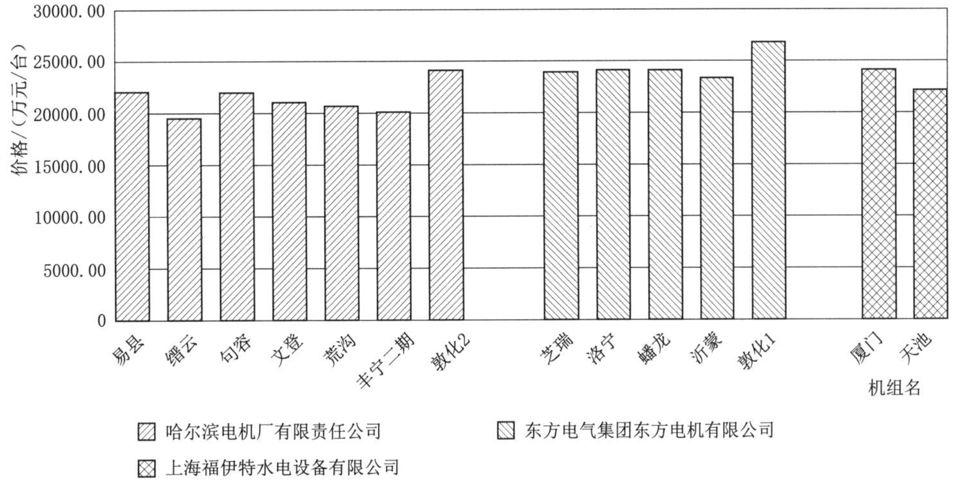

图 1　三大主机设备厂家合同价格对比表

3　抽水蓄能机组综合造价指标

为保证数据分析的准确性和一致性，满足同口径对比分析，样本只保留了抽水蓄能电站机组及附属设备采购标合同中的水泵水轮机及其附属设备、机组辅助设备系统、发电电动机及其附属设备及配套费用（备品备件、专用工具、安装调试督导费用、性能验收试验、买方参加设计联络会、目睹验证试验、工厂培训等）的价格，以下机组价格指标及相关性研究分析均以此为基础。每台机造价指标（万元/台）和千瓦造价指标（元/kW）同口径对比分别如图 2、图 3 所示。

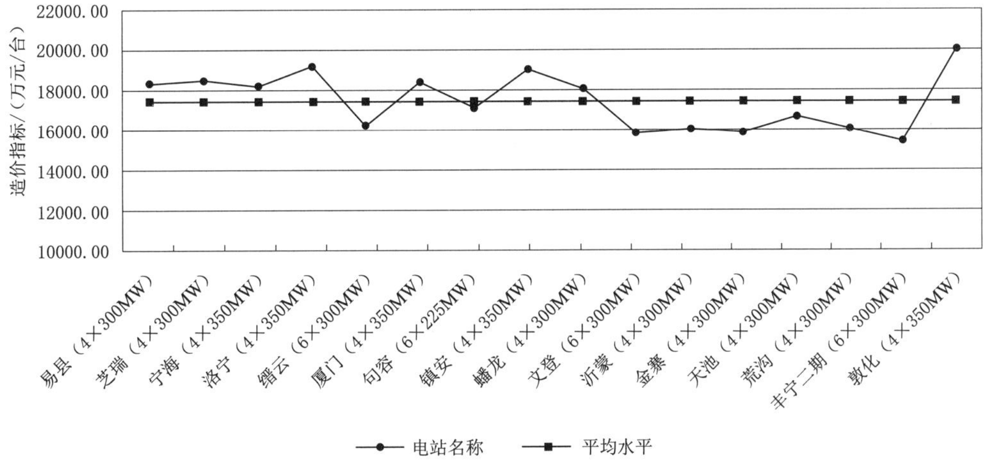

图 2　抽水蓄能机组及其附属设备的每台机造价指标

从图 2、图 3 中可以看出，各个抽水蓄能电站三大主机及其附属设备的每台机造价指标（万元/台）在 17455 万元上下浮动，千瓦造价指标基本在 566 元上下浮动。按照不同的装机容量划分，装机容量在 180 万 kW 的每台机造价指标基本在 15843 万元左右，平均千瓦造价指标为 528 元，装机容量为 140 万 kW 的每台机造价指标基本在 18976 万元左右，平均千瓦造价指标为 542 元，装机容量为 120 万 kW 的每台机造价指标基本在 17096 万元左右，平均千瓦造价指标为 570 元，装机容量越小的千瓦造价指标越大，具体的数据分布见表 1。由于江苏句容项目水头最低，库容最大，其机组的尺寸与重量均与其他项目差距较大，其造价指标最高。

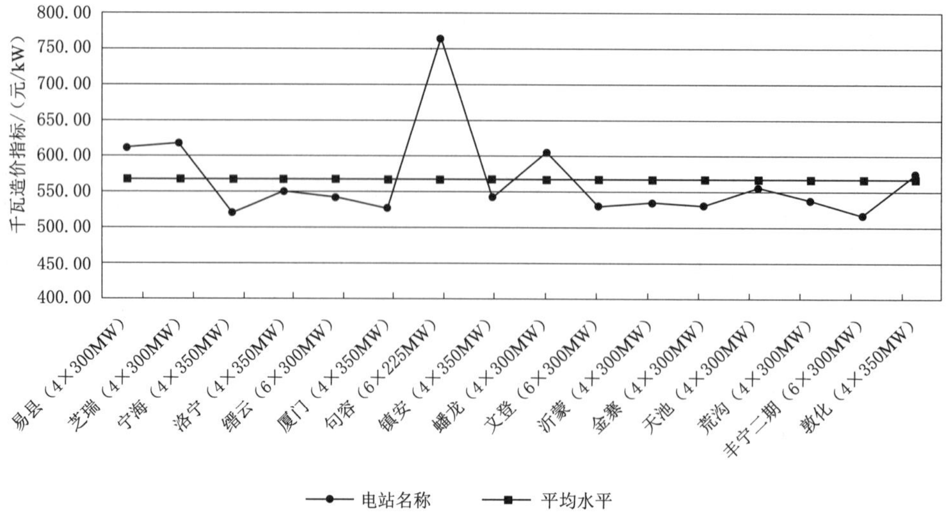

图3 抽水蓄能机组及其附属设备的千瓦造价指标

表1　不同装机容量下抽水蓄能电站机组及其附属设备价格指标

序号	电站装机容量/万kW	机组造价指标/(万元/台)	造价指标/(元/kW)
1	180	15843	528
2	140	18976	542
3	120	17095	570

4 抽水蓄能机组价格指标相关性分析

为更好地了解抽水蓄能机组设备价格指标，研究机组设备价格的影响因素，对于抽水蓄能电站上水库的库容、水头、重量及主要材料进行相关性分析，即指对库容、水头、装机容量、设备重量及主要材料等参数进行分析，从而衡量两个变量因素的相关密切程度，确定影响机组价格的重要因素。

4.1 机组价格与水头间的相关性分析

将三大主机及其附属设备价格的每台机组的价格指标和千瓦造价指标与各个抽水蓄能电站的上水库库容和水头进行相关性分析，具体如图4、图5所示，可以看出，装机容量为4台机的抽水蓄能电站的三大主机及附属设备每台机造价指标与水头之间存在正向线性关系，水头在400m以上的，随着水头的增高，每台机造价指标也随之增高；装机容量为6台机的每台机造价指标水平基本一致，即与水头之间无规律性；水头低于200m的，每台机造价指标较高，因为水头太低，对机组的要求反而增加。而三大主机及其附属设备的千瓦造价指标与水头之间不存在相关性。

为了探索多个指标间的关联关系，通过Pearson相关系数度量两变量间的相关程度，可以将Pearson相关系数用于探索多指标间的关联关系，表示为

$$r=\frac{\sum_{k=1}^{n}(x_k-\overline{x})(y_k-\overline{y})}{\sqrt{\sum_{k=1}^{n}(x_k-\overline{x})^2(y_k-\overline{y})^2}} \tag{1}$$

式中：r为两试验指标间的Pearson相关系数；x、y为各试验指标；下标k为指标数据组序列。

r取值范围为[−1，1]。通常，当r取值在0.00～±0.30时，两指标相关程度为不相关；当r取值在±0.3～0.5时，两指标相关程度为微相关；当r取值在±0.50～±0.80时，两指标相关程度为显著相关；当r取值在±0.80～±1.00时，两指标相关程度为高度相关[6]。

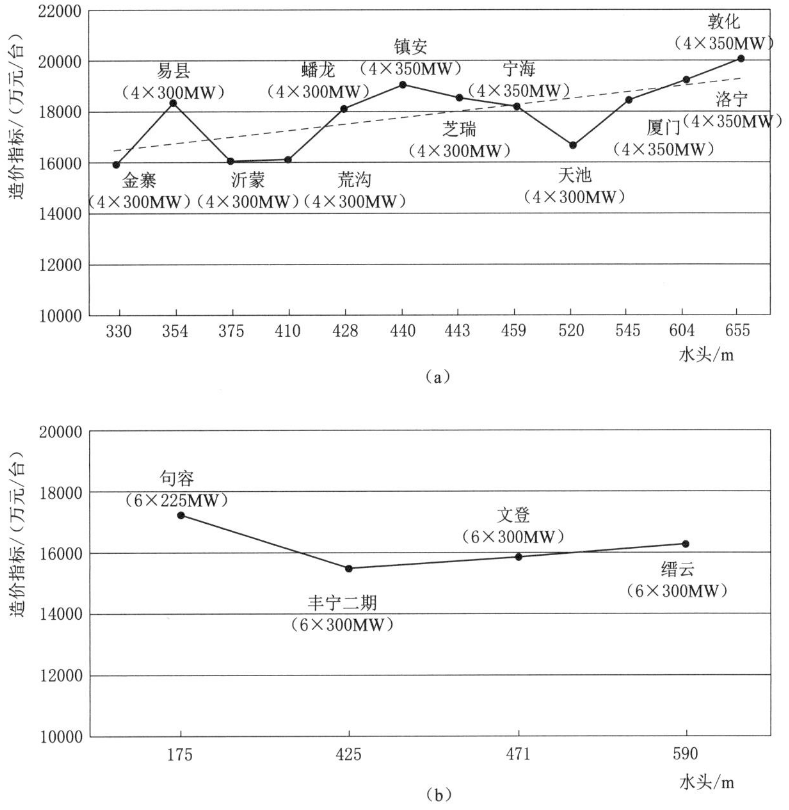

图 4　抽水蓄能电站三大主机及其附属设备价格的每台机组造价指标与水头关系

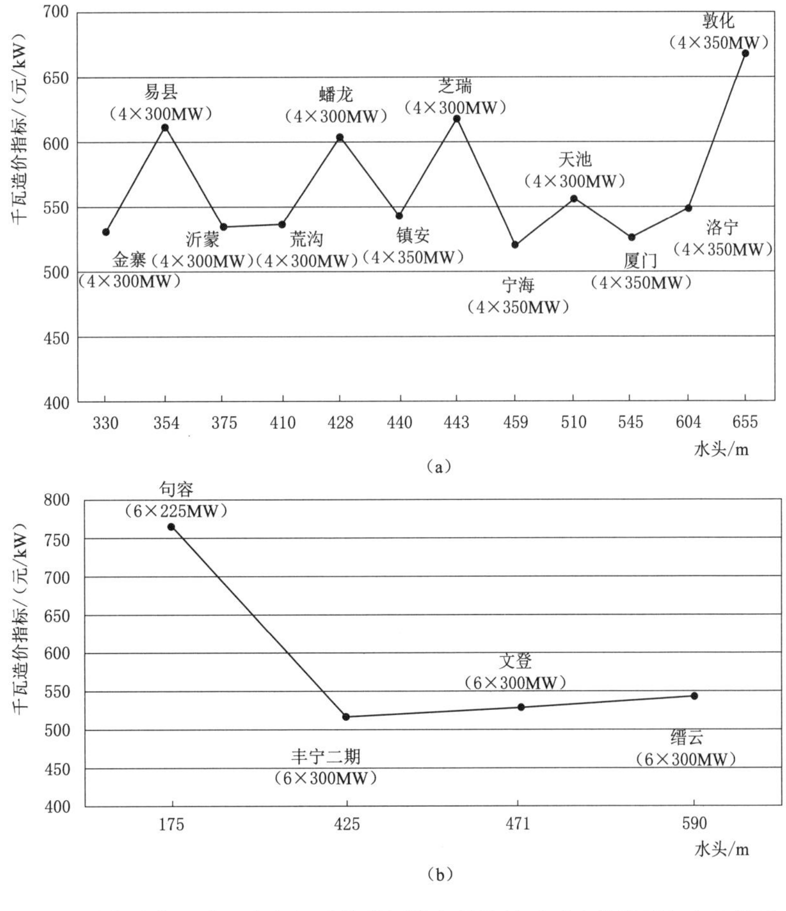

图 5　抽水蓄能电站三大主机及其附属设备价格的千瓦造价指标与水头关系

采用SPSS软件对装机容量为4台机的抽水蓄能电站的三大主机及其附属设备每台机造价指标与水头进行相关性分析，得到结论见表2，证明每台机造价指标与水头之间存在显著正向线性相关性。

表2　　抽水蓄能电站机组每台机造价指标与水头相关性分析表

描述性统计量			
变量	均值	标准偏差	*N*
造价指标/(万元/台)	17879.4617	1372.82186	12
额定水头/m	462.7500	99.07309	12

相关性			
变量		每台机造价指标	额定水头
Pearson相关性	每台机造价指标	1.000	0.676
	额定水头	0.676	1.000
Sig.（单侧）	每台机造价指标	0	0.008
	额定水头	0.008	0
N	每台机造价指标	12	12
	额定水头	12	12

4.2 机组价格与库容间的相关性分析

按照数据统计，抽水蓄能电站三大主机及其附属设备的每台机造价指标和千瓦造价指标与库容的关系趋势图（具体详见图6、图7），可以看出抽水蓄能电站的三大主机及附属设备每台机造价指标与库容之间存在负向线性关系，随着库容的增高，每台机造价指标反而降低。而三大主机及附属设备的千瓦造价指标与库容之间不存在相关性。

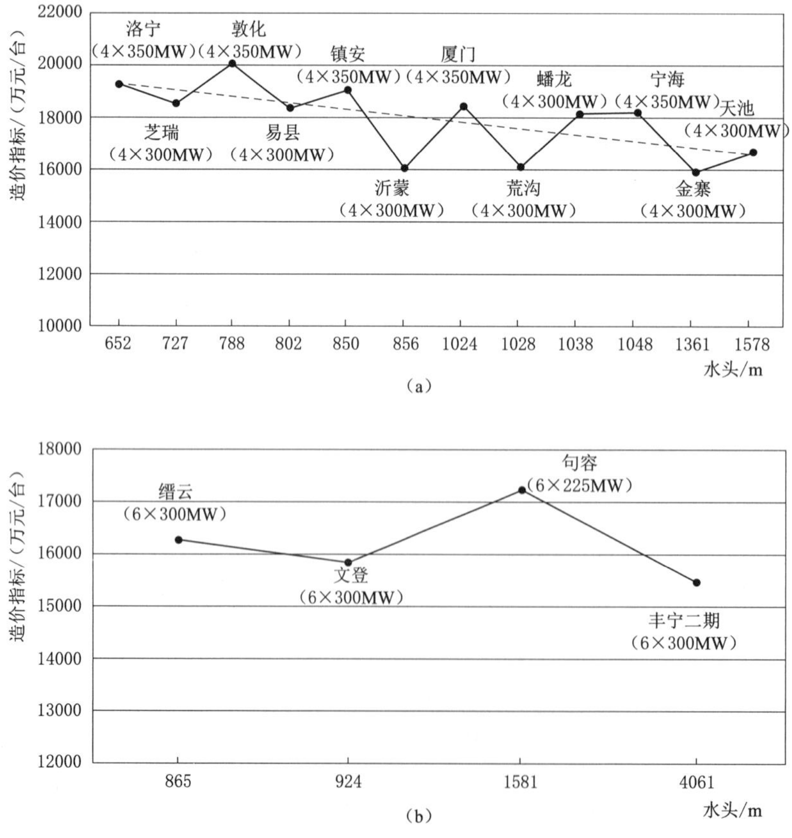

图6　抽水蓄能电站三大主机及其附属设备价格的每台机组造价指标与库容关系

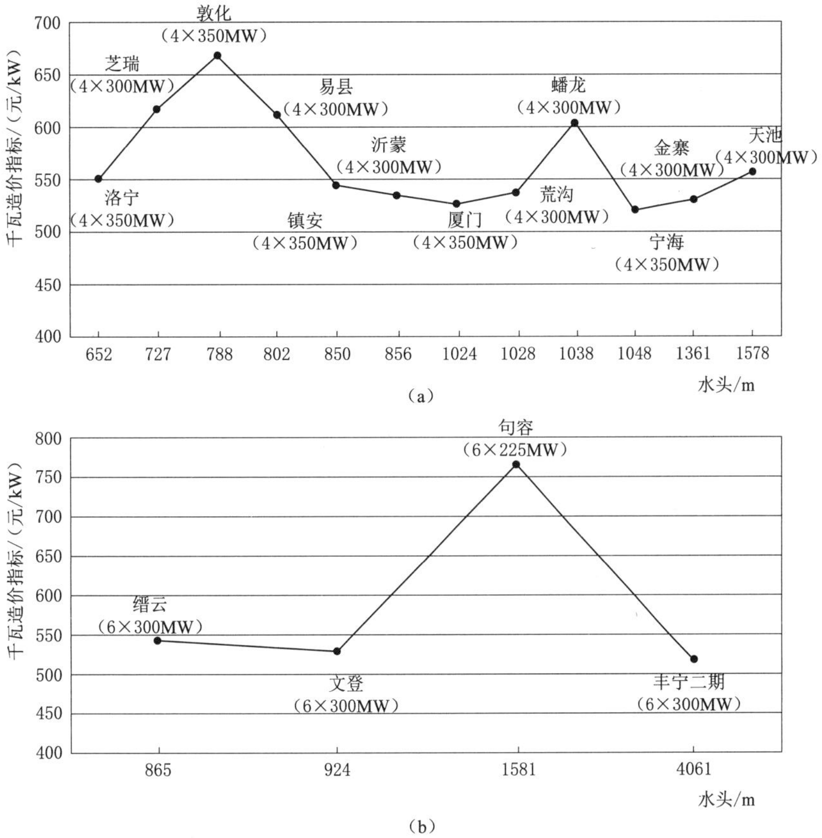

图 7 抽水蓄能电站三大主机及其附属设备价格的千瓦造价指标与库容关系

采用 SPSS 软件对 4 台机的抽水蓄能电站三大主机及其附属设备每台机造价指标与库容进行相关性分析，得到结论见表 3，证明每台机造价指标与库容之间存在微线性相关性。

表 3 抽水蓄能电站机组每台机造价指标与库容相关性分析表

描述性统计量			
变量	均值	标准偏差	N
库容/m^3	1198.9688	812.00122	16
造价指标/(万元/台)	17455.7031	1439.10512	16
相关性			
变量		库容	每台机造价指标
库容	Pearson 相关性	1	−0.491
	显著性（双侧）	0	0.053
	N	16	16
每台机造价指标	Pearson 相关性	−0.491	1
	显著性（双侧）	0.053	0
	N	16	16

4.3 主机造价指标与设备重量之间的关系

1. 水轮水泵机价格指标与其重量相关性分析

抽水蓄能机组水泵水轮机通常由蜗壳、座环（含固定导叶）、活动导叶及导水结构、水导轴承、顶盖、主轴密封（含检修密封）、水轮机轴（含中间轴）、转轮、底环、尾水管等部件组成[7]。

为进一步分析影响造价指标的因素，首先将装机容量为 4 台机的抽水蓄能电站的水泵水轮机单套设备的合同价格与水头、水泵水轮机重量放在一起分析，数据统计结果见表 4 和图 8。可以看出，装机容量为 4 台机的抽水蓄能电站的水泵水轮机与电站水头之间不存在线性关系，但是设备价格与水泵水轮机自身重量存在正向线性关系，基本上重量越重，价格水平越高。

表 4　　抽水蓄能电站水泵水轮机设备价格相关因素汇总表

序号	电站名称	额定水头/m	水泵水轮机设备重量/t	供货厂家
1	易县（4×300MW）	354	760	哈电
2	芝瑞（4×300MW）	443	649	东电
3	宁海（4×350MW）	459	780	东芝水电
4	洛宁（4×350MW）	604	798	东电
5	厦门（4×350MW）	545	780	上海福伊特
6	镇安（4×350MW）	440	800	安德里茨
7	蟠龙（4×300MW）	428	620	东电
8	沂蒙（4×300MW）	375	657.67	东电
9	金寨（4×300MW）	330	800	通用电气
10	天池（4×300MW）	510	582	上海福伊特
11	荒沟（4×300MW）	410	595	哈电
12	敦化（4×350MW）	655	851	东电、哈电

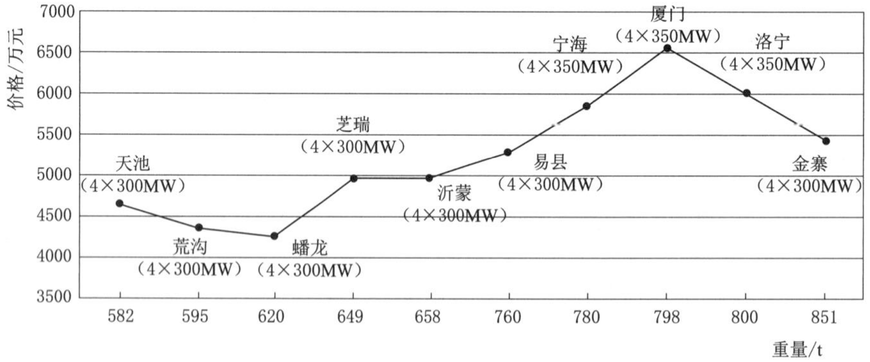

图 8　抽水蓄能电站水泵水轮机设备价格和重量关系分析

采用 SPSS 软件对装机容量为 4 台机的抽水蓄能电站的水泵水轮机的设备价格与自身重量进行线性分析，从图 8 中可以看出金寨的数据不合理，剔除不合理数据后，得到结论见表 5，证明水泵水轮机的设备价格与自身重量之间存在高度相关性。主要是因为水泵水轮机的价格主要与其材料为钢材相关，材料的价格是影响水泵水轮机的主要因素。

表 5　　抽水蓄能电站水泵水轮机设备价格与重量相关性分析表

描 述 性 统 计 量			
变量	均值	标准偏差	N
水泵水轮机设备价格/万元	5255.6009	714.16519	11
水泵水轮机重量/t	715.7273	95.81137	11
相　关　性			
变量		水泵水轮机设备价格	水泵水轮机重量
Pearson 相关性	水泵水轮机设备价格	1.000	0.840
	水泵水轮机重量	0.840	1.000

续表

相关性			
Sig.（单侧）	水泵水轮机设备价格	0	0.001
	水泵水轮机重量	0.001	0
N	水泵水轮机设备价格	11	11
	水泵水轮机重量	11	11

2. 发电电动机重量与价格指标相关性分析

发电电动机既是发电机又是电动机，当作发电机运行时它是把旋转机械能转换成电能的工作机械，其结构主要由定子、转子、主轴、励磁绕组、上下机架以及润滑、冷却、制动等组成[8]。

将装机容量为4台机的抽水蓄能电站的发电电动机单套设备的合同价格与水头、发电电动机重量放在一起分析，得到数据见表6、图9。可以看出，装机容量为4台机的抽水蓄能电站的发电电动机的设备价格与水头及自身重量均不存在相关性。

表6　　抽水蓄能电站水泵水轮机及其附属设备价格相关因素汇总表

序号	电站名称	额定水头/m	发电电动机重量/t	供货厂家
1	易县（4×300MW）	354	942	哈电
2	芝瑞（4×300MW）	443	970	东电
3	宁海（4×350MW）	459	905	东芝水电
4	洛宁（4×350MW）	604	996	东电
5	厦门（4×350MW）	545	905	上海福伊特
6	镇安（4×350MW）	440	980	安德里茨
7	蟠龙（4×300MW）	428	962	东电
8	沂蒙（4×300MW）	375	999.2	东电
9	金寨（4×300MW）	330	936	通用电气
10	天池（4×300MW）	510	865	上海福伊特
11	荒沟（4×300MW）	410	925	哈电
12	敦化（4×350MW）	655	970	东电、哈电

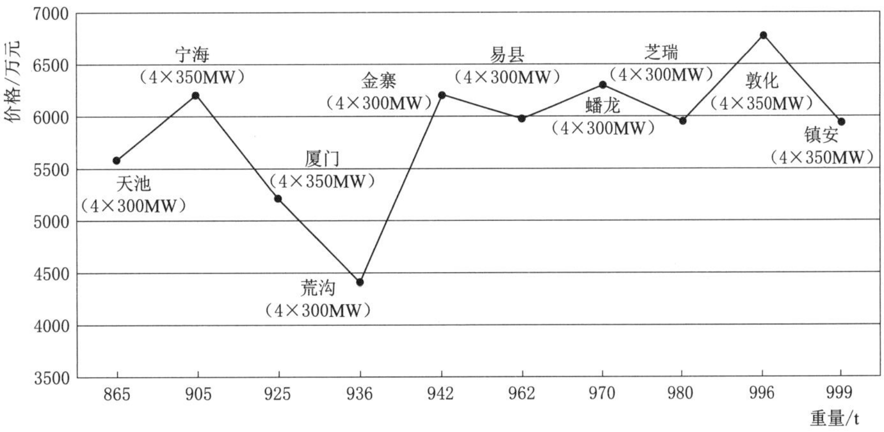

图9　抽水蓄能电站发电电动机设备价格和重量关系分析

采用SPSS软件对装机容量为4台机的抽水蓄能电站的发电电动机设备价格与自身重量进行相关分析，得到结论见表7，证明发电电动机设备价格与自身重量之间不存在相关性。其发电电动机的价格主要决定于发电机制造过程中人工与技术因素。

表7 抽水蓄能电站发电电动机设备价格与重量相关性分析表

描述性统计量			
变量	均值	标准偏差	*N*
发电电动机重量/t	946.2500	40.84589	12
发电电动机设备价格/万元	594.02633	639.94805	12

相关性			
变量		发电电动机重量	发电电动机设备价格
发电电动机重量	Pearson 相关性	1	0.278
	显著性（双侧）	0	0.381
	N	12	12
发电电动机设备价格	Pearson 相关性	0.278	1
	显著性（双侧）	0.381	0
	N	12	12

4.4 主机造价指标与每年钢铁材料价格的关系

抽水蓄能机组材料主要为钢筋，随着抽水蓄能机组水头不断增高，容量不断增大，为保证机组高性能要求和轻量化结构设计要求，将大量使用新材料、新结构，增加了抽水蓄能机组的制造难度[9]。为进一步分析抽水蓄能电站的三大主机及附属设备造价指标与材料之间的关系，将抽水蓄能电站的三大主机及附属设备造价指标与各个年度相应地区的钢筋的信息价格放在一起进行相关性分析，表8、图10、图11分别为抽水蓄能每台机组造价指标和同年钢筋价格水平汇总、2014—2022年钢筋价格走势图及不同年份中蓄能项目所在地区钢筋材料价格对比图。

表8 抽水蓄能电站的不同年度钢筋价格水平汇总表

序号	电站名称	合同签订时间	供货厂家	同年度同地区钢筋价格水平/(元/t)
1	河北易县	2021年	哈电	6260
2	内蒙古芝瑞	2021年	东电	5820
3	浙江宁海	2020年	东芝水电	3960
4	河南洛宁	2020年	东电	4258
5	浙江缙云	2020年	哈电	4510
6	福建厦门	2018年	福伊特	4312
7	江苏句容	2018年	哈电	4150
8	陕西镇安	2018年	安德里茨	4250
9	重庆蟠龙	2018年	东电	4460
10	山东文登	2017年	哈电	3950
11	山东沂蒙	2017年	哈电	3930
12	安徽金寨	2017年	通用电气	4138
13	河南天池	2017年	福伊特	3649
14	黑龙江荒沟	2016年	哈电	2810
15	河北丰宁	2015年	哈电	2330
16	吉林敦化	2015年	东电、哈电	2390

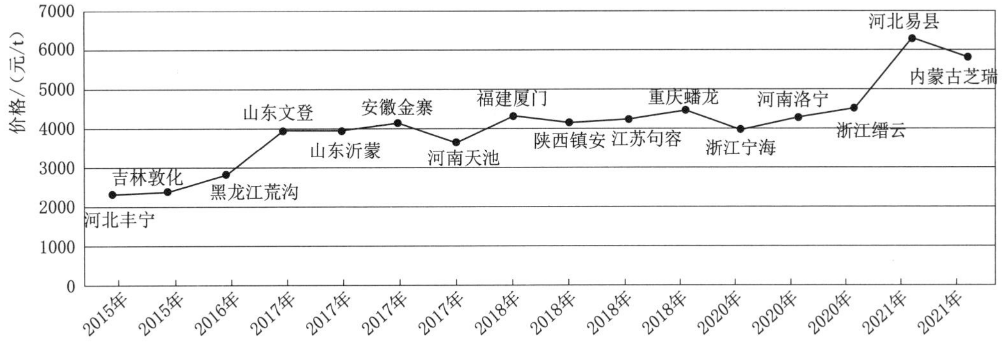

图 10　抽水蓄能电站不同年份钢筋价格趋势图

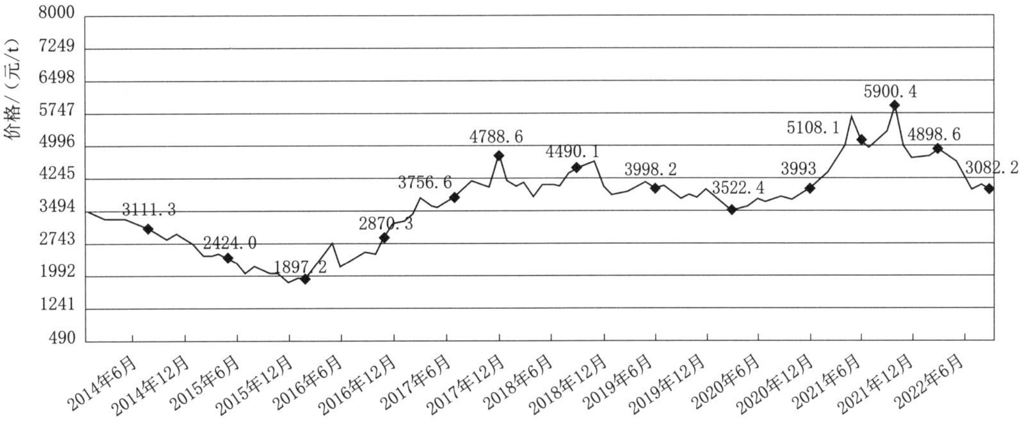

图 11　2014—2022 年钢筋价格趋势图

从图 11 中可以看出钢筋价格与每台机造价指标之间存在明显的线性关系，用 SPSS 软件进行相关性分析，因吉林敦化、浙江缙云、河北易县三组数据不合理，剔除不合理数据后，所到的结论见表 9，可以看出钢筋价格与每台机造价指标之间存在显著相关性，即材料价格也是影响机组价格的主要因素之一。

表 9　抽水蓄能电站三大主机及其附属设备价格的每台机组造价指标与钢筋价格水平相关性分析表

描述性统计量			
变量	均值	标准偏差	*N*
每台机造价指标/万元	17634.7762	1425.79425	13
同年度同地区钢筋价格水平/（元/t）	4005.9231	813.01378	13
相关性			
变量		每台机造价指标	同年度同地区钢筋价格水平
每台机造价指标	Pearson 相关性	1	0.073
	显著性（双侧）	0	0.814
	N	13	13
同年度同地区钢筋价格水平	Pearson 相关性	0.073	1
	显著性（双侧）	0.814	0
	N	13	13

5　结语

通过统计 2015 年以来抽水蓄能电站机组及附属设备采购标合同签订的价格，对三大主机及其附属设备与装机容量、水头、库容、材料进行统计分析，分析影响因素对造价指标的影响，可以得到如下结论：

（1）各个抽水蓄能电站三大主机及其附属设备的每台机造价指标在 17455 万元上下浮动，千瓦造价指标基本在 566 元上下浮动。

（2）装机容量为 180 万 kW 的每台机造价指标基本在 15843 万元左右，平均千瓦造价指标为 528 元，装机容量为 140 万 kW 的每台机造价指标基本在 18976 万元左右，平均千瓦造价指标为 542 元，装机容量为 120 万 kW 的每台机造价指标基本在 17096 万元左右，平均千瓦造价指标为 570 元，装机容量越小的千瓦造价指标越大。

（3）装机容量为 4 台机的抽水蓄能电站三大主机及其附属设备每台机造价指标与水头之间存在显著正向线性关系，水头在 400m 以上的，随着水头的增高，每台机造价指标也随之越高。抽水蓄能电站三大主机及其附属设备每台机造价指标与库容之间存在负向线性关系，随着库容的增高，每台机造价指标反而降低。

（4）钢筋的价格水平与每台机造价指标之间存在着显著相关性，是决定抽水蓄能机组价格的重要因素。

（5）装机容量为 4 台机的抽水蓄能电站的水泵水轮机设备价格与水泵水轮机自身重量存在高度线性相关性，基本上重量越重，价格水平越高；但发电电动机设备价格与发电电动机自身重量不存在相关性。

参考文献

[1] 段敬东．新价格形成机制下抽水蓄能电站投资建设盈利能力能研究［J］．水电与抽水蓄能，2021，7（6）：69-73.

[2] 新华社．我国关于进一步完善抽水蓄能价格形成机制的意见［J］．河南科技，2021，40（14）：2.

[3] 周建平．抽水蓄能：万亿产业健康发展的思考［J］．能源，2022，(5)：32-36.

[4] 水电水利规划设计总院．中国可再生能源发展报告［M］．北京：中国水利水电出版社，2021.

[5] 林铭山．抽水蓄能发展与技术应用总数［J］．水电与抽水蓄能，2018，4（1）：1.

[6] 云与新，赵富强，张磊，等．结合相关系数及改进层次分析法的油浸式变压器重量评估［J］．重庆理工大学学报（自然科学），2022，36（5）：203-210.

[7] 李浩良，孙华平．抽水蓄能电站运行与管理［M］．杭州：浙江大学出版社，2013.

[8] 王能庆，范潇，冯涛，等．高水头抽水蓄能机组两瓣式蜗壳座环焊接制造技术应用研究［J］．水电与抽水蓄能，2021，7（6）：65-68.

抽水蓄能电站融资渠道分析与展望

次　鹏
（中国电建集团北京勘测设计研究院有限公司，北京市　100024）

【摘　要】随着《抽水蓄能中长期发展规划（2021—2035年）》和《“十四五”现代能源体系规划》文件出台，未来抽水蓄能电站建设加速，投资主体体现为更加多元化，要吸引更多的社会资本参与到未来抽水蓄能电站建设。这意味着，从投资主体的市场定位而言，国家正加速放开，这无疑将有力调动和激发市场对抽水蓄能电站的投资热情和信心。国家意志明确，地方发展意愿强烈，企业投资热情高涨，抽水蓄能的万亿市场空间已在加速打开。针对3060目标，金融机构为市场投资主体提供了一揽子新的融资工具。了解并开展对新的融资工具学习和应用势在必行，本文搜集了目前市场上较新颖的融资工具，简要分析了使用方法和应用实例，供抽水蓄能电站投资主体参考使用。

【关键词】绿色债券　绿色贷款　转型金融　可持续发展挂钩债券　可持续发展挂钩贷款

1　引言

国家能源局在9月发布的《抽水蓄能中长期发展规划（2021—2035年）》明确，到2025年，抽水蓄能投产总规模较“十三五”翻一番，达到6200万kW以上；到2030年，抽水蓄能投产总规模较“十四五”再翻一番，达到1.2亿kW[1]。

2022年两会，政府工作报告首次明确提出，要加强抽水蓄能电站建设；紧接着，3月22日，国家发改委、国家能源局印发的《“十四五”现代能源体系规划》明确，要加快推进抽水蓄能电站建设，推动已纳入规划、条件成熟的大型抽水蓄能电站开工建设，完善抽水蓄能价格形成机制。

目前抽水蓄能投资运营企业主要有国网新源、南网双调两家。截至2021年底，国网新源在运和在建抽水蓄能规模分别为2351万kW和4578万kW。截至2020年底，我国抽水蓄能总装机为3149万kW，若按照单位千瓦造价5000～7000元计算，未来十年我国抽水蓄能投资空间接近万亿元。毫无疑问，抽水蓄能产业将成为是各发电公司、施工企业、勘测设计企业和装备制造等企业一条新的竞争赛道。

2　政策出台及投资主体多元化

2014年，国家发展改革委出台的《关于完善抽水蓄能电站价格形成机制有关问题的通知》首次提出抽水蓄能电站执行两部制电价。2021年4月，国家发展改革委正式出台《国家发展改革委关于进一步完善抽水蓄能电站价格形成机制的意见》，明确已投产且执行单一容量制及电量制电价的抽水蓄能电站将于2023年开始全面执行两部制电价。众所周知，过往国内抽水蓄能的投资主体主要是国家电网和南方电网，占据90%以上的市场，属于网建网用模式。随着两部制电价的实施，抽水蓄能开发迎来盈利拐点；在鼓励社会资本参与电力市场交易的政策支持下，抽水蓄能正吸引更多企业加入，产业链上的参与者也越来越多[2]。

除了电网企业，“十四五”期间，发电企业、施工企业等非传统蓄能投资主体，共同参与建设的多元化局面基本形成。据统计，目前全国已有超过55家投资主体正在积极推进抽水蓄能电站相关工作[3]。

3　项目资本金

3.1　资金来源及要求

《关于调整和完善固定资产投资项目资本金制度的通知》对各行业固定资产投资项目的最低资本金比

例提出了具体的要求，电力项目的最低资本金要求比例为20%，项目投资额的剩余部分由资本方通过向金融机构融资进行筹集。作为认缴注册资本注入项目公司。第一笔资本金在项目公司成立后15个工作日之内由社会资本方存入项目公司账户；剩余资本金根据项目建设进度和融资机构要求，由各资本方依持股比例及时、足额缴纳。

项目公司以向金融机构筹措项目资金，以解决投资总额和注册资本之间的差额；项目公司以项目资产或权益作为融资担保，或以项目合同中的各项权益（如预期收益权、保险受益权等）之上设置抵押、质押或以其他方式设置担保权益。若项目公司不能顺利完成项目融资，则由社会资本方通过股东贷款、补充提供担保等方式解决，以确保项目公司的融资足额及时到位。

3.2 政企合作的限制

从2014年以来政企合作模式逐渐成为各地基础设施项目运作的重要模式，但在经历几年快速发展之后，政企合作模式项目支出总和不断逼近一般公共预算支出10%的红线，且《财政部关于推进政府和社会资本合作规范发展的实施意见》（财金〔2019〕10号）要求财政支出责任占比超过5%的地区，不得新上政府付费项目，新签约项目不得从政府性基金预算、国有资本经营预算安排项目运营补贴支出。

3.3 扩宽资金筹集渠道，降低资金成本

企业结合自身的经营特点、未来发展趋势及各种筹资成本的难易程度和风险，进行筹资决策，最终选择出最佳的筹资方式和筹资渠道。这样不仅有助于企业达到筹资的目标，取得良好的筹资效果，还能提高企业对资金使用的能力。

选择筹措资金的最佳途径，是降低资金成本的有效方法，但各种筹资方式各有利弊，如长期借款取得的资金虽成本较高，但偿债压力相对较小。企业发行长期债券取得的资金，利率一般低于长期借款利率，但筹资费用较高，并且会受到国内金融政策限制等影响。所以，企业应对不同的筹资方式进行综合比较，根据自身的实际情况，选择适合的融资方式。拓宽资金筹集渠道加强债贷结合（利用国内债券市场的优势地位，引导抽水蓄能投资主体在国内债券市场发行企业债券，有效缓解抽水蓄能建设的资金压力）、加强投贷结合（通过投资子公司设立投资基金或平台，以股权投资等方式为重大项目注入资本金，解决项目资本金不足问题，进而带动银行或其他金融机构的信贷资金投入）。

4 投资渠道分析与展望

4.1 传统的融资渠道分析

抽水蓄能电站一般采用银行贷款获取的资金规模约占融资总量的80%以上，企业债券、融资租赁、信托等融资等方式的筹资总量不超过20%，但大多数抽水蓄能电站融资渠道单一，银行贷款占比较大，对新融资方式采用的较少[3]。

4.2 中国人民银行政策性、开发性金融工具

4.2.1 中国农业发展银行、国家开发银行基础设施基金投资

中国人民银行支持国家开发银行、中国农业发展银行分别设立金融工具，规模共3000亿元，用于补充投资包括新型基础设施在内的重大项目资本金、但不超过全部资本金的50%，或为专项债项目资本金搭桥。据悉，国家开发银行、中国农业发展银行在取得银保监会批复后，于第一时间注册设立基础设施基金公司，并完成首批项目资本金投放。从工具设立到首批项目资本金投放，用时不到一个月。2022年7月20日，中国农业发展银行成立农发基础设施基金有限公司，并于成立的第二天投放首笔5亿元资金用于建设重庆市云阳县建全抽水蓄能电站。同时，该项目的正式开工建设，也是全国首单政策性金融投放后的首个开工项目。这是全国金融系统用于补充包括新型基础设施在内的重大项目资本金后的首单业务[4]。

4.2.2 政策性、开发性金融工具投资特点

按市场化原则，依法合规自主决策、自负盈亏、自担风险，保本微利，投资规模要与项目收益相平衡；投资项目既要有较强的社会效益，也要有一定的经济可行性；只做财务投资行使相应股东权利，不

参与项目实际建设运营；按照市场化原则确定退出方式。

4.3 绿色债券/绿色贷款方式

随着公众对绿色经济日益重视以及碳达峰、碳中和的“双碳”目标的提出，目前国内绿色金融工具也日益丰富，例如，绿色债券、绿色贷款，在国内对于绿色金融产品需求日益增长的背景下，引入该绿色金融工具并进行本土化创新和实践，具有较强的现实意义。

4.3.1 绿色债券

2021年4月，中国人民银行、国家发展改革委、中国证监会三部委联合更新的绿色债券支持项目目录，并于2021年7月正式施行。绿色债券目录是界定绿色项目的最直接政策依据。《绿色债券支持项目目录（2021年版）》增加了有关绿色农业、绿色建筑、可持续建筑、水资源节约和非常规水资源利用等新时期国家重点发展的绿色产业领域类别。为更好地体现对绿色装备制造业整个产业链条的支持，对绿色装备制造领域的支持还从生产端扩展到对相关贸易活动的支持上。

通过发行绿色债券，包括但不限于绿色金融债券、绿色企业债券、绿色公司债券、绿色债务融资工具和绿色资产支持证券。募集资金专门用于支持符合规定条件的绿色产业、绿色项目或绿色经济活动，依照法定程序发行并按约定还本付息的有价证券，最近比较热门的碳中和债，其实是绿色债券的子品种，只是用途更加聚焦碳减排领域。绿色金融债的发行主体是金融机构，其他债券的发行主体是企业法人。从募集资金使用看，绿色金融债和绿色债务融资工具要求募集资金100%投入绿色项目，而绿色企业债和绿色公司债允许部分募集资金用于和绿色项目无关的补流还贷。抽水蓄能电站产业链中的各发电企业、施工企业、勘测设计企业和装备制造企业都可以充分利用这种金融工具。

4.3.2 绿色贷款

绿色贷款是一项贷款政策，是由环境保护部、中国人民银行、中国银保监会三方联合提出的。绿色贷款多采用项目贷款形式，期限较长，资金专款专用、项目封闭运行。之所以采取“绿色贷款”政策，其实就是将环保调控手段通过金融杠杆来具体实现，直接从源头上切断高耗能、高污染行业的无序发展，好遏制高耗能高污染产业的盲目扩张，也为生态保护、生态建设和绿色产业融资打下基础。2022年7月8日，中国人民银行发布中国区域金融运行报告（2022），其中介绍，绿色贷款持续较快增长。

4.4 转型金融

转型金融主要指对于绿色金融之外的“棕色产业”和碳密集产业低碳转型的金融支持，其主要目的是减缓气候变化。我国碳排放量占全球近30%，主要集中在8个高碳排放行业。转型金融可应用于碳密集和高环境影响的行业、企业、项目和相关经济活动，服务对象具有灵活性和适应性，能形成更加显著的碳减排整体效应。转型金融主要分为转型债券和转型信贷，以及碳排放权质押贷款、碳中和基金、碳中和信托和绿色可持续发展挂钩贷款等衍生金融产品。这里主要介绍可持续发展挂钩债券和可持续发展挂钩贷款。

4.4.1 可持续发展挂钩债券

与绿色债券（碳中和债）规定的资金必须投向绿色项目相比，可持续发展挂钩债券是目标导向型的融资工具，对发行主体、发行方式、资金投向无硬性要求，更注重企业自定的目标是否达成，资金用途更加灵活。

目前，可持续发展挂钩债券总体发行量不大，券种主要为中期票据。通过Wind金融终端进行数据汇总，截至2022年6月底，共有30家主体发行37支可持续发展挂钩债券，发行规模合计514亿元；国企为主要发行人，碳排放较高的行业发行意愿较强。从企业性质来看，九成的发行主体为国有企业，为该种债券发行的主要力量，其余为两家民营企业和一家公众企业。分行业来看，该债券涵盖电力、热力生产与供应、制造业、采矿业等7个行业，碳排放较高的行业发行此类债券的意愿相对较强。具体而言，电力、热力生产与供应行业发行数量最多，共计14支；同时规模也是该行业最大，合计229亿元，占总规模比重为45%。

4.4.2 可持续发展挂钩贷款

传统的“绿色贷款”须符合银行对“绿色”的定义，因此多应用于本质上属于绿色的行业，例如，可再生能源行业，以及相对成熟的、公认的“绿色”行业，而可持续发展贷款不需要限制在绿色资产或项目的范畴内，借款人只需设置与环境、社会、治理相关的可持续发展目标，并在贷款协议中设置可持续发展绩效考核指标，同时挂钩贷款成本。可持续发展贷款是传统“绿色贷款”非常有益的补充方式。传统“绿色贷款”较多地用于项目贷款，而可持续贷款普遍用于公司的日常运营需求，较“绿色贷款”专款专用相比，使用起来相对灵活。

可持续发展贷款较传统“绿色贷款”具有较强的灵活性。一是贷款期限灵活。相较传统“绿色贷款”，可持续发展贷款期限比较灵活。大多数可持续发展贷款都是循环贷款形式，期限可为 1 年、3 年、5 年；二是可设置两个展期权以满足借款人的需求，且借款人可在需要时随时提款和还款。

可持续发展挂钩贷款是推动企业追求并达成更进取的可持续发展目标。企业的可持续发展表现可通过预先定义的表现指标（简称 KPIs）来评估，而 KPIs 的完成情况则由预先设立的可持续发展绩效目标（简称 SPTs）来量度 SPTs 用于评估企业可持续发展表现的提升。

2022 年 1 月 28 日，全国首笔绿色金融可持续发展挂钩贷款在江西赣江新区成功落地。所谓可持续发展挂钩贷款，是指借款人的贷款利率与二氧化碳减排、单位耗能等多领域指标挂钩，用于激发借款人实现有开创性的、可持续发展表现为目的的贷款产品。

4.5 信托融资

借助信托与地方政府、国企合作设立政府引导基金、地方产业基金，通过资产证券化、公募 REITs 等形式参与抽水蓄能建设。比如，2022 年建信信托与重庆市城市建设投资（集团）有限公司、重庆市渝中区政府、中国建设银行重庆市分行和重庆市住建投资有限公司，共同签署了重庆市城市更新基金战略合作框架协议。据了解，重庆市城市更新基金是由重庆市政府主导设立的首只投资于城市更新领域的市级私募投资基金，基金总规模达 1000 亿元。再比如，根据中诚信托官方平台发布的信息，2022 年 5 月底中诚信托启程 5 号集合资金信托计划成立，该信托计划投资规模为 2.53 亿元，底层项目为长沙县松雅新城水渡河片区产城融合项目；该项目是中诚信托与中铁资本、中铁一局合作在基础设施投资领域开展的首个通过产业基金投资的城市更新项目。这种信托架构的产业基金模式也为抽水蓄能项目投资方提供了一个融资的选项[5]。

5 结语

《抽水蓄能中长期发展规划（2021—2035 年）》，描述了未来 15 年雄心勃勃的发展前景，由于事关万亿级产业市场的投资，抽水蓄能项目融资问题也是投资方需要直面和解决的难题之一，本文介绍的四种较新颖的融资模式，对其概念和应用初衷进行简要的解析，通过分析和举例帮助读者加深理解。随着一些新的投资主体（各类建筑企业、勘测设计企业、装备制造企业等）进入抽水蓄能领域，投资主体多元化后，未来，抽水蓄能电站融资方式和手段必将发生较大的调整和创新，以期更好地适应抽水蓄能产业的发展。共同履责，共享效益，共担风险的融资模式将为抽水蓄能项目注入新的活动和动能。

参考文献

[1] 周建平，杜效鹄，周兴波. 面向新型电力系统的水电发展战略研究 [J]. 水力发电学报，2022 (7)：41.

[2] 刘玉玲. 水利工程建设投资方式和运营管理模式探讨 [J]. 水科学与工程技术，2022 (3)：95-96.

[3] 周宇辉. 抽水蓄能电站融资问题及对策 [J]. 财经界，2019 (19)：3.

[4] 杜川. 千亿资金为专项债项目“搭桥”政策性金融工具能否逆境托市 [N]. 第一财经日报，2022-7-27.

[5] 胡萍. 信托 2021：逐“绿”谋发展 创新与规范同行 [N]. 金融时报，2021-12-6.

践行两山理论　建设美丽电站

郑　豪　王　骞

（浙江衢江抽水蓄能有限公司，浙江省衢州市　324000）

【摘　要】浙江衢江抽水蓄能电站（衢江电站）地处饮用水源保护地，项目高度重视环境保护和水土保持工作，通过提前谋划，充分调研，筹建期工程实现砂石骨料加工系统及料仓全封闭建设，从设计源头把好工程建设与生态保护的平衡，组织参建各方实施“明改隧”变更，减少边坡开挖及植被破坏，同时使用TBS等技术手段及时复绿已裸露边坡，确保电站绿色工程建设取得实效。

【关键词】抽水蓄能电站　环境保护　水土保持　生态边坡　支护技术

1　电站背景情况

衢江电站位于浙江省衢州市衢江区黄坛口乡境内，靠近金华、衢州负荷中心，距衢州市、金华市和杭州市直线距离分别为15km、80km和200km。

电站装机容量1200MW（4×300MW），额定水头415m，设计年发电量12亿kW·h，年抽水电量16亿kW·h。

电站上水库正常蓄水位691m，总库容1077万m^3（正常蓄水位库容1030万m^3，死库容228万m^3，调节库容802万m^3），主坝采用混凝土面板堆石坝，最大坝高114.5m；下水库正常蓄水位265m，总库容1153万m^3（正常蓄水位库容1066万m^3，死库容269万m^3，调节库容797万m^3），主坝采用混凝土面板堆石坝，最大坝高98m；输水系统采用两洞四机，单管长度1980.6m（沿4号输水系统）；主厂房开挖尺寸176.5m×26.0m×56.5m（长×宽×高）。电站以2回500kV出线接入信安变电站。工程建设用地总面积4345.3亩，其中永久用地3442.11亩，临时用地903.19亩。电站工程的建设，对浙江电网调峰、安全稳定运行有较大贡献，每年可节约发电标煤11万t，按标煤价格1000元/t考虑，每年可节约系统燃料费11000万元。每年减少排放二氧化碳（CO_2）约22万t、氮氧化合物（NO_x）约0.06万t、二氧化硫（SO_2）约0.15万t，减少烟尘排放0.07万t，从而缓解电力行业面临的二氧化硫、二氧化碳排放压力，减少空气污染，提高受电区的环境质量，同时可减轻煤矿、火电、交通建设压力，促进供电和受电地区经济的可持续发展。

工程建设对环境的不利影响主要表现在工程区保护动植物及水土流失的影响、水环境影响等方面。在落实各项环水保措施后，可以最大限度地减免不利影响。

2　超前谋划、同步实施，绿色工程建设初见成效

2.1　强化顶层设计

浙江衢江抽水蓄能有限公司积极探索早进洞、少开挖方案，根据地势条件优化部分洞口方式，结合现场地形、地质条件，开展进场公路、上下库连接公路部分路段的设计优化，通过“明改隧”等方法，减少高边坡、高挡墙，进一步降低施工安全风险。累计减少明线段开挖约556m，土石方约2.7万m^3，最大限度避免施工范围内生态扰动，协调好基建安全投资管控与生态保护之间的平衡关系。

2.2　落实环水保措施

衢江电站距离一级水源保护区最近处约20m，环水保要求高。衢江公司高度重视环境保护和水土保持工作，实施水土保持及环境监理与监测，积极落实各隧洞污水处理设施、筹建期砂石骨料加工系统及料仓全封闭建设，积极采取隔声降噪、抑尘洒水、固废处置等措施，有效地降低了现场施工对周边环境

的不利影响。

充分考虑洞室分布情况及污水处理量，科学谋划建设废水处理系统或临时沉淀池。超前配备废水处理系统 8 处、临时沉淀池 6 处，通过多级沉淀等方式严格废水处置、回收利用，实现了电站施工废水全覆盖、零排放。

严格落实环水保“三同时”要求，实现筹建期砂石骨料加工系统、料仓及钢筋加工厂全封闭建设，有效改善加工粉尘外溢现场，切实降低了现场施工对周边环境的不利影响。

重点抓好施工扬尘处理，土石方明挖施工钻孔设备配备捕尘装置，减少钻机运行过程中产生的扬尘；加大喷雾降尘、封闭降尘、洒水降尘力度，根据施工需要，及时硬化常用临时道路 17km，采用带遮盖篷的运输车，配备洒水车，大幅度降低土质路基在雨水和车辆作用下出现较严重水土流失及晴天扬尘的问题。

对已开挖土质边坡及各处料场、渣场及时做好防尘全覆盖，既能保证视觉上的美观，又能减少水土流失和降低扬尘量，最大限度降低开挖扬尘对当地居民的生产生活和生态环境的不利影响。

针对已扰动临时施工区域，遵循“开挖一片、覆绿一片”的原则，采用“覆土＋播撒草籽”或种植灌木等方式，及时进行覆绿处理。

充分利用市政管网等有利资源，生活污水做到应收尽收。在生活区、施工区等人员集中的地方设置废料池，做好工程废弃物的分类回收利用工作。根据现场需要，施工现场设置可移动环保厕所，并定期安排人员清运、消毒。

2.3 推进新工艺应用

衢江公司推广应用 TBS 植被防护、植被混凝土护坡、液压客土喷播等技术，在建设美丽电站的同时，有效保护区域植被的完整性。

（1）TBS 植被防护。

1）技术简介。TBS 植被防护技术是采用特定的基材配方和种子配方，对边坡进行防护和绿化的新技术。它是集岩石工程力学、生物学、土壤学、肥料学、硅酸盐化学、园艺学和环境生态等学科于一体的综合环保技术。

2）适用环境。TBS 植被防护技术适用于土质边坡、边坡坡度不陡于 1∶1 的中风化或弱风化岩质边坡、年降雨量大于 600mm 的非高寒地区的整体稳定斜坡，以及有落石或风化剥落等不良地质现象的相对稳定斜坡等。当坡度比较陡时，绿化基材不容易被固定，强降雨时被冲刷掉的概率增大，因此坡比陡于 1∶1 时慎用该技术。

（2）植被混凝土护坡。

1）技术简介。植被混凝土是由土壤、水泥、生态改良剂、有机肥、生境基材有机料、化学纤维等与水混合而成的均质拌合物，具备抗冲刷性及肥力可持续性，是一种适宜于较陡边坡植物生长的基材。

2）适用环境。植被混凝土适用于 45°～85°的稳定边坡，且能适应土质边坡、岩质边坡、人工硬化边坡等不同类型的边坡。

（3）液压客土喷播技术。

1）技术简介。液压客土喷播植草技术是以水为载体，通过液压喷播机对处理后的植物种子、黏合剂、纤维覆盖物、保水剂和种子所需的养分进行混合、搅拌和喷洒，最终形成生态植被的绿化技术。保证喷播成功的关键因素之一是喷播基材的选取。

2）适用环境。液压客土喷播植草的优点是施工工艺简单，能够迅速覆盖坡面。但其抗冲刷性能较差，后期易受雨水侵蚀破坏，雨天应尽量避免客土喷播施工。该技术适用于平缓的土质边坡，坡度一般不宜陡于 1∶1。

针对临时边坡和永久边坡，衢江公司组织参建各方踏勘现场，结合水文气象、地形地质、边坡类型和支护形式等，具体提出绿化措施、技术标准和实施时间等要求，确保水保绿化与工程建设同步实施，实现见缝插绿、及时覆绿。

3 结语

优先发展生态，加强生态系统保护，优化生态安全屏障体系，建设生态走廊和生物多样性保护网络，提高生态系统质量和稳定性，是我国发展方向。党的十八大确立了生态文明建设的突出地位，衢江抽水蓄能电站在建设过程中应切实落实环保、水保设施“三同时”、强化环保、水保全过程技术监督，更好地担负起社会责任，高质量完成各项环保、水保工作任务，为建设美丽电站保驾护航。

工 程 设 计

丰宁抽水蓄能电站上水库进/出水口水力学问题研究

何　敏

（中国电建集团北京勘测设计研究院有限公司，北京市　100024）

【摘　要】丰宁抽水蓄能电站上水库进/出水口为侧式进/出水口，一、二期工程共6个进/出水口并列布置，共用引水明渠。上水库6个进/出水口总宽度193.28m，规模大，为保证进/出水口体型更好地适应复杂的水力学条件，招标阶段开展了水工模型试验研究，进一步优化进/出水口体型，掌握进/出水口水流流态及水力特性，丰宁抽水蓄能电站上水库进/出水口为工程实施及安全运行提供了科学依据。

【关键词】丰宁抽水蓄能电站　上水库进/出水口　水工模型　水力特性

1　引言

丰宁抽水蓄能电站位于河北省丰宁满族自治县境内，距北京市区的直线距离180km，距承德市的直线距离150km。电站总装机容量3600MW，分两期开发。枢纽工程由上水库、下水库及拦沙库、输水系统、地下厂房及地面开关站等组成，其中上水库、下水库及地面开关站一、二期工程共用。

一期工程可研阶段上水库进/出水口位于上水库主坝南侧，距主坝趾板约200m，进/出水口的布置结合上水库大坝坝料料场的开挖，考虑挖填平衡后筑坝料开挖至1460.00m高程平台，上水库进/出水口布置于筑坝料开挖平台。

同时期二期工程进入预可阶段设计，为避免水库蓄水后，二期工程进/出水口的施工对一期工程的影响，上水库进/出水口位于一期工程上水库进/出水口南侧，最近距离约585m。

随着一期可研审查通过，审查意见明确“上、下水库一次建成，电站分期建设方案，二期工程进/出水口在水库蓄水之前建成”。二期预可审查通过，审查意见明确“上、下水库及进/出水口在一期工程中一次建成，二期工程接续一期工程施工，建设条件好，工程投资省”。

在确定一期、二期工程上水库进/出水口一次建成后，一期招标设计阶段，我院开展二期工程进/出水口位置选择研究，利用一期工程上水库进/出水口位置作为筑坝料料场，开挖后形成较大面积的开挖平台（1460.00m高程），平台具备布置两期进/出水口的空间，二期工程上水库进/出水口与一期工程并列布置，6个进/出水口共用引水明渠，从布置上方案是可行的。

电站采用一洞两机布置方式，单机发电流量80.7m^3/s，抽水流量71.4m^3/s，考虑到6个进/出水口并列布置后，规模增加一倍，同时发电流量达968.4m^3/s，水力学条件变得更加复杂，各工况下水力学条件满足要求是方案确定的必要条件。

招标阶段，采用了水工模型试验对上水库进/出水口布置水力学条件进行验证。

2　上水库进/出水口布置

上水库进/出水口采用侧式进/出水口，6个进/出水口体型相同，一期3个（1号、2号、3号）进/出水口并列布置，其中心线间距均为27.22m，中心线方位角为NE56°；二期3个（4号、5号、6号）进/出水口并列布置，与一期进/出水口间距30m，其中心线间距均为27.22m，中心线方位角为NE56°。上水库进/出水口与引水隧洞连接，沿发电水流方向依次为：防涡梁段、调整段、扩散段、渐变段，底板高程1444.00m；进/出水口与上水库库底由明渠相连，明渠段沿发电水流方向依次为：引渠段、反坡段、连接段。平面布置如图1所示。

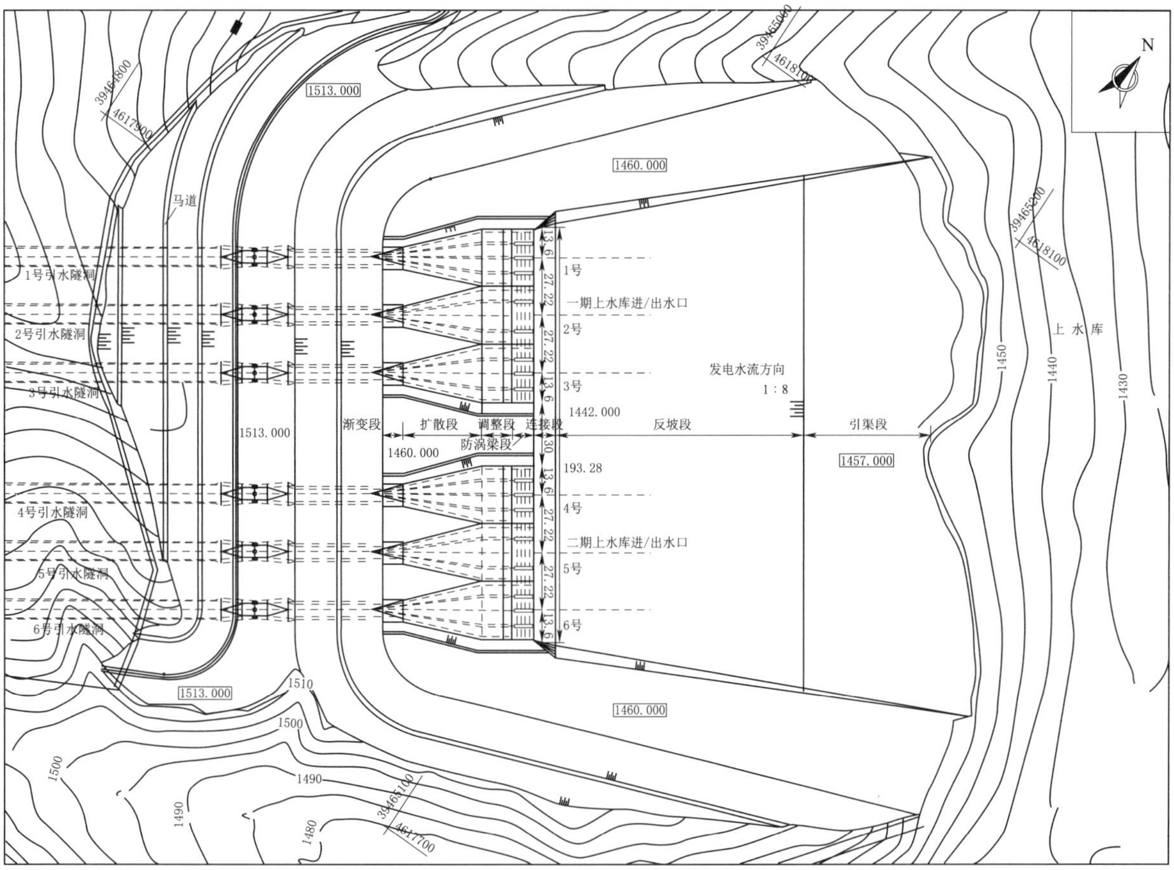

(a) 平面图

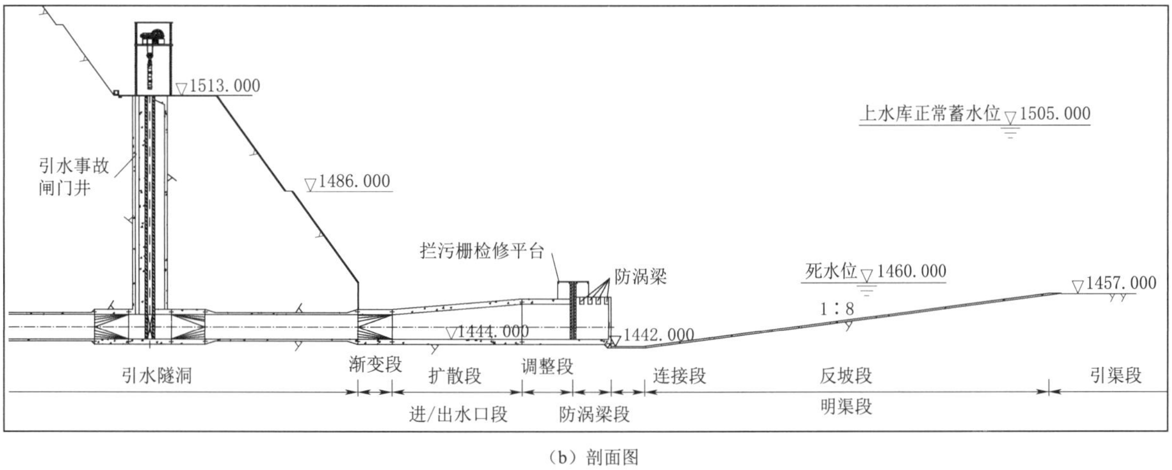

(b) 剖面图

图 1　上水库进/出水口布置图（原设计方案）（单位：m）

3　水工模式设计及水力学问题研究

3.1　模型设计

上水库进/出水口及引水明渠整体模型按重力相似准则设计，并考虑雷诺数 *Re* 和韦伯数 *We* 满足一定的条件，模型几何比尺 1：35，模型全长 24m，宽 13.5m，高 2m。模型布置如图 2 所示。

为消除模型缩尺因素的影响，在进行试验时，可用加大流量的办法对漩涡运动进行补充观察。经测算进/出水口前库区水流雷诺数和韦伯数，模型水流黏滞力和表面张力不影响漩涡形态。上水库发电工况的漩涡观测，在正常蓄水位下将流量加大到 2.5 倍正常流量［(2.5×80.7×2)m^3/s］，在死水位下可将流量加大到 1.5 倍正常流量［(1.5×80.7×2)m^3/s］。

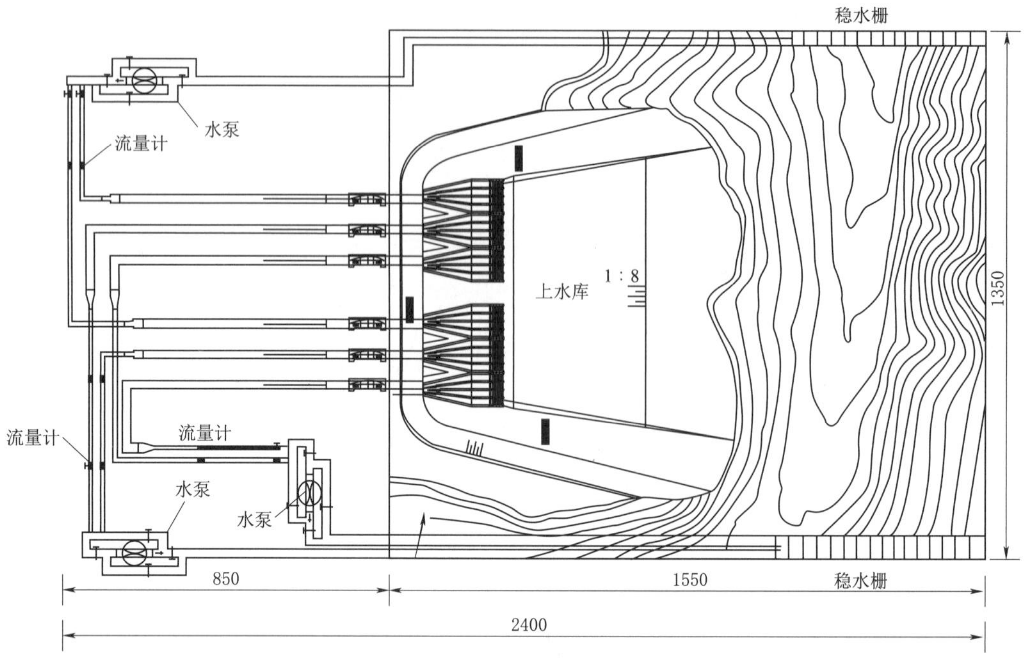

(a) 平面图

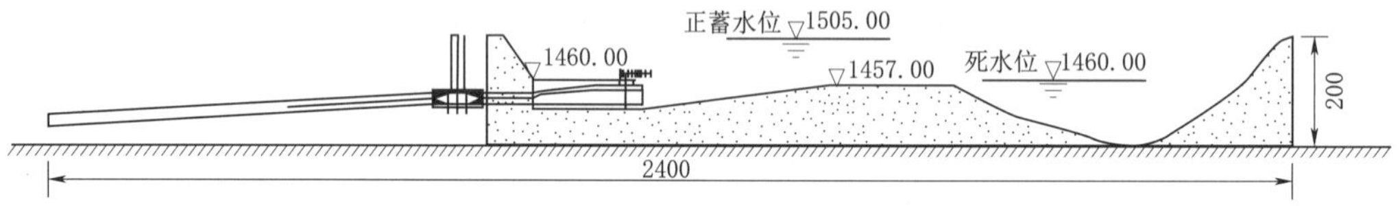

(b) 剖面图

图 2 模型布置图（单位：尺寸，cm；高程，m）

试验过程中，通过断面设测压管量测测压管水头，结合断面平均流速，水头损失量测；利用多点智能流速仪及 ADV 三维流速仪，量测断面流速分布量测，观测是否有环流等现象。

3.2 试验目的和试验工况

3.2.1 试验目的

对上库进/出水口的水力学特性进行研究，对进/出水口的设计体型做出评价，根据试验结果进一步优化体型，使之更好地适应复杂的水力学条件。经试验优化后的进/出水口体型应满足下述要求：

（1）进流时，流态稳定，水流均匀，不产生有害的漩涡，特别是吸气漩涡。

（2）出流时，水流扩散均匀，各孔流量分配合理，各孔间流量相差以不大于 10%为宜；拦污栅处流速分布均匀，各孔流速不均匀系数（过栅最大流速与过栅平均流速的比值）应小于 2，宜小于 1.5，且不产生反向流速。

（3）各种工况各级水位下，水流进/出时水头损失均小。

（4）各种工况各级水位下，库内水流流态良好，无有害的回流或环流出现，水面波动小。

3.2.2 试验工况

试验工况分为抽水工况和发电工况，对应死水位，共计 7 组，详见表 1。

3.3 试验成果分析

3.3.1 水头损失系数

根据伯诺里方程，抽水和发电两种工况下的水头损失计算公式为

抽水工况：$$h_{1-0}=\nabla_1+\alpha v^2/2g-\nabla_0$$

发电工况：$$h_{0-1}=\nabla_0-\nabla_1-\alpha v^2/2g$$

水头损失系数：$$\xi=2gh_w/\alpha v^2$$

表 1　　上水库进/出水口试验工况

工况	水位	进/出水口编号						测试内容					
		1号机组数	2号机组数	3号机组数	4号机组数	5号机组数	6号机组数	进/出水口 流速分布	进/出水口 流态	进/出水口 水头损失	引水明渠 流速分布	引水明渠 流态	单机流量/(m^3/s)
发电工况	死水位	2	2	2	2	2	2	√	√	√	√	√	80.7
	死水位	1	1	1	1	1	1	√	√	√	√	√	80.7
	死水位	1	2	1	0	2	0	√	√	√	√	√	80.7
抽水工况	死水位	2	2	2	2	2	2	√	√	√	√	√	71.4
	死水位	1	1	1	1	1	1	√	√	√	√	√	71.4
	死水位	1	2	1	0	2	0	√	√	√	√	√	71.4
漩涡流态观测工况	死水位（发电工况）	2	2	2	2	2	2	√	√		√	√	(2.5～3)×80.7

式中：ξ 为水头损失系数；h_w 为水头损失（w 代表 0-1 或 1-0）；∇_0为库水位测压管水位；∇_1为引水隧洞断面测压管水位；v 为引水隧洞平均流速；α 为动能修正系数。

采用逐渐加大模型流量的试验方法，分别量测了抽水工况、发电工况 6 个进/出水口的水头损失，绘制了水头损失与流速水头关系曲线见图 3。

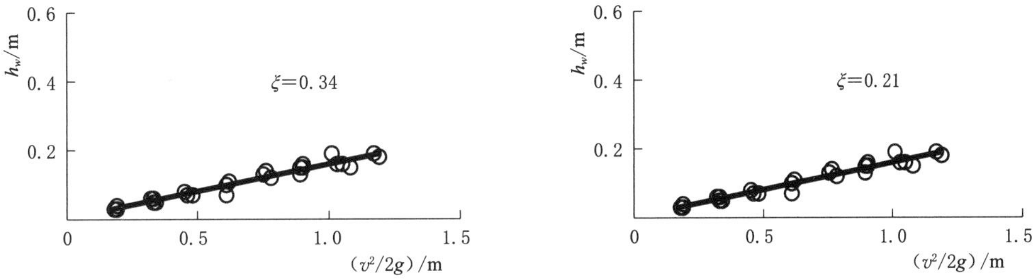

(a) 抽水工况　　(b) 发电工况

图 3　上水库水头损失与流速水头关系曲线

从图 3 可知，抽水工况下，进/出水口出流时的水头损失系数为 0.34；发电工况下，进/出水口进流时的水头损失系数为 0.21。比较国内曾进行过模型试验的同类型进/出水口的水头损失系数（表 2），丰宁抽水蓄能电站上水库进/出水口水头损失系数较合理。

表 2　　若干抽水蓄能电站进/出水口水头损失系数

进/出水口位置	电站名称	进/出水口形式	水头损失系数	
			进流	出流
上水库	天荒坪	侧式	0.25	0.33
	宜兴	侧式	0.184	0.476
	板桥峪	侧式	0.199	0.341
	沙河	侧式	0.184	0.419
	宝泉	侧式	0.21	0.33
	丰宁	侧式	0.21	0.34
下水库	十三陵	侧式	0.26	0.33
	天荒坪	侧式	0.31	0.43
	宜兴	侧式	0.15	0.43
	西龙池	侧式	0.23	0.33
	丰宁	侧式	0.19	0.28

3.3.2　进/出水口流速分布

流速分布测量：测量控制断面设在拦污栅槽处，测点数目应能全面反映出断面流速分布情况。流速数值的提取是在各分孔（例如，1 号引水洞对应的 1 号进/出水口，4 个分孔分别标记为 1－1、1－2、1－3、1－4）拦污栅断面上沿垂线进行的，同一分孔提取了左、中、右三条垂线上的流速，以便研究同一分孔流速沿横向的变化（例如，1－1 分孔对应的三条垂线分别标记为 1－1 左、1－1 中、1－1 右），各垂线上从分孔底部至顶部设置 6 个测点，各测点的具体位置见图 4。

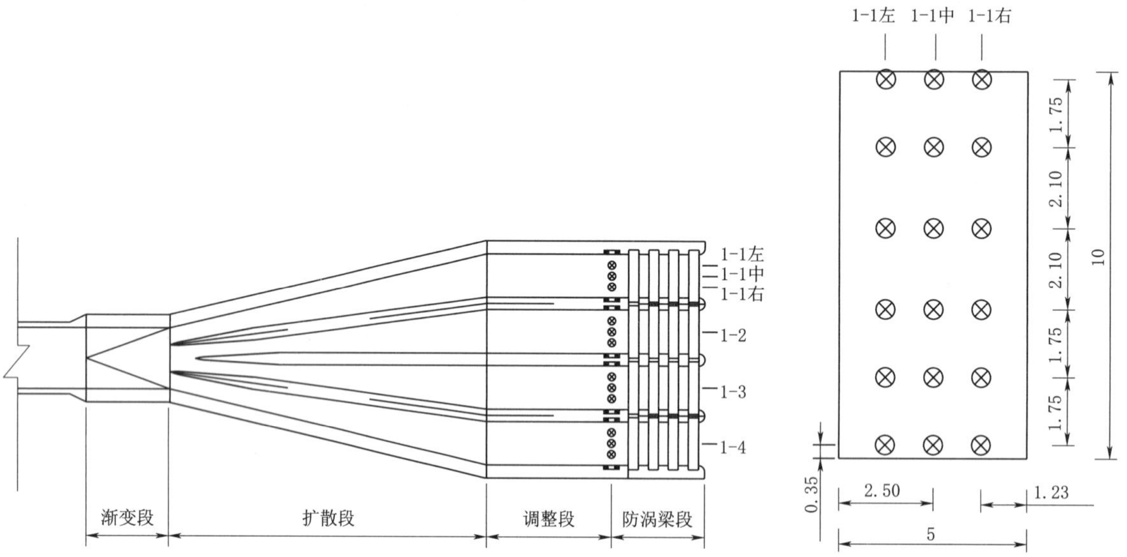

(a) 测点平面布置图

(b) 各孔道断面测点
（竖向为孔高方向，横向为孔宽方向）

图 4　拦污栅断面流速测点布置图（单位：m）

进/出水口流速分布试验结果见图 5，12 台机组抽水和发电时，各分孔流速分布较均匀，各分孔平均流速 0.63～0.80m/s 和 0.63～0.85m/s，最大流速 1.27m/s 和 1.26m/s，均不超过过栅流速要求。各分孔流速不均匀系数（过栅最大流速与过栅平均流速的比值）1.28～1.61 和 1.25～1.67，不均匀系数分别不超过 2。

另外，为研究不同抽水工况各进/出水口间的相互影响，以 1 号为研究对象，选择死水位 1460m 双机抽水工况和双机发电工况进行研究，分别试验了 123456 号双机、123 号双机、1 号双机、13 号双机、1456 号双机等不同组合下 1 号进/出水口拦污栅断面的流速分布。试验结果表明，不同机组组合运行、同一分孔的垂线流速分布基本相同，说明进/出水口间基本没有影响，流速分布见图 6。

3.3.3　进/出水口流量分布

进/出水口流量分配试验结果见图 7，12 台机组抽水或发电时，各流道分流比分别为 21.93%～27.83%和 21.71%～28.34%，各工况下流道分流比相近（各孔间流量相差均小于 7%），流道内分流稳定，进流均匀，抽水时中间流道流量略小于两侧流道的流量，而发电时，中间流道流量略大于两侧流道流量。

3.3.4　进水口漩涡

3.3.4.1　漩涡分类

根据漩涡发展程度，自由表面漩涡又可分为若干类型。在工程上，目前大多采用美国麻省大学沃森斯特（Worcester）综合研究所阿登（Alden）实验室的分类法，将漩涡分为 6 种类型，见图 8。

1 型、2 型近于无漩涡，不会引起危害，是允许存在的。3 型、4 型可称为弱漩涡，它对机组与建筑物会产生一定作用，但一般危害不严重，实际中应努力防止出现。5 型、6 型属于强漩涡，电站进水口通常是不允许出现的，否则将产生较严重的后果。

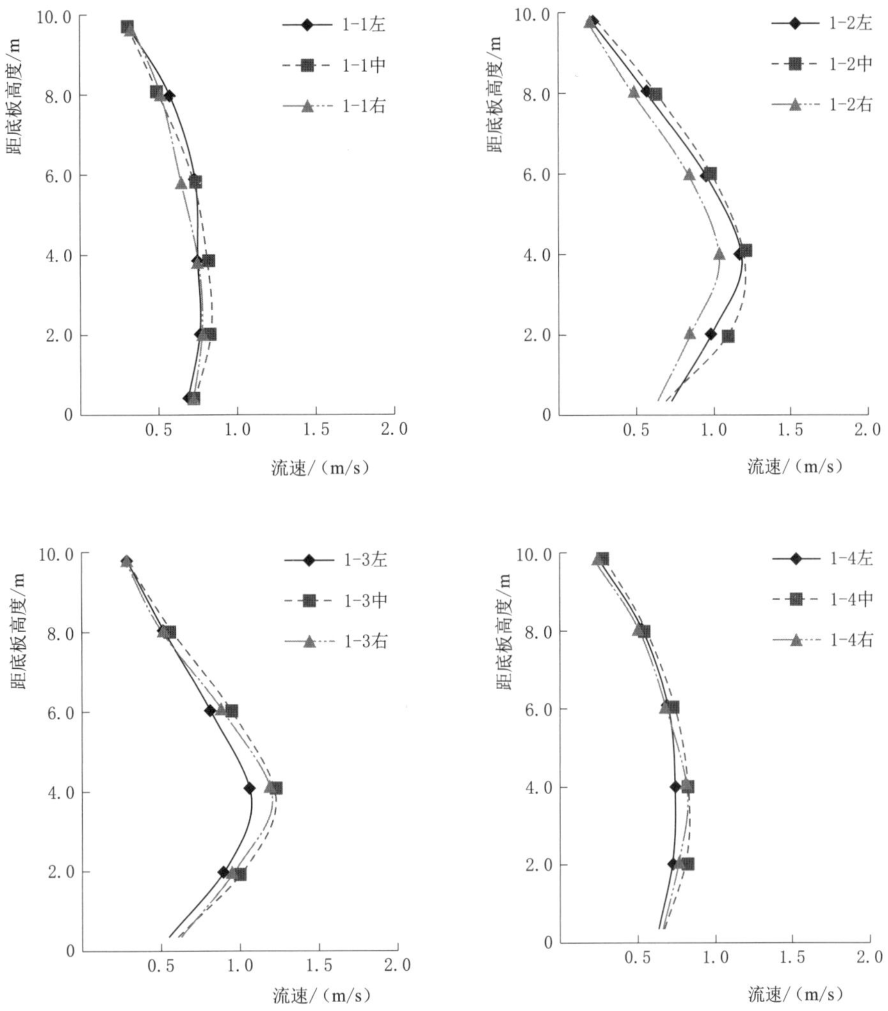

图 5　进/出水口拦污栅断面流速分布（以 1 号为例）

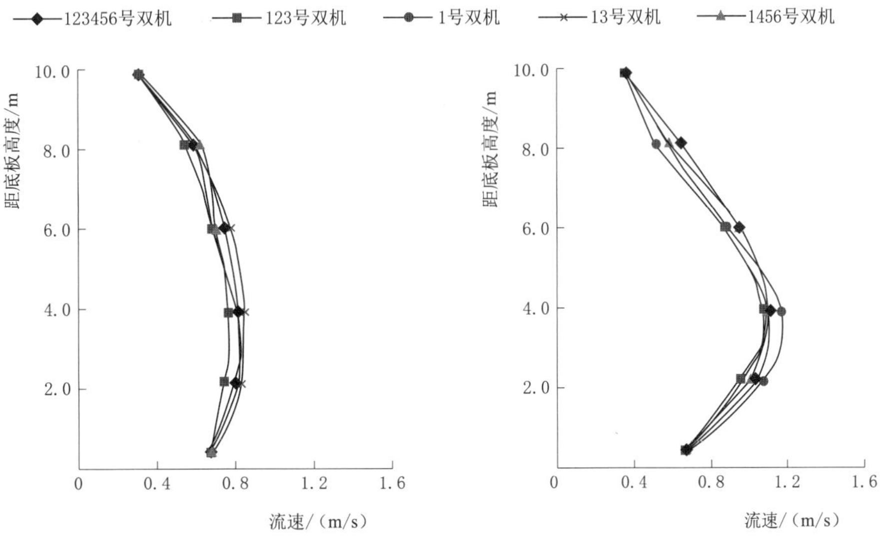

（a）1-1中　　（b）1-2中

图 6（一）　不同工况 1 号进/出水口拦污栅断面流速比较

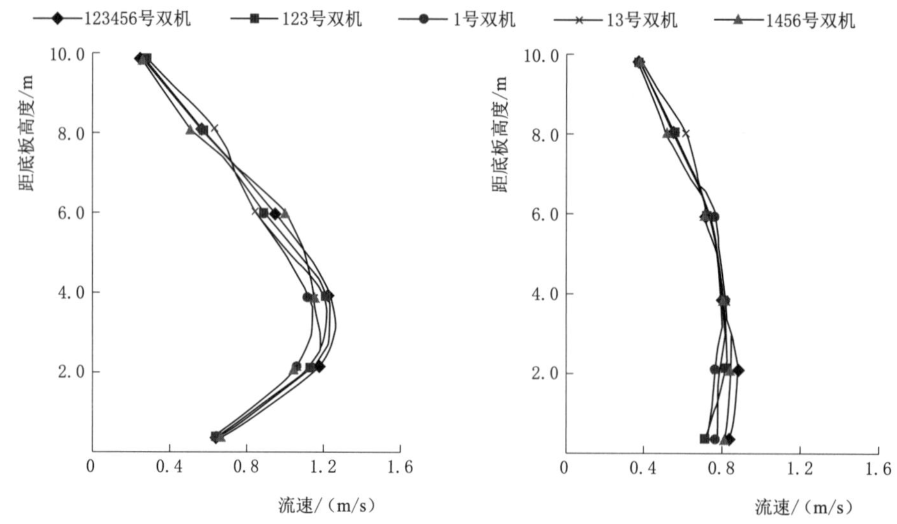

（c）1-3中　　（d）1-4中

图 6（二）　不同工况 1 号进/出水口拦污栅断面流速比较

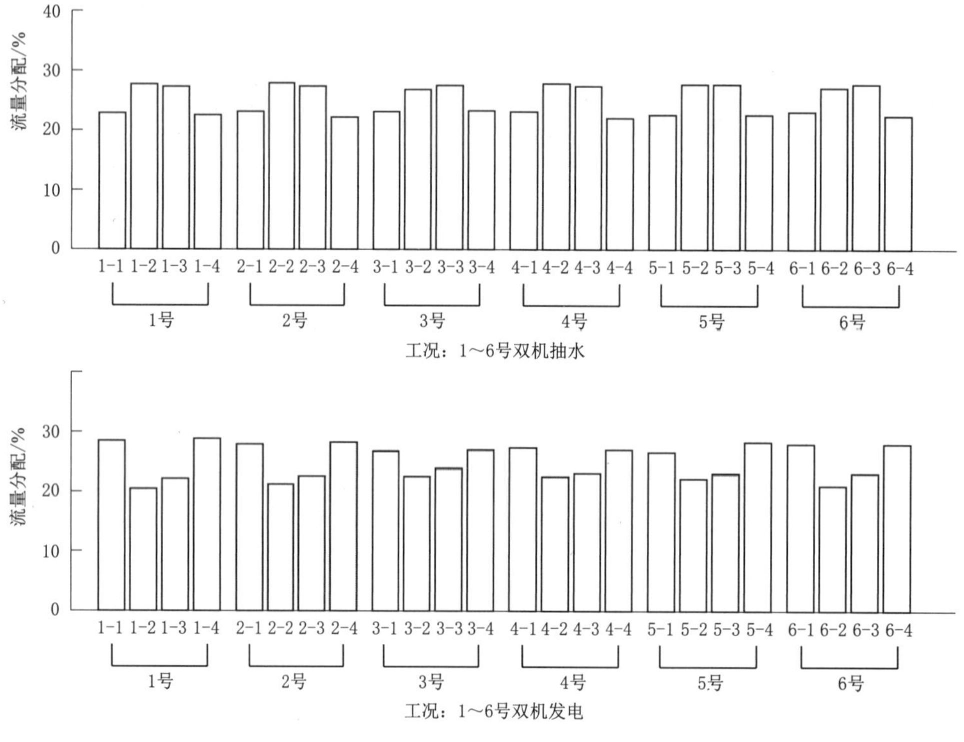

图 7　进/出水口流量分配

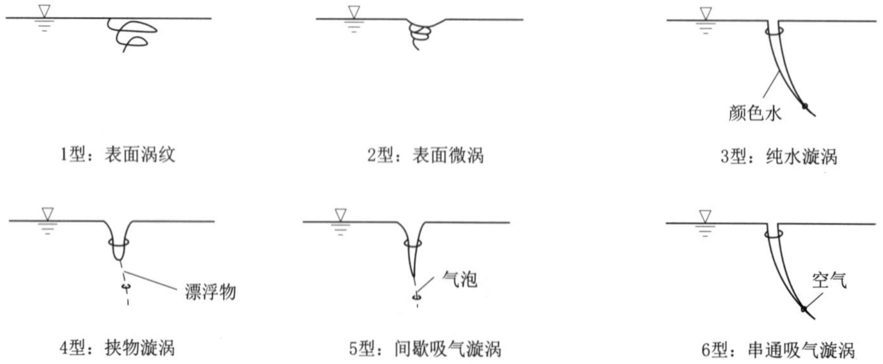

图 8　漩涡的类型

3.3.4.2　进水口漩涡经验判别

Gordon，J.L. 根据29个水电站进水口的原型观测资料分析结果认为，在一定的边界条件下，漩涡的形成与进口的流速、尺寸和淹没深度有关，即与弗劳德数 Fr 有关，建议不出现吸气漩涡的临界淹没深度 S_c 按下式确定：

$$S_c = Cvd^{1/2}$$

式中：S_c 为从孔口顶部计算的临界淹没深度；d 为闸门处的孔口高度；v 为闸门处引水道的流速；C 为系数，对称进水时取0.55，不对称进水时取0.73。

丰宁上水库进/出水口临界淹没水 $S_c = Cvd^{1/2} = 0.73 \times 4.19 \times 7^{0.5} = 8.09$m。丰宁上水库进/出水口最小淹没深度为 $1460-1451=9\text{m}>8.09\text{m}$，满足要求。

Pennino，B.J. 等总结了13个侧式和井式进水口的模型试验成果，认为进水口的弗劳德数 Fr 应满足：

$$Fr = v/\sqrt{gs} < 0.23$$

式中：s 为进水口中心线以上的淹没深度；v 为进口流速；g 为重力加速度。亦可将试验资料表为相对淹没深度 s/d 与 Fr 的关系，其中 d 为孔口实际高度。当 $Fr<0.23$，$s/d>0.5$ 时，有害漩涡出现的可能性不大。

上水库进/出水口在各种工况下产生有害漩涡的估算，双机发电流量 $2\times 80.7\text{m}^3/\text{s}$，进水口面积 $4\times 10\text{m}\times 5\text{m}$，孔口平均速度 $v=2\times 80.7/(4\times 10\times 5\times 80\%)=1.009\text{m/s}$，孔口高度10m，孔口中心淹没深度 $s=11$m；则模型 $Fr=v/\sqrt{gs}=1.009/\sqrt{9.8\times 11}=0.097<0.23$。计算表明，丰宁上水库进/出水口在现有工况下一般不会产生有害漩涡。对这一估算要通过模型试验来进一步验证。

3.3.4.3　进水口漩涡模拟试验结果

通过模型试验，在死水位，1～6号设计流量双机发电时，进/出水口前出现两个较大范围环流，环流在两岸一定范围沿水深方向有负流速，见图9。将流量增至1.5倍，即 $(1.5\times 2\times 80.7)\text{m}^3/\text{s}$ 流量时，在某些进水口拦污栅断面处水面发生挟物漩涡，见图10。

图9　原设计方案进/出水口前环流

图10　原设计方案分孔漩涡观测

为解决进/出/水口前两个较大环流和拦污栅断面处有害漩涡等问题，经分析原因后对进/出水口及明渠进行了优化设计[2]。

(1) 将第4防涡梁与拦污栅槽中心线间距由1.9m减小0.85～1.05m，并将明渠段扩宽。

(2) 将1457m平台保留宽5m坎，坎后高程降低3～1454m。

优化后的模型试验结果见图11，在死水位下，1～6号以设计流量双机发电时，进/出水口前水流平稳，无明显环流出现，流态较好；将流量增至1.5倍流量时，不出现有害漩涡。

4　结语

丰宁抽水蓄能电站总装机容量为3600MW，分两期建设，一、二期工程上水库进/出水口并列布置，采用侧式进/出水口，共用引水明渠。

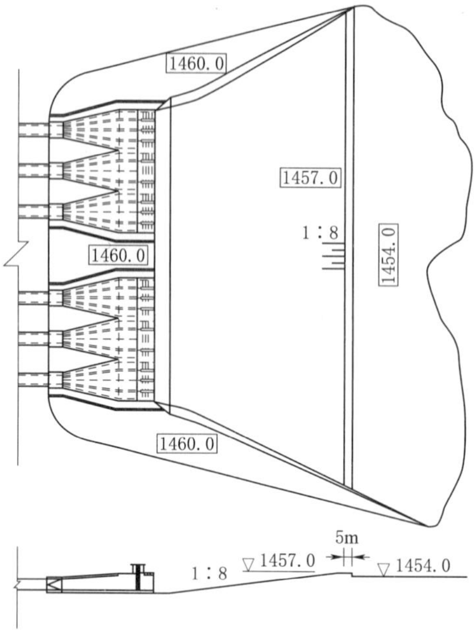

(a) 优化后的进出水口及引渠布置

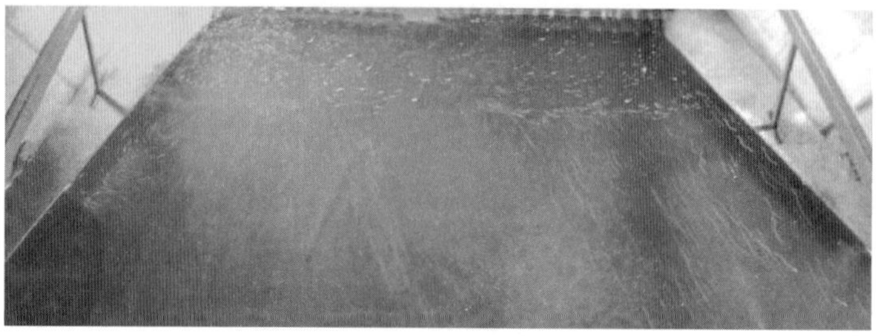

(b) 优化后的进出水口前过流

图 11 优化后设计方案布置及过流照片

通过水工模型试验，优化了部分体型后，上水库进/出水口进流时，水流均匀进入各孔口，拦污栅处流速分布均匀，且不产生有害漩涡；出流时，孔口水流均匀扩散，拦污栅处流速分布均匀，孔间流量分配合理，且不产生反向流速；库内水流流态好，水面平稳。

两期上水库进/出水口总宽度 193.28m，通过优化布置后，水力学条件较好，满足工程实施及安全运行的要求。

目前，上水库已经完成初期蓄水，电站首批机组（1 号、10 号）已投产发电，上水库进/出水口各工况运行水力学条件良好。

参考文献

[1] 邱彬如，刘连希. 抽水蓄能电站工程技术 [M]. 北京：中国电力出版社，2008.
[2] 何敏，刘蕊，钱玉英. 丰宁抽水蓄能电站输水系统设计 [C]//抽水蓄能文集 2020，2020.

抚宁抽水蓄能电站自动化监测规划设计

申美红[1]　温占营[2]　王培杰[2]
（1. 北京易用视点科技有限公司，北京市　100000；
2. 河北抚宁抽水蓄能有限公司，河北省秦皇岛市　066000）

【摘　要】 抚宁抽水蓄能电站工程拟采用分布式自动化监测系统、二级管理方案，将自动化监测系统划分为上水库、下水库和地下厂房三个监测子系统，对应建立三个监测管理站，实现各子系统内监测仪器的数据采集及管理。本文简要论述抚宁电站自动化监测系统的设计原则、规划方案以及监测站布置等，为后期类似工程自动化监测系统的设计、运用提供参考。

【关键词】 抽水蓄能　自动化　监测

1　工程概况

河北抚宁抽水蓄能电站位于河北省秦皇岛市抚宁区境内，电站装机容量1200MW，额定水头437m，安装4台单级混流可逆式水泵水轮机，单机容量300MW。枢纽工程由上水库、下水库、输水系统、地下厂房系统和地面GIS等部分组成。上水库大坝采用钢筋混凝土面板堆石坝，最大坝高109m，坝顶轴线长度430m，坝顶宽10m，上游坝坡1∶1.4，下游坝坡1∶1.5，总库容807万m^3，正常蓄水位672.00m，死水位639.00m，上水库不设泄洪放空设施，洪水全部蓄存于库内。下水库大坝采用钢筋混凝土面板堆石坝，最大坝高66m，坝顶长度372m，坝顶宽8m，上、下游坝坡均为1∶1.4，总库容为810万m^3，正常蓄水位223.00m，死水位190.00m。输水系统由上水库进/出水口、引水隧洞、引水调压室、压力管道、尾水隧洞事故闸门/检修闸门井、下水库进/出水口等建筑物组成，总长2411.2m，采用一管两机的供水方式。引水隧洞内径为6.8m，采用钢筋混凝土衬砌；引水调压室为阻抗式调压室，内径为10.0m，采用钢筋混凝土衬砌；压力管道内径为5.9～5.0m，采用钢板衬砌；尾水支洞内径为5.4m，采用钢板衬砌；尾水隧洞内径为7.2m，采用钢筋混凝土衬砌；尾水调压室为带连接管的阻抗式调压室，内径11.0m。地下厂房布置于水道系统中部，主厂房开挖尺寸为157.4m×24.9m×51m（长×宽×高）。主变洞平行布置于主厂房下游45.0m处，开挖尺寸为140m×20.9m×21.5m（长×宽×高）。工程等别为Ⅰ等，规模属于大（1）型。该电站在系统中主要承担调峰、调频、调相、储能、系统备用等功能，是新型电力系统的重要组成部分，对于保障电力供应，确保电网安全具有重要意义。

2　自动化监测规划方案

2.1　概述

河北抚宁抽水蓄能电站安全监测范围主要包括上水库、下水库、输水系统和地下厂房，枢纽建筑物空间位置相对分散，其中上水库和下水库平面相距约2.0km，高差约340m。地下厂房为中部开发方式，输水隧洞连接上水库、地下厂房和下水库。

本工程重点对上下库大坝坝体、边坡、地下厂房及输水系统开展监测。抽水蓄能电站具有输水系统长，上水库、下水库以及地下厂房之间距离远的特点。工程安全监测仪器类别较多，整个工程监测部位及测点分布相对分散。此种监测仪器分布方式不利于监测数据的人工采集，且人工采集的监测数据相对滞后、同步性差，监测数据分析的任务繁重，电站安全监测运行管理烦琐。为便于监测仪器的管理维护以及监测数据的采集和分析，提高监测系统的反馈速度，实时监控工程运行形态，本工程建立分布式监测自动化系统。

2.2 自动化系统设计原则

（1）监测自动化系统的测点以满足监测工程安全运行需要为主，主要用于施工期监控等设置的测点原则上不完全纳入监测自动化系统。

（2）需进行高准确度、高频次监测而用人工观测难以胜任的监测项目，监测点所在部位的环境条件不允许或不可能用人工方式进行观测的监测项目，已有成熟的、可供选用的监测仪器设备监测项目，原则上均纳入监测自动化系统。

（3）纳入自动化系统的测点应能反映工程建筑物的工作性态，目的明确；测点选择宜相互呼应，重点部位的监测值宜能相互校核。

（4）纳入自动化系统的监测仪器设备在准确度上应能满足相关规程规范和设计的要求。

（5）系统原则上选用稳定可靠的监测仪器设备，其品种、规格尽量统一，以降低系统维护的复杂性。

（6）监测自动化系统力求构架简单、稳定可靠、扩展及维护方便，能满足本工程数据采集、资料处理分析和安全管理等需求，并具备人工比测功能。

（7）采用 RS-485 或其他通信方式，开放自动化系统规约。在中心站预留外部信息接口。

2.3 自动化系统的总体功能

（1）监测功能。系统能自动采集本工程各类传感器的输出信号，能把模拟量转换为数字量，具备选点测量、巡回测量、定时检测定时、任设测点群的功能，数据采集方式应有中央控制（应答式）和自动控制（自报式）两种方式。并能够对每支传感器设置其警戒值，当测值超过警戒值，系统能够进行自动报警。

（2）显示功能。显示枢纽工程建筑物及监测系统的总体布置、各监测子系统组成、监测布置图、过程曲线、监测数据分布图、监控图、报警状态显示窗口等。

（3）操作功能。在监测管理站的计算机或监测管理中心站的计算机上实现监视操作、输入/输出、显示打印、报告现在测值状态、调用历史数据、评估系统运行状态等；根据程序执行状况或系统工作状况给出相应的提示；整个系统的运行管理（包括系统调度、过程信息文件的形成、进库、通信等一系列管理功能，以及调度各级显示画面及修改相应的参数等）；修改系统配置、进行系统测试和系统维护等。

（4）掉电保护功能。系统具备数据自动存储和数据自动备份功能。在外部电源突然中断时，保证数据和参数不丢失。

（5）数据通信功能。包括数据采集装置与监测管理站（或中心站）计算机之间的双向数据通信，以及监测管理站和监测管理中心站内部及其同系统外部的网络计算机之间的双向数据通信。能够建立与电厂 MIS 网的联结，可与网内各站点通过 Web、FTP 和 E-mail 等进行信息交流，网内各站点可通过浏览器访问本系统有关的实时数据和图表。

（6）网络安全防护功能。具有多级用户管理功能，设置有多级用户权限、多级安全密码，对系统进行有效的安全管理，确保网络的安全运行。

（7）远程操作功能。对授权用户，可按用户级别通过网络远程实现其权限内的系统操控。

（8）自检（自诊断）和报警功能。具有自检功能，能在管理主机上显示故障部位及类型，为及时维修提供方便；系统在发生故障时，能以屏幕文字或声音方式示警。具有运行日志、故障日志记录的功能。智能采集模块的自诊断内容包括数据存储器、程序存储器、实时时钟电路、供电状态、测量电路以及传感器线路状态等。

（9）系统数据库。本工程监测自动化系统的数据库内容包括：工程档案库、观测仪器特征库、原始观测数据库、整编观测数据库、人工巡视检查信息库、自动采集数据信息库等。图形库和图像库作为数据库的延展和补充。除自动采集数据自动入库外，还具有人工输入数据功能，能方便地输入未实现自动化监测的测点或因系统故障而人工补测的数据。

（10）工程安全监测管理系统软件。配备功能强大、界面友好、操作方便的工程安全监测管理系统软件。可实现监测项目的自动数据采集（或远程采集）及人工录入，具有在线监测、离线分析、安全管理、数据库管理、网络系统管理、远程监测及辅助服务等功能。包括数据的人工/自动采集、在线快速安全评估、测值的离线性态分析、监控模型/分析模型/预报模型管理、工程文档资料、测值及图形图像管理、报表制作、图形制作、辅助工具、帮助系统、演示学习系统等日常工程安全管理的全部内容。为用户提供友好的全中文界面。

(11) 人工补测和比测功能。系统备有与便携式计算机或读数仪通信的接口，能够使用便携式计算机或读数仪采集监测数据，以便进行人工补测、比测或防止资料中断。

2.4 自动化系统规划方案

本工程采用分布式自动化监测系统、二级管理方案，将自动化监测系统划分为上水库、下水库和地下厂房三个监测子系统（输水系统就近划归三个子系统），对应建立三个监测管理站，实现各子系统内监测仪器的数据采集及管理；三个子系统再组成上一级管理网络，并建立监测管理中心站，对整个监测自动化系统进行数据采集和控制，完成工程监测数据的管理及日常工程安全管理等工作。

自动化监测系统由监测仪器、数据采集装置、通信装置、监测计算机及外部设备、数据采集软件、信号及控制线路、通信及电源线路等组成。

上水库监测管理站监测上水库区域和输水系统上水库进/出水口、引水调压井、高压管道上平段、上斜段、中平段的监测仪器设备；下水库监测管理站监测下水库区域、尾水隧洞尾部、尾水检修/事故闸门井和下水库进/出水口的监测仪器设备；地下厂房监测管理站监测地下厂房系统、输水系统下斜段、下平段、引水岔管、尾水隧洞前段的监测仪器设备。各监测子系统内监测仪器电缆就近集中，引至监测站，监测站设置在易于管理的位置，建立各子系统内的现场通信网络。

在上水库、下水库和地下厂房预留监测室，安置采集计算机等设备，建立监测管理站，作为现场通信网络的中枢，管理相应监测子系统的监测数据采集及传输。

监测管理中心站设置在下水库，各监测管理站与监测管理中心站之间采用通讯光缆以星形方式连接。在监测管理中心站预留与系统外网连接的远程通信接口，后期可连接厂 MIS 系统或上级管理部门网站。整个系统采用开放式自动化系统规约。开放性指系统规约开放，可方便的扩充，传感器输出标准信号。

本工程布置的监测仪器，原则上除自成独立系统的仪器、仅用于施工期安全监测的仪器、经鉴定确已损坏的仪器和只能人工观测的仪器外，将本工程 1 级建筑物能接入监测自动化系统且经鉴定正常工作的监测仪器均纳入安全监测自动化系统。

2.5 监测项目

自动化监测系统的监测站指安装自动化系统数据采集装置的位置或场所。监测站是自动化系统数据采集和数据暂存的前端，数据采集装置具有人工采用便携式计算机或读数仪实施现场测量的接口。

(1) 上水库。上水库纳入自动化的监测项目主要有：坝体内部变形监测、坝基与坝体界面位移监测、混凝土面板挠曲变形监测、接缝位移监测、坝体和坝基渗流监测、库岸渗流监测、库底渗流、渗流量监测、应力应变及温度监测、环境量监测。

上水库监测站主要设置在与监测断面对应的库顶位置，预计上水库需设置监测站 7 个。纳入安全监测自动化系统传感器数量共计约 310 支，初步估算需要数据采集装置 12 台（每台 32 通道）。

(2) 下水库。下水库纳入自动化的监测项目主要有：坝体内部变形监测、面板接缝位移监测；钢筋混凝土面板挠曲变形监测、绕坝渗流监测、环境量监测、应力应变和温度监测。

下水库监测站主要设置在与监测断面对应的坝顶及库岸边坡监测断面位置，预计下水库需设置监测站 7 个。纳入安全监测自动化系统传感器数量共计约 300 支，初步估算需要数据采集装置 11 台（每台 32 通道）。

(3) 输水系统。输水系统纳入自动化的监测项目主要有：围岩内部变形监测、围岩温度监测、混凝土衬砌温度监测、锚杆应力监测、钢筋应力监测、渗透水压力监测、接缝位移监测以及钢板应力监测。

输水系统分别在引水事故闸门井、高压管道中平段排水廊道、下平段排水廊道、尾水事故/检修闸门井设置测站。预计输水系统需设置监测站 8 个。纳入安全监测自动化系统传感器数量共计约 650 支，初步估算需要数据采集装置 22 台（每台 32 通道）。

(4) 地下厂房系统。地下厂房系统纳入自动化的监测项目主要有：围岩内部变形监测、接缝变形监测、渗透水压力监测、锚杆应力监测、钢筋应力监测、钢板应力监测。

地下厂房系统洞室围岩监测、岩壁吊车梁监测和吊顶梁监测仪器电缆通过钻孔就近引至相应上层和中层排水廊道，并在电缆集中位置设置监测站，部分距离副厂房监测室较近的仪器也可直接引至监测室，在监测室内设置监测站；机组机墩结构监测的仪器电缆可集中引至相应机组的水轮机层或母线层，在其适当位置设置监测站。预计地下厂房系统需设置监测站 12 个。纳入安全监测自动化系统传感器数量共计 700 支，初步估算需要数据采集装置 25 台（每台 32 通道）。

自动化监测系统现场测控单元通道数不同，可行性研究阶段暂按中等数量通道数的测控单元估算，每个测控单元按约 32 通道考虑，本阶段传感器需接入 70 台测控单元。

2.6 电源及保护

系统供电电源根据系统功率需求和技术指标规定进行配置，实施统一管理，为确保系统电力稳定，采用专线供电方式，并设置供电线路安全防护及接地设施。

系统供电电源采用专线供电方式，接自相应工程部位的二次交流分盘，并设置供电线路安全防护及接地设施。同时配备不间断电源（UPS），当交流电源掉电时 UPS 维护系统正常工作时间不小于 30min。数据采集装置（MCU）具有电源管理、电池供电和掉电保护功能。蓄电池供电可在脱机情况下根据系统的设定自动采集和存储，其供电时间不少于 7 天。所有 MCU 的电源、通信和观测仪器的输入输出口均设置过压保护，具有在正常振荡范围内保证电路正常工作电压水平的保护装置。

机箱内应配置交流稳压源，提供 180～260V 的交流宽限稳压，即使交流电压有较大的变化，高性能的电压稳定电路也能保证电源输出稳定。

为确保自动化监测系统稳定、正常运行，自动化系统导线类电缆要求采用镀锌钢管保护，电源线路接入/接出监测管理站或监测站时需有防雷器保护，系统接地接入工程的接地网，监测站接地电阻不大于 10Ω，监测管理站、监测管理中心站接地电阻不大于 4Ω。

系统防雷电感应 1500W，瞬态电位差小于 1000V。在 MCU 机箱交流电入口处配置电源避雷保护器，电源防雷器应良好接地，接地电阻应不大于 4Ω。

在模块和通信设备之间加装通讯口避雷器进行过压保护。

在模块和传感器之间加装信号避雷器进行过压保护，使测量回路的直流电压、直流电流、电阻及低频率信号免受雷电或过电压的干扰。

3 监测成果管理

水工自动化监测系统按照设定频次对各部位进行定期监测，自动化采集的数据，首先进行资料实时检查分析，若判断数据异常后，立即自动进行该测点仪器状态检查和补充加密数据采集；若经检查分析为观测故障，立即进行故障报警，并对仪器进行校正，排除故障后重测，修正监测数据。

通过系统软件对数据库中的各类数据进行统计及初步分析，主要对安全监测的环境量及效应量进行特征值统计，包括对数据进行误差分析，对于超过警戒值的监测项目进行预警。同时可根据监测数据绘制图形、报表形式显示，如过程线、特征值变化过程、等值线图等，能够开展历年同期数据及连续监测数据的比较分析。在监测资料整编时，根据所绘制图表和有关资料，及时进行信息初分析，分析各监测量的变化规律和趋势，判断有无异常值。

4 结语

随着科技的发展，抽水蓄能电站安全监测自动化系统的应用越来越广，抚宁抽水蓄能电站自动化监测紧密结合工程特点和工程建设实际，有针对性选择工程部位、监测项目和监测站布置，反映工程建筑物的工作性态，目的明确，为各种工况下的工程性态评价，对工程安全的连续评估提供所需的监测数据资料，及时掌握和提供工程物理量定量的变化信息和工程建筑物及地质体的工作状态，为工程安全运行提供保障。

参考文献

[1] 徐德昌，许光远，崔志刚．安全监测自动化系统在白山抽水蓄能电站中的应用[J]．水利水电技术，2008（6）：74－75，83.

[2] 邱正刚，许旭生．惠州抽水蓄能电站安全监测系统自动化设计[J]．水利规划与设计，2004，（S2）：61－63，74.

[3] 李俊富，姜盛吉，于秀莲，等．蒲石河抽水蓄能电站安全监测自动化系统设计[J]．水力发电，2012，38（5）：84－87.

高水头长管道的引水高压管道布置与设计

梁健龙
（中国电建集团北京勘测设计研究院有限公司，北京市 100024）

【摘 要】本文简要介绍敦化抽水蓄能电站引水高压管道的设计。敦化抽水蓄能电站1号、2号高压管道分别长2198.5m、2157.2m，高压管道最大*HD*值达到4469m·m，在目前国内已建（在建）水电工程中，仅次于长龙山电站的4800m·m，在高压管道设计时，充分结合工程地质条件，借鉴以往工程成功的经验，从高压管道的水力计算、结构设计、钢管制造等方面都进行了优化设计。

【关键词】高压管道设计 高水头 大*HD*值

1 工程概况

敦化抽水蓄能电站位于吉林省敦化市北部小白林场内，上水库位于海浪河源头洼地上，靠近西北岔河和海浪河的分水岭，下水库位于牡丹江一级支流珠尔多河源头之一的东北岔河上。主要承担系统调峰填谷、调频、调相、事故备用及黑启动等任务，并可根据系统需求配合风电运行，维护电网安全稳定运行。

敦化抽水蓄能电站为大（1）型Ⅰ等工程，装机容量1400MW，装机4台，单机容量350MW。枢纽工程主要建筑物由上水库、输水系统、地下厂房系统、下水库和地面开关站及中控楼等组成。

输水系统由引水系统和尾水系统两部分组成。引水、尾水系统均采用一洞两机的布置形式，均设置调压室。引水隧洞采用钢筋混凝土衬砌，高压管道采用钢板衬砌。尾水隧洞采用钢筋混凝土衬砌，尾水管至尾水事故闸门室后20m段尾水支管采用钢板衬砌。高压管道立面采用双斜井布置方式，输水系统沿1号机组总长4707.5m，其中引水系统长度3124.9m，尾水系统长度1582.6m。

引水系统建筑物由上水库进/出水口（含引水事故闸门井）、引水隧洞、引水调压室、高压管道（含主管、岔管、支管）组成，尾水系统建筑物由尾水支管、尾水事故闸门室、尾水岔管、尾水隧洞、尾水调压室、下水库进/出水口（含尾水检修闸门井）等组成。

2 高压管道水文地质条件

高压管道平面上走向为NE15°，基本沿山脊布置，山脊侧向坡度15°～25°，上覆岩体厚度90～480m。

高压管道沿线出露的地层主要有华力西期的侵入岩、第四系残坡积层。高压管道沿线主要揭露有两种岩性。高压管道中平段中部上游侧地层岩性为二长花岗岩，中平段中部下游侧地层岩性为正长花岗岩。两种岩性为混溶接触，接触带部位岩体较完整，无蚀变现象。

洞身揭露断层主要发育3组：①NE45°～60°SE∠60°～85°；②NE15°～25°SE或NW∠25°～70°；③NW270°～280°SW∠50°～80°。宽度皆在50cm以下，大部分断层无明显影响带，破碎带内有潮湿、滴水现象。

裂隙主要发育4组：①NE30°～60°SE或NW∠40°～85°；②NE5°～30°NW或SE∠50°～85°；③NW270°～290°SW或NE∠15°～60°；④NW340°～350°SW或NE∠15°～80°。裂隙以NE向和NNE向最为发育，NWW向和NNW向次之，大部分为闭合、微张裂隙。

高压管道围岩均以微新状态为主，Ⅱ类围岩约占56.7%，Ⅲ类围岩约占29.2%，其余部分为Ⅳ类围岩。

3 高压管道布置

高压管道包括高压主管、高压岔管和高压支管组成，采用钢衬，1 号、2 号高压管道长度分别为 2198.5m、2157.2m。两条高压管道平行布置，在平面上走向为 NE15°，洞轴线间距为 47.3m，立面上采用双斜井布置，分为上斜段、中平段、下斜段和下平段，上、下斜井角度为 55°，中平段中心起点高程为 1000m，底坡为 5%。上斜段管径为 5.6m，中平段管径为 5.4m，下斜段管径为 4.6m，下平段管径为 3.8m，均采用钢板衬砌，钢衬外回填 0.6m 厚的素混凝土。

高压岔管距厂房上游边墙约 60m，中心高程 596m，两岔管布置相同，采用对称 Y 形内加强肋钢岔管，分岔角 70°，主管内径 3.8m，支管内径 2.7m。

岔管后为高压支管，四条高压支管平行布置，平面上走向为 NE15°，与厂房轴线夹角为 80°，洞轴线间距为 23.6m。1 号、3 号支管长度均为 60.0m，2 号、4 号长度均为 55.9m。高压支管管径为 2.7m，在厂房前渐缩为 2.1m，渐缩段长度为 9m，厂房内至球阀段为厂内明管。

4 输水系统水力学

输水系统水力计算主要包括水头损失和水力过渡过程分析两部分。计算的主要目的是预测整个输水系统发电、抽水工况的能量损失，过渡工况机组转速变化和输水系统压力变化及其极值，选定导水机构合理调节时间和启闭规律，使输水系统结构设计和机组参数的确定做到经济合理。

水头损失包括沿程水头损失和局部水头损失，经计算，双机抽水和双机发电时沿 1 号机组水头损失分别为 14.57m 和 21.25m。

由于抽水蓄能电站具有一机多用，工况转换频繁的特点，复杂多变的工况转换产生的瞬变水力过程，因水体惯性的存在及系统中的能量不平衡，将造成输水系统内水压力急剧上升或下降和机组转速的急剧上升。为验证输水系统的压力上升和机组转速上升是否保持在经济合理的范围内，根据机组转轮特性，机组制造厂家对选定的导水机构调节时间和启闭规律进行各工况的水力过渡过程计算。计算结果如下：

（1）输水系统最大水击压力为 1148.2m 水头，发生在机组蜗壳进口管道中心线处。1 号水力单元导叶正常关闭工况，最大转速上升为 45.5%；导叶拒动工况，最大转速上升为 48.2%。高压管道上弯点顶部的最小水头为 2.20m，大于规范规定的不小于 2.0m 正压的要求。

（2）引水调压室最高涌浪水位为 1412.1m，低于调压室顶高程（1414.0m）1.9m。引水调压室最低涌浪水位为 1338.0m，高于大井底板高程（1332.0m）6m。

（3）通过小波动稳定分析可知，机组在水轮机最小水头可顺利并网，机组增减负荷后，机组转速及调压室水位呈收敛稳定趋势。

因此证明输水系统高压管道的布置是合理的。

5 压力钢管结构设计

5.1 计算原则及基本假定

（1）进行围岩覆盖厚度判断，内水高压原则上由钢板、混凝土、围岩三者共同承担。

（2）钢衬与围岩之间的混凝土，存在径向裂缝，不承担环向拉应力，仅将部分内压从钢衬传给围岩，同时自身产生压缩。

（3）所有材料都在弹性阶段工作，围岩为各向同性材料且在开挖后已充分变形。

（4）全部外压由钢管承担。

（5）不计钢管自重、管内水重、地震力等。

（6）轴向应力一般不大，可忽略。

（7）围岩的分担率：根据工程经验和沿线工程地质条件，Ⅲ类围岩分担率小于 30%，Ⅳ类围岩分担率小于 10%；Ⅴ类围岩段按埋管不考虑围岩分担设计；上支洞、中平段施工支洞两侧 1 倍洞径范围及高压支管渐缩管，按明管设计；下平段施工支洞两侧 1 倍洞径范围、高压支管段及尾水支管段，按埋管不考虑围岩分担设计；高压钢管与机组连接段 6m 范围内按厂内明管设计。

（8）压力钢管外回填混凝土采用 C20 混凝土。

5.2 数据基本参数

（1）安全系数。抗外压稳定安全系数光面管为 2.0，加劲环管稳定安全系数取为 1.8。

（2）锈蚀厚度。钢衬管壁厚度应满足最小壁厚要求，锈蚀厚度取 2mm。

（3）内水压力。最大内水压力取值 11.54MPa，水击压力按线性分布分配至各计算断面。

（4）外水压力。外水压力确定原则：外水压力计算按照排水措施采用初步估算法。排水洞以下按全水头，排水洞以上按 0.5 倍的地下埋深折减。

（5）荷载组合。根据 NB/T 35056—2015《水电站压力钢管设计规范》，本工程压力钢管结构计算荷载作用组合见表 1。

表 1　荷载作用组合表

管型	极限状态	设计状况	作用效应组合		计算情况
			组合类别	作用分类及名称	
地下埋管	承载能力极限状态	持久状况	基本组合	正常运行情况最高压力（静水压力＋水锤压力）	正常运行情况
		短暂状况	基本组合	管道放空时通气设备造成的气压力＋地下水压力	放空工况
		偶然状况	偶然组合	特殊情况最高压力（静水压力＋水锤压力）	特殊运行情况

（6）钢材强度指标。根据钢衬所承受荷载的情况，避免钢衬厚度过大，在不同部位采用不同强度等级的钢材。由于高压管道从上到下，设计内水压力变化很大，所以拟定采用 3 种钢材，分别是 500MPa 级、600MPa 级和 800MPa，钢材力学性能指标见表 2 和表 3。

表 2　钢材的强度标准值与设计值　单位：N/mm^2

级别	厚度 /mm	常温强度指标		强度标准值 f_k	强度设计值 f	钢材
		屈服点 R_e	抗拉强度 R_m	抗拉抗压抗弯 f_{sk}	抗拉抗压抗弯 f_s	
500MPa	3～16	345	510	345	310	Q345R
	＞16～36	325	500	325	290	
	＞36～60	315	490	315	280	
600MPa	10～60	490	610	425	380	07MnMoVR
800MPa	≤50	690	770	540	485	Q690CF
	＞50～100	670	760	530	475	

表 3　钢材抗力限值计算表　单位：N/mm^2

牌号	厚度	明管 σ_R	埋管 σ_R	厂内明管
500MPa	6～16	176.1	225.5	146.8
	＞16～36	164.8	210.9	137.3
	＞36～60	159.1	203.6	132.6
600MPa	10～60	215.9	276.4	179.9
800MPa	≤50	275.6	352.7	229.6
	＞50～100	269.9	345.5	224.9

5.3 计算成果

(1) 根据缝隙判别条件和覆盖围岩厚度条件，高压管道各段均满足缝隙判别条件和覆盖围岩厚度条件，可按钢管与围岩共同承载计算壁厚，因此按照计算原则划分区间是否考虑围岩作用的原则来计算钢管承担内压所需壁厚。

(2) 高压管道上平段及上斜井由于设计内水压力较低，钢衬厚度由抗外压要求控制，其余部位均由内水压力控制。根据计算光面管不满足抗外压要求的钢管，加劲环间距设置为750～1500mm，高度为150mm，厚度22～26mm，加劲环及环间管壁抗外压能力均大于1.8倍抗外压稳定临界值P_{cr}。光面管满足抗外压要求的钢管，按构造要求每6m设加劲环。

(3) 经过承受内水压力分析计算和抗外压稳定分析计算，计入2.0mm的余裕厚度后，并结合规范要求，压力钢管最终厚度确定为：500MPa级Q345R钢板，厚度为18～44mm；600MPa级钢板厚度为32～58mm；800MPa级钢板厚度为36～66mm。

6 排水设计

高压管道段地下水位较高，天然地下水水头高度为80～390m。地下水主要以基岩裂隙水为主，本工程高压管道设置有两套排水系统，即直接排水系统和间接排水系统。

6.1 直接排水系统

在高压管道和高压支管布置岩壁排水系统和贴壁排水系统。岩壁排水孔孔深3m，每排2孔，间排距3m，由插入孔内的硬质塑料管与排水主管相连；贴壁排水系统是在钢管壁上沿洞轴线方向布置4根排水角钢，并且每隔18m设置一道环向槽钢，将排水角钢中的集水汇集到槽钢中，最后通过排水管将槽钢中汇集的外水接入排水主管。岩壁和贴壁排水共分三个排水区，排水Ⅰ区起点为钢衬起点，终点为引水中支上岔洞与高压管道交汇处；排水Ⅱ-1区起点为引水中支上岔洞与高压管道交汇处，终点为引水中支岔洞与高压管道交汇处；排水Ⅱ-2区起点为引水中支岔洞与高压管道交汇处，终点为厂房水轮机层上游边墙排水沟。

6.2 间接排水系统（排水廊道）

为降低高压管道外水压力，增加钢管抗外压稳定安全度，在高程1017m和高程630.4m布置两层排水洞，排水洞尺寸为3m×3m（宽×高）。排水洞两侧各布置一排排水孔，高压管道间排水洞两侧排水孔均为ϕ90，孔深30m，排距6m，高压管道外侧排水洞近高压管道侧排水孔为ϕ90，孔深30m，排距6m，远高压管道侧排水孔为ϕ50，孔深4m，排距6m。

中平段1017m高程排水廊道的排水经引水中支洞排出，下平段630.4m高程排水廊道的排水排至厂房上层排水廊道，经厂房自流排水洞排出。

7 回填混凝土

高压管道压力钢管回填混凝土原采用C20二级配混凝土。在上、下斜井贯通后，由于高压管道上、下平段高差巨大，达750m，巨大的压差造成洞内空气流速极快，对斜井钢管的安装造成极大的影响，同时也不利于冬季洞内的保温，故分别在引水上支洞、引水中支洞、引水调压室顶部、引水隧洞起点、高压管道中平段中部分别设置了封闭门，门上只留了部分小孔用于空气流通。但是由于洞内地下水丰富，封闭的环境造成洞内湿气较大，平段的能见度有时不足10m，斜井的能见度更差，最差时不足5m。为了降低斜井混凝土施工安全风险，改善工人的作业环境，提高斜井段回填混凝土的施工质量，后期在斜井压力钢管安装过程中，将斜井中下部的回填混凝土由C20二级配混凝土改为C25一级配自密实混凝土。C25自密实混凝土塌落扩展度为60～75cm，混凝土膨胀率0～0.25‰，混凝土抗离析率不大于10，浇筑过程中不需要人工振捣，就能达到较好的浇筑质量，而且对施工质量的稳定性较好；同时能够有效地降低施工难度；提高施工人员的工作效率，改善施工人员的工作环境。

8 灌浆设计

8.1 帷幕灌浆

在上平段钢衬与混凝土结构的连接部位，设灌浆帷幕。帷幕灌浆孔深 12m，每周 9 孔，共设 3 排。帷幕灌浆压力不小于 1.2MPa。

8.2 固结灌浆

为提高高压管道沿线围岩的完整性及围岩的弹性抗力，对高压管道沿线Ⅳ类围岩段进行固结灌浆。

（1）在高压管道上平段、上斜井中上部，压力钢管采用 Q345R 钢材，固结灌浆采用在钢管开孔的方法进行。固结灌浆深入岩石 4.0m，每周 9 孔，排距 3.0m，梅花形布置。在钢板衬砌回填混凝土达到设计强度后进行固结灌浆。灌浆压力 0.5～0.8MPa。

（2）其余部位高压管道压力钢管均采用 600MPa、800MPa 级高强钢，不允许采用钢管开孔的灌浆方式。固结灌浆均在高压管道开挖支护完成后进行，灌浆孔深入岩石 3.0m，间排距 3.0m×3.0m，梅花形布置。灌浆压力 0.3～0.5MPa。

8.3 回填灌浆及钢管接触灌浆

高压管道平段顶拱 120°范围内进行回填灌浆，底部 90°范围内进行钢管接触灌浆。其中上平段回填灌浆和钢管接触灌浆与固结灌浆孔结合进行，其余部位平段回填灌浆和钢管接触灌浆均采用预埋管路方式进行。回填灌浆压力为 0.2～0.5MPa，上平段接触灌浆压力为 0.1MPa，其余部位平段接触灌浆压力为 0.2～0.3MPa。

9 钢管制造与安装

9.1 钢管制造

（1）敦化电站 1 号、2 号高压管道长度分别为 2198.5m、2157.2m，长度较大，压力钢管工程量大，焊缝焊接量大，为了提高压力钢管制作效率，降低压力钢管焊接及焊缝检测工程量，节约投资，压力钢管直管均采用整张钢板卷制，一类焊缝比例较双瓦片对接制作方式降低了约 37%，同时降低了双瓦片加工时的裁边量，节约了钢材，减少了工序，大大提高了钢管的制作效率，为压力钢管高质量生产奠定了基础。

（2）由于敦化抽水蓄能电站压力钢管设计水头高，高强钢应用比例大，加工过程中厚板比例高，800MPa 级钢管最小径厚比为 33.9，远低于 GB 50766—2012《水电水利工程压力钢管制作安装及验收规范》要求的 57，故在厚壁钢管加工前进行了超低径厚比钢管的冷卷试验，试验结果各项指标证明冷卷后的厚钢板，钢材物理力学性能仍能满足钢管设计要求。

（3）由于压力钢管厚钢板占比较大，钢板厚度最大 66m，市场上的三辊轴卷板机无法对钢板端头进行精确压制，不能保证钢管卷制的圆度满足规范要求，故针对厚钢板专门增加了压头机以对压力钢管纵缝端头位置进行精确压制，保证了钢管制造质量。

9.2 钢管安装

由于高强钢在受热冷却时，容易出现淬硬组织和裂纹，故在钢管运输及现场安装过程中不允许直接将吊耳、外支撑等附件直接与高强钢管壁焊接，在需要焊接吊耳、外支撑等管壁部位，增加与钢管母材同等钢材的垫板，垫板与钢管进行焊接，焊接后进行无损检测，检测合格后方能在垫板上进行吊耳、外支撑等附件的焊接，保证了钢管安装的质量。

参考文献

[1] NB/T 35056—2015 水电站压力钢管设计规范［S］. 北京：中国电力出版社，2016.

[2] GB 50766—2012 水电水利工程压力钢管制作安装及验收规范［S］. 北京：中国计划出版社，2012.

南水北调中线雄安调蓄库上水库库周防渗设计

董华威　赵雅坤　赵旭润

（中国电建集团北京勘测设计研究院有限公司，北京市　100024）

【摘　要】雄安调蓄库上水库岩体为白云岩，存在岩溶问题，且库周地形地质封闭条件差，渗漏问题是上水库的主要工程地质问题，作为雄安调蓄库兼抽水蓄能电站上水库其防渗要求高、防渗处理难度大，初设阶段通过勘探查清了水库渗漏的范围和深度，经技术经济方案论证，上水库防渗采用局部垂直帷幕防渗方案，进行了防渗设计，解决了水库渗漏问题。

【关键词】雄安调蓄库　上水库　防渗

1　工程概况

南水北调中线雄安调蓄库工程位于河北省保定市徐水区境内，距保定市区约 30km，距雄安新区约 50km，距北京约 175km。本工程开发任务为优化配置北调水量，满足雄安新区正常稳定供水要求，保障新区在总干渠停水检修、突发事故停水期间的应急供水，兼顾提高总干渠下游用水户应急供水能力，为提高总干渠冰期输水能力创造条件；结合新修建的上下两个水库和上水库充供水需要建设抽水蓄能电站，保障河北南网供电安全；实现总干渠在线沉藻，保护供水水质；同时兼顾开挖骨料利用、矿山修复等综合效益，并为新能源利用、大数据中心建设创造条件。

本工程属Ⅰ等大（1）型工程，主要建筑物按 1 级建筑物设计。

上水库位于义王庄村沟谷处，系三面环山的天然库盆，除南侧沟口位置相对较低，整体呈现四周高中间低的地势，内有沟谷相间形成的天然的山间洼地，库盆天然地形呈扇形。水库四周地形具有良好的封闭性，成库条件十分优越。坝址以上控制流域面积 5.06km^2，正常蓄水位（234m）以下库容 15774 万 m^3，其中兴利库容 14705 万 m^3。拦河坝采用钢筋混凝土面板堆石坝，最大坝高 133.00m。

本工程上水库天然径流小，库容较大，上水库库盆渗漏问题是本工程的关键技术问题之一。

2　上水库库周渗漏地质条件

上库库盆总体地势由北西向南东倾斜，即北西侧高，南东侧低。库盆由不规则的山脊地形合围形成，周侧均有低邻谷，库盆周侧山顶高程一般 300.0～400.0m，北西侧库盆山顶最高高程 496.0m（雷达站），库盆底部高程一般 135.0～180.0m。

库盆岩体主要为震旦系中统铁岭组（Z_2t）薄层白云岩和雾迷山组（Z_2w）巨厚层、厚层白云岩，占比约 90%，属可溶岩。库盆范围白云岩方解石含量低，钻孔统计线溶蚀率为 1.5%，地表岩溶形态稀疏、未见泉眼、暗河，洞穴少见，岩溶弱发育。岩溶主要沿结构面发育，发育强度总体上由浅部向深部逐渐减弱。地表强溶蚀风化带厚度一般 0.0～5.0m，中等溶蚀风化上亚带（沿结构面溶蚀风化较强烈）深度一般 0.0～60.0m，中等溶蚀风化下亚带（沿结构面溶蚀风化较明显）深度一般 60.0～90.0m，地表 90.0m 以下多属微溶蚀风化带（溶蚀晶孔、晶洞）。

库盆范围地层总体呈单斜构造，岩层缓倾。库盆范围构造形迹主要为断层、裂隙，实测大小断层 18 条，其中 F_{173} 断层规模较大，延伸长度大于 5.0km，正断层，断层错距约 210.0m。F_{173} 断层 NE—SW 向穿库盆发育，走向 45°～60°，倾向 SE，倾角 65°～75°，库盆 NE、SW 两端和库盆底部局部见有断层露头。主断层宽度 15.0～20.0m，断层影响带宽度 5.0～30.0m。断层带主要由白云岩、砂质页岩碎裂岩和白云岩角砾岩组成，钙质胶结为主，局部见有黄褐色、砖红色糜棱岩充填。库盆 NE 侧垭口顺断层上盘接触带（白云岩）有溶蚀现象，见有棕红色黏土充填。钻孔解译裂隙 700 余条，揭示白云岩微裂隙较发育，缓倾角约占 50%，高缓倾角裂隙约占 24%。

库盆底部大部分被冲洪积层（Q_3^{al+pl}）覆盖，岩性主要为低液限粉土夹砾石、碎石，不均匀分布，总体为弱～中等透水；下伏强溶蚀风化白云岩中等～强透水；中等溶蚀风化白云岩弱透水。

2.1 库址区地下水位特征

库盆总体为一相对独立的水文地质单元，库盆地下水来源主要受大气降雨补给。库盆范围地下水位总体表现为“北高南低、西高东低”的特征，沿库盆存在低矮的地下分水岭（90.0～130.0m），地表分水岭与地下水分水岭基本一致。

2.2 上水库库区渗漏条件分析

（1）地形不完全封闭，库盆 NE 侧垭口地面高程 208.0～210.0m，正常蓄水位 234.0m 对应垭口宽度 160.0～200.0m，须建副坝。

（2）岩性上不封闭，库岸、库底由震旦系中统铁岭组（Z_2t）、雾迷山组（Z_2w）地层构成，岩性均为白云岩，即库盆由可溶岩构成。

（3）构造不封闭，F_{173} 断层呈 NE 向贯穿库内外发育，倾角 64°～75°，主断层带宽度 10.0～15.0m，延伸长度大于 5.0km。

（4）地下水位，环库周地形分水岭地下水位 90.0～130.0m，库外低邻谷地下水位 52.5～103m，库盆范围地下水位低于 234.0m 正常蓄水位。

3 上水库防渗处理

3.1 渗漏途径分析

（1）向低邻谷渗漏。库盆主要由震旦系中统铁岭（Z_2t）组、雾迷山组（Z_2w）地层构成，岩性主要为白云岩，属可溶岩地层。库盆三面均有低邻谷，234.0m 高程分水岭厚度一般 200.0～500.0m，北西侧厚度稍大（500.0～1000.0m），总体上库盆分水岭单薄，蓄水后水库具有悬托型水动力条件。因此，从地层岩性、地貌条件上存在蓄水后库水向低邻谷渗漏的条件。

（2）垂向补给渗漏。主坝最大坝高 133.0m，正常蓄水位高程 234.0m。库盆底部高程一般 135.0～185.0m，地下水位高程一般 61.7～74.9m，水库蓄水后水位差达 170.0m，必然存在库水垂向补给地下水条件。

（3）顺 F_{173} 断层渗漏。F_{173} 断层 NE—SW 向穿库盆发育，上盘白云岩接触带局部见有溶蚀现象。库盆内断层带附近无地下水位漏斗或凹槽特征，断层总体胶结较好，发生管道型渗漏的可能性较小，但顺断层接触带存在岩溶渗漏条件。

此外，主坝-副坝之间下马岭组砂质页岩（Z_3x）/硅质条带白云岩（Z_2t）界线高程 250.0～161.0m，界线部位白云岩溶蚀发育，中等～强透水，存在渗漏条件。库盆局部岩体溶蚀或断层、裂隙发育部位，也会存在渗漏可能。

3.2 防渗处理设计

（1）防渗方案。上水库库盆向低邻谷及顺 F_{173} 断层存在渗漏问题。由于上水库库盆较大，岸坡段最大挡水高度达 100m 以上，实施难度大，且水库渗漏条件复杂，水平铺盖防渗面积大，不确定因素较多，很难保证所有部位防渗铺盖均具有很好的防渗性能，因此上库不具备采用全库盆水平铺盖防渗的条件。为充分利用库区较好的自然条件，根据库区渗漏特点和渗漏量估算，上水库防渗采用库周垂直帷幕防渗方案控制上库渗漏量。

（2）防渗标准确定。根据 SL 274—2020《碾压式土石坝设计规范》6.3.9 条规定，防渗帷幕标准为 3～5Lu，考虑到上水库是支撑雄安新区建设发展的重要水源工程，是保障新区供水安全的关键配套工程，同时兼做抽水蓄能电站的上水库，对工程防渗要求高。为尽可能减少库水渗漏损失，因此确定上水库库周防渗帷幕标准为 $q \leqslant 3$Lu。

鉴于本工程对防渗要求高，设计对提高防渗标准，即将防渗帷幕标准提高至 $q\leqslant 1\text{Lu}$ 的必要性和合理性进行了研究。经渗控方案、工程投资及水库渗漏量等进行对比分析，综合分析后认为，防渗标准由 $q\leqslant 3\text{Lu}$ 提高到 $q\leqslant 1\text{Lu}$ 后，水库渗漏量每年可减少约 263 万 m^3，具有一定的工程效益，但也造成防渗深度大幅增加，并需要进一步加密灌浆孔布置，系统增加一层灌浆平洞，经投资比较，需增加工程投资约 2.6 亿元，增加的经济效益有限。同时，防渗标准进一步提高后，也加大了帷幕成幕及施工难度，加长防渗工程施工工期。因此，确定库周防渗帷幕设计标准为 $q\leqslant 3\text{Lu}$。

(3) 防渗设计。防渗路径布置原则考虑如下因素：①调蓄上库三面均有低邻谷，水库蓄水后存在向低邻谷渗漏问题。从地形、岩性上看，234.0m 正常蓄水位，环库主坝坝肩、NE 侧副坝垭口、SW 侧两处地形垭口地形单薄；南半库盆非可溶岩与可溶岩界线（Z_3x/Z_2t）附近岩溶较发育，中等～强透水，为可能的渗漏通道，平面上须截断该渗漏通道，即主坝-副坝防渗线路须做到封闭。②F_{173} 断层为可能的渗漏通道，库盆防渗须对其进行防渗和加固处理，断层处防渗下限应进入微溶蚀风化带。③北半库盆山体相对雄厚，防渗帷幕过 F_{173} 断层，端头 234.0m 高程库盆分水岭宽度大于 500.0m 作为防渗帷幕端点。

结合本工程地形、地质条件、挡水建筑物布置和渗流计算成果，水库主坝及库周防渗帷幕连续布置，其中主坝防渗帷幕沿主坝趾板布置，库周防渗帷幕自主坝防渗帷幕两岸端点向左、右岸山体延伸，至库盆分水岭宽度较小的南侧、东侧和东北侧。防渗帷幕线路布置详见图 1。

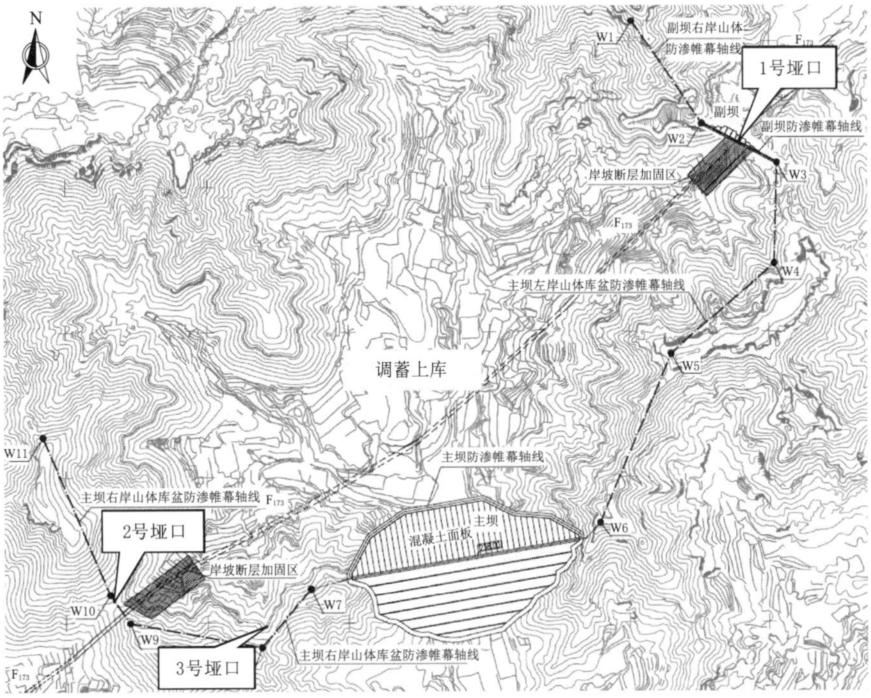

图 1 库周防渗帷幕线路平面布置图

主坝左岸库盆防渗帷幕（主坝左坝端至副坝右坝端）沿分水岭布设灌浆平洞，布置双排等深帷幕灌浆孔，考虑岩体高陡倾角节理裂隙较发育，孔距定为 2m，排距 0.8m。主坝右岸防渗帷幕在高程 238m 灌浆平洞和高程 165m 灌浆平洞（2 号垭口）内布置双排等深帷幕灌浆孔，考虑岩体高陡倾角节理裂隙较发育，孔距定为 2m，排距 0.8m。2 号垭口 F_{173} 断层及影响带部位、3 号垭口强风化带和溶蚀发育较深部位，布置 3 排等深帷幕灌浆孔，孔距 2m，排距 0.8m。F_{173} 断层及影响带采取库周两端垂直封闭帷幕防渗为主的方案。具体处理措施见图 2。

4 库盆渗控措施效果数值分析

为分析上库运行期渗漏量，评价不同防渗措施的渗控效果，对上库库盆区进行了三维渗流计算分析。

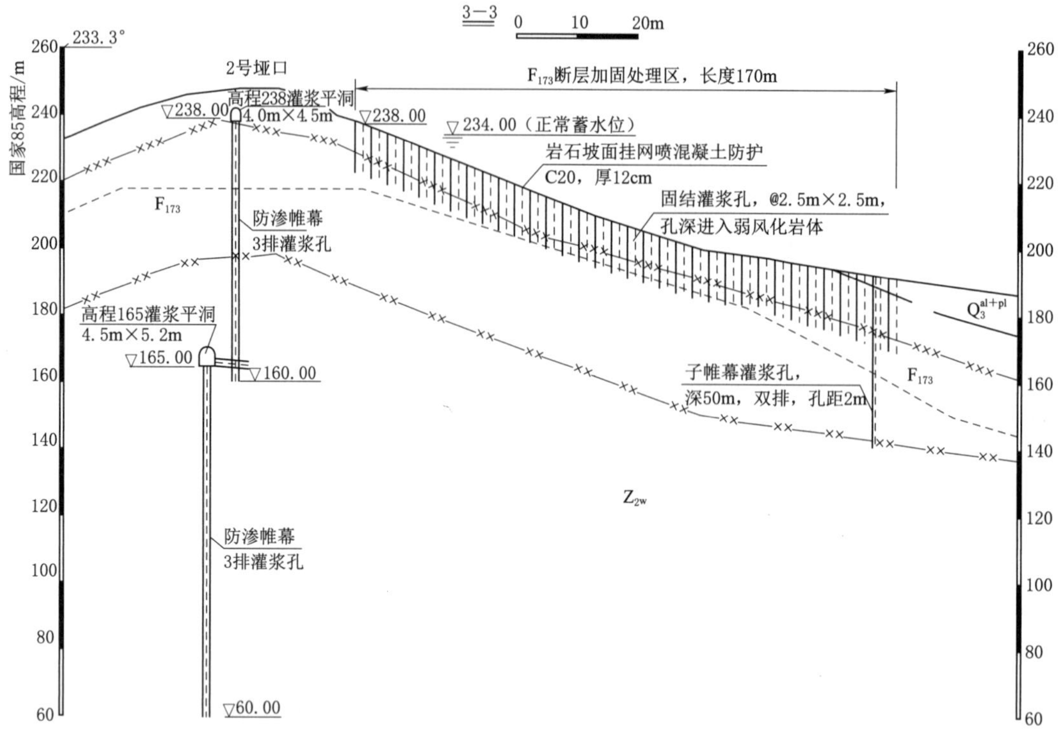

图 2 F_{173} 断层防渗处理方案示意图

4.1 计算模型和计算程序

计算模型的范围以库盆中心分别向上、下游以及左右岸山体延伸。坐标系以地理正东为 x 轴正向，地理正北为 y 轴正向，z 轴为高程，坐标系原点在库盆中坐标（38617051.772，4331102.704）处。计算模型中考虑断层 F_{173} 的影响。

模型范围平行断层方向约长 6372m，垂直方向约宽 5289m。底边界取至高程－100m 处。根据地质勘探及地形分布，西北角地下水位高程取为 90m，南侧地下水位高程取为 60m，沿程地下水位线性变化。

计算模型网格划分有限元模型结点总数 215940 个，单元总数 399742 个。

帷幕厚度按不同排数进行概化，一般双排厚 2.5m、三排厚 4.0m。断层考虑影响带按实际厚度划分。

计算程序采用 FEFLOW 软件平台进行数值模拟。

4.2 渗透分区及参数

根据地质建议的透水性进行渗透性分区，具体计算参数见表 1。

表 1 渗透分区及渗透系数取值表

渗透分区	地　层	基本方案取值/(cm/s)	渗透分区	地　层	基本方案取值/(cm/s)
K1	基岩 10Lu＜q＜100Lu	4×10^{-4}	K5	残坡积 Q^{el+dl}	1×10^{-4}
K2	基岩 3Lu＜q＜10Lu	7×10^{-5}	K6	防渗帷幕≤3Lu	3×10^{-5}
K3	基岩 q＜3Lu	3×10^{-5}	K7	固结灌浆	5×10^{-5}
K4	冲洪积层 Q_3^{al+pl}	5×10^{-4}	K8	混凝土盖板	1×10^{-8}

4.3 计算方案

考虑断层带、岩溶发育等渗透性差异，针对库盆有无防渗措施、不同防渗标准、F_{173} 断层的处理等方案进行渗流计算分析，具体见表 2。

4.4 上库三维渗流计算成果

各计算方案的库盆渗漏量计算成果见表 3。

表 2 上库三维渗流计算方案表（正常蓄水位 234m）

计算方案	防渗措施	备注
Fn1	无	计算渗漏量作为比较
Fn2	库周采取垂直防渗帷幕，库内岸坡约 150m 范围 F_{173} 断层采取挂网喷混凝土封闭＋固结灌浆辅助防渗	基本方案
Fn3	库内 F_{173} 断层全线采用混凝土盖板，其他同方案 Fn2	库内断层处理比较
Fn4	防渗帷幕透水性改为 1Lu，其他同方案 Fn2	帷幕透水性敏感分析

表 3 不同工况上库渗流计算结果统计表

方案	渗漏量		帷幕比降	备注
	m^3/d	m^3/a		
Fn1	75489	2756	—	无防渗措施
Fn2	27208	993	3.2	基本方案
Fn3	27186	992	2.0	F_{173} 全线混凝土盖板
Fn4	20000	730	5.3	帷幕防渗标准 1Lu

为分析、掌握渗流场分布特征，给出了整体模型范围和副坝剖面的渗流场水头分布图以及地下水位等值线图，其他方案的总体渗流场分布基本一致，仅列出方案 Fn1 和 Fn2 的渗流场等势线图，具体见图 3～图 8。

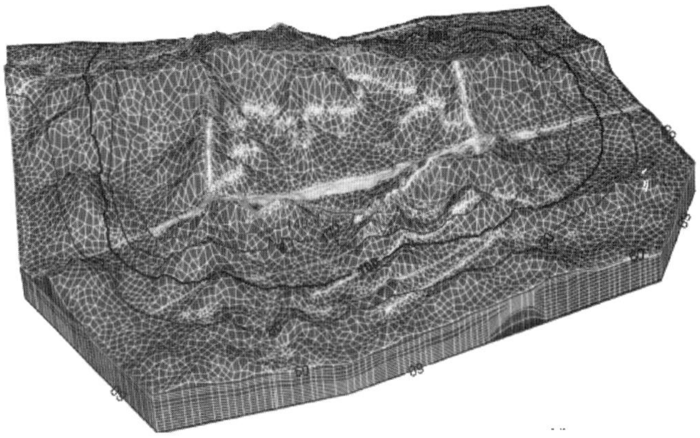

图 3 渗流场等势线图（方案 Fn1，整体模型）

在正常蓄水位高程 234.0m 时，由于库盆周边地下水位均低于库水位，渗流等势线以库盆为中心向四周逐渐降低分布。方案 Fn1 无防渗措施，库盆渗漏量达 $75489m^3/d$，而基本方案 Fn2 采用了防渗帷幕，地下水等势线在帷幕附近呈密集分布，库盆渗漏量减小为 $27208m^3/d$，帷幕承担比降为 3.2。方案 Fn3 中对库盆内 F_{173} 断层采用全线混凝土盖板处理，库盆渗漏量为 $27186m^3/d$，帷幕承担比降减小为 2.0。方案 Fn4 在方案 Fn2 基础上将帷幕防渗标准由 3Lu 提高至 1Lu，库盆渗漏量进一步减小为 $20000m^3/d$，渗漏量减小了约 26.5%。

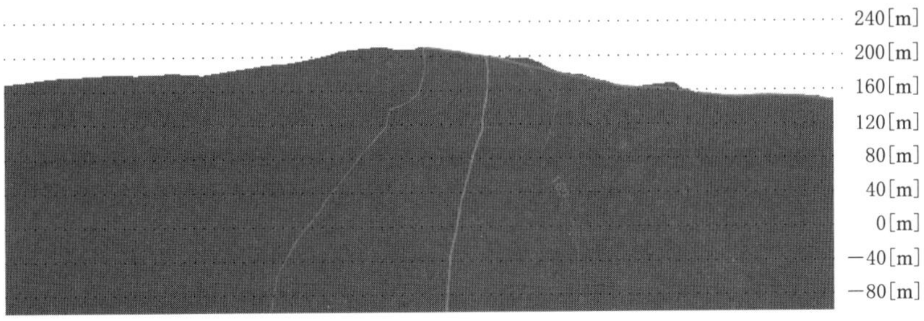

图 4 渗流场等势线图（方案 Fn1，副坝）

5 处理后计算成果分析

根据上库库区典型部位三维稳定渗流计算成果，分析认为：

(1) 正常蓄水位高程 234.0m，且无防渗措施情况下，上库库盆整体计算总渗流量约 $75489m^3/d$ (2756 万 m^3/a)，蓄水后库盆渗漏量较大，需要进行防渗处理以减小渗漏量。

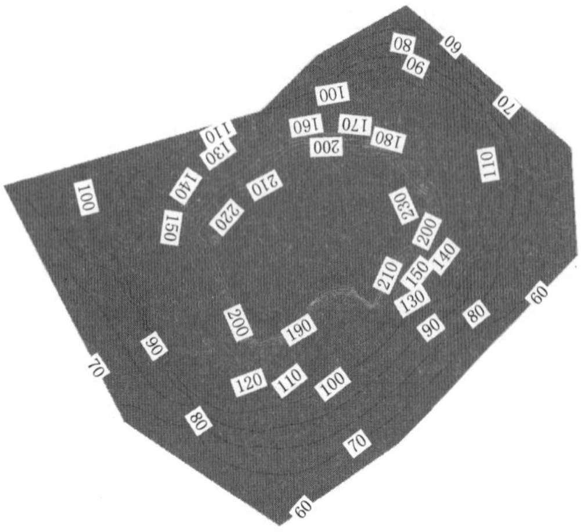

图 5　地下水位等值线图（方案 Fn1）

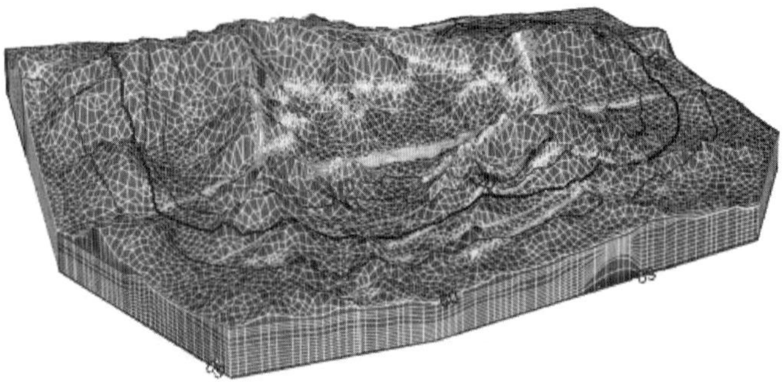

图 6　渗流场等势线图（方案 Fn2，整体模型）

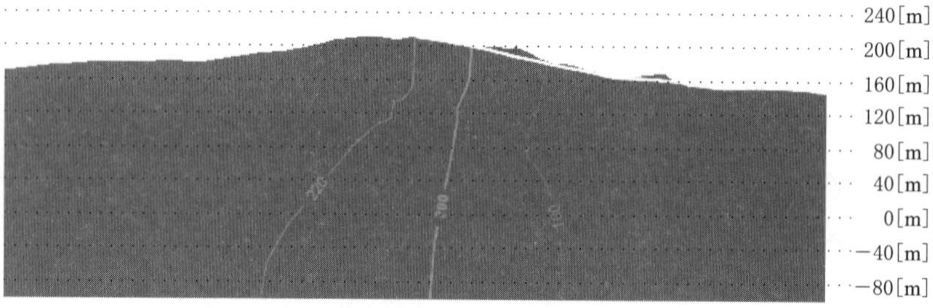

图 7　渗流场等势线图（方案 Fn2，副坝）

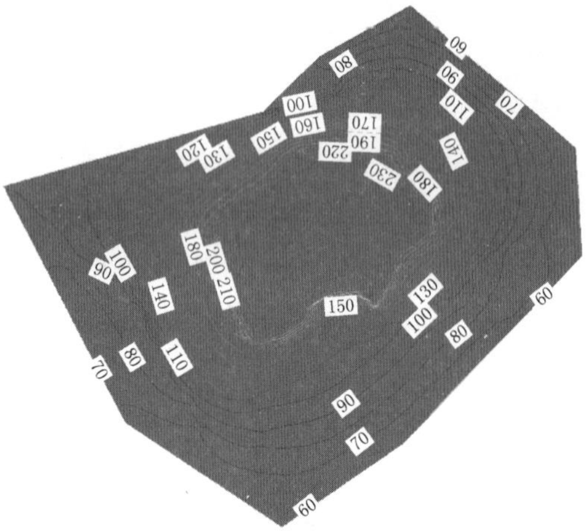

图 8　地下水位等值线图（方案 Fn2）

（2）F_{173} 断层部位及岩体透水性相对较大的部位渗流量较大，非断层发育且岩体透水性相对较小的震旦系中统 Z_2w/Z_2t 岩层部位渗流量相对较小。

（3）三维计算结果显示，设置防渗帷幕后，上库库盆整体计算总渗流量约 27208m^3/d（993 万 m^3/a），渗流量较设置帷幕前减小约 63.9%，日渗流量约为水库库容的 0.02%，小于抽水蓄能水库要求的 0.05%，表明垂直帷幕的防渗效果较好。

（4）本工程库盆范围白云岩地层为可溶岩，存在发育集中渗漏通道或宽大溶蚀裂隙的可能，设置帷幕前渗流量应大于上述计算值，设置帷幕后的防渗效果将更为显著。

（5）在维持库周垂直封闭帷幕防渗的条件下，对库内断层采用局部置换＋固结灌浆与全线混凝土盖板方案相比，渗流量差别很小，表明帷幕对库盆渗漏起主要控制作用；但采用全线盖板后帷幕承担的渗透比降由 3.2 减小为 2.0，可见断层带处适当延长覆盖可改善断层带处帷幕比降，有利于帷幕的长期渗透稳定。

（6）帷幕防渗标准由 3Lu 提高至 1Lu，渗流量进一步减小为 20000m^3/d，防渗效果进一步提高。

严寒地区敦化抽水蓄能电站水土保持后续设计重点关注要点

韩　悦
（中国电建集团北京勘测设计研究院有限公司，北京市　100024）

【摘　要】依据新形势下水土保持要求，结合项目地处严寒地区特点和东北黑土区表土剥离要求，梳理项目水土保持后续设计重点关注要点，通过对植物恢复和表层土利用等重点问题分析，进行水土保持措施深化探讨。

【关键词】敦化抽水蓄能电站　植物恢复　适地适树　表土利用

敦化抽水蓄能电站位于吉林省敦化市北部，工程区距敦化市公路里程111km，距吉林市公路里程280km，距延吉市公路里程253km，距长春市公路里程410km。电站枢纽工程为Ⅰ等大（1）型工程。永久性主要水工建筑物为1级建筑物。电站装机容量1400MW，装机4台，单机容量350MW。电站枢纽工程由上水库、水道系统、地下厂房及地面开关站、下水库等建筑物组成。电站上水库布置于海浪河源头区樱桃沟内，上水库采用沥青混凝土心墙堆石坝，上水库正常蓄水位1391.0m。电站下水库位于东北岔河源头冲沟内，下水库采用沥青混凝土心墙坝，下水库正常蓄水位为717.0m。

1　项目区环境概况

工程区地貌类型属侵蚀山地类型，为中低山地貌，项目区属大陆性季风气候，多年平均降水量为804.0mm，降水量年内分布不均，夏秋季多雨，上水库多年平均气温−2.6℃，月平均气温以1月最低，为−24.2℃，最高为7月平均气温15.5℃；极端最低气温−44.3℃，极端最高气温30.2℃。下水库多年平均气温0.9℃，月平均气温以1月最低，为−20.7℃，最高为7月平均气温19.0℃；极端最低气温−40.8℃，极端最高气温33.7℃；本流域多年平均蒸发量为1217.8mm，5月蒸发量最大，为213.7mm；项目区最大风速25.7m/s；多年平均风速为2.8m/s；多年平均相对湿度为69%；最大冻土深184cm；最大雪深为25cm。工程区植被大多为次生的针阔混交林，树种主要为云杉、落叶松、红松、冷松等，工程区内林草植被覆盖率达到85%以上。平均土壤侵蚀强度701t/(km^2·a)，水土流失程度以微度和轻度为主。

2　水土保持方案后续设计需重点关注问题

电站工程建设周期长，土石方开挖量大，施工扰动范围广，水土保持工作直接影响到项目区域整个生态环境。以往生产建设项目水土保持措施设计较多注意在挖、填、平、挡以及排水和临时防护方面的措施防治和研究，但随着近些年来对生态环境要求的逐年提高，水土保持后续设计也越来越关注植物恢复和表土的合理利用等方面问题。结合本工程地处高寒地区、东北黑土区域项目特点，在水土保持后续设计中重点对高寒地区植物恢复方式、树草选择和黑土区表层土剥离回覆利用方面问题进行重点关注。

3　重点区域的植物措施设计

敦化抽水蓄能电站地处吉林敦化市，属于高寒地区，项目地处林场，对生态环境要求高，对植物耐寒性要求更高。选择适宜当地生长的植被类型是植物措施后续设计中重点和难点。在植物设计中对上、下水库连接路作为重点设计，对于道路的上、下水库区选择不同种类植物已适应当地气候特点。对于一些重点部位，如办公楼后边坡，坡度较陡坡比为1∶1，在设计中既要兼顾美化需要，又要考虑植物自身特点，对临时用地采取当地适生乔灌木进行全面绿化，以满足电站植物措施需要。

3.1 上、下水库连接路绿化

敦化抽水蓄能电站地处高寒地区，由于电站上、下水库落差大，温度条件相差4.5℃，且上库风力较大，经过现场勘测及资料收集，在后续设计中提出了对上、下水库连接路段内海拔较低下水库区域采取种植紫穗槐＋草地早熟禾＋无芒雀麦的绿化方案，对于上水库区域绿化设计，考虑到上水库区海拔较高且气温较低的特点，进行了专门的调研，最终选用了连翘＋高羊茅的绿化设计方案，此设计方式既能满足水保要求又能保证成活率。另外，上、下水库连接路两侧具备绿化区域较少，为营造良好的绿化空间，在后续设计中，考虑利用已建排水沟，将临山坡侧排水边沟加高，形成种植槽，覆土后栽植灌木及草籽，起到了良好的绿化美化效果。

3.2 办公楼后边坡绿化

敦化抽水蓄能电站办公楼后边坡为坡度1∶1网格梁，且底部已喷坡混凝土，覆土撒播草籽后，出现局部表土下滑和排水不畅的现象，给水保植物措施设计工作提出了不小的挑战，在后续水土保持设计中结合敦化当地气候特点、调研成果、经济成本等因素，考虑采用每个框格内横向增设一排植生袋，以缩窄空间，并在混凝土底部打排水孔，避免雨水冲刷表土，这样既达到固土绿化效果又节省投资，起到了较好防治水土流失的作用。

3.3 临时用地区域绿化

敦化蓄能电站临时用地区域包括渣场区、施工生产生活区及施工临时道路区。以上区域均按照“适地适树、适地适草”的原则，兼顾防护和与周边林区景观相协调的要求，选择了耐寒、耐干旱、耐瘠薄，树形优美、枝叶茂密、萌蘖性强、生长迅速的当地林场常见树种，包括红松、云杉、冷杉、紫穗槐、榆叶梅等，形成乔灌木水土保持林。并且在栽植乔灌木前，首先撒播草种无芒雀麦＋紫花苜蓿，由于草种可以在短时期内迅速生长，覆盖区域表面，在乔灌木尚未发挥其防蚀作用的间期，首先发挥效用，有效减少水土流失。后期成坪后，可进一步与乔灌木结合，增强防治水土流失的作用，达到改善生态环境与周边林区景观相协调的目的。

4 表土的剥离及合理利用

为了更好地保护东北黑土资源，工程以最大限度保护表土资源为目标，将工程区内存在表土区域全部剥离。在水土保持表土剥离及利用后续设计中，对工程区表土现状进行地质勘察，明确表土分布范围和可剥离量，确定工程表土需求量及可剥离量，进行平衡分析计算。

4.1 表土需求分析

敦化抽水蓄能电站表层土需求量的计算，是按照水土保持植物措施的乔、灌木株数和乔、灌木种植穴覆土体积的乘积之和得出，乔木种植穴直径60cm，每穴覆土厚度0.6m，灌木种植穴直径40cm，每穴覆土厚度0.4m。为了使工程扰动区的植被进行更好的恢复，对扰动区范围进行统一覆土，覆土厚度为30cm。经计算敦化抽水蓄能电站工程水土保持植物措施表层土需求量总计为48.04万m^3。

4.2 表层土可剥离量分析

敦化抽水蓄能电站可剥离的表层土厚度可与植物根系分布所对应，植物根系的分布是土壤肥力的外在表现，在施工中可以作为表层土剥离厚度的参考。表层土开挖利用量的计算，是按照开挖区域面积与开挖厚度的乘积之和得出。开挖区域的面积由实际查勘得出，开挖厚度由区域内抽样调查取平均值得出，经计算，工程可供剥离表土约74.0万m^3。

4.3 表层土利用及总体平衡分析

根据表层土需求量和开挖利用量分析计算，工程枢纽区、渣场区、料场区、永久道路区、临时道路区、施工辅助设施区及工程管理等区域都具备植被恢复的条件，表层土需求量为48.04万m^3；分析工程开挖扰动区域的表土资源情况，工程区内表层土开挖总量为74.0万m^3。可以看出，本工程可剥离表土量可以满足植物措施所需表土，并留有部分表土进行后期综合利用。详见表1。

表 1 **表层土利用规划总体平衡分析表** 单位：万 m^3

开挖阶段		堆存阶段		回 填 阶 段						
开挖区域	土方量	堆存区域	土方量	回填区域	第 1 年	第 2 年	第 4 年	第 5 年	第 6 年	合计
枢纽工程区域	18.5	1 号表土堆存场	34.88	枢纽工程区域					1.8	1.8
施工辅助设施区	2.9			施工辅助设施区					2	2
渣场区	8.2			渣场区			13.86			13.86
永久道路区	5.28			永久道路区		0.15				0.15
临时道路区	2.72	2 号表土堆存场	6.65	临时道路区					2.23	2.23
工程管理区	1.2			工程管理区	0.23					0.23
渣场区	2.73			渣场区			3.86			3.86
枢纽工程区	17	3 号表土堆存场	32.47	临时道路区					1	1
				枢纽工程区域					2	2
施工辅助设施区	10.6			施工辅助设施区					14.07	14.07
渣场区	3.57			渣场区				6.48		6.48
料场区	1.3			料场区					0.36	0.36
合计	74		74	合计	0.23	0.15	17.72	6.48	23.46	48.04

5 结语

敦化抽水蓄能电站在水土保持后续设计中，充分考虑了高寒地区植物恢复特点和东北黑土区表土剥离要求，对植被恢复和表层土利用等水土保持后续设计中关注问题进行探讨。本文通过对敦化抽水蓄能电站重点区域植物措施布设措施和表土供需分析，可为类似开发建设项目水土流失防治提供借鉴。

参考文献

[1] 刘璇. 水利工程水土保持防治及治理对策研究 [J]. 科技创新与应用，2012 (3)：110-110.

[2] 王倩. 水利水电工程水土流失特点及防治措施 [J]. 民营科技，2015，(12)：170.

基于GMS软件的雄安调蓄库上库渗漏量分析计算

周建升　赵玉滨　任　君
（中国电建集团北京勘测设计研究院有限公司，北京市　100024）

【摘　要】雄安调蓄库功能为应急供水保障，库水源自南水北调中线干渠，水源宝贵，因此对其进行渗漏特性及防渗措施的研究十分必要。本文以调蓄上库边界地下水位作为已知水头边界，以GMS软件为工具，建立地下水渗流的数学模型，对渗流区进行离散化，针对不同防渗措施模拟蓄水后的渗流场，计算各自状态下调蓄库的渗漏量，综合分析并提出合理的防渗措施建议。

【关键词】调蓄上库　岩溶　GMS　数值模拟　防渗措施

1　引言

南水北调中线雄安调蓄库工程包括调蓄上库、调蓄下库以及输水发电系统。其中调蓄上库距离南水北调中线干渠约4.5km。上库利用其北部山谷拦沟筑坝而成，拟选坝型为混凝土面板堆石坝，正常蓄水位234.00m，死水位155.00m，坝高133.0m，对应水面面积约2.6km^2，集水面积约5.0km^2，兴利库容约1.46亿m^3。

上库出露地层岩性主要有震旦系上统景儿峪组（Z_3j）、下马岭组（Z_3x）砂岩、页岩，为非可溶岩；铁岭组（Z_2t）、雾迷山组（Z_2w）白云岩，为可溶岩。上库库盆范围地层总体呈单斜构造，产状310°～340°∠5°～12°，构造形迹主要为断层、裂隙。

断层总体为NE—SW走向。库盆范围实测大小断层18条，其中F_{173}断层规模较大，产状为45°～60°SE∠65°～75°，破碎带宽度10～15m，平面上NE—SW向穿过库盆发育，在库盆北东方向形成的地形垭口高程约208m，低于正常蓄水位，需建副坝。

库盆外有低邻谷发育，库内地下水位低于地面以下60～100m，在可溶岩地层和断层的共同作用下，水库蓄水后存在向低邻谷渗漏问题。由于水库区无天然径流，水库蓄水来自干渠，水资源十分宝贵，因此，查清库区渗漏问题，复核水库渗漏量并采取防渗工程措施十分必要。本文将通过GMS软件模拟计算调蓄上库渗漏量，并分析提出相应的防渗措施。

2　上库水文地质条件

上库水文地质条件较为简单，库盆范围无地表河流通过，无长期地表水出露。库盆三面均有低邻谷发育，东西临近两条河流，为区内最低排泄基准面，库盆底地面高程均低于河床，库盆无远端山体地下水补给，总体为一相对独立的水文地质单元，地下水来源主要受大气降雨补给。

上库地下水类型主要有基岩裂隙水、岩溶水、第四系松散介质孔隙水。调蓄上库地下水埋深一般72.0～200.6m，其中库周分水岭地下水位90.0～130.0m，库盆底部地下水位61.3～74.9m。库盆范围地下水位总体北高、南低。

库盆范围地下水总体流向南东侧平原。天然状态下，主坝沟口及左坝肩一带“地下水位低槽”为库盆范围地下水排泄口（图1），也就是库盆区地下水大部是通过南东主冲沟方向排泄，少量是次级分水岭外围向库盆邻谷方向排泄。

库盆弱溶蚀风化岩体透水率$q \geq 3Lu$占比约27%；微溶蚀风化岩体透水率$q < 3Lu$占比约84%。岩体的透水性主要受裂隙发育程度和连通率控制。

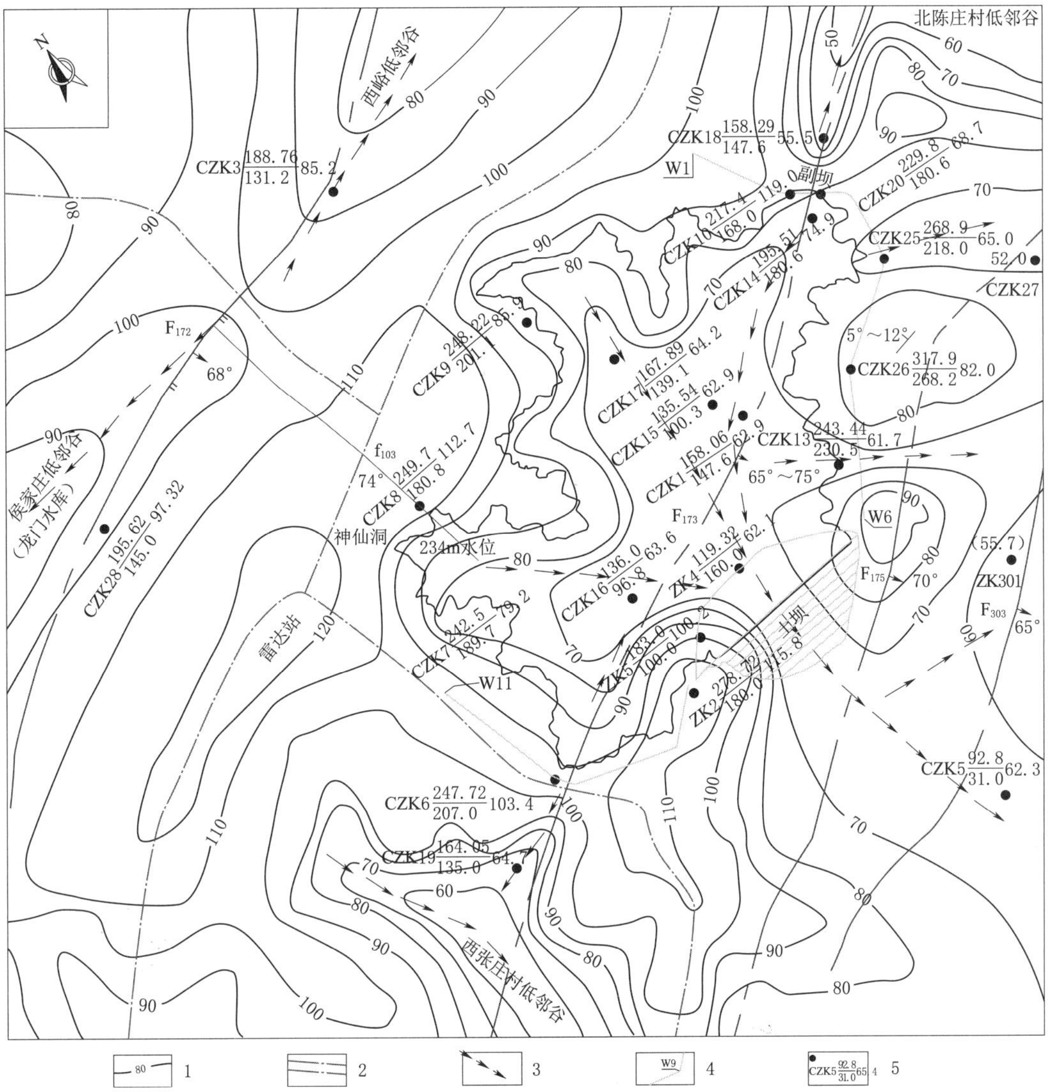

图 1　上库库盆范围地下水位等值线图

1—地下水位等值线；2—地下一级、二级分水岭；3—地下水流向；
4—库盆防渗帷幕线；5—钻孔编号/孔口高程/孔深/地下水位（m）

3　上库渗漏分析

上库库盆和库底由可溶岩构成，岩溶弱发育，断层 F_{173} 贯穿库内外发育，库盆范围内地下水位低于正常蓄水位，且库盆三面均有低邻谷发育，初步判断上库蓄水后存在渗漏问题。

上库在正常蓄水位，部分库段分水岭厚度 200～500m，北西侧厚度稍大，总体上库盆分水岭单薄，库周分水岭地下水位 90.0～130.0m，蓄水后水库具有悬托型水动力条件。水库蓄水后副坝位置单薄分水岭两岸渗径仅有 50～150m，且库盆南西侧地形垭口处溶蚀风化下限高程低于正常蓄水位，岩体透水性较强，因此从地形地貌、地层岩性条件上存在蓄水后库水向低邻谷渗漏的条件。

上库库盆底部高程一般 135.0～180.0m。库盆底部冲洪积层（Q_3^{al+pl}）主要为低液限粉土夹砾石、碎石，不均匀分布，总体为弱～中等透水；下伏强溶蚀风化白云岩中等～强透水；弱溶蚀风化白云岩弱透水；库盆底板范围地下水位一般 61.3～74.9m，水库蓄水后水位差达 170m，存在库水补给地下水的条件。

断层 F_{173} 破碎带宽度 10～15m，延伸长度大于 5.0km。从地表露头看，断层带角砾岩为泥钙质胶结，局部顺断层溶蚀明显。副坝部位断层露头见有溶蚀夹泥现象，影响带宽度 5～30m，且断层上、下盘均为白云岩，判断蓄水后库水沿 F_{173} 渗漏的可能性较大。但对断层两侧钻孔的地下水位监测数据分析可知，断层带无地下水位漏斗或凹槽特征，且断层 F_{173} 总体胶结较好，库内外 2 个穿过 F_{173} 主断层破碎带的钻孔压水试验，透水率均小于 1Lu，断层带发生管道型渗漏的可能性较小。

4　GMS 软件分析水库渗漏量

地下水流动、赋存及水质演化规律的研究是解决地下水开发利用及相关环境问题的核心，是水文地质领域的基本问题。而地下水的上述三种特征是由地下介质分布的各向异性与不均匀性决定的。为了高精度、全方位的建立三维渗流模型，本研究将基于 GMS 软件采用更为合理的结构和网格模型及求解模块，建立更为优化的网格模型及数值模型。地下水数值模拟建立的先后顺序包括首先建立水文地质概念模型，其次进行三维网格划分，再次建立地下水模型，最后运行并识别模型。

上库库盆范围地下水位多在 100m 高程以下，根据库盆地质条件，库周总长度按 7.0km 算，计算分天然渗漏量和采取防渗措施后渗漏量，由此主要设定两种工况：①天然状态；②半库盆防渗措施：防渗包括主坝两坝肩（接趾板帷幕）+F_{173} 断层+单薄库周至弱溶蚀风化下限（<3Lu）。

4.1　GMS 软件概况

GMS（Groundwater Modeling System）是综合 MODFLOW、FEMWATER、MT3DMS、RT3D、SEAM3D、MODPATH、SEEP2D、NUFT、UTCHEM 等已有地下水模型的基础上开发的一个综合性的、用于模拟与地下水相关的所有水流和溶质运移的图形界面软件。其中 MODFLOW 可以模块化处理地下水在多孔介质中的三维运移，并通过有限差分的计算方法解决模型的水位问题。软件使用 GIS 对象（点、弧和多边形）来构造模型表示，采用有限差分法对地下水流进行数值模拟。

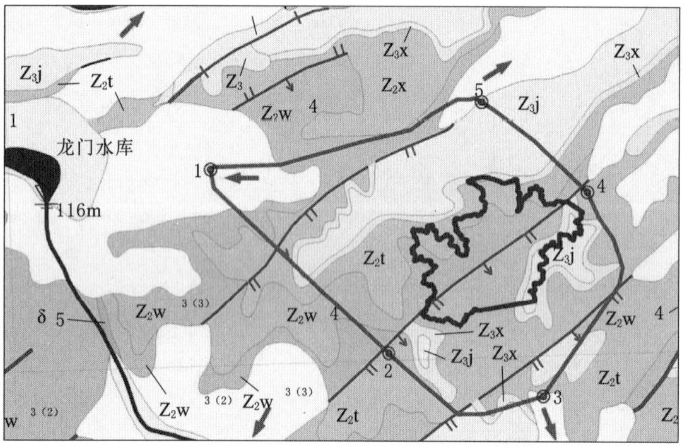

图 2　研究区范围及边界

4.2　水文地质概念模型建立及数学模型选取

选取研究区边界地下水位作为模型已知水头边界，见图 2（第一类边界，洋红色线），水头取钻孔与实测地下地下水位，见表 1。水库蓄水后，取库水位 234.00m 作为定水头边界（宽蓝色线），上部潜水面边界接受大气降水入渗补给，为补给边界。底部边界取高程－50m。

表 1　　模型边界水位表

点号	1	2	3	4	5
地下水位/m	70	65	30	60	85

通过概化得到的非均值各向异性等效连续介质模型，地下水非稳定运动数学模型为

$$
\begin{cases}
\dfrac{\partial}{\partial x}\left(K_x\dfrac{\partial H}{\partial x}\right)+\dfrac{\partial}{\partial y}\left(K_y\dfrac{\partial H}{\partial y}\right)+\dfrac{\partial}{\partial z}\left(K_z\dfrac{\partial H}{\partial z}\right)+\varepsilon=S_s\dfrac{\partial H}{\partial t} & (x,y,z)\in\Omega,t>0\\
H(x,y,z,t)=H_0(x,y,z) & (x,y,z)\in\Omega,t=0\\
H(x,y,z,t)=H_\Gamma(x,y,z,t) & (x,y,z)\in\Gamma_1,t>0\\
K_x\dfrac{\partial H}{\partial x}+K_y\dfrac{\partial H}{\partial y}+K_z\dfrac{\partial H}{\partial z}=q_0(x,y,z,t) & (x,y,z)\in\Gamma_2,t>0
\end{cases}
$$

式中：H 为地下水水头，m；K_x，K_y，K_z 为各向异性主渗透系数，m/d；S_s 为储水率，L/m；Γ_1 为模

拟区域第一类边界；Γ_2 为模拟区域第二类边界；$H_0(x,y,z)$ 为初始水头，m；$H_\Gamma(x,y,z,t)$ 为第一类边界条件边界水头，m；$q_0(x,y,z,t)$ 为第二类边界单位面积过水断面补给流量，m^2/d；ε 为源汇项强度（包括开采强度等），1/d；Ω 为渗流区域。

4.3　数值模拟和计算

建立了地下水渗流的数学模型之后，对渗流区进行离散化（剖分），将复杂的渗流问题处理成在剖分单元内简单的规则的渗流问题。无论是用有限元法或是用有限差分法进行数值计算，计算结果的精度和可靠性、收敛性及稳定性在很大程度上取决于单元的剖分方法及单元剖分程度，在离散化时遵循两条基本原则。

（1）几何相似，要求物理模拟模型从几何形状方面接近真实被模拟体。

（2）物理相似，要求离散单元的特性从物理性质方面（含水层结构、水流状态）近似于真实结构在这个区域的物理性质。

区域的三维尺度在 X 方向上长度为 6755m，Y 方向上长度为 4897m，Z 方向的长度 550m 不等。根据剖面图划分地层岩性，模拟区域在垂向（Z 方向）上共分为 4 层，共剖分网格 40000 个，节点 51005 个。区域剖分如图 3 所示。

降雨入渗系数：降雨入渗系数见表 2，降雨入渗分区见图 4。

表 2　　平均降雨入渗系数

岩性	入渗系数	年降水补给量/mm	岩性	入渗系数	年降水补给量/mm
碎石土	0.3	150	砂岩	0.1	50
白云岩	0.2	100	泥、页岩	0.05	25

注　表中取值为一般取值，建模过程中根据地形坡度及风化情况等适当调整。

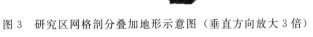

图 3　研究区网格剖分叠加地形示意图（垂直方向放大 3 倍）

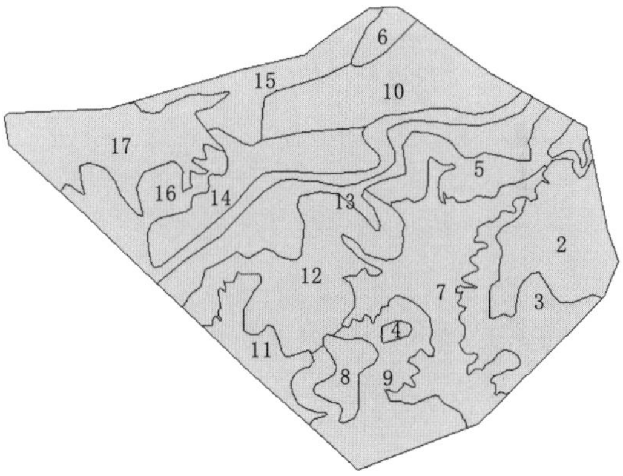

图 4　综合地形与岩性的降雨入渗分区

渗透系数：研究区岩体渗透性参数目前主要通过压水试验等现场水文地质试验获得，在此基础上，根据地层岩性、物质成分、地形地貌、裂隙发育情况及风化带分布等，针对不同层、不同岩性的岩体进行渗透系数的赋值。渗透系数取值见表 3，渗透系数分区见图 5。

模型识别校正：观测水位与模型计算水位线性关系如图 6 所示，计算水位与观测水位呈线性相关，说明模型拟合较好。模型计算天然流场等值线见图 7。

4.4　水库蓄水后流场及渗漏量估算

（1）通过模型模拟库水位 234.00m 时，天然状态下，不同渗透系数条件下的地下水渗流场见图 8、图 9，水库渗漏量预测结果见表 4。

（2）采取半库盆防渗工程处理措施（含 F_{173}），防渗标准 3Lu，通过模型模拟库水位 234.00m 时，不同渗透系数条件下的地下水渗流场见图 10、图 11，水库渗漏量预测结果见表 5。

表 3 **渗透系数取值表**

岩性	K_x/(cm/s)	K_x/(m/d)	岩性	K_x/(cm/s)	K_x/(m/d)
第一层			第三层		
碎石土	5.00×10^{-4}	4.32×10^{-1}	白云岩	4.00×10^{-5}	3.46×10^{-2}
白云岩	1.00×10^{-4}	8.64×10^{-2}	砂岩	1.00×10^{-5}	8.64×10^{-3}
砂岩	6.00×10^{-5}	5.18×10^{-2}	泥、页岩	5.00×10^{-6}	4.32×10^{-3}
泥、页岩	1.00×10^{-5}	8.64×10^{-3}	第四层		
第二层			白云岩	2.00×10^{-5}	1.73×10^{-2}
白云岩	6.00×10^{-5}	5.18×10^{-2}	注：表格中渗透系数为建模时一般取值，部分取值根据地形、岩性、风化程度等适当调整		
砂岩	4.00×10^{-5}	3.46×10^{-2}			
泥、页岩	8.00×10^{-6}	6.91×10^{-3}			

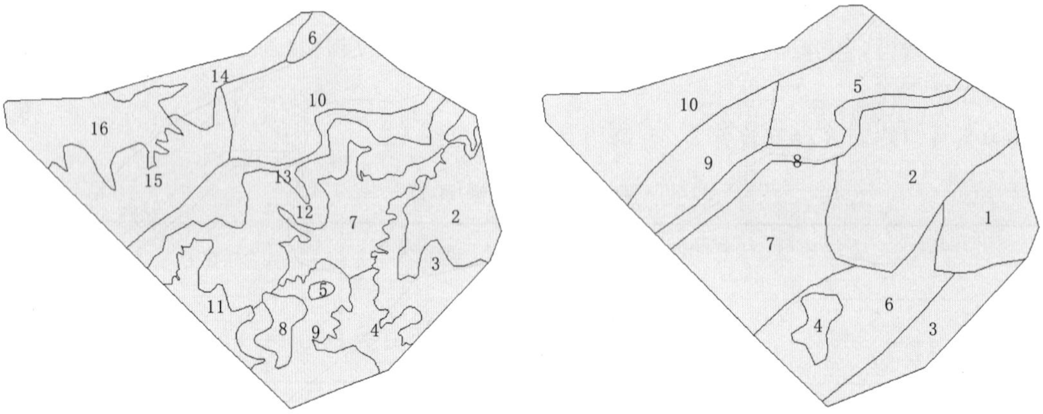

（a）第一层　　（b）第二层

图 5　渗透系数分区图

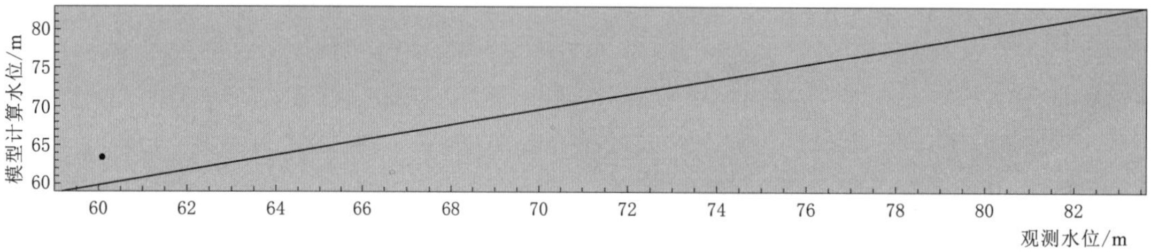

图 6　观测水位与模型计算水位线性拟合关系

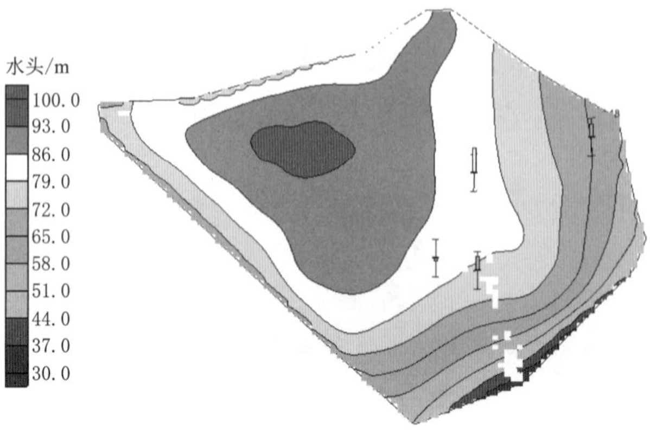

图 7　调蓄上库天然流场地下水位等值线图

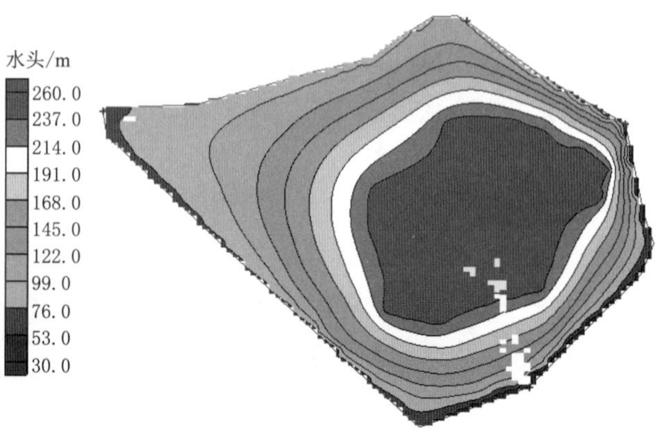

图 8　上库蓄水后地下水位等值线图（5Lu）

表 4 天然状态下不同透水率条件上库渗漏量计算表

岩体综合透水率/Lu	渗漏量/(m^3/d)	渗漏量/(万 m^3/a)
5	0.98×10^4	358
10	2.65×10^4	967
15	3.71×10^4	1350
20	5.98×10^4	2180
30	8.48×10^4	3100

表 5 采取防渗帷幕后不同透水率条件上库渗漏量计算表

岩体综合透水率/Lu	渗漏量/(m^3/d)	渗漏量/(万 m^3/a)
5	0.59×10^4	215
10	1.05×10^4	383
15	2.23×10^4	812
20	3.28×10^4	1200
30	4.49×10^4	1640

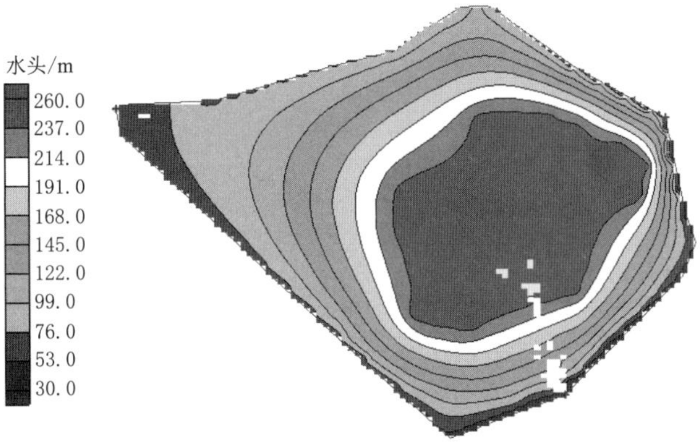

图 9 上库蓄水后地下水位等值线图（20Lu）

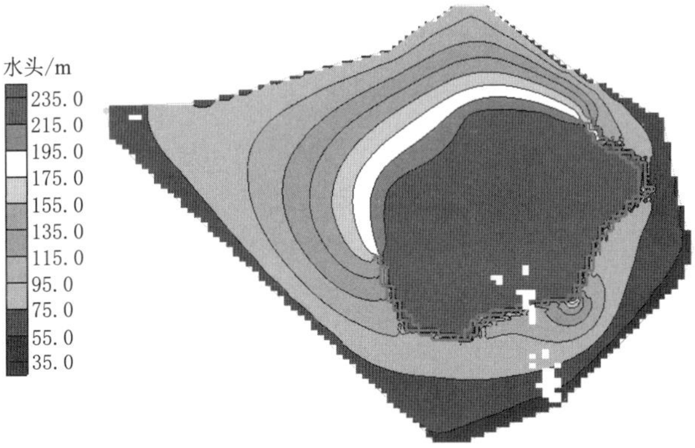

图 10 采取防渗帷幕上库蓄水后地下水位等值线图（10Lu）

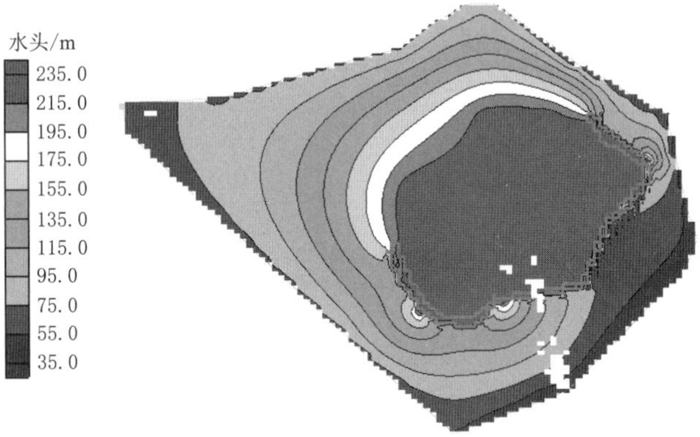

图 11 采取防渗帷幕上库蓄水后地下水位等值线图（30Lu）

5 综合分析估算库盆渗漏量结果

（1）天然状态。由表 4 可知，库周长度按 7.0km 算，综合渗透系数取 $K=0.2264$m/d（15Lu）值时，库盆三维渗流计算年渗漏量为 $1350\times10^4m^3$/a（不考虑蒸发量与降雨量、不含大坝渗漏量）。

（2）采取防渗措施。由表 5 可知，234.00m 蓄水位，库盆防渗长度 3.5km 算，防渗标准 3Lu；非防渗段综合渗透系数取值 $K=0.2264$m/d（15Lu），三维渗流计算库盆年渗漏量为 $812\times10^4m^3$/a（不考虑蒸发量与降雨量、不含大坝渗漏量）。

6 防渗措施建议

前述可知，库盆场地岩溶发育等级为弱发育，水库总体属溶隙型渗漏。

（1）库盆岩层平缓，库盆防渗下限无非可溶岩隔水岩层相接；但是，据钻孔及大量钻孔电视成果揭示，库盆范围岩溶发育强度总体上由浅部向深部逐渐减弱，地表 90.0m 以下总体属微溶蚀风化带（溶蚀晶孔、晶洞)，总体弱～微透水（<3Lu)，局部顺断层埋深大于90m还有弱溶蚀风化现象，结合库周岩体特征，库盆地形分水岭防渗下限按150.0m高程控制，即进入微溶蚀风化带岩体。

(2) 上库三面均有低邻谷，水库蓄水后存在向低邻谷渗漏问题。从地形、岩性上看，234.00m正常蓄水位，环库主坝两坝肩、北东侧副坝垭口、南西侧两处地形垭口地形单薄。未蓄水时，主坝沟口及左坝肩一带“地下水位低槽”为库盆范围地下水排泄口，地下水整体流向东侧和南东侧，因此在平面上需对该侧进行防渗处理，即主坝-副坝防渗线路需做到封闭。

(3) 北半库盆山体相对雄厚，防渗帷幕过 F_{173} 断层，建议端头234.0m高程库盆分水岭宽度大于500.0m作为防渗帷幕端点。

综合库盆地形地貌、地层岩性、地质构造、水文地质条件、岩溶发育特征、岩溶发育强度与库盆渗漏类型，地质建议库盆采取局部（半库盆）防渗，防渗帷幕形式为封闭帷幕，控制标准为3Lu。

参考文献

[1] 吕禹. 基于GMS的孔庄矿灰岩含水层地下水数值模拟 [D]. 淮南：安徽理工大学，2018.

[2] 马雪梅. 柳江盆地岩溶水系统特征及其地下水流场模拟研究 [D]. 北京：中国地质大学（北京)，2016.

[3] 贺国平，张彤，赵月芬，等.GMS数值建模方法研究综述 [J]. 地下水，2007，29 (3)：5.

基于进化神经网络的地应力场反演基本理论与应用

刘启明 王文辉 方竞宇 林小芳 高要辉

（浙江磐安抽水蓄能有限公司，浙江省金华市 322304）

【摘 要】 地下洞室群全生命周期稳定与区域地应力场特征密切相关，然而目前已有地应力测试方法存在测量过程复杂且测量精度不高的缺陷。本研究利用神经网络智能算法的非线性逼近、强容错性和鲁棒性、并行性、自学习性等优势，以磐安抽水蓄能电站为例，根据其区域地质条件，建立三维实体模型，采用位移反分析法反演磐安抽水蓄能电站区域位移边界条件，最终获取磐安抽水蓄能电站的地应力场，为地下洞室群优化布置、开挖支护方案优化设计和稳定性分析提供依据。

【关键词】 地应力 神经网络算法 地下洞室群

1 引言

地应力场（也称初始地应力场）是赋存于天然岩体内部的应力状态，它由重力和历经数次地质构造作用而产生，又由于岩体的物理特性、风化、剥蚀等作用，其应力在不断地释放和重分布，而形成当前的残留应力状态。特别地，对于深切河谷岸坡而言，河流的侵蚀下切形成河谷的过程是影响岸坡初始地应力场的重要因素之一。

岩体初始地应力场的形成涉及地形、岩性、地质、构造、地温及地下水等众多影响因素。大量工程实践表明[1-2]，自重与地质构造作用是岩体地应力场形成的主要因素；而地温与地下水作用影响程度相对较小，且难以量化，可忽略不计。岩体初始地应力场对评价地下工程洞室间距的安全性和支护方案的合理性、地下厂房和岩壁吊车梁的安全性和稳定性以及地下厂房洞室群设计优化方案至关重要[3-5]。

本研究根据地下厂房区域实测的地应力结果，结合地表地形、地质条件，利用ANSYS建立三维地质模型和数值计算模型，首先进行磐安抽水蓄能电站区域地应力场的多元线性回归反演分析；在此基础上，考虑应用数值分析法和基于进化人工神经网络（ANN）进行了的地应力场的非线性反演[6-8]，反演出地下厂房洞室群区域的初始地应力场，分析自重应力与构造应力之间的差距，判断反演初始地应力场的合理性，并分析地应力场的成因及分布规律，为地下厂房洞室群的布置、围岩稳定分析和支护设计提供依据。

2 基于进化神经网络的地应力场反演基本原理

进化神经网络（evolutionary neural networks，ENN）是人工神经算法和遗传算法相结合，这种方法基于正交试验获得的样本进行学习，用遗传算法搜索最优的神经网络结构（网络阈值和权值），并用最佳推广预测学习算法训练此网络，以此训练好的网络描述模型的边界条件与地应力之间的非线性关系，再应用遗传算法从全局空间上搜索，进行模型边界条件的最优辨识。

神经网络模型各种各样，主要分为两种网络结构：前向神经网络和反馈神经网络。前向神经网络中有代表性的网络模型是误差方向传播（BP）网络、径向基（RBF）网络；反馈神经网络中有代表性的是Hopfield网络等。但在实际应用中，80%～90%的人工神经网络模型是采用BP网络模型或它的变化形式，它也是前向网络的核心部分，体现了神经网络的精华所在。

BP神经网络是按层次结构构造的，包括一个输入层、一个输出层和一个或多个隐含层，一层内的神经元只和与该层紧邻的上一层、下一层的各神经元连接，如图1所示。BP网络算法的基本原理分为正向传播和反向传播两个过程。首先是正向传播过程：输入信息从输入层经隐含层单元逐层处理，并传向输出层，每一层神经元的状态只影响下一层神经元的状态；在输出层如果不能得到期望输出，则转向反向

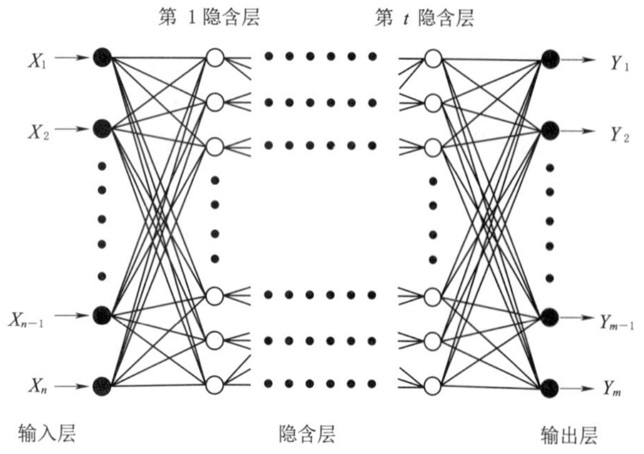

图 1 BP 神经网络结构模型

传播过程，将误差信号沿原来的连接通路返回，通过修改各层神经元的权值，使得误差信号最小。

BP 网络的学习过程首先会给出一组随机的权值，然后利用实测或者数值模拟得出的数据作为学习训练样本，包含输入样本集和期望输出的样本集，接着按前馈方式计算输出值。此时计算输出值与期望输出值之间一般会有相当大的误差，这就迫使各层间连接权值必须改变。利用反向传播过程，计算所有连接权值的改变量。对所有的模式和所有连接权值重复计算其改变量，修正权值后再以前馈的方式重新计算输出值。实际输出值与目标输出值之间的误差随着连接权值的改变而一次次改变。对学习训练样本中的所有模式进行计算后得到一组新的权值，新的连接权值会在接下来的前馈计算中得到一组新的输出值，如此循环下去，系统误差或单个输入模式的误差将随着迭代次数的增加而减小，而训练过程也将收敛到稳定的连接权值。

基于进化神经网络进行地应力非线性反演时，为建立模型边界条件（位移边界、应力边界等）和模型内部实测地应力点位置的应力值之间的非线性映射，可将待反演的边界条件与应力值之间的非线性关系用一组神经网络（n，h_1，…，h_p，m）来描述：

$$\begin{cases} NN(n,h_1,\cdots,h_p,m):R^n \to R^m \\ D=NN(n,h_1,\cdots,h_p,m)(P) \\ P=(p_1,p_2,\cdots,p_n) \quad D=(d_1,d_2,\cdots,d_n) \end{cases} \tag{1}$$

式中：$P=(p_1,p_2,\cdots,p_n)$ 是神经网络的输入节点表达；$D=(d_1,d_2,\cdots,d_n)$ 是神经网络的输出节点表达；$NN(n,h_1,\cdots,h_p,m)$ 是建立的多层神经网络结构，其中 n，h_1，…，h_p，m 为输入层 F_x、隐含层 F_1，…，层隐含 F_p 和输出层 F_y 的节点数。

为获得这种映射关系，可按如下步序进行：①将边界荷载条件按正交设计原理构建参数组合表，并通过 FLAC 数值计算软件或其他一些计算工具获得量测位置的计算地应力值信息，从而建立神经网络学习与训练的样本；②将计算地应力值作为网络的输入向量，将边界条件作为神经网络的输出向量训练神经网络；③在获得成熟的网络结构和训练次数时，将实测地应力点的应力值作为输入向量，通过神经网络获得的输出向量及为可采用的边界条件；④将获得边界条件代入数值计算软件做一次正向计算，可获得区域地应力场。

3 工程应用

浙江磐安抽水蓄能电站位于金华市磐安县境内，距金华市、绍兴市和杭州市的直线距离分别为 95km、116km 和 150km，距离 500kV 吴宁变电站约 47km，接入系统条件较好。电站总装机容量 1200MW（4×300MW），电站按两回 500kV 线路接入吴宁变电站。建成后供电浙江电网，主要承担浙江电网的调峰、填谷、调频、调相和紧急事故备用等任务。枢纽工程主要建筑物由上水库、下水库、输水系统、地下厂房和开关站等组成。

地下厂房位于输水系统中部，厂房机组中心距上、下库进/出水口分别约为 955.3m 和 1214.9m，厂房轴线方向为 N8°W，上覆岩体厚度约 412.8～429.8m。地下厂房洞室群由主副厂房洞、主变洞、尾闸洞、母线洞、出线洞、进厂交通洞、通风兼安全洞、排水廊道等洞室组成，主副厂房洞、主变洞、尾闸洞三大洞室平行布置。

地下厂房洞室群位于 CPD1 探洞 1140～1300m 段，围岩主要为西山头组三段（J_3x^3）、四段（J_3x^4）含砾晶屑玻屑熔结凝灰岩、角砾熔结凝灰岩、火山角砾岩（含集块）、凝灰岩夹凝灰质粉砂岩、晶屑（玻屑）凝灰岩，安山玢岩、沉凝灰岩等，工程地质条件较好，属中～低等应力场，围岩以总体以Ⅱ、Ⅲ类为主，Ⅳ类少量。厂房构造较发育，主要断层为 f_{225}、f_{226}、f_{227}、f_{232}、f_{237}、f_{239}、f_{241}、f_{242}，宽 0.05～0.40m，与厂房轴线交角 28°～62°，对厂房边墙围岩局部稳定存在一定影响，断层带内多为碎裂岩，渗滴水～股状流水，部分断层带内见泥质，有蚀变现象，容易形成小的掉块。

为了能够为提供较为准确的磐安抽水蓄能站地下洞室群围岩稳定分析的边界条件，得到较为符合现场实际的初始地应力场分布规律，三维地应力场模型的原点设在大地坐标（$X_{地}-O-Y_{地}$）的位置：$X_O=556370$，$Y_O=3207351$，竖直方向从海拔高程 0 到地表。三个坐标的方位为：Y 轴为正北方向，X 轴正东方向，Z 轴与大地坐标重合。模型中主要考虑了不同断层地质构造因素，并分别采用弱化的实体单元进行模拟。模型共计 35332 个节点，201098 个单元。地表及断层分布模型参见图 2。

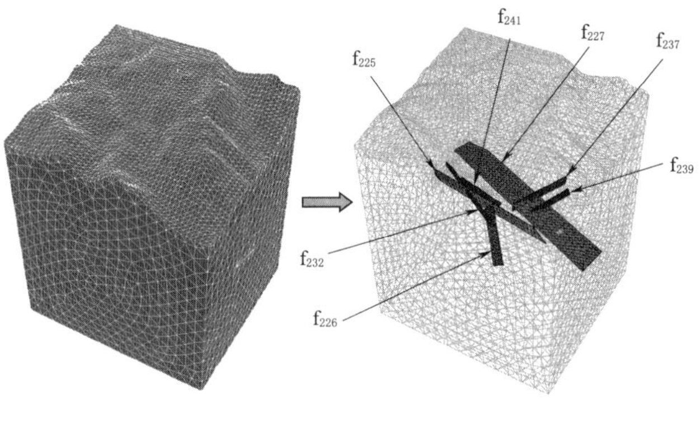

图 2　地表及断层分布模型

初始应力场反分析时根据所利用基础信息的不同，反分析法可分为应力反分析法、位移反分析法和混合反分析法等，其中位移反分析法为最常见的反分析方法。本文以位移反分析法为基础，利用神经网络对施加在各边界的位移条件进行反演。通过敏感性分析确定了神经网络的输出样本-边界条件 6 个参数的 5 个水平见表 1，通过正交设计得出训练输出样本的边界条件见表 2。

将上述正交设计得到的边界条件的各组样本方案代入 FLAC 模型进行计算，获得每个样本测点 σYZK18、σCZK3 处（此位置为现场实测地应力区域）的应力计算值，作为神经网络的学习训练输入值，而将设定的边界条件作为对应输出值，建立测点应力分量和边界条件非线性映射关系的进化神经网络模型。在这一过程中，通过调整遗传算法的群体容量、交叉概率以及变异概率来优化神经网络的最佳网络结构、连接权值以及阈值。计算过程中，得到的神经网络的最佳网络结构为 12－10－22－6 即输入层为 12 个节点，中间隐含层为两层：第一层的节点数为 10，第二层的节点数为 22，最后输出层为 6 个节点。利用该训练好的进化神经网络模型，输入各个测点的实测应力分量值，得到了地应力场的位移边界条件，通过进化神经网络的训练，学习网络均方误差达到了 0.00084。将现场实测值作为输入条件，输入到训练好的神经网络，即可反演得到需要的位移边界条件，参见表 3。

表 1　　神经网络学习训练样本

水平数	xx/cm	yy/cm	xy/cm	yx/cm	zx/cm	zy/cm
1	12	21.4	−12	15	−60	−60
2	12.2	21.6	−14	18	−70	−65
3	12.4	21.8	−15	20	−75	−70
4	12.6	22	−16	22	−80	−80
5	12.8	22.5	−18	25	−85	−85

表 2　　神经网络学习训练样本

样本	xx/cm	yy/cm	xy/cm	yx/cm	zx/cm	zy/cm
样本 1	12	21.4	−12	15	−60	−60
样本 2	12	21.6	−14	18	−70	−65
样本 3	12	21.8	−15	20	−75	−70
样本 4	12	22	−16	22	−80	−80
样本 5	12	22.5	−18	25	−85	−85

续表

样本	xx/cm	yy/cm	xy/cm	yx/cm	zx/cm	zy/cm
样本 6	12.2	21.4	−14	20	−80	−85
样本 7	12.2	21.6	−15	22	−85	−60
样本 8	12.2	21.8	−16	25	−60	−65
样本 9	12.2	22	−18	15	−70	−70
样本 10	12.2	22.5	−12	18	−75	−80
样本 11	12.4	21.4	−15	25	−70	−80
样本 12	12.4	21.6	−16	15	−75	−85
样本 13	12.4	21.8	−18	18	−80	−60
样本 14	12.4	22	−12	20	−85	−65
样本 15	12.4	22.5	−14	22	−60	−70
样本 16	12.6	21.4	−16	18	−85	−70
样本 17	12.6	21.6	−18	20	−60	−80
样本 18	12.6	21.8	−12	22	−70	−85
样本 19	12.6	22	−14	25	−75	−60
样本 20	12.6	22.5	−15	15	−80	−70
样本 21	12.8	21.4	−18	22	−75	−65
样本 22	12.8	21.6	−12	25	−80	−70
样本 23	12.8	21.8	−14	15	−85	−80
样本 24	12.8	22	−15	18	−60	−85
样本 25	12.8	22.5	−16	20	−70	−60

表 3　　反演的边界条件

项目	xx/cm	yy/cm	xy/cm	yx/cm	zx/cm	zy/cm
反演值	12.2	21.4	−12	15.8	−81	−82

将反演得到的边界条件赋予 FLAC 的模型中，通过对所建含有的模型施加位移约束条件，由于 FLAC3D 中不能直接控制位移，所以为了对边界施加给定位移，需要指定模型边界对给定步数的速率，以此得到了模拟的初始地应力场。模型中实测应力与回归计算地应力对比参见表 4。

表 4　　实测应力与回归计算地应力对比

孔号	项目	s_{xx}/MPa	s_{yy}/MPa	s_{zz}/MPa	s_{xy}/MPa	s_{zy}/MPa	s_{zx}/MPa
σYZK18	实测值	−5.04	−6.39	−4.53	0.22	1.35	0.26
	计算值	−5.07	−6.38	−4.54	0.221	1.42	0.261
σCZK3	实测值	−4.67	−6.53	−4.77	−0.15	1.1	0.46
	计算值	−5.00	−6.57	−4.53	0.117	1.20	0.25

厂房附近的围岩最大主应力和最小主应力分别见图 3 和图 4。

4　结语

磐安抽水蓄能电站地下厂房区域地应力场主要以 S60°～80°E 方向的挤压为主，且属于低等地应力，基于进化神经网络反演的地应力场与采用水压致裂方法实测结果基本吻合，证明此反演方法得到的边界条件基本合理，这样不仅获得了磐安水电站地下厂房区域的应力分布规律，同时为后续地下厂房洞室的围岩稳定性分析提供了初始条件。

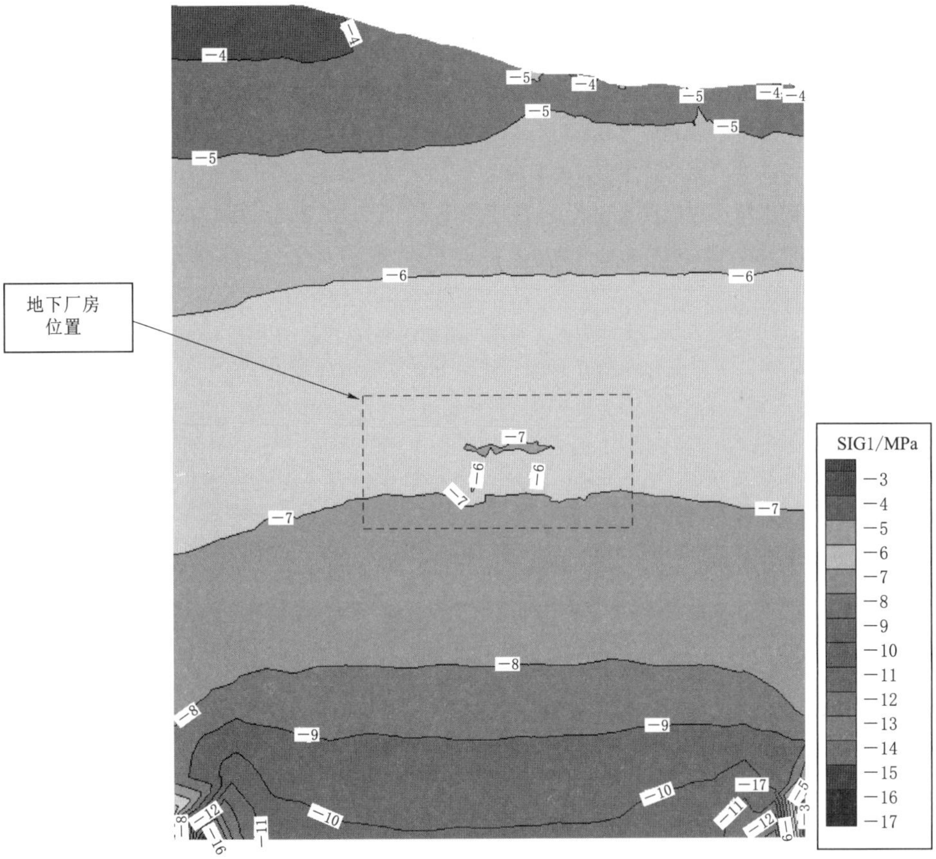

图 3 围岩最大主应力分布图

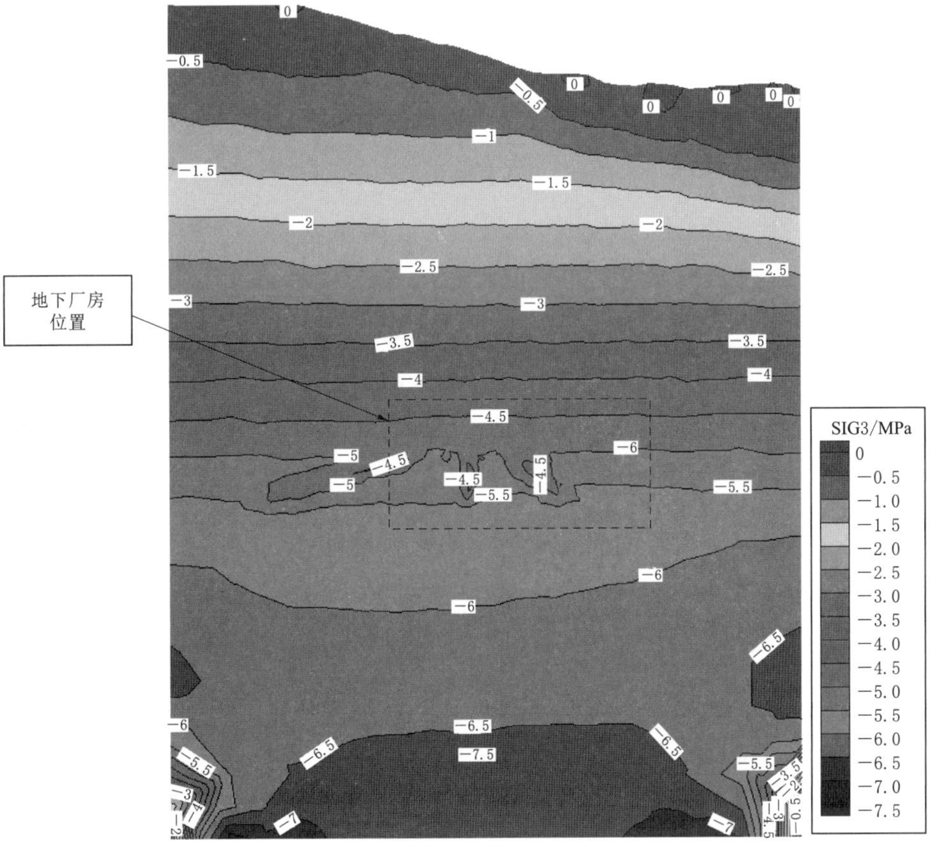

图 4 围岩最小主应力分布图

参考文献

[1] 蔡美峰．地应力测量原理和方法的评述［J］．岩石力学与工程学报，1993，22（3）：275－283.
[2] 景锋，盛谦，张勇慧，等．我国原位地应力测量与地应力场分析研究进展［J］．岩土力学，2011，32（增刊2）：51－58.
[3] 江权，冯夏庭，徐鼎平，等．基于围岩片帮形迹的宏观地应力估计方法探讨［J］．岩土力学，2011，32（5）：1452－1459.
[4] 李锦飞．琅琊山抽水蓄能电站厂房位置及轴线方向的优化选择［J］．工程地质学报，2003，11（4）：416－420.
[5] 张宜虎，卢轶然，周火明，等．围岩破坏特征与地应力方向关系研究［J］．岩石力学与工程学报，2010，（增刊2）：3526－3535.
[6] 汪吉林，李耀民，姜波．基于构造控制的地应力人工神经网络反演研究［J］．中国矿业大学学报，2010，39（4）：520－527.
[7] 易达，徐明毅，陈胜宏，等．人工神经网络在岩体初始应力场反演中的应用［J］．岩土力学，2004（6）：103－106.
[8] 金长宇，马震岳，张运良，等．神经网络在岩体力学参数和地应力场反演中的应用［J］．岩土力学，2006（8）：1263－1266.

块体理论在蛟河抽水蓄能电站地下厂房洞室群围岩稳定分析中的应用

刘天鹏[1,2] 何国伟[1,2] 王 野[1,2] 刘 佳[1,2]
(1. 中水东北勘测设计研究有限责任公司，吉林省长春市 130000；
2. 水利部寒区工程技术研究中心，吉林省长春市 130000)

【摘 要】块体理论是近年来发展和完善的一种适用于岩体稳定性分析的有效方法。以蛟河抽水蓄能电站地下厂房洞室群为例，阐述了块体理论解决实际工程问题的关键技术和思路，应用块体理论重点对主厂房潜在块体进行了分析。根据地下厂房实际开挖揭示的地质条件和块体分析结果，在现有支护措施下，大部分潜在不稳定块体安全系数均满足要求。J2、J3、J4 节理组合在主厂房顶拱处形成的不稳定块体，需额外支护力 0.067MPa。研究成果可为蛟河抽水蓄能电站地下厂房洞室群围岩支护方案的制定提供借鉴与依据

【关键词】块体理论 抽水蓄能电站 地下厂房 围岩稳定性

1 引言

在我国“双碳”目标下，加快发展抽水蓄能电站，是建设现代智能电网新型电力系统的重要支撑，是构建清洁低碳、安全可靠、智慧灵活、经济高效新型电力系统的重要组成部分。地下厂房洞室群是抽水蓄能的重要组成部分，在开挖过程中，由于岩体被结构面切割成大小不同、形状不一的各种岩块，其中暴露在临空面上的某些块体在失去原有的静力平衡状态后，会沿着结构面滑移并导致局部掉块，进而产生连锁反应，造成一定范围内岩体的局部失稳，因此块体稳定性是研究地下工程围岩整体稳定性的一项极为重要的内容。1985 年，石根华首先提出了关键块体理论[1-2]。它是在赤平投影的基础上假定各结构面为平面，将与临空面相互切割形成的块体视为刚体，利用拓扑学的方法分析临空面块体可能的失稳方式，并结合刚体力学平衡条件，分析研究围岩稳定性及支护设计方案[3-4]。关键块体理论因其显著的优越性已被工程界普遍认可并得到广泛应用。蛟河抽水蓄能含地下厂房系统洞室群围岩稳定分析中，需要考虑的裂隙数量多，计算量大。为此本文根据地下厂房平洞地质素描中揭露的节理、断层信息，通过统计分析，找出优势节理，判断潜在的楔形体，进行分析评价，对厂房区支护参数进行校核，为厂房围岩稳定支护提供参考。

2 块体稳定分析方法

2.1 Dips 节理数据分析

将现场地质素描获取的信息加以分析，获得优势的节理面是进行块体稳定分析的第一步。Dips 软件是一款基于结构面产状赤平投影的统计分析程序，提供许多种计算特性，如结构面方位集的统计云图、平均方向计算及定性和定量特征属性分析等。

将结构面的倾向、倾角、节理条数等数据录入 Dips 表格，查看节理密度云图或极点图，采用框选的方式创建数据集，可以获得所选窗口内数据（极点）的平均倾向，通过对密度图的分析定义出主要结构面。

2.2 块体稳定分析

隧洞开挖期间，顶拱楔形体的垮落和边墙楔形体的滑动是最为常见的破坏类型，见图 1。这些楔形体由相互切割的结构面，如层面和节理面等形成，这些相互切割的结构面将岩体分割成不连续体，但仍处

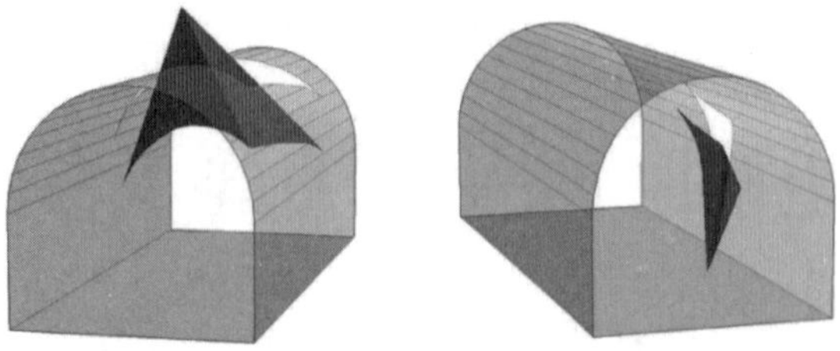

(a) 垮落楔形体　(b) 滑动楔形体

图 1　楔形体的垮落与滑动

于相互镶嵌状态，当隧洞开挖产生临空自由面时，周围岩体对楔形体的阻力被解除，如果切割面是连续的或沿不连续面的岩桥被破坏，上述楔形体就会从开挖面上垮落或滑动。

块体稳定分析的步骤如下：

第一步：确定优势不连续面的平均倾角和倾向；

第二步：确定顶部或边墙可能的滑动或垮落的楔形体；

第三步：依据破坏模型，计算楔形体的安全系数；

第四步：按照单个楔形体所要求达到的允许安全系数，计算出需要的加固力，并校核拟定的加固参数。

隧洞岩体中楔形体的大小和形状取决于隧洞的尺寸、形状和方向，也取决于主要结构面的产状。本文采用 Unwedge 软件进行楔形体的分析计算。Unwedge 软件是加拿大 Rocscience 公司开发的专门用于地下硬岩隧洞楔形体稳定性分析的极限平衡分析程序。将三组或多组不连续结构面，连同隧洞的横剖面和隧洞的轴面的倾向和倾角一起输入 Unwedge 程序中，程序将自动确定出在洞室顶部、底部和边墙形成的大的楔形体的位置和尺寸。这些楔形体为给定几何条件下所能形成的最大楔形体，通常确定这些楔形体的计算，其前提认为不连续面是普遍存在的，即岩体中任何地方都存在不连续面，并且在分析中假设节理、层面和其他结构面是平面状且连续的，这些条件使得总是能找到最大的楔形体，其结果通常被认为是保守的，因为现实岩体中形成的楔形体的尺寸会受到结构面的长度及间距的限制，通过设定节理的长度或间距将楔形体缩小到更实际的尺寸。

3　地质情况

蛟河抽水蓄能电站地下厂房与主变室位于输水系统中部山体内，厂房地下洞室埋深为 340～400m，主变洞埋深为 355～390m。岩性主要为花岗闪长岩和零星穿插的长石、石英脉，岩质新鲜坚硬，呈整体状结构。岩石本身富水性差，区内地下水主要赋存于节理裂隙中，属裂隙型含水体。

探洞中揭露多条小断层，推测断层 f_{200}、f_{201}、f_{202}、f_{213} 等断层从地下厂房通过，推测断层 f_{200}、f_{201}、f_{202} 等断层从主变室通过，其中：f_{200} 产状 N30°E，SE∠65°，断层宽 0.1m，由岩屑、片状岩、断层泥（宽 1～3cm）等组成。f_{201} 产状 N40°E，SE∠70°，断层宽 0.2m，由碎裂岩、碎块岩、断层泥（宽 1～3cm）等组成，影响带宽约 1m，有挤压密实的碎块岩组成。f_{202} 产状 N30°E，SE∠60°，断层宽 0.1m，由糜棱岩、断层泥及片状岩等组成。f_{213} 产状 N40°E，SE∠70°，断层宽 0.1～0.2m，由片状岩（红褐色）、灰白色断层泥等组成。断层规模较小，性状较好，对地下厂房围岩稳定影响不大。

根据地下厂房探洞资料，围岩新鲜，呈块状结构，围岩以Ⅱ、Ⅲ类为主，断层及其影响带、蚀变带，节理密集带部位岩体破碎，属Ⅳ类围岩。地下厂房节理以陡倾角节理为主，局部发育缓倾角节理。

厂房勘探平洞揭露结果显示，仅在断层带、节理发育部位洞壁有渗水或滴水，绝大部分洞段洞壁干燥。

4　节理统计分析结果

将地下厂房平洞所揭露的节理面输入 Dips 程序，地下厂房节理分布密度云图及主要节理组平均产状如图 2、图 3 所示。

通过对节理密度云图的分析可以得出，地下厂房共有六组主要节理，具体见表 1。

5　计算参数及工况

5.1　计算参数

（1）结构面参数。岩体重度取 0.0265MN/m^3。表 2 给出节理、断层的抗剪强度参数。

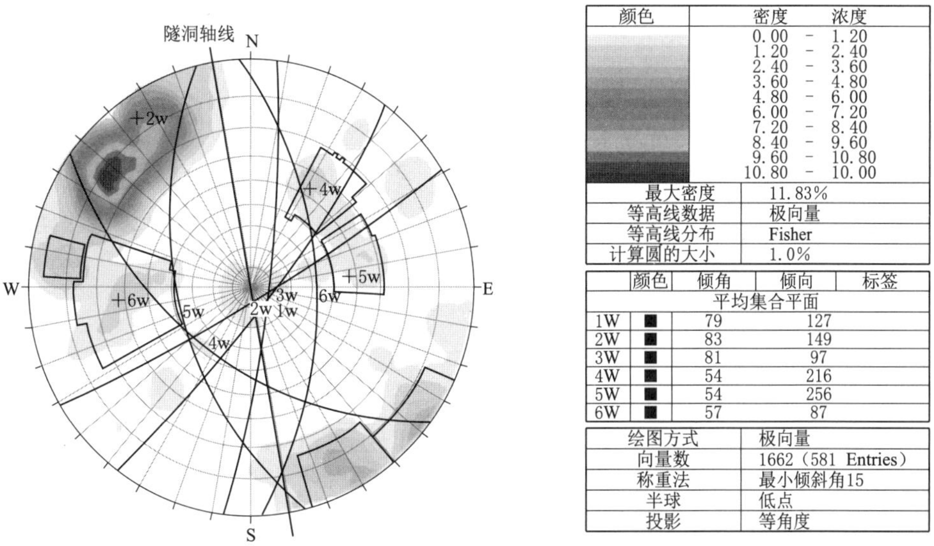

隧洞轴线
N
S
W
E
+2w
+4w
+5w
+6w
5w
4w
3w
2w 1w
6w
颜色
密度 浓度
0.00 - 1.20
1.20 - 2.40
2.40 - 3.60
3.60 - 4.80
4.80 - 6.00
6.00 - 7.20
7.20 - 8.40
8.40 - 9.60
9.60 - 10.80
10.80 - 10.00
最大密度 11.83%
等高线数据 极向量
等高线分布 Fisher
计算圆的大小 1.0%
颜色 倾角 倾向 标签
平均集合平面
1W 79 127
2W 83 149
3W 81 97
4W 54 216
5W 54 256
6W 57 87
绘图方式 极向量
向量数 1662 (581 Entries)
称重法 最小倾斜角15
半球 低点
投影 等角度

图 2 地下厂房节理密度云图及主要节理组

表 1 **地下厂房区主要节理组平均倾角、倾向**

结构面编号	倾角/(°)	倾向/(°)	备 注
1m	79	127 (N37E, SE)	主要节理 J1
2m	83	149 (N59E, SE)	主要节理 J2
3m	81	97 (N7E, NW)	主要节理 J3
4m	54	216 (N54W, NW)	随机节理 J4
5m	54	256	随机节理 J5
6m	57	87	随机节理 J6

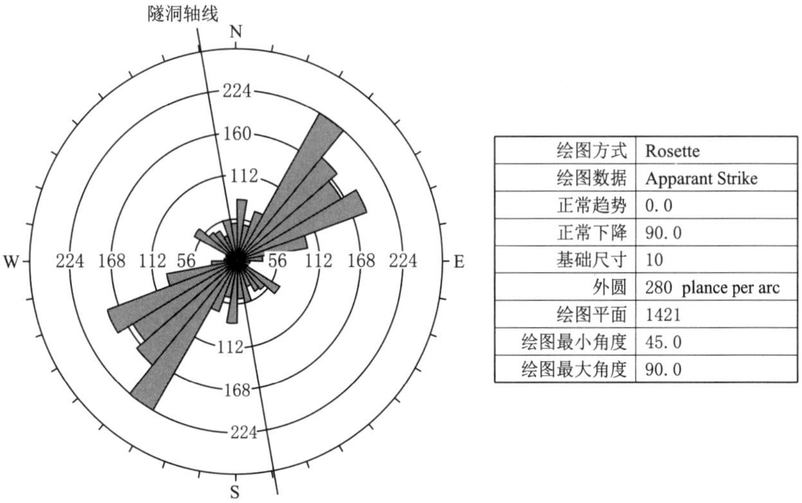

图 3 地下厂房节理玫瑰图

表 2 **结构面抗剪强度**

结构面类型	F'	C'/MPa	填 充 物
节理	0.5	0.1	岩屑、片状岩、断层泥
断层	0.4	0.08	由碎裂岩、岩屑、片状岩、碎块岩、断层泥中的集中构成

(2) 喷混凝土。C25 混凝土喷层厚度 15cm。

(3) 锚杆。系统锚杆，直径 25mm，长度为 7m、5m 两种，按长度菱形间隔布置。

5.2 计算工况

（1）正常设计工况。无水、无地震影响，计算块体沿开挖临空面在自重作用下的垮落或滑动稳定性。

（2）地震工况。在正常设计工况的基础上，增加地震荷载的影响。计算采用拟静力分析方法，拟静力系数取值 0.059g，并假设地震力作用于块体滑动方向（最不利情况）。

本工程地下厂房为 1 级建筑物，结构安全级别为Ⅰ，根据 NB/T 35090—2016《水电站地下厂房设计规范》，悬吊型块体稳定最小安全系数：持久工况取 2.00，偶然工况取 1.70；滑移型块体稳定最小安全系数：持久工况取 1.80，偶然工况取 1.50。

6 潜在块体判定

3 组主要节理（J1～J3）、3 组随机节理（J4～J6）和 3 组断层（顺序编号 J7～J9），共 9 组结构面。任取 3 组组合，共生成 84 组节理模型。所需支护力的计算基于目标块体稳定最小安全系数，支护力为 0 的组合不列入表 3 中。

如前所述，假设结构面在岩体中普遍存在，结构面平直无边界，计算出最大的楔形体，它是 84 组节理模型中所需支护力最大的楔形体，由 J2/J4/J5 三组结构面形成，显然这一楔形体不是真实的存在，根据地下厂房探洞的地质素描揭示，节理连通率在 30%～65%，因此将迹长 15m 作为块体比例缩放的参数是合理且保守的假定。在施工图阶段，还需根据现场施工地质素描对特定的潜在不稳定块体进行针对性分析和支护设计。

7 块体稳定性分析

7.1 正常工况

在厂房内 9 组优势节理，内任取 3 组组合，共生成 84 组节理模型，依据上述潜在块体判定标准，判断潜在的不稳定楔形体。表 3 给出了正常工况下主厂房正常工况块体信息。

表 3 主厂房正常工况块体信息列表

节理组合编号		所需支护力/MPa	未支护安全系数	系统支护安全系数	最小安全系数	备 注
1	J2，J3，J4	0.152	1.05	1.62	2.0	需额外支护力 0.067MPa
2	J2，J4，J6	0.083	0.97	2.19	2.0	满足
3	J4，J6，J8	0.075	1.17	2.40	2.0	满足
4	J2，J3，J5	0.068	1.05	3.26	2.0	满足
5	J1，J4，J6	0.049	1.34	2.84	2.0	满足
6	J4，J6，J7	0.04	1.55	2.93	2.0	满足
7	J4，J6，J9	0.028	1.73	2.96	2.0	满足
8	J2，J5，J6	0.022	0.96	9.83	2.0	满足
9	J5，J6，J8	0.021	1.18	9.72	2.0	满足
10	J2，J5，J9	0.016	1.67	4.63	2.0	满足
11	J2，J5，J7	0.016	1.73	4.29	2.0	满足
12	J5，J6，J7	0.014	1.58	10.19	2.0	满足
13	J1，J5，J6	0.014	1.39	11.20	2.0	满足
14	J5，J6，J9	0.013	1.74	9.04	2.0	满足

从表 3 中可以看出，正常工况下，潜在不稳定块体基本出现在顶拱，安全系数在 0.96～1.74 范围内，考虑系统支护后，除节理组合 1 外，主厂房潜在不稳定块体的最小安全系数均大于 2.0，满足规范块体稳定要求。计算假定节理迹长 15m，在施工期出现结构面组合 1 的情况时，要根据结构面实际情况对该组合块体进行校核，以确定是否需要额外的加固措施。

组合 1，节理 J2/J3/J4 赤平投影如图 4 所示，J2/J3/J4 组节理与隧洞轴线的关系形成拱顶不稳定块体[4]，沿 J2 面滑动，重 12.52MN，临空面面积为 85.09m^2，未支护时安全系数为 1.05，所需支护力 0.152MPa，锚喷系统支护后安全系数为 1.62，小于允许值 2.0，需额外施加支护力 0.067MPa；支护前边墙块体［3］和块体［6］安全系数为 3.87、9.80，均满足稳定要求，潜在块体如图 5 所示。

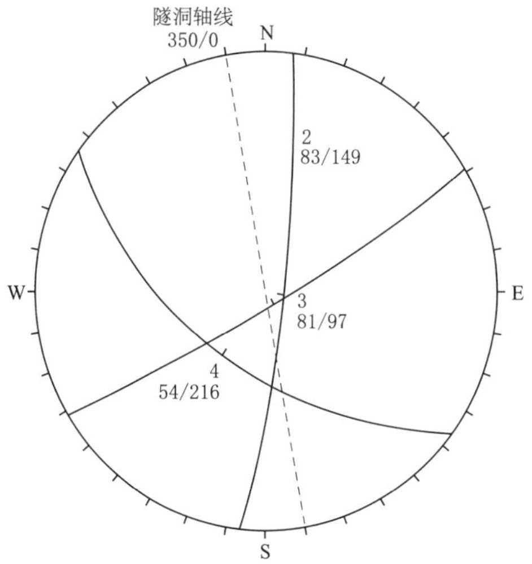

图 4　节理 J2/J3/J4 赤平投影

7.2　地震工况

在正常设计工况的基础上，增加地震荷载的影响，用拟静力分析方法，拟静力系数取值 0.059g，假设地震力作用于块体滑动方向（最不利情况）。表 4 给出了锚喷系统支护后地震工况块体安全系数，块体基本信息与正常工况相同。

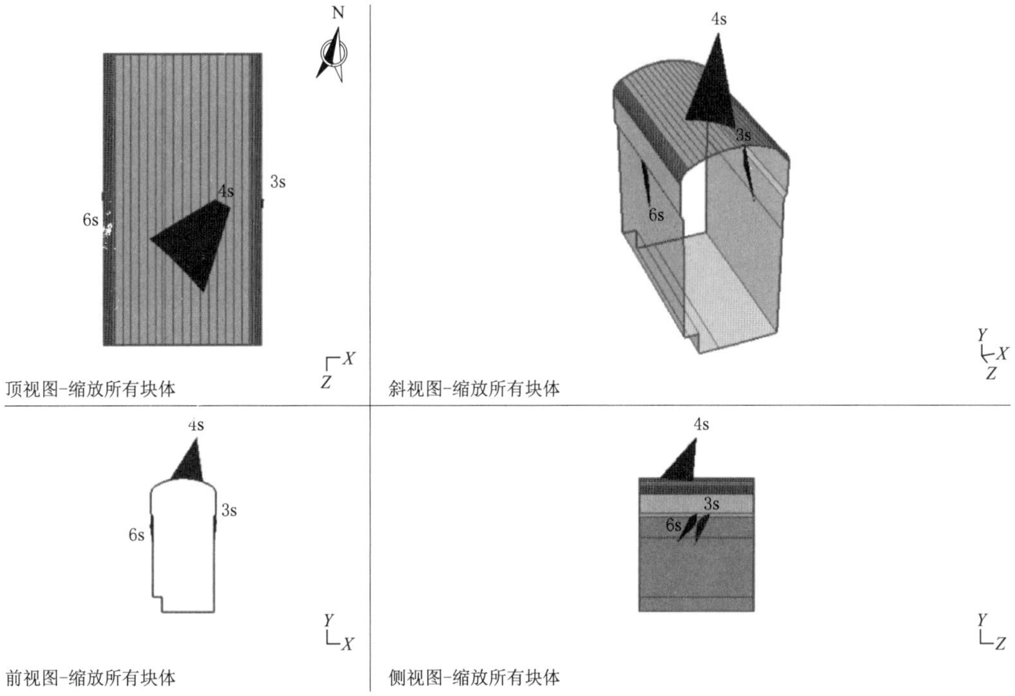

图 5　主厂房第 1 组块体示意图

表 4　主厂房地震工况块体信息列表

节理组合编号		支护安全系数	最小安全系数	备注
1	J2，J3，J4	1.53	1.7	需额外支护力 0.029MPa
2	J2，J4，J6	2.07	1.7	满足
3	J4，J6，J8	2.26	1.7	满足
4	J2，J3，J5	3.08	1.7	满足
5	J1，J4，J6	2.68	1.7	满足
6	J4，J6，J7	2.75	1.7	满足

续表

节理组合编号		支护安全系数	最小安全系数	备注
7	J4，J6，J9	2.78	1.7	满足
8	J2，J5，J6	9.37	1.7	满足
9	J5，J6，J8	9.28	1.7	满足
10	J2，J5，J9	4.39	1.7	满足
11	J2，J5，J7	4.06	1.7	满足
12	J5，J6，J7	9.72	1.7	满足
13	J1，J5，J6	10.68	1.7	满足
14	J5，J6，J9	8.62	1.7	满足

从表 4 中可以看出，在地震荷载作用下，考虑系统支护，除组合 1 外主厂房潜在不稳定块体的最小安全系数均大于 1.7，满足规范块体稳定要求。计算假定节理迹长 15m，在施工期出现结构面组合 1 的情况时，根据结构面实际情况对该组合块体进行校核，以确定是否需要额外的加固措施。

8 结论

（1）节理断层相互交错切割，形成楔形体，地下厂房开挖后，洞室临空面存在潜在不稳定块体。经过系统喷锚加固，大部分潜在不稳定块体安全系数均满足要求。J2、J3、J4 节理组合在主厂房顶拱处形成的不稳定块体，需额外支护力 0.067MPa。

（2）开挖形成的潜在不稳定块体主要分布在拱顶，极少数分布在边墙，且边墙的不稳定块体呈片状，建议加强拱顶的支护，适当延长锚杆长度。

（3）本次分析依据的地质资料为厂房区探洞地质素描，对优势节理面和断层的各种组合形式做了分析，为拟定通用的支护参数提供参考；在技施阶段，需要根据现场实际开挖情况，做具体分析和响应的支护调整。

（4）在施工期开挖时，应注意 J2、J3、J4 节理在主厂房和主变洞顶拱形成的不稳定块体，需根据揭露结构面的实际情况，对该组合块体进行进一步校核，以确定是否需要额外的加固措施。

参考文献

[1] 石根华．岩体稳定分析的赤平投影方法［J］．中国科学，1977，(3)：260-271.
[2] 石根华．岩体稳定分析的几何方法［J］．中国科学，1981，(4)：487-495.
[3] 段群苗．隧道围岩优势节理面统计及其块体稳定性分析［J］．现代隧道技术，2013，(3)：52-58.
[4] 王忠昶，杨庆，赵德深．地下洞室群围岩关键块体的确定性搜索［J］．水力发电学报，2009，28 (2)：72-77.

复杂地质条件下面板堆石坝设计与质量控制

邢 磊 吴书艳 史永方 周 振
（江苏国信溧阳抽水蓄能发电有限公司，江苏省常明市 213334）

【摘 要】 溧阳抽水蓄能电站上水库主坝坝基地形条件复杂，不均匀变形问题突出。重点阐述面板堆石坝的设计与优化，通过对坝基处理，选择合理的结构体形和坝料填筑参数，采用堆石坝施工质量实时监控技术，实现了大坝安全运行。

【关键词】 溧阳抽水蓄能电站 面板堆石坝 设计 质量控制

1 工程概况

江苏溧阳抽水蓄能电站地处江苏省溧阳市，枢纽建筑物主要由上水库、输水系统、发电厂房及下水库等 4 部分组成。厂房采用首部式地下厂房，安装 6 台单机容量 250MW 的可逆式水泵水轮发电机组，总装机容量 1500MW，为Ⅰ等大（1）型工程。

电站上水库主坝为钢筋混凝土面板堆石坝，坝顶高程 295m，坝顶宽 10m，最大坝高 165m，填筑量约 1600 万 m^3。上水库系利用伍员山工区龙潭林场处的两大冲沟在水库东侧筑坝形成，主坝地形零乱，沿坝轴线方向坝基地形呈 W 形，沟谷地形相对高差达 30～50m，上水库范围内基岩主要为志留系上统茅山组上段（S_3^3m）地层，并有安山斑岩岩脉侵入，第四系地层分布广泛。岩层产状变化大，主要构造为断层及小型褶皱，节理裂隙十分发育。库坝区断层十分发育，规模大小不等，破碎带宽度 0.05～5m，按走向大体上有 NNE 向、NNW 向、NEE 向和 NW 向 4 组。F_1、F_2、F_5、F_8 等断层穿越分水岭，蓄水后是库水集中向库外渗漏的通道。上水库岩性复杂，构造发育，岩体完整性差，岩体风化强烈，风化深度大。地表裸露岩石多为强风化，局部裸露粉砂质泥岩为全风化，强风化下限埋深一般为 20～40m，弱风化带较厚，下限埋深一般大于 150m。上水库大坝抗震设计烈度为Ⅷ度。

筑坝材料岩性多样，填筑方量大，大坝不均匀沉降和变形协调问题突出。坝址区岩性以中厚—巨厚层岩屑石英砂岩为主，夹有少量泥质粉砂岩及粉砂质泥岩，岩体完整性差，呈镶嵌碎裂结构；填筑石料主要取自于工程区建筑物开挖料，共有 6 种岩性不同的母岩石料用于坝体各区的填筑，其强度、软硬不一且差异较大。

2 面板堆石坝设计

2.1 面板堆石坝布置

受地形条件限制，为满足上水库成库要求，大坝坝轴线按中间直线、两端圆弧线方式布置。主坝坝顶长 1113.198m，最大坝高 165m，坝顶高程 295m、宽 10m、上、下游坝坡均为 1∶1.4。下游坝坡结合观测走道需要在不同高程设置 4 级马道，马道宽分别为 3.5m、4m。坝顶设 4.5m 高的 U 形防浪墙，墙底高程 291.50m，较水库正常蓄水位高 0.5m。大坝下游坝坡浆砌石护坡根据开挖料实际情况和景观要求改为混凝土网格梁支护，网格梁内覆土绿化。

2.2 主坝坝体断面分区与坝料设计

坝体堆石分区从上游至下游依次为特殊垫层区、垫层区、过渡区、主堆石区、下游堆石区、下游护坡、坝脚堆渣压坡体和坝脚堆石排水棱体等；此外在坝基覆盖范围内的两大冲沟部位设排水区，在周边缝下设特殊垫层区。因上水库全库盆防渗形式的需要，在大坝上游坡表面 242.60m 高程处设置宽 9m 的堆石平台，平台上浇筑混凝土连接板与大坝面板和库底防渗体系相连，大坝典型剖面见图 1。

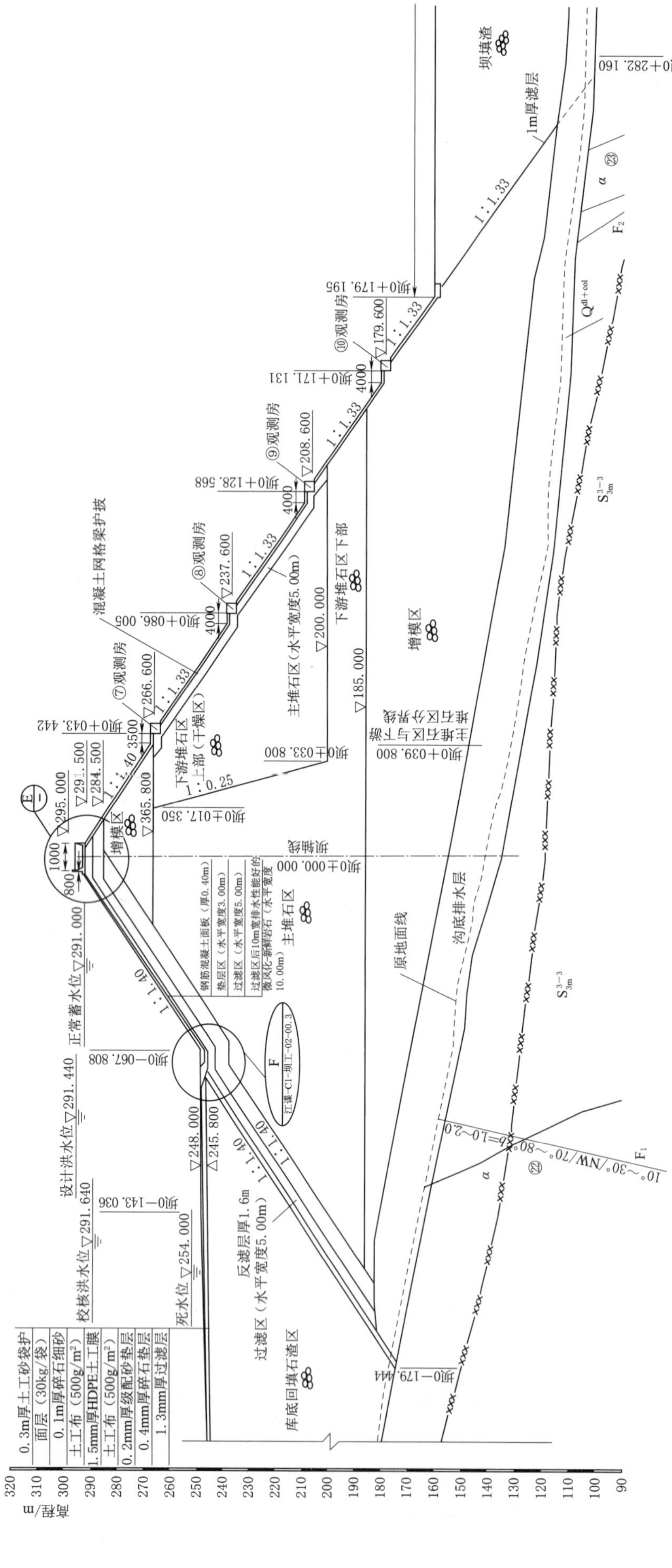

图 1　大坝分区典型剖面图

（1）特殊垫层区。特殊垫层区位于周边缝下游侧垫层区内，该区料由下水库明挖的新鲜、微风化石料轧制而成，D_{max}≤40mm，D_{90}≤20mm，D_{15}=0.5mm，小于5mm颗粒含量大于45%。

（2）垫层区。垫层区水平宽度3m，为满足抽水蓄能电站水库水位陡涨陡落变幅频繁的特点，垫层区按半透水性设计，垫层料渗透系数为$i\times(10^{-3}\sim10^{-2})$ cm/s。垫层料由下水库开挖的弱风化～新鲜凝灰岩制成，采用连续级配，最大粒径80mm，粒径小于5mm的颗粒含量为25%～35%。小于0.075mm的颗粒含量控制在5%，不均匀系数大于15，压实干密度为2.25g/cm³，孔隙率不大于17%。

（3）过渡区。过渡区水平宽度5m，材料系利用地下洞室群开挖石料和下水库新鲜凝灰岩开挖料制成，采用连续级配，最大粒径300mm，粒径小5mm的颗粒含量控制在15%，小于0.075mm的颗粒含量不大于5%，同时满足反滤要求，压实干密度为2.2g/cm³，孔隙率不大于19%，渗透系数$k\geqslant i\times10^{-2}$cm/s。

（4）主堆石区。主堆石区与下游堆石区的分界线为自284.50m高程坝轴线位置起以1∶0.4的坡度倾向下游的坡线。主堆石区采用下水库开挖的弱风化～新鲜凝灰岩、安山岩料填筑，最大粒径不超过压实层厚度，以800mm控制，粒径小于5mm的颗粒含量控制在20%，小于0.075mm的粒径含量不大于5%，压实干密度2.18g/cm³，孔隙率不大于19%，渗透系数$k\geqslant i\times10^{-1}$cm/s。

（5）下游堆石区。下游堆石区于210.00m高程处分为上部与下部，下部采用下水库开挖的弱风化～新鲜凝灰岩、安山岩料填筑，填筑和压实指标同主堆石区，以提高W形坝基两冲沟处的堆石压缩模量（增模区），使坝体堆石变形协调。本面板堆石坝坝后无水，下游堆石区上部干燥，采用上、下水库开挖的强风化中下部石料填筑，堆石的最大粒径800mm，小于5mm的粒径含量控制在20%，小于0.075mm的粒径含量不大于5%，压实干密度不小于2.15g/cm³，孔隙率不大于20%。

（6）排水区。上水库采用全库盆表面防渗，透过防渗体系的渗漏水需要及时排出坝外，以降低坝体内的浸润线。由于坝基地势起伏较大，渗漏水走向基本为经堆石体先汇集至坝基底部两大冲沟处，再由沟底排至下游坝外。故沟底先填厚10～15m的排水料，其上再填相应区域坝体堆石料。排水料采用工程软化系数较小的新鲜岩石料，具有较高的压缩模量、较低的压缩变形、较高的饱和抗压强度，遇水不易软化或不软化。排水区料采用主堆石料经简易条筛筛除小于50mm颗粒后制成，最大粒径800mm，粒径小于50mm的含量控制在6%，压实干密度不小于2.2g/cm³，孔隙率22%。

2.3　面板设计

大坝面板总面积8万m²，最大板块斜长75.2m，最大挡水水头52m，面板采用0.4m等厚度。根据三维有限元理论计算成果，结合坝体布置形式进行面板的分缝分块。左、右两岸反弧段为受拉区，中间直线段为受压区。面板中部设置单层双向钢筋，面板周边距压性垂直缝和周边缝1.5m范围内设置抵抗挤压的构造钢筋。

2.4　连接板设计

连接板为大坝面板的底座，坐落在大坝上游与库底相接的堆石平台上，起连接主坝面板与库底土工膜形成库盆封闭防渗体系的作用。连接板上下游方向宽5m，厚60cm，平行坝轴线方向布置，总长约845m。连接板内设置双层双向钢筋，为降低底部堆石体变形对连接板的不利影响，连接板在大坝堆石体预留的6个月以上沉降期完成后才开始浇筑。

3　面板堆石坝质量控制

3.1　设计质量控制措施

（1）改善坝基地形条件。上水库主坝坝基为两沟一山脊W形，且沟和山脊均约17°倾向下游，对坝的稳定和坝体不均匀变形很不利。对坝基地形进行改造的措施包括：①大坝坝基上游1/6～1/3坝底宽度范围内的基础开挖后不允许有陡坎、反坡，岸坡开挖要求平顺，开挖的岩石坡要求不陡于1∶0.5～1∶0.75；②对于岸坡节理裂隙，用灌浆或局部开挖后回填混凝土处理；对于蚀变岩脉和出露或浅层的断层及其破碎带，在开挖表面上先填反滤料进行反滤保护再填坝体堆石料，反滤料铺设厚度0.8m，宽度控制在与完整基岩面交接处外延 1.0m。通过清基和适当置换等处理措施尽可能提高坝基岩体的均一性；③对中部山梁凸起部位进行削坡开挖，形成 185m 高程平台，减少坝体在平行坝轴线方向的不均匀沉降；④结合坝基开挖，对中部山梁陡峻基岩坡面进行台阶开挖，在 170m 高程形成 10m 宽平台，减少堆石体沿基岩面的下滑力。

(2) 185m 高程以下设置增模区。在坝体 185m 高程以下、排水区以上部分设置增模区，减少 W 形地形和斜坡地形对坝体不均匀变形的影响。采用下水库库盆开挖的弱风化～新鲜石料填筑，堆石的最大粒径 600mm，粒径小于 5mm 的含量控制在不大于 20%，小于 0.075mm 粒径含量不大于 5%。压实层厚 0.6m，设计干密度不小于 2.18g/cm^3，孔隙率不大于 18%。

3.2 施工质量控制措施

(1) 根据料源开采前期强风化软岩比重大的特点，将下水库开挖区分为 3 个区，解决大坝填筑下部需要弱风化以下岩石、而开挖区上部区弱风化以下岩石偏少的矛盾。对于后期填筑于次堆区的强风化料转存至中转料场，并加强管理。同时成立以业主、设计、监理、施工四方组成的料源管理小组，对即将开挖的工作面现场鉴定，确定其去向，减少料源浪费，控制上坝料质量。

(2) 特殊垫层区碾压参数及要求为：压实层厚 0.2m，干密度不小于 2.25g/cm^3；小型振动碾碾压 6～8 遍，洒水量不大于 5%。垫层区碾压参数及要求为：压实层厚 0.4m，27t 自行式振动碾碾压 6 遍，洒水量 5%～7%。过渡区碾压参数及要求为：压实层厚 0.4m，27t 自行式振动碾碾压 6～8 遍，洒水量 8%～10%。主堆石区碾压参数及要求为：压实层厚 0.8m，27t 自行式振动碾碾压 8 遍，洒水量不小于 10%。下游堆石区碾压参数及要求为：压实层厚 0.8m，27t 自行式振动碾碾压 8 遍，洒水量 5%～7%。排水区碾压参数及要求为：压实层厚 0.8m，27t 自行式振动碾碾压 8 遍，洒水量不小于 10%。

(3) 合理安排预留沉降周期，尽量减少坝体后期沉降。大坝面板必须在坝体填筑完成经过至少 6 个月的沉降且沉降速率不大于 5mm/月后才能施工。

(4) 根据大坝施工期监测成果，调整大坝与库底预留沉降超高。根据大坝三维有限元计算成果，主坝坝顶和库底回填区预留沉降超高 0～1m，施工阶段再根据大坝施工期监测成果，调整大坝与库底预留沉降超高。

(5) 加强两岸部位施工质量控制。在大坝的两坝肩部位，由于坝轴线弯曲，导致面板缝的变形较大，坝体动应力也较大。加强上述部位堆石的施工质量控制，适当增加垫层区的宽度，确保大坝运行安全。

3.3 大坝填筑质量控制

针对电站面板堆石坝工程特点及技术难点，建立了以数字大坝系统为核心的施工质量监控体系，主要包括：通过安装在碾压机械上的监控终端，实时采集碾压机械的动态坐标（采用动态 RTK 技术，经 GPS 基准站差分，定位精度可提高至厘米级）和激振力输出状态，经 GPRS 网络实时发送至远程数据库及应用服务器中；根据预先设定的控制标准，数据库及应用服务器中的应用程序实时分析判断碾压机的行车速度、激振力状态是否符合设定标准，若不符合，则通过驾驶室报警器和相关人员的 PDA 发出相应报警信息；现场分控室和总控中心的监控终端计算机通过有线网络或无线 WiFi 网络，读取上述数据，进行进一步的实时计算和分析，包括坝面碾压质量参数（含碾压轨迹、碾压遍数、压实后高程和压实厚度）的实时计算和分析；将上述实时计算和分析的结果与预先设定的标准做比较，根据偏差，向相关施工管理人员的 PDA 以及总控中心和现场分控室的监控计算机发出报警，指导相关人员做出现场反馈与控制措施；输出监控成果，包括碾压轨迹（含碾压超速情况）、碾压遍数、压实厚度、压实高程等图形报告，作为仓面验收的依据，并储存于数据库及应用服务器中以供后续查询与分析。实现了对大坝填筑碾压过程的全天候、精细化、远程、实时监控，有效控制了碾压遍数、行车速度、激振力状态和压实厚度等碾压参数；有效运用了坝料上坝运输过程实时监控技术，实现了料源与卸料分区的匹配监控、上坝强度和道路行车密度的动态统计，以及坝料私自出场报警提示等，为确保上坝料的正确性以及现场合理组织施工提供了依据；研制开发了“数字大坝”综合信息集成系统，为大坝枢纽的竣工验收、安全鉴定及今后的运行管理提供了信息应用和支撑平台。

4 结语

针对溧阳抽水蓄能电站上水库大坝所处坝基地形起伏大，地质构造复杂，坝轴线存在弧段，使得坝体结构受力复杂，坝体沉降与不均匀变形问题突出。通过对坝基处理，坝体断面分区优化，选择合理的结构体形和坝料填筑参数，同时采用堆石坝施工质量实时监控技术控制大坝填筑施工质量，为溧阳电站高标准高质量的建成，为电站安全稳定运行奠定了坚实的基础。

参考文献

[1] 陈宁，祁舵，宁永升. 溧阳抽水蓄能电站工程解决建设难题的举措 [J]. 水力发电，2013，39 (3)：1-5.

[2] 陈宁，钟登华，龚家明，等. 溧阳抽水蓄能电站面板堆石坝施工质量实时控制技术 [J]. 水利水电技术，2015，48 (10)：111-116.

[3] 宁永升. 溧阳抽水蓄能电站上水库工程技术难点及其对策 [C] //抽水蓄能电站工程建设文集 2021，2021.

[4] 陈洪来，宁永升，常姗姗，等. 溧阳抽水蓄能电站上水库面板堆石坝设计及优化 [J]. 水力发电，2013，39 (3)：32-34.

吉林敦化抽水蓄能电站枢纽布置及关键技术应用

李　冰　易忠有　王兆辉
（中国电建集团北京勘测设计研究院有限公司，北京市　100024）

【摘　要】 敦化抽水蓄能电站位于吉林省敦化市北部小白林场，敦化市公路里程 111km，为Ⅰ等大（1）型工程。电站装设 4 台单机容量 350MW 的单级混流可逆式抽水蓄能机组，水泵工况最高扬程 712m，为国内首个自主化设计、制造、安装、试验、调试、运行的 700m 级抽水蓄能电站。本文主要介绍了该电站的概况、工程特点及主要关键技术应用。

【关键词】 700m 级超高水头　大容量　严寒地区　抽水蓄能电站　概况　工程特点　关键技术

1　电站概况

敦化抽水蓄能电站位于吉林省敦化市北部的小白林场，距敦化市直线距离约 70km，距吉林市 120km，距长春市直线距离约 220km，距敦化市公路里程 111km，距吉林市公路里程 280km。电站总装机容量 1400MW，装设 4 台单机容量为 350MW 单级混流可逆式抽水蓄能机组，机组最高扬程达到 712m，为 700m 级超高水头大容量抽水蓄能电站。电站年平均发电量 23.42 亿 kW·h，年抽水用电量 31.23 亿 kW·h，综合效率为 75%。电站以 1 回 500kV 线路接入吉林东变电站，在系统中将承担调峰、填谷和紧急事故备用任务，并具备黑启动能力。

电站位于严寒地区，其中上水库多年平均气温－2.6℃，极端最低气温－44.3℃；下水库多年平均气温 0.9℃，极端最低气温－40.8℃，实测最大冻土深 184cm。

电站于 2012 年 10 月由国家发展改革委核准，主体工程于 2015 年 10 月开工，2017 年 9 月主厂房开挖完成，2019 年 8 月下水库下闸蓄水，2020 年 9 月上水库下闸蓄水，2020 年 12 月 1 号主变压器受电成功，2021 年 6 月首台机组投入商业运行，2021 年 10 月 2 号机组投入商业运行，3 号机组及 4 号机组分别计划于 2021 年 12 月及 2022 年 4 月投入商业运行。

2　枢纽布置及建筑物

本工程为Ⅰ等工程，工程规模为大（1）型，上水库挡水坝、输水建筑物、地下厂房、主变洞、母线洞、通风兼出线洞、地面开关站、下水库挡水坝及泄水建筑物等永久性主要建筑物为 1 级建筑物。上、下水库挡水坝，下水库泄水建筑物，以及电站厂房及其他附属建筑物的设计洪水标准为 200 年一遇，校核洪水标准为 1000 年一遇。工程区地震基本烈度小于Ⅵ度，各建筑物的设防烈度为 6 度。

2.1　枢纽布置方案

枢纽工程由上水库、水道系统、地下厂房系统、下水库等建筑物组成。见图 1。

2.2　主要建筑物

上水库位于海浪河源头洼地上，集水面积 2.4km^2，采用开挖和填筑相结合的方式修建。大坝位于库区东侧，采用沥青混凝土心墙堆石坝，利用库盆开挖料筑坝。上水库正常蓄水位为 1391.0m，死水位为 1373.00m。大坝顶高程 1395.00m，坝顶宽度 8m，坝轴线长 948m，最大坝高 54m，上、下游坝坡均为 1：2。正常蓄水位以下库容 792.1 万 m^3，调节库容 701.2 万 m^3。上水库沥青混凝土心墙设计为渐变式变厚度心墙，顶部厚 0.5m，底部厚 0.7m，心墙底部设混凝土基座与基岩连接，混凝土基座尺寸 3m×2m（宽×高）。上水库采用局部防渗，仅在坝基及两岸坝肩布置垂直防渗。坝基沿混凝土基座布置垂直帷幕防渗，两岸坝肩沿心墙中心线布置。

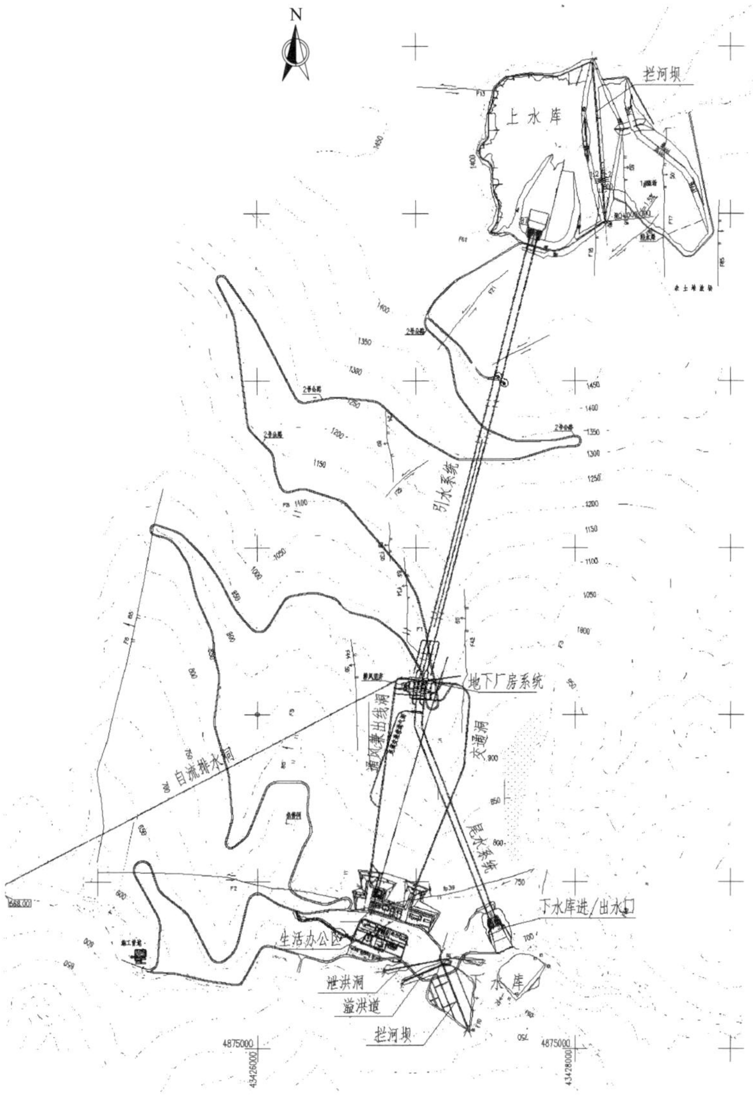

图 1　敦化抽水蓄能电站枢纽布置平面图

输水系统包括引水系统和尾水系统，均采用一管两机的布置方式，输水系统最长洞线沿 4 号机组总长 4616.41m，其中引水系统长度 3081.52m，尾水系统长度 1534.89m。引水系统由上水库进/出水口（包括引水事故闸门井）、引水隧洞、引水调压室、高压管道、引水岔管及引水支管等建筑物组成；尾水系统由尾水支管、尾水事故闸门室、尾水岔管、尾水调压室、尾水隧洞、下水库进/出水口（包括尾水检修闸门井）等建筑物组成。上、下水库采用岸边侧式进/出水口，引水、尾水调压室采用阻抗式结构型式。引水隧洞采用钢筋混凝土衬砌，高压管道采用设中平段的双斜井布置方式，上斜井直线段长 337.2m，下斜井直线段长 382.2m，高压管道采用钢板衬砌。尾水隧洞采用钢筋混凝土衬砌，尾水支管采用钢板衬砌。

地下厂房采用中部布置方式，地下厂房及出线系统由地下厂房、主变洞、母线洞、电缆洞、交通洞、通风兼出线洞、排风平洞及排风竖井、排水廊道、自流排水洞、地面 GIS 开关站及出线场等建筑物组成。地下厂房包括主机间、安装场和副厂房，安装场布置于主机间右侧，副厂房布置在主机间左侧，三者呈一字形布置，地下厂房开挖尺寸 158m×25m×55m（长×宽×高）。地下厂房采用锚喷支护型式和岩壁吊车梁结构。地下厂房和主变洞之间布置 4 条母线洞，断面为城门洞形，净尺寸为 8.5m×9.5m（宽×高）。副厂房和主变洞副厂房间布置 1 条电缆交通洞，净尺寸为 2.5m×6m（宽×高）。主变洞平行布置于地下厂房下游 40m 处，主变洞开挖尺寸 143m×21m×22m，布置 4 台主变压器。尾闸洞位于主变室下游，与主变洞间净距约为 35m，布置 4 扇尾水事故闸门及其液压启闭装置、充水平压装置和充排气装置布置等，闸室轴线与厂房轴线平行，尾闸室为城门洞形结构，净尺寸为 100m×9m×20m（长×宽×高），事故闸门室检修及运行平台高程 598.00m。地下厂房、主变洞和尾水闸门室周边设有三层排水廊道，断面净尺寸为 3m×3m（4m×4m）。上层排水廊道设在地下厂房顶拱高程，与地下厂房通风洞、通风机房连通；中层排水廊道设在厂房发电机层高程，与进厂交通洞连通；下层排水廊道设在主机间尾水管层，高程为 584.50m，与渗漏集水井、自流排水洞和厂房中下部施工支洞连通。自流排水洞断面净尺寸 3m×4m，长 2884m。

电站采用户内 GIS 高压配电装置型式。地面开关站位于通风兼出线洞洞口，地面高程 710.00m，平面尺寸 72m×65m。地面开关站内布置有 GIS 开关楼、出线场等建筑物。中控楼位于交通洞洞口与办公楼相邻平面尺寸为 31.2m×17.3m，总建筑面积 $1080m^2$，布置中央控制室、计算机室、办公室等。

下水库布置于牡丹江一级支流珠儿多河源头之一的东北岔河上，流域面积 $29.9km^2$，利用库盆开挖料拦河筑坝形成下水库。水库正常蓄水位为 717m，死水位为 690m。正常蓄水位以下库容 882.4 万 m^3，调节库容 762.9 万 m^3。下水库大坝采用沥青混凝土心墙堆石坝，最大坝高 75m，坝顶高程 720.00m，轴线长度 410.0m，坝顶宽 8.0m 上、下游坝坡均采用 1∶2，坝体填筑材料选用库内开挖石料。下水库泄洪建筑物采用岸边溢洪道和泄洪放空洞联合泄洪方式。泄洪放空洞布置在右岸山体内，总长 516m，由引水明渠段、有压隧洞段、闸门井段、无压隧洞段、明槽段、挑流鼻坎、护坦段和排水明渠组成；泄洪放空洞闸门井，长 21m，底板高程 670.00m，设一道弧形工作门和一道平板事故门，事故门孔口尺寸 3.5m×5m（宽×高）；工作闸门孔口尺寸 2.5m×3m（宽×高）。溢洪道布置在右岸边坡上，与沥青混凝土心墙堆石坝相邻，由进水渠、控制段、泄槽段、挑坎段及护坦等组成；溢流堰顶高程 715.00m，堰净宽 4.0m。

3　机电及金属结构

电站装设 4 台单机容量 350MW 的抽水蓄能机组，最高扬程为 712m，额定水头 655m，额定转速 500r/min，水头变幅（$H_{p\max}/H_{t\min}$）为 1.116。

水泵水轮机型式为单级混可逆式水泵水轮机，转轮公称直径为 4.367m（1 号、2 号机组）/4.25m（3 号/4 号机）。水轮机工况最大水头 693m，额定水头 655m，最小水头 638m，额定出力 357MW，吸出高度 −94m，最大瞬态飞逸转速为 740r/min。水泵工况最高扬程 712m，最小扬程 661m，最大入力 373MW。水泵水轮机高压侧装设一个公称直径 2.1m 的进水球阀。

电站 4 台机组以 1 回 500kV 线路接入吉林东变电站，导线型号 4×LGJ－400，线路长度约 115km。发电电动机和主变压器采用联合单元接线，发电机出口装设发电机断路器，设一套变频启动装置作为四台机组抽水工况的启动方式，并以背靠背启动作为备用，500kV 侧采用三角形接线。

发电电动机采用三相、立轴、悬式、空冷、可逆式同步电机，发电工况额定容量 388.9MVA，电动工况额定功率 373MW，额定转速为 500r/min，额定功率因数分别为 0.9 滞后（发电工况）/0.975（电动工况），额定电压及调整范围为（18±5%）kV。主变压器采用户内、三相、双绕组、油浸、强迫导向油循环水冷、带无励磁调压分接开关的升压/降压变压器，额定容量 420MVA。

敦化抽水蓄能电站监控系统按“无人值班”（少人值守）方式设计，采用分层分布式全开放的以计算机为基础的全厂集中监控方式，分设主控级和现地单元级，网络结构采用 100/1000Mbps 双光纤交换式以太网。

金属结构设备主要布置在上、下水库进/出水口、尾水系统、溢洪道以及泄洪放空洞（兼导流洞）的相关部位。由上水库进/出水口至下水库进/出水口依次设有上水库进/出水口拦污栅、上水库进/出水口事故闸门、尾水事故闸门、下水库进/出水口检修闸门、下水库进/出水口拦污栅及相应的启闭机等金属结构设备。下水库左岸泄洪放空洞（兼导流洞）内设置事故闸门、工作闸门及相应的启闭机。下水库溢洪道工作闸门及启闭机。共设有门（栅）槽 23 孔，闸门（拦污栅）24 扇，启闭机 14 台及一些附属设备等。工程量约 2433.9t。

4　主要工程特点及关键技术应用

4.1　主要工程特点

（1）气温低。敦化地处严寒地区，温度低，属于北温带湿润气候区。根据额穆、敦化气象站资料统计分析，上水库多年平均气温－2.6℃，极端最低气温－44.3℃，极端最高气温30.2℃；下水库多年平均气温0.9℃，极端最低气温－40.8℃，极端最高气温33.7℃。多年平均蒸发量1217.8mm，实测最大冻土深184cm。

（2）电站上下水库落差大，机组扬程高。根据地形条件，敦化抽水蓄能电站最大毛水头达到701m，属超高水头抽水蓄能电站，在敦化电站投运前，只有日本厂家及欧洲个别厂家掌握700m级单级可逆式抽水蓄能机组设计制造技术，其中扬程最高的为日本的葛野川抽水蓄能电站，其扬程达到778m、单机容量为412MW、额定转速为500r/min[1]。敦化抽水蓄能机组最高扬程为712m，位于日本的葛野川（778m）、神流川（728m）[2]、小丸川（720m）之后。

（3）电站单机容量大，转速高。根据电网需求、水源条件、地形地质条件、枢纽工程布置、设备设计制造水平、大件运输等因素，敦化抽水蓄能电站装设4台单机容量350MW的抽水蓄能机组，额定转速500r/min。目前世界单机容量最大的为日本的神流川，其水轮机最大功率达到482MW，国内单机容量最大的为仙居抽水蓄能电站，其单机容量为375MW，额定转速375r/min，敦化位居国内第二大单机容量的蓄能机组，也是国内单机容量300MW及以上机组中额定转速最高的机组。

（4）工程枢纽布置在黄泥河自然保护区。工程建设征地区大部分位于黄泥河自然保护区实验区内，工程建设征地将直接影响一些国家重点保护植物，同时工程区地表水环境功能类别为Ⅱ类，因此，工程区生态环境、水环境均较为敏感，环保要求较高，工程施工期需采取比较严格的环保措施来减少施工建设对生态环境、水环境的影响。电站在设计、建设时，严格按照国家和吉林省的环境保护法律、法规，进行了细致的水环境保护设计、生态环境保护设计、水土保持措施设计、声环境和环境空气保护措施设计、区域景观保护措施设计及固废处理设计等，采取了一系列相应的保护措施，如工程施工废污水处理后用于施工、降尘、绿化或浇灌附近林地等；地下厂房内运行时含油污水与地下围岩渗漏水严格分离设计，含油污水经处理后用于浇灌附近林地；临时用地恢复采用修复、种树、种草等工程措施及植物措施，永久占地采用绿化美化、再造景观保护等措施。目前，工程区已基本恢复，各临时用地植被恢复良好，工程区边坡稳固，植被良好，很好地融入了当地保护区环境，达到了环境保护、水土保护的预期目标。

（5）工程位于原始森林高覆盖率区，地表植被极为茂密，工程的前期测量、施工控制网建立和前期地质测绘工作难度大。为实现地表地质测绘的要求，经多方面的调研，遥感技术具有获取信息量大、数据类型多、分辨率高且快速等方面的独特优势，选择了以遥感技术手段为主，辅以人工地质测绘来进行本工程区大比例尺的地质测绘工作，从施工过程揭露的相关地质条件来看，地质测绘成果与现场吻合度很高。

地形图测量首次在我院采用航拍技术，成果与现场施工实测结果相符；施工控制网建网期间，测区尚未进行地表覆盖植被的清理，不具备边角成网的条件，因此，平面施工控制网首次采用GNSS建网的方案，为施工期坐标放样提供准确的基准。

4.2　主要关键技术与应用

根据敦化工程气温低、机组水头高、容量大的特点，严寒地区的水库及建筑物和道路的防冰冻设计、高压管道和钢岔管的设计制造以及超高扬程大容量水泵水轮机/发电电动机的选型、设计、制造、安装、调试、运行等为本项目的主要关键技术难题。

（1）严寒地区抽水蓄能电站水工建筑物的防冰冻措施设计。严寒地区建设的水库冬季结冰现象严重，影响电站正常运行，威胁水工建筑物安全。抽水蓄能电站，与常规电站相比，库水位变幅更大，水位升降更为频繁，冰情形成及消长过程更为复杂。敦化抽水蓄能电站地处严寒地区，上水库极端最低气温为－44.3℃，最冷月多年平均为－24.2℃，属于严寒地区。年冻融循环次数为197次（按日平均水位涨落1

次），水位变化频繁，冰冻与水位变动结合将对大坝护坡、混凝土结构造成影响，引起混凝土开裂、库水外渗、堆石坝失稳等，影响电站的安全运行；抗冰冻问题是敦化抽水蓄能电站的关键技术问题。本项目设计采用的主要抗冻措施有：上、下库选用防渗体位于坝体中部的沥青混凝土心墙堆石坝，根据目前监测成果，沥青混凝土心墙最低温度高于0℃，从根本上规避了严寒气候对防渗体的影响。坝面采用抛石护坡，抛石最大粒径采用超径块石（1m左右），级配合适、有大有小、使空隙填充密实，单个石块松动，对周围块石影响不大。上、下水库进/出水口水位变幅区内的结构混凝土抗冻等级均按F400设计。根据已建工程运行经验，提出合理的调度运行方式，冬季每天有一定数量机组投运，往复水流可有效阻止冰盖形成。2019年8月下水库蓄水，2020年7月蓄至正常蓄水位，目前监测最大渗漏量仅为7L/s。

（2）敦化抽水蓄能电站为国内压力钢管及钢岔管*HD*值最大的电站，其高压管道下平段最大静水头为795m，最大设计内水压力为1176m水头，下斜段末端*HD*值达4761m·m，均为国内压力钢管最高值，是我国第一个压力管道最大净水超过700m的水电站。另外，敦化钢岔管*HD*值高达4469m·m，设计内水压力为1176m，水压试验压力为10.0MPa，也均为国内钢岔管之最。通过分析研究，选取适宜的围岩分担率，优化了钢板厚度；并根据工程实际条件、钢材的性能和现场施工条件，通过现场工艺试验，解决了钢管超厚径比加工难题。

（3）敦化抽水蓄能电站为国内第一个自主化设计、制造、安装、调试、运行的700m级抽水蓄能电站。电站水泵水轮机最高扬程达到712m，单机容量350MW，额定转速500r/min，为国内首个自主完成700m级350MW的研发与应用。首先，通过在机组选型阶段对机组水头变幅、额定水头、吸出高度、最大入力、稳定性指标及输水发电系统布置的等关键技术参数和因素的研究与合理的选择与确定，尽量为机组的设计、研发、制造提供了良好的基础条件；其次，在机组研发与设计阶段，严格控制水泵水轮机的水力设计与机组主要结构部件刚强度设计及疲劳强度计算与评估。其中，水力设计通过采用CFD数值模拟计算分析与模型试验相结合的方法，东电和哈电两个团队分别开发的数十个水力设计方案及模型试验，对水泵水轮机的能量、空化、水力稳定性等关键性能进行了深入的研究、分析和优化，最终优选的两个水力模型方案分别在第三方试验台完成了模型验收试验，性能优秀，并应用于敦化1号、2号机和3号、4号机；再次，在设备制造、安装与调试过程中，严格按图施工，加强了对关键部件的材料质量控制及加工工艺的质量把控，尤其是关键部件的焊接质量的把控。目前2台投运机组运行良好，机组摆度、振动、噪音等均达到预期目标。

（4）敦化抽水蓄能电站枢纽布置中高压引出线方式，根据本工程的特点，厂房埋深大，厂区位于林区，从减少林木砍伐和方便运行检修等角度综合考虑，选用与通风洞相结合的平洞出线方式，高压引出线电缆长1500m，为国内单相长度最长的500kV干式电缆。该项技术的应用，避免了因设置中间接头而增加故障点，提高了高压电缆运行的可靠性；出线系统与通风洞合用较独立出线方式减小了土建投资；填补单根长度达到1500m的500kV电缆的设计、制造与应用的空白。

（5）工程调节保证设计研究：高转速700m级水泵水轮机D_1/D_2比值大，水力制动效应更为明显，机组各种过渡工况下流道流态要复杂得多。如何优化模型水力性能、选择合适的关闭规律，尽量使得机组在水轮机工况甩负荷过渡过程工况中进入反水泵区前，使得过渡工况压力脉动小，保证蜗壳进口压力、机组最大转速上升、尾水管进口最小压力等满足要求是本项目的难点与重点。

通过过渡过程计算机仿真计算，控制保证参数，优化输水系统布置和导叶开关机规律，为机组强度及结构设计提供基础。同时通过现场同步计算与甩负荷试验进行比较、分析与验证，为高水头高转速抽水蓄能电站提供重要参考。

（6）国内抽水蓄能电站大倾角斜井施工方案优化。敦化电站引水系统采用一洞两机双斜井布置型式，共2条引水道，每条引水道由引水上平段、上斜井、压力钢管中平段、下斜井和压力钢管下平段组成。上、下斜井倾角55°，技术开挖长度分别为381m和426m，是当时国内抽水蓄能电站大倾角斜井中最长长度。敦化电站在超长斜井开挖中应用返井钻结合定向钻技术，斜井导孔开挖偏差进位0.3m（孔斜率0.09%），树立了斜井施工新标杆。

5　结语

目前，敦化抽水蓄能电站上、下水库已经蓄水一年多，1 号、2 号机组先后于 6 月及 10 月投入商业运行，3 号、4 号机正在有水调试，电站运行状况良好，其中下水库大坝监测最大渗漏量仅为 7L/s、上水库大坝监测最大渗漏量为 6L/s（蓄水后渗流量增加值）；地下各洞室围岩稳定，围岩渗漏水量已基本稳定。另外，机组自投入商业运行以来，担任当地电网的调峰填谷重任，调度频繁，最多的一天调度 9 次开停机，机组经受了初步考验，其中 1 号机组经过 4 个多月的运行表明，机组运行稳定，性能优良，机组各轴承瓦温、油温正常并有较大裕度，振动指标优秀，额定负荷下机组各导轴承摆度均小于 95μm，上下机架垂直振动小于 29μm，定子机座垂直振动 10μm，顶盖垂直振动小于 16μm，满足合同及规程规范要求。可以说，敦化抽水蓄能电站作为国内第一个完全自主化设计、制造、施工、安装、调试、运行的 700m 级超高水头、大容量抽水蓄能电站，标志着我国抽水蓄能电站设计、制造与建设技术迈上了一个新台阶。

参考文献

[1]　新仓和夫，佐藤让之良．葛野川电站超高扬程水泵水轮机［J］．水利水电技术，2001（7）．

[2]　田中宏．高水头水泵水轮机关键技术开发［J］．水电与抽水蓄能，2017（1）．

一种提高水下地形测量精度的方法在库容复测中的应用

吴凯强[1] 张江骏[2] 杨 燚[1] 张鸿声[1] 张士平[1]
(1. 华东桐柏抽水蓄能发电有限责任公司，浙江省台州市 317200；
2. 国网新源水电有限公司富春江水利发电厂，浙江省杭州市 310000)

【摘 要】针对库容复测，水下采用无人船多波束扫描机进行地形测量，比传统水下地形测量具有测量点定位准确、测量精度高、观测速度快、作业人员安全性高等优点，该方法在桐柏蓄能电站库容复测应用中起到了良好的效果，在其他电站库容复测中具有推广价值。

【关键词】多波束 水下 地形测量 提高精度

1 项目概况

1.1 工程简述

桐柏蓄能电站上水库位于浙江省天台县三茅溪支流百丈溪，距天台县城 7km，电站是一座日调节纯抽水蓄能电站，共安装 4 台立轴单级混流可逆式水泵水轮机组，机组单机容量 300MW，总装机容量为 1200MW，设计日发电量 600 万 kW·h，年发电量 21.18 亿 kW·h。电网中承担调峰、填谷、调频、调相以及事故备用等任务。

上水库利用已建的桐柏电站水库，经加固处理后改建为桐柏抽水蓄能电站上水库。现有主副坝为均质土坝，主副坝相连，最大坝高 37.49m。流域面积为 6.7km^2，水库正常蓄水位 396.21m，死水位 376.00m，总库容 1146.8 万 m^3。

1.2 传统水下地形测量

传统水下地形测量作业主要以人工使用 RTK、测量船、皮划艇等方式完成。浅滩区域常常采用人工带着 RTK 的作业方式进行，但是水下作业较为危险，而且效率低，皮划艇难以固定，测量精度（1%）难以满足要求。在测量船上，由于船体较大，吃水较深，一些浅水区域无法进入，从而无法获取高精度的水底地形地貌数据。

2 多波束水下地形测量

2.1 测量系统原理

多波束水下测量采用无验潮水下测量的原理方法，不需要测量水体的高度，直接将 GNSS 的坐标和高程转换到水库坐标系。测量原理如图 1 所示，利用 RTK 技术得到船载 GNSS 接收机相位中心的大地经纬度和大地高，经坐标转换和高程拟合后转换为当地的坐标和高程系统。根据 GNSS 天线、测深仪的标定结果，计算出水下点的坐标和高程，并绘制出水下地形图。

2.2 无人船简介

测量的主要设备采用包括华微 6 号无人测量船（包含船体、动力、自动控制、遥控等）（见图 2）和 iWBMS 集成多波束仪。华微 6 号无人测量船的船体采用碳纤维树脂混合材料，在保证船体足够坚固耐撞的前提条件下最大限度地减轻自重，整体重量仅约 15kg，船长 1.8m，最大载重 50kg，运输方便。船体使用一对最大功率为 500W 的专用舷外推进器提供动力，船体能在水中达到 5m/s（约为 10 节）的理论最大船速，通常作业时的巡航船速为 2.5m/s（约 5 节），能保障无人测量船在大多数河流正常工作。无人测量船采用了安全系数极高的 18650 电芯，40Ah×4 电池，6h 超长续航，超配可以满足更长工作时长，独有的压网条和防水草密铁网，2km 的网桥数据传输。

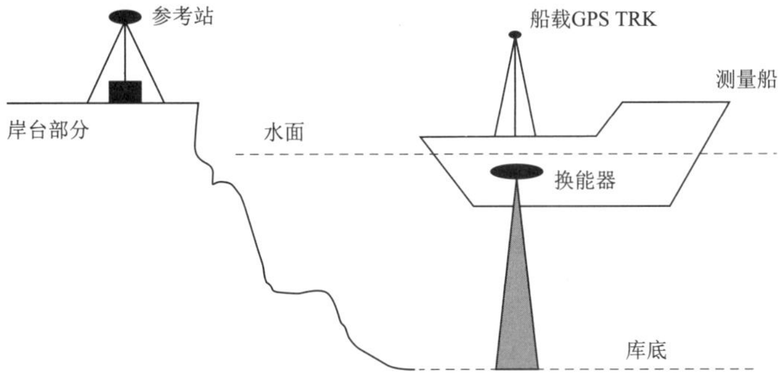

图 1 无验潮水下地形测量原理

图 2 华微 6 号无人测量船

2.3 多波束扫描机

NORBIT iWBMS 是新一代集成化、轻便化、高精度的多波束水深测量系统，内置了加拿大 Applanix 研发的 POS MV 系统（见图 3），能够为多波束测量和海洋船只的高可靠性、高精度定位和姿态艏向提供完美的解决方案。主要技术指标参数见表 1。

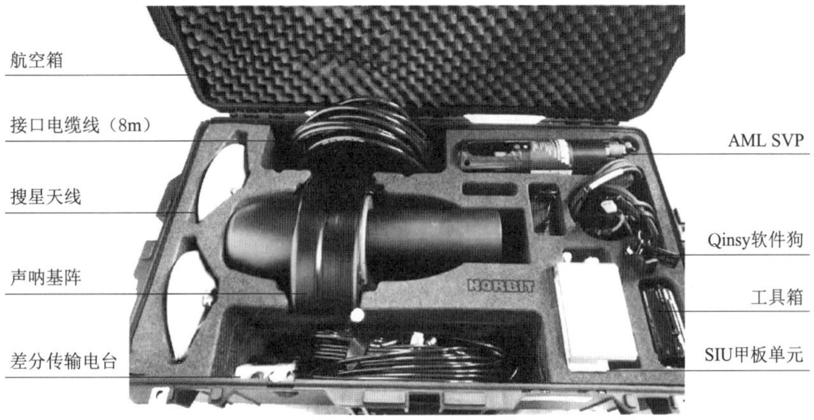

图 3 NORBIT iWBMS 集成多波束仪

表 1 **多波束测量系统参数**

内 容	技 术 参 数
艏向精度	0.03°@2m 基线；0.02°@4m 基线
纵横摇精度	0.02°
涌浪精度	2cm 或 2%
定位精度	水平：±（8mm+1ppm）；垂直：±（15mm+1ppm）
工作频率	中心频率 400kHz，200～700kHz 可调 中心频率 200kHz；160～400kHz 可调
条带宽度	7°～210°可设
垂直分辨率	<10mm
波束数	256～512 等角或等距
量程范围	0.2～275m；LR 长量程版：0.2～600m
波束开角	0.5°×1.0°；窄波束版：0.5°×0.5°
Ping 率	最高达 60Hz
接口	100MB 网口
电缆长度	8m、15m、50m 可选
功耗	60W（最大 70W）（10～28V DC，110～240V AC）

续表

内　容	技 术 参 数
工作/存储温度	$-4\sim+40$℃/$-20\sim+60$℃
防尘防水	IP67
重量	9.5kg（空气中），6kg（水中）

2.4　水下测量流程

水库区水下测量采用基于华微6号无人船的多波束测量系统，首先将换能器固定安装在无人船底中部，主机固定在船舱内，架设并调试好无线电通信设备，确保设备与岸上工作站之间的通信顺畅。在岸边利用GNSS RTK技术建立参考站，设置扫描频率等参数，使无人船按事先设定好的航线航行，无人船测线间隔按照5～10m的间隔布设，测点间隔设置为5m，水下地形复杂地段应适当加密。垂直于主测线布置检查线，检查线比例不小于5%，具体流程见图4。

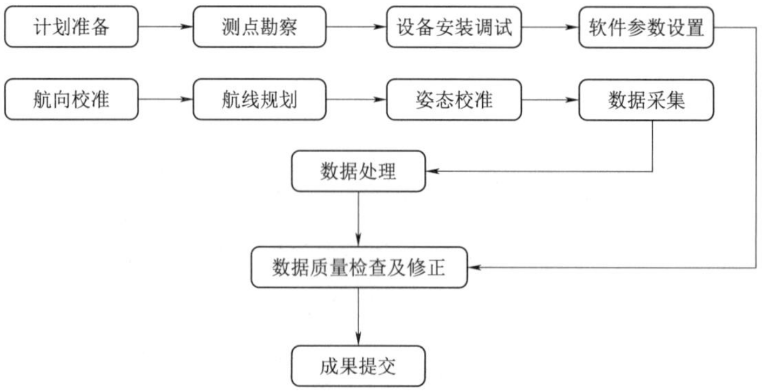

图4　水下地形测量流程

2.5　内业工作

2.5.1　数据处理流程

数据处理流程如图5所示，多波束测量数据采用华微6号无人船配备的Hydro Survey软件，倾斜摄影测量数据采用CC软件，将所有的数据进坐标和格式转换后输入到CASS9.0数字绘图软件中统一绘图，最后根据数字地形图计算库容。

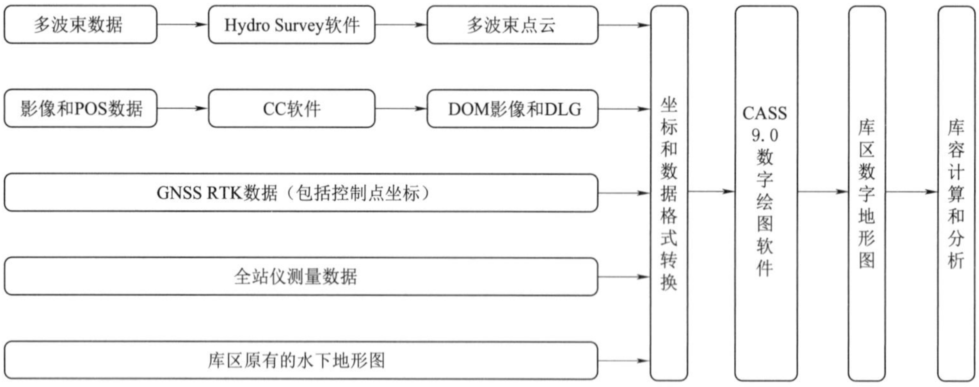

图5　数据处理流程

2.5.2　库容计算与库容曲线绘制

库容计算根据实测的1∶500地形图按每0.5m的高差的步长计算库容，库容计算采用南方CASS9.0软件，计算方法采用等高线法和方格网法，以等高线法计算的结果为最后成果，用方格网法进行检校。

计算库容前，先对地形图等高线进行处理，等高线必须代表实地地貌，等高线必须封闭。选取所要计算的高程面每两个进行分层计算。两相邻高程面间的库容按以下公式计算：

$$V=H\times(A+B+\sqrt{A\times B})$$

式中：H 为层间高，m；A、B 分别为上层面和下层面面积，m^2；V 为 A、B 层面之间的库容量，m^3。分层计算划分以封闭等高线为边界，算得各独立图形的面积就是同一高程层面等高线所围面积，各等高线的面积由计算机自动精确量取，最后经累加得到指定水位的库容。

采用方格网法计算库容作为检校，根据实地测定的各地形点坐标（X、Y、Z）和设计高程，通过生成方格网（方格网大小可自定义）计算每一个长方体的容积，最后累积到指定范围内的总容积。

根据计算出的不同高程面上计算并经检校的库容量，按 0.1 的高差间隔采用三次样条插值（Cubic Spline Interpolation，简称 Spline）方法插值计算从库盆底部至正常蓄水位的库容量，得到 0.1m 水位间隔的库容。最大高程面可以是正常蓄水位高程面或最大蓄水位高程面。整理并编制水库水位高程相对应的面积与库容成果表。根据各高程面对应的库容，绘制出图 6 所示的库容—水位曲线。

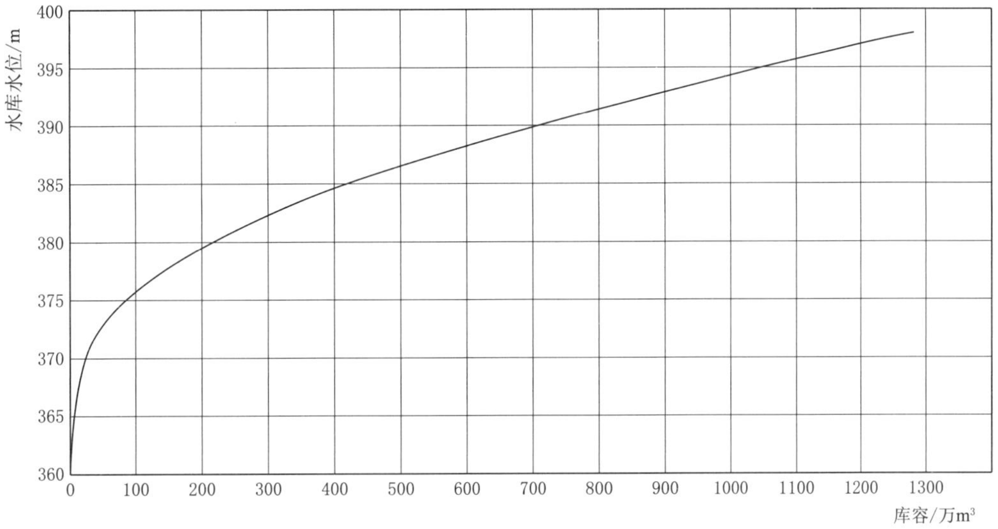

图 6　库容—水位曲线图

3　库容复测分析

由于 2014 年库容复测采用传统方式，即测量船加单波束深测仪的方式，按 5～10m 的间隔布置测线，通过测线插值得到水下地形图，其观测精度较差，误差在 1%左右，在日常每小时水量计算中数据跳动比较大（没有入库流量时），也说明了库容存在较大误差。而本次测量采用了无人船多波束全地形测量的方式，水下测量点的采样密度达到 5～10cm，因此水下地形测量的结果更准确，既能提高测量的精度，同时也降低了成本，库容复测起到了很好的效果。本次测量采用无人机倾斜摄影测量的方式测绘库岸地形，精确测量水面和库岸之间的地形，观测精度也较 2014 年复测要高，在日常每小时水量计算中数据跳动比较小（没有入库流量时），也说明了本次库容复测精度高，误差达到 0.1%。

本次库容复测，死水位与正常高水位对应的库容与竣工时的库容基本一致，正常高水位以下的库容基本没什么变化（详见表 2）；校核洪水位对应的库容与竣工时的库容相比减少了 4 万 m^3，符合实际情况。

表 2　　上水库库容比较表

水位/m	2005 年竣工验收成果	2014 库容复核成果（2005 年比较）		2020 库容复核成果（2005 年比较）		备注
	库容/万 m^3	库容/万 m^3	差值/万 m^3	库容/万 m^3	差值/万 m^3	
360	0.04	0	0	0	0	
362	1.1	0.4	−0.7	0.9	−0.2	
365	5.4	4.0	−1.4	6.0	+0.6	

续表

水位/m	2005年竣工验收成果	2014库容复核成果（2005年比较）		2020库容复核成果（2005年比较）		备注
	库容/万 m^3	库容/万 m^3	差值/万 m^3	库容/万 m^3	差值/万 m^3	
370	21.3	17.8	−3.5	22.5	+1.2	
375	83.6	77.1	−6.5	84.4	+0.8	
376	104.9	98.0	−6.6	105.7	+0.8	死水位
380	220.1	212.7	−7.4	219.9	−0.2	
385	432.6	422.1	−10.5	427.5	−1.1	
390	714	704.3	−9.7	712.7	−1.3	
395	1055.7	1045.1	−10.6	1058.2	+2.5	
396.21	1146.8	1134.6	−12.2	1147.0	+0.2	正常高水位
397.2	1225.2	1210.8	−14.4	1220.8	−4.4	校核洪水位

对死水位以上的水位与库容关系进行拟合，拟合最大误差为−1.53，拟合均方差为±0.77，得到的拟合关系式为

$$V=-0.0122\times(h-385.8864)^3+1.3530\times(h-385.8864)^2+51.9615\times(h-385.8864)+468.2235$$

有了水位与库容关系，方便了日常水量计算和泄水量控制。

4 结语

采用无人船的多波束测量系统对水下地形（库容）进行测量，水下测量点的采样密度达到5～10cm，大大提高了测量精度，测量误在0.1%左右，而传统的水下地形测量其误差在1%左右。同时采用无人船的多波束测量系统其野外作业时间可以减少一半，因配合无人船进行水面作业，无水上人员作业人员其安全风险也小。另外水面和库岸之间的地形采用无人机倾斜摄影测量的方式测绘出库岸地形，其测量精度也高，也可大大缩短外业时间，本次库容复测（库低至校核洪水位）外业作业仅一周就完成了。

浅析大型抽水蓄能电站半地下厂房布置方案可行性

李 刚[1] 熊续平[2] 万昔超[2]
(1. 中国电建集团北京勘测设计研究院有限公司，北京市 100024)
(2. 华东琅琊山抽水蓄能有限责任公司，安徽省滁州市 239004)

【摘 要】抽水蓄能电站机组埋深较深，大多数采用地下厂房布置方案。对一些低水头抽水蓄能电站，可结合地形地质条件，考虑采用尾部半地下厂房布置方案，即电站厂房靠近下水库布置的半地下厂房方案的可行性，既可减少大洞室的地下厂房开挖，节省投资、工期，降低地下厂房的开挖风险，也利于厂房通风、采光、运维等。本文以某大型抽水蓄能电站厂房布置方案为例，研究其半地下厂房布置方案的可行性，为后续类似工程的设计提供借鉴和参考。

【关键词】抽水蓄能电站 半地下厂房 布置方案

1 引言

抽水蓄能电站由于机组安装高程较低，一般选择地下厂房布置方案，国内大型抽水蓄能电站（单机容量大于100MW）基本上全部采用地下厂房布置方案，只有少数中小型抽水蓄能电站采用了半地下厂房布置方案。

而对于厂房布置在下水库附近的抽水蓄能电站，由于淹没深度较大不适宜修建地面厂房时，可选择半地下式厂房。半地下式厂房介于地面厂房和地下厂房之间，由地面和地下两部分组成。地面部分与常规的地面厂房相同，一般有安装场、副厂房、变电站等。地下部分或在岩石中开挖而成，或在软岩中开挖后回填而成，一般将主机及必须的附属设备布置在地下。本文以某抽水蓄能电站为例，对大型抽水蓄能电站采用半地下厂房布置方案的可行性进行论述，并将半地下厂房方案与传统地下厂房方案作比较，对半地下厂房设计时应引起注意的地方和优缺点进行系统总结。

2 工程简介

某抽水蓄能电站初拟安装4台单机容量为150MW的机组，总装机容量为600MW，额定水头为114m。初拟采用半地下厂房位于输水系统尾部，原始地形高程为70～110m，地势较为平缓，在下水库库边沿70m等高线对边坡进行开挖，形成EL.70.00m平台，作为电站厂区平台高程，开挖边坡约35m，平台尺寸约226.0m×185.0m，布置有半地下主机间、副厂房及下游副厂房、地面安装场、地面主变开关楼、地面出线场和下库进出水口启闭机房等建筑物。

3 工程地质

厂区地形地势较为平缓，地面高程为80～110m，地形坡度为10°～15°，厂房区地表植被较发育，局部基岩裸露。沿线出露地层为寒武系琅琊山组薄层灰岩、车水桶组中厚～厚层灰岩，地表覆盖层厚度主要为第四系残坡积腐殖土，厚度为0.5～2.0m；厂房区发育次一级的向斜，轴向为NE向，岩层为陡倾角，为紧密褶皱，厂区裂隙主要为NWW、NNE向两组裂隙，为陡倾角，缓倾角裂隙发育较少，裂隙多为平直粗糙，裂隙面微张；半地下厂房由地面向下开挖，形成高度大于70m的高边坡，为岩质边坡，其岩层层理与边坡走向大角度相交，有利于边坡稳定，局部受不利裂隙组合切割，易形成不稳定块体，开挖过程中需引起重视。

4 厂房布置

主机间、副厂房及下游副厂房为半地下厂房结构，机坑为敞开式开挖而成，底板开挖高程为－3m，自 70.0m 高程平台自上而下明挖而成，边坡开挖坡比取 1：0.3，平台以下开挖高度为 73m，底板开挖平面尺寸为 126.0m×41.5m（长×宽）。厂区建筑物平面布置如图 1 所示。

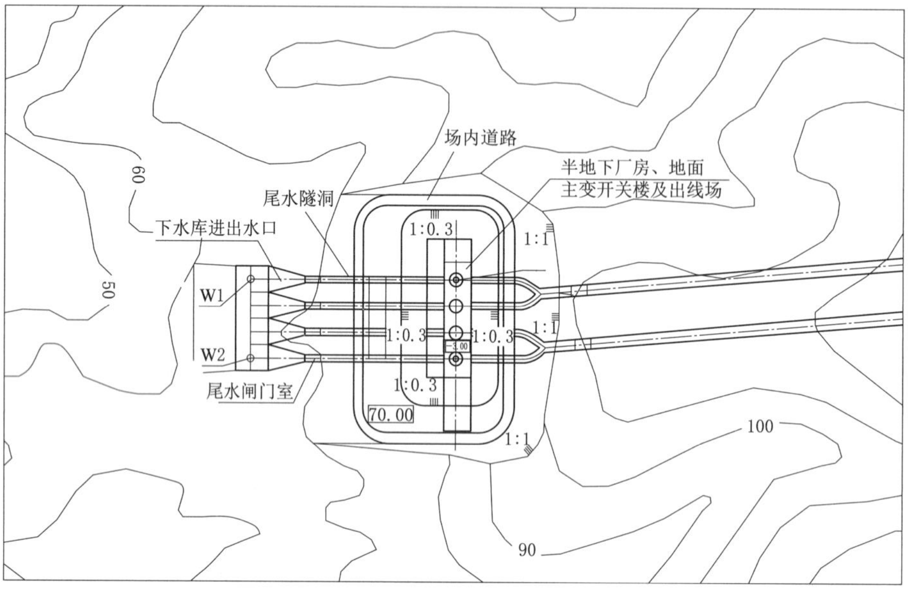

图 1 厂区建筑物平面布置图

半地下厂房周边井壁采用混凝土连续墙衬砌，厚度为 2m。半地下主机间平面尺寸为 106.0m×24.5m（长×宽），分为 5 层布置：尾水管层、球阀层、水轮机层、母线层和发电机层。发电机层高程为 29.00m，距离厂房地面高差为 41m。半地下副厂房位于主机间北侧，平面尺寸为 20.0m×24.5m（长×宽），分为 9 层布置，副厂房内布置一座封闭楼梯和电梯，直通厂房地面高程 70.00m 平台。下游副厂房位于主机间、副厂房下游侧，平面尺寸为 106.0m×17.0m（长×宽），分为 8 层布置。地面以上厂房长 174.0m，宽 24.5m，高 19.0m。安装场长 48.0m，布置在主机间的南侧，与厂内道路相连。主变开关楼布置在主厂房下游侧，长 71.0m，宽 12.0m，高 24.0m，布置 4 台 180MVA 升压变压器以及 SF_6 断路器、隔离开关、互感器等。220kV 地面出线场布置在地面开关楼下游侧，长 55.0m，宽 14.0m。半地下厂房横剖面如图 2 所示。

5 半地下厂房防渗及排水系统设计

本电站主、副厂房均为半地下式结构，机坑深度达到 73m，厂区岩石岩性为琅琊山组薄层灰岩、车水桶组中厚～厚层灰岩，工程区岩溶较发育，且厂房机坑部位岩体裂隙较发育，渗透性较强，需对半地下厂房四周岩壁进行防渗排水系统设计，确保厂房侧壁围岩稳定、厂内设备和人员安全。

厂房渗水的主要来源有两种：一是下水库经下游侧和两侧岩体渗入厂房的渗水，二是经上游侧岩体渗入厂房的地下水。对下水库渗水需采取以堵为主以排为辅、对地下水渗水采取以排为主以堵为辅的不同原则进行防渗排水设计。

厂房下游侧和左右侧岩体由于距离下水库较近，保留岩体相对单薄，库水有渗漏的可能，该处防渗排水设计采取以堵为主的工程措施，在厂区四周设置帷幕灌浆防渗措施，以阻断下游侧下水库的库水内渗，防渗帷幕自厂区地面 70.00m 高程至－5.00m 高程，深 75m，上层、下层排水廊道兼作帷幕灌浆洞进行帷幕灌浆施工。帷幕灌浆孔主副两排布置，排距 1.5m，孔距 3m，分序实施。

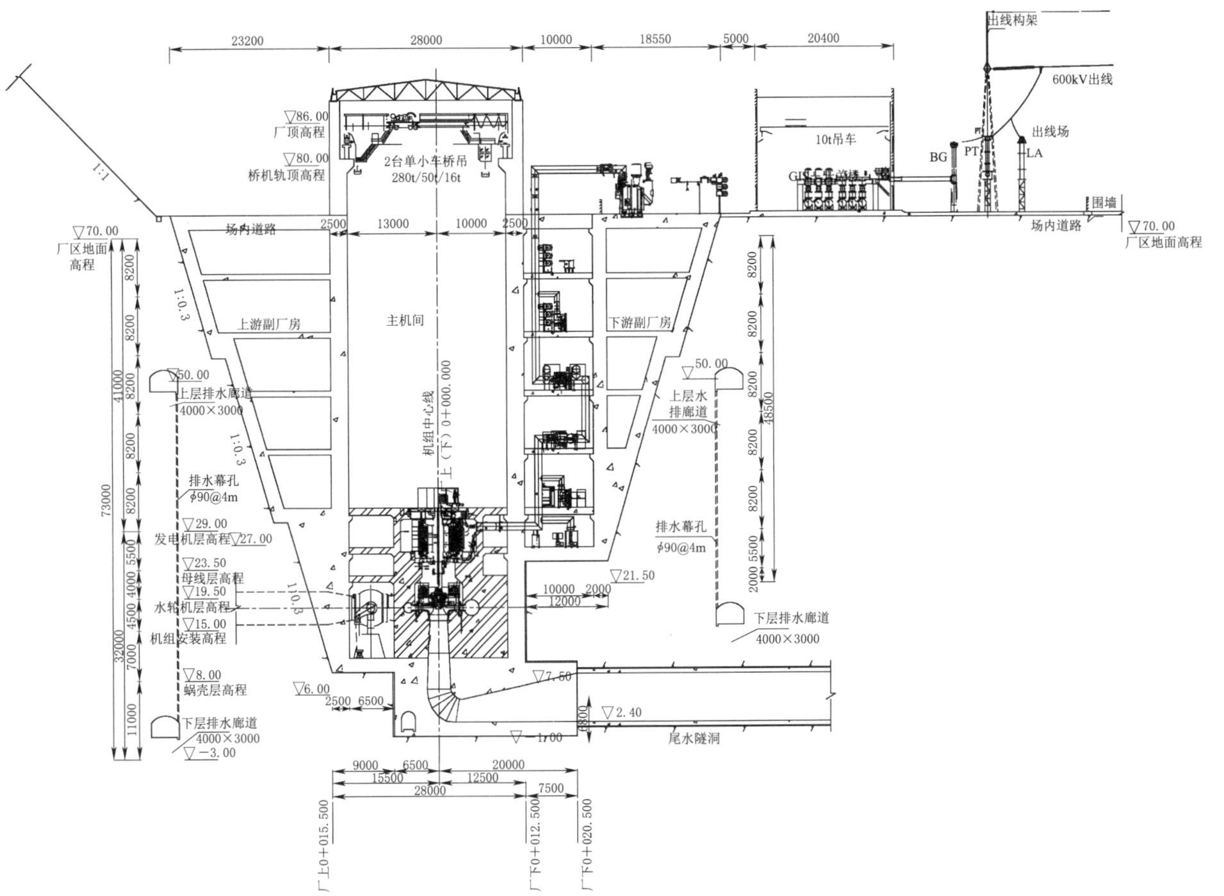

图 2　半地下厂房横剖面图（单位：尺寸，mm；高程，m）

厂房上游侧山体，由于工程区岩溶较为发育，可能存在渗漏通道，该部位渗水主要为山体内地下水，该处防渗排水设计采取以排为主、排堵结合的工程措施，降低山体内的地下水位，减小作用于厂房混凝土结构墙体的外水压力。主要采取如下措施：①厂区四周设置上层、下层共 2 层排水廊道（兼做帷幕灌浆廊道），断面尺寸为 4.0m×4.0m，并将厂区四周围岩渗水排至集水井排出，上下层排水廊道之间设置排水帷幕，单排，孔距 3.0m。②厂区四周围岩设置系统排水孔，间排距为 3.0m×3.0m，孔深 5.0m，并采用钢管引至厂房混凝土结构墙内布置的竖向和水平排水系统，最终引至集水井排出。③在厂区 70.00m 高程平台设计排水沟，将平台以上山体渗水、雨水等直接排至下水库，避免地表水流入半地下厂房。

6　半地下厂房布置方案可行性分析

由于国内大型抽水蓄能电站尚无采用半地下厂房布置方案的先例，而大型抽水蓄能电站具有单机容量大（>100MW）、机组台数多（≥3 台）、机组跨度和机组间距大（>20m）等特点，半地下厂房布置较为困难，给设计、施工、电站运维等各方面带来挑战，主要有如下几方面：

（1）机坑开挖支护施工难度。抽水蓄能电站由于机组安装高程较低，厂房底板高程需低于下水库死水位为 15～25m，造成机坑开挖边坡较高，机坑开挖支护施工难度大，若遇上不利的水文地质条件，边坡稳定问题和施工期机坑渗水排泄问题较为突出，需引起足够重视。要求在前期设计阶段，对外业地勘工作提出了更高的要求，同时在查明厂区地质条件的前提下，做好施工期机坑排水、边坡变形监测等措施，确保施工期安全。

（2）厂房结构设计难度。由于机组安装高程较低，一般半地下厂房地面平台和发电机层不在同一高程，根据不同的地形条件，二者相差几米、几十米不等，对大型抽水蓄能电站来说，由于厂房布置尺寸较大，机坑周边一般采用混凝土墙衬砌结构。对于高陡的混凝土墙结构，高度为 30～100m，在外水压力作用下，对衬砌结构的安全非常不利，特别是衬砌中下部、衬砌与底板交接部位应力较大，设计过程中应着重考虑。在确保厂区防渗排水系统可靠运行的基础上，需采用倒角、增大截面面积、提高混凝土强度等级等措施进行加强设计。

（3）厂区防渗排水设计、施工难度。采用半地下厂房布置方案的电站，厂区建筑物一般布置在下水库岸边较多，库水外渗、地下水外渗问题给机坑施工期围岩稳定、机组机构混凝土设计均带来较大难度，需对厂区进行系统的防渗排水设计。可采用帷幕灌浆、排水廊道、系统排水孔、排水帷幕等排堵结合措施，有效降低混凝土衬砌外侧水压力，同时需注意施工期灌浆、排水孔等的施工质量检查，确保“堵得住、排的畅”，确保有效解决外水压力较大问题。

（4）运行维护难度。由于半地下厂房距离下水库较近，若施工期帷幕灌浆和排水系统不能正常工作，造成厂房外水压力偏大，厂房局部部位渗水，给运行维护带来新的难度。可针对渗水部位采取新的防渗排水措施，确保电站安全运行，并制定应急预案，加强日常对防渗排水体系的检查，做好预防工作。

7 半地下厂房布置方案优缺点分析

与传统地下厂房布置方案相比，半地下厂房有如下优缺点：

（1）运行管理方便：半地下厂房上部结构布置在地面以上，保证厂内有良好的通风、防潮和采光等条件，交通问题也易解决，运行管理方便。

（2）工程投资少：由于抽水蓄能电站可逆式水泵水轮机机组要求吸出高度较大，大型抽水蓄能电站一般都采用地下式厂房布置，地勘工作量大，洞室开挖工期长，投资大，建成后运行条件较差。如果地形地质条件允许，半地下式厂竖井厂房是较为经济的布置方式。

（3）外水内渗风险：半地下厂房开挖尺寸较大，距离下库、河道较近，围岩节理发育、完整性差的情况下，厂房机坑围岩较薄，对厂房施工及永久运行防渗极为不利。

（4）结构设计难度：外水压力较大的情况下，且发电机层以上的边墙缺乏约束。20～30m 设置一道结构缝，在水平荷载作用下，边墙位移较大，对桥机运行的影响较大。

（5）施工工期影响：半地下厂房吊车安装需待厂房机坑开挖结束，下部吊车梁柱混凝土施工完毕后，方可进行，吊车安装完毕后才能进入机组安装，相应工程的施工占用直线工期。

（6）施工期排水难度：半地下厂房为敞开式，露天作业面受降雨影响，控制工期存在一定的不确定性，且降雨雨水进入机坑，施工排水量大。

8 结语

（1）大型抽水蓄能电站采用半地下厂房布置方案理论上可行，但需做好水文地质条件勘察、厂房建筑物结构设计、厂房防渗排水系统设计、施工期排水方案等工作，施工期间的机坑排水问题和运行管理期间的防渗排水系统的正常运行可靠性问题需重点关注。

（2）与地下厂房布置方案相比，半地下厂房虽然具有良好的运行管理条件和经济性，但需根据各工程的地形地质条件、机组安装高程、电站经济指标等情况具体分析，特别是大型抽水蓄能电站，采取半地下厂房布置方案建议进行专题研究，科学论证后，具有实施的可行性。

参考文献

[1] 张江红．流波水电站半地下式厂房防渗排水系统设计与施工［J］．江淮水利科技，2008（5）：2.
[2] 陆忠民，叶建春，顾小双，等．沙河抽水蓄能电站竖井半地下式厂房［J］．水力发电，2004，30（5）：2.

某抽蓄电站控制环裂纹消缺原因分析及预控措施

彭耐梓
（国网新源湖南黑麋峰抽水蓄能有限公司，湖南省长沙市 410202）

【摘 要】某抽蓄机组长时间频繁启停，其控制环频繁动作，在检修过程中发现控制环焊缝存在裂纹，控制环是调速器和导叶连接的桥梁，控制环的结构状态影响机组的正常启停运行。本文主要阐述了某抽蓄电站控制环裂纹缺陷的发现、处理情况以及其预控措施。

【关键词】控制环 裂纹 焊接控制

1 引言

某抽水蓄能电站为装机容量为4×300MW的单级立轴混流可逆式水泵水轮电动发电机组，总装机容量1200MW，2010年四台机组全部投产。该电站连续三年机组成功启停次数超过2400次，年发电量超过14亿kW·h，年抽水电量超过17亿kW·h。该抽蓄机组常年保持高强度、高频次运转，控制环频繁动作，在检修过程中发现控制环焊缝出现多处裂纹，这是国内抽蓄行业首次发现，本文以该抽蓄电站为例分析控制环的缺陷问题，对此类设备的设计及消缺有一定的借鉴意义。

2 控制环裂纹的发现过程

某抽水蓄能电站2019年11月机组检修过程中，金属检测人员对4号机调速器控制环工字焊缝进行磁粉探伤，检测发现14号导叶处控制环内侧上部（图1），5号、6号、14号、15号和16号导叶处控制环外侧存在非连续性裂纹缺陷（图2）。对控制环内外侧焊缝进行100%检测（PT探伤），检测发现14号导叶处控制环内侧以及4号、5号、6号、7号、14号、15号和16号导叶处的控制环外侧焊缝处存在非连续性裂纹缺陷。

在2号机组C级检修过程中，对1号、5号、6号、9号、15号、16号导叶拐臂处控制环内外侧8条焊缝进行磁粉抽查检测（每道约600mm），检测部位均发现存在非连续性裂纹缺陷。然后又对控制环内侧上部整条环焊缝和下部焊缝进行扩大比例抽检，检测范围内焊缝处均存在非连续性裂纹缺陷。

图1 14号导叶处控制环内侧裂纹

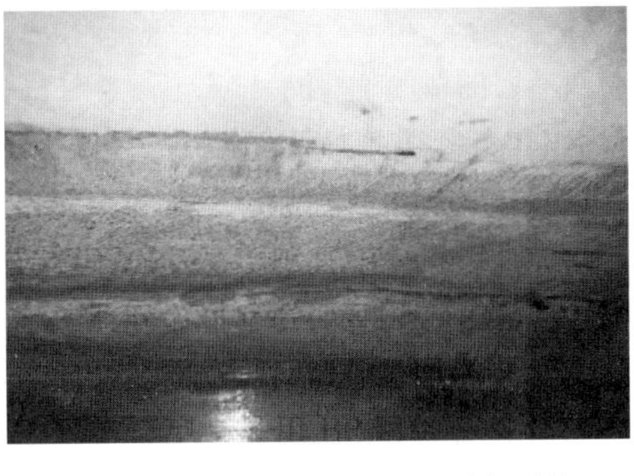

图2 16号导叶拐臂处控制环内侧裂纹

在1号机组A修期间对其控制环焊缝进行PT探伤检查，发现1号机组控制环存在非连续性裂纹缺陷（图3），进而对控制环内、外、上、下4处焊缝进行整体打磨和PT探伤，发现1号机控制环上部的内、外圈的焊缝均分布有裂纹，最长约超过1m，形态无规律性。下部焊缝探伤无裂纹。

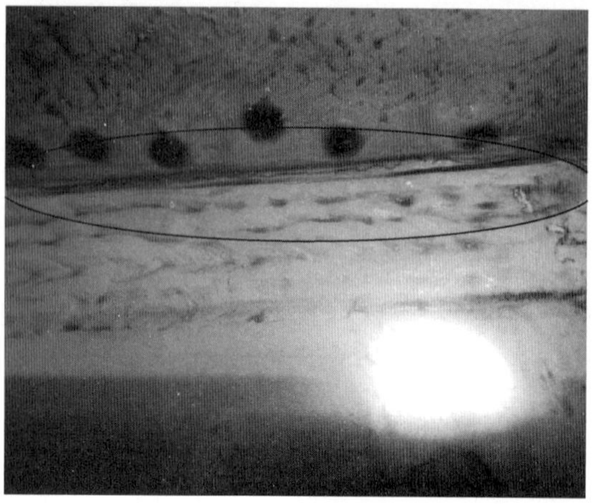

图 3　1 号机控制环上部外侧角焊缝磁粉检测结果
（标注区域为裂纹）

3　裂纹原因分析

从探测检查来看裂纹大部分位于焊趾处，少数裂纹位于焊缝道间位置。控制环内、外圆、上、下 4 条焊缝均出现裂纹，其中大部分位于外圆的上、下两条缝位置，少部分位于内圆上、下两条焊缝位置。从裂纹分布形态及分布位置判断裂纹为疲劳裂纹。

该抽水蓄能电站 1 号机、2 号机和 4 号机控制环出现疲劳裂纹，可能原因如下：

焊趾部位，焊缝与环板或立圈过渡不圆滑，同时焊缝由多层多道焊形成，由于焊趾及焊道间的微小突变，在交变载荷作用下，在微小突变部位产生应力集中并形成微裂纹，微裂纹在工况持续交变载荷作用下形成宏观裂纹。

焊缝非超标缺陷的影响：控制环焊缝为 3 级焊缝，按 ASME 标准进行表面无损检测，但焊缝或多或少存在非超标缺陷，如点状夹渣、微小气孔等。这些非超标缺陷的存在，在运行工况交变载荷作用下，形成微小裂纹，微小裂纹在工况持续交变载荷作用下形成宏观裂纹，并失稳扩展。当裂纹扩展达到临界尺寸时，会导致控制环开裂。

4　预控措施

对已发现的缺陷焊缝分层进行打磨，直至裂纹消失，探伤确认无裂纹后，按处理工艺进行预热、补焊、后处理，打磨后探伤合格为止。处理过程中注意控制环变形量。具体步骤如下：

采用打磨或碳弧气刨的方式清除裂纹。

打磨清除裂纹后，按 ASME 标准进行 PT 探伤，确认裂纹清理干净；采用碳弧气刨方式清除裂纹后，打磨气刨渗碳层见金属光泽，并按 ASME 标准进行 PT 探伤，确认裂纹清理干净。

补焊前，在圆周方向立圈和下环板位置均布架设 4 个百分表，用以监测焊接变形，焊接过程中，每焊接一个区域应记录百分表数据，根据变形情况调整焊接顺序和焊接量。

对于裂纹清理深度不大于 1mm 的部位，采用打磨平滑过渡的方式进行处理，不再进行补焊；对于裂纹清理深度超过 1mm 的部位，需进行补焊处理。补焊前应对待焊接区附近 50mm 范围内需清理打磨以去除氧化皮、锈、探伤液等有害焊接质量的杂质，并采用火焰加热的方式对待焊区域进行预热，预热温度不小于 50℃。

针对该抽蓄电站的 1 号机、2 号机、4 号机控制环焊缝产生疲劳裂纹，在后续机组检修时，对控制环焊缝进行抽检探伤，并增加抽查的范围，以确认控制环是否产生疲劳裂纹，并进行必要的处理。

5　结语

该电站控制环焊缝裂纹的成功处理对其他电站以及检修单位提供借鉴意义，也为生产厂家提供新的思路，对该电站机组安全稳定运行起着重要的作用。下一步将根据机组运行强度，继续加强特巡及隐蔽部位巡视力度，确保机组缺陷消除于萌芽状态。该抽蓄电站控制环焊缝处理后，经过两年多的跟踪检查，运行情况良好，达到了预期的效果。

垣曲抽水蓄能电站地下厂房洞室群围岩稳定及支护分析

刘天鹏[1,2]　马洪亮[1,2]　刘　佳[1,2]　王　野[1,2]
（1. 中水东北勘测设计研究有限责任公司，吉林省长春市　130000；
2. 水利部寒区工程技术研究中心，吉林省长春市　130000）

【摘　要】 地下洞室群施工建设过程中，特别是复杂地质条件下的地下洞室群，开挖对围岩产生强烈扰动，造成巨大卸荷效应，对围岩稳定有较大影响，关系工程的安全。以垣曲抽水蓄能电站地下厂房洞室群为依托，采用大型通用软件 ANSYS 程序建立数值分析模型，对施工开挖过程进行模拟。研究成果表明，开挖后，围岩变形不大，应力状态良好，系统加固锚杆应力满足设计要求。

【关键词】 地下洞室群　抽水蓄能电站　围岩稳定性　支护分析　有限元法

1　引言

在我国“双碳”目标下，加快发展抽水蓄能电站，是建设现代智能电网新型电力系统的重要支撑。地下厂房洞室群是抽水蓄能电站重要的水工建筑物，一般都是洞室布置复杂，多条断层与洞室交叉，严重影响着地下洞室群的安全与稳定[1-4]。在地下洞室群施工过程中，特别是对于复杂地质条件下的地下洞室群，开挖对围岩产生强烈扰动，造成巨大卸荷效应，对围岩稳定有巨大影响。断层、节理等软弱地质结构面和高地应力是主导地下洞室群围岩稳定的关键影响因素[5-7]。因此，洞室群的稳定性研究已然成为水电建设中最为关键的工程技术问题之一[8]。垣曲抽水蓄能电站地质条件复杂，洞室多、跨度大，边墙高，开挖施工过程中围岩稳定情况以及支护方式的合理性成为关键问题之一。本文采用大型通用软件 ANSYS 程序建立地下厂房洞室群数值分析模型，对施工开挖过程进行模拟，研究洞室群围岩开挖后的位移场、应力场和塑性区的分布特征，揭示应力集中部位和围岩潜在破坏部位的分布规律，评价厂房系统围岩稳定情况，为合理选择地下厂房洞室的施工程序、支护方式提供依据，使工程的设计达到既经济又安全的目的。

2　工程概况

山西垣曲抽水蓄能电站地下厂房系统主要由主副厂房洞、主变洞、母线洞、交通洞等建筑物组成。地下厂房采用中部布置方式，轴线方向均为 NW314°，布置在距上库进/出水口水平距离约 2000m 处。

主副厂房由主机间、安装间和副厂房组成，呈“一”字形布置，主机间布置在中部，安装间布置在左端，副厂房布置在右端。主副厂房洞开挖尺寸 170.0m×24.5m×54.5m（长×宽×高），其中主机间长 104m，安装间长 46m，副厂房长 20m。主机间布置 4 台 300MW 竖轴单级混流可逆式水泵水轮机组。厂房顶拱开挖高程为 426.30m，尾水管底板开挖高程为 371.80m。主机间分五层布置，分别是发电机层、母线层、水轮机层、蜗壳层、尾水管层。主副厂房洞主要采用喷锚柔性支护形式和岩壁吊车梁结构。主变洞和主副厂房洞平行布置，两洞室间净距 41.9m，一机一变。主变洞内布置主变室和主变副厂房，其开挖尺寸为 178.0m×21.2m×23.7m（长×宽×高）。主变洞分三层布置，分别是主变层、GIS 层、通风设备层。主副厂房洞与主变洞之间布置 4 条母线洞，每条母线洞长 41.9m，断面为城门洞型，净尺寸为 8.5m×9.5m（长×宽）。

地下厂房系统岩性主要为震旦系下统马家河组灰绿色与紫红色杏仁状安山岩、紫红色辉石安山岩与灰绿色辉石安山岩，以及紫红色凝灰熔岩透镜体，属中性熔岩。山脊覆盖层为残积层（Q_2^{eol}）马兰粉质黏土，厚度 15～30m，两侧大部分基岩露头。厂区地表出露岩体以全、强风化为主，强风化埋深为 10～

15m，弱风化带埋深 50～120m，微风化带埋深 160～245m。地下厂房系统建筑物为深埋洞室，围岩为新鲜岩体。

根据地质测绘、钻探、勘探平洞揭露，将厂区内断层分为 3 类，第 1 类是在厂房区出露，但未延伸至厂区厂房顶板（高程约 426.3m）的断层，如 F_{50}、F_{111}、F_{112} 等断层；第 2 类是在厂房区出露，且已延伸至厂房底板高程，但在厂房开挖区以外出露的断层，如 F_{145}、F_{147}、F_{148}、f_{71} 等断层，其中 F_{145} 断层靠近副厂房，距副厂房右端墙 7.66～22.47m；第 3 类为厂区内主要发育的断层，即在厂房开挖区内出露的断层，如 F_{146}、f_{77}、f_{68}、f_{79}、f_{81}、f_{83}、f_{53}、f_{54}、f_{65}、f_{80} 等断层，其中 F_{146}、f_{77} 断层出露宽度 0.80～2.00m，f_{68}、f_{79}、f_{81}、f_{83} 断层出露宽度 0.10～0.20m，f_{53}、f_{54}、f_{65}、f_{80} 断层出露宽度 0.03～0.05m。

3 基本资料

3.1 地质条件模拟

垣曲抽水蓄能电站地下厂房区域内断裂构造发育，计算中仅模拟了与厂房洞室相关的 11 条断层，均采用实体单元法模拟。按照地下厂房区域的地质情况，建立围岩的基本力学模型，模拟其岩体性质、断层、层面等地质构造。计算中模拟了与厂房洞室群相关的 11 条断层：f_{44}、f_{45}、f_{46}、f_{47}、f_{51}、f_{53}、f_{54}、f_{70}、F_{145}、F_{146} 和 F_{148}。岩石按理想弹塑性材料考虑，使用 Drucker－Prager 屈服准则，考虑了由屈服而引起的体积膨胀。

3.2 开挖洞室模拟

计算中模拟了厂房洞室、主变室、尾闸室、母线洞、尾水洞、进厂交通洞、主变运输洞、主变交通洞、尾闸交通洞、副厂房交通电缆洞和尾闸电缆通风洞等洞室。岩体的开挖和支护过程，计算中通过单元的“生”“死”功能进行模拟。先将洞室与围岩一起建立有限元模型，此时洞室单元的材料定义为初始的岩体材料，计算初始地应力。模拟开挖时，将挖掉的洞室单元设置成“死单元”，程序将其刚度矩阵变成一个很小的值，单元的载荷和质量亦设为零，因此不对载荷向量生效，其质量和能量也不包括在模型求解结果中。用这种改变单元“生”“死”状态的方法，即可逐步模拟各洞室的开挖和支护过程，了解洞室开挖施工导致的围岩位移以及应力重新分布情况，分析剪切破坏塑性区和受拉区域的分布、范围以及围岩的安全性。

3.3 支护模拟

锚杆支护有两种模拟方式：一是实体模型方式，二是虚拟锚杆方式。实体模型方式是将锚杆建模，用杆单元模拟。杆单元模拟方式逼真、直观，能够直接得到锚杆的应力结果，更贴近工程实际。但锚杆建模的工作量巨大，不仅模型极为复杂，且局部的应力集中难以避免。虚拟锚杆方式则不建立锚杆的几何模型，用提高洞室周边区域材料性能的方法近似模拟。

垣曲抽水蓄能电站地下厂房系统围岩稳定计算，采用实体模型方式和虚拟锚杆方式相结合的方法，厂房洞室周边以及岩壁吊车梁锚杆用实体模型方式模拟，主变室与尾闸室洞周的锚杆用虚拟锚杆的方法模拟。即厂房的系统支护锚杆与岩壁吊车梁的抗拉、抗压锚杆用杆单元模拟，主变室与尾闸室洞周则用提高洞周材料性能的方式模拟。

对于锚固机理及对岩体力学性能的改善，国内外学者做了大量的研究和模型试验。朱维申等在《节理岩体破坏机理和锚固效应及工程应用》一书中提出了力学模型和分析方法，还给出了锚杆支护对岩石强度提高的经验公式。锚固岩体的等效凝聚力如下：

$$C_{等效}=C_{岩体}+\eta\frac{\tau S}{ab}$$

式中：$C_{岩体}$为岩体的凝聚力；τ、S 分别为锚杆材料的抗剪强度和横截面积；a、b 为锚杆的纵横向间距；η 为综合经验系数。

书中还给出了该理论在小浪底电站地下厂房、三峡右岸地下电厂、溪洛渡电站地下洞室群等工程中的应用。参考上述工程，本次计算将主变室与尾闸室洞周的围岩弹模提高 10%，凝聚力和摩擦系数提高

5%，洞周断层的弹模、凝聚力和摩擦系数提高50%。

3.4　计算分析模型

坐标系定义为：X轴为上下游方向，指向下游（下库侧）为正。Y轴为竖直方向，向上为正。Z轴为厂房轴线方向，指向右侧为正。围岩、各洞室和吊车梁用实体单元solid45模拟，锚杆用杆单元link180模拟。吊车梁与岩壁之间设置了目标面单元targe170和接触面单元conta174。有限元模型中共划分节点199493个，单元852901个，其中实体单元818030个，锚杆单元24740个，接触单元10131个。地下厂房洞室群的有限元模型如图1所示。

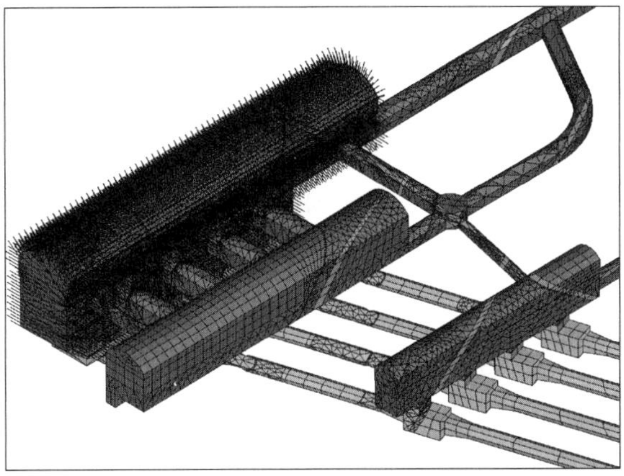

图1　地下厂房洞室的有限元模型

模型范围：洞周围岩向底部和四周各扩展200m，顶部取至山顶，计算模型的总体尺寸为（X、Y、Z三个方向）544.5m×453.5m×588.75m。

边界条件定义为：计算模型底面施加全约束，四周施加地应力，顶面为自由面。

3.5　计算参数

按照地质专业提供的厂房区域的围岩性质，考虑风化及节理裂隙的影响，计算中采用的物理力学参数见表1。

表1　计算中采用的物理力学参数

材料	备　注	弹模/GPa	泊松比	质量密度/(kg/m^3)	凝聚力/MPa	摩擦系数	抗拉强度/MPa	抗压强度/MPa
围岩	高程500m以下	20	0.23	2800	1.5	1.3	5.0	120
	高程500～625.8m	18	0.24	2790	1.3	1.2	3.55	100
	高程625.8～715.8m	13	0.25	2780	1.1	1.1	2.4	80
断层	岩块岩屑型	1.0	0.4	2300	0.15	0.5		
	岩屑夹泥型	0.8	0.45	2200	0.1	0.4		
	泥夹岩屑型	0.6	0.49	2100	0.03	0.3		
锚杆	HRB400	200	0.3	7800			360	
吊车梁	C30	30	0.167	2500	1.74	1.42	2.01	20.1

3.6　计算荷载

参考中国地震局地壳应力研究所2018年5月《山西垣曲抽水蓄能电站地应力测试与应力场研究报告》，水平最大主应力在10.06～16.04MPa范围内，平均值为12.24MPa，最大水平主应力方向在N17.6°E～N36.8°E。

3.7　开挖顺序

主厂房洞室分7层开挖，主变室分3层开挖，尾闸室分4层开挖，母线洞和尾水支洞均一次开挖。地下厂房系统主体洞室的开挖方式一如图2所示。

4　计算结果分析

4.1　位移分析

（1）上游边墙。开挖引起各洞室边墙向洞内收敛变形，厂房洞室边墙较高，开挖引起的位移亦较大。厂房洞室第3载荷步开挖，上游边墙产生位移，随着洞室的逐步开挖，边墙位移逐渐增大。洞室开挖全部完成后，厂房上游边墙位移达到最大值，向洞内变形了4.15cm，位于断层经过的安装间。主变室第5载荷步开挖，受厂房开挖的影响，主变室上游边墙先向上游变形，至其最底层开挖的第9载荷步，开始向洞

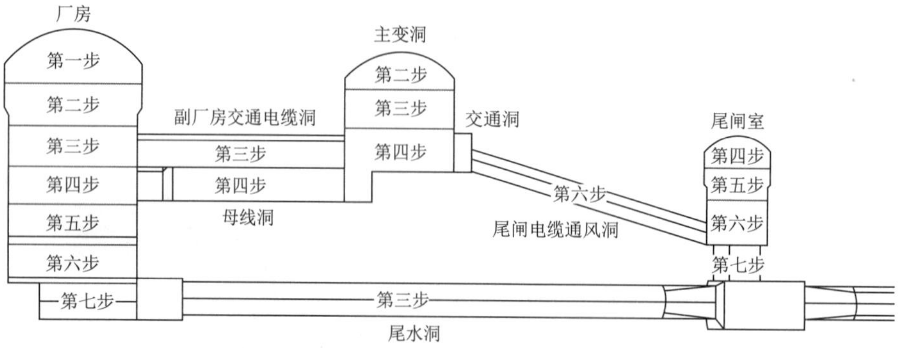

图 2 各洞室的开挖顺序

内变形，与 3 号母线洞交叉口断层经过处位移达到最大值 1.3cm，之后位移逐渐向上游回弹。尾闸室第 9 载荷步开挖，至第 11 载荷步时，4 号尾水洞边墙中部断层处边墙位移 2.54cm，然后位移略有减小。各洞室上游边墙位移最大点的位移过程线见图 3。

（2）下游边墙。从第 3 载荷步开始，厂房洞室下游边墙产生向洞内的位移，至第 5 载荷步位移急剧增大。洞室全部开挖完成后，厂房下游边墙位移达到最大值，主变运输洞上方断层处向洞内变形了 4.25cm。主变室第 5 载荷步开挖，至其最底层开挖的第 9 载荷步下游边墙位移骤增，洞室全部开挖完成后达到最大值 2.65cm，位于 3 号母线洞附近的断层处。尾闸室下游边墙开挖之前即有向洞内的微小变形，至第 11 载荷步位移骤增，至洞室全部开挖完成后位移达到最大值 1.82cm，位于 1 号、2 号母线洞之间的断层处。各洞室下游边墙位移最大点的位移过程线如图 4 所示。

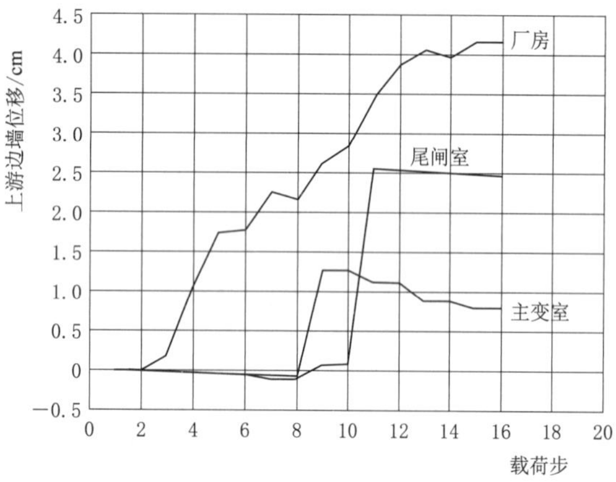

图 3 各洞室上游边墙位移过程线

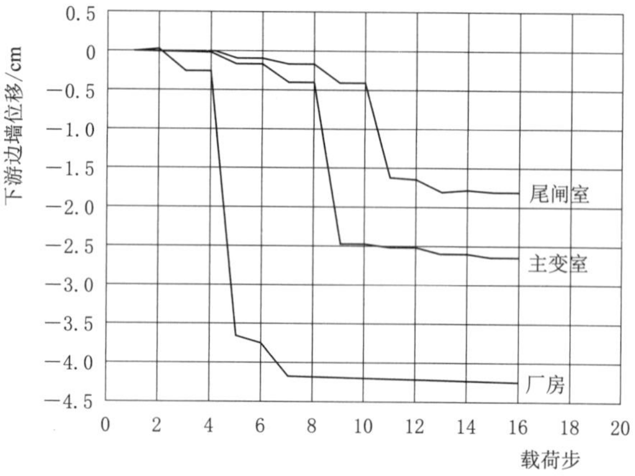

图 4 各洞室下游边墙位移过程线

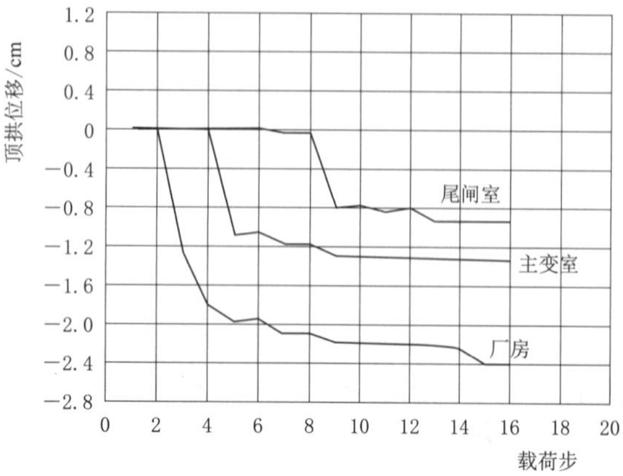

图 5 各洞室顶拱位移过程线

（3）顶拱。洞室开挖时，各洞室顶拱产生下沉，首次开挖产生的下沉量最大，见图 5。厂房洞室最大下沉出现在安装间顶拱，此处有两条断层通过。厂房开挖后，顶拱逐渐下沉，至洞室全部开挖完成，厂房顶拱下沉最大值为 2.4cm。主变室顶拱首次开挖产生较大下沉，首次支护后顶拱的下沉有明显的回调，之后下沉趋缓。洞室全部开挖完成后，主变室顶拱下沉 1.33cm，位于左端墙附近断层处。尾闸室顶拱随着开挖逐渐下沉，在支护后位移略有反弹。洞室全部开挖完成后，尾闸室顶拱下沉 0.93cm，位于 4 号尾水洞附近的断层处。

4.2　应力分析

洞室全部开挖完成后，X 方向应力如图 6 所示，厂房边墙出现 X 方向拉应力区，拉应力的值均低于 2.0MPa。厂房顶拱、底板多为压应力，压应力的值多在 20.0MPa 以下。主变室边墙与母线洞交汇处有低于 1.0MPa 的拉应力区，顶拱压应力低于 20.0MPa。尾闸室洞周无拉应力区，腰墙部位压应力较大，最大压应力低于 30.0MPa。

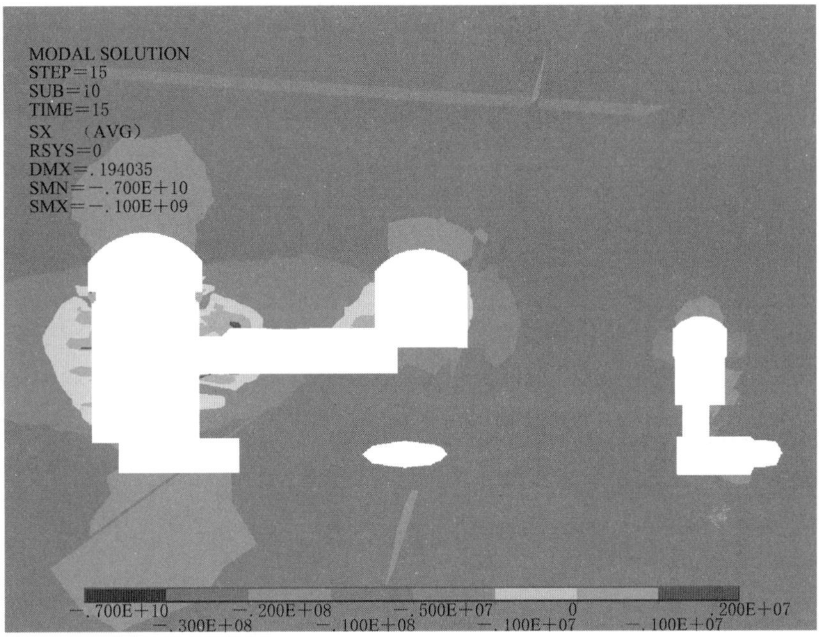

图 6　厂房第 7 层、尾闸室第 4 层开挖后 X 方向应力

Y 方向上各洞室周边均无拉应力，压应力的值均在 20.0MPa 以下，见图 7。

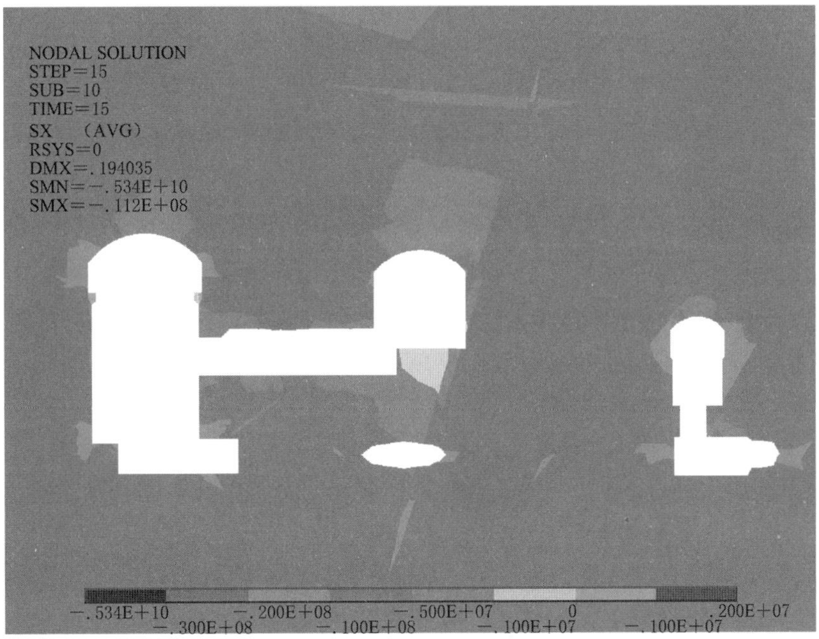

图 7　厂房第 7 层、尾闸室第 4 层开挖后 Y 方向应力

系统锚杆多承受拉应力，且应力值多小于 180.0MPa，边墙中部的锚杆拉应力值较大，上游边墙最大拉应力 162.0MPa。边墙顶、底部锚杆承受压应力，压应力值基本小于 50.0MPa，开挖全部完成后，锚杆承受的压应力有所降低。吊车梁抗拉锚杆均承受 50.0MPa 以下拉应力，上游抗压锚杆多承受 50.0MPa 以

下压应力，下游抗压锚杆则承受拉应力，见图 8。

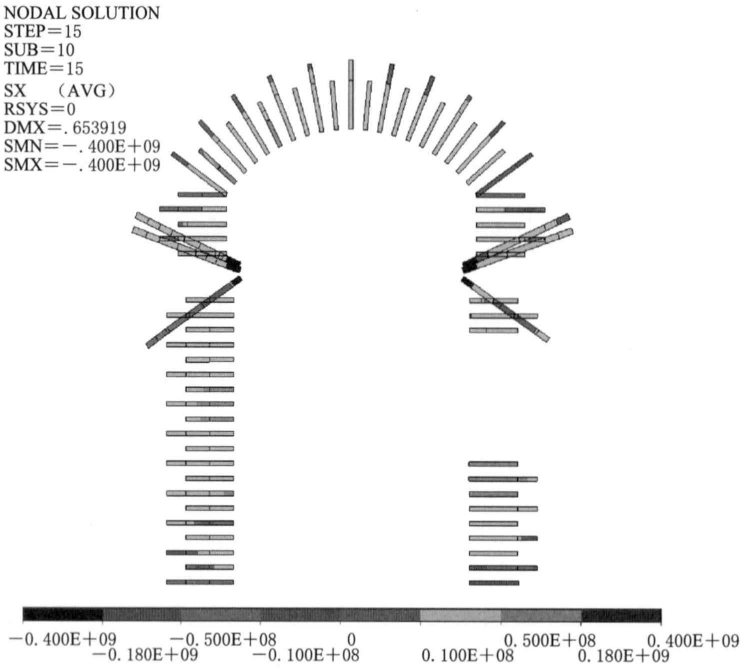

图 8 洞室全部开挖完成后锚杆的轴向应力

4.3 塑性区

典型断面开挖完成的塑性区分布如图 9 所示。从图中可见，洞室围岩亦出现了一定范围的塑性区，尾闸室下游边墙与腰箱处的塑性区面积较大，其他部位的塑性区面积较小且未连通，厂房系统围岩稳定稳定性较好。

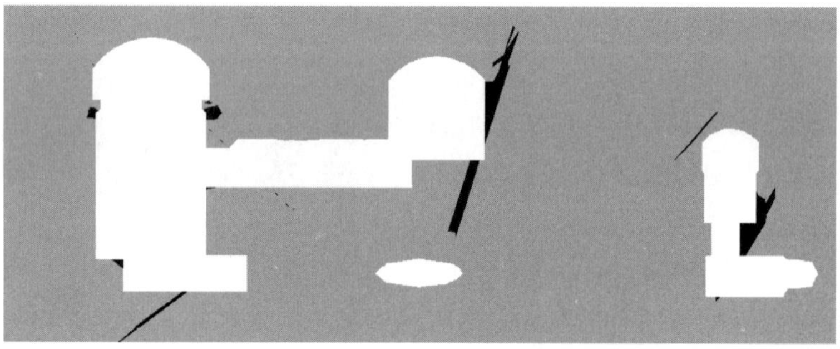

图 9 开挖完成后的塑性区分布

5 结语

（1）地下厂房围岩整体变形符合具有高边墙的地下洞室特点。主厂房变形最大值为 4.25cm；主变室向洞内变形最大值为 2.65cm，尾闸室变形最大值 2.54cm。

（2）地下厂房围岩应力分布随开挖过程逐步由洞周向岩体内部迁移，应力迁移和调整区域主要集中在洞周 1 倍洞径范围内。开挖过程中上下游边墙出现了拉应力区，拉应力随着逐层开挖而增大，主厂房围岩最大拉应力为 2.8MPa，主变室围岩最大拉应力为 1.0MPa，尾闸室洞周未出现拉应力，均未超过围岩的抗拉强度（3.5MPa）极限值。

（3）洞室开挖过程中，厂房底部、主变室和尾闸室下游，受断层影响产生了的塑性区，塑性区面积较小且未连通，厂房系统的围岩稳定性较好。系统锚杆多承受拉应力，且应力值多小于 180.0MPa。上游边墙锚杆拉应力超过 180.0MPa 的锚杆数量共计 181 根，约占上游边墙锚杆总数的 7.6%；下游边墙锚杆拉应力超过 180.0MPa 的锚杆数量共计 48 根，约占下游边墙锚杆总数的 2.3%。

（4）总体而言，垣曲抽水蓄能电站地下厂房开挖后，围岩变形不大，应力状态良好，系统加固锚杆应力满足设计要求。

参考文献

[1] 苏超，茆晓静，赵业彬，等. 复杂地质条件下大型地下洞室群围岩稳定性研究 [J]. 水力发电，2018，44（3）：19-22.

[2] 胡炜，段汝健，杨兴国，等. 高地应力条件下大型地下洞室群施工期围岩稳定特征 [J]. 四川大学学报：工程科学版，2013，45（S1）：24-30.

[3] 王文远，张四和. 糯扎渡水电站左岸厂房区地下洞室群围岩稳定性研究 [J]. 水力发电，2005，31（5）：30-32.

[4] 冷先伦，盛谦，朱泽奇，等. 遍布节理对地下洞室群围岩稳定性的影响研究 [J]. 土木工程学报，2009，42（9）：96-103.

[5] 李攀峰，刘宏，崔长武，等. 某大型地下洞室群围岩稳定性工程地质评价 [J]. 地球与环境，2016，33（3）：90-94.

[6] 杨明举，关宝树，王民寿. 岩体参数影响大型地下洞室群围岩稳定的灵敏度分析 [J]. 西南交通大学学报，2000，35（5）：488-491.

[7] 郭怀志，马启超，薛玺成，等. 岩体初始应力场的分析方法 [J]. 岩土工程学报，1983，15（3）：64-75.

[8] 党林才. 中国水电地下工程建设与关键技术 [M]. 北京：中国水利水电出版社，2012.

河南宝泉抽水蓄能电站避沙调度研究

陈翠霞 钱 裕 胡笑妍 陈松伟
（黄河勘测规划设计研究院有限公司，河南省郑州市 450003）

【摘 要】针对河南宝泉抽水蓄能电站特点，建立泥沙模拟模型，计算了多年平均情况和洪水期时电站过机含沙量及泥沙粒径，研究了电站避沙优化调度，提出：多年平均情况下电站抽水、发电时主汛期和年均过机含沙量均小于规范要求的 0.08kg/m³；另外大洪水期间电站机组因水头高、流速大，泥沙对转轮磨损剧增，造成机组供水系统易堵塞，建议主汛期 7—8 月洪水期下库当入库流量大于 450m³/s 时，电站停机避沙，洪峰过后入库流量降至 180m³/s 时，电站开机运行，电站年均停机天数约 0.35d。研究成果可为抽水蓄能电站调度提供参考。

【关键词】抽水蓄能电站 过机泥沙 数值模拟 避沙调度 宝泉

抽水蓄能电站与一般水电站不同，抽水蓄能电站是双向运行的，即进水口和出水口合一[1]。在多沙河流上建设抽水蓄能电站，泥沙会对机组造成严重磨损，导致水轮机的工作效率和电站出力大大降低，应研究制定相应的水沙调度方式[2]，优化电站避沙调度方式。

抽水蓄能电站进/出水口工作条件要适应发电及抽水时双向水流的水力条件，水位变化频繁、变幅较大[3]，尚没有成熟的理论方法去解决电站进出水口前含沙量、泥沙淤积及过机含沙量的准确预测问题，目前采取的研究方法主要有数值模拟和模型试验，Bonalumi M 等[4] 基于实测资料分析了某抽水蓄能电站对原有上、下水库泥沙的影响；魏红艳等[5] 建立抽水蓄能电站水沙调控数学模型，模拟了水库淤积及过机含沙量。但目前对多沙河流上抽水蓄能电站泥沙问题研究相对较少，且主要以物理模型试验为主[6]。

宝泉抽水蓄能电站为高水头电站，额定水头 510m，下水库多年入库含沙量为 2.3kg/m³，在抽水蓄能电站中属于偏高。电站建成投运前，张建等[7] 通过物理模型试验研究了过机泥沙。当前，宝泉电站已运行了 13 年，2016 年“7·19”洪水还发生过泥沙堵塞电站供水过滤器导致机组停机事故（洪水最大含沙量 24.0kg/m³）。本文在总结以往研究成果基础上，通过电站泥沙模拟模型计算，分析了电站过机含沙量及泥沙级配，对电站避沙调度提出优化建议，以期为抽水蓄能电站避沙调度提供参考。

1 概况

1.1 工程概况

宝泉抽水蓄能电站位于河南省辉县市薄壁乡大王庙以上 2km 的峪河上，主要由上水库、下水库、输水系统、地下厂房和开关站等组成，属日调节纯抽水蓄能电站。电站利用原宝泉水库（1980 年建成运用）改建加高后作为下水库，上水库在库区左岸支流东沟（沟口距下水库坝址上游约 2km）上修建，库尾建有副坝拦截汛期推移质泥沙，东沟汛期含沙水流来水来沙由排水洞宣泄至下库，不进入上库，上库只有机组抽水进入的水沙。下库进/出水口布置在下水库左岸，距坝 1.5km，底板高程 207m；上库进/出水口底板高程 745m，修建拦沙坎防沙。电站装机规模 1200MW，2008 年投入运用。根据工程设计标准，多年平均过机含沙量应不大于 80g/m³，允许进入引水系统大于 0.1mm 泥沙含沙量不大于 5g/m³。

1.2 来水来沙特性

峪河河道弯曲，比降大，水流湍急，一遇暴雨，山洪陡涨陡落，洪水过后，河道干涸，为典型的山区河流。峪河洪水主要发生在 7—8 月，实测最大洪水出现在 1963 年 8 月 8 日，峪河口水文站洪峰流量达 2240m³/s，洪水峰高、量小、历时短。峪河来沙集中在洪水期，水沙同步，主汛期多年平均含沙量为 2.3kg/m³，洪水过后即为清水，实测最大含沙量为 1976 年 8 月 26 日的 28.5kg/m³。

2 泥沙模拟模型

基于水库一维泥沙冲淤模型，结合宝泉电站特点，建立电站泥沙模拟模型。

2.1 水库一维泥沙冲淤模型

2.1.1 模型原理及基本控制方程

水库一维泥沙冲淤模型原理及基本控制方程如下：

（1）水流连续方程：

$$B\frac{\partial z}{\partial t}+\frac{\partial Q}{\partial x}=q_l \tag{1}$$

（2）水流运动方程：

$$\frac{\partial Q}{\partial t}+2\frac{Q}{A}\frac{\partial Q}{\partial x}-\frac{BQ^2}{A^2}\frac{\partial z}{\partial x}-\frac{Q^2}{A^2}\frac{\partial A}{\partial x}\bigg|_z=-gA\frac{\partial z}{\partial x}-\frac{gn^2|Q|Q}{A(A/B)^{4/3}} \tag{2}$$

（3）不平衡输沙方程：将悬移质泥沙分为 k 组，其不平衡输沙方程为

$$\frac{\partial(AS_k)}{\partial t}+\frac{\partial(QS_k)}{\partial x}=-\alpha\omega_k B(S_k-S_{*k})+q_{ls} \tag{3}$$

（4）河床变形方程：

$$\gamma'\frac{\partial A}{\partial t}=\sum_{k=1}^{M}\alpha\omega_k B(S_k-S_{*k}) \tag{4}$$

（5）水流挟沙能力：采用适合于高含沙水流的张红武公式

$$S_*=2.5\left[\frac{(0.0022+S_V)u^3}{\kappa\frac{\rho_s-\rho_m}{\rho_m}gh\omega_m}\ln\left(\frac{h}{6D_{50}}\right)\right]^{0.62} \tag{5}$$

$$\omega_m=\left(\sum_{k=1}^{M}\beta_{*k}\omega_k^m\right)^{\frac{1}{m}} \tag{6}$$

式中：x 为沿流向坐标，m；t 为时间，s；Q 为流量，m^3/s；z 为水位，m；B 为河宽，m；q_l 为单位时间单位河长汇入或流出流量，m^2/s；A 为过水面积，m^2；n 为糙率；g 为重力加速度，m/s^2；α 为恢复饱和系数；ω_k 为第 k 组泥沙颗粒沉速，m/s；S_k 为第 k 组泥沙含沙量，kg/m^3；S_* 为水流挟沙力，kg/m^3；S_{*k} 为第 k 组泥沙水流挟沙力，kg/m^3；q_{ls} 为单位时间单位河长汇入（流出）的沙量，kg/(m·s)；γ'为泥沙干容重，kN/m^3；u 为水流流速，m/s；h 为水深，m；ρ_s、ρ_m 为泥沙和浑水密度，kg/m^3；κ 为 Karman 常数，与含沙量有关；S_V 为体积比含沙量，kg/m^3；ω_m 为混合沙挟沙力的代表沉速，m/s；D_{50} 为床沙中值粒径，mm；m 为系数。

采用有限体积法对模型控制方程进行离散，采用基于交错网格的 SIMPLE 算法处理流量与水位的耦合关系，离散方程求解时在进口给定流量和含沙量过程，出口给定水位过程。

2.1.2 模型验证

宝泉水库于 2003 年、2015 年和 2018 年测量了库区地形。采用 2003 年 1 月—2017 年 12 月水沙资料对模型参数进行验证，验证计算初始地形为 2003 年实测库区大断面。模型计算纵剖面与实测值基本一致，见图 1。2018 年计算库容与实测库容相差不大，相对误差为 0.32%～1.47%。

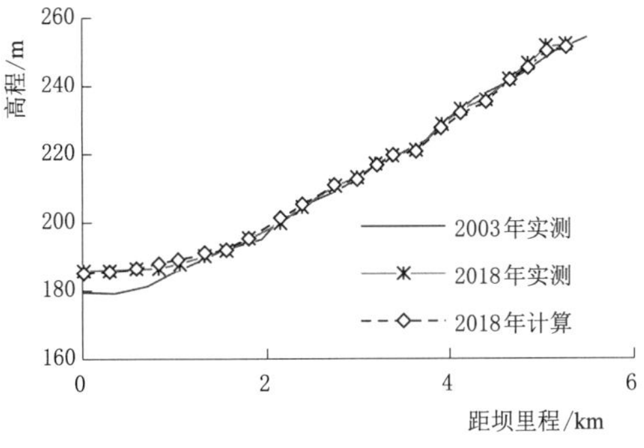

图 1 模型计算纵剖面与实测纵剖面对比图

2.2 过机泥沙计算方法

一般来说河道断面水流表层含沙量较小，底层含沙量较大。因此，过机含沙量的大小与电站进/出水口高程密切相关。因宝泉水库缺少实测含沙量垂线分布资料，其含沙量垂线分布计算采用劳斯公式：

$$S_y/S_a=\left[\left(\frac{h}{y}-1\right)/\left(\frac{h}{a}-1\right)\right]^Z \tag{7}$$

式中：S_y 为垂线点含沙量，kg/m^3；y 为断面垂线点高程与河底高程之差，m；h 为水深，m；Z 为悬浮指标，$Z=\omega/KU_*$；ω 为沉速，m/s；K 为卡门常数；U_* 为摩阻流速，m/s；S_a 为 $y=a$ 处的含沙量，kg/m^3，$a=0.05h$。

为验证劳斯公式的合理性，采用与宝泉水库入库悬移质中数粒径相近的三门峡水库实测含沙量垂线分布数据对公式进行验证。宝泉入库悬移质中数粒径约 0.033mm，三门峡水库入库悬移质中数粒径约 0.025～0.035mm，与宝泉水库相近。1989 年 8 月 21 日三门峡水库实测含沙量垂线分布数据见表 1，测量断面平均含沙量为 35.6kg/m^3，表层含沙量与平均含沙量的比值为 0.5，底层含沙量与平均含沙量比值为 1.51。按式（7）计算的三门峡水库含沙量沿垂线分布见表 2，与实测值相比差别不大，见图 2。因此，宝泉水库采用劳斯公式计算得到的含沙量垂线分布结果，见表 2。

表 1　三门峡水库 1989 年 8 月 21 日实测含沙量垂线分布曲线

y/h	1.0	0.8	0.4	0.2	0.0
S_y	17.9	32.2	34	42.9	53.8
S_y/S 实测值	0.50	0.90	0.96	1.21	1.51

注　S 为平均含沙量。

表 2　宝泉水库采用的含沙量垂线分布曲线（劳斯公式计算）

y/h	1	0.9	0.8	0.7	0.6	0.5	0.4	0.3	0.2	0.1	0.05
S_y/S	0.536	0.759	0.837	0.898	0.942	0.975	1.047	1.097	1.180	1.297	1.408

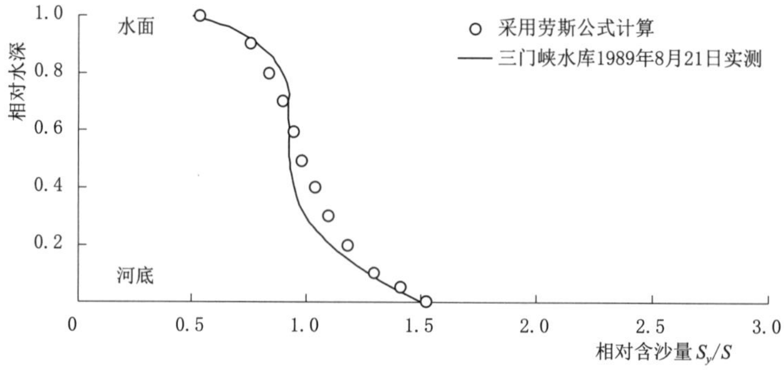

图 2　三门峡水库 1989 年 8 月 21 日含沙量垂线分布计算与实测对比图

3　过机泥沙分析计算

宝泉上库所在的东沟汛期推移质泥沙不进入上库。因此，电站过机泥沙从两个方面考虑：一是洪水期电站抽水时的过机泥沙；二是抽入上库的泥沙在发电时二次经过机组的过机泥沙。电站经济寿命期为 50 年，自 2008 建成投入运用已过去了 13 年。考虑到 2018 年水库进行了地形测量，本文基于 2018 年实测地形，利用泥沙模拟模型，预测了未来 40 年（2018—2058 年）年均过机泥沙情况。同时选取了 1963 年典型洪水（约相当于 30 年一遇）、5 年一遇频率洪水，计算了洪水期（集中来沙期）电站过机泥沙情况。

3.1　过机沙量及过机含沙量

（1）多年平均计算成果。数学模型计算得到的宝泉抽水蓄能电站多年平均过机泥沙计算结果见表 3。至 2058 年即水库未来 40 年后，宝泉下库淤积了 493.5 万 m^3，下库未来仍为近似锥体的复合型淤积形态，坝前淤积高程 194.52m，进/出水口处淤积高程为 206.29m，接近进/出水口底板高程 207m。未来 40 年，年均抽水进入上库泥沙为 1.20 万 t，发电排出上库的泥沙为 1.02 万 t，上库年均淤积 0.18 万 t，为水平淤积，平均淤高约 0.21m。主汛期抽水年均过机含沙量为 0.036kg/m³，发电年均过机含沙量为 0.033kg/m³，均小于规范要求的 0.080kg/m³，满足机组要求。

表 3 宝泉抽水蓄能电站多年平均过机泥沙计算结果

工况	入库悬移质沙量/万 t	下库淤积量/万 m³	过机沙量占入库悬沙比/%	过机沙量/万 t	主汛期过机水量/亿 m³	主汛期过机含沙量/(kg/m³)
抽水	12.09	493.5	9.92	1.20	3.3	0.036
发电			8.44	1.02	3.1	0.033
合计			18.36	2.22	6.4	0.035

(2) 典型洪水计算成果。典型洪水过机含沙量计算成果见表 4。由表可知，入库洪水洪峰量级越大，洪水含沙量越大，过机含沙量越高。同场洪水，随着水库运用库区淤积增加，河床淤积抬升，过机含沙量增加，均超过了规范要求的多年均值 0.080kg/m³。可知，电站泥沙问题主要发生在洪水期间，例如 2016 年发生的"7·19"洪水最大入库洪峰流量 2034m³/s，最大含沙量 24.0kg/m³，电站供水过滤器就曾发生了堵塞造成机组停机。

表 4 宝泉抽水蓄能电站典型洪水过机含沙量计算成果 单位：kg/m³

洪水频率	工况	水库运用第 10 年（2018 年）		水库运用第 30 年（2038 年）		水库运用第 50 年（2058 年）	
		最大	平均	最大	平均	最大	平均
5 年一遇	入库	10.68	7.06	10.68	7.06	10.68	7.06
	抽水	0.85	0.39	1.23	0.57	1.84	0.84
	发电	0.72	0.33	1.05	0.48	1.56	0.71
1963 年洪水（约 30 年一遇）	入库	31.97	15.40	31.97	15.40	31.97	15.40
	抽水	2.52	0.90	3.66	1.30	5.23	1.86
	发电	2.14	0.76	3.11	1.10	4.45	1.58

3.2 过机泥沙粒径

(1) 多年平均计算成果。数学模型计算得到的不同时期多年平均过机泥沙中值粒径见表 5，随着库区河床淤积抬高，过机泥沙粒径增加，未来 20 年多年平均过机泥沙中值粒径约 0.009mm，未来 20～40 年平均约 0.014mm。过机泥沙较细，颗粒直径大于 0.1mm 泥沙约占总沙量的 8%。

表 5 不同时期多年平均过机泥沙中值粒径 单位：mm

时期	2018—2038 年	2038—2058 年	2018—2058 年
平均过机泥沙中值粒径	0.009	0.014	0.011

(2) 典型洪水计算成果。典型洪水过机泥沙中值粒径见表 6。可知，洪水量级越大，洪水携带泥沙粒径越粗，过机泥沙粒径越粗；河床淤积越高，过机泥沙粒径越粗。

表 6 宝泉抽水蓄能电站典型洪水过机泥沙中值粒径 单位：mm

洪水频率	2018 年	2038 年	2058 年
5 年一遇	0.011	0.014	0.017
1963 年洪水（约 30 年一遇）	0.018	0.019	0.020

宝泉水库入库洪水峰高、量小、历时短，一般不超过 1d。模型计算的 5 年一遇、1963 年典型洪水进入供水系统不小于 0.1mm 的泥沙含量过程见图 3、图 4，由图可知，两场典型洪水涨水期入库流量分别大于 450m³/s、550m³/s 时，进入供水系统大于 0.1mm 的粗泥沙含沙量大于 5g/m³，电站宜停机避沙；落水期入库流量分别小于 270m³/s、180m³/s 时，粗泥沙含沙量小于 5g/m³，电站可以开机运行。

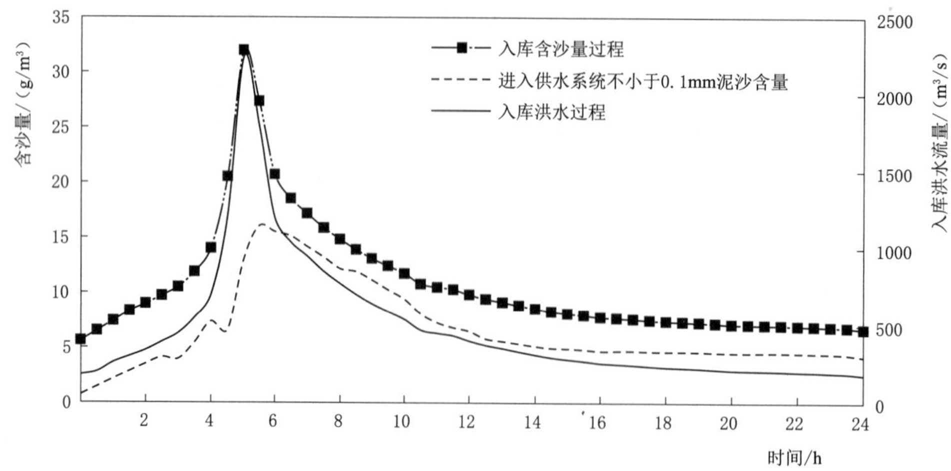

图3 1963年典型洪水进入供水系统不小于0.1mm泥沙含量过程

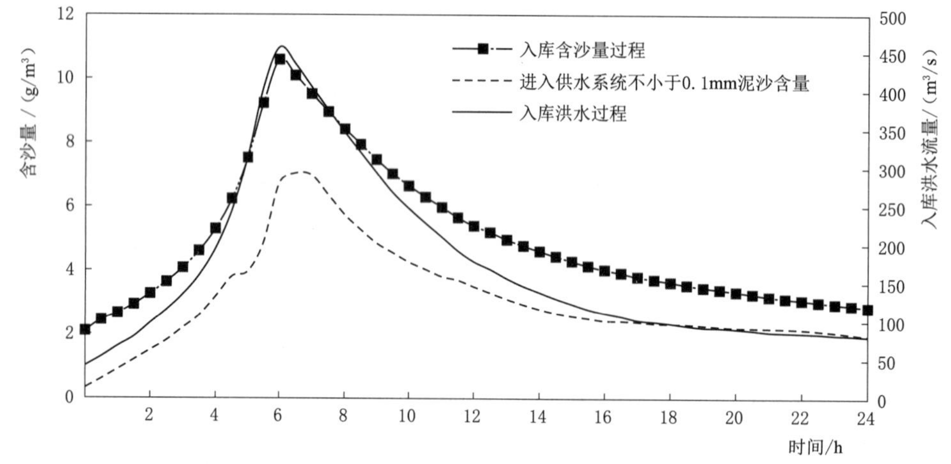

图4 5年一遇洪水进入供水系统不小于0.1mm泥沙含量过程

4 避沙调度优化建议

从水库调度、电站调度两方面提出避沙调度优化建议。

4.1 水库调度

宝泉水库运用水位对过机泥沙影响较大。主汛期运用水位降低有利于增加水库的排沙比，减缓水库淤积速率，降低进/出水口断面淤积高程；但水位降低将泥沙更多带至坝前，导致电站进/出水口断面平均含沙量增大。计算分析了主汛期按现状汛限水位257.5m、灌溉限制水位230.5m时电站过机沙量见表7，多年平均过机沙量前者为2.22万t，后者为2.75万t。可知，下库降低水位运用增加了电站过机沙量，建议主汛期下库仍按当前水位运用。

表7 不同汛限水位方案电站过机沙量计算结果

汛限水位方案/m	工况	过机沙量占入库悬沙/%	入库悬移质沙量/万t	过机沙量/万t	主汛期过机水量/亿m³	主汛期过机含沙量/(kg/m³)
257.5	抽水	9.89	12.09	1.20	3.3	0.036
	发电	8.41	12.09	1.02	3.1	0.033
	合计	18.30	12.09	2.22	6.4	0.035
230.5	抽水	12.29	12.09	1.49	3.3	0.045
	发电	10.44	12.09	1.26	3.1	0.040
	合计	22.73	12.09	2.75	6.4	0.043

4.2 电站调度

主汛期洪水期入库水流含沙量大，应在洪水期短期停机避沙。峪河流域洪水历时短，如1963年典型洪水历时1d，其中涨水段4h，洪峰段4.5h，落水段15.5h。对主汛期7—8月洪水期电站调度方式进行优化，根据上文典型洪水计算成果，对5年一遇、1963年典型洪水过程，洪水涨水期入库流量分别大于$450m^3/s$、$550m^3/s$时，进入供水系统大于0.1mm的粗泥沙含沙量大于$5g/m^3$，落水期入库流量分别小于$270m^3/s$、$180m^3/s$时，粗泥沙含沙量小于$5g/m^3$。为便于统一调度，建议洪水涨水期间当下库入库流量大于$450m^3/s$时，电站停机避沙，洪峰过后当入库流量降至$180m^3/s$时，电站可以开机运行；平水期和其他月份，宝泉入库基本为清水，机组正常运用。

5 结语

（1）电站避沙是确保抽水蓄能电站安全运行和工程效益发挥的重要前提条件。对宝泉电站避沙调度方式提出了优化，提出主汛期下库仍按当前水位运用，7—8月洪水期入库含沙量高，当下库入库流量大于$450m^3/s$时，电站宜停机避沙，洪峰过后入库流量降至$180m^3/s$时，电站可开机运行。

（2）抽水蓄能电站过机泥沙问题复杂，处理不当将带来严重的后果，应加强下库进/出水口河床淤积高程监测，必要时采取清淤等措施降低淤积面高程，减少过机沙量。

（3）抽水蓄能电站运用应跟踪研究近期电站避沙调度实施效果，及时总结避沙调度管理经验，结合运用实践进一步深入研究和优化电站避沙调度方案，为工程效益发挥提供技术支撑。

参考文献

[1] 孙东坡，陈浩，胡祥伟. 某抽水蓄能电站下库进出水口水沙运动特性试验研究 [J]. 泥沙研究，2017，42（2）：28-34.

[2] DL/T 5208—2005 抽水蓄能电站设计导则 [S]. 2005.

[3] 梅家鹏，任晓倩. 某抽水蓄能电站下库侧式进/出水口数值模拟 [J]. 人民黄河，2015，37（1）：108-110.

[4] BONALUMI M，ANSELMETTI F S，KAEGI R，et al. Particle dynamics in high-Alpine proglacial reservoirs modified by pumped-storage operation [J]. Water Resources Research，2011，47（9）：1-15.

[5] 魏红艳，徐秋蒙，余明辉. 抽水蓄能电站水沙调控数值模拟研究 [J]. 水力发电学报，2015，34（2）：91-97，117.

[6] 张国良，孙东坡，胡祥伟. 天池抽水蓄能电站上、下水库整体动床泥沙模型的设计与验证 [J]. 华北水利水电大学学报（自然科学版），2017，38（3）：70-75.

[7] 张建，詹义正，郭选英. 河南国网宝泉抽水蓄能电站泥沙问题研究 [C] //中国水力发电工程学会水文泥沙专业委员会第七届学术讨论会，2007：224-227.

西龙池抽水蓄能电站下库沥青面板堆石坝沉降变形分析

匡开军　戴江鸿
（国网新源控股有限公司检修分公司，北京市　100053）

【摘　要】为探索面板堆石坝在不同阶段的沉降变形规律，对蓄水后大坝沉降进行动态观测，本文以西龙池抽水蓄能电站下水库沥青面板堆石坝的长序列监测数据为例，分析了大坝填筑期、自然沉降期、蓄水后大坝沉降量和沉降速率的分布规律和特点，分析表明填筑期大坝沉降量约占总沉降量的75%，蓄水一年后大坝沉降速率基本降到5mm/月以下，自然沉降期适当延长大坝的预沉降时间可有效减小蓄水后大坝的总沉降量；通过对沉降测斜管、分层沉降仪、外观观测三种沉降观测数据进行沉降预测模型回归分析计算，结果表明采用简化预测模型拟合度均大于97%，能较好地对大坝蓄水后的沉降进行动态预测预警。

【关键词】分期沉降量　沉降速率　回归分析　预测预警

1　工程简介

西龙池下水库采用开挖、拦沟成库，由一座主坝、一座副坝及岩坡库岸围库而成。库顶环库公路轴线长1722m，其中开挖岩坡库顶轴线长1184m，主坝坝顶轴线长537m，最大坝高97m，副坝位于水库东北角的路子沟沟口，为混凝土异型重力式挡墙，采用人工骨料混凝土浇筑而成，墙高约40m，主坝及库底为沥青混凝土面板防渗，库岸岩坡为钢筋混凝土面板防渗，下水库正常蓄水位838m，死水位798m，工作水深40m，总库容$502.99\times10^4m^3$，调节库容$432.2\times10^4m^3$。

主坝为沥青混凝土面板堆石坝，布置在水库的正南方，利用库盆开挖料结合料场开采堆石填筑，坝顶高程840.0m，坝顶宽10m，上游坝坡1：2，下游坝坡1：1.7，最大坝高97m，堆石坝坝顶轴线长537m，库顶轴线长1722m。2003年8月开始大坝基础开挖，2004年2月坝基开挖完成，2004年7月1日开始大坝填筑，2006年8月31日大坝填筑到顶（838.80m高程），2008年2月通过蓄水验收，2008年3月7日开始蓄水。

2　仪器布置

选择坝体0+238.0和0+365.0桩号断面（最大坝高及坝基深覆盖层），作为主要控制性监测断面布置仪器设备，进行坝体和坝基内部变形监测，0+365.0断面内监测布置如图1所示。

2.1　分层沉降仪

在坝体0+238.0和0+365.0断面沿高程767.6～775.6m、786.5～788.3m、805.3～806.4m和824.6m各设置四层水平垂直位移计，竖向位移采用振弦式沉降仪观测，监测断面沉降仪测点的布置形成观测垂线，以确定其间堆石体的压缩变形模量，每层各布置2～6个测点。沉降仪测值叠加了相应层观测房的外观垂直位移测值，最终成果为相应测点的绝对沉降值。

2.2　沉降测斜管

选择坝体两个主控监测断面附近的0+244.5和0+357.8桩号，在坝顶下游侧坝后坡各设置3根沉降测斜管，上、下游方向构成监测断面，每根沉降测斜管内沉降环测点按5m间距布置，采用电磁式沉降仪观测。

2.3　表面变形监测

在坝顶及下游坡面共设置9个断面47个测点，监测堆石坝坝体表面变形，采用全站仪进行全自动及人工半自动三维监测。监测基点网高程采用几何水准测量方式，按二等水准要求实施，其他网点高程均

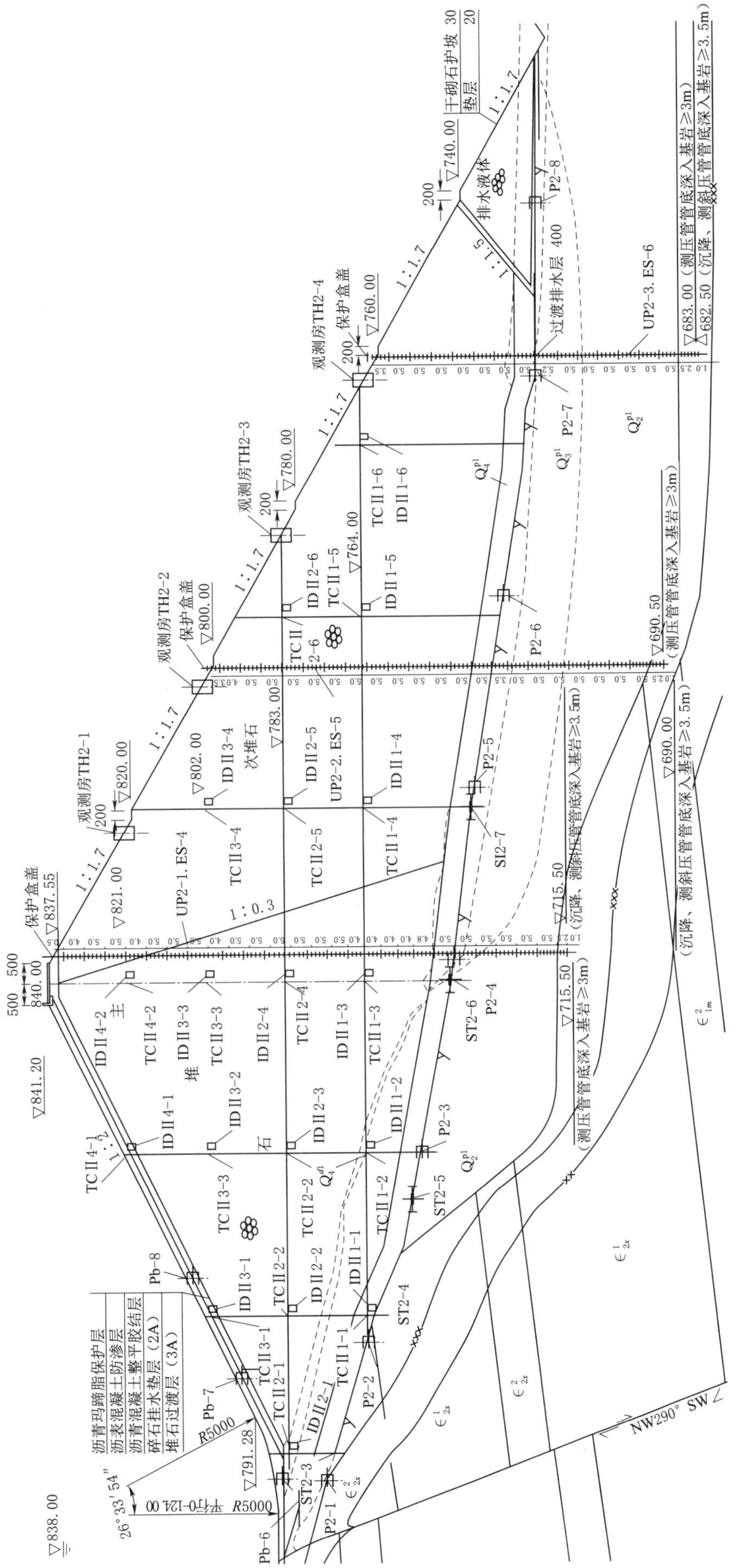

图 1 坝 0+365 坝体变形监测布置图

采用电磁波三角高程方法测定。

3 沉降变形

3.1 沉降时间变化

堆石坝自填筑开始到投入正常运行，不同阶段影响大坝沉降的因素不同，大坝沉降也表现出不同阶段的变化规律，为研究分析不同阶段大坝沉降变形规律和特点，将大坝沉降过程按时间顺序划分为填筑期、自然沉降期、蓄水后三个阶段。填筑期为大坝开始填筑至填筑到坝顶期间，自然沉降期为大坝填筑到顶至大坝蓄水前，蓄水后头 3 年为初蓄期，初蓄期满后为正常运行期。

西龙池下库主坝填筑期为 2004 年 7 月 1 日至 2006 年 9 月 29 日，自然沉降期为 2006 年 9 月 29 日至 2008 年 3 月 7 日，2008 年 3 月 7 日开始蓄水，至 2011 年 3 月 7 日为初蓄期，2011 年 3 月 7 日以后为正常运行期。

3.1.1 分期沉降量

与分层沉降仪相比，沉降测斜管竖向测点间距远小于分层沉降仪，监测到的沉降量更接近实际沉降量，大坝分期沉降量数值分析主要以沉降测斜管实测数据进行分析，各沉降测斜管分期最大沉降量监测成果如表 1 所示。

表 1 沉降测斜管分期最大沉降量监测成果

沉降管	桩号	轴距	覆盖层厚/m	坝高/m	覆盖层最大沉降/mm	坝体累计最大沉降/mm	分期坝体最大沉降/mm		
							填筑	自然沉降	蓄水后
ES1	0+244.5	坝下 6.5m	2.80	64.09	106	817	502	248	246
ES2	0+244.5	坝下 73.0m	12.76	63.10	134	1048	743	185	145
ES3	0+244.5	坝下 145.0m	41.72	29.71	120	242	166	44	44
ES4	0+357.8	坝下 6.5m	27.71	90.03	259	1126	708	275	341
ES5	0+357.8	坝下 73.0m	47.61	63.05	231	1087	685	209	212
ES6	0+357.8	坝下 145.0m	37.74	38.56	19	255	194	40	24
ES7	0+512.0	坝下 6.2m	33.25	59.12	273	455	277	124	184

由表 1 可以看出，坝基覆盖层最大沉降量为 273mm，位于沉降测斜管 ES7，覆盖层压缩比为 0.82%；坝体最大累计沉降量为 1126mm，位于沉降测斜管 ES4 测点 18，最大累计沉降量占坝高比为 1.25%。坝体沉降主要发生在填筑期，填筑期沉降占累计总沉降量的 50%～75%，自然沉降期沉降占累计总沉降量的 15%～25%，蓄水后沉降占累计总沉降量的 10%～30%。大坝填筑到顶后坝体沉降量的大小与该部位坝体填筑厚度（坝高）成正比，坝体填筑厚度越大沉降量越大，反之越小。

填筑期坝体沉降荷载主要为堆石体自重和施工荷载，沉降量和沉降速率与坝体填筑高度和填筑强度密切相关，以沉降最大的测斜管 ES4 为例，绘制填筑期坝体沉降量与坝体填筑高度关系曲线，如图 2 所示。

由图可知，坝体填筑高度越高沉降量越大，坝体填筑强度越大，沉降速率越快。2005 年 4 月至 11 月，坝体填筑强度最大为 8.2m/月，填筑高度最大为 53.1m，期间沉降量为 406mm，沉降速率最大为 124mm/月；2005 年 11 月至 2006 年 5 月，由于冬季气温原因坝体填筑强度接近为零，期间沉降量 105mm，沉降速率快速下降，月沉降速率最大为 51mm/月；2006 年 6 月恢复大坝填筑，6—9 月最大填筑强度为 8.8m/月，最大填筑高度为 86.7m，期间沉降量 423mm，沉降速率达到峰值，最大为 301mm/月。

3.1.2 分期沉降速率

各沉降测斜管最大沉降点的分期沉降速率计算成果见表 2，沉降测斜管 ES4 和 ES5 沉降速率时间分布曲线见图 3 和图 4。

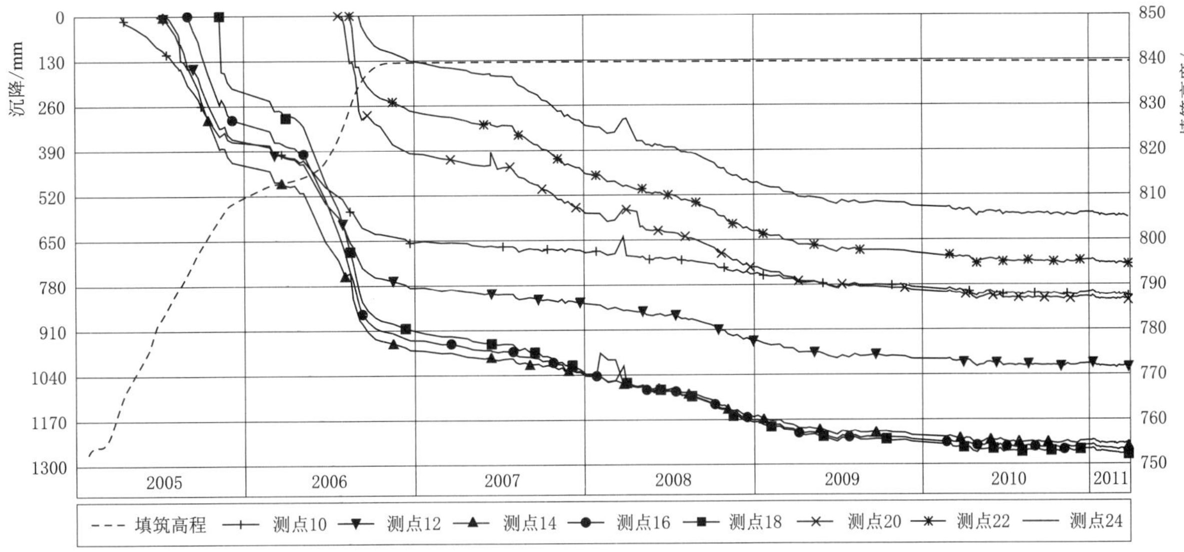

图 2 沉降管 ES4 坝体沉降与填筑高度关系曲线图

表 2 **沉降测斜管分期沉降速率监测成果**

沉降管	坝高/m	坝料	填筑期	自然沉降期/(mm/月)	蓄水后第一年/(mm/月)	蓄水后第二年/(mm/月)	蓄水后第三年/(mm/月)	蓄水三年后/(mm/月)
ES1	64.09	主堆石	139.09	14.34	12.86	2.73	1.38	0.71
ES2	63.10	次堆石	57.91	11.07	8.16	1.32	1.06	0.47
ES3	29.71	次堆石	12.85	2.94	2.39	0.99	0.98	0.27
ES4	90.03	主堆石	166.11	17.23	14.34	3.64	2.20	0.96
ES5	63.05	次堆石	57.83	12.82	11.79	3.14	1.22	0.67
ES6	38.56	次堆石	11.24	2.09	1.40	0.83	0.16	0.01
ES7	59.12	主堆石	108.41	8.51	8.49	2.23	1.38	0.65

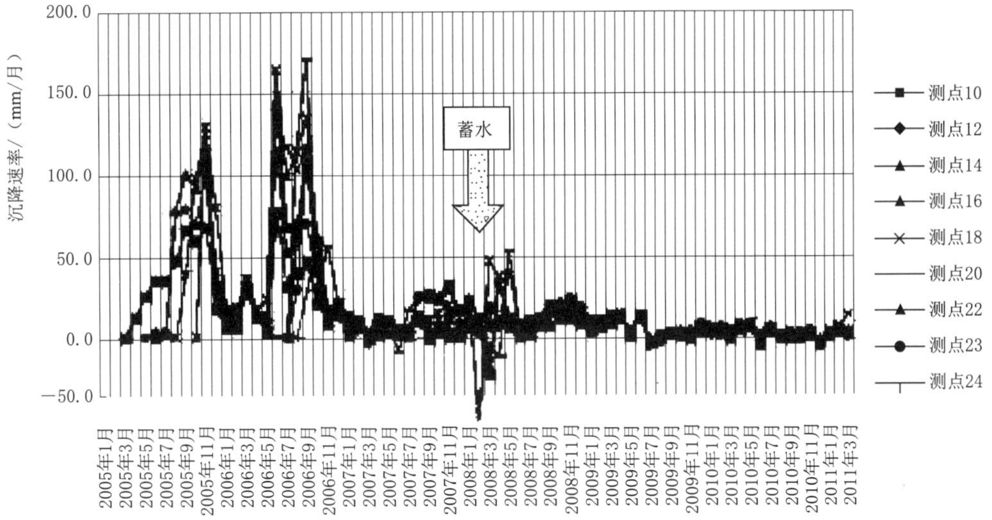

图 3 沉降测斜管 ES4 沉降速率时间分布曲线

由表 2 及图 3 和图 4 可知，填筑期大坝沉降速率最快，平均沉降速率最大为 166.11mm/月，位于最大坝高断面内的沉降测斜管 ES4，填筑期结束沉降速率迅速下降，自然沉降期平均沉降速率最大为 17.23mm/月，蓄水后头一年仍保持较快的沉降速率，最大沉降速率为 14.34mm/月，蓄水一年以后沉降速率基本下降到 5mm/月以内，蓄水三年后，即初蓄期满后沉降速率基本降到 1mm/月以内。由图 3 和图

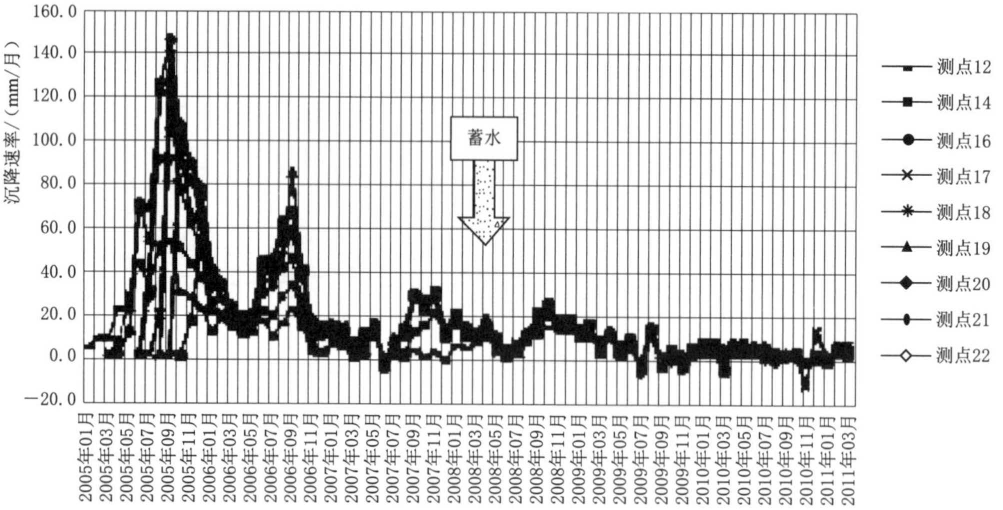

图 4 沉降测斜管 ES5 沉降速率时间分布曲线

4 可以看出，蓄水对大坝沉降速率无显著影响。

按上述大坝分期沉速率的数值分布规律测算，蓄水前每预留 1 个月的预沉降时间，蓄水后最大沉降量可减小 15mm 左右，预留 3～6 个月的预沉降时间，蓄水后最大沉降量可减小 45～90mm，相当于蓄水 13 年后（2008 年 3 月至 2021 年 12 月）最大沉降量的 13%～26%。因此，大坝填筑到顶后，在蓄水前预留一定的大坝预沉降时间，即适当延长自然沉降期沉降时间，可有效减小蓄水后大坝沉降量，以利大坝面板等防渗设施的安全稳定。

3.2 沉降空间变化

3.2.1 沉降变形垂向分布

以沉降变形量最大断面（0+357.8）沉降测斜管 ES4、ES5、ES6 实测数据绘制各分期沉降量量值垂直向分布图，如图 5 所示。

由图可知，填筑期坝体沉降量总体呈“两头小，中间大”分布规律，最大沉降量发生在坝高中间部位，大致在 0.4～0.7 倍坝高处；自然沉降期和蓄水后沉降主要集中在上部，总体呈随坝高增加而逐渐增大的分布规律。填筑期坝体沉降主要受堆石体自重、填筑施工机具荷载、坝体填筑上升速度等因素影响，因大坝分层逐级填筑形成“两头小，中间大”的沉降分布规律，大坝填筑到顶以后影响坝体沉降的主要因素为坝体自重，沉降量分布表现为与坝高呈正相关的线性关系。

3.2.2 沉降变形水平向分布

以分层沉降仪实测数据绘制 0+365 断面各分期沉降量在坝体上下游方向（水平向）的分布图，如图 6 所示，由于坝体下部两层沉降仪测点通液管漏液，测点损坏较早，未能获得完整的监测数据，图中仅表示上两层测点沉降量分布情况。

由图可知，填筑期沉降量、蓄水后沉降量以及累计总沉降量总体表现为中间大（靠近坝轴线），两侧（坝坡）小的分布规律，中间层即高程 800m 层自然沉降期（蓄水前）沉降量则表现为中间小（靠近坝轴线），两侧（坝坡）大的分布特点，0+238 断面也表现出相同的规律，与蓄水前堆石坝水平位移“下游侧向下游位移，上游侧向上游位移”的规律相吻合。

4 蓄水后沉降变形的预测预警

为比较沉降测斜管、分层沉降仪和外观观测沉降量的变化规律，绘制沉降测斜管、分层沉降仪和外观观测蓄水后沉降最大测点 ES4 -测点 24、TCⅡ4 - 2、LD2 - 2 实测蓄水后沉降量过程线，如图 7 所示，由图可知，沉降测斜管 ES4 -测点 24 和外观测点 LD2 - 2 测得的沉降量数值相近，分层沉降仪测点 TCⅡ4 - 2 位于坝轴线上，坝高最大，沉降量数值大于沉降测斜管和外观。三种监测方法沉降量变化规律一致，

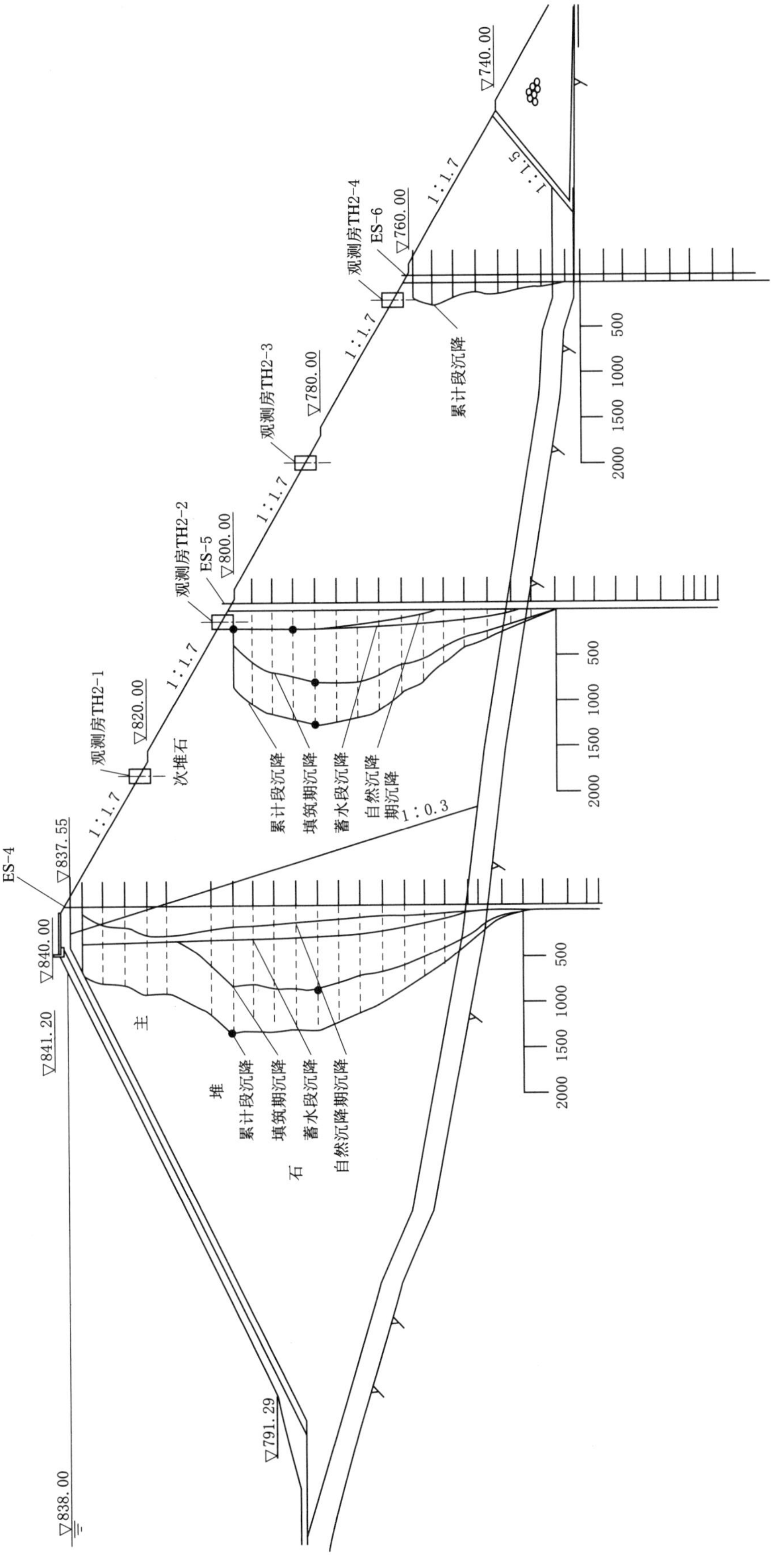

图5　0＋357.8断面沉降测斜管分期沉降量垂向分布图（高程单位：m）

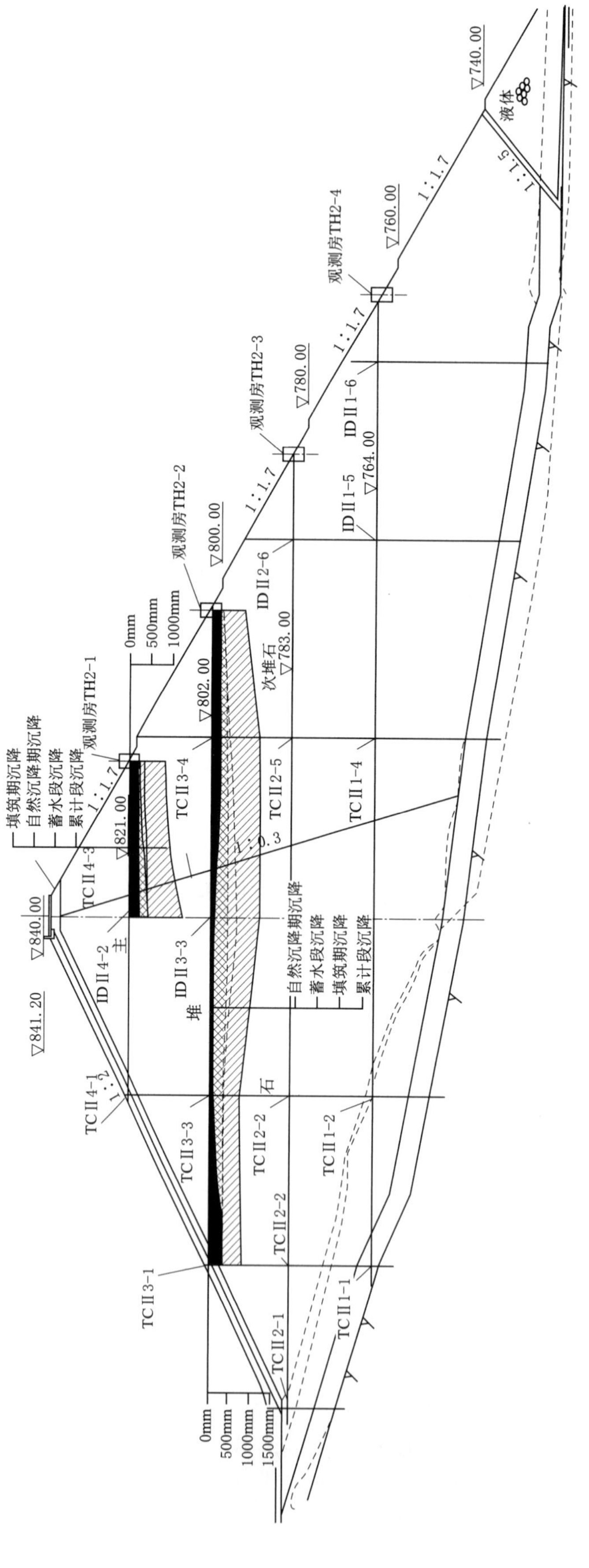

图6 0+365断面分层沉降仪分期沉降水平向分布图

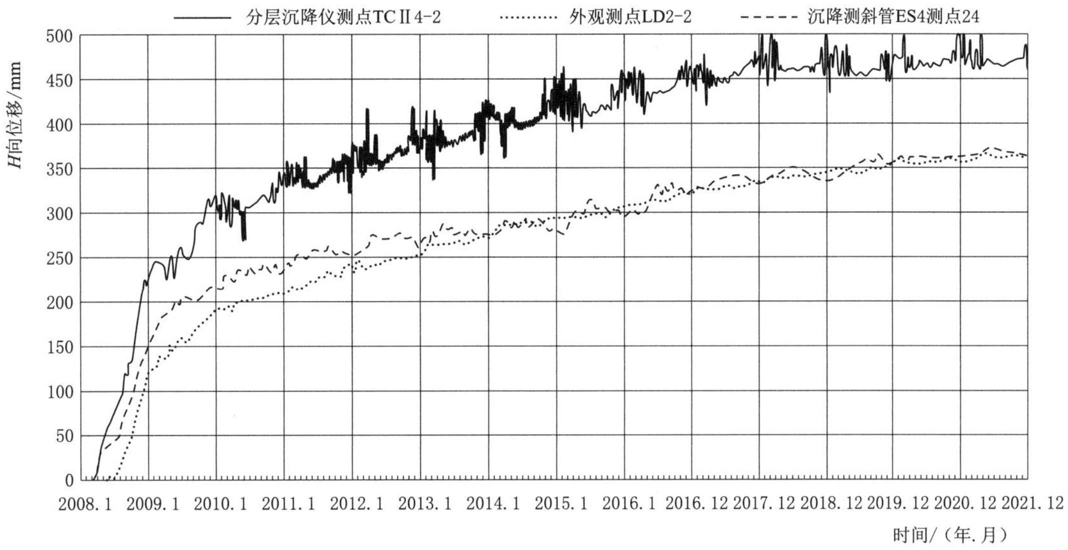

图 7　沉降测斜管、分层沉降仪和外观蓄水后沉降过程线

蓄水一年后大坝沉降速率明显趋缓，外观观测测得的沉降数据质量较好，曲线较光滑，其次为沉降测斜管观测数据，分层沉降仪测得的沉降数据则波动较大。

堆石坝沉降一般由外荷载作用、蠕变作用及温度作用三部分组成，温度作用对堆石坝的沉降影响较小，可以不予考虑。蓄水后大坝沉降的影响因素主要为水压分量和时效分量；蓄水后大坝的沉降对大坝面板、防浪墙等大坝附属水工设施的安全稳定影响较大。抽水蓄能电站水库一般水头不高，水位变化频繁，大坝正常运行后水压分量对大坝沉降的影响比重较小，可以认为水压分量的影响相对稳定，为简化大坝沉降预测模型，自变量只考虑时效分量。

蓄水以后大坝沉降简化预测数学模型为：

$$Y=a+bt+ce^{-Dt} \tag{1}$$

式中：Y 为蓄水后沉降量，mm；t 为蓄水日至预测日时间，日，按 0.01 增加；a、b、c 为常数项；D 为待定参数，取经验值−0.3。

按上式以三种监测方法中沉降最大测点 ES4 -测点 24、TCⅡ4 - 2、LD2 - 2 的实测蓄水后沉降量数据进行回归计算，计算结果见表 3。

表 3　　大坝沉降预测模型回归计算成果表

监测项目	测点编号	分析时段	回归方程	复相关系数	标准差
沉降管 ES4	测点 24	2008-3-7—2021-12-30	$Y=234.488+2.239t-259.906e^{-0.3t}$	0.99172	7.049
分层沉降仪	TCⅡ4-2	2008-3-8—2021-12-30	$Y=321.747+3.498t-339.923e^{-0.3t}$	0.97824	15.883
外观	LD2-2	2008-5-26—2021-12-28	$Y=199.953+3.646t-209.839e^{-0.3t}$	0.99488	7.686

由表 3 可知，以沉降测斜管、分层沉降仪和外观蓄水后沉降最大测点 ES4 -测点 24、TCⅡ4 - 2、LD2 - 2 实测沉降量建立的回归方程复相关系数均在 97%以上，标准差 7.049～15.883，外观观测沉降预测模型的相关性最好，其次是沉降测斜管，最弱的分层沉降仪复相关系数达 97.8%，表明回归方程拟合性较好，可对大坝蓄水后沉降进行动态的预测和预警。

5　结语

（1）堆石坝自填筑开始到投入正常运行，不同阶段影响大坝沉降的因素不同，大坝沉降也表现出不同阶段的变化规律，坝体沉降主要发生在填筑期，填筑期沉降占累计总沉降量的 50%～75%，自然沉降期沉降占累计总沉降量的 15%～25%，蓄水后沉降占累计总沉降量的 10%～30%。

（2）填筑期大坝沉降速率最快，平均沉降速率最大为 166.11mm/月，填筑期结束沉降速率迅速下降，自然沉降期平均沉降速率相对稳定，蓄水对沉降速率影响不大，蓄水后头一年沉降速率与蓄水前基本相近，蓄水一年以后沉降速率快速下降，基本下降到 5mm/月以内，蓄水三年后，即初蓄期满后沉降速率基本降到 1mm/月以内。

（3）大坝填筑到顶后，在蓄水前预留一定的大坝预沉降时间，可有效减小蓄水后大坝沉降量，以利大坝面板等防渗设施的安全稳定，预留 3～6 个月的预沉降时间，大约可减小蓄水后最大沉降量的 13%～26%。

（4）填筑期坝体沉降量垂向分布总体呈“两头小，中间大”规律，最大沉降量发生在坝高中间部位，大致在 0.4～0.7 倍坝高处，自然沉降期和蓄水后沉降主要集中在上部，总体呈随坝高增加而逐渐增大的分布规律；在坝体上下游方向（水平向）沉降量总体表现为中间大（靠近坝轴线），两侧（坝坡）小的分布规律，但中间层自然沉降期沉降量则表现为中间小（靠近坝轴线），两侧（坝坡）大的分布特点，与蓄水前堆石坝水平位移“下游侧向下游位移，上游侧向上游位移”的规律相吻合。

（5）以沉降测斜管、分层沉降仪和外观观测蓄水后沉降量数据对大坝沉降简化数学模型进行回归分析计算，拟合度均达到 97%以上，可对大坝蓄水后沉降进行动态的预测预警。

参考文献

［1］ 中国水电顾问集团北京勘测设计研究院. 山西西龙池抽水蓄能电站竣工安全鉴定设计自检报告工程监测设计篇［R］. 2012.

［2］ 方国宝，杨启贵. 面板坝堆石体沉降分析模型研究［C］//全国大坝安全监测技术信息网监测技术信息交流会. 全国大坝安全监测技术信息网，2006.

［3］ 熊成林，武学毅，宋建正，等. 呼蓄电战面板堆石坝沉降变形分析［C］//第五届中国水利水电岩土力学与工程学术研讨会论文集. 中国水利水电科学研究院，2014.

山东沂蒙抽水蓄能电站地下厂房噪声控制

苏胜威　杜朋举　李珊珊
（山东沂蒙抽水蓄能有限公司，山东省临沂市　276000）

【摘　要】抽水蓄能电站已发展成为主要的储能技术之一，截至2020年我国总装机容量位于世界前列，运行安全可靠等方面的技术已达到较高的水平。但抽水蓄能电站噪声问题——地下厂房的噪声控制问题却一直被忽视，山东沂蒙抽水蓄能电站在设计之初，即意识到噪声对于工作人员的危害，并针对发电机层、主变室及空压机室等重点区域的噪声特点，研究制定噪声控制与噪声治理的解决方案，经现场实测达到了良好的降噪效果。本文将详细阐述沂蒙电站地下厂房噪声特点，以及如何采取最新的降噪材料、技术手段和成熟的施工工艺方法对噪声进行控制。

【关键词】抽水蓄能电站　地下厂房　噪声控制　噪声治理　室内降噪

1　引言

在应对全球气候变化、控制二氧化碳排放的大趋势下，实现低碳能源发展，发展太阳能、风能等清洁可再生能源[1-3] 已成为必然选择，而这些可再生能源的随机性和间歇性则极大地增加了电网的不稳定性[4-5]。经过多年的技术研究及工程实践，储能技术被认为是解决上述问题的有效手段[4-7]，其已成为电网在“采-发-输-配-用-储”六个环节中的重要组成部分。而在所有的储能技术中，抽水蓄能是应用于大规模电力储备系统中，性价比最高，应用最为广泛的大型储能技术。其具有响应快速、运行灵活等特点，目前已成为智能电网建设，保障电力系统稳定安全的最佳大型储能工程技术。我国已经步入抽水蓄能电站快速发展期，随着各种新技术、新材料、新工艺的开发和应用，抽水蓄能电站的各项关键技术和设备运行的可靠性、安全性等方面已经达到了较高的水平。过去几十年来，国内外对于抽水蓄能的研究更多关注在与运行相关的各项技术和设备上，对于与抽水蓄能电站工作人员身体健康相关的噪声问题，长期以来一直被忽视。抽水蓄能电站噪声主要集中于地下厂房，水轮机具有水头高、转速快的特点，在其正常运行条件下，最大噪声超过了104dB，远远超出了国家劳动卫生标准规定的85dB限值，在噪声较高的环境下工作，对工作人员的健康带来严重危害。随着国家对环保安全的不断重视，解决抽水蓄能电站的噪声问题已经刻不容缓。

山东沂蒙抽水蓄能电站位于山东临沂费县薛庄镇，电站站址距济南市170km，距临沂市69km，工程装机总容量1200MW，安装4台单机容量为300MW的单级混流可逆式水泵水轮机-发电电动机机组。电站额定水头375m，设计年发电量20.08亿kW·h，年抽水用电量26.77亿kW·h。山东沂蒙抽水蓄能电站工程属Ⅰ等大（1）型工程，枢纽建筑物主要由上水库、下水库、水道系统、地下厂房系统以及地面开关站等建筑物组成，电站建成后在系统中将承担调峰、填谷、调相、调频和紧急事故备用任务，并具备黑启动能力。

沂蒙电站在设计之初，即充分考虑了噪声的危害，全方位考虑了噪声控制与噪声治理，本文将详细给出沂蒙电站地下厂房噪声源特征，阐述噪声传播和辐射路径，以及针对发电机层、空压机室、主变室等重点区域，设计并采用的降噪解决方案，最后给出现场实测降噪效果。

2　噪声源分析

2.1　噪声数据

按照通常的思路，做噪声治理前需要对噪声源测试分析，获取其噪声声级数据及噪声频谱，并对噪声源数据进行分析，根据分析确定相应的降噪方案。抽水蓄能电站有其特殊性，要在建设过程中进行噪声限制，只能以其他已建成电站的噪声数据作为参照。沂蒙电站噪声治理设计则主要参照浙江仙居抽水蓄能电站的噪声现状及噪声数据。仙居电站地下厂房各区域噪声值见表1。

表1 仙居电站地下厂房各区域噪声值

序号	测点位置	噪声值/dB
1	发电机层（距离集电环外罩2m处）	77.1
2	发电机层吊物口盖板上	78.9
3	1号主变室（距离墙体0.6m）	87.4
4	1号主变室门外	79.8
5	2号水车室内	104.5
6	2号水车室通道内	98.8
7	2号水车室通道口外（距离通道口1.5m）	92.4
8	2号尾水锥室通道内	103.6
9	2号尾水锥室通道口外（距离通道口1.5m）	93.4

2.2 噪声源分析

沂蒙电站地下厂房从上向下依次为发电机层、母线层、水机层、蜗壳层。参照仙居电站噪声测试数据，就整个地下厂房而言，蜗壳层和水机层噪声最大，越往上层噪声逐渐减小。蜗壳层噪声主要来源于水流进入蜗壳内部冲击产生的水流声和振动噪声，水机层噪声主要来源于水轮机旋转及旋转引起振动产生的噪声。水轮机在工作时其高速旋转产生机械噪声，同时高速旋转也导致强烈的振动而产生振动噪声，主要以机械噪声和振动噪声为主，且机组设备质量很大，噪声应该主要集中在低频频段，如仙居电站实测水机室内通道口处噪声达到了104.5dB，主要集中在250Hz以下的低频频段。

母线层和发电机层噪声均属于局部区域噪声，这些区域的噪声一部分是自于水机层噪声和振动的结构传声引起的噪声，另一部分是局部设备产生的噪声，参照仙居电站噪声测试数据，如变压器噪声引起主变室噪声较大，并传播辐射到主变室外，发电机产生噪声传播辐射至发电机层，空压机设备产生噪声传播辐射至空压机室外。

2.3 噪声传播方式

地下厂房噪声一部分通过空气传播辐射到地下厂房各个区域，另一部分通过地下厂房建筑结构固体传声，将噪声传播到更远的区域。蜗壳层和水机层噪声很大一部分通过结构传声传播到母线层和发电机层。就两种传播方式的噪声而言，空气传声引起局部小范围噪声增加，而结构传声可将噪声传播到更远的区域，引起更广范围的噪声增大。

3 噪声治理方案

3.1 治理目标

地下厂房噪声控制属于劳动安全和职业健康范畴，国内参照采用的是国家一85dB劳动安全标准，及要求连续工作8h的工作场所噪声声压级不超过85dB。地下厂房噪声绝大部分噪声以低频噪声为主，在同等声级的情况下，低频噪声对人的影响和危害大于高频噪声。沂蒙电站地下厂房噪声治理的目标是：将人员活动的主要区域噪声控制在85dB以下的同时，噪声声级还要降至尽可能的低；最大限度降低低频噪声，改善工作人员的舒适度。

3.2 降噪总体思路

如上文所述，地下厂房噪声一部分通过空气传播辐射，另一部分通过建筑结构传播辐射，就现阶段的技术手段而言，还无法解决结构传播的噪声，只能通过现有成熟的技术手段解决空气传播辐射的噪声。解决空气传播噪声的手段分为三类：①在噪声源处解决；②在噪声传播路径上解决；③在听者处解决；

就是地下厂房噪声控制而言，基本上只能在噪声源处和噪声传播路径上解决。

就沂蒙电站地下厂房噪声而言，前期设计主要考虑治理水轮机层、发电机层和空压机室的噪声，具体实施方案如下：

（1）对水车室机坑实施降噪，阻止水车室机坑内噪声向水轮机层其他空间区域传播辐射；

（2）对发电机机坑实施降噪，阻止噪声向发电机层空间区域传播辐射；

（3）对空压机室实施降噪，阻止噪声向发电机层空间区域传播辐射；

（4）对集电环实施降噪，阻止噪声向发电机层空间区域传播辐射；

（5）发电机层吊物口实施降噪，阻止母线层和水轮机层噪声穿透盖板传播辐射到发电机层；

（6）对空压机室实施降噪，阻止噪声向厂房其他区域传播辐射。

3.3 降噪方案设计

水车室机坑降噪、发电机机坑降噪、空压机室内降噪、主变室室内降噪均属于室内降噪问题，其主要特点是噪声在室内传播时，经过墙面、地面、顶部多次反射之后，入射波与反射波、反射波与反射波会形成叠加，从而增加室内的总体噪声水平。而在室内墙体和顶部增加吸音层之后，当入射声波到达吸声层之后，将会进入吸声层内部，从而被吸声层消耗掉，将不会形成反射声波，从而阻止了反射波和入射波、反射波与反射波的叠加，从而达到了降噪的目的。其整个过程原理如图1所示。从原理上来说，室内降噪主要吸声的原理，主要是消除反射声及其叠加带来的噪声增大。同样的降噪方案，降噪效果与房间长、宽、高尺寸及噪声声波频率波长相关，一般来讲房间尺寸比越接近于1，声波频率越高，降噪量越大。室内噪声的降噪思路是在现有建筑室内侧墙和顶部安装吸音隔音层，消除室内噪声声波的多次反射混响，从而达到降低室内噪声的目的。室内降噪的主要强调的是降低室内的噪声。

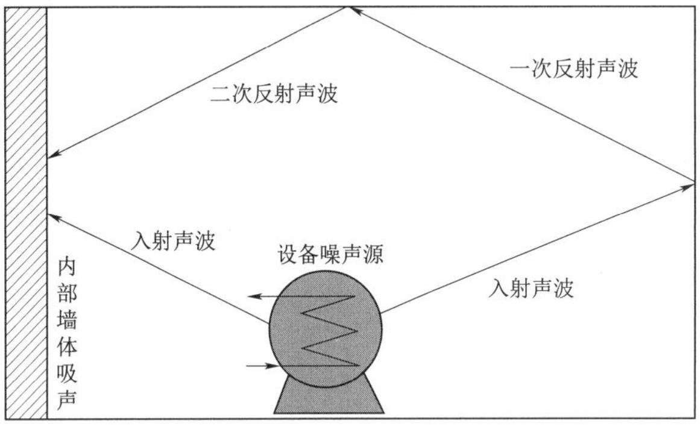

图1 室内噪声传播路径及降噪基本原理

集电环由于体积较小，其降噪的思路为在集电环外侧增加隔声罩，隔声罩与目前的防护罩合二为一，即为防护隔声罩。隔声罩强调的是降低噪声向外传播辐射。

隔声罩降噪量计算公式为[8]：

$$D_{IL}=R_{壁板}-10\lg(1-\alpha)+10\lg\frac{1+\dfrac{S_0}{S_1}}{1+\dfrac{S_0}{S_1}10^{0.1R}}$$

式中：$R_{壁板}$为隔音壁板结构的隔音量；α为隔音壁板结构吸引层的吸音系数；S_0为非封闭面的总面积，m^2；S_1为封闭面的总面积，m^2。隔声壁板结构的孔洞和缝隙对其降噪效果特别是高频噪声有明显影响，开口面积应尽量小，泄漏面积占10%、1%、0.1%的隔音墙的最大降噪量分别为10dB（A）、20dB（A）、30dB（A）。通过以上计算公式也可以看出，在实际的降噪实施过程中，密封及防漏声处理对于提升整体方案的降噪量至关重要。密封及漏声处理不好，将极大地削弱整体方案的降噪效果。

隔音壁板结构隔音量为[8]：

$$R_{壁板}=10\times\lg\left[1+\left(\frac{\pi fM}{\rho_0 c}\right)^2\right]-10\times\lg\left\{0.23\times10\times\lg\left[1+\left(\frac{\pi fM}{\rho_0 c}\right)^2\right]\right\}$$

式中：ρ_0为空气密度；c为声波在空气中的速度；f为声波频率；M为壁板的面密度。

对上式进行简化可得到全频段的综合隔音量计算公式[8]：

$$R=13.5\lg M+13.0$$

发电机层吊物口盖板设计可采用上述公式计算。在实际的设计中，综合考虑降噪量、可制造性、施工及后期维护，综合选定材料，根据上面计算公式，即可计算确定得到降噪量。

3.4　详细降噪方案

（1）发电机层集电环隔声罩。发电机层及其下方的噪声将向发电机层整个空间内传播辐射，解决发电机层噪声的有效方法是在集电环处安装隔声罩和上盖板，从噪声传播路径上进行阻隔和隔断。现阶段已经有了上盖板和集电环外罩，为了实现降噪功能，采取在上盖板和集电环内部加入降噪材料，使得上盖板和集电环外罩成为隔声上盖板和隔声罩。如图 2 所示为集电环外隔声罩及隔声上盖板效果图。

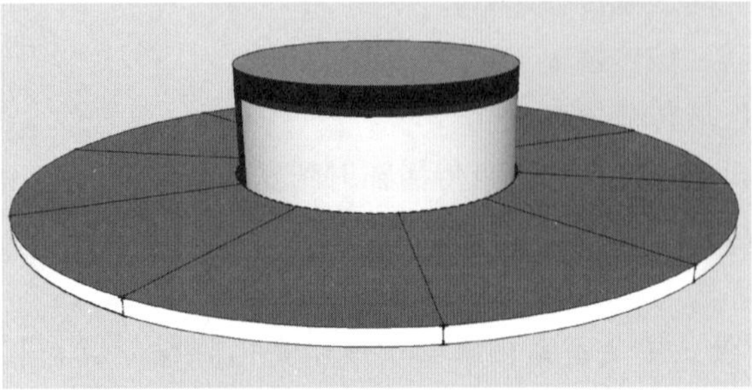

图 2　集电环外隔声罩及上盖板隔声板效果图

上盖板处主要来自下面一层的噪声，噪声主要以低频为主，材料厚度可安装 200mm，结合空间结构，设计隔声梯度结构降噪材料，总厚度为 200mm，安装于现在的上盖板内部，可实现上盖板噪声整体降噪量不小于 45dB。

图 3 给出了集电环隔声罩效果图，详细结构示意图如图 4 所示，其结构由外向内的结构依次为：外表面面板＋降噪材料层＋内表面面板。中间的降噪材料层是关键，采用特殊的复合结构设计，总厚度为 30mm 厚度，遵从声学隔声吸声性能最佳匹配方案复合而成。表 2 给出了该材料不同频率下的复合隔声降噪量实验室测试数据，其综合隔声吸声降噪量可达到 18dB。隔声罩设计整体实验室空气隔声量不小于 25dB。采用以上降噪设计之后，集电环隔声罩总体降噪目标实现其噪声不大于 75dB（距离隔声罩 2m 位置处）。

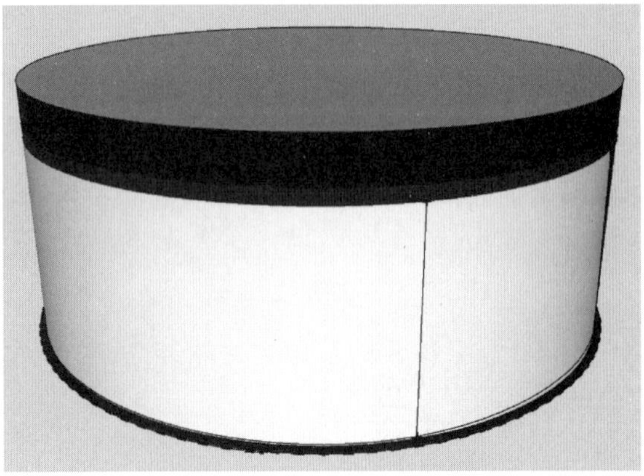

图 3　集电环隔声罩效果图

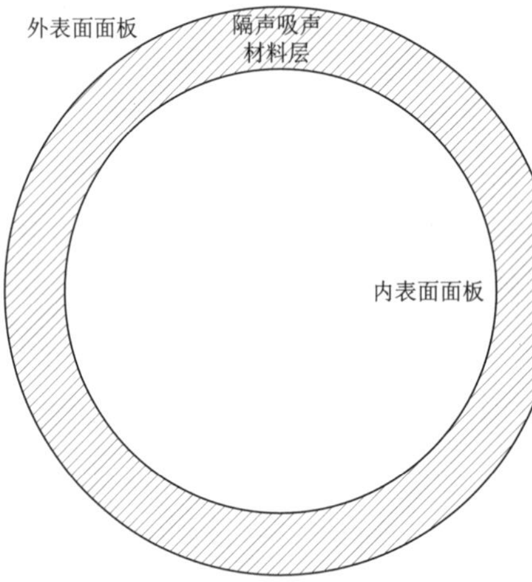

图 4　集电环隔声罩俯视结构示意图

表 2　　30mm 厚度复合降噪材料层复合降噪量

频率/Hz	100	125	160	200	250	315	400	500	630
降噪量/dB	4.50	7.76	10.66	13.50	14.80	15.80	17.00	18.40	19.10
频率/Hz	800	1000	1250	1600	2000	2500	3150	4000	5000
降噪量/dB	20.50	22.50	248.20	25.90	27.60	29.40	31.30	32.00	33.60

（2）发电机层隔声上盖板。如图 5 给出了上盖板效果图，上盖板隔声板由上至下结构依次为：上表面钢板＋柔性隔声阻尼层＋吸声层＋下表面孔板，如图 6 所示。柔性隔声阻尼层为定制的 2mm 厚度高性能阻尼隔声降噪复合结构板，其在 300Hz 以下频段有效阻尼隔声降噪量能达到 25dB。而吸声层则采用目前业界最先进材料工艺的超细晶结构玻璃纤维棉。隔声上盖板设计整体实验室空气隔声量不小于 45dB，采用以上隔声上盖板之后，发电机层上盖板以上区域实现其噪声不大于 75dB。

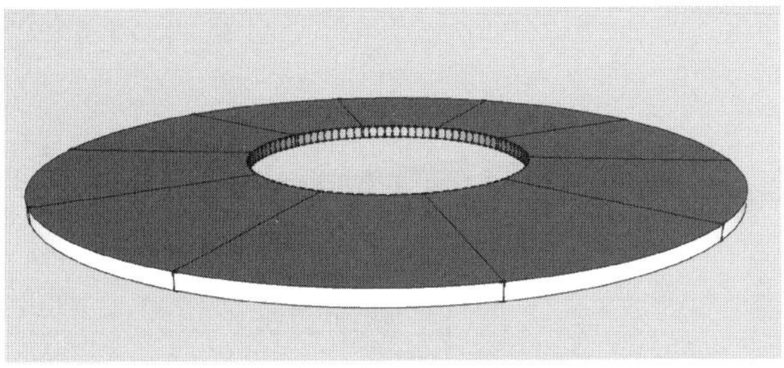

图5 上盖板效果图

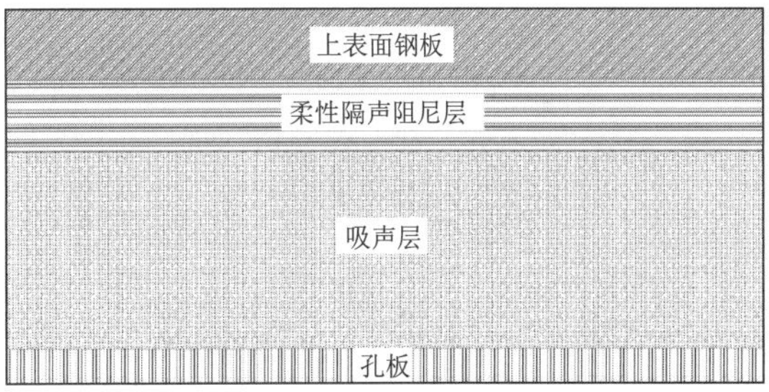

图6 上盖板隔声吸声降噪方案

(3) 发电机机坑/主变室/空压机室降噪方案。本文中所有室内降噪方案为在墙体内表面安装一层110mm厚度的高效吸声层，其结构示意图如图7所示。吸声材料层采用目前业界性能最优的梯度结构吸声材料，总厚度100mm的玻璃棉复合结构体，吸声系数0.96(同厚度单一组分材料为0.83)。高性能璃棉梯度复合体结构的原理是，采用分层叠加的方式组合，遵从声学隔声吸声性能最佳匹配方案复合而成，叠加构成100mm总厚度的玻璃纤维棉，实现最佳的吸声降噪最佳性能。整体室内吸声降噪量可达到6~7dB。采用室内墙体吸声降噪之后，几乎可以完全消除反射引起的混响。

图8给出了风洞内部吸声降噪效果图，整体吸声层围绕内部安装。线缆进线口和出线口周围作特别处理，特别处理的方法是将所有的金属件(包括轻钢龙骨、固定件、吸声孔板)全部采用不锈钢材质。进线口区域面积为2.5m×1.7m，出线口区域面积为4.0m×1.4m，特殊处理的区域分布为原区域的宽度和高度分别向左右和上下延伸0.8m，即进线口特殊处理区域面积为4.1m×3.3m，出线口特殊处理区域面积为5.6m×3.0m。

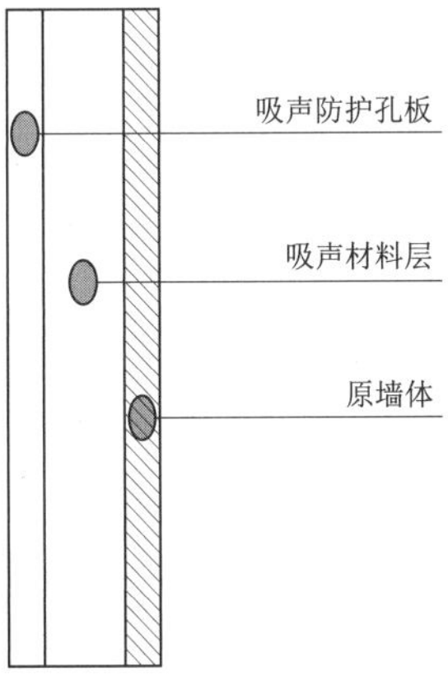

图7 室内降噪方案结构示意图

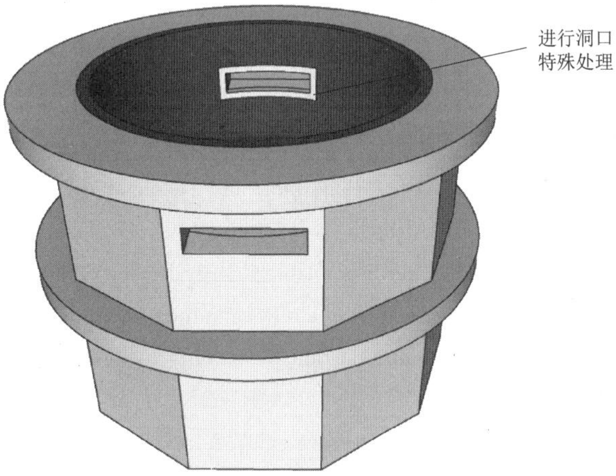

图8 风洞内部吸声降噪效果图

如图9给出了1号主变室内部吸声降噪效果图，整体吸声层围绕内部安装。

如图10给出了空压机室内吸声降噪效果图，整体吸声层围绕内部安装。

(4) 隔声门。主变室、空压机室、水车室、发电机机坑处的门全部设计安装高性能隔声门，阻止内部噪声透射过门而向外部空间传播辐射。所有隔声门设计为隔声量不小于45dB的加强钢制隔声门，内部采用加强型低频隔声设计，其主要性能要点如下：

1) 根据各位置门洞尺寸，非标定制；

2) 隔声指数 $R_w \geqslant 45$dB；

3) 由门框和门板两部分组成，分别采用优质镀锌钢板及不锈钢板成型，门板厚度不小于70mm；

4) 表面喷塑处理、色泽均匀、无划痕等任何损伤；

5) 配置必要的密封条，做好严格密封，防止漏声；

6) 防腐耐火；

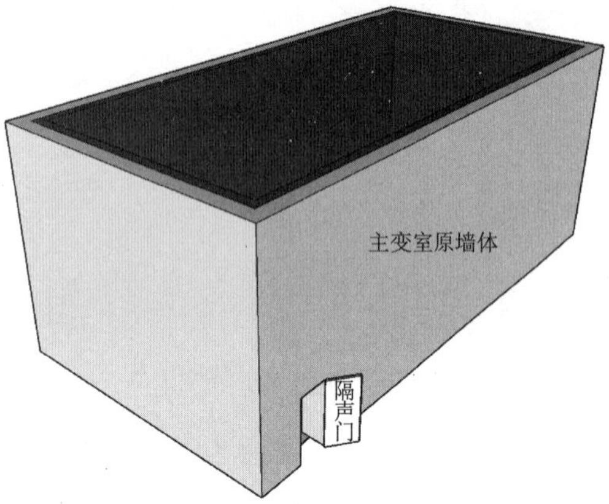

图 9 主变室内部吸声降噪效果图

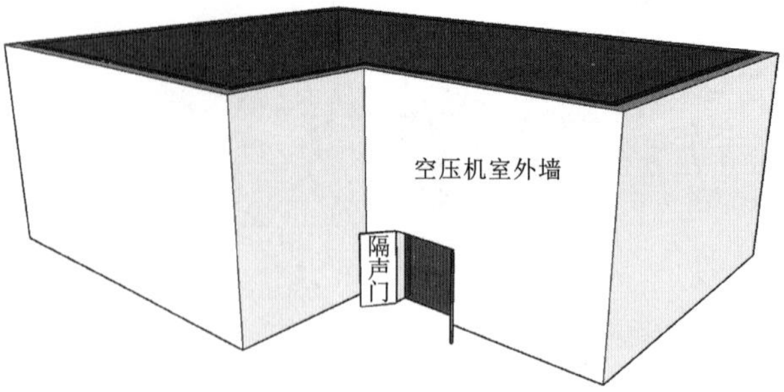

图 10 空压机室降噪效果图

7）把手、合页等成品附件满足工业级要求。

4 结语

山东沂蒙抽水蓄能电站在结合当前工业界最先进技术能力的条件下，针对地下厂房噪声做了详细的设计方案，在降噪材料选用方面，采用了梯度复合结构设计的降噪材料，最大限度地实现了良好的降噪效果，并采用成熟的工艺安装方法现场施工，根据实测结果，主变室内噪声已降至 67dB（距离墙体 0.6m 的位置处测试），实现了良好的降噪效果。通过沂蒙电站地下厂房降噪项目的实施，充分验证了在抽水蓄能电站地下厂房可以非常好的控制空气噪声传播和噪声治理，能够有效地将噪声控制在较为舒适的范围内。

参考文献

[1] Mehmet Bilgilia，Arif Ozbek，Besir Sahin，et al. An overview of renewable electric power capacity and progress in new technologies in the world [J]. Renewable and Sustainable Energy Reviews，2015，49：323－34.

[2] Manzano－Agugliaro F，Alcayde A，Montoya F G，et al. Scientific production of renewable energies worldwide：an overview [J]. Renewable and Sustainable Energy Reviews，2013，18：134－143.

[3] Yun Li，Yanbin Li，Pengfei Ji，et al. Development of energy storage industry in China：A technical and economic point of review [J]. Renewable and Sustainable Energy Reviews，2015，49：805－12.

[4] Sam Koohi－Kamli，V V Tyagi，N A Rahim，et al. Emergence of energy storage technologies as the solution for reliable operation of smart power systems：A reviews [J]. Renewable and Sustainable Energy Reviews，2013，25：135－165.

[5] 何珊珊，李薇，卢晗，等. 抽水蓄能电站应用及节能减排评价研究进展 [J]. 科学通报，2017，12（33）：15－16.

[6] Xing Luo，Jihong Wang，Mark Dooner，et al. overview of current development in electrical enery storage technologies and the application potential in power system operation [J]. Applier Energy，2015，137：511－536.

[7] 张文亮，丘明，来小康. 储能技术在电力系统中的应用 [J]. 电网技术，2008，7：1－9.

[8] 马大猷. 噪声与振动控制工程手册 [M]. 北京：机械工业出版社，2002.

仙游抽水蓄能电站混凝土面板缺陷处理新工艺

许艺煌

（福建仙游抽水蓄能有限公司，福建省莆田市 351267）

【摘 要】 本文针对仙游抽水蓄能电站上、下库混凝土面板出现的缺陷，采用新型修补材料及工艺，对原修补设计局部进行了修改。其中采用性能优异的单组分聚脲替代了HK-988弹性涂料和SR防渗盖片，采用高弹性砂浆+单组分聚脲替代了HK封边剂，采用涂覆型止水结构修复接缝塑性填料流失及盖板破损。采用新材料、新工艺后显著提高了面板接缝表层止水及裂缝处理效果，值得在类似工程推广应用。

【关键词】 面板缺陷 接缝止水 单组分聚脲

1 工程概况

福建仙游抽水蓄能电站位于福建省莆田市仙游县西苑乡，属大（1）型Ⅰ等工程，主要永久性建筑物按1级建筑物设计，次要永久性建筑物按3级建筑物设计。枢纽主要包括上水库、输水系统、地下厂房系统、下水库及地面开关站等工程项目。上水库位于西苑乡广桥村大济溪源头，为狭长带状的山间溪源谷地。水库正常蓄水位741.0m，主坝坝型为混凝土面板堆石坝，坝顶高程为747.60m，主坝最大坝高73.6m、坝顶长度340m。上水库校核洪水位正常蓄水位741.0m，死水位715.0m，总库容1979万m^3，死库容363万m^3，有效库容1343万m^3。下水库坝址位于西苑乡半岭村上游1km处溪口溪峡谷中，河谷呈V形，大坝坝型为混凝土面板堆石坝，坝顶高程299.90m，最大坝高73.9m，坝顶长度263.07m。下水库正常蓄水位294.0m，死水位266.0m，总库容1675万m^3，死库容188万m^3，有效库容1257万m^3。

仙游抽水蓄能电站于2013年12月全部投产发电。经过近十年的运行，上、下水库主坝面板上游侧接缝表层止水结构出现压条锈蚀严重、盖板接头破损、面板局部出现裂缝等缺陷。为了保证大坝面板的止水效果及耐久性，需要对上、下库面板接缝（含趾板接缝、张性缝、防浪墙底缝、周边缝、垂直缝等）止水压条、局部盖板及螺栓进行更换处理，同时对面板裂缝及局部剥蚀等缺陷进行进行处理。

2 面板接缝止水缺陷原设计修补方案

面板接缝止水缺陷原设计修补方案是：

（1）对面板垂直缝（包括张性缝、压性缝）锚固型止水结构的压条进行更换处理，压条采用M10×100不锈钢膨胀螺栓成孔锚固，锚固间距为40cm，用HK封边剂对紧固完成的SR盖片边缘进行封边。

（2）对部分破损的盖片及接头采用更换三元乙丙橡胶增强型SR防渗盖片进行处理。

（3）对接缝塑性填料流失及盖板破损处理，采用拆除盖板，对盖片破损揭除段先补充SR填缝材料恢复鼓包，再根据割除段长将新三元乙丙橡胶增强型SR防渗盖片覆盖于SR材料鼓包上（盖片宽度同原缝顶止水盖片宽度），两端随形与原盖片搭接，搭接宽度20cm。

3 面板接缝止水缺陷改进后的修补方案

3.1 面板垂直缝（包括张性缝、压性缝）压板更换

原锚固型止水结构的压条采用的是镀锌板，出现了锈蚀现象（见图1），本次采用M10×100不锈钢压条进行更换处理，不锈钢压条采用膨胀螺栓成孔锚固，锚固间距由40cm调整为30cm。为了提高封边处理的耐久性及止水效果，用单组分聚脲（防渗性）替代了HK封边剂对紧固完成的SR盖片边缘进行封边，修复后的情况见图2。

图 1 接缝表层止水处理前的情况

图 2 接缝更换压条及封闭后的情况

3.2 接缝止水压板锈蚀涂覆式修复方案

由于更换压条对原接缝表层止水结构有一定的损坏，本次选择了两条面板接缝，采用面板接缝止水压板锈蚀采用涂覆式修复方案进行处理，施工工艺如下：

（1）紧固原锚固压板螺栓，割除多余的螺栓头，对原镀锌钢压板进行除锈处理，并对两侧混凝土面进行打磨处理。

（2）用清水清洗基面，干净、无污物、无污染，并干燥。

（3）涂刷界面剂，并对镀锌钢板涂刷阻锈剂（见图 3）。

（4）待界面剂及阻锈剂表干后，涂刷一遍单组分聚脲，并在镀锌钢压板外沿用高弹性砂浆找平。

（5）高弹性砂浆固化后，涂刷两遍单组分聚脲复合一层胎基布，单组分聚脲厚度为 2mm，修复后的情况见图 4。

图 3 镀锌板表面除锈及周边涂刷界面剂

图 4 止水压板锈蚀采用涂覆式方案修复后情况

3.3 接缝塑性填料流失及盖板破损处理

由于原方案是用新三元乙丙橡胶增强型 SR 防渗盖片覆盖于 SR 材料鼓包上，两端随形与原盖片搭接，这样就增加了盖片接头，造成了新的隐患。本次采用了涂覆型止水结构代替原来的锚固型结构，将柔性防渗涂层刮涂在塑性填料和混凝土表面，固化后形成整体柔性保护层，与混凝土黏结成一体，起到保护塑性填料和表层止水的作用。施工工艺如下：

（1）割除原缝顶止水结构上锈蚀镀锌膨胀螺栓，拆除锈蚀镀锌压条后，清除原破损、翘起防渗盖片。

（2）用 GB 塑性填料替代原流失的 SR 塑性填料（见图 5）。

（3）沿接缝塑性填料两侧各 20cm 范围对混凝土表面进行打磨处理，清洗干净，并干燥，并对割除后的原膨胀螺栓孔用环氧砂浆封堵。

（4）涂刷界面剂，涂刷均匀，无漏涂。

（5）涂刷单组分聚脲防渗盖片，并复合胎基布，单组分聚脲防渗盖片厚度大于 3mm，修复后的情况见图 6。

图 5 面板接缝充填 GB 塑性填料

图 6 塑性填料表面涂刷单组分聚脲复合胎基布

4 水上面板混凝土裂缝处理

原设计方案对面板宽度大于 0.3mm 的裂缝进行防渗处理，处理方案为对裂缝内部进行化学灌浆，裂缝表面涂刷 HK－988 弹性涂料复合胎基布。本次对面板混凝土宽度大于 0.3mm 的处理方案见图 7，裂缝内部按设计要求进行化学灌浆，裂缝表面柔性封闭材料用单组分聚脲复合胎基布替代 HK－988 弹性涂料复合胎基布。处理施工工艺如下：

（1）沿裂缝布置灌浆孔，采用斜孔穿缝形式，裂缝两侧交替布置，灌浆孔孔径 14mm，孔口位置距离裂缝约 10cm，孔距 20～40cm，孔深 20cm 左右，成孔后将孔内粉尘清理干净。

（2）埋设灌浆管，临时封闭裂缝表面，封闭后检查密封情况，若发生渗漏，再次封闭，以确保灌浆过程中不会发生其他部位漏浆。

（3）灌浆材料选用改性环氧灌浆浆材，纯压式灌浆，灌浆压力 0.3MPa，灌浆顺序从裂缝的一端到另一端由下而上进行，直至整个裂缝充满浆液，裂缝灌浆过程见图 8。

图 7 面板混凝土裂缝处理方案

图 8 面板混凝土裂缝内部化学灌浆

（4）完成灌浆后用磨光机沿缝打磨，打磨宽度为 20cm，打磨后将灰层清洗干净。

（5）涂刷一道专用界面剂，涂刷宽度大于 22cm，涂刷均匀，无漏涂。

（6）待界面剂表干后，涂刷一遍单组分聚脲，涂刷宽度为 20cm，粘贴复合胎基布，再涂刷 1～2 遍单组分聚脲，厚度 3mm。混凝土面板裂缝处理后的情况见图 9。

5　面板局部破损处理

原设计对面板混凝土破损处理的方案是先用环氧砂浆对面板局部不平整的部位进行修补，再在表面涂刷 HK－988 弹性涂料复合胎基布，本次修复采用单组分聚脲复合胎基布替代了 HK－988 弹性涂料复合胎基布。

本次面板混凝土破损面处理施工工艺如下：

(1) 对剥蚀面混凝土表面凿毛，将面板上松动的尘土、粉末清理干净，露出新鲜混凝土；

(2) 用清水冲洗干净，并干燥；用对面板上的孔洞及破损修复封闭处理；

(3) 涂刷界面剂，涂刷均匀，无漏涂，无流淌；

(4) 待界面剂表干后，涂刷一遍单组分聚脲，并复合胎基布，再涂刷 1～2 遍单组分聚脲涂层，聚脲厚度大于 2mm。处理前后对比见图 10。

图 9　面板混凝土裂缝处理情况

图 10　面板破损修复后效果

6　主要修补材料的性能指标

6.1　单组分聚脲

单组分聚脲由含多异氰酸酯—NCO 的高分子预聚体与经封端的多元胺（包括氨基聚醚）混合，并加入其他功能性助剂所组成。单组分聚脲分防渗型和抗冲磨型两种，该材料具有优异的力学性能，抗紫外线性能和抗太阳暴晒性能，能适应高寒地区的低温环境，单组分聚脲的主要性能指标见表 1。本次面板接缝及裂缝修补采用的是防渗性单组分聚脲，面板剥蚀缺陷处理使用的是抗冲磨型单组分聚脲。

表 1　　单组分聚脲的主要性能指标

项　目	技术指标	
	防渗型	抗冲磨型
拉伸强度/MPa	≥16	≥20
扯断伸长率/%	≥300	≥200
撕裂强度/(kN/m)	≥50	≥70
硬度/邵 A	≥50	≥80
附着力（干燥面）/MPa	≥2.5	≥2.5

6.2　高弹性聚脲砂浆

高弹性聚脲砂浆修补材料具有极佳的弹性，弹性模量为 16～50MPa，比普通砂浆低 1000 倍左右，其最大拉伸率大概在 10%～30%（根据配比不同而异），压缩 50%后可以完全恢复，因此具有良好的抗裂性和变形性，这一特点使其在混凝土薄层修补时优势明显。可以用于混凝土薄层抗冲磨修补及伸缩缝内嵌缝。高弹性聚脲砂浆性能指标见表 2。

表 2　　高弹性聚脲砂浆性能指标

序号	项　目	指标	备　注
1	拉伸强度/MPa	≥2.0	23℃，28d
2	与混凝土拉拔黏结强度/MPa	>2.0	涂界面剂
3	拉伸率/%	10～30	根据配比不同而异
4	低温柔性	柔性	－40℃

6.3 改性高强环氧砂浆

改性高强环氧砂浆具有强度高，固化时间快的特点，适合于快速修复混凝土缺陷。其性能指标见表 3。

表 3　　改性环氧砂浆性能指标

序号	检 测 项 目	单位	设计要求	备　注
1	抗压强度	MPa	≥80	23℃，15d
2	抗拉强度	MPa	≥10.0	23℃，15d
3	与混凝土粘接强度	MPa	≥3	涂刷基液

7 结语

本次对仙游抽水蓄能电站面板缺陷修复采用了多项改进的新工艺和新材料，提升了面板缺陷修复效果的可靠性和耐久性，值得类似工程参考。

某抽水蓄能电站上水库面板止水结构研究

李柏平　高玺炜　于思雨　孙思佳　王冠军　马柏吉
（辽宁蒲石河抽水蓄能有限公司，辽宁省丹东市　118216）

【摘　要】本文从某抽水蓄能电站上库大坝面板止水结构存在严重破坏现象的事件，详细分析破坏发生的原因和对策，提出了寒区面板顶部止水结构破坏类问题的解决办法和防护措施。

【关键词】东北地区　面板止水结构　切除　修补　手刮聚脲　新止水结构

1 引言

某抽水蓄能电站地处东北地区，上库大坝面板止水结构表面采用三元乙丙橡胶板封顶，在冬季结冰后受水冻胀力、冰推力和冰拔力反复作用的影响，在水位变化区易发生沉头螺栓拔出、部分压板扭曲甚或脱落，进而外覆防护橡胶盖板发生撕裂、柔性嵌缝材料与缝面剥离、面板接缝完全裸露等现象。经充分调研分析讨论，选取试验段面板止水结构改为手刮聚脲方式，通过试验期的巡检分析，试验段的手刮聚脲面板止水结构运行正常，大坝安全监测数据稳定。某抽水蓄能电站采用手刮聚脲的止水形式替代原有面板止水结构，在原面板止水填料的基础上，切除原有橡胶板，对原有破损、变形的 SR 止水材料进行修补，采用手刮聚脲形成新止水结构。

2 故障经过

某抽水蓄能电站于 2014 年 5 月对面板止水结构进行调查，调查结果表明破坏的范围集中在库水位变化区内，破坏的部位出现在表面止水盖板的连接处，而且均发生在下片止水盖板的上端端口。库水位变化区内共有 82 处接缝破坏，其中扁钢锈蚀严重，部分扁钢甚至扭曲脱落，部分沉头螺栓被拔出，垂直缝破坏主要发生在高程 380.5m 和 369.5m 段，水位变化区存在接缝开裂翘起现象，逆向搭接缝破坏严重，GB 填料存在错动现象，个别区域有对接和顺向连接破坏。现场破坏照片如图 1～图 8 所示。具体破坏情况如下：

（1）高程 380.5m 处的面板垂直缝所有接头均已破坏，部分垂直缝存在多处接头破坏现象，接头开裂翘起高度一般 5～7cm，平均为 5.8cm，其中 19 号面板开裂翘起可达 15cm，盖板割开后，可见内部充水，橡胶棒和铜止水未见异常。

（2）高程 369.5m 处的面板垂直缝所有接头均已破坏，部分垂直缝存在多处接头破坏现象，接头开裂翘起高度一般 5～6cm，平均为 5.1cm，最大开裂翘起可达 10cm。

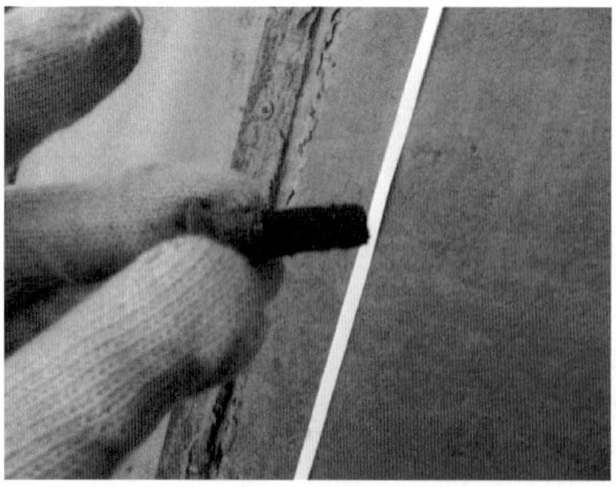

图 1　沉头螺栓螺纹锈蚀消失

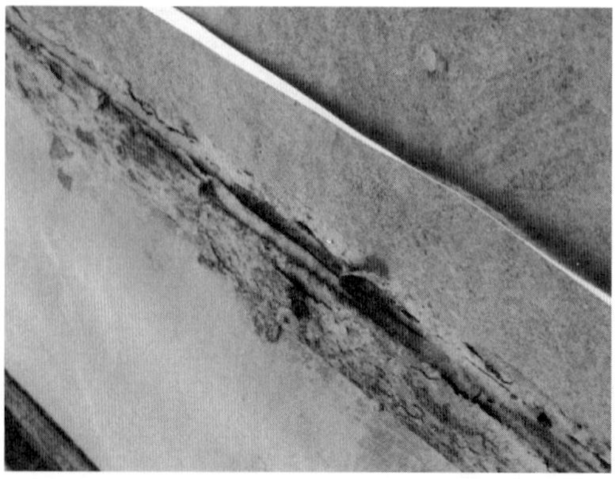

图 2　沉头螺栓脱落、扁钢锈蚀

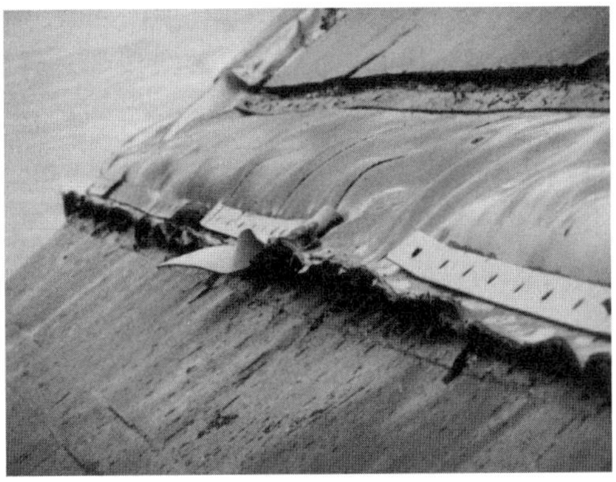

图 3　周边缝沉头螺栓脱落、扁钢掀翻

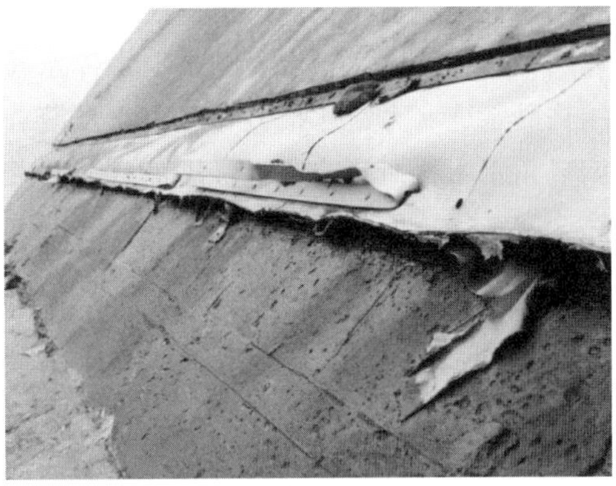

图 4　周边缝橡胶止水现状

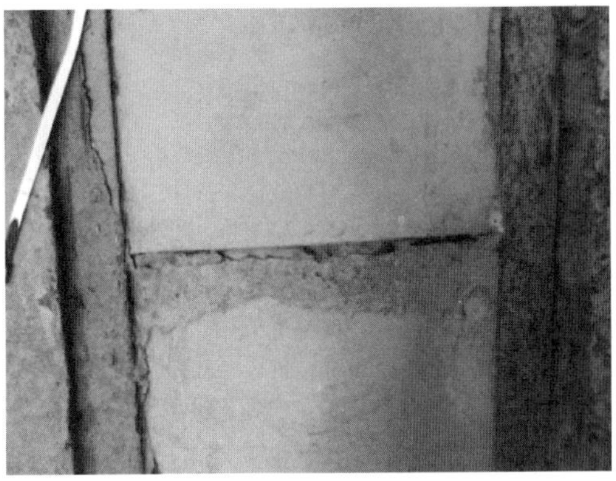

图 5　对接接缝

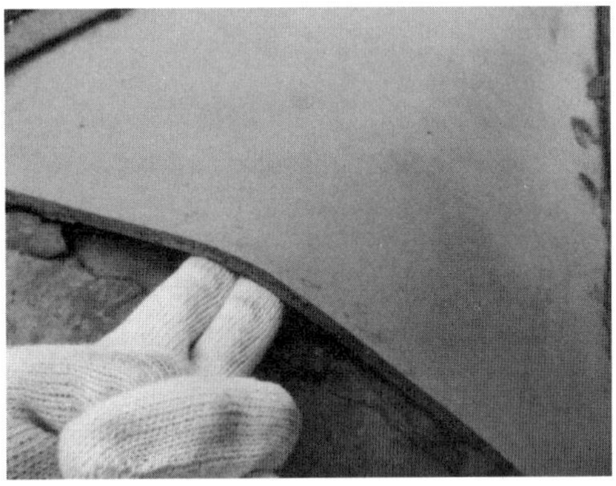

图 6　顺茬搭接处缝隙

图 7　戗茬搭接（高程 375.00m 以上）

图 8　戗茬搭接（高程 365.00～375.00m）

（3）面板周边缝共有 10 处接头开裂翘起，止水盖板上部扁钢扭曲脱落，部分沉头螺栓被拔出。

（4）面板混凝土质量整体较好，但 17 号面板处存在孔洞，孔洞尺寸为 12cm×17cm，深可达 10cm。

3　缺陷分析及处理

3.1　原因分析

蒲石河上库面板止水结构表面采用三元乙丙橡胶板封顶，但其与面板混凝土结合部位受两种材料性能差异的影响，普遍存在混凝土浇筑质量不良，抗绕渗水压力降低的情况，尤其是橡胶止水带接头处。当面板接缝在大坝运行过程中产生张开、沉降、剪切变形时，变形缝中部和底部的止水板、片随之出现位移，难以控制面板底部（或中部）止水性能的劣化。

基于调查结果及相关工程实例，分析得知止水结构随着水库投入运行后，沉头螺栓等锚固件因材料性能原因在高湿度环境下，很快产生锈蚀并迅速劣化，使得沉头螺栓与混凝土间的锚固力严重降低甚至脱落失去作用；冬季结冰后，由于电站上水库水位变幅较大，浮冰附着在面板止水结构上，导致上水库面板止水结构受水冻胀力、冰推力和冰拔力反复作用的影响，在水位变化区易发生沉头螺栓拨出、部分压板（扁钢或角钢）扭曲甚或脱落，进而发生外覆防护橡胶盖板发生撕裂、柔性嵌缝材料与缝面剥离、面板接缝完全裸露等现象。因此，导致止水结构破坏的主要因素为：

（1）沉头螺栓等锚固件锈蚀；

（2）冻胀力、冰拔和冰推力等因素；

（3）橡胶防护盖板的抗撕裂、抗击穿性能和耐老化性能。

3.2　处理过程

某抽水蓄能电站采用手刮聚脲进行上水库大坝面板止水结构表面防护的修补施工，施工工艺如图 9 所示。

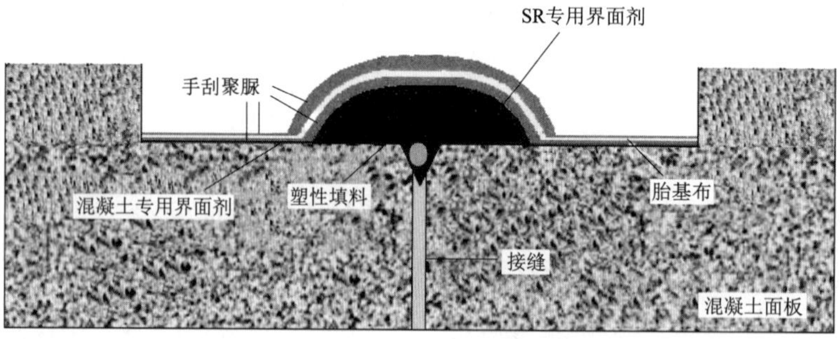

图 9　面板坝接缝盖板搭接破坏表面修补方案示意图

具体施工方法如下：

（1）破坏部分止水结构处理：拆除破坏部分止水，包括原橡胶板、扁钢、膨胀螺栓等。

（2）沿板面接缝两侧打磨混凝土表面，打磨后用水冲洗表面的灰尘、浮渣，并用刷子清理干净，待水分完全挥发后，对混凝土表面局部孔洞用找平腻子填补，待腻子固化后，混凝土表面平整、坚固、无孔洞。

（3）切除、修补破损，在老旧 SR 止水表面涂刷专用界面剂，待专用界面剂表干后，进行 SR 修补，粘贴牢固后进行塑形（图 10）。

（4）混凝土表面清理干净后涂刷混凝土界面剂，涂刷厚度要求薄而均匀，无漏涂现象。待界面剂沾手不拉丝后进行涂刷单组分手刮聚脲（间隔 5h）（图 11）。

图 10　修复 SR 止水

（5）涂刷第一遍手刮聚脲，待聚脲表干后（4～6h）再刷第二遍聚脲（涂刷前检查聚脲表干情况），待第二遍聚脲固化后刷第三、第四遍，粘贴 1 层胎基布，最后再涂刷两遍单组分聚脲，涂刷厚度至看不到胎基布为止。后序涂刷应在前一道涂刷表干后进行，直至厚度达到设计要求，涂刷聚脲朝一个方向涂刷，不要来回涂刷，涂刷要均匀，施工间隔时间在 24h 之内，确保各层之间的黏接。

（6）保证接缝处聚脲与混凝土面板之间的搭接宽度大于 20cm。

（7）在涂刷单组分聚脲施工过程中，如果遭遇到大风和下雨，必须立刻停止施工，用帆布、塑料等防护材料对聚脲涂层进行遮盖保护，待雨停后，擦干净单组分聚脲涂层上的附着物，并涂刷界面剂后方可继续涂刷聚脲施工。聚脲涂刷完工后，确保 12h 内不要有水浸泡，常温养护 24h 即可（图 12）。

图 11 手刮聚脲

图 12 铺盖胎基布

4 暴露问题和防范措施

4.1 暴露问题

由本案例可见，若电站地处东北区域，寒冷地区面板坝冬季运行条件严酷，在冰拔、冰胀等因素影响下，接缝位移量较大，水位变幅区以上部位部分面板止水结构易出现破损。若顶部止水受到破坏或丧失功用，底部（或中部）止水在水压力和冰冻影响下极易受损，坝体防渗性能降低，对大坝的安全运行和使用寿命产生不利影响。

4.2 防范措施

根据寒区面板顶部止水结构破坏机理，优选表层防护材料，优化防护层结构形式，降低冰胀力、冰推力和冰拔力作用，提高面板顶部接缝止水的抗渗性和抗冰冻性能，可以延长寒冷地区混凝土面板坝接缝止水结构使用寿命，保证止水结构充分发挥其整体止水效能，保证坝体长期安全有效运行。

浅析机制砂中石粉含量与混凝土性能的关系

李陶磊[1] 姜林林[1] 王文辉[2]
（1. 中国水利水电建设工程咨询北京有限公司，北京市 100024；
2. 浙江磐安抽水蓄能有限公司，浙江省金华市 321000）

【摘 要】机制砂的石粉含量并非越低越好。目前，混凝土原材料，包括水泥、砂石骨料、外加剂和掺合料的品种、产地较多，性能和质量不一。因此，规定在选择这些材料时应通过试验，经技术经济比较选定，提出最优设计配合比，并对该配合比的混凝土性能进行试验，对机制砂中的石粉含量与混凝土性能的关系进行研究，便于施工质量控制。

【关键词】配合比设计 机制砂中的石粉含量 质量控制

1 工程概况

浙江磐安抽水蓄能电站位于浙江省金华市磐安县大盘镇境内，距磐安县城公路里程约 23km，距金华、台州、杭州的公路里程分别为 128km、143km、190km。电站上水库位于大盘镇园塘林场，下水库位于始丰溪大盘镇安田村与岭下村之间流域，坝址位于安田村下游侧。

电站为日调节纯抽水蓄能电站，装机容量 1200MW（4×300MW）。建成后供电浙江电网，工程开发任务为承担电力系统调峰、填谷、紧急事故备用等，同时具备调频、调相等功能。

电站为Ⅰ等大（1）型工程，其主要建筑物按 1 级建筑物设计。电站上水库正常蓄水位 859.00m，死水位 827.00m，总库容 891 万 m^3，调节库容 775 万 m^3，死库容 63 万 m^3。下水库正常蓄水位 426.00m，死水位 403.00m，总库容 1169 万 m^3，调节库容 748 万 m^3，死库容 239 万 m^3。

衬砌混凝土施工采用泵车入仓，设计坍落度 140～160mm，采用浙江磐安当地砂石料场生产的 5～31.5mm 的混合料进行混凝土配合比设计。

2 技术难点及要求

2.1 技术难点

（1）配合比设计中原材料品质起了重要作用，因此在配合比设计前应对使用原材料进行检测，确保各材料技术指标满足规范要求。

（2）通过试验检测发现当地砂场生产的人工砂石粉含量过低，通过了解当地周边料场生产的人工砂都是这种情况，在确定使用这种砂的前提下，如何调整配合比设计参数以达到设计要求的指标成了本次配合比设计的技术难点。

2.2 配合比设计要求

衬砌混凝土配合比设计，主要要求如下：

（1）混凝土强度等级：C25；抗冻、抗渗要求：F50，W6。

（2）水灰比不大于 0.5，水泥采用强度等级为 42.5 的普通硅酸盐水泥。

（3）使用Ⅱ级粉煤灰，应掺加引气剂及优质高效减水剂等。

（4）选用公路标准的混合料级配骨料，骨料最大粒径 31.5mm。

（5）混凝土坍落度宜控制在 140～160mm。

2.3 研究内容

（1）进行原材料水泥、粉煤灰、砂石骨料、外加剂检测。

（2）进行混凝土拌和物性能试验，包括坍落度、含气量、混凝土工作性、凝结时间。

（3）确定混凝土抗压强度、弹性模量、抗冻性和抗渗性。

（4）基于配合比设计，对机制砂中的石粉含量、粉煤灰掺量与混凝土性能的关系进行研究。

3 试验原材料

3.1 水泥

水泥采用海盐秦山南方水泥有限公司生产的 P. O42.5 级水泥，物理性能指标和力学性能指标见表 1，所检测指标均满足 GB 175—2007/XG3—2018《通用硅酸盐水泥》中对指标要求。

表 1 P. O42.5 级水泥检验成果表

检测项目	密度/(kg/m³)	标准稠度用水量/%	安定性/mm 雷氏夹法	比表面积/(m²/kg)	凝结时间/min		抗折强度/MPa		抗压强度/MPa		烧失量/%	三氧化硫含量/%	碱含量/%
					初凝	终凝	3d	28d	3d	28d			
检验结果	3070	27.3	1.0	332	200	285	5.4	8.1	25.8	43.5	3.40	2.21	0.59
标准	—	—	≤5	≥300	≥45	≤600	≥3.5	≥6.5	≥17.0	≥42.5	≤5.0	≤3.5	≤0.60
检测依据	GB/T 208—2014、GB/T 1346—2011、GB/T 17671—1999、GB/T 176—2017												

3.2 粉煤灰

粉煤灰选用浙江天地环保科技有限公司绍兴滨海分公司生产的 F 类Ⅱ级粉煤灰，进行混凝土配合比设计，其物理性能、化学性能指标见表 2，所检测指标均满足 GB/T 1596—2017《用于水泥和混凝土中的粉煤灰》标准中对 F 类Ⅱ级粉煤灰的技术要求。

表 2 粉煤灰品质检测成果表

检测项目		密度/(kg/m³)	细度/%(45μm 筛余)	需水量比/%	含水量/%	烧失量/%	SO_3 含量/%	游离氧化钙/%	碱含量/%
检测结果		2160	18.4	100	0.1	2.04	0.30	0.29	1.00
规范要求	Ⅰ级	—	≤12.0	≤95	≤1.0	≤5.0	≤3.0	≤1.0	—
	Ⅱ级	—	≤30.0	≤105	≤1.0	≤8.0	≤3.0	≤1.0	—
	Ⅲ级	—	≤45.0	≤115	≤1.0	≤10.0	≤3.0	≤1.0	—
检测依据		GB/T 1596—2017、GB/T 176—2017							

3.3 细骨料

选取浙江天石建材有限公司生产的人工砂进行配合比设计，所用细集料的颗粒级配检测成果和品质检测成果均符合 GB/T 14684—2011《建设用砂》技术指标要求（表 3、表 4）。

表 3 细骨料品质检测成果表

筛孔尺寸			5.0mm	2.5mm	1.25mm	630μm	315μm	160μm	检验结果
累计筛余/%	标准范围	Ⅰ区	10～0	35～5	65～35	85～71	95～80	97～85	细度模数 FM=3.2 属于粗砂
		Ⅱ区	10～0	25～0	50～10	70～41	92～70	94～80	
		Ⅲ区	10～0	15～0	25～0	40～16	85～55	94～75	
	实测值		6	32	53	72	84	92	

表 4 细骨料品质检测成果表

检测项目	表观密度/(kg/m³)	松散堆积密度/(kg/m³)	有机物含量	坚固性	云母含量/%	亚甲蓝	石粉含量/%	泥块含量/%
检测结果	2580	1430	合格	3	0.0	1.2	2.2	0.0
规范要求	≥2500	≥1400	合格	≤8	≤2.0	—	≤10.0	≤1.0
检测依据	GB/T 14684—2011							

3.4 粗骨料

粗骨料为磐安杭振建材有限公司生产的碎石，粒级为5～31.5mm，其超逊径含量、表观密度、含泥量、坚固性、压碎指标、针片状含量等均指标均符合GB/T 14685—2011《建设用卵石、碎石》技术指标要求（表5、表6）。

表5 粗骨料颗粒级配检测成果表

筛孔尺寸/mm		31.5	26.5	19.0	16.0	9.5	4.75	2.36
累计筛余/%	5～31.5mm	0	1	18	40	87	100	100

表6 粗骨料品质检测成果表

检测项目	表观密度/(kg/m³)	泥块含量/%	含泥量/%	堆积密度/(kg/m³)	有机物含量	针片状颗粒含量/%	吸水率/%	坚固性/%	压碎指标/%
5～31.5mm	2700	0.0	0.4	1520	合格	4	0.8	0	10.2
规范要求	≥2600	≤0.2	≤1.0	—	合格	≤10	≤2.0	≤8	≤20
检测依据	GB/T 14685—2011								

3.5 外加剂

3.5.1 减水剂

减水剂采用北京华石纳固生产的HN-S缓凝型高性能减水剂，经过外加剂相容性试验按1.0%掺量进行性能检测见表7，检测结果符合GB 8076—2008《混凝土外加剂》规范要求。

表7 减水剂检测结果

减水剂名称	掺量/%	减水率/%	含气量/%	泌水率比/%	收缩率比	1h经时变化量	凝结时间差/min		抗压强度比/%		备注
							初凝	终凝	7d	28d	
缓凝型高性能减水剂	1.0	28	3.5	64	107	35	+155	—	144	134	—
规范要求	—	≥25	≤6.0	≤70	≤110	≤60	>+90	—	≥140	≥130	—
检测依据	GB 8076—2008										

3.5.2 引气剂

引气剂采用北京华石纳固生产的HN-Y型引气剂，经过外加剂相容性试验按1/万掺量进行性能检测见表8，检测结果符合GB 8076—2008《混凝土外加剂》规范要求。

表8 引气剂检测结果

引气剂名称	掺量/%	减水率/%	含气量/%	泌水率比/%	收缩率比	1h经时变化量	凝结时间差/min		抗压强度比/%			相对耐久性
							初凝	终凝	3d	7d	28d	
HN-Y减水剂	0.01	7	3.7	60	128	−0.5	+25	+55	112	110	102	81.4
规范要求	—	≥6	≤3.0	≤70	≤135	−1.5～+1.5	−90～+120		≥95	≥95	≥90	≥80
检测依据	GB 8076—2008											

4 混凝土配合比设计

4.1 混凝土配合比

依据JGJ 55—2011《普通混凝土配合比设计规程》，选择混凝土配置强度、合适的砂率、粉煤灰掺量、单位用水量和水胶比，进行试拌。通过试拌发现，混凝土坍落度满足不了设计要求，并且混凝土和易性较差，无法满足施工要求。

经过分析原因发现，试拌混凝土达不到混凝土设计要求，主要原因是人工砂中石粉含量较低，仅有

2.2%，导致混凝土中细颗粒含量较低，不能满足设计要求。在无法更换原材料的前提下，通过对混凝土砂率及粉煤灰掺量进行调整，获得满足要求的设计参数，具体试拌情况见表9。

表9　混凝土配合比参数试拌表

设计强度等级	设计坍落度/mm	粉煤灰掺量/%	减水剂掺量/%	引气剂掺量/%	单位用水量/(kg/m³)	水胶比	砂率/%	坍落度/mm	混凝土工作状态
C25W6F50	140～160	15	1.2	0.012	171	0.50	50	90	混凝土棍度下，插捣困难，析水情况少量，黏聚性差，含砂情况少
							49	88	混凝土棍度下，插捣困难，析水情况少量，黏聚性差，含砂情况少
							48	84	混凝土棍度下，插捣困难，析水情况多量，黏聚性差，含砂情况少
		20					50	126	混凝土棍度中，插捣一般，析水情况少量，黏聚性差，含砂情况中
							49	120	混凝土棍度中，插捣一般，析水情况少量，黏聚性差，含砂情况少
							48	116	混凝土棍度下，插捣困难，析水情况少量，黏聚性差，含砂情况少
		25					50	156	混凝土棍度上，插捣顺畅，析水情况无，黏聚性较好，含砂情况多
							49	144	混凝土棍度上，插捣顺畅，析水情况无，黏聚性较好，含砂情况多
							48	136	混凝土棍度中，插捣一般，析水情况少量，黏聚性差，含砂情况中

从表9可以看出，在粉煤灰含量为25%，砂率为49%的情况下，混凝土拌和物能够满足设计要求。因此，在此基础上，水胶比上下浮动0.05进行混凝土配合比设计，设计参数见表10。

表10　混凝土配合比设计表

设计强度等级	骨料种类	级配	设计坍落度/mm	水泥品种强度等级	粉煤灰掺量/%	减水剂掺量/%	水胶比	砂率/%	单位用水量/(kg/m³)
C25W6F50	人工砂/碎石	5～31.5mm	140～160	P.O42.5	25	1.15	0.55	50	171
							0.50	49	171
							0.45	48	171

4.2 混凝土的工作性能

由于机制砂的细度模数较粗，细粉含量偏少，混凝土试拌时性能欠佳，故在配合比试拌时采用20kg粉煤灰替换20kg砂来改善拌和物性能。通过混凝土试拌效果较好，混凝土拌和物性能满足设计要求。粉煤灰代砂试件与不代砂试件效果对比见图1。

通过混凝土拌和物效果图来看，采取粉煤灰代砂的效果还是比较明显的。因此选用粉煤灰含量为25%，砂率为49%，粉煤灰代砂20kg进行混凝土性能试验，混凝土配合比室内设计成果见表11。

表11　混凝土设计成果表

混凝土技术指标	骨料种类	级配	设计坍落度/mm	水泥品种强度等级	粉煤灰掺量/%	减水剂掺量/%	引气剂掺量/%	单位用水量/(kg/m³)	水胶比	砂率/%	实测坍落度/mm	试件编号	抗压强度/MPa	
													7d	28d
C25W6F50	人工砂/碎石	5～31.5mm	140～160	P.O42.5	25	1.2	0.012	171	0.55	50	132	S2021-6-1	24.4	31.1
									0.50	49	151	S2021-6-2	28.6	36.6
									0.45	48	155	S2021-6-3	32.9	41.9

（a）粉煤灰代砂效果图　　（b）粉煤灰未代砂效果图

图 1　粉煤灰代砂与不代砂效果对比图

4.3　混凝土耐久性

按照 DL/T 5150—2017《水工混凝土试验规程》中逐级加压法及快冻法分别进行混凝土抗渗及抗渗等级试验。结果抗渗等级不小于 W6，抗冻等级不小于 F50，均满足设计要求。

5　施工用配合比的确定

5.1　混凝土推荐配合比的选定

通过回归分析，C25W6F50 混凝土 7d、28d 抗压强度与水胶比关系式如下：

$$R_7 = 16.9377C/W - 9.3197 \quad r_7 = 0.9983$$

$$R_{28} = 21.4967C/W - 11.6352 \quad r_{28} = 0.9972$$

根据水胶比与 28d 抗压强度线性回归关系式，计算出与 28d 配制强度相应的水胶比（图 2）。混凝土配合比参数选定见表 12。

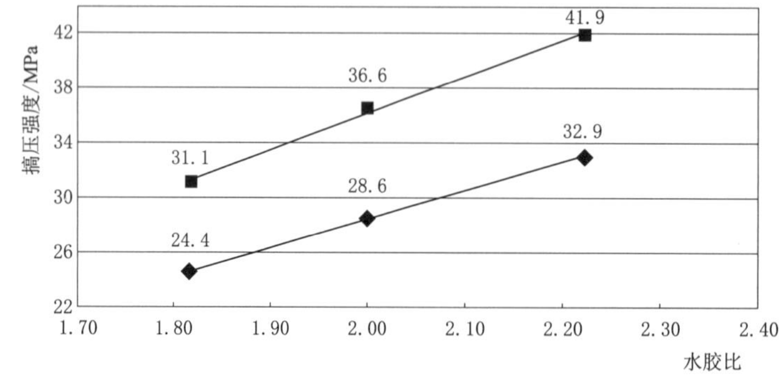

图 2　抗压强度与水胶比关系曲线图

表 12　　**设计混凝土配合比**

设计强度等级	水泥品种强度等级	骨料品种	骨料级配/mm	设计坍落度/mm	粉煤灰掺量/%	减水剂掺量/%	引气剂掺量/%	水胶比	砂率/%	混凝土材料用量/(kg/m³)						
										水	水泥	粉煤灰	砂	石	减水剂	引气剂
C25W6F50	P.O42.5	人工砂/碎石	5～31.5	140～160	25	1.2	0.012	0.48	49	171	267	109	855	950	4.27	0.04

5.2　混凝土配合比的复核与调整

混凝土配合比设计完毕后，经水利部松辽委员会基本建设工程质量检测中心进行复核，配合比各项参数满足设计要求，最终推荐混凝土配合比见表 13。

表 13　推荐用混凝土配合比

设计强度等级	水泥品种强度等级	粉煤灰品种等级	骨料品种	骨料级配/mm	设计坍落度/mm	水胶比	砂率/%	混凝土材料用量/(kg/m³)						
								水	水泥	粉煤灰	砂	石	减水剂	引气剂
C25W6F50	P. O42.5	F类Ⅱ级	人工砂/碎石	5～31.5	140～160	0.48	49	171	267	109	855	950	4.27	0.04

6　难点分析

机制砂中石粉的主要作用有两个：

（1）微集料填充作用。石粉颗粒很小，在混凝土中可起微集料作用，充填到微小的孔隙中，同时参与水化反应，物理充填和水化反应产物充填共同作用，比惰性微集料单纯的物理充填效果更好，使混凝土更加密实，从而提高了混凝土的强度。

（2）保水增稠作用。一方面石粉可以吸收混凝土中的用水，在一定程度上增加混凝土的单位立方米用水量，随着石粉含量提高，混凝土的黏度不断增大，有效降低了混凝土拌合物离析和泌水的风险；另一方面，在混凝土硬化过程中，石粉会释放其吸收的水分，用于补偿混凝土后期水化用水，从而减少了混凝土的收缩。

7　结语

机制砂的石粉含量并非越低越好；对于低标号混凝土可适当提高石粉含量如10%～15%，对于高标号混凝土，石粉含量应取低值，如5%～10%。而本次配合比设计采用的人工砂石粉含量仅为2.2%，为了提高混凝土内0～0.16mm的含量，只能通过提高砂率来达到。如果一味地增加砂率，又会导致混凝土水泥用量加大，施工成本增加。这时就需要采用一部分粉煤灰代砂，以达到混凝土的工作性能。因此，在增加砂率和粉煤灰代砂两种措施下，石粉含量较低的混凝土配合比设计问题就能得到圆满的解决。

参考文献

[1]　赵德雄．机制砂、石粉含量对混凝土性能的影响［J］．福建建材，2017（10）：3．

[2]　张冬，李海波，袁惠星．机制砂石粉含量对混凝土性能的影响［C］//首届山东省科协学术年会论文集，2009．

[3]　夏龙兴，吴蓉．机制砂与天然砂的性能研究［J］．混凝土，2008（7）：60－61．

基于中高地应力下的厂房岩壁吊车梁超挖处理及承载特性分析

卫洋波[1] 杜贤军[2] 张 捷[2] 王 芳[2]
（1. 中国电建集团西北勘测设计研究院有限公司，陕西省西安市 710065；
2. 中国电建集团北京勘测设计研究院有限公司，北京市 100024）

【摘 要】 本文结合文登抽水蓄能电站施工期因应力释放导致岩壁吊车梁岩台不成型情况，提出“无岩台”情况的岩壁吊车梁处理措施。采用原型观测法，研究了吊车梁的锚杆应力、围岩变形及岩梁与岩壁结合面接触情况，对岩壁吊车梁的承载特性和安全稳定作出评价。结果表明：中高地应力开挖卸荷对锚杆的应力影响不大，锚杆应力多由于岩体内结构面变形导致；厂房开挖完成后，吊车梁监测数据平稳，锚杆应力未超过设计强度；吊车梁与岩壁的最大开合度为1.48mm；吊车梁荷载试验期间，各监测数据增量值均较小；吊车梁附近围岩的变形最大为14.59mm。总体上，岩壁吊车梁变形均较小，结构安全稳定，能够满足生产运行的需求；“无岩台”的岩壁吊车梁处理措施也为其他工程提供了参考借鉴依据。

【关键词】 文登抽水蓄能电站 中高地应力 岩壁吊车梁 安全监测 稳定性评价

1 工程概况

文登抽水蓄能电站位于山东省胶东地区文登区界石镇境内，电站总装机容量1800MW，安装6台单机容量300MW的单级混流可逆式水泵水轮机组。地下厂房全长214.5m，岩壁吊车梁以上开挖跨度为26.5m，以下开挖跨度为25.0m，总高度为53.5m。地下厂房布置2台250t/50t/10t桥式起重机，最大起吊重量为2500kN，单个最大轮压约573kN，采用岩壁吊车梁结构型式。地下厂房布置于小过顶下部山体内，山顶高程450～500m，厂房上覆岩体厚度约350m。厂区岩性以晚元古代晋宁期黑云角闪二长花岗岩和中生代印支期黑云角闪石英二长岩为主，新鲜岩体，整体块状结构，二者呈混熔状态，以二长岩占多数，围岩以Ⅰ～Ⅱ类为主。地下厂房揭露大小断层53条，以近E－W走向倾向南的陡倾角断层为主，产状为NW275°SW∠80°～85°，其中多数为Ⅲ～Ⅳ级结构面，宽度一般小于1m，且延伸短。厂区地应力以构造应力为主，最大主应力方向均在NW280°～300°的范围内，大小为9.32～17.75MPa，属于中高地应力[1]。中高地应力地下洞室钻爆开挖过程中，围岩应力快速释放易导致围岩损伤，严重时会引起保留岩体的局部失稳和开裂[2]。本文结合文登抽水蓄能电站施工期岩壁吊车梁因应力释放导致的岩台不成型情况，提出了的岩壁吊车梁处理措施。根据小湾、锦屏一级水电站[3-4]监测仪器布置的方法，采用原型观测法，研究了超挖段吊车梁的锚杆应力、围岩变形以及岩梁与岩壁结合面接触情况，对超挖段岩壁吊车梁的承载特性分析和安全稳定作出评价。

2 岩壁吊车梁区域开挖情况

2.1 岩壁吊车梁区域开挖情况

岩壁吊车梁区域的开挖为地下厂房整体开挖的第Ⅱ－2层（62.2～55.08m）开挖。采用为中部拉槽，两边保护层跟进开挖的施工方法。其中中部拉槽采用小梯度爆破施工，拉槽宽度为19.4m，两侧预留保护层厚度为2.8m。岩壁吊车梁区域开挖步序如图1所示。

受应力释放卸荷及爆破开挖震动影响，地下厂房上游边墙在开挖过程中出现不同程度上的片帮剥落现象，其中在岩壁吊车梁开挖区域较为严重，上游边墙出现大范围的超挖及岩台滑落围岩破坏情况。上游边墙岩壁吊车梁区域地质编录如图 2 所示。其中 J1 位置（高程 65.0～68.0m）、J2 位置（高程 67.0～69.0m）、J3 位置（高程 67.0～69.0m）、J4 位置（高程 64.0～69.0m）、J5 位置（高程 65.5～68.0m）、J6 位置（高程 65.0～67.3m）均表现为表层岩体碎裂结构，次生裂隙发育，裂隙宽 0.1～0.6m，裂面起伏粗糙，间距 0.5～2cm，产状为 NE75°～85°SE∠65°～70°。J7 位置（高程 55.0～62.5m）、J9 位置（高程 50.0～55.0m）、J10 位置（高程 55.0～50.0m）围岩局部出现片状、薄层状块体，张开 0.2～1cm。

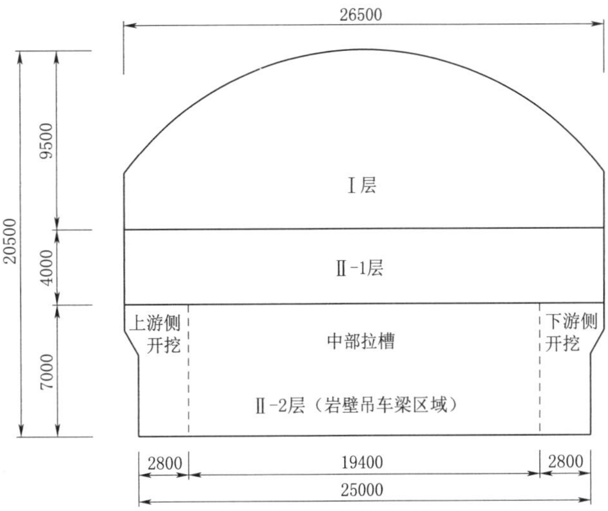

图 1　岩壁吊车梁区域开挖步序示意图（单位：mm）

据统计，岩壁吊车梁区域（高程 55.0～59.0m）超挖深度为小于 15cm、15～30cm、30～100cm。如图 3 所示。根据现场观察看出，超挖在 15～30cm 范围内岩壁吊车梁的开挖表现为斜岩台部位的超挖（壁角角度良好），超挖在 15～30cm 范围内为斜岩台的滑塌（没有形成壁角）。主要位于上游边墙厂左 0+65.00～厂右 0+15.00 段，范围占Ⅱ-2 层上游侧墙开挖面积的 41%，受地应力影响，洞室开挖过程中岩壁吊车梁斜岩台破坏较为严重。

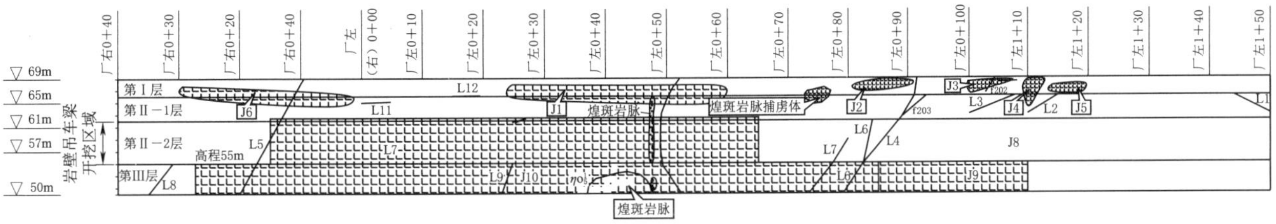

图 2　上游边墙岩壁吊车梁区域地质编录图

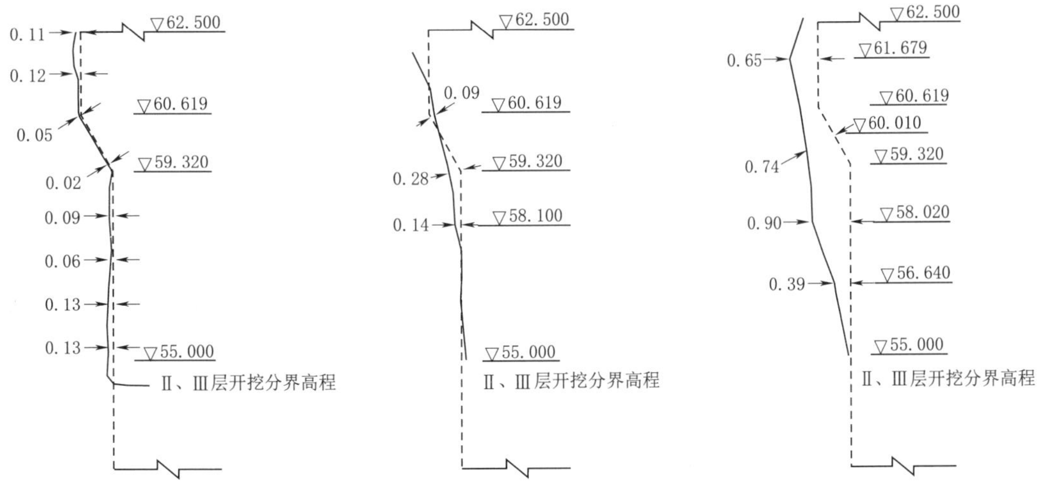

（a）厂左0+150　（b）厂左0+056　（c）厂左0+030

图 3　岩壁吊车梁位置开挖典型断面图（单位：m）

2.2　岩壁吊车梁超挖段处理措施

根据岩壁吊车梁区域开挖情况，并结合以往吊车梁部位的超挖处理措施[5-6]，对中高地应力地下洞室岩壁吊车梁部位超挖处理进行研究并提出相关的处理措施。

（1）超挖小于 15cm。当岩壁吊车梁及附近区域超挖值小于 15cm，且壁角大于或等于 30°时，不必进行特别处理，超挖部分仅需用与吊车梁同强度素混凝土替代，与吊车梁混凝土一起浇筑。

（2）超挖大于 15cm，壁角大于或等于 30°。对超挖部位增设钢筋混凝土护壁，护壁混凝土内布设双层双向钢筋（主筋 ϕ25@20cm，分布筋 ϕ20@20cm，拉筋 ϕ12@40cm）。岩壁吊车梁下拐点以上设置 3 排砂浆锚杆 ϕ28@0.75m×1.0m，L=7/9m，间隔布置，锚杆仰角 20°；下拐点以下到高程 55.0m 范围内增设 4 排预应力砂浆锚杆 ϕ32@1000mm×1500mm，L=9m，预应力 120kN，且此范围内的系统锚杆调整为 ϕ28@1500mm×1500mm，L=7/9m。护壁混凝土与吊车梁一并浇筑，见图 4。

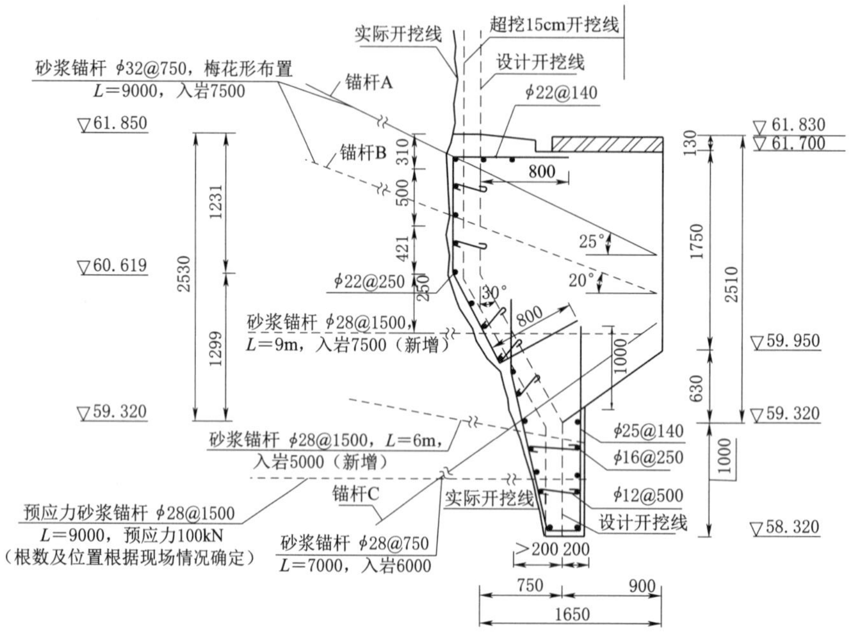

图 4 岩壁吊车梁超挖处理（单位：mm）

（3）超挖大于 15cm，壁角小于 30°。对超挖部位增设钢筋混凝土护壁，护壁混凝土内布设双层双向钢筋（主筋 ϕ25@20cm，分布筋 ϕ20@20cm）。岩壁吊车梁下拐点以上设置 3 排砂浆锚杆 ϕ28@0.75m×1.0m，L=7/9m，间隔布置，锚杆仰角 20°；下拐点以下到高程 55.0m 范围内增设 4 排预应力砂浆锚杆 ϕ32@1000mm×1500mm，L=9m，预应力 120kN，且此范围内的系统锚杆调整为 ϕ28@1500mm×1500mm，L=7/9m。护壁混凝土与吊车梁一并浇筑，见图 5。

（4）为避免上游边墙因侧壁劈裂、松胀及片帮等围岩破坏形式导致已成斜岩台部位滑塌，在上、下游岩锚梁斜岩台区域内增加一排砂浆锚杆 ϕ28，L=9m，入岩 8.5m，排距 1m，见图 5。

3 监测布置

根据岩壁吊车梁开挖成型情况、厂房布置特点，岩壁吊车梁共布置了 7 个监测断面，监测仪器的断面分别为厂左（右）0+000.000（1 号机组上下游侧）、厂左 0+086.500（上游边墙 f_{203} 断层厂右侧、下游侧 4 号机与 5 号机之间）、厂左 0+139.000（下游边墙 f_{203} 断层厂左侧）、厂左 0+164.500（安装场上下游侧）。每个监测断面埋设的仪器有锚杆应力计、多点位移计、测缝计、钢筋应力计、壁座压应力计等，如图 6 所示。

4 监测成果分析

4.1 吊车梁锚杆应力

（1）岩壁吊车梁共布置锚杆应力计 56 套，其中，第一排、第二排受拉锚杆采用三点式锚杆应力计（测点的深度分别为 0.5m、2.5m、6.5m），第三排受压锚杆采用两点式锚杆应力计（测点深度为 0.5m、3.0m）。总体上岩壁吊车梁部位锚杆应力超过 400MPa 的有 1 个测点，占 7.14%；锚杆应力计的

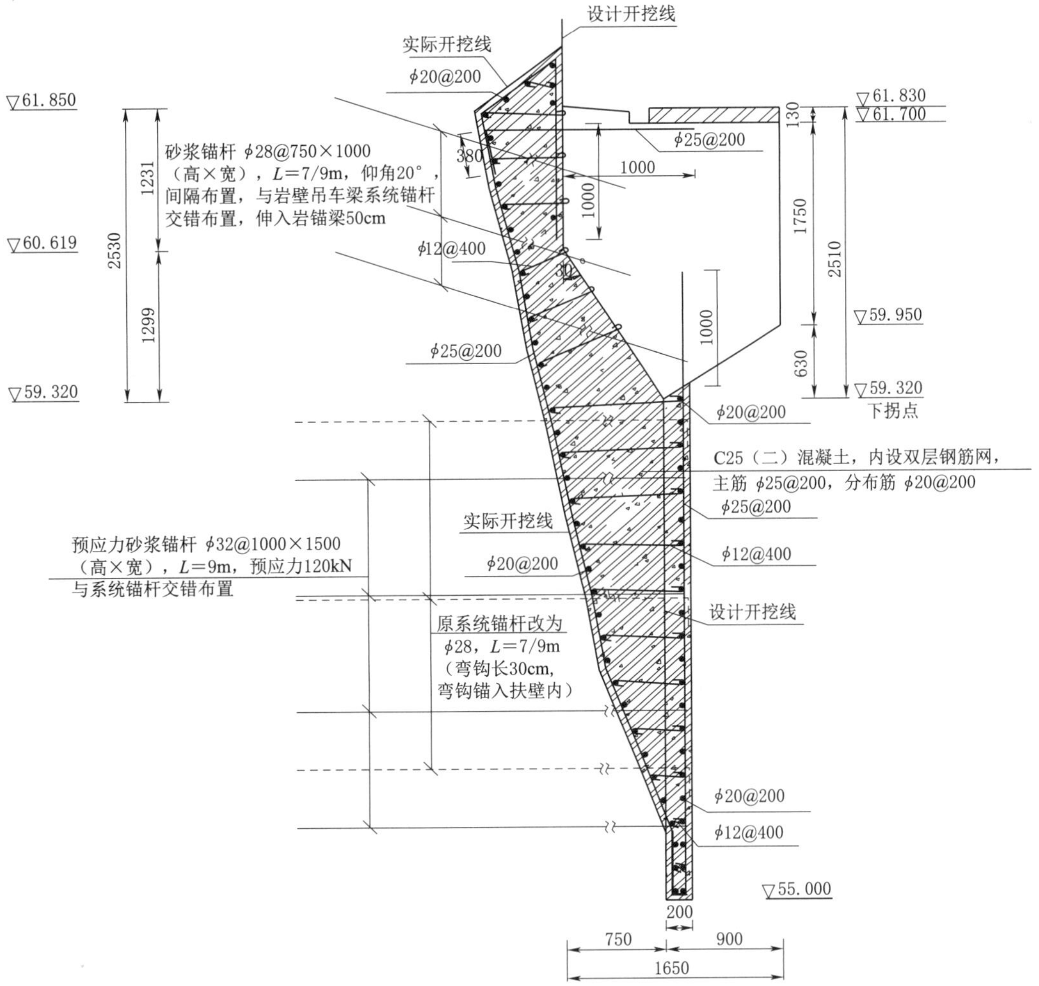

图 5　岩壁吊车梁超挖处理（尺寸单位：mm，高程单位：m）

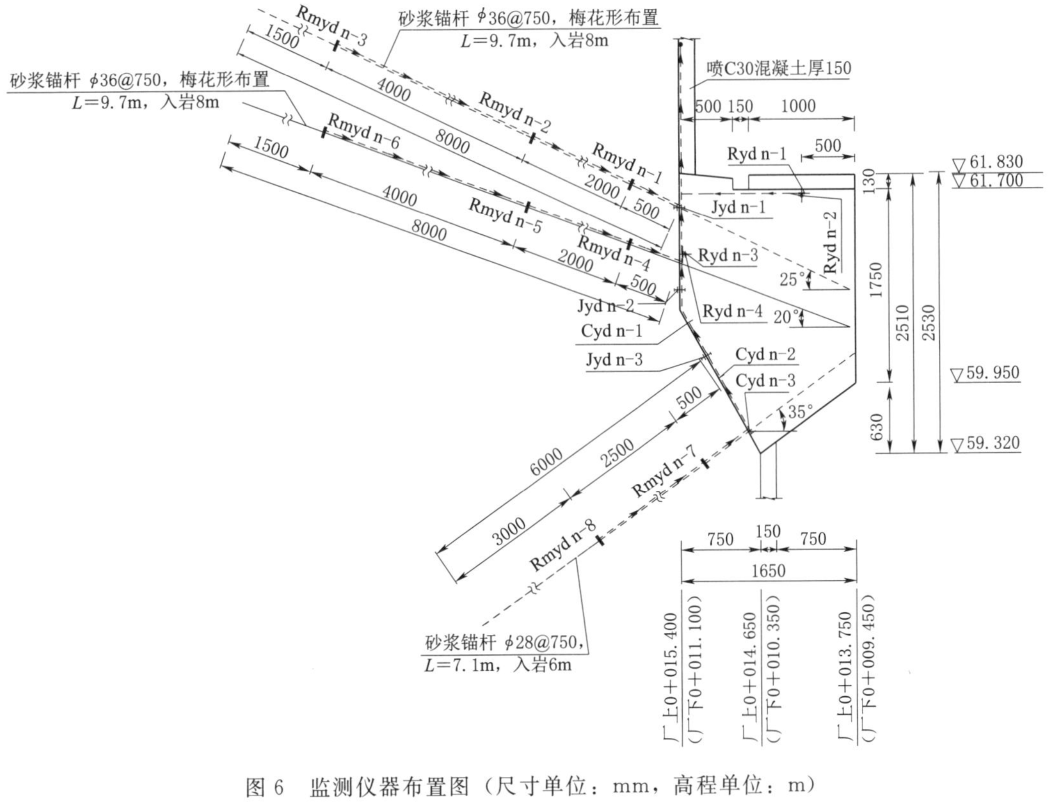

图 6　监测仪器布置图（尺寸单位：mm，高程单位：m）

测值未出现在 300～400MPa；200～300MPa 的有 1 个测点，占 7.14%；100～200MPa 的有 3 个测点，占 10.71%；小于 100MPa 的有 35 个测点，占 87.50%。第三排受压锚杆处于受压至小幅受拉状态，锚杆应力值为－23.74～83.96MPa，应力普遍较小。吊车梁的监测数据表明，总体上锚杆的应力偏小，普遍都小于 300MPa，未超过 400MPa 设计强度，但存在一处锚杆应力值超过 400MPa，且数值达到 542MPa，位于下游侧第二排受拉锚杆测点深度 2.5m 位置，预测该部位锚杆应力值偏大可能是受到局部不利岩体的结构面影响所致，目前测值已收敛。总体上，锚杆应力处于正常范围，岩壁吊车梁处于正常工作状态。吊车梁锚杆应力沿深度比例分布情况见表 1。

表 1　　吊车梁锚杆应力沿深度比例分布

锚杆应力/MPa	埋深 0.5m		埋深 2.5m		埋深 6.5m	
	测点数	比例分布/%	测点数	比例分布/%	测点数	比例分布/%
＜100	12	100.00	10	71.43	13	92.86
100～200	0	0	2	14.29	1	7.14
200～300	0	0	1	7.14	0	0
300～400	0	0	0	0	0	0
＞400	0	0	1	7.14	0	0

（2）按深度方向来看，岩壁吊车梁部位锚杆应力在 0.5m 深度均小于 100MPa。在 2.5m 深度超过 400MPa 的有 1 个测点；200～300MPa 的有 1 个测点；小于 100MPa 的有 10 个测点。在 6.5m 深度 100～200MPa 的有 1 个测点，小于 100MPa 的有 13 个测点，且锚杆应力值均未超过 200MPa。这表明中高地应力开挖卸荷对锚杆的应力影响不大，内部锚杆应力较大多由于岩体内结构面变形导致。

（3）同一剖面上，第一、二排锚杆基本呈受拉状态，第三排锚杆基本呈受压状态，部分锚杆呈小幅受拉状态，但应力值普遍偏小；第一、二排锚杆的应力均大于第三排锚杆应力。

（4）岩壁吊车梁锚杆应力主要受洞室施工期爆破开挖卸荷的影响，锚杆应力的快速增长时期主要为洞室开挖施工阶段，且锚杆深部应力水平大于浅部应力水平，大量监测资料表明，受拉锚杆的释放应力往往超过荷载应力[7]，在文登地下厂房开挖过程锚杆应力也表现这一点特征；受地下洞室开挖后围岩中高应力卸荷二次应力场调整和围岩变形的影响，锚杆应力调整时效性较长，不仅在厂房下部施工时锚杆应力有所增长；厂房开挖完成后一段时间内，锚杆应力趋于稳定，同时锚杆应力水平达到最大，最大仅为 200～300MPa。厂左 0＋001.250 上游侧岩壁吊车梁开挖期锚杆应力变化情况见图 7。岩壁吊车梁在荷载试验阶段，锚杆应力增幅较小，应力幅值在 15MPa 以内，岩壁吊车梁荷载试验阶段厂左（右）0＋000.000 上游侧锚杆应力变化情况见图 8。由此可见，在地下洞室开挖过程中，岩壁吊车梁锚杆逐步承载围岩的释放应力，在吊车梁荷载试验前，吊车梁锚杆已经承载较多的围岩释放应力。对于围岩复杂的地下厂房，尤其是中高地应力的地下洞室，岩壁吊车梁锚杆应力主要是释放应力的作用，荷载试验下的荷载应力作用较小。

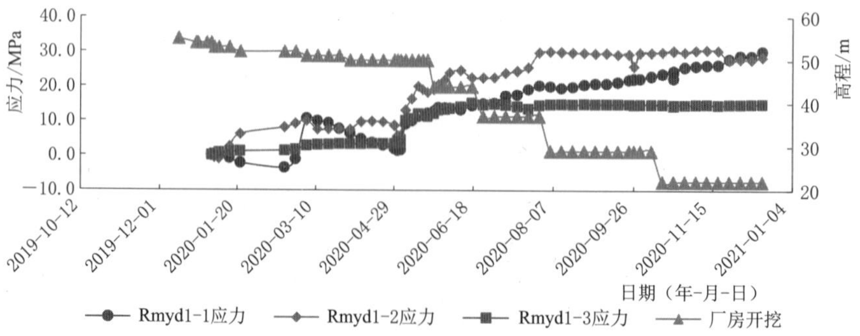

图 7　厂左 0＋001.250 上游侧岩壁吊车梁第一排受拉锚杆应力历时曲线（开挖阶段）

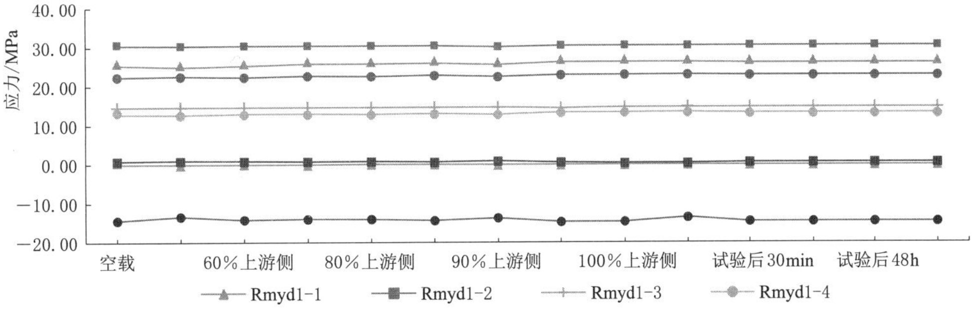

图 8　厂左（右）0＋000.000 上游侧岩壁吊车梁锚杆应力曲线（荷载试验阶段）

（5）岩壁吊车梁荷载试验结果表明，在荷载试验过程中，受拉锚杆的应力随荷载量的增大而逐级增大，且过程线呈较为平稳。在100%荷载试验中，应力变化量均大于其他荷载下的应力变化量，卸荷后，锚杆应力变化值减小甚至归零，表明承载试验过程中锚杆处于弹性范围内。整个岩壁吊车梁在荷载试验阶段，受拉锚杆应力幅值变化在15MPa以内，受压锚杆基本呈现受压状态，岩壁吊车梁安全可靠。

（6）从锚杆安全系数（锚杆抗拉强度标准值与锚杆实测应力比值）来看，当前岩锚梁受拉锚杆98%以上锚杆应力值在250MPa以内，安全系数在1.6以上，其中有一根锚杆应力值超过了400MPa，目前已经趋于平稳，预测可能是受到局部不利岩体的结构面影响所致。根据NB/T 35078—2016《地下厂房岩壁吊车梁设计规范》建议岩壁吊车梁锚杆的安全系数应大于1.5，总体上文登地下厂房岩壁吊车梁锚杆整体上安全可靠。

4.2　岩壁吊车梁与岩壁之间开合度

（1）岩壁吊车梁中上部缝的开合度较竖向岩壁下部及斜岩台处缝的开合度要大，后者基本为负值，表明壁座处于受压状态。岩壁吊车梁的最大开合度为1.48mm，位于上游侧厂左0＋086.500位置，其余的开合度均在1.0mm以内，类比同类似工程，锦屏一级水电站为9.88mm[4]，锦屏二级水电站为1.70mm，官地水电站为2.67mm。可见文登地下厂房岩壁吊车梁与岩壁之间开合度较小，两者接触紧密，岩壁吊车梁处于正常状态。

（2）岩壁吊车梁与岩壁斜岩台的岩应力监测数据表明，斜岩台基本处于受压状态，最大压力值为1.22MPa。

（3）岩壁吊车梁荷载试验结果表明，测缝计的变化量介于－0.01～0.02mm，位移量偏小，且试验过程中测缝计数值变化平稳，如图9所示。岩壁吊车梁与岩壁斜岩台的岩应力监测数据显示斜岩台压力值最大变化为0.16MPa。

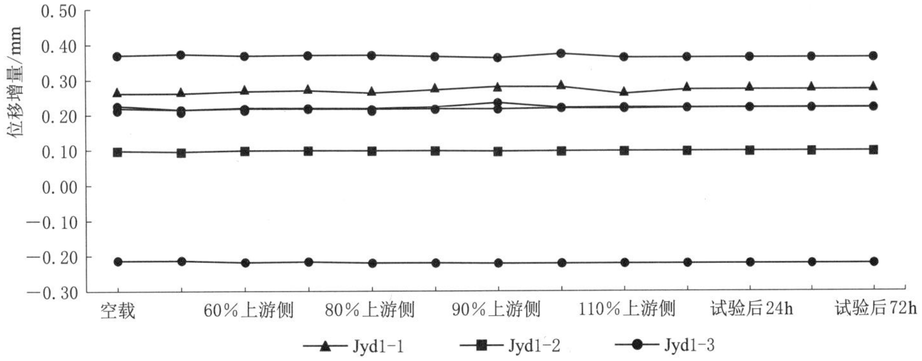

图 9　厂左 0＋0.000 上游侧岩壁吊车梁测缝计开合度增量时序图

可见文登电站地下厂房岩壁吊车梁荷载试验阶段吊车梁与岩座开合度、压应力值变化量较小，位于合理范围内，吊车梁安全可靠。

4.3 岩壁吊车梁附近围岩变形分析

（1）岩壁吊车梁附近的多点位移计监测数据表明，上游岩壁吊车梁围岩变形量为 0.03～4.87mm，下游侧围岩变形量为 0.02～14.59mm。根据监测数据曲线图 10 可以看出，吊车梁附近围岩的变形主要发生在洞室爆破开挖阶段，厂房开挖完成后，围岩变形也明显收敛。考虑到目前厂房已经开挖完成，不存在较大的振动影响，围岩的监测数据也明显收敛，因此岩壁吊车梁围岩整体安全稳定。

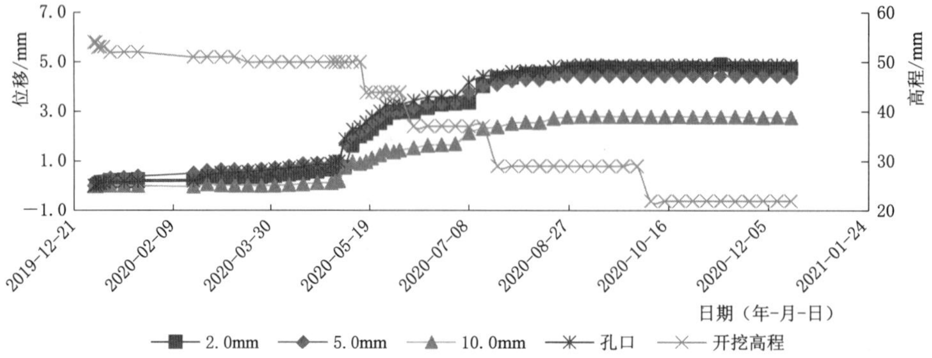

图 10　厂右 0+000.800 上游侧岩壁吊车梁处围岩边形过程图

（2）岩壁吊车梁试验期间，岩壁吊车梁附近围岩变化增量较小，最大变化量介于－0.02～0.02mm，试验过程中测值变化不大，无明显突变。对比其他类似工程锦屏二级水电站多点位移计变化为－0.22～0.42mm[8]，说明岩锚梁附近围岩变化在合理范围内。

5 结语

本文根据施工期厂房开挖中岩壁吊车梁岩台不成型情况，提出合理的岩壁吊车梁超挖处理措施。结合吊车梁及周边围岩的监测成果对岩壁吊车梁的承载情况进行分析，结果表明，岩壁吊车梁的锚杆应力除一处受围岩内部隐性结构面影响所致数值超过 400MPa（目前已经趋于稳定），其余锚杆应力值均在 250MPa 以内，且均能满足规范要求的 1.5 的安全系数；岩壁吊车梁与围岩的缝隙开合度、壁座压应力、吊车梁附近围岩的位移变化量均较小。岩壁吊车梁荷载试验阶段，各项监测数据变化均较小。综合来看，文登电站地下厂房岩壁吊车梁整体结构稳定性较好，相关的超挖处理措施及围岩支护设计方案合理。

参考文献

[1] 康红普，姜铁明，张晓，等. 晋城矿区地应力场研究及应用 [J]. 岩石力学与工程学报，2009，28（1）：1-8.
[2] 杨栋，李海波，夏祥，等. 高地应力条件下爆破开挖诱发围岩损伤的特性研究 [J]. 岩土力学，2014，35；No.231（4）：1110-1116，1122.
[3] 涂志军，崔巍. 小湾水电站地下厂房岩锚梁现场试验研究 [J]. 岩土力学，2007，137（6）：1139-1144.
[4] 董志宏，丁秀丽，陈胜宏，等. 高应力大型地下厂房岩壁吊车梁原型观测与变形机理分析 [J]. 水力发电学报，2015，151（2）：156-163.
[5] 聂柏松，孙金辉，吴喜艳，等. 地下厂房岩壁吊车梁动态设计 [J]. 云南水力发电，2021，37（11）：90-93.
[6] 郑齐峰，江根有. 响水涧抽水蓄能电站地下厂房下游岩壁吊车梁加固处理 [C] //抽水蓄能电站工程建设文集. 2010：322-325.
[7] 叶辉辉，李良权，方丹，等. 白鹤滩水电站左岸地下厂房岩壁吊车梁承载特性分析 [J]. 水电能源科学，2020，233（1）：94-98.
[8] 方丹，万祥兵，陈建林，等. 锦屏二级水电站地下厂房岩壁吊车梁设计与施工 [J]. 水利水电技术，2013，482（12）：68-71.

机电设备制造与试验

大型抽水蓄能电站主进水阀枢轴结构简介

宋德鑫　李栋梁　韦志付

（国网新源华东天荒坪抽水蓄能有限责任公司，浙江省安吉市　313302）

【摘　要】 抽水蓄能电站的主进水阀常年在不平衡水压下开关动作，存在轴承孔单侧偏磨等风险。在长期的运行当中，主进水阀的轴承孔偏磨严重，轴承和阀体轴承孔之间漏水量较大，严重威胁机组安全运行。本文主要介绍了大型抽水蓄能电站主进水阀枢轴结构以及该问题解决思路。

【关键词】 枢轴　枢轴密封　进水球阀　轴承支撑

1　引言

水电站机组的主进水阀是指设置在水轮机蜗壳与压力管道之间的阀门，主要用于停机时减少机组的漏水量、岔管引水电站的机组检修以及机组事故时防止飞逸事故扩大等。抽水蓄能电站一般水头比较高（大部分在200m以上），所以大多选用球阀作为主进水阀[1]。抽水蓄能电站在电网系统中主要起着事故备用、调峰填谷、调频调相的作用，机组启停频繁。在安装球阀后，不必关闭上游进水闸门及进行压力隧道充水操作，可保证机组随时响应系统的实际符合要求，确保机组运行的灵活性和快速响应能力。在设备投产初期，球阀可以作为机组压力钢管的堵头使用，避免不必要的高压管路充排水操作，从而减少对其他机组的影响。在正常情况下，球阀须在上下游均压后方可进行开启或关闭操作；在特殊情况下，如在机组和调速器发生故障，导叶无法快速关闭时，主进水阀能够实现快速关闭，以截断水流防止机组飞逸事故的进一步扩大。进水球阀是抽水蓄能电站的重要设备，其运行的状况优劣对整个电站机组的安全运行有着重要的影响，而作为在运行中承受力最大的球阀轴承成为球阀发生故障最多的部件。本文主要以天荒坪电站和长龙山电站为例介绍大型抽水蓄能电站的球阀枢轴密封结构。

2　主进水阀枢轴密封结构

2.1　长龙山电站球阀枢轴密封结构

2.1.1　密封介绍

采用DEVA公司具有高性能、低摩擦系数的BM系列金属自润滑轴瓦，钢背层提供了高承载能力，铜合层中均匀弥散的PTFE作为自润滑剂，该类型轴瓦在大型球形阀枢轴处拥有良好的运行经验；枢轴处设有一道O形密封圈，阻止了沙石对轴瓦的磨损，同时也为轴瓦提供了清洁水润滑剂，减小枢轴处的摩擦（其中箭头方向为水流方向）。

2.1.2　密封结构

长龙山电站球阀枢轴处采用了SKF公司生产的聚氨酯材质的轴用旋转密封，并设置2道。该密封具有低摩擦、抗侧高压、易装拆等优点（见图1中枢轴密封2）。枢轴密封1为耐油橡胶圆条，枢轴密封2为轴用旋转密封，主轴密封3为耐油橡胶圆条。

2.2　天荒坪电站球阀枢轴密封结构

2.2.1　密封介绍

（1）球阀采用卧轴结构，阀轴水平安装在阀体两端的轴承内，阀轴热套有不锈钢轴套以保护阀轴。轴承为DEVA公司的自润滑型DU轴承，压装在轴承钢套上。

（2）枢轴密封位于轴承端盖内侧与阀轴之间，通常采用U形密封，主要是对阀轴与轴承之间的漏水

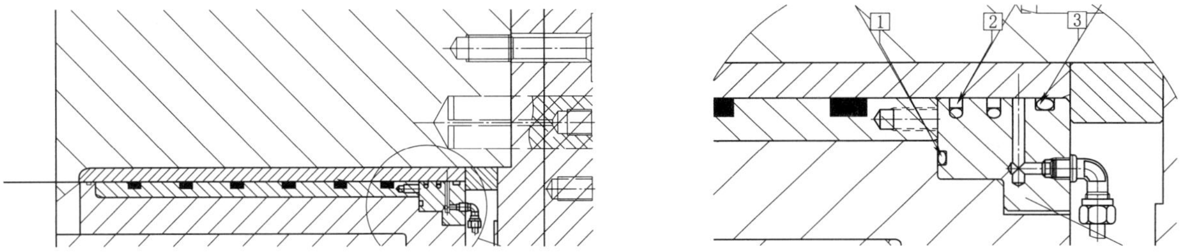

（a） （b）

图 1 枢轴密封结构

1—枢轴密封 1；2—枢轴密封 2；3—枢轴密封 3

进行密封。阀体与轴承支撑之间设有原厂家提供的 85 NBR 714 RUBBER U 形密封，防止泥沙进入轴承内。设计在轴承与阀体以及端盖之间各有一道 $\phi 8$ O 形密封，防止轴承端盖处漏水。因 $\phi 8$ 密封漏水，后在端盖内侧增加一道 $\phi 6$ O 形密封。

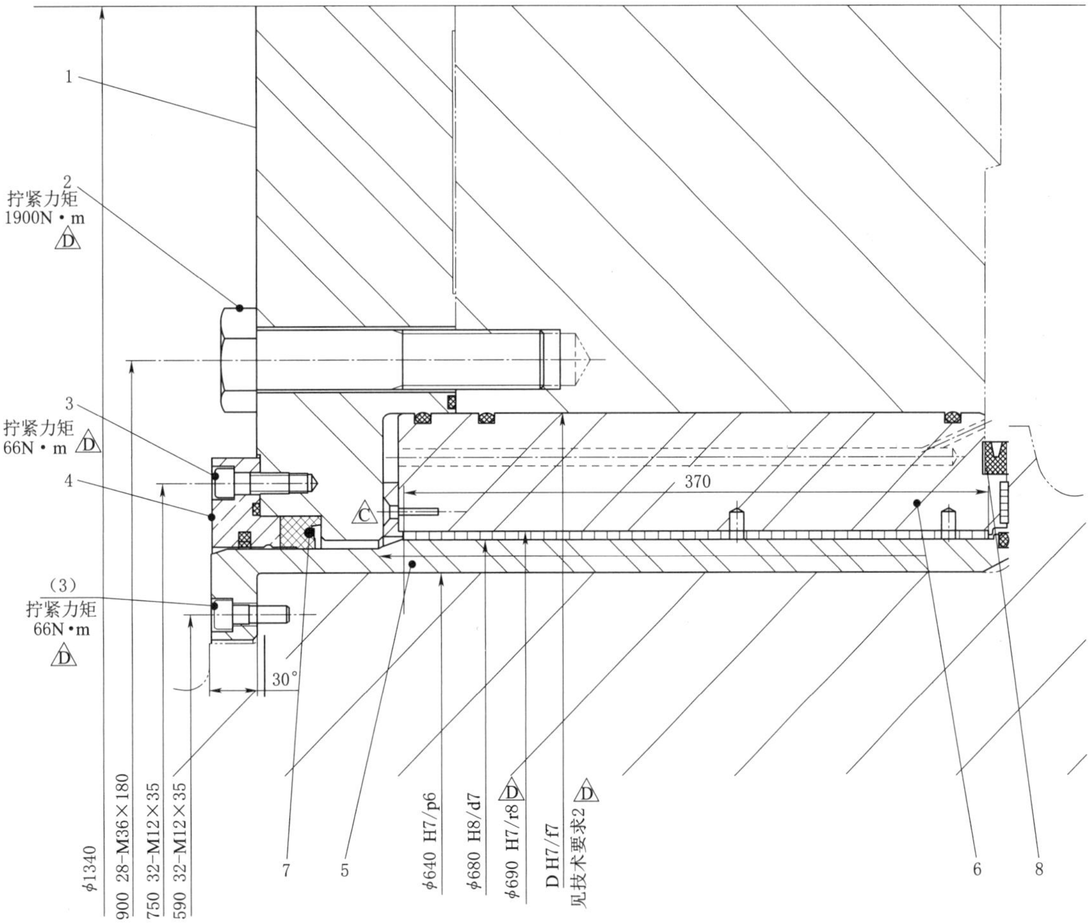

图 2 枢轴密封结构

1—轴承端盖；2，3—螺栓；4—填料盖；5—轴套；6—轴承支撑；7—密封 1；8—密封 2

如图 2 所示，其中密封 1 主要作用为防止水漏出，密封 2 主要作用是防止泥沙进入轴承内，为轴承提供自润滑水。箭头方向为水流方向。

2.2.2 密封结构

该密封为 U 形密封，DSH103，截面形式如图 3 所示。耐油耐水耐磨聚氨酯（U500－R95）＋O 形密封圈骨架。密封内部自带 O 形密封条对密封提供一定的预紧力，确保在密封与枢轴随动性好，同时确保低压情况无泄漏。

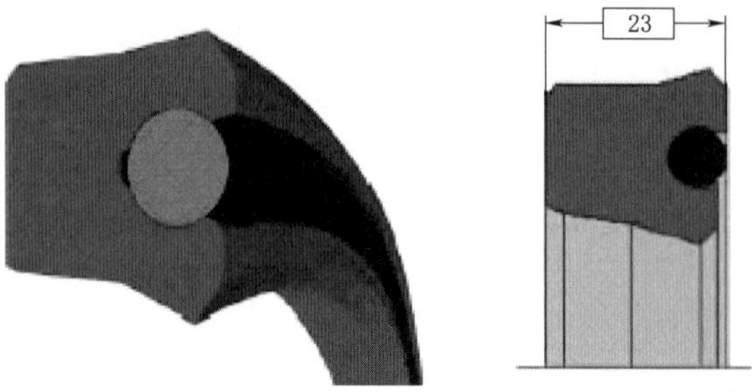

图 3 枢轴密封截面

3 球阀枢轴防转结构

3.1 存在问题

在球阀运行早期，由于球阀经过多年的频繁运行，轴承支撑与阀体轴承座孔处发现不同程度的磨损，原设计出于安全考虑，轴承座为设计防转动装置，因轴瓦与轴套的摩擦系数小于轴承座与阀体的摩擦系数，正常情况下轴瓦与轴套相对转动，轴承座与阀体不应产生相对位移，当轴瓦损坏时，轴瓦与枢轴之间摩擦力矩将变大，为保证球阀可靠关闭，此时允许轴承钢套与阀体接触环面之间产生相对转动，继续关闭球阀。然而，实际情况与设计预期不一致，轴承座随球阀正常启闭而转动，导致轴承座与阀体相互摩擦而产生磨损间隙，发生枢轴密封漏水。下面以天荒坪电站为例进行原因分析。

3.2 原因分析

3.2.1 轴承支撑与阀体之间相对转动

轴瓦与轴套的摩擦力 f_1 如图 4 所示，轴承支撑与阀体的摩擦力 f_2 如图 4 所示。按照正常的理论计算 $f_1 < f_2$，可以保证操作活门时，轴瓦与枢轴轴套之间相对转动，轴承支撑与阀体轴承座孔之间不会发生相对转动。但是当轴瓦和轴套之间有异物或轴瓦发生磨损时，轴瓦和轴套之间的摩擦系数会变大，当摩擦系数达到一定程度时，$f_1 > f_2$ 时，操作活门时，轴承支撑于阀体之间就会产生相对转动，产生磨损漏水现象。

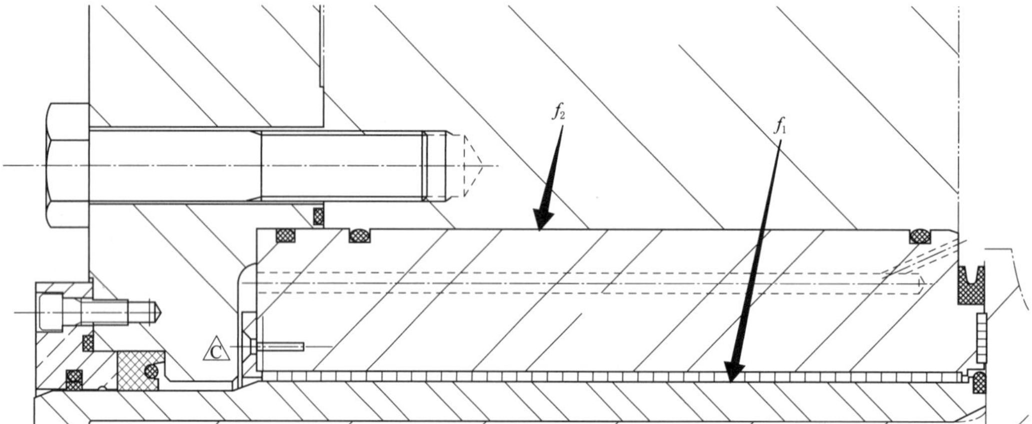

图 4 枢轴密封摩擦力

3.2.2 枢轴轴线串动

当阀体轴承座孔产生磨损时，会形成间隙，达到一定程度时，枢轴轴线会发生串动，使密封压缩不均匀，同时会影响枢轴密封的压缩量。当枢轴轴线的偏移量大于枢轴密封的密封临界压缩量，密封无法补偿，密封会失效，从而导致枢轴漏水。

3.3 解决方案

3.3.1 方案一

天荒坪电站球阀轴承支撑与阀体之间防转方式：其中天荒坪电站球阀枢轴密封的轴承支撑与轴承端盖无螺栓连接，为分体结构，所以需要螺栓和凸台键槽互相配合以解决支撑与端盖相对转动的问题。确定球阀枢轴轴承座与枢轴端盖采用凸台/键槽配合防转方式，同时对阀体枢轴孔进行扩孔处理[2]。

如图 5 所示轴承端盖加工一个键槽，其中框内为键槽。标记的键槽尺寸需要与轴承支撑上的凸台配做。

如图 6 所示在轴承支撑加工两个凸台和键槽相配合。这样可以起到防止轴承支撑转动的作用（图 7）。

3.3.2 方案二

如图 8 所示为长龙山电站球阀的枢轴密封的轴承支撑与轴承端盖有螺栓连接，所以不会发生天荒坪电站球阀类似的支撑与端盖相对转动的问题。

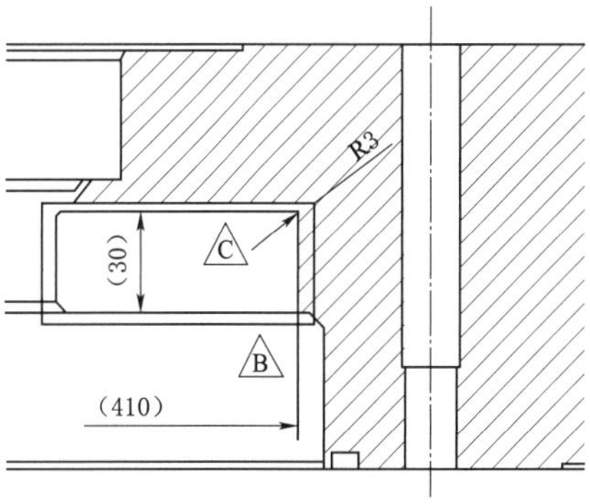

图 5 轴承端盖

4 球阀枢轴其他结构

4.1 排水管路

如图 9 所示，图 9（a）为天荒坪电站球阀枢轴密封排水管路，图 9（b）为长龙山电站球阀枢轴密封排水管路，两电站的枢轴密封都有类似的枢轴密封排水管路。图中箭头为水流方向，水流流经轴瓦，再到枢轴密封，如果枢轴密封存在偏磨或者漏水的情况时，此排水管路会排水，以便于检验枢轴密封的密封情况。此管路设计还有个优点，如果轴瓦和接触面内压力过大，此排水管路还可以通过排气进行减压，防止压力过大对密封和金属构件造成破坏。

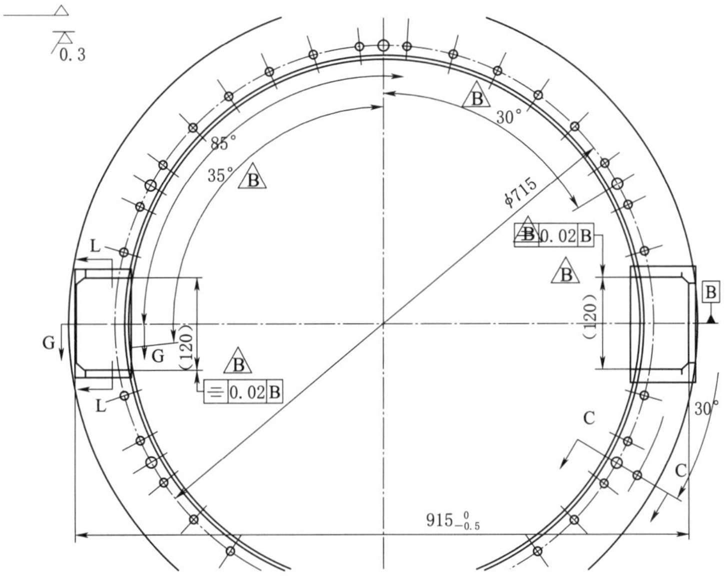

图 6 轴承支撑

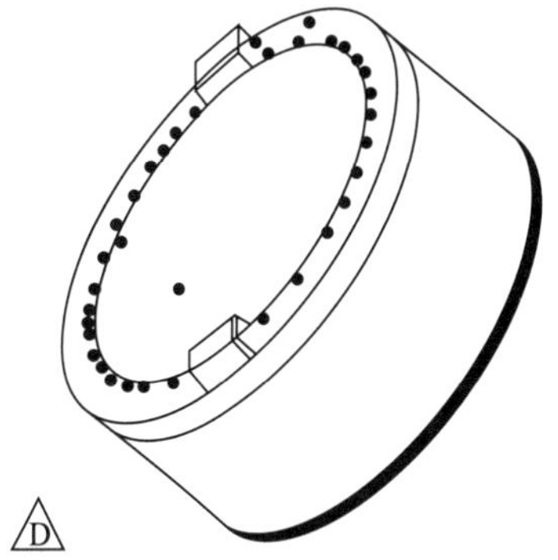

图 7 轴承支撑立体图

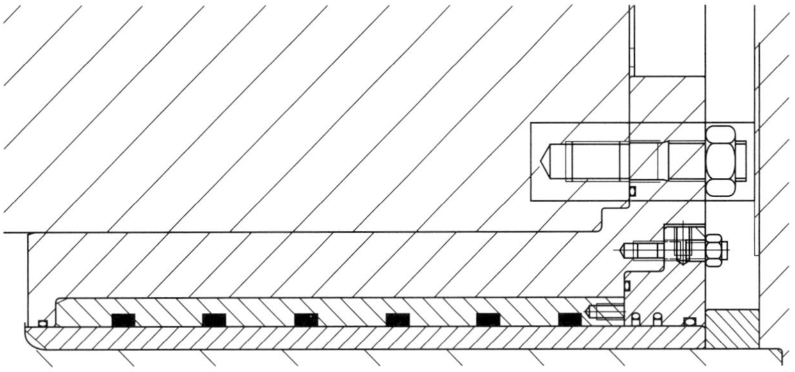

图 8 长龙山电站球阀枢轴密封

4.2 排沙密封以及轴瓦

如图 10 和图 11 所示，箭头方向为水流方向，水流经活门和枢轴，由于水中含有泥沙，所以设置一道

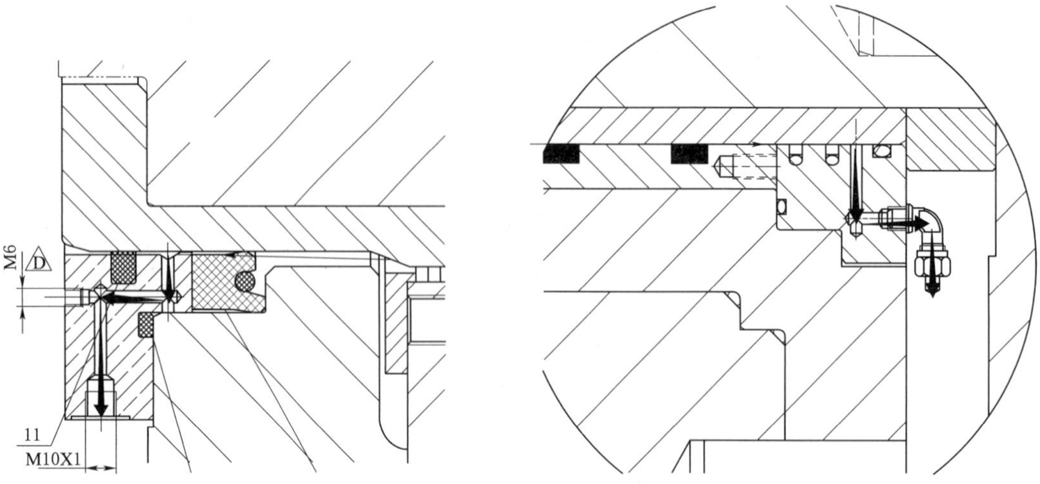

(a) (b)

图 9 天荒坪电站和长龙山电站球阀枢轴密封排水管路

排沙密封（图中框内），方便将水中的泥沙阻挡在枢轴轴承外，防止泥沙进入轴承对轴瓦和枢轴造成磨损。其中天荒坪电站球阀轴瓦采用 DEVA 公司的自润滑型 DU 轴承轴瓦，长龙山电站采用 DEVA 公司具有高性能、低摩擦系数的 BM 系列金属自润滑轴瓦，这两种轴瓦都以经排沙密封过滤后的水流作为润滑剂，在与枢轴接触面上设置有水流流道方便水流进行润滑。

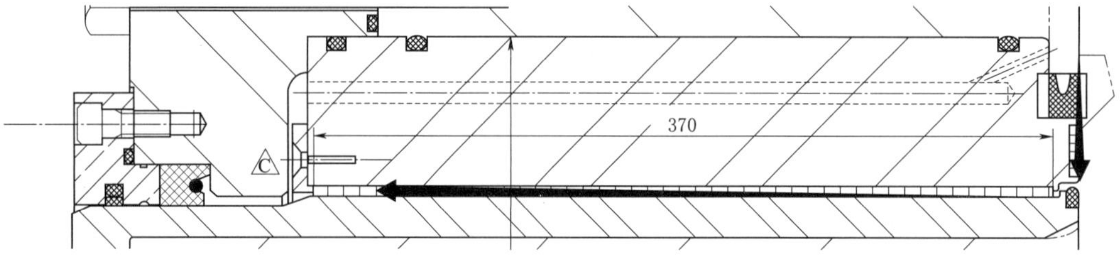

图 10 天荒坪电站球阀枢轴密封

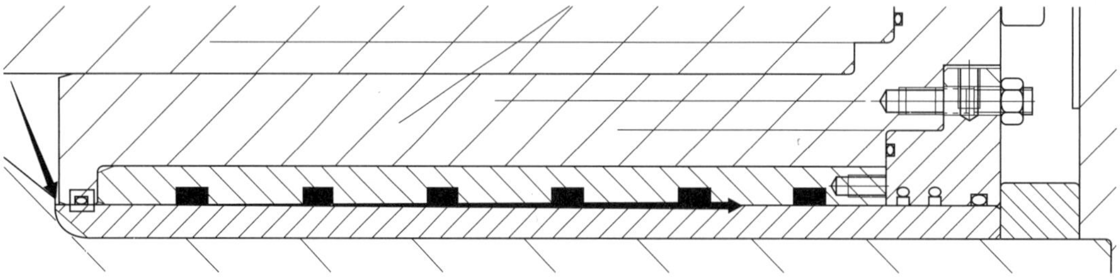

图 11 长龙山电站球阀枢轴密封

5 结语

抽水蓄能电站的主进水阀常年在不平衡水压下开关动作，存在轴承孔单侧偏磨等风险。本文主要通过介绍两个抽水蓄能电站的主进水阀枢轴结构，通过对其存在缺陷进行分析并提供解决方案，为今后大型水电机械设备的检修提供了范例，具有较好的推广前景。

参考文献

［1］ 李浩良．抽水蓄能电站运行与管理［M］．杭州：浙江大学出版社，2013.

［2］ 郑凯，张亚武．天荒坪抽水蓄能电站球阀轴承异常磨损分析及建议改造方案［J］．水电与抽水蓄能，2016，2（6）：20-24.

某抽水蓄能电站电气制动失败原因分析及改进建议

夏向龙 王涵潇 梁逸帆 方军民
（国网新源华东天荒坪抽水蓄能有限责任公司，浙江省安吉县 313302）

【摘 要】 抽水蓄能机组开停机频繁，工况转换迅速，传统的机械制动方式不能满足快速启停的要求。因此抽水蓄能机组在机组解列后的停机过程中需要进行电气制动。电气制动转矩大，可以有效缩短机组减速时间，满足抽水蓄能机组工况转换的要求。本文探讨了一起电气制动失败案例，为从事励磁工作的检修人员提供指导与借鉴。

【关键词】 抽水蓄能 电气制动 转矩 励磁

1 引言

长龙山抽水蓄能电站位于浙江省湖州市安吉县境内，安装 6 台单机容量 350MW 的单级混流可逆式水泵水轮机组，总装机容量 2100MW，电站有效落差高达 710m。主要承担华东电网调峰、填谷的双倍调峰功能。机组励磁调节器采用的是南瑞 NES6100 系列，由两套完全相同却相对独立的装置（通道）组成。磁场断路器采用的是法国勒诺 CEX 系列开关。励磁系统一次接线如图 1 所示。

2 故障现象

2.1 监控系统机组顺控流程分析

1 号机发电停机过程中，电气制动投入约 8s 后，励磁电气制动模式异常复归，磁场断路器分闸，电气制动退出，导致监控系统机组顺控停机流程超时。相关监控事件记录如下：

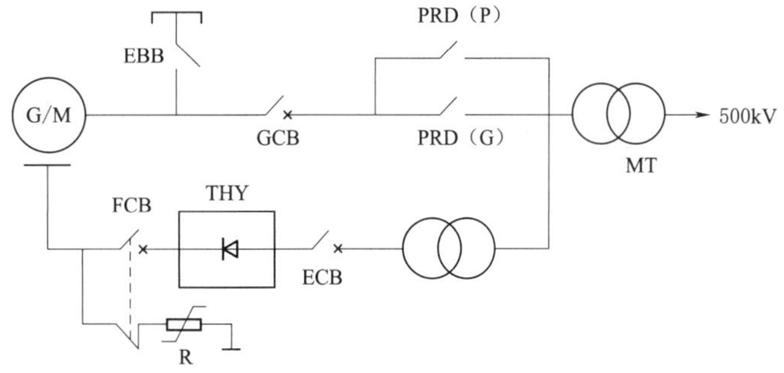

图 1 励磁系统一次接线图

10：24：09：416 1 号机组励磁电气制动模式令 动作

10：24：09：416 1 号机组电气制动开关远方合闸令 动作

10：24：09：458 1 号机组电气制动开关合位 动作

10：24：09：551 1 号机组励磁电气制动模式已开启 动作

10：24：11：843 1 号机组磁场断路器合位 动作

10：24：13：241 1 号机组励磁准备好 动作

10：24：13：241 1 号机组励磁已投入 动作

10：24：13：241 1 号机组励磁远方建压令 动作

10：24：18：687 1 号机组励磁电气制动模式已开启 复归

10：24：24：631 1 号机组磁场断路器合位 复归

10：24：24：807 1 号机组磁场断路器分闸 1 动作 动作

励磁系统电气制动流程异常退出后，机组转速未及时降到 5%额定转速，监控系统机组顺控停机流程在步序执行结束后超时转入异常情况下停机流程。

2.2 励磁调节器报文分析

电气制动流程异常退出时刻报文如下：

10：24：15：208 远方建压开入 1→0

10：24：15：208 远方开机 1→0
10：24：15：536 投电气制动续流回路开出 1→0
10：24：15：656 电流标志 0→1
10：24：17：498 开机闭锁 0→1
10：24：17：498 电气制动已投入开出 1→0
10：24：17：498 电气制动结束进停机态 0→1
10：24：17：546 电气制动已投入开出 0→1
10：24：18：204 电气制动已投入开出 1→0
10：24：18：206 电气制动已投入开出 0→1
10：24：18：519 电流标志 1→0

通过对比励磁电气制动流程异常退出时刻报文与监控事件记录，进一步确认励磁系统在进入电气制动模式后由于“电流标志使能”使得励磁调节器开机闭锁，导致电气制动模式复归。

2.3 励磁调节器录波图分析

由正常停机电气制动启励时刻录波图可知，励磁系统在启动前，整流桥可控硅触发角为130°。电气制动投入后励磁调节器脉冲解锁，触发角瞬间速降至最小角度20°，励磁电流随之增大，并稳定于1070A左右，触发角稳定于80°左右，励磁系统进入电气制动模式稳定运行。正常停机电气制动启励时刻录波图如图2正常停机部分所示。

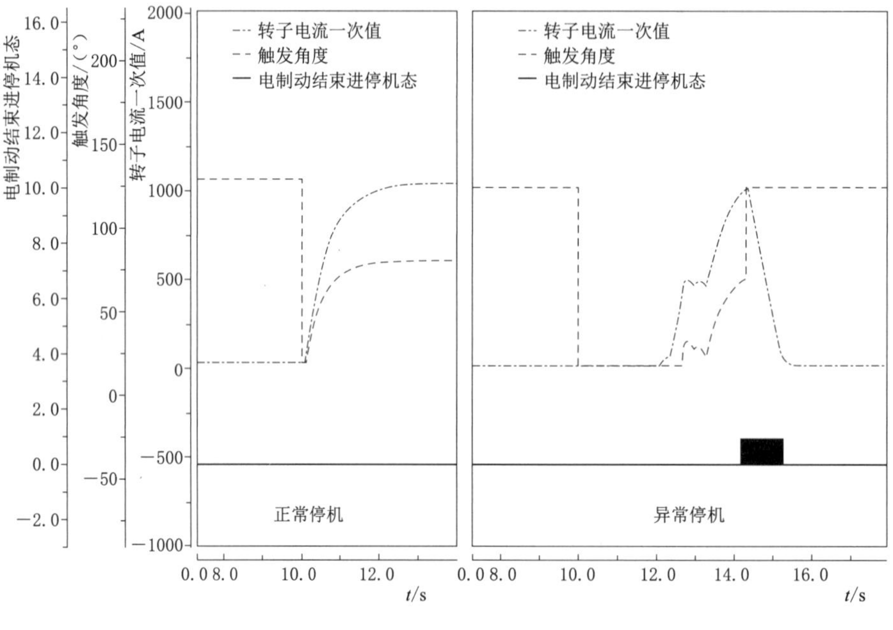

图2 电气制动启励时刻录波图

由电气制动流程异常退出时刻录波图可知，电气制动投入后励磁调节器脉冲解锁，触发角瞬速降至最小角度20°。但此时励磁电流并未随之立即增大，而是一直保持为零，约2s后才有变化。在经过波折（600A维持了约1s）后异常升至1304A，超过空载励磁电流给定最大值1287A（1.2倍空载额定电流）后导致电气制动结束进停机态，电气制动模式退出。电气制动流程异常退出时刻录波图如图2异常停机部分所示。

3 故障原因分析及处理

3.1 电气制动启励流程超时

由电气制动工况流程图可知，当远方建压令开入10s后，若转子电流小于设定值582A（负载额定电流30%），则电气制动失败。查看报文发现远方建压令发出至电气制动结束仅用时4s左右，故排除电气制动启励超时的可能性。

电气制动工况流程见图 3。

3.2 可控硅触发脉冲回路故障

查看励磁系统原理图（见图 4），机组每次停机过程中，在磁场断路器分闸令发出后，封脉冲继电器 J12 励磁，其常开接点 43/44 闭合，将封脉冲接触器 K60 励磁，脉冲回路电源断开，实现脉冲封锁。随着延时继电器 K21 失磁，脉冲回路电源恢复。排查封脉冲回路发现 K60 接点故障。

此次电气制动失败的直接原因为封脉冲回路接触器 K60 接点接触不良。在电气制动投入操作时，K60 接点接触不良，导致脉冲异常延时投入后转子电流超调，超过空载给定最大值后致使励磁退出，电气制动失败。

更换封脉冲接触器 K60 后，故障消除。

3.3 励磁控制通道积分参数设置不合理

通过报文可以看出，励磁脉冲回路接触器 K60 故障后，在励磁启动后误闭锁调节器出口脉冲 2s，励磁控制通道积分环节从启动后即开始工作，积累了较大的初始控制值，造成闭锁复归后励磁失控跳闸。因此建议在抽蓄机组电制动过程中，在初始启动阶段励磁调节器应当有积分闭锁环节等防止机组遭受大电流冲击的控制措施。

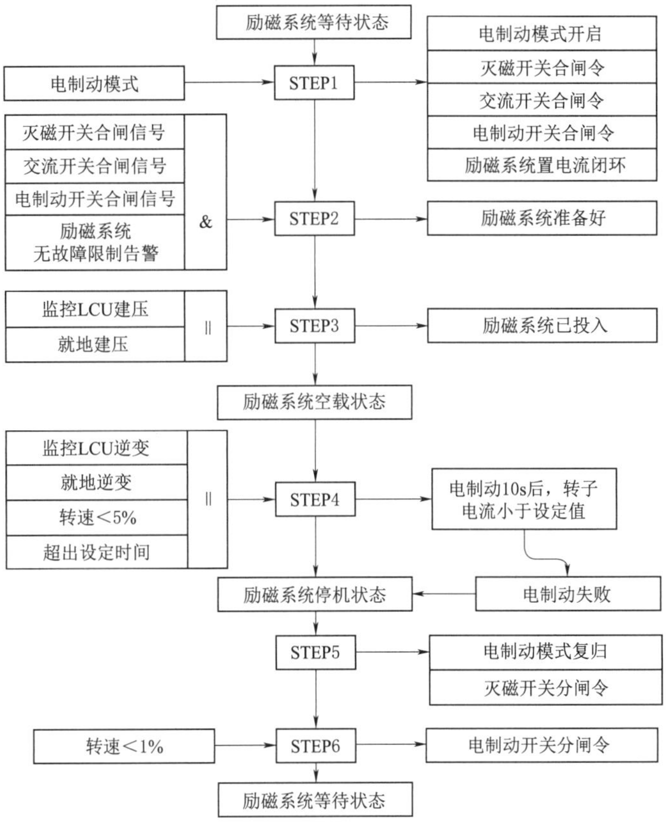

图 3　电气制动工况流程图

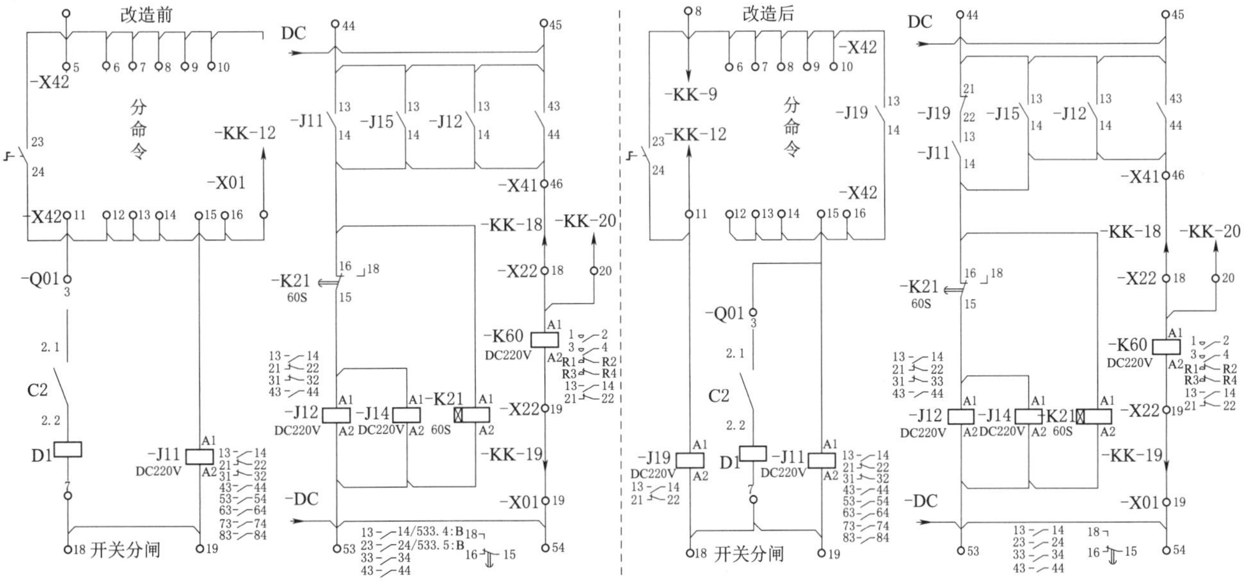

图 4　励磁系统脉冲封锁回路原理图

4　励磁控制回路优化

如励磁系统脉冲封锁回路原理图（图 4）所示，当机组正常停机时，在调节器软件停机流程逆变完成后，通过调节器开出的（KK－9 与 KK－12）节点接通来分磁场断路器。此时，作为硬件封脉冲功能设计的分闸扩展继电器 J11、封脉冲自保持继电器 J12、封脉冲延时继电器 K21 依次动作，使得封脉冲接触器 K60 每次正常停机时均动作。这样设计的弊端是，硬件封脉冲回路的继电器与接触器频繁进行不必要的动作与复归，不利于元器件的工作寿命，封脉冲接触器 K60 频繁动作拉弧易导致其接点接触不良，造成脉冲回路工作不稳定，本次故障即是一次典型的案例。

为此，对该回路进行了优化改进，将正常停机灭磁和紧急故障保护跳闸灭磁回路分开。正常停机时，通过新增的磁场断路器分闸继电器 J19 动作后，由其常开接点沟通磁场断路器分闸回路；同时 J19 的常闭接点用于闭锁硬件封脉冲回路。这样，正常停机时，硬件封脉冲回路将不再动作。另外，保留紧急故障或保护跳闸灭磁命令直接沟通磁场断路器分闸线圈回路，以实现快速灭磁；此时，J19 的常闭接点接通，不影响硬件封脉冲功能的投入。

5 结语

（1）本文详细介绍了机组电制动失败原因的查找过程，最终确定励磁封脉冲回路接触器 K60 故障是导致电制动失败的主要原因。

（2）励磁电流闭环模式中，通过在初始启动阶段励磁调节器增加积分闭锁环节（或取消积分环节），可有效避免故障过程输出异常大电流，对相关电气设备造成不必要的冲击。

（3）采用控制回路优化方案后，封脉冲回路接触器的使用寿命及可靠性提高，为后续类似励磁系统提供有益借鉴。

参考文献

［1］ 李浩良，孙华平．抽水蓄能电站运行与管理［M］．杭州：浙江大学出版社，2013．

［2］ 李基成．现代同步发电机励磁系统设计及应用［M］．北京：中国电力出版社，2009．

抽水蓄能电站SFC运行方式优化与推介

李辉亮[1] 方军民[1] 宋旭峰[2] 郝国文[2] 张雷雷[3] 敖宇豪[4]

（1. 华东天荒坪抽水蓄能有限责任公司，浙江省安吉县 313302；
2. 国网新源控股有限公司，北京市 100761；
3. 安徽响水涧抽水蓄能有限公司，安徽省芜湖市 241083；
4. 安徽绩溪抽水蓄能有限公司，安徽省宣城市 245300）

【摘 要】 静止变频器（简称 SFC）是抽水蓄能电站非常重要的专有启动设备，SFC 设备的健康状况密切关系着电站机组启动成功率和可用率。SFC 运行方式设计合理与否，将影响该系统设备的健康情况。本文介绍了数个电站 SFC 运行方式的优化与对比分析，结合多年的设备运维经验，特别关注到一些以往的设备设计上的不合理处，提出了改进措施，供相关专业人员借鉴。

【关键词】 抽水蓄能 SFC 运行方式

1 引言

静止变频器（简称 SFC）是抽水蓄能电站非常重要的专有启动设备，SFC 设备的健康状况密切关系着电站机组启动成功率和可用率。近年来，各抽蓄电站机组运行强度加大，电站日调节形式下机组启停次数随之增加，SFC 的利用率随之增加。同时，随着设备运行年限的增加，SFC 设备在机组抽水阶段频繁受到冲击，对 SFC 输入变压器、输入断路器等设备健康状况造成了一定的影响。据初步统计，从 2018 年至今，相关设备先后发生多起较大问题。如张河湾电站 SFC 输入变整流桥侧 Y 型联接 A 相绕组直流电阻超标，宝泉电站 SFC 输入变外壳连接处熔融，响水涧电站 SFC 输入变油色谱中乙炔含量超标，泰山、洪屏、莲蓄等电站 SFC 输入变油色谱中检出乙炔。其他多个电站 SFC 输入断路器较为频繁出现分合操作失败（操作机构故障）、手车位置节点故障等导致机组启动不成功。

为此，国网新源公司全面深入的调研分析了国内投运多年的多个抽蓄电站 SFC 运行方式与设备现状后，提出了抽蓄电站 SFC 运行方式优化的要求。

2 SFC 运行方式优化案例一

以响水涧电站为例。响水涧电站有两套 SFC，分别是南瑞继保提供的国产设备和 ABB 提供的进口设备。两套 SFC 功率柜独立配置，均为强迫风冷。两套 SFC 共用一台输入变，输入变为油变，冷却方式为强油循环水冷。从 2011 年投运至今，已发生两次 SFC 输入变内部放电故障，对变压器进行吊罩大修处理后，分析认为故障主要因变压器频繁受冲击引起。为了解决变压器频繁冲击问题，需将 SFC 的运行方式由“逐台启动、间隔运行”改为长期热备用模式即输入变和功率柜长期常带电空载运行。目前已完成南瑞 SFC 的程序优化，同时对监控系统相关程序进行了相应修改。

2.1 优化方法

SFC 程序修改主要是 SFC 启停流程修改。其中，SFC 起机时，原程序为 SFC 发给监控的信号“SFC 输入系统就绪”中含有输入断路器分位信号，修改后删除该逻辑判据。

SFC 停流程中，收到“停止令”后不再向监控发输入断路器分闸请求；“SFC 已停止”信号不再判断输入断路器分位；“停辅机”流程中，取消停输入变冷却油泵；“SFC 输入系统正常”状态信号取消“输入变冷却油泵停止”判据。

监控系统相关流程修改时，不仅需要完成 SFC 的优化，还要考虑优化后两台 SFC 均能正常启动所有机组。为此，将 SFC 停流程中未收到“输入断路器分闸请求”超时后即流程退出，修改为无论是否收到“输入断路器分闸请求”流程均不会退出，延时 5s 后继续执行下一步流程；将 SFC 输入变冷却器停止令从流程中删除；流程结束条件删除“输入断路器分位”判据。

2.2 试验验证

程序修改后，先后完成 SFC 保护传动试验、起机试验、输入变温升试验、功率柜温升试验，其中温升试验分别进行了冷却系统退出运行和正常投入两种情况下温升的对比分析，温升试验时长为设备连续空载运行 12h。

2.3 试验结果与结论

SFC 保护传动试验、起机试验均正常。

输入变温升试验对比分析结果为，强油循环水冷的变压器，在冷却系统退出运行的情况下长时间带电空载运行时，油温温升较大（平均每小时上升 1℃左右）。在冷却系统投入运行的情况下油温稳定。因此，对于水冷却的油变，不建议在冷却系统退出运行的情况下长期空载运行。

功率柜温升试验对比分析结果为，强迫风冷的 SFC 功率柜，在冷却系统退出运行的情况下长期带电空载运行时，各部位温升不大，仅 1℃左右（室内温度 28℃时），且在 4h 后温度稳定后即不再升高，与冷却系统投入运行的发热情况相当（功率柜空载时主要是可控硅阻容元件在泄漏电流下有一定的发热），而在 SFC 拖动两台机组后阻容元件最高能上升到 45℃。因此建议各单位在优化时，完成该温升对比试验。如条件允许，功率柜（含水冷方式）长期空载运行时其冷却系统可停止工作。

2.4 评估与推广建议

为了尽量减少 SFC 输入断路器分合闸次数和输入变压器受冲击次数，降低 SFC 输入变（主要针对油变）的运行风险，SFC 及其输入变运行方式应设计为短期热备用或长期热备用模式。如原设计为逐台启动间隔运行的，应进行技术改造（国网公司水新〔2021〕280 号文发布的水电厂重大反事故措施提出相关要求）。响水涧电站有两套不同厂家的 SFC，流程优化只在国产 SFC 实现，但其主要流程的修改还是具有普遍参考意义的。此外，运行方式优化后的温升试验结论，对 SFC 短期或长期热备用运行时，功率柜（含水冷方式）冷却系统的工作方式选择具有重要的指导意义。值得有相应改造需求的抽水蓄能电站参考借鉴。

3 SFC 运行方式优化案例二

以绩溪电站为例。绩溪电站有两套 SFC，分别是南瑞继保提供的国产设备和西门子提供的进口设备。两台 SFC 冗余配置，可实现启动全厂 6 台机组的功能，均投运于 2019 年。两台 SFC 输入输出设备完全独立。西门子 SFC 输入变冷却方式为强迫油循环水冷，功率柜冷却方式为强迫去离子水循环水冷。为了减少 SFC 输入断路器分合闸次数和输入变压器受冲击次数，西门子 SFC 运行方式已于 2021 年，由“逐台启动、间隔运行”改为短期热备用模式即输入变和功率柜在一定时间内保持带电空载运行，持续时间根据现场实际情况来定。为此完成西门子 SFC 程序优化，同时对监控系统相关程序进行了相应修改。

3.1 优化方法

SFC 输入断路器的分合由 SFC 投入/退出令来控制的，当 SFC 投入令发出后，会保持 50min，同理 SFC 输入断路器也会保持合闸 50min，该延时时间足够拖动下一台机组，当所有机组全部拖动完毕后，在无任何人为干预下，在距离上次接收投入令 50min 后，SFC 退出热备用，分开输入断路器并恢复冷备用。具体实施要点如下：

（1）SFC 程序修改为，在机组同期并网后，SFC 流程仅复归 SFC 运行命令并分开输出断路器，而保持输入断路器合闸、SFC 投入、（水冷）辅助系统运行状态。为此，取消 SFC 启动流程中“输入侧一次电源回路已合闸”的判据，改由监控系统直接判定；SFC 控制器增加开出点“wait for motor CB close enable（SFC 输出断路器等待合闸）”送至监控系统主变洞现地控制单元；监控系统增加开出点“enable motor side circuit breaker（SFC 输出断路器允许合闸）”送至 SFC。

（2）监控系统相关程序修改为，在机组同期并网后不再输出 SFC 输入断路器分闸令，使其保持合闸状态。为此，在连续热备用期间，监控至 SFC 的“ON command（SFC 投入令）”保持为“1”，机组同期并网后 SFC 只分开输出断路器，等待下一次启动；当下一次启动条件就绪时，监控收到“SFC 输出断路器等待合闸”信号反馈后，发送“SFC 输出断路器允许合闸”信号至 SFC，允许 SFC 启动流程合上输出断路器。当最后一台机组启动完毕后，延时 50min（延时时间以最后一次监控系统发出“SFC 投入令”开始计算）分开输入断路器，SFC 输入变与 SFC 冷却系统随之停止运行。

另外，为了提高运维人员使用 SFC 的便利性，在监控系统增加了手动复归 SFC 投入令功能。运维人员可在控制室监控系统操作站手动一键复归 SFC 投入令，将完成拖动任务的 SFC 转为冷备用，不需要等 50min 自动转冷备用。

3.2 评估与推广建议

绩溪公司有两套不同厂家的 SFC，对进口西门子 SFC 运行方式实现流程优化，由“逐台启动、间隔运行”改为“短期热备用”模式。同时增加了手动一键复归 SFC 投入令功能，提高了运维人员使用 SFC 的便利性。优化方法具有普遍参考意义，值得推荐。

另外，为进一步灵活控制 SFC 运行方式，还可以增加手动一键启动 SFC 辅机功能，便于运维人员需要时手动启动 SFC 辅机。这一功能在天荒坪电站等更早期投产的电站已有多年的成功应用，也值得后期工程 SFC 功能设计或技术改造时借鉴。

4 SFC 运行方式相关的设计建议

SFC 运行方式主要与一次接线和设备选型相关。目前国内抽蓄电站使用的 SFC 一次接线拓扑结构，均为输入变输入侧设置断路器，输入变输出侧通过电缆或浇注母线与功率柜直连（不设断路器），这样的结构导致输入变与功率柜的运行方式必须保持一致，同时带电或同时停电。如果在输入变与功率柜之间设置断路器（见图 1），将使输入变的运行方式很大程度上简化，输入变可保持长期带电空载运行。同时，如功率柜故障仅跳开功率柜输入断路器，不影响输入变正常运行。

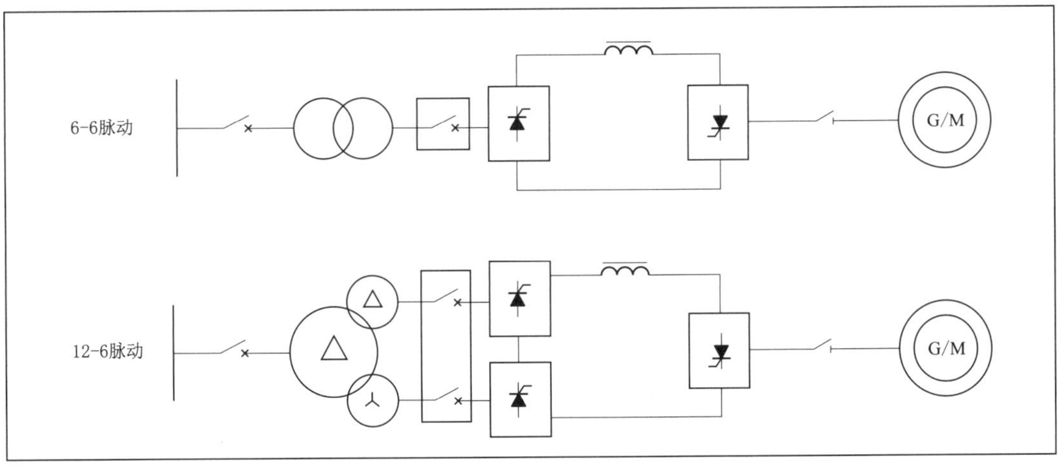

图 1 SFC 一次接线优化拓扑结构

功率柜的（冷却方式）选型不应该成为限制 SFC 运行方式的制约因数。功率柜不论是水冷方式还是风冷方式，在产品设计和型式试验时均应优先考虑满足功率柜长期带电空载运行的相关技术要求。

目前国内抽蓄电站 SFC 输入断路器（即输入变输入断路器）的分合闸操作，通常由 SFC 和监控系统联合控制完成。由上文提及的两个案例可知，这样的设计略显复杂，如完全由 SFC 单独控制将很大程度的简化控制回路。输入断路器通常包含在 SFC 供货合同范围内，实施难度应不大，国产 SFC 宜首选该方案。天荒坪电站成套进口 SFC 的输入断路器操作即采用该控制方式，运行至今一直很稳定。

此外，SFC 的合同供货范围通常为 SFC 输入电抗器至输出电抗器，以电抗器至启动母线的连接为限，包含电抗器，不包含输入/输出隔离开关。为此，设计阶段应考虑输入/输出隔离开关与输入/输出断路器和地刀之间的电气联锁是否完善。

5 结语

SFC 的运行方式设计很重要，直接关系设备的使用寿命，如发现类似于本文提及的不合理之处，应进行优化改进，以提高设备的稳定性。对于采用干式输入变压器，但运行方式为“逐台启停，间隔运行”的 SFC，为了减少对输入变压器的冲击、减少输入断路器的动作次数，延长设备寿命、提高设备可靠性，可参照进行优化改进。本文简要地介绍了两个 SFC 运行方式优化案例的优化方法、效果及其对比分析，穿插介绍了一些其他电站 SFC 设计方面的优越之处。并结合多年的设备运维经验，提出了进一步改进的思路与措施，供相关专业人员参考，逐步提高 SFC 系统的设计与应用水平。

参考文献

[1] 李浩良，孙华平. 抽水蓄能电站运行与管理 [M]. 杭州：浙江大学出版社，2013.
[2] 国网新源控股有限公司. 抽水蓄能机组及其辅助设备技术：静止变频器 [M]. 北京：中国电力出版社，2019.

基于功率圆图的抽蓄机组抽水调相容量简易解析

顾坤鹏　王朝平　陈俊璞
（中国水利电力对外有限公司，北京市　101100）

【摘　要】抽蓄机组在抽水调相时，会产生机端电压降低、机组过热和失稳。而且受原动机水泵工况限制，其抽水调相深度，要大幅小于常规发电机的调相深度。结合机组功率圆图进行分析，可以得出其调相深度不超过机组视在功率的10％，且宜控制在7.5％以下。

【关键词】抽蓄机组　抽水调相深度　功率圆图

近年随着光伏风电新能源及配套特高压直流送出工程的大规模建设，电网220kV以上各枢纽节点无功缺额日益增加，系统具有迫切的无功补偿要求。为深挖无功调节能力，往往要求并网的水电机组、火电机组调相运行，或者做专门调相机运行。抽蓄机组运行工况多，转换灵活，可以快速响应系统的无功调度要求，但机组的调相深度，要兼顾机组的励磁限值、发热、稳定等问题。如何确定抽蓄机组在做电动机抽水运行工况时的调相能力，关系到抽蓄电站的安全稳定运行，本文以某抽蓄机组为例，展开分析研究。

1　抽蓄机组的几种并网运行状态

（1）发电机迟相运行（常态运行）：发电机向电网同时送出有功功率和无功功率。

（2）发电机进相运行（超前运行）：发电机向电网送出有功功率，吸收电网无功功率。

（3）发电机调相运行：发电机吸收电网的有功功率维持同步运转，向电网送出无功功率，从而起到调节系统无功、维持系统电压水平的作用。

（4）电动机运行（抽水）：电机同时吸收电网的有功功率和无功功率维持同步运行。

（5）电动机调相运行（抽水）：电动机吸收电网的有功功率维持同步运转，并向电网送出无功功率。

2　某投运抽蓄电厂发电电动机组功率圆图分析

2.1　主要参数

（1）电机发电工况额定容量222MVA，功率因数0.9。

（2）电机抽水工况额定容量218MVA，功率因数1.0。

（3）电机额定电压13.8kV，升压至220kV并网。

（4）电机直轴同步电抗不饱和值 $X_d=1.285$。

（5）电机交轴同步电抗不饱和值 $X_q=0.894$。

（6）水泵水轮机最大入力203.5MW。

2.2　发电工况的功率圆图

图1中边界线：①静态稳定限值线；②水轮机输出功率极限线；③转子发热限值线；④最小励磁电流限值线。

图1中曲线①、曲线③按不同发电机电压值时（通常0.95/1.0/1.05标幺值）的限值线，用不同颜色曲线表示。曲线①同时也是考虑了减少10％功率的安全裕度后的稳定限值线。

2.3　发电机的稳定限值

发电机的稳定限值须根据机组的直轴同步电抗 X_d 和交轴同步电抗 X_q 计算。这些参数与机组容量、

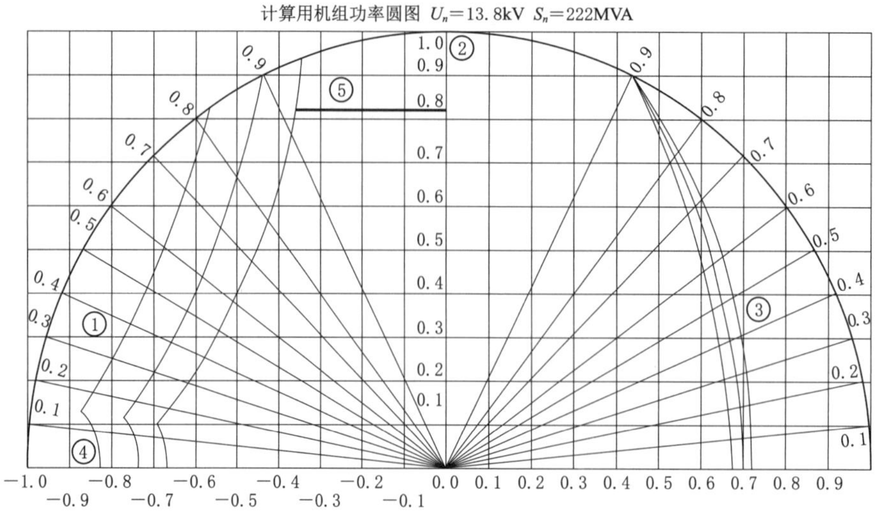

图 1 某投运发电电动机功率圆图

结构、材质有关。静稳定极限功率角 δ_s 也是图 1 中曲线①的确定依据。

$$\delta_s=\arcsin\sqrt{X}=\sqrt{\frac{2P_eX_qX_d}{\sqrt{3}U_s^2(X_d-X_q)}sh\left\{\frac{1}{3}\text{arsh}\frac{3\sqrt{3}U_s^2(X_d-X_q)}{2P_eX_{q1}X_d}\right\}} \tag{1}$$

上式为计算凸极发电机直接与无穷大电网相连的静稳定极限功率角 δ_s，代入相应的标幺值即可求出。此时发电机进相运行达到临界稳定状态。如果进相深度继续加深，会使得功率角增加超出静稳定极限值，发电机即失去稳定。具体数值计算本文不做深入讨论。

2.4 机组抽水调相功率范围

该机组做抽水调相运行时，受曲线①、曲线④限制，也受水泵水轮机入力值限制。因水泵水轮机水泵工况运行特性限制，在其全扬程范围内，机组入力变化范围很小，限制在 90%～100%。此时该机组电动机有功功率 203.5MW×(0.9～1.0)=183～203.5MW。计算其标幺值为 (183～203.5)/218MVA=0.84～0.93。这在功率原图中是一个较窄的范围。

在图 1 中，纵坐标为有功值，横坐标为无功值，纵坐标左侧为进相区。在纵坐标标幺值（有功功率）0.86 位置向左画一直线段，至静态稳定限值线①，即线段⑤范围。该线段长度代表调相容量，此时调相功率在约 0.35 倍额定功率范围内（查横坐标负轴），即 0.35×218MVA=76.3MVA。但机组调相运行将受到机端电压降低、定子铁芯端部过热、失磁保护动作等因素制约，实际达不到该范围值。

而常规水电机组的最大调相容量，一般来讲，约为机组额定无功功率的 70%。

3 抽水调相容量解析

3.1 分析公式

设该机组在上述范围内做抽水调相运行，计算此时的机端电压值 U_t。为方便图解分析计，充分利用功率圆图的有功、无功及功角关系，以 DL/T 1523—2016《同步发电机进相试验导则》、附录 D 同步发电机功角计算、公式（D.1）、公式（D.2）为参考依据，展开分析。

图 2 为凸极同步电机正常运行时的电压、电流相量图。其中 δ_g 为功角，P 为机组有功功率，X_q 为机组交轴同步电抗，U_t 为机端电压，Q_G 为机组无功功率。该机组的 X_q 值为 0.894。

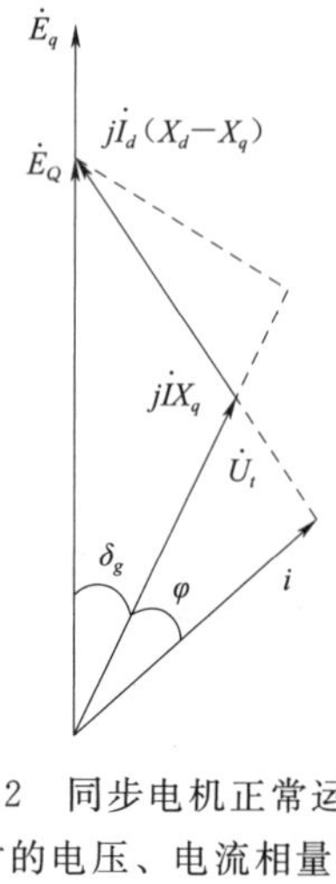

图 2 同步电机正常运行时的电压、电流相量图

计算公式为：

$$\tan\delta_g=\frac{IX_q\cos\varphi}{U_t+IX_q\sin\varphi}=\frac{U_tIX_q\cos\varphi}{U_t^2+U_tIX_q\sin\varphi}=\frac{PX_q}{U_t^2+Q_GX_q} \tag{2}$$

本分析即利用该公式，通过图测功角 δ_g，计算 U_t 值。

3.2 做机组功率圆图

作图（图 3）程序如下：

（1）以 0 为圆心作视在功率圆，纵坐标表示有功功率的标幺值，横坐标表示无功功率标幺值。

（2）通过圆心 0 作额定功率因数线 $0N(\cos\varphi=0.9)$，N 点为发电工况额定点。

（3）在第二象限的横轴上取线段 $0M_1=1/X_d=1/1.285=0.78$，取线段 $0M_3=1/X_q=1/0.894=1.12$，其中点 $M_1\sim M_3$ 为半径的圆，为磁阻圆，又称为失励圆。

（4）以 $M_1\sim M_3$ 为半径的圆，与直线 NM_3 相交于 T 点，取 NT 线段长度的 10%，计为 ΔL，作为安全裕度，以 M_3 为圆心、ΔL 为半径作失励圆，它与横轴相交于 M_2 点，即考虑 10%安全裕度的实际运行点。为清晰计，本步骤未在图中显示。ΔL 值为 0.15。

（5）画出线段 AD，即前述理论上机组抽水调相运行范围。按无功功率标幺值 0（A 点）、0.1（B 点）、0.2（C 点）、0.35（D 点），向 M_2 点做直线，求得各点 δ_g 夹角值。分析中也取了无功功率标幺值 0.05、0.06、0.075 等点位。

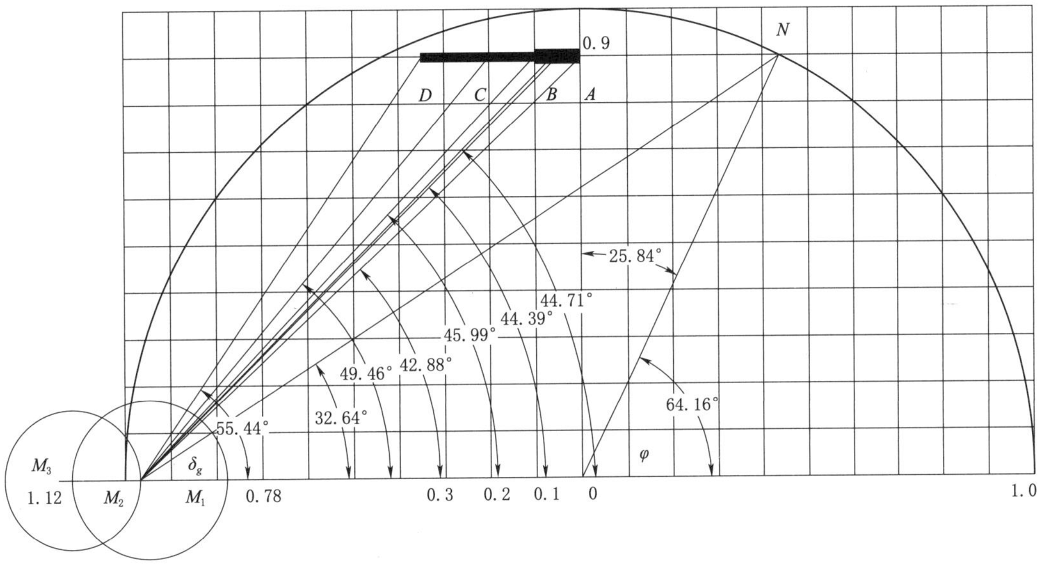

图 3　某投运发电电动机抽水调相分析功率圆图

3.3 计算过程

根据全扬程范围内机组入力范围变化为 90%～100%，按机组有功功率 P 为 200MW、190MW、180MW，利用前述式（1），分别计算此时各个工况点（$ABCD$）的机端电压 U_t 值。见表 1～表 3。不同的有功功率，对应的运行功角值略有差异，也予以单独作图分析。但实际对分析结果影响较小，并不影响数值规律和结论。为清晰起见，本文仅列出图 3。其他实测角度见表 2 和表 3。

表 1　　**P=200MW（黄色为额定功率因数点）**

图中点	Q 标幺值	Q/MVA	功角 δ_g/(°)	tanδ	U_t/kV	比额定电压/%	220kV 侧
N	0.436	96.792	32.74	0.64	13.84	0.29	220.64
A	0	0	42.86	0.93	13.88	0.59	221.29
A	0.050	11.100	44.39	0.98	13.14	−4.76	209.52
A	0.075	16.650	44.71	0.99	12.87	−6.71	205.23
B	0.100	22.200	45.99	1.04	12.36	−10.40	197.11
C	0.200	44.400	49.46	1.17	10.64	−22.89	169.64
D	0.350	77.700	55.44	1.45	7.33	−46.90	116.82

表 2　　$P=190\text{MW}$

图中点	Q标幺值	Q/MVA	功角 δ_g/(°)	tanδ	U_t/kV	比额定电压/%	220kV侧
A	0	0	41.26	0.88	13.88	0.61	221.33
	0.050	11.10	42.77	0.93	13.15	−4.71	209.64
	0.060	13.32	43.08	0.94	13.00	−5.80	207.23
	0.075	16.65	43.18	0.94	12.86	−6.81	205.02
B	0.100	22.20	44.36	0.98	12.38	−10.32	197.30
C	0.200	44.400	47.84	1.10	10.66	−22.77	169.92
D	0.350	77.70	53.9	1.37	7.36	−46.67	117.32

表 3　　$P=180\text{MW}$

图中点	Q标幺值	Q/MVA	功角 δ_g/(°)	tanδ	U_t/kV	比额定电压/%	220kV侧
A	0	0	41.26	0.88	13.51	−2.08	215.43
	0.050	11.10	42.77	0.93	12.78	−7.40	203.72
	0.060	13.32	43.08	0.94	12.63	−8.50	201.31
	0.075	16.65	43.18	0.94	12.49	−9.52	199.05
B	0.100	22.20	44.36	0.98	12.00	−13.02	191.35
C	0.200	44.40	47.84	1.10	10.27	−25.56	163.78
D	0.350	77.70	53.90	1.37	6.90	−49.97	110.07

4　计算结果分析

（1）表1中 N 点位额定工况，功角 δ_g 为32.74°，计算得机端电压为13.84kV，基本等于机组的额定电压13.8kV。证明本文分析可靠。

（2）图中 D 点，无功功率标幺值0.35，此时机端电压计算值，约为7kV，已非正常运行点。证明初步分析时得到的调相范围是不合适的。

（3）图中 B 点，此时机端电压计算值，约为12.4kV，机端电压值较额定电压13.8kV下降约10%。处于满足电压要求下限。C 点的电压降达到22%以上，不满足要求。

（4）表1～表3中 A～B 点，机端电压值均满足要求。即调相无功功率限值，不超过22MVA。

（5）该机组做抽水调相运行时，运行范围十分有限，基本为图3中 AB 线段。考虑一定的安全裕量，不应超过16MW为宜。即无功标幺值0.075点位对应的值。

（6）如果厂用电源取自机端，则机组抽水调相运行机端电压降低，也导致厂用电压下降。从上述计算分析，为使厂用电压下降不超过10%，调相深度不宜太多。

（7）同步电机进相运行，需通过降低励磁电压来降低励磁电流来实现。加大机组进相深度往往将使失磁保护动作。为避免这一问题，需调整励磁电压整定值，还要结合自动调节励磁装置、AVR装置以提高稳定裕度。

5　机端电压降低与高压母线电压基本不变问题

该电厂实际运行中，发现机组在抽水并调相运行时，220kV母线电压基本不变。而经过上述分析，此时机端电压会降低。

初步分析，当地220kV电网的无功容量充裕，满足支持机组调相容量，可保持220kV母线电压基本不变。

在机组做电动机运行、水泵抽水工况时，电动机有功功率基本维持在90%～100%额定功率，即有功电流 I_e 基本不变。随着进相深度的增加，励磁电流也相应降低，电动机从系统吸收的无功电流 T_r 增加，

总的定子电流 $I=\sqrt{I_e^2+I_r^2}$ 同时增加，导致发电机-主变压器回路中的主要电抗（主变）压降也增加，致使主变低压侧电压降低。

6 结论和建议

同步电机调相运行会带来机端电压降低、机组过热和失稳。抽蓄机组也同样存在类似的问题，而且由于原动机水泵水轮机的水泵工况限制，电动机抽水调相时的深度，要大幅小于常规发电机的调相深度。

可以结合机组功率圆图进行抽蓄机组抽水调相深度的分析。通过本例看，其调相深度不超过机组视在功率的 10%，且宜控制在 7.5%以下。该值具有一定的普遍性，可经其他机组的进一步计算和运行试验加以验证。

励磁系统 PSS 对低频振荡及无功反调抑制作用浅析

刘淑妍　曾旭东　李　博　戴敏章

（湖南黑麋峰抽水蓄能有限公司，湖南省长沙市　410000）

【摘　要】本文介绍了产生低频振荡的原因，分析了励磁系统的阻尼作用对低频振荡的抑制原理。通过某电站 PSS 对无功反调抑制实例，介绍了 PSS 在抑制无功反调上的实际应用。

【关键词】PSS　低频振荡　反调特性　无功功率

1　引言

随着我国电网的扩大和输送功率的增加，低频振荡的问题愈加突出，本文从低频振荡的产生入手，分析电力系统稳定器（PSS）对低频振荡的抑制作用，证实 PSS2A 模型对无功反调现象有抑制效果。

2　电力系统低频振荡的产生

电力系统低频振荡常出现在远距离、大负荷、高功率因数送电的输电线路上。发电机经输电线路并列运行，当系统发生如突然失去负荷等小扰动时，发电机转子间会出现相对摆动，这时如果电力系统缺乏阻尼甚至阻尼为负，对应发电机转子间的相对摆动会持续下去，表现在输电线路上就出现功率波动。系统缺乏阻尼或系统负阻尼引起的输电线路上的功率波动频率一般在 0.1～2.0Hz，通常称为低频振荡。

电力系统低频振荡在采用快速、高放大倍数励磁系统的电网中更容易发生。这是因为在采用快速励磁系统的电网中电力系统的负阻尼增大。按单机无穷大系统线性化的 Phillips - Heffron 模型研究结果，对发电机的电磁转矩进行分析，当无励磁调节器作用时电磁转矩 ΔM_e 由同步转矩与正的阻尼转矩合成，此时阻尼转矩为正，如图 1 所示。考虑励磁调节器的作用并且系统有重负荷时，电磁转矩由同步转矩与负的阻尼转矩合成，此时电磁阻尼转矩 $\Delta M_e'$ 为负阻尼，如图 2 所示。又由于快速、高放大倍数励磁系统增益很大使得这种负阻尼增大。

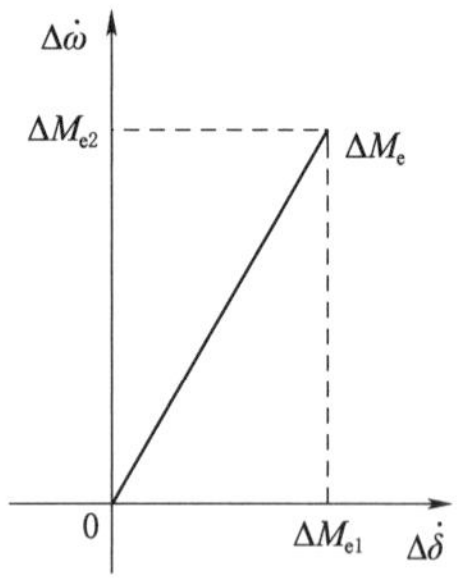

图 1　$\Delta M_e = \Delta M_{e1} + \Delta M_{e2}$

式中：ΔM_e 为总电磁阻尼转矩；ΔM_{e1} 为同步转矩；ΔM_{e2} 为超前 $\Delta\delta 90°$ 的正阻尼转矩

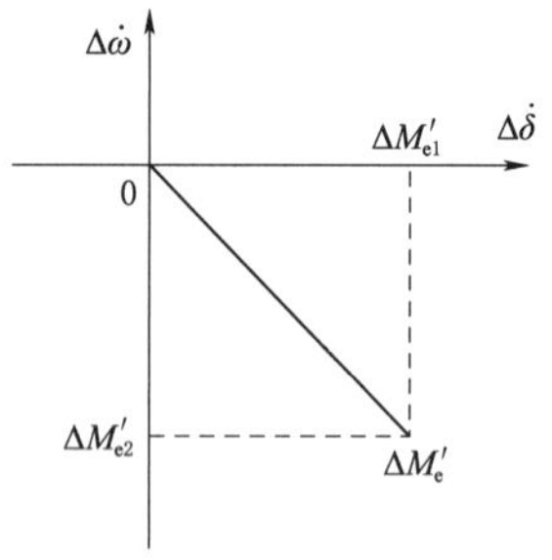

图 2　$\Delta M_e' = \Delta M_{e1}' + \Delta M_{e2}'$

式中：$\Delta M_e'$ 为总电磁阻尼转矩；$\Delta M_{e1}'$ 为同步转矩；$\Delta M_{e2}'$ 为滞后 $\Delta\delta 90°$ 的负阻尼转矩

3　PSS 对低频振荡的抑制作用

3.1　PSS 对低频振荡的抑制原理

根据研究表明，电力系统稳定器（PSS）在系统内产生的正阻尼可以有效地解决区域电网间振荡模式的弱阻尼或负阻尼低频振荡问题。

电力系统稳定器（PSS）的输入信号为可反映系统振荡的电气量，通常为有功功率 P、功角 θ、角速度 ω 或它们的组合。我们来看一个实例，图 3 为某电站 PSS 模型框架图，由图 3 可以看出该电站电力系统稳定器（PSS）采用有功功率 P、角速度 ω 的组合作为输入信号，通过隔直环节、超前滞后环节、增益调整环节及限幅环节后开出 PSS 输出信号。该信号附加作用于同步电机励磁系统的电压环，如图 4 所示，它的控制作用通过电压调节器的调节作用而实现的。

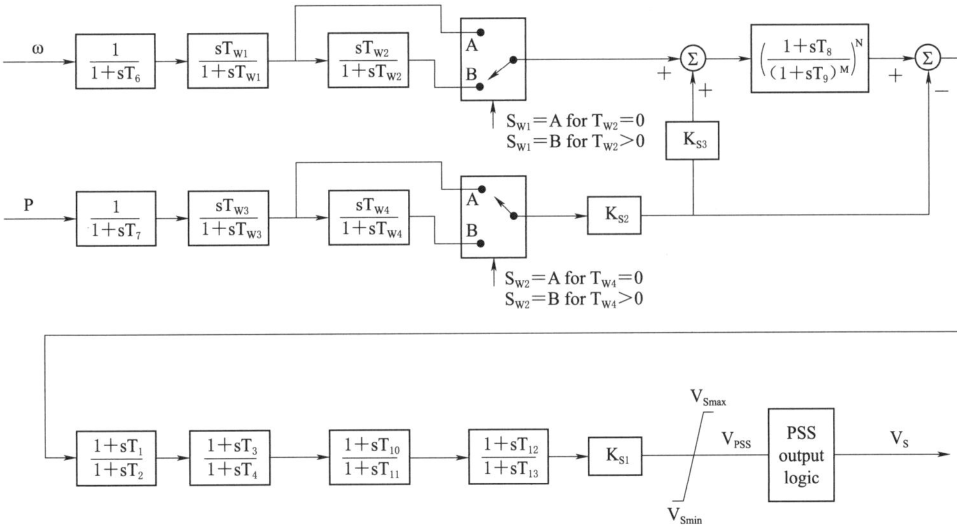

图 3 某电站 PSS 模型框图

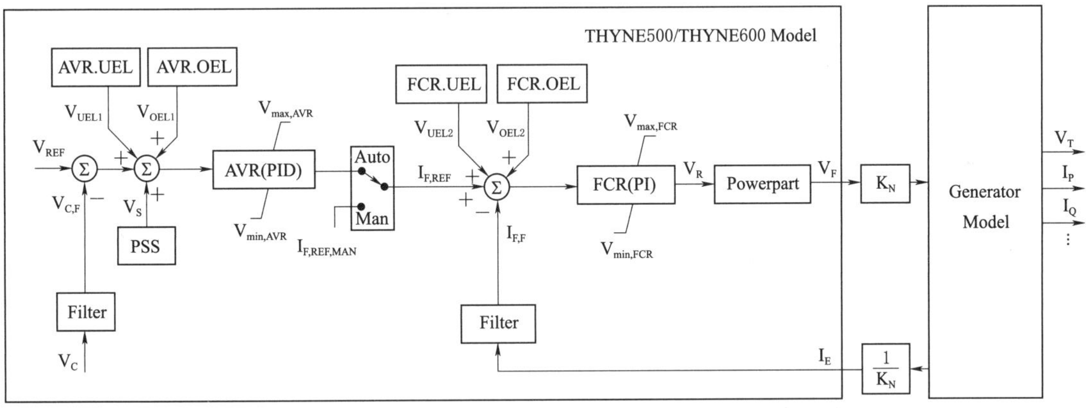

图 4 某电站级联式励磁系统模型框图

下面通过分析电力系统稳定器（PSS）对发电机电磁转矩产生的影响，分析其对低频振荡的抑制作用。如图 5 所示，由励磁调节器作用产生的电磁转矩 ΔM_e 在第四象限，在 $\Delta\omega$ 轴上投影为负，即产生负阻尼。而 PSS 附加的电磁转矩 ΔM_{pss} 在第一象限且几乎与 $\Delta\omega$ 同相位，及产生正阻尼。总的电磁转矩为两者之和，且在第一象限，即提供正的阻尼可对系统的低频振荡产生抑制作用。

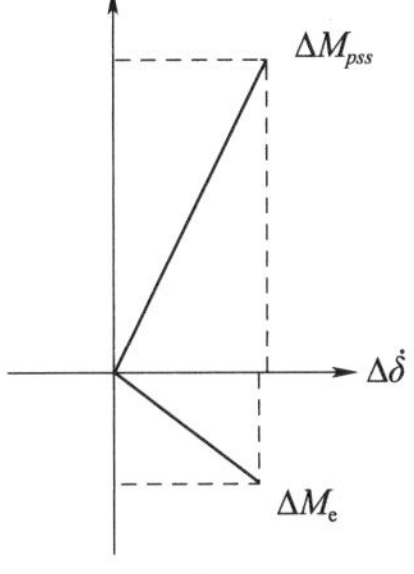

图 5 PSS 对发电机电磁转矩的影响

3.2 PSS 对低频振荡的抑制效果实例

下面通过实例证实 PSS 投入后的抑制作用。某电站在发电机有功 P 约为 280MW，无功 Q 约为 1.46MW，机端电压约为 18.8V，励磁调节器自动方式运行的工况下，进行有、无 PSS 时的电压给定阶跃试验。

通过对比图 6 与图 7，观察录取的有功功率波动情况，可以看出 PSS 投入后有功功率的振荡明显减弱，判断 PSS 投入后励磁系统产生正阻尼，对振荡产生了抑制作用。

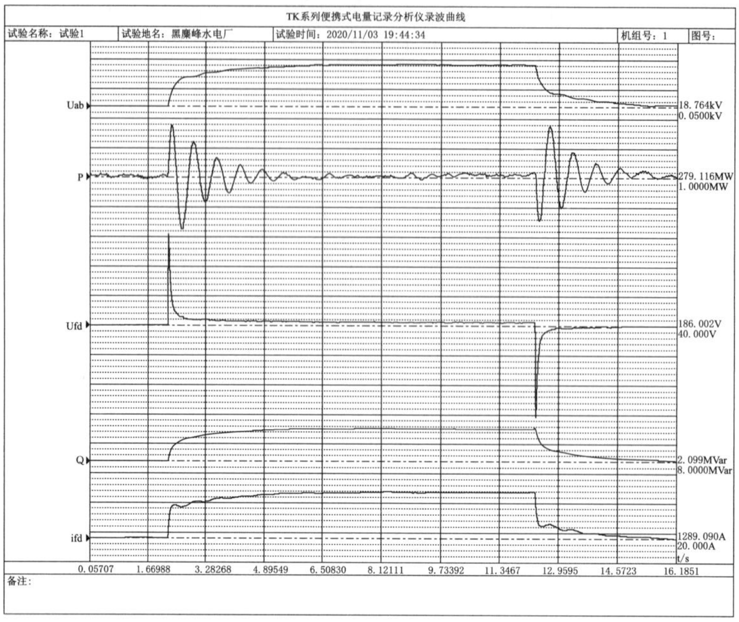

图 6 PSS 未投入时 2%电压阶跃响应录波图

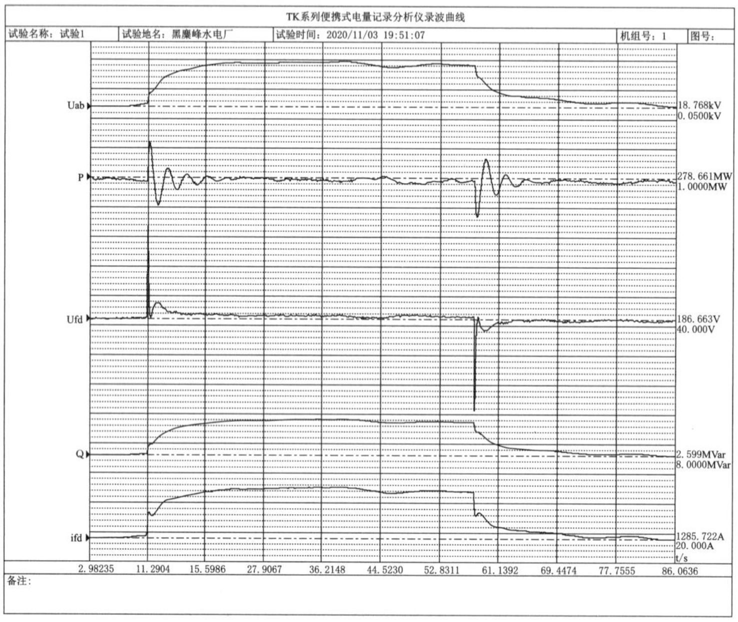

图 7 PSS 投入时 2%电压上阶跃响应录波图

4 某电站 PSS2A 对无功反调现象的抑制作用

4.1 无功反调的产生与危害

所谓反调特性是指当原动机输出功率增加（或减少）时，因 PSS 的调节作用引起励磁电压、同步电机电压和无功功率同时减少（或增加）的现象。汽轮发电机机械功率变化不大，反调作用不明显，对于水轮发电机反调作用较明显（主要存在于有功 PSS－1A 模型）。

PSS 反调会导致机组突然甩负荷时，增加输出的励磁电流，造成定子过电压，危害机组绝缘水平。机组突然升负荷时，会导致励磁电流输出减小，低励限值动作或者机组失磁。在《电力系统稳定器整定试验导则》中指出“水轮发电机和燃气发电机应首先选用无反调作用的 PSS，例如加速功率信号或转速（或频率）信号的 PSS，其次选用反调作用较弱的 PSS，如有功功率和转速（频率）双信号的 PSS”。

4.2 特定型号 PSS 对无功反调的抑制作用

下面通过一个实例证实 PSS2A 对无功反调现象的抑制作用。某电站励磁系统采用 PSS2A 模型（模型框架图如图 3 所示）。发电机组在有功负荷约 282MW 下快速降负荷至 238MW，然后又快速升负荷到约 281MW，有功负荷最大变化幅度约 44MW。

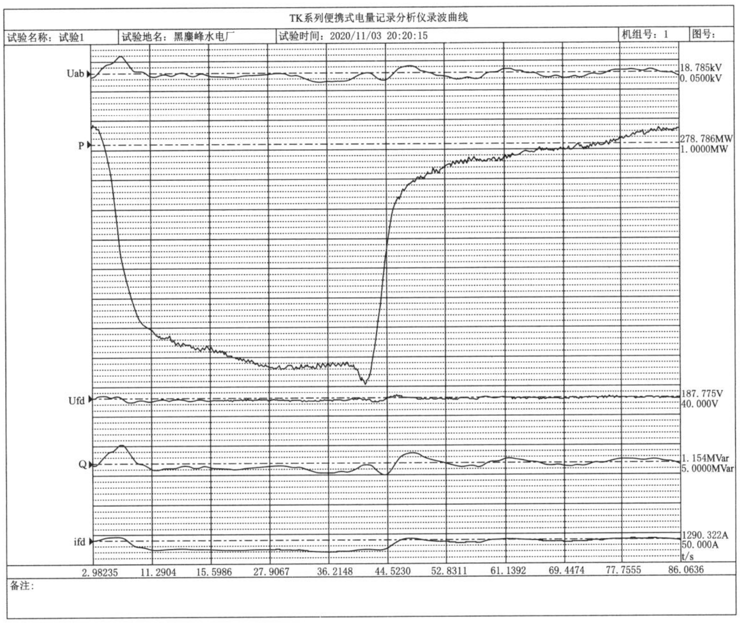

图 8 PSS2A 投入时发电机快速增减负荷的录波图

从现场的录波图形图 8 来看，正常功率增减过程中，无功负荷最大波动为 26MW，反调现象较弱，PSS2A 对无功反调现象有抑制作用。

5 结语

随着电力系统稳定器（PSS）的普遍应用，由 PSS 的辅助调节作用带来的无功反调问题也显现出来，因此，在后续励磁系统及 PSS 选型与参数整定中，在充分考虑对低频振荡的抑制作用的同时应首先选用无反调作用或反调现象较弱的 PSS 模型，避免无功反调对机组及电网的影响。

某抽水蓄能电站发电机回路电气寿命计算浅析

朱海龙　张子龙　刘金鑫　王　洋　潘　璇
（辽宁蒲石河抽水蓄能有限公司，辽宁省丹东市　118216）

【摘　要】本文阐述了蒲石河抽水蓄能有限公司发电机出口断路器电气寿命计算情况及原理。分析如果发电机出口断路器电气寿命较低时会出现的问题并进行反思，为同类电厂电气寿命计算及分析提供参考。

【关键词】抽水蓄能　出口断路器　电气寿命

1　概述

1.1　发电机出口断路器的作用

发电机出口断路器的作用为了在发电机与电网之间形成一个可以可控的断开点，隔离发电机故障、发电机并网运行等操作，位于发电机与升压变压器之间，它的原理和普通断路器最大的区别是由于发电机发生故障时，故障电流较大，需要在极短的时间内断开较大电流，快速隔离故障。一般大机组都采用发电机—变压器组单元接线，在主变高压侧的高压断路器在正常运行中，执行开断操作时，若发生一相或两相断路器因拒动、误动或断口绝缘击穿而导致非全相分、合闸状态时，则电网的安全稳定运行将会受到严重的威胁。发电机出口断路器的原理就是利用绝缘介质可以在最短的时间内拉开大电流。

1.2　蒲石河电站发电机出口断路器

蒲石河电站为大型纯抽水蓄能电站，单机容量300MW，额定转速333.33r/min，机组采用一机一变的单元式接线方式，共有4台机组，每台发电机出口至主变低压侧均有一台出口断路器。蒲石河电站电气接线图如图1所示。

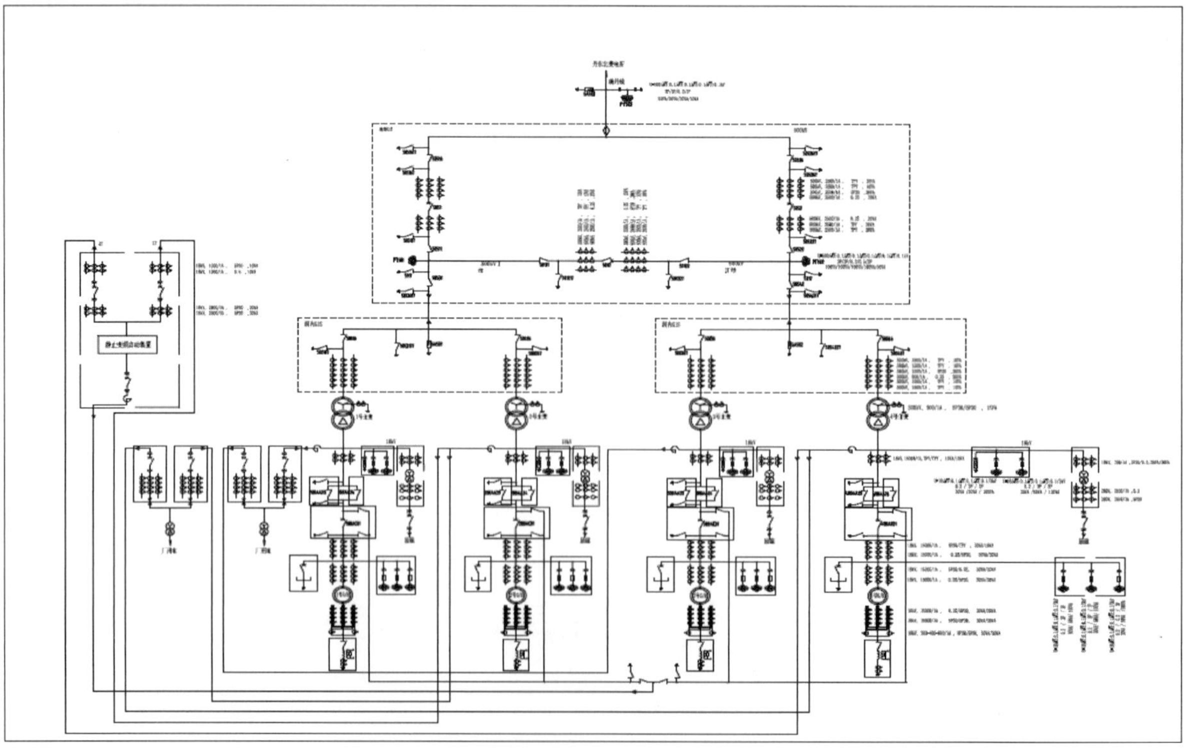

图1　蒲石河电站电气接线图

蒲石河抽水蓄能电站的 18kV 系统为一机一变的单元接线，在发电电动机出口处装设了机组出口开关，以减少高压侧断路器的操作次数，承担正常运行切换操作、短路故障跳闸以及同期并网等作用。蒲石河电站出口开关是由瑞士 ABB 所生产的 HECPS-3S 型号的 SF_6 出口断路器（额定电压 24kV、额定电流 13500A），发电机定子额定电流为 10713A，在机组正常发电停机时，功率降至 30MW 时，发出断开出口断路器命令此时的切断电流为 1.6kA。在机组正常抽水停机时，当功率降低至－30MW 时，发出断开出口断路器命令此时的切断电流为 2.5kA，当发生电气事故停机时则会直接切断出口开关，则此时的切断电流为 10kA 左右。

1.3 烧蚀系数 K

根据所有开断操作期间的触头材料累计烧蚀度确定电气使用寿命。因此必须分别考虑断路器的断开和闭合时的电气使用寿命，在每次进行断开操作时都会有部分灭弧触头材质被烧毁，烧毁程度取决于开断电流的有效值。为计算这种触头材料的损耗，每次断开操作指定一个烧蚀系数 K。烧蚀系数与减少的时间差成正比。根据此烧蚀系数从而判断断路器的电气使用寿命。

因出口开关每次分闸时都拉开不同大小的电流，所以每次分闸时断路器均会发生拉弧现象并导致断路器动静触头均有烧蚀现象，当操作次数达到一定数量后，将会影响断路器的灭弧能力，最终导致断路器无法正常断开电流。因厂家不同，所使用断路器烧蚀情况不一，根据瑞士 ABB 所提供的烧蚀参数（见图 2），累计计算出口开关烧蚀系数。

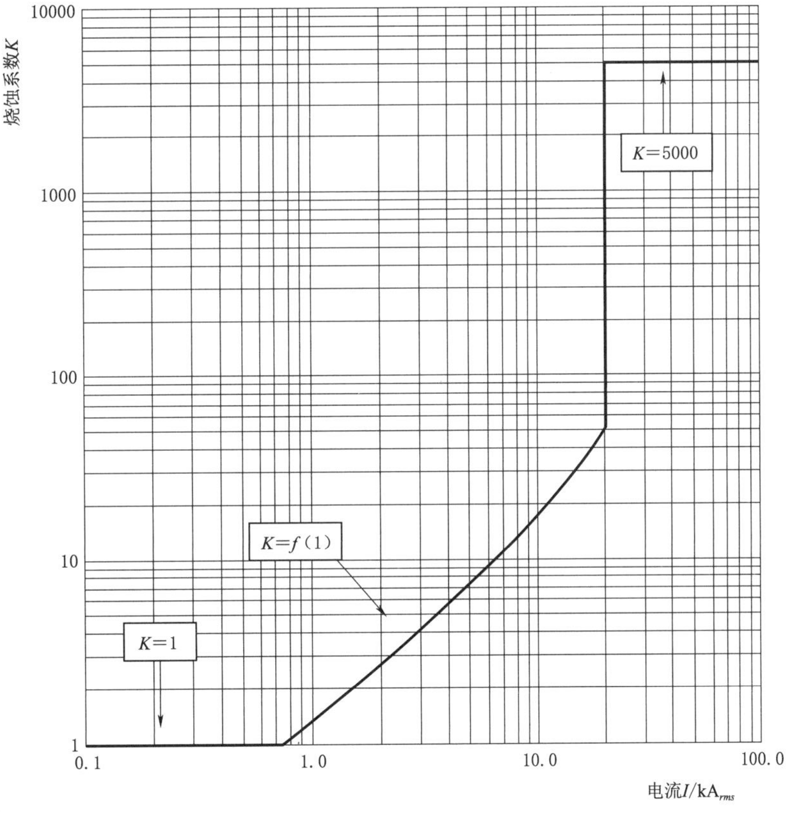

图 2 HECPS-3S 变体的烧蚀系数 K

根据每次不同情况电流分段情况进行累计，累计值 $\sum K$ 则为此断路器的电气寿命。根据厂家说明书要求，当 $\sum K$ 大于 20000 时，应立即进行出口断路器大修，断路器已达到无法进行操作的情况，当烧蚀系数 $\sum K$ 达到 15000 时，应及时制定接触材料的大修计划。当 $\sum K$ 大于 15000 时，再进行一次过电流开关操作将立即导致数值 $\sum K$ 超过 20000，此时断路器已无法进行正常操作。将严重影响机组正常运行，导致严峻的经济损失。

2 结语

本文对 HECP－3S 型断路器电气寿命进行讲解，使现场运维人员了解断路器电气寿命的含义，并解决了现场通过运维人员的统计，可以初步判断断路器是否满足正常运行及预测断路器正常使用寿命，可以提前制定相应计划，从而保证机组的正常稳定运行。

参考文献

[1] 乐振春，张亚武，张全胜．水电站电气设备预防性试验规程 [J]．开关设备，2020.

项目前期阶段可变速抽水蓄能机组水轮机参数初拟

王雨会[1] 邱雪俊[2] 张昊晟[1] 刘建栋[1]

（1. 中国电建集团北京勘测设计研究院有限公司，北京市 100024；
2. 华东琅琊山抽水蓄能有限责任公司，安徽省滁州市 239004）

【摘　要】 可变速抽水蓄能机组在泵工况运行时可以调节入力，也可以适应更大的水头变幅，但两者的要求却是矛盾的。在项目前期阶段，可通过分析相似水头定速机组特性，根据电网需求，为变速机组的水头变幅、变速范围、最大入力等参数的初拟提供参考。

【关键词】 可变速　水泵水轮机　机组特性

1 概述

随着风、光等具有间歇性和波动性特点的新能源在电网中的占比不断扩大，作为可调峰填谷的大型经济环保的储能设施，我国正全面加快抽水蓄能电站的建设和规划，以保障电力系统的安全、稳定运行。而可变速抽水蓄能机组，在泵工况可以调节入力，实现电网调频，可以进一步提高电网调节的灵活性和稳定性。同时，在项目前期阶段，不同站点的地形地质条件及枢纽布置方案对应不同的电站参数，采用可变速机组理论上可以适应更大的水头变幅，可以减少机组的埋深。然而，从水泵水轮机特性的角度看，电网对可变速机组入力调节的需求，与采用变速机组来适应更苛刻的站址条件之间是相互矛盾的。在项目前期阶段，还没有进行机组招标，没有专门为此电站开发的转轮特性，然而电站的水头变幅、机组的安装高程等涉及上下库、厂房等选址和布置的主要枢纽方案却需要在这个阶段基本确定。同时，若考虑采用变速机组，其变速方式、变速范围、变频器的容量、机组最大容量等主要参数在招标前也需要基本确定，而这些参数均与水泵水轮机的特性直接相关。在电站枢纽布置方案和电站基本参数基本确定后，一般会与主机制造厂家进行充分的技术沟通和咨询，各主机厂会根据电站的需求、参数，结合各自的设计、制造经验提出具体的技术方案。

各主机制造厂家对变速水泵水轮机的选型设计进行了广泛研究，如东芝公司的王庆等[1] 给出了定速机组与变速机组选型方案的比较实例，哈电公司的张韬等[2] 分析了变速机组比转速的选择原则，东电公司的刘德民等[3] 对变速机组的空化及运转特性进行了研究。本质上，变速水泵水轮机与定速机组的水力基本原理和机组结构没有变化，水力设计的目标仍然是在考虑机组相互制约的机组性能间寻找综合最优的方案，差异在于各参数的影响和侧重不同，采用的设计方法和手段，机组参数水平等没有大的差别。考虑到目前国内已投运的抽水蓄能电站，基本上涵盖了各个水头段，并且代表了最新的水力开发水平，本文试图利用定速机组的水泵水轮机特性，应用于变速条件下，给定不同的自然条件，探讨变速机组主要参数的相互关系，为项目前期阶段采用已投运相近水头定速机组特性，进行变速机组水机参数初拟提供一个思路。

2 参数初拟

对于水泵水轮机的水轮机工况，一般来说运行在低转速下离最优区更近，可提高机组尤其是部分负荷机组的效率，并且离S区距离更远，可提高机组稳定运行的余量。水轮机工况的空蚀性能一般也不是机组安装高程的控制因素，本文对变速机组水轮机工况的运行范围不再赘述，仅考虑水泵工况的运行范围。

2.1 转轮流量系数和压力系数

在对转轮泵工况特性曲线按不同转速方案进行处理时，应满足以下无量纲参数定义的相互关系：

（1）流量系数 φ

$$\varphi=\frac{Q\times4\times60}{D^3\pi^2n} \tag{1}$$

（2）压力系数 ψ

$$\psi=\frac{2\times g\times H\times60^2}{(D\pi n)^2} \tag{2}$$

2.2 某电站基本参数

水泵水轮机制造厂会根据各电站的水头条件，进行针对性的水力设计，以使机组最大程度上在稳定性、能量、汽蚀、过渡过程等方面取得综合最优性能。以下为某电站基本参数及为该电站开发的泵工况特性曲线（局部进行了延长处理），可见机组的驼峰区有足够的余量，机组的安装高程满足电站装置空化水头大于泵初生空化水头，在泵的全运行区域内均可无空化运行，泵的特性能很好地满足电站的要求（表1、图1）。

表1 某电站基本参数

最大毛水头/m	150
最小毛水头/m	121
单机容量/MW	150
额定转速/(r/min)	230.8
吸出高度/m	−32
毛水头对应尾水位/m（中间扬程为根据上下库库容曲线，考虑库容平衡及水量蒸发渗漏损失估算的最低尾水位）	121/29
	124～128/28
	126～136/26
	129～145/24
	133～150/22
驼峰区余量	2%
汽蚀余量	$\sigma_{pl}>\sigma_i$

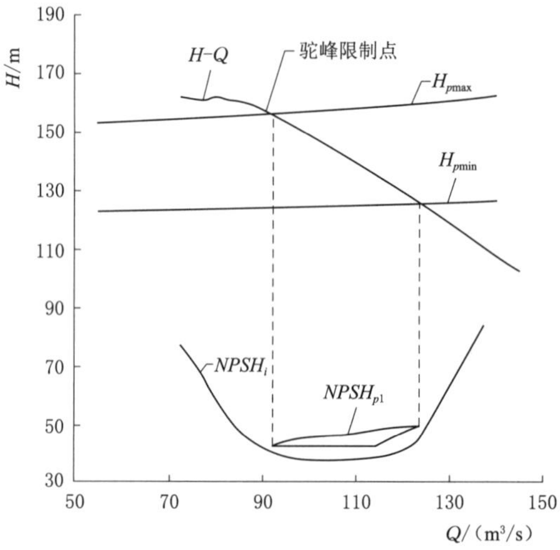

图1 泵工况特性曲线

2.3 机组安装高程不变时扩大水头变幅

混流式抽水蓄能机组转轮叶片是固定的，只能在一定的区域具有较优的水流流态。水头变幅扩大时，在偏离最优区较远的区域，会因为水流的变化，出现汽蚀、驼峰、压力脉动增加等问题。假设在原电站参数基础上，上库最高水位提高10m，最小水位降低10m，吸出高度仍为−32m，参数见表2。如图2所示，新的最大扬程参数已经超出了原水泵的特性范围，最小扬程超过了原水泵的无汽蚀运行范围。此时，若机组在最大扬程升速运行，最小扬程降速运行，泵的运行范围可以涵盖新的水头变幅。

表2 水头变幅扩大后电站参数

最大毛水头/m	160
最小毛水头/m	111
单机容量/MW	177
额定转速/(r/min)	230.8+4%～6%
吸出高度/m	−32
毛水头对应尾水位/m（中间扬程为考虑上下库库容平衡及水量蒸发渗漏损失估算的最低尾水位）	111/29
	117～121/28
	127～137/26
	134～150/24
	143～160/22
驼峰区余量	2%
汽蚀余量	$\sigma_{pl}>\sigma_i$

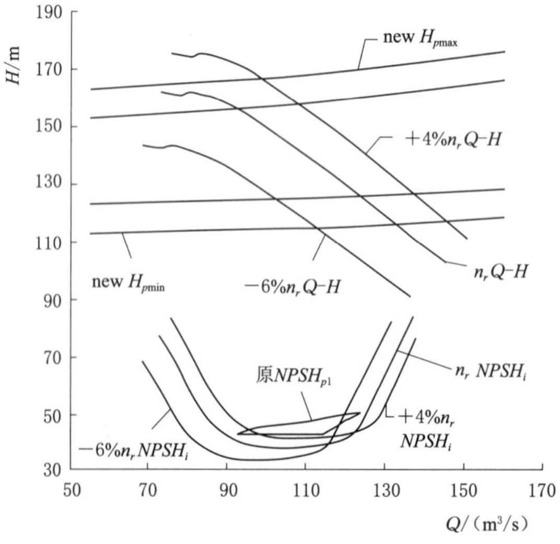

图2 水头变幅扩大后机组运行曲线

2.3.1 转速调节范围

随着水头变幅的增加，尝试了不同的转速调节范围，见图 3。

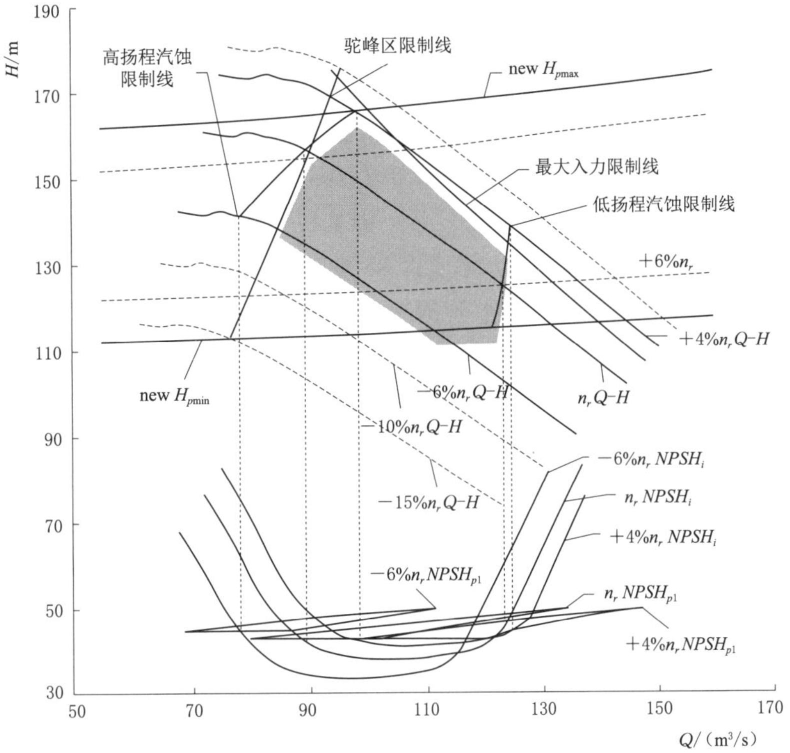

图 3 水头变幅扩大、安装高程不变机组运行限制曲线

在升速方向上，随着最大扬程的增加，机组需升速约 3%n_r 以上，才能在达到最高扬程时驼峰区仍保持不小于 2%的余量。同时，因泵的入力与转速 3 次方成正比例关系，随着转速升高，泵的入力急剧增加。图中示意了最大入力为 177MW 时的入力限制线，可见 4%升速特性曲线的大部分已经受最大入力限制。若放宽最大入力的限制，可以继续提高转速，同时所有配套的机电设备和土建投资相应增加。但从图上同时可见，随着转速升高，机组的初生空化线向大流量方向偏移的同时也在向上升高，意味着在升速运行时需要有更大的机组埋深。从图上可见，在机组安装高程不变的情况下，升速 4%时机组的初生空化线已经接近电站的装置空化线，所以，受空蚀的限制，即使放开最大入力的限制，机组也已经没有继续升速的空间。

在降速方向，由图可见，转速最低可以降到约 15%n_r。转速若继续降低，则无法满足电站的最小扬程的要求。同时，随着转速的降低，受驼峰区余量的限制，机组的入力调节范围越来越小。到转速降低到 15%n_r 时泵几乎不再有可调节空间。

以上变速范围的分析，也有助于分析全功率变频方式和双馈式变频方式的适用性。采用全功率变频方式，在电气的角度，理论上可实现的变速范围为 0～100%，然而，受水泵水轮机特性决定，机组实际能使用的转速却限定在一定的范围内。

对于双馈式变频方式，转速的变化范围决定了变频器的容量。转速变化范围越大，机组可调节的功率范围越大，同时变频设备的投资也增加。从上图还可以看出，在超出一定的变速范围后，转速范围继续扩大，入力可调节范围的增量越来越小，体现出越来越小的边际效应。同时，从电气的角度，采用双馈式变频方式，若升速和降速的范围相同是最经济的，然而从水泵水轮机特性看，升速与降速泵受到的限制条件是不一样的，采用相同的变速范围并不一定是最优的方案。当然对于新建的变速机组，在最开始水力设计时已经知道是否采用对称的变速方案，相应的会有不同的水力设计，理论上对称的变速方案比降速更多的方案，机组的转轮直径可以更小。然而，同时需考虑机组的空化性能、驼峰区及其他特性。

2.3.2 入力调节范围

综合考虑上述因素，在本文中考虑采用升速 4%，降速 6%，机组最大入力 177MW。在上述条件下，机组最小扬程的入力可调节范围约为 10.7%额定容量，在中间扬程 134m 时泵工况的入力调节范围最大，约为 29.4%额定容量。最大扬程几乎没有可调节范围。

2.4 扩大水头变幅的同时降低安装高程

若在水头变幅增加的同时降低机组安装高程，可以进一步扩大泵工况的入力调节范围。在本文中，在电站水头变幅增加 20m 的同时，机组安装高程在原有基础上降低 10m，重新分析泵的运行范围，见图 4。从图上看出，泵的初生空化线呈上大下小的 U 形，随着转速升高整体向右上方偏移，转速下降整体向左下方偏移。随着电站装置空化水头的提高，装置空化水头已经与 U 形线底部整体脱开一定的区域，同时与 U 形线相交的内部宽度（无空化运行区域）增加，泵的无空化运行范围相应增加，增加的幅度取决于 U 形线的形状。由图可见，在高扬程运行区，空化限制线已经移到驼峰区限制线外，不再影响机组的运行范围。对于个别电站站址，若受地质地形条件限制，或因其他原因希望提高机组的安装高程，理论上可通过在不同扬程范围内升速或降速运行，使机组整体运行在无空化范围内。但前提是装置空化高程仍需整体上不低于一定的数值，同时受驼峰区、入力等其他条件的限制，泵的入力调节范围可能很小，因此在泵站可以考虑，在变速抽水蓄能电站上一般不建议采用。

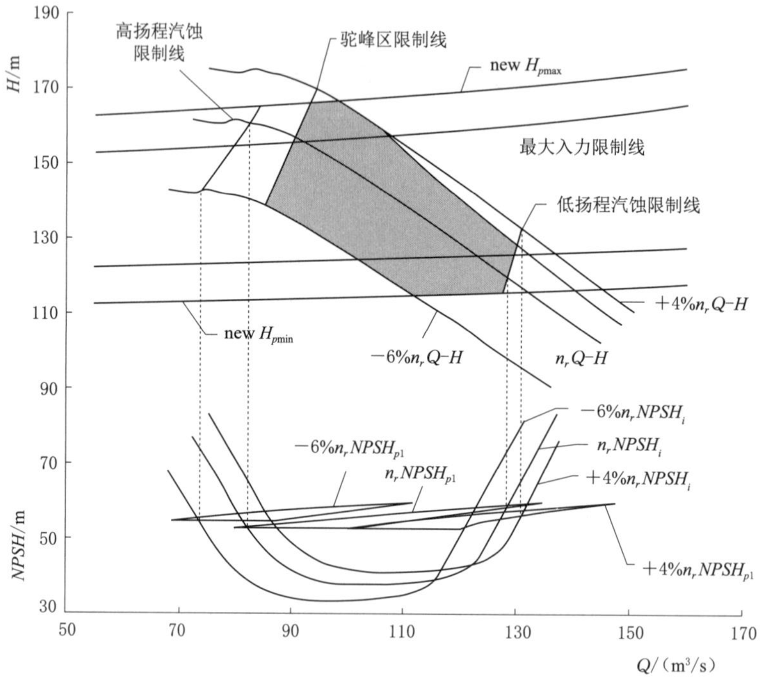

图 4 水头变幅扩大、安装高程降低机组运行限制曲线

在本案例中，扩大水头变幅的同时降低机组安装高程，泵最小扬程下的可调节范围约为 13.8%额定容量，在最大扬程下的可调节范围约为 5.6%额定容量，在中间扬程 136m 有最大的入力调节范围，约为 29.7%额定容量。相比安装高程不变的工况，泵调节范围有所增加，两方案对比如图 5、图 6 所示。

3 结语

综上所述，变速抽水蓄能电站建设最主要的目的是可以在泵工况进行入力调节，从而在抽水工况实现电网调频，进一步提高电网的灵活性。受水泵水轮机特性的影响，若想泵工况入力的调节范围宽，在同等的水力性能下，反而需要电站有优越的站址条件和较小的水头变幅。

在项目前期阶段，可根据电网的需求，利用相近水头定速机组的特性曲线，对不同的水头变幅、变速范围、泵工况最大入力、机组所需安装高程等因素进行综合分析，为枢纽布置及变速机组的参数初拟提供参考。

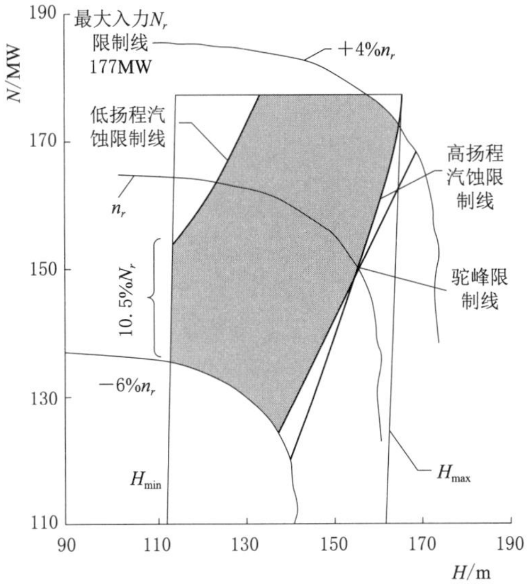

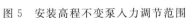

图 5 安装高程不变泵入力调节范围

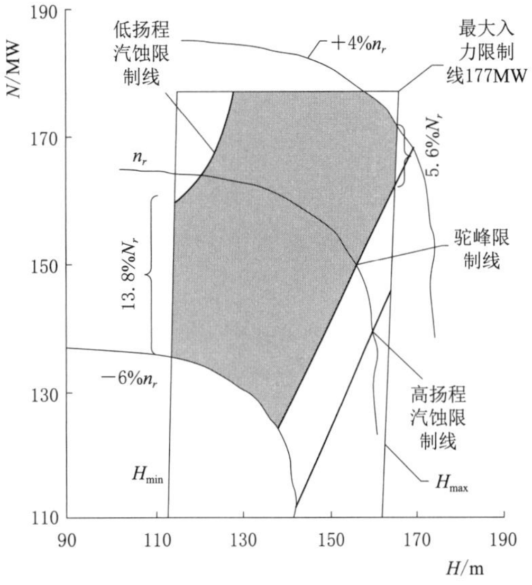

图 6 安装高程降低泵入力调节范围

参考文献

[1] 王庆，黑川敏史，筱原朗，等．可变速水泵水轮机及其选型设计特点［C］．第 20 次中国水电设备学术讨论会论文集．北京：中国水利水电出版社，2015（5）：26－32.

[2] 张韬，王焕茂，覃大清．可变速水泵水轮机水泵选型特点分析［J］．大电机技术，2020（2）：5.

[3] 刘德民，许唯林，赵永智．变速抽水蓄能机组空化特性及运转特性研究［J］．水电与抽水蓄能，2020，6（4）：10.

某抽水蓄能机组抽水启动过程升速时间异常增加原因分析

贾瑞卿　郭贤光　王　啸　樊京伟
（河南国网宝泉抽水蓄能有限公司，河南省辉县市　453636）

【摘　要】调相工况是抽水蓄能电站机组的主要运行工况之一，也是抽蓄机组抽水启动的必经工况，本文结合某抽水蓄能电站机组抽水启动过程中发生的升速时间异常增加缺陷，通过对该缺陷的现象描述、机组运行数据分析，总结外部因素对抽水蓄能机组水环形成的影响，以及水环厚度对机组正常运行的具体影响，印证了理论研究结论，以期为后续电站类似缺陷处理提供参考。

【关键词】蓄能电站　蜗壳压力　升速　水环厚度

1　引言

某抽水蓄能电站装备 4 台单机容量为 300MW 的立轴单级混流可逆式水泵水轮发电机组，总装机容量 1200MW，属日调节纯抽水蓄能电站，在电网中承担调峰、填谷、调频、调相及事故备用等任务。与一般的水轮发电机相比，抽水蓄能电站机组启停机频繁、运行工况多、各工况转换频繁。抽蓄机组抽水运行时需先经抽水调相工况启动，压水完成后，机组经 SFC 系统拖动或采用背靠背的方式由其他机组拖动至额定转速，然后同期并网。

2　现象描述

某次 1 号机组抽水调相启动过程中，电站值守人员发现机组转速从 90%升速到 95%用时较长，正常情况下升速用时约 5s，但本次机组升速用时明显增加，用时约 20s。待机组并网稳定运行后，值守人员对监控系统中相关历史数据进行了查询，对 1 号机组 SFC 拖动升速时间的历史数据及当日 4 台机组 SFC 拖动升速时间数据进行了对比分析。

首先将机组 SFC 拖动升速过程分为 3%～95%额定转速与 90%～95%额定转速两个阶段，对当日 4 台机组 SFC 拖动升速各阶段用时进行横向对比（见表 1），发现 1 号机由 90%升至 95%额定转速用时约为 19s，对比 2 号、3 号、4 号机用时增加了约 13s；1 号机由 3%升至 95%额定转速用时约为 250s，对比 2 号、3 号、4 号机用时增加了约 70s，两个阶段升速所用时间均明显增多。

表 1　各机组 SFC 拖动升速时间对比

转速机组	1 号机	2 号机	3 号机	4 号机
90%～95%	19s	6s	6s	6s
3%～95%	249s	178s	180s	179s

查询 1 号机运行历史数据，分别统计 1 号机组在正常与异常情况下 SFC 拖动升速各阶段用时（见表 2），发现正常情况下 1 号机 SFC 拖动升速各阶段用时与 2 号、3 号、4 号机用时基本一致；异常情况下 1 号机转速由 90%升至 95%额定转速用时较正常情况增长了 13s，由 3%升至 95%额定转速用时较正常情况增长了 70s。

表 2　1 号机不同情况下 SFC 拖动升速时间对比

转速机组	1 号机异常	1 号机正常
90%～95%	19s	6s
3%～95%	249s	179s

为进一步查找 1 号机 SFC 拖动升速时间异常增加的原因，运维人员查询监控系统中机组转速变化曲线，分析机组在 SFC 拖动升速过程中速度变化规律。查询对比正常情况下 4 台机组 SFC 拖动升速曲线（见图 1），发现 1 号、2 号、3 号、4 号机的升速曲线均是一条直线，表明 4 台机组在 SFC 拖动过程中转速变化规律基本一致。

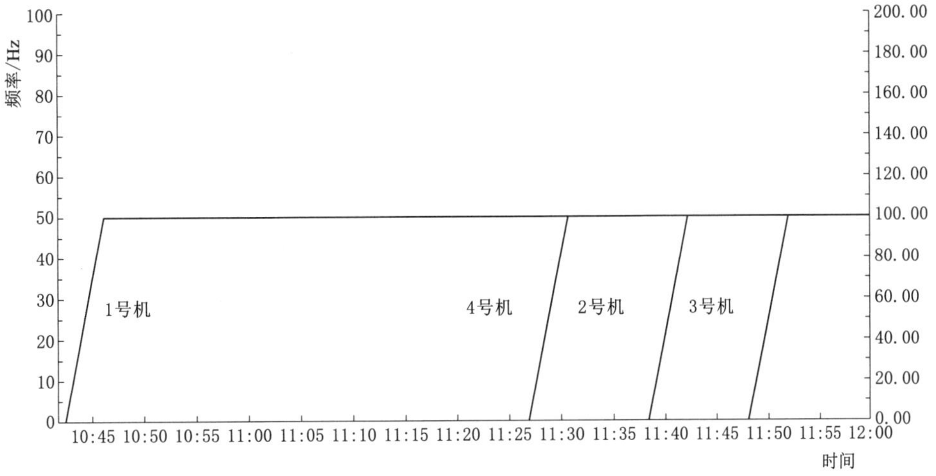

图 1　正常情况下 SFC 拖动 4 台机组升速曲线对比

查询对比 1 号机异常情况下与 2 号、3 号、4 号机升速曲线（见图 2），发现 1 号机升速曲线发生弯曲，机组速度上升规律发生异常变化。

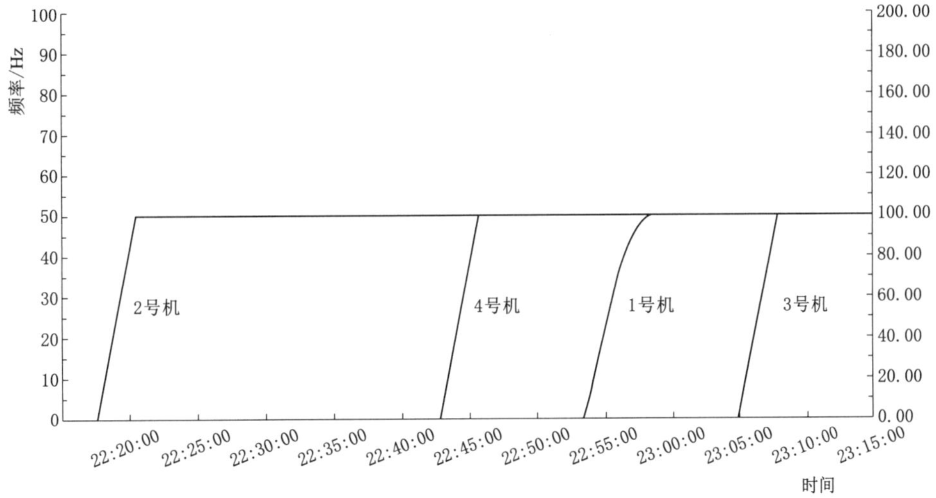

图 2　1 号机异常情况下 SFC 拖动 4 台机组升速曲线对比

查询对比 1 号机在异常与正常情况下升速曲线（见图 3），发现异常情况下 1 号机升速曲线前半段呈直线，后半段呈曲线，转速上升率出现明显下降。即机组随着转速上升，机组加速度逐渐减小，升速减慢。

3　原因分析

机组由 SFC 系统拖动升速过程中，机组转动部分所受的拖动力矩由 SFC 系统提供，可能的阻力矩主要为机械摩擦和水流碰撞，根据该抽水蓄能电站机组结构分析各因素，影响 1 号机组 SFC 拖动转速上升速率的可能原因有：

（1）SFC 与励磁系统异常，导致 SFC 系统提供的拖动力矩不足。

（2）拖动过程中机组轴承系统异常，轴承系统对机组大轴的阻力增大。

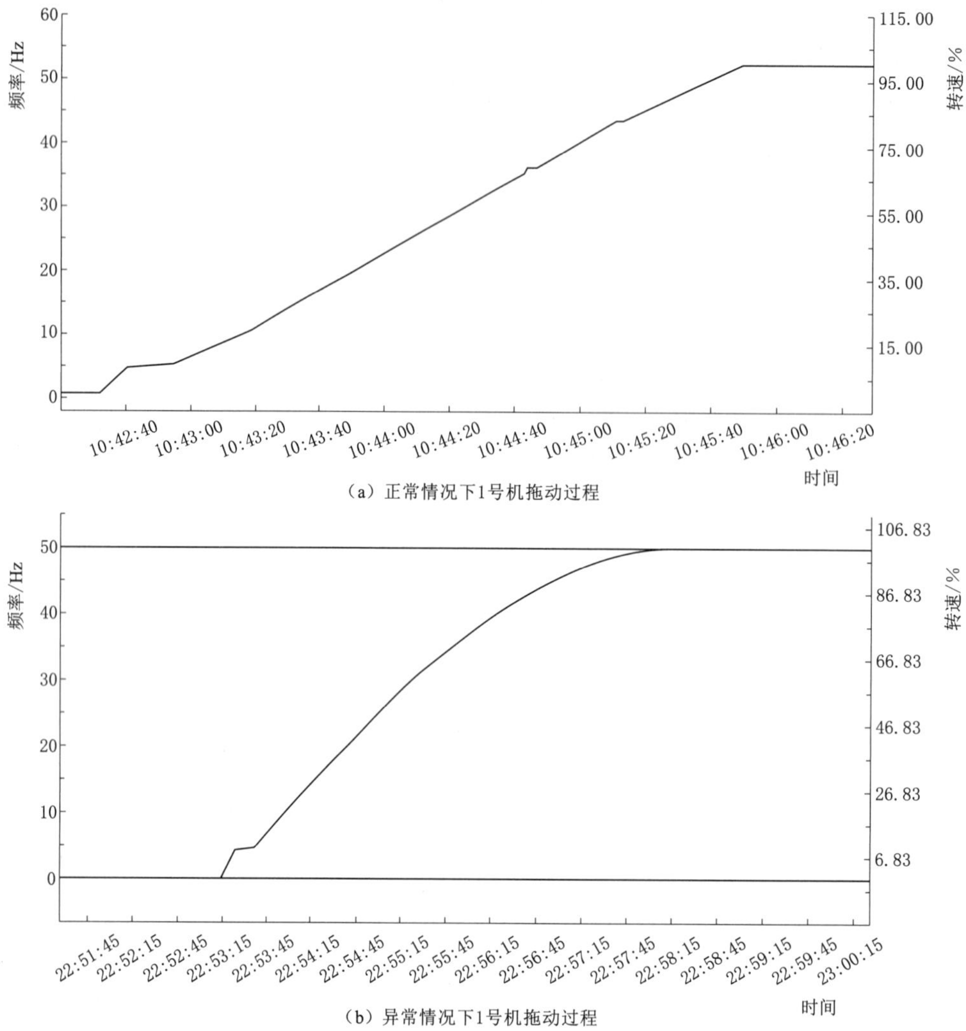

图 3　正常与异常情况下 SFC 拖动 1 号机组升速曲线对比

(3) 拖动过程中转轮下水位上升引起机组阻力矩变大。

(4) 转轮调相压水系统异常，导致转轮与活动导叶间水环增厚，机组阻力矩增加。

4　检查处理

针对 1 号机组 SFC 拖动转速上升速率变慢可能的原因逐项进行排查，结果如下：

(1) 升速过程中 SFC 系统及 1 号机组励磁系统电气参数检查：查询对比正常情况与异常情况下 SFC 拖动 1 号机组升速过程中机组定子电流、转子励磁电流（见图 4），发现正常与异常情况下相应的机组定子电流、转子励磁电流基本一致，由此可以排除 SFC 系统和励磁系统方面的故障。

(2) 机组轴承系统检查：机组停机后现地手动启停 1 号机交、直流高压注油泵，测量其顶起高度为 0.08mm，满足规程要求，对比之前机组运行数据无异常变化，且高压注油泵出口压力等均无异常。查询对比正常情况与异常情况下 SFC 拖动 1 号机组升速过程中机组上导、推力、下导、水导四部轴承摆度及瓦温变化情况，发现正常情况与异常情况时各轴承摆度正常，瓦温变化正常，由此可以排除机组轴承系统异常的可能。

(3) 拖动过程转轮下水位检查：查询对比正常情况与异常情况下 SFC 拖动 1 号机组升速过程中转轮下水位变化情况（见图 5），发现正常情况与异常情况时转轮下水位变化情况基本一致，转轮下水位始终保持在－0.87m 以下，调相压水补气阀正常动作补气，转轮下水位没有出现大幅度波动过程，由此可以排除拖动过程中转轮下水位异常上升的因素。

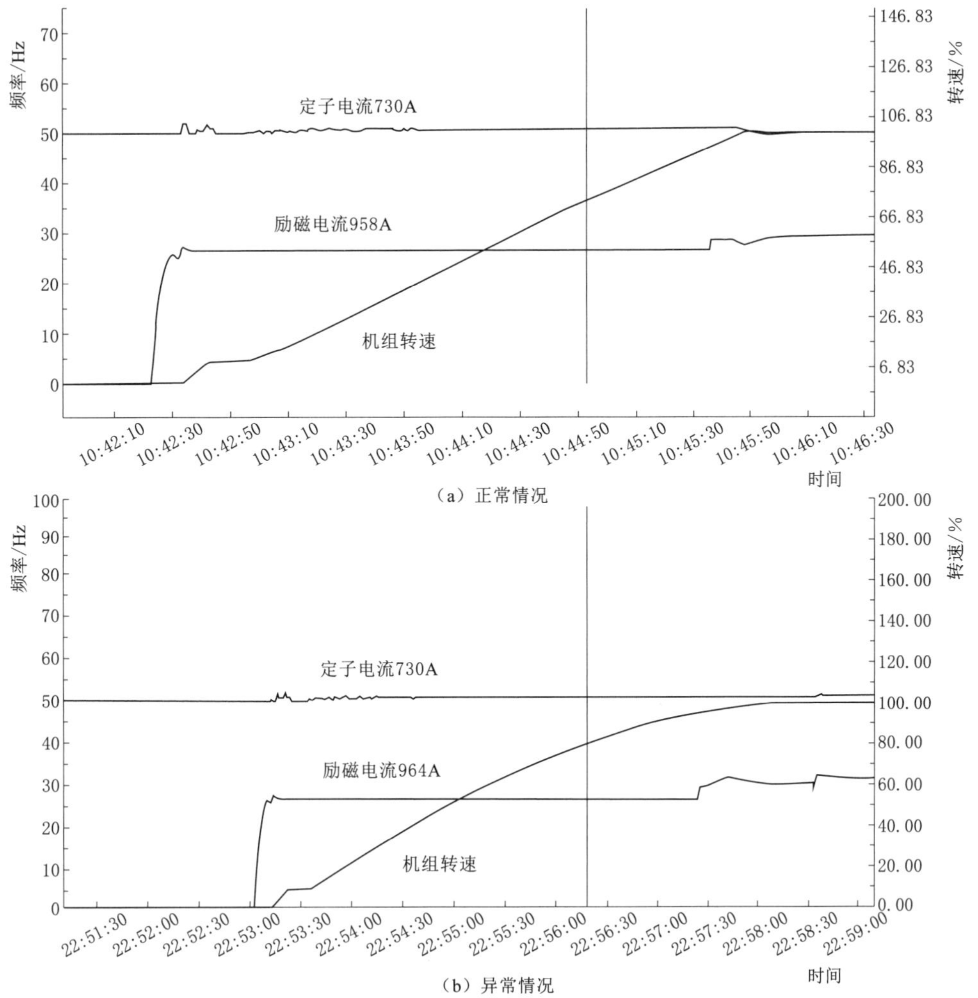

图 4 正常与异常情况下 SFC 拖动 1 号机组定子电流、励磁电流对比

(4) 调相压水系统检查：查询对比 1 号机组正常情况下和异常情况下 SFC 拖动过程中蜗壳压力、转轮与活动导叶间压力（见图 6）。发现正常情况下 SFC 拖动过程中，蜗壳压力稳定在 1.22MPa，转轮与活动导叶间压力稳定在 1.13MPa；异常情况下，蜗壳压力、转轮与活动导叶间压力随机组转速上升逐渐增大，蜗壳压力最高达 2.33MPa，转轮与活动导叶间压力最高达 1.43MPa。

通过对比可知，在异常情况下，蜗壳压力、转轮与活动导叶间压力对比正常情况均增大，特别是在机组高转速运行时压力增大明显，根据研究结论[1]，在其他条件不变时，水环厚度随蜗壳内水压增大而增大。由此可以得出结论，机组在 SFC 拖动升速过程中，随着蜗壳内水压增大，转轮室内水环厚度增加，水环与转轮接触面增大，进而导致机组转动阻力矩增大，而 SFC 系统提供的拖动力矩始终不变，最终导致机组加速度变小，机组升速时间异常增大，异常情况下蜗壳压力曲线与机组转速曲线的变化规律基本一致，可以互相印证。

该抽水蓄能电站机组调相运行时水环来水主要为机组主轴密封冷却供水及上迷宫环冷却供水，这些冷却水受转轮的离心作用，聚集在导叶和转轮进口之间的无叶区，形成水环。一定厚度的水环是有益的，可以起到密封的作用，在机组调相运行时防止转轮室内的压缩气体大量泄漏，由气体比重小，总是向高出走，如果没有水环封堵，转轮室内的气体将通过导叶的缝隙进入蜗壳，直至将蜗壳填满。

同时水环的释放也是必需的。因为随着水环供水量不断增加，在无叶区内越聚越多，达至一定程度之后，则转轮搅水激烈，水环被转轮撞击和回抛，产生有害的压力脉动，同时造成有功消耗增加。所以水环不能没有，但也不能太厚。无叶区里的水环并不是静止的，而是受转轮的离心力作用形成的高速旋转水体，因此具有一定的压力，在导叶的阻挡下，其压力高于导叶外侧的蜗壳水压，即导叶的内、外侧

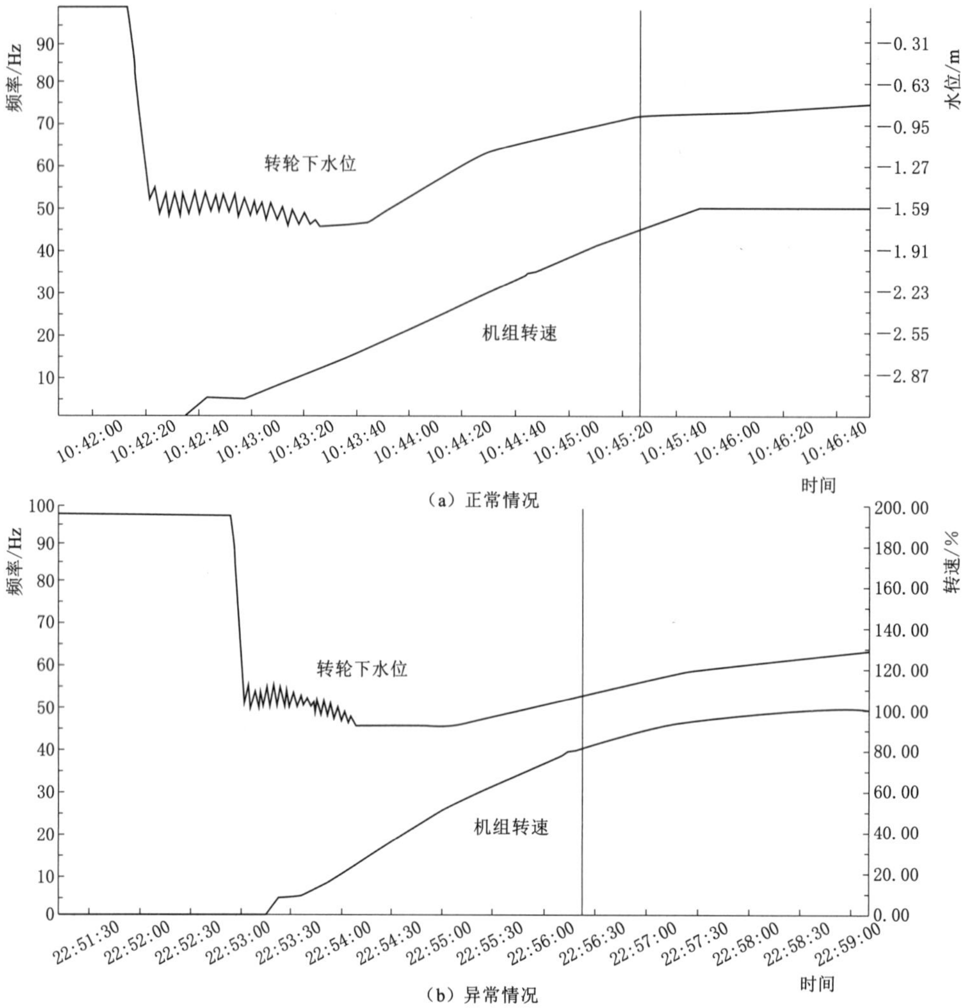

图 5　正常与异常情况下 SFC 拖动 1 号机组转轮下水位对比

具有一定的压力差。正常机组运行时，水环水在压力作用下通过导叶上、下端面间隙进入蜗壳，再通过蜗壳与尾水管之间的平压管进入尾水管，从而实现水环的释放。

为进一步查找蜗壳压力异常升高原因，运维人员在现场设备检查过程中发现蜗壳与尾水管平压管路中有一手动球阀固定绑扎带断裂，阀门未在全开位置，实际开度约 30%。该抽水蓄能电站机组调相压水相关管路布局如图 7 所示，蜗壳与尾水管间设有平压管路，连接蜗壳顶部与尾水管椎管段，管路中设有一个液控球阀（485VD）和两个手动球阀（483VE 和 485VE），机组正常发电抽水运行时，液控球阀关闭，两个手动球阀打开；机组抽水调相启动在 SFC 拖动升速过程中，当转速达到 25%额定转速时液控球阀 485VD 打开，连通蜗壳和尾水管，实现两者间的压力平衡。水环生成后，随着上迷宫环冷却水不断增加水环厚度也逐渐增加，在转轮离心力的作用下水环压力也逐渐增加，随着机组转速的升高使水环压力高于蜗壳压力，过厚的水环通过导叶端面间隙排至蜗壳，由于此时蜗壳和尾水管已经通过液控球阀 485VD 连通，通过水环、蜗壳、尾水管压力的动态平衡，可以将水环的厚度保持在合适的范围，保证机组正常运行。

由此分析机组升速时间异常增加原因，为蜗壳与尾水管平压管路手动球阀未全开造成蜗壳与尾水管不能实现均压，随着机组转速上升，蜗壳压力升高，水环不能及时释放厚度增加，与转轮发生碰撞造成机组转动阻力矩增大，机组升速变慢。运维人员将该阀门手动打至全开，待机组再次抽水启动，发现机组升速速率恢复正常，蜗壳压力、转轮与活动导叶间压力也恢复正常，由此确定蜗壳与尾水管平压管路手动球阀 483VE 未全开是导致机组运行异常的直接原因。

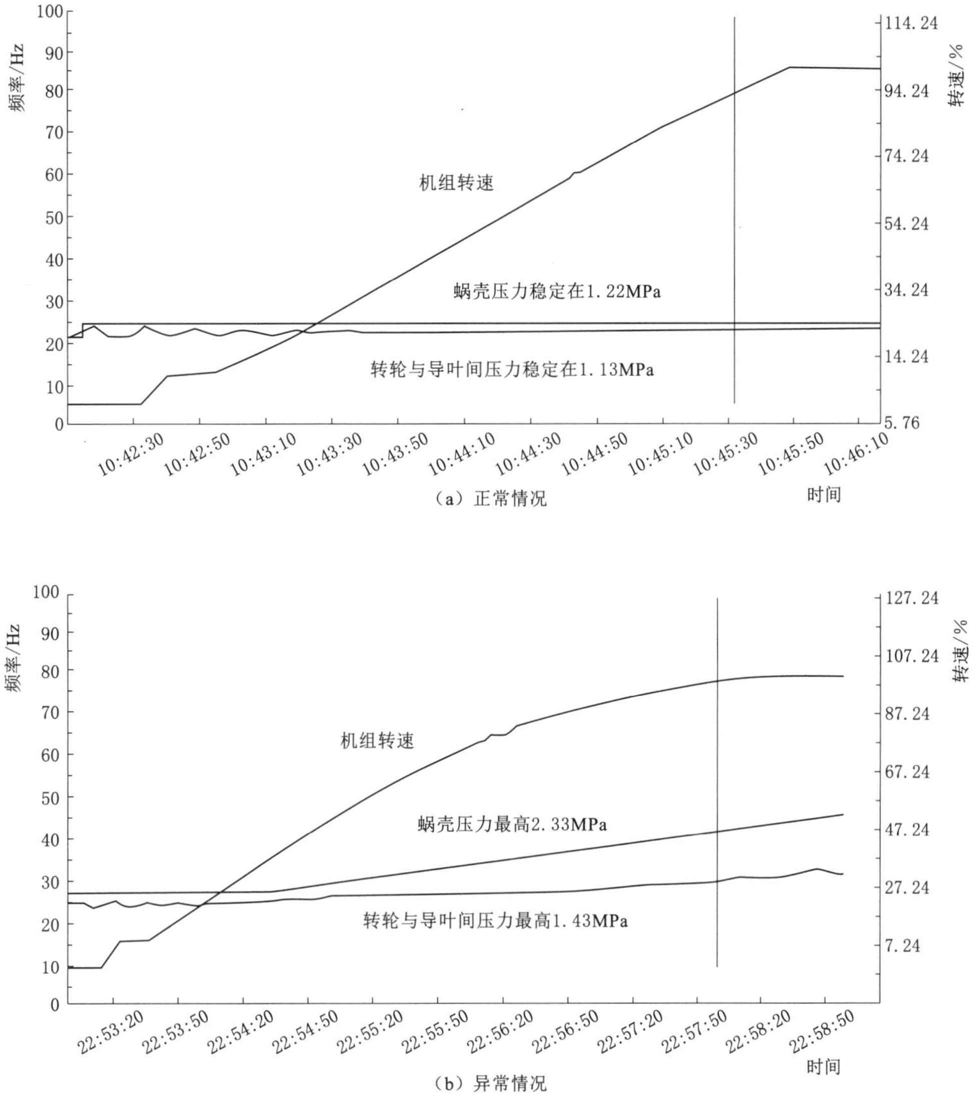

图6 正常与异常情况下SFC拖动1号机组蜗壳压力、转轮与导叶间压力对比

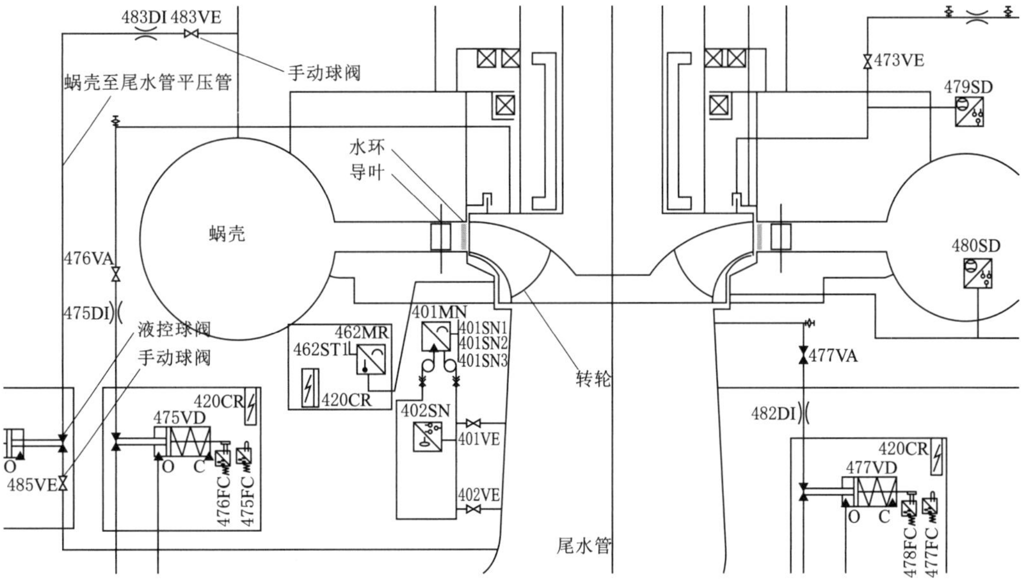

图7 蜗壳至尾水管平压管路图

5 结语

经现场观察，蜗壳与尾水管平压管路运行环境较为恶劣，机组运行中管路液控球阀 485VD 为静水开启、动水关闭，关闭时阀门两侧压差可高达 5MPa，管路存在剧烈振动。电站运维人员之前对手动球阀采取了绑扎带固定的防关闭措施，长时间运行后绑扎带老化断裂，手动阀 483VE 在高压水流和振动作用下发生了自关闭。同时由于该阀门位置较高，日常巡检不易发现该阀门开度的异常变化，各种综合原因导致了异常情况的发生。为彻底消除风险，运维人员后续为该阀门增加了更加牢固可靠的防关闭措施，并完善了日常巡视内容要求。

参考文献

[1] 张飞，陈振木，祝宝山. 水泵水轮机水环特性及其控制 [J]. 中国电机工程学报，2021.

浅谈抽水蓄能电站球阀工作密封异常退出现象的处理

田丽玮　张雯琪　韦磊磊

（华东天荒坪抽水蓄能有限责任公司，浙江省湖州市　313300）

【摘　要】机组调试、运行期间，发现电气、紧急事故停机时触发失电关球阀、投工作密封，监控复归事故流程后，球阀工作密封会自动退出。为消除此现象，从球阀控制接线回路、PLC 关球阀程序进行优化，以消除球阀工作密封异常自动退出现象。

【关键词】球阀　工作密封自动退出　异动

1　故障现象

浙江长龙山抽水蓄能电站 2 号机组调试期间，为验证跳机功能，先将机组启动至发电空转状态，再触发监控系统紧急事故停机流程，从而沟通球阀失电关闭、得电关闭硬布线回路（见图 1、图 2 和图 3），检查球阀正确关闭，球阀达到全关后工作密封自动投入。在机组达到停机稳态时，手动复归紧急事故停机命令，出现球阀工作密封自动退出现象，多次试验均发生此现象。

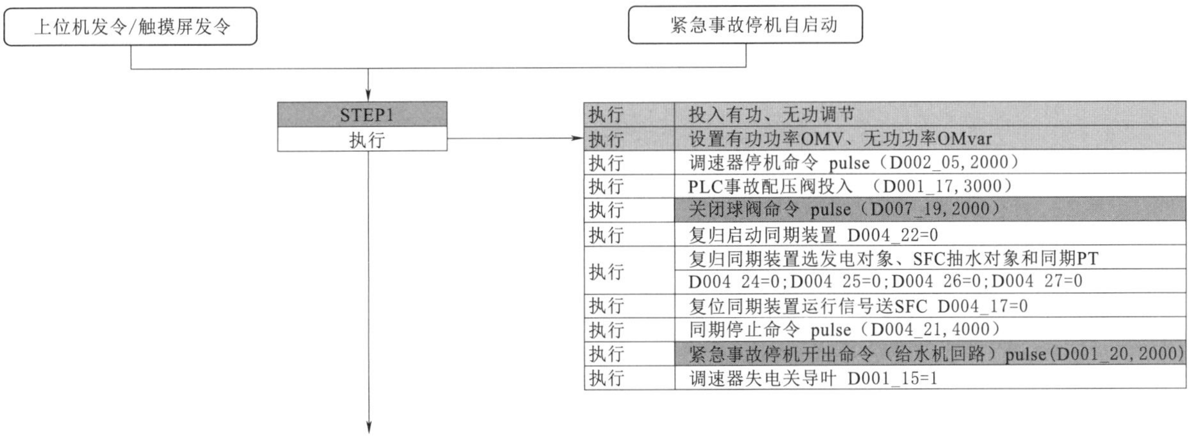

图 1　紧急事故停机顺控流程图

2　原因分析

现地、远方单步手动启闭球阀无异常（见图 4），期间观察中间继电器正确动作，检查球阀控制柜内电气接线紧固，着重排查球阀关闭回路，对控制柜与监控之间的关球阀控制硬布线回路逐一传动试验，通过测量端子电压、辨别阀芯动作声响等方式确认电磁阀正确动作。初步判断电气控制接线无故障。

紧急事故停机及远方、现地启闭球阀期间电磁阀 EV001、EV002、EV003、EV403，液控阀 HV401、HV402（见图 5）皆正确动作。试验期间观察到掉电检测电磁阀 EV403 复归带电后液控阀 HV402 换位、工作密封退出现象。对此现象假设如下：

（1）假设 1：球阀工作密封投退电磁阀 EV402 在紧急停机期间一直处在密封退出位置（左侧交叉位）。在 EV403 失电时，HV402 控制油经 EV403—PV401—MV404 回路排走，HV402 从左侧交叉位切换至右侧平行位，由于液控阀 HV401 在球阀全关后处于右导通位置，导致密封水源发生切换致使密封投入。在 EV403 复归带电后，HV402 又切换至左侧交叉位，继而工作密封退出。

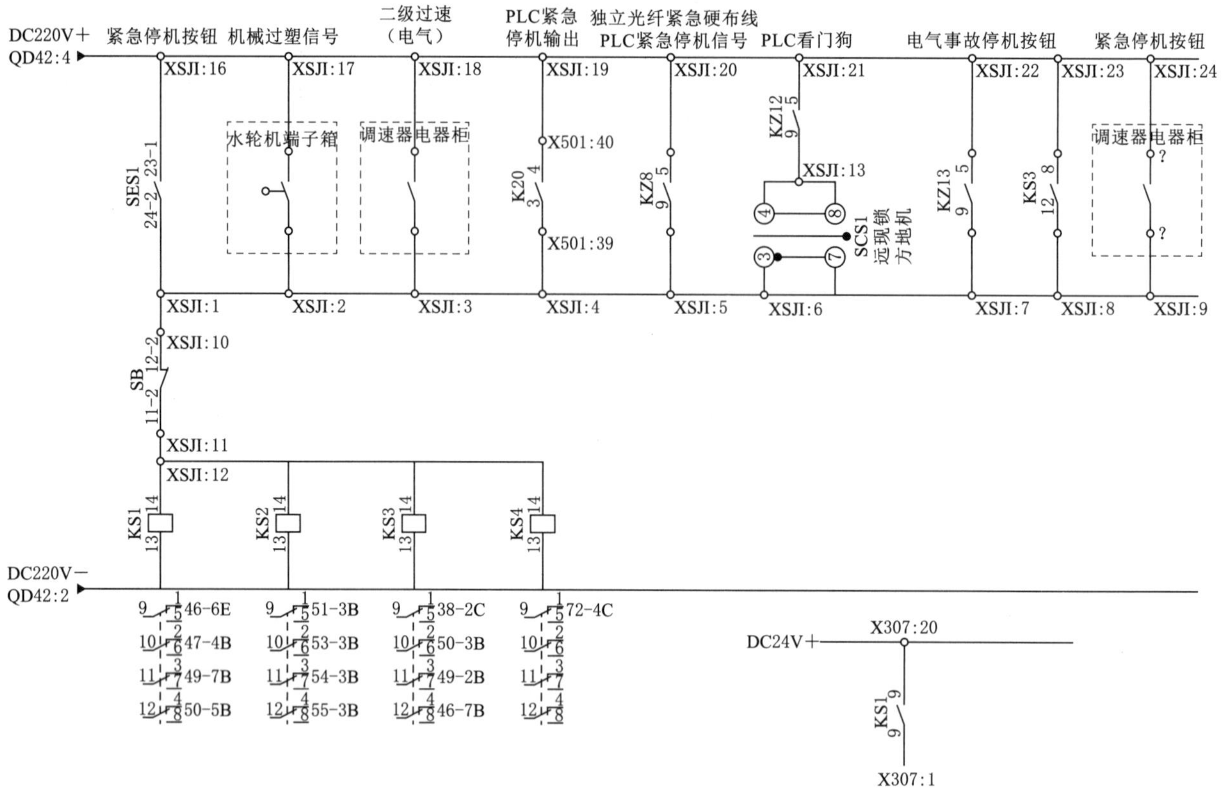

图 2 紧急事故停机原理图

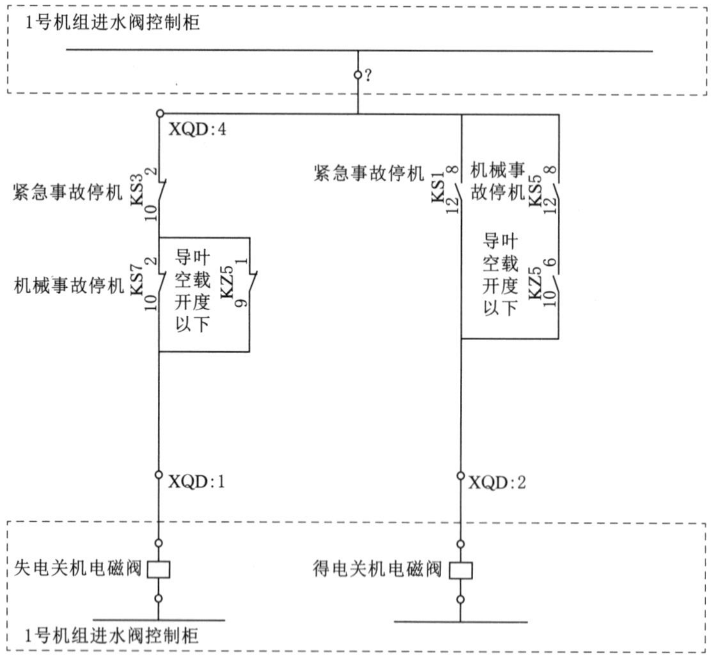

图 3 球阀控制原理图

(2) 假设 2：电磁阀 EV402 发生串压、HV402 异常，导致工作密封操作水源串压，继而引起工作密封异常退出。

由于电磁阀 EV403 固定在组合阀座上，电磁阀与组合阀座接触面存在密封且未观察到渗油现象，组合阀座内各油路并不相通，若电磁阀故障，EV402 各油路串压呈现普遍性，因此基本排除假设 2。

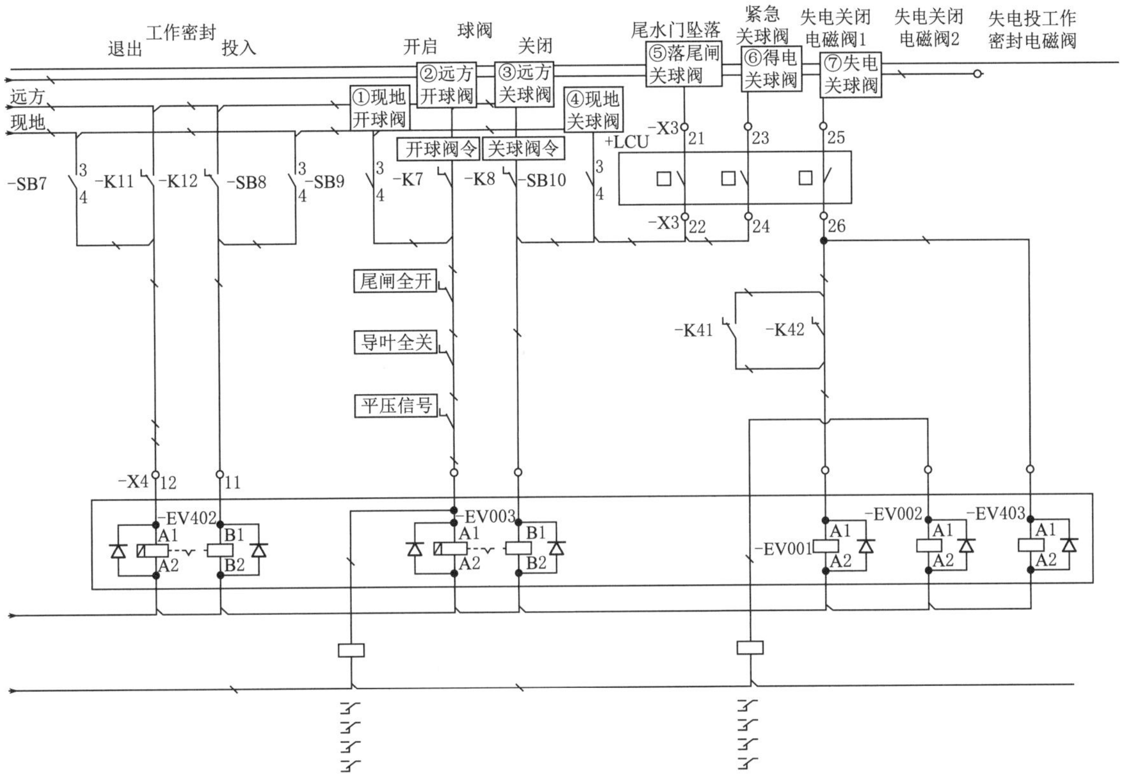

图 4　球阀关闭回路控制图

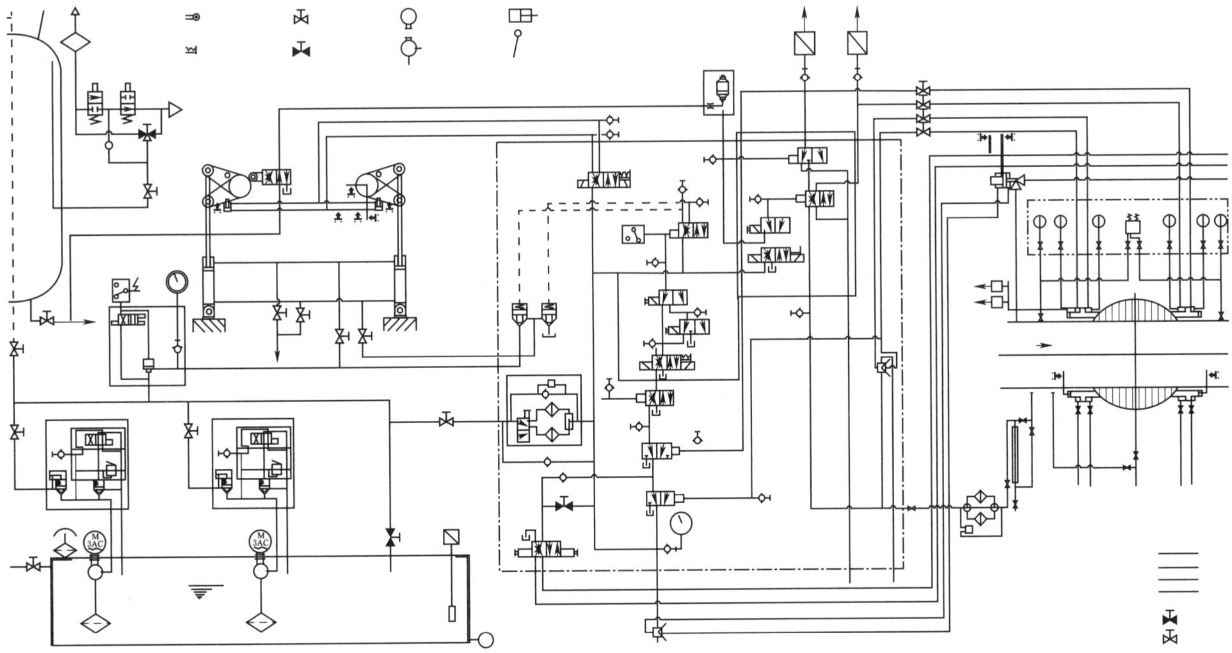

图 5　球阀液压图

针对假设 1 可做如下排查：

1）查看 PLC 工作密封令有无发出。正常情况下监控发球阀控制命令至球阀控制 PLC，球阀控制 PLC 逻辑运算发出关球阀令，在球阀全关后发出工作密封投入命令（见图 6），通过继电器 K12 动作 EV402。

2）TP403（见图 5）处装设压力表监测复归紧急事故停机信号前后压力变化情况。

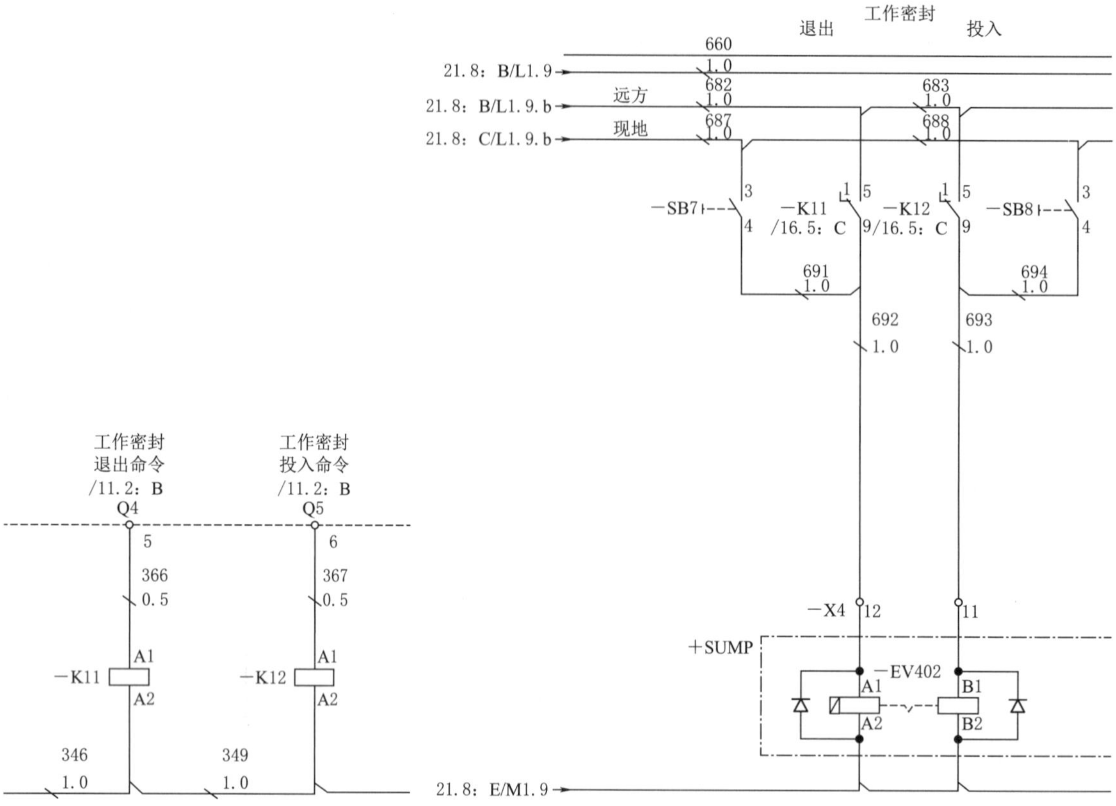

图 6 工作密封投退控制

3 异常排查

调试笔记本连接球阀控制 PLC，TP403 处装设压力表。重复紧急事故停机试验，捕捉到紧急事故停机时，工作密封投入令未发出，K12 继电器未励磁，工作密封投退电磁阀 EV402 未做动作，在球阀全关后 TP403（见图 9）处压力降至 0MPa；在监控复归紧急事故停机信号后，EV403 励磁此时 TP403 处压力升至 6.3MPa，此时 HV402 换位，工作密封退出。至此假设 1 成立。

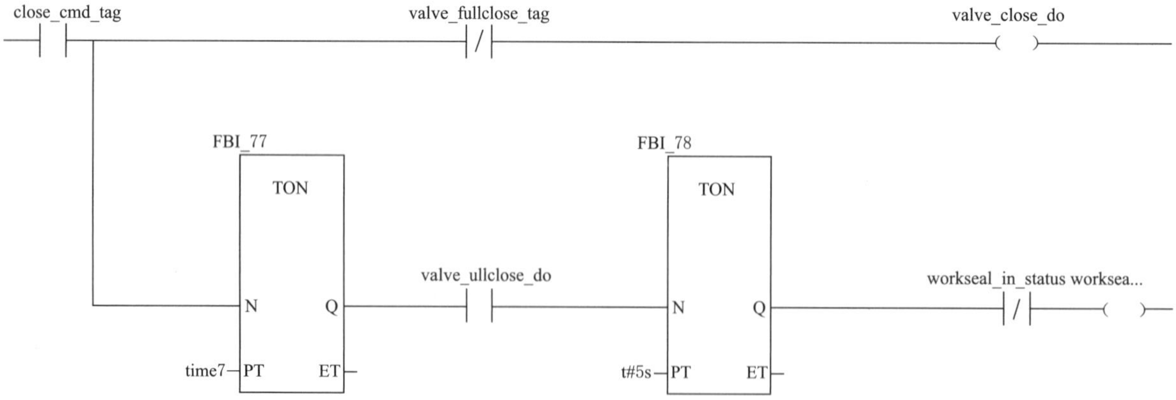

图 7 关闭球阀 PLC

查看球阀控制 PLC 中关闭球阀程序（见图 7）。球阀全关后（valve_fullclose_do），延时 5s（FBI_78），判断工作密封是否在投入状态，即 workseal_in_status 满足，则闭锁工作密封投入令发出，否则反之。工作密封在投入位置（workseal_in_status）判定逻辑为 3 个工作密封位置开关至少 2 个在投入位置，球阀关闭成功（close_success）判定条件为球阀全关且工作密封投入状态（见图 8），在球阀关闭成功（close_success）后复归球阀关闭令（close_cmd_tag）。紧急事故停机相当于球阀液压配合实现关球阀后投工作密封，液压回路依靠球阀全关后引起电磁阀 MV404 换位，继而让 HV401、HV402 因控制供油管泄压实现换位。现场观察到球阀全关后 5s 内工作密封投入，因此可确定工作密封令不能发出为故障现象产生的直接原因。

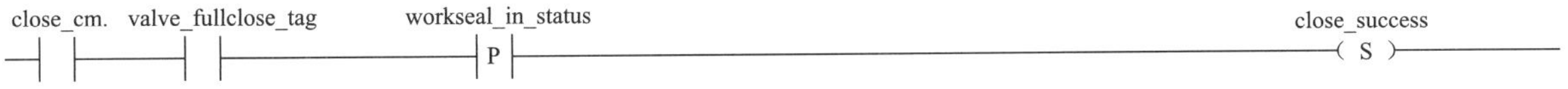

图 8　球阀关闭成功 PLC

主要影响球阀在全关后投入工作密封的时间为电磁阀 MV404 阀杆与拐臂上压片配合关系和蓄能器 PV401（见图 9）整定压力。此处调试要求较高，稍有不慎会引起工作密封在球阀未全关投入，最后讨论采用修改球阀 PLC 程序使工作密封令可靠发出，更改电气接线的方法来避免监控复归后 EV403 带电励磁。

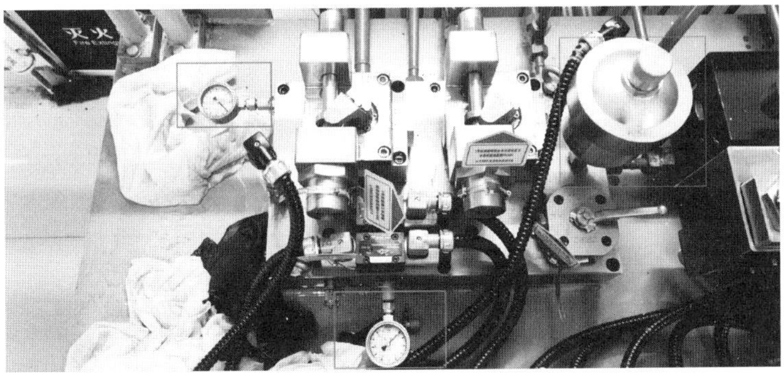

图 9　蓄能器 PV401

4　处理过程

4.1　修改球阀 PLC 程序

将球阀关闭程序中球阀全关后（valve_fullclose_do），延时 5s（FBI_78）取消，将投工作密封（workseal_in_do）发出前判断工作密封不在投入位置（workseal_in_status |/|）的条件取消（见图 10）。这样修改程序后，无论工作密封在不在投入位置，都会发工作密封投入令，保证工作密封可靠投入。球阀失电关闭，工作密封投入，复归该流程后，PLC 依旧会发工作密封投入令，电磁阀 EV402 右侧平行位导通，即便 EV403 励磁，也会导通球阀投工作密封回路，保证工作密封在投入状态。

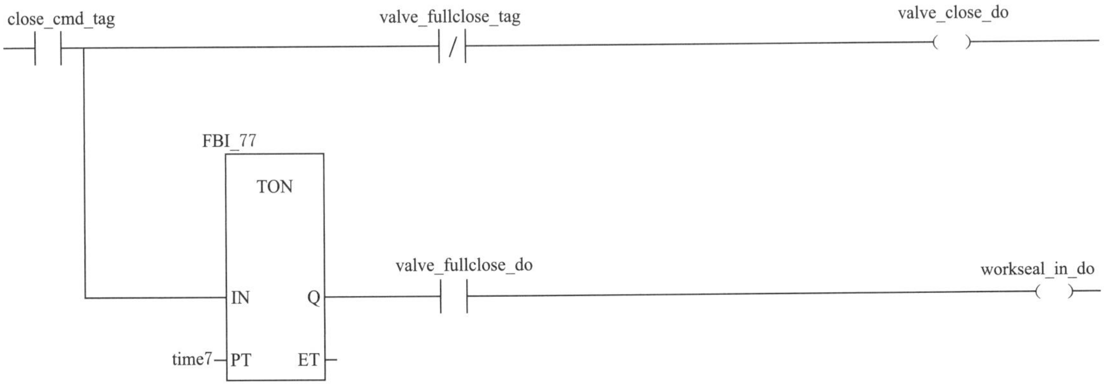

图 10　修改后关闭球阀 PLC

此外，在判断球阀关闭成功的程序中，将 workseal_in_status|P|改为 workseal_in_status，即将工作密封投入脉冲下降沿改为工作密封投入状态，并增加 10s（FBI_80）延时（见图 11）。这是为了避免工作密封投入信号不稳定或工作密封位置开关误动作导致监控判断球阀全关，工作密封投入，球阀关闭成功。

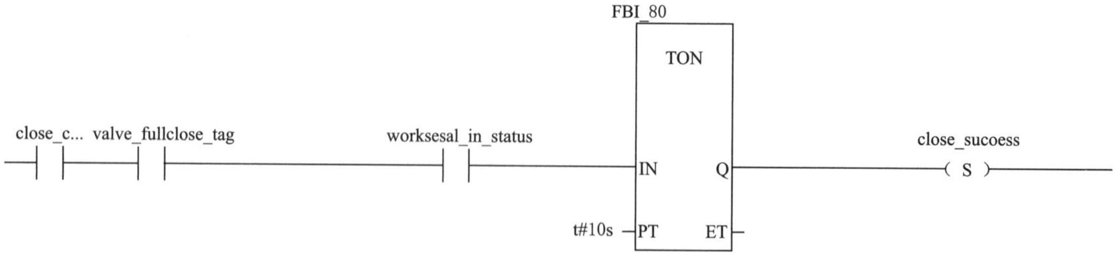

图 11　修改后球阀关闭成功 PLC

4.2　球阀控制回路更改接线

工作密封退出回路增加继电器 K44，失电投工作密封回路中增加继电器 K43，串入 K43、K44 常开接点（见图 12）。当工作密封令发出（持续 3s）动作 EV402 时，继电器 K44 励磁，其常开接点闭合后失电投工作密封回路导通使继电器 K43 励磁，K43 常开接点闭合构成自保持回路。图中失电关闭回路中 K42 继电器自保持原理与之类似。

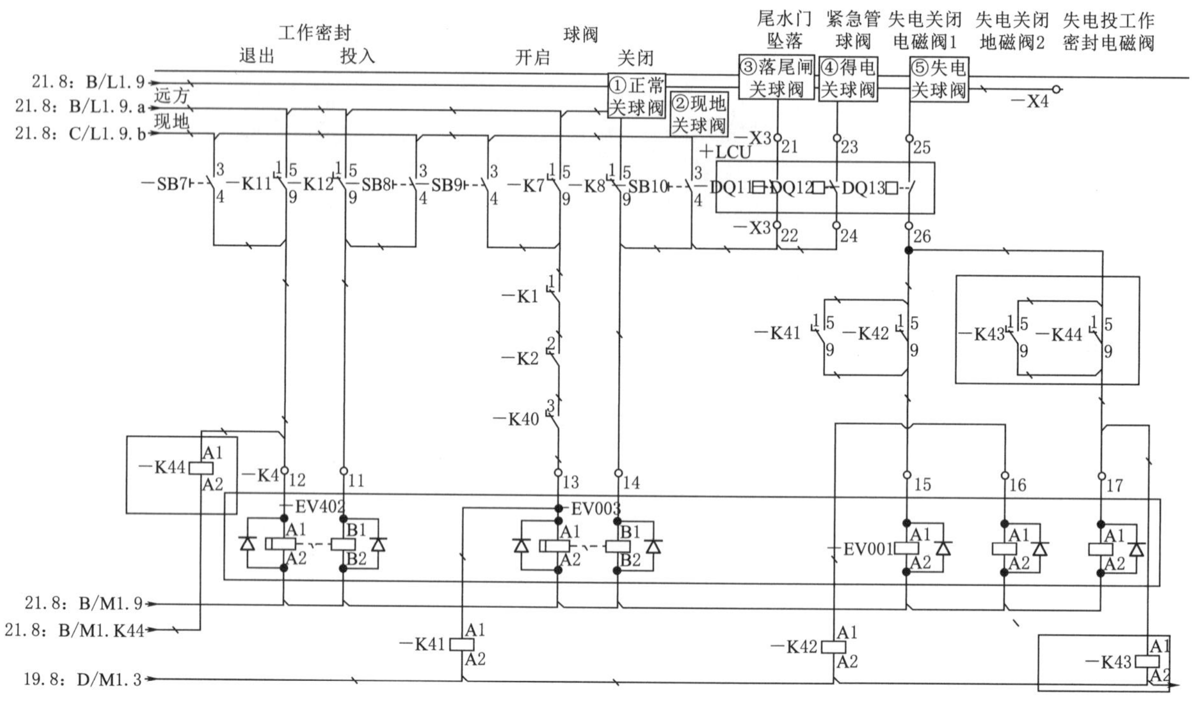

图 12　修改后球阀控制回路

若球阀失电关闭，失电关闭回路断开、失电投工作密封回路断开，继电器 K42、K43 失磁，电磁阀 EV001、EV002、EV403 失磁阀芯换位。之后球阀关闭，工作密封投入。在监控复归紧急停机信号后（相当于 DQ13 由常开变常闭），失电投工作密封回路相较之前不导通，即电磁阀 EV403 保持失磁状态，此时工作密封仍旧投入。待下次开机时，开球阀前退工作密封令发出，球阀失电投密封回路沟通。

优化后的球阀电气控制回路、球阀 PLC 程序消除了事故隐患，保障了工作密封投入可靠性。

5　暴露问题

（1）调试不到位。在液压控制下球阀全关后投工作密封时间与程序内整定时间匹配不佳导致发生工作密封异常退出现象。

（2）程序不熟悉。调试人员、运维人员未能提前发现工作密封令存在不能发出的隐患。

6 防范措施

安装期间，每台机组的电磁阀 MV404 与拐臂配合未能达到一致；同时蓄能器的压力也可能存在差异，因此不能盲目借用其他机组程序。运维期间应做好蓄能器压力的跟踪记录以及电磁阀 MV404 的状态监测，防止再一次出现球阀工作密封退出异常情况。

参考文献

[1] 国网新源控股有限公司．水电厂运维一体化技能培训教材：高级 [M]．北京：中国电力出版社，2015.
[2] 华东天荒坪抽水蓄能有限责任公司．天荒坪电站运行 20 周年总结 [M]．北京：中国电力出版社，2018.
[3] 李浩良．抽水蓄能电站典型故障处理点评 [M]．北京：中国电力出版社，2017.
[4] 李浩良，孙华平．抽水蓄能电站运行与管理 [M]．杭州：浙江大学出版社，2013.
[5] 冯伊平．抽水蓄能运维技术培训教程 [M]．杭州：浙江大学出版社，2016.

全功率变频抽水蓄能机组保护原理分析及应用研究

季遥遥　王　光　王　凯　陈　俊
（南京南瑞继保电气有限公司，江苏省南京市　211102）

【摘　要】本文分析了全功率变频抽水蓄能机组的特点，提出了机组运行工况的判别方法与异常校验逻辑，给出了全功率变频抽水蓄能机组保护功能方案，制定了完整的保护功能闭锁逻辑表。针对全功率变频抽水蓄能机组运行工况的特殊性，研究与分析了主要包括变频抽水启动工况、变频抽水运行工况、变频发电运行工况中机组保护功能的实现与闭锁逻辑。

【关键词】全功率变频抽水蓄能机组　变频抽水　变频发电　闭锁逻辑表

1　引言

抽水蓄能是当今世界容量最大、最具经济型的大规模储能方式。抽水蓄能电站的大规模建设，在电网中起到了调峰、调频、储能、系统备用、黑启动等功能[1-2]。随着我国向世界承诺“碳达峰、碳中和”目标的逐步实现，电网新能源比例和电力电子源荷的比例逐渐提高，新能源的功率波动特性加剧了电力系统中有功功率不平衡，并且电力电子源荷削弱了电力系统的旋转惯量和短路容量，将严重影响电力系统的静态稳定和暂态稳定[3-6]。抽水蓄能机组兼具能源清洁、电能储存、功率调节快速、高旋转惯量和高短路容量等优良特性，对于促进电力系统新能源消纳、保证电力系统静态稳定和暂态稳定，具有重要意义[7]。2021 年 8 月，国家能源局发布《抽水蓄能中长期发展规划（2021—2035 年）》，该规划提出，到 2025 年，抽水蓄能机组投产总规模要达到 6200 万 kW 以上，与“十三五”相比翻一番；到 2030 年，抽水蓄能机组投产总规模达到 1.2 亿 kW 左右，与“十四五”相比再翻一番。因此，我国抽水蓄能机组发展具有广阔的前景[8]。

针对常规的定速抽水蓄能机组，国内继电保护相关工作人员已积累了成熟的运行管理经验，而全功率变频抽水蓄能机组的继电保护配置及运行经验尚不足。本文针对全功率变频抽水蓄能机组的特殊性，重点分析了机组特殊的运行工况，研究出完善的机组工况判别逻辑，给出了完整的机组保护功能方案，并制定了完善的保护功能闭锁逻辑表。

2　全功率变频抽水蓄能机组特点

全功率变频抽水蓄能机组可以在不同水头运行。以某 12MW 全功率变频抽水蓄能电站为例，机组抽水扬程变幅范围为 40～96.44m，在工频抽水工况下，水泵水轮机组满足 85～96.44m 的扬程范围，而在变频抽水工况下，水泵水轮机组需采用变转速方式才能适应 40～85m 的扬程变化；发电水头范围为 50～99.50m，在工频发电工况下，水泵水轮机组只能适应 90m 以上的水头，而在变频发电工况下，需采用变频调速装置才能实现 50～90m 的水头范围发电[9]。此外，机组额定转速为 500r/min，额定频率 50Hz，机组运行转速范围为 300～500r/min，频率为 30～50Hz。

2.1　全功率变频抽水蓄能机组与定速抽水蓄能机组的差异性

全功率变频抽水蓄能机组由于采用了变频技术，使机组能够在不同水头条件下选用与之相适应的转速运行，从而提高了水泵水轮机的效率，改善了机组的运行条件，充分利用了水能，增加了抽水蓄能电站的经济效益。其主接线与定速抽水蓄能机组相比存在较大的差异，具体如图 1 和图 2 所示。

对比图 1 与图 2 可知，全功率变频抽水蓄能机组含有双向变流器，双向变流器容量为 12MW，主要用于机组工频抽水启动、变频抽水、变频发电，而定速抽水蓄能机组配置 SFC（静止变频器）仅用于机组

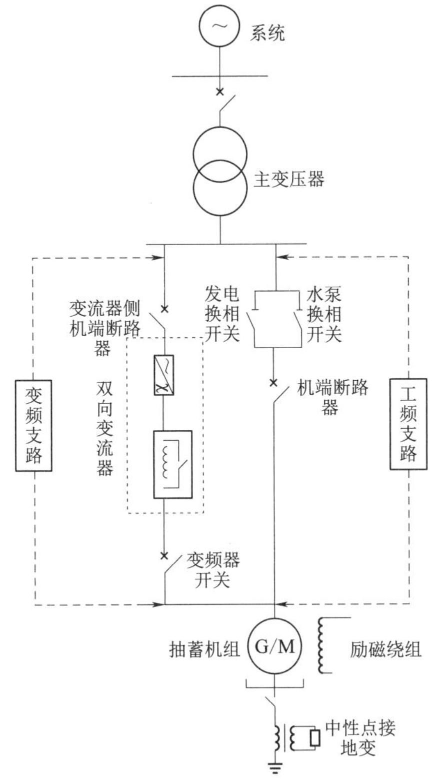

图 1　全功率变频抽水蓄能机组主接线图

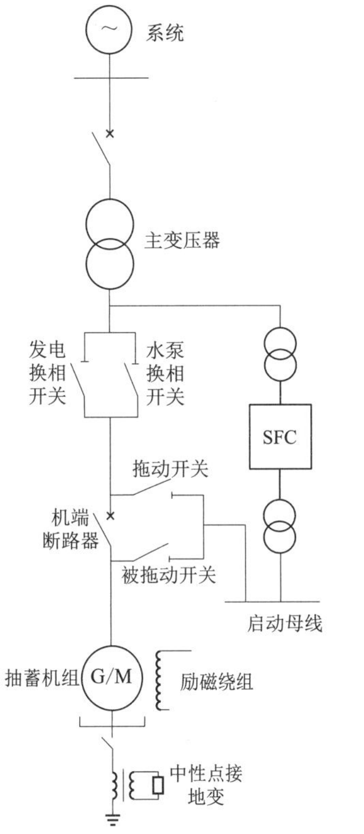

图 2　定速抽抽水蓄能机组主接线图

的抽水启动；全功率变频抽水蓄能机组正常运行时，不仅含有工频支路，用于工频发电及工频抽水，还含有变频支路，主要用于变频发电、变频抽水，此时变流器可以实现变频发电时将机组侧的变频电流转化为主变低压侧的工频电流，变频抽水时将主变低压侧的工频电流转化为机组侧的变频电流；全功率变频抽水蓄能机组变频支路无换相开关，变流器可根据机组运行工况自动完成换相，工频支路换相与定速抽水蓄能机组相同，需要切换换相开关，实现抽水运行工况与发电运行工况的切换；此外，全功率变频抽水蓄能机组无单独的拖动支路、被拖动支路。

2.2　全功率变频抽水蓄能机组工况判别

全功率变频抽水蓄能机组运行工况众多，由于主接线结构与定速抽水蓄能机组差异性大，因此运行工况特殊。准确识别机组当前运行工况，是确保继电保护可靠性的前提。全功率变频抽水蓄能机组继电保护装置引入换相开关、机端断路器、变频器开关等开关辅助接点，根据引入的开关辅助接点之间的相关逻辑关系，结合从机组监控系统（LCU）引入的监控信号辅助判别，从而实现对机组运行工况的准确判别。判别方法见表 1。

表 1　全功率变频抽水蓄能机组工况判别

序号	工况名称	工　况　判　别
1	工频发电启动	机端断路器分且发电换相开关合
2	工频发电运行	机端断路器合且发电换相开关合
3	工频抽水启动	监控抽水启动开入且变频器开关合
4	工频抽水运行	机端断路器合且水泵换相开关合
5	变频发电启动	监控变频发电开入且变频器开关合且机组频率$<f_{set}$
6	变频发电运行	监控变频发电开入且变频器开关合且机组频率$\geqslant f_{set}$
7	变频抽水启动	监控变频抽水开入且变频器开关合且机组频率$<f_{set}$

续表

序号	工况名称	工况判别
8	变频抽水运行	监控变频抽水开入且变频器开关合且机组频率≥f_{set}
9	工频抽水换相	水泵换相开关合位
10	变频抽水换相	监控变频抽水开入

注 表中 f_{set} 为机组变频运行过程中频率下限值，不同厂站存在差异。

表1中，变频发电启动、变频发电运行、变频抽水启动、变频抽水运行及变频抽水换相等工况是全功率变频抽水蓄能机组为适应不同水头，区别与定速抽水蓄能机组的特殊运行工况。

同时，为提高全功率变频抽水蓄能机组运行工况判别的可靠性，引入开关位置的自检逻辑，及时发现运行工况及开关位置的异常，避免工况误判给机组带来继电保护误动或拒动的风险，见表2。

表2　　全功率变频抽水蓄能机组开关异常判别

序号	异常分类	异常判别
1	换相开关位置异常	发电换相开关合且水泵换相开关合
2	机端断路器位置异常	机端断路器合且变频器开关合或机端断路器合且机端有流
3	变频器开关位置异常	机端断路器合且变频器开关合或变频器开关分位且监控抽水启动开入、监控变频发电开入、监控变频抽水开入有一个开入为1
4	监控开入接点异常	监控抽水启动开入、监控发电开入、监控抽水开入、监控变频发电开入、监控变频抽水开入有两个及以上开入为1

其中，表1和表2中的监控抽水启动开入、监控发电开入、监控抽水开入、监控变频发电开入和监控变频抽水开入均为从机组监控系统（LCU）中引入的监控信号。

3 全功率变频抽水蓄能机组保护功能研究与实现

3.1 频率跟踪技术

全功率变频抽水蓄能机组正常运行工况不仅包括工频运行工况还包括变频抽水、变频发电的变频运行工况。为适应机组变频运行工况，保证继电保护可靠性和灵敏性，机组保护装置需采用频率跟踪技术。

常规保护装置电压、电流采样频率固定为1200Hz，在发电电动机额定频率50Hz时，一个工频周期采样点数为24点，采样频率是发电电动机额定频率的整数倍。由于原有保护装置对采样的处理是固定在发电电动机额定频率50Hz附近的，频率工作范围小。对于频率大范围变动的全功率变频抽水蓄能机组，当发电电动机的频率发生大范围变化时，破坏了采样频率是发电电动机额定频率的整数倍关系，给保护算法带来误差，使保护性能得不到保证，容易引起保护装置误动或者拒动。

因此，保护装置需要大范围的跟踪发电电动机频率，实时调整采样中断周期。发电电动机频率升高时，自动缩短采样周期；发电电动机频率降低时，自动增大采样周期，以保证对电压、电流进行等间隔采样。

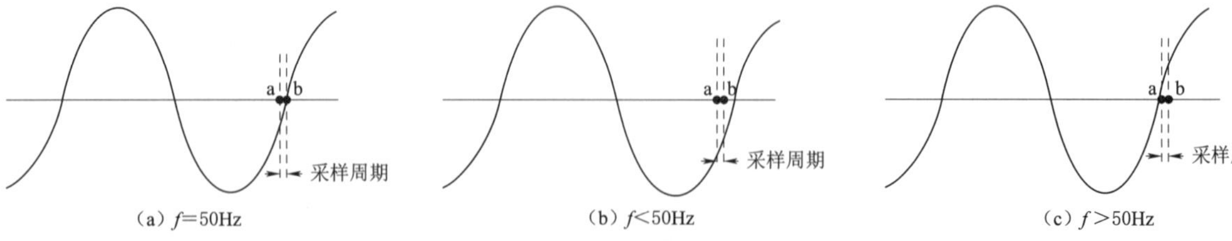

图3　不同系统频率下原始采样周期

如图3所示，保护装置每个周期固定采样点数为24个点，比如采样点a为第23个采样点，采样点b为第24个采样点，采样周期为 T_S。系统频率 $f=50$Hz情况下，采样周期固定为 $T_s=0.833$ms，实现对目标值的精准采样。当系统频率 $f<50\text{Hz}$ 情况下，由于系统周期变大，为保证 24 点精准采样，采样周期不能再固定为 T_S，需要跟踪系统频率动态调整采样周期，此时采样周期应为 $T'_S=T_S+\Delta T$。当系统频率 $f>50\text{Hz}$ 情况下，由于系统周期变小，同样为保证 24 点精准采样，采样周期也不能再固定为 T_S，需要跟踪系统频率动态调整采样周期，此时采样周期应为 $T'_S=T_S-\Delta T$。其中，ΔT 大小需要跟踪系统频率动态调整。频率跟踪后的采样误差不大于 2.0%，满足保护精度要求，见表 3 和表 4。

表 3　常规采样值

系统输入值	常规采样	误差
5A/50Hz	4.99～5.01A	0.2%
5A/48Hz	4.88～5.10A	2.4%
5A/46Hz	4.76～5.17A	4.8%
5A/44Hz	4.59～5.22A	8.2%
5A/42Hz	4.44～5.22A	11.2%
5A/40Hz	4.40～5.24A	12.0%

表 4　频率跟踪后采样值

系统输入值	常规采样	误差
5A/50Hz	4.99～5.01A	0.2%
5A/48Hz	4.98～5.01A	0.4%
5A/46Hz	4.93～5.03A	1.4%
5A/44Hz	4.96～5.07A	1.4%
5A/42Hz	4.94～5.06A	1.2%
5A/40Hz	4.91～5.07A	1.8%

3.2　保护功能配置

全功率变频抽水蓄能机组结构和电气特性与定速抽水蓄能机组相似，机组内部故障及异常运行的保护原理可参考定速抽水蓄能机组[10]。保护功能配置见表 5。

表 5　全功率变频抽水蓄能机组保护功能配置

序号	保护功能	序号	保护功能
1	完全纵差保护	9	过电压保护
2	基波零压定子接地	10	低电压保护
3	复压过流保护	11	低频保护
4	失磁保护	12	低频差动保护
5	定子过负荷保护	13	低频过流保护
6	转子接地保护	14	低频零压保护
7	逆功率保护	15	电压相序保护
8	低功率保护		

全功率变频抽水蓄能机组正常运行工况包括变频抽水和变频发电两种特殊运行工况，由于在变频运行过程中，机组 U/F 是恒定值，在变频抽水工况和变频发电工况，机组的正常运行电压相比于工频抽水工况和工频发电工况要低。而低电压保护中的低电压定值、过电压保护中的过电压定值及复压过流保护中的相间低电压定值、负序电压定值等定值均是在工频运行工况下整定的，因此定值需根据频率进行自动调整，调整原则如式（1）所示。

$$\begin{cases} U=U_{\text{set}} & f<f_{\text{set1}} \text{ 或 } f>f_{\text{set2}} \\ U=f/50U_{\text{set}} & f_{\text{set1}}\leqslant f\leqslant f_{\text{set2}} \end{cases} \tag{1}$$

式中：U 为调整后的定值；U_{set} 为定值整定值；f 为机组实时频率；f_{set1} 为机组正常运行频率下限值；f_{set2} 为机组正常运行频率上限值。

3.3　保护功能闭锁逻辑表

全功率变频抽水蓄能机组由于具有特殊的启动过程，由双向变流器拖动机组启动；具有特殊的运行方式，含有特有的变频抽水和变频发电运行工况，与同容量的定速抽水蓄能机组相比具有很大的差异性，因此其保护在启动和并网过程中，保护功能闭锁逻辑特殊。

保护功能闭锁逻辑表见表 6。

表 6　　全功率变频抽水蓄能机组保护功能闭锁逻辑表

序号	保护功能	工频抽水启动	工频发电启动	工频抽水	工频发电	变频抽水启动	变频发电启动	变频抽水	变频发电
1	完全纵差保护	B				B	B		
2	基波零压定子接地	B				B	B		
3	复压过流保护	B				B	B		
4	失磁保护	B	B			B	B	B	B
5	定子过负荷保护	B				B	B		
6	转子接地保护								
7	逆功率保护	B	B	B		B	B	B	B
8	低功率保护	B	B		B	B	B		B
9	过电压保护	B				B	B		
10	低电压保护	B	B		B	B	B		B
11	低频保护	B	B		B	B	B	B	B
12	低频差动保护			B	B			B	B
13	低频过流保护			B	B			B	B
14	低频零压保护			B	B			B	B
15	电压相序保护			B	B			B	B

注　表中 B 为闭锁保护。

4　结语

本文详细介绍了全功率变频抽水蓄能机组与定速抽水蓄能机组主接线差异性，提出了机组运行工况的判别方法与异常校验逻辑，研究了机组继电保护功能配置，给出了机组保护功能闭锁逻辑表。本文主要结论如下：

（1）对比分析了全功率变频抽水蓄能机组与定速抽水蓄能机组的差异性，深入研究了全功率变频抽水蓄能机组的特殊性，给出了可靠的工况判别方法。

（2）采用了频率跟踪技术，有效解决了全功率变频抽水蓄能机组在变频发电、变频抽水运行工况下频率长期动态变化，导致保护装置采样精度低、算法误差大、保护可靠性和灵敏性降低的问题。

（3）系统研究了全功率变频抽水蓄能机组特殊的启动过程与运行方式，形成了完善的机组保护功能配置方案，并制定了完整的保护功能闭锁逻辑表。

基于本文研究成果开发的继电保护装置已在现场运行，运行良好，保证了全功率变频抽水蓄能机组的安全稳定运行，起到了良好的经济和社会效益。

参考文献

[1] 宋红东，陈国喜．抽水蓄能电站的作用和效益 [J]．河南电力技术，2021，(2)：7-9.

[2] 何永秀，关雷，蔡琪，等．抽水蓄能电站在电网中的保安功能与效益分析 [J]．电网技术，2004，28 (20)：5.

[3] 周亚敏．以碳达峰与碳中和目标促我国产业链转型升级 [J]．中国发展观察，2021 (3)：56-58.

[4] 张华赢．新型电力系统背景下高品质供电关键技术问题初探 [J]．北极星输配电网，2021.

[5] 彭才德．助力"碳达峰、碳中和"目标实现加快发展抽水蓄能电站 [J]．水电与抽水蓄能，2021，7 (6)：7-10.

[6] 李长健．抽水蓄能电站减碳效益研究 [J]．水电与抽水蓄能，2021，7 (6)：45-48.

[7] 刘长义，谢勇刚．抽水蓄能在新型电力系统中的功能作用分析 [J]．水电与抽水蓄能，2021，7 (6)：7-10.

[8] 国家能源局．抽水蓄能中长期发展规划（2021—2035 年）[Z]．2021.

[9] 毛敏．三河口电站大容量四象限变频调速方案研究 [D]．西安：西安理工大学，2018.

[10] 陈俊，王凯，袁江伟，等．大型抽水蓄能机组控制保护关键技术研究进展 [J]．水电与抽水蓄能，2016，2 (4)：3-9.

抽水蓄能电站一管多机甩负荷试验问题探讨与实践

赵常伟[1] 赵晓宇[2] 李珊珊[3]
（1. 国网新源控股有限公司华北开发建设分公司，天津市 300143；
2. 山东泰山抽水蓄能电站有限责任公司，山东省泰安市 271000；
3. 山东沂蒙抽水蓄能有限公司 山东省临沂市 276000）

【摘 要】 为减少抽水蓄能电站机组寿命损耗，本文综合分析了抽水蓄能电站一管多机甩负荷试验的目的，并通过山东沂蒙抽水蓄能电站同一流道 2 台机组单机和双机同时甩负荷的试验数据与计算结果的对比分析，得出极端工况下的计算结果是可信的。因此建议在完成多机同时甩 50%、75%额定负荷的试验后，当计算结果与真机试验数据高度相似时，可取消一管多机同时甩 100%额定负荷试验。

【关键词】 抽水蓄能 一管多机 甩负荷试验 过渡过程 调保计算

1 引言

现代大型抽水蓄能电站普遍设计为多台机组共用同一输水系统，俗称“一管多机”或“一洞多机”，大多为一管双机，也有一管三机的，甚至有一管四机的。一管多机布置的抽水蓄能电站机组甩负荷是一个多物理场耦合的复杂过渡过程，该试验具有风险高、破坏性强的特点。

针对机组为非单元引水输水方式布置的电站，同一引水系统中各台机组甩负荷试验和对输水系统的考核应综合考虑，多台机组同时甩负荷试验方式应按设计要求进行[1]。按以往经验来看，机组甩负荷试验可大致分为单机甩负荷试验、一管多机均发电运行同时甩负荷试验、一管多机均发电运行其中一台机组或一个联合送出单元的机组甩负荷试验（俗称“干扰甩”）。对于一管多机同时甩负荷试验，当前没有任何设计方提出过“设计要求”，也没有一家建设单位对制造厂家或设计院提出此项“设计要求”。以往试验成功的电站都进行了一管多机同时甩 100%NRL（Normal Rated Load）试验，但各家做法也不尽相同：有一管 n 台机组同时甩 50% NRL、75% NRL、100% NRL 试验的[2-3]；也有一管 n 台机组同时甩 25%NRL、50%NRL、75%NRL、100%NRL 试验的[4-6]；还有的电站仅“干扰甩”就做了多次，而且还存在相互“干扰甩”；甚至有的电站一台机组共经历了几十次甩负荷试验。针对一管多机甩负荷试验的方案可谓莫衷一是。一管多机甩负荷试验方案为什么差别这么大？归根结底是各家对一管多机甩负荷试验目的理解不一致，分歧意见还相当大。

本文综合分析了抽水蓄能电站一管多机甩负荷试验的目的，并通过山东沂蒙抽水蓄能电站同一流道 2 台机组单机和双机同时甩负荷的试验数据与计算结果的对比分析，得出极端工况下的计算结果是可信的。因此建议在完成多机同时甩 50%、75%额定负荷的试验后，当计算结果与真机试验数据高度相似时，可取消一管多机同时甩 100%额定负荷试验。

2 一管多机甩负荷试验目的探讨

一管多机甩负荷试验的目的，业界有观点认为是为了检查发现转动部件机械结构的安装缺陷，有观点认为是为了检验调速器关闭规律是否满足调保计算的，还有认为是为了检验机组和流道设计是否有安全冗余的。[2,7]

对于机组首次甩负荷试验，确实能发现一些结构件的安装缺陷，但通过单机甩 25%NRL～100%NRL 试验就足够达到这一目的。机组的转动部件是按照承受“飞逸转速”来设计的，但这并不意味着必须用接近产生“飞逸转速”的甩负荷试验来验证。相反，要通过试验，证明机组不会达到“飞逸转速”，因此而确认机组运行是有安全冗余的。由于甩负荷试验的高风险性与破坏性，通过一管多机甩 100%NRL 试验，依靠更高的转速来发现安装缺陷的做法可能弊大于利。因此，“检查发现机械结构安装缺陷”不是一管多机甩负荷试验的主要目的。

对于“检验调速器关闭规律是否满足调保计算”与“检验机组和流道设计是否有安全冗余”，两种说法并不矛盾。甩负荷形成的过渡过程，无论是蜗壳压力上升还是转速上升都会对机组的机械稳定性产生负面影响，流道压力突变也会影响流道的安全。而过渡过程参数与调速器关闭规律有非常直接的关系，所以上述两种说法实际上是一致的。只要甩负荷的过渡过程参数均不超过设计标准，就可以判断调速器关闭规律是符合调保计算的，也可以说机组和流道是安全的。

假如水道系统是一个无穷大系统，理论上可以验证一管多机甩负荷与单机甩负荷结果是一样的。正因为水道系统是有限的，其流量大小对过渡过程参数有显著影响。通过单机甩负荷试验足以验证机组设计制造与安装是否满足调保计算，但还不足以验证流道设计是否满足。所以，一管多机甩负荷试验还是必要的。

对于“干扰甩”试验，主要目的是验证发电电动机过负荷保护整定值的可靠性。一管多机同时发电运行，一台机组突然甩负荷，引水流道压力迅速上升、尾水压力迅速下降，仍在运行的机组会迅速过载，最大过载达 30%左右。如果此时在运机组因过负荷保护动作而甩负荷，其过渡过程对机组和流道的破坏力是最大的。但“干扰甩”的试验目的并不是要取得这种“最大破坏力”的真机数据，而恰恰是要防止在运机组因“干扰甩”而甩负荷。通过录取运行机组在“干扰甩”情况下的过载曲线检验机组过负荷保护定值是否具有足够的可靠系数。

3 一管多机甩负荷试验方案的探讨

既然一管多机甩负荷试验为了检验机组和流道设计是否有安全冗余，那么有没有必要像单机甩负荷试验似的进行一管多机甩 25%NRL、50%NRL、75%NRL、100%NRL 试验呢?

鉴于甩负荷试验的破坏性，只要能达到目的，试验负荷应越小越好，试验次数越少越好。

一般而言，25%NRL 的流量对过渡过程参数的影响，在单机甩负荷试验中已获取类似数据，这个当量的试验可以不做；如果通过甩 50%NRL、75%NRL 试验数据及相关计算，能够判断机组和流道在极端工况过渡过程影响下是安全可靠的，则甩 100%NRL 试验就不必要进行。

如果只单一进行甩 50%NRL 或者是甩 75%NRL 试验，就凭其数据及相关计算得出结论说机组和流道在极端工况下仍有安全冗余，往往不能服众。所以一管多机的布置形式，宜进行甩 50%NRL 和 75%NRL 两次试验。

如果计算出极端工况下一管多机同时甩 100%NRL 后的过渡过程参数超过设计限值，将对机组或流道安全可靠运行构成威胁，此时更不应进行一管多机同时甩 100%NRL 试验，而是必须做出一些改变。首先应考虑调整调速器导叶关闭规律，不得已则要么改变流道、要么改变转轮，或者是改变上述因素的组合，然后重新进行相关甩负荷试验。

4 沂蒙电站一管双机甩负荷试验

沂蒙电站位于山东费县，共安装 4 台单机容量 300MW 机组，设计额定转速 375r/min，飞逸转速 543.75r/min，机组转动惯量 GD^2 为 8000t・m²，调速器型号为 SAFR－2000H，发电电动机与水泵水轮机均由东方电气集团东方电机有限公司（以下简称东方电机）设计制造，整个电站枢纽工程由中国电建集团北京勘测设计研究院有限公司（以下简称北京院）承担设计。

沂蒙电站根据文献［1］的要求完成了单台机组从 25%NRL 到 100%NRL 的 4 次甩负荷试验。在每次甩负荷试验之前，东方电机会根据甩负荷试验的计划水头，对甩负荷的结果进行预算，然后用真机试验数据来检验计算成果的准确性。其次，在甩负荷试验后，再根据甩负荷的实际水头进行复核计算。表 1 为单机甩负荷试验数据与计算数据对比，在此基础上，东方电机和北京院均提出一管双机甩负荷试验可以只进行 2×50%NRL 和 2×75%NRL 两组。双机甩负荷试验数据与计算结果见表 2。

从表 1 和表 2 的数据可以得出，沂蒙电站两台机组单机甩负荷的 8 组数据，试验值与计算值有高度的一致性。

东方电机还分别计算了最高水头和额定水头下同时甩 2×100%NRL 的结果。额定水头下 2×100%NRL 先后相继甩负荷是最恶劣的工况，东方电机也进行了计算验证。结果均满足设计标准，并有足够的安全裕度，详见表 3。

通过 10 组真机试验数据与计算成果对比，我们完全有理由认为东方电机对极端工况下甩 2×100%NRL 的计算结果是可信的，双机同时甩 100%NRL 的试验是没有必要的。

表 1　　单机甩负荷试验数据与计算数据对比

甩负荷功率	上/下库水位/m	毛水头/m	数据取得方式	蜗壳进口最大压力/MPa	尾水管进口最小压力/MPa	引水调压井水位/m	转速上升/%
1 号机 25%NRL	583.2/199.6	383.6	试验值	485.1	75.7	585.11	5.5
			复核值	485	71.9	586.8	5.7
1 号机 50%NRL	583.2/199.6	383.6	试验值	520.6	63.8	590.8	14.6
			复核值	515.6	60.3	589.8	15.6
1 号机 75%NRL	585/198.4	386.6	计算值	521	52.96	594.3	22.85
	585.9/197.7	388.2	试验值	538.4	51.5	594.62	24.2
			复核值	537.2	53	594.3	22.6
1 号机 100%NRL	585.9/198.1	387.8	计算值	570.23	36.86	595.2	29.69
	585/198.8	386.2	试验值	555.7	41.3	597.6	30
			复核值	570.1	37.4	595.2	29.8
2 号机 25%NRL	587.4/201.3	386.1	试验值	486.3	61.2	592	5.7
			复核值	486.9	76.7	590.8	5.7
2 号机 50%NRL	587.4/201.3	386.1	试验值	520.2	50.6	594	15.4
			复核值	523.3	61.6	593.9	15.7
2 号机 75%NRL	585.8/197.7	388.1	计算值	521.1	51.9	595.2	22.9
	587.1/201.5	385.6	试验值	530.5	48.2	594.6	24.5
			复核值	536.8	51.9	595.2	22.4
2 号机 100%NRL	585/198.8	386.2	计算值	561.67	39.2	595.5	30.59
	586.4/202.1	384.3	试验值	553.2	36.2	596.4	30.1
			复核值	561	39.2	595.5	30.1

表 2　　双机甩负荷试验与计算数据对比

双机甩负荷功率	上/下库水位/m	毛水头/m	数据取得方式	蜗壳进口最大压力/MPa		尾水管进口最小压力/MPa		引水调压井水位/m	转速上升/%	
				1 号机组	2 号机组	1 号机组	2 号机组		1 号机组	2 号机组
2×50%NRL	589/200	389	计算值	537.6	539.1	59.9	51.2	596.2	17.3	17.4
	587.9/201.4	386.5	试验值	541.3	532.4	67	48.2	596.8	16.7	16.8
			复核值	539.6	539.4	59.0	50.4	596.2	17.3	17.4
2×75%NRL	588/201	387	计算值	560.4	558.7	51.7	45.5	596.9	24.7	24.8
	586.9/202.2	384.7	试验值	555.5	555.1	59	36.9	596.4	27.1	26.6
			复核值	561.3	557.6	52.2	42.3	596.9	24.7	24.8

表3 极端工况下双机甩负荷的计算结果

双机甩负荷功率	上/下库水位/m	毛水头/m	数据取得方式	蜗壳进口最大压力/MPa		尾水管进口最小压力/MPa		引水调压井水位/m	转速上升/%	
				1号机组	2号机组	1号机组	2号机组		1号机组	2号机组
2×100%NRL	606/190	416（最高）	计算值	606.5	606.5	30.8	30.1	609.8	32.6	32.7
2×100%NRL	591/206	385（额定）	计算值	630.9	632.1	45.6	444	598.8	34.6	34.7
100%NRL相继甩（间隔5s）	591/206	385（额定）	计算值	594.39	608.32	35.93	7.13	—	29.86	37.5

另外，通过计算并与类似试验数据对比，沂蒙电站发电电动机的热稳定能力远高于“干扰甩”下在运机组的最大过载水平，发电电动机的过负荷保护定值具有足够的可靠系数。沂蒙电站模拟了“干扰甩”下在运机组的动态过载电流并注入保护装置，继电保护动作正确（只报警未跳闸），上述判断得到了验证。因此，沂蒙电站未进行“干扰甩”试验。

5 结语

经过同一流道的两台机组全面单机甩负荷试验和双机同时甩50%NRL、75%NRL试验后，如果试验数据与计算数据高度一致，且计算的极端工况下双机甩100%NRL结果满足技术标准，这便足以证明流道和机组设计是有安全冗余的，双机同时甩100%NRL试验及“干扰甩”试验就没有必要进行。

参考文献

[1] GB/T 18482—2010 可逆式抽水蓄能机组启动试运行规程 [S].

[2] 孙慧芳，周攀，杜雅楠，等. 抽水蓄能机组双机甩负荷试验分析 [J]. 水电能源科学，2017，35 (6)：136-139.

[3] 孟繁聪，王莉，蒋明君. 江苏宜兴抽水蓄能电站一管双机甩负荷试验分析 [J]. 水电自动化与大坝监测，2015，39 (1)：49-51.

[4] 王庆，陈泓宇，德宫健男，等. 抽水蓄能电站一洞四机同时甩负荷的研究与试验结果的分析 [J]. 水电与抽水蓄能，2017，3 (1)：75-81.

[5] 杨胜安，彭天波. 抽水蓄能机组双机甩负荷试验技术 [J]. 湖北电力，2011，35 (6)：63-65.

[6] 杨洪涛. 白莲河抽水蓄能电站双机甩负荷试验分析 [J]. 水力发电，2012，38 (7)：60-63，79.

[7] 苟东明. 一管多机布置抽水东蓄能电站瞬态建模与过渡过程分析 [D]. 西安：西安理工大学，2019.

梅州抽水蓄能电站机电工程关键技术优化及应用

陈泓宇　叶　飞　张　超　周　赞
（南方电网调峰调频发电公司工程建设管理分公司，广东省广州市　510635）

【摘　要】随着国家“碳达峰、碳中和”目标提出，能够更加快速、高质量地完成大型抽水蓄能电站机电设备安装成为蓄能电站建设者追求的目标之一。本文介绍了广东梅州抽水蓄能电站基建期在保证机电设备安装质量的前提下，对设备制造、机电安装、施工工具、调试应用 4 个方面采取 30 多项技术优化措施，推行设备验收技术创新、大规模使用机械化施工工具和实施多项施工工序优化，大幅提升设备安装和调试效率，大幅缩短了电站建设工期，相关技术与措施对后续电站建设有重要的参考价值。

【关键词】抽水蓄能　设备制造　机电安装和调试　优化

1　引言

梅州抽水蓄能电站位于广东省梅州市五华县，电站总装机容量 120 万 kW，共安装 4 台 30 万 kW 抽水蓄能机组。2018 年 6 月 27 日项目主体工程开工，2022 年 5 月 28 日项目全面投产发电，全面投产仅用时 48 个月，创造了国内抽水蓄能电站主体工程建设最短工期纪录。4 台机组安装调试仅用时 24 个月，创造了国内抽水蓄能电站同等数量机组安装调试最快速度，并且 1 号机组开创国内抽水蓄能机组三导轴承摆度全面进入 50μm 先河，同时全国首台自主设计制造的抽水蓄能机组成套开关设备在 4 号机组成功应用。本文主要介绍梅州抽水蓄能电站基建期在保证设备安装质量的前提下，对设备制造、机电安装、施工工具、调试应用 4 个方面采取 30 多项技术优化措施及取得的成效。

2　优化设计、制造部分环节

2.1　采用转轮叶片数 9 搭配活动导叶数 22 技术方案

梅州抽水蓄能电站水头变幅（最高扬程/最低水头）达到 1.21，投产时为国内 400m 水头段水头变幅最大的抽水蓄能电站。变幅大有益于降低电站单位千瓦投资，但是给机组的设计带来很大挑战，给机组的安全性和稳定性设计带来很大挑战。为了解决水头大变幅易出现的振动问题，机组通过采用转轮叶片数 9 搭配活动导叶数 22 技术方案，优化流道设计，减小了水力共振的风险，为 400m 水头段首个采用该叶片数-导叶数组合的，并且运行效果优秀的机组。

（1）针对高水头抽水蓄能机组转轮制造的诸多难点，如叶片数控加工控制变形难以达到一致性、焊接空间狭窄存在死角、焊接及铲磨强度大（尤其是 R 角铲磨型线控制难）、装焊误差源多且作业环境不好易影响制造质量等问题，转轮设计为“上冠叶盘＋下环叶盘＋9 叶片”3 大部件组焊成一体的结构，其中上冠叶盘先与叶片组焊，最终由上下两个叶盘装焊构成整体转轮（图 1 和图 2）。

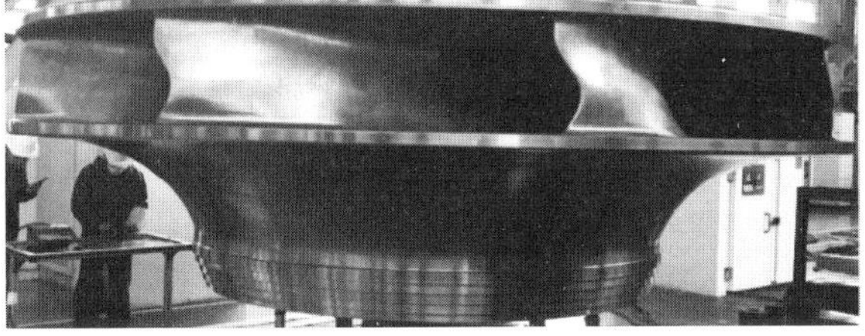

图 1　梅州抽水蓄能电话转轮

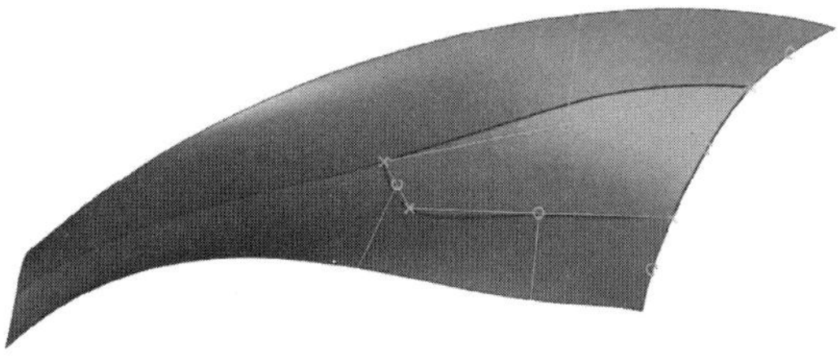

图 2　梅州抽水蓄能电话转轮叶片

（2）上冠、下环分叶盘整铸增强了转轮整体的可靠性。

1）整铸的下环及上冠叶盘缩松模拟结果均优于单铸的下环、上冠及叶片，且实际生产出的均无缩松缺陷。

2）整铸的下环和上冠叶盘夹渣模拟结果优于单铸的下环、上冠及叶片，整铸内环的模拟结果与单铸的下环、叶片相当。而实际生产的下环、上冠叶盘及叶片在加工后均无 PT 显示；且针对一次氧化渣可在后期工艺中增加过滤器，针对二次氧化渣可通过加大贴量、设计浮渣面、集渣磁管、浇注时吹氩保护等措施来减小氧化渣风险。

3）整铸的叶盘应力模拟结果显示热裂倾向最大的区域不会产生热裂，T 形区域也不会产生热裂。

（3）转轮进口边进行了 S 形优化，即将转轮直径 D1 由原设计的 ϕ4465mm，优化为 ϕ4387.2mm，使得比值 D0/D1（D0 为导叶节圆直径 5407mm）由原设计的 1.211 增大为 1.232，这一优化措施对降低无叶区的压力脉动发挥了积极作用。

（4）数控机床和刀具技术快速发展，精加工工艺得以掌控。

1）结合机床动态特性装夹、切削状态等情况，进行轮廓误差分析及补偿控制，使得型线精度优于传统工艺制造方法，满足精品制造要求。

2）在机检测实时控制叶盘加工情况，优化区域切削顺序和切削参数，减少了应力释放对变形的影响。同时，采用高速旋风铣减少刀具切削的受力面积，防止夹刀形成颤纹。

3）通过微分几何分析，根据局部几何形态合理规划刀轴，保证多轴加工平稳；优化减振刀杆和刀具的类型，减少振动。

（5）开发了大型叶盘刀轨规划、刀轴算法、刀具设计等工艺，顺利完成叶盘的制造。其中叶片加工精度达到±1.5mm，优于传统单个叶片±2.5mm 的加工精度。同时，也能确保叶片与上冠、下环倒角的一致性。

（6）转轮整体结构设计能使得单个叶盘焊缝填充金属量较之完整叶片的减少 60%，由 2 条角焊缝缩减为 1.3 条平焊缝，焊材由 2t 减少至 0.8t。从而更有效控制焊接变形和焊接残余应力，整体上较大提高转轮的制造质量。同时，由于上冠叶盘与叶片焊接焊缝移至靠中间部位，改善焊接、探伤、打磨的操作空间，可实现狭窄区域的智能焊接，减少手工作业对转轮制造质量的影响。

（7）转轮在整个投料、铸造、加工各个环节以及焊接、退火、精加工、静平衡的全过程均严格按规范要求进行多次反复的 PT、MT 及抽探比例至少为 20%的 UT 探检，并集中予以全方位消除缺陷，确保高质量达标的精品转轮验收出厂，为电站提前投产发电创造条件。

（8）设计制造水泵水轮机时，采用了平衡测杆应变片法这一先进的静平衡技术进行静平衡试验。因此，能够确保转轮静平衡达到 G2.5 的高质量标准。

2.2 主轴密封结构优化

（1）在深蓄结构的基础上，主轴密封支持环采用加厚设计，使得其与弹簧螺塞形成对筒形弹簧的良好的定位和适于调整的功能（图 3）。同时，筒形弹簧下部直接定位于浮动环配置的孔槽，整个弹簧调整装置是相对均衡稳定的。

（2）密封环采用嵌入浮动环下端面设计，使其可以不受径向推力的影响，改善了密封环及浮动环在径向推力作用下的变形带来的隐患。

（3）密封环采用新型合成耐磨树脂材料，使其能够适应较大吸出高度和较大密封表面线速度，密封环磨损后能保持原来的形状不变。

3 优化重要部件的装配

3.1 强化蜗壳座环拉紧螺栓

座环锚板套管支撑架的套管长度达到 2400mm，与座环底部的距离为 883.6mm，为了强化原设计“用 PVC 管将拉紧螺杆支架套管与座环间裸露的拉紧螺杆进行包裹保护，并可靠封堵 PVC 管接缝处避免

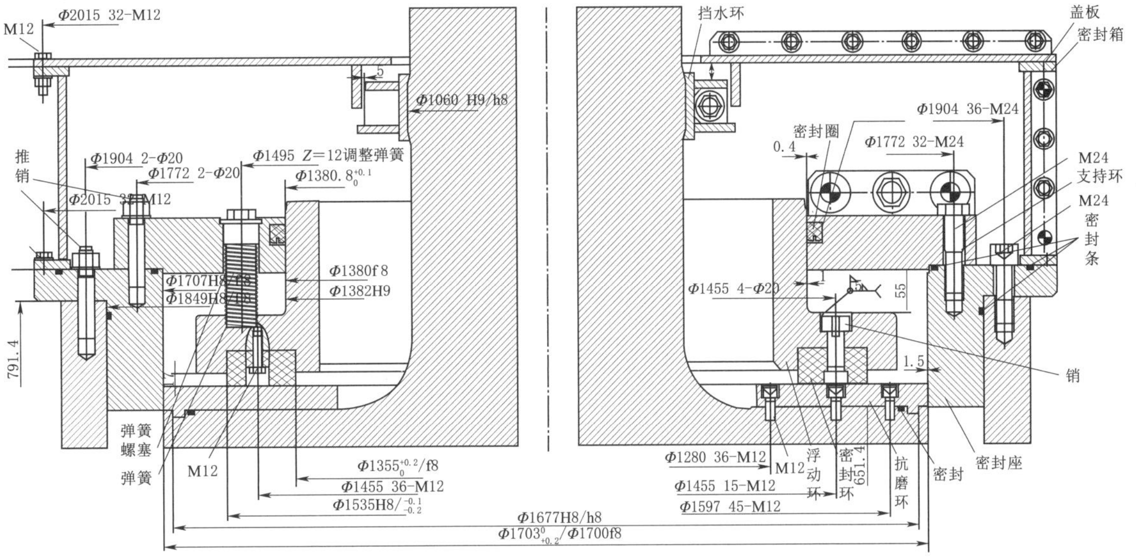

图 3　梅州抽水蓄能电站主轴密封结构

混凝土与长、短拉紧螺杆接触”（图 4）以及拉紧螺杆与螺母应考虑防松措施以及防止套管漏浆等具体措施，经优化增设上部防振捣分半钢套管对螺栓进行防护并点焊、锁定，使得整个套管混凝土灌浆保护结构更加牢固，足以避免出现漏浆导致螺杆卡住、拉断问题，确保现场不出现返工、整个装配和混凝土浇筑工期均有效提前完成。

3.2　激光跟踪虚拟装配技术应用

导水机构出厂验收经过论证和专家组认可，同意对导水机构工厂预装采用基于激光跟踪仪三维测量的水轮机导水机构虚拟装配技术（图 5）。激光跟踪测量技术可以实现高精度、高效率的三维测量，实现导水机构达到预装的效果，该方案的实施使得导水机构大幅度提前到货，为机组按期投产争取了宝贵时间。

图 4　蜗壳座环拉紧螺杆防护

图 5　水轮机导水机构虚拟装配

4　安装工艺优化

（1）蜗壳基础优化。在基础混凝土浇筑至高程 312.98m 过程中预先埋设钢支墩基础，并精心设计了全部用于调整支撑蜗壳的钢支墩，这项合理化建议不但提高了蜗壳安装调整精度，还取消了原设计的钢筋绑扎、立模浇筑混凝土等施工工序，尤其是节省了原来必不可少的混凝土浇筑后的凝固期耗时，直接压缩工期在 15d 以上（图 6）。

（2）由于分瓣顶盖组合面作业空间狭窄，运用电加热棒作业操作困难、影响面大，业主决定加大投入，部分位置选用 FROMO 超级螺母（图 7），其具有以下优点：

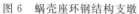

图6 蜗壳座环钢结构支墩

图7 顶盖分瓣面把合超级螺母应用

1）超级螺母在顶盖组合螺栓狭小空间部位使用更其方便、合适。

2）超级螺母硬化承压垫圈起到弹簧的作用，提高螺栓连接的弹性，补偿沉陷变形，对顶盖组合螺栓能起保护作用，同时其所保持的预紧力更加可靠。

3）整个扭紧过程对螺栓没有扭转应力，使螺栓的拉伸是纯轴向的，避免有害的扭曲或折弯。还可完全利用螺栓的承载力，从而产生准确的预紧力。

4）作业仅需要一把扭矩扳手，无须电动、液压、风动或电热棒等手段，因此更简便、快捷、节省紧固时间具有较高的机械效益，在梅蓄施工中直接节省工期达10d以上。

5）机组运行中还可以实施检查、维护，螺母、螺杆及垫圈均可重复使用，减少设备预装后拆卸的时间，可实现分瓣顶盖快速组装和拆解，寿命也长。

当然，超级螺母费用较贵，全部应用性价比不利，本项目仅在狭小空间部位使用。

（3）根据机组结构设计特点，中间层混凝土施工需等底环到货后方能实施，在机组投产计划调整而底环又不能按期到货的严峻形势下，项目部提出机坑里衬和下机架基础开槽的方案，既不影响机组结构和装配质量，又解决土建施工的卡脖子疑难问题，确保了施工工期顺利进行，直接节省工期达15d以上（图8）。

图8 机坑里衬开槽

（4）经多方筹措、合理安排，将座环打磨加工序提前在机坑混凝土浇筑到母线层混凝土后，其时在机坑里衬上端口布置一个钢制封闭平台隔离水车室成一个封闭空间，使得施工时间约45d的座环打磨加工工序，与发电机层混凝土浇筑直至拆模平行作业而不占直线工期。

（5）在严格把控好座环各相关加工面的打磨加工量和精度的基础上，把导叶端部大小头间隙调整均匀并达到规范要求，并合理控制导水叶转动扭矩等作为导水机构最终验收的主要依据。

（6）在施工中将取消导水机构预装工序。

1）施工单位在梅蓄增加在锥管上设置同心样点，在水轮机顶盖安装后进行了精确的同心度校验。

2）调整顶盖同心度和位置度后对导叶端部大小头间隙的测录数据表明，符合“导叶大小头的偏差允许值应约0.03～0.04mm”的要求。

3）同时制备导叶单个提升旋转工装，在导叶套筒安装完成后，逐一进行导叶同心度调整并验证每一个导叶扭转的灵活性，而其所欠缺的是没有使用拉力计等措施采集量化测录数据（图9）。

（7）电站原拟采用发电机轴、下机架、推力轴承依次在机坑进行装配的传统工艺，优化后应用《发电机与下机架整体吊装》工法的建议，在安装间预埋发电机立轴法兰，定制下机架、推力轴承、发电机轴联合组装支墩，并定制下机架、推力轴承、发电机轴联合吊装工具，实施了在下机架预装完成吊出机坑，在安装间把下机架、推力轴承、发电机轴组装联合吊装体的工艺。由于该工序几乎与机坑内水轮机部件安装平行作业施工，达到了优化工期约 20d 的预期目标。

（8）在发电机层采用敷设钢板分散集中载荷提前组装上机架的方式，使得原安排使用同一工位与转子组装流水作业的上机架装配与转子装配平行作业，并在转子吊装联轴完成后立即进行上机架安装，优化了工期约 15d。

（9）用延伸管与球阀把合直接与上游引支钢管焊接的工艺，这就要求严格控制延伸管焊接工艺，按每天焊接一层的焊接速度实时监控焊接变形量，避免焊接应力集中。工艺改进后大幅缩短球阀安装时间，实现首台球阀 30d 即可完成安装的目标。

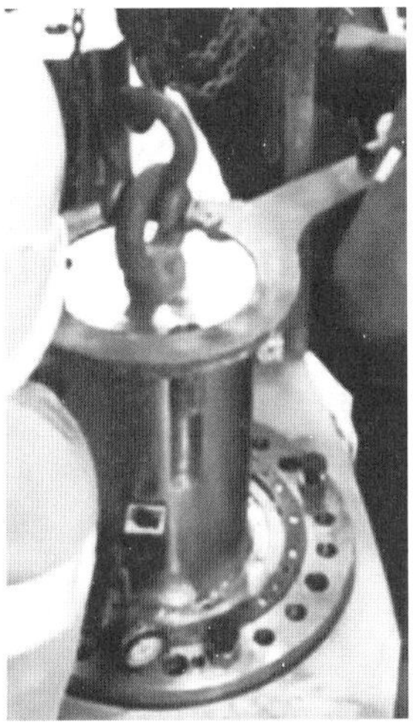

图 9　导叶灵活性验证

5　优化电气设备设施及安装

（1）为加快电站机电设备全面国产化进程，应用国产化 GCB 技术研制全套抽水蓄能机组开关设备，包括发电（电动）机断路器、电气制动开关、换相隔离开关、启动母线分段隔离开关、启动开关、拖动开关等，打破了国际垄断，填补了我国该领域的技术空白。

（2）提前设定机组 18kV 浇筑母线长直段、接口，使得弯头生产周期减少至 21d，配合空运，最终控制交货期在 1 个月左右。提前具备 1 号机浇筑母线安装条件，满足了 1 号主变充电的进度要求。

（3）在主变洞施工时采用专用平台，减少搭脚手架时间，同时主变等大件设备和车辆都可以通过平台下面运输，加快主变洞整体施工进度。

6　施工器具优化

（1）引进、推广安装简捷、快速，安全稳固的承插式脚手架，使得主厂房楼板浇筑中大大缩短脚手架搭设施工工期，这一举措在高程 310.00m 以上楼板浇筑中应用优势尤为明显，有力保障了主厂房土建施工进度。

（2）购置并采用液压冲孔设备（图 10）及其配套工艺，在项目现场制作 10kV、400V 连接铜排、转子阻尼换连接片铜排等工序中解决了传统台钻划线，冲孔有毛刺，凹坑，材料变形等问题，提高工效。

（3）采用噪声小，成形好，无粉尘、效率高的新一代管路坡口机（图 11），提高工效，节约了人力和工时消耗。

（4）采用小巧灵活、切割速度快、成形精度高、操作方便的新型磁力气割设备（图 12），切实保障了蜗壳延伸段和球阀延伸段的焊接质量（焊接量也大为减少），对提高工效、压缩工期明显有所促进。

图 10　液压冲孔设备

图 11　管路坡口机

图 12　磁力气割设备

7　机组调试优化

2021 年 11 月 1 日电站引水系统充水，2021 年 11 月 29 日达到机组有水调试条件。首台机调试仅耗时约1个月，得益于：

（1）汇集设计制造、建设公司、监理及施工单位技术高超、人员精壮的调试团队，集约多年类比抽蓄机组调试经验，编制详尽的调试大纲，理清头绪、顺序渐进，针对性解决疑难，及时进行处理、调整，最终达成发电投产目标实现。

（2）以业主为龙头提前按调试节点和调试单位及电网调度沟通，得到其对现场调试给极大的支持。

（3）调试团队的每一份子都能竭心尽力，聚沙成塔，如首次采用CP方式启动机组，和上游水道充水并行进行此项工作，节省期至少15d；又如调试过程中利用备用临时水源和电源进行各系统单体调试，不受电网系统和取水系统完建的干扰，也是明显的范例。

（4）为确保4号机组国产化成套开关设备安装进展，项目部联合西安开关厂公司精心组织、协调多方资源，成功地解决了国产GCB与前3台接口和控制回路诸多不同带来的技术重点、难点问题，在主变充电前将机组空转起来，提前完成机组动平衡试验、调速器空转特性试验和机组过速试验，抢回近10d的调试时间。同时编制《广东梅州抽水蓄能电站成套开关设备现场安装调试紧急预案》，集结各方专业力量严格按照规程、标准对设备的安装调试进行全过程管控，为首台国产化抽水蓄能机组成套开关成功应用提供了坚实保障。

8 结语

随着国家“碳达峰、碳中和”目标提出，能够更加快速、高质量地完成大型抽水蓄能电站机电设备安装成为蓄能电站建设者追求的目标。本项目机电工程以24个月完成了首台机投产发电目标，总结起来主要归结于以下几点。

（1）组建一个齐心协力的、专业的项目团队。一个项目的成功必须凭借设计单位、制造厂家、建设公司、监理监造、安装施工及调试团队自始至终的各负其责、共同努力，也正是精心设计制造、精心监督管理、精心施工，才能取得机组运行时三导轴承摆度均小于0.05mm、各导轴承温度小于60℃的优秀成果。

（2）将水电工程优化措施渗透到方方面面，乃至贯穿整个工程项目，亦即设备制造、安装调试、施工机具等全方位、全过程的优化，如提高各类加工机械的调控能力和精度标准、提高技术人员素质和掌控能力、采用先进的施工机具和施工工艺等。

（3）“十四五”期间，随着国内新一轮的抽水蓄能电站的建设，本电站建设过程中所采用的优化措施将为后续电站提供重要的借鉴。

参考文献

[1] 白延年. 水轮发电机设计与计算 [M]. 北京：机械工业出版社，1982.

[2] 何少润，陈泓宇. 清远抽水蓄能电站主机设备结构设计及制造工艺修改意见综述 [J]. 水电与抽水蓄能，2016，2 (5)：15.

[3] 陈泓宇. 清远抽水蓄能电站三台机组同甩负荷试验关键技术研究 [J]. 水电与抽水蓄能，2016，2 (5)：28-38.

[4] 杜荣幸，陈梁年，德宫健男，等. 清远抽水蓄能电站长短叶片转轮水泵水轮机研究及模型试验 [J]. 水电站机电技术，2015，38 (2)：12-15.

敦化抽水蓄能电站水泵水轮发电机组参数和结构特点

侯亚康　王　俊
（中国电建集团北京勘测设计研究院有限公司，北京市　100024）

【摘　要】敦化抽水蓄能电站装设 4 台 350MW 立轴单级混流可逆式机组，其中 1 号、2 号机组由东电中标供货，3 号、4 号机组由哈电中标供货，是我国第一个自主设计、制造、安装、调试、运行的 700m 级的抽水蓄能电站。本文简要介绍了敦化抽水蓄能电站水泵水轮机及发电电动机主要性能参数及结构特点。

【关键词】敦化抽水蓄能电站　水泵水轮机　发电电动机　性能参数　结构特点

1　概述

敦化抽水蓄能电站位于吉林省敦化市北部小白林场，电站装设 4 台 350MW 立轴单级混流可逆式机组。为支持抽水蓄能机组设备的国产化制造，本电站列为抽水蓄能电站机组设备自主化后续工作的依托项目电站。机组设备采用整机招议标方式方法在哈尔滨电机厂有限公司（简称哈电）和东方电气集团东方电机有限公司（简称东电）之间进行采购，最终 1 号、2 号机组由东电中标；3 号、4 号机组由哈电中标，并于 2015 年 3 月签订主机合同，首台机组于 2021 年 6 月投入运行，2022 年 4 月 4 台机组全部投产运行。

2　水泵水轮机

（1）主要技术参数见表 1。

表 1　　主 要 技 术 参 数

序号	项　目	1 号、2 号机组	3 号、4 号机组
1	机组型式	立轴、单级、混流可逆式水泵水轮机	立轴、单级、混流可逆式水泵水轮机
2	机组台数/台	2	2
3	转轮型号	D789	A1278
4	转轮直径 D_1/D_2	4.367/1.99	4.25/2.0
5	最大/额定/最小水头/m	693.17/655/629.58	693.4/655/631.0
6	最大/最小扬程/m	712.47/661.45	711.7/661.6
7	水轮机原型最优效率/%	92.84	93.09
8	水泵原型最优效率/%	92.22	92.05
9	水轮机原型加权平均效率/%	90.43	90.60
10	水泵原型加权平均效率/%	92.02	91.48
11	叶片数 Z/个	9	9
12	活动导叶数/个	20	20
13	水轮机额定出力/MW	357	357
14	水泵最大入力/MW	365	373
15	安装高程/m	596.0	596.0
16	吸出高度/m	−94	
17	额定转速/(r/min)	500	
18	最大瞬态飞逸转速/(r/min)	≤740	≤740
19	稳态飞逸转速/(r/min)	≤662	≤638.4

（2）主要结构特点。水泵水轮机的拆装方式采用为上拆方式。机组俯视旋转方向：发电工况为逆时钟方向，抽水工况为顺时针方向。

1）转轮：转轮采用铸焊结构，上冠、下环及叶片的材料均为铸造不锈钢 ZG04Cr13Ni4Mo 超低碳精炼，转轮叶片数均为 9 片。泄水锥采用与转轮相同的材料并直接与转轮焊接，转轮与主轴采用螺栓和销钉组合方式联接传递扭矩。1 号、2 号机转轮直径 D_1 为 4.367m，3 号、4 号机为 4.25m。

2）主轴及主轴密封：水轮机主轴为双法兰带轴领的传统结构，采用优质合金钢 ASTM A668Cl.E 整体锻造而成。1 号、2 号机联轴法兰直径为 1755mm，长 6310mm。3 号、4 号机为 ϕ1750mm，长 6285mm。主轴工作密封采用轴向端面水压式密封，密封材料为 Cestidur；检修密封采用封闭式空气围带密封。

3）水导轴承：水导轴承瓦为可调整的分块瓦结构，材料为锡基巴氏合金，采用外循环冷却方式。

4）蜗壳及座环：蜗壳及座环均为钢板焊接结构，1 号、2 号机座环选用抗层状撕裂的高强度厚钢板 S500Q－Z35，蜗壳选用高强度低焊接裂纹敏感性钢板 780CF1，蜗壳座环偏心距 4573mm，延伸段进口尺寸 2100mm。3 号、4 号机座环选用抗层状撕裂的高强度厚钢板 S500Q－Z35，蜗壳选用低焊接裂纹敏感性高强钢板 HD610F 材料。蜗壳座环偏心距 4560mm，延伸段进口尺寸 2100mm。座环布置有 20 个固定导叶，采用 2 瓣运输。

5）顶盖：顶盖采用钢板焊接结构，顶盖本体均采用低合金高强度结构钢 Q345C。1 号、2 号机顶盖外缘直径 6620mm，顶盖高度 1910mm。3 号、4 号机顶盖高外缘直径 6395mm，顶盖高度 2125mm，4 台机，均分 2 瓣运输。

6）底环：底环采用整体结构，由钢板焊接而成。4 台机组底环本体均采用 Q345C。1 号、2 号机底环外缘直径 5910mm，高度限制尺寸 1660.9mm。3 号、4 号机底环外缘直径 5838mm，高度限制尺寸 987mm。

7）导叶和导水机构：由 20 个活动导叶、导叶轴承、导叶操作控制机构组成。导叶材料 1 号、2 号机为 ZG00Cr13Ni4Mo，3 号、4 号机为 ZG04Cr13Ni5Mo。每个导叶设有三个导轴承和两个止推轴承。导叶和导水机构在工厂内进行预装配和导叶动作试验。

8）尾水管：为钢板里衬弯肘形尾水管，尾水管锥管段里衬材料为 04Cr13Ni5Mo，肘管段和扩散段衬材料为 Q345R。高约 9.5m，长 16m，出口直径约 4.6m。

3 发电电动机

（1）1 号、2 号发电电动机性能参数见表 2。

表 2 **发电电动机性能参数**

序号	参数	1 号、2 号发电电动机		3 号、4 号发电电动机	
		发电工况	电动工况	发电工况	电动工况
1	机组型式	三相立轴悬式空冷发电电动机			
2	额定容量/(MVA/MW)	388.9/373			
3	额定转速/(r/min)	500			
4	额定频率/Hz	50			
5	额定功率因数（发电工况/电动工况）	0.9/0.975			
6	额定电压/kV	18±5%			
7	额定效率/%	98.88	99.00	98.8	98.91
8	直轴同步电抗 X_d（饱和值）	1.02		1.075	
9	直轴暂态电抗 X'_d（不饱和值）	0.32		0.318	
10	直轴次暂态电抗 X''_d（饱和值）	0.20		0.21	

续表

序号	参　数	1号、2号发电电动机		3号、4号发电电动机	
		发电工况	电动工况	发电工况	电动工况
11	短路比	0.968		0.930	
12	飞轮力矩 $GD^2/(t \cdot m^2)$	4325		4000	
13	定子和转子绕组绝缘等级	F级		F级	

(2) 主要结构特点。

1) 推力轴承与导轴承：4台机组均为悬式结构，推力和上导轴承布置在上机架上，采用外加泵外循环冷却方式。下导轴承布置在下机架上。1号和2号推力轴承采用喷淋式润滑冷却方式，推力瓦采用小弹簧束支撑。3号和4号推力轴承采用浸泡式润滑冷却方式，推力瓦采用单波纹弹性油箱支撑。4台机组导轴承均采用非同心瓦块结构。

2) 定子：定子机座采用钢板焊接，定子铁芯采用低损耗、高导磁率、无时效、叠片系数高、机械性能优质的冷轧硅钢片叠制，定子绕组采用单匝、双层、叠绕。定子机座、铁芯及绕组采用在现场组装方式。

3) 转子：转子中心体采用不分瓣结构，磁轭采用高强度环形厚钢板整体叠压结构，磁极采用完全向心结构。

4) 主轴：主轴采用一根轴方案，材料采用合金钢锻造而成。

5) 冷却系统：采用双路径向带风扇端部回风的通风冷却系统。

6) 制动停机系统：机组设有机械和电气两套制动停机系统。正常停机过程采用电气和机械联合制动停机方式。电气事故停机只允许机械制动停机。高压油顶起装置由两套高压油泵及电动机（一台交流、一台直流）和控制设备等组成。正常情况下，油泵的起动和停止由机组的开、停机顺序控制。

抽水蓄能电站接地网接地电阻测量方法

何忠华
（湖南黑麋峰抽水蓄能有限公司，湖南省长沙市　410213）

【摘　要】本文以国内某大型抽水蓄能电站接地网接地电阻测量为例，分析其原理，介绍其测量步骤及注意事项，为今后抽水蓄能电站接地测量提供了有益参考。

【关键词】抽水蓄能电站　接地电阻　测量

1　引言

某抽水蓄能电站接地网主要分为四部分：上水库进出水口及引水系统接地网；洞内接地网（包括主厂房洞、主变洞、母线洞、设备洞、高压电缆洞）；洞外接地网（包括500kV开关站、中控楼）和下库进出水口及尾水接地网。主厂房、尾水渠地网采用50×5规格扁钢敷设。

2　试验原理

2.1　主接地网测试原理

大型地网接地电阻的测量通常采用大电流法或异频法，在主地网注入一电流，测量地网在注入电流后地网上电压的变化来推算接地网的接地电阻，测试时由于高压设备运行存在入地的泄漏及零序电流，对测量数据存在干扰，因此在本次试验时采用异频法消除系统零序电流的干扰。测试方法为电流—电压表三极法。

试验采用直线法时，原理如图1所示。

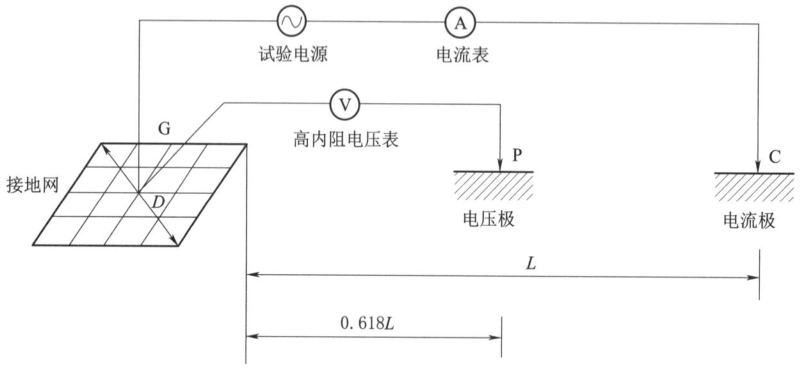

图1　直线三极法测量原理图

电压极P应在被测接地装置G与电流极C连线方向移动3次，每次移动的距离约为L的5%，当3次测试的结果误差在5%以内，认为试验数据有效，否则重新测量。

试验采用夹角法时，原理如图2所示。

电流线和电压线不同方向，呈一定夹角。接地阻抗计算公式为

$$Z=\frac{Z'}{1-\frac{D}{2}\left(\frac{1}{d_{PG}}+\frac{1}{d_{CG}}-\frac{1}{\sqrt{d_{PG}^2+d_{CG}^2-2d_{PG}d_{CG}\cos\theta}}\right)}$$

式中：Z'为接地阻抗的测试值。

采用夹角法时电压极和电流极夹角约为 30°，此时测量结果最为准确。

试验前需对接地网进行考察，以确定具体试验方法。

2.2 接触电位差和跨步电位差测试原理

将接地网的入地电流源施加点作用于选定的待测设备的框架上，按如图 3 所示测量接触电位差与跨步电位差测量。

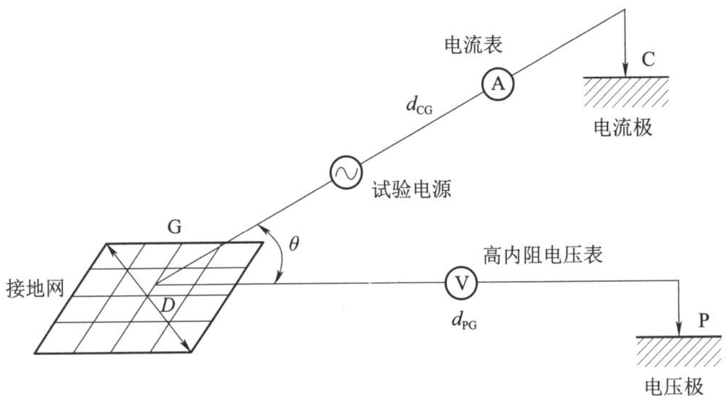

图 2 夹角三极法测量原理图

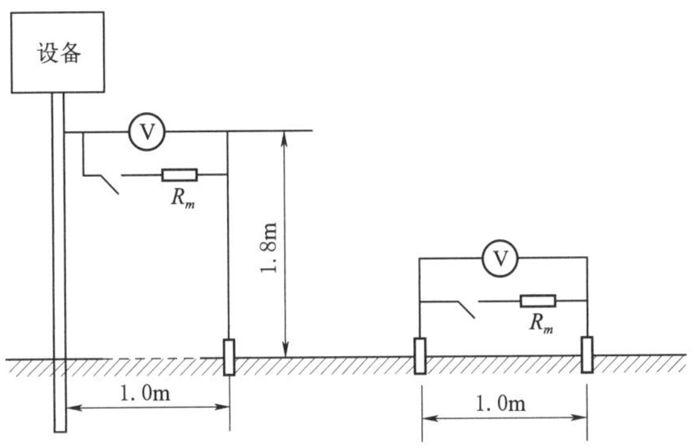

图 3 地表电位梯度、接触电压和跨步电位差的测量接线图

测量点的选定按以下几点原则进行：

第一：主变、主开关等运行人员最常经过和巡视的地点和设备；

第二：检修和运行人员须操作的刀闸等设备和易触摸的位置；

第三：分析认为接触电压与跨步电位差比较严重的如边缘设备附近的地点和位置。

测量两电极间电压（跨步电位差）及电极与构架 1.8m 高处之间的电压（接触电位差）。记录测量数据，然后切断试验电源。改变电流源施加点，重复上述过程直至所选测点全部测完为止。

若需要测量导通电阻，导通电阻特性的测试也在 500kV 升压站等重要场地分别进行测量。测量方法是选准一个基准点，改变另外一个测量点获取其导通电阻值大小。

3 测量步骤及注意事项

3.1 测量步骤

（1）利用 GPS 全球定位系统仪测定各电极的位置。

（2）查看现场，按现场确定的试验放线方向放线，收集接地网短路电流等相关参量。

（3）调整好电压表、电流表及各测量用仪器设备。

（4）试验装置的电源开关应使用具有明显断开点的双极刀闸，并装有合格的漏电保安装置。

（5）接通电源，在较低电流下测定电流极的电阻大小。

（6）在施加电压前通知所有在场人员注意安全，保持距离。

（7）根据电流极的电阻值，确定测量电流并进行测量。

（8）测量完毕，确认数据后，拆除试验接线。

3.2 注意事项

（1）电流极的电阻值应尽量小，使整个电流回路电阻足够小，设备输出的试验电流足够大。

（2）电压极应紧密而不松动地插入土壤中 20cm 以上。

（3）线路避雷线与接地网应断开，避免架空线分流。

（4）直线法测量，上层土壤电阻率大于下层土壤电阻率时，用补偿法测量接地电阻的精度比较高。随着电流极与接地网之间的距离的增大，用补偿法测得的接地电阻的精度在提高。当上层土壤很薄或者很厚时，接地电阻值的测量误差将趋于零。这相当于土壤趋于均匀时的情况。因而加长测试极引线是降低水平双层土壤接地电阻测量误差的有效措施。

（5）夹角法测量水平双层土壤接地电阻可能出现较大误差，应视土壤情况确定补偿点。下层土壤电阻率较大时，因电流极在接地极上产生较大的负电位降而使补偿点可能产生较大偏移，因而电压极须靠近电流极才能补偿电流极在接地极上形成的负电位。此外加长测试极引线是降低水平双层土壤接地电阻测量误差的有效措施。

（6）电压、电流极应布置在与线路或地下金属管道垂直的方向上。如果在测量路径下存在有地下金属构筑物，则会导致在视在接地电阻曲线上出现平坦段，导致测量结果出现较大误差，避开地下构筑物对测量结果影响的办法是加长电流极引线。

4 结语

抽水蓄能电站厂房布局较复杂，地网较大，本文采用夹角法对其全厂主接地网进行了测量，测量的原理符合规范要求，同时提出了测量时的注意事项，为其他抽水蓄能电站类似工作提供了有益参考。

参考文献

［1］ 黄建胜. 浅析变电站接地网与降阻措施［J］. 电气控制，2019（6）：2.
［2］ 夏斌强，施经纬，范传青，等. 浅议大中型水电站接地电阻设计值［J］. 水电与抽水蓄能，2022（2）：8.

安徽抽水蓄能电站1号机组机电调试监理管控措施探索

武少飞
（中国水利水电建设工程咨询北京有限公司，北京市 100024）

【摘 要】安徽金寨抽水蓄能电站位于安徽省六安市金寨县，装机容量120万kW，安装4台30万kW可逆式水轮发电机组，以500kV电压接入安徽电网，工程投资75亿元；安徽金寨抽水蓄能电站自2022年6月10日调试开始，至2022年7月28日试运行结束，1号机组历时48d完成整组调试及投入商用，创下了单机调试最短纪录，本文主要讲述调试过程中的一些管理经验，可以借鉴。

【关键词】整组调试 地下厂房 施工管理 金寨抽水蓄能电站

1 引言

随着我国常规水电开发的逐渐萎缩，抽水蓄能电站已成为未来几年我国水电开发的重点。鉴于抽水蓄能电站机电调试工作具有难度大、涉及单位多和安全风险高的特点，业主对监理在调试期间的管理工作提出了更高的要求，促进了监理提高对机电调试技术的熟练程度和重视程度。本文以金寨抽水蓄能电站安装和调试为例，探讨监理在抽水蓄能电站机电调试工作中的管控措施，包括调试期间的质量管控、安全管控、进度管控，以及组织协调和内部管理，总结出提高监理工作水平的具体方案，供业内人士参考。

2 工程简介

安徽金寨抽水蓄能电站项目总投资为74.67亿元，总装机规模为120万kW，电站地下主厂房安装4台300MW混流可逆式水轮发电机组，型号为SFD300/335－18/7370，总装机容量为1200MW，发电电动机为立轴、半伞式、空冷、可逆式同步电机，相关设备由通用电气有限公司负责设计、制造。电站设计年抽水电量26.8亿kW·h，年发电量20.1亿kW·h。电站枢纽由上水库、下水库、输水系统和地下厂房系统等建筑物组成。上水库正常蓄水位593m，总库容1361万m^3，调节库容1049万m^3；下水库正常蓄水位255m，总库容1453万m^3，调节库容981万m^3。电站通过500kV线路接入安徽电网。

3 机组调试

金寨抽水蓄能电站机电调试项目分为单体调试、分系统调试和整组启动调试三个阶段。根据国网新源控股有限公司（以下简称“新源公司”）目前的分标管理办法，单体调试和分部调试由机电安装标实施，整组启动调试由调试单位负责，机电安装标和厂家配合。首台机组首次启动采用水泵工况启动。按照新源公司抽水蓄能电站机组调试项目管理手册和金寨抽水蓄能电站机组的相关技术要求，金寨抽水蓄能电站分部调试共计52项（含公用系统），机组启动前检查共计10项，水泵方向试验共计16项，发电方向试验共计22项，工况转换共计4项，涉网试验共计6项，15d试运行共计1项。金寨抽水蓄能电站首台机组机电调试工作从2022年6月10日开始，于7月12日整组调试完成，历时31d，于2022年7月28日试运行完成（表1）。

表1　　金寨抽水蓄能电站首站首台机组机电调试工作表

序号	项　目	时间/(年-月-日)	工　期
1	1号机组首次启动	2022-06-10	48d
2	1号机组整组调试完成	2022-07-12	
3	1号机组试运行完成	2022-07-28	

4　调试过程中采取的管理措施及分析

4.1　调试期间的质量管控

(1) 坚持联合检查验收制度。机组分部调试、整组启动调试、15d试运行、投入商业运行前，监理中心按照相关要求检查是否具备条件，对不满足项确认其是否影响机组安全稳定运行；在整组启动调试过程中，每一项重要试验前，监理中心均组织了联合检查，重点检查机组固定部件、转动部件是否有松动、变位和其他异常现象。

(2) 针对调试方案，监理中心组织各参建方召开专题会议并进行联合审查，重点审查试验项目的完整性、试验流程的完备性、试验组织机构的完整性和试验安全措施及应急预案的可靠性。

(3) 鉴于机组启动调试项目操作项目多、流程复杂和安全风险高的特点，在机组整组启动调试过程中，必须要进行方案审核。按照设备技术要求和监控流程，先在桌面推演一遍；接着到现场对设备进行静态模拟一遍，检查回路是否正确并确保设备能正常运行；最后对设备进行动态操作一遍，检验流程的正确性与可靠性，以免因方案错误或者人为误操作而导致设备故障。

(4) 针对调试期间发现的问题，由调试单位填写调试缺陷处理单，监理中心组织下发缺陷单，督促设备缺陷责任单位处理，组织缺陷处理后验收，各方签字确认后回收缺陷处理单。

4.2　调试期间的安全管控

(1) 抽水蓄能电站调试呈现出涉及单位多、调试项目多、调试时间长、机组启停频繁和设备操作烦琐等特点。在调试过程中抽水相关调试大多在夜间进行，增加了调试工作的安全风险。部分调试项目，如100%甩负荷、动水关球阀等，都将面临水淹厂房、机组飞逸或烧瓦等风险，应列为四级风险点；其余项目可按三级风险点设置。针对每项调试工作的风险等级，可采取相应的安全管控措施，严格执行风险预控、安全交底、到岗到位，以及工作票和操作票等制度。

(2) 在调试过程中，有序且高效的组织管理是安全平稳调试的前提。抽水蓄能电站调试由试运行指挥部统一指挥。试运行指挥部应建立一套完整的安全管理制度和应急预案，执行层必须按照方案操作，任何操作必须有完整的操作票，每项操作必须有专人监护，确保操作正确无误；决策层对于现场调试出现的问题必须当机立断，不可优柔寡断，更不可冒进，一切以安全为前提。监理执行层在调试过程中应严格监督设备操作，做好关键部位的联合检查，发挥监督与组织协调的作用；监理决策层应充分认识到调试的安全风险，否定一切不利于安全的决策，提出有利于安全管控的措施和要求。

(3) 在调试前，由监理中心组织各参建方进行调试安全交底，使参与调试的人员明确调试项目、调试内容、设备操作项目、安全隔离点、安全风险点和应急措施。

(4) 在调试期间，为有力保障机组调试的安全，必须执行安全隔离措施，包括物理隔离、机械隔离、电气一次隔离和电气二次隔离等。在方案审查阶段，监理中心组织各参建方对隔离措施的可靠性和可操作性进行仔细审查，保证每项隔离措施的实施和解除都经试运行指挥部同意；严格执行操作票制度并由专人监护，以免走错间隔和误操作。

(5) 在重要试验前，必须严格执行联合检查制度，重点检查机组流道、转动部件、重要螺栓和继电保护投退状态，确保机组在安全状态启停。联合检查组应包含设备制造厂家代表，机电安装的施工单位代表、调试单位代表、专业监理工程师和专业操作工人等人员。监理中心编制联合检查单，经各参建方确认无误后方可签字确认。

4.3 调试进度及分析

（1）根据类似工程分析得知，机组调试进度与机组设备制造质量、监控系统开发完善程度、机电安装工艺水平有着直接的关系。因此，在设备制造期间应重点控制出厂验收环节，以减少设备缺陷；深入开展监控流程开发并尽可能完善，以减少现场流程的修改时间。在机电安装阶段，只有严格控制焊接质量，严格控制机组安装精度，提高机电安装施工工艺水平，才能减少设备缺陷处理时间。

（2）首台机组整组启动调试开始时间往往受公用系统分部调试时间的制约，后续机组调试主要受发电机进度的制约。首台机组分部调试时间应包含相关的公用系统调试时间。公用系统的调试，如电气系统、静止变频启动装置（SFC）系统、厂用电系统和升压变电设备系统等的调试，也会影响到机组调试。因此，在机电安装阶段应考虑公用系统设备安装调试与机组安装平行作业，尽早开始公用系统调试。

（3）调速器系统调试和监控系统调试是机组相关设备分部调试的关键，其余调试项目可穿插进行。调速器系统调试直接影响机组段的充水时间，而监控系统调试项目多，涉及每个设备，因而工期最长。为了减少关键路线的工期，可将技术供水系统调试、励磁系统静态调试和发电电压设备调试等安排在机组总装完成前进行。

（4）输水系统充排水试验的顺序为：尾水系统充排水试验（尾水主动）→引水系统充排水试验→机组段充排水试验。

4.4 调试期间的组织协调和内部管理

（1）抽水蓄能电站分部调试及整组启动调试在试运行指挥部统一指挥下，由各参建单位按照各自职责开展工作。监理中心充分发挥组织协调的优势，积极组织，全力协调，确保组织协调工作有序开展。

（2）机组分部调试前，监理中心组织施工单位编制分部调试进度计划，将计划细化到每项调试内容及每天的工作，同时在每台机组 15d 试运行前后编制尾工和消缺计划。

（3）调试期间，为加强组织协调力度，要求监理每天下午组织现场协调会，督促各方按照计划实施；对于现场调试发现的问题，应及时组织专题会议加以解决。

（4）监理中心在调试前专门组织内部人员，学习新源公司的调试导则和调试方案；在调试期间每周组织召开部门例会，讨论本周调试工作计划的进展情况和对调试中发现的缺陷的处理情况。

（5）监理中心要求现场监理人员在调试期间严格把控检查验收环节，认真记录现场调试工作的进展情况，以及调试中发现的问题及处理措施，在 15d 试运行期间详细记录机组运行参数、异常情况等。

5 提高监理工作水平的措施

目前，抽水蓄能电站机电调试监理工作仍普遍存在专业调试监理人员技术欠缺、人数不够、经验不足以及在调试过程中起到的作用有限等问题。为了改善这一现状，提高监理调试期间的管理水平和服务质量，提出了以下改进措施。

（1）引进高端专业调试人才，同时组织从事过调试的监理人员进行专题培训；在每个监理中心机电调试阶段，配置一名专业调试人员，同时带动其他监理人员共同进步。

（2）从公司层面对机电监理人员制订系统性的学习培训计划，培训内容包含技术和管理两个方面，从公司和监理中心两个层面共同进行。在机电调试过程中，监理中心采用每周内部培训讲课学习制度，同时邀请设计人员、厂家技术服务人员和调试人员分别从各自的角度进行专题授课。

（3）开展机电调试监理工作专题研究，将调试期间的监理工作任务、监理控制流程、监理控制措施和安全控制措施编制成管理手册，使监理工作表格化和标准化。针对不同专业的监理工作，建立后方技术管理团队；针对技术难点，组织技术专家进行专题研究。

（4）收集整理每个电站在调试过程中出现的问题、原因和采取的措施，总结抽水蓄能电站调试的监理工作，以利于提升监理工作效率，避免同样问题再次发生。

（5）加强机电调试阶段的监理内部管理水平，要求监理人员在调试过程中提高风险管控意识，严格把控检查与验收环节，细致、严谨地进行验收工作，及时做好验收记录；全面组织管理调试现场工作，积极主动沟通协调，做好事前预防和过程管控，避免事后分析。

6 结语

在金寨抽水蓄能电站机电调试过程中，监理中心通过严格控制调试各阶段的验收与检查，严格控制安全措施的落实，最终实现了“单机调试最短”的纪录。对机电调试管理措施进行总结，为后续电站机电调试监理工作提供了借鉴与参考。

参考文献

[1] 肖云峰．抽水蓄能电站机电调试监理管控与探索［J］．建设监理，2020（10）：4.

天荒坪电站1号发电机上机架振动值异常故障分析及处理

黄 麦 曾 辉 万晶宇
（华东天荒坪抽水蓄能有限责任公司，浙江省安吉县 313302）

【摘 要】天荒坪电站1号机组运行期间导轴承摆度、温度均正常，上机架 X 方向振动异常增大，期间采取动平衡试验、冷却水流量调整及机架本体振动专项分析等方法查找要因，最终发现了上机架径向螺栓松动及二次混凝土基础开裂的异常现象，对机架径向螺栓进行了重新紧固，二次混凝土裂缝进行了灌浆处理，处理后机架振动明显改善。

【关键词】发电电动机 上机架 振动故障 基础松动 螺杆疲劳

1 概述

天荒坪电站位于浙江省安吉县境内，属日调节纯抽水蓄能电站。电站安装有6台单机容量为300MW的可逆式机组，其中发电电动机为立轴悬式的同步电机，转速500r/min。在电力系统中主要起调峰填谷的作用，随着特高压工程投运，机组启停频繁，平均每天每台机组“三发两抽”，对机组各部件都带来了严峻考验。

2 故障现象

1号机组开机后，随运行时间增长，推力瓦温逐渐稳定，而上导、油槽温度和上机架－X 方向水平振动呈发散趋势，尤以上机架－X 方向水平振动最为突出，见图1。

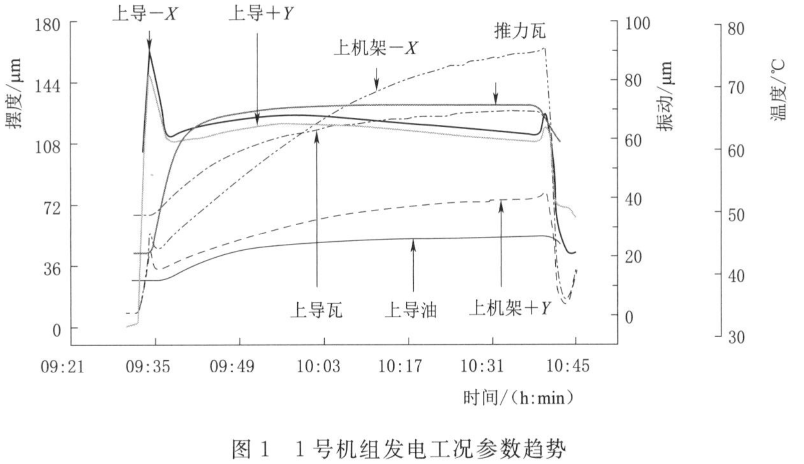

图1 1号机组发电工况参数趋势

由图1可见：发电工况下，开机运行30min后推力瓦温即稳定在67℃，上导摆度呈缓慢下降趋势，而上导瓦温和油槽油温运行半小时后呈缓慢上升趋势，上机架－X 方向水平振动持续增大，随运行时间增长上升至91μm，已超过报警值，机组不宜长期在此状态运行。针对该问题，结合机组检修已尝试磁轭T尾裂纹检测、动平衡试验，试图从转子平衡角度解决该问题，然而并未有效解决。

3 原因分析

3.1 振动探头故障

结合机组调试，检修人员将上机架－X 方向探头进行更换，更换后对比先前数据发现振动异常情况依然存在，后期在进行上机架振动专项分析时外接 18 只探头（图 2）。

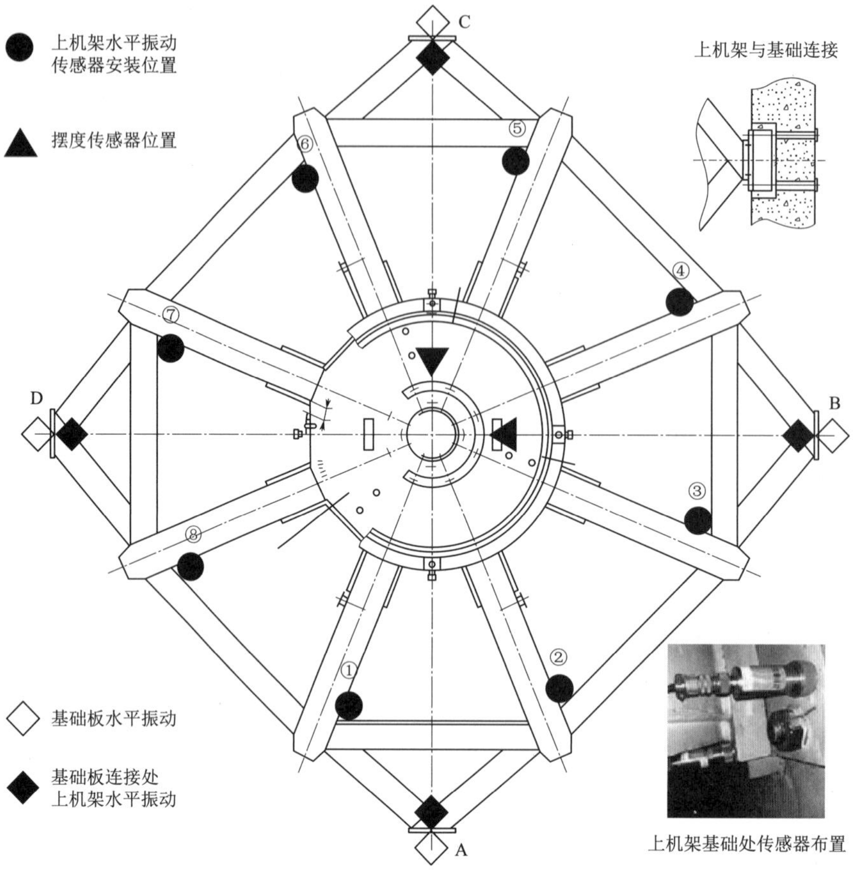

图 2　上机架水平振动传感器安装位置示意图

加装后，探头所采集到的数据与机组振摆装置仍然保持一致，排除振动探头故障因素，机组上机架确存在振动较大的问题。

3.2　导轴承摆度过大

现场数据采集 1 号机组各种工况下上导和下导摆度峰峰值趋势稳定，上导摆度两个方向摆度一致，$-X$ 和 $+Y$ 方向分别稳定在 147μm 和 163μm 附近；下导摆度 $+Y$ 方向摆度一致，$-X$ 和 $+Y$ 方向分别稳定在 161μm 和 145μm 附近，且频谱单一（图 3、图 4）。

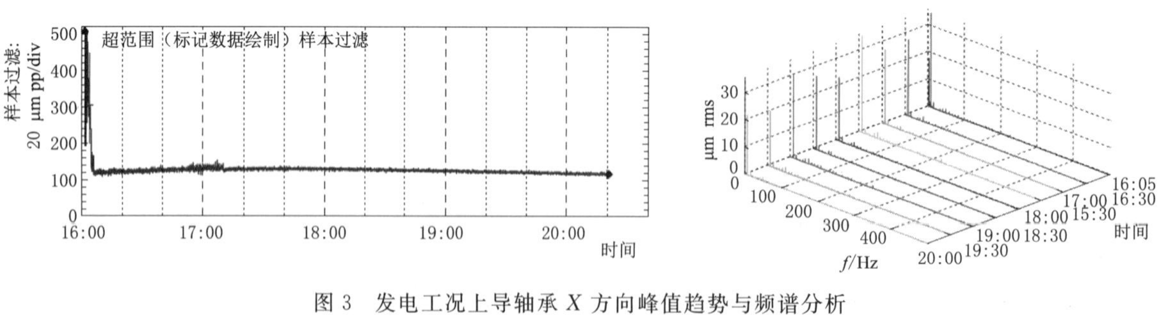

图 3　发电工况上导轴承 X 方向峰值趋势与频谱分析

可见导轴承摆度正常，排除该原因。

3.3　风洞内部温度

根据 2018 年 1 号机振动趋势图，初步判断发电机风洞内部温度对机架振动存在一定的影响。自 10 月开始，机组技术供水水温持续降低，机组的上机架振动值也呈下降趋势。从实时系统曲线看，风洞温度越高，上机架 X 方向振动越大。因此，2019 年 8 月通过流量调节的方式，尝试改善机架振动情况。

试验期间将发电机空气冷却器流量从 77.6L/s 调至最大流量 100L/s，调整阶梯为 5L/s，每段阶梯连

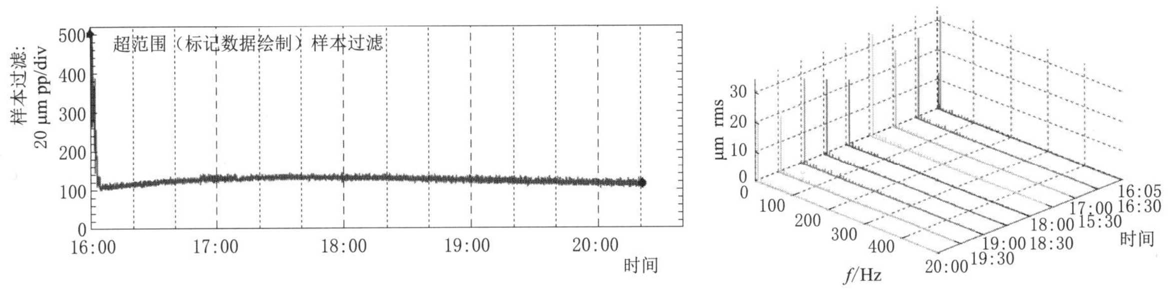

图 4　发电工况上导轴承 Y 方向峰值趋势与频谱分析

续统计 4d 上机架振动、上导摆度、推力摆度、上导温度、空冷温度、运行时长等趋势。根据试验数据分析夏季通过流量调整的方式只能降低风洞温度 3℃左右，对改善机架振动无明显效果（见表 1 和图 5）。

表 1　上机架与基础板振动对比

序号	上机架/μm		空冷器/℃		冷却水流量/(L/min)
	上机架 X	上机架 Y	进口风温	出口水温	空冷流量
1	74.00	38.00	62.00	35.00	85.00
2	68.25	34.53	65.49	37.87	87.95
3	48.63	25.30	62.24	35.27	89.61
4	52.57	27.57	62.60	35.55	91.11
5	55.00	29.00	62.56	35.49	90.45
6	81.48	40.41	59.63	32.66	95.00
7	82.70	40.70	61.29	32.87	95.52
8	69.69	33.72	60.07	32.98	95.49
9	82.00	41.00	59.78	33.05	95.13
10	71.70	38.47	60.68	33.67	95.62
11	80.60	43.24	60.86	34.09	92.40
12	77.30	39.80	61.94	34.17	92.79
13	71.59	38.17	61.55	34.73	91.19
14	70.45	38.04	61.64	34.87	92.14
15	68.06	36.03	61.66	34.98	91.38
16	87.36	46.38	61.69	34.91	91.49
17	69.00	37.00	61.89	34.90	91.49
18	73.02	39.67	61.70	34.89	92.52
19	57.09	32.08	61.33	34.44	93.21
20	71.00	38.00	61.27	34.31	92.00
21	81.00	42.00	61.15	34.36	91.50
22	83.00	44.00	69.55	33.05	95.98
23	80.00	41.00	59.84	32.92	99.28

3.4　机架本体刚度不足

机组上机架为 8 支臂、4 基础支撑结构，如图 6、图 7 所示，上机架采用支臂斜支撑结构将水平径向力转化为切向力后分解到基础支撑处，基础与上机架之间采用方形楔键传递作用力。

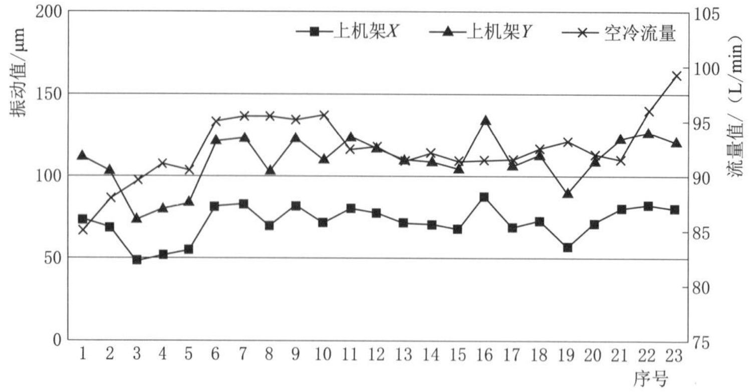

图5　1号机发电机流量调整后上机架振动趋势图

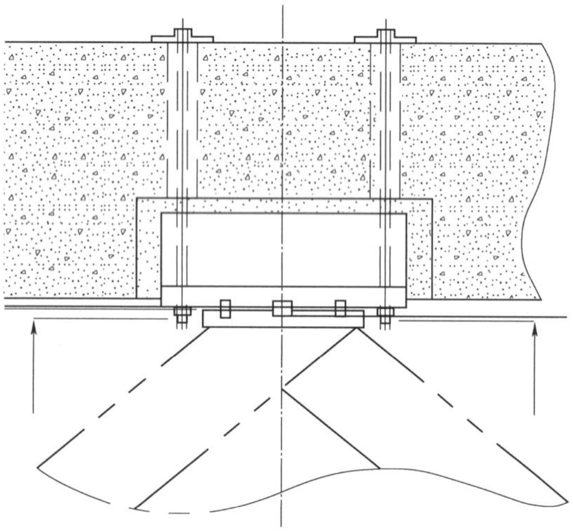

图6　上机架基础支撑连接结构图

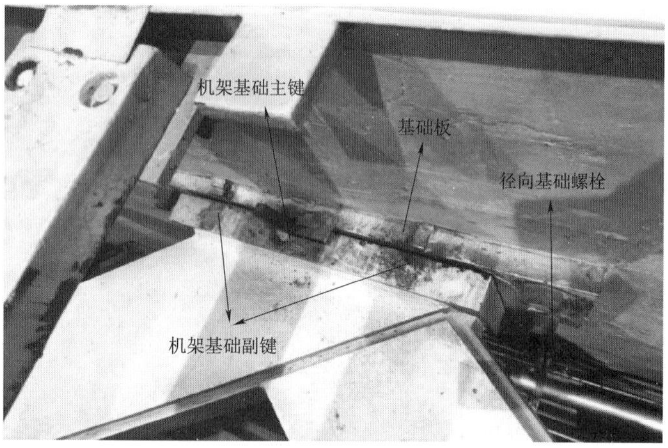

图7　上机架基础支撑图

2019年8月，结合1号机进行定检，在上机架8个支臂上分别安装8个水平振动速度传感器（见图2），同时从现地振摆检测柜接入上导、下导摆度和键相信号，对发电和抽水工况下各测点数据进行连续同步采集。

本测试结果报告中，上机架水平振动的数值分布情况和频谱特征表明（见图8、图9），发电工况和抽水工况长时间运行后，上机架 X 方向水平振动较 Y 方向明显偏大，且在发电工况时上机架 X 方向水平振动不收敛，初步怀疑机架刚性不足。

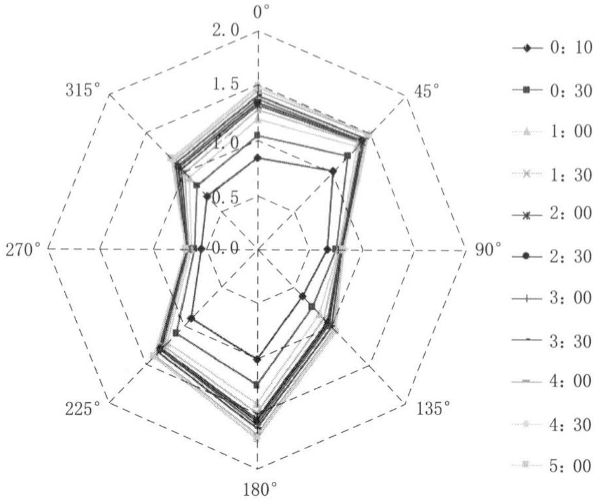

图8　发电工况运行上机架振动分布图

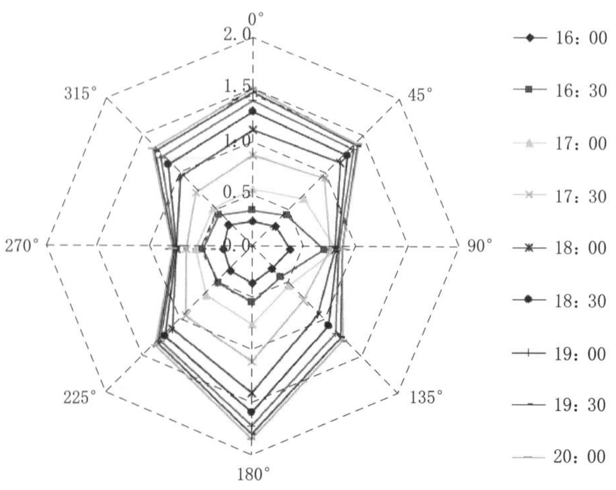

图9　抽水工况运行上机架振动分布图

结合机组定检对上机架焊缝进行外观检查与金属探伤检测，未发现焊缝存在异常或缺陷。

3.5 机架基础连接松动

2019年10月，结合1号机定检，进行上机架本体振动与基础振动对比分析，安装传感器过程中发现上机架基础二期混凝土存在裂纹，$+Y$方向上机架二期混凝土顶部裂缝宽度最大，裂缝为水平方向，最大裂缝宽度约1cm，缝内有混凝土碎块，裂缝较深（见图10）；与该裂缝垂直方向向下发育几条细裂缝，向下延伸至上机架埋件。推测该裂缝产生原因为上机架二期混凝土顶部浇筑不密实或混凝土干缩导致，且在机组振动荷载作用下不断增大。

图10 上机架$+Y$方向基础二次混凝土裂纹

同时在1号机组4个方向上机架基础板与上机架本体上分别安装振动传感器，针对上机架基础板与上机架本体进行专项分析，检测上机架基础是否牢固。

1号机组上机架现场测量数据见表2，从采集的数据可推断出以下几点结论：

表2 上机架与基础板振动对比

机架径向方位	发电工况/(mm/s)		抽水工况/(mm/s)	
	机架振动值	基础板振动值	机架振动值	基础板振动值
$+X$方向	1.44	0.57	1.28	0.52
$+Y$方向	0.74	0.85	0.77	0.67
$-X$方向	0.71	0.83	0.71	0.54
$-Y$方向	1.71	0.75	1.50	0.66

（1）发电工况下，在$+Y$和$-X$方向上，基础板振动大于机架本体振动，存在基础松动的可能，其中尤以$+Y$方向连接最为薄弱。

（2）从轴中心线（见图11、图12）上看：上导轴中心线严重偏向Y方向，说明该方向上支撑刚度明显低于X方向。

（3）从上导摆度与机架、基础振动混频幅值上看：稳定抽水和发电时，系统总能量恒定相同，上导摆度略呈衰减趋势，机架和基础振动略呈增大趋势，引起这方面的原因可能是，随着运行时间的延长，整体部件的温度增大并稳定，引起系统局部支撑刚度减小，在支撑刚度减小处，能量得到释放，造成振动增大，而由于总能量不变，导致轴摆度减小。

综上分析，基本推断出上机架X方向振动异常是由上机架基础不牢固造成，结合1号机组D修进行处理。

4 处理过程

针对上述问题制定施工方案，首先对发电机上机架基础进行全面分析。天荒坪发电电动机为悬式机组，上机架为承重机架，将机组轴向力传递至定子基座，再到风洞基坑混凝土，上机架径向方向与基础板间存在7mm间隙，允许上机架径向膨胀，但其切向通过主副键限位，限制上机架切向位移，而基础板

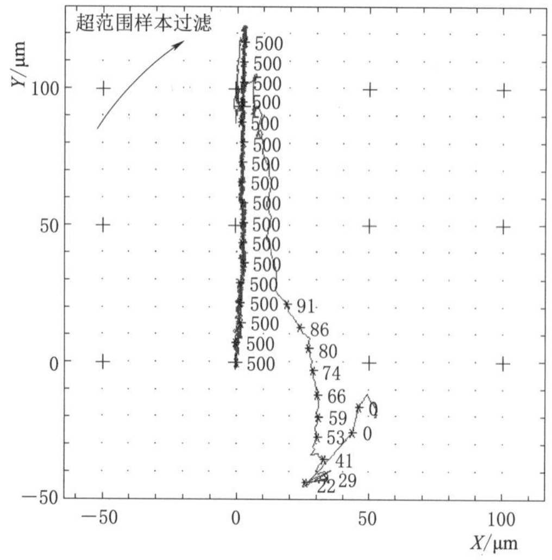

图 11　发电工况上导轴心线

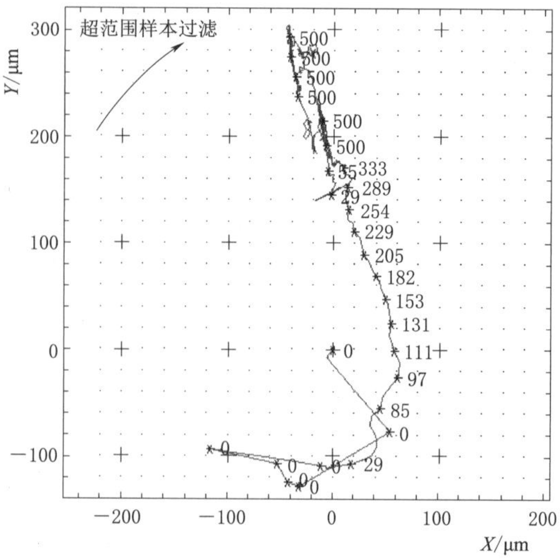

图 12　抽水工况上导轴心线

通过 4 根 M36 的双头螺杆和二次混凝土固定，若螺栓松动或二期混凝土开裂，则上机架的切向限位定受影响，从而造成机组机架振动异常的现象，接下来对上机架基础二期混凝土和紧固螺栓进行全面检查处理。

4.1　混凝土裂缝处理

（1）裂缝检查。首先对上机架混凝土裂缝情况进行全面检查，按分块编号，逐块进行检查，记录裂缝分布、条数、长度、宽度、深度、产状及是否贯通等资料，依据检查结果绘制裂缝分布图。

（2）裂缝清理。将裂缝表面尘土、浮皮等清理干净，裂缝松动局部范围要凿除，并用环氧砂浆修补。

（3）灌浆孔钻孔。根据裂缝检查成果，沿缝钻设与裂缝斜交的穿缝化学灌浆孔，间距 30～50cm（视裂缝开展情况加密），孔径 14mm，准确控制进孔方向，确保钻孔与裂缝面相交。

（4）灌浆孔洗孔。冲洗孔内粉尘等杂物，以保证灌浆能顺畅进行。

（5）埋设灌浆管。在灌浆孔内埋设灌浆嘴和排气管，并采用 HK－EQ 环氧胶泥对灌浆嘴以外的缝面和灌浆嘴周边进行封闭，以保证灌浆时不漏浆。

（6）灌浆。采用电动高压灌浆泵向裂缝内灌注环氧基液，灌浆压力不大于 0.3MPa，具体可根据不同裂缝的可灌性进行调节。灌浆顺序为从下至上，从缝一端至另一端。当进浆顺利时应降低灌浆压力；当排气孔出浆后关闭排气孔，继续灌浆；当邻孔出现纯浆后，暂停压浆，将注浆嘴移至邻孔继续灌浆，在规定的压力摒浆，直达到灌浆结束。

灌浆结束标准：在设计压力下，单缝最后一个孔持续 3min 不进浆即可结束。

（7）表面修复处理。使用电动磨光机磨除 HK－EQ 环氧胶泥后，涂刷宽度 20cm，厚度不小于 1mm 的 KT2 水泥基结晶渗透涂料。二期混凝土外表面涂抹一层环氧砂浆，处理前后对比见图 13、图 14。

图 13　二次混凝土裂纹凿开图

图 14　修复后的二次混凝土

4.2 上机架径向基础板紧固螺栓力矩检查

结合机组D修对所有上机架径向基础螺栓进行无损检测，未发现异常。从外观检查来看，螺母表面的标记与基础板上标记吻合，无松动。根据图纸要求进行600N·m力矩检查，发现螺栓均有松动迹象，$+Y$方向基础螺栓松动最为严重，在600N·m力矩下螺母位移1/4圈。

5 效果检查

1号机复役后，机组运行情况良好，发电工况上机架振动X/Y：37μm/29μm，抽水工况上机架振动X/Y：28/25，均呈下降趋势（见图15、图16）。

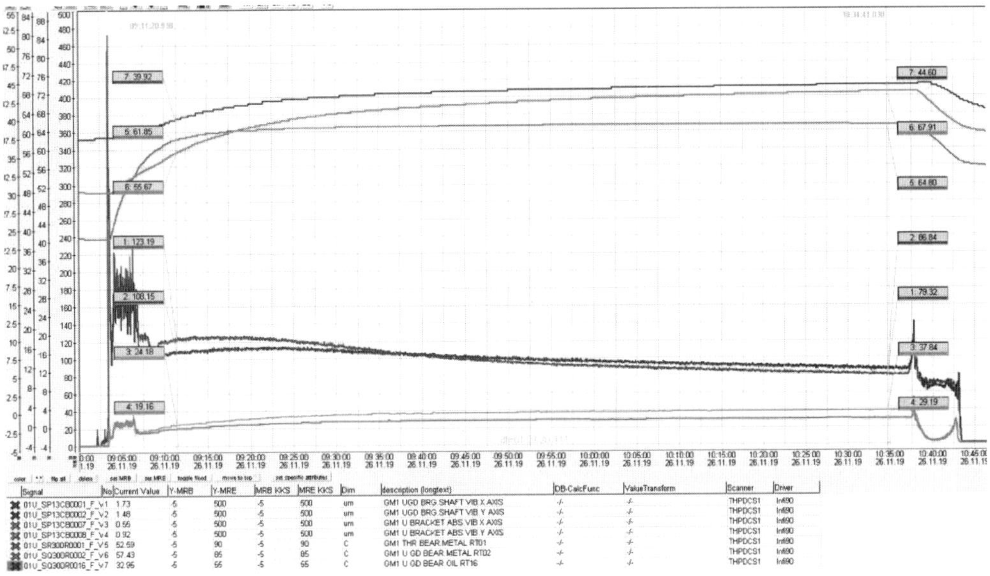

图15 1号机组处理后发电工况上机架振动趋势图

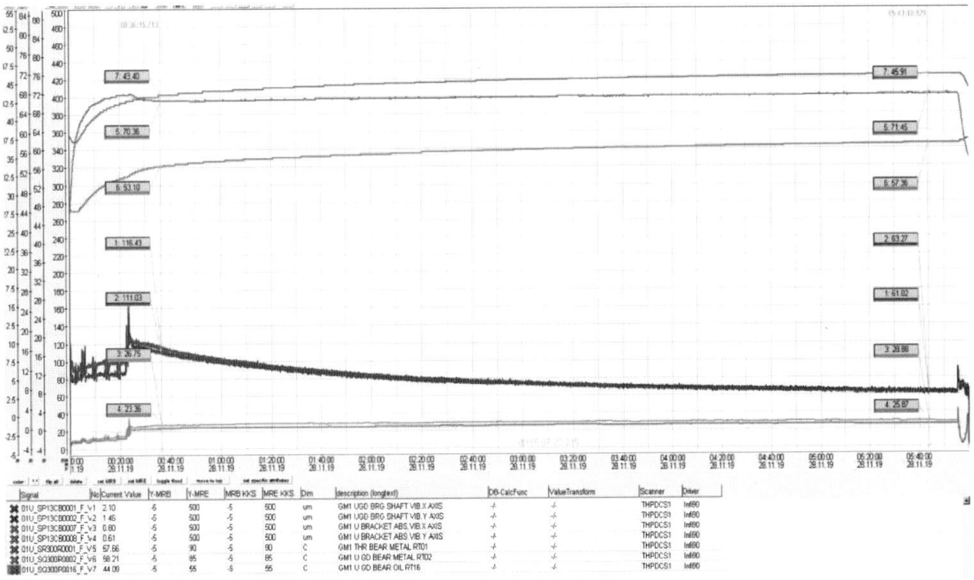

图16 1号机组处理后抽水工况上机架振动趋势图

通过VM600系统趋势分析（见图17），机组发电300MW稳定符合运行情况下，开机运行半小时后上机架水平振动收敛，$-X$方向水平振动位移由修前91μm降为修后38μm，振动数值在标准规定的限定范围内；上导摆度也有所降低，$-X/+Y$方向摆度由修前114μm/19μm降为修后87μm/79μm；机组瓦温和油温也趋于稳定。

以上数据与趋势曲线表明，机组能够安全稳定运行，本次修复成功。

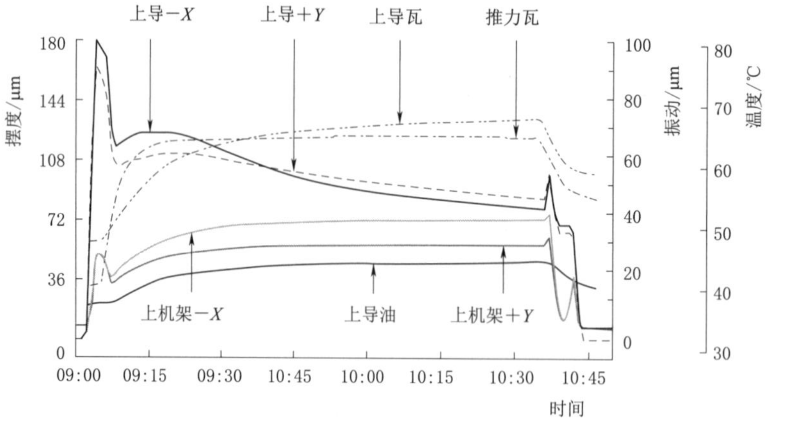

图 17　1 号机组处理后发电工况关键稳定性参数趋势图

6　结语

本文以天荒坪电站 1 号机上机架振动异常问题出发，通过机组趋势分析、频谱分析等技术手段解决了该异常现象的原因识别，获得以下结论与启示：

（1）本次故障暴露了基建期二次混凝土浇筑不严实、不扎实的问题，混凝土干缩后形成裂缝，在长期机组振动载荷作用下发育出新裂纹，最终导致上机架基础板松动，机组振摆参数不健康。天荒坪机组投产在国内较早，该问题随时间的暴露对其他已投运与基建电站都具有重要的参考价值。

（2）机组紧固螺栓检查不到位，检修人员在日常运维和机组各级检修时盲目地参照标记检查，没有采用扭矩定量化方式进行检查，导致因螺栓疲劳老化而造成螺栓紧固力不足的异常问题没有被及时发现。在该故障处理解决完后，对本厂其他机组机架固定基础与各部位紧固螺栓也进行了排查，举一反三，预防由于混凝土开裂、螺杆老化引起同类故障再发生。

目前已将螺栓力矩检查纳入运检规程与作业指导书中，在原先检查螺栓记号的基础上增加固定扭矩检查，并增设二级验收点，提早发现螺杆寿命缩短、设备老化情况。

（3）对状态监测系统中发现的具有趋势性的潜在问题没有加强分析，无法实现故障的早期预警，易造成事故扩大化。在月度健康分析中加入了相关点检项目，增强对设备缺陷的跟踪与管控。

参考文献

[1]　李浩良，孙华平. 抽水蓄能电站运行与管理 [M]. 杭州：浙江大学出版社，2013.

[2]　苏鹏力，华丕龙. 广州蓄能水电厂 A 厂地下厂房结构检测与加固方案设计 [J]. 水力发电，2016，42 (9)：64 - 67.

[3]　GB/T 32584—2016 水力发电厂和蓄能泵站机组机械振动的评定 [S]. 北京：中国标准出版社，2016.

小容量油盆在抽水蓄能电站的应用

曾 辉[1] 戢志仁[2] 王 兵[3]

（1. 华东天荒坪抽水蓄能有限责任公司，浙江省安吉县 313302；

2. 三峡清源电力运维管理有限公司，浙江省安吉县 313302；

3. 浙江中聘科技股份有限公司 浙江省安吉县 313302）

【摘 要】 导轴承主要用于承受各种运行工况下机组产生的径向力和限制大轴摆度，导轴承的温度和振摆直接影响机组的安全稳定运行。本文主要介绍天荒坪电站发电电动机导轴承的系统组成、工作原理、小容量油盆冷却效果探讨。

【关键词】 导轴承 系统原理 小容量油盆 效果探讨

1 概述

天荒坪电站位于浙江省安吉县境内，属日调节纯抽水蓄能电站。电站安装有6台单机容量为300MW的可逆式机组，其中发电电动机为立轴悬式的同步电机。发电电动机具有两个导轴承，其中上导轴承位于推力轴承下方、转子上方；下导轴承位于转子下方。导轴承采用油浸、自润滑、可调的分块瓦型，瓦数为10块，在两个旋转方向都有相同的特性。上导油盆冷却油量650L，下导油盆冷却油量840L，均采用体内冷却器冷却。导轴承油盆内2只冷却器采用独立的供排水管路，冷却水取自下水库。

2 导轴承系统组成及导瓦结构

2.1 系统组成

导轴承（见图1）由均压腔、挡油板、油盆盖、抗重环、下机架、油冷却器、轴领、下导瓦、锁锭螺母、间隙调整螺杆、挡油迷宫环、油盆组成。油盆与油盆盖、轴领、抗重环、下机架构成储油容器，油

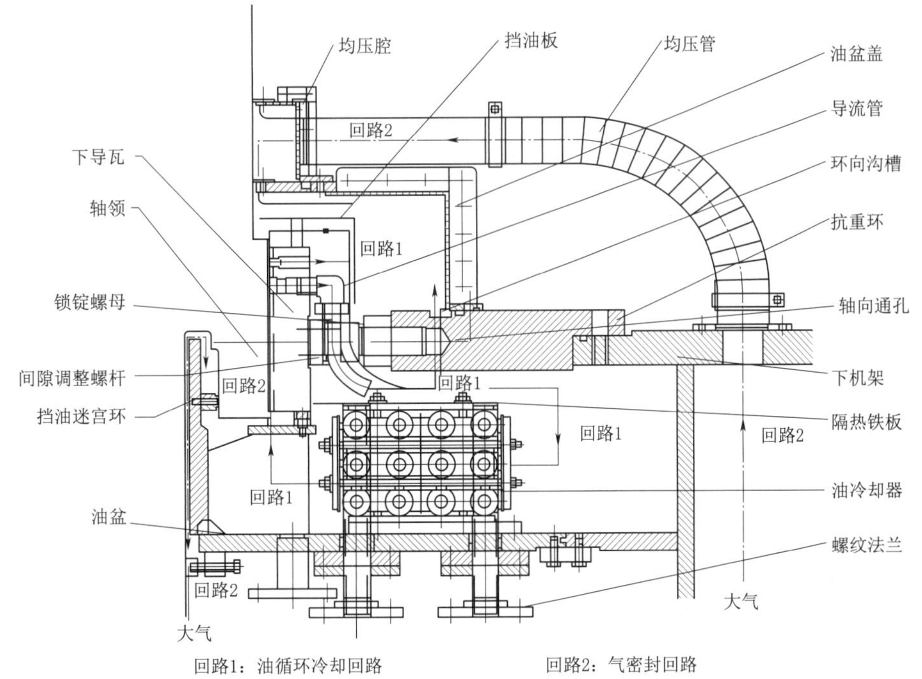

图1 下导轴承结构图

盆与轴领内壁间有挡油迷宫环，油盆与轴领内壁间隙为 2mm；油盆盖上方有均压腔，均压腔有软管与大气接通；下导瓦压在主轴磨光的轴领表面，正常运行时由油盆加强筋板支撑，挡油板通过三颗 M12 螺杆固定在下导瓦上方。间隙调节螺杆和锁锭螺母固定在抗重环上，抗重环通过螺杆固定在下机架上，能将导瓦运行时受到的径向力传递到下机架。内置油冷却器与螺纹法兰、外接水管路构成润滑油冷却回路，冷却器上方有隔热铁板，铁板与导瓦背部有 5mm 间隙。

2.2 导瓦结构

天荒坪电站导轴承分块瓦长 343mm（中心值），高 275mm、厚 61mm，导瓦表面覆盖一层 2.5mm 厚巴氏合金。瓦面右侧（面向大轴）表面上有块 6mm 深凹陷区，巴氏合金表面下部有 0.15mm 深凹陷区，两凹陷区可以存储冷却油。在第一级凹槽有 ϕ25mm 通孔外接一导流管，在第二级凹槽有 3 个 ϕ20mm 通孔，两处凹槽可以降低润滑油的油速，外接通孔可以减少向上运动的润滑油量。导瓦左右两侧开有轴向槽和径向槽，径向槽在轴向槽上方，挡油橡皮在轴向槽内、挡油胶木在径向槽内防止挡油橡皮上窜，瓦后背有两颗 M6 螺杆固定的小铁片，用来防止挡油胶木跑出，挡油橡皮和挡油胶木的组合使用使得 10 块分块瓦形成一个整体，可以防止润滑油在瓦间外漏。导轴承巴氏合金瓦左右两侧及下方有 R1.5mm 倒角，方便机组运行时润滑油进入。导瓦结构如图 2 所示。

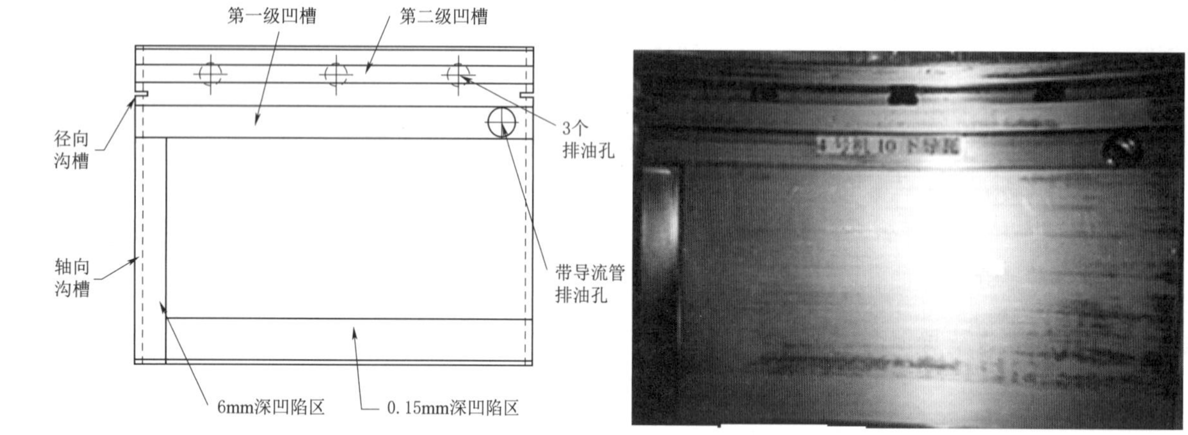

图 2　导瓦结构图及实物图

3 导轴承工作系统

3.1 油循环冷却系统

天荒坪电站导轴承采用体内式油循环冷却系统，由油盆、油盆盖、轴领、抗重环、下机架、导瓦、挡油板、隔热铁板、油冷却器组成。机组静止时导瓦的 1/4 部分浸在润滑油中，导瓦与轴领接触面有剩余油膜，导瓦瓦面凹陷处存有大量冷却油。机组运行时，利用伸入油槽中的轴领下凸缘在高速旋转时的黏滞泵作用，将导瓦凹陷处的冷油泵起，沿着导瓦螺旋向上运动。冷却油运动到第一级凹槽时，部分油被凹槽后方的导流管排到隔热铁板上方，剩余部分油继续往上润滑瓦面。冷却油运动到第二级凹槽时，部分油被凹槽后方的三个排油孔排走，沿着挡油板的边壁流回到隔热铁板上方，剩余部分油继续往上润滑瓦面。冷却油润滑完剩余瓦面后，从导瓦上方射出受到挡油板的束缚，沿着挡油板的边壁流回到隔热铁板上方。油盆盖与抗重环之间的油雾汇聚到抗重环的环向沟槽内，顺着环向沟槽内的六个轴向通孔将油排到隔热铁板上方。导瓦下方的冷油在轴领黏滞泵的作用下被泵出，产生的空位被周边的冷却油迅速补充，冷却完导瓦的热油顺着隔热铁板的引导流到冷却器的后方，经过油冷却器的冷却流到导瓦的下方（见图 1 中回路 1）。

3.2 油密封系统

天荒坪电站导轴承密封系统由油盆、油盆盖、轴领、抗重环、下机架、导瓦、均压腔、挡油迷宫环组成。润滑油储存在油盆与油盆盖、抗重环、下机架构成储油容器中，均压腔与油盆盖间、油盆盖与抗重环间、油盆与下机架间有 O 形密封防止润滑油外漏。导瓦上部的两道凹槽将大量润滑过瓦面的热油提前引流，避免润滑油在润滑完瓦面后集中高速射出，撞击挡油板形成大量油雾。

由于蓄能机组转子直径比导轴承直径大，机组高速运行时容易在转子上下方形成负压区，造成上下导轴承产生的油雾外泄。天荒坪电站在上导轴承下方和下导轴承上方增加接通大气的均压腔，均压腔为倒 L 形，与油盆和油盆盖配合形成腔室，腔室内的大气压力高于油雾压力，将油雾限制在油盆内。油盆与轴领内壁间的挡油迷宫环，限制了油雾沿油盆内侧外溢的速度和压力，且挡油迷宫上方也与大气相通，将油雾限制在油盆内（见图 1 中回路 2）。

4 导轴承的冷却效果

天荒坪电站导轴承 10 块巴氏合金瓦上布置有 14 只 RTD，其中 7 只测量发电工况出口瓦温，另 7 只测量抽水工况出口瓦温。油盆内部布置有 2 只油温 RTD，冷却水系统布置有 1 只进口水温 RTD、2 只出口水温 RTD。2 只盘式油冷却器布置在油槽下部，共 3 层，每层有 4 根冷却铜管，铜管外缠绕铝散热片，各层冷却水单独循环冷却。

由于内置油冷却器上方的隔热铁板将油盆分隔为上下两个腔室，润滑冷却导瓦后的热油被导流管、挡油板、环向沟槽、轴向通孔等引流到隔热板上方（热油腔），顺着油流到冷却器后方，经冷却器冷却后成冷油，运动到油冷却器前方成冷油。2 只油冷却器有单独的进出水管、进水管靠外侧出水管靠内侧，各层间同一竖轴方向上水温基本相同，可靠的控制润滑油冷却效果。

天荒坪电站位于北纬 30°附近，下水库夏季常年水温 30℃左右，2022 年 8 月达到 34℃。由于导轴承的特殊的冷却润滑方式，加上可调的冷却水流量，导瓦温度可靠的控制在 75℃以下。

发电工况冷却效果见图 3，下水库温度为 32.71℃、负荷为 300MW 时，发电工况最高瓦温 73.89℃。

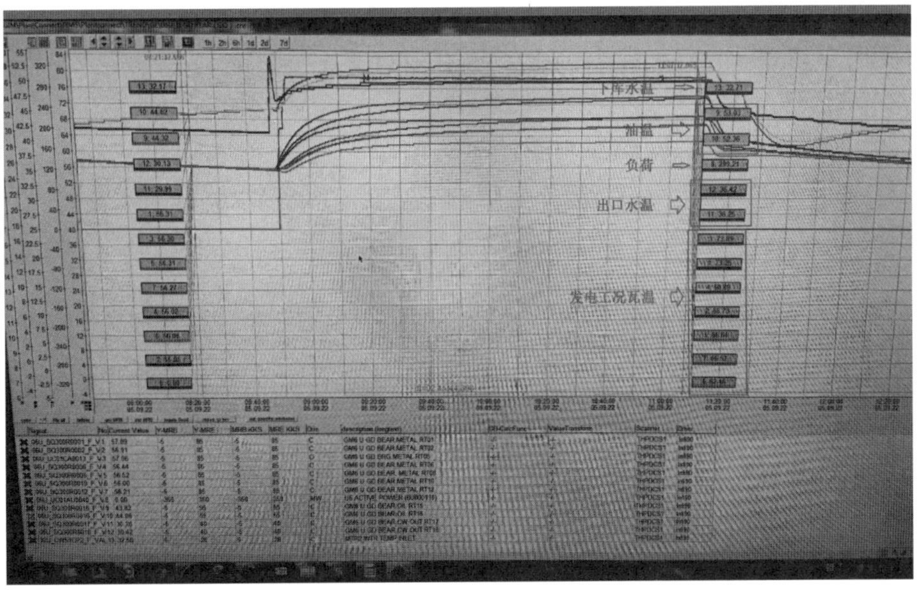

图 3　发电工况冷却效果

抽水工况冷却效果见图 4，下水库温度为 32.21℃、负荷为 －330MW 时，抽水工况最高瓦温 71.55℃。

5 结语

多年的运行实践证明，天荒坪电站导轴承满足抽水蓄能电站机组双向旋转运行要求，且具有以下特点：

(1) 结构简单，冷却高效。利用体内冷却器上方的隔热铁板，将油盆有效的分隔为两部分，有效规

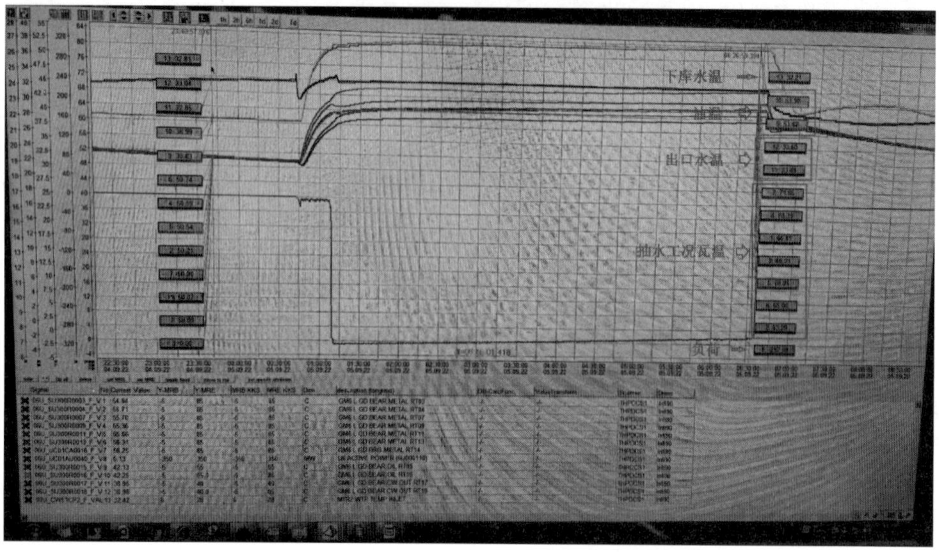

图 4　抽水工况导轴承温度

范了热油的冷却回路，提高了体内冷却交换效率，减少了油盆内的润滑油量，且节省了一套油泵循环装置及其控制系统。

（2）设计合理，控制油雾。利用导瓦上方的挡油板将大部分油雾挡回到油盆，同时通过四根均压管和迷宫环把机组风洞外的气压直接引到轴承，有效地阻止了因机组运行时在导轴承附近产生的负风压，从而把油雾封在油盆内部不溢出，且节省了一套抽油雾装置。

参考文献

[1]　李浩良，孙华平．抽水蓄能电站运行与管理［M］．杭州：浙江大学出版社，2013.

某抽蓄机组甩负荷后上导摆度异常分析与处理

韦磊磊[1]　雷　徐[2]　万晶宇[1]
（1. 国网新源华东天荒坪抽水蓄能有限公司，浙江省湖州市　313304；
2. 浙江华科同安监控技术有限公司，浙江省桐乡市　314500）

【摘　要】本文针对某抽蓄机组甩负荷后上导摆度明显变大现象，利用机组状态监测系统的采集数据，结合机组盘车数据，从电磁、水力、机械影响因素开展排查，发现摆度异常原因是上导滑转子偏移，进一步排查确定根本原因是滑转子内环加工误差致使与上端轴外径热套过盈量不符合标准导致在较高转下上导滑转子发生倾斜串动；经过上导滑转子安装压环的设计优化，有效改善了上导振摆异常。

【关键词】抽水蓄能电站　发电电动机　机组状态监测系统　上导摆度　滑转子

1　引言

导轴承处振摆是反映抽蓄机组运行状况的重要动态指标之一，良好的振摆对机组长期稳定运行具有重要意义。抽蓄电站的水轮发电机组属于旋转机械，振摆易受电磁、水力、机械等方面因素的影响。常见的影响振摆因素有转子质量不平衡、机组轴线不对中、定转子间隙不均匀、磁极线圈匝间短路、交流阻抗不均衡、水力不平衡、转轮汽蚀、尾水管涡带振动等，其中滑转子偏移引起机组振摆异常在行业内有过发生，主要特征有导轴承振摆变大。

某电站发电电动机采用立轴悬式结构，单机容量为350MW，上导轴承处热套滑转子结构，本文以其6号机组在调试期间甩负荷后上导摆度异常增大的振动问题，开展了原因分析、排查，针对滑转子偏移，给出一种工程解决方法，供同行借鉴。

2　上导摆度甩负荷后数据异常

某电站6号机组于2022年5月28日进行了25%、50%和75%甩负荷试验。对比25%和50%甩负荷前后空转运行数据发现，6号机75%甩负荷试验后空转运行上导摆度有明显增大现象，上导摆度幅值增大200μm左右，主要变大成分是1*X*倍频信号，1倍频相位变化70°左右（见表1）。

表1　6号机组25%、50%和75%甩负荷试验后空转上导摆度测量值　单位：μm

工　况	25%甩负荷				50%甩负荷				75%甩负荷			
	甩前空转运行		甩后空转运行		甩前空转运行		甩后空转运行		甩前空转运行		甩后空转运行	
上导测点位置	+*X*	+*Y*	+*X*	+*Y*	+*X*	+*Y*	+*X*	+*Y*	+*X*	+*Y*	+*X*	+*Y*
通频值/mm	104	108	109	114	121	111	139	131	130	127	355	323
1倍频/mm	40	55	73	79	76	80	87	85	87	85	308	280
1倍频相位/(°)	353	96	348	91	347	81	69	162	69	162	132	225
甩负荷最高过速	639.48r/min，106.58%				691.67r/min，115.27%				747.82r/min，115.27%			

3　上导摆度数据异常原因分析

3.1　上导摆度传感器安装位置

根据测点优先选择接近轴承处的布置原则，上导摆度传感器安装在焊接于油盆立筋上的延长支架上（见图1），测量面为上导的滑环子外环处（见图2），其表面为精加工面。某电站在+*X*、+*Y*、−*X*、

－Y 4 个方向皆安装有摆度测量传感器。

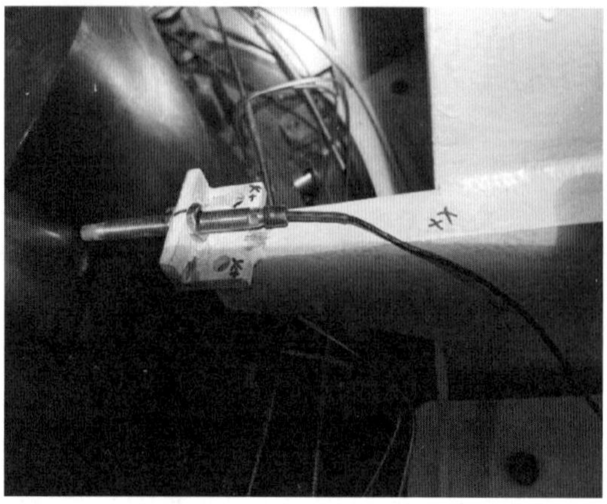

图 1 上导摆度传感器安装位置

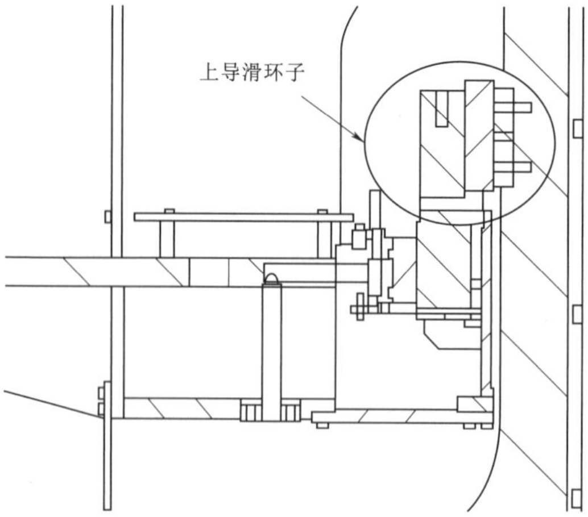

图 2 上导摆度测量面滑环子示意图

3.2 振动源分析

校核不同甩负荷试验下＋X/－X 与＋Y/－Y 方向摆度数据，未发现明显差异，排除数据测量存在误差。表 1 数据发现 50%甩负荷试验前后上导摆度 1 倍频幅值变化较小，75%甩负荷试验前后摆度 1 倍频幅值、相位有较大差异，因此主要以 75%甩负荷试验前后数据变化为基础，对上导摆度异常情况进行分析和原因查找。

(1) 电磁因素引起振摆变大排查。定转子间空气间隙不均匀，励磁绕组、定子绕组匝间短路等都易引起气隙磁场不均衡而产生不平衡磁拉力，这种不平衡力作用于转子轴系和定子机座上[1]。检查 75%甩负荷前后空转运行时发电机上下端部定、转子间气隙间隙（见图 3 和图 4），各磁极平均间隙未有明显变化，且各间隙与平均间隙的差值远小于平均间隙值的 8%。未发现有相关电气保护报警信号。后续检查磁极、定子铁芯、定子线棒未发现有松动，此外机组带负荷稳定运行期间未发现定子机座水平方向有突出的 2 倍、3 倍转频信号[2]，甩负荷实验中未发现振摆随励磁电流、负荷增大的明显迹象。针对 75%甩负荷试验后空转运行摆度数据超标的明显特征，因此排除电磁因素影响。

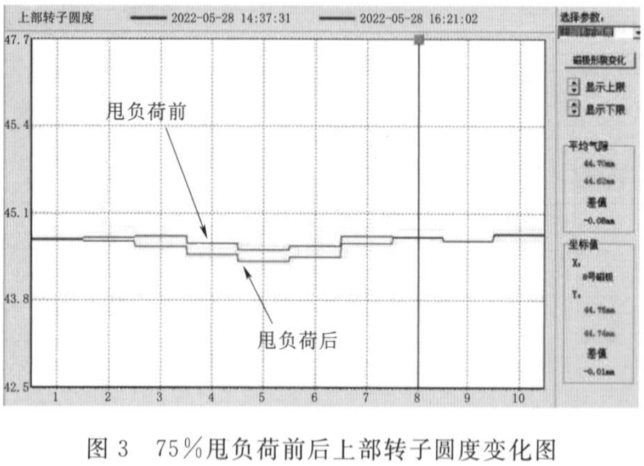

图 3 75%甩负荷前后上部转子圆度变化图

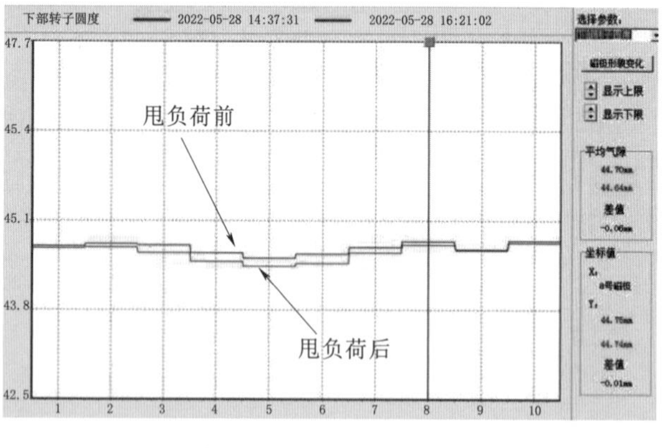

图 4 75%甩负荷前后下部转子圆度变化图

(2) 水力因素引起振摆变大排查。水力因素对抽蓄电站的水轮机组结构部件振动影响较大，如水导轴承振摆与水力不平衡密切关系，叶片尾部卡门涡旋、尾水管偏心涡带易造成尾水管、蜗壳明显振动。对悬式发电机来说，水力因素对上机架轴向振动有一定影响，对导轴承摆度影响有限[2]。6 号机对比不同功率甩负荷试验前后上导摆度频谱（见图 5），发现占主频的 1 倍频变化明显，其余倍频变化不大，未明显发现水轮机过流部件特征频率。因此排除水力因素影响。

(3) 机械因素引起振摆排查。

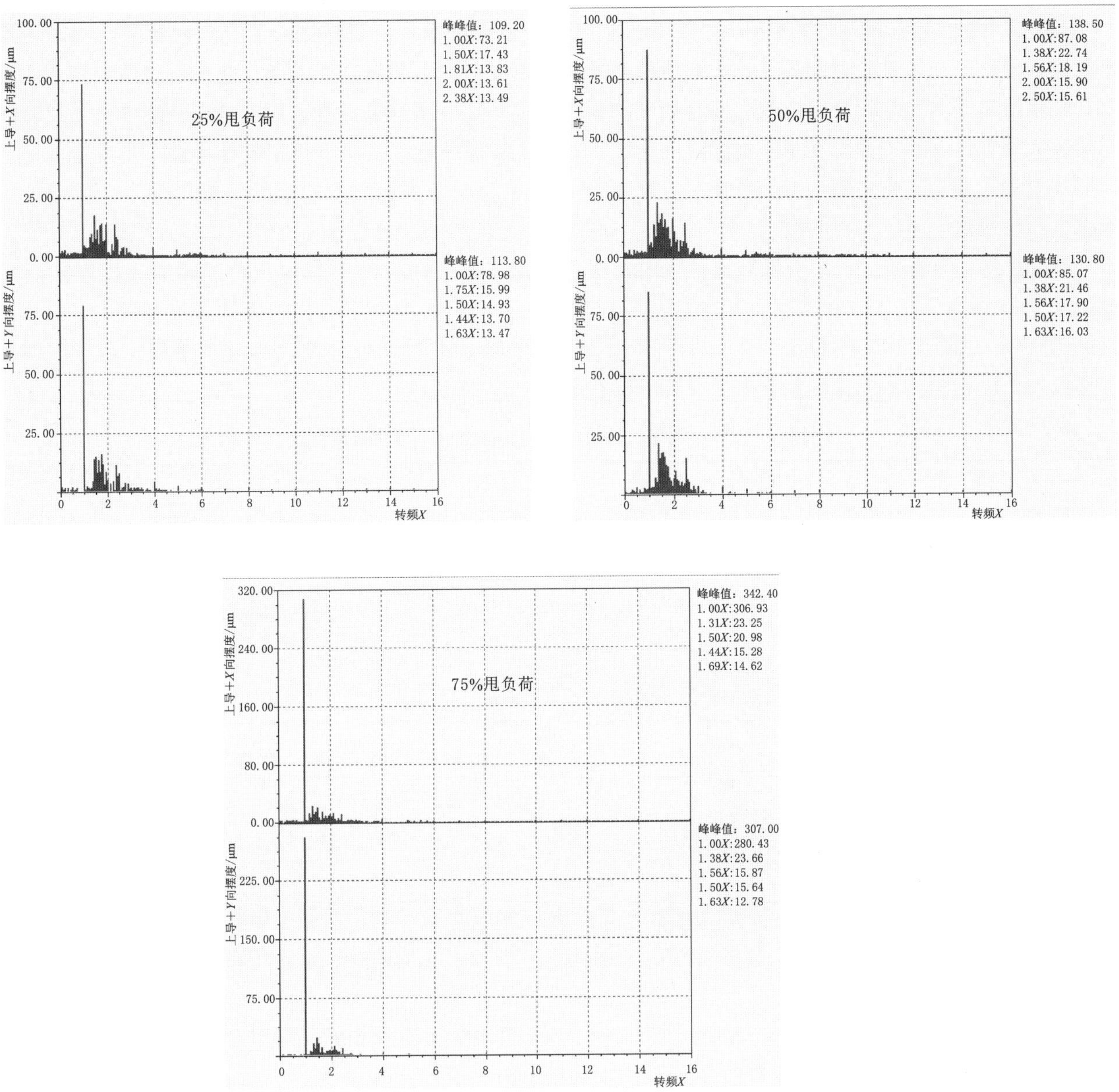

图 5　6 号机组 25%、50%和 75%甩负荷试验后空转上导摆度频谱

1）机组不对中的影响。有研究表明，立轴水轮发电机轴承不对中会使转子轴心轨迹产生偏心且对摆度影响不大[3]，水轮机与发电机之间的固定式刚性联轴器不对中会使振摆有很大成分的 0.3～0.4 倍频[4]，6 号机振摆特征不符合上述结论。虽然 6 号水轮发电机组由 4 根轴组成，制造、安装难度大，但是随着现场安装、测量技术的提高，在机组寿命周期内，机组不对中产生振摆异常的概率较小。因此排除机组不对中因素的影响。

2）机械不平衡力的影响。旋转机械转动部分质量分布不对称会产生不对称离心力，300r/min 以上机组在转动过程中还存在不平衡力耦，这些都是影响机组平衡的重要因素；由于高转速机组可视为弱刚性轴系，主要特征是振摆转频（1X）与转速平方不完全遵守线性关系，实际要略大一些[5]。由表 2 可知转子质量不平衡非 6 号机摆度异常发生因素。由于机械不平衡力产生原因较多，进一步排查主要结构部件。

表 2　　6 号机组上导摆度 1 倍频值与额定转速关系

测点位置	50%N_r 转速下幅值	90%N_r 转速下幅值	1 倍频幅值与转速的幂次
上导 X 向摆度 1X 频	182μm	303μm	0.88μm
上导 Y 向摆度 1X 频	178μm	277μm	0.76μm

3）轴承与机架的影响。瀑布沟电站半伞式机组下导轴承接触式密封弹簧卡涩导致密封条与滑转子摩擦产热，滑转子与转轴长时间温差过大致使滑转子热变形、串动引起摆度变大[6]；龙头石电站半伞式机组上导轴承滑转子与大轴配合间隙变大引起摆度增大[7]；国外某电站悬式机组下导轴承支柱螺栓松动及套筒间隙过大导致导轴承支撑刚度下降引起摆度增大[8]；天荒坪电站悬式机组下机架支撑刚性不足也造成过下导摆度变大。众多案例表明，滑转子串动、轴承支撑不足、机架刚性弱会引起导瓦摆度变大。后续停机检查也验证了这一点。

（a）关键信息提取。机组在低转速运行时，类似于盘车过程。对比 75%甩负荷试验前后机组在 60r/min 与 600r/min 下的上下导摆度数据（见表 3），发现无论高低转速，下导相较上导摆度通频、1 倍频幅值虽然有较大增长，但是相位角变化较小。又因为上下导结构差异，下导没有滑转子结构，是在下端轴上直接加工出轴颈，因此盘车检查上导滑转子很有必要。

表 3　　6 号机组 75%甩负荷试验前后不同转速上、下导摆度测量值

工　况	60r/min								600r/min							
	上导甩前空转运行		下导甩前空转运行		上导甩后空转运行		下导甩后空转运行		上导甩前空转运行		下导甩前空转运行		上导甩后空转运行		下导甩后空转运行	
测点位置	$+X$	$+Y$	$+X$	$+Y$	$+X$	$+Y$	$+X$	$+Y$	$+X$	$+Y$	$+X$	$+Y$	$+X$	$+Y$	$+X$	$+Y$
通频值/mm	34	35	30	32	121	119	83	81	144	133	203	176	355	323	359	284
1 倍频/mm	32	33	29	25	117	112	81	71	89	89	146	106	308	280	298	228
1 倍频相位/(°)	2	97	147	235	114	208	148	243	61	160	193	276	132	225	166	250

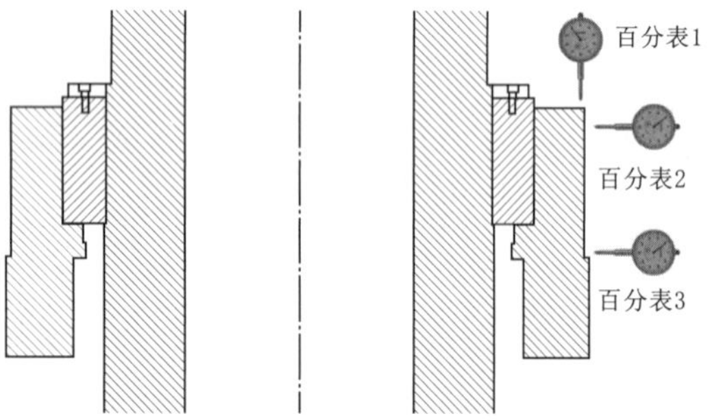

图 6　上导滑转子百分表安装位置示意图

（b）机组常规检查分析。检查摆度传感器及安装支架，未发现传感器本身存在故障、安装支架松动、测量环境有干扰等情况；检查转子各固定部件螺栓、转子磁极固定键、支撑部件未有松动情况；使用精度为 0.02mm/m 的框式水平仪对上端轴端面和上导滑转子端面进行水平度检查，上端轴未发现偏斜、滑转子有下沉现象，怀疑上导滑转子存在异常。

（c）机组盘车检查分析。采用盘车的方法进一步检查上导轴承滑环子的异常情况。在上导滑环子外环$+X$方向的上端面及侧面上、下位置装设百分表（见图 6）。以磁极为参照将滑环子均分 10 个测量区域并编号，编号与磁极顺序保持一致。盘车记录各个位置的摆度数据（见表 4）。良好的滑转子上端面及径向各点盘车数据应无较大偏差，表 3 数据可知上导滑转子发生了偏移。

表 4　　6 号机上导滑环子盘车检查数据表　　单位：mm

序号	磁极位置	轴向跳变量	径向上端部	径向下端部
1	1	5.30	4.96	4.99
2	1—2	5.22	4.97	4.99
3	2	5.19	4.98	4.99
4	2—3	5.15	4.98	4.99
5	3（起始点）	5.0→5.08	4.98	4.99
6	3—4	5.10	4.98	4.97
7	4	5.10	4.98	4.97
8	4—5	5.10	4.98	4.97
9	5	5.14	4.98	4.98

续表

序号	磁极位置	轴向跳变量	径向上端部	径向下端部
10	5—6	5.15	4.98	4.98
11	6	5.19	4.97	4.98
12	6—7	5.22	4.95	4.98
13	7	5.28	4.94	4.98
14	7—8	5.32	4.93	4.98
15	8	5.35	4.92	4.98
16	8—9	5.40	4.91	4.98
17	9	5.41	4.90	4.98
18	9—10	5.42	4.91	4.98
19	10	5.36	4.94	4.98
20	10—1	5.32	4.95	4.99
轴向跳动量：5.08→5.42：0.34mm			偏移：4.98→4.9：0.08mm	

注 测量位置 3 百分表读数在高顶启动后由 5.0mm 变至 5.08mm。

3.3 上导滑转子偏移分析

同型号 5 号机组投运以来各导轴承摆度稳定处于较低的水平，而 6 号机在 75%甩负荷试验后发生滑转子倾斜，说明 5 号、6 号机存在加工或安装的差异。调查两台机上端轴与滑转子的加工数据，发现 6 号机滑转子上下部热套段紧量没在设计允许值内且不均匀（见图 7）。

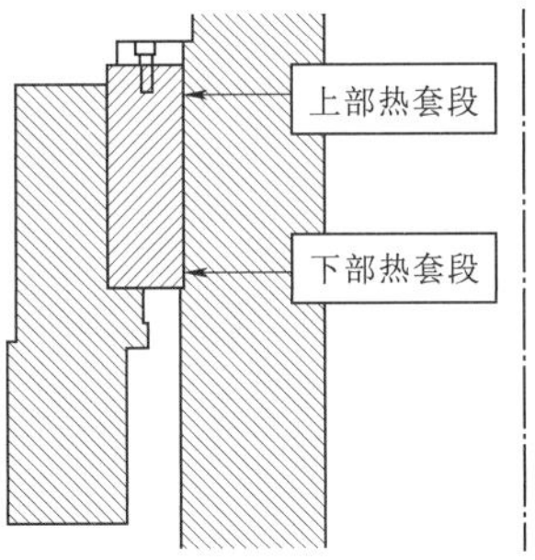

机组	上部热套段	下部热套段	设计热套值
6号机 *U*6	0.075	0.045	0.05~0.07
5号机 *U*6	0.065	0.07	

图 7 5 号、6 号机上导滑转子热套量对比

5 号、6 号机上导滑转子有导瓦约束、870r/min 飞逸转速的边界条件下进行有限元分析，结果 5 号、6 号机在当前径向过盈量下表现巨大差异（见图 8），其中 6 号机滑转子与轴之间的接触压力为 0MPa，而 5 号机仍有较大压力。以上分析得出过盈量不满足设计标准时在高转速下滑转子克服热套的摩擦力与重力与轴发生了串动，再受到导轴承的不规则径向力而产生了倾斜。

4 上导滑转子处理

防止上导滑转子串动有两种解决思路。一种是提高滑转子与大轴配合紧量，可重新加工滑转子、热喷涂金属材料 3D 打印实现，对于后者在汽轮发电机组应用较多，国内东电厂家曾在水电站有过技术应用[7,9]。这两种提高配合紧量的处理方法，虽然能彻底解决问题，但是需要拆解出上端轴，工程量大且不经济。另一种是对滑转子顶部增加限位块，限位块可以是临时焊接在大轴上的挡块，也可以是嵌在大轴上的压环，这两种限位方式简单易处理，但是后续需要关注焊缝及结构完整性。某电站 6 号机上导滑转子采取了增加压环的限位处理方法。

6 号机上导滑转子内环上安装有密封环，借助密封环固定螺孔、密封槽及大轴上的沟槽设计了外压环、内压环，外压环压紧内压环，内压环压紧滑转子的方式来限制滑转子串动（见图 9）。内压环采用 6 瓣结构，外压环采用 4 瓣结构，外压环安装后焊接在一起。压环采用 Q345 B 材质不锈钢，即使在 870r/

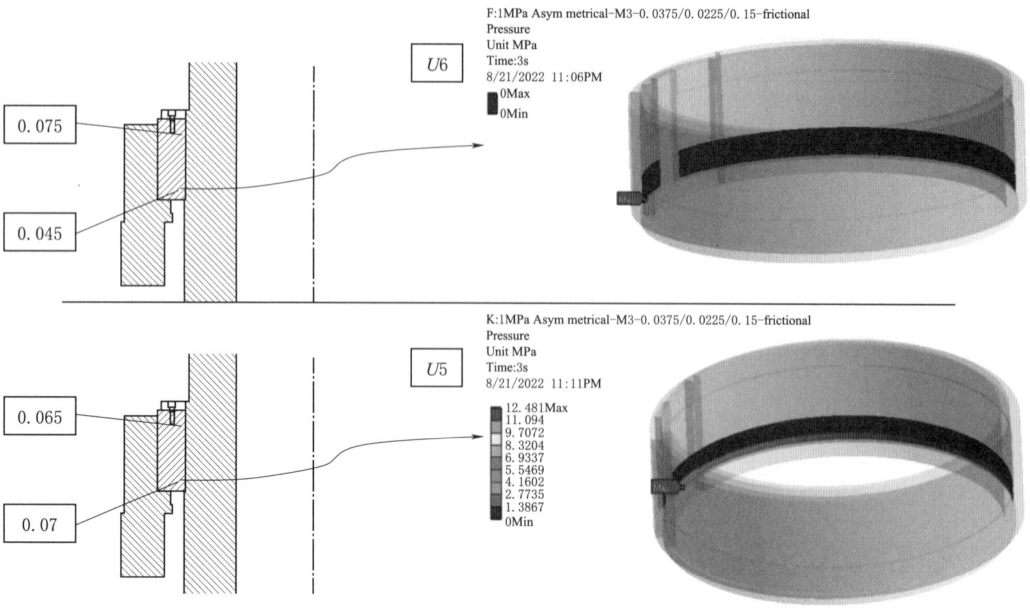

图 8 转速 870r/min 条件下 5 号、6 号机轴和滑转子间接触压力分布

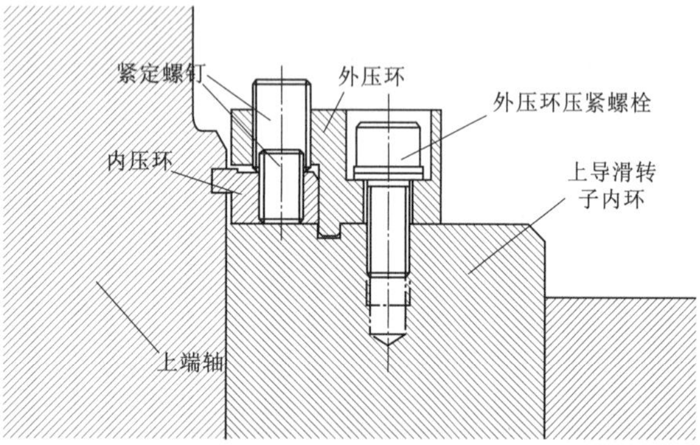

图 9 6 号机上导滑转子压环设计图

min 的飞逸转速下最大应力也低于材料的许用应力，可以满足机组长期运行，且能限制滑转子轴向位移变化量在 0.06mm 以内。

滑转子在修复过程过程中第一步要先对上导滑转子盘车检查，记录轴、径向跳动量，确定最大跳动位置，数据见表 4。第二步对上导滑转子进行加热复位，用千斤顶强迫滑转子下落，期间用百分表对滑转子内外环径向变化、轴向变化加以监测，百分表至少架设两个方向，其中一个在滑转子倾斜的高点附近，另一个与之相差 90°左右，6 号机第一次复位滑转子时监测过程数据见表 5。第三步复位完成后再次盘车检查滑转子情况，6 号机第一次复位完成后盘车数据见表 6，由上表可知修复效果明显。第四步装设卡环，甩负荷检查上导摆度。6 号机第一次滑转子复位后未加装卡环进行了 75%甩负荷试验且上导摆度再次出现异常，再次确定了上导滑转子偏移影响上导摆度。第二次修复完成后进行了 100%甩负荷试验，上导摆度数据见表 7，相较表 1 数据，证明安装压环限制了上导滑转子偏移，改善了机组导轴承振摆。

表 5　　6 号机滑转子第一次复位监测过程数据　　单位：mm

监测位置	2 号磁极方位			5 号磁极方位			温度监测/℃	
	轴向监测	内环监测	外环监测	轴向监测	内环监测	外环监测	内环	外环
加热前	5.00	5.00	5.00	5.00	5.00	5.00	32	33
最高温度	5.09	5.03	5.00	5.06	5.02	5.00	79	128
复位后	4.93	4.96	4.94	4.92	4.92	4.91	36	37

表 6　　6 号机滑环子第一次复位完成后盘车数据　　单位：mm

6 号机滑环子处理后盘车数据										
测量位置	1 号	2 号	3 号	4 号	5 号	6 号	7 号	8 号	9 号	10 号
轴向跳变量	4.96	4.92	4.88	4.88	4.91	4.95	4.98	5.01	5.00	4.98
	4.96	4.91	4.88	4.99	4.91	4.94	4.98	5.01	5.00	4.99

续表

6号机滑环子处理后盘车数据										
径向上部端	5.00	5.00	5.00	5.00	5.01	5.00	5.01	4.98	4.98	5.00
	5.00	5.00	5.00	5.00	5.00	5.01	5.00	4.98	4.99	5.00
径向下部端	4.99	4.99	4.99	4.99	4.99	4.99	4.99	4.98	4.98	5.00
	4.99	4.99	4.99	4.99	4.99	4.99	4.99	4.98	4.99	4.99

表7　　6号机100%甩负荷试验前后空转摆度测量值

工　况	100%负荷							
	上导甩前 空转运行		下导甩前 空转运行		上导甩前 空转运行		下导甩后 空转运行	
测点位置	$+X$	$+Y$	$+X$	$+Y$	$+X$	$+Y$	$+X$	$+Y$
通频值/mm	82	74	173	132	90	86	174	122
1倍频/mm	26	29	106	76	32	36	80	54
1倍频相位/(°)	26	112	186	271	22	127	214	299
甩负荷最高过速	804.37r/min，134.06%							

5　结语

（1）在分析6号机上导滑转子偏移造成上导振摆异常时，查看大量机组振摆数据，发现上导滑转子偏移对机组上、下导轴承摆度有影响，其中上导摆度影响最大，对水导摆度影响不明显。

（2）机组振摆异常原因多样，机理复杂，借助先进的机组状态监测系统，发掘主要特征，参照典型案例，降低分析、解决这类问题的难度。

（3）截至当前采用压环来限制上导滑转子偏移的解决方案效果良好，能否稳定工作需要时间验证，期间需要跟踪机组振摆变化，结合检修测量上导滑转子径、轴向位移。

（4）随着国内抽水蓄能项目的不断建设，更多新机组会不断投入应用，对于过盈或者过渡配合的结构，在设计环节考虑增加配合紧量或限位结构；对于运行时间较长的机组密切关注滑转子健康状态。

参考文献

[1] 马振岳，董毓新．水轮发电机组动力学［M］．大连：大连理工大学出版社，2003.

[2] 唐拥军．水轮机组不平衡磁拉力分析与处理［J］．中国农村水利水电，2016（7）.

[3] 邵永斌．水轮发电机组振动分析及处理［J］．电站系统工程，2010（4）：2.

[4] 冯辅周，褚福磊．轴承典型安装状态对水轮发电机转子横向振动的影响［C］//全国转子动力学学术讨论会，2001.

[5] 黄志伟，周建中，张勇传．水轮发电机组转子不对中-碰摩耦合故障动力学研究［J］．中国电机工程学报，2010，30（8）：88-93.

[6] 陈自强，何继全．机组质量不平衡浅析［J］．水电站机电技术，2018，41（2）：4.

[7] 敬燕飞．某水电站发电机下导轴承摆度异常原因分析［J］．人民长江，2013，6（44）：176-181.

[8] 方文．水轮发电机上导滑转子与上端轴配合松动的分析处理［J］．东方电气评论，2019，33（1）：4.

[9] 沈阳．水轮发电机导轴承摆度异常分析及改进方法［J］．中国设备工程，2020（11）：3.

某抽蓄电站主进水阀液压控制回路简介

童宇科　楼荣武　刘津铭　韦志付

（华东天荒坪抽水蓄能有限责任公司，浙江省湖州市　313300）

【摘　要】主进水阀作为抽蓄机组截断和导通水流的重要设备，具有在机组停机时减少机组漏水量，缩短机组重新启动时间，切断水流确保机组检修安全以及防止飞逸事故扩大的重要作用。本文针对同一电站不同厂家的主进水阀液压控制系统进行对比分析，总结了其运行方式以及相应的优点。

【关键词】主进水阀　液压控制系统　运行方式

1　引言

长龙山抽水蓄能电站位于安吉天荒坪镇和山川乡境内，计划安装 6 台发电机组，总装机容量为 210 万 kW，1～4 号发电电动机由东方电机有限公司制造，5～6 号发电电动机由上海福伊特水电设备有限公司制造，为立轴、悬式、三相、50Hz、空冷可逆式同步发电电动机。长龙山抽水蓄能电站的主进水阀选用了球阀，额定水头 710m，最大静水头 852m，直径 2100mm。

2　主进水阀及其运行方式简介

主进水阀主要有球阀本体、球阀电气控制部分、球阀液压控制部分组成。球阀本体设有两道密封，上游侧为检修密封，用于机组检修或阀体检修时投入确保检修人员安全；下游侧为工作密封，在球阀关闭时投入以减少漏水，在球阀活门开启前退出用来平压。主进水阀操作机构设有两个直缸摇摆式接力器，通过压力油操作接力器关闭或开启球形阀活门。旁通阀和旁通管在主进水阀开启前开启用于平衡主进水阀活门上下游压力，减少作用在活门上的水力矩[1]，以及在输水管道发生自激震荡时开启旁通阀疏导水力脉动。但由于长龙山抽蓄电站球阀采用的旁通管管径过细，无法采用旁通管进行平压，故采用退工作密封的方式进行平压（检修旁通阀及工作旁通阀均处于关闭状态）。

主进水阀运行方式有以下 3 种：

（1）主进水阀全关时，检修密封退出，工作密封投入，工作旁通阀及检修旁通阀均关闭，活门关闭。

（2）主进水阀全开时，检修密封退出，工作密封退出，工作旁通阀及检修旁通阀均关闭，活门开启。

（3）主进水阀开启时，先退出工作密封，待平压完成，开启活门；主进水阀关闭时，先关闭活门，待活门全关后再投入工作密封。

3　主进水阀液压控制系统

主进水阀液压控制系统主要由压力油泵、压力油罐、回油箱、漏油箱、液压管路、液压控制阀组及自动化控制元件组成，压力油罐的压力由两台压力油泵提供，油压装置控制部分根据压力油箱内压力和油位控制油泵电机的启停和补气阀的开关，同时根据漏油箱内油位的变化而控制漏油泵电机的启停。液压管路用于运输压力油至接力器从而驱动操作主进水阀，通过多个不同用途的液压控制阀即可实现顺序控制主进水阀的开启与关闭。

在主进水阀开启和关闭过程中，为保证主进水阀各部件动作顺序正常可靠，主进水阀的液压控制系统应作相应的闭锁。为防止工作密封损坏，球阀活门开启或关闭过程中工作密封应可靠退出，即液压控制系统中，工作密封投入时应有闭锁球阀活门开启，球阀活门开启时应闭锁工作密封投入。检修密封也是同理，当检修密封投入时应闭锁球阀活门开启。

3.1 东电机组主进水阀液压回路分析

东电机组球阀液压回路可分为两个部分：动力油回路与控制油回路。动力油回路中，如图1所示为球阀开启时各液压阀动作情况，压力油经过液压截止阀CV205、两个控制阀CV001、CV002到达球阀接力器开启腔与关闭腔，其中，液压截止阀CV205受电磁阀EV203控制，可远方或现地操作导通、关闭动力油回路；控制阀CV001与CV002由控制油回路控制，用于控制球阀的开启或关闭，当CV001导通CV002关闭时，压力油通过CV001、MV001至接力器开启腔，由于接力器活塞面积开启腔大于关闭腔，关闭腔压力油通过MV002、CV001、MV001至接力器开启腔，接力器活塞在压力油作用下向上运动球阀活门开启；当CV001关闭，CV002导通时，开启腔压力油通过MV001、CV002排油，球阀活门关闭。

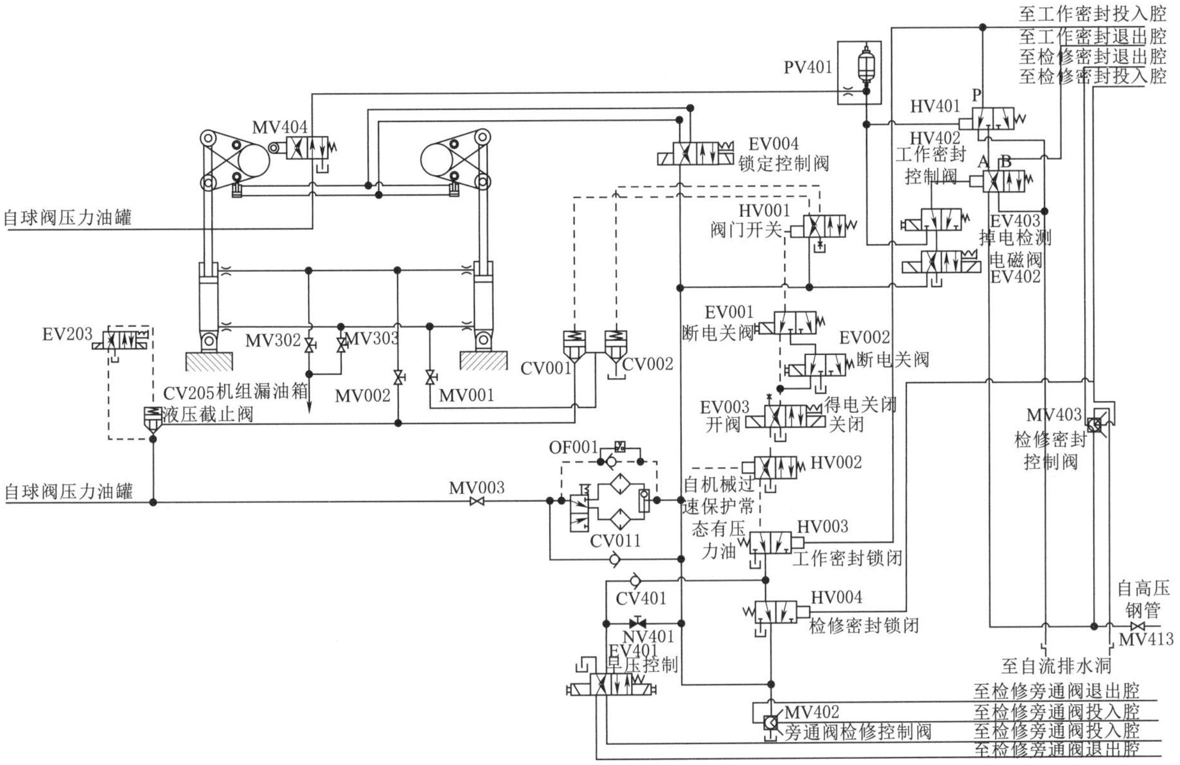

图1 东电机组球阀液压控制回路简图

控制油回路中，有液压锁定控制部分、旁通阀控制部分、密封控制部分、活门控制部分。东电机组球阀在球阀拐臂处设计有接力器液压锁定，由监控单独发令控制，很大程度上降低了油压系统的误操作风险，确保机组检修时的人身安全，如图2所示。在图1中锁定控制阀EV004右侧线圈励磁为投入，左侧线圈励磁为退出。由于球阀旁通管管径过细，旁通管不参与球阀平压过程，工作旁通阀采用控制油与电磁液压阀EV401控制，检修旁通阀采用高压水介质与手动阀门MV402操作。

1. 密封控制部分

球阀检修密封采用高压水作为介质与手动阀门操作，图1所示为检修密封退出状态，当投入手动阀门时，检修密封投入腔带压检修密封投入，同时检修密封投入腔连接至检修密封锁闭阀HV004，使其闭锁侧带压，阀芯变为图示右侧导通位，截断活门控制部分控制油，闭锁活门开启。

球阀工作密封采用高压水作为操作介质，控制油作为控制介质与各级液动阀来控制其投退，图1所示为工作密封退出状态，当投入工作密封时，EV402右侧线圈励磁，工作密封控制阀HV402投入侧压力油通过EV403、EV402排油，HV402阀芯变为平行位，高压水通过HV402、HV401到达工作密封投入腔，工作密封退出腔通过HV402排水，工作密封投入，使工作密封锁闭阀HV003锁闭侧带压，阀芯变为图示右侧导通位，截断活门控制部分控制油，闭锁活门开启。

由上便实现了当检修密封或工作密封投入时闭锁球阀开启。

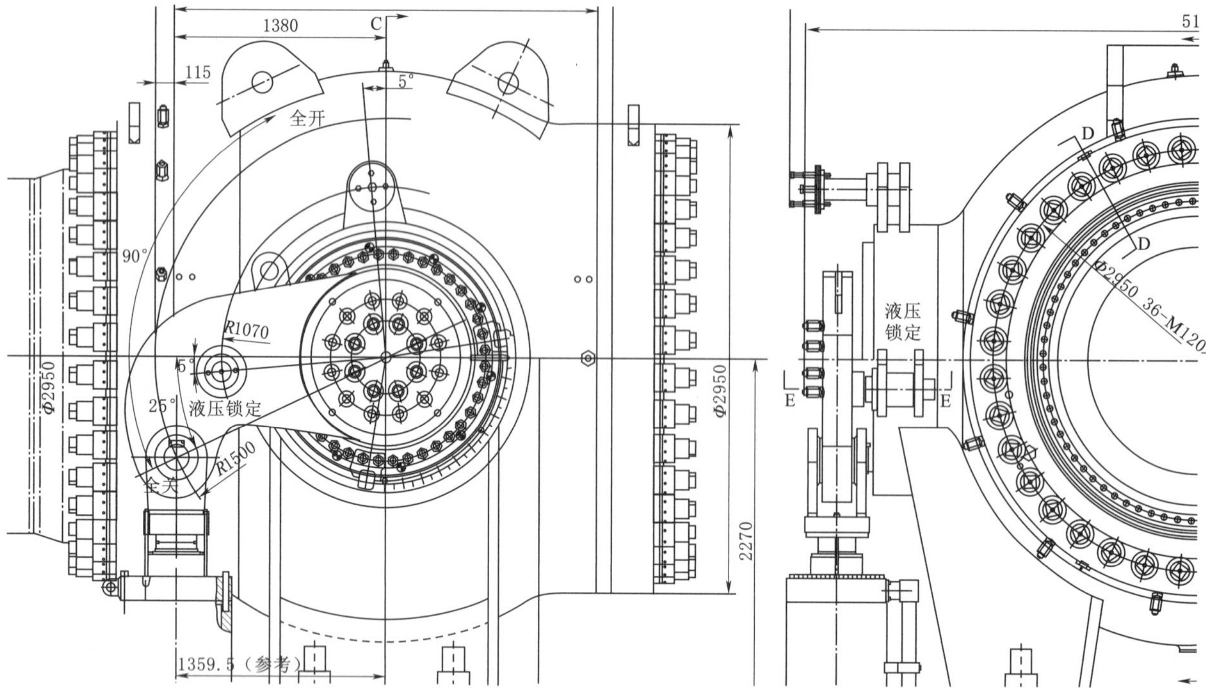

图 2　东电机组球阀液压锁定示意图

2. 活门控制部分

当 PLC 判断满足开启活门条件后发令开启球阀活门，使 EV003 开启侧得电，控制油经过机械过速保护、失电关闭等闭锁阀门至 HV001 开启侧，使 HV001 开启腔带压走交叉位，控制油通过 HV001 到达 CV002 控制腔，使 CV002 截止，CV001 导通，活门开启。活门开启过程中，固定在操作臂上的阀门全关位置压片随着活门开启而一起运动，实物如图 3 所示。图 1 中当活门不在全关位置时，压片无法压紧压杆，MV404 变为平行位，压力油通过 MV404 至 HV401，使得 HV401 变为左导通，工作密封投入腔通过 HV401 接通排水，由此避免球阀活门开启时工作密封投入。

图 3　球阀全关位置行程阀 MV404 装配图

3.2　福伊特机组主进水阀液压回路简介

与东电机组类似，福伊特机组球阀也可分为两部分：动力油回路与控制油回路。动力油回路中，如图 4 所示，压力油经主控制阀 AA905 至接力器开启腔与关闭腔，其中 AA905 开启侧压力受控制回路压力油控制，当 AA905 开启侧（图 4 左侧）有压时变为平行位，球阀活门开启。相反则活门关闭。

控制油回路中，有旁通阀控制部分、密封控制部分、活门控制部分。福伊特机组旁通阀仅有一个，采用油压控制，由旁通阀控制阀 AA808 控制。

1. 密封控制部分

福伊特机组检修密封采用高压水作为操作介质与手动阀门操作，在检修密封闭锁机构上福伊特采用其专利的凸轮结构，如图 5 所示，1 号轮用于控制油的导通与截止，2 号轮用于控制检修密封的投入与退出，3 号轮固定在球阀操作臂上，随活门与枢轴做同心圆周运动。3 个凸轮按图所示位置时检修密封为退出状态，当需要投入检修密封时，先操作 1 号轮逆时针旋转 90°使其缺口正对 2 号轮。操作后，控制油被截断，球阀活门将无法开启（若活门已经开启则将关闭）。2 号轮的操作需等球阀活门达到全关位置即 3 号轮缺口正对 2 号轮，这也在球阀活门开启时闭锁了

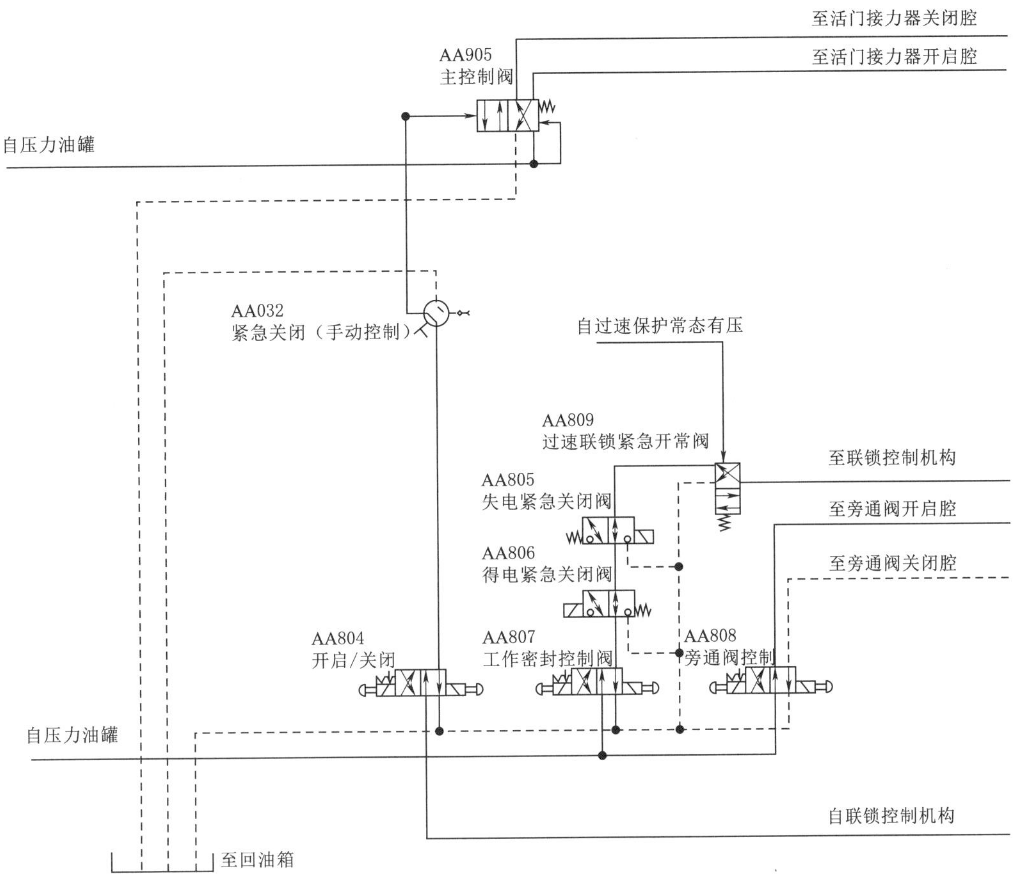

图 4　福伊特机组球阀活门控制油路简图

检修密封的投入。当 1 号轮缺口与 3 号轮缺口均正对 2 号轮轴心，此时 2 号轮才可以旋转，2 号轮逆时针旋转 90°即可使检修密封投入，此时 3 个凸轮均啮合，1 号轮和 3 号轮均无法旋转，闭锁了球阀活门的开启。

福伊特机组工作密封采用高压水作为操作介质，控制油作为控制介质与工作密封顺序操作机构控制其投退，如图 4 所示，退工作密封时，首先工作密封控制阀 AA807 开启侧励磁，导通控制油回路，此处为工作密封投入闭锁活门开启的第一个闭锁。控制油经过得电关闭、失电关闭、过速保护等闭锁后至工作密封顺序操作机构的小接力器 AE003 有杆腔，可以看到在滑竿上有两个梯形缺口，顺序控制阀 AA908 对应的缺口面积小于 AA909，在滑竿向左运动的过程中 AA908 最先动作变为交叉位，AA909 待 AA908 动作完成后才动作，这就保证了先退工作密封再开启活门，此处为工作密封投入闭锁活门开启的第二个闭锁，AA908 动作变为交叉位后，使得工作密封控制阀 AA906、AA907 退出侧（图示左侧）带压，工作密封退出腔充水，投入腔排水，工作密封退出。当滑竿进一步使 AA909 动作变为交叉位，活门开启与关闭控制油回路导通。

2. 活门控制部分

当球阀 PLC 判断满足活门开启条件后，励磁 AA804 开启侧线圈，控制油经过密封控制闭锁、得电关闭、失电关闭、过速保护等闭锁至主控制阀 AA905 开启侧，使 AA905 变为平行位，球阀活门开启。相较于东电机组的活门控制回路，增加了一个手动紧急关闭阀 AA032。球阀活门不在全关位置时，固定在操作臂上的压板将限制滑竿行程，使其无法复位，进一步的，AA908 被固定在交叉位使工作密封保持退出位置。实现了球阀活门开启时工作密封无法投入。

4　主进水阀液压回路简要对比

东电球阀设计有接力器液压锁定，可在球阀全关时投入防止其误开启。福伊特球阀未设计液压锁定，

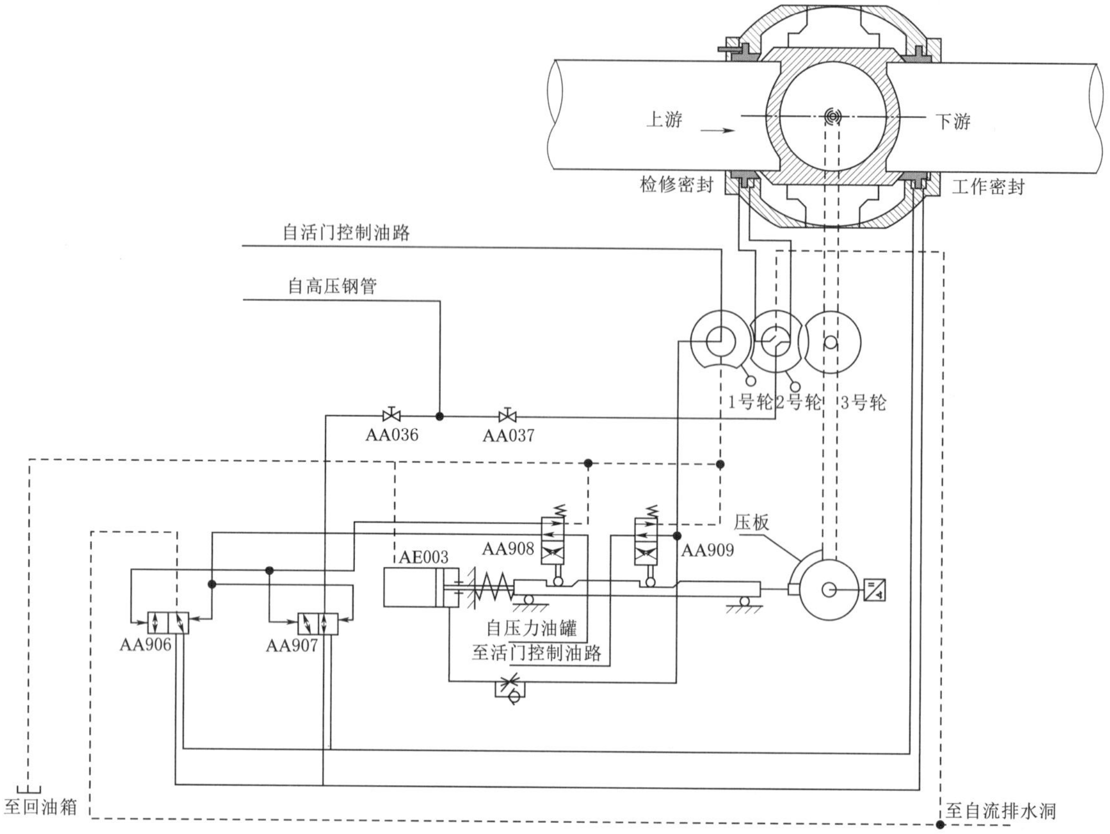

图5 福伊特机组球阀联锁控制机构油路简图

在开启球阀时相对来说少了退锁定这一步，缩短了球阀开启的时间，对于检修保护人身安全方面也设计了机械锁定，用于在检修时投入防止活门误开启。

在液压回路方面，两家球阀活门主控制阀的关闭侧均配备了弹簧或弹簧加压力油，使得球阀具有关闭的趋势。两家球阀的液压回路都配备了机械过速保护、失电关闭、得电关闭等紧急关闭措施确保机组在故障时能可靠关闭球阀，其中针对失电关闭，东电机组采用两个失电关闭阀串联的方式防止其误动作。

对于失电关闭球阀投工作密封，如图1所示，东电球阀增加一个掉电检测阀EV403用来切换油路，EV403动作后切换为左导通位，HV402左腔压力油受球阀全关位置行程阀MV404控制。当球阀关至全关位置时MV404被压片压入，HV401退出腔（图1左侧）压力被排走闭锁解除，同时HV402退出腔（图1左侧）压力被排走，工作密封投入。EV403可在机组紧急跳机或球阀控制柜失电时，将油路从电磁阀控制切换至纯机械行程阀控制，确保了工作密封的投入不受电源、电磁变化的干扰，在事故发生后球阀能稳定的切断高压水源，防止事故扩大。东电球阀在回路中还增加了蓄能器PV401使其可以在MV404动作后为HV401和HV402保压一段时间，用来保证工作密封能在球阀活门全关后延时投入；福伊特球阀则是当失电紧急关闭阀AA805动作后切断控制油源，活门开始关闭，同时工作密封顺序操作机构中小接力器AE003有杆腔无压，滑竿右移，但由于挡板的存在，滑竿的行程被限制，AA908被固定在交叉位，待球阀关至全关位置挡板不再限制滑竿时，滑竿继续右移AA908变为平行位投入工作密封。可以看出福伊特球阀的机构设计较为清晰高效，东电球阀在设计中较为稳健缜密。

针对紧急关闭，东电球阀与福伊特球阀都配备了紧急关闭的电磁阀，当紧急关闭时会同时动作失电关闭电磁阀与得电关闭电磁阀，福伊特机组相较于东电机组增加了一个手动紧急关闭阀，可直接手动切断油路。

在球阀闭锁方面，两家球阀均提供了完备的液压闭锁系统，可以有效防止误操作的发生，相较于东电球阀，福伊特球阀还多了在球阀活门开启时检修密封无法投入，通过其专有的凸轮连锁装置实现，闭锁可靠；而东电球阀在液压回路中未设计该闭锁，采用手动阀门外加机械锁的方式防止误操作。针对工作密封投入时闭锁活门开启，两家球阀对于该闭锁有不同的策略，东电球阀策略是得到工作密封退出腔的反馈后解锁，而福伊特球阀的策略是当两个工作密封控制阀动作延时后即可解锁。虽然这一部分闭锁在球阀 PLC 有工作密封位置信号以及阀体平压信号等软件程序闭锁，然而就液压控制回路而言，东电球阀的策略显得更为直观可靠一点。

5 结语

球阀作为可逆式水泵水轮机的进水阀，机组检修或故障时截断压力钢管水流的安全装置，其重要性是毋庸置疑的，而作为保障球阀正常运行的液压控制回路的可靠性也需备受关注。本文对长龙山两不同厂家的球阀液压控制回路进行了分析，针对其闭锁部分作了简要的对比并总结了相应优点，对今后新建电站球阀液压回路设计提供参考。

参考文献

[1] 李浩良，孙华平. 抽水蓄能电站运行与管理［M］. 杭州：浙江大学出版社，2013.

江苏句容抽水蓄能电站地面建筑物电源引接及敷设方式探讨

殷焯炜　王　宇　常　乐
（江苏句容抽水有限公司，江苏省句容市　212400）

【摘　要】本文简述了江苏句容抽水蓄能电站厂用电结构优化方案，通过从优选择电缆敷设路径，达到提高重要负荷的供电可靠性，消除供电安全隐患，降低施工难度、施工成本的效果。

【关键词】抽水蓄能电站　厂用电　结构优化

1　引言

句容电站 10kV 厂用电系统分为地面配电中心与地下配电中心两部分。地面配电中心为三段母线布置，其中地面Ⅰ段与地面Ⅲ段电源取自地下Ⅰ段以及地下Ⅲ段，负荷主要为中控楼配电屏、500kV 开关站配电屏等，地面Ⅱ段为保安段，电源取自 35kV 施工变 10kVⅥ段母线。其中，中控楼两回 10kV 电缆均为地面配电中心沿下水库公路送至中控楼，可靠性较低，上下库连接电缆由开关站北侧山坡电缆沟敷设至调压井再接入上库配电屏，施工难度较大。为此，句容电站对厂用电结构进行优化。

2　中控楼供电路径优化

2.1　优化的必要性

在现有高压厂用电结构图中，中控楼的供电电源为两回由地面配电中心经下库环库公路接至中控楼。中控楼两回供电电缆共用一条电缆沟可靠性较低，当电缆沟发生外力破坏或自然灾害时，存在两回电缆同时失电的可能，不利于电站的安全稳定运行。

2.2　优化方案

对于中控楼供电电源路径单一的问题，现已有一回电缆取自地面配电中心，另一回应当取自地下配电中心，而地下配电中心到中控楼最近的路径为经进场交通洞至中控楼，交通洞至中控楼本就有电缆沟，故仅需在电缆沟中增加一回 10kV 电缆即可，且该段距离短于地面配电中心至中控楼距离，施工难度低、经济性好，故以此方案为最佳，不考虑其他路径。

3　上水库供电路径优化

3.1　优化的必要性

上水库供电电缆为两回由地面配电中心经 500kV 开关站北侧山坡至调压井处电缆沟再接至上库。该电缆包括上水库闸门井的供电电缆和通信电缆，供电电源丢失或上水库闸门全开等信号丢失均会成为电站安全生产的隐患，且上下库连接电缆沟位置位于电站北侧山坡，人迹罕至，日常巡检难易兼顾巡视电缆沟。上下库连接电缆沟要过林间冲沟，雨季时电缆沟内容易积水不利于电缆运行，该电缆沟所处山坡距离较长、坡度较大、硬岩较多、施工难度较大。因此，需将开山破路挖电缆沟的长度缩短，沿现有道路敷设电缆，选取坡度较缓的山坡作为备选路径，且全部路径的选择必须在征地红线范围之内。

3.2　优化方案的选择

对于上下库连接电缆沟开挖难度大的问题，句容公司讨论后得出两种方案（见表 1）：方案一是采用原有路径，涉及山间冲沟的路段采用架空线的方式，坡度陡难以敷设电缆沟的路段采用埋管的方式；方案二是另外寻找一条合适的路径，考虑沿上下库连接公路一侧采用电缆沟的形式敷设，在连接公路选择合适的位置以埋管的形式爬坡至上水库，并接至上水库环库电缆沟中。

表 1 上下库连接电缆优化方案确定矩阵表

影响因素	方案一	方案二	影响因素	方案一	方案二
供电可靠性	○	○	后期维护	△	○
施工难度	△	○	经济性	X	○
树木砍伐	△	○			

注 ○表示效果好；△表示效果一般；X 表示效果差。

考虑到在山坡上采用架空线的形式有雷击风险，不利于上水库供电可靠性的保障，开挖难度大、坡度较陡的路段采用埋管的形式也没有解决原有路径远离人员活动区域不利于日常巡检的问题，且原路径必定要砍伐大片树木，不利于电站生态环境建设，重新选取路径可以解决上述问题，因此上水库供电优化采用方案二。

3.3 优化方案的确定

为设计方案二所需的新路径，句容公司进行了大量的文献资料查阅和现场踏勘工作。距离上水库最近的电源为 35kV 施工变电站，但由于 35kV 施工变电站为地区临时电源，不满足给上水库供电的要求。故考虑借用地下厂用电至 35kV 施工变电站的电缆沟，结合 35kV 施工变电站改造，引地下配电中心Ⅱ段至 35kV 施工变电站Ⅱ段母线，再引地下配电中心Ⅲ段至 35kV 施工变电站，但不接入变电站母线，直接结合新路径电缆沟路径将电送至上水库。厂用电结构相关优化如图 1 所示。

现场勘察采用了无人机航拍的形式，图 2 和图 3 为 35kV 施工变电站至上水库道路航拍实景图以及该部分征地红线图。

图 3 中右下角为 35kV 施工变电站，左上角为上水库。从图中可以看出，上下库连接公路与主坝在征地红线范围内，而连接公路中间的林区不属于征地范围，不可以在林区敷设电缆沟或埋管。因此从 35kV 施工变电站至上水库最短的距离为：35kV 施工变电站沿连接公路至 U 形弯处过路，再经一段山坡至上水库。

图 3 中 U 形弯处至上水库的山坡路段涉及征地红线的边缘，现场考察发现，上水库 2 号水池施工供水管经过该山坡，且处于征地红线范围内，可以考虑电缆沿施工供水管左侧敷设，这样电缆路径在征地红线范围内，施工时也减少了树木砍伐。图 4 为山坡路段征地红线示意图。

35kV 变电站至上水库电缆路径见图 5。

确定电缆路径后，还需确定上水库供电电缆敷设方式。由于上水库供电电缆路径较长，需要经过中控楼、营地生活区、35kV 施工变电站、上水库施工供水加压泵站等建筑，且部分路段需结合道路专业在一侧增加电缆沟或埋管，故小组讨论决定将上水库供电电缆路径分为以下四段：

（1）地下厂房至 35kV 施工变电站：地下厂房至 35kV 施工变电站段的前期施工工作较为完善，地下厂房至交通洞口设计有电缆沟，交通洞口至中控楼、营地生活区为 4×4 的电缆排管，营地生活区至 35kV 施工变电站为电缆排管。排管以及电缆沟敷设均满足增设电缆要求。

（2）35kV 施工变电站至加压泵站：35kV 施工变电站至加压泵站段尚未敷设电缆沟或排管。该路段山坡侧地基较高与道路基础高差较小，适合开挖电缆沟，路段另一侧路基高差大不适合开挖电缆沟或排管。故该段电缆敷设方式为道路右侧进行电缆沟敷设。

（3）加压泵站至上下库连接公路 U 形弯处：加压泵站至上下库连接公路 U 形弯处道路右侧设计有排水沟，加压泵站处有多根施工供水管为上水库供水，如图 6 所示，图中供水管对电缆沟的施工影响较大。另外，该加压泵站为临时加压泵站，其拆除时间约为上水库土建部分完工后拆除，而上水库厂用电系统应在上水库土建完工前形成，故不能等加压泵站拆除后再开挖电缆沟。因此该段电缆敷设方式为电缆排管。

（4）U 形弯处至上水库爬坡段：该段电缆的敷设涉及爬坡，且地形较为复杂，不易敷设电缆沟，故电缆排管方式较为合适。其中涉及 U 形弯处以及上水库道路的两次电缆过路，过路形式也为电缆排管（图 7）。

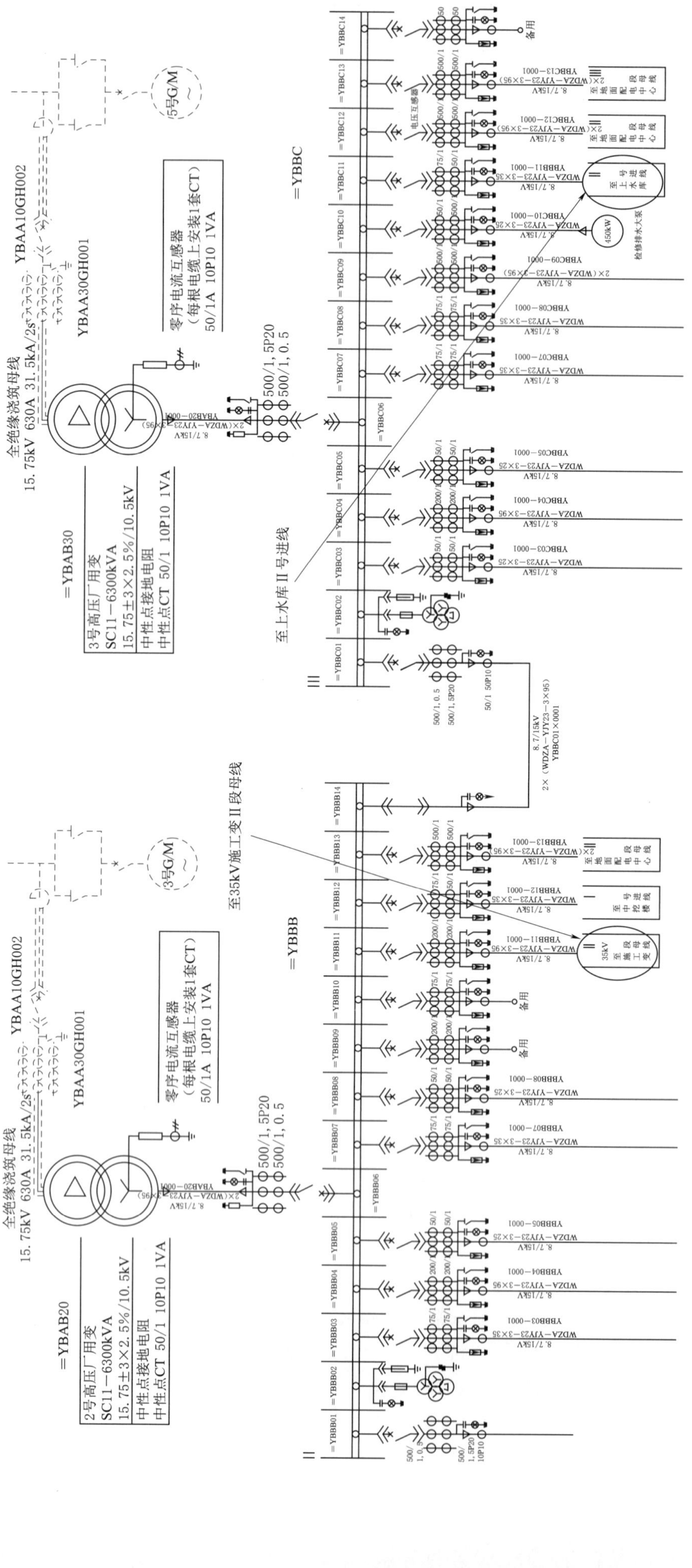

全绝缘浇筑母线
15.75kV 630A 31.5kA/2s
YBAA10GH002
YBAA30GH001
5号G/M
=YBAB30
3号高压厂用变
SC11−6300kVA
15.75±3×2.5%/10.5kV
中性点接地电阻
中性点CT 50/1 10P10 1VA
零序电流互感器
（每根电缆上安装1套CT）
50/1A 10P10 1VA
500/1, 5P20
500/1, 0.5
=YBBC
至上水库II号进线
3号G/M
=YBAB20
2号高压厂用变
SC11−6300kVA
15.75±3×2.5%/10.5kV
中性点接地电阻
中性点CT 50/1 10P10 1VA
=YBBB
至35kV施工变II段母线
备用
8.7/15kV
2×（WDZA−YJY23−3×95）
YBBC01×0001

图 1 厂用电结构优化图

4 厂用电结构优化总结

对厂用电结构进行优化之后整体电缆长度得到了缩短、电缆沟长度也得到了相应减少，减少了混凝土用量，提高了厂用电系统的经济性，预计可节省工程成本 490 万元；施工困难路段采用电缆排管方式，降低了作业难度，提高了施工的效率，对缩短施工工期也有着积极的作用；同时，优化后方案不涉及树木砍伐，对于工程的环境友好性也有着积极的推动作用。

句容抽蓄电站厂用电结构优化，极大地提高了厂用电系统的供电可靠性、经济性、环保性，为其他单位厂用电结构优化提供了很好的借鉴（表 2）。

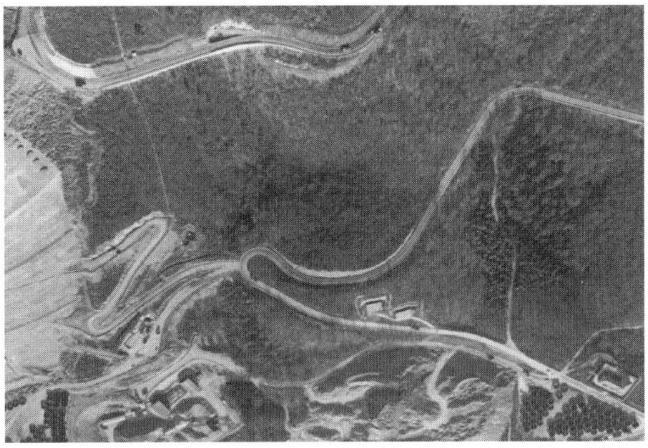

图 2　35kV 施工变电站至上水库道路俯视图

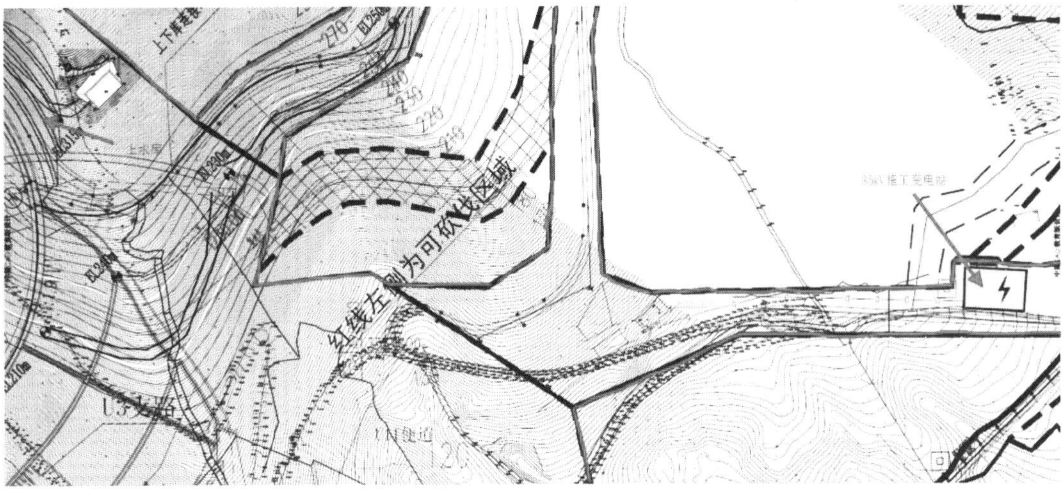

图 3　35kV 施工变电站至上水库征地红线图

图 4　山坡路段征地红线示意图

图 5　35kV 变电站至上水库电缆路径图

表 2　　**厂用电新方案经济性对比**

项　目	目　标	电缆节约长度	电缆沟节约长度	排管长度	树木砍伐面积减少
句容抽蓄电站厂用电结构优化	优化后方案	2400m	700m	500m	$3600m^2$

图 6　加压泵站俯视图

图 7　上下库连接公路 U 形弯处以及上水库道路处俯视图

参考文献

[1] 李哲，吴云龙，王树生. 垣曲抽水蓄能电站厂用电设计 [J]. 东北水利水电，2019，37 (8)：3-5.

[2] 詹云龙. 仙居抽水蓄能电站厂用电系统设计浅析 [C] //抽水蓄能电站工程建设文集，2016：618-422.

[3] 蒋春钢，何万成. 蒲石河抽水蓄能电站厂用电系统接线方式的优化调整 [J]. 水力发电，2012，38 (5)：78-80.

变压器空载合闸励磁涌流产生机理及分析

韦志付[1] 吴军锋[1] 徐雪洁[2] 钱中伟[1] 方军民[1]

（1. 国网新源华东天荒坪抽水蓄能有限责任公司，浙江省安吉县 313302；
2. 杭州市文晖中学，浙江省杭州市 310000）

【摘 要】 变压器空载合闸产生的励磁涌流是导致保护不正确动作的主要因素，同时也会造成电网中谐波、电压暂降等电能质量问题。本文基于国内某大型抽水蓄能电站1号主变压器启动过程中，主变高压侧开关4次投切主变产生的励磁涌流情况进行分析，探索变压器空载合闸瞬间励磁涌流产生机理。同时对励磁涌流的危害进行分析并提出预防措施。

【关键词】 励磁涌流 主变压器 磁通

1 引言

国内某大型抽水蓄能电站配置6台主变压器（以下简称主变），均为保定天威保变电气股份有限公司生产。主变压器采用420MVA、(525±2×2.5%)/18kV、三相、50Hz、强迫油导向循环水冷、双绕组、铜线、无载调压升压变压器。该电站1号主变建设完成后，在正式投入商业运行前，需完成启动试验，其中包括空载投切1号主变，以校验主变耐受冲击合闸的能力并测量合闸时主变高压侧励磁涌流情况。

2 主变投切励磁涌流情况

按照主变启动试验要求，需通过主变高压侧开关对1号主变空载投切5次。每次间隔不少于10min（第一次不少于30min）。并通过主变高压侧保护B组CT钳形电流表取得主变高压侧冲击暂态电流，经过计算获得主变高压侧励磁涌流倍数，以此来衡量主变抗冲击能力。空载投1号主变示波记录仪波形图见图1。

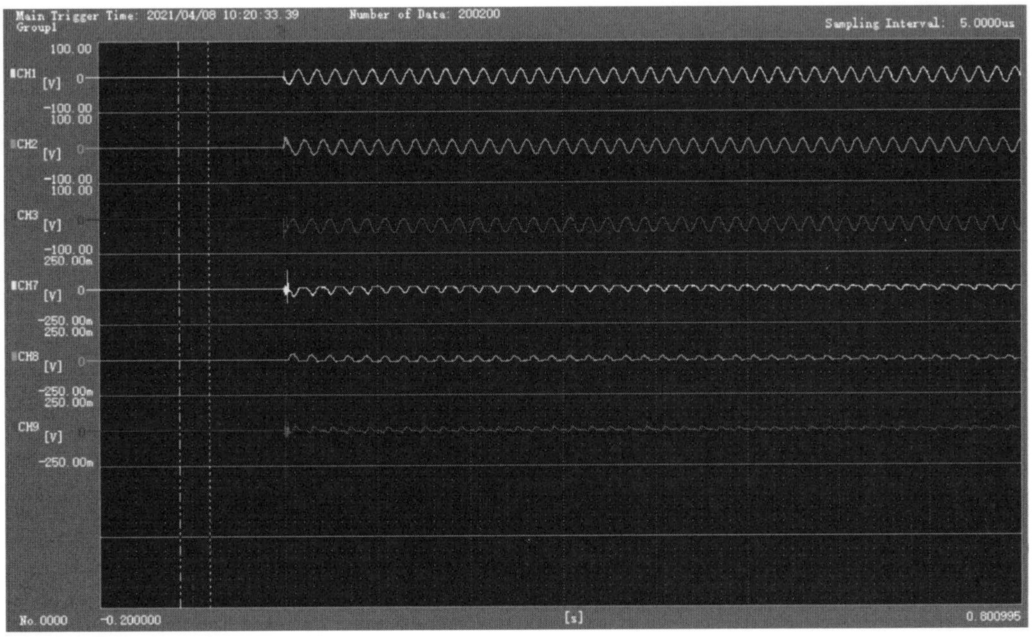

图1 空载投1号主变示波记录仪波形图

记录 4 次投切数据，试验数据见表 1。

表 1　　1 号主变空载投切试验数据

序号	操作开关	励磁涌流峰值		
		A	B	C
1	1 号主变高压侧开关	3376.6	无效数据	3193.2
2		1096.66	540	1360
3		2726.6	833.2	1733.32
4		1216.66	613.32	1439.98

励磁涌流峰值，根据公式（1）计算：

$$K=I_1/I_2 \tag{1}$$

式中：K 为励磁涌流倍数，常数；I_1 为励磁涌流峰值，A；I_2 为 1 号主变高压侧额定电流，A。

并查阅 1 号主变出厂数据，可得 1 号主变 4 档（当前处于 4 档）高压侧额定电流值为 $I_2=473.7$A，计算可得励磁涌流倍数见表 2。

表 2　　1 号主变空载投切励磁涌流情况

序号	操作开关	励磁涌流峰值		
		A	B	C
1	5001 开关	7.13	干扰	6.74
2		2.32	1.14	2.87
3		5.76	1.76	3.66
4		2.57	1.29	3.04

分析表 2 中数据可知，在主变冲击合闸过程中，励磁涌流倍数最大为 7.13 倍，数据正常，满足试验要求。

3 励磁涌流产生机理分析

变压器在正常运行时，空载电流约等于额定电流的 2.5%，但当变压器空载合闸并网时，由于存在电磁暂态分量，导致出现较大的瞬时电流，需经历一个过渡过程，才能恢复到正常的空载电流值。在过渡过程中出现的空载投入电流即为励磁涌流，该电流瞬时值较大，可能远超额定电流，现对产生原因分析如下。

3.1 主变空载合闸物理模型

空载投入时的励磁涌流现象，是与铁芯中磁场的建立过程密切相关的，因此首先分析空载投入时铁芯中磁场的建立过程。

为简化分析过程，以单相变压器为例，如图 2 所示为变压器空载合闸接线示意图，二次侧（N_2）开路，一次侧在 $t=0$ 时刻合闸至电压为 u_1 的交流电网，则 u_1 可用以下函数表示：

$$u_1=\sqrt{2}U\sin(\omega t+\alpha) \tag{2}$$

式中：U 为交流电网电压有效值；t 为时间变量；α 为 $t=0$ 时刻电网电压 u_1 的初始相位角。

当 $t\geqslant 0$ 时，变压器原边绕组中电流 i_1 满足如下微分方程：

$$i_1r_1+N_1\frac{\mathrm{d}\Phi}{\mathrm{d}t}=\sqrt{2}U\sin(\omega t+\alpha) \tag{3}$$

式中：Φ 为与一次绕组交链的总磁通；r_1 为电阻；N_1 为原边匝数。

在式（3）中电阻压降 i_1r_1 较小，在分析瞬变过程中的初始阶段可以忽略不计，这样可以清楚地看出在初始阶段电流较大的物理本质。

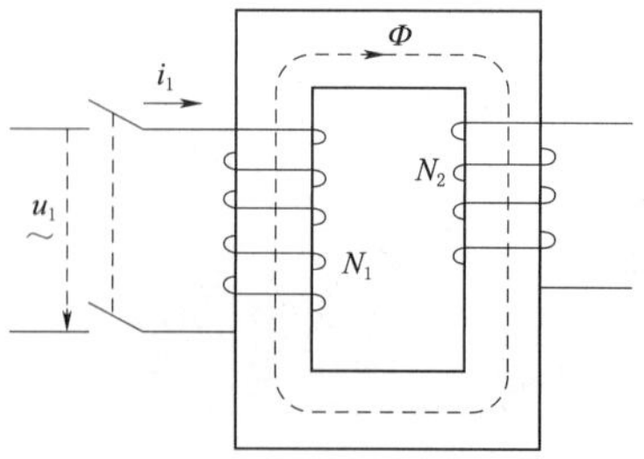

图 2　1 号变压器空载合闸至电网接线示意图

当 $i_1 r_1$ 忽略不计时，则式（3）可化简为：

$$N_1 \frac{d\Phi}{dt} = \sqrt{2} U \sin(\omega t + \alpha) \tag{4}$$

解微分方程可得：

$$\Phi = -\frac{\sqrt{2}U}{\omega N_1}\cos(\omega t + \alpha) + C \tag{5}$$

式中：C 为常数，由合闸初始条件决定。

根据磁链守恒原理，在变压器合闸空载合闸前，磁链为 0，则有：

$$\Phi(0^+) = \Phi(0^-) = 0 \tag{6}$$

式（5）与式（6）合并计算，可得合闸瞬间常数 C 为：

$$C = \frac{\sqrt{2}U}{\omega N_1}\cos\alpha \tag{7}$$

再将式（5）与式（7）合并计算，可得如下方程：

$$\Phi = \frac{\sqrt{2}U}{\omega N_1}[\cos\alpha - \cos(\omega t + \alpha)] = \Phi_m[\cos\alpha - \cos(\omega t + \alpha)] = \Phi'_t + \Phi''_t \tag{8}$$

$$\Phi'_t = -\Phi_m \cos(\omega t + \alpha)$$

$$\Phi''_t = \Phi_m \cos\alpha$$

式中：Φ'_t 为磁通的稳态分量；Φ''_t 为磁通的暂态分量。

其中 Φ_m 为稳态磁通最大值，即

$$\Phi_m = \frac{\sqrt{2}U}{\omega N_1} \tag{9}$$

根据式（9），可得磁通 Φ 的大小与变压器合闸时刻（$t=0$）电网电压的初始相角 α 有关，且当初始相角 $\alpha = \frac{\pi}{2}$ 和 $\alpha = 0$ 时，磁通 Φ 分别取得最小值和最大值，两种情况如下：

（1）假设在 $t=0$ 时刻，$\alpha = \frac{\pi}{2}$，根据式（1），此时 $u_1 = \sqrt{2}U$ 取得最大值，并由式（8）可得：

$$\Phi = -\Phi_m \cos\left(\omega t + \frac{\pi}{2}\right) = \Phi_m \sin\omega t \tag{10}$$

此时变压器与稳态运行时相同，即从 $t=0$ 开始，变压器一次电流 i_1 在铁芯中就建立了稳态磁通 $\Phi_m \sin\omega t$，且不再发生瞬变过程。此时变压器一次电流 i_1 与正常运行时的稳态空载电流 i_0 相等。见图 4 所示的 A 点。

（2）假设在 $t=0$ 时刻，$\alpha = 0°$，根据式（8）计算得：

$$\Phi = \Phi_m(1 - \cos\omega t) = \Phi_m - \Phi_m \cos\omega t \tag{11}$$

由式（11）可得曲线如图 3 所示，从 $t=0$ 时刻开始，当 $t = \frac{\pi}{\omega}$ 时（工频电网中 $t=0.01$s），磁通 Φ_{max} 达到最大值，即：

$$\Phi_{max} = 2\Phi_m \tag{12}$$

根据式（12）可以看出，在变压器空载合闸瞬间，一次侧磁通可达到变压器稳态磁通最大值的 2 倍。

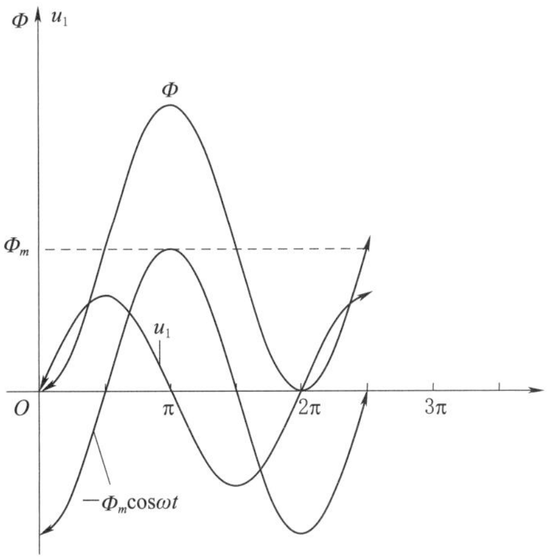

图 3　$\alpha = 0°$时空载合闸磁通变化曲线

大型电力变压器正常运行时，其磁通密度为 1.5～1.7T，铁芯处于饱和状态，工作范围即磁化曲线（见图 4）中的点 A 附近，此时磁通为 Φ_m。变压器空载合闸瞬间，磁通瞬间可达到最大值 $\Phi_{max} = 2\Phi_m$。此时，铁芯已达到极度饱和状态，根据磁化曲线，励磁电流 i_1 可达到正常空载电流的 100 倍以上，或

变压器额定电流数倍以上。

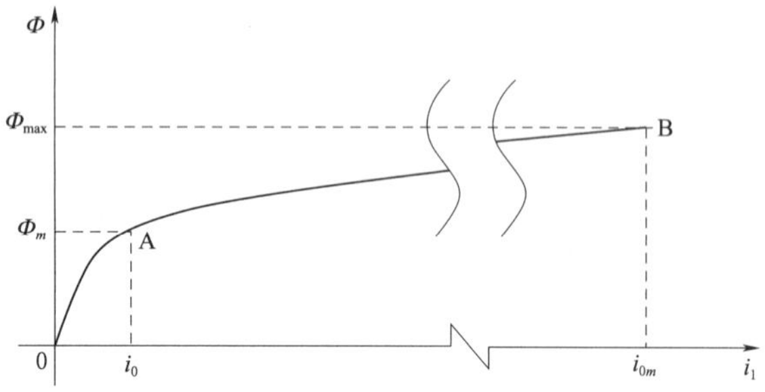

图4　变压器铁芯磁化曲线

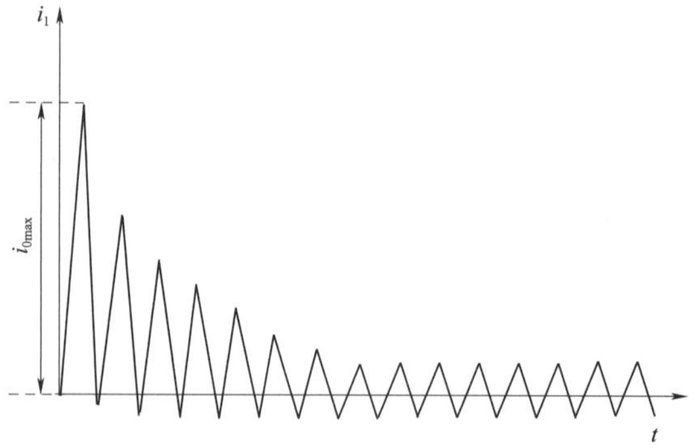

图5　变压器空载合闸励磁涌流曲线

由于变压器一次侧电阻 r_1 的存在，且 Φ 是衰减的，合闸电流也将逐渐衰减，见图5。其衰减速度由时间常数 $T=\dfrac{L}{r_1}$ 决定，其中 L 是变压器一次绕组的电感。一般小容量变压器励磁涌流衰减速度较快，约几个电网电压周期就达到稳定状态；大型电力变压器励磁涌流衰减速度较慢，但一般不超过20s。图6为国内某大型抽水蓄能电站1号主变启动试验时，主变高压侧励磁涌流录波情况。

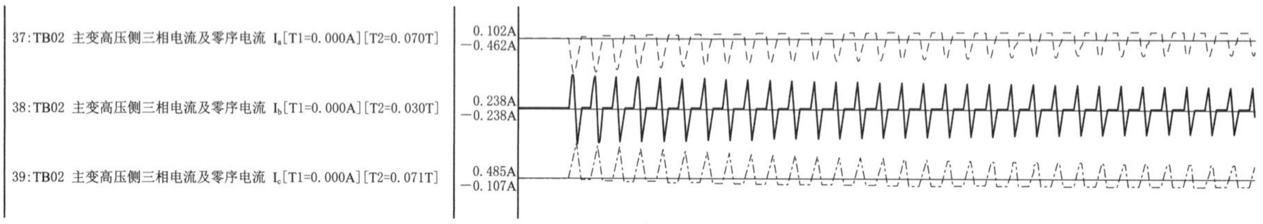

图6　变压器空载合闸励磁涌流曲线

励磁涌流持续的时间非常短，对变压器本身不会有直接伤害，但如果它衰减得比较慢，可能因变压器一次侧过电流保护装置误动作而导致跳闸，因此变压器相关保护应具备躲开合闸时的励磁涌流的能力。接下来，我们讨论在变压器运行及保护配置中，避免励磁涌流危害的方法。

3.2　励磁涌流的危害及预防措施

励磁涌流含有很大成分的非周期分量、含有大量的高次谐波分量且以二次谐波为主，波形为尖顶波，且波形之间有间断，并偏向时间轴的一侧，见图6。励磁涌流的大小与电源电压值和合闸初相角、合闸前铁芯磁通值和剩磁方向、系统等值阻抗值和相角、变压器绕组的接线方式和中性点接地方式、铁芯材质的磁化特性、磁滞特性、铁芯结构型式、工艺组装水平有关。一般情况下，变压器容量越大，衰减的持续时间越长，但总的趋势是涌流的衰减速度往往比短路电流衰减慢一些。

对于三相交流变压器，由于三相之间相差120°，所以任何瞬间合闸至少有两相出现不同的励磁涌流。但是变压器空载合闸一次侧电流在最不利的情况下，其最大值也不过几倍额定电流，相对于变压器短路电流要小得多。虽然有的励磁涌流衰减时间较长，也仅在最初几个周期内冲击电流较大，在整个瞬态过程中，大部分时间内的冲击电流都在变压器额定电流值以下。因此，无论从瞬变过程的电磁力或电流较大导致变压器绕组温升来考虑，对变压器本体来说危害都不大。但在瞬变过程中最初几个周期的冲击电流有可能使变压器差动或过流等保护误动。影响变压器正常投入使用。针对此问题，可主要从以下几方面避免变压器空载投入时可能出现的励磁涌流问题。

(1) 增加励磁涌流判据：变压器励磁涌流中含有大量的谐波，其中以二次谐波为主，因此可用二次谐波含量进行涌流判别，即二次谐波制动。二次谐波制动在变压器差动保护中广泛应用且效果良好，因此主变差动及过流保护中增加二次谐波制动原理。但是，增加二次谐波制动会大大提高变压器保护的复杂性，影响保护的灵敏性，并增加变压器保护投资，影响经济性。

(2) 主变高压侧过流保护增加电压量判据：在变压器高压侧过流保护中增加低电压和负序过电压判据，以避免变压器冲击合闸因励磁涌流导致保护误动。以国内某大型抽水蓄能电站为例，为解决主变压器在空载冲击合闸过程中，励磁涌流可能导致过流保护误动的问题，在主变保护中配置复合电压闭锁过流保护，当主变低压侧线电压小于70V或负序线电压大于7V闭锁保护出口，可有效避免主变冲击合闸导致保护误动。但是，增加电压量判据会大大提高变压器保护的复杂性，影响保护的灵敏性，并增加变压器保护投资，影响经济性。

(3) 空载合闸前退出相关主变过流保护：由于变压器过流保护只在主变空载冲击时才会受到励磁涌流的影响，因此可在主变冲击试验或空载投入时退出变压器过流保护，以避免保护误动作。国内某大型抽水蓄能电站具有多年运维经验，据了解该厂在变压器空载合闸前，退出高压侧复压过流保护，以防止变压器空载冲击合闸导致该保护误动。该方式具有操作简单、效果好的优点。但是通过人工操作实现，既增加了人为操作的风险性，也降低了变压器冲击合闸时，及时、正确切除故障的可靠性。

(4) 调整保护定值：在保证变压器保护能快速动作的基础上，可适当调整变压器过流保护整定时间，使其能躲过变压器励磁涌流和系统振荡，防止变压器冲击合闸因励磁涌流导致保护误动。

4 结语

本文结合国内某抽水蓄能电站1号主变压器启动冲击试验出现的励磁涌流现象，通过建立物理模型，详细阐述了变压器在空载合闸时励磁涌流的产生机理，及在主变冲击过程中的危害。最后结合生产实际情况给出解决问题的思路。为变压器空载冲击试验、变压器检修后空载投入过程中防止励磁涌流危害提供了可供参考的解决方案。

参考文献

[1] 李浩良，孙华平. 抽水蓄能电站运行与管理 [M]. 杭州：浙江大学出版社，2013.
[2] 曾令全，李书权. 电机学 [M]. 北京：中国电力出版社，2010.
[3] 马静，周尧，朱恩飞. 主变倒送电保护动作事件分析 [J]. 电工技术，2020 (17).
[4] [美] Robert L. Boylestad. 电路分析导论 [M]. 陈希有，张新燕，李冠林，等译. 北京：机械工业出版社，2014.

500kV 断路器操作机构故障导致断路器合闸失败分析处理

赵　明　冯海超　高　超　梁逸帆
（华东天荒坪抽水蓄能有限责任公司，浙江省安吉县　313302）

【摘　要】天荒坪公司 500kV 三单元检修后进行断路器传动试验过程中，进行 500kV 5023 断路器合闸操作时，发现 500kV 5023 断路器 C 相合闸失败，三相不一致出口跳开 5023 断路器三相。运维人员通过检查发现此次故障的原因为 5023 断路器 C 相操作机构分闸 2 电磁阀内部活塞杆卡涩不能复位，合闸电磁阀动作后，高压油通过分闸 2 电磁阀直接进入低压缸，合闸回路动作后油压立即释放，导致 5023 断路器 C 相合闸失败，运维人员更换 5023 断路器 C 相操作机构，进行断路器分合闸相关试验正常。

【关键词】断路器　操作机构　电磁阀　卡涩　合闸失败

1　引言

天荒坪公司 500kV 系统在事故切换或运行方式改变时通过 SF_6 断路器来完成，断路器采用户内水平布置方式，双断口，断口并联均压电容，单压吹气式 SF_6 灭弧，成套断路器由三个同样的断路器极构成，每相有一个独立的操作机构和两个灭弧室，操作机构是一个独立的单元，因此大修时可将其取下或连在一起。

2　弹簧储能液压操作机构结构特点

天荒坪公司 500kV 断路器操作机构采用弹簧储能液压操作机构，如图 1 所示，机构型号为 AHMA-8.1，该型号机构充分利用液压机构和弹簧储能的优点，即弹簧储能利用了弹簧所具有的可靠性高、稳定、不受温度影响的特点。操作机构的跳闸操作和能量释放是建立在液压操作的设计元件上的。操作机构的主要部件位于高压部分，所有部件都围绕着高压部件中心轴布置，这种紧密的设计，使操作机构无需任何液压管相连，且液压操作回路与外界通过可靠静态密封隔离。所有液压元件紧密地位于高压部分，

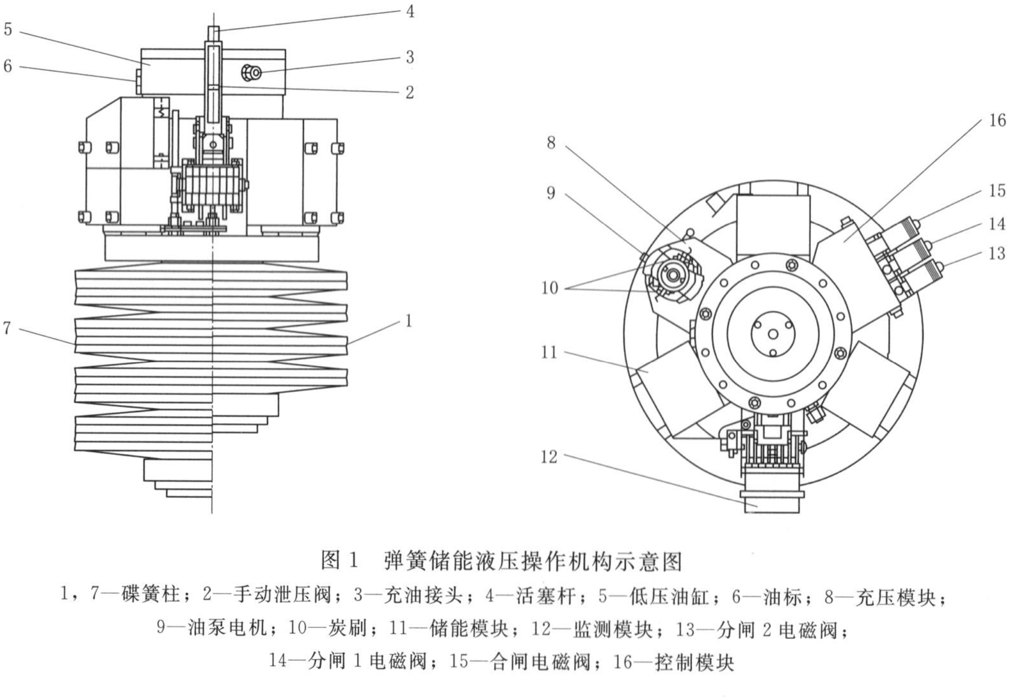

图 1　弹簧储能液压操作机构示意图

1，7—碟簧柱；2—手动泄压阀；3—充油接头；4—活塞杆；5—低压油缸；6—油标；8—充压模块；9—油泵电机；10—炭刷；11—储能模块；12—监测模块；13—分闸 2 电磁阀；14—分闸 1 电磁阀；15—合闸电磁阀；16—控制模块

组成元件位于高压部分主轴周围，其中分合闸电磁阀垂直安装于操作机构侧面，包括一只合闸电磁阀和两只分闸电磁阀，通过阀体内部液压油回路导通和关断控制主轴活塞两侧油压，从而驱动断路器实现分合闸。

3 故障现象

2021 年 11 月 27 日，天荒坪公司 500kV 三单元检修后进行断路器传动试验过程中，在进行 500kV 5023 断路器合闸操作时，发现 500kV 5023 断路器 C 相合闸失败，A、B 相合闸正常，见图 2。

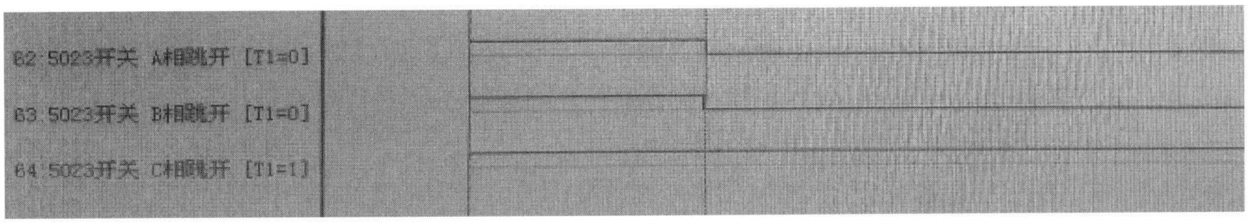

图 2 5023 断路器 C 相合闸失败

经 2s 整定延时后 5023 断路器三相不一致保护动作出口跳开 5023 断路器三相，见图 3。

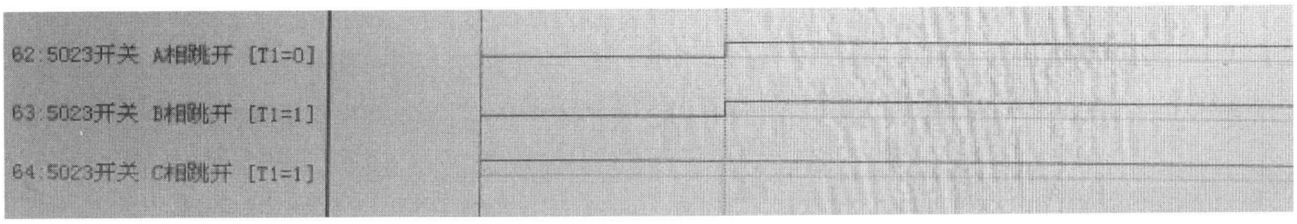

图 3 5023 断路器三相不一致动作

现场查看发现 5023 断路器 C 相操作机构未动作，因故障设备为停电检修设备，未对运行设备及运行方式产生影响。在当天此前进行的传动试验中，5023 断路器已成功进行过 4 次合分，均未见异常，故障发生时，正在进行第 5 次传动试验前断路器合闸操作。

4 故障处理

4.1 原因分析

现场对 5023 断路器本体及控制回路进行检查、分析，5023 断路器合闸失败可能原因有：

（1）存在跳闸信号导致断路器无法合闸（检查后排除）。

（2）合闸控制回路电源或电机电源丢失（检查后排除）。

（3）合闸闭锁回路故障（检查后排除）。

（4）合闸回路故障（检查后排除）。

（5）合闸线圈故障（检查后排除）。

（6）5023 断路器 C 相操作机构内部故障（检查后确认）。

4.2 针对可能的原因逐一进行排查

（1）对 5023 断路器跳闸回路一、跳闸回路二进行检查，均不存在跳闸信号保持情况，初步排除存在跳闸信号导致断路器无法合闸可能。

（2）对 5023 断路器控制回路及电机电源回路进行检查，各处空开合闸正常，用万用表测量各处电压均正常，初步排除合闸控制回路电源或电机电源丢失可能。

（3）5023 断路器合闸闭锁回路由 SF_6 压力闭锁继电器 K0B 的（13、14）接点、油压闭锁继电器 K0FE 继电器的（13、14）接点及合闸闭锁继电器 K0BE 构成，K0BE 继电器（13、14）、（23、24）、（33、34）三副常开接点分别用于 5023 断路器 A、B、C 三相合闸闭锁回路导通，当合闸闭锁条件均满足时，合闸闭锁继电器 K0BE 励磁，使相应相合闸闭锁条件满足。故障发生时，A、B 两相均能够正常合闸，仅 C 相无法合闸，说明闭锁条件满足，合闸闭锁继电器 K0BE 已励磁，可能故障点为 K0BE 送至 5023 断路器 C 相合闸回路的接点（33、34），解除 5023 断路器三相不一致回路，将 K0BE 送至 5023 断路器 C 相合闸回路的接点（33、34）短接，单独进行 C 相合闸试验，C 相无法合闸，将 K0BE 继电器进行检验，各项数据均合格，初步排除合闸闭锁回路故障可能。

（4）5023 断路器合闸回路由合闸命令继电器 K0E1 接点（33、34）、合闸闭锁继电器 K0BE 接点（33、34）、防跳跃继电器 K03 常闭接点（21、22）构成，采用将 K0E1 接点端子（33）至 K03 接点端子（22）短接的方法进行合闸试验，C 相无法合闸，将 K0E1、K03 继电器进行检验，各项数据均合格，初步排除合闸外部回路故障可能。

（5）对 5023 断路器 C 相合闸线圈进行检查，测量合闸线圈直流电阻约为 49Ω，与历年试验数据进行比对未见明显异常，初步排除合闸线圈故障可能。

（6）对断路器操作机构进行检查，手动励磁断路器操作机构上的合闸电磁阀（Y1），如图 4 所示，可以听到油压释放的声音，但是操作机构静止不动，综合外部全回路检查未见异常而手动励磁电磁阀操作机构未能正常响应两方面情况，基本可以明确故障点为断路器操作机构内部故障。

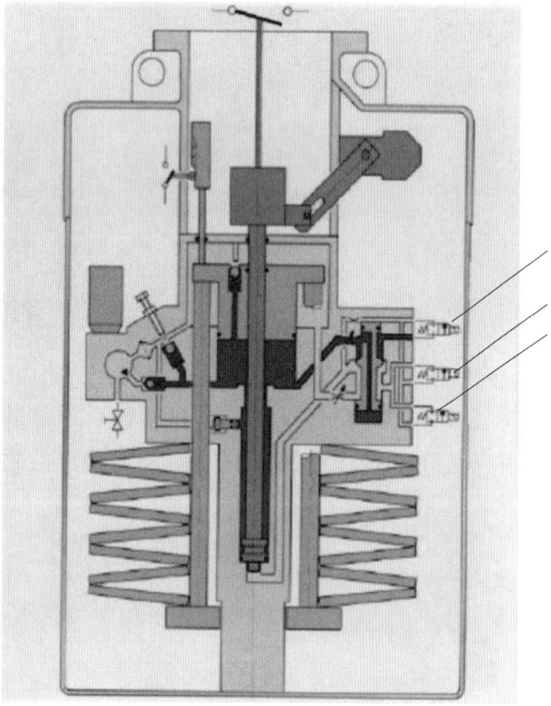

图 4　电磁阀示意图
Y1—合闸电磁阀；Y2—分闸 1 电磁阀；Y3—分闸 2 电磁阀

4.3　确定故障点及故障形成机理分析

进一步对断路器操作机构内部进行解体检查，分别手动按下合闸电磁阀（Y1）/分闸 1 电磁阀（Y2）/分闸 2 电磁阀（Y3）阀杆，发现分闸 2 电磁阀（Y3）阀杆阻力明显偏小，拆下分闸 2 电磁阀（Y3），进一步对其进行解体检查，发现分闸 2 电磁阀（Y3）内部活塞杆卡涩不能复位，其阀体内部始终处于导通状态。正常情况下，断路器分闸完成后，合闸电磁阀（Y1）、分闸 1 电磁阀（Y2）、分闸 2 电磁阀（Y3）阀体内部均处于关断状态，合闸过程中，合闸电磁阀（Y1）内部导通后，分闸 1 电磁阀（Y2）、分闸 2 电磁阀（Y3）阀体内部依然关断，导向切换阀内高压油驱动小活塞向弹簧侧移动，高压油进入主活塞合闸腔，驱动主活塞杆向合闸方向移动，如图 5 所示。

由此可以复原故障机理：分闸 2 电磁阀（Y3）内部活塞杆卡涩不能复位导致阀体内部始终处于导通状态，合闸电磁阀（Y1）动作内部导通后，高压油始终通过分闸 2 电磁阀（Y3）与低压缸导通，合闸电磁阀（Y1）动作后，高压油通过分闸 2 电磁阀（Y3）直接进入低压缸，合闸电磁阀（Y1）动作后油压立即释放，所以出现可以听见油压释放的声音，但断路器无法实现合闸的情况，Y3 电磁阀故障情况下油回路见图 6。

5　问题处理与建议

5.1　问题处理

（1）为保证按时送电，运维人员整体更换 5023 断路器 C 相操作机构，进行断路器分合闸相关试验正常。

（2）对故障操作机构解体检查，对故障机理进行复原，深入分析故障原因，防范同类问题再次发生。

5.2　维护建议

（1）5023 断路器 C 相操作机构操作次数少，电磁阀动作次数也少，仍然出现电磁阀卡涩，暴露出电

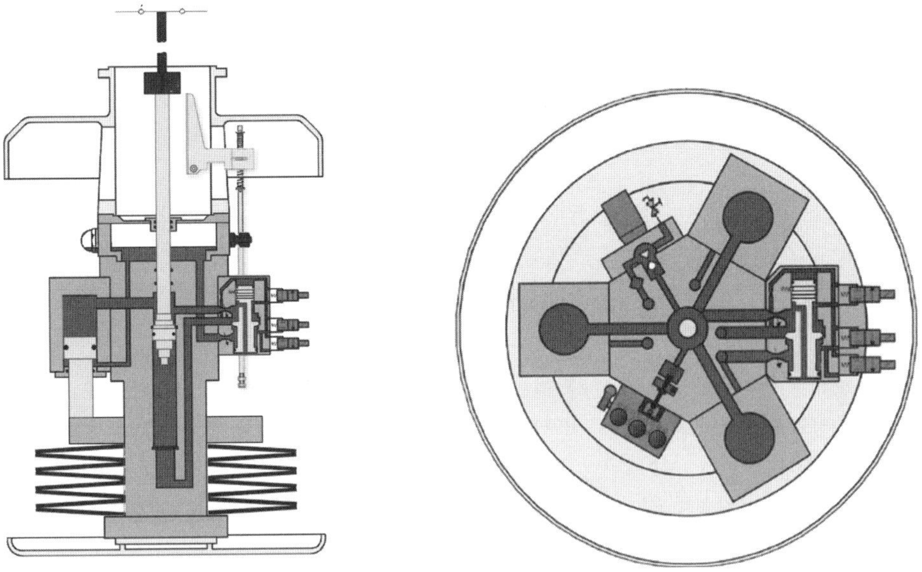

图 5　正常合闸油压回路图

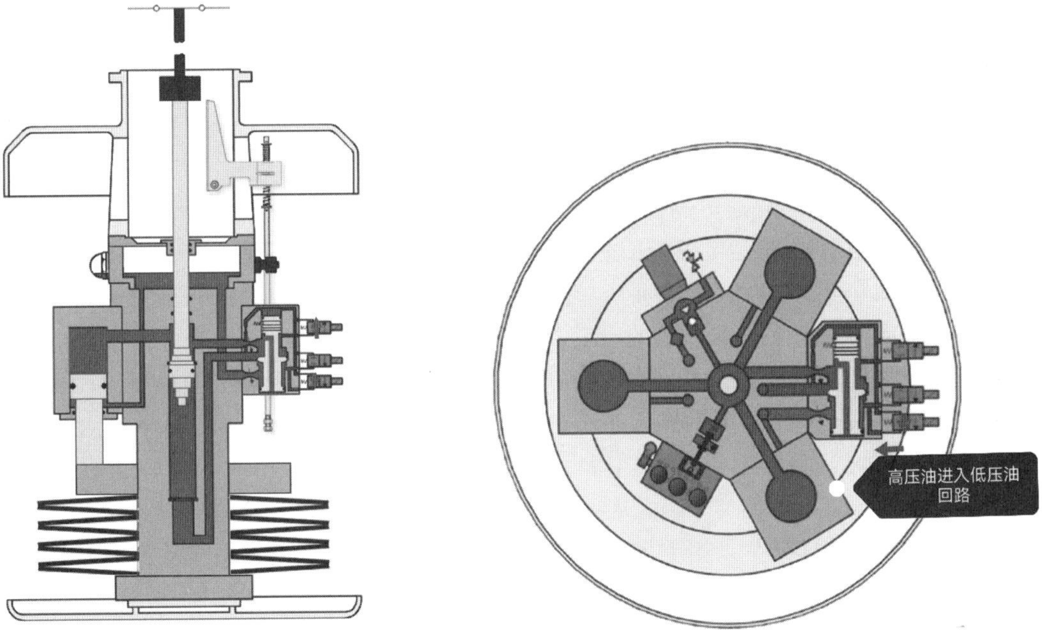

图 6　故障情况下油压回路图

磁阀质量不佳的问题，针对该操作机构电磁阀质量不佳问题，接下来要举一反三，结合断路器检修、试验对同类型电磁阀进行排查，同时设备管理人员应做好备品备件管理，保证备品充足可用。

（2）5023 断路器 C 相合闸失败时存在泄压情况，运维人员应能够第一时间根据此特征现象进行故障原因初步判断，鉴于此，需结合断路器检修对运维人员进行设备内部结构培训，加深运维人员对设备了解，强化设备处理经验，在出现分合闸异常且明显泄压特征现象时，应首先考虑检查分合闸电磁阀是否正常，如发现异常应及时进行更换。对于其他特征现象，亦能够第一时间作出准确判断，提高设备消缺效率。

参考文献

[1]　李浩良，孙华平. 抽水蓄能电站运行与管理［M］. 杭州：浙江大学出版社，2013.

均压管对水泵水轮机转轮力学特性影响

李东阔[1] 倪晋兵[1] 赵毅锋[1] 桂中华[1] 王正伟[2]
(1. 国网新源控股有限公司抽水蓄能技术经济研究院，北京市 100161；
2. 清华大学，北京市 100161)

【摘　要】在水泵水轮机中，均压管是重要的平衡轴向水推力的装置，研究均压管的管径大小，对于指导抽水蓄能电站安全稳定运行有重要意义。本文通过三维数值仿真的方法，对某抽水蓄能电站含均压管的模型进行了不同负荷下几个水轮机工况的模拟计算，计算中改变均压管的管径，分析不同的均压管管径下对应的轴向水推力大小，总结了轴向水推力与均压管管径大小之间的关系。本文的研究结果对于抽水蓄能电站的均压管设计具有指导意义。

【关键词】水泵水轮机　均压管　外特性　轴向水推力

1 引言

均压管是用来消除或减小轴向力的，防止叶轮和蜗壳发生摩擦。抽水蓄能机组顶盖不仅要承受机组各种工况的水压力和水压力脉动，还要支撑导叶、水导轴承、主轴密封，它的刚度直接影响机组的运行稳定性。为满足水泵水轮机各种工况运行的需要，采用在顶盖设置转轮上腔均压管的方式来降低转轮上冠腔的水压，以便减轻轴向水推力及推力轴承负荷，提高推力轴承运行的安全可靠性。均压管尺寸的选择和布置需要考虑多方面的因素，如过流面积、顶盖外部空间大小、均压管空蚀以及平衡盘间隙等。

通过阅读大量文献[1-2]，转轮运转过程中，转轮上冠对转轮上冠腔中水体做功产生剪切应力牵引水体向转轮旋转方向旋转，当水体进入压力均压管前，转轮上冠腔内压力均压管入口处的流态较为紊乱，沿转轮旋转方向产生回流和撞击，从而产生高压撞击区与低压回流区，为空化的形成创造了条件，导致了压力均压管内壁约30%区域轻微空蚀现象的产生。根据压力均压管的最大空蚀量适当增加钢管管壁厚度，加厚的均压管能有效抵抗泵体振动产生的残余应力，防止机组运行过程中再次发生压力均压管空蚀穿孔现象。压力平衡布置在顶盖外部空间，在这狭小的空间位置内，必须绕开拐臂、连杆运动区域，必要时要改善管线结构，避免均压管部位的应力集中和物料冲击振动，如增加支撑和固定杆。平衡盘间隙过大，均压管出入口会发生喘振，正确调整平衡盘密封间隙能够减少平衡盘的气体泄漏量，降低平衡气管内气体流速，从而使得均压管能够减少及消除轴向力，并且提高正常运行效率。由于均压管路特性直接影响平衡装置特性，因此，在设计平衡装置时，必须配置合适的均压管路才能使轴向力平衡装置满足设计要求。在目前能够查阅到的文献中，尚未见到计算均压管路过流面积或口径的方法介绍。而在多级泵轴承温升过高或轴承烧毁事故中，很多都是均压管过流面积偏小造成的，因为过流面积小，管路阻力损失过大，致使均压管压力增大，平衡能力降低，于是导致轴承负荷过大，进而损坏轴承。因此选配均压管时，其口径应留有适当余量。

在水泵水轮机中，均压管是重要的平衡轴向水推力的装置，研究均压管的管径大小，对于指导抽水蓄能电站安全稳定运行有重要意义。本文对某抽水蓄能电站含均压管的模型进行了不同负荷下几个水轮机工况的模拟计算，计算中改变均压管的管径，分析不同的均压管管径下对应的轴向水推力大小，总结了轴向水推力与均压管管径大小之间的关系。研究发现，水泵水轮机的水轮机工况下，转轮所受的轴向水推力的变化规律在不同工况下有一定的差异，水泵水轮机中均压管的设计较为复杂，需要对机组的运行工况做综合考量，本文的研究结果对于抽水蓄能电站的均压管设计具有指导意义。

2 计算模型

本文的研究对象为某抽水蓄能电站的原型水泵水轮机，转轮直径 $D=5.04\mathrm{m}$，转轮叶片数 $Z=9$，活动导叶和固定导叶数均为20，额定转速为300r/min。计算的流体域中基本的过流部件包括蜗壳、固定导叶、活动导叶、转轮、尾水管和均压管，以及转轮的上下间隙，如图1和图2所示。蓄能电站上库的正常水位为400m，最低蓄水位为376.5m；下库的正常蓄水位为103.7m，最低蓄水位为65m。

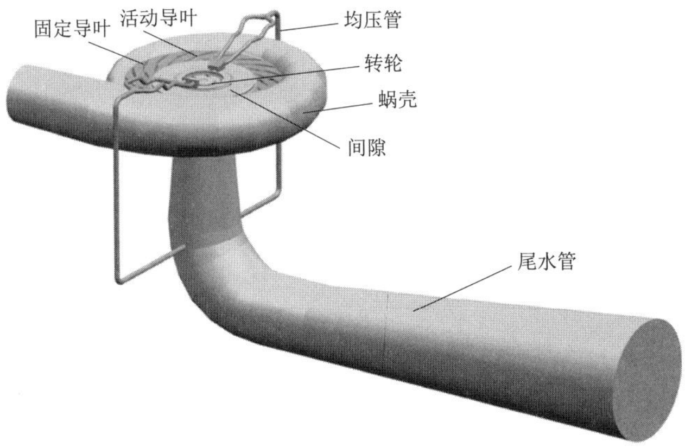

图1 原型水泵水轮机的三维计算流体域

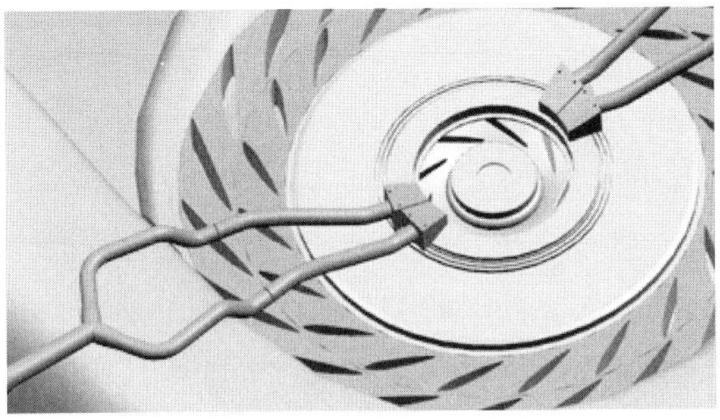

图2 均压管分布位置

本文采用的模型中，均压管连通上止漏环内侧和尾水管，均压管与上冠间隙相连部分的分布位置如图2所示，所采用的计算模型原均压管直径为250mm，记此模型标号为D，本文对其直径进行了增大和减小100mm的处理，分别记为D+100和D−100，如图3所示。

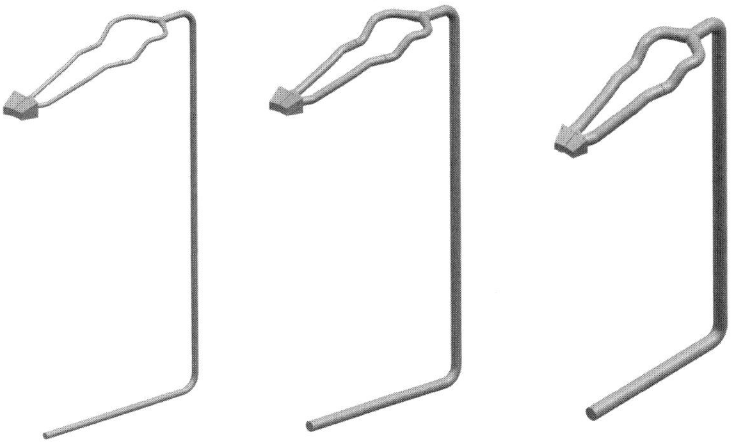

(a) D−100　(b) D　(c) D+100

图3 均压管模型调整示意

基于根据真机建立的模型，计算水泵水轮机的三个水轮机工况，其中流体从蜗壳流入，尾水管流出，给定边界条件为：蜗壳进口给定为总压进口，尾水管出口给定为静压出口，具体的数值依据实验结果中给出的水库上下游水位，并结合一维计算中得出的管路损失给定。在计算时，先进行了定常计算，并将其结果作为非定常计算的初始条件，时间步长取转轮转动周期的1/200，每个时间步的最大迭代次数设置为20次，求解模式设置为高阶求解项，将收敛残差设置为1×10^{-4}。

3 计算工况

通过对该抽水蓄能机组的100%、75%和50%的水轮机工况进行了模拟计算，具体的工况说明见表1。

表1 各个工况的具体参数

水轮机工况	上游水库水位/m	下游水库水位/m	导叶开度/(°)
100%负荷	388.7	92.23	31.63
75%负荷	389.7	90.43	22.63
50%负荷	390.41	89.3	16.56

4 力学特性分析

4.1 外特性分析

图 4 为不同均压管管径模型在不同负荷水轮机工况下的效率和转矩对比曲线，由图可知，在不同负荷的工况下，管径增大对于效率和转轮转矩的影响是不同的。

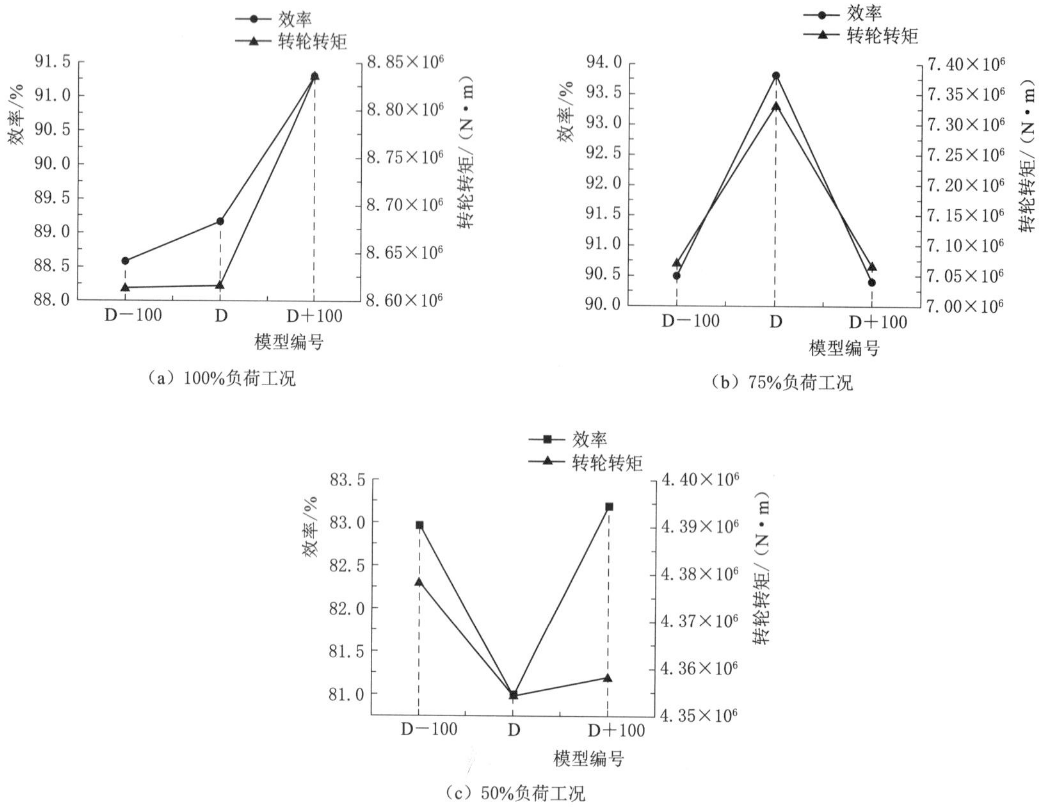

(a) 100%负荷工况

(b) 75%负荷工况

(c) 50%负荷工况

图 4 效率和转矩对比图

对于 50％负荷工况，机组的效率在均压管模型为原始管径时最小，当管径减小或增大时，机组的效率都有所增大。对于 75％负荷工况，机组的效率在均压管模型为原始管径时最大，当管径减小或增大时，机组的效率都有所减小。对于 100％负荷工况，管径增大时，机组效率最高，随着均压管管径的减小，机组的效率减小。通过对影响效率的因素的分析，得出影响效率变化的主要因素为转轮的转矩，转轮转矩的变化规律与机组效率基本一致。

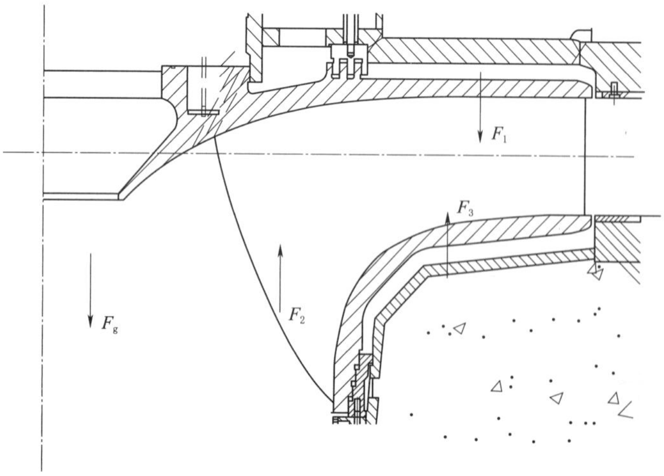

图 5 转轮轴向水推力监测位置说明

4.2 轴向水推力

通过对转轮所受轴向水推力的三个主要分力进行了监测，三部分如图 5 所示（规定力方向向上为正）：

F_1 为上冠间隙作用在转轮表面的轴向水推力，方向向下；

F_2 为转轮内腔流道及叶片表面所受轴向水推力，水轮机工况方向向上；

F_3 为下环间隙作用在转轮表面的轴向水推力，方向向上；

$F_{合}$ 为转轮所受轴向水推力合力，为 F_1、F_2 和 F_3 三个力的合力；

$F_{轴}$ 为轴向水推力和转动部件的重力的合力。

图 6 为不同水轮机负荷工况转轮所受轴向水推力合力（后文简称合力）随管径变化的规律示意图，在 100％和 75％两个负荷工况下，其变化规律一致，随着管径的增大，合力正向增大。对于 100％负荷工况，均压管管径比原设计管径减小时合力方向为竖直向下，主要是由于上冠间隙对转轮产生的向下水推力较大，在设计管径和增大管径的模型计算中，合力方向均为竖直向上。对于 75％负荷工况，合力方向始终为竖直向上。对于 50％负荷工况，合力的方向特性与 100％负荷工况时一致，在 D－100 到 D 模型管径增大时，合力正向增大；在 D 到 D＋100 模型，随着管径的增大，合力反而减小。由此可以看出，对于不同负荷的水轮机工况下，均压管管径的变化对合力产生的影响也是不同的，下面将对各个分力进行详细的分析。对转轮受的水推力分力分析后，发现分力 F_2 受均压管管径变化的影响较小，主要是上冠和下环间隙对转轮产生的轴向水推力 F_1 和 F_3 对合力变化产生影响，因此主要对不同工况的 F_1 和 F_3 进行分析。

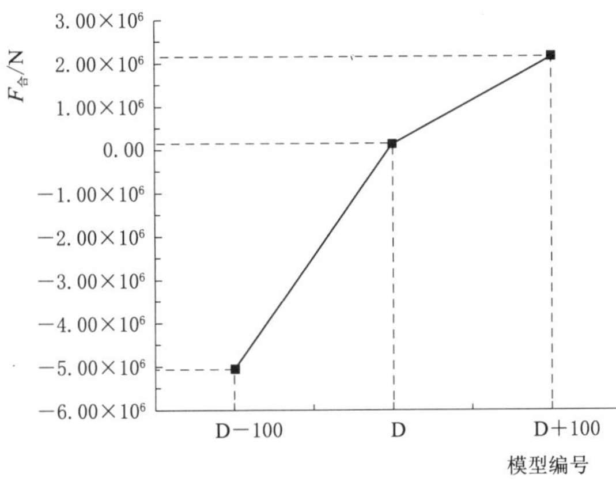

（a）100%负荷工况

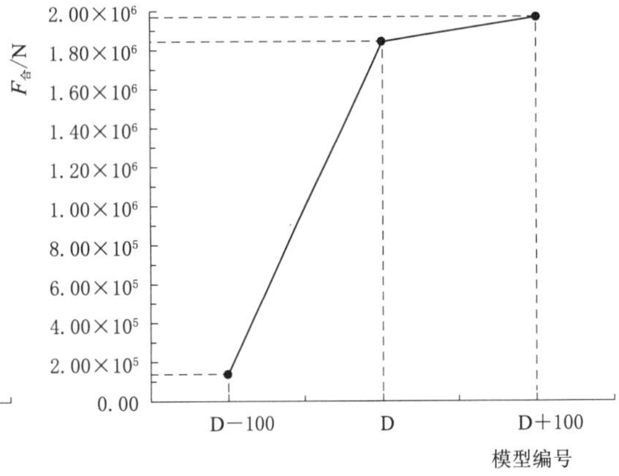

（b）75%负荷工况

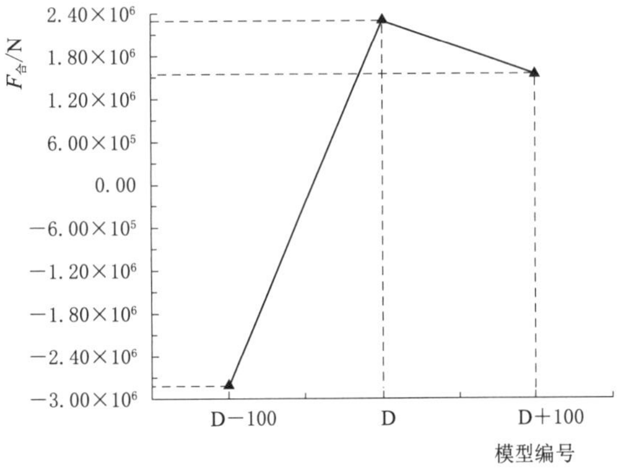

（c）50%负荷工况

图 6　水推力合力变化对比图

由图 7 和图 8 中可以看出，对于 100％负荷工况，上冠间隙对转轮和下环间隙对转轮的轴向水推力都随着管径的增大而减小，对于该负荷工况而言，竖直向上的水推力合力增大是由上冠间隙对转轮产生的竖直向下的水推力减小导致的，上冠间隙对转轮的轴向水推力随均压管管径变化的变化量更大，故对水推力合力的变化起到了决定性的影响。对于 75％负荷工况，合力随均压管管径变化的规律与 100％负荷工况是一致的，但是分力随管径的变化规律与 100％负荷却有所差异，当均压管管径比设计管径减小时，分力 F_1 和 F_3 的变化规律与 100％负荷工况是一致的。当管径在设计管径的基础上增大时，F_1 和 F_3 都增大，由于上冠间隙对转轮产生的水推力竖直向下，下环间隙对转轮产生的水推力竖直向上，所以 75％负荷工况转轮所受水推力合力的变化主要是下环间隙分力的变化产生了决定性的影响。对于 50％负荷工况，转轮所受水推力合力随均压管管径的变化与其他两个工况不同，当均压管管径在设计管径基础上增大时，

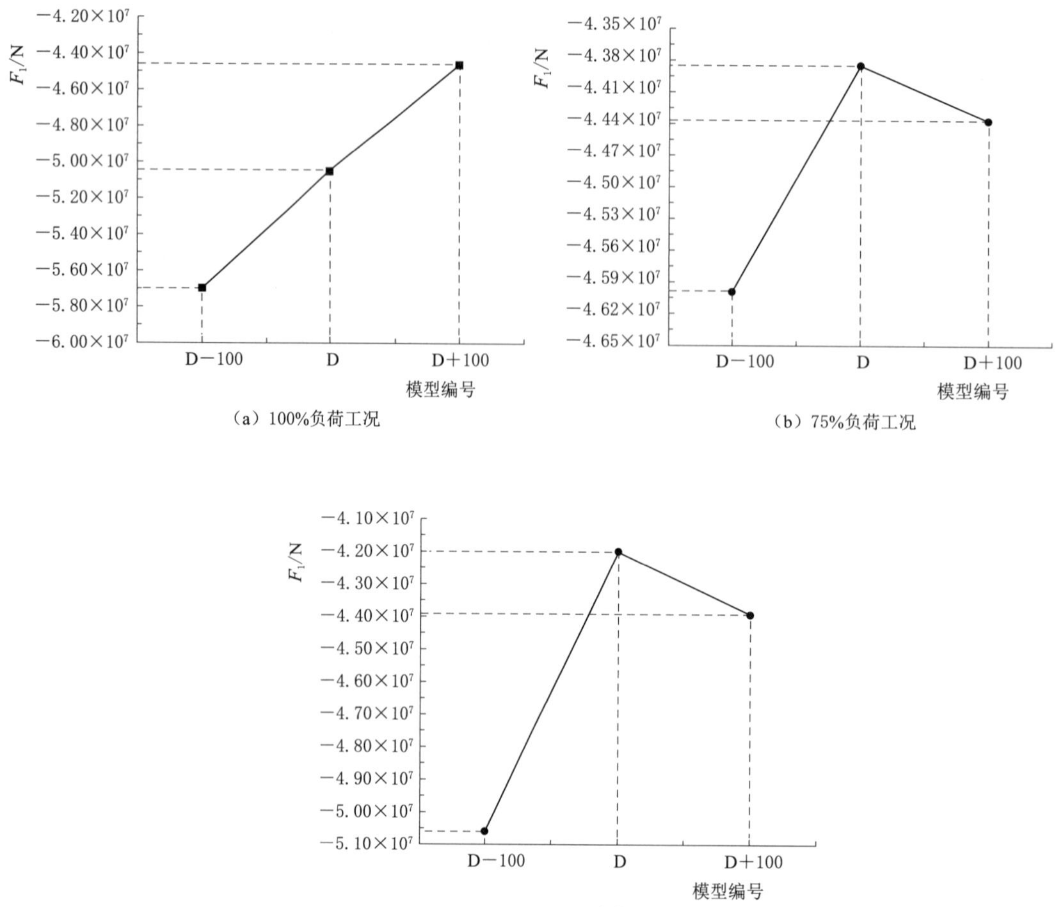

（a）100%负荷工况

（b）75%负荷工况

（c）50%负荷工况

图 7　水推力分力 F_1 变化对比图

合力减小。虽然 50％负荷工况的 F_1 和 F_3 分力随均压管管径的变化规律与 75％负荷的相同，但是对合力的变化产生决定性作用的分力与 75％负荷工况不同，通过分析可知，50％负荷工况对转轮所受水推力合力的变化产生决定性的影响的分力为上冠间隙分力的变化。

如图 9 所示为上冠和下环产生的水推力的合力，合力方向竖直向下，可以看出随着均压管管径的增大，100％负荷和 75％负荷工况下 F_1 与 F_3 合力减小，即平衡转轮上下间隙的压力的能力提高，对于 50％负荷工况，当管径在设计管径的基础上增大时，F_1 和 F_3 的合力也增大，说明此时均压管平衡上下间隙压力的能力随管径增大反而减弱。

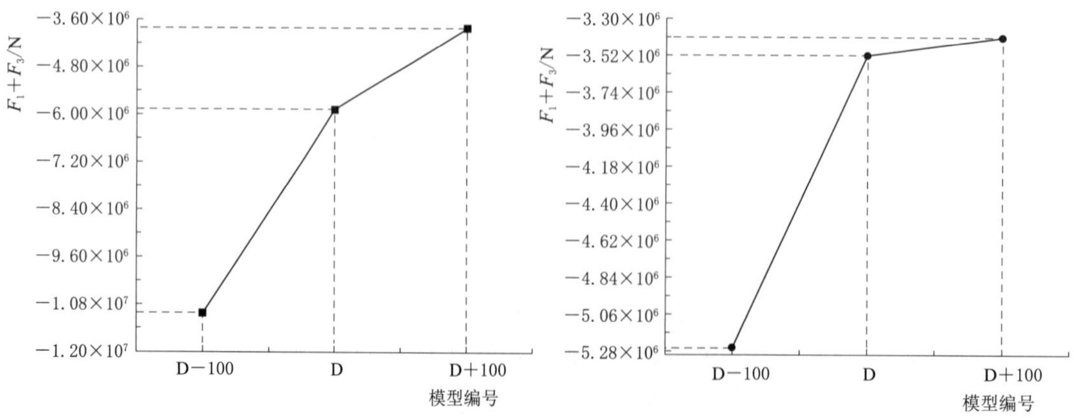

（a）100%负荷工况

（b）75%负荷工况

图 8（一）　水推力分力 F_3 变化对比图

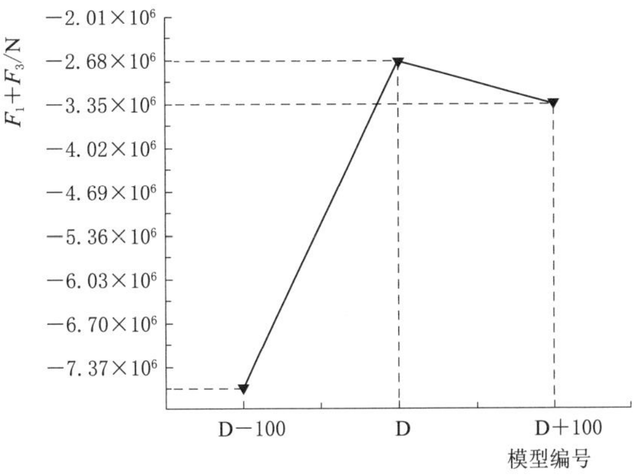

（c）50%负荷工况

图 8（二） 水推力分力 F_3 变化对比图

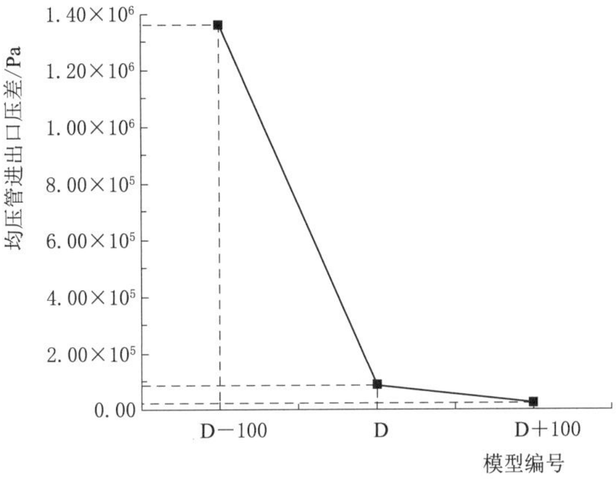

（a）100%负荷工况

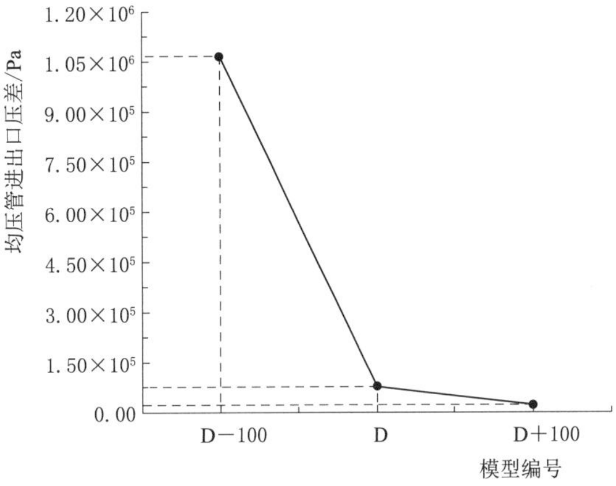

（b）75%负荷工况

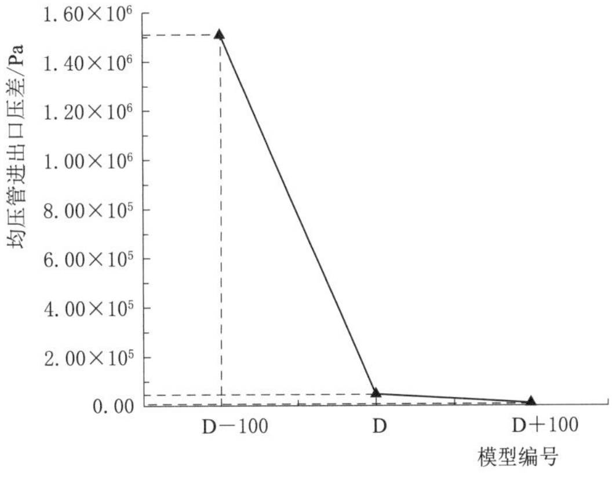

（c）50%负荷工况

图 9 水推力 F_1+F_3 变化对比图

对均压管与上冠间隙四个交界面和与尾水管两个交界面分别做压力的均值处理，做差值得到结果如图 10 所示。可以看出在三个不同负荷的工况下，随着均压管模型管径的增大，其进出口两端的压差逐渐减小，可以得出均压管管径增大后，对上冠间隙和尾水管的压力差有所减小。

5 结语

本文考虑了转轮的上冠和下环间隙以及均压管，对某抽水蓄能电站水泵水轮机原型机模型进行了模拟计算，分析了 100％负荷、75％负荷和 50％负荷三个不同的水轮机工况下，均压管管径的变化对转轮外

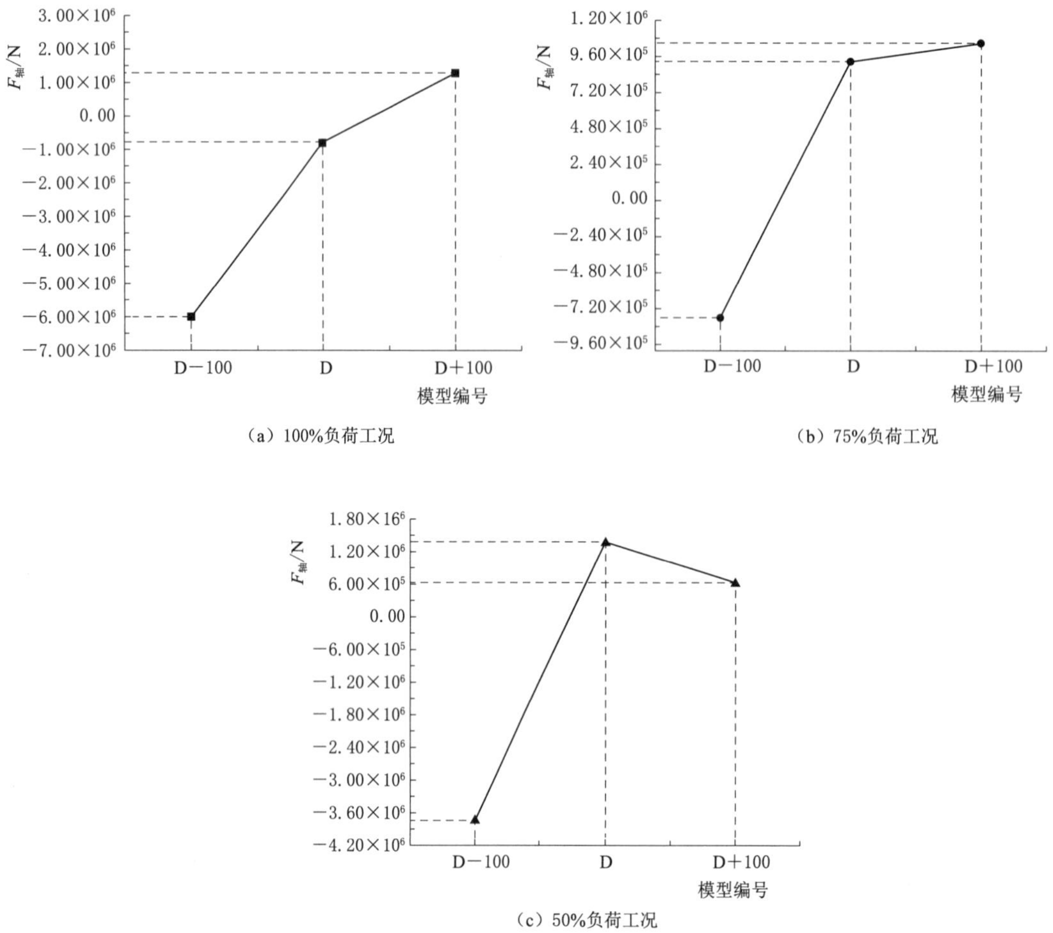

图 10 均压管进出口压差对比图

特性和轴向水推力的影响，得到如下结果：

（1）均压管管径的变化对水泵水轮机的水轮机工况中转轮所受轴向水推力有明显的影响，并且对于不同负荷的水轮机工况，均压管管径的变化对轴向水推力的影响也不同。

（2）均压管管径变化主要是对上冠间隙和下环间隙对转轮产生的轴向水推力分力产生影响，从而对转轮所受轴向水推力的合力产生影响。对于不同负荷的工况，对合力的变化起决定性作用的分力也不同。

（3）在不同的负荷工况下，随着管径变化均压管平衡压力的能力也会发生变化，在负荷较大流量较大的水轮机工况下，其平衡压力的能力是随着管径增大而增大的，在负荷较小流量较小的水轮机工况下，管径比设计管径继续增大时，平衡压力的能力反而减弱。

通过对水泵水轮机三个水轮机工况的数值模拟，可以看出，均压管管径的变化对机组转轮受的轴向水推力的影响与工况有很大的关系，仅仅是三个稳态的工况就产生了三种不同的结果，而水泵水轮机的工况复杂，还存在许多暂态过程，所以均压管的设计如果综合考虑所有可能的工况也是不现实的。建议在设计均压管管径时，首先应当给定机组转轮受轴向水推力的承受范围，然后对机组运行的极端工况进行校核，以保证均压管设计的合理性。

参考文献

[1] 张飞，王宪平．抽水蓄能机组甩负荷试验时尾水锥管压力［J］．农业工程学报，2020，36（20）：93-101.

[2] 周振忠，苟东明，易忠有，等．水电站双机相继甩负荷与尾水管最小压力分析［J］．水电站机电技术，2013，36（5）：1-3，11，71.

[3] 雷明川．水电站顶盖均压管汽蚀原因分析及改进措施研究［J］．中国设备工程，2021（20）：153-154.

关于国产化大容量发电电动机转子磁极优化的思考

赵宏图　何　铮
（浙江仙居抽水蓄能有限公司，浙江省台州市　317300）

【摘　要】本文对某国产化 400MW 级发电电动机转子磁极在多年运行过程中出现的主要问题进行分析总结，对采取的优化改进措施进行阐述和思考，提出相关经验和建议，以供同类型设备结构的电站参考和借鉴。

【关键词】抽水蓄能　国产化　发电电动机　转子磁极　结构优化

1　引言

发电电动机转子磁极是抽水蓄能机组的核心部件之一，其运行状况的优劣直接影响到机组启动成功率、等效可用系数、发电量等指标，是抽水蓄能机组安全稳定运行的重要因素。某国产化 400MW 级发电电动机投产初期，转子磁极陆续发生线圈引线头开匝、端部挡块脱落、线圈铜排内移接地等故障，在大容量主机设备国产化探索道路上付出了一定的代价，但同时也逐步优化了磁极的关键细节工艺设计，为后续国产化发电电动机磁极的设计、制造及运维提供了宝贵的经验。

2　原结构简介

该电站发电电动机磁极为塔形结构，由极靴、磁极铁芯、磁极线圈、磁极压板等部件组成（见图 1）。极间连接线为硬连接，极身采用磁极围带整体固定；上下端部各安装 2 套磁极端部挡块，左右两侧各安装上中下 3 套磁极侧边挡块；极靴与磁极线圈间装配铁托板和绝缘托板，在绝缘托板与首匝磁极线圈的接触面设置聚四氟乙烯玻璃布，形成“滑移层”；磁极线圈与磁极铁芯间用矩形绝缘板填充。

3　问题分析

3.1　磁极线圈引线头开匝

2017 年 4 月，运维人员在对两台投产半年的机组进行检修维护时，发现个别磁极线圈在首末匝磁极引线位置有缝隙（开匝）现象产生，其中有一件磁极线圈末匝引线位置开匝较为严重，长度接近 300mm（见图 2）。经讨论分析，主要原因一是生产制造工艺控制不严，当制造过程中存在引线头与线圈间粘接胶填充不饱满、绝缘层未完全浸透等情况，极易造成引线头开匝；二是机组运行过程中磁极线圈因热胀冷缩、离心力交替变化等因素会产生变形，根据厂家的模型试验结果，磁极线圈的拐角处存在一定的形变量，其中额定转速时最大综合变形 0.82mm，最大径向变形 0.76mm，该变形产生的持续拉力也会导致引线头与线圈逐渐脱开。

图 1　原磁极结构

3.2　磁极线圈端部挡块脱落

2018 年 4 月，1 号机组发生因 7 号磁极下端部内六角沉头螺钉断裂造成磁极挡块脱落缺陷，检查发现该挡块脱落处的两颗固定螺钉断口有明显的疲劳断裂痕迹（见图 3）。

经讨论分析，主要原因为厂家在电站现场装配绝缘垫块时，为防止绝缘垫块松动，将金属压块和绝缘垫块之间紧量调整过大（静止过盈量由原设计 0.1mm 增大为 0.5mm），让金属压块装配后处于较大的倾斜状态。机组运行过程中，在预留过盈量、装配完成后磁极线圈回弹紧量、磁极线圈热膨胀紧量三个力的共同作用下，六角沉头螺钉受到的应力急剧增加，最终在启停过程中反复承受较大交变力导致疲劳断裂。

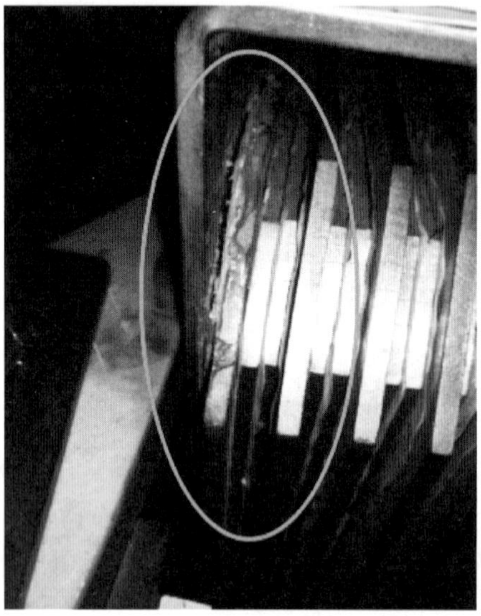

图 2　首末匝磁极引线头位置开匝情况

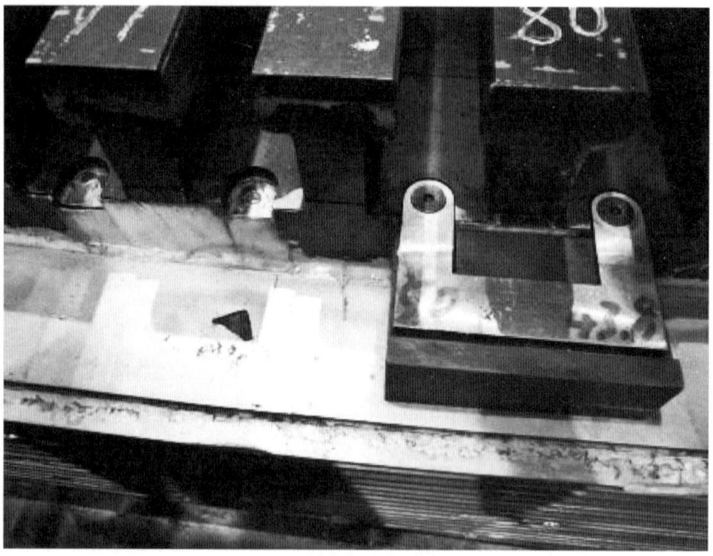

图 3　磁极下端部挡块脱落情况（实物图）

3.3　磁极线圈铜排内移

2018 年 9 月，4 号机组发生 3 号磁极 L 角处铜排内移引起极身绝缘被破坏导致转子接地的故障。检查发现 3 号磁极线圈首匝（靠近极靴侧）下端铜排（L 角段）轴向向上产生较大位移，向磁极铁芯位移近 13mm，位移伸出内表面的下端铜排（L 角段）将磁极极身绝缘破坏，导致转子一点接地（见图 4、图 5）。经分析讨论，主要原因为厂家在电站现场检修装配磁极线圈时，考虑到首匝铜排与原绝缘托板之间的滑移层曾出现少量挤出现象，临时将原绝缘托板滑移层由聚四氟乙烯玻璃丝布更改为在接触面涂刷干性润滑剂，该工艺在现场实施时可能存在原绝缘托板打磨过量或者涂刷不均匀的情况，从而引起磁极首匝线圈与绝缘托板间的摩擦系数增大（见表 1），阻碍磁极首匝线圈自由热膨胀。在机组多次启停后，磁极首匝线圈侧边铜排在冷热交替中产生位移，逐次累计后造成轴向向上位移，而下端铜排（L 角段）由于与侧边铜排焊接为一体，也跟随逐步向上位移，最终破坏极身绝缘并接地。

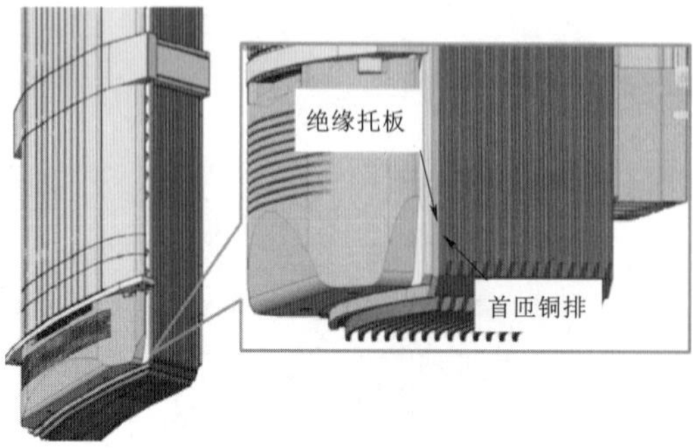

图 4　磁极 L 角处铜排内移（示意图）

图 5　磁极 L 角处铜排内移（实物图）

表 1　不同情况下的样本试验摩擦系数

样　本	静摩擦系数	滑动摩擦系数
整体压制的滑移层（聚四氟乙烯玻璃丝布）	0.108	0.048
涂刷的滑移层（干性润滑剂涂刷到位情况）	0.120	0.067
故障磁极的绝缘托板滑移层（干性润滑剂涂刷不到位情况）	0.322	0.21

4 优化改造情况

4.1 磁极线圈引线头优化

（1）将磁极线圈引线头由 60mm 增高至 100mm，将 R 角半径由 10mm 增大为 20mm，减少运行过程的中的径向受力。

依据 GB/T 15248《金属材料轴向等幅低循环疲劳试验方法》，采用 MTS Acumen 疲劳试验机所获得的数据形成发电电动机磁极线圈引线在低周疲劳 S—N 曲线，再根据有限元分析计算的应力水平，进行疲劳寿命评估。原外侧引线头弯角处应力为 61.8MPa，对应 S—N 曲线的循环次数为 114455 次，按合同要求平均每天启停 10 次计算，总寿命为 31.4 年；改进后的外侧引线头弯角处应力为 51.89MPa，对应 S—N 曲线的循环次数为 623927 次，按合同要求平均每天启停 10 次计算，总寿命为 170.9 年。增大弯曲半径后，疲劳寿命将大幅延长，安全裕度进一步提高。同时，通过金相试验显示，R 角半径越大，铜排弯形导致的裂纹深度越小。

（2）完善主机厂家《磁极线圈压型工艺守则》，加强制造过程中工艺质量控制，主要内容为：

1）增加抽测铜排和匝间绝缘厚度工序，并根据抽测尺寸计算是否增垫匝间绝缘。

2）装配匝间绝缘时充分检查有无杂质、污物，胶粘胶涂抹是否均匀、浸透。

3）在线圈首匝、末匝、中匝各设置温度测量点，保证线圈各部位温度满足要求。

4）线圈热压时，在油压机上分阶段测量线圈高度，保证热压均匀到位。

4.2 磁极线圈端部挡块优化

取消原 U 形金属压块，更改为直接在磁极压板上攻钻 M12 轴向螺纹孔，将绝缘垫块直接把合在磁极压板上（见图 6）。更改后的端部绝缘垫块静止间隙为 0.4～0.6mm，用以适应线圈热膨胀，且绝缘垫块所开螺栓孔为腰形孔，使得绝缘垫块在径向运动时，螺栓不受剪切应力，仅起到固定连接作用。在事故工况下磁极线圈受较大向心力作用时，绝缘垫块与磁轭接触，将作用力传递到磁轭上。

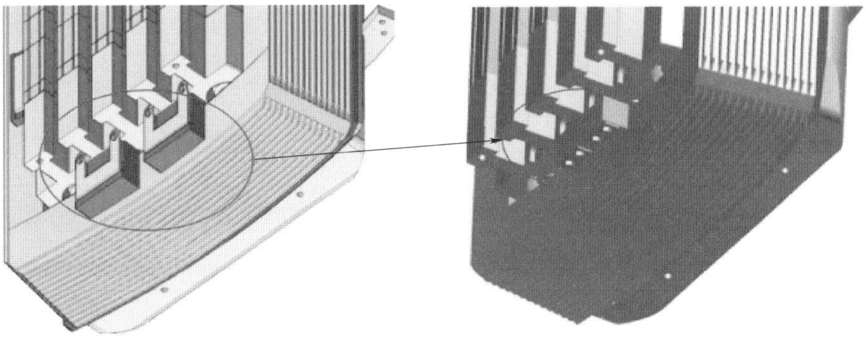

图 6　磁极线圈端部挡块改进后的结构图

考虑到磁极侧边直线段绝缘垫块存在同样的脱落风险，对此也需进行处理改进。将其静止过盈量降低为 0～0.1mm，同时降低螺栓应力，保证螺栓可靠安全。在此基础上，为了防止任何不可控因素导致螺栓断裂，直线段金属压块尾部更改为楔形自锁结构（见图 7）。

经磁极线圈压板连接结构螺栓应力及寿命分析，各位置连接螺栓可承受机组启停次数见表 2。

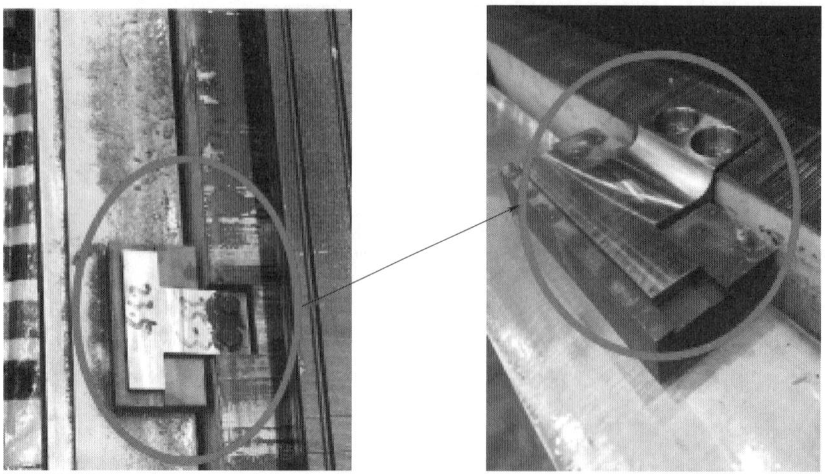

图 7　磁极线圈侧边挡块改进前后的结构图

表 2　磁极挡块各部位疲劳寿命

磁极连接部件	应力幅值	循环次数
端部绝缘垫块螺栓	19.347*	2.2×10^{13}
侧边绝缘垫块螺栓	112.29*	2.54×10^{5}
侧边金属垫块	20.52	3.45×10^{11}

注　*　针对螺栓根部的应力，均考虑了应力集中系数（$K=3$）。

根据分析计算结果表明，优化后的磁极端部绝缘垫块螺栓、侧边绝缘垫块螺栓、侧边金属垫块的疲劳寿命均可承受 1.825×10^{5} 次（合同要求值）的机组启停数而不发生疲劳破坏，同时具有较大的安全余量。

4.3　磁极绝缘托板滑移层优化

恢复使用与绝缘托板一体装配的聚四氟乙烯玻璃丝布作为滑移层，同时改进磁极端部线圈与铁芯间的填充绝缘板结构，采用组合式绝缘板将极靴侧磁极铁芯塞实（见图 8），即便磁极铜排再出现内移情况，也能防止线圈直接接触磁极铁芯。

图 8　磁极端部线圈与铁芯间的填充绝缘板优化前后对比

5　设计和运维建议

为保证发电电动机磁极能满足抽水蓄能机组各种运行工况的要求，提升国产化主机设备的性能质量，根据现场实际运维经验提出以下几点思考和建议：

（1）国产化设备的设计借鉴要更加注重细节。目前，国内主机厂家的磁极设计基本上借鉴的是阿尔斯通、福伊特等国外主机厂家的前期设计经验，大部分部件的制造质量可以说没有太大问题，甚至局部自主改进后的部件质量已经超过国外主机厂家，但是设备的整体质量往往取决于关键细节的把控。在上述 3 个问题中，无论是磁极引线头的高度尺寸、R 角半径尺寸，磁极挡块的过盈量，还是滑移层的摩擦系数，都是非常细节的工艺控制点，单单从装配图、实际外观上去分析研究，即便通过磁极的相关出厂试验，也根本难以发现潜在的隐患，最终只能由客户电站通过实际运行暴露出问题。在这一点上，建议国内主机厂家在借鉴国外设计时，要充分研究论证每个部件细节参数的设计由来和影响，尤其对于自主变更的设计要有充足的计算支撑。

(2) 国产化设备的创新技术要有充足的试验支撑。为积极达成“双碳”目标，国内核电、风电、太阳能等清洁能源规模快速增长，具备调峰填谷功能的抽水蓄能电站作用日益显著，同时国家对电力系统的安全稳定经济运行提出了更高的要求，电网对电站机组非计划停运的考核力度也在逐年加大。在这样的大背景下，各抽水蓄能电站对主机厂家一些技术创新的推广应用越来越谨慎，从某种程度上也阻滞了国内主机厂家新技术、新工艺的研发进度，建议国内主机厂家尽可能在厂内创建能够模拟真机环境的试验台，通过试验数据和试验效果来保证创新技术的可靠性。

(3) 设备配件尽可能实现自主生产。发电电动机转动部件尤其是固定螺栓等配件，主机厂家多为外购。通过招投标形式采购的螺栓难以保证外协厂家是否严格按照标准生产螺栓，通过抽检的螺栓也很难确保质量完全符合要求。建议在转动部位这些易发生严重故障的地方，厂家的每一个配件都应慎重选择，尽可能自主生产，确保配件质量不影响主设备运行安全，从而保证厂家先进的设计理念能够得以实现。

(4) 面对家族性缺陷时的处理要更加考虑全面。该 400MW 级抽水蓄能电站虽然在投运半年后各机组均出现不同程度的磁极引线头开匝故障，但根据实际运行情况来看，2 号和 3 号机组在投产 4～5 年后才完成磁极线圈的整体更换，磁极引线头开匝的情况并未直接影响到机组的本质安全稳定运行。提早更换的 1 号和 4 号机组，反而由于主机厂家对一些细节参数的变更，且未经过充分论证，导致出现其他部件的严重故障。建议电站在进行家族性缺陷处理时，除了专注于故障点本身的工艺控制，更要把设备作为一个整体来看待，当作一个新生产的设备进行管控和验收，加强各个零部件的工艺质量把关。

(5) 设备要实现全生命周期管理。运维人员要从厂家在设备的设计阶段就介入管理，根据厂家的工艺守则充分掌握质量控制点，编制符合生产现场管理要求的质量控制见证单，对于不清楚的细节技术要求要追根溯源，同时要求制造厂家在设备出厂的同时提供各连接部位的疲劳寿命计算报告、有限元分析技术报告、无损检测报告、材质检测报告等。

(6) 运维阶段磁极的主要检查关键点。运维阶段，抽水蓄能机组尽可能每月定期进行盘车检查磁极情况，着重检查磁极引线头及线圈有无开匝、磁极挡块螺栓有无松动或断裂、磁极 L 角侧铜排有无内移、磁极引线及线圈有无放电灼烧、磁极引线支撑有无开裂、各部螺栓有无松动等情况。同时，由于检查磁极需要拆卸上、下挡风板，比较费时费力且影响机组计划停运时长，建议新建电站可使用快拆式挡风板或者在挡风板上开设便于拆卸的小观察孔，提高机组盘车检查效率。

6 结语

该国产化 400MW 级发电电动机转子磁极历经五年多的改进优化，于 2021 年已完成最后一台机组磁极线圈的整体更换，截至目前运行情况良好，有效解决了设计缺陷导致的问题，且相关新技术、新工艺已广泛应用到其他新建的抽水蓄能电站。随着国家发展改革委、国家能源局部属加快“十四五”时期抽水蓄能项目的开发建设，会有更多新技术、新工艺应用到抽水蓄能电站设备中去，电站和主机厂家也需要更加重视设备质量的控制，逐渐摸索形成一套可靠的设计、制造、验收、运行、维护管控标准，为国家电力行业高质量发展和绿色低碳转型提供坚强支撑。

混流式水泵水轮机参数选择及选型设计浅谈

杜荣幸
（东芝水电设备（杭州）有限公司，浙江省杭州市　310000）

【摘　要】在我国“双碳”战略目标驱动下，抽水蓄能事业将迎来前所未有的爆发式增长，规划中的电站参数特征呈多方位发散，本文的主旨是讨论如何确定合理的参数要求，进行优化选型设计，以尽可能缩短模型开发周期、降低模型开发风险、力求水泵水轮机各项性能达到匹配平衡以发挥最佳的综合性能，为多快好省地推进我国的抽水蓄能电站建设事业创造有利条件。

【关键词】水泵水轮机　参数选择　选型设计　水力设计

1　引言

混流式水泵水轮机因其适应范围广、经济高效、结构相对简单的特点，在目前的抽水蓄能电站机型选择中占据主导地位。选型是机组设计的起始环节，直接决定机组设备的设计制造成本、模型开发的难易程度，以及电站投运后的稳定性、发电量以及对水能资源的综合利用度。水泵水轮机运行条件复杂，需同时兼顾水轮机及水泵工况的运行，因此，选型设计的合理与否至关重要。

通常情况下，选型设计需要的基本输入条件，如上下库特征水位、水头损失系数、水轮机额定功率、水泵工况最大输入功率、额定转速、安装高程及吸出高度、主要控制尺寸以及主要参数的要求由项目及设计单位在工程勘察设计后确定，主机供应商需要根据些参数及基本要求，基于自身的技术储备，选择合适的基础水泵水轮机模型，进行多方位的经济技术比较，选定最优方案并确定有关参数指标。

在我国“双碳”战略目标驱动下，抽水蓄能事业将迎来前所未有的爆发式增长，为适应选址及电网需求，规划中的电站扬程低至几十米，高至700多米，单机容量从数万千瓦至40万kW不等，参数特征呈多方位发散，现有的技术储备很难做到全面覆盖；而电站建设周期却越来越短，无法像以前一样为每个项目预留充裕的研发时间。因此本文的主旨是讨论如何确定合理的参数要求，进行最优化选型设计，以便后续各项工作的顺利推进。

2　基本参数的选择及判断

2.1　水头/扬程

水头/扬程是表征水泵水轮机特性及确定选型方案的最重要参数。通常水头/扬程越高，同等流量下所蕴含的能量越高，机组及厂房尺寸越小，单位千瓦造价越低。因此从抽水蓄能电站诞生以来，高水头化一直是技术发展的一个趋势。如图1所示为单级可逆式水泵水轮机最大扬程随着年代的发展情况，当今世界上应用水头最高的是东芝公司为日本葛野川2期电站生产的水泵水轮机，水泵最高扬程达782m。

近年随着国内抽水蓄能事业的发展需求，一些低扬程抽水蓄能电站的规划设计也被提上日程，典型情况是一些混合抽水蓄能电站，利用常规电站现有的上下库作为资源，虽然水头较低，机组及厂房尺寸大，投资有所增加，但由于利用了现成的上下水库，总体经济技术仍然具备可行性，这样的电站最小水头可低至100多米甚至几十米。

区别于常规机组，抽水蓄能电站通常只给定上下游水位和水头损失公式，净水头和净扬程需要主机供应商根据流量进行计算，这主要是因为在相同的水位差和水道损失系数的情况下，不同的厂家因水泵流量特性不同，从而造成水头损失和净扬程有所不同，而净扬程对水泵特性影响敏感，需要知道准确的

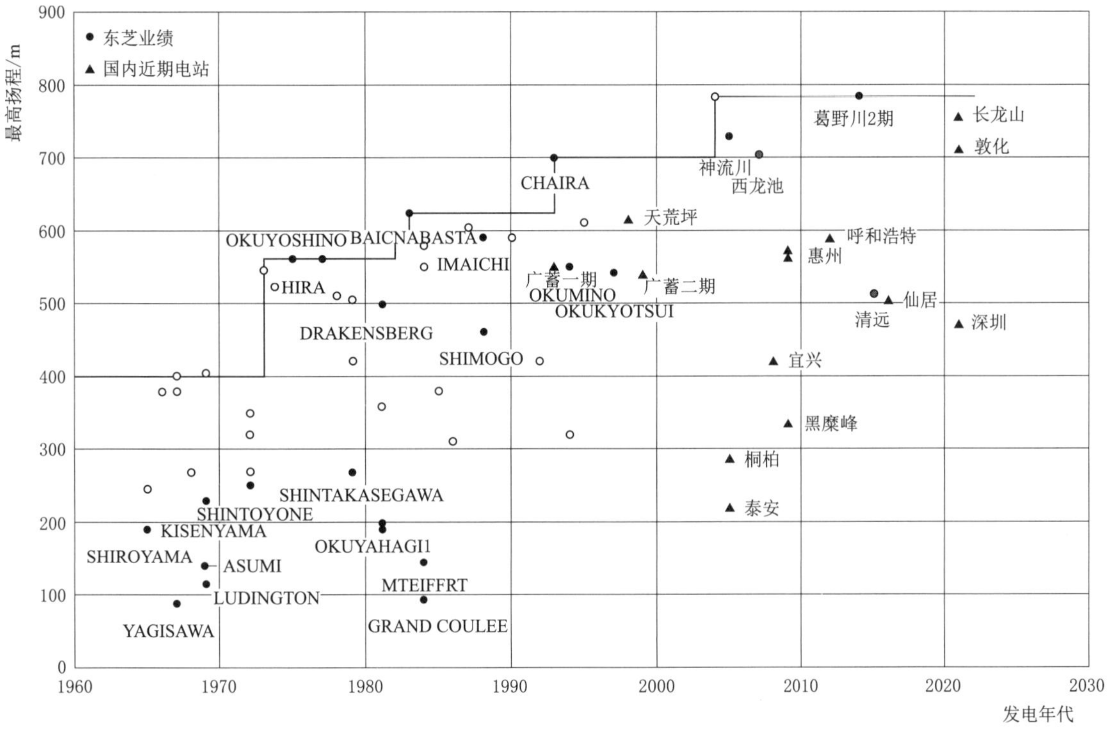

图 1 单级可逆式水泵水轮机扬程的发展趋势

极端情况下净扬程数据，例如最小净扬程以判断轴入力、最大净扬程以判定的驼峰区是否满足要求，毫厘之差便可能为今后的安全运行埋下隐患，如图 1 所示。

决定水力设计难度的关键指标为水头变幅，对于水泵水轮机来说通常指最大净扬程 $H_{p\max}$ 与最小净水头 $H_{t\min}$ 的比值。水泵水轮机高扬程侧受驼峰区限制，低水头侧受 S 区限制，并且还受空化性能、压力脉动及稳定性、水轮机叶片进口脱流等因素影响，能够适用的水头变幅是有限的，一般随着扬程的提高而降低，通常低扬程水泵水轮机可至 1.5 左右，高扬程水泵水轮机在 1.2 以内，笔者统计的抽水蓄能电站水头变幅情况如图 2 所示，红色虚线为各水对段水泵水轮机的水头变幅上限建议值。

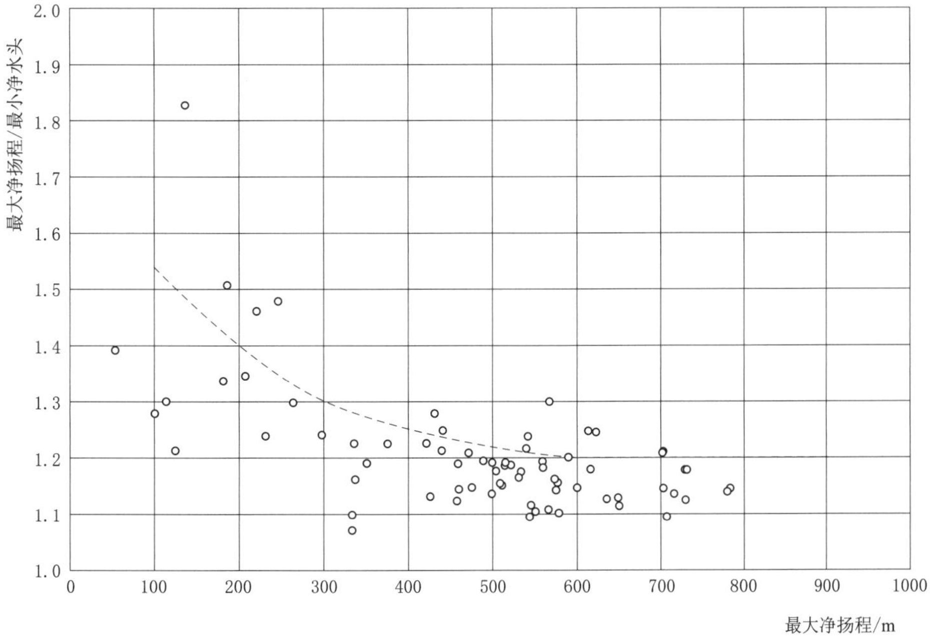

图 2 水泵水轮机水头变幅统计

额定水头 H_{tr} 作为水轮机工况发额定功率对应的最小水头，判断其是否合理，目前通常的做法是看最高水头 $H_{t\max}$ 与额定水头 H_{tr} 的比值，与水头变幅规律一样，随着扬程的提高而降低，低扬程水泵水轮机一般在 1.15 左右，高扬程机为 1.05～1.1，笔者统计图见图 3。

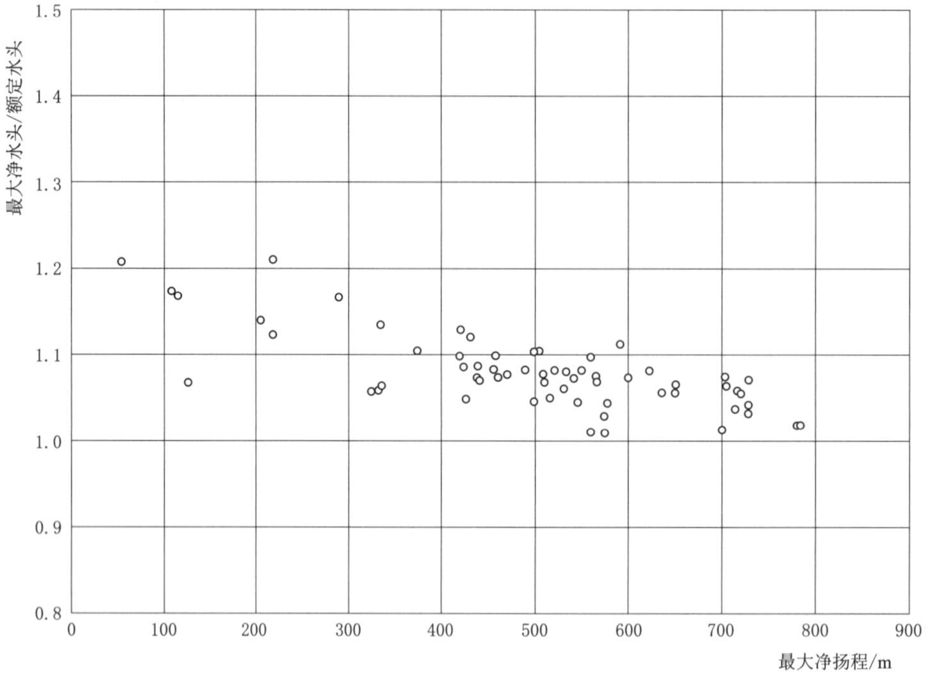

图 3　水泵水轮机最大水头/额定水头统计

笔者认为看最高水头与额定水头的比值的做法并不完全科学，实际上对于水泵水轮机，最大水头并不是限制因素，与之比较的意义并不是非常大。水泵水轮机选型主要由水泵工况决定，水泵选型确定后，看水轮机额定工况在模型综合特性曲线上所处的位置是否合适，重点关注导叶开度，如果开度过大，将导致出力困难，压力脉动增大，额定点运行不稳定；如果开度过小，则意味着水轮机能量特性的浪费，并且部分负荷工况开度相应更小，脉动增大，稳定性降低，甚至可能出现叶道涡和叶片正压面脱流现象，导致运行不稳定或空蚀。虽则额定水头对于常规机是一个基准性参数，但对于水泵水轮机来说，笔者认为可适当淡化额定水头的概念，由加权因子表给出各特征水头的出力要求即可，发额定功率对应的最小水头可以由厂家根据自身性能确定，以充分发挥出机组的发电能力和综合性能。

2.2　容量和尺寸

国内大型抽蓄单机容量多数为 300MW，近年有逐渐提高之势。2015 年发电的清远抽水蓄能电站单机容量 320MW，此后，已建及在建的长龙山、敦化、厦门、镇安、宁海、洛宁单机容量 350MW，仙居抽水蓄能电站单机容量 375MW，阳江电站更是达到了 400MW。目前世界上容量最大的是东芝公司设计生产的日本神流川抽水蓄能电站机组，单机容量 470MW，水轮机工况最大输出功率 482MW，水泵最大轴入力 464MW。

近年随着抽水蓄能事业的大力发展，也有为数众多的小型抽水蓄能电站进入开工设计。机组角度判断单机容量可行性，主要限制因素为机组尺寸。因为抽水蓄能机组通常水头较高，如果容量过小，则会造成机组尺寸过小，难以设计制造，具体来说主要受限于转轮进口高度 B 尺寸，通常认为 B 值宜在 240mm 以上，随着年代的发展和制造水平的提高，B 值应该还可以再小，笔者认为目前极限可至 200mm，此值仅为个人观点，工程应用中还需根据项目的具体情况加以详细论证。

目前世界上最大尺寸的抽水蓄能机组为美国的拉丁顿电站，位于美国密歇根州、密歇根湖东岸，装有 6 台可逆式水泵水轮机组，原单机容量 312MW，最大扬程 113.5m，最小水头 93m，1973 首台机年发电。2011 年开始，由东芝公司通过在瑞士洛桑联邦理工大学水力试验室实施的同台对比模型试验赢得 6

台机的更换转轮及机组增容改造订单，改造后的单机容量增至 362MW，水泵水轮机转轮直径 8.4m，重 270t，6 台转轮均由东芝水电设备（杭州）有限公司生产。

2.3　转速和比转速

和常规机一样，转速的选择直接决定了比转速，而比转速是衡量水泵水轮机参数水平的重要指标。在给定的条件下，提高比转速意味着提高机组转速和水轮机的过流能力，从而减小水轮机和发电机的尺寸，降低造价；但是比转速的提高受到空化性能、材料性能和技术发展水平的制约。随着时代的发展，水泵水轮机比转速呈提高趋势。

水泵水轮机因其双向特点，存在水泵工况和水轮机工况两个特征比转速，因为选型中通常是水泵优先原则，因此水泵比转速占主导地位。区别于常规机，水泵水轮机水泵工况比转速一般定义为流量比转速，其公式为 $N_{SQ}=\dfrac{N\sqrt{Q}}{H_P^{0.75}}$，即与转速（单位：r/min）和流量（单位：$m^3/s$）的根号成正比，与扬程（单位：m）的 0.75 次方成反比。评价比转速是否合理，通常会利用最高扬程和最低扬程的比转速和扬程两个坐标连线，基于已建电站业绩统计图进行分析比较。因为在比转速的判断上，最低扬程的参数占支配地位，所以笔者认为可以适当简化，取最低扬程参数进行比较即可，图 4 为最小扬程流量比转速统计。

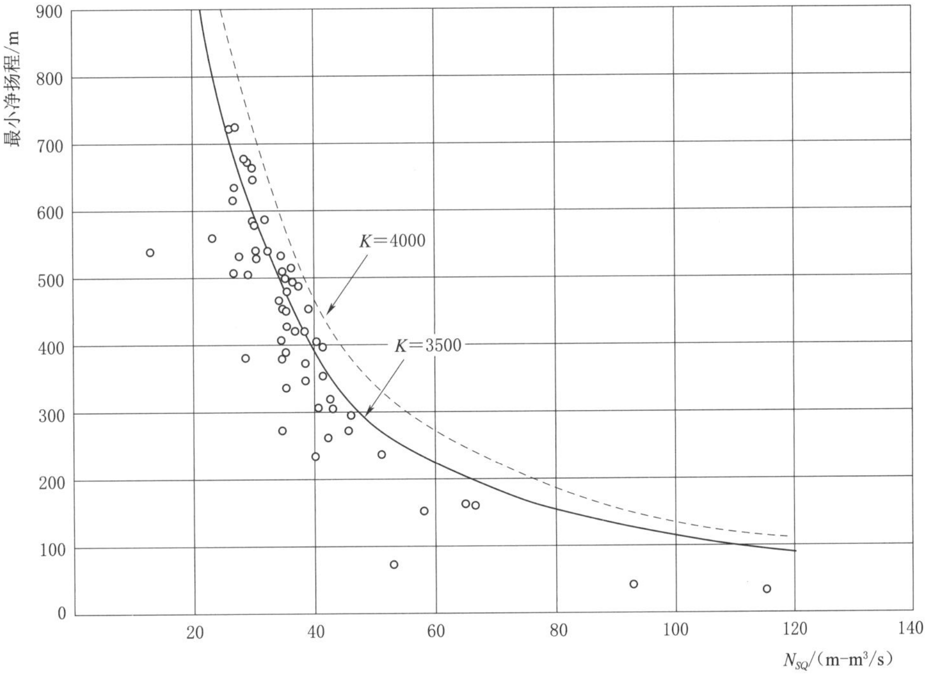

图 4　最小扬程流量比转速统计

水泵水轮机的比转速特性也可用更简化的比速系数 K 值法进行判断，其公式为 $K=NQ^{1/2}$，即转速（单位：r/min）与流量（单位：m^3/s）的根号的乘积，根据图 4 统计，建议 K 值可取 3500 左右，不宜超过 4000。但是比速系数的判断并不是一成不变的，从图 4 也可以看出，随着扬程的降低，特别是在最小扬程 200m 以下，比速系数有明显降低趋势，为寻找这一规律，统计比速系数与扬程的关系，如图 5 所示，虚线为目前统计工程上限值，可见比速系数随着扬程的降低而减小，在 200～100m 扬程的抽水蓄能电站，比速系数从 3000 降至 1500 左右，因数据有限，此统计或许不能以偏概全。

根据扬程及参数的差异，基于比转速和比速系数原则确定的转速不一而足，美国拉丁顿抽水蓄能电站额定转速低至 112.5r/min，国内长龙山抽水蓄能电站部分机组高至 600r/min。国内大型抽水蓄能电站多采用 333.3r/min、375r/min、428.6r/min 和 500r/min 等转速。

转速的选择还需考虑电站过机含沙量的影响。抽水蓄能电站通常上下库为稳定水源，受天象因素影

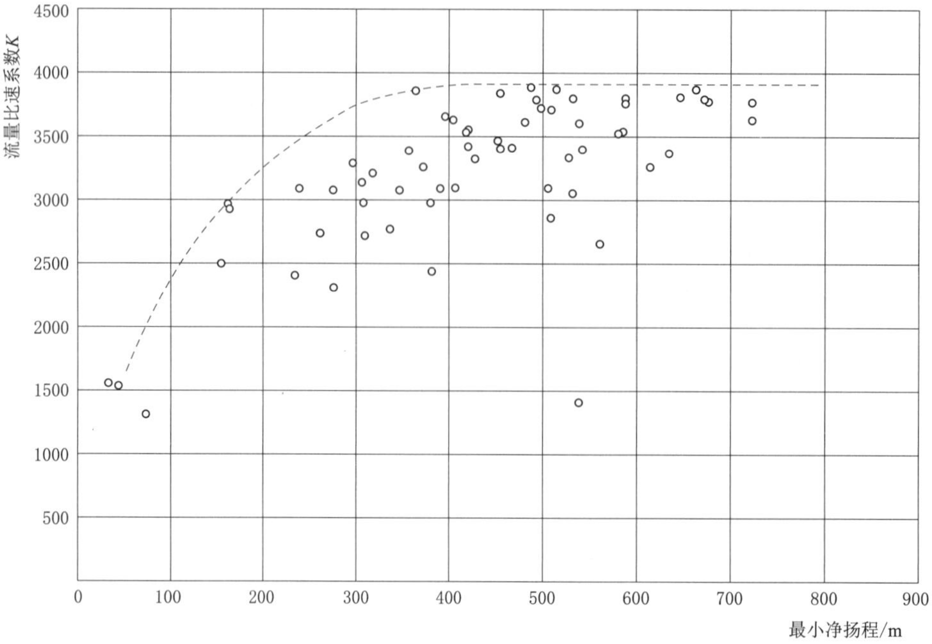

图 5　流量比速系数与最小扬程关系

响小，通常水质较好，但也不排除个别电站因地理地质条件特殊，含沙量较大者。众所周知，泥沙磨蚀程度与流速的 2～3 次方成正比，抽水蓄能机组比转速水平远超常规机，流速及转轮圆周速度均比常规机要大很多，同等情况下的泥沙磨蚀威胁远胜常规机，因此对于含沙量较大的电站，适当降低转速是必要的。特别是对于一些混合抽水蓄能电站，利用的现有上下库，其水源天然流动，过机水质条件相对比较恶劣，且厂房布置往往需要较浅的埋深，这种情况下就宜选择较低的转速水平。

3　选型设计

3.1　概要

在基本参数已给定的情况下，机组供货商需要根据项目及设计单位的要求，基于自身的技术储备，进行选型设计，确定水泵水轮机设计方案和主要性能指标。此工作通常在主机的投标阶段完成，一旦主机中标，方案及有关性能保证即成为合同的一部分，难以再进行大的变更或调整，后续设计及模型开发均需要以此为依据遵照执行。

3.2　基础模型的选择及优化

水泵水轮机的模型选择一般为水泵优先方式，在这个阶段，转速通常已经给定，按笔者经验，首先根据预估的最小净扬程和最大轴入力要求，考虑频率变化和误差等因素的余量后，估算出对应的水泵扬水量，初步确定特征流量比转速，然后从已有的模型技术储备中，选择与之接近的基础模型。此后利用模型特性，选择不同的尺寸比例，通过迭代运算求出最大和最小净扬程，计算分析最小扬程的轴入力、最高扬程的驼峰区余量，最大、最小扬程的平均流量以及空化性能是否满足要求。然后看水轮机工况运行范围是否合适，还需要分别计算水泵工况和水轮机工况的加权平均效率，并综合评价压力脉动特性，以及 S 区余量等性能。此过程需要进行少则几个多则几十个方案的经济技术性比较，以求最优方案。若有多个接近的基础模型，需要分别做方案进行比较分析。

比较的原则，需要考虑技术和经济两个方面，满足业主和设计单位给定的要求是基本原则，在此前提下，效率、流量等能量指标越高则有利于提高电站投运后的产能和效益，稳定性指标越高则有利于电站今后的运行体验，尺寸越小则机组造价越低，总体评判方案复杂且没有统一定律，难以细说。

抽水蓄能电站往往转速跨挡较大，水头参数五花八门，每个电站参数要求各具体点，对供货商来说现有技术储备适用且完全满足要求并具足够竞争力的可能性虽存在但并不很高，这就需要对水力流道和转轮尺寸做调整，进行模型优化和开发。优化开发的方法供货商之间各具特点，总体来说首先需要根据参数调整的方向，针对性地调整流道和转轮设计，并对优化后的性能做出预测，这个过程依赖于供货商的水力设计经验，并可能需要流体解析技术的介入。

不同于常规机型，水泵水轮机需要同时满足双向运行，因此对参数的优化往往是此长彼消的过程，一个参数指标的提高意味着另一个或多个参数性能的降低，如何在各种参数之间做好平衡往往是水力优化设计的关键。参数水平的提高有利于机组供货商在评标阶段得到较好的评价，但同时也给后续的模型开发带来难度。总体来说，对基础模型调整的幅度与模型开发难度成正比，从降低后续风险角度出发，调整幅度宜越小越好。

3.3 水头变幅对模型开发的影响

水头变幅的大小直接影响模型开发的难度。图 2 已列出了不同水头段水泵水轮机的水头变幅统计，建议的水头变幅参见表 1，笔者认为在此范围内的水泵水轮机可以采用常规设计。

表 1　不同水头段建议的水头变幅最大值

最大扬程/m	100～200	200～300	300～400	400～500	500～600	600 以上
建议水头变幅最大值	1.54～1.4	1.4～1.3	1.3～1.25	1.25～1.22	1.22～1.2	1.2

但也有一些电站因地理条件或要求特殊，无法将水头变幅控制在合理范围内，这种情况就有必要采取一些特殊措施以确保电站的安全运行，除了优化模型水力特性外，还需给模型优化松开束缚，创造有利条件，大致来说需要降低效率要求，以拓宽水泵水轮机的适应水头范围；因为扬程范围拓宽，水泵工况空化性能无法全部落在 U 形空化曲线谷底区域，吸高度需要适当加深；难以在全范围内控制压力脉动在较低水平，需要适当降低压力脉动等稳定性指标要求；需要关注水轮机工况低水头部分负荷侧正压面脱流问题，以此确定最小负荷稳定运行范围；适当加大最大轴入力；适当放宽 S 区余量、驼峰区余量等要求等等。

日本安云抽水蓄能电站装有 4 台最大水头 138.2m 的水泵水轮机，原为 6 叶片转轮，因水头变幅达 1.83，在运行后发生了转轮过度空蚀、振动噪音等问题。2003 年，东芝公司为其实施了更换转轮改造，更换为 4+4 长短叶片转轮，这是世界范围内长短叶片转轮在抽水蓄能电站中的首次应用。现场试验及运行结果均证明无论是效率、空化性能还是稳定都得到大幅提高。正是此电站的成功运用才促成了后续长短叶片转轮在抽水蓄能电站的飞跃发展及普及。

在水泵水轮机应用水头变幅受限的情况下，采用变速技术是拓宽水头变幅应用范围的有效办法之一，其可拓宽的范围与转速变化的平方成正比。基于同理，利用双转速技术也可得到类似效果，响洪甸抽水蓄能电站水头变幅达 2 以上，采用了 150r/min 和 166.7r/min 双转速解决方案，低扬程区采用 150r/min 而高扬程区采用 166.7r/min。

3.4 扬水量

水泵扬水量是抽水蓄能电站的重要参数，通常以最高扬程和最低扬程的平均流量作为保证要求。因为最大轴入力是给定的，水泵水轮机最大轴入力考核点位于最小扬程，对主机厂来说其流量只取决于水泵效率这一个变量，影响微小，最小扬程的流量在一定程度上来说几乎是一个定值。因此实际上平均流量主要取决于最高扬程，而这主要由水泵工况流量特性的斜率决定。

对于水泵水轮机来说，水泵工况的流量特性斜率作为其固有特性，要改变是非常困难的，牵一发而动全身，意味着对水泵水轮机特性的全面颠覆性调整。笔者在近年的投标中曾多次遇到平均扬水量要求较高，从而导致水泵水轮机选型严重受到束缚，无法使各项性能达到匹配平衡而发挥水泵水轮机最佳综合性能的情况，因此建议业主和设计单位在项目可研阶段广泛听取厂家意见，制定相对合理的平均扬水量要求，在电站水泵抽水时间能够满足的前提下，宜尽可能降低平均流量指标要求。

3.5 叶片和导叶数

水泵水轮机动静耦合的基本方程式 $nZ_g \pm k = mZ_r$ 已广为人所知，虽然 n 和 m 的不同组合可产生无数种振动模数，但较大直径节数的振动模数不易被激振，所以关键在于较小直径节数的振动。根据近年的发展趋势，各水头段水泵水轮机多采用 9 叶片＋20 导叶、5＋5 长短叶片＋16 导叶、7 叶片＋20 导叶等经典搭配模式，渐趋成熟，特别是 5＋5 长短叶片＋16 导叶取得了较好的效果，稳定性突出，神流川、清远、绩溪、宁海等电站均采用这种方式。

3.6 空化性能和吸出高度

水泵水轮机的最大空化系数通常发生在水泵工况，吸出高度的确定一般取决于水泵工况正常最小频率（49.8Hz）对应的最大扬程和最大频率（50.5Hz）对应的最小扬程这两个工况。通常要求电站空化系数在初生空化系数的 1.03 倍以上，笔者认为此要求是合理的。水轮机工况还需要关注低水头部分负荷侧叶片进口正压面脱流现象，此现象是由导叶出流角与叶片入流角匹配性引起，与吸出高度及埋深没有直接关系，一旦发生会在相关部位产生空蚀问题。

吸出高度的确定还需兼顾过渡过程计算，因为抽水蓄能电站往往尾水道较长，足够的埋深可以有效避免甩负荷免过渡过程尾水管压力过低而发生的水柱分离现象，尾水管最小压力极值通常产生在一管多机的相继甩负荷过程中，一旦发生水柱分离将可能导致灾难性后果，因此有必要进行计算排除。

3.7 其他

水泵水轮机选型关注的关键参数还有驼峰区裕度、S 区余量等。对于驼峰区裕度，通常的要求是在电站正常频率变化范围内，在所有扬程条件下不得小于 2%，实际控制点一般是为水泵工况正常最小频率（49.8Hz）条件下的最大净扬程。对于 S 区余量，通常要求是电站正常频率变化范围内，所有水头条件下不得小于 20～50m（此值因电站水头不同而有所差异，通常为最小水头的 10%左右），实际控制点是水轮机工况正常最大频率（50.2Hz）时的最小毛水头。

依笔者浅见，对于 S 区余量，因为国内早期多个抽水蓄能电站发生了 S 区进入运行范围，造成低水头并网困难的典型问题，为此以猛药治顽疾，提出较大的安全余量要求，迫使厂家优化改进，思路正确，结果理想，目前绝大部分厂家均已解决此问题。但是前面已提到，对于水泵水轮机而言，一个参数的提高往往意味着另一个或多个参数的降低，一味增大 S 区余量，对水泵水轮机的效率是不利的。痼疾既除，是否可以从有效提高综合性能角度出发，重新商讨一个更为合理的要求？作为余量，只要足够即可，再多的余量对工程并没有实际意义，但提高效率或其他性能对电站经济效益的促进是显而易见的。

目前随着制造水平的不断提高，多个电站的现场试验结果已表明，原型水泵水轮机的特性与模型试验结果高度一致，其偏差在可控范围内，不必担心原型与模型性能差异过大问题。这种情况下，笔者认为 S 区余量保证在 5%以上是足够安全的。同理，建议驼峰区裕度要求也可适度减小，建议可设定为 50Hz 条件下不小于 2%。

4 关于模型试验

作为检验水泵水轮机水力开发结果及主要水力性能指标是否满足要求的手段，初步模型试验一般在厂家进行，模型验收试验可在厂家进行，也可在业主方选择的国内或国外第三方中立试验室进行，近年受海外疫情影响，多安排在国内。

作为试验，不管任何场所任何方法，不可避免均客观存在试验误差，通常在±0.25%以内，IEC 60193 规程详细记载了存在试验误差情况下的效率考核方法，这是较为科学的做法。目前国内多有项目要求模型试验效率指标的考核不允许计入试验误差，作为主机厂必须尊重客户的选择，在这种情况下为避免试验误差引起的罚款风险，通常较为保险的做法，是在效率预测结果基础上减去试验误差以作为保证值。

笔者也曾遇到过个别的国外项目，要求以现场效率试验结果作为考核，并且不允许计入误差，这种做法就显然不可取了。模型试验结果精度相对较高，而现场试验受条件限制，其精度不可同日而语，往往几乎大出一个数量级。如果依法施为减去试验误差，则原型机效率作为表征机组能量特性的核心指标失去了对电站的指导意义，如不减，厂家可能因此无端蒙受巨额罚款风险。

因模型试验精度相对较高，目前国内水泵水轮机的效率通常采用模型试验结果作为考核，现场试验作为验证参考或指导运行所用，合同中多数约定水泵水轮机效率罚款以模型验收试验结果为准，这种做法是贴合实际的。也有项目注明业主保留通过现场试验验证效率的权力，目前现场效率试验实施较多，但鲜有以此作为考核者。

近年也有较多的项目在竞标阶段即提出了同台对比试验要求，在几乎完全相同的边界条件下，直接对不同厂家模型性能进行直观比较，择优而用，避免了模型开发风险，对业主来说其益处不言而喻，但同时也存在工程周期加长和费用增加等弊端。对厂家而言，需要前期投入大量的人力物力财力来进行模型开发，而影响工程中标因素复杂，开发出符合要求的优秀模型只是基本要求而非决定条件，结果存在较大不确定性，虽通常业主会提供一定的补偿，但远不能覆盖厂家为此投入的精力成本，这直接造成了部分厂家参与同台对比试验意愿度的降低。

而随着我国抽水蓄能事业的发展和项目逐渐增多，各主要厂家的基础模型积蓄也在逐步增加，水力设计和模型开发能力逐年增强。选择有经验的厂家，在采取了一系列的参数合理化选择、优化选型、选择接近的基础模型、减小优化调整幅度等一系列措施后，相信可以使模型开发风险降到最低，在这种情况下，费时费力的同台对比试验也许就不是那么必要了。

5 结语

虽说追求技术进步和创新之路不可偏废，但在我国的抽水蓄能建设即将进入爆发增长的大环境下，工程建设周期越来越短，为适应这种需求，需要从参数选择和选型等源头入手，尽可能缩短模型开发周期、降低模型开发风险、使水泵水轮机各项特性达到匹配平衡以发挥最佳的综合性能，以便多快好省地推进我国的抽水蓄能电站建设事业。

笔者经验疏浅，权当抛砖引玉。文中观点可能存在有失浅薄谬误之处，敬请指正，欢迎交流。

参考文献

[1] 魏炳漳. 抽水蓄能机组设备选择的几个问题 [C] //抽水蓄能电站工程建设论文集——纪念抽水蓄能专业委员会成立十周年，2005：268-275.

[2] 杜荣幸，王庆，榎本保之，等. 长短叶片转轮水泵水轮机在清远抽水蓄能电站中的应用 [J]. 水电与抽水蓄能，2016，2 (5)：6.

[3] 杜荣幸，陈梁年，德宫健男，等. 清远抽水蓄能电站长短叶片转轮水泵水轮机研究及模型试验 [J]. 水电站机电技术，2015，38 (2)：12-15.

[4] 杜荣幸. 长短叶片转轮在高水头水轮机中的应用 [C] //第二十次中国水电设备学术讨论会论文集. 北京：中国水利水电出版社，2015：98-103.

[5] 手塚光太郎，榎本保之. 长短叶片新型转轮在抽水蓄能电站中开发和应用 [C] //第八届亚洲国际流体机械会议. 中国宜昌，2005.

500kV主变压器上夹件对地电流产生的原因及分析

孙圣博　张原铭　李　健

（辽宁清原抽水蓄能有限公司，辽宁省抚顺市　113000）

【摘　要】 监测大型电力变压器铁芯是否存在两点或多点接地，大都将铁芯对地绝缘起来，采用铁芯引外接地的方式运行。在变压器停电的状态下，用摇表测量铁芯对地的绝缘；而在变压器运行状态下，用电流表测量铁芯的接地电流。如果检测出变压器有两点接地，可及时采取措施，保证变压器能正常运行。本文对电力变压器铁芯及上夹件对地电流产生原因进行了探讨分析。

【关键词】 变压器　铁芯　夹件　对地电流　分析

1　概况

1.1　变压器构成

变压器铁芯及其相关部件中包括：铁芯本体、上下夹件、接地部件、地屏和磁蔽等，无论在哪个部件上出现了故障都将影响到变压器的可靠运行。

2　变压器铁芯及夹件

2.1　铁芯接地的重要性

变压器在运行中，铁芯及固定铁芯的结构件均处在强电场中，在电场的作用下，它具有较高的对地电位，在不接地的情况下，它与接地的夹件及油箱之间将产生电位差，在电位差的作用下，易引发放电和短路故障，短路回路中将有环流产生，使铁芯局部过热。另外，在绕组周围铁芯及各零部件几何位置不同，感应出来的电动势大小不同，若不接地，也会存在持续性的向量放电。持续的微量放电及局部放将逐步使绝缘击穿，因此，必须将铁芯及各金属零部件可靠接地，与油箱同处于地电位。

2.2　上夹件对地电流产生的原因及分析

某变电所的主变压器由3台单相变压器组成，绕组是三线圈的，电压分别为$500kV/\sqrt{3}$、$220kV/\sqrt{3}$和63kV。单台每对绕组容量分别为高压—中压250MVA、高压—低压80MVA、中压—低压80MVA。为了及时掌握3台主变铁芯对地的绝缘情况，定期进行铁芯接地电流测量。该组变压器的引外接地有两个：一个是铁芯引外接地，另一个是上夹件引外接地。为了便于接地电流的测量都装有接地刀闸。几年来，多次测量结果，变压器铁芯的接地电流为零，而上夹件的接地电流达105～110mA。为了便于分析，将3台变压器的上夹件连接在一起后，经电流表接地进行测量，结果也为零。对该3台单相变压器组成的变压器组运行状态进行分析认为，每台单相变压器的各绕组对铁芯都有相电压，在此相电压作用下，产生电容电流，其大小由各绕组与铁芯间的电容值与电压决定。由于单相变压器的高中压绕组的相电压$\dot{U}_1$、$\dot{U}_2$相位相同，所以它们对铁芯产生的电容电流的相位也相同。而低压绕组是三角形连接，低压绕组的对地电压$\dot{U}_3$，是由绕组的首端对地电压$\dot{U}_{ao}$和尾端对地电压$\dot{U}_{xo}$合成所构成，见图1，其对地产生的电容电流是合成电压$\dot{U}_3$产生的。

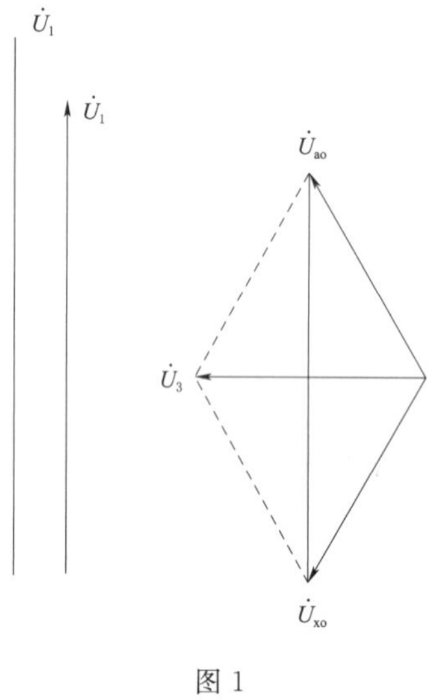

图1

由于$\dot{U}_3$，超前$\dot{U}_1$、U_{290o}，所以电流$\dot{I}_3$也必然超前$\dot{I}_1$、$\dot{I}_2$（由$\dot{U}_1$、

$\dot{U}_2$ 产生）90，总电流 I 为：

$$\dot{I}=\dot{I}_1+\dot{I}_2+\dot{I}_3$$

$$I=\sqrt{(I_1+I_2)^2+I_3^2}$$

当 3 台单相变压器的铁芯连在一起后，则相当于三相变压器，即由于三相电压对称且每相对地电容量也相近，所以产生的三相对地电容电流必然也是对称的，结果对地电容电流就为零，而对每台变压器而言，其夹件对地有电流这是必然的。

然而，变压器的铁芯对地没有电流，是因为该组变压器的铁芯与绕组间装有电屏蔽层，即铁芯柱用薄金属片包起来，以改善铁芯与绕组间的电场分布。由于电屏蔽在运行时是接地的，绕组对铁芯的电容电流被屏蔽掉了，在运行状态下，测量铁芯的接地电流必然为零。

为了确定电屏蔽与上夹件之间的关系，测量绕组对铁芯的电容值 C_x 和 $\tan\delta$。测量的结果是：当上夹件的接地刀闸在合闸位置时，没有信号；刀闸在开位时，可测出 C_x 和 $\tan\delta$（其值与上夹件相近）。这证明上夹件与电屏蔽是连在一起后，经接地刀闸接地的。

对于单相变压器的这种结构和运行情况，可以通过计算来确定它的电容电流 I_c 值。下面就三绕组单相变压器的等值电路（见图 2）进行分析和计算。

图 2 中 C_1、C_2、C_3 分别为一、二、三次绕组对地电容，C_{12} 为一、二次绕组间电容，C_{13} 为一、三次绕组间电容，C_{23} 为二、三次绕组间电容。由图 2 可以看出，由于 C_{12}、C_{13}、C_{23} 只对绕组间的电容电流起作用，而对上夹件（即电屏蔽）的电流不起作用，所以电容量可忽略不计，因而等值电路可简化为图 3。

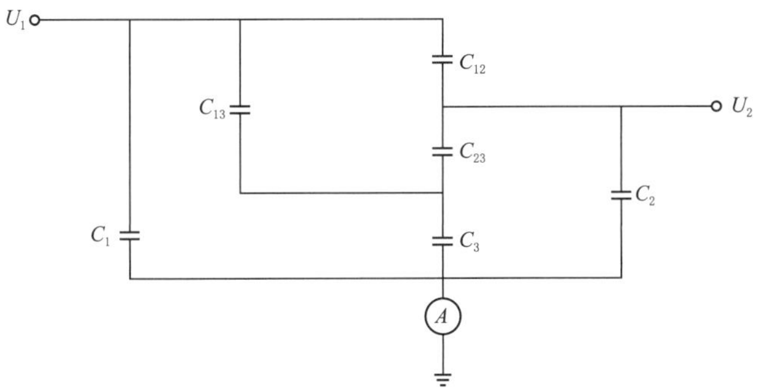

图 2

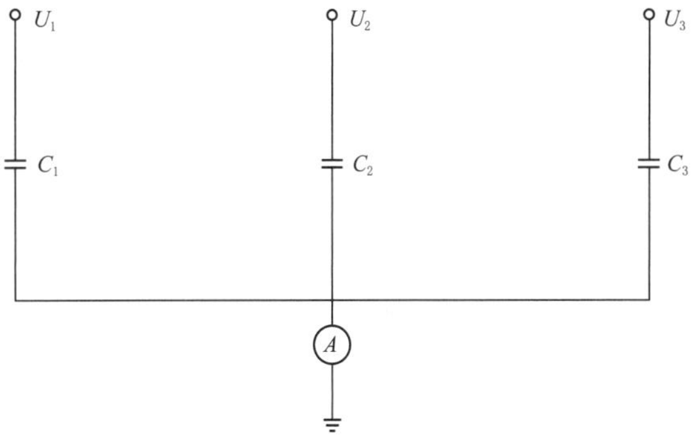

图 3

图 3 中的 C_1、C_2 和 C_3 可在停电状态下用电桥等仪器测出，测量 C_1 时的结线如图 4。测量 C_2 或 C_3 时分别对二次或三次绕组施加试验电压，而非被测试绕组应接地。其他结线同图 4。

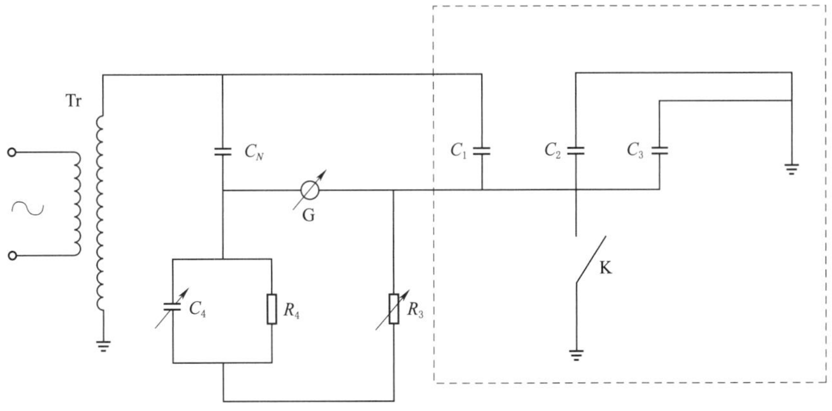

图 4

B 相各绕组对地电容量测量结果分别为 $C_1=1339\text{pF}$、$C_2=4281\text{pF}$、$C_3=5645\text{pF}$。

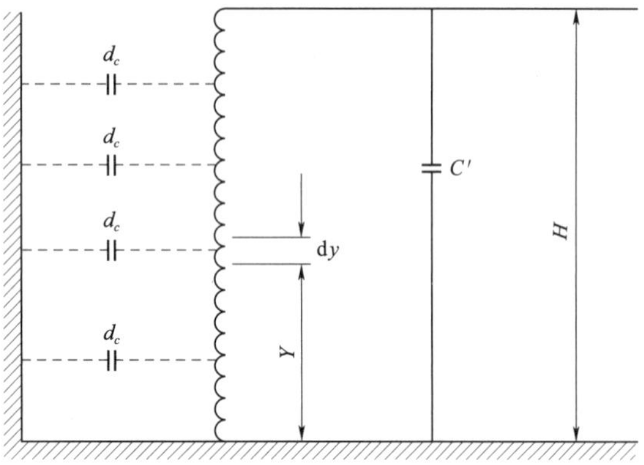

图 5

单相变压器运行时，一、二次绕组的一端是接地的，而另一端对地为运行相电压，因此其绕组对屏蔽层的示意图如图 5 所示。H 为绕组的高度，C'为折算到首端时的等效电容，Y 为 Y 点绕组高度，d_c 为绕组长度为 dy 时的对地电容。

电桥所测得的绕组对屏蔽层的电容值，是在绕组两端绝缘的情况下测得的，因此，所测电容值是若干个分布小电容 d_c 的并联值。当绕组的一端在接地状态下运行时，这种分布参致的小电容，由于所处位置的不同，其对地电位也各异，因此所产生的电容电流也不相同。为了便于计算，必须将这种分布参数的电容，折算到绕组首端的等效集中电容 C'下进行计算。因为电容由低压侧向高压侧折算时，等效电容与变比的平方成反比例（也可认为与绕组高度比的平方成反比），所以折算可按这一原则进行推导。根据图 5 可计算出单位高度的电容量 C_0 为

$$C_0=C/H$$

式中 C 为尾端不接地时测出的电容值。Y 点的对地电容为

$$d_c=C_0\cdot dy$$

将 Y 点的对地电容折算到绕组的首端时其电容值 d_c' 为

$$\begin{aligned}d_c'&=d_c\cdot(Y/H)^2=C_0\cdot dy\cdot(Y/H)^2\\&=C/H\cdot(Y/H)^2\cdot dy=C/H_3\cdot Y^2\cdot dy\end{aligned}$$

对上式进行定积分，可得到所有分布电容折算到绕组首端总等效电容 C'

$$C'=\int_0^H\frac{C}{H^3}\cdot Y^2 dy=\frac{C}{H^3}\int_0^H Y^2\cdot dy=\frac{C}{H^3}\cdot\frac{Y^3}{3}\int_0^H=\frac{C}{3}$$

根据上面的推导结果，可以计算出每个绕组对电屏蔽（即上夹件）间电容折算到绕组首端时的等效电容值

$$C_1'=C_1/3=1339/3=446(\text{pF})$$
$$C_2'=C_2/3=4281/3=1427(\text{pF})$$
$$C_3'=C_3/3=5645/3=1882(\text{pF})$$

由上面的计算结果,很容易将每个绕组对电屏蔽的电容电流计算出来

$$IC_1=\omega C_1'U_1=314\times446\times10^{12}\times500/\sqrt{3}\times10^3=40\times10^{-3}(\text{A})$$
$$IC_2=\omega C_2'U_2=314\times142\times10^{12}\times220/\sqrt{3}\times10^3=57\times10^{-3}(\text{A})$$
$$IC_3=\omega C_3'U_3=314\times1882\times10^{12}\times63/\sqrt{3}\times10^3=22\times10^{-3}(\text{A})$$

对地综合电容电流则为

$$\dot{I}C=\dot{I}C_1+\dot{I}C_2+\dot{I}C_3$$
$$\dot{I}C=\sqrt{(40+57)^2+22^2}=99.46(\text{mA})$$

计算结果与实测值是相近的。

3 结论

经上述测量、计算和分析，可以得出如下结论。

(1) 上夹件是与电屏蔽连在一起后经接地刀闸接地。

(2) 上夹件对地电流，等于单相变压器运行时各绕组的对地电压对屏蔽层产生的电容电流的矢量和。

(3) 由于电屏蔽的屏蔽作用，使铁芯对地不产生电容电流，这就给以测量铁芯接地电流来判断变压

器铁芯是否有两点接地创造了有利条件。

(4) 上夹件引外接地，不仅可以测量铁芯与绕组间的接地电流，以判断其对地的绝缘情况，还可用作带电测试和在线监测的抽取装置（而铁芯引外接地是做不到的）。

(5) 通过测量上夹件的接地电流，可知道电屏蔽对地和铁芯对地的绝缘情况。若电流为零，说明屏蔽层与地（箱体）间的绝缘已破坏（这种情况很少）；当电流增大时，则说明屏蔽层对铁芯的绝缘破坏，这将造成铁芯两点接地。此时如果将铁芯引外接地刀闸拉开，电流即可恢复到原有的电容电流值。因此，经常测量变压器上夹件的接地电流和铁芯的接地电流都是很重要的。

4 结语

变压器铁芯及夹件一旦发生故障，检修或更换的工作量非常大。因此，对变压器铁芯及上夹件接地电流的定期测量及分析是非常必要的，它对变压器及电网的安全可靠运行起着至关重要的作用且有着重要意义。

大型水泵水轮机转轮延迟裂纹原因分析与处理

赵雪鹏 钱 力 高 磊 高 权 昌杰朋
（河北张河湾蓄能发电有限责任公司，河北省石家庄市 050300）

【摘 要】 转轮由上冠、下环和叶片三部分铸焊组合而成，是制造难度最多的部件之一。张河湾抽水蓄能电站2号机组新转轮到货验收时探伤检测发现上冠/下环与叶片焊接 R 角表面出现横向/纵向表面微裂纹，属于加工制造后产生的延迟裂纹。本文从焊接工艺、NDT检验、环境因素等方面进行原因分析，然后介绍修复处理工艺，残余应力和硬度检测等各项结果满足要求。新转轮投运以来，延迟裂纹未再出现，为其他高水头电站处理类似问题提供了可借鉴的经验。

【关键词】 转轮 延迟裂纹 焊接 探伤

1 概况

张河湾抽水蓄能电站位于河北省石家庄市井陉县境内，是一座日调节纯抽水蓄能电站，电站枢纽工程包括上、下水库、输水系统、地下厂房、开关站等组成。电站单机容量250MW，总装机容量1000MW，安装了4台单级、立轴、混流可逆式水泵水轮发电机组，以一回500kV线路接入河北南部电网。

转轮材质为低碳镍铬优质不锈钢，牌号为ZG0Cr13Ni4Mo；转轮经过焊接和机加工两个制造过程如图1和图2所示。

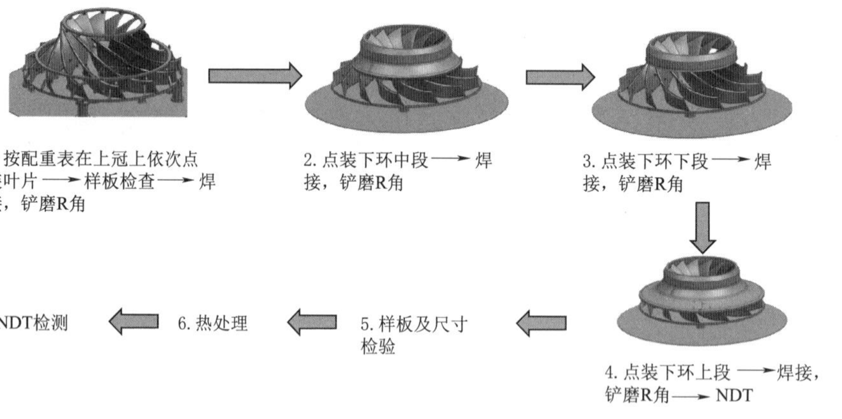

图1 转轮焊接过程简介

2 转轮延迟裂纹情况

2021年4月，在电厂2号机组转轮改造过程中，对新转轮到货验收时探伤检测发现上冠/下环与叶片焊接R角表面出现横向/纵向表面微裂纹共9处。详细情况如下：

7号叶片中部与下环焊缝处有1条裂纹，长度约40mm裂纹缺陷，深度约19mm，如图3所示。4号叶片中部与下环焊缝处有2条裂纹，一条长度约40mm；另一条长度30mm裂纹缺陷，深度均小于3mm，如图4所示。9号叶片中部与上冠焊缝处有1条裂纹，长度约110mm，深度17mm裂纹缺陷。如图5所示。9号叶片中部与下环焊缝处有1条裂纹，长度约20mm，深度21mm裂纹缺陷，如图6所示。8号叶片中部与下环焊缝处有两处裂纹缺陷，一处长度约8mm，一处长度约28mm，深度均小于3mm，如图7

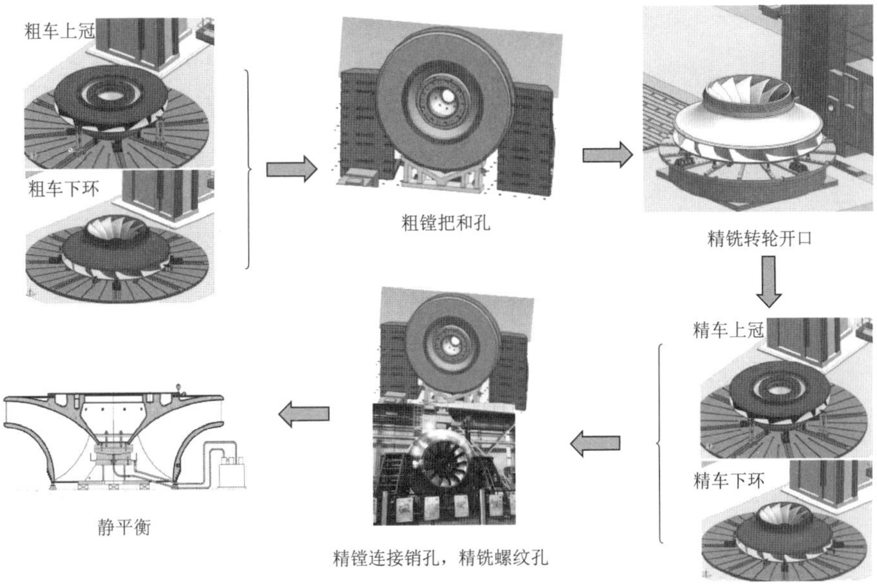

图 2 转轮加工过程简介

所示。1 号叶片中部与下环焊缝处有两处裂纹缺陷，一处长度约 8mm，一处长度约 35mm 裂纹缺陷，深度均小于 3mm，如图 8 所示。

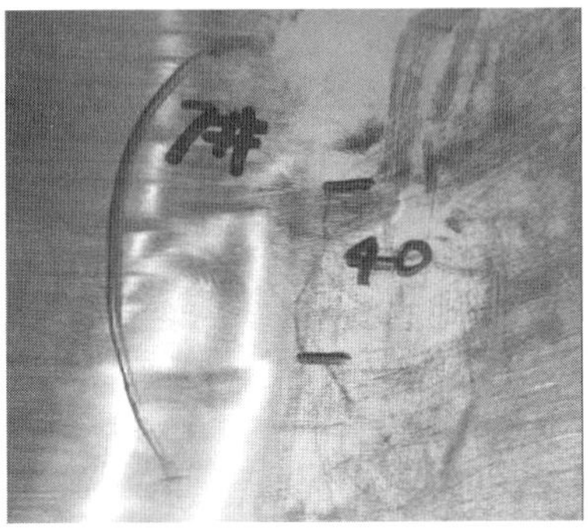

图 3

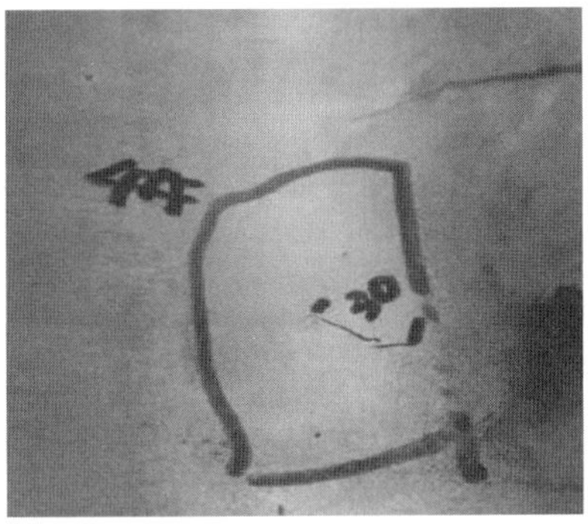

图 4

图 5

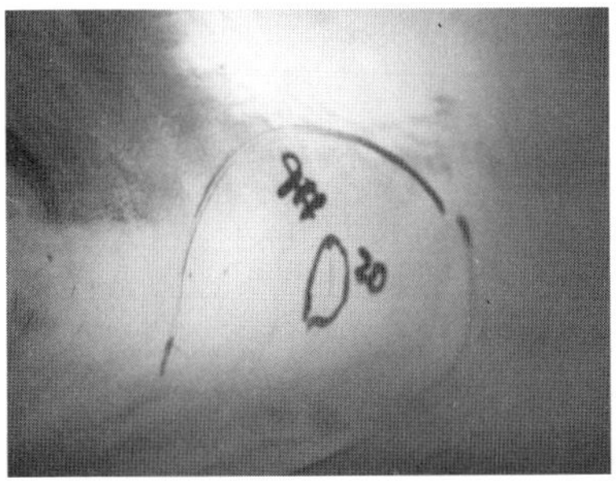

图 6

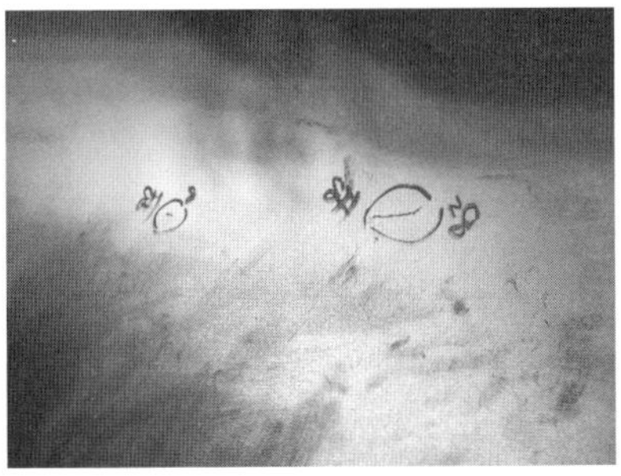

图 7

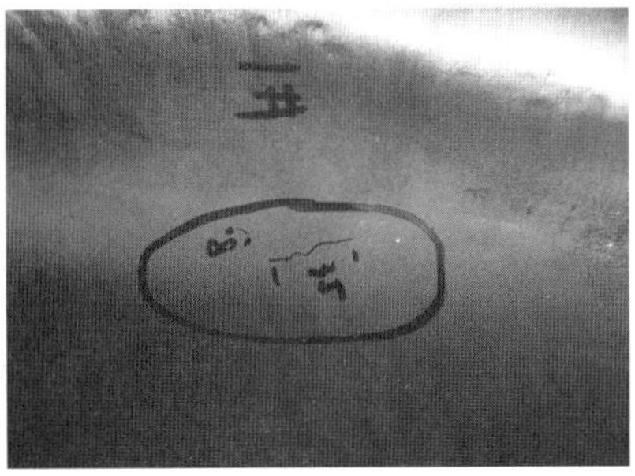

图 8

制造厂家派员到现场对第一次探伤发现的 9 处缺陷进行修复并在 48h 后探伤合格。现场无损检测人员对转轮进行第二次探伤，在转轮其他区域新发现 33 处缺陷。

转轮出厂前的相关事件信息如下：①2021 年 1 月 25 日，检测人员对完成热处理工艺后的新转轮焊缝进行 UT+PT 两种方式 100%检测探伤，结果正常；②2021 年 3 月 28 日，对即将出厂的转轮进行抽检 UT+PT 两种方式探伤，未发现异常情况。

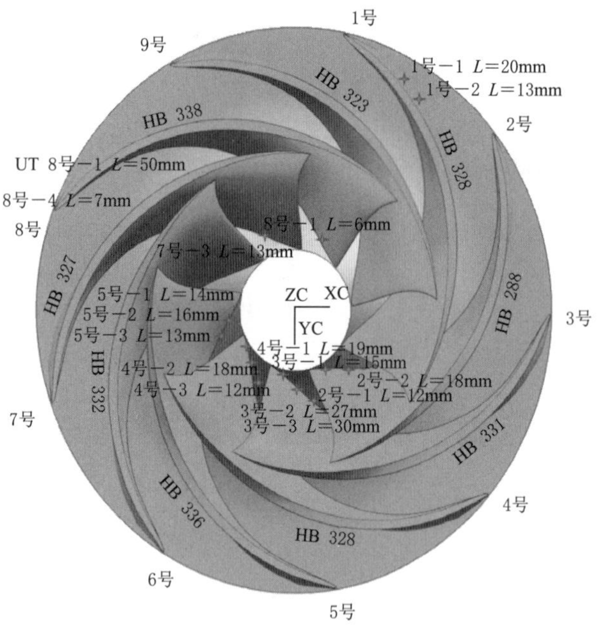

图 9　上冠侧缺陷分布情况

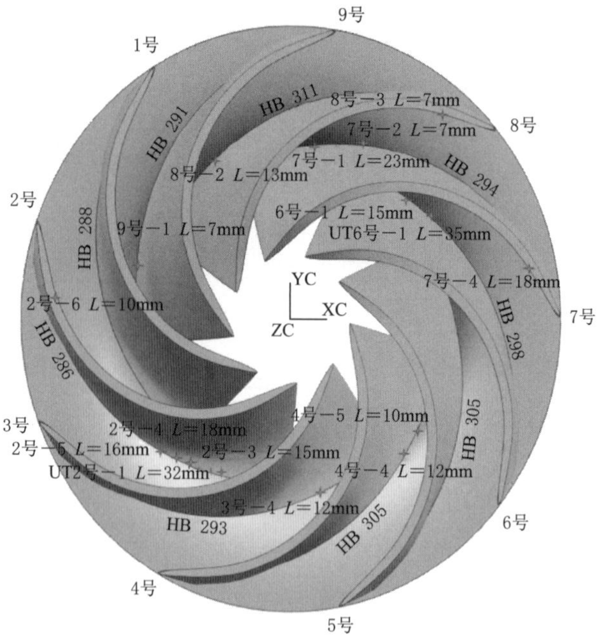

图 10　下环侧缺陷分布情况

综合研判相关信息，转轮生产厂家专业人员与电站及检修公司、监理公司讨论了裂纹形成的原因，认为裂纹产生的主要原因是转轮制造过程中形成了潜在晶间微裂纹及未超标缺欠，转轮加工过程中，刀具对转轮形成交变载荷，诱发微裂纹源的扩展。各方人员共同判断为转轮焊缝出现延迟裂纹，电站现场不具备处理条件，需进行返厂检修。

3　转轮裂纹原因分析

本次转轮裂纹是在投运前加工制造阶段产生的，并且具有延迟裂纹的特性，产生的原因与多方面因素有关系，将从焊接工艺及材料、裂纹特征、NDT 检验、环境因素等方面进行分析。

3.1　焊接工艺及材料

3.1.1　焊接工艺

转轮采用福尼斯数字焊机配合使用神钢 E410NiMoT1－4 药芯焊材进行焊接，预热温度＞120℃，层间温度≤200℃，焊接参数输入焊机后无须人为调整参数，工艺成熟。热处理温度 580℃±15℃，时间 7.5h，相关曲线如图 12 所示，曲线平稳满足工艺要求。

1 月 28 日转轮进行了整体加工前的最后一次热处理，100％探伤合格，此后未在焊缝位置进行过任何热加工。

3.1.2　材料

首先对转轮焊接时的 F0D20114140 批次焊丝进行熔敷金属的化学和力学性能测试，经第三方实验室检测力学性能和金相组织均符合要求，硬度为 300HV 左右。对转轮焊后热处理的随炉试样进行了化学和力学性能试验，结果符合要求，其中硬度分布于 270～300HV。

然后对使用的焊材、焊接试块、焊缝成分进行了进一步验证，相关结果如下：

对转轮焊缝化学成分分析，结果如图 11 所示，符合图纸相关要求（转轮材质：ZG0Cr13Ni4Mo）；对焊丝和转轮焊接试块相关性能经第三方检测公司 SGS 测试，测试结果均符合相关标准要求，分别对应报告 TJIN2104006334ML 和 TJIN2104006335ML。

3.2　裂纹特征

两次探伤发现的裂纹均在焊缝 R 角附近，并且在挖缺过程中没有观察到延展性，缺陷性质表现为萃硬组织，并且所有裂纹缺陷均位于整条叶片焊缝长度方向的中间部位，根据转轮的结构，焊缝两端的自由度更大，有利于应力释放，而中间部位的应力更容易集中，当应力集中累积到一定程度，突破材料的极限，会以裂纹的形式释放出来，与本次裂纹出现的位置相符。

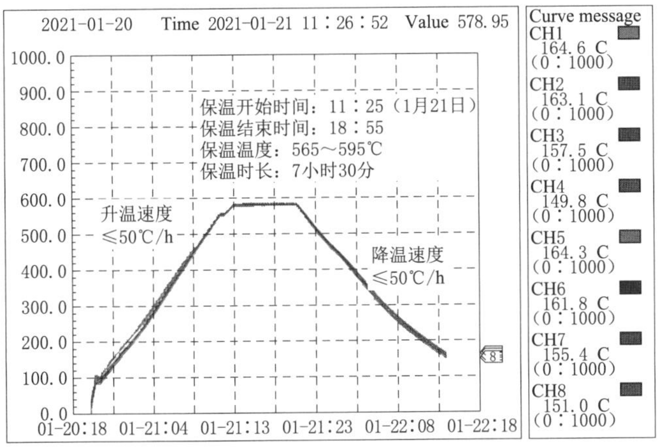

图 11 热处理曲线

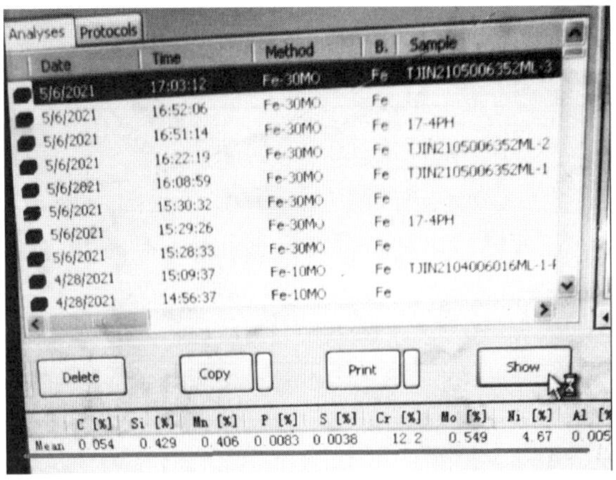

图 12 转轮焊缝化学成分分析

3.3 NDT 检验

转轮按照图纸质量单及 ITP 文件要求，在焊接后及热处理后进行了 48h 后的 PT 及 UT 探伤，无遗留缺陷。检验人员资质，设备，试块和相关操作符合标准要求。

3.4 环境因素排查

经确认，转轮焊接加工时间为 2020 年 11 月至 2021 年 2 月，在这段时间内天津出现极低气温－17℃的天气。焊接加工距离车间内转运门较近，在焊接时间段，天津市的天气较寒冷，造成叶片焊缝受冷产生表面萃硬组织，在前期的探伤过程中未发展为超标缺陷。测试结果显示新转轮的表面硬度明显高于旧转轮，且新转轮的正弧焊缝硬度高于背弧，大部分缺陷在正弧处。在同时期施工的转轮也出现同样的问题，两个转轮用的不同厂家的焊接材料。

安排现场模拟试验，通过干冰模拟冷空气冲击效果，进行以进一步验证评估。通过冷库焊接模拟实验，得到以下结论：①焊后的焊缝硬度比正常温度下焊接的焊缝硬度要高；②热处理后焊缝硬度值整体下降且趋于均衡，但如焊接时被冷风吹后会存在部分硬度值较高的硬点。

3.5 裂纹原因结论

本次出现在焊接热处理后的裂纹均是由于在焊接过程中由于遭遇极寒天气导致焊接过程中受冷加剧了表面的淬硬倾向，虽然在热处理后绝大部分区域都趋于正常，但仍存在局部偏析点硬度偏高的情况，这些局部硬点在后续残余应力释放或者加工转运中由于应力的变化和释放导致开裂。

4 转轮裂纹处理工艺及结果

4.1 缺陷挖除

返厂后对转轮重新全面进行 PT＋UT 检测，未发现新缺陷。采用砂轮铲磨的方式去除；如果铲磨后深度大于 5mm 时仍有裂纹，则采用气刨清除的方式继续去除；对清理后表面及周边进行 PT 检查，确保无缺陷。

4.2 缺陷修补

由于转轮叶片空间限制，使用氧乙炔焰焊炬对焊接区域及周边不小于 100mm 区域内进行温和火焰预热，并注意火焰中心远离母材避免中心温度过高造成母材熔化。补焊时修缺位置背面火焰持续加热保温，补焊后对修复位置继续加热 10min 后盖保温棉保温缓冷。

对于挖缺深度≤3mm 的缺陷，使用 ER316L 氩弧焊丝进行修复；焊前对焊接区域及周边不小于 100mm 区域内进行温和火焰加热，使焊接区域预热温度不低于 60℃，层间温度≤150℃。

表1 ER316L焊丝参数

ER316L		电流/A	电压/V	热输入/(kJ/cm)	焊接速度/(mm/min)	气流量/(L/min)	层间温度/℃
2mm	平/横	120～150	15～22	≤30	87～120	8～15	≤150
2mm	仰/立	90～120	10～18	≤30	52～95	8～15	≤150

对于挖缺深度>3mm的缺陷，使用G367M焊条焊接修复；焊条使用前烘干300℃×2h，并且装在电焊条保温桶内进行100℃保温以便随用随取、短弧操作、填满弧坑；焊前对焊接区域及周边不小于100mm区域内进行温和火焰加热，使焊接区域预热温度不低于80℃，层间温度≤200℃。

表2 G367M焊丝参数

G367M		电流/A	电压/V	焊接速度/(mm/min)	热输入/(kJ/cm)	层间温度/℃
3.2mm	平/横	80～120	20～26	78～110	≤24	≤200
3.2mm	仰/立	70～100	19～25	56～90	≤24	≤200

除坡口底部的第一层（道）和焊缝的表层之外，允许进行“热敲击”即有序和适度采取机械方法（优先采用风动工具）对焊缝实施消除焊接内应力处理；焊接坡口，焊缝采用多层多道焊，每层熔敷金属厚度小于5mm，每道宽小于10mm，每焊一道，清渣一次并作检查，如发现缺陷应及时清除、修补再作检查，不允许带缺陷进行下一步操作。焊后对修复位置铲磨、抛光；打磨R角，任何角度都需要光滑过渡，不允许尖角。

4.3 质量检验

焊接修复完成48h后进行NDT检查，对转轮修复区域进行100%PT和100%UT检查，另外对上冠下环与叶片之间所有焊缝PT检查，检查结果均正常。

按照TI-IE-053对转轮进行残余应力测试。分别在缺陷修复区及非修复区域各选一处进行测试，每处位置测焊缝/熔合线/热影响区/母材4点的残余应力数值。

在缺陷修复完成48h后，先采用机械震动方式消除应力，然后对焊缝表面重新进行PT检验。最后对焊缝表面进行硬度检查，硬度测试（9个叶片3690点平均值<350HB）并确认符合标准，如图13所示。

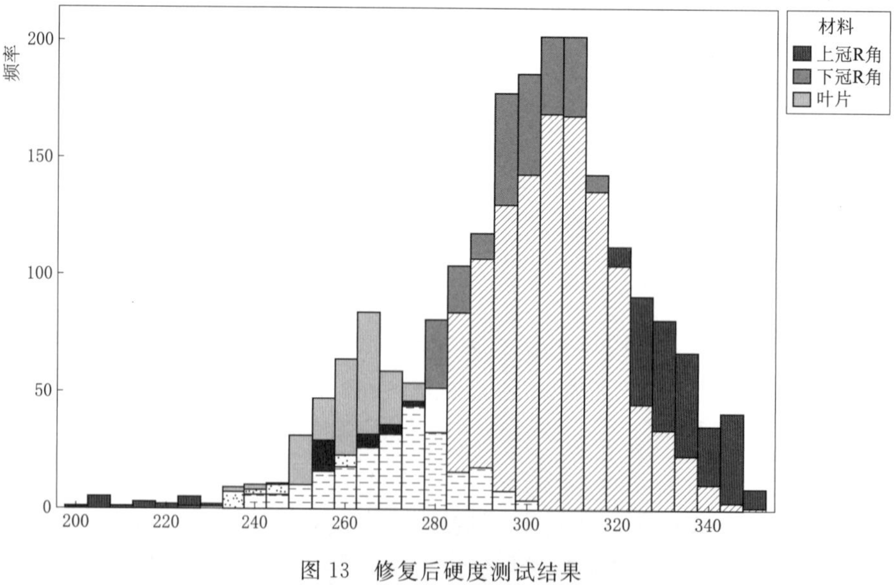

图13 修复后硬度测试结果

对转轮上下迷宫环精加工尺寸进行激光抽检复核，符合图纸要求。同时进行静平衡检查，残余力矩1.337kg·m，原出厂验收时1.334kg·m（图纸要求6.5kg·m），变化非常小，满足图纸要求。

5 结语

根据原因分析，在本次缺陷处理过程中严控控制修复过程中的温度和参数控制，焊接后增加回火焊道改善了组织性能；同时在焊接过程中进行锤击确保了修复后的焊缝较低的焊后残余应力，多方面的举措保证了修复效果。在本次转轮缺陷处理处理完成后，及时更新了转轮加工制造相关工艺，新增相关质量验收点，通过技术和管理等手段在过程中防范未超标缺陷发展，提高了设备可靠性，值得其他水电站同样执行此类工作的单位借鉴参考。

参考文献

[1] 庞希斌，彭硕群，祝加勇，等. 水泵水轮机转轮裂纹成因分析及处理 [J]. 水电站机电技术，2019.
[2] 罗利均，李书丽. 水轮机转轮裂纹产生原因分析及处理 [J]. 水电站机电技术，2013.
[2] 史功赫，韩文达，等. 浅谈水轮机转轮裂纹修复 [J]. 科技资讯，2011 (23).

单一元件故障对机械制动程序功能的影响及处理

吴小锋 马聖恒 才 旺 李 欣
（河南国网宝泉抽水蓄能有限公司，河南省新乡市 453636）

【摘 要】本文论述了在某抽蓄电站水轮发电机组启动、停机两种工况转化过程中，机械制动系统控制策略存在风险，在单一自动化元件故障时，可能导致带机械制动升转速或高转速误投机械制动事故，并结合现场实例对机械制动系统控制策略进行优化改进。

【关键词】机械制动 控制策略 程序优化

1 概况

某抽蓄电站装有 4 台单机容量为 300MW 的立轴单级混流可逆式水泵水轮发电机机组，每台机组配备油压操作的机械制动系统，在机组启动、停机以及蠕动监测控制中投入制动，减少机组惰性运行时间，从而起到保护推力瓦面的作用，同时缩短机组停机时间。机械制动系统包括一个交流油泵、一个蓄能器、过滤器相关阀门、自动化元件、控制系统及两个制动钳等。正常情况下，机械制动系统处于自动控制方式，油压系统控制两个制动钳实现投退机械制动。

因电站多次发生转速信号异常缺陷，并根据一起因转速信号异常导致机械刹车误投事故，该电站组织开展了机组转速信号专题隐患排查。技术人员排查发现，机械制动控制策略存在因单一元器件故障导致高转速投机械制动或带机械制动升转速的风险，严重威胁设备安全。技术人员全面梳理机械制动控制过程，深入分析组态程序，并结合电站现场实际设计出程序优化方案，最终通过对监控程序优化更新，经测试运行效果良好，从而彻底消除隐患，保障电站安全稳定生产。

2 隐患排查

2.1 设备基本情况

正常情况下，电站机械制动系统受控于监控流程自动投退，是机组启动和停机监控流程中的一个步序。机组启动流程中，初始阶段启辅机时即投入机械制动，升转速前退出机械制动，以避免升转速前机组蠕动损坏推力瓦。机组停机流程中，当机组转速降至 5%额定转速时投入机械制动，直至机组转速为 0 时退出，减少机组惰性运行时间，保护推力瓦。

电站机械制动油回路共设置 4 个压力开关，631SP 用于监测油回路压力，641SP 用于监测机械制动器内部压力，661SP 用于启动油泵，671SP 用于停泵。根据电站监控程序可知，当 631SP 压力达到 & 641SP 压力达到 & 投入机械制动监控发令，此三个条件同时满足，监控判断机械制动投入；当 641SP 压力释放，监控判断机械制动退出。

2.2 隐患排查

针对以前发生重要缺陷，电站组织开展了机组转速信号专题隐患排查，旨在彻底摸清硬布线回路，理清转速信号控制策略，提前发现设备隐患，将事故消除在萌芽状态。首先，从转速信号源头出发，梳理每个转速信号硬布线回路，具体从调速器测速单元 T－ADT 转速开关量输出开始，延展至监控、励磁、保护、SFC 系统，精细到每个继电器、每个接线端子，以及最终参控回路和 PLC 输入，形成重要转速信号硬布线回路台账，作为机组检修的重要检验项目。其次，针对送入监控系统组态程序的转速信号，全面梳理其动作逻辑，深入分析监控程序中转速信号的安全性与可靠性，充分考虑电站自动化元器件健康水平，对程序设计中存在的缺陷及时优化控制策略，进一步提升设备运行安全性。

2.3 隐患发现

2.3.1 隐患一

技术人员在研究 SP＝0%（机组停机无蠕动）转速信号时发现，在机组发电方向启动过程中，如果 SP＝0%转速信号的硬布线上送回路异常导致该信号一直保持，就会造成机组高转速投机械制动事故的发生。然而对于 SP＝0%转速信号来说，其硬布线上送回路中的元器件故障时有发生，而且只要其中任一元器件故障便可能造成事故后果。由此可见，该隐患严重威胁电站机组的安全稳定运行，需要立刻采取整改措施。

2.3.2 隐患二

受到隐患一的启发，在进一步研究机械制动控制策略时发现，机组启动过程中，存在因机械制动器内部压力传感器 641SP 故障导致带机械制动升转速的可能。641SP 压力信号作为判断机械制动退出的唯一条件，在机组启动过程中，机组升转速前如果机械制动还未退出，此时 641SP 压力信号由于传感器故障异常释放，则监控流程判断机械制动已退出后进行升转速，最终导致带机械制动升转速。由此可见，641SP 单一元件故障也将严重威胁电站安全，需立即采取措施。

3 风险分析

3.1 隐患一

3.1.1 SP＝0%转速信号的来源

调速器测速单元 T－ADT 是机组转速信号采集、处理和输出的核心控制器，接受机组齿盘测速传感器信号输入，经逻辑处理后输出转速模拟量 VG，同时根据实际转速运算后输出 SP＜5%、SP＜25%、SP＜90%、SP＞90%、SP＞95%、SP＜50%、SP＞25%、SP＜20%、SP＜3%、SP＜10%、SP＞110%、SP＝0%共 12 个开关量转速信号。

由图 1 可知，调速器测速单元 T－ADT 开出 SP＝0%信号驱动调速器继电器 RV202 励磁；由图 2 可知，调速器继电器 RV202 励磁会驱动监控中间继电器 007XR 励磁；由图 3 可知，继电器 007XR 励磁后其常开接点 11、14 闭合，最终将 SP＝0 信号上送至监控组态程序，程序中将该信号定义为 0＊GRE_202SC_DI_DEL。

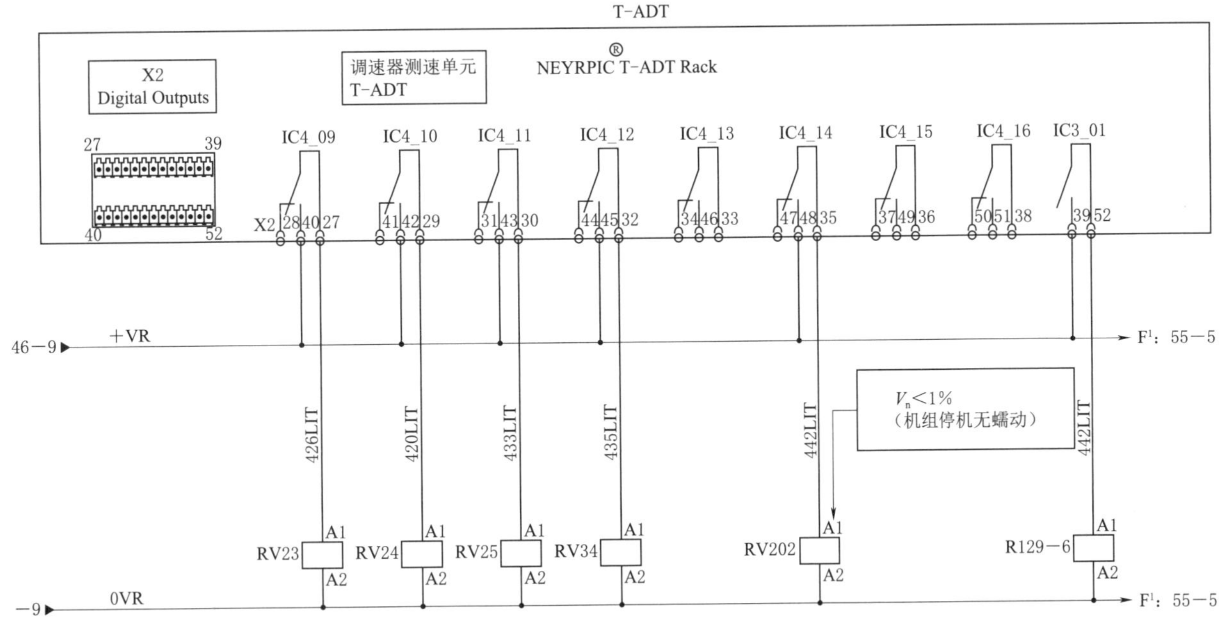

图 1　调速器测速单元 T－ADT 开出转速信号图

3.1.2 SP＝0%转速信号异常保持原因

SP＝0%转速信号异常保持，即无论机组实际有无转速，监控程序中 0＊GRE_202SC_DI_DEL 开关量

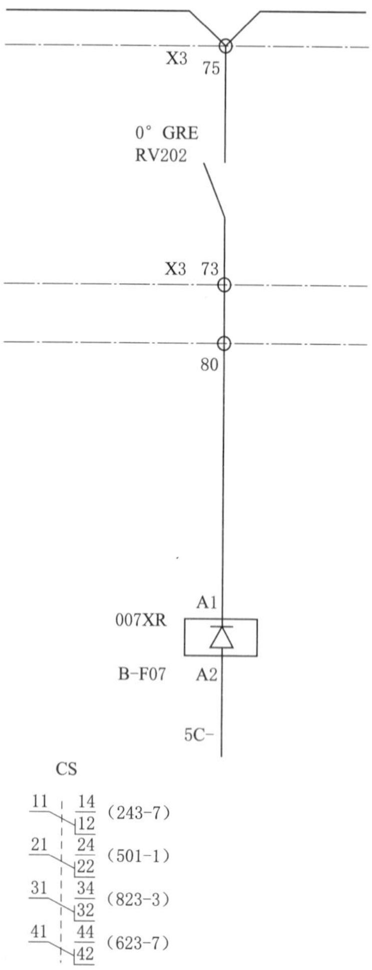

图 2　监控中间继电器 007XR 接线图

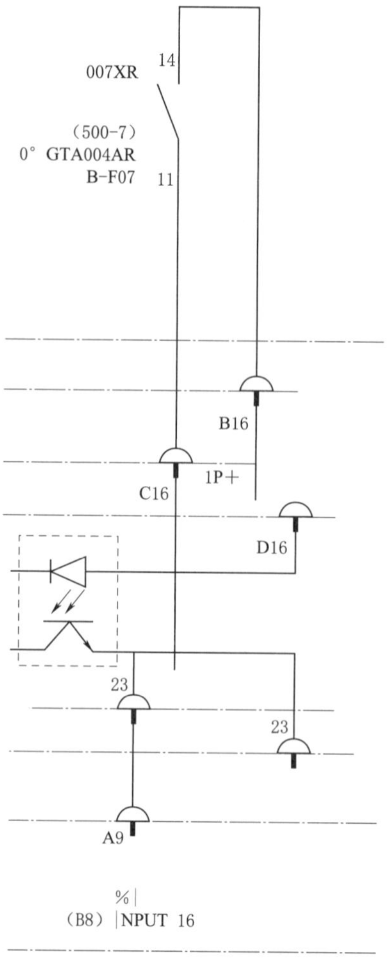

图 3　监控 PLC 开入通道接线图

状态一直保持 1。根据图 1、图 2、图 3 可知，可能造成异常保持的原因：调速器测速单元 ADT 开出硬接点故障，导致（47、48）接点闭合保持；调速器继电器 RV202 接点粘连，导致常开常闭接点（12、14）短路；监控中间继电器 007XR 接点粘连，导致常开常闭接点（12、14）短路。由此可见，上述任一元器件故障，均可能造成 SP=0%转速信号异常保持。随着电站运行年限的增加，自动化元器件故障率将逐步增长。统计电站历史发生的缺陷得知，调速器测速单元 ADT 开出信号故障 2 次，继电器校验不合格时有发生。并且，平常机组停机状态下 SP=0%，调速器测速单元 ADT 开出硬接点（47、48）长期闭合，继电器 RV202、007XR 一直保持励磁状态，这种工作方式也加快了继电器的老化。

3.1.3 SP=0 转速信号异常保持后果

由图 4 可知，机组发电工况启动流程执行到 TS（停机暂态）→SR（旋转备用）时，当流程执行第 23 步（水轮机模式开导叶）后，然后判断第 24 步条件，第 24 步判断条件之一为机组停机无蠕动信号消失，即 0＊GRE_202SC_DI_DEL 状态为 0。如果 SP=0%转速信号异常保持，即第 24 步判断条件一直无法满足，所以发电启动流程一直停滞在第 23 步。

由图 5 可知，当水轮机模式开导叶延时 15s 后，0＊GRE_202SC_DI_DEL（SP=0）动作信号仍然存在，将会导致 0＊GRE_WG_OPT_TLTE（导叶开启超时）动作出口，最终造成机组机械停机，执行图 6 停机流程（SQ88：NMS→TS 正常/机械停机流程）。

根据水轮机模式导叶开启规律推演，导叶开启 15s 后，开度将达到 7%，机组转速最大将达到 34%额定转速。由图 6 可知，机组执行机械停机流程第 30 步后，由于机组转速超过 25%，且调速器测速单元 ADT OK，且电气制动可用，所以流程执行中间一路。在执行完第 33 步（投入电气制动）后，由于 01GRE_202SC_DI_DEL（SP=0 机组停机无蠕动）动作信号一直存在，且调速器测速单元 ADT OK，所

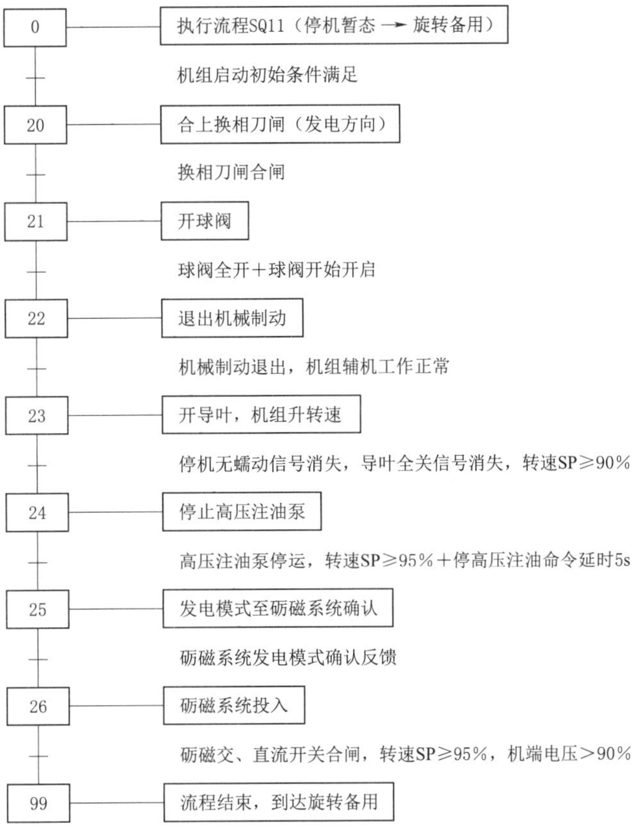

图 4　TS→SR 流程图

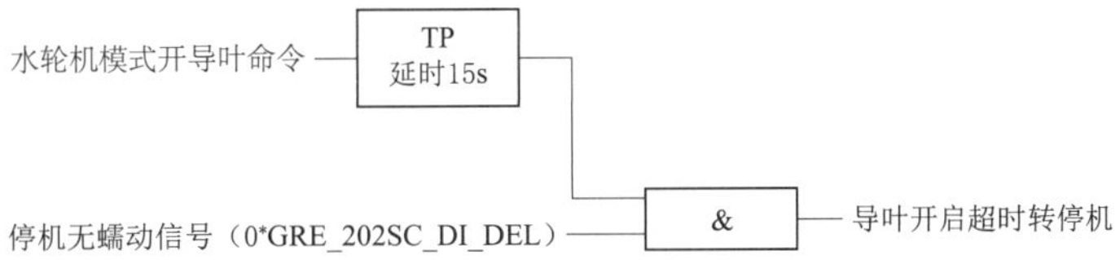

图 5　导叶开启超时程序图

以第 34 步和 37 步判断条件一直满足，流程很短时间内即执行第 37 步（停励磁、投入机械刹车）。由于电气制动投入时间非常短（1s 左右），并未起到制动作用，机组实际转速仍较高，此时机械制动投入，即造成高转速投机械制动。

由此可见，继电器 RV202、007XR 或 ADT 开出硬接点任一元器件故障就可能造成 SP＝0％转速信号异常保持，便会导致机组发电工况启动失败，继而造成高转速投机械制动，严重威胁机组安全。

3.2　隐患二

根据机组发电工况启动完整的监控流程，机械制动在启机流程初期（启辅机阶段）先投入，在开导叶升转速前退出。图 7 为机组发电工况启动监控流程中的其中一段，第 20 步序为合换向刀闸，第 21 步序为开球阀，第 22 步序为释放机械制动，第 23 步序为开导叶升转速。监控流程依照步序逐步执行，每 1 步序前均设置有执行的判断条件，第 22 步序判断条件为球阀全开或正在开启，第 23 步序判断条件为机械制动退出。根据原机械制动控制策略，判断机械制动退出的条件是机械制动器内部压力 641SP 释放，且仅由单一的 641SP 压力信号决定。

根据图 7 流程图进行故障推演。当流程执行到第 21 步序开球阀时，此时机械制动正常应处于投入状态，但如果机械制动器内部压力传感器 641SP 故障反馈压力释放，监控程序则判断机械制动已退出，即第 23 步序判断条件提前满足；当球阀打开到一定开度时，第 22 步序判断条件满足，监控流程执行第 22 步序释放机械制动，由于在此之前第 23 步序判断条件已提前满足，所以第 23 步序不等待第 22 步序反馈

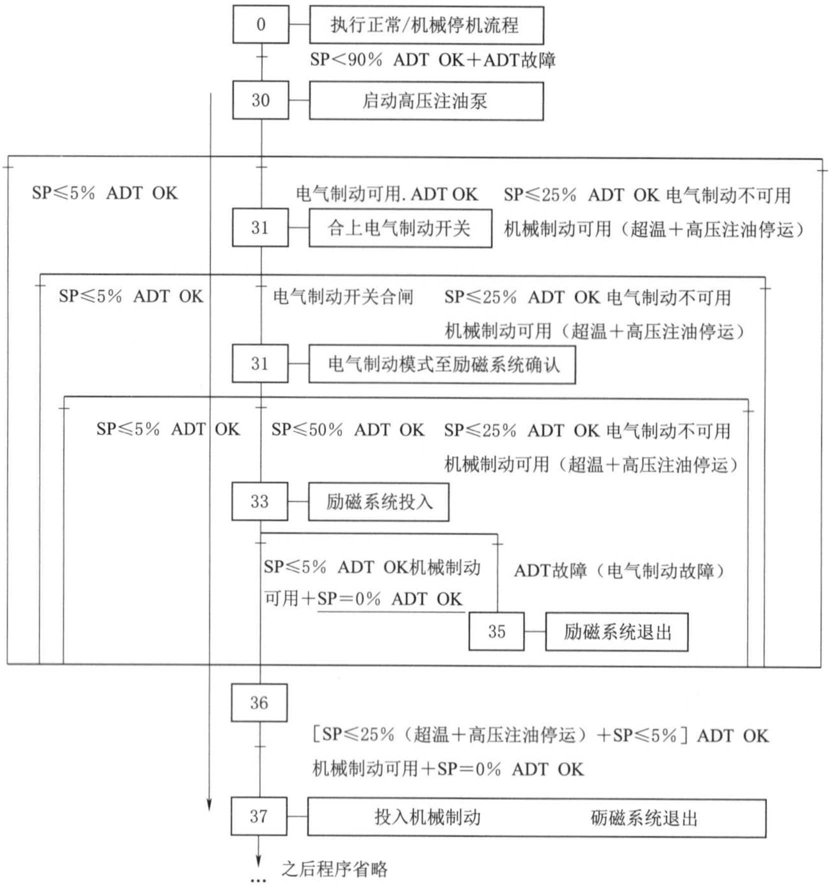

图 6 NMS→TS 流程图

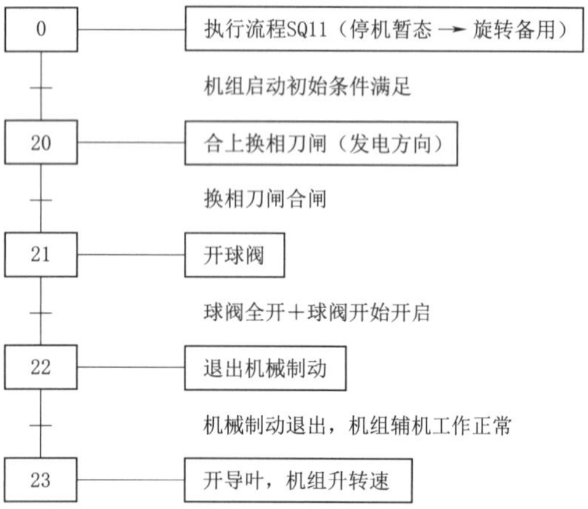

图 7 发电方向启动流程图

立即执行开导叶升转速，2 个步序前后执行间隔非常短，几乎同时，导致第 22 步序执行释放机械制动命令的脉冲宽度非常窄；由于压力传感器 641SP 故障已不能真实反馈机械制动状态，如果机械制动系统本身发生故障未退出，如电磁阀卡死、控制硬布线回路故障等，将导致带机械制动升转速严重事故；由于第 22 步序执行释放机械制动命令的脉冲宽度非常窄，如果监控程序扫描周期出现极端情况，或执行释放机械制动命令的硬布线回路瞬间收到环境干扰信号，可能导致释放机械制动命令未能有效出口，监控流程继续执行，导致机组带机械制动升转速。

由此可见，采用单一的机械制动器内部压力 641SP 作为机械制动退出的判断条件，安全性不高，需要进一步改进。

4 解决方案

4.1 隐患一

根据监控程序可知，机组正常/机械停机降转速阶段，如果 SP≤25%，且调速器测速单元 T-ADT 正常，且电气制动不可用，且高压注油系统停止或温度监测装置高温出口，允许投入机械制动。由此可见，SP≤25%时，机械制动投入是能够接受的。

技术人员对各转速信号、机组流程、机械制动等控制策略全面研究，设计出一种程序优化方案，在机械制动程序投入命令最终出口前增加 2 个判断条件，即测速装置开出 SP＜25%上升沿、开出 SP＞25%下降沿。SP＜25%与 SP＞25%两个转速信号均为硬布线回路上送，同时作为投入机械制动的判断条件，由此解决 SP＝0%（机组停机无蠕动）动作信号异常保持时监控程序误投机械制动，从而消除因单一元器件（继电器 RV202、007XR、T－ADT 硬结点）故障造成高转速投机械制动的严重隐患。

4.2 隐患 2

通过对机械制动控制策略的全面掌握，并充分考虑电站机械制动系统设备本身健康水平以及实施可行性，综合评判后，对机械制动退出的判断条件进行优化。在原来 641SP 压力释放判断条件的基础上，增加退出机械制动命令反馈信号（0 * GAL_651EL_DZ_ON 取反）判断条件，并增加 2s 延时判断模块。优化后的判断条件为，退出机械制动命令收到反馈，同时机械制动器内部压力 641SP 释放，并经过 2s 延时。从此解决了因单一压力传感器 641SP 故障可能导致机组带机械制动升转速的严重隐患。

5 结语

通过本次转速信号专题隐患排查，整理出了重要转速信号回路元器件台账，成为检修工作的重要参考资料。进一步对监控程序的研究，发现了单一转速元器件（继电器 RV202、007XR、T－ADT 硬结点）故障可能造成机组高速加闸的严重隐患，又在进一步研究机械制动控制策略时发现，机组启动过程中，存在因机械制动器内部压力传感器 641SP 故障导致带机械制动升转速的可能，最终通过优化相关控制程序得以消除，保障了机组的安全运行，可供兄弟单位同仁们参考。

参考文献

[1] 李海波，仇岚．抽水蓄能机组常见机械制动系统故障分析及应对措施［C］//中国水力发电工程学会电网调峰与抽水蓄能专业委员会 2015 年学术交流年会，2015.

某抽水蓄能机组导叶开启故障分析及处理

赵晓明　韩明明　袁周祥　金清山　李金研
（河北张河湾蓄能发电有限责任公司，河北省石家庄市　050300）

【摘　要】张河湾公司 4 号机组定检工作结束后，采用现地手动开导叶方式进行机组检修后空转升速试验，发现导叶开度指示无变化，导叶无法正常开启。针对此问题进行全面排查，确认故障点为电液转换器阀芯卡涩，导致导叶无法动作，更换新电液转换器后，再次进行机组空转升速试验及抽水方向并网试验，机组试验正常，运行正常，缺陷处理完毕，向调度报备机组。

【关键词】调速器　电液转换器　导叶

1　引言

张河湾公司总装机容量 100 万 kW，安装 4 台 25 万 kW 的单级混流可逆式水泵水轮机组，以一回 500kV 线路接入河北南部电网，设计年发电量 16.75 亿 kW·h，年抽水用电量 22.04 亿 kW·h，电站综合效率为 0.76。调速器为 GE 公司生产的 TSLG 产品，TSLG 调速器为比例、积分、微分调节规律的数字式电液调速器。调速器主要起机组正常启停、出力调整、事故停机中的调速、控制、监视等作用。

2　调速器系统简介

调速系统主要包括：两套微机调节控制单元 TSLG 调速器（2 套，互为热备用）、电液执行机构、反馈装置、测速装置 ADT1000、压力油罐、集油箱、油泵、补气装置等，见图 1。

图 1　调速器液压系统

机组开机时，调速系统发令给电液转换器，电液转换器正常阀芯左移，右侧导通，压力油作用于主配压阀底部，主配压阀阀芯位置上移，下侧油路导通，以使接力器开启腔有压力油经过动作，关闭腔排油，导叶开启。

3　故障现象

4 号机组定检工作中，对调速器油压系统进行了盘柜清扫、端子紧固、管路阀门接头检查，电磁阀、液动阀检查等工作，清扫检查正常，工作结束后，进行机组定检后试机。机组单步启机至球阀全开状态，现地手动开导叶升速，旋转开度旋钮为开度增加方向，发现导叶开度指示无变化，导叶无法正常开启，4 号机组调速器电气控制盘大故障红灯亮，机组转不定态停机。监控报警及现地控制盘报警画面如下：

18：44：14.704　4 号机组调速器现地手动控制（调速器主）（CPM1）动作
18：44：14.704　4 号机组调速器现地手动控制（调速器备）（CPM1）动作
18：45：09.708　4 号机组调速器报警（调速器备）（CPM1）动作
18：45：09.708　4 号机组调速器 SPC 报警（调速器备）（CPM1）动作
18：45：09.708　4 号机组调速器 SPC01 报警（调速器备）（CPM1）动作

18：45：42.957　4 号机组调速器大故障（调速器备）（CPM1）动作

18：45：42.957　4 号机组调速器 SPC 故障（调速器备）（CPM1）动作

18：45：42.957　4 号机组调速器现地手动控制（调速器备）（CPM1）复归

18：46：26.000　4 号机组停机操作

4　故障原因分析

4 号机组停机稳态后，首先排查了接力器控制油回路无渗漏现象，检查水车室导叶开度传感器，外观无损伤，螺栓紧固未松动，排除开度传感器损坏原因。因此依据调速器电磁阀动作原理图（见图 2）及电液转换器控制图（见图 3）排查，可能导致导叶无法动作的原因梳理如下：

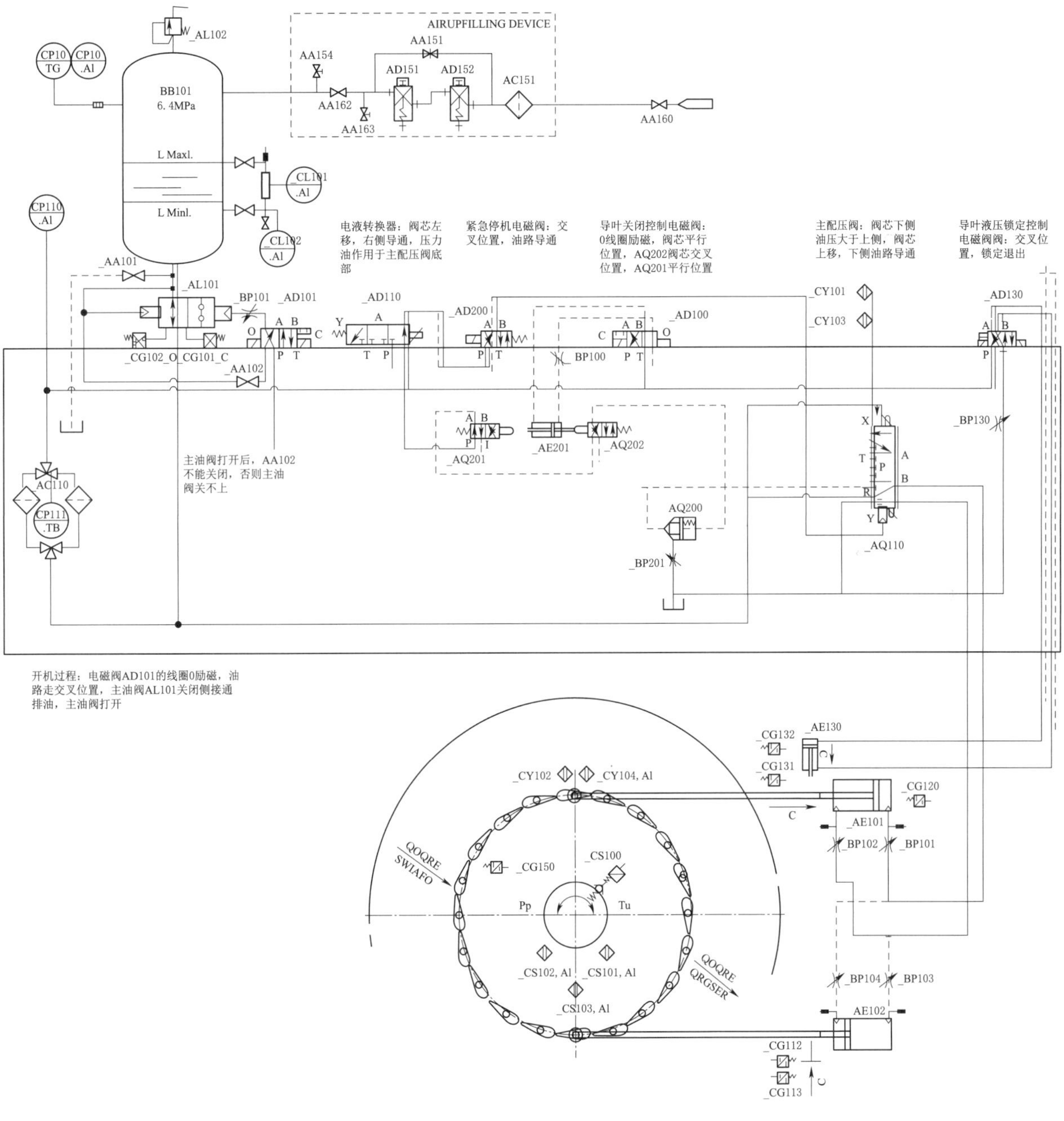

图 2　开机过程调速器电磁阀动作图

（1）4 号机组调速器电气控制盘柜内元器件故障或继电器损坏；

（2）紧急停机电磁阀 AD200 故障；

（3）主配压阀 AQ110 卡涩故障；

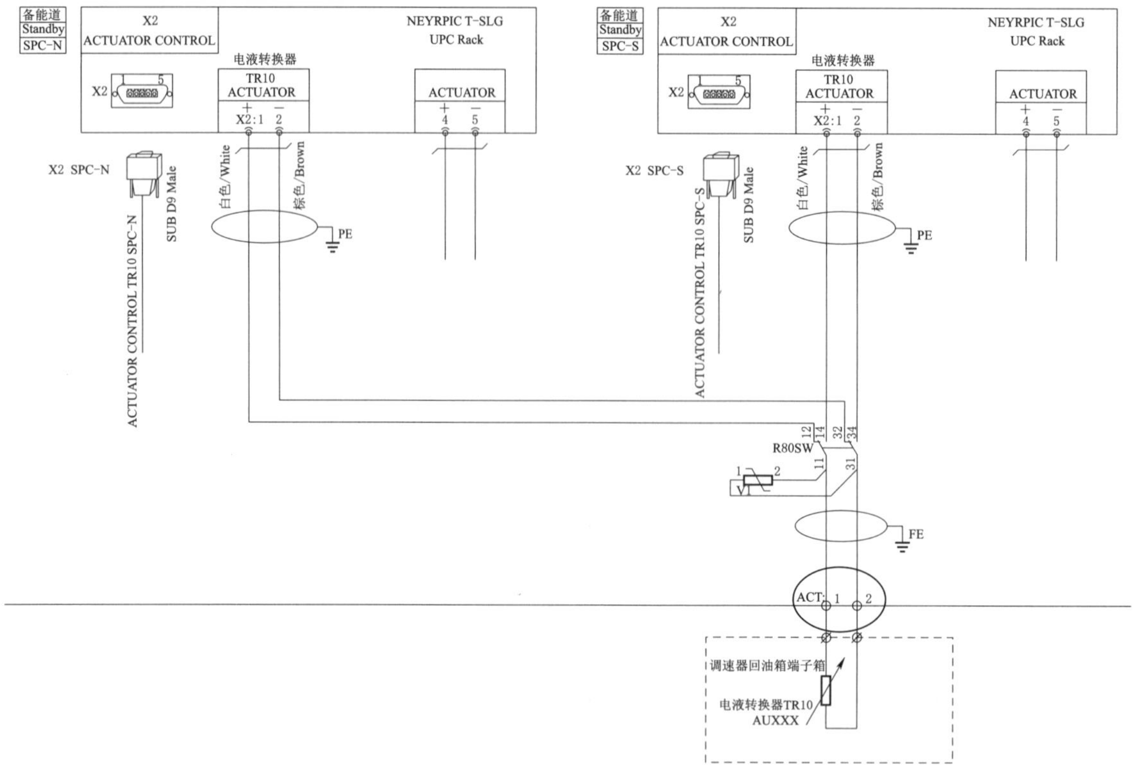

图 3　电液转换器控制图

（4）电液转换器 AD110 故障。

5　排查及处理过程

5.1　故障点排查

4 号机组停机稳态后，检查各个辅机系统正常，机组瓦温正常，停机正常。针对上述可能的原因逐一排查，具体排查流程如下：

（1）检查调速器电气控制盘柜内各个元器件无烧损、烧焦气味，检查各个端子排、继电器无松动现象，按下调速器电气控制盘柜上“复位”按钮，故障灯熄灭，监控调速器系统报警复归，监控出“4 号机组调速器系统正常动作”。现地启动 OPU 系统，退出导叶液压锁锭，在调速器电气控制盘再次进行手动开导叶操作，现地用万用表测量电液转换器插头电压为＋24V 左右，接收电压信号正常，可推断出调速器开导叶信号能够发送至电液转换器，可排除调速器电气控制盘柜故障。

（2）继续排查导叶动作的液压回路上，即电液转换器 AD110、紧急停机电磁阀 AD200、和主配压阀 AQ110。检查调速器操作管路压力为 0 后，手动多次动作主配压阀，动作流畅无卡涩，排除主配压阀卡涩原因。

（3）依次对紧急停机电磁阀 AD200 进行检查，利用螺丝刀捅电磁阀阀芯动作正常，行程与正常状态一致，排除紧急停机电磁阀 AD200 卡涩原因。

（4）检查电液转换器，由（1）可知调速器开导叶信号能够发送至电液转换器，可判断电液转换器接收电压信号正常，与此同时在对电液传感器插头插拔过程中，发现导叶出现抖动现象，因此判断电液转换器可能存在阀芯卡涩现象。

综上所述，导叶动作的液压回路上，紧急停机电磁阀 AD200、主配压阀无故障，控制回路上电液转换器可接收到调速器系统发令信号，但导叶未动作，可确定故障点为电液转换器存在阀芯卡涩问题。即调速系统发令给电液转换器，使其调节主配压阀阀芯位置上移，以使接力器动作开启导叶，但是由于电液转换器卡涩，无法执行调节主配的指令，致使导叶不动作。

5.2 确定故障点

将电液转换器拆下，检查发现阀芯存在卡涩现象，多次拨动后，虽能够动作，但偶有卡涩，阀芯动作不顺畅，拨动环喷动作不顺畅，故确定故障点为电液转换器阀芯卡涩。

TR10 的组成部件：

电动装置由线圈组成，线圈处在一个由磁铁产生的永久磁场中；线圈驱动阀芯上下运动；可移动部件（包括线圈和阀芯）由弹簧支撑；阀芯套是由螺栓固定在电液转换器本体上，阀芯套的高度可以通过螺杆调整；为了减小阀芯的静态摩擦力和迟滞现象，在阀芯下部安装一个带有喷油嘴的液压圆盘，见图 4。

图 4　电液转换器

5.3 处理步骤

组织人员将电液转换器拆下，更换新的电液转换器，完成后再次进行手动全行程导叶动作试验，开关导叶动作均正常；再次进行 4 号机组空转升速试验，导叶开启正常，试验正常。向调度申请 4 号机组抽水方向并网运行试验，机组运行无异常。

5.4 故障原因分析

检查记录 4 号机组原电液转换器为 2006 年投入运行，期间运行稳定，未存在更换记录，由于元件老化损伤，导致电液转换器阀芯存在偶发卡涩现象。

6 结语

此次故障是电液转换器老化导致发生卡涩，无法执行调节主配的指令，致使导叶不动作。

调速器是抽水蓄能机组的重要设备，其可靠性直接关系到机组的稳定运行。因此在日常维护设备工作中建议：第一，根据机组运行情况，在定检期间对重要设备的电磁阀阀芯动作及行程情况着重进行检查，结合检修进行电磁阀拆解检查，发现缺陷及时处理；第二，增加油压装置内透平油滤油频次，保证电磁阀工作在良好的透平油环境中，结合检修，清理集油箱内杂质；第三，班组设备主人要对重要设备元器件参数、产品编号、使用期限进行全面梳理并做好台账管理，明确设备元器件更换周期，在设备元器件更换时也要做好记录及更换原因，及时更新设备台账。

参考文献

[1] 权强，林文峰，瞿洁，等. 抽水蓄能机组导叶开启故障分析及处理 [J]. 水电与抽水蓄能，2017.

[2] 卢彬，关君，陈波，等. 一起典型的导叶关闭时间偏长的原因分析及处理 [J]. 水电站机电技术，2020.

[3] 李永杰，昌杰朋. 3 号机组调速器压力油罐缺陷分析及处理 [J]. 水电站机电技术，2020.

某电站 1 号机球阀工作密封投入超时故障处理

张雯琪　韦磊磊　田丽玮
（国网新源华东天荒坪抽水蓄能有限责任公司，浙江省湖州市　313300）

【摘　要】针对某电站 1 号机在停机关球阀后多次出现工作密封投入超时造成机组无法达到停机稳态的现象，对可能发生的原因进行了分析、排查，发现工作密封投入超时的原因是实现球阀全关后投工作密封功能的机械式换向阀动作不到位，在加固机械式换向阀结构部件后成功解决此问题。此外，对比分析另外两种球阀全关后投工作密封的闭锁设计，为抽水蓄能电站球阀运维提供参考与借鉴。

【关键词】抽水蓄能电站　球阀　工作密封　组合阀组　机械式换向阀

1　引言

高水头抽水蓄能机组蜗壳与压力管道之间的主进水阀多为球阀。球阀在机组安装期间作为压力管道的堵头；在机组检修维护期间作为安全隔离点，在机组运行期间随机组启停而启闭；在导叶无法正常关闭时，球阀具备快速截断水流的能力，能有效防止飞逸事故扩大。

某电站球阀上下游侧各设一道密封，上游侧是检修密封，在机组或工作密封检修时投入；下游侧是工作密封，随球阀启闭而投退。工作密封由固定密封环、阀体、活动密封环、供水管路等组成，其中固定密封环固定在球阀活门上，活动密封环呈 T 形，其上装设组合盘根与阀体形成投、退密封腔。通过组合阀组控制工作密封投退腔充排水使密封环相互接触实现密封作用；组合阀组由液控阀、电磁阀、蓄能器等组合，集成度较高。

本文针对某电站 1 号机球阀工作密封投入超时的现象，开展了原因分析、排查，采取了有效的防范措施，针对球阀全关后投工作密封，对比了其他解决方案，供同行参考与借鉴。

2　故障现象

巡检发现 1 号机工作密封控制液控阀 HV402（以下简称 HV402）轴封处渗油，监盘发现 1 号机停机关球阀后工作密封投入超时现象频发，超时时间短则数秒，长则 30min，期间伴随有“1 号机工作密封投退腔压差小于 6MPa 或退出腔压力大于 2.5MPa”报警。现地查看到工作密封投退腔供水管压力为 0MPa，球阀全关与球阀密封闭锁液控阀 HV401（以下简称 HV401）卡涩在中间位置（见图 1）。另外，工作密封长时间不在投入位置，机组有发生蠕动，高顶启动现象。

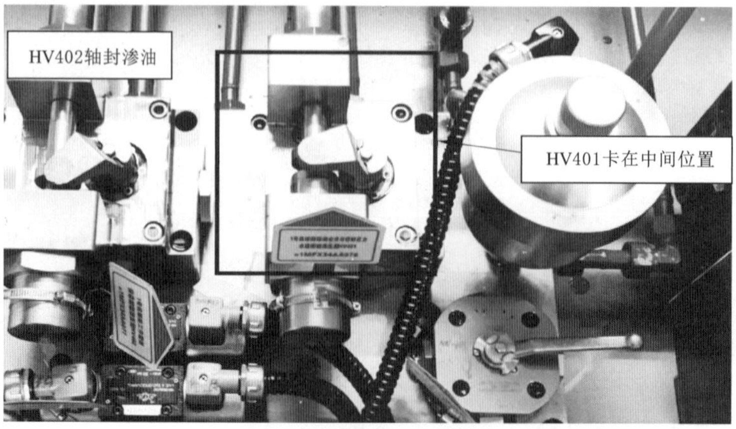

图 1　HV401 卡在中间位置

3 原因分析

3.1 球阀投工作密封简述

参见球阀液压控制图（见图 2）。正常关机时，球阀控制 PLC 在收到球阀全关信号后，经逻辑判断发出“工作密封投入命令”，此时工作密封投退电磁阀 EV402 励磁走右平行位置，引起液控阀 HV402 左侧控制腔泄压、阀芯换位至平行位，使工作密封退出腔排水泄压。在活门接近全关，机械式换向阀 MV404（以下简称 MV404）阀杆与球阀拐臂上的压片相接触，MV404 阀杆动作使 HV401 左侧控制腔泄压。蓄能器 PV401 可调节 HV401 控制腔油压下降速度，保证 HV401 在球阀全关后换位至右侧位置，此时工作密封投入腔供水回路沟通使密封投入。球阀上装设有 3 个监测工作密封投退的感应式位置开关，至少两个位置开关动作，PLC 逻辑判断球阀工作密封投入。

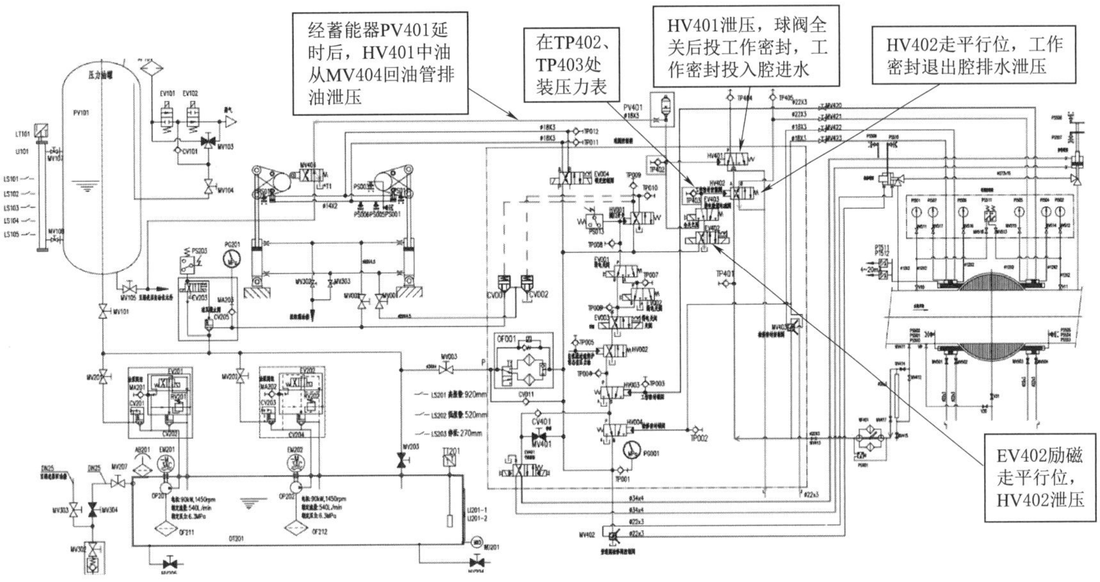

图 2　某电站球阀液压控制图

3.2 球阀工作密封投入异常的原因

初步分析有多种因素能够引起球阀工作密封投入超时，甚至失败，列举如下：

（1）工作密封投退电磁阀 EV402 故障及电气回路接触不良。

（2）液控阀 HV402 轴封漏油引起换位异常。

（3）工作密封投退腔供水管堵塞。

（4）活动密封环盘根损坏或工作密封投入腔水压不足以达到操作水压。

（5）液控阀 HV401 换位异常。

3.3 球阀工作密封投入超时可能原因初步分析

（1）排查电气控制回路。投产初期，电站多次发生由于电气回路端子虚接造成的设备异常。检查发现监控报文中“工作密封投入命令”在球阀全关后正常发出，现地多次投退工作密封，相关继电器动作正确，密封投退电磁阀 EV402 励磁正常，测量电磁阀工作电压、线圈电阻也在正常范围内，密封位置开关动作信号反馈正常，初步排除电磁阀 EV402 及电气控制回路接触不良造成工作密封投入超时。

（2）排查液控阀 HV402。巡检发现 HV402 恒压腔侧轴封渗油严重。HV402 液控阀安装在阀座上，漏油轴封在恒压腔处，恒压腔始终接通压力油源，TP403 处监测油压无降低；排查发现无论工作密封投退是否超时，退出腔密封水泄压较快，压力下降成线性（见图 3、图 4）；现地查看 HV402 在 EV402 动作后换位无卡涩。初步分析 HV402 渗油不会造成 HV402 换位异常，继而引起工作密封投入超时。

（3）排查工作密封投退腔供水管。工作密封投退腔供排水管为 $\phi 28\times3$ 的不锈钢管，密封操作水压在 8.0MPa 左右，密封水经沉沙管、过滤器一般不易造成管路堵塞，拆除组合阀座上工作密封投退腔供排水

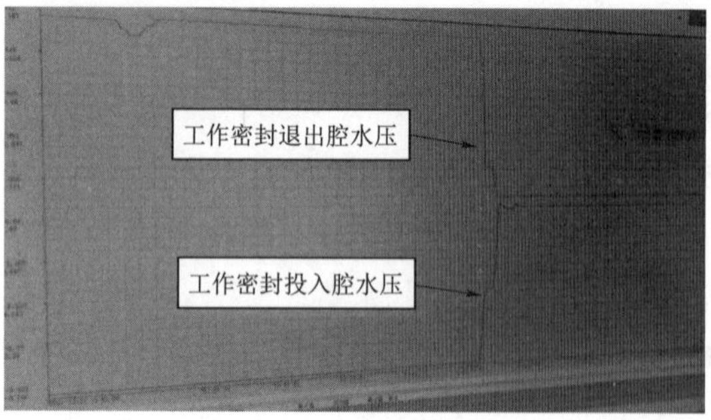

图 3　工作密封投入正常时投退腔密封水压力变化

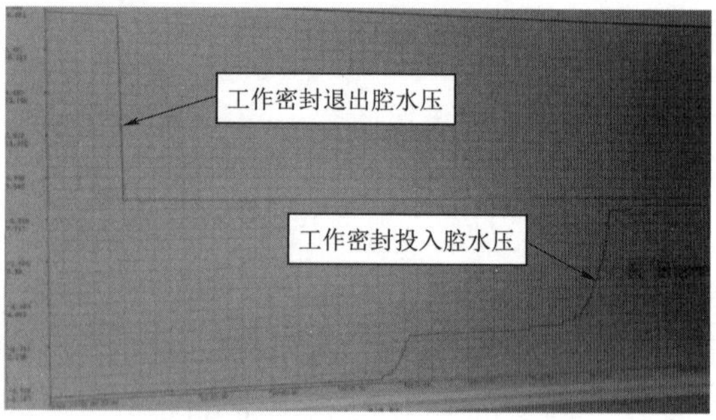

图 4　工作密封投入异常时工作密封投退腔压力变化

管接头也未发现异物堵塞。此外球阀工作密封退出动作时间正常，投入时退出腔排水正常，在 HV401、HV402 换位成功后也未观察到安装在组合阀座上的工作密封投入腔压力变送器出现压力偏低现象。初步排除工作密封投退腔供排水管因堵塞致使密封投入超时。

(4) 排查活动密封环盘根。当前球阀密封环多采用组合盘根，盘根不易挤压跑出，密封效果良好；此外阀体密封腔上焊有不锈钢层，密封腔不易破坏。在球阀工作密封时，投入腔密封水压与上库水压相比未减小，退出腔水压为 0MPa，打开工作密封退出腔排污检漏阀 MV503，未发现有漏水。可初步分析工作密封投入超时非活动密封环盘根损坏或密封腔水压不足引起。

(5) 排查液控阀 HV401。将液控阀防尘外罩打开，明显观察到 HV401 换位有卡涩现象，此外投入腔密封水压力呈阶梯型上升，对比发现退出腔压力下降与投入腔压力上升之间时差与 HV401 卡涩时间较一致（见图 4)。经初步排查分析可确定工作密封投入异常的直接原因为 HV401 换位卡涩引起。

3.4　液控阀 HV401 卡涩原因分析

参见图 2，球阀液压控制系统通过 MV404 - PV401 - HV401 回路实现球阀全关后投入工作密封。在液控阀 HV401、HV402 控制腔侧 TP402、TP403 处加装测压表用于监测 HV401、HV402 控制油压力（见图 5)。球阀多次启闭观察发现以下规律：工作密封正常投入时，当 TP402 处压力下降至 1.2MPa 左右，HV401 阀杆带动曲柄引起阀芯换位，换位成功后 TP402 处压力缓降至 0MPa；工作密封超时，当 TP402 处压力表在压力下降至 1.2MPa 左右，观察到 HV401 阀杆带动着曲柄动作有明显卡涩现象，TP402 处压力在 1.2MPa 保持数秒后下降至 0MPa。对于引起 HV401 换位卡涩的原因分析如下：

(1) 液控阀 HV401 本体异常，致使 HV401 换位卡涩。

(2) 蓄能器 PV401 压力较低，导致泄压排油时间较长，致使 HV401 换位卡涩。

(3) MV404 在球阀全关时未完全换位导致相应油路泄压较慢，致使 HV401 换位卡涩。

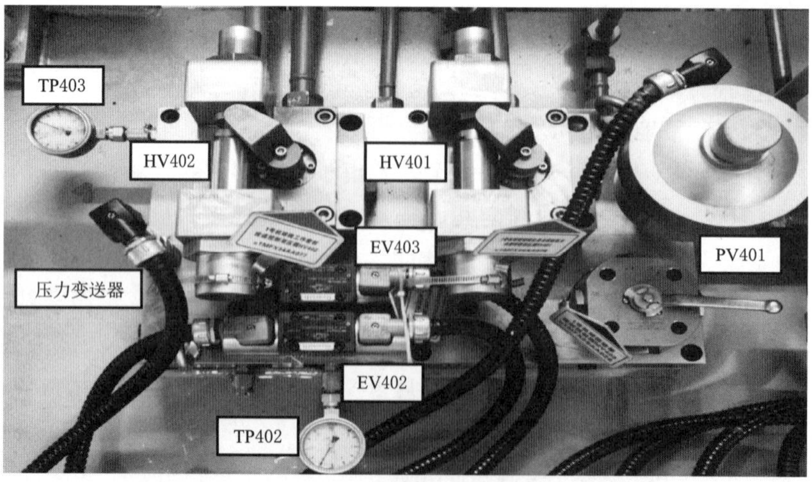

图 5　工作密封投退液控阀组

3.5 液控阀 HV401 卡涩原因排查

（1）排查液控阀 HV401 阀芯本体。HV401 液控阀两端分别为恒压腔、控制腔，控制腔面积大于恒压腔（见图 6）。当控制腔排油泄压，在恒压腔油压作用下阀杆向控制腔滑动，由于曲柄固定在阀芯上，曲柄在阀杆带动下活动，使阀芯旋转沟通水回路。阀芯装配有密封端盖（见图 7），密封端盖固定较紧会增大阀芯转动阻力，旋松密封端盖固定螺栓后观察液控阀卡涩未明显改善。检查发现曲柄卡在阀杆上的销（见图 8）有明显刮痕和焊接凸点，凸点会使曲柄活动产生卡涩，将销打磨后回装后观察 HV401 卡涩未见明显改善。更换全新液控阀 HV401，期间检查组合阀座、HV401 上油孔、水孔内无异物，后观察液控阀卡涩未见明显改善。HV401 结构设计、加工制造、受杂质影响虽然易引发阀芯卡涩，但排查显示工作密封投入超时非液控阀本体异常造成。

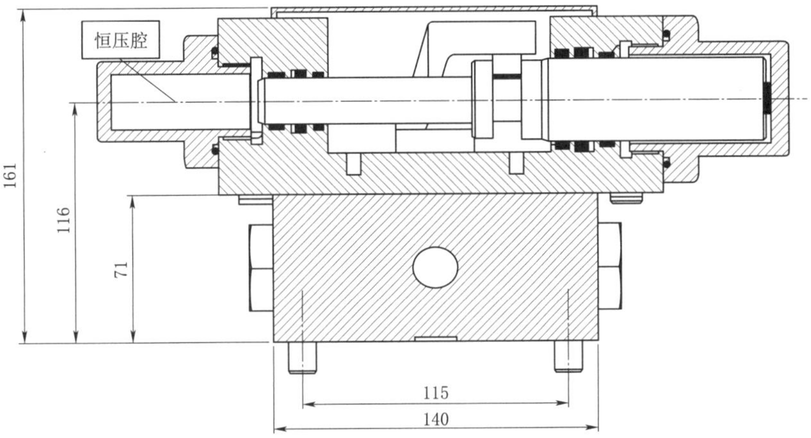

图 6 液控阀 HV401 结构图

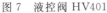

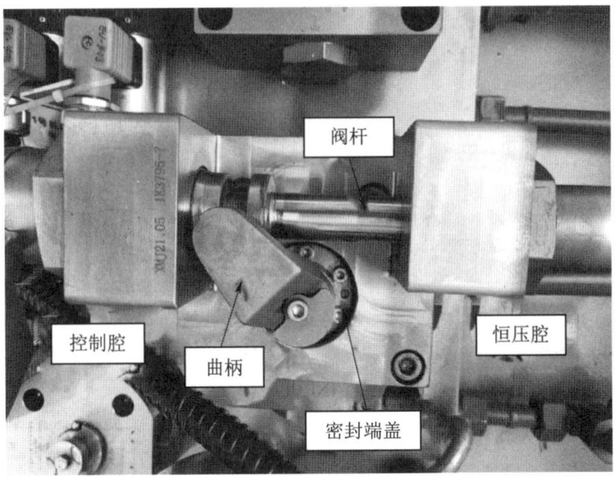

图 7 液控阀 HV401

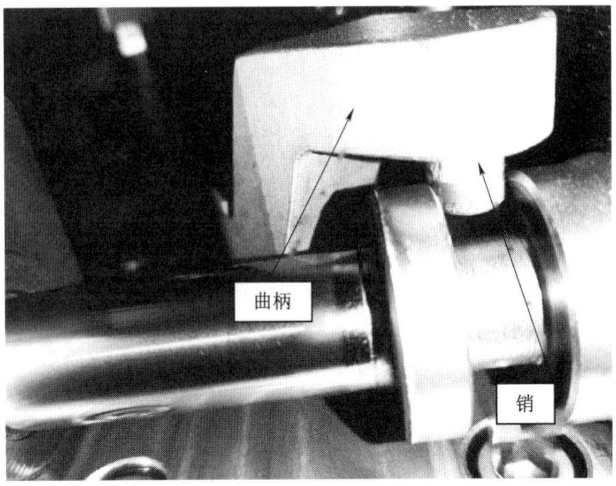

图 8 液控阀 HV401 曲柄

（2）排查蓄能器 PV401。测量蓄能器 PV401 气囊压力为 4.5MPa，与厂家经验值 3MPa 相比偏高，与调试期间整定数据一致。压力越高蓄能器里面储存的压力油越少，HV401 控制腔保压时间越短。故排除蓄能器压力低造成 HV401 处油压下降缓慢，致使 HV401 换位时间较长，引起工作密封投入超时的可能。

（3）排查 MV404。球阀全关时检查 MV404、拐臂上压片固定牢固，测量 1 号机 MV404 阀杆伸出量为 23mm（见图 9），2 号、3 号机 MV404 阀杆伸出量分别为 21mm、19mm（见图 10、图 11）。根据 MV404 特性，阀杆压入的越多，即伸出量越小，阀芯换位使管路泄压速度越快，由于现场调试时使

MV404 阀杆伸出量和蓄能器 PV401 整定压力相匹配，调试期间无阀杆伸出量原始数据，暂无法判断 1 号机阀杆伸出量是否偏小。

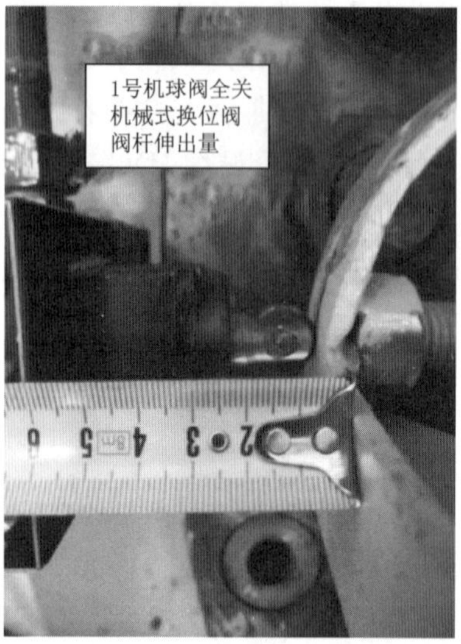

图 9　1 号机球阀全关 MV404 伸出量

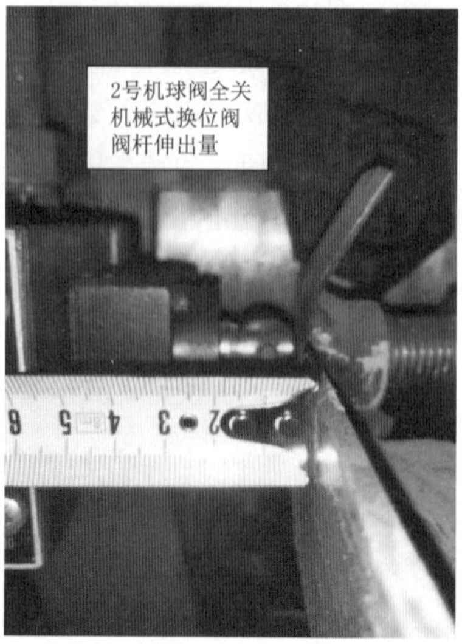

图 10　2 号机球阀全关 MV404 伸出量

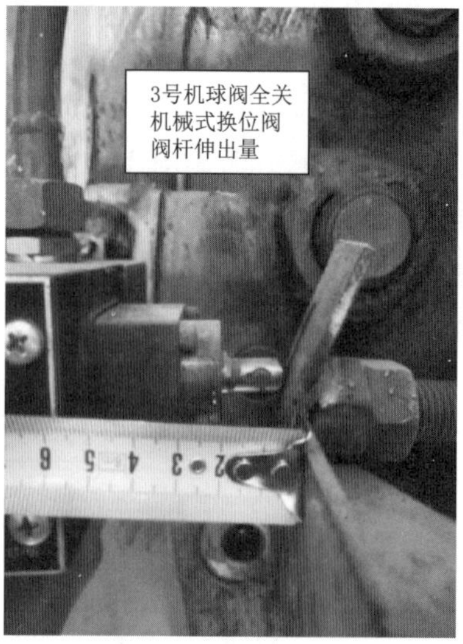

图 11　3 号机球阀全关 MV404 伸出量

检查 MV404 阀杆接触压片发现（见图 12），压片支撑螺柱端部螺帽点焊开裂。由于压片与支撑螺柱留有间隙，现场调试采取螺帽补偿此间隙，待调试完成后，点焊螺帽与压片构成牢固整体。观察发现螺帽虽未松动，但是螺帽与压片之间有一定的间隙使压片的支撑刚度不够，压片在阀杆的作用下发生形变，致使 MV404 阀杆压入量不够，从而使油路泄压较慢，引起 HV401 换位卡涩。

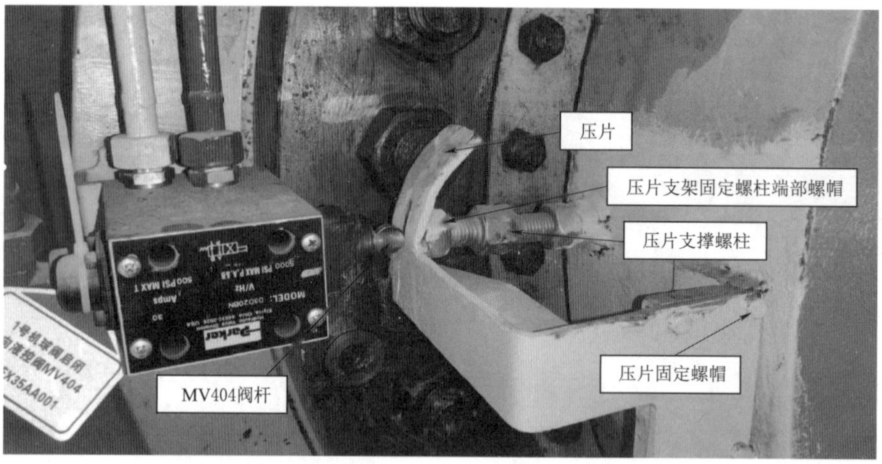

图 12　1 号机球阀 MV404 与拐臂上的压片

4　故障处理

MV404 阀杆伸出量及蓄能器压力的整定是纯液压回路实现球阀全关后投工作密封的重要一环，也是球阀动态调试的难点。MV404 - PV401 - HV401、HV402 回路泄压太慢会造成球阀工作密封投入时间过长，回路泄压太快存在事故停机下球阀未全关而投入工作密封。在球阀全关时，将压片支撑螺柱顶端螺帽外旋一圈，将压片与螺帽点焊牢固，测量 MV404 阀杆伸出量为 22mm，技术人员判断此压缩量较为合理。若在焊接后发现 MV404 阀杆伸出量不能满足要求，可通过调整支撑螺杆、MV404 在阀体腰形孔内固定位置来改变伸出量。通过现地开关球阀，确认了在球阀活门全关，MV404 阀杆动作到位后，液控阀 HV401 才开始动作。至此初步确认球阀在全关后投入工作密封。后续事故停机试验验证了纯液压回路实现球阀全关后投工作密封的重要闭锁。调整结束后长时间观察发现液控阀 HV401 动作无卡涩，工作密封在球阀全关后 8～10s 投入。

5 暴露问题

（1）产品制造、安装质量不佳。阀杆压片在拐臂上的安装位置、产品制造标准化、安装规范化等要求较高，而实际情况则是 MV404 在阀体上安装位置不精准，阀杆压片规格各有差异，缺乏安装记录。此外液控阀轴封、曲柄也存在制造工艺不佳的问题。

（2）调试难度大。MV404 伸出量与 PV401 的气囊压力、压入时机与球阀开度之间的配合难度大，配合不当易导致密封环与活门发生机械损伤，调试运维风险大。

6 扩展介绍

从上文介绍易知，某电站实现球阀全关投工作密封的 MV404 - PV401 - HV401、HV402 液控回路是球阀液压控制的难点，也是可靠工作的薄弱点。针对此关键点，下面介绍其他两种设计方式。

6.1 设计一

通过球阀接力器下腔油压实现球阀全关后投工作密封。如图 13 所示，在球阀接力器下腔油压经供油管 M 至工作密封投退液控阀 VP004 控制油腔，在球阀全开时，接力器下腔带压，VP004 控制油腔带压，由于液控阀 VP004 控制油腔比恒压水腔面积大，阀芯走交叉位，使工作密封退出；在球阀关闭时，VP004 控制油腔油压随接力器下腔油压一同下降，通过节流片 d3 使球阀全关后，VP004 控制油腔泄压致使阀芯换位，从而使工作密封投入。

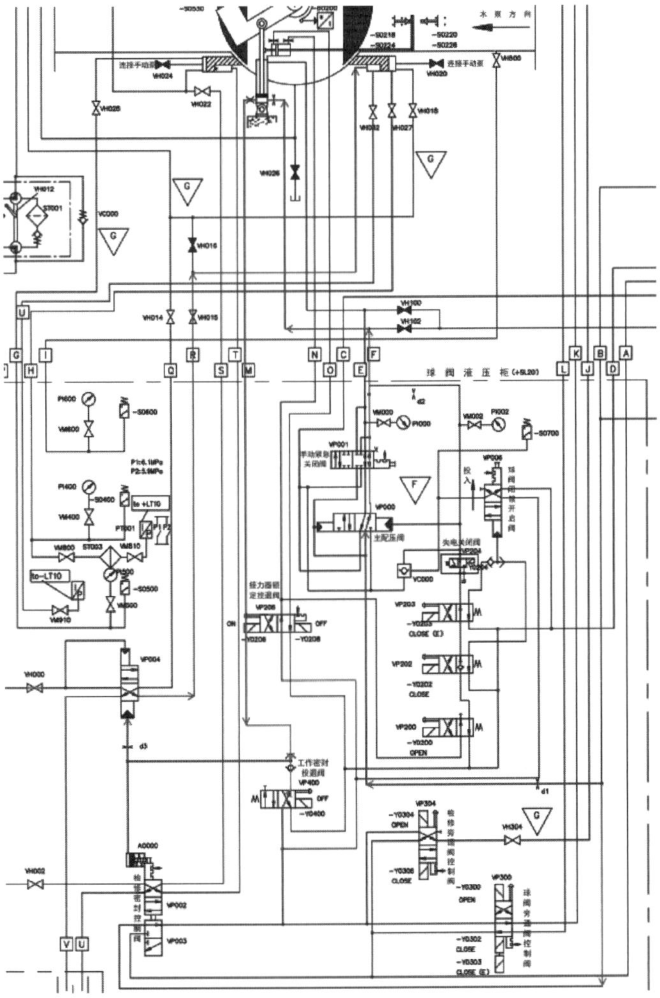

图 13 球阀部分控制液压图（全关状态）

6.2　设计二

通过顺序控制装置实现球阀全关后投工作密封。球阀开启时，油、水回路如图 14 所示。压力油进入顺序控制装置有杆腔，在压力油的作用下使顺序控制装置克服弹簧阻力向左运动，使顺序控制装置端部楔块脱离球阀拐臂（见图 15、图 16）。顺序控制装置在最左侧位置时，机械式换向阀 AA908、AA909 交叉位先后导通，此时工作密封退出，使球阀具备开启条件。球阀关闭时，顺序控制装置 BP001 有杆腔排油泄压，在弹簧拉力作用下顺序控制装置具备向左运动趋势。在球阀关闭至全关位置前，楔块在拐臂上滑动；当球阀全关时，楔块卡至拐臂上最低点（见图 16）。此时顺序控制装置运动至右端，机械式换向阀 AA908 平行位导通，工作密封投入。

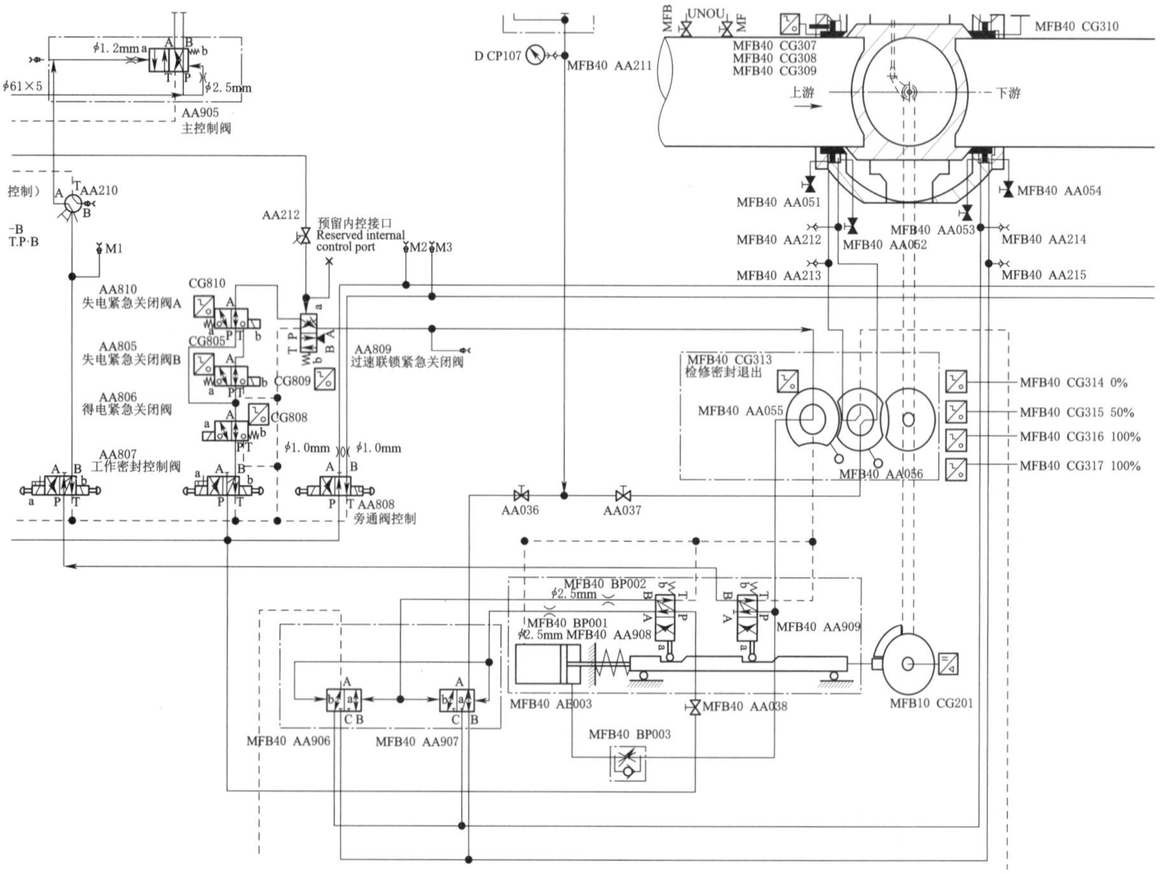

图 14　球阀部分控制液压图（全关状态）

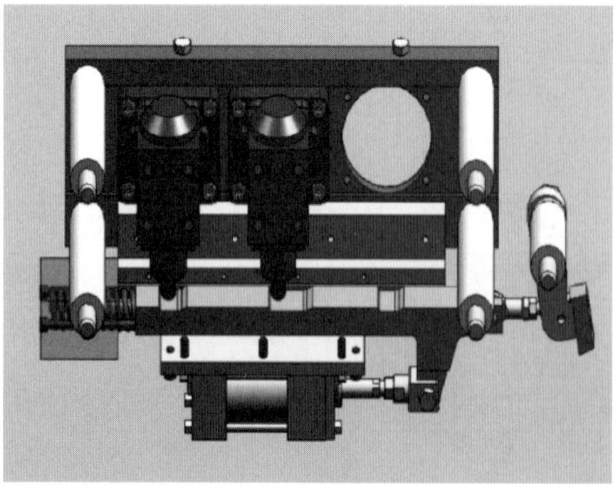

图 15　顺序控制装置

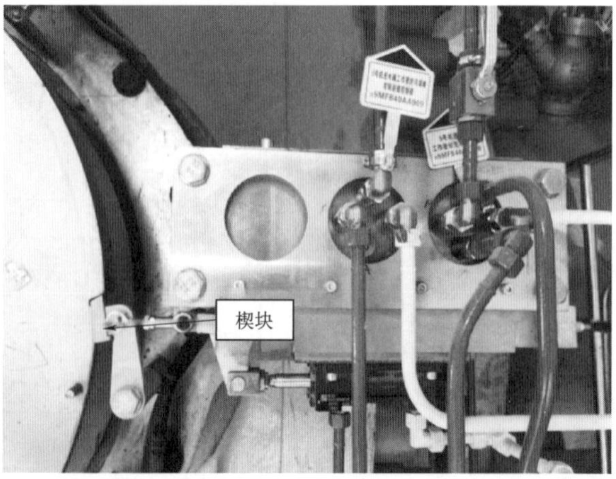

图 16　顺序控制装置实物

6.3 对比分析

（1）设计一中用球阀接力器下腔油压代替球阀实际开度设计球阀全关后投工作密封，对液压控制系统的设计要求较高，仿真计算难度大，多年运维经验未发现闭锁失效事件。

（2）设计二中的顺序控制装置原理与某电站1号机类似，借助拐臂转动，通过不同的传力机构，在球阀接近全关时，实现工作密封液控阀换位。方案二中的顺序控制装置相较某电站1号机产品更加成熟，但是所用零部件较多，此外楔块长时间在拐臂上摩擦滑动存在断裂风险。

7 防范措施

（1）在设计阶段，若从球阀全关后才可投工作密封闭锁的可靠性出发，可以方案1的液压控制为基础，在拐臂上增加成熟的机械构件，与机械式换向阀相配合。球阀全开时，形成控制油压作用在VP004上，球阀全关后，VP004上控制油压消失，通过两种不同方法实现球阀全关后投工作密封的闭锁。

（2）在制造阶段，机械式换向阀和与之配合的机械构件产品应成熟、可靠，便于安装、调整。

（3）针对某电站1号机而言，在安装阶段，主机厂家有安装方案、应设验收点，记录机械式换向阀深入长度、蓄能器压力等；涉及焊接作业，分析焊接工艺对整体安装质量的影响。在运维阶段，关注球阀全关后工作密封投入时间；将MV404-PV401-HV401、HV402回路列为重点检查部位，定期检查确认MV404安装牢靠，螺柱焊缝无开裂，压片支撑刚度满足要求，蓄能器压力无变化；若工作密封长时间不能投入，需做好机组蠕动、高顶启动的事故预想。

某抽水蓄能电站主变保护接口回路介绍

张天晓　楼荣武　于彦东

（国网新源华东天荒坪抽水蓄能有限责任公司，浙江省湖州市　313302）

【摘　要】当抽水蓄能电站主变压器由于过电压、误操作、设计制造缺陷等原因发生如短路、断线等故障，会对设备造成严重损害甚至导致系统瓦解。因而必须在主变设备上装设继电保护装置，以在发生故障时，迅速而有选择性地切除故障设备，保护电气设备免遭损害，提高电力系统的稳定性。本文简要介绍了某电站其主变保护是如何进行信号采集、逻辑判断、执行输出的。

【关键词】主变　保护　控制回路

1　引言

电站主变保护设有电气量保护和非电气量保护，电气量保护为双重化配置，每组单独保护各组一面柜，分别为主变保护 A/B 柜，A 组主变保护装置由施耐德（Schneider）的主变差动保护模块 P634 和主变后备保护模块 P127 组成，励磁变保护由西门子（SIEMENS）的励磁变保护模块 7UT82 组成；B 组主变和励磁变保护集成于西门子（SIEMENS）主变励磁变保护模块 7UM85 内。A 组保护出口上相应开关的跳闸线圈 1，B 组保护出口上相应开关的跳闸线圈 2。主变非电气量保护布置在主变保护 B 柜内，跳闸功能通过硬布线实现，即主变本体非电量保护信号沟通保护屏 B 柜内继电器直接输出跳闸命令，跳闸命令经过中间继电器扩展后上相应开关的跳闸线圈 1 和跳闸线圈 2。

2　主变电气量保护

2.1　概要

电气量保护是指通过电气量来反应故障动作或发信的保护，保护的判据是电气量，如电流、电压、频率、阻抗等。主变差动保护，主变过激磁保护，主变过负荷保护，主变复合电压过流保护，主变高压侧过流保护，主变零序过流保护，主变低压侧单相接地保护，励磁变定时限过流保护，励磁变过流速断保护，励磁绕组过负荷，其中主变差动保护（发电方向差动保护 87T－G、抽水方向差动保护 87T－P、主变倒送差动保护 87T－SU）是主变电气量保护的主保护。本文以主变差动保护 A 柜为例，简述如何实现机组各处跳闸。

主变差动保护（发电方向及抽水方向）其保护范围包括主变本体、机组换相闸刀、机组开关、相应厂变开关及 SFC 输入开关。其实现原理如下，通过电流互感器 CT 采集信号，通过输入回路送至主变保护盘柜，再通过出口回路输出到相应机组的跳闸回路。

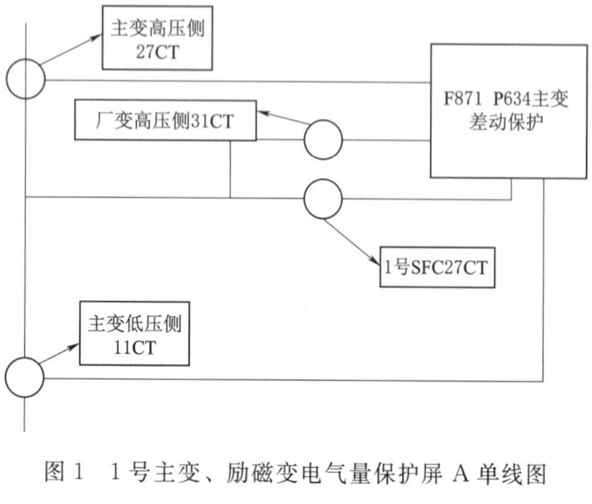

图 1　1 号主变、励磁变电气量保护屏 A 单线图

2.2　信号采集

如图 1 所示，在主变保护 A 柜中，差动保护 87T－G、87T－P 输入电流信号取自主变高压侧电流互感器 37CT。主变低压侧电流互感器 11CT，1 号 SFC 电流互感器 27CT，厂用变高压侧电流互感器 31CT。差动保护 87T－SU 输入电流信号取自主变低压侧电流互感器 11CT，1 号 SFC 电流互感器 27CT，厂用变高压侧电流互感器 31CT。

2.3 输入回路

查电流回路图 37CT、11CT、27CT、31CT 电流送至主变差动保护 F871 P634。根据图 1，当 GCB 闭合，PRD 位于发电位置时，主变差动保护（发电）投入，当 GCB 闭合，PRD 位于抽水位置时，主变差动保护（抽水）投入，当 GCB 断开或 PRD 处于分闸位置时，主变差动保护（倒送电）投入。

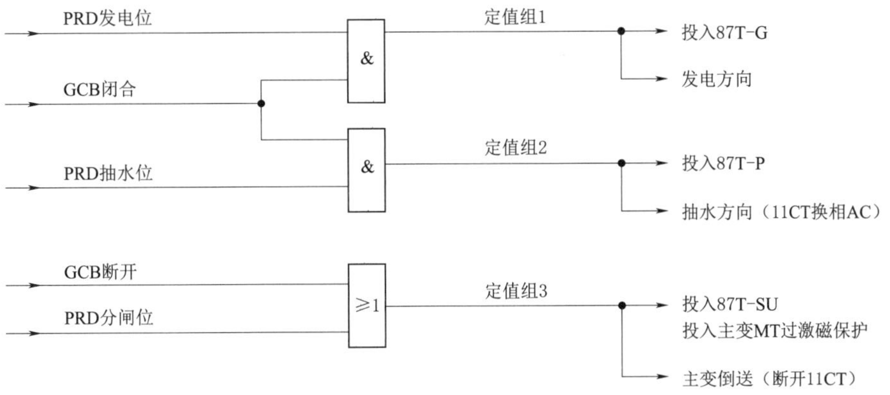

图 2 P634 逻辑图

定值组 1 中（图 3），11CT 换相 AC 表示 PRD 在抽水位，断开 11CT 表示处于倒送电模式下，当两者皆不满足时，机组位于发电方向。

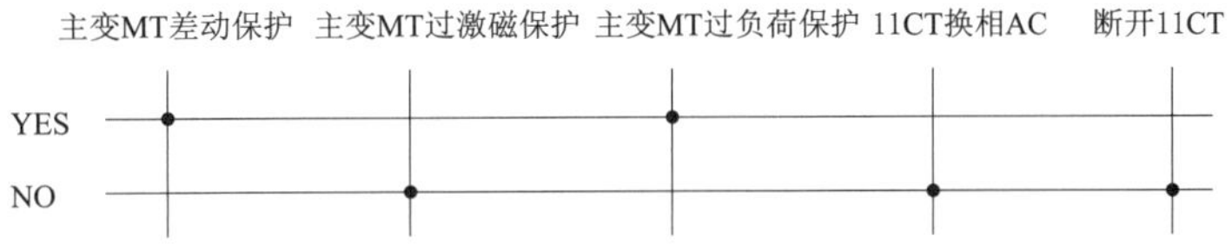

图 3 定值组 1

定值组 2（图 4），当 11CT 换相 AC 满足，断开 11CT 不满足，机组位于抽水方向。

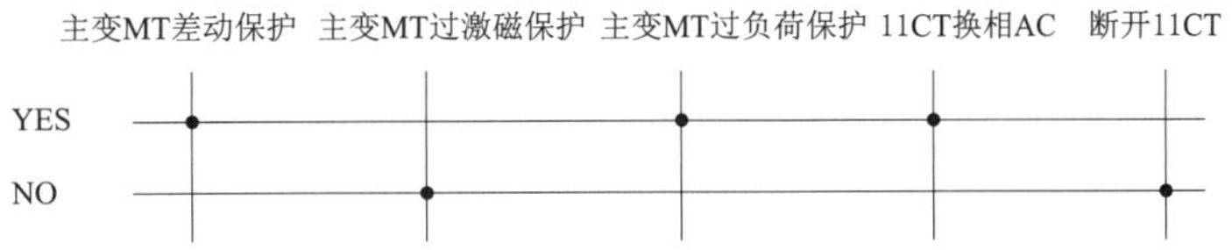

图 4 定值组 2

定值组 3（图 5），当 11CT 换相 AC 不满足，断开 11CT 满足，机组倒送电。

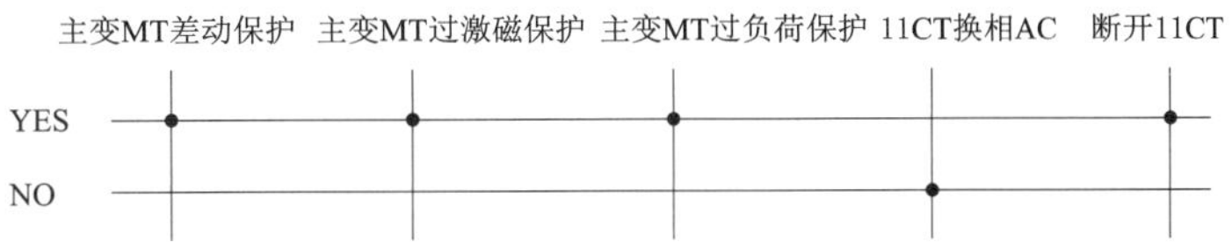

图 5 定值组 3

2.4 输出回路

查图 6 跳闸矩阵可得，主变差动保护（发电）输出跳闸 K1803、K2008、K2003 后信号输出 K2004 送故障录波仪，信号输出 K862 送 LCUK1803 励磁后，分别动作 K861 7PJ817、K862 7PJ812。K861 7PJ817 实现跳 500kV 主变高压侧开关，启动 500kV 断路器失灵。K862 7PJ812 实现跳厂变高压侧开关，本机组 GCB 开关，跳灭磁开关，联跳相邻机组，跳 SFC 输入开关线圈 1。K2008 励磁后，动作 K865 7PJ813，停 SFC。K2003 励磁后，启动消防。

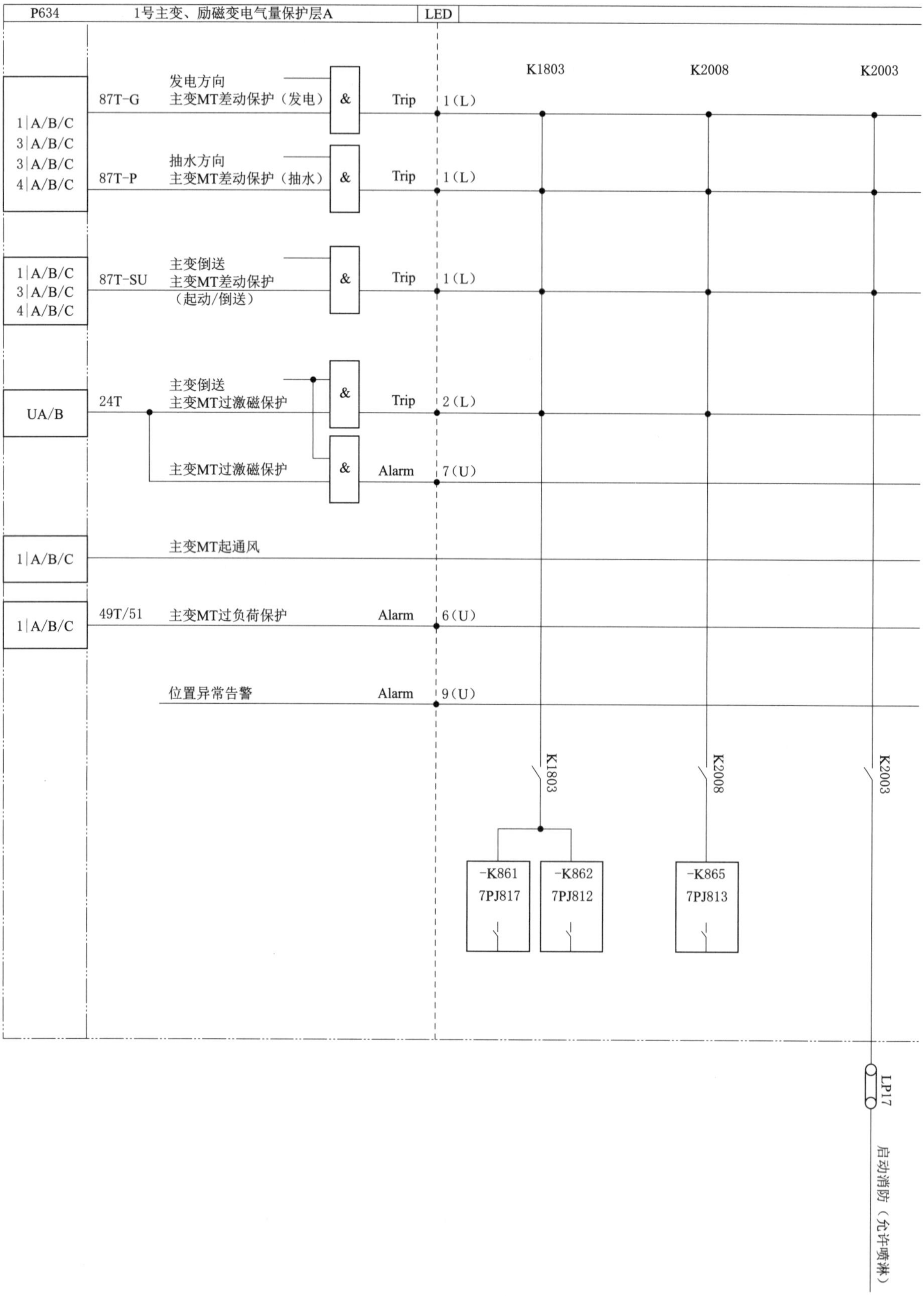

图 6　1 号主变、励磁变电气量保护屏 A 跳闸矩阵

1. 跳 500kV 主变高压侧开关

如图 7 所示，500kV 跳闸信号经过主变保护盘柜到短线保护盘柜（地下）再到地面短线保护盘柜。K1803 励磁后，分别动作 K861 7PJ817、K862 7PJ812。其中，K861 7PJ817 励磁后，当压板 LP1 跳主变

高压侧开关 5001 投入时，信号送至 500kV 短线 1 保护柜（地下）。

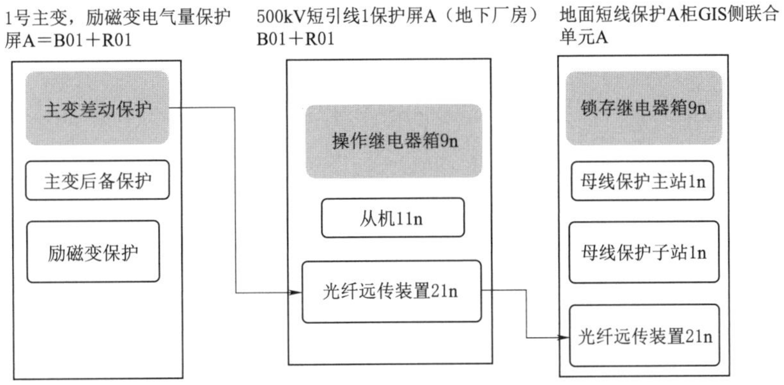

图 7　跳 500kV 主变高压侧开关信号传输路径

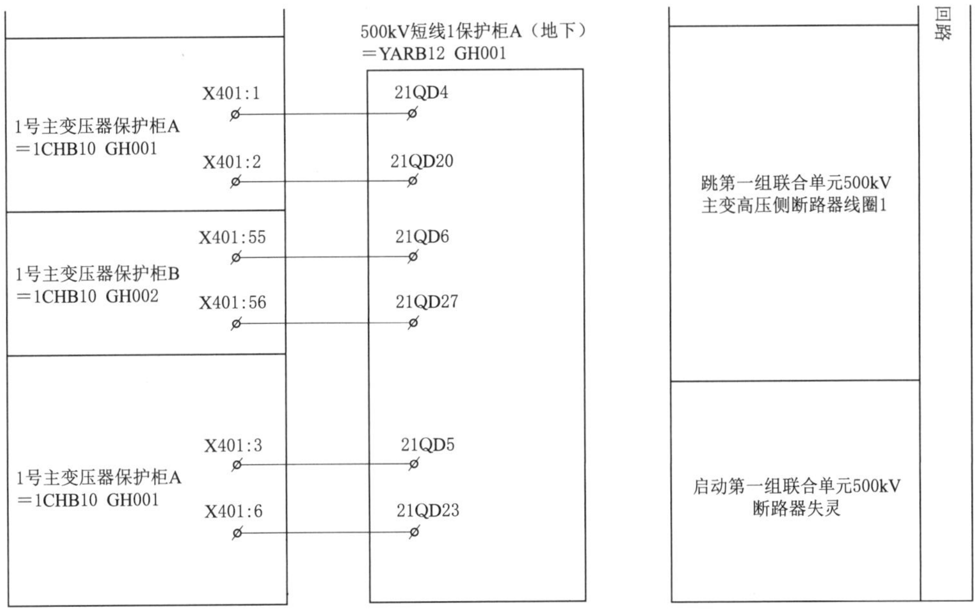

图 8　发电电动机-主变压器保护接口系统图

查端子图可知，信号送至 500kV 短线 1 保护柜（地下）21QD4，21QD20（图 9）。

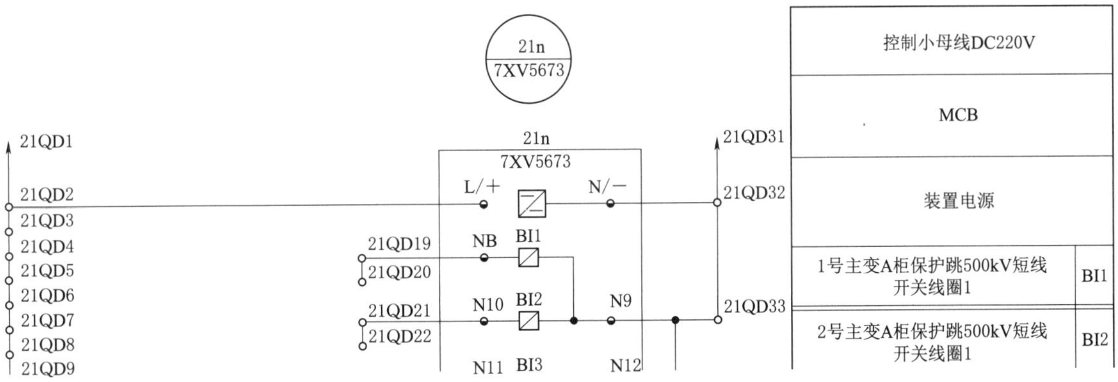

图 9　地下短线保护 A 柜 7XV5673 输入回路接点联系图

21QD4 收到信号后，有装置电源，21QD20 收到信号，BI1 动作。21n7XV5673 为光纤远传装置，通过光纤远传装置传至地面短线保护 A 柜（图 10）。

光纤远传装置将 BI1 信号传至 B01，B01 励磁，K101 励磁（图 11）。

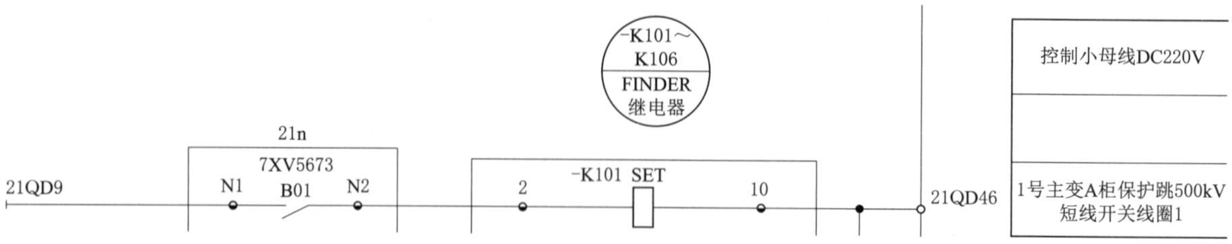

图 10 地面短线保护 A 柜 7XV5673 跳闸重动回路图

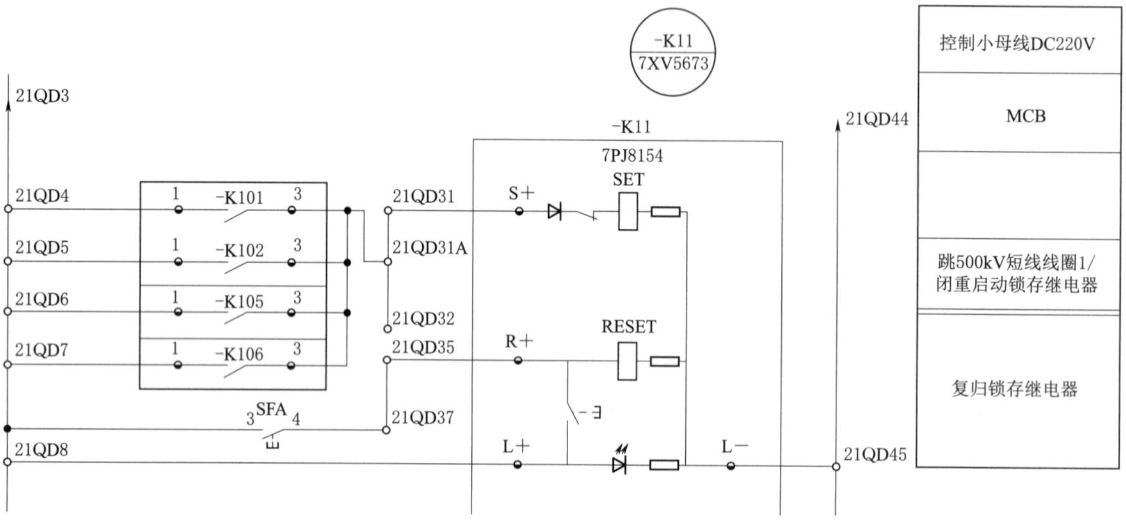

图 11 地面短线保护 A 柜 7XV5673 跳闸重动回路图

K101 励磁后，1，3 节点导通，K11 继电器动作（图 12）。

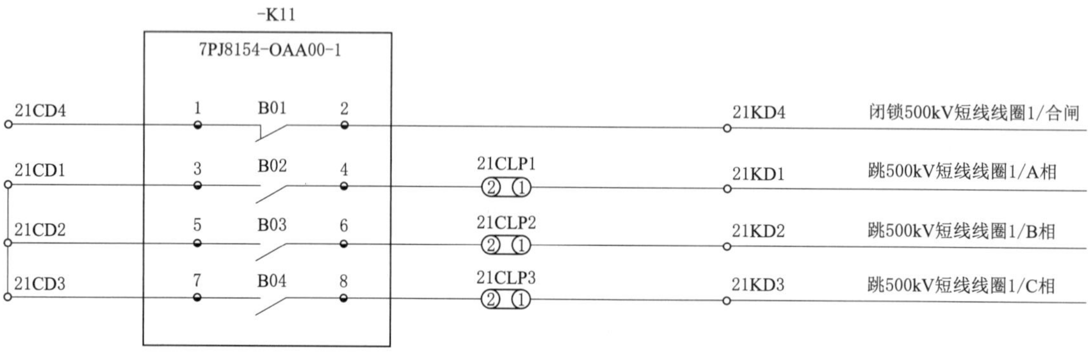

图 12 地面短线保护 A 柜 7XV5673 出口回路接点联系图

K11 继电器励磁后，B02、B03、B04 节点闭合，当跳 500kV 短线压板投入时，跳开 500kV 开关 5001 三相。

2. 启动 500kV 断路器失灵

当压板 LP2 启动高压断路器侧失灵保护投入时，信号送至 X401：3、X401：6。查端子图可知，信号送至 500kV 短线 1 保护柜（地下）21QD5、21QD23（图 13）。

21QD5、21QD23 收到信号，BI3 继电器动作通过光纤远传装置传至地面短线保护 A 柜（图 14）。

B03 励磁，K103 励磁。

K103 励磁后，在开关失灵保护 21CLP4 压板投入时，500kV 开关失灵启动。保证了 500kV 开关未成功跳开，开关失灵保护出口（图 15）。

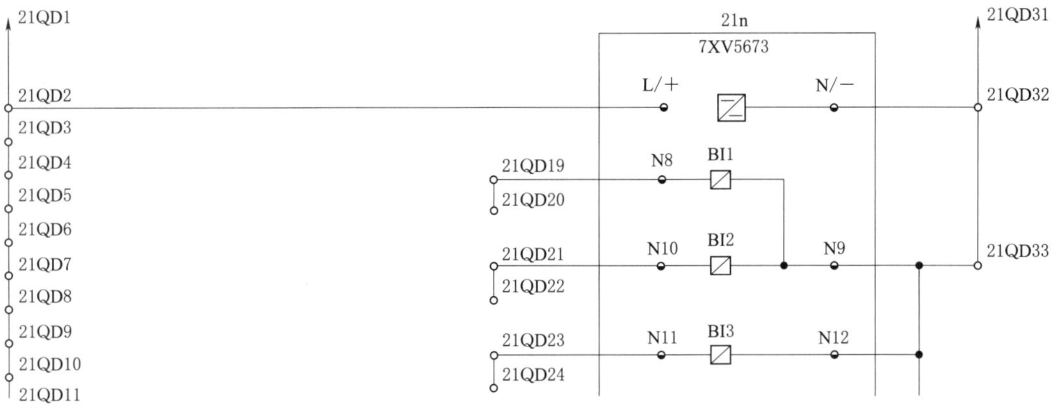

图 13 地下短线保护 A 柜 7XV5673 输入回路接点联系图

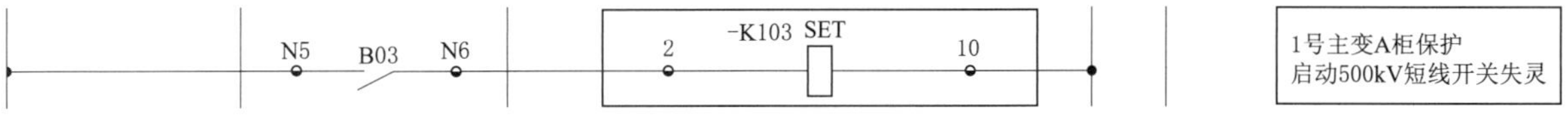

图 14 地面短线保护 A 柜 7XV5673 跳闸重动回路图

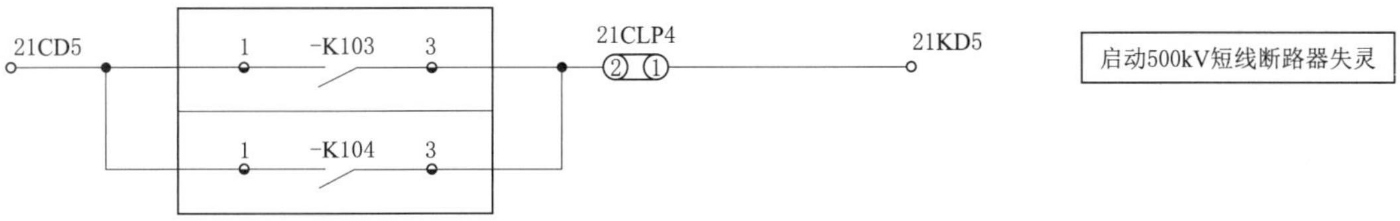

图 15 地面短线保护 A 柜 7XV5673 出口回路接点联系图

3. 跳本机组 GCB 开关

K862、7PJ812 动作后，经跳闸 GCB 线圈 1 压板 LP6 后，信号送至主变保护柜 X401：13、X401：14，再送往 1 号机组 GCB 柜端子 X11：15、X11：16（图 16）。

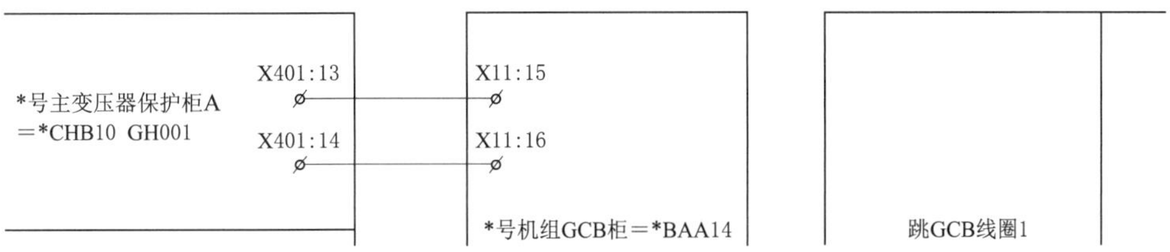

图 16 发电电动机-主变压器保护接口系统图

查 GCB 跳闸回路图（图 17），X11：15、X11：16 收到信号后电源回路连通，K5 为液压弹簧闭锁，K3 为 SF6 闭锁，常态为励磁状态，S0 为 GCB 位置节点，当 GCB 合闸时，S0 励磁，回路走通，跳闸线圈 Y2 动作，GCB 分闸。

4. 跳灭磁开关

K862 7PJ812 励磁，跳灭磁开关压板 LP8 投入，主变保护盘柜 X401：19、X401：20 端子收到信号，将信号送入发电电动机灭磁开关柜 MLC40 端子 X42：8、X42：14（图 18）。

灭磁开关柜内 X42：8、X42：14 收到信号后，C2 为灭磁开关位置节点，当灭磁开关合上时，常开节点 C2 闭合，回路走通，灭磁线圈 1D1 动作（图 19）。

5. 联跳相邻机组

信号送入 1 号主变保护柜 A 柜端子 X401：22、X401：23，送入 2 号 GCB 端子 X11：17、X11：18，

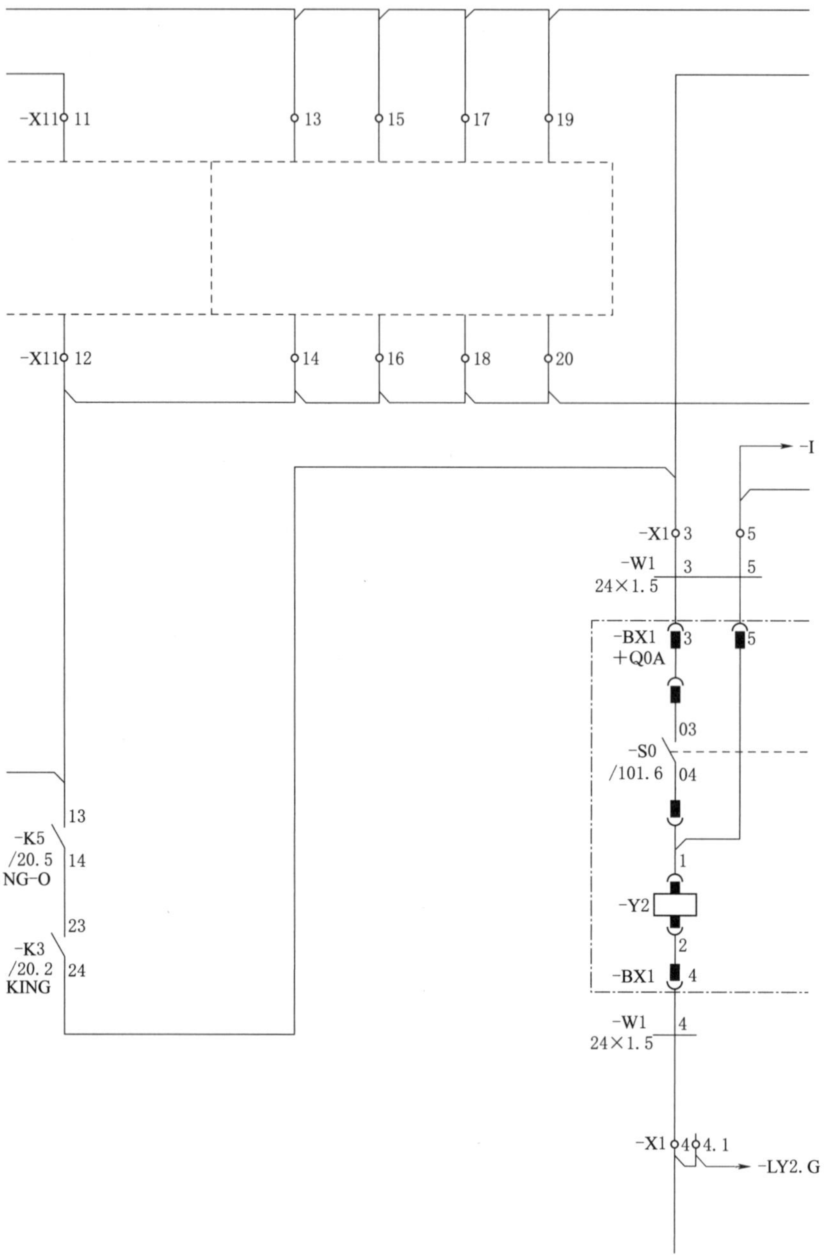

图 17　GCB 跳闸回路

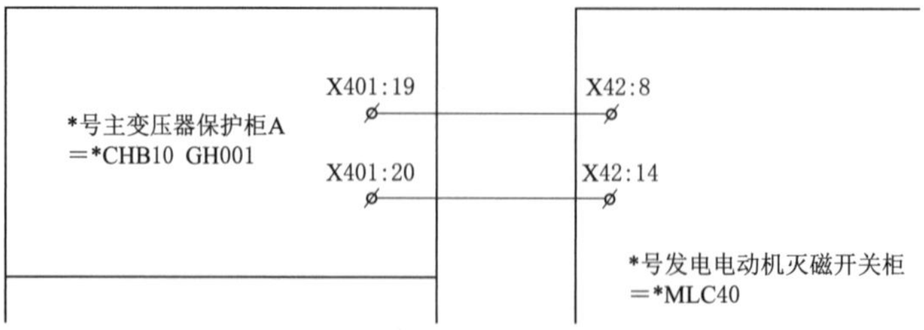

图 18　发电电动机-主变压器保护接口系统图

查 GCB 跳闸回路图，X11：17、X11：18 收到信号后电源回路连通，K5 为液压弹簧闭锁，K3 为 SF6 闭锁，常态为励磁状态，S0 为 GCB 位置节点，当 GCB 合闸时，S0 励磁，回路走通，跳闸线圈 Y2 动作，GCB 分闸（图 20）。

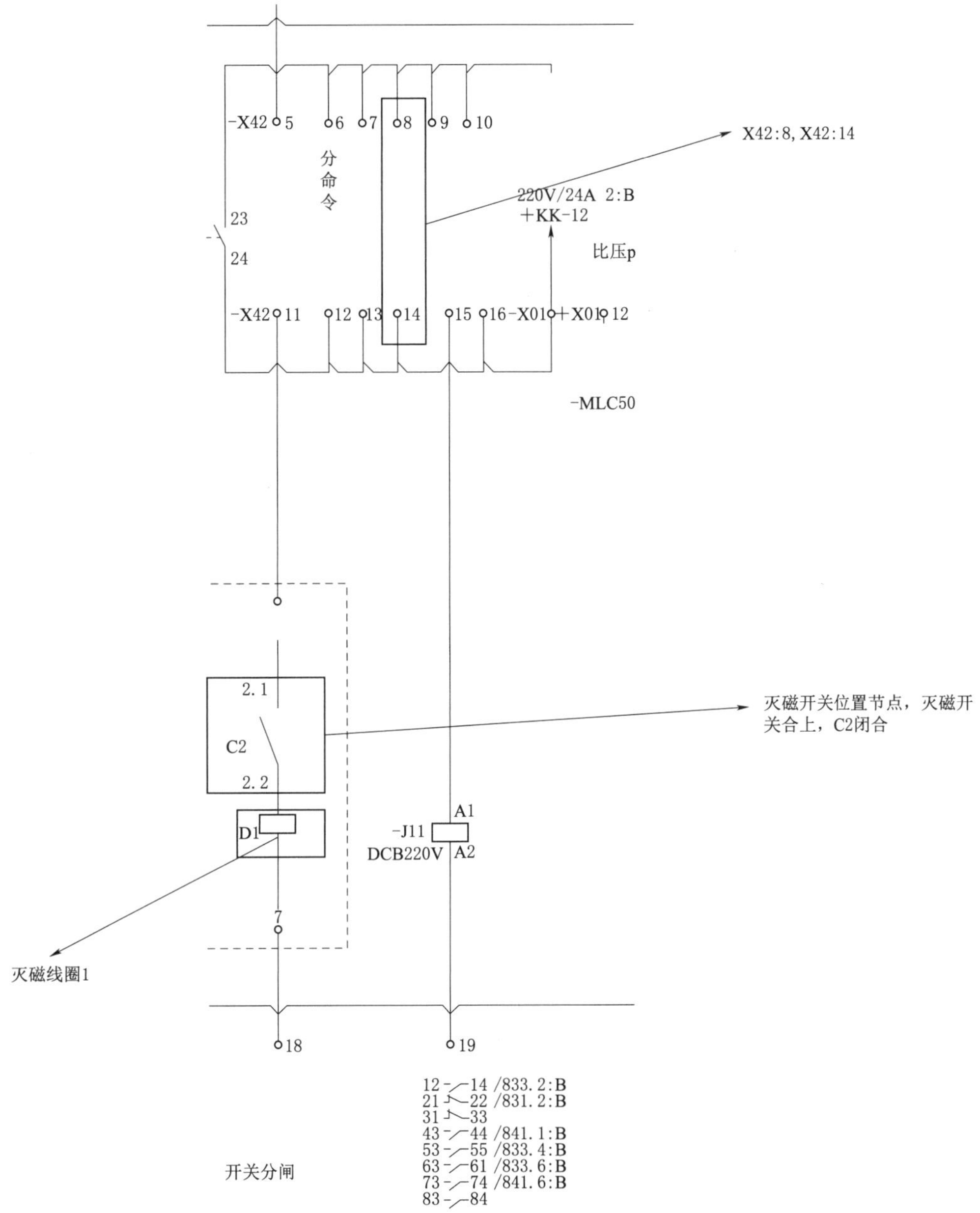

图 19 灭磁开关操作回路图

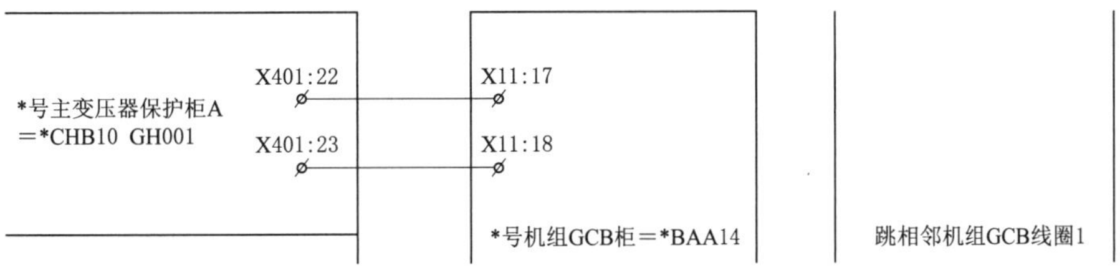

图 20 发电电动机-主变压器保护接口系统图

6. 跳 SFC 输入开关线圈 1

查端子图，信号送至 SFC 断路器柜 XT：33、XT：51（图 21、图 22）。

3 主变非电气量保护

3.1 概要

主变非电气量保护是指通过非电气量来反应故障动作或发信的保护，保护的判据是非电气量，如压

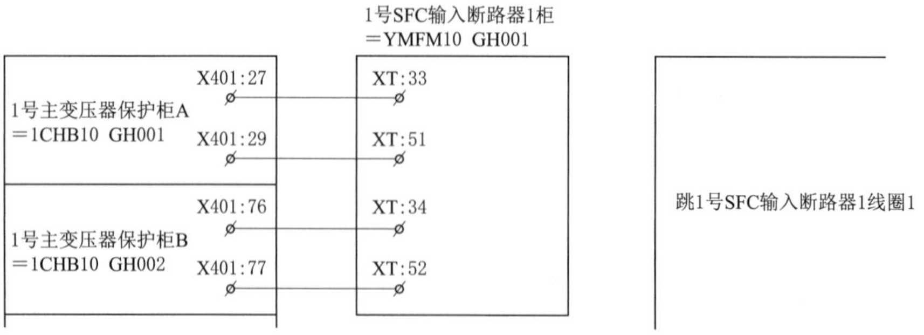

图 21 发电电动机-主变压器保护接口系统图

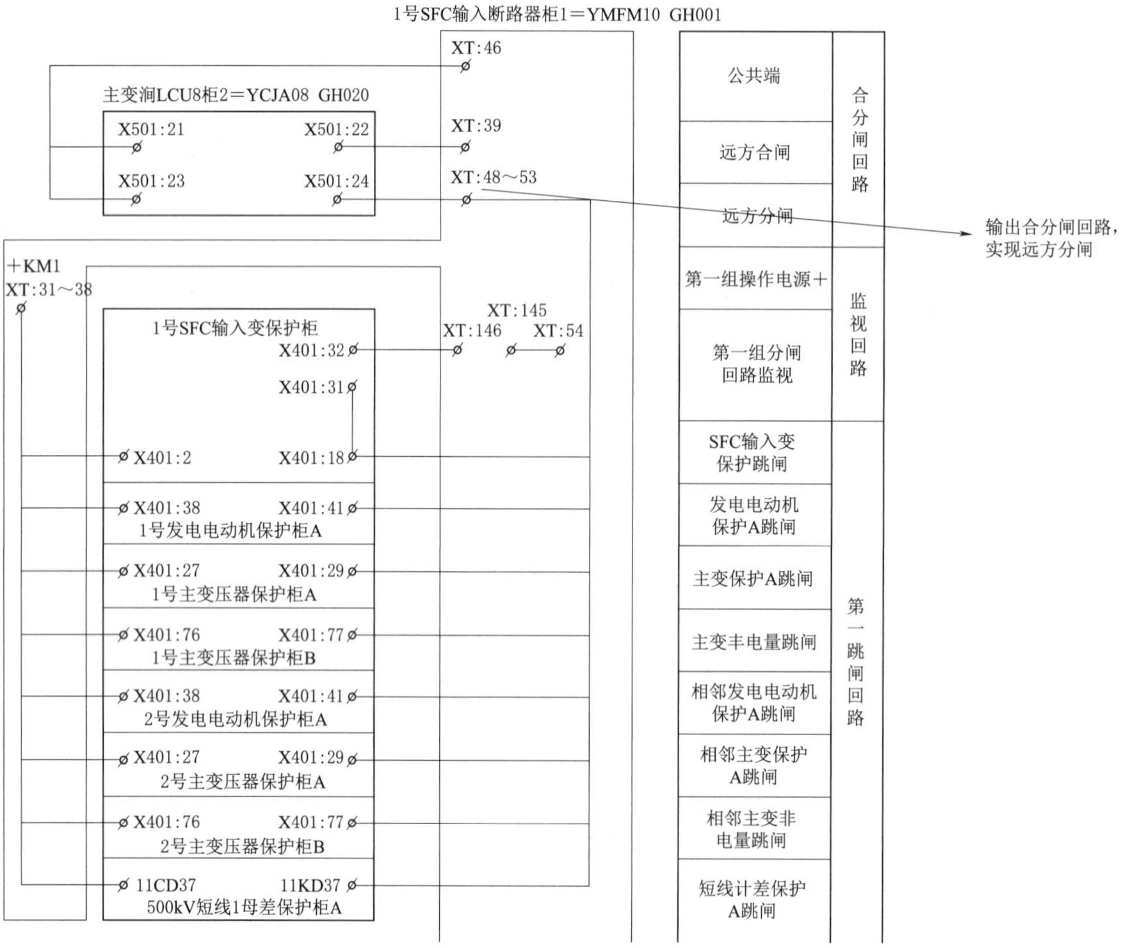

图 22 H68J－7D3－3－17 第一套 SFC 系统接口原理图

力、温度、振动、液位等。主要包括主变瓦斯保护，主变温度高，主变油压速动跳闸，主变压力释放，主变冷却器全停，励磁变温度过高，主变温度升高，油位异常信号，油压速动报警，冷却系统保护信号，励磁变温度升高信号。其中主变重瓦斯保护，主变温度高，主变油压速动跳闸，主变压力释放，主变冷却器全停作用于跳闸。下面以主变压力释放为例介绍非电气量保护出口跳闸。

3.2 信号采集

压力释放装置为当主变内部故障时，产生的高温电弧分解变压器油产生大量气体，造成油箱内压力急剧升高，会导致变压器油箱破裂。压力释放阀及时打开，排除部分变压器油，降低油箱内的压力，待油箱内压力降低后自动闭合，保持油箱的密封。

压力释放装置在主变油箱内部发生故障，压力升高至压力释放阀的开启压力时，迅速开启，使主变油箱内的压力迅速降低，同时输出信号作用于跳闸（图 23、图 24）。

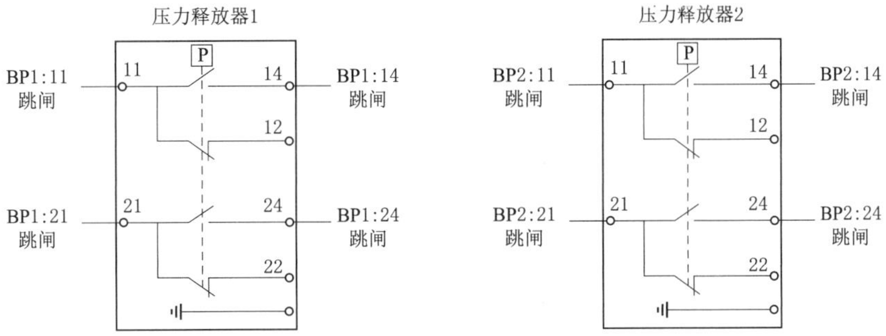

图 23 某电站主变压器二次接线图

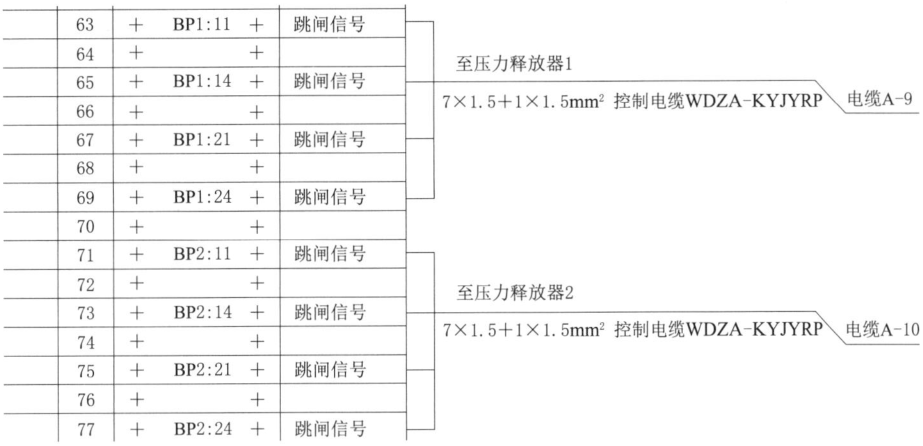

图 24 某电站主变压器二次接线图

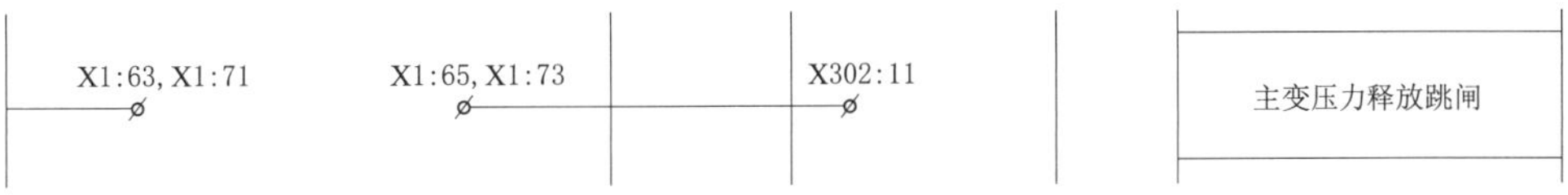

图 25 发电电动机-主变压器保护接口系统图

压力升高时，压力释放器 1、压力释放器 2 收到信号。

查图 25 可知，X1：63、X1：71、X1：65、X1：73 收到信号，送至主变 B 柜。

3.3 输出回路

查跳闸矩阵可发现，非电气量保护和电气量保护相比，不启动开关失灵，原因为非电气量保护没有返回量，电气量保护当开关跳闸后，故障电流消失。为防止未能正常跳开 500kV 开关，启动开关失灵，而非电气量保护跳闸能自保持（图 26）。

1. 跳 500kV 主变高压侧开关线圈 1

非电气量保护跳闸主变高压侧与电气量类似，信号从主变保护 B 柜端子 X401：55、X401：56，送至短线保护 A 柜（地下）21QD6、21QD27（图 27）。

地下短线保护 BI5 动作，通过光纤远传装置送至地面短线保护柜（图 28）。

BI5 动作后，B05 动作，K105 励磁，K11 继电器励磁 K11 继电器励磁后，B02、B03、B04 节点闭合，当跳 500kV 短线压板投入时，跳开 500kV 开关 5001 三相（图 29）。

2. 跳本机组 GCB 开关

送至 GCB 盘柜端子 X11：17、X11：18。查 GCB 跳闸回路图，X11：17、X11：18 收到信号后电源回路连通，K5 为液压弹簧闭锁，K3 为 SF6 闭锁，常态为励磁状态，S0 为 GCB 位置节点，当 GCB 合闸

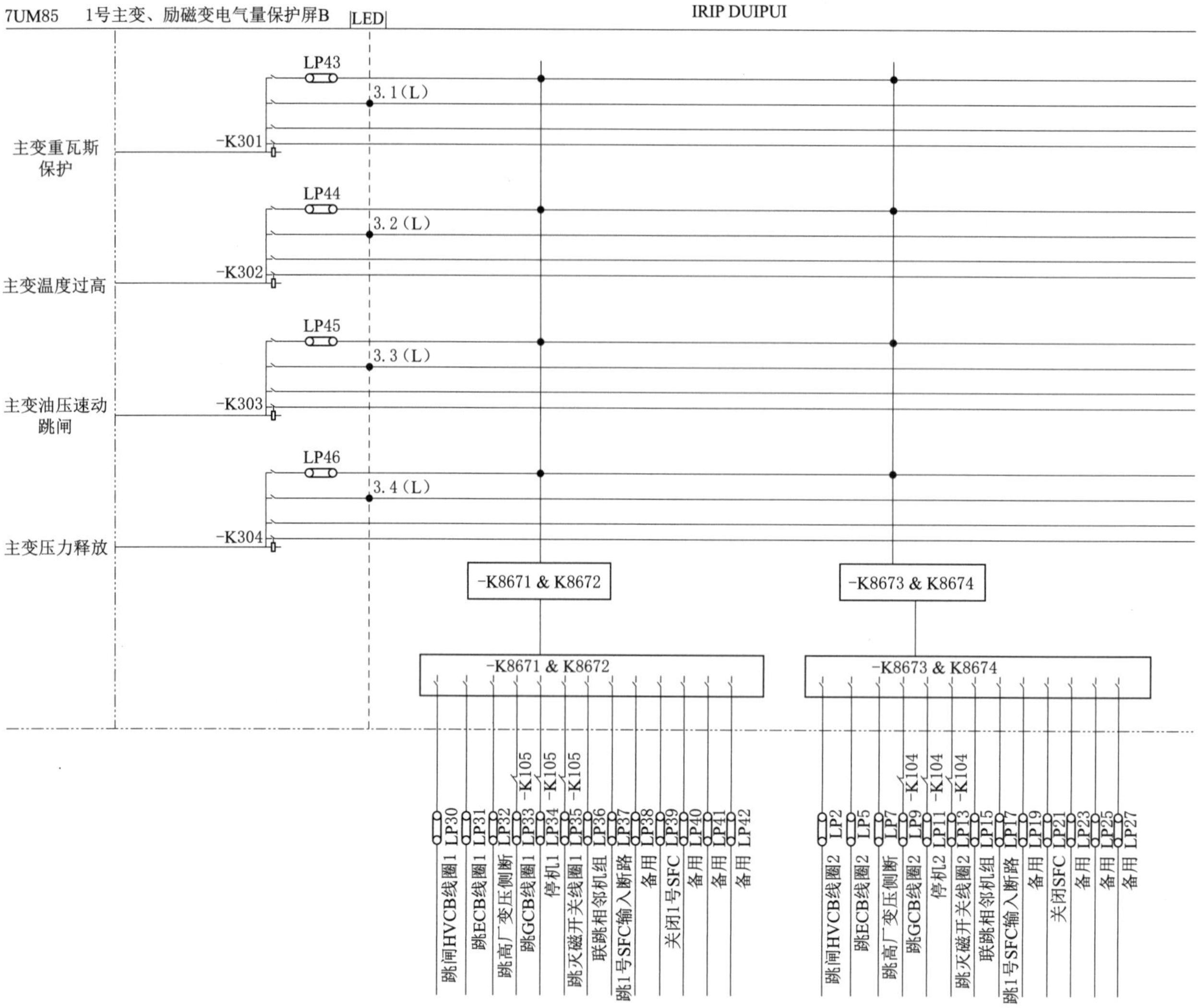

图 26 1 号主变、励磁变电气量保护屏 B 跳闸矩阵

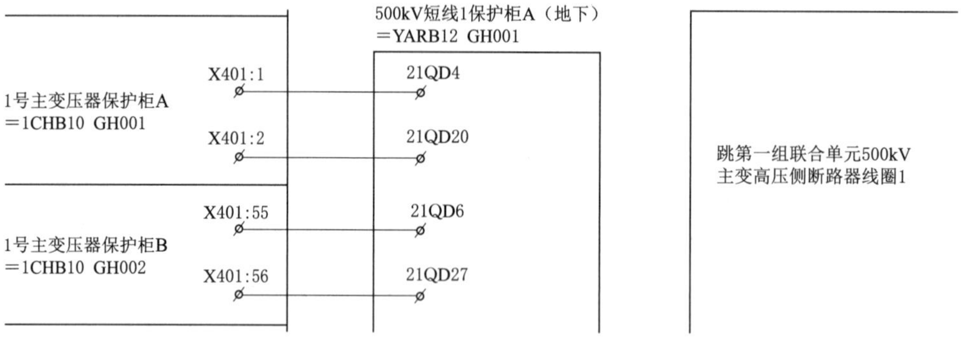

图 27 发电电动机-主变压器保护接口系统图

时，S0 励磁，回路走通，跳闸线圈 Y2 动作，GCB 分闸（图 30）。

4 结语

本文以某抽水蓄能电站为例，主要介绍了该电站主变压器保护在分别出现电气量故障和非电气量故障时，是如何采集信号并进行逻辑判断，最终将信号输出到对应断路器完成跳闸的，对其他抽水蓄能电站主变保护的设计与选型上，具有一定的参考价值。

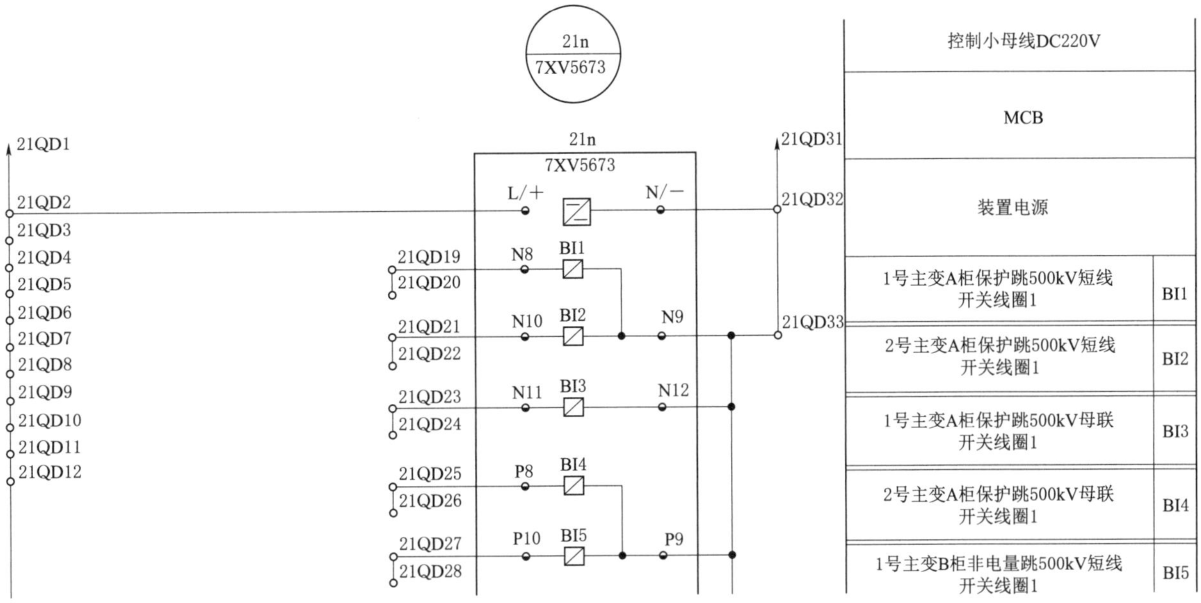

图 28　地下短线保护 A 柜 7XV5673 输入回路接点联系图

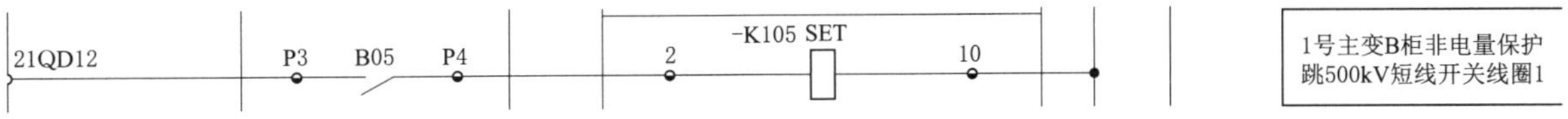

图 29　地面短线保护 A 柜 7XV5673 跳闸重动回路图

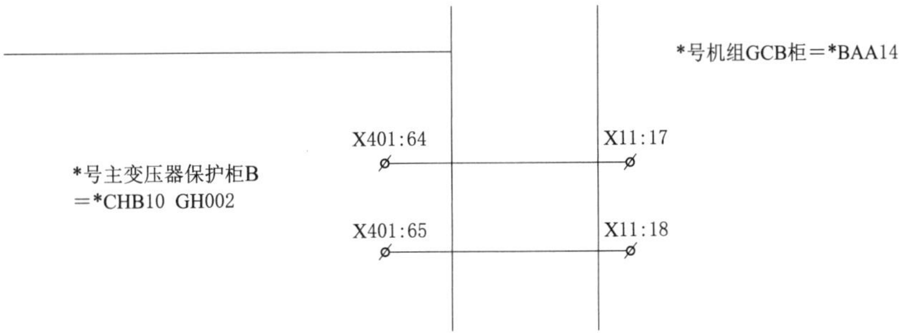

图 30　发电电动机-主变压器保护接口系统图

参考文献

[1]　李浩良，孙华平. 抽水蓄能电站运行与管理 [M]. 杭州：浙江大学出版社，2013.

[2]　蔡鑫贵，史继莉. 广州蓄能水电厂机组及主变压器继电保护的配置与运行 [J]. 2006，34 (24)：65－69.

天池抽水蓄能电站转轮静平衡试验方法

高　鑫　杨恒乐　曹永闯　董政森　张　浩
（河南天池抽水蓄能有限公司，河南省南阳市　474650）

【摘　要】本文介绍了天池抽水蓄能电站转轮出厂前静平衡试验方法，包括试验台、试验步骤、计算方法及1号转轮静平衡数据，为转轮静平衡试验的开展提供经验。

【关键词】转轮　静平衡试验　抽水蓄能电站　出厂验收

1　引言

1.1　设计概况

天池抽水蓄能电站位于河南省南阳市南召县境内，厂房内共安装4台单机容量为300MW的单级立轴单转速混流可逆式水泵水轮电动发电机组，额定转速500r/min，水轮机工况额定水头510m。转轮采用铸焊结构，9个叶片与上冠、下环焊接成整体，转轮上、下止漏环在上冠、下环上直接加工成型，最大外径为3920mm，高1315.5mm，重21.3t，设计静平衡等级为G6.3级。

1.2　静平衡试验的目的及设计要求

转轮静平衡试验目的是确定转轮在铸造或加工过程中的不平衡量，采用装设平衡块或挖减重孔方法使转轮重心和几何中心更趋于一致，避免机组运行中出现主轴摆度大、轴承偏磨或振动过大等现象，以保证机组的安全稳定运行。出厂前静平衡试验则是验证转轮经配重校正后的静平衡参数是否满足设计要求，可采用在转轮上冠外表面钻减重孔并封焊方式调整转轮的静平衡度。

天池抽水蓄能电站机组转轮的静平衡参数设计值见表1。

表1　天池抽水蓄能电站机组转轮的静平衡参数设计值

平衡等级	G6.3 DIN ISO 1940-1	允许不平衡	2561.6kg·mm
转轮质量	21.3t	补偿半径	1210mm
水轮机转速	500r/min	允许不平衡残余质量	2.12kg

2　静平衡试验

2.1　静平衡试验设备

目前，常用的转轮静平衡试验方法有立式单支点平衡法、三支点称重平衡法及卧式平衡法三种，立式单支点平衡法又包括钢球镜板平衡法、球面静压轴承平衡法及应力棒法三种。天池抽水蓄能电站机组转轮的静平衡试验采用球面静压轴承平衡法，试验平台为静压球头式静平衡设备，该试验设备适用于尺寸较小的转轮，主要包括平衡试验台和液压系统两部分。静平衡试验总布置如图1所示，静平衡试验平台如图2所示。

2.2　静平衡试验方法

（1）组装静平衡试验设备并完成初步调试。将转轮、试验台及液压系统组装完成后，启动油泵，液压系统建压完成，确保球面轴瓦和轴承之间没有直接接触，后缓慢去除转轮下的液压千斤顶、机械千斤顶，调节溢流阀使转轮能够在油面上自由摆动，但能通过自身不平衡量在10～15min内静止。

（2）安装百分表。在上冠0°、90°、180°、270°位置各架设一台百分表，编号1/2/3/4，控制转轮使其复位至水平状态并保持静止，此时所有百分表应置零。

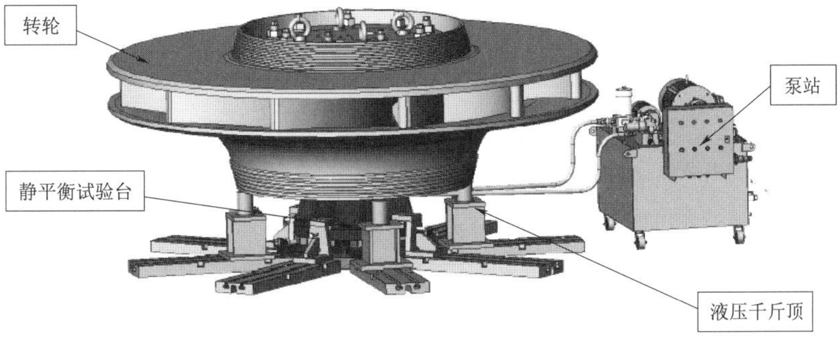

图 1 静平衡试验总布置

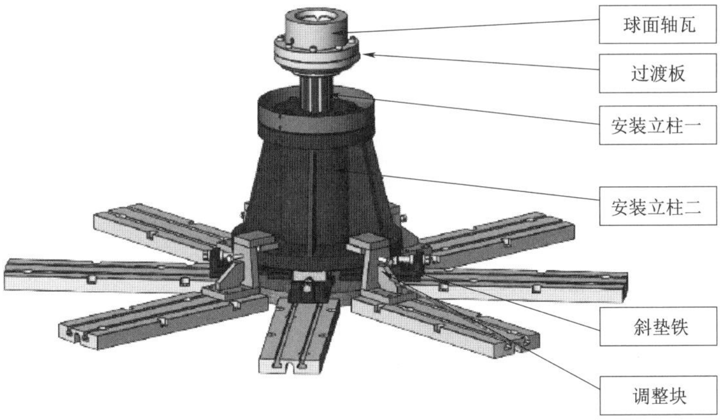

图 2 静平衡试验平台

（3）释放对转轮的控制，在转轮停止摇摆自然静止后，记录各表数值$+x_1$、$+y_1$、$-x_1$、$-y_1$，为 1 号数据组。

（4）在指定半径 r 和位置处加上一重量为 G 的试重块，待转轮重新静止后，记录各表数值$+x_3$、$+y_3$、$-x_3$、$-y_3$，为 3 号数据组。

（5）缓慢将转轮旋转 180°，待转轮静止后，记录各表数值$+x_4$、$+y_4$、$-x_4$、$-y_4$，为 4 号数据组；将试重块 G 取下后，待转轮静止后，记录各表数值$+x_2$、$+y_2$、$-x_2$、$-y_2$，为 2 号数据组。

（6）缓慢将转轮旋转 180°，记录转轮静止时各表数值$+x_6$、$+y_6$、$-x_6$、$-y_6$，为 6 号数据组，再次缓慢旋转转轮 180°，使转轮恢复初始位置，记录转轮静止时各表数值$+x_5$、$+y_5$、$-x_5$、$-y_5$，为 5 号数据组。若在理想状态下，1 号数据应与 5 号数据一致，2 号数据应与 6 号数据一致，在试验条件下数据应无明显差距。

根据试验过程中的数据，静平衡相关参数计算公式如下，其中，其中各组∇x 为$|+x|$、$|-x|$均值，∇y 为$|+y|$、$|-y|$均值。

设备灵敏度 S：

$$S=\frac{\sqrt{(\nabla x_3)^2+(\nabla y_3)^2}}{T}$$

其中

$$T=G\times r$$

转轮剩余不平衡量 U：

$$U=\frac{\sqrt{\left(\frac{\nabla x_2-\nabla x_1}{2}\right)^2+\left(\frac{\nabla y_2-\nabla y_1}{2}\right)^2}}{S}$$

转轮剩余不平衡角度 θ：

$$\theta=\arctan\frac{\nabla y_5-\nabla y_6}{\nabla x_5-\nabla x_6}$$

2.3　1 号转轮静平衡试验

1 号转轮静平衡试验测试灵敏度加重砝码（试重块）为 1kg，具体加重数据见表 2，过程中各百分表数值见表 3。

表 2　　　　1 号转轮静平衡加重数据

测试灵敏度加重重量 G	测试灵敏度加重半径 r	测试灵敏度加重角度
1kg	1210mm	45°

表 3　　　　1 号转轮静平衡百分表读数

	百分表 1	百分表 2	百分表 3	百分表 4
1 号数据组	−0.002	0.000	0.002	0.000
2 号数据组	−0.102	−0.071	0.104	0.059
3 号数据组	0.273	0.236	−0.268	−0.238
4 号数据组	−0.357	−0.302	0.369	0.303
5 号数据组	−0.004	0.000	0.002	0.000
6 号数据组	−0.085	−0.067	0.095	0.067
	0°（$+x$）	90°（$+y$）	180°（$-x$）	270°（$-y$）

将表 3 中的数据代入公式进行计算，可计算出天池抽水蓄能电站 1 号机转轮剩余不平衡量为 0.2kg・m，远远低于设计要求的允许不平衡量 2561.6kg・mm（2.561kg・m），满足要求。

1 号转轮出厂静平衡数据见表 4。

2.4　天池 4 台机组转轮静平衡结果

天池抽水蓄能电站 4 台机转轮均已完成出厂前的静平衡试验，4 台转轮剩余不平衡值见表 5。

表 4　　　　1 号机转轮静平衡数据

设备灵敏度	0.29mm/(kg・m)
转轮剩余不平衡量	0.2kg・m
转轮剩余不平衡角度	−144°

表 5　　　　天池电站 4 台转轮剩余不平衡值

机组转轮	剩余不平衡量
1 号	0.2kg・m
2 号	0.3kg・m
3 号	0.5kg・m
4 号	0.6kg・m

3　结语

抽水蓄能机组转轮的制造质量关系到整个电站的安全稳定运行，因此，转轮出厂验收前的静平衡试验是一个重要试验项目，各电站都应重视该试验。本文从转轮静平衡试验平台、试验步骤、计算方法及 1 号转轮静平衡数据等方面介绍了天池抽水蓄能电站转轮出厂前的静平衡试验，从验收数据可以看出 4 台机组的转轮加工质量好，剩余不平衡量小，为电站机组投运后的稳定运行打下了坚实的基础。

参考文献

［1］　陈列元．大型水轮机转轮立式静平衡工艺比较和分析［J］．大电机技术，2011.
［2］　徐利君，于辉，王康生．洪屏电站抽水蓄能电站转轮静平衡试验介绍［J］．水电与抽水蓄能，2017（9）.
［3］　张华清，蔡东．四种水轮机转轮立式静平衡方法介绍［C］//中国电机工程学会年会论文集，2013.

一种500kV断路器合闸闭锁逻辑分析

刘津铭　于彦东　韦志付　吴致远
（华东天荒坪抽水蓄能有限责任公司，浙江省安吉县　313302）

【摘　要】 500kV断路器作为开关站中的重要设备，对开关站的正常运行有着关键作用，但是断路器也会出现异常和故障，例如闭锁分合闸，这会影响开关站以及整个电厂机组对电网的出力的正常运行。本文主要针对500kV断路器合闸闭锁回路，以及监控针对断路器发令前的闭锁条件展开讨论，并将各种闭锁条件进行总结。

【关键词】 断路器　闭锁　合闸回路

1　背景介绍

高压断路器用来在正常情况下接通或断开电路，在故障情况下能开断故障电流。高压断路器按灭弧介质及作用原理可分为SF_6断路器、油断路器、空气短路器、真空断路器等几种类型。本文主要以浙江长龙山抽水蓄能电站（简称长龙山电站）的长妙5P01线5051断路器为典型进行分析。长龙山电站500kV高压断路器是由西安西电开关电气有限公司提供，其型号为LW13A－550。如图1所示，长妙5051断路器为户内、水平布置的SF_6断路器，由三个独立的单相组成，每相为单柱两断口，整体呈“T”形布置，其操作方式为弹簧储能液压操作。

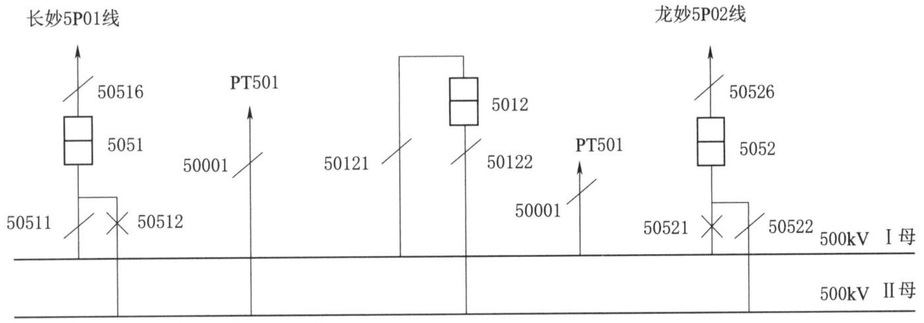

图1　500kV开关站电气一次主接线图

2　5051断路器合闸回路

5051断路器合闸方式可分为同期合闸与非同期合闸，其中同期合闸是指远方监控发令合闸，非同期合闸包括现地合闸与重合闸装置合闸。下面以5051断路器A相为例分析以下每条合闸回路。

2.1　从监控至同期装置

当断路器现地远方转换开关切至“远方”时，沟通监控回路。在监控发令后，需先满足监控内部闭锁条件，即【（长妙线5051断路器Ⅰ母侧50511隔离开关合位、500kVⅠ母压变50001隔离开关合位、Ⅰ母PT绕组1，2，3的空开均在合位）或（长妙线5051断路器Ⅱ母侧50512隔离开关合位、500kVⅡ母压变50002隔离开关合位、Ⅱ母PT绕组1，2，3的空开均在合位）】与（长妙线50516隔离开关合位、长妙5P01线路PT空开合闸、长妙5P01线GIS单元CB就地位置非、长妙5P01线GIS单元CB合闸回路断线非、长妙5P01线GIS单元CB电机电源空开合闸），见图2。

在满足监控闭锁条件之后，继电器K135、K136励磁，对应节点K135（3，4）闭合，选择“500kV妙西变1L开关同期对象1”－5051开关，节点K136（3，4）闭合。当同期装置内部程序判别成功后，经

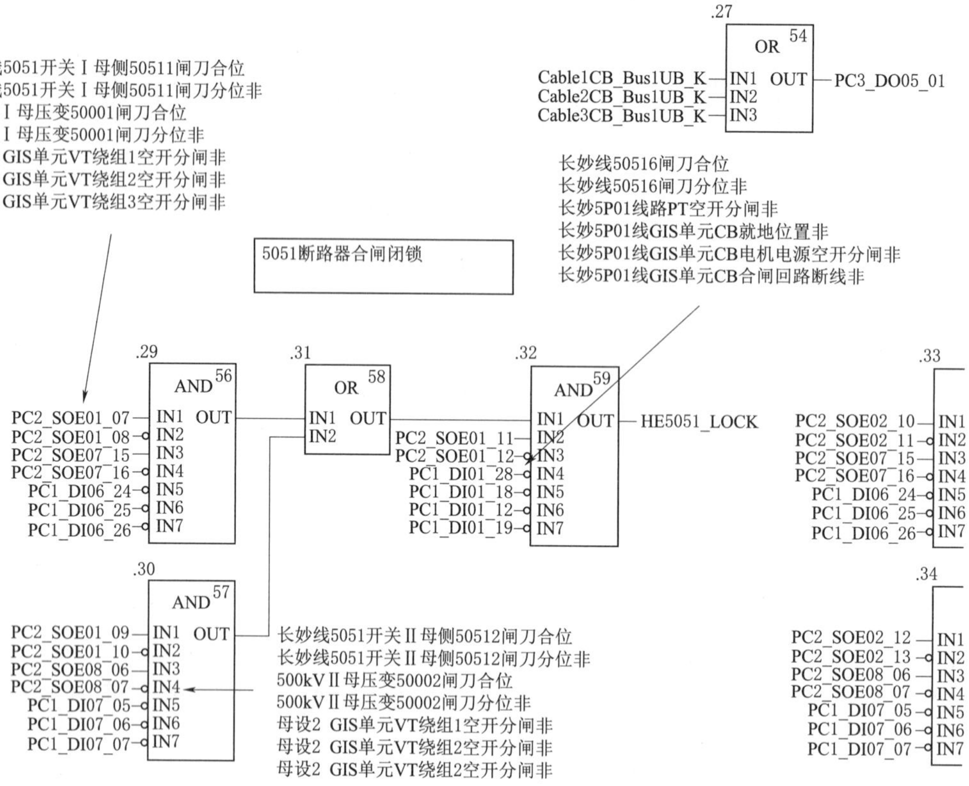

图 2 LCU9 监控闭锁

节点 XT（43，46）合闸输出，再通过同步检查继电器 TJJ1 对电源压差、角差、频差进行判别。若满足条件则通过继电器 K155 经硬布线送至合闸控制回路相应的节点 CB1（1，3，5）进行 5051 断路器 A、B、C 三相合闸。

2.2 合闸控制回路

由图 2 可知，断路器合闸须同时满足开关 A、B、C 三相的油压高于油压降低禁止分和的闭锁值、气室内 SF_6 气体高于低气压闭锁值、断路器远控合闸联锁回路条件。下面将针对这些条件分别讲述。

2.2.1 油压闭锁条件

由图 4、图 5 可知 5051 断路器机构油压开关触点分为 CB 油压降低电机打压、CB 油压降低禁止分合分、CB 油压降低禁止分和、CB 油压降低禁止分。若断路器油压低于对应报警值时，则对应触电闭合，励磁相应继电器，将报警送至监控 9LCU。根据图 2 可知，断路器合闸回路取 A、B、C 三相“油压降低禁止分合”，在三相中有一相小于闭锁值 48.2MPa±2.5MPa，则不满足合闸条件。

2.2.2 SF_6 气压闭锁

合闸回路中 SF_6 气压闭锁取自两路气压传感器，在传感器 GL1、GL2 均满足条件即高于低气压闭锁值 0.4MPa 时，闭锁 1、2 回路不会连通，则节点 K631（31，32）保持常闭位置；当传感器 GL1、GL2 低于低气压闭锁值 0.4MPa 时，则闭锁 1、2 回路连通，继电器 K631、K632 励磁，节点（21，22）、（31，32）断开，合闸回路不能连通，同时节点（13，14）闭合通过硬布线送至监控报“GIS 单元 CB 气室低压闭锁 1、2”。而在断路器气室 SF_6 气体压力降低时，传感器 GA 接收到气体压力降低，回路沟通 SF_6 气体压力降低报警继电器 K301、K302 励磁，对应节点动作，其动作后果分别是在 500kV 长妙 5P01 线路间隔 GIS 控制柜面板上亮报警灯；将“SF_6 气体压力降低报警”送至监控，但不会影响 5051 断路器分合闸，见图 6、图 7。

2.2.3 远控合闸联锁回路

远方合闸联锁回路应先将断路器就地远方转换开关切至“远方”，同时满足条件：（50512 隔离开关在

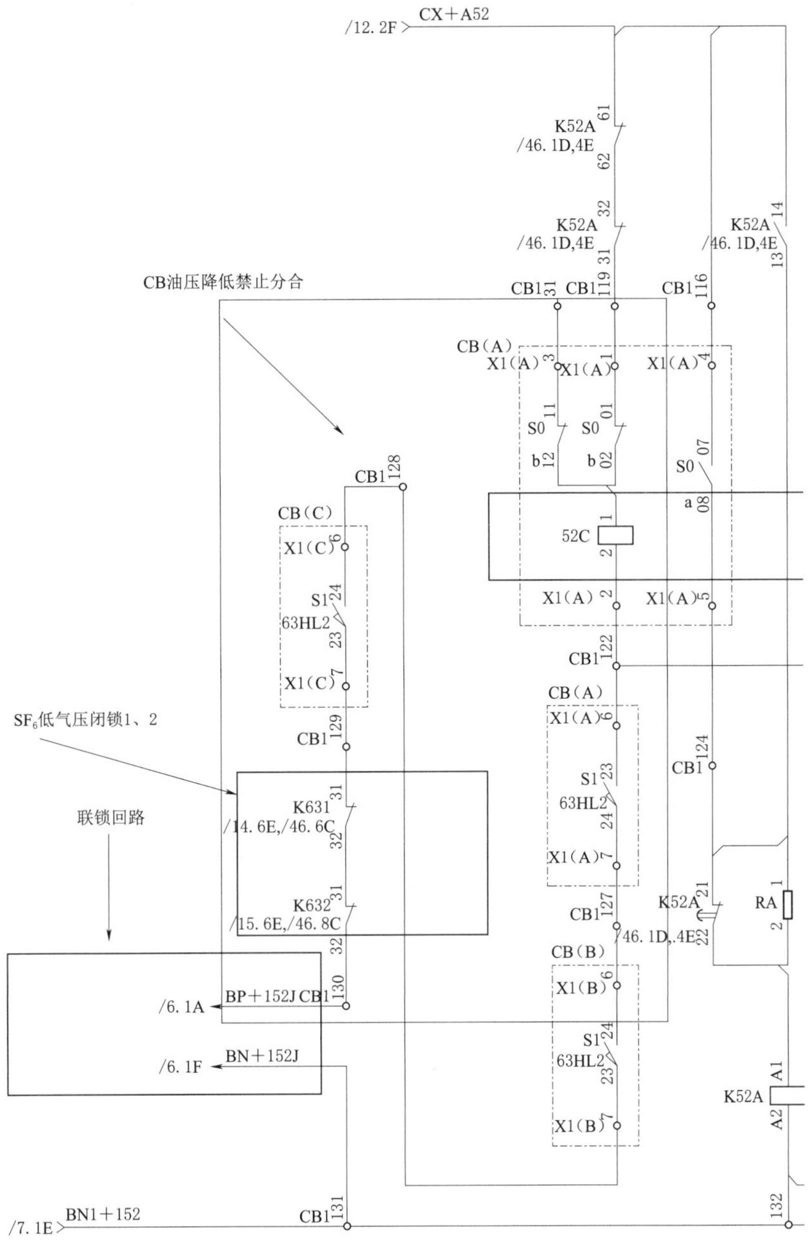

图3　500kV 5051断路器合闸控制回路

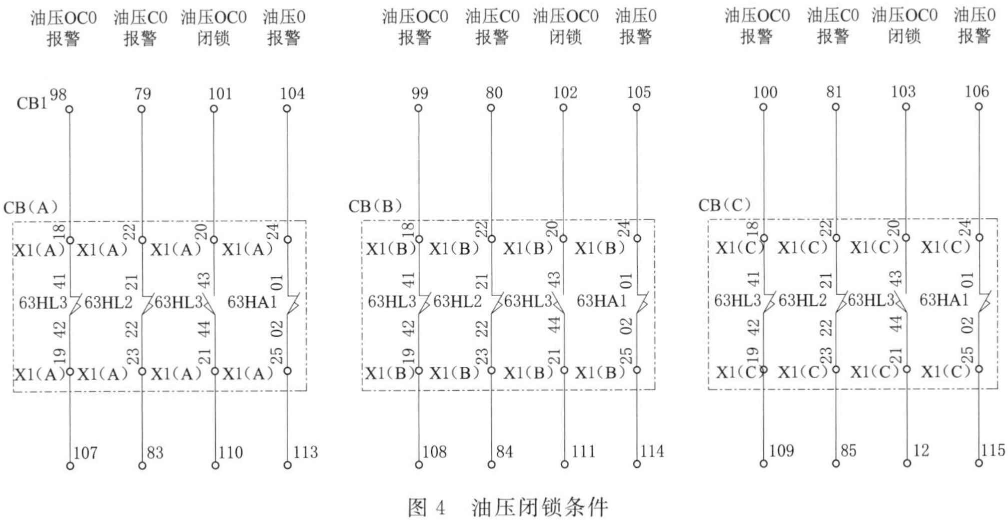

图4　油压闭锁条件

机构油压开关触点图

名称	压力值/MPa		开关接点		代号
			NO	NC	
CB油压降低电机打压	停止	52.8±2.5	—	71/72	33hb
	运转				
CB油压降低禁止OCO	报警	52.8±2.5	—	41/42	63HA3
	闭锁	52.6±2.5	43/44	—	63HL3
CB油压降低禁止CO	报警	48.4±2.5	—	21/22	63HA2
	闭锁	48.2±2.5	23/24	—	63HL2
CB油压降低禁止O	报警	45.5±2.5	—	01/02	63HA1
	闭锁	45.3±2.5	13/14	—	63HL1
			03/04	—	

图 5 油压闭锁条件

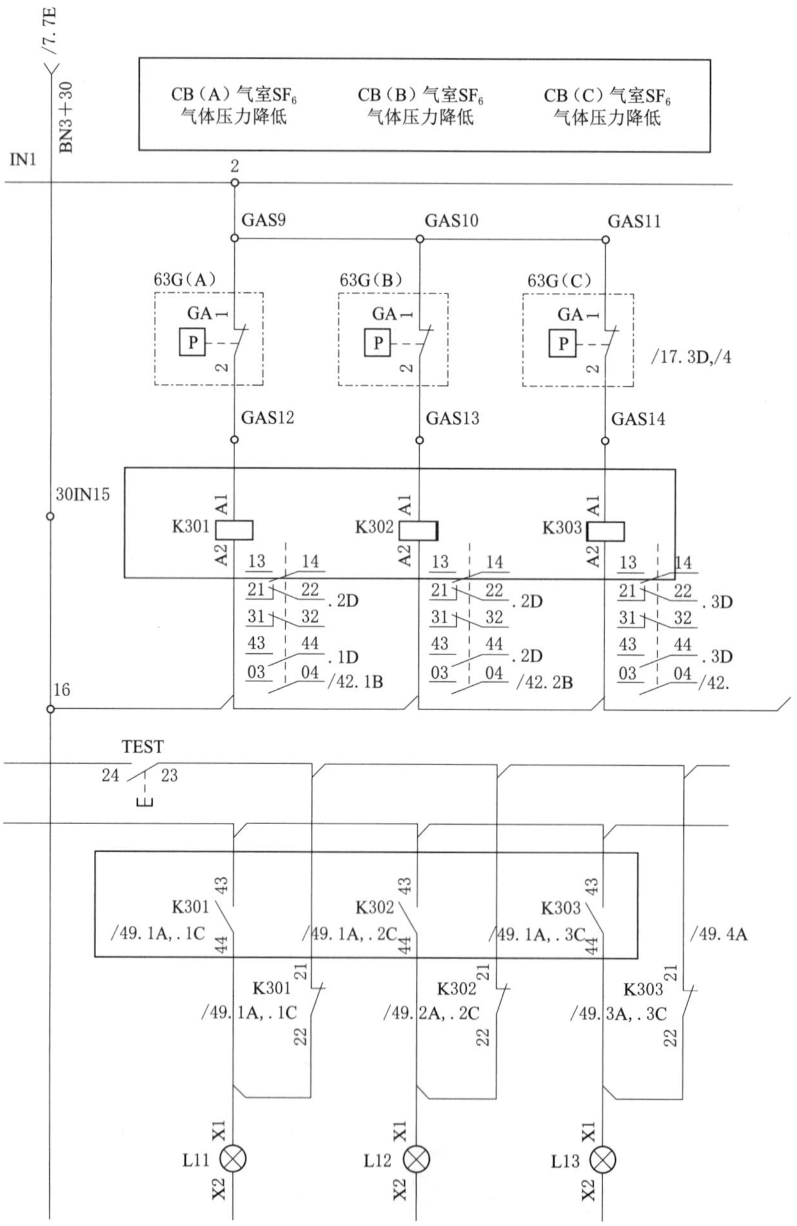

图 6 SF_6 气压闭锁回路

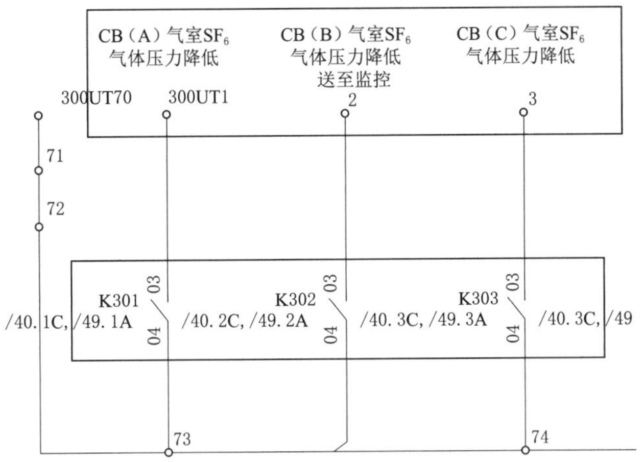

图 7　SF_6 气压送至监控报警

合位，50002 隔离开关在合位，PT502 的空开 MCB 在合闸位置或 50511 隔离开关在合位，50001 隔离开关在合位，PT501 的空开 MCB 在合闸位置）且出线场 PT551 的空开 MCB 在合闸位置，50516 在合闸位置，见图 8。

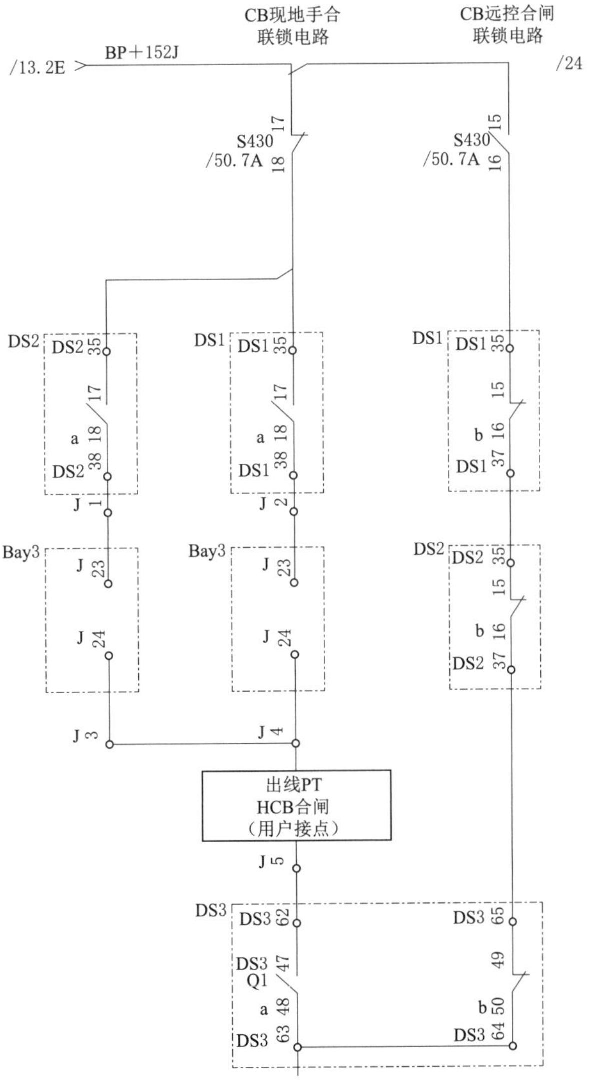

图 8　远控合闸联锁回路

2.2.4　现地合闸联锁回路

当断路器就地远方转换开关切至“现地”，需现地操作断路器手动操作开关，在断路器油压、气室内 SF_6 气压均满足后合闸令送至现地手合联锁回路，当联锁回路满足条件，即断路器就地远方转换开关切至“现地”，50511 隔离开关、50512 隔离开关及 50516 隔离开关均在分闸位置，合闸线圈 52C 励磁，5051 断路器合闸，如图 9 所示。

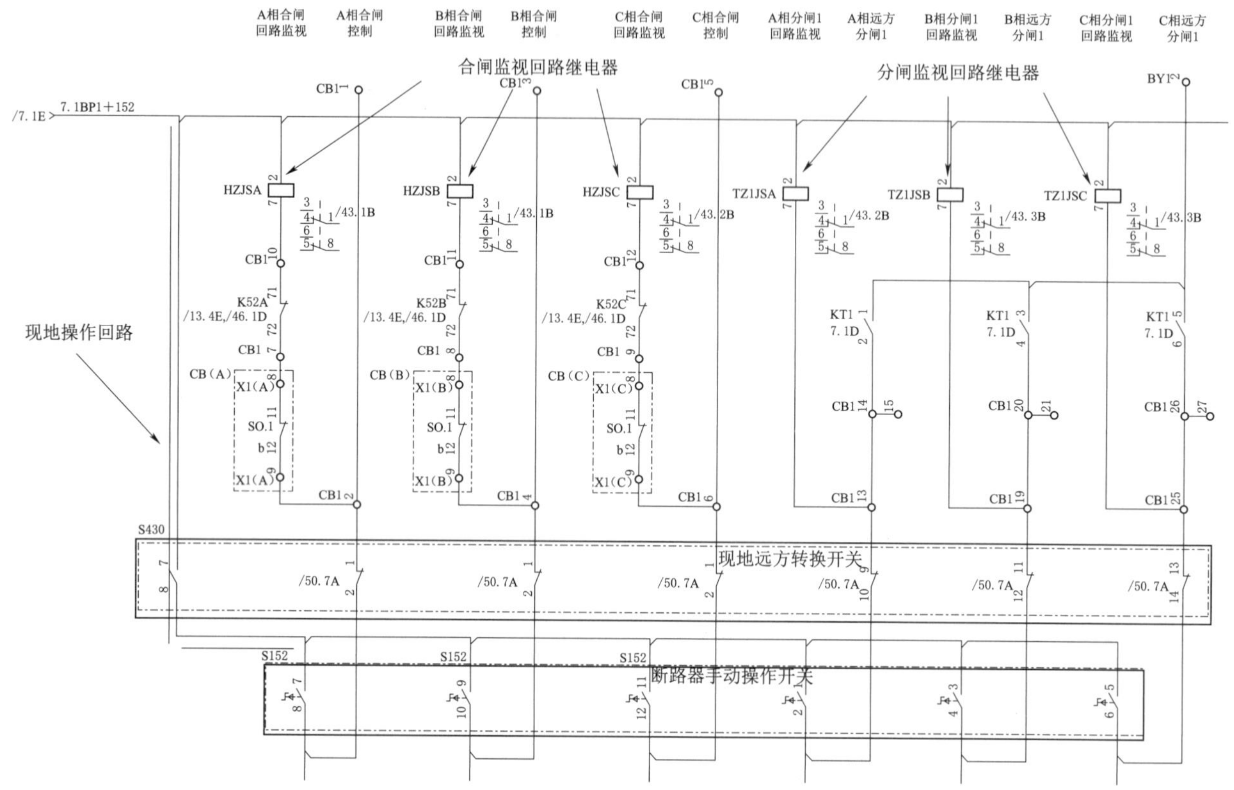

图 9　5051 断路器现地远方切换回路

3　结论

本文以长龙山电站 500kV 开关站 5051 断路器为例，对断路器合闸闭锁回路进行浅要分析，可知 SF_6 气压、油压均会对 5051 断路器的分合闸回路进行闭锁，而在合闸回路中联锁回路及监控中的闭锁条件也作为断路器的合闸条件，为断路器的可靠分合闸提供了有效保障。500kV 断路器作为连接电站与电网之间的桥梁，其内部闭锁条件更是作为重中之重，本文的阐述对今后运行值班人员提供参考。

参考文献

[1]　李浩良，孙华平．抽水蓄能电站运行与管理［M］．杭州：浙江大学出版社，2013.

同步发电机同步并列装置设计与应用

方军民　顾佳欣　楼荣武　李辉亮　周佩锋

（华东天荒坪抽水蓄能有限责任公司，浙江省安吉县　313302）

【摘　要】同步并列装置是发电厂非常重要的电气自动化设备，装置的功能设计与参数设定直接影响发电机等设备的稳定性。在使用过程中，部分专业人员对于发电机同步并列装置同频并列功能和准同步并列条件参数设定等方面存在理解不统一等情况，不利于设备的稳定运行。本文在对多个水电站同步并列装置的设计与应用情况深入调研分析后，总结出了同步并列装置设计与应用方面的诸多建设性方案与措施，供相关专业设计、调试与运维人员参考与借鉴。

【关键词】同步发电机　同步并列装置　设计　应用

1　引言

目前，电力系统同步并列装置（以下简称同步装置）应用仍以进口产品为主，国产自主研发产品也得到了不断的应用与完善，对于同步装置的功能设计思路与理念各不相同，尤其是对于电厂发电机同频并列功能和同步并列条件参数设定方面，部分专业人员在使用过程中，对这些方面的理解存在一定的偏差，甚至出现装置功能投退不合理或参数设定错误等情况，不利于设备的稳定运行。本文通过对同步装置工作原理的深入分析后提出了装置设计与应用方面的诸多建设性方案与措施，供相关专业人员参考。

2　同步方式分类

电力系统同步方式主要有自同步和准同步这两种，本文仅讨论准同步方式。准同步是指并列点两侧电压接近同频率、同相位与等幅值的并列操作。

电力系统准同步按同步对象不同，主要有线路/母线准同步并列和同步发电机准同步并列这两类。按并列方式不同，又分为同频并列和差频并列这两种。

2.1　线路/母线准同步并列

线路/母线准同步并列是指变电站或开关站两条线路、两段母线或线路与母线并列点的同步合环，因并列点两侧电压通常均不可调节，故该环节仅相当于同步并列条件检查与合闸脉冲释放。并列点两侧电压应是接近同频率、同相位且等幅值的，故称为同频并列（或称同步并列）。

2.2　同步发电机准同步并列

同步发电机准同步并列是指发电站机组与电网间的同步并列，发电机侧电压频率是可调节的，故不仅包含同步并列条件检查与合闸脉冲生成，还包含发电机电压与频率的同步调节。

发电机并列点两侧电压频率往往存在一定滑差，属于差频并列方式。此外，并列点两侧电压频率偶尔也存在同步的情况，此时需进行同步扰动调节以实现差频并列，或者为了快速并列而进行同频并列。所以说，发电机准同步既包含差频并列又包含同频并列。其中，差频并列是经导前处理的严格意义上的同相位准同步并列，同频并列是未经导前处理的严格意义上的同步准同相并列。

本文主要探讨同步发电机的自动准同步并列。

3　自动准同步装置基本功能

自动准同步装置通常设计为，既能满足线路/母线准同步并列，又能满足同步发电机准同步并列的需要，既包含同频并列功能又包含差频并列功能。此外，为满足同步点开关单侧无压或双侧均无压合闸操作的需要，同步装置还应包含无压合闸检查功能，主要的功能单元有采样处理、信号开入/开出、电压/频率调节脉冲生成、同步并列条件检查、无压合闸条件检查与合闸脉冲生成等。对于差频并列，合闸脉冲生成单元还应包含导前角控制环节。典型的准同步装置基本功能原理见图 1，下文对图中所示各主要功能单元进行详细说明。

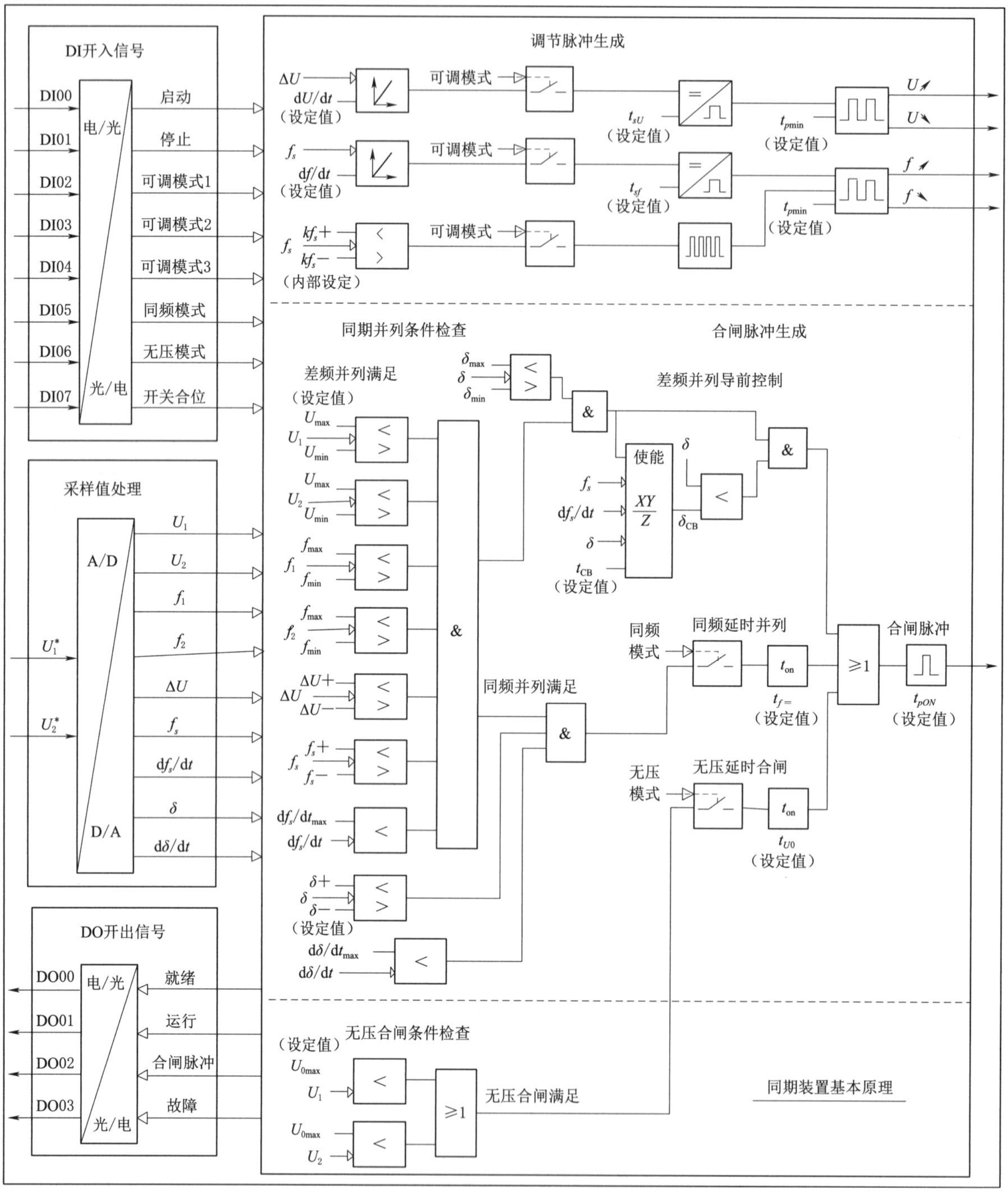

图 1　同步装置基本功能框图

3.1　采样与采样方式选择

从同步调节与并列条件检查本身而言，同步装置电压采样环节仅采集同步点两侧单相电压或单个线电压即可满足要求。但是，考虑到采样电压的重要性，为防止外部接线错误导致开关非同步合闸，将电压采样回路设计为三相电压接线方式，同步装置设计为三相电压原理是更好的设计，这样的设计使得同步装置具有一定的采样电压相序与相位检错功能。

三相电压工作原理同步装置，首先应对三相采样电压的相序和相位进行检查，只有相序和相位完全正确才进行同步调节与并列控制计算，否则立即报错，并闭锁装置同步功能。对于单相或两相等外部接线错误，三相电压工作原理同步装置均可有效判别，仅对于三相电压同相序错相这一特定情况，同步装置是无法检错的，对此通常仅靠人为核相试验验证。

如图1所示，采样值处理环节采集开关两侧电压后生成，参考侧电压 U_1、待并侧电压 U_2、参考侧频率 f_1、待并侧频率 f_2、电压差 ΔU、滑差频率 f_s、滑差变化率 $\mathrm{d}f_s/\mathrm{d}t$、相角差 δ、相角差变化率 $\mathrm{d}\delta/\mathrm{d}t$ 等，供后续的同步调控用。

3.2 开入/开出信号

同步装置的开入信号应有启动、停止、模式选择、开关合位反馈等，通常均为脉冲信号。其中启动与停止命令用于装置正常启停；开关合位反馈信号用于开关固有合闸时间检测；模式选择则应有可调模式、同频模式、无压模式等，差频模式作为装置固有常设模式无须开放外部选择信号。

对应于抽水蓄能电站等同步发电机具有多种启动方式的情况，同步装置应开放多个可调模式选择的开入信号，以实现不同启动模式下不同参数组的选择。

同步装置的开出信号应有就绪、运行、故障、合闸脉冲等，通常均为脉冲信号。其中就绪、运行与故障信号，作为同步装置工作状态信号输出给外部控制系统用；合闸脉冲信号供给外部录波器录波用。

3.3 同步并列条件检查

同步并列条件检查环节包含差频并列条件检查和同频并列条件检查，两者共有的基本条件是待并两侧电压（U_1、U_2）、频率（f_1、f_2）、电压差 ΔU、滑差频率 f_s（即频率差）均在相应的高低限范围内，且滑差变化率 $\mathrm{d}f_s/\mathrm{d}t$ 在一定范围内。

差频并列在满足上述条件后，进行合闸脉冲导前控制，合闸相角差目标为零。

同频并列在满足上述条件后，检测相角差 δ 在高低限设定至（δ_-，δ_+）范围内，以及相角差变化率 $\mathrm{d}\delta/\mathrm{d}t$ 小于设定值 $\mathrm{d}\delta/\mathrm{d}t_{\max}$，才判为同步条件满足，故其合闸相角差目标并非为零。

3.4 无压合闸条件检查

当同步点开关在线路/母线充电等情况下合闸时，仅检测开关单侧无压或双侧均无压条件满足设定值 $U_{0\max}$，该设定值应考虑开关热备用状态下无压侧PT安装处感应电压的影响，取值范围通常在10%～30%额定电压。

3.5 合闸脉冲生成

合闸脉冲生成环节主要包含差频并列合闸脉冲的导前控制、同频并列与无压合闸模式选择及延时设定，以及合闸脉冲脉宽时间的设定。

差频并列条件满足后，且相角差 δ 在允许范围（$\delta_{\min}$～$\delta_{\max}$）内，开放合闸脉冲导前控制。合闸脉冲导前控制将同步导前时间 t_{CB}（即开关固有合闸时间）按照当前时刻的滑差频率 f_s 与滑差变化率 $\mathrm{d}f_s/\mathrm{d}t$ 实时计算为导前相位角，并实时捕捉相角差 δ 变化到达导前角度时，发出合闸脉冲，使断路器合闸瞬间两侧电压同相位。当差频并列条件中滑差变化率 $\mathrm{d}f_s/\mathrm{d}t_{\max}$ 设定值较小时，导前角计算公式为

$$\delta_{CB}=\frac{360^\circ}{T_s}\times t_{CB}=360^\circ\times f_s\times t_{CB} \tag{1}$$

式中：T_s 为滑差周期时间。

图中，$t_{f=}$ 为同频并列判断延时设定值，t_{U0} 为无压合闸判断延时设定值，t_{pON} 为合闸脉冲脉宽时间设定值。

3.6 调节脉冲生成

调节脉冲生成应用于待并侧电压与频率可调的情况，可调模式选择后开放。图中，$\mathrm{d}U/\mathrm{d}t$ 和 $\mathrm{d}f/\mathrm{d}t$ 分别为电压和频率调节速率设定值，t_{sU} 和 t_{sf} 分别为电压和频率调节脉冲间隔时间设定值。

调节脉冲生成环节应设置调节脉冲最小脉宽限制功能，设定值为 $t_{p\min}$，以补偿调节脉冲在同步装置开出至被调节系统信号开入间的传输回路固有动作时间，保证每一次微调脉冲均有效送达。

$K\cdot f_{s+}$ 与 $k\cdot f_{s-}$ 为同频扰动调节范围设定值，其中 k 为并列条件中滑差频率 f_s 高低限设定值

f_{s+} 与 f_{s-} 的倍数，通常作为装置内部参数。

3.7 其他功能

为方便用户使用，同步装置还应具备时钟同步、用户参数设定与修改、合闸时刻参数记录、自动录波、事件记录、装置自检、采样值与内部计算值实时查看、采样故障检测等使用功能。

4 发电机与系统同频的应对措施

同步发电机同步调控过程中，如待并两侧电压的滑差极小，小到接近于零时即相当于同频。同频时，即使频差和压差条件均满足，却极有可能处于同频不同相的状况，此时将因相角差条件不满足或导前角迟迟等不到而导致发电机长时间无法并列。因为即使滑差不为零，而是接近于零时，相角差变化一周（即 360°）所需的时间也将很长。为此，对于同步发电机同步，为了在同频不同相时实现发电机快速并列，同步装置还应具备同频检测、同频扰动调节以及同频快速并列功能。

4.1 同频检测与同频扰动调节功能

角差变化一周的时间为脉动周期时间 T_s，$T_s=1/f_s$，其中 f_s 为脉动电压频率，即滑差频率，脉动周期与滑差频率由频率差值大小决定，频差越小则滑差频率越低而脉动周期时间越长。如忽略极小的合闸相角差范围（约±5°以内）不计，同频出现的相角差范围为 0°～360°。

假设滑差频率 f_s 为 0.01Hz，则相角差变化一周所需时间为

$$T_s=\frac{1}{f_s}=\frac{1}{0.01}=100(\mathrm{s}) \tag{2}$$

同步装置设置同频检测功能后，一旦检测到相角差变化率 $\mathrm{d}\delta/\mathrm{d}t$ 小于某一定值（如 3.6°/s），或滑差频率绝对值 f_s 小于某一定值（如 0.01Hz），即判定为同频状态。此时，同步装置同频扰动调节功能应立即发出一定数量和一定脉宽的调频脉冲，破坏同频，以加速相角差变化，使得合闸相角差条件快速满足，快速完成差频并列。

4.2 同频快速并列功能

同步装置差频并列除了应满足电压差、频率差与相角差等同步条件外，还需满足合闸脉冲导前条件。同时满足同步三条件和导前角条件时，同步装置才发出合闸脉冲。

同步过程中，如出现上述同频现象，即使同步三条件均已满足，为了等到相位角变化到导前角仍需较长时间。

假设滑差频率 f_s 为 0.01Hz，相角差设定值 δ_- 为 5°，导前时间 t_{CB} 为 100ms，则按照公式（1）计算得导前角 δ_{CB} 为 0.36°。等待导前角条件满足的时间为

$$t=\frac{T_s}{360°}\times(\delta_- -\delta_{CB})=\frac{1000}{360}\times(5-0.36)\approx 13(\mathrm{s}) \tag{3}$$

为此，同步装置应设置同频快速并列功能，在同步条件满足后同时判断为同频状态时，即经短延时（如 3s）发出或不经延时立即发出合闸脉冲，而无需等到导前角条件满足，以快速完成同频时的同步准同相并列，缩短并列时间。

5 滑差变化过大限制功能

对于同步发电机同步并列，为了防止发电机在频率波动较大时同步并列对系统造成较大的暂态冲击，同步装置应设置滑差变化过大限制功能，作为差频并列与同频并列的条件，只有滑差变化率小于设定值 $\mathrm{d}f_s/\mathrm{d}t_{\max}$（如 0.1Hz/s），才允许合闸脉冲的生成。否则，一旦检测滑差变化率超过限制值后，即闭锁合闸脉冲的输出。

6 发电机同步装置参数匹配

对于发电机并列同步装置的参数设定，除了应考虑电压幅值范围/频率范围允许值、电压幅值差/频

率差/相角差并列允许值、电压幅值调节参数、频率调节参数、开关固有合闸时间与合闸脉冲宽度等参数本身的合理设定外，还应复核相互关联的参数之间匹配与否。主要应注意以下几点：

6.1 相角差允许范围的整定

上文已提及，对于发电机差频并列，并列条件中相角差高低限范围（$\delta_{min}\sim\delta_{max}$）仅作为导前角控制的开放条件，设定值可以放得大一些。且应大于与并列条件中频率差允许范围（$f_{s-}\sim f_{s+}$）对应的最大导前角。而导前角是由导前时间计算而来的，所以说，差频并列方式相角差允许范围的整定应与频率差允许范围和开关固有合闸时间的设定相匹配。

如频率差允许值（f_{s-}、f_{s+}）设定为0.2Hz，导前时间t_{CB}为100ms，则按照公式（1）计算最大导前角为7.2°，此时允许导前相角差高低限（δ_{min}、δ_{max}）应设定为7°以上，否则将存在因导前操作窗口未开放而无法完成并列的情况。

而对于同频并列方式而言，是不进行导前控制的，不存在上述导前操作窗口的问题，作为并列主要条件的相角差允许范围（δ_-，δ_+）应设定得尽可能小，以减小相位不一致合闸产生的冲击电流。

实际上，对于频率可调节的发电机并列而言，主要是靠差频并列方式实现同步并列的，同频并列条件同时满足的概率较小。而且，一旦出现同频现象，同步装置应立即执行同频干扰调节，使得同频状态被快速破坏，即可通过差频并列方式实现同步并列。即便如此，对于发电机同步而言，同频模式也还是可以选择开放的，这样做只有好处而没有坏处。如果同频模式不开放，则并列条件检查中的相角差允许值（δ_+、δ_-）就无效了。

由此可知，对于发电机准同步而言，差频并列方式与同频并列方式对于相角差允许范围的整定要求是完全不一样的，这一点非常值得注意。

如果把两者混为一谈，将两者合并为同一个设定值对待，就会造成差频并列导前控制相角差允许值大与同频并列相角差允许值小这一对矛盾难以同时满足的问题。

6.2 电压幅值调节与频率调节参数匹配

电压幅值调节与频率调节增量通常转化为脉冲信号，其参数整定应考虑与励磁系统和调速系统等被调节对象的调节性能相匹配，合理设定调节增量（脉冲宽度）和调节间隔时间，以达到调节响应速度快而且调节稳定的效果。

以某电站为例，机组同步装置调压增量变化率为2s/V（即1s/0.5V），励磁调压增量变化率（0.0005/50ms）为1%/s（即1V/s）。即相当于励磁调节增量为机组同步装置调节增量的2倍。机组同步装置调速增量变化率为（0.4～1.2）s/0.1Hz，SFC调速（增频/减频）增量变化率为1r/s（即0.1Hz/s）。即相当于SFC调节增量为机组同步装置调节增量的0.4～1.2倍。

此外，对于调节脉冲，还应设置最小调节脉冲持续时间，并与该脉冲的传输路径消耗时间相匹配，以保证微调脉冲能可靠传送至被调节对象。

6.3 合闸脉冲宽度设定

合闸脉冲宽度设定应考虑与开关固有合闸时间的匹配，该参数时间不能太短又不宜过长，通常为开关固有合闸时间的2～3倍。一方面，该时间应足够长，以使合闸脉冲在开关合闸线圈回路正常断开后返回，这样可以保护同步装置合闸脉冲输出接点，使其尽量不拉弧；另一方面，该时间不宜过长，以防止因开关合闸操作失败时合闸脉冲长时间保持而烧坏合闸线圈。

7 其他设计原则

（1）同步装置应在启动后一次完成同步并列，如同步装置工作不稳定或控制回路元器件不可靠，应更换装置或元器件，而不应采取一次开机过程中多次重启同步装置的措施。

（2）同步装置发出合闸命令后，同步装置停止工作前应确保电压采样回路不被提前断开，以防止在机组并列成功后仍出现同步装置故障报警。

（3）同步装置合闸命令至断路器合闸线圈回路应只经过一个合闸中间继电器，以缩短合闸命令传输时间。且合闸继电器应采用重载继电器（即具备一定的拉弧能力）。

（4）同步装置电压采样回路换相、选择等中间继电器应采用大功率继电器，线圈动作功率不小于5W，并保持接点电阻不大于1Ω，以减小压降。

（5）为了防止同步装置误发合闸命令造成非同步并列，应装设独立工作的同步检查继电器。同步检查继电器的PT电压采样回路应独立于同步装置。应保证同步检查继电器设定的同步条件参数比同步装置相应参数大两倍精确级以上，以防止同步装置发出的合闸脉冲信号被同步检查继电器误闭锁。

8 结语

发电机同步装置导前时间、并列相角差允许范围、电压幅值调节与频率调节参数、以及合闸脉冲宽度等主要参数的整定与匹配很重要，直接关系设备运行的稳定性；对于发电机差频并列与同频并列这两种并列方式要区别对待，更不能将两者混为一谈，否则将造成同步并列困难甚至并列失败的问题。滑差变化过大限制、同频检测与同频扰动调节、以及同频快速并列等功能对于同步装置快速而安全的发出并列合闸脉冲也是非常有利的，值得深入研究并开发应用。此外，对于同步装置与同步检查继电器等装置外部控制回路也提出了一些功能与性能方面的要求。这些设计方案与应用措施对于提高同步装置的稳定性与可靠性都是非常有利的。

参考文献

[1] 方军民，张亚武．抽水蓄能电站工程建设文集2020：同步发电机同期装置整定计算探讨［M］．北京：中国水利水电出版社，2020.

水泵水轮机导叶接力器压紧行程测量与调整方法探讨

祁立成　杨众杰　郁小彬
（华东天荒坪抽水蓄能有限责任公司，浙江省湖州市　313302）

【摘　要】本文介绍了A、B两座抽水蓄能电站导叶接力器及导水机构的结构及压紧行程的调整方式，其中处于新机组安装期的A电站压紧行程调整采用改变接力器调整垫片厚度的方式，处于投运期的B电站则根据压紧行程倒推接力器活塞杆的伸长量和控制环的位置，再安装连杆、拐臂。通过对两种导水机构的结构及压紧行程调整方式的对比分析，本文为A电站投运后压紧行程调整提出了一种优化方案。

【关键词】水泵水轮机　导叶接力器　压紧行程　导水机构

1　引言

当机组导叶全关时，导叶一侧受上库水压，另一侧受下库水压，在巨大的压差作用下，导叶、连杆、拐臂等导水机构产生的形变及彼此间的配合间隙会使导叶立面间隙增大，从而增加导叶漏水量（图1）。此外，导叶立面间隙增大还会影响水泵水轮机调相时水环[1]的形成，增加机组的补气量。为此，接力器将导叶全关后需要继续向关闭方向运动一段距离，使得导叶产生一定的过紧量，这段距离就是接力器的压紧行程。在新机组安装时，由于基坑里衬、导水机构的加工、安装误差，压紧行程调整范围较大，需通过改变导叶接力器上调整垫片厚度才能使压紧行程符合要求，但在机组检修期则可通过优化调整的工艺，缩短检修工期。

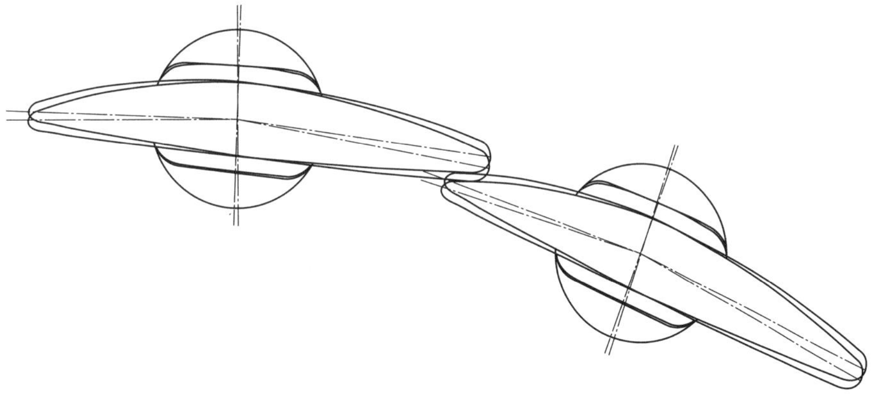

图1　导叶全关及压紧位置示意图

2　导叶接力器及导水机构介绍

2.1　A电站导叶接力器及导水机构介绍

A抽水蓄能电站导叶接力器结构如图2所示，接力器的活塞杆上依次装有调整螺母、十字销和调整垫片，其中调整螺母用来固定十字销与调整垫片。

十字销通过推拉板与控制环连接，接力器活塞杆的前后移动会使控制环发生转动。导叶又通过拐臂、双连板与控制环相连，控制环的转动会带动导叶转动，以此实现导叶开度控制，如图3所示。因此在不考虑油压和设备强度的情况下，要保证接力器的安装位置、行程及推拉板的长度不变，则只要改变十字销的前后位置，即增减调整垫片的厚度就可以改变控制环转动的最大角度，进而调整导叶的压紧程度。

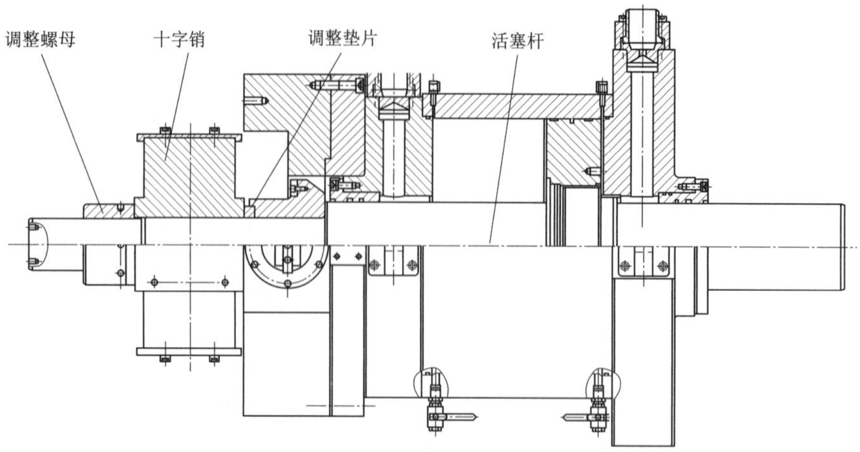

图 2　A 电站导叶接力器结构图

目前国内大部分抽水蓄能电站所采用的导水机构形式和 A 电站类似，它的拐臂由把合螺栓、摩擦衬、连接板、导叶臂、剪断销组成，与导叶轴通过导叶销传递力矩，如图 4 所示。正常情况下，剪断销与摩擦衬共同承担操作力矩；当导叶被异物卡住时，剪断销被剪断，在操作力矩作用下，摩擦衬与导叶臂之间由静摩擦转变为动摩擦，此时该导叶连接板与导叶臂发生相对位移，在不影响其他导叶正常关闭的同时又防止了被“剪断”的导叶自由摆动[2]。

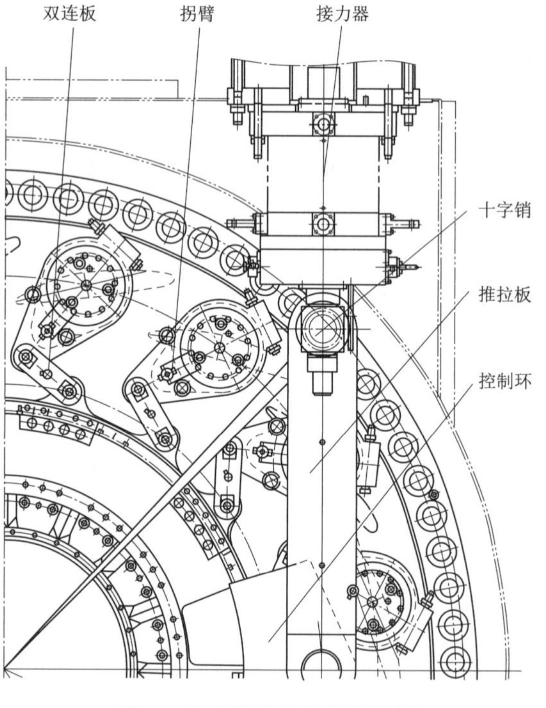

图 3　A 电站导水机构俯视图

2.2　B 电站导叶接力器及导水机构介绍

B 抽水蓄能电站导叶接力器结构如图 5 所示，该电站采用摇摆式接力器，左端与固定在基坑里衬上的接力器支座相连，右端与控制环相连，调整垫片位于连接头和活塞杆之间。

该电站导水机构比较特殊，它的拐臂由连接板和压环组成。导叶与拐臂不采用导叶销专递力矩，而是在导叶端面与压环接触面之间安装摩擦片，连接板与压环焊接，拉紧螺栓将拐臂、摩擦片、导叶轴连接在一起，操作力矩靠摩擦片的静摩擦力传递，如图 6 所示。

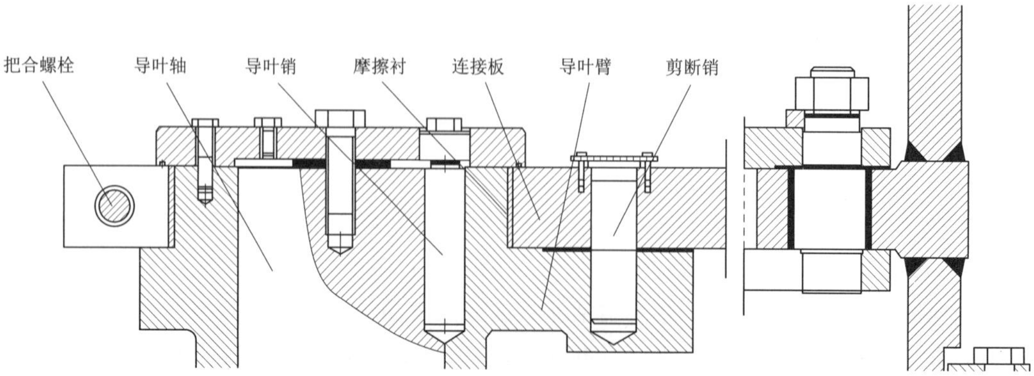

图 4　A 电站导水机构装配图

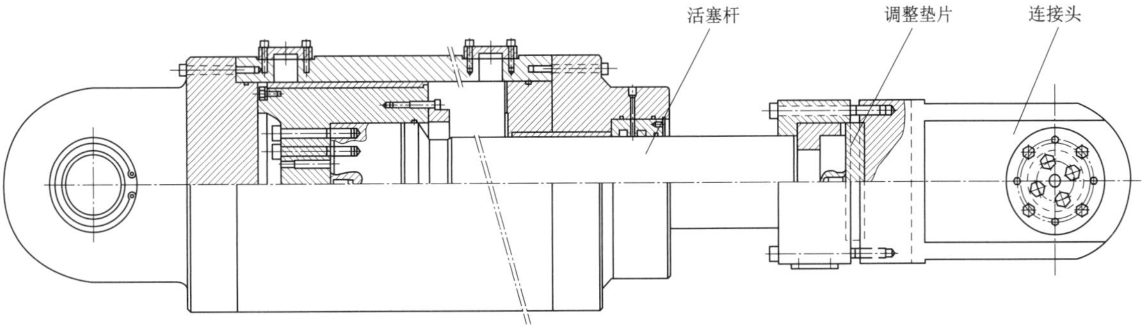

图 5　B 电站导叶接力器结构图

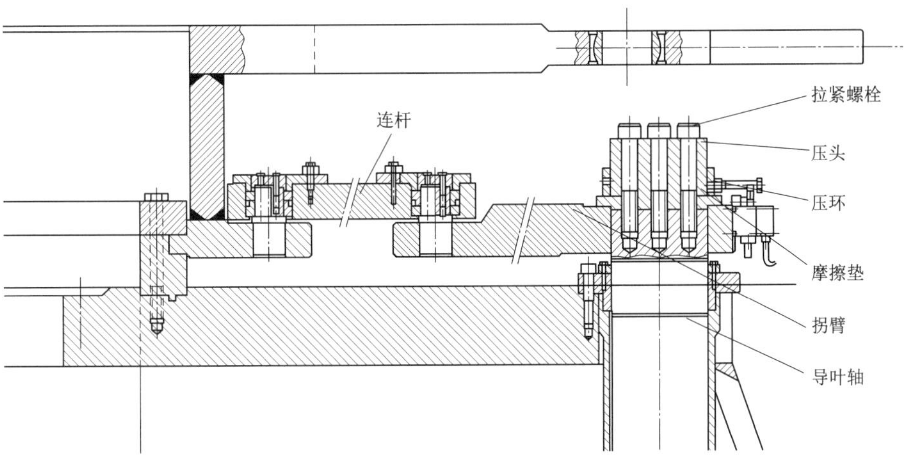

图 6　B 电站导水机构装配图

该结构的拐臂安放角度可在一定范围内自由调节，在控制环位置发生微小改变的情况下仍能通过改变拐臂的安放角度将连杆拐臂顺利安装，不需要加工调整垫片的厚度。

3　导叶接力器压紧行程调整

3.1　安装期接力器压紧行程的测量与调整

A 电站接力器为同侧布置，左侧接力器伸出，右侧接力器缩回，则导叶关闭。B 电站为对侧布置，两个接力器缩回，则导叶关闭，为了方便理解，下文均以接力器缩时导叶关闭为例，进行说明。

（1）在接力器加压之前，将其置于全关位置，此时接力器活塞与缸盖间隙为 0。

（2）将接力器与控制环连接，并在活塞杆上架设百分表并调零，此时接力器活塞与缸盖间的间隙，假设为 X，如图 7 所示。

（3）对接力器缓慢加压，当接力器缓慢升压到某一值时，百分表读数变化减缓，出现拐点，此时可以认为导叶已压紧。假设此时接力器活塞与缸盖间的间隙为 Y，如图 8 所示。记录此时百分表的读数为 N，则 $N=X-Y$。

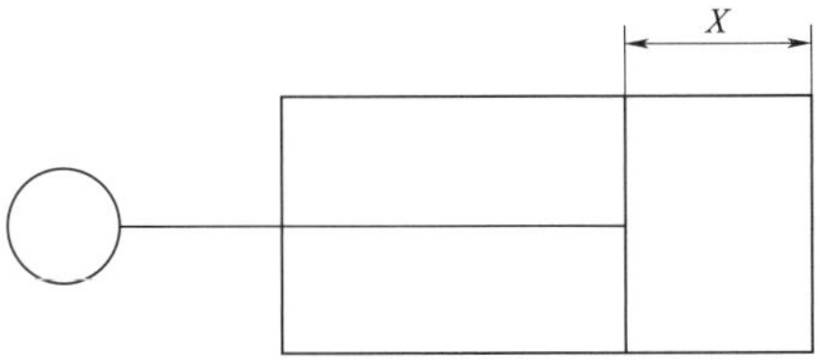

图 7　无压时接力器活塞与缸盖间隙示意图

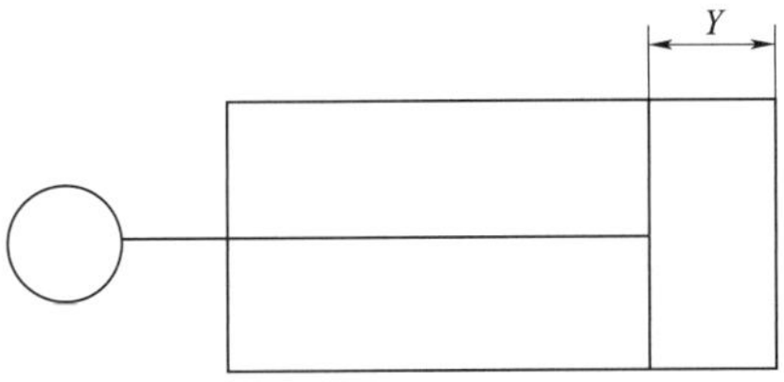

图 8　带压时接力器活塞与缸盖间隙示意图

（4）为了使导叶压紧时，接力器活塞刚好与缸盖接触，即 $Y=0$，理论上只要改变接力器的行程、安装位置或推拉板的长度就可以做到，但在实际工程中这显然是不现实的。由上文对接力器的介绍可以反推，在保证导叶压紧程度不变的情况下其实只要改变调整垫的厚度就可以使接力器活塞刚好与缸盖接触，调整垫片需要加工的厚度就是 N。

3.2　调整过程中的注意事项

（1）为了便于现场调整，在设计制造时，应使得 X 值尽量接近于接力器压紧行程，略小于为最理想。

（2）对接力器直接施加额定工作油压而 X 值又过大时可能会对剪断销造成破坏，因此宜采用逐步加压方式。

（3）对接力器缓慢加压时，若拐点迟迟不出现，则表明压紧量远大于压紧行程，可先粗略调整垫片后再次进行压紧行程测量。

（4）根据 GB/T 8564—2003《水轮发电机组安装技术规范》的规定，对于直缸式接力器和限位装置调整方便的摇摆式接力器，压紧行程的测量值是撤除接力器油压后，测量活塞返回距离的行程值，因此在调整完毕后因按照该方法进行校验[3]。

（5）为了保证左右两个接力器动作一致，在压紧行程调整完毕后，还应试验并对比两个接力器的压紧行程动作曲线。

3.3　投运期 B 电站导叶接力器压紧行程调整概述

（1）将接力器从全关位置往外伸至所需的压紧行程值。

（2）确保接力器外伸量不变的情况下，连接控制环与接力器。

（3）将控制环与顶盖点焊。

（4）将导叶全关，根据控制环和导叶轴的位置，调整拐臂的安放角度 α，将连杆、拐臂安装到位，如图 9 所示。

3.4　A 电站压紧行程调整工艺优化

A 电站目前采用的压紧行程调节方式需拆除推拉板、调整螺母，若调整垫片太厚则还需对其进行机加工，所需工期较长。今后开展检修工作时，可采取类似 B 电站的方式：

（1）检修前先将导叶、连接板、导叶轴、双连板等依次编号。

（2）检修结束时按检修前的编号，将除双连板外的导水机构回装完成。

（3）将导叶接力器从全关位置往外伸至所需的压紧行程值。

（4）连接控制环和接力器。

（5）将控制环与顶盖点焊，将导叶置于全关位置。

（6）因设备原拆原装，检修前后安装偏差不会过大，在控制环位置发生微小改变的情况下仅需调整偏心销的安装角度就可将间接改变双连板长度 L 将其回装，如图 10 所示。

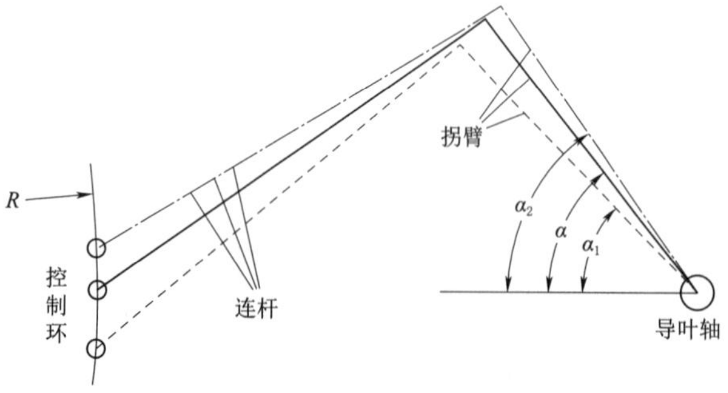

图 9　B 电站导水机构装配示意图

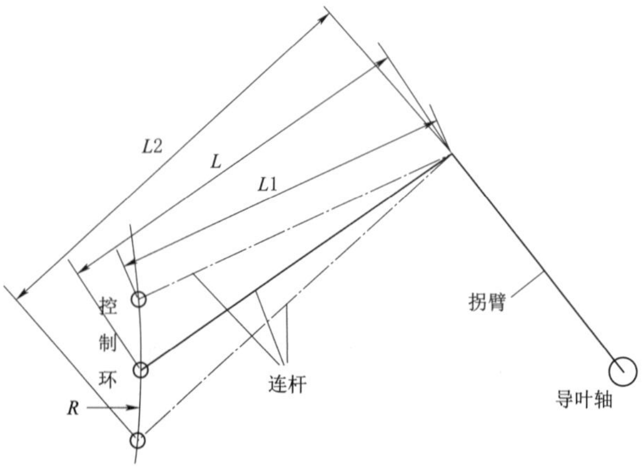

图 10　A 电站导水机构装配示意图

4 结语

导叶接力器压紧行程测量与调整的工期会影响整个机组检修的工期，本文介绍了两种形式的导水机构所采用的不同的压紧行程调整方式，并参考B电站对A电站投运后压紧行程的调整工艺进行优化，为采用同类型导水机构的电站接力器压紧行程测量、调整提供参考。

参考文献

[1] 陈湘匀，黄国桢，肖惠民，等. 抽水蓄能机组水环新设计方法 [J]. 水力发电，2002 (5)：42-43.
[2] 祝继文. 水轮机导叶摩擦保护装置的安全可靠性探讨 [J]. 黑龙江水利科技，2017 (11)：3.
[3] GB/T 8564—2003 水轮发电机组安装技术规范 [S]. 北京：中国质检出版社，2003.

长龙山抽水蓄能电站尾水液位开关设计优化

祁立成 郁小彬 杨众杰
（华东天荒坪抽水蓄能有限责任公司，浙江省湖州市 313302）

【摘 要】长龙山抽水蓄能电站投产初期，多台机组尾水液位开关频繁故障，导致机组抽水调相尾水到达开始补气液位或停止补气液位时补气阀无法正确动作，进而引发机组启动失败、压缩空气进入尾水管扩散段等故障。本文介绍了液位开关故障的原因及对尾水管充气压水控制逻辑的优化方案，为类似故障的处理及充气压水控制逻辑的设计提供了参考与借鉴。

【关键词】音叉开关 安装角度 控制逻辑 安装高程

1 引言

抽水蓄能机组调相工况及被拖动时均需调相压水系统参与，调相压水系统向转轮室充气，使转轮在空气中旋转，以此降低调相工况机组吸收的有功、减小 SFC 拖动时的启动力矩。由此可见，调相压水系统是否可靠直接决定了机组能否在上述工况稳定运行。

长龙山电站 1～4 号机尾水管原本由上至下设计有 3 个液位开关（音叉开关），如图 1 所示，其中液位过高作为压水失败跳机和回水排气成功的判据，液位高和液位低则分别作为开始补气和停止补气的判据。

在监控设计联络会时考虑到停止补气液位开关仅有一个，此开关一旦故障会导致补气过量，气体进入尾水管扩散段，有可能对尾闸、拦污栅等设备造成损伤，运维团队提出在最底部增设一只液位开关如图 2 所示，从上往下分别为液位过高、液位高、液位低、液位过低，原先 3 个液位开关作用不变，液位过低则作为后备，若液位低开关故障补气阀未及时关闭，则尾水水位到达过低时液位过低开关会动作再次发令关闭补气阀。

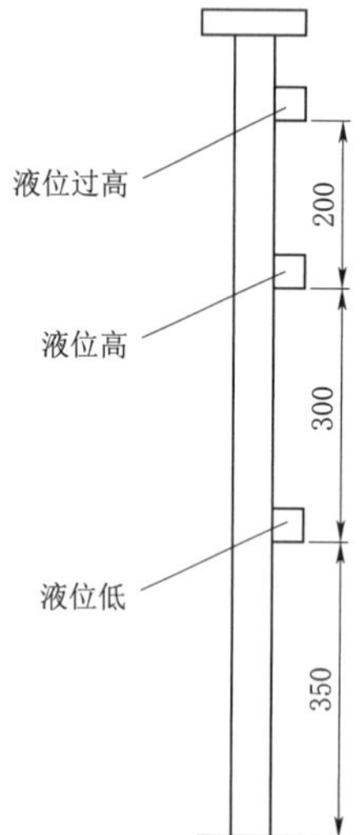

图 1 尾水液位开关初始设计示意图

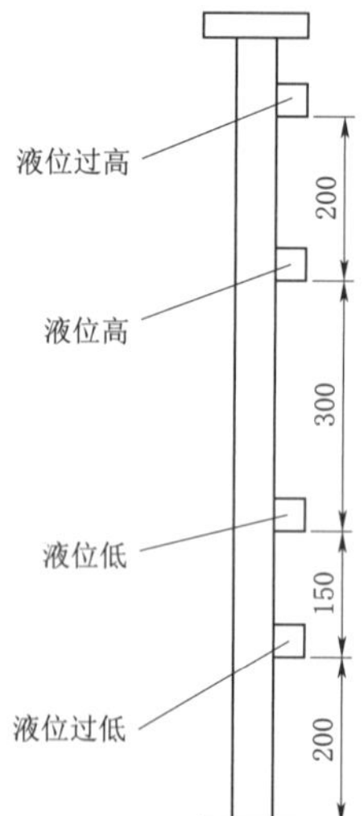

图 2 设联会确定的尾水液位开关设计示意图

然而，调试人员在进行抽水调相试验时发现尾水液位高开关设计的过于接近转轮，当尾水水位到达液位高附近时，尾水在转轮离心力作用下产生的竖向回流[1] 会与转轮产生撞击，使机组的振动和吸收的有功增大。为节省调试时间，临时决定采用液位低和液位过低开关控制补气阀的启、闭。

2 缺陷概况

2021年长龙山电站投产初期，多台机组尾水液位开关频繁发生故障，其中一次典型的故障如下：

23：15：38：003　1号机组抽水调相令　下达成功

23：16：23：124　1号机组调用充气压水程序　动作

23：16：23：664　1号机组调相压水液动阀全开　动作

23：16：24：070　1号机组调相压水补气液动阀全开　动作

23：16：29：739　1号机组尾水管液位过高　复归

23：16：30：819　1号机组尾水管液位高　复归

23：16：32：034　1号机组调相压水液动阀全关　动作

23：16：33：789　1号机组尾水管液位低　复归

23：16：34：599　1号机组尾水管液位过低　动作

23：16：36：085　1号机组调相压水补气液动阀全关　动作（第一次压气完成）

……

23：27：52.860　1号机组尾水管液位低　动作（最后一次液位低动作，未收到补气阀关闭命令）

23：28：50：639　公用中压气罐压力过低　动作

23：29：25：806　1号机组1号压水气罐压力低　动作

23：29：25：920　1号机组2号压水气罐压力低　动作

此时运行人员及时发现，立即下达抽水令，补气阀关闭，机组顺利转抽水。

由图3的调相压水系统补气逻辑可知，一旦液位低或液位过低开关故障，将导致补气阀无法及时启、闭，进而导致机组启动失败。

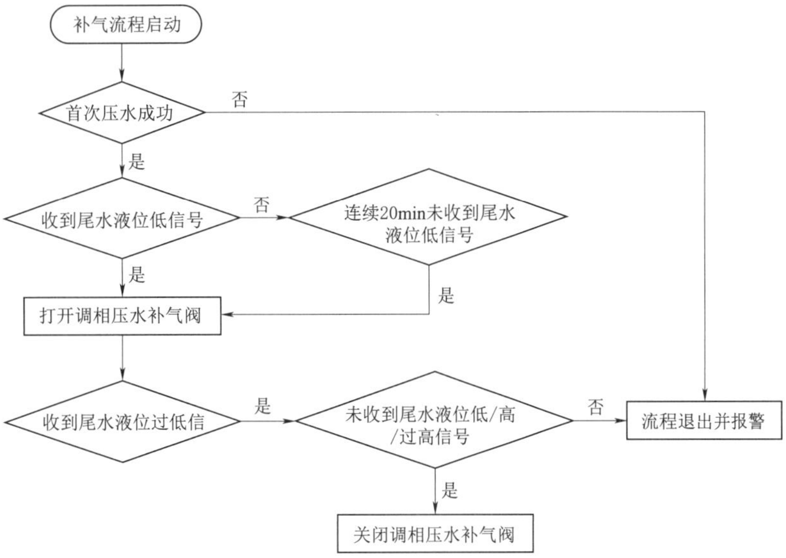

图3　调相压水系统补气逻辑图

3 故障原因排查及处理

运维人员拆下故障的液位开关进行检查，发现故障的液位开关音叉均出现不同程度的形变，如图4所示。

运维人员与厂家一同分析后，认为该类型液位开关频繁故障存在两种可能：

（1）该型号液位开关存在质量问题。

（2）液位开关的音叉安装方式不正确，音叉未平行于水流方向，充气压水时音叉受到较大的冲击而损坏。

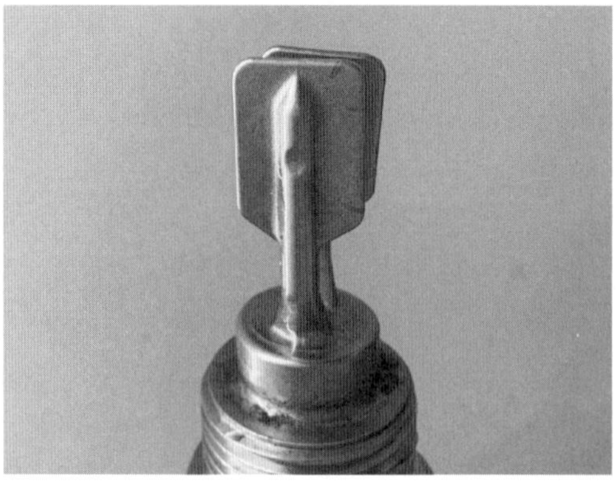

图 4 音叉开关形变图

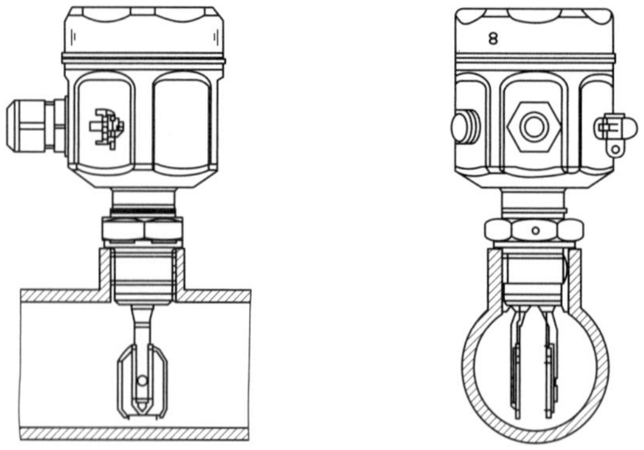

图 5 液位开关音叉正确安装位置示意图
（图左为侧视图、图右为俯视图）

针对第一种可能性，在后续几次缺陷处理时，更换的新液位开关改为原液位开关的增强型。

针对第二种可能性，结合机组定检，对 1～3 号机尾水管液位开关的安装位置进行了全面的检查及调整，液位开关的音叉均已调整至平行于水流方向（图 5）。

经过长时间观察，新、旧型号液位开关均不再出现故障，由此判断，液位开关安装不正确，充气压水时音叉受到较大的冲击而损坏是导致液位开关频繁故障的原因。

4 调相压水系统设计优化

通过本次事故可以看出为了防止补气过量，设计 4 个液位开关是十分必要的，但同时又要避免调相运行时转轮搅水，因此在 4 号机组调试阶段主机厂家根据运维团队建议将尾水液位开关的安装高程进行了调整，同时补气逻辑也一并进行了修改。

（1）对尾水液位开关安装高程进行调整，液位过高开关安装高程不变（据转轮下环最低点 1665mm，据导叶中心线 2650mm），将液位高开关下移 150mm 并相应调整液位低和液位过低开关安装高程，如图 6 所示。

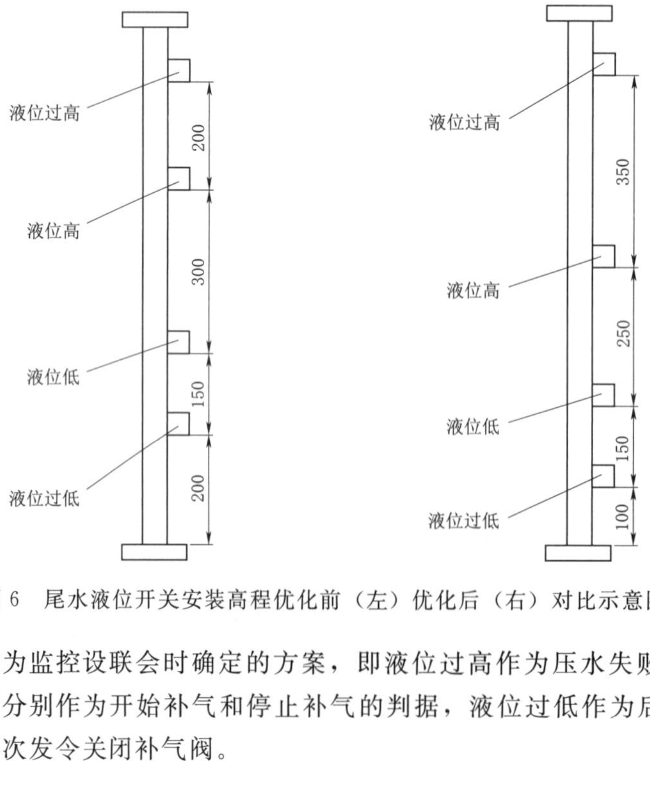

图 6 尾水液位开关安装高程优化前（左）优化后（右）对比示意图

（2）将补气逻辑修改为监控设联会时确定的方案，即液位过高作为压水失败跳机和回水排气成功的判据，液位高和液位低则分别作为开始补气和停止补气的判据，液位过低作为后备，当尾水水位到达过低时液位过低开关动作再次发令关闭补气阀。

5 相关建议及经验

5.1 尾水液位配置

目前抽蓄电站尾水液位均配有液位开关（开关量），有一部分电站还设有液位计（模拟量），其中大部分电站均只使用开关量参与控制，少部分电站采用模拟量或开关量+模拟量的方式参与控制。经调查发现大部分电站所使用的液位计可靠性均不如液位开关高，但为了方便监盘、及时发现故障，增设一套与液位开关不同原理的液位计送至上位机显示是比较合理的。

5.2 尾水补气逻辑设计

目前补气逻辑主要分为只受液位控制和受液位+补气阀开启/关闭时间双重控制两种，显然采用液位+补气阀开启/关闭时间双重控制是更合理的选择，如长龙山电站在收到尾水液位低信号停止补气后，若20min内尾水液位高仍未动作则会再次发令开启补气阀，防止因液位高开关故障导致机组启动失败；同时为了防止液位低开关故障，增设液位过低开关，两者均会发令关闭补气阀。

5.3 液位开关高程设计

抽水蓄能机组特别是高水头的蓄能机组吸出高度大，调相运行时转轮室内空气的压力也较大，尾水管内水面的波动需考虑空气密度增大所带来的影响，其变化规律与密度修正弗劳德数有关[2]：

$$F_d=\sqrt{\frac{\rho_a}{\rho_w-\rho_a}}\frac{U_2}{\sqrt{gD^2}}\approx\sqrt{\frac{\rho_a}{\rho_w}}N\sqrt{D_2} \tag{1}$$

式中：F_d 为密度修正弗劳德数；U_2 为转轮出口的周速度；D_2 为转轮出口直径；ρ_a 为转轮室的空气密度；ρ_w 为水的密度；N 为转轮转速。

由式（1）可知，转轮室的空气密度越大转轮对水面的干扰也越大，在确定压水高度时需要考虑上述影响及液位开关的布置空间，必要时对尾水管进行修型。

5.4 安装调试质量控制

（1）机组安装时应在质量验收控制单（QCR）中明确尾水液位开关安装标准。

（2）首台机组调试应预留充足的时间，充分暴露并解决机组存在的缺陷。

（3）因设计原因产生的缺陷不可随意通过修改控制逻辑以满足使用要求，确需修改也应经过充分论证，避免机组投产后再次返工。

6 结语

长龙山电站通过调整液位开关音叉安装角度解决了液位开关频繁故障的问题，又通过对液位开关安装高程和控制逻辑的优化提高了机组的运行可靠性。但运维团队在对尾水液位开关安装高程进行优化时发现液位开关的安装空间已非常局促，如图6所示，液位高和液位低开关之间的距离只有250mm，液位低与液位过低开关的距离只有150mm，而液位过低开关距离下部隔离阀更是只有100mm。这一方面给拆卸维护带来困难，更重要的是，随着机组运行年限增长，转轮室的密封性会降低，液位高和液位低开关之间的距离过小可能会导致补气阀动作越来越频繁，建议设计时提前给予充分考虑。

参考文献

[1] 胡浩，姜红伟. 调相压水系统设计时应考虑的因素 [J]. 科技创新导报，2013 (7)：2.

[2] 田中宏. 高水头水泵水轮机的关键技术开发 [J]. 水电与抽水蓄能，2017，3 (1)：8.

一种发电电动机组高压油顶起装置简介

芦泽昊　钱中伟　楼荣武　童宇科
（华东天荒坪抽水蓄能有限责任公司，浙江省安吉县　313300）

【摘　要】抽水蓄能机组双向旋转、起停频繁，推力轴承作为水轮发电机组重要承载部件，其工作性能的好坏直接影响机组运行的安全稳定性。机组启停时转速过低，推力轴承建立油膜相对困难，因此一般需配置高压油顶起装置。本文主要介绍了高压油顶起装置的组成结构及采用高压油顶起装置的实际意义，并且结合控制流程图，详细地阐述了高压油顶起装置的控制原理。

【关键词】发电电动机　推力轴承　高压油顶起装置　控制流程图

1　背景介绍

高压油顶起装置（简称高顶装置）是专为水轮发电机组推力轴承润滑系统而设计，其作用是在机组启动和停机时通过外加油泵向推力轴承表面注入高压油，在瓦面形成油膜从而减少推力瓦的磨损。同时在机组盘车找摆度时，减小转动摩擦系数，使机组转动更容易[1-2]。

水轮发电机组的推力轴承配置高顶装置具有重要意义。在机组启动和停机过程中，低速运转更容易造成推力轴瓦与镜板间的半干摩擦，使轴瓦严重磨损，缩短轴瓦的使用寿命，甚至引起烧瓦事故，机组无法运行。

因此在机组启动前，用油泵将高压油通过输油系统压入推力瓦的油室中，抬升镜板，在镜板与推力瓦接触面上形成高压油膜，使机组一开始就处于油膜润滑中运转。当转速上升到整定值时，再切断高压油。停机时，当转速低于整定转速时投入高压油，直到机组在有油润滑中停止运转为止，从根本上避免了推力轴瓦的烧瓦现象。

2　高顶装置的组成及原理

高顶装置由机械液压部分和电气控制部分组成，机械液压部分由油泵、过滤器、管路、压力表计等组成，电气控制部分由 PLC、继电器等组成。

2.1　高顶装置的机械液压部分

高顶装置布置有 4 根管路，从左到右分别为高顶供油管、溢油管、取油管和推力轴承进油管，具体配置见图 1。考虑到较低温度的油膜有利于机组正常运行，推力轴承进油管取油阀常开，取自经推力轴承外循环泵冷却后的压力油；推力轴承油盆取油阀常开，减小推力轴承外循环泵油流量低对高顶装置的影响，有利于机组稳定启停。

顺着压力油流动方向，从下到上分别经过粗油过滤器、高压油泵、压力表、逆止阀、精过滤器、高压油泵出口总管压力开关、压力变送器和油流量计以及溢油装置等，最终送至 12 个推力轴承瓦，见图 2。

（1）油过滤器。两个过滤器分别安装在取油总管和两油泵出口总管上，起到油过滤、保证清洁度的作用，并都配有旁通管以及阻塞报警开关，定值分别为 3bar 和 2.4bar（过滤器前后的压力降，与管路压力不是同一个物理意义）。

（2）高压油泵。交流注油泵为 22kW，380V，43.5A，1470r/min 的三相异步电机，直流注油泵为 22kW，220V 的，115.4A，1500r/min 的直流电机。

（3）逆止阀。安装于油泵出口处，保证一台故障时另一台正常工作，不会串流。

（4）压力表。共设置 3 个压力表，与压力变送器配合用于油压监测，测量范围 0～25MPa。

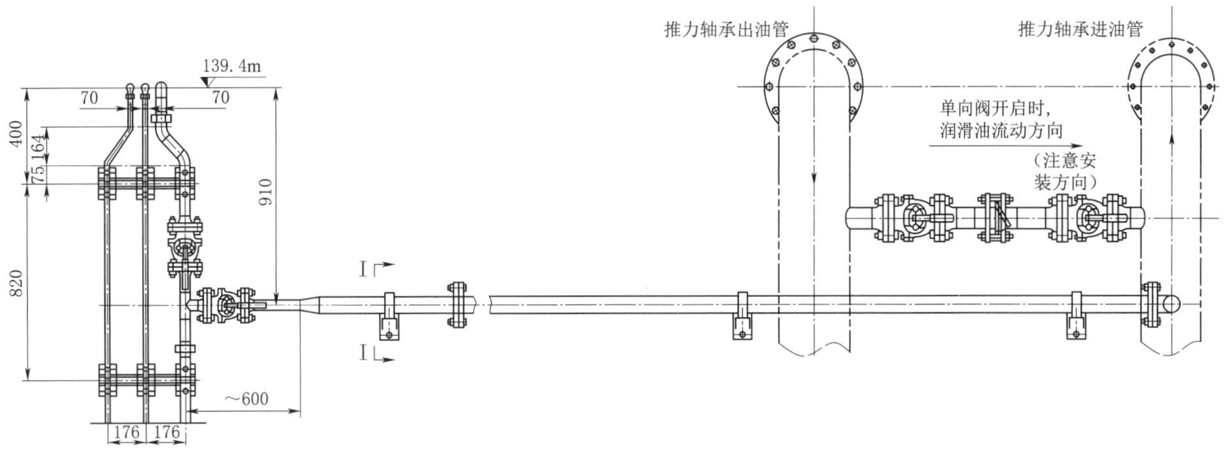

图 1　高顶装置油管路图

（5）压力开关。监测油泵出口总管压力，量程 2.5～25MPa，定值为 8MPa，（采用较低的压力定值，使直流泵与交流泵切换更平滑）高压油系统建压成功油压开关 1 号、2 号从常开变常闭。

（6）油流量计。测量油流量，量程 0～50L/min，额定流量 45L/min。

（7）溢油装置。当供油管压力超过 20MPa 时，通过溢油管排走压力油至推力轴承防止管路损坏。

2.2　高顶装置的电气控制部分

高顶装置电气部分主要有施耐德 BMEP582020 可编程控制器、继电器、空开、电源转化装置等组成，用于与监控系统通信、高顶泵启停逻辑等。

高顶装置直流电机动力电源取自地下厂房 DC220V 馈线柜开关，为单电源供电，至对应的发电电动机辅控柜内相应端子构成回路，见图 3。

高顶装置交流动力电源取自机组自用电配电柜，AV380V 三相四线经发电电动机动力柜送至发电电动机辅控柜内相应端子，见图 4。

高顶装置控制电源由交流 220V 和直流 220V 经 PHONIX 电源转换装置转化为直流 24V 再经电源监视模块为控制回路供电，见图 5 和图 6。

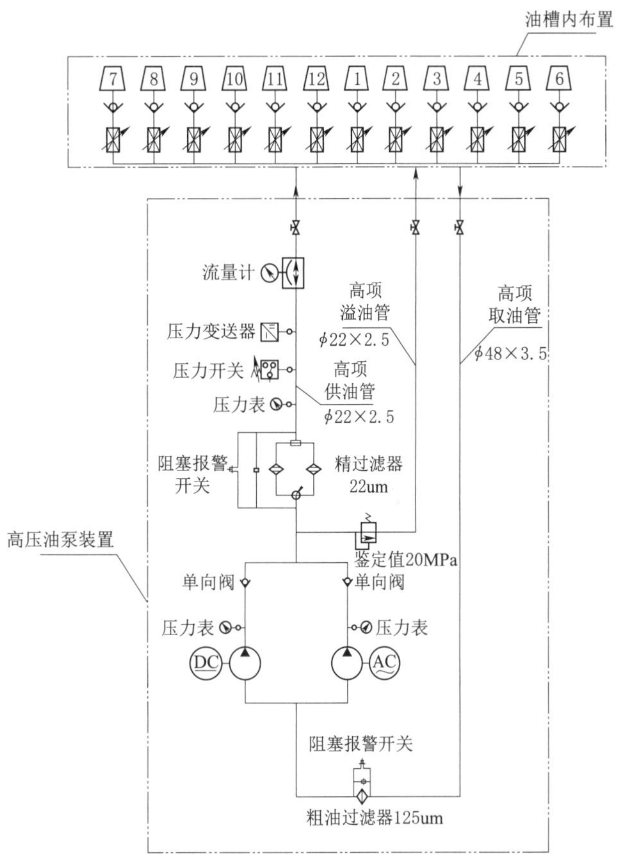

图 2　高顶装置液压图

3　高顶装置的启停流程

本装置采用自动化水平、智能化程度更高的可编程逻辑控制器（简称 PLC）控制，先启动直流泵建压，建压完成后再切换为交流泵，启停流程复杂，对运行人员的专业性要求较高，但便于日后的程序更新升级。启停流程分为水轮发电机组开机启动、达到整定值停止、停机达到整定值启动和停机稳态后停止四个阶段。本文以开机过程中启动高顶装置为例。

3.1　开机启动高顶装置直流泵

当机组开机条件满足发开机令，从停机到停机热备工况转换过程中，发“启动高压油顶起油泵系统”令。出口励磁继电器，信号从监控传至发电电动机辅控柜 PLC DI01 模块。

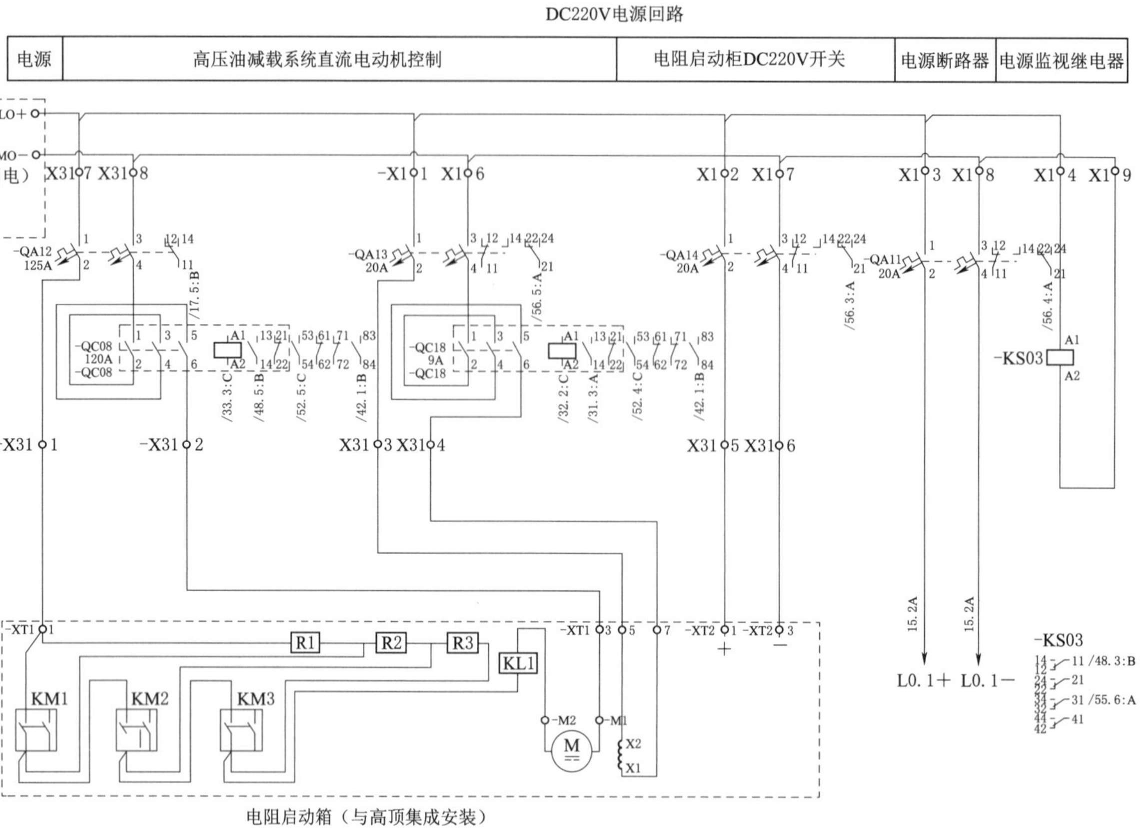

图 3　高顶装置直流动力电源回路

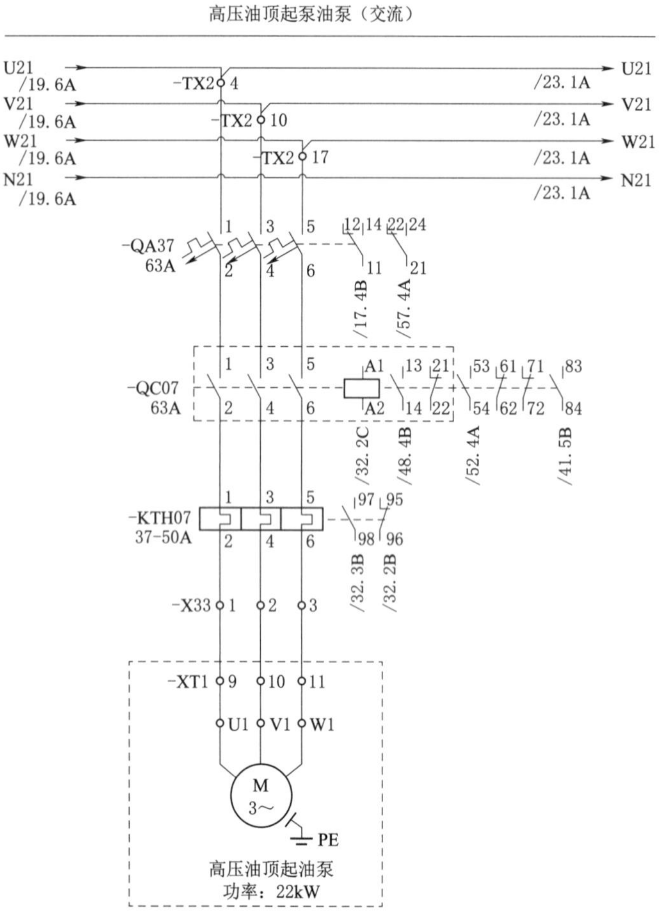

图 4　高顶装置交流动力电源回路

PLC 程序中收到高顶泵系统启动令 DI01［0］，使中间量高顶开机投入令锁定置 1，高顶退出令锁定置 0。PLC 启直流泵，满足高顶开机投入令锁定，直流泵非自动运行，交流泵非自动运行，直流泵非故障，直流泵未动作，直流泵电机选择开关在自动位置，启动电阻箱控制接触器 R1、R2、R3 未动作，高顶直流电机控制热继电器未动作时，PLC 经过中间量和延时断开计时器 TOF16 输出高顶直流泵启动命令 DO01［2］并使中间量直流泵辅助置 1，延时 1s 断开，见图 7。

由于图 5 高顶直流泵 PLC 启动控制回路中高顶直流电机选择开关 SAH08 已切在自动位置，进而使锁存继电器 KJL08 励磁（锁存继电器有类似双稳态继电器的作用，当通电吸合后即使断开控制电流仍然继续保持吸合状态，直到通以复位电流解锁），使 QC18 接触器励磁，图 3 高顶直流动力电源回路中接触器 QC18 常开节点 1、2、3、4、5、6 闭合，直流电机励磁。

图 5 中 QC18 对应的常开节点 13、14 闭合，电阻箱热继电器未动作，KL1 闭合，励

高油压顶起直流油泵控制回路						
直流电机控制	切除控制	手动控制		备用	PLC控制	
		启动	退出		启动	退出

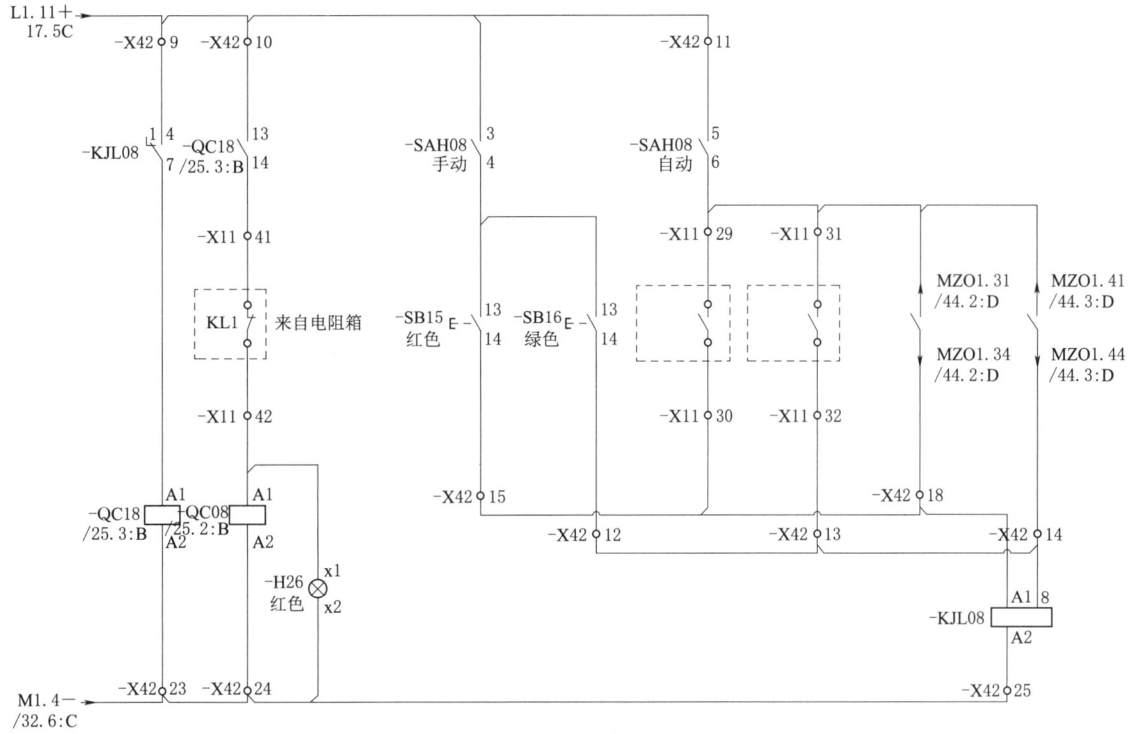

图 5 高顶装置直流泵控制回路

高油压顶起交流油泵控制回路							
电机控制	电机故障	切除控制	手动控制		备用	PLC控制	
			启动	退出		启动	退出

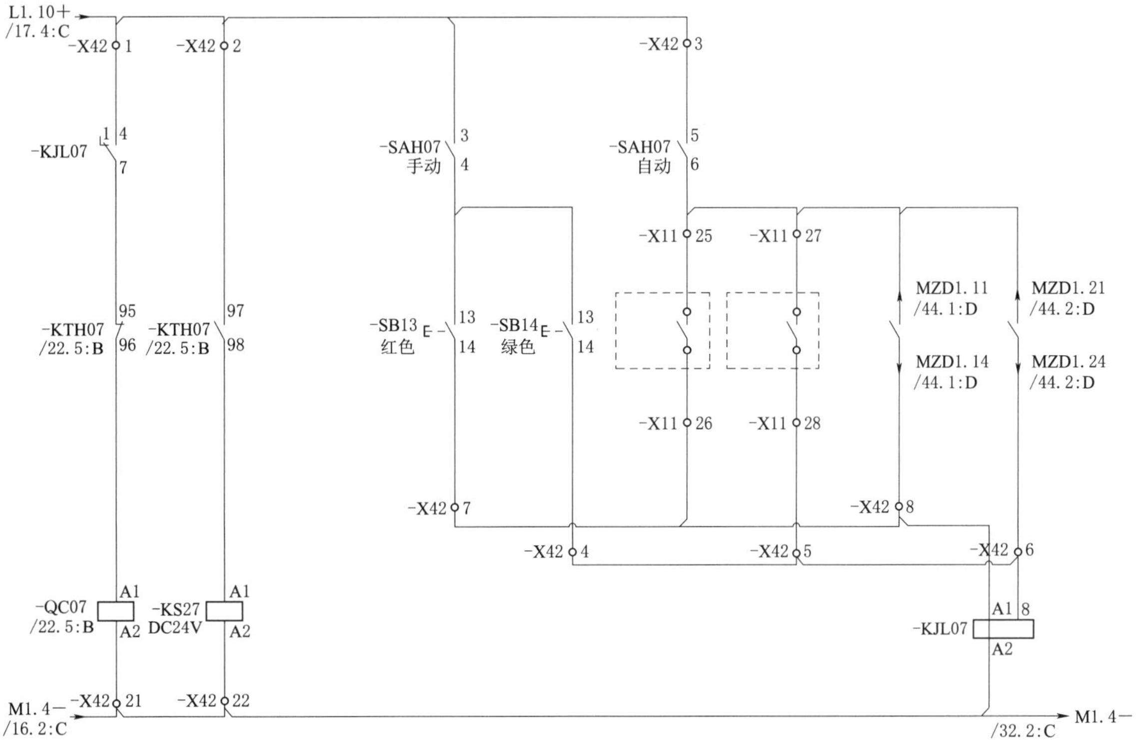

图 6 高顶装置交流泵控制回路

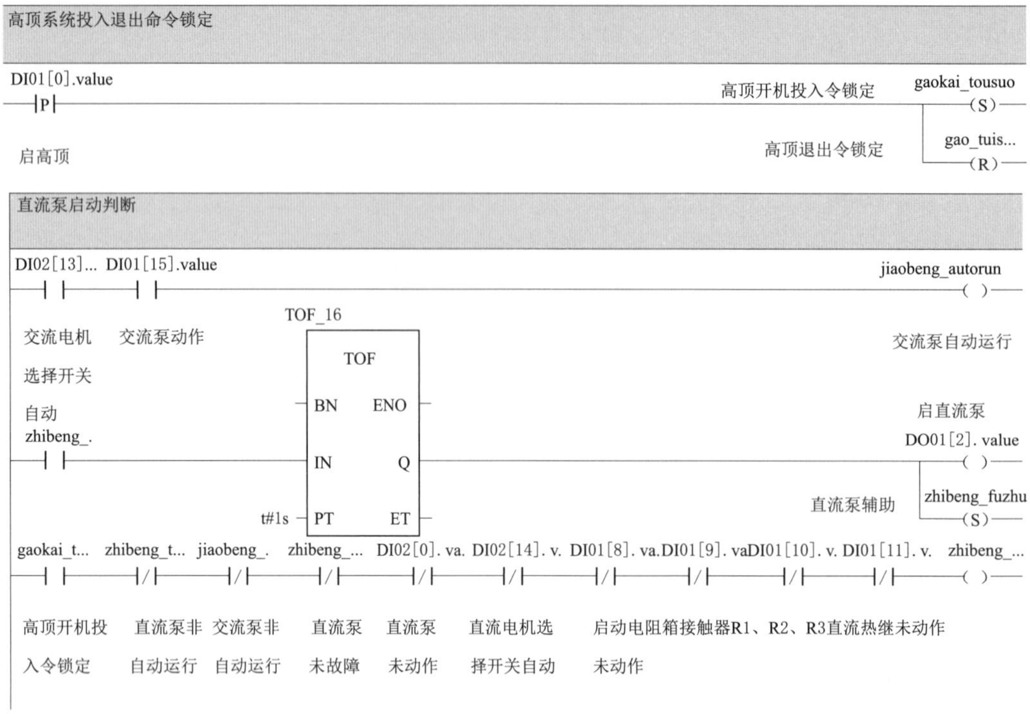

图 7 PLC 启高顶装置直流泵逻辑

磁电枢接触器 QC08，直流电机启动。启动初期，转速低线圈磁阻抗小，温度低线圈本身电阻小，启动电流较大，故在电枢回路串有 3 个互相串联的电阻，保证电流不会超过最大允许值。随着转速上升，电枢电流逐渐减小，此时需要减小电枢回路中的电阻来增加电枢电流从而获得较高的电磁转矩。在 PLC 中采用每隔 5s 依次切除启动电阻的方式实现逐步减小启动电阻的目的。DO02[0]、DO02[1]、DO02[2] 为启动电阻 R1、R2、R3 的投切控制，分别对应电阻箱中的 KM1、KM2、KM3，每经过 5s 的延时后依次闭合，短接 R1、R2、R3。PLC 启动逻辑如图 8 所示。

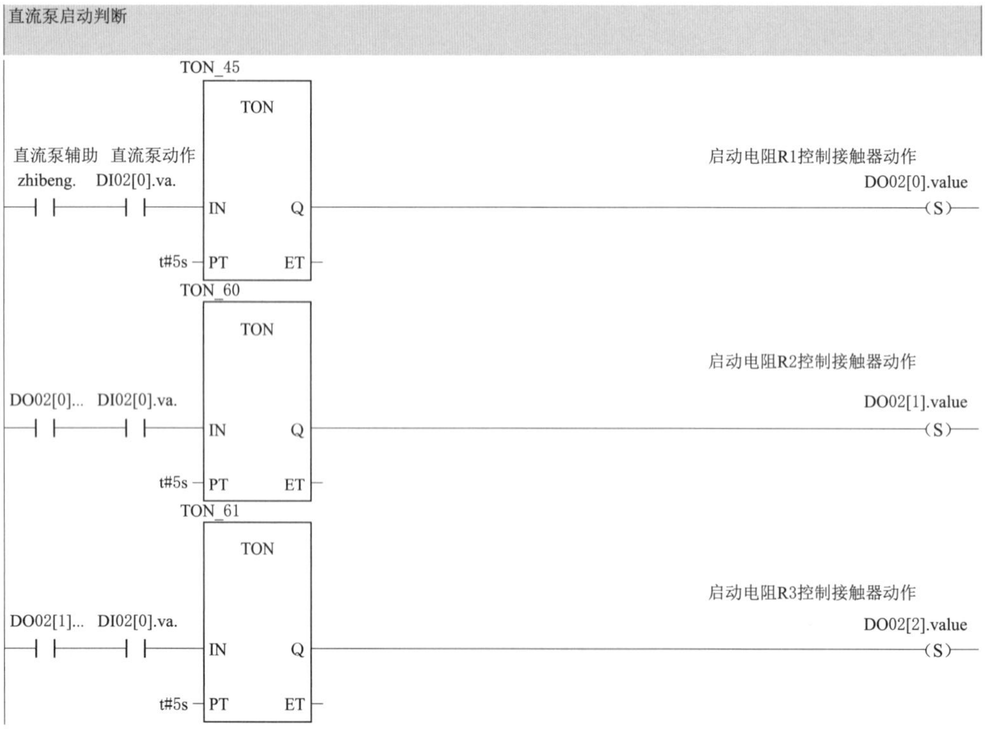

图 8 直流泵启动电阻启动逻辑

3.2 建压成功后停下高顶装置直流泵

高顶装置直流泵建压成功后停下高顶装置直流泵。满足高顶开机投入锁定，直流泵已建压，交流泵辅助置 0，高顶交流电机选择开关在自动位置，交流电机热继未动作，经过延时断开计时器 TOF12，且满足高顶直流电机选择开关在自动位置，输出高顶直流泵停止命令 DO01[3] 给监控，并使 DO02[0]、DO02[1]、DO02[2] 启动电阻 R1、R2、R3 的投切控制和中间量直流泵辅助置 0，延时 1s 断开，见图 9。

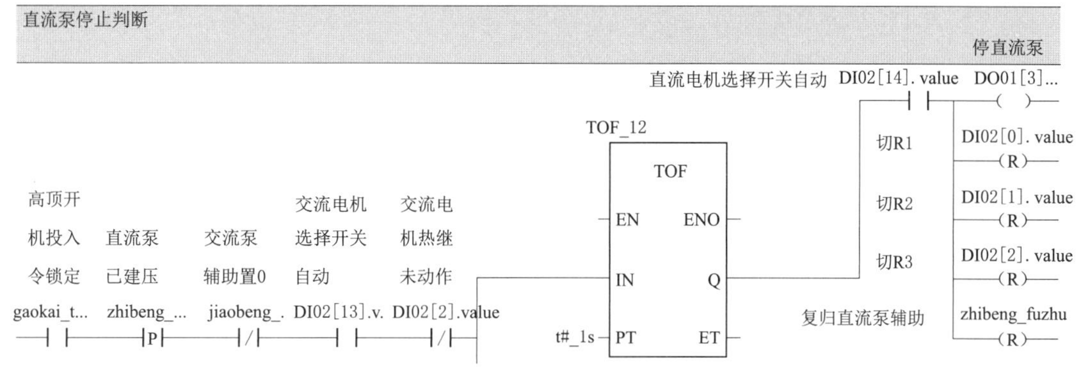

图 9 PLC 停高顶装置直流泵逻辑

高顶装置直流泵 PLC 退出控制回路中通以复位电流，使锁存继电器 KJL08 解锁，使 QC18 接触器断电失磁，图 5 中对应的 13、14 节点断开，电枢接触器 QC08 也断电失磁，直流电机断电停下。

3.3 建压成功后启动高顶装置交流泵

高顶装置直流泵建压成功后启动高顶装置交流泵。启动判断逻辑中，满足以下条件：高顶开机投入锁定，直流泵已建压，直流泵辅助置 0（保证先停直流泵再切交流泵），交流泵未故障，交流泵未动作，高顶交流电机控制热继未动作，高顶交流电机选择开关在自动位置，PLC 输出高顶交流泵启动命令 DO01 [0]，并使中间量交流泵辅助置 1，见图 10。

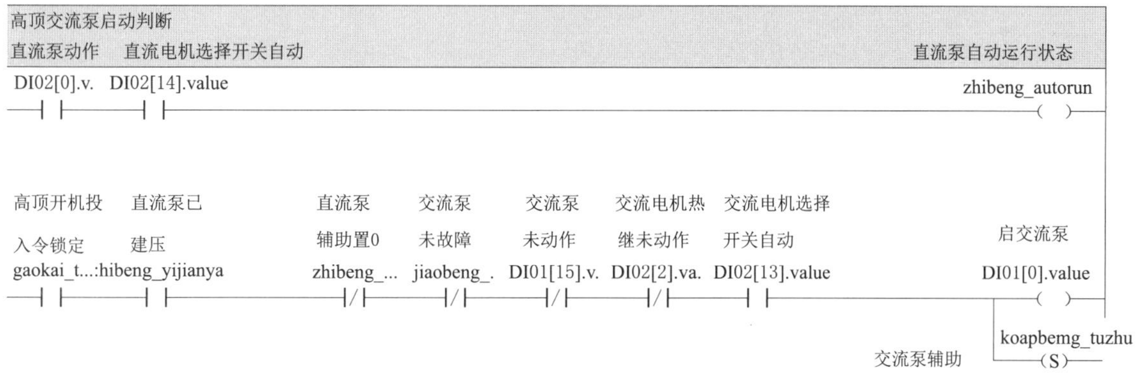

图 10 PLC 启高顶装置交流泵逻辑

由于图 6 高顶交流泵 PLC 启动控制回路中高顶交流电机选择开关 SAH07 已切在自动位置，进而使锁存继电器 KJL07 励磁，对应的 4、7 节点闭合，高顶交流电机控制热继电器 KTH07 未动作，使 QC07 接触器励磁，图 4 高顶交流动力电源回路中接触器 QC07 的常开节点 1、2、3、4、5、6 闭合，交流电机开始启动。

至此，水轮发电机组开机启动高顶装置完成。

4 结语

高顶装置在水轮发电机组启、停机过程中投入，通过压力油泵将高压透平油注入机组的推力瓦与镜板之间，以减小推力瓦所承受的轴向推力，利于瓦面与镜板间油膜的建立，减少推力瓦的磨损，从而避免推力轴瓦的烧瓦现象。本系统由 PLC 进行控制，提高了发电电动机辅助设备控制系统的自动化程度，节省了投资费用，给电厂工作人员的运行和维护带来了极大的便利。

参考文献

[1] 杨建华．高压油顶起装置在大型水轮发电机组上的应用［J］．大电机技术，1985（4）．
[2] 杨威．水电站高压油顶起装置［J］．水电站机电技术，2014（6）．

一种双并网模式抽水蓄能电站的研究与应用

王　伟　薛玉林　张向军
（阿坝水电开发有限公司，四川省黑水县　623503）

【摘　要】全功率恒频变速可逆式抽水蓄能电站不仅能够作为储能电源，还能够作为光伏和风电的调节电源，它具有平缓光伏或风电发电的波动，降低光伏或风电发电并网对电网的冲击，提高太阳能和风能的利用效率等优点。本文介绍了一种双并网模式抽水蓄能电站主设备的布置方式、运行模式以及协同控制方法，该模式在四川省春厂坝抽水蓄能电站中取得了良好的应用效果。

【关键词】抽水蓄能　双并网模式　旁路模式　全功率变流器　协同控制器

1　引言

抽水蓄能机组可分为定速机组和可变速机组两大类，目前国内的抽水蓄能电站以大型的定速机组为主，主要集中在大负荷区，供主网调峰使用。由于定速抽水蓄能机组在水泵工况时，无法调节输入功率，不满足电网快速精确地调节系统频率的要求。而相较于传统的定速抽水蓄能机组，可变速抽水蓄能机组具有不可替代的优势：能提供系统自动控制容量，适应更宽水头范围提高运行效率，实现有功功率的高速调节，提高机组运行的稳定性；可免掉水泵工况启动装置并配合电力系统频率自动控制，可在较大范围内调节。

可变速抽水蓄能机组主要通过双馈变流器调速或全功率变流器调速两种方式来实现变速控制，全功率变速抽水蓄能机组指发电电动机定子通过全功率变流器、主变与电网相连，机组功率全部通过变流器传输；双馈可变速抽水蓄能机组指发电电动机转子通过双馈变流器与电网相连，定子通过主变与电网相连，大部分功率通过定子——主变传输，少部分功率通过双馈变流器传输。在国外，上述两种可变速抽水蓄能电站均已投入商业运行，其中全功率变速抽水蓄能机组主要适用于中小型功率等级的抽水蓄能电站。

相较于国外，我国变速抽水蓄能电站起步较晚，直到2022年，国内首台自主研发的5MW全功率变速恒频抽水蓄能机组在四川省春厂坝抽水蓄能电站成功运行，填补了全功率变流器在我国可变速抽水蓄能机组应用上的空白。除了发电电动机、水泵水轮机外，全功率可变速抽水蓄能机组主要技术难点在于软件设计、协同控制算法以及功率元件的可靠性，因此全功率变速抽水蓄能机组的各项运行指标有待实际工况和运行时间的检验，同时结合项目所在流域实际水资源条件和机组布置方式，为保障机组的安全稳定运行和减少弃水损失，春厂坝抽水蓄能示范电站首次采用了双并网模式方案，即在发电工况中增设了旁路发电模式。

2　电气一次设备配置方式

春厂坝双并网模式抽水蓄能电站机组发电功率5.1MW，水泵功率6.7MW，机端出口电压为3.3kV，水头在130～165m时，发电工况能以$n=1000$r/min稳定运行，扬程为159.8～168.8m时，水泵工况能以$n=800\sim1100$r/min稳定运行。示范电站同时具备旁路模式和变流器模式，其中旁路模式为准同期并网模式，变流器模式为通过全功率双向变流器并网模式。电站主要电气设备包括发电电动机、旁路开关、全功率双向变流器、出口断路器、主变压器、发电机电压配电装置、35kV高压装置、厂用电设备等。其主接线原理图如图1所示，在发电电动机出口安装一个单刀双掷开关，双掷开关a触头通过全功率双向变流器、隔刀1与出口断路器电气相连；双掷开关b触头通过旁路母线与出口断路器直接电气相连。

变流器模式为双并网模式抽水蓄能电站的主要工作模式，在该模式下具备变速发电和变速抽水两种

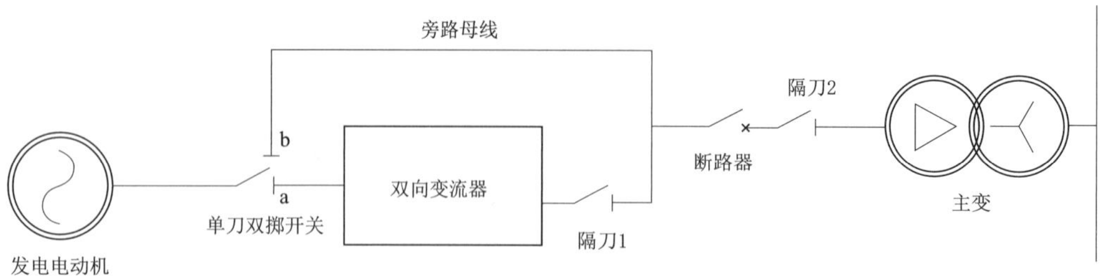

图1 双并网模式抽水蓄能机组主接线示意图

运行方式，该模式是平缓光伏或风力发电的波动，降低光伏或风力发电并网对电网的冲击，提高太阳能和风能的利用效率的关键技术；旁路模式为备用工作模式，仅具备定速发电功能，主要目的是当双向变流器检修时，确保抽水蓄能电站正常发电运行，减少弃水损失。

3 主要电气二次设备应用研究

春厂坝双并网模式抽水蓄能电站电气二次系统主要包括计算机监控系统、协调控制器系统、励磁系统、调速器系统、保护装置、蝶阀控制系统、辅助油水气系统、稀油站系统等。与常规定速抽水蓄能电站相比，双并网模式抽水蓄能电站在不增加计算机监控系统、励磁系统、调速器系统等硬件的情况下，通过软件功能实现旁路工况和变流器工况的控制逻辑。在旁路模式下，与常规抽水蓄能机组控制流程相似，即监控系统、励磁系统和调速系统共同完成开停机流程及功率的调节控制，其中监控系统与励磁、调速系统间通过脉冲调节，调速器具备开度模式和功率模式两种控制功能，期间全功率变流器和协同控制器退出工作。在变流器模式下，全功率双向变流器作为抽蓄机组启动和换相装置，实现机组的变频启动，同时使得机组发电工况和水泵工况下与电力系统的相序保持一致。变速发电工况有快速功率模式和快速频率模式，变速水泵工况有定开度变转速和变开度变转速两种模式。

3.1 计算机监控系统通信架构

为保障机组计算机监控系统与协同控制器、全功率双向变流器、调速系统、励磁系统、保护系统等重要设备的网络通信可靠，双并网模式抽水蓄能电站计算机监控系统采用分层分布式星形双网络结构，机组现地控制单元 LCU 采用双 CPU 的热备冗余配置，每个 CPU 配置两个网卡，实现机组现地 LCU 与通信对象间有 4 条通道的网络链接，其中只有主用 CPU 的主网与设备进行数据的交互，其余 3 条链路处于热备状态。当主用链路出现故障后自动进行链路切换，切换后的链路立即执行数据的交互。期间，双套 CPU 均与计算机监控系统上位机进行通信，但仅主用 CPU 执行上位机下发的控制指令，该结构即保障了通讯的可靠性，又保障了下行信息的唯一性。

3.2 协同控制器调节原理

协同控制器作为双并网模式抽水蓄能电站变流器运行模式的核心，为实现机组变流器模式下快速功率/频率调节过程的快速性和准确性，协同控制系统采用模拟量调节方式。监控系统将指令下发给协同控制器后，协同控制器通过 AO 模出模件，将调节指令（功率、转速/开度和转速）以 4～20mA 的信号下发给调速器系统；通过 AO 模出模件，将调节指令（功率、转速/开度和转速）以 4～20mA 的信号下发给变流器系统，变流器与励磁系统间通过通讯方式调节。在模拟量调节方式下，监控系统与各子系统不形成控制闭环，而是由变流器系统、调速系统或励磁自身的 PID 调节功能完成控制闭环，其调节原理图如图 2 所示。

3.3 控制闭锁

春厂坝双并网模式抽水蓄能机组旁路模式工况转换控制和变速模式工况转换控制有较大区别，为防止控制系统误发错误的控制命令，做了相关闭锁措施。将单刀双掷开关位置信号作为旁路模式和变流器模式的关键判据，并作为开机条件之一。在旁路模式时，只允许发旁路发电工况转换控制命令；在变流器模式时，只允许发变速模式工况转换控制命令。例如只有在变流器模式下，才允许出口断路器的单点分合操作。

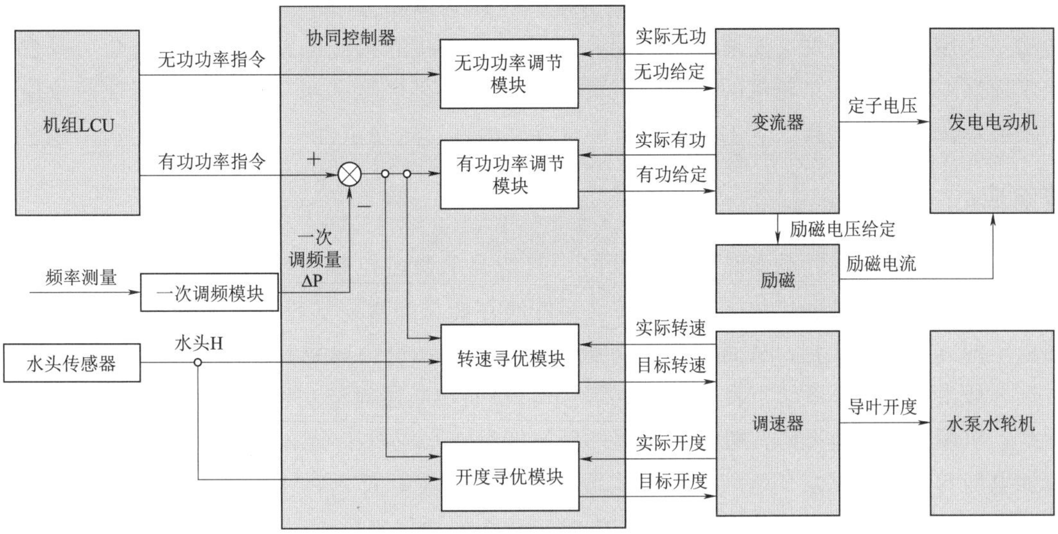

图 2　联合控制系统调节原理

4　运行原理及特性

4.1　运行原理

在变流器运行模式下，抽水蓄能机组通过控制全功率双向变流器实现对发电电动机转速及水泵水轮机功率的调节，其原理分别如式（1）和式（2）所示。全功率双向变流器机侧与机组定子连接，网侧与电网系统连接，在电网功率要求发生变化时，机组变流器通过调整输出频率，改变发电电动机的转速，并通过转子旋转动能的调整和调速器对导叶开度的调整实现对变速抽水蓄能机组的协调功率控制。

$$J_T\omega_n\frac{d\Omega_m}{dx}=P_M-P_E-K_f\Omega_m\omega_n \tag{1}$$

式中：J_T 为机组等效转动惯量，$kg\cdot m^2$；ω_n 为角速度，rad/s；Ω_m 为发电机转子机械速度；P_M 为机械功率（轴功率）；P_E 为电磁功率；K_f 为摩擦系数。

当抽水蓄能变速机组处于变流器模式发电工况运行过程中，水轮机的出力与水轮机的流量、水头和效率三者的乘积成正比。当水轮机的效率保持不变，其流量、水头增加或者降低时，水轮机的出力也随之增加或者降低；当水轮机流量、水头保持不变，水轮机的效率增加或者降低时，水轮机的出力也随之增加或者降低。

当抽水蓄能变速机组处于变流器模式水泵工况运行情况下，水泵的输入功率分别与水泵流量、扬程的乘积成正比，与水泵效率成反比。当水泵的效率保持不变，其流量、扬程的乘积增加或者降低时，水泵的输入功率也随之增加或者降低；当水泵机流量、水头保持不变，水泵的效率增加或者降低时，水泵的输入功率也随之降低或者增加。

4.2　变流器运行模式特性

（1）变流器模式发电工况运行特性。变流器发电工况相较于旁路定速发电工况，在满足水头和出力要求的前提下，抽水蓄能变速机组调整机组转速和导叶开度，使机组始终保持最佳运行效率运行。在相同出力的情况下，变速机组水轮机（发电）工况可以利用最小的水量发出最多的功率，运行效率明显提升，并且在最佳效率点处，机组特性如：振动、空化等特性获得明显改善，负荷运行区域、机组出力、水头范围等明显扩宽。

（2）变流器模式水泵工况运行特性。变流器水泵工况可通过变速运行来避免定速水泵工况下为了最佳运行点及范围，频繁根据水头变化调节导叶开度的情况，即某一水头点可调整机组转速，以此来调节输入功率。变流器水泵工况相较于定速水泵工况，在相同入力的情况下，其机组运行效率要高于定速机组，并且变速机组的运行范围更宽，在入力为 50％～100％的范围内能保持高效率运行。

（3）变流器模式快速响应特性。在变流器模式下，抽水蓄能机组中的有功功率作用于电机内部相差角，无功功率决定于磁场强度。变速机组的定、转子磁场之间的相对位置变化可以由全功率变流器电流相位变化来控制，与水泵—水轮机的出力情况无关，这样使得机组有功功率的控制能快速响应。对平抑光伏的功率波动，优化光伏接入点的电压稳定性，提高电网运行稳定性、安全性和可靠性有着积极作用。

5 快速响应

在导叶开度不变（或导叶动作滞后的时段内）的情况下通过控制变流器输出有功功率阶跃变化，使水泵水轮机组转速发生快速变化，引起机组转动部件储存能量与水泵水轮机有功功率输入/输出能量向有利于电网稳定的方向快速变化，从而实现有功功率快速响应。当协同控制器捕捉到电网因负荷的增加频率下降时（一般由联合互补系统下发功率指令信号），协同控制器对全功率变流器发出增加有功功率阶跃变化的指令，机组转速迅速下降，机组转动部件释放能量、水轮机工况出力增加/水泵工况入力减少，均有利于增加电网有功功率或减少电网负荷、减缓电网频率下降；反之，协同控制器对变流器发出减少有功功率阶跃变化的指令，机组转速迅速上升，机组转动部件增加吸收能量、水泵工况入力增加/水轮机工况出力减少，均有利于增加电网负荷或减少电网有功功率、抑制电网频率上升。

5.1 变流器发电工况快速响应

变速发电工况主要采用变导叶开度、变转速控制的运行方式，根据全功率变流器和调速器控制目标的不同，可以分为快速频率模式和快速功率模式。当调速器主控开度、全功率双向变流器主控频率时，为快速频率模式，主要确保功率快速响应过程中机组的安全稳定可靠。当调速器主控频率、全功率双向变流器主控功率时，为快速功率模式，主要实现功率的百毫秒级响应，变速发电工况原理如图3所示。

5.2 变流器水泵工况快速响应

在水泵工况下，有定开度变转速和变开度变转速两种模式。在水泵抽水调整过程中，调速器以导叶开度为主控目标、且是唯一控制目标，此时调速器不受机组入力和转速影响，通过全功率变流器控制入力和转速。抽水蓄能变速机组协同控制系统将功率命令信号、水头信号、电网频率变化经频率响应调节器的输出信号，结合水泵水轮机运行曲线参数并利用协同控制数学模型计算出最优效率转速值与优化导叶开度值。

协同控制系统将优化导叶开度值下发给调速器系统来控制水泵水轮机的导叶开度，使导叶开度最佳。全功率变流器实现机组功率与当前总功率命令信号相适应，转速指令信号与机组实际转速与相比较作用于调节器，调节器控制电动机使机组转速适应于转速指令信号，如图4所示。

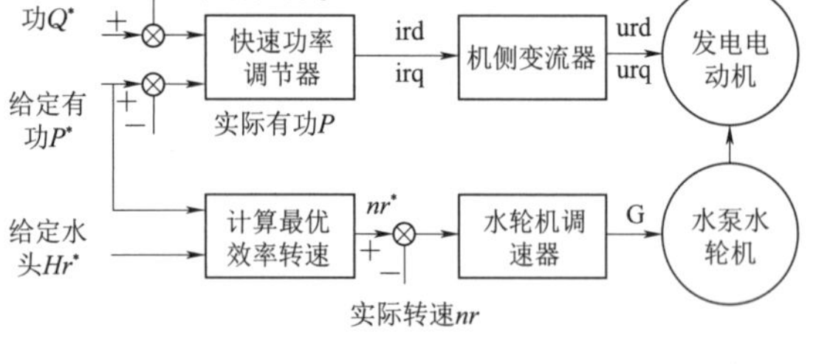

图3 变流器模式发电工况

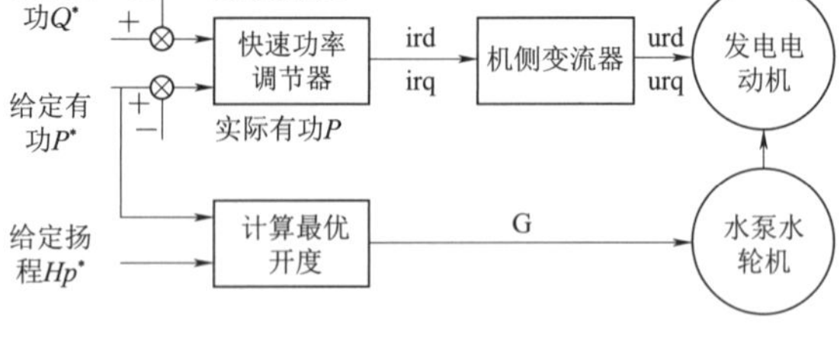

图4 变流器模式水泵工况

6 结语

在“双碳”目标的战略背景下，可变速抽水蓄能电站将迎来全新的发展机遇，当以小水电、光伏等清洁能源为主要电源的小电网离网运行出现频率较大扰动情况时，可能出现跨网风险，而全功率变速恒频抽蓄机组成套设备百毫秒级快速功率响应能力可以大大降低此类风险。而目前以水力介质模型的全功率双向变流器及其协同控制方法处于工程应用的初级阶段，增设旁路模式是保障全功率变速抽蓄机组安全、经济运行的有效手段，因此开展双并网模式抽水蓄能电站的研究与应用具有非常重要的意义。

参考文献

[1] 鹿优. “双碳”目标下基于抽水蓄能的多能互补发电系统设计与研究 [J]. 水电与抽水蓄能，2021，40 (6)：40-44.
[2] 刘明华. 抽水蓄能电站电气一次设计 [J]. 科技创业家，2012，4 (20)：74-75.
[3] 薛建超，等. 抽水蓄能电站保护配置情况分析 [J]. 工程技术，2016，7 (60)：13-14.
[4] 闰伟. 抽水蓄能电站可变速机组启动技术研究 [J]. 水力发电，2018，4 (4)：10-14.
[5] 黄卉. 洪屏抽水蓄能电站计算机监控系统设计 [J]. 水力发电，2016，42 (8)：98-101.

针对抽水蓄能电站选相合闸装置与继电保护装置配合策略的研究

赵 颖 罗 胤 曹永闯 赵俊杰 宗怀远 林 梦
（河南天池抽水蓄能有限公司，河南省南阳市 474650）

【摘 要】新建抽水蓄能电站采用选相合闸装置来抑制变压器空充时的激磁涌流，已经取得了明显的效果，近期在某抽水蓄能电站现场整套设备传动试验中发现选相装置存在一定的设计缺陷。本文结合现场试验经验提出了技术整改措施，以保证设备的安全稳定运行。

【关键词】选相合闸装置 继电保护装置 合闸策略

1 引言

新投产的抽水蓄能电站配置选相合闸装置，以保证控制系统在基准电压合适相角时进行断路器的分相分合闸操作，从而减小分合闸过程中变压器内产生的暂态磁通，达到削弱激磁涌流的目的[1]。正常运行时，其削弱激磁涌流的效果比较明显，但是在合闸瞬间发生接地故障导致保护跳闸时，这样的分相合闸策略则会导致分相断路器相继合于故障，在保护跳闸时又会导致断路器分相跳闸动作不一致，对设备的安全运行带来一定的影响。

2 背景概括

变压器不同稳定状态间切换时会因为磁通不能跃变而使主磁通进入一个暂态变化的过程，尤其是变压器刚投入电网运行时，其瞬态过程中铁芯内的主磁通要比稳态时大很多，产生的激磁电流能达到正常值几十倍，造成短时的过流现象，空充时往往投入了断路器的过流保护，此刻极有可能引起保护动作导致送电失败，而选相合闸装置的投入可以避免这种情况的发生。下面从三相绕组的磁通数学模型中进一步解释选相合闸装置的工作策略，假设三相绕组内的剩磁为（0，$-\Phi r$，Φr）其同时合闸时三相绕组内的瞬态磁通数学表达式见式（1）。

$$\begin{cases}\Phi_A=\sin(\omega t+\alpha)-\Phi_m\sin\alpha\times e^{-\frac{-t\times R}{L}}\\ \Phi_B=\sin\left(\omega t+\alpha-\dfrac{2}{3}\pi\right)+\left[-\Phi r-\Phi_m\sin\left(\alpha-\dfrac{2}{3}\pi\right)\right]\times e^{-\frac{t\times R}{L}}\\ \Phi_C=\sin\left(\omega t+\alpha+\dfrac{2}{3}\pi\right)+\left[\Phi r-\Phi_m\sin\left(\alpha+\dfrac{2}{3}\pi\right)\right]\times e^{-\frac{t\times R}{L}}\end{cases} \tag{1}$$

式中：α 为 A 相磁通相角；Φ_m 为磁通峰值；R 为一次绕组电阻；L 为一次绕组的自感。

以 A 相电压为基准相，从式（1）中可以看出若选取 A 相磁通相角为 0°作为合闸角时，此时 A 相磁通为 0，由于感应电压超前感应磁通 1/4T，因此此时 A 相电压为峰值电压，而 B、C 两相此刻未合闸，B、C 绕组内受 A 相主磁通 Φ_A 影响，忽略漏磁的情况下，由于闭合磁路任一点的磁通代数和为 0，所以 B、C 两相绕组将各产生 $1/2\Phi_A$ 的预感应磁通，极性与 A 相感应磁通相反，因此其感应电压与 A 相电压相反，幅值为 A 相感应电压一半，在合闸后的时间，B、C 相的暂态磁通与剩磁叠加后随 A 相变化，B、C 两相的暂态磁通数学表达式见式（2）。

$$\begin{cases}\Phi_B=\Phi_A/2-\Phi r\times e^{-\frac{t\times R}{L}}\\ \Phi_C=\Phi_A/2+\Phi r\times e^{-\frac{t\times R}{L}}\end{cases} \tag{2}$$

当 A 相合闸后的 1/4T 后，A 相磁通达到最大值，B、C 两相此刻若合闸，则 B、C 两相合闸前的交链磁通与 B、C 两相合闸后的主磁通极性相反，相互抵消，起到削弱暂态磁通的作用，这样就很大程度降低了合闸时三相产生激磁涌流的影响，合闸角度选择示意图见图 1。通常选相合闸装置会选择 $nT+T/4(n=0\sim4)$ 个周期合 B、C 两相，这样是为了将 B、C 两相磁通的自由分量衰减为 0，另外最大 4 个周波的设置不会引起断路器本体三相不一致保护的动作。

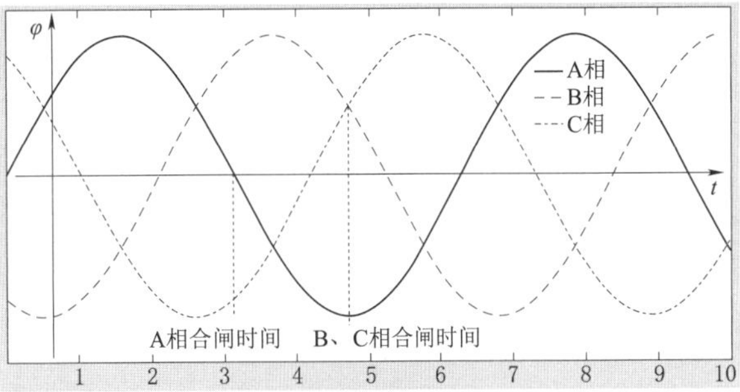

图 1　合闸角度选择示意图

正常分闸时，为降低主变的剩磁，通常是选择基准相电压过零时断开非基准相的断路器，然后在基准相电压峰值时断开基准相电压，其原理与合闸时相似，只是操作顺序相反。

保护动作跳闸时，为快速切除设备故障，则跳闸回路不再经过选相合闸装置。

3　缺陷分析

基于上述关于选相装置的工作原理及与保护跳闸配合的原则，在某抽蓄电站利用 DDRTS（数字动态实时仿真系统）对继电保护装置、选相合闸装置和断路器做了整套传动试验[2]，通过设置一定的故障条件来探查设备间配合是否存在设计缺陷，试验条件设置如下：

（1）A 相设置为选相合闸装置基准相。

（2）投入短引线保护、断路器保护、线路保护、母线保护。

（3）选相合闸合 A、B 相时即发生了 A、B 相接地故障，设置动作差流为 B 相合闸后 5ms。

（4）A、B 相断路器合闸固有时间设置为正常时间，C 相断路器合闸固有时间设置比 A、B 相短约 20ms，表 1 展示了断路器操作机构的固有时间，图 2 为装置设置参数。

（5）投入断路器充电过流保护，时间整定为 0.01s。

上述第（3）条、第（5）条设置是为了测试保护装置是否能正常动作。第（4）条特意将 C 相断路器合闸时间设置错误的原因是该时间的设置对选相合闸装置的分合闸计算时刻有影响，若该时间设置错误，将在一定程度上影响抑制涌流的效果，同时会更容易诊断出与保护设备间是否存在配合缺陷。图 3 为试验现场接线。

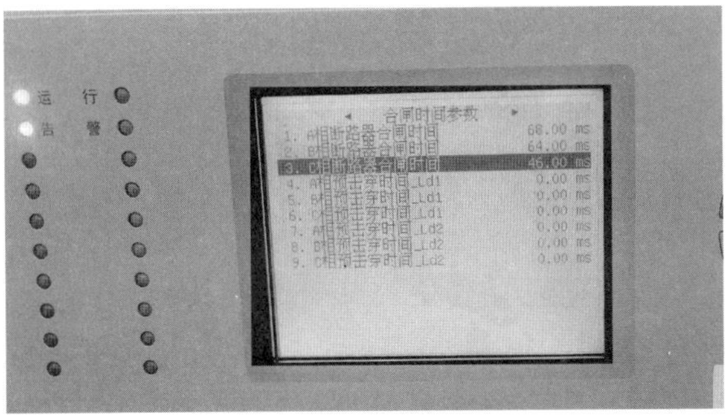

图 2　装置设置参数

图 3　现场试验接线

图 4 为故障录波波形，从中可以看出，当选相装置合上 A 相时，基准母线电压即降为 0V，相应短引线产生差流，在 A 相合闸令发出 7ms 左右后，发出 B 相合闸令，约 25ms 发 C 相合闸令，在合闸过程还未结束，最终导致了三相保护跳闸令同时出口，但最终分闸时刻不一致，A、B 相相差 5ms，在可接受范围内，但 C 相与 A 相相差近 20ms，可见选相合闸装置与继电保护装置之间存在以下的配合缺陷：

（1）在单相合于线路故障时，选相装置未能配合保护动作及时停止 B、C 相合闸令的开出；

（2）在选相装置断路器固有合闸时间参数设置错误的情况下，影响到了三相断路器分闸结果。

上述两项问题若发生于实际情况中，则会导致线路开关合于故障且不能同时分闸，这样对故障的切除有一定的不利影响，因此需要完善相关的设计如图4、图5所示。

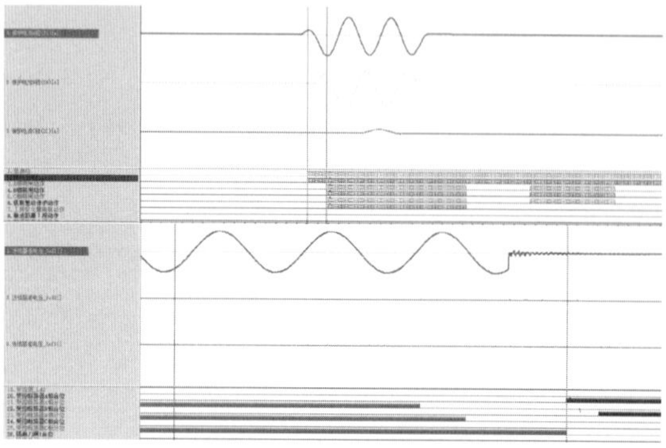

图4 故障录波波形图

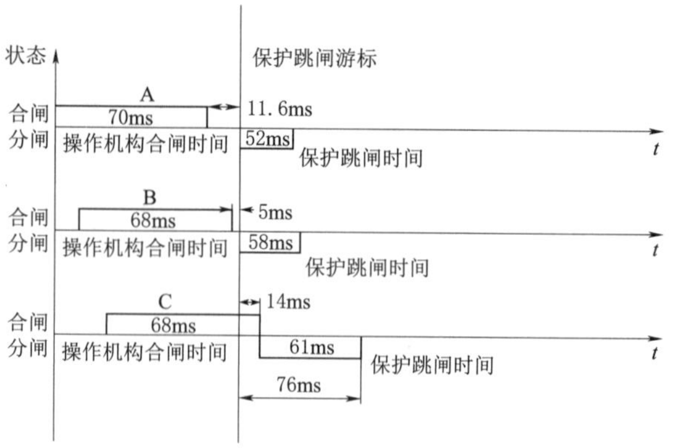

图5 三相断路器动作时序坐标

4 解决措施

针对前面提到的缺陷，可通过完善相关接线及逻辑设置的方法来避免，首先增加选相合闸装置的保护动作开入，当主保护动作后，在选相合闸装置收到相应保护动作信号后，应及时停止发出其他未合相的合闸令，通常合于故障时，主保护动作信号约25ms，因此建议非基准相的合闸时刻可在基准相合闸两个周波以后开始计算合闸角，这样选相装置有足够时间反应。其次选相合闸装置内应有三相断路器合闸参数设置错误的判断逻辑程序，当发现三相合闸固有时间差超过正常标准（≤4ms），则应闭锁相应功能并报警。

5 结语

选相合闸装置与保护装置的配合完善可以限制本文试验中事故发生情况下的故障扩大，从而很大程度上保证了设备的长期稳定运行。另外由于随着生产设备的长期使用，断路器的使用寿命逐步衰减，其各项参数会发生变化，因此选相合闸装置应引出自适应算法，通过统计合闸时间来自动调整设置值，这将是下一步的研究方向。

参考文献

[1] 许家源，华争祥，朱苛娄，等．选相关技术抑制空载变压器励磁涌流的实验研究［J］．电力系统保护与控制，2018，46（8）：7.

[2] 汪凤月，杨文丽，孔祥鹏．基于DDRTS仿真保护装置误动原因分析［J］．青海电力，2015（1）：4.

长龙山电站主变压器投运以来的问题及处理措施

柏陈程　姜跃东　冯海超
（华东天荒坪抽水蓄能有限责任公司，浙江省湖州市　313300）

【摘　要】本文总结了长龙山电站主变压器投运以来遇到的一些问题及处理过程，并提出了针对性的防治对策，为相关行业内设备运维提供参考。

【关键词】主变压器　压力释放阀　连接片　重瓦斯保护

1　引言

长龙山电站位于浙江省湖州市安吉县天荒坪镇和山川乡境内，装机容量 6×35 万 kW，双母线接线。长龙山电站 6 台主变压器均为保定天威保变电气股份有限公司生产。主变压器采用 420MVA、(525±2×2.5%)/18kV、三相、50Hz、强迫油导向循环水冷、双绕组、无励磁调压升压变压器。本文主要介绍了长龙山电站主变压器投运以来遇到的一些问题及处理措施。

2　主变压器投运以来的问题及处理措施

2.1　2 号主变压器压力释放保护误动

（1）故障现象。2021 年 9 月 27 日上午 9 时 53 分，1 号机组带 350MW 运行，2 号机组带 350MW 运行，监控出现如下报警："2 号主变非电量保护动作""2 号机组主变压力释放动作""1/2 号主变 5001 开关分位""1 号机组电气事故停机信号动作""2 号机组电气事故停机信号动作"。现地检查，2 号主变保护 B 柜保护装置显示"2 号主变非电量保护、压力释放保护"动作。

（2）原因分析。运维人员检查 5001 开关跳闸前后近一周 2 号主变油中气体在线监测色谱数据无明显变化。现场检查 2 号主变绕组温度、油温正常，压力释放装置 1 及压力释放装置 2 管路下方无喷油痕迹，压力释放装置本体未动作。经过现场绝缘试验发现压力释放装置 2 常开接点 BP2：11/14（见图 1）绝缘电阻仅为 3kΩ，电压仅能升至 4V；压力释放装置 1 常开接点 BP2：21/24 间电阻为 2.3GΩ。打开压力释放装置 2 端子接线盒，发现端子盒内部有积水且锈迹明显（见图 2），由此可以判断压力释放阀 2 节点受潮绝缘能力降低是 2 号主变保护误动的直接原因。

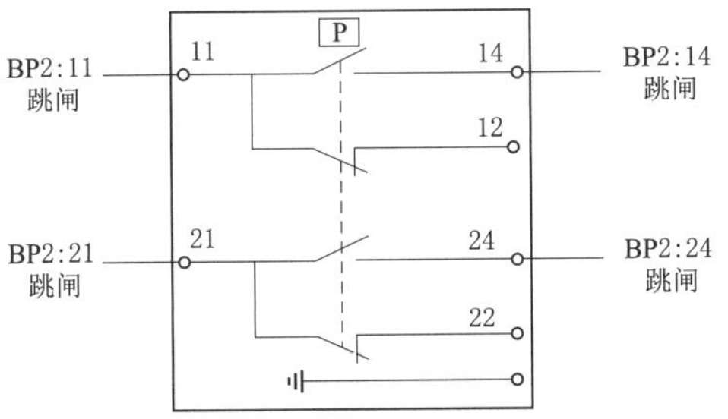

图 1　压力释放装置 2 常开接点

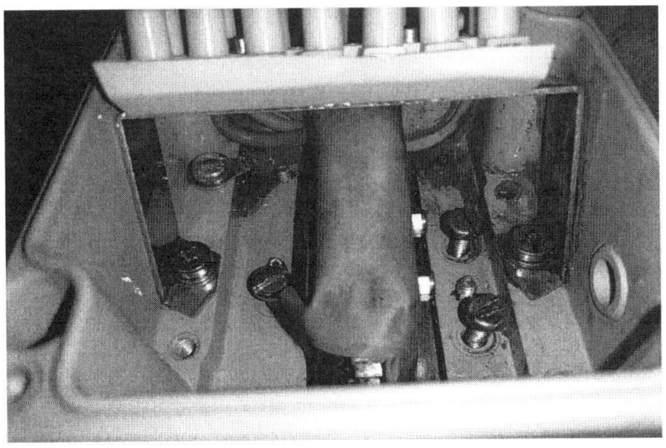

图 2　压力释放装置 2 端子接线盒内部

2 号主变进行消防喷淋试验时，压力释放装置 2 密封外罩仍未安装，且消防试验防护措施不到位，现场检查发现压力释放阀 2 端子盒电缆接线孔封堵不完善，导致消防喷淋试验时消防水沿电缆接线从接线孔进入端子盒中，故端子盒内部有积水且锈迹明显，此为 2 号主变压力释放保护误动的间接原因。

（3）处理措施：

1）更换 2 号主变压力释放阀 2 端子接线盒，更换后进行绝缘试验，为 2.53GΩ，满足标准要求。

2）对 2 号压力释放阀 1 及 2 端子接线盒电缆进线孔用防火泥进行封堵（见图 3）。

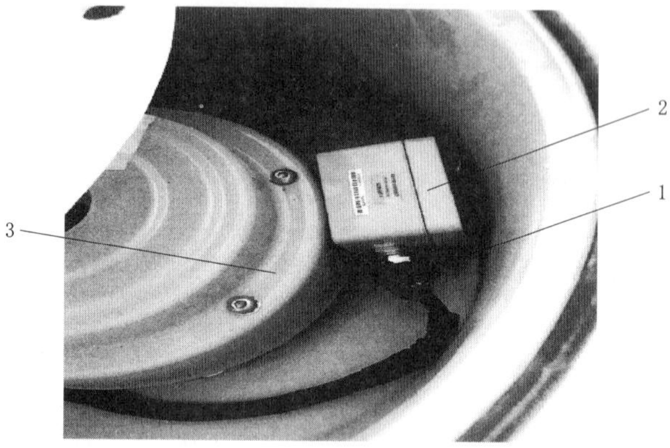

图 3 进线孔用防火泥封堵

1—防火泥封堵；2—压力释放阀端子盒；3—压力释放阀本体

3）将压力释放保护由压力释放装置 1 或压力释放装置 2 节点动作出口（并接）修改为压力释放装置 1 与压力释放装置 2 节点动作出口（串接）（见图 4），降低了压力释放保护误动的风险。

4）对 2 号主变其余重要非电量保护回路及其余主变重要非电量保护回路进行绝缘试验，试验结果均正常。

（4）认识与建议：

1）2 号主变进行消防喷淋试验时，压力释放装置 2 密封外罩仍未安装。主变压器进行消防试验时应保证附属设备已安装完成，试验时防护措施应做到位。

2）对于主变压器重要的附属设备的二次端子接线盒应封堵完善，防止进行消防试验时端子盒进水引发事故。

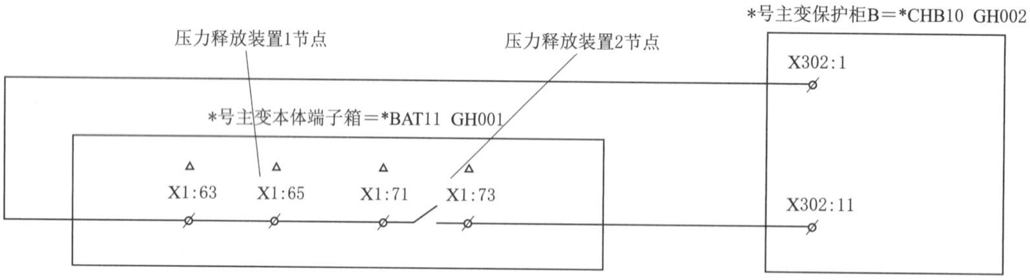

图 4 修改后压力释放装置节点接口示意图

3）在主变安装过程及主变消防试验过程中，加强设备的安装过程质量及消防试验防护措施监管验收。

2.2 主变箱体与底座的连接片过热

（1）故障现象。2021 年 7 月 10 日，环境温度 30℃左右，主变带负荷 350MW 运行 1h 左右。运维人员巡视 1 号主变压器，用红外测温仪进行测温时，发现 1 号主变高压侧靠冷却器侧、高压侧靠呼吸器下方侧及高压侧中间部位这四处箱体与底座的连接片温度异常，温度分别为 78.6℃、80.8℃、78.1℃、83.1℃，且这四处连接片有明显的发黑现象，其余连接片在 50℃左右。运维人员在 1 号主变压器空载时测量连接片温度，均为 40℃左右。连接片见图 5，红外测温见图 6。

（2）原因分析。1 号主变箱体与底座的连接片发热处集中在连接片的螺栓上，并且相对的温差较大，长期运行会造成箱体密封垫老化，影响主变绝缘油的性能。用红外测温对其余连接片测量，温度均在 45℃左右。

对长龙山主变压器产生漏磁机理及磁屏蔽进行分析。变压器工作时，绕组中电流会在周围产生磁通，除了通过铁芯形成闭合的主磁通回路外，还会通过绝缘油等弱导磁性介质与油箱构成磁通回路，与其他绕组不发生耦合，这就是漏磁通。长龙山主变压器油箱内壁装有电磁复合屏蔽，电屏蔽采用铜板材质，磁屏蔽选用电工钢带叠积而成的板式磁屏蔽，可降低油箱中的杂散损耗，防止过热，但是由于安装时磁屏蔽板不是一个整体，结构有空隙，总会有部分漏磁集中，与外壳形成闭合回路，产生感应电流流过连

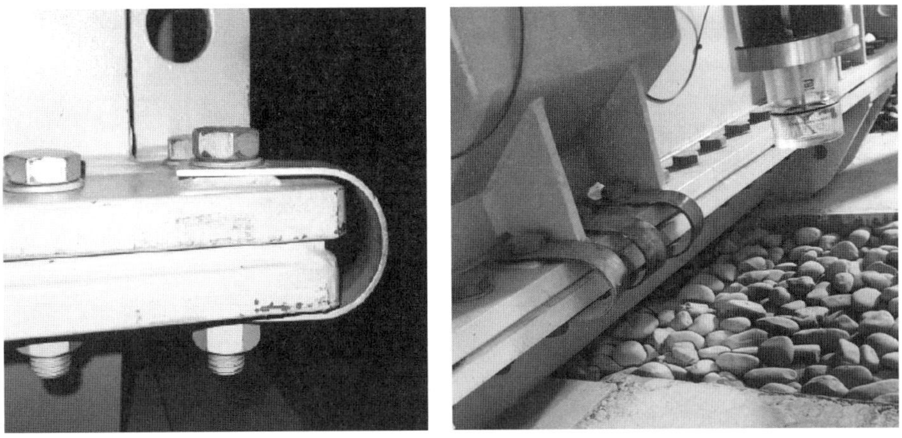

图 5　箱体与底座的连接片

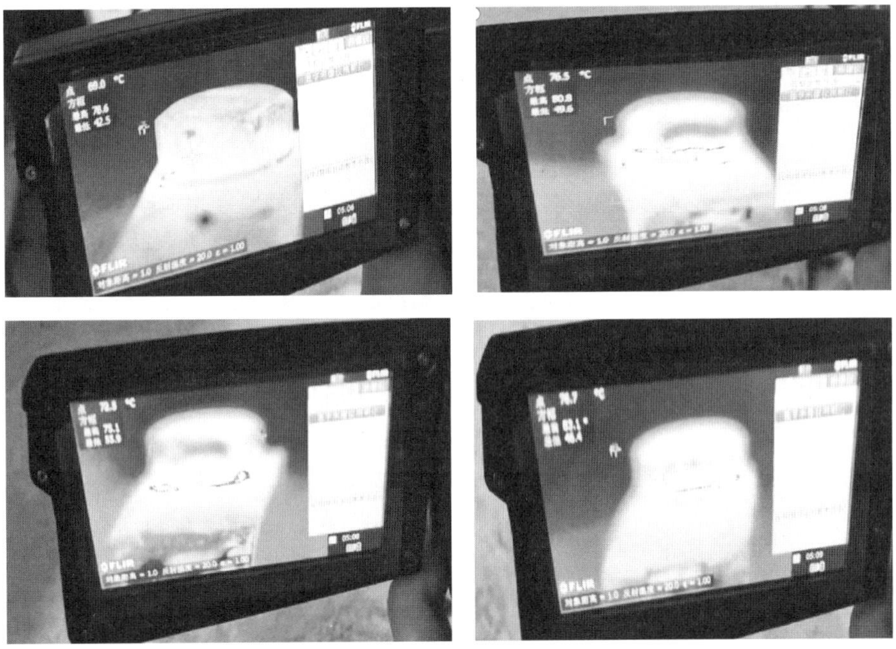

图 6　四处发热连接片红外测温图像

接片导致发热现象。变压器漏磁原理及磁屏蔽示意图见图 7。

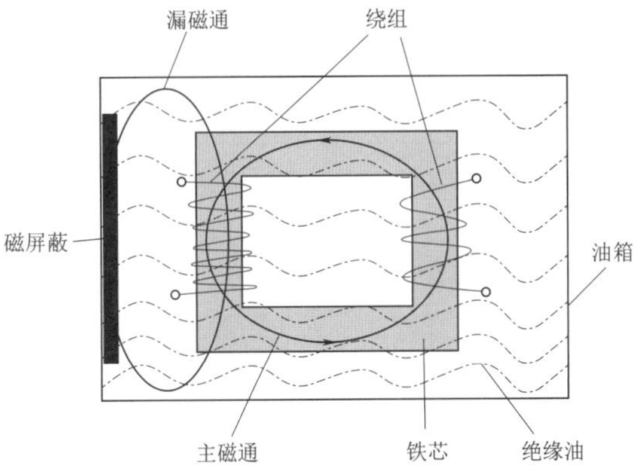

图 7　变压器漏磁原理及磁屏蔽示意图

基于以上主变压器产生漏磁机理及磁屏蔽的分析，可将连接片发热原因归结于以下两点：

1）变压器漏磁在连接片中形成闭合回路，磁通密度在油箱箱体和底座不同使得感应出的电动势不同造成电位差，形成导电回路，连接片处流过短路电流，短路电流过大会引起发热或者连接片松动将导致接触电阻增大引起发热。

2）漏磁场经油箱外壳与底座连接片形成闭合回路，由于空气的磁阻小，连接片导磁效果好，所以大量漏磁通穿过连接片形成闭合回路，使得连接片磁通密度很高，在连接片内部形成涡电流和磁滞损耗，造成发热。

（3）处理措施：

1）检修人员将 1 号主变 16 处箱体与底座的连接片全部重新紧固。在主变带负荷 350MW 运行 1h 后，用红外测温仪进行测温，温度无明显变化。

2）拆下这四处过热连接片，将连接片与底座的接触面进行打磨，并增大这四处连接片的截面积，再重新安装连接片。在主变带负荷 350MW 运行 1h 后，用红外测温仪进行测温，温度分别为 69.5℃、64.5℃、64.7℃、64.3℃，温度较之前略有下降。

3）根据 1 号主变连接片发热部位可以分析出漏磁较为严重区域在靠 1 号主变高压侧 C 相处，故在靠 C 相侧增加了一片连接铜片。增加连接片后，在主变带负荷 350MW 运行 1h 后，用红外测温仪进行测温，温度分别为 38.6℃、42.5℃、52.1℃、52.2℃，温度有明显下降。更换及增加的连接片见图 8。对于 1 号主变箱体与底座连接片温度的跟踪记录见表 1。

(a)　　(b)

图 8　更换及增加的连接片示意图

表 1　　长龙山电站 1 号主变箱体与底座连接片测温记录　　单位：℃

项　目	2021 年 7 月 10 日	2021 年 7 月 20 日（紧固螺栓后）	2021 年 8 月 17 日（打磨接触面后）	2021 年 9 月 15 日（增加连接片后）	2021 年 9 月 21 日
1 号连接片（发热处）	78.6	80.1	67.1	38.6 42.5（新增）	40.1 44.3（新增）
2 号连接片（发热处）	80.8	82.1	64.2	52.1	51.3
3 号连接片（发热处）	78.1	79.2	65.5	52.2	49.8
4 号连接片（发热处）	83.1	86.2	64.6	50.3	48.2
5 号连接片	52.1	51.2	53.6	45.3	44.2
6 号连接片	53.2	54.2	52.5	43.1	46.2
7 号连接片	52.1	52.6	51.2	42.6	41.3
8 号连接片	55.1	54.3	55.5	45.8	45.1
9 号连接片	54.6	52.1	59.8	51.2	50.2
10 号连接片	51.1	50.8	53.9	46.8	47.5
11 号连接片	44.7	47.2	51.5	42.1	44.2
12 号连接片	46.2	44.8	46.1	37.4	38.2
13 号连接片	45.6	45.4	46.5	39.7	41.3
14 号连接片	34.1	39.5	33.9	26.9	31.2
15 号连接片	40.2	41.2	38.1	31.4	35.2
16 号连接片	38.2	42.2	47.3	34.8	36.2
备注	所有连接片测温均在 1 号主变负载 350MW 运行 1h 后进行				

（4）认识与建议：

1）对于设备的发热问题，首先需分析发热性质，涡流损耗发热与磁滞发热机理不同，采取的措施也不同。

2）对于主变压器漏磁通较大部位的箱体连接片过热故障，可采用增加连接片的方式来降低温度，在连接片材质上要选择导电性能好的铜，并有足够的载流截面，以增加散热面和分流效果。

3）运维人员平时应注意主变压器的巡视及红外测温，多关注主变金属结构件表面温度，防止未及时发现隐患导致事故扩大。

2.3 4号主变瓦斯保护误动

（1）故障现象。2022年1月8日，3号机为停机状态，4号主变未投运，监控出现“4号主变非电量保护动作”“4号机组主变重瓦斯动作”报警信息，现场运维人员马上对4号主变本体进行检查，油位正常，无明显渗漏现象，查看主变在线监测色谱数据，对重瓦斯二次回路进行排查，未发现明显异常。对现场主变本体及其附件管路阀门状态进行排查，得知主变投运前安装人员发现事故排油阀前阀门未打开，将事故排油阀前隔离阀打开，导致主变瓦斯保护动作。

（2）主变瓦斯保护原理及误动原因分析。瓦斯继电器安装在变压器的储油柜和油箱之间的管道中。出现过热故障时，绝缘材料因温度过高而分解产生气体，当产生的气体过多，气体就上升到油箱上部，通过联管进入到继电器中，这时气体将继电器的油面压下带动上浮子位置逐渐下降，液面下降到对应继电器整定的容积时，上浮子上的磁铁使继电器内的干簧接点动作，继电器给出轻瓦斯报警信号。

在变压器内部有严重故障，引起油的大量分解，产生的气体在油枕联管内产生很高的流速，油流推动瓦斯继电器内的挡板，下浮子动作，瓦斯继电器给出变压器应分闸的信号。

对主变事故排油管路进行分析，正常情况下，主变事故排油管路除事故排油阀外其余阀门应均处于全开状态，当主变在热油循环时，可以将事故排油管路中的空气、水分及杂质过滤出来。本案例中，主变事故排油阀前隔离阀在真空注油前并未打开，隔离阀至事故排油阀这一段中会留存有大量空气，当安装人员打开阀门时，气体剧烈涌向油枕上部，导致主变重瓦斯动作。主变事故排油管路见图9。

（3）处理措施：

1）将主变压器全部冷却器手动开启，加大主变油箱内油循环的速率，使油中的残留空气更多的脱离出来，往油箱顶部聚集。

2）打开集气盒下部放油阀，将集气盒及其管路中的变压器油排放干净后，打开集气盒上部阀门，进行排气，此排气操作一天进行多次。

3）分别打开主变高压侧A、B、C相套管放气塞，见图10，明显可见有气泡冒出，待无气泡冒出后，关闭主变高压侧套管放气塞。此放气操作一天进行多次。

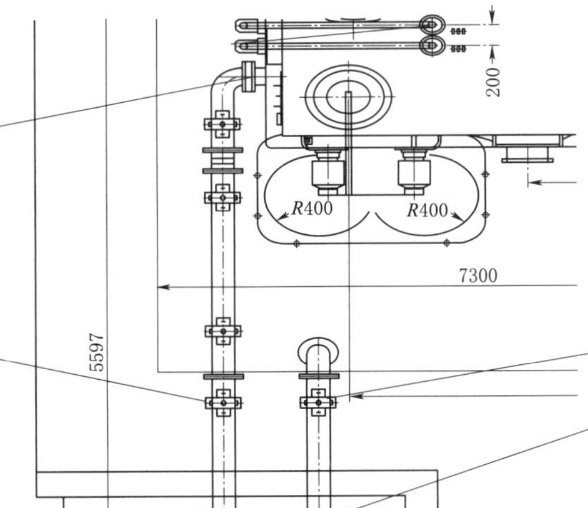

图9 主变事故排油管路示意图

1—事故排油阀；2—事故排油阀前隔离阀；3—事故排油阀后隔离阀；4—主变本体油箱

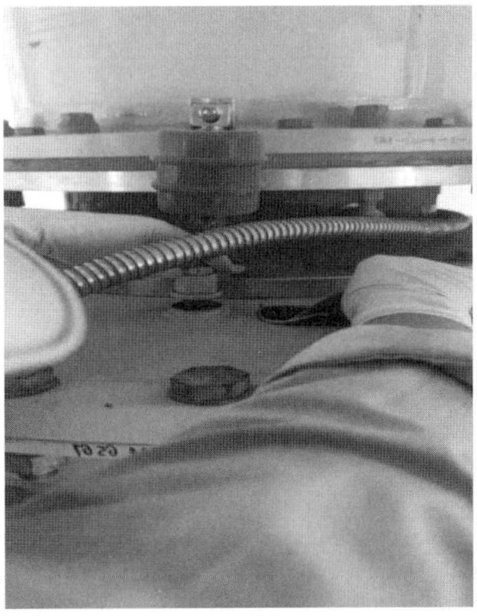

图10 主变高压侧套管放气塞

4）在以上措施进行3天后，取变压器油样进行化验分析，油中含气量为2.22%，符合标准，色谱数据均正常。

（4）认识与建议：

1）主变安装过程的监管及验收不到位，导致4号主变从附属部件安装到真空注油、热油循环直至投运前一天都未发现事故排油阀前阀门状态异常。主变压器投运前应仔细核对阀门状态，加强主变安装过程中的监管及验收。

2）安装人员对于主变安装过程中的阀门状态要清楚，对于投运前的设备，安装人员不应擅自改变主变的阀门状态。

3 结语

本文介绍了长龙山电站主变压器运行时见到的主变压力释放保护误动、重瓦斯误动及箱体连接片温度高这些故障及现场相应的处理措施，希望对相关人员能够有所借鉴。

参考文献

[1] 肖鸿威，王亚芳，吴志勇．变压器钟罩与底座连接片发热原因分析深究［J］．电气技术，2012．
[2] 张伟航．220kV及以上电压等级主变压器运行中出现的问题及解决对策［J］．中国高新技术企业，2014．

一种强迫油循环水冷变压器的冷却器 PLC 全停逻辑简介

桂一凡　朱逢祥　徐年飞　信富仁
（华东天荒坪抽水蓄能有限责任公司，浙江省湖州市　313302）

【摘　要】变压器的安全对抽蓄电站的正常运行至关重要，本文主要探讨抽水蓄能机组强迫油循环水冷变压器冷却系统中冷却器全停的 PLC 逻辑判断与冷却器全停的后果，结合变压器运行状态下可能出现的冷却器全停现象对冷却器全停的后果进行说明。

【关键词】变压器冷却器　全停信号　PLC

1　设备概况

1.1　冷却器概况

国内某大型抽水蓄能电站每台变压器设置 4 组水冷却器，水源取自本单元机组技术供水管，每组冷却器有 1 个油泵，投入时以额定功率运行，型号为 DW-500-V-T。冷却器运行由变压器冷却器 PLC 实现自动控制，变压器冷却器 PLC 根据变压器油温、绕组温度和负荷电流对冷却器进行投切；在“监控”状态下，可以远方启停冷却器。

变压器冷却器参数见表 1。

表 1　变压器冷却器参数表

水冷却器数量	型式	制造厂	尺寸（长×宽×高）	额定冷却容量	额定冷却容量下所需的油流量
4 组	DW-500-V-T	新胜冷却	3495mm×2650mm×3060mm	500kW	$135m^3/h$

1.2　运行方式

变压器冷却器的运行方式为 1 组工作、2 组辅助、1 组备用（即采用 1+2+1 控制方法），按 7 天一个周期进行轮换（见表 2）。

表 2　冷却器切换逻辑

冷却器切换逻辑	第一周	第二周	第三周	第四周
1 号冷却器	工作	备用	辅助 1	辅助 2
2 号冷却器	辅助 1	辅助 2	工作	备用
3 号冷却器	辅助 2	辅助 1	备用	工作
4 号冷却器	备用	工作	辅助 2	辅助 1

1.3　投退逻辑

变压器带电时应至少投入一台冷却器，即启动工作冷却器运行，辅助冷却器受变压器油温、绕组温度和变压器负荷控制，备用冷却器根据工作及辅助冷却器是否故障来启停。两组冷却器应避免同时启动，间隔时间至少 30s。

变压器冷却器控制方式有“自动/切除/手动”，正常控制方式应投“自动”，此时变压器冷却器的投退根据 PLC 自动控制（见表 3）；当“自动”控制失灵时也可采用“手动”控制方式，此时根据变压器温度及负荷的变化及时投切冷却器。

表 3 冷却器投运、退出逻辑

分类		启动条件	停止条件
工作冷却器		变压器带电（投运）	变压器退出运行
辅助冷却器	1	当油温≥55℃ 或高压绕组温度≥80℃或变压器负荷电流≥0.6I_n（变压器高压侧电流≥284.22A）	当油面温度＜55℃ 且绕组温度＜80℃ 且变压器负荷电流＜0.6I_n（变压器高压侧电流＜284.22A） 延时 10min 停止
	2	当油温≥60℃或高压绕组温度≥85℃或变压器负荷电流≥0.8I_n（变压器高压侧电流≥378.96A）	当油面温度＜60℃ 且绕组温度＜85℃ 且变压器负荷电流＜0.8I_n（变压器高压侧电流＜378.96A） 延时 10min 停止
备用冷却器		当工作或辅助冷却器故障，延时 3s 投入	当工作或辅助冷却器故障消除

2 冷却器全停逻辑判断

如变压器运行时变压器冷却器全停，则 PLC 瞬时输出报警信号。短时间内变压器可以无冷却器运行，若冷却器全停 20min 且油温＞75℃则跳变压器高压侧开关，若油温未达到 75℃，则变压器冷却器全停后延时 60min 跳变压器高压侧开关。

基于 PLC 的逻辑判断，参照图 1，输出变压器冷却器全停（M12）信号需满足条件：同时存在 1 号电源故障（dygz1）、2 号电源（dygz2）故障或同时存在总故障 1（M14）、故障 2（M15）、故障 3（M16）、故障 4（M17）信号。

2.1 总故障信号导致变压器冷却器全停信号（M14）

当总故障 1（M14）导致输出变压器冷却器全停信号时，参照图 2 可知。

总故障 1 信号的判断逻辑为：1 号冷却器故障（GZ1）、1 号油流异常（T9.Q）、1 号水流异常（T13.Q）、1 号油压异常（T13_0.Q）。以任一条件满足时，输出总故障 1 信号。

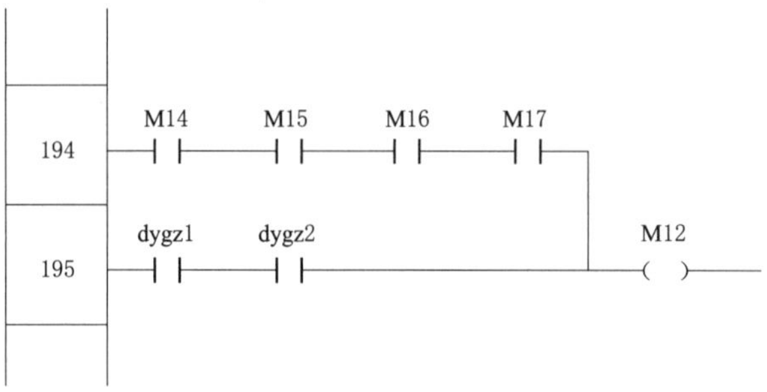

图 1 冷却器全停信号

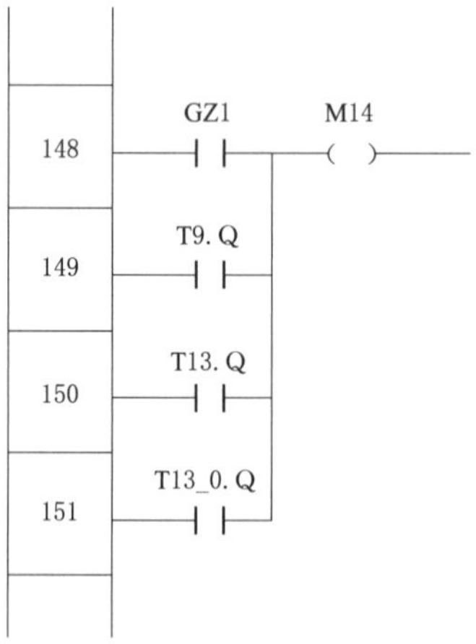

图 2 总故障 1 信号

2.1.1 1 号冷却器故障（GZ1）

参照图 3 可知导致输出总故障 1 信号的 1 号冷却器故障信号的判断逻辑为：1 号电动阀故障（T1.Q）、1 号冷却器油泵故障（T5.Q）、1 号油泵空开断开（bkk.1）、1 号水阀空开断开（fkk.1）、1 号油压异常（T13_0.Q）、1 号冷却器漏报警（sl.1）、1 号冷却器控制电源报警（kz.1）。

以上任一条件满足时，输出 1 号冷却器故障信号。

2.1.1.1 1 号电动阀故障（FGZ_1）

参照图 4 可知导致输出 1 号冷却器故障信号（GZ1）的 1 号电动阀故障（FGZ_1）的判断逻辑为：在未初始化（M13）、自动模式 1（zd1）前提下。

(1) 1号水阀开(M51_1)、1号电动阀非全开(fqk.1)或在1号电动阀全关(fqg.1)。

(2) 1号水阀关(M52_1)、1号电动阀全开(fqk.1)或1号电动阀非全关(fqg.1)。

(3) 回路自保持(T1.Q)。

(4) 1号电动阀非全开也非全关(fqk.1和fqg.1)。

以四种上情况满足任意一种并保持超过45s,则输出1号电动阀故障信号。

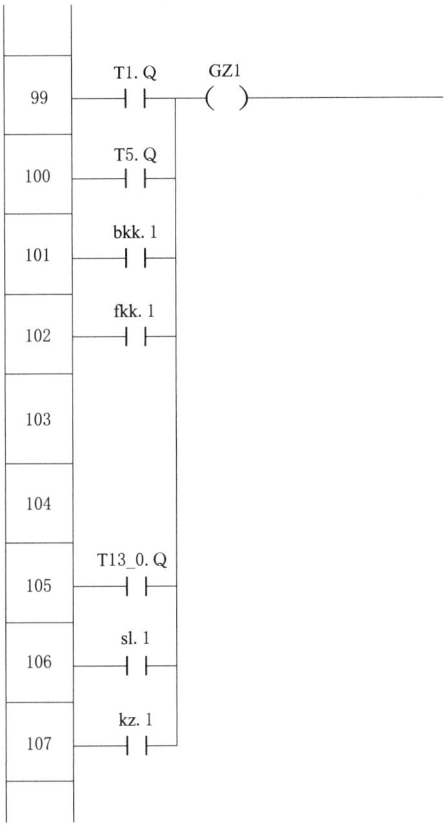

图3 冷却器故障信号

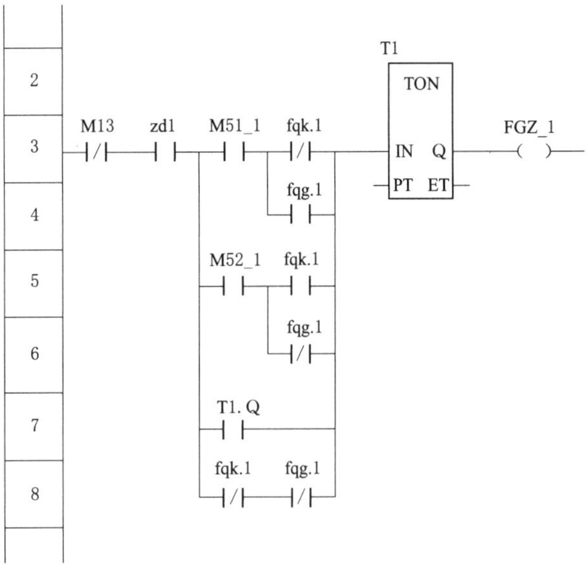

图4 电动阀故障1号信号

2.1.1.2 1号冷却器油泵故障(BGZ_1)

参照图5可知导致输出1号冷却器故障信号(GZ1)的1号冷却器油泵故障(BGZ_1)的判断逻辑为:

在未初始化(M13)、自动模式1(zd1)前提下。

(1) 1号油泵启动(M50_1)、1号油泵未运行(b1)。

(2) 总故障1(M14)、1号油泵运行(b1)。

(3) 回路自保持(T5.Q)。

以三种上情况满足任意一种并保持超过15s,则输出1号冷却器油泵故障信号。

2.1.2 1号油流异常

参照图6可知导致输出总故障1信号的1号油流异常信号的判断逻辑为:未初始化(M13)、自动模式1(zd1)、1号油泵启(M50_1)、1号油流示流计流量低(ylsj1)。

以上条件均满足并超过15s时,输出1号油流异常信号,在未初始化、自动模式1的前提下1号油流异常信号能够自保持。

2.1.3 1号水流异常

参照图7可知导致输出总故障1信号的1号水流异常信号的判断逻辑为:未初始化(M13)、自动模式1(zd1)、1号水阀开(M51_1)、1号水流示流计流量低(slsj1)。

以上条件均满足并超过15s时,输出1号水流异常信号,在未初始化、自动模式1的前提下1号水流异常信号能够自保持。

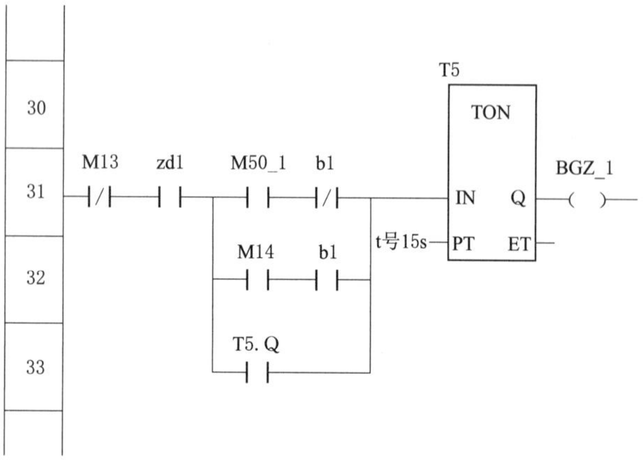

图 5　1 号冷却器油泵故障信号

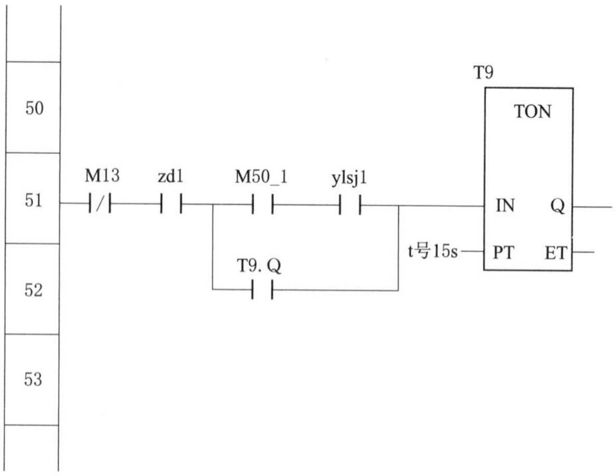

图 6　1 号油流异常信号

2.1.4　1 号油压异常

参照图 8 可知导致输出总故障 1 信号的 1 号油压异常信号的判断逻辑为：未初始化（M13）、自动模式 1（zd1）、1 号油泵启（M50_1）、1 号油压传感器压力低（cgq1）。

以上条件均满足并超过 15s 时，输出 1 号油压异常信号，在未初始化、自动模式 1 的前提下信号能够自保持。

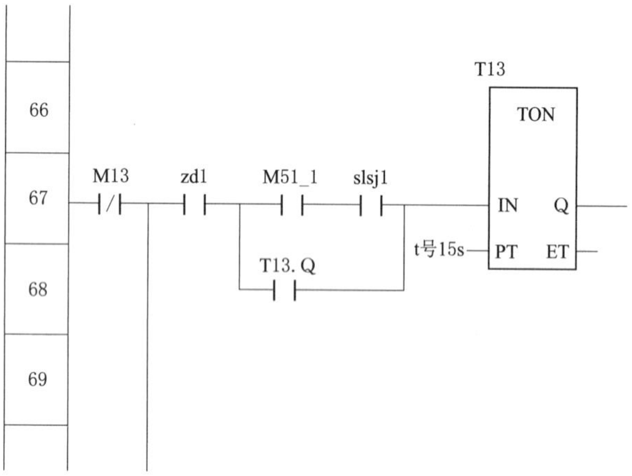

图 7　1 号水流异常信号

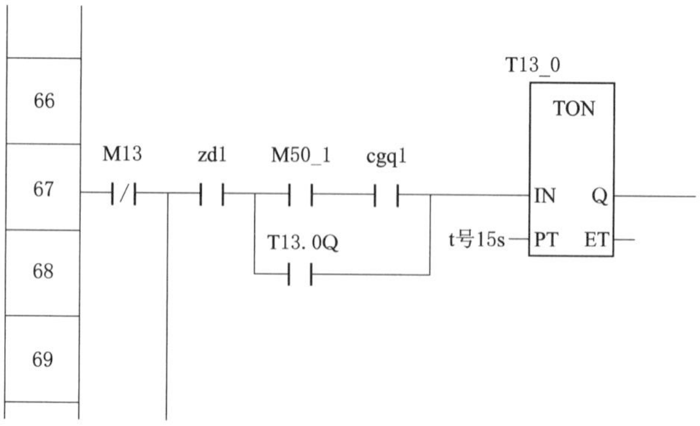

图 8　1 号油压异常信号

总故障 2、3、4 信号的判断逻辑与总故障 1 类似，不再详细列举。需要注意的是同时存在总故障 1、2、3、4 信号的情况下，PLC 才会输出变压器冷却器全停报警信号，否则只输出相应故障本身的报警信号。

3　1 号、2 号动力电源故障导致变压器冷却器全停信号

1 号、2 号动力电源分别取自机组自用盘的Ⅰ段和Ⅱ段，K1、K2 为动力电源监视继电器。

当 1 号、2 号动力电源故障导致输出变压器冷却器全停信号时，参照图 9 可知当两路电源出现故障，KX1、KX2 继电器失磁，KX1、KX2 的节点 21、24 断开，导致 K1、K2 继电器失磁。

参照图 10 可知当 K1、K2 继电器失磁，冷却器全停延时启动回路中 K1、K2 的 31、32 节点接通，XR32 继电器励磁，参照图 11 可知在 XR32 继电器励磁后，XR32 继电器的 11、14 节点闭合，将冷却器全停瞬时报警信号送至监控，同时延时继电器 BSJ1 和 BSJ2 励磁。

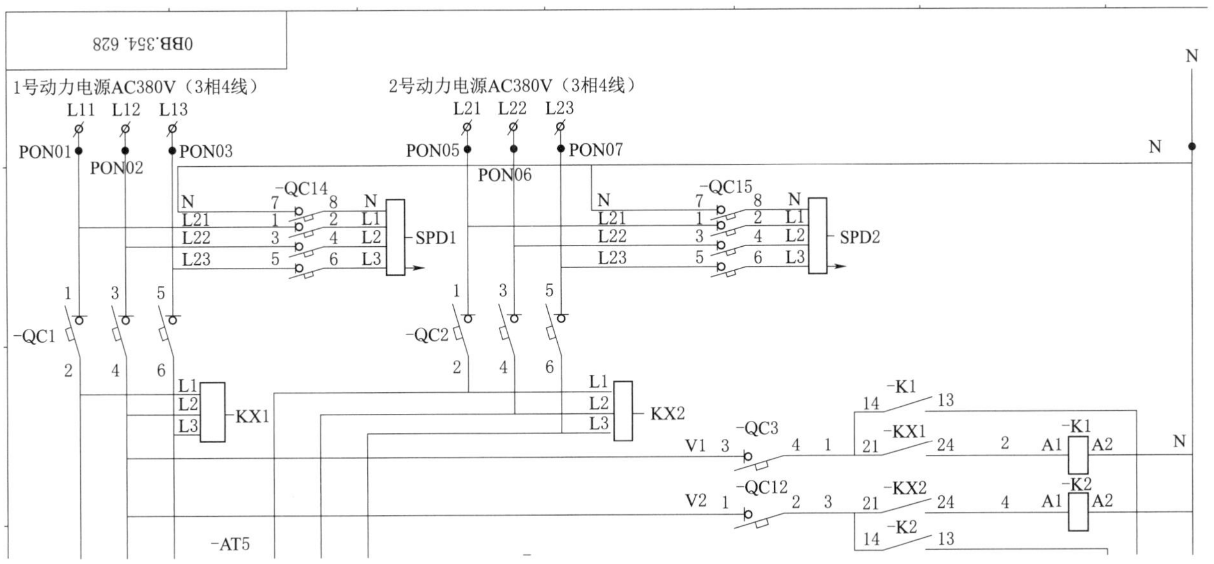

图 9　1 号、2 号动力电源

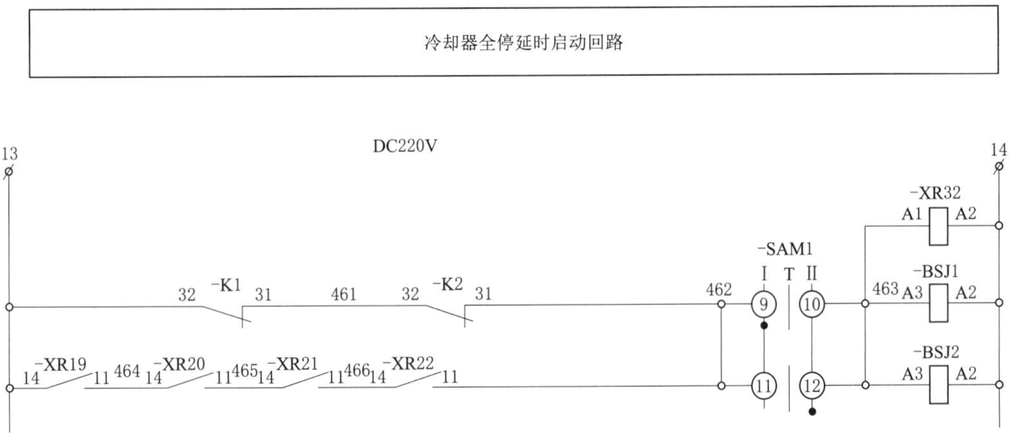

图 10　冷却器全停延时启动回路

4　冷却器全停动作后果

参照图 12、图 13 可知，除两路动力电源故障外，四台冷却器全部故障也会导致冷却器全停瞬时报警信号送监控、延时继电器 BSJ1 和 BSJ2 励磁。

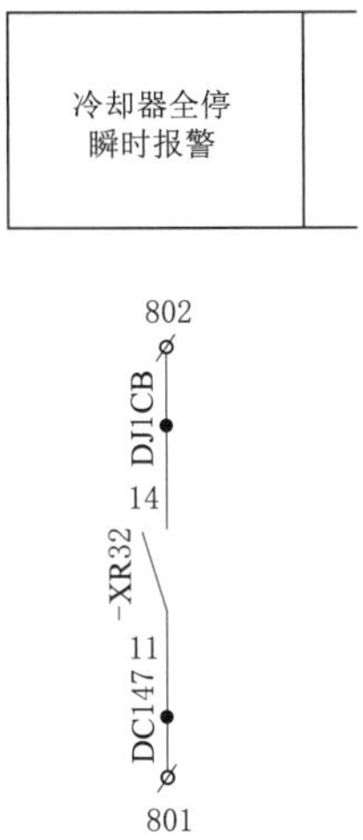

图 11　冷却器全停瞬时报警回路

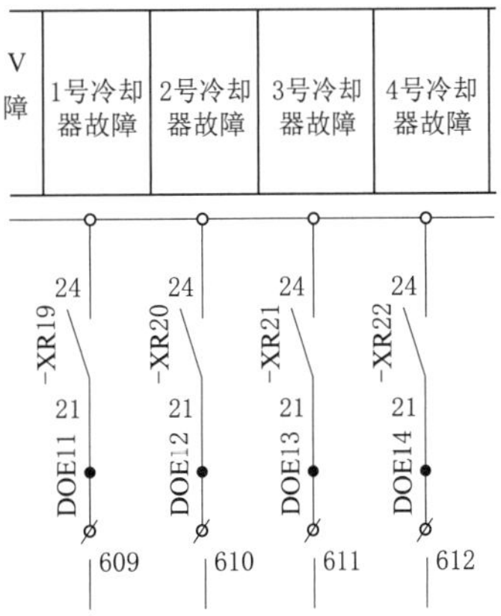

图 12　冷却器全停信号回路

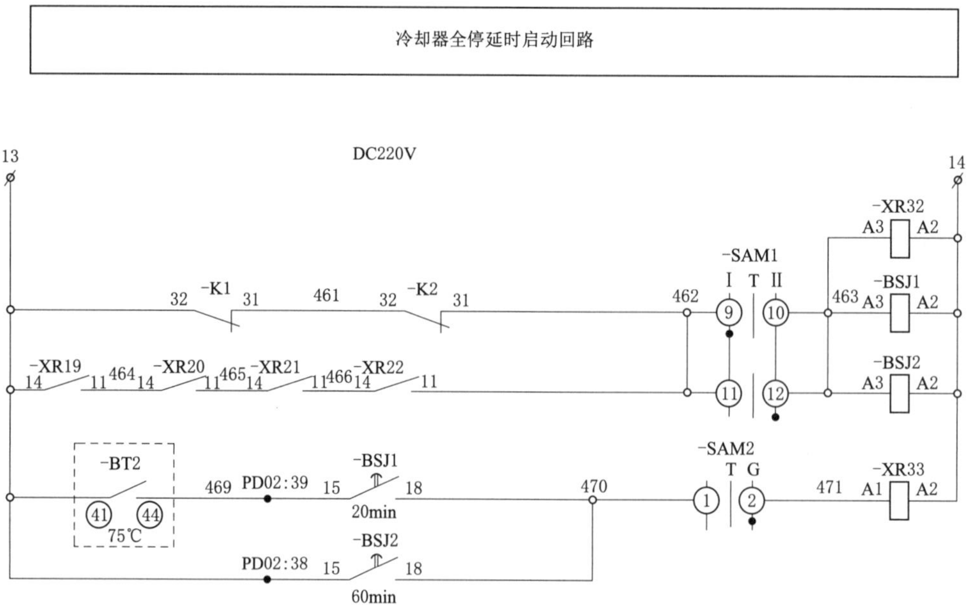

图 13 冷却器全停延时启动回路

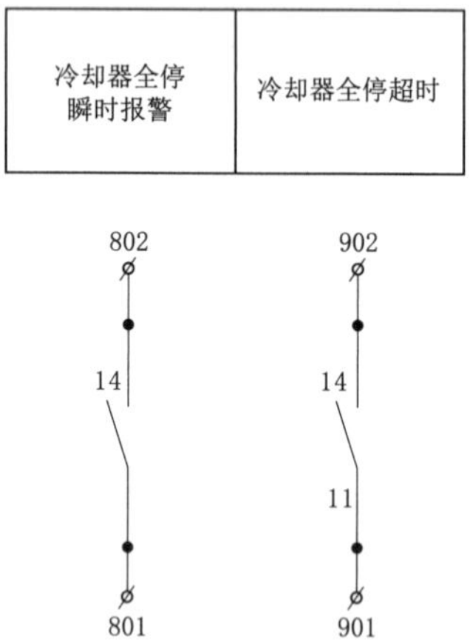

图 14 冷却器全停跳闸回路

当冷却器故障，则图 12 的 21、24 节点闭合，图 10 冷却器全停延时启动回路中的 11、14 节点闭合，XR32 继电器励磁，XR32 继电器的 11、14 节点闭合，将冷却器全停瞬时报警信号送至监控，同时延时继电器 BSJ1 和 BSJ2 励磁。

两路动力电源故障或四台冷却器全部故障后，参照图 13 可知，BSJ1 继电器延时 20min 励磁，此时若变压器油面温度大于 75℃ 则 BT2 节点闭合，导通 XR33 继电器励磁回路，XR33 励磁，导通图 14 的冷却器全停延时油温高跳闸回路，跳开变压器高压侧开关。如果 60min 内油温未上升至 75℃或 BSJ1 继电器故障未励磁，则 BSJ2 继电器励磁，导通 XR33 继电器励磁回路，XR33 励磁，导通图 14 的冷却器全停延时油温高跳闸回路，跳开变压器高压侧开关。

当自用盘全停时间超过 45s 才恢复送电时，需在变压器冷却器控制柜触摸屏上按下“系统复位”，否则四台冷却器故障报警信号将自保持。

5 结语

本文以国内某抽水蓄能电站的强迫油循环水冷变压器的冷却器 PLC 逻辑为例，介绍了一种冷却器全停时的 PLC 判断逻辑并对其动作后果进行了说明，为同类型的变压器冷却器 PLC 逻辑设计提供了参考。

参考文献

[1] 李浩良，孙华平．抽水蓄能电站运行与管理［M］．杭州：浙江大学出版社，2013.

长龙山电站负荷成组控制解析

付　帅　黎　洋
（华东天荒坪抽水蓄能有限责任公司，浙江省湖州市　313302）

【摘　要】本文描述了长龙山抽水蓄能电站负荷成组控制策略，并通过机组发电工况下不同负荷情况对该策略进行了验证。结果表明，当前负荷成组控制策略可以实现自动发电控制，并满足华东电网负荷曲线斜率要求。此外，针对当前该控制策略存在的问题提出了相应的解决方案，以供参考。

【关键词】负荷成组控制　自动发电控制　负荷曲线斜率

1　前言

浙江长龙山抽水蓄能电站（以下简称“长龙山电站”）位于浙江省安吉县境内，总装机容量2100MW（6×350MW），两条线路（即长妙5P01、龙妙5P02）以500kV电压等级分别经妙西变电站2台变压器连接的两条母线接入华东电网，归属华东网调调度，承担调峰、填谷、调频、调相、事故备用等任务。长龙山抽蓄电站机组参数：核定发电容量为350MW；核定运行负荷区间为175～350MW；额定频率为50Hz，额定转速1～4号机500r/min，5～6号机600r/min；电站监控系统为水科院的H9000监控系统，负荷成组控制功能在监控系统上位机服务器中实现。

2　成组控制策略

根据调度下发的负荷曲线进行负荷成组控制，控制策略见表1。

表1　负荷成组控制策略

内　容	相关参数
全厂第一台机组发电方向启动提前时间	11min
非首台发电启动提前时间	第一台15min、第二台13min
全厂最后一台发电机组停机提前时间	4min
非最后一台发电停机提前时间（单台）	1min
非最后一台发电停机提前时间（两台）	第一台7min、第二台1min
机组启机至同期并网的预判时间	3min
成组单机发电最低负荷	175MW
单台机组抽水启动提前时间	13min
两台机组抽水启动组提前时间	第一台13min、第二台5min
单台机组抽水停机提前时间	7min
两台机组抽水停机提前时间	第一台11min、第二台7min
抽水调相启动提前时间	28min
高频闭锁发电开机及高频闭锁升负荷	50.05Hz
低频闭锁发电停机及低频闭锁降负荷	49.95Hz

退全厂成组及退单机成组条件见表2。

表2 退全厂成组及退单机成组条件

退全厂成组条件	退单机成组条件
1～6号机组现地控制单元以及开关站现地控制单元在非锁机状态下通信中断（延迟60s）	单元机组跳机
非锁机状态下，单元机组功率变送器故障（延时5s）	单元机组LCU的控制方式不在远方
500kV开关站线路保护动作（延时5s）	励磁控制柜控制方式不在远方
500kV Ⅰ、Ⅱ母线均不可用（延时5s）	调速器控制柜控制方式不在远方
与两台成组服务器同时通信中断	单元机一次出线回路不满足
与101、104两台调度通信服务器通信中断	单机锁机
紧急支援挂起	停机流程未执行，停机失败（延迟20s）
成组服务器重启	抽水调相转抽水未执行（延迟20s）
	发电开机未执行（延迟20s）
	抽水调相开机未执行（延迟20s）
	抽水调相选择两套SFC失败

3 成组控制试验

本文对长龙山电站机组发电方向下的不同负荷计划进行了相关试验，即首个时段启动一台机组发电工况试验、首个时段启动两台机组发电试验、全厂已有两台机组运行情况下，启动第三台机组发电试验、全厂已有两台机组运行情况下，启动第三台、第四台机组发电试验时间、负荷越限试验试验、非最后一台及最后一台单机发电转停机试验，最后一点双机组发电转停机试验，最后一点双机组发电转停机试验。试验结果表明，在上述几种情况下，该负荷成组控制策略可以可靠实现自动发电控制。具体试验如下。

3.1 发电方向首个时段启动一台机组发电工况试验

2022年7月5日9：19，5号机组按首台启动时间发电开机。9：22，5号机组并网，并迅速拉升至单机负荷下限174.7MW，其后以23.3MW/min的速率提升负荷。9：30，5号机组有功升至满负荷350MW（5号机组负荷曲线如图1中曲线所示）。

在全厂已有1台机组运行的情况下，进行下一时段启动第二台机组发电试验。具体试验为：5号机组运行于350MW满负荷发电状态时，1号机组于9：30发电开机。约3min30s后，1号机组并网（1号机组负荷曲线如图1中曲线所示）。此时5号机组负荷下降至243MW左右，全厂负荷平均分配至1号机和5号机组，此后两台机组均以11.7MW/min的斜率拉升负荷。9：45，两台机组均拉升负荷至350MW，全厂总有功700MW。负荷曲线如图1所示。

3.2 发电方向首个时段启动两台机组发电工况试验

发电方向首个时段启动两台机组时，第二台机组会在第一台机组进入开机流程后的1min后启动，具体试验如下：

2022年7月7日9：19，4号机组发电方向开机；9：20，2号机组发电方向开机。4号机组并网后，立即升负荷至满负荷350MW（4号机负荷曲线如图2中紫色曲线所示）。约1min后，2号机组并网（2号机组负荷曲线如图2中黑色曲线所示）。此时4号机组迅速回调负荷，2号机组拉升负荷，最终两台机组平均分配当前全厂总有功设定值。下一分钟起，两台机组同时提升出力，两台机组均以46.6MW/min的速率拉升负荷，直至全厂总有功达到700MW。负荷曲线如图2所示。

3.3 发电方向全厂已有2台机组运行情况下，启动第三台机组发电工况试验

2022年7月5日21：00，1号机和4号机组处于带350MW满负荷发电运行状态（1号机负荷曲线如图3中曲线，4号机负荷曲线如图3中曲线），此时6号机组发电启动（6号机负荷曲线如图3中曲线），

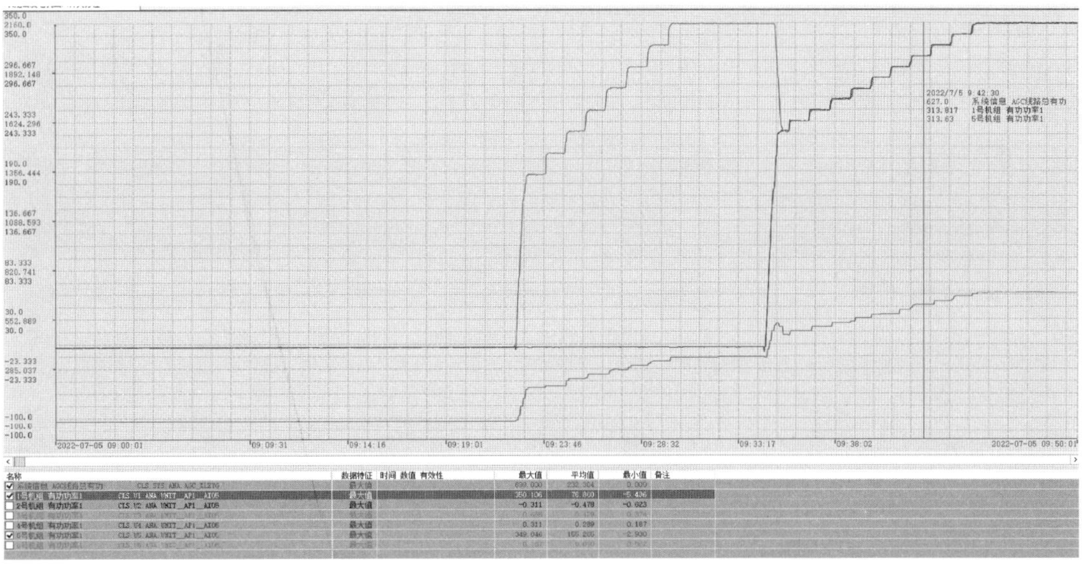

图 1 全厂首台机组及第二台机组发电工况启动负荷曲线

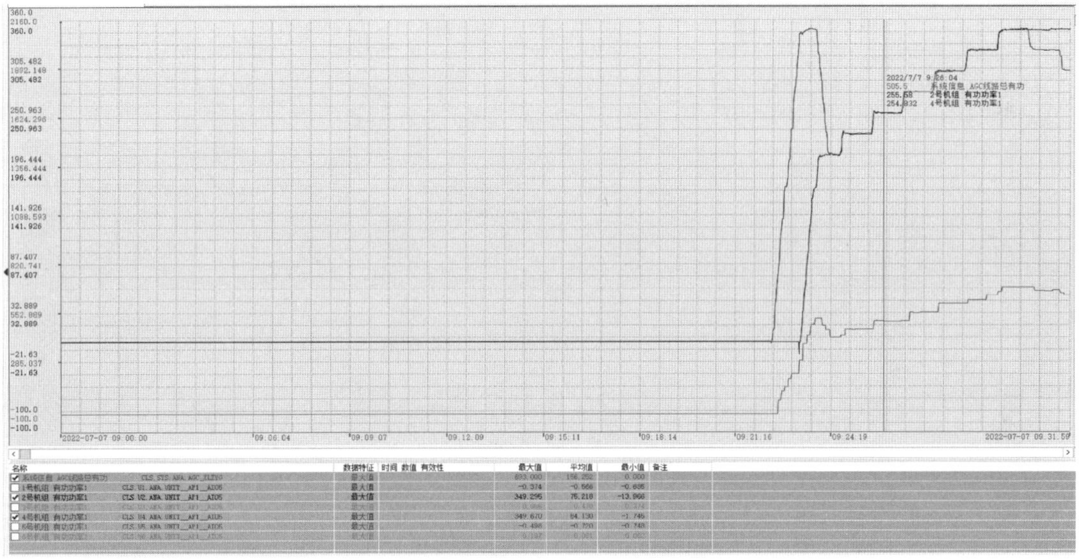

图 2 首时段两台发电启动负荷曲线

机组并网后，1 号、4 号机组回调负荷，6 号机组拉升负荷，3 台机组稳定负荷至 275MW，平均分配全厂有功设定值，并以 7.7MW/min 的速率提升负荷，直至全厂总有功达到 1050MW。负荷曲线如图 3 所示。

3.4 发电方向全厂已有 2 台机组运行情况下，启动第三台、第四台机组发电工况试验

2022 年 7 月 8 日 21：15，2 号机组及 4 号机组处于 350MW 满负荷发电稳定运行状态（2 号机负荷曲线如图 4 中黑色曲线，4 号机负荷曲线如图 4 中曲线），此时 5 号机组发电启动（5 号机负荷曲线如图 3 中曲线）。21：18，5 号机组并网，2 号、4 号机组回调负荷，全厂 3 台机组平均分配当前负荷设定值，并以 46.6MW/min 的速率升负荷。2min 后，1 号机组发电启动（1 号机负荷曲线如图 3 中曲线）。21：21，1 号机组并网，2 号、4 号、5 号机组同时回调负荷，全厂 4 台机组平均分配当前负荷设定值，并继续以 46.6MW/min 速率升负荷。直至全厂总负荷达到 1400MW。负荷曲线如图 4 所示。

3.5 负荷越限试验

2022 年 7 月 6 日 23：00—23：15。试验过程：试验前 1 号、2 号、3 号机组处于满负荷发电运行状态，将其他停机机组切为单机模式。23：00，全厂 DLC 目标为 1050MW；23：15，全厂 DLC 目标值为 1400MW。23：00，后全厂 DLC 曲线开始上升，由于全厂仅 3 台机组处于成组模式，全厂总有功设定值

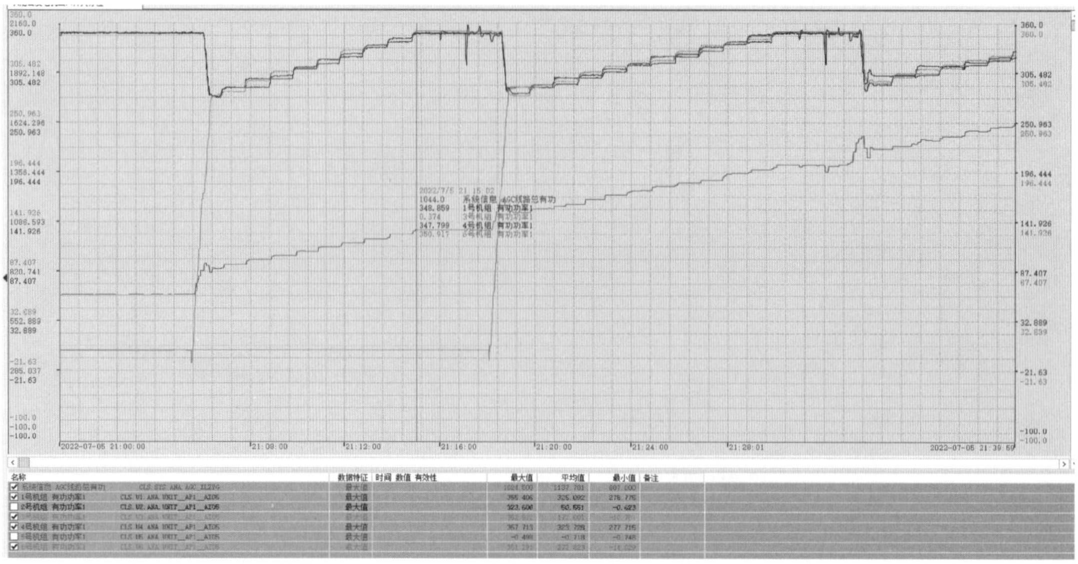

图 3 全厂已有两台机组运行情况下，启动第三台机组发电负荷曲线

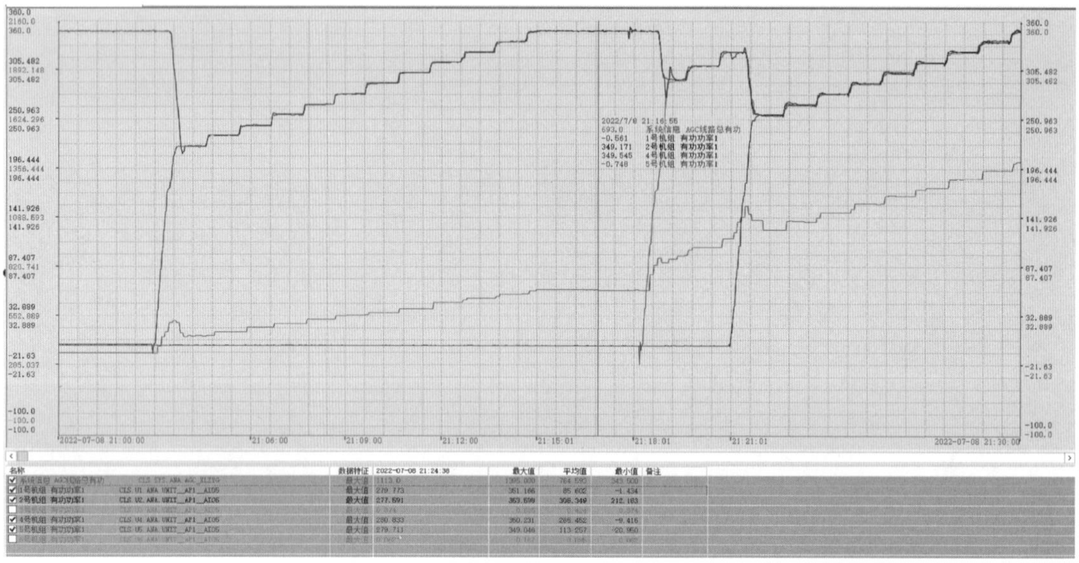

图 4 全厂已有两台机组运行情况下，启动第三、第四台机组发电负荷曲线

越限，全厂保持 3 台机组满负荷运行。23：03，运行人员手动启动 5 号机组。机组并网后，升至单机负荷下限 175MW，已在成组模式的其余 3 台机组重新进行负荷分配，使得全厂总有功与 DLC 负荷曲线的斜率值接近。当全厂总有功实发值与负荷曲线斜率的目标值偏差小于 10MW 时，将 5 号机组切入成组模式，全厂机组重新平均分配全厂总有功，并继续以 23.3MW/min 的速率升负荷，最终全厂负荷达到 1400MW。负荷曲线如图 5 所示。

3.6 非最后一台及最后一台单机发电转停机试验

2022 年 7 月 5 日 16：45，6 号机组按 DLC 负荷曲线以 23.3MW/min 的速率开始降负荷。3 号机组维持 350MW 发电运行。16：52，6 号机降至负荷下限 175MW，3 号机组开始降负荷。16：59，6 号机组执行停机流程，3 号机组将负荷拉回至 350MW。17：00，3 号机组开始降负荷，降负荷速率为 23.3MW/min。17：08，3 号机组降至负荷下限，并维持 175MW 运行。17：11，3 号机组执行停机流程。负荷曲线如图 6 所示，其中 3 号机组负荷曲线如图 6 中曲线所示，6 号机组负荷曲线如图 6 中曲线所示。

3.7 最后一点双机组发电转停机试验

2022 年 7 月 6 日 23：45—24：00。全厂机组启动的负荷曲线试验过程：23：45，3 号机组开始以

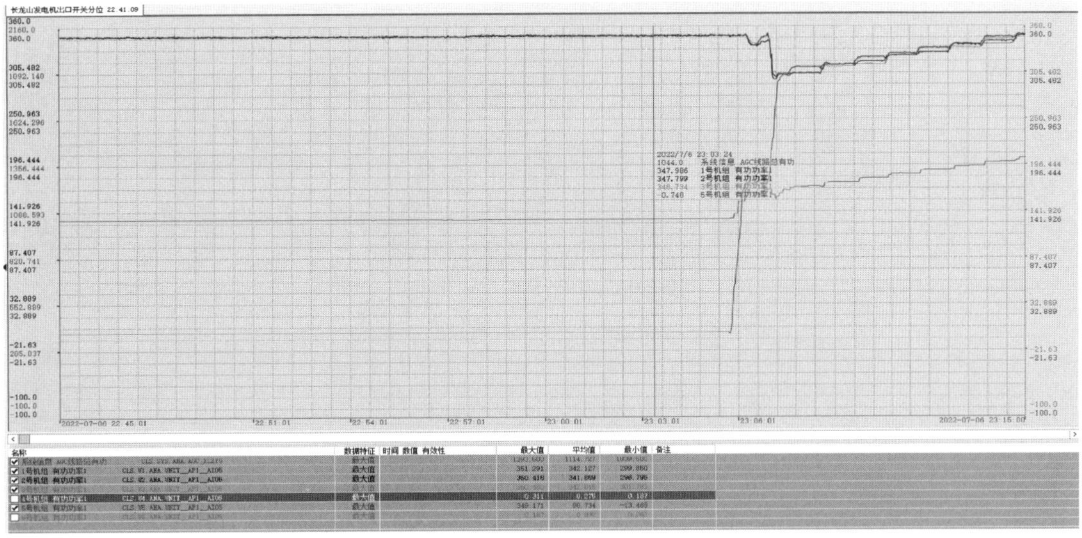

图 5　负荷越限试验曲线

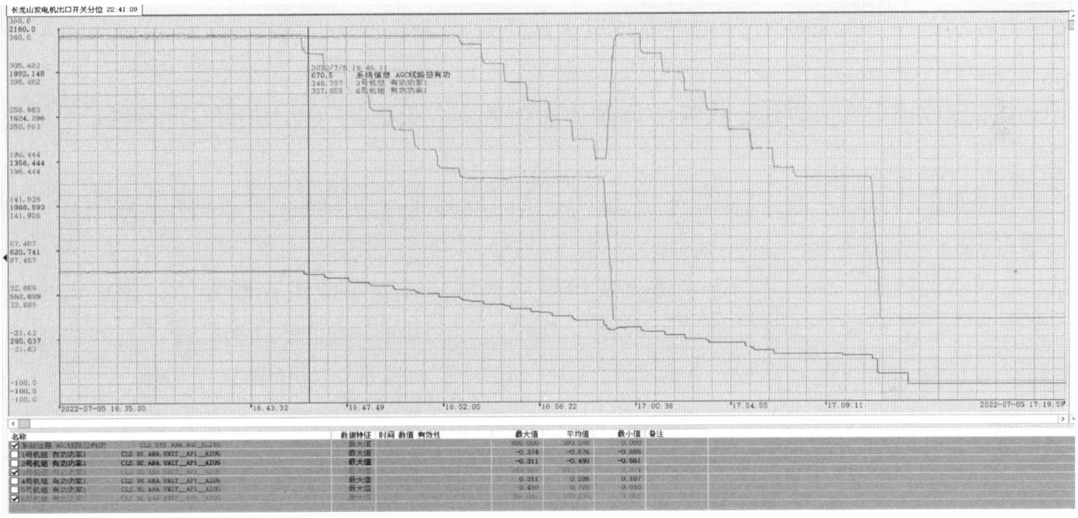

图 6　非最后一台及最后一台单机发电转停机过程负荷曲线

46.6MW/min 速率降负荷，直至 3 号机组达到负荷下限 175MW 后维持不变，其后 1 号机组开始以 46.6MW/min 速率开始降负荷。23：53，3 号机组执行停机流程。1 号机拉升负荷至当前全厂有功设定值。23：56，1 号机组执行停机流程。负荷曲线如图 7 所示，其中 1 号机组负荷曲线如图 7 中曲线所示，3 号机组负荷曲线如图 7 中曲线所示。

通过上述试验，试验结果表明长龙山电站负荷成组控制发电方向负荷曲线斜率能够满足华东电网的要求。

抽水方向进行了抽水启动试验，抽水停机试验，机组均能够根据负荷计划正常启停机组。根据试验定值进行高频闭锁发电开机及高频闭锁升负荷试验；低频闭锁发电停机及低频闭锁降负荷试验；高频闭锁抽水停机试验；低频闭锁抽水调相转抽水试验。功能均能满足运行需求。

4　成组运行期间存在的问题

通过成组控制，可以使机组在发电方向及抽水方向正确可靠地实现自动发电控制，并满足华东电网负荷曲线斜率要求。目前长龙山成组均能按照程序所设定的策略对机组启停进行控制，但成组控制仍存在以下问题，亟须解决。

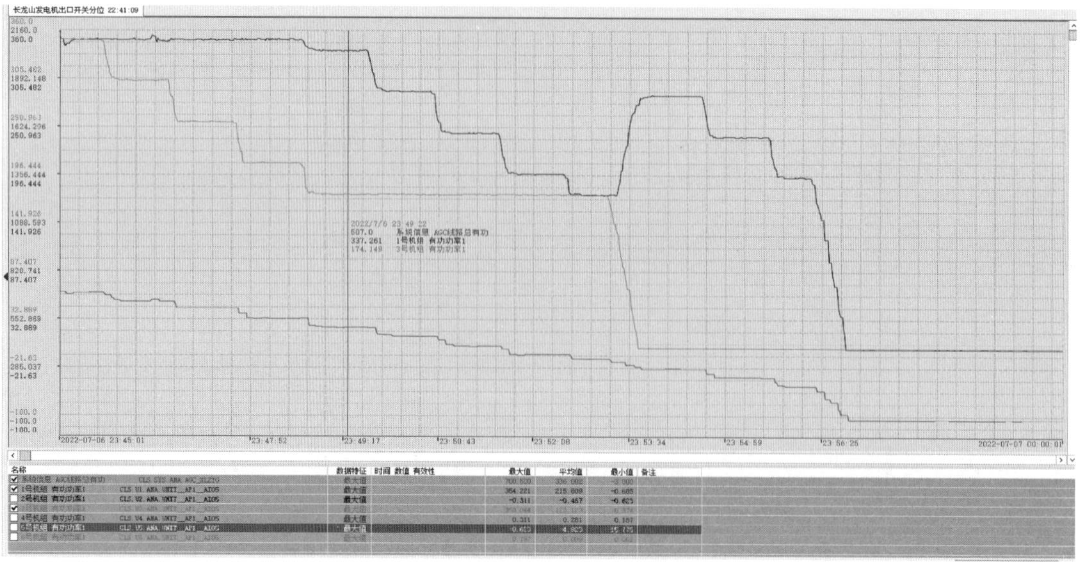

图 7　最后一点双机发电转停机负荷曲线

（1）成组控制程序不能在每日 24 时之前读取次日负荷计划，导致机组仍然按照前一天负荷计划启停机组。

（2）成组控制画面中无法看到已读取的负荷计划，运行人员无法判断成组程序中负荷计划是否刷新成功。

（3）成组控制无法在同一时段启停 3 台机组。一个时段起两台抽水的试验过程存在部分误判及机组误启 SCP 的情况。

针对上述存在的问题，计划后期逐步优化成组控制程序，首先将成组控制程序已读取的负荷计划加入成组控制画面中，方便运行人员能够第一时间看到成组控制画面中负荷曲线刷新。其次，增加成组控制程序手动读取负荷计划功能，在成组控制程序无法读取时手动读取，避免误启停机组。

成组控制无法在同一时段启停 3 台机组。一个时段起两台抽水的试验过程存在部分误判及机组误启 SCP 的情况，虽然已进行逻辑优化和修改，其正确性还未最终得到验证。成组控制程序若连续两个点分别为发电和抽水，成组控制程序会出现无法启停机组的现象。上述负荷曲线在运行中出现较少，但这是后期成组控制优化的方向。

5　结语

结合负荷成组控制策略、成组控制试验以及成组运行期间出现的问题可以得出结论：长龙山负荷成组控制满足华东电网要求，且均能按照程序所设定的策略对机组启停进行控制，针对目前运行存在的问题已在文中提出了相应解决方案。后期对程序的优化主要有两方面：

（1）增强成组控制程序的鲁棒性，使得成组控制程序能实现应有的功能。

（2）优化长龙山负荷成组控制程序，使得在各种负荷计划的情况下能够正常控制机组启停。

抽水蓄能电站固定卷扬式启闭机增设开度传感器的探讨及应用

钱 力 赵雪鹏 高 磊 李 迪 任 帅 高 权
(河北张河湾蓄能发电有限责任公司，河北省石家庄市 050300)

【摘 要】上水库闸门开度参与机组控制，当机组发电或抽水运行时，如果机组对应流道的上水库闸门未全开且闸门开度小于70%，为防止设备损坏，会自动启动事故停机流程。当机组为停机备用状态，如果机组对应流道的上水库闸门开度为非全开状态，机组无法启动。上水库闸门启闭机仅设置由一路开度编码传感器，如果开度编码器发生故障，不仅影响自身闸门的运行，也会影响到闸门对应流道的两台机组的运行与备用状态。张河湾公司通过试验论证，在原设备基础上增设了一路开度信号传感器。

【关键词】固定卷扬式启闭机 闸门 双路开度信号 编码传感器 增设

1 概况

张河湾抽水蓄能电站位于河北省石家庄市井陉县境内，是一座日调节抽水蓄能电站，电站枢纽工程包括上、下水库、输水系统、地下厂房、开关站等组成。电站单机容量250MW，总装机容量1000MW，安装了4台单级、立轴、混流可逆式水泵水轮发电机组，以一回500kV线路接入河北南部电网。引水系统设置为一洞两机，在上水库进/出水口设置一扇闸门，闸门由3200kN固定式卷扬启闭机启闭。目前，张河湾抽水蓄能电站已投运14年。

2 问题的提出

机组运行时，上水库闸门开度参与机组控制，当机组发电或抽水运行时，如果机组对应流道的上库闸门未全开且闸门开度小于70%，为防止设备损坏，机组会自动启动事故停机流程。当机组为停机备用状态，如果机组对应流道的上水库闸门开度为非全开状态，机组无法启动。上水库闸门启闭机仅设置由一路开度编码传感器，如果开度编码器发生故障，不仅影响自身闸门的运行，也会影响到闸门对应流道的两台机组的运行与备用状态。

张河湾公司通过试验论证，认为采用增设一路闸门编码器可以极大地避免传统设计带来的弊端，所以上库闸门编码器增设就应运而生。

为保证上水库闸门的正常运行，需增设一路备用开度编码器。在一路出现故障时，另一路能正常运行，主备两路各自独立，互不影响。备用开度传感器安装在卷筒轴另一端与主开度传感器相同位置，并用联轴节与卷筒连接，把闸门的提升开度转变为对应的数字编码后，传递到PLC与设定的上限、下限、预置各个开度整定点进行比较判断。可以设置任意一路开度编码器为主用，PLC也会在当前主用故障时自动无扰动切换至备用开度编码器。

3 具体措施

3.1 装置介绍

新增开度编码器型号与原开度编码器相同，为倍加福编码器，AVM58 N－011 AAROBN－1212，如图1和图2所示。

图 1 原开度编码器安装图

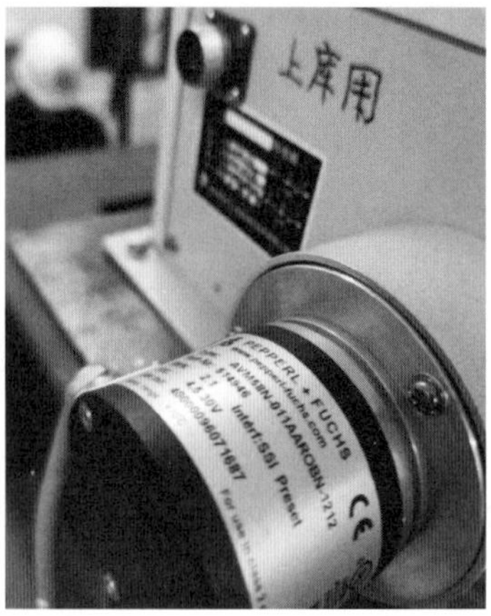

图 2 增设的开度编码器

3.2 工作原理

闸门开度编码器与闸门启闭机卷筒轴一端相联，把闸门的提升开度转变为对应的数字编码后，传递到 PLC 与设定的上限、下限、预置各个开度整定点进行比较判断，一旦测量值超限，立即报警，并使相应的继电器触点动作。

3.3 创新点

（1）增加了闸门备用开度编码器。

（2）主备用开度编码器可以任意设置。

（3）当主用开度编码器故障时可以自动无扰动切换至备用。

4 现场实施

实施过程包括：拆除增设位置的卷筒轴承端盖；对端盖进行加工；对卷筒轴进行攻丝，安装传感器的传动轴及底座；回装卷筒轴承端盖；调整新安装传动轴与开度编码器轴同心；焊接开度编码器支架；接线；设定；调试。

4.1 拆除增设位置的卷筒轴承端盖

卷筒轴承的一端为原设计编码器及支架，另一端为轴承端盖，如图 3 所示。将轴承端盖两侧的定位销拆除，在卷扬机底座上架设龙门架。龙门架使用时，使用绳索进行固定，在龙门架横梁上挂接手拉葫芦，缓慢均匀吊起轴承座的上半部分以及固定螺栓，如图 4 所示。因运行日久，销钉的固定较为牢固，拆除时使用铜棒斜向上顶住销钉下端，使用手锤敲击铜棒将销钉顶出。销钉、螺栓取下后清洗干净，塑料布包裹，等待回装使用。

图 3 备用开度编码器安装前的卷筒轴承端盖

图 4 拆除卷筒轴承端盖

4.2 对端盖进行加工

将拆下的轴承端盖进行加工处理，在其中心加工 100mm 的通孔，孔的内壁开两道端盖表面平行的凹槽，同时制作厚度等于两凹槽间隙的直径 90mm 不锈钢材质的圆板，后续将圆板装入通孔，在两侧的凹槽内安装内卡簧用以固定圆板。在圆板中心加工直径 20mm 通孔。

4.3 对卷筒轴进行攻丝，安装传感器的传动轴及底座

清洁轴端的润滑脂，沿着端面的两直径划线，其交点即为轴端的中心点。沿第 3 条直径划线验证中心点正确。在中心点处使用样冲打中心眼定位。传动轴为直径 10mm 材质的不锈钢圆棒，两端加工外螺纹。传动轴底座的中心制作同样规格内螺纹，用于安装传动轴；底座均匀分布 3 个通孔，用与将底座与卷筒轴把合固定。传动轴底座的厚度，以底座厚度加上螺栓头部的总厚度小于端盖内壁与卷筒轴端面间隙，并留有一定裕量为宜，目的是安装后不剐蹭端盖内壁。传动轴底座的直径小于轴承端盖中心通孔，目的是回装端盖后也可以取下传动轴底座进行处理。先对照卷筒轴中心，同心放置传动轴底座，在 3 个通孔的中心使用样冲打中心眼定位。随后以 3 个中心眼为中心，打孔、攻丝，安装传动轴底座，螺纹连接处涂抹中强度螺纹锁固胶，如图 5 所示。所有现场加工部位，在加工期间做好防护，避免碎屑落入润滑脂。

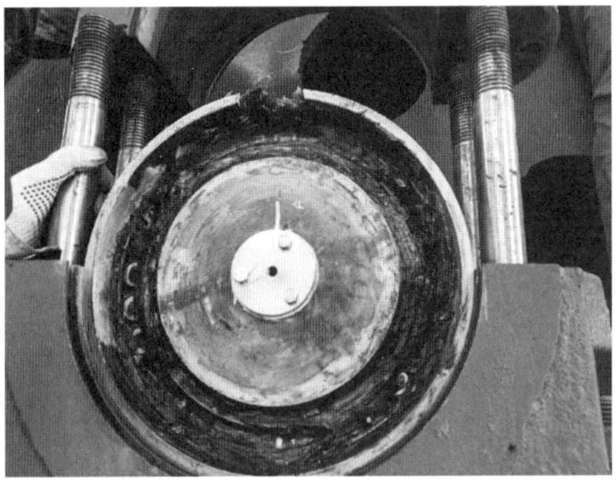

图 5　安装传动轴底座

图 6　回装卷筒轴承端盖并安装传动轴

4.4 回装卷筒轴承端盖

将轴承处的润滑脂去除，检查确认无金属碎屑及其他异物存在后，重新涂抹足量的润滑脂，按照与拆除端盖相反的顺序回装卷筒轴承端盖。依次安装直径 10mm 的传动轴、端盖内侧内卡簧、20mm 通孔圆盘、端盖外侧内卡簧，其中在传动轴上紧贴 20mm 通孔圆盘处以过盈配合安装直径 30mm 的白色密封垫以防止外界粉尘进入设备内部，如图 7 所示。其中，螺纹连接处涂抹中强度螺纹锁固胶。圆盘中心通孔设计为 20mm，目的是容纳现场制作引起的非同心误差。

图 7　安装后的传感器支架以及开度编码传感器

4.5 焊接开度编码器支架

开度编码器支架，先对比原传感器支架进行焊接制作整体结构。将新支架与卷扬机底座进行焊接固定前，确保传感器轴与新安装的传动轴同心，然后再进行最终的焊接固定。为了减少焊接对最终位置的影响，采取以下措施：①支架为“目”字结构，两侧立板中间焊接横板进行加强；②为了焊接以后的调整方便，在支架与传感器之间增加一层安装板，传感器与安装板的固定位置设计为左右滑动的槽，安装板与支架的螺栓固定位置设计为可以前后滑动的槽，俯仰之间的调节可以通孔在前后螺栓位置增加垫片的方式调节。以上措施来确保传感器轴与新安装的传动轴同心。同时，传感器机构本身也是可以允许一定的偏心情况存在。安

装完成后如图 7 所示。

4.6 接线

新增传感器的接线布置，使用波纹管防护、沿着卷扬机底座向下，随后以钢管防护埋入提前制作的地面沟槽内，随后进入盘柜。待试验正常后，使用水泥将沟槽填实，与地面齐平。

4.7 标定

恢复启闭机的隔离措施，将闸门全关、全开动作，标定新增传感器的对应开度值。两套传感器同时运行，以设定的主用传感器进行启闭机的控制。主备用传感器可以在触摸屏上进行设置。当主用传感器故障时，自动切换备用传感器进行控制。

4.8 调试

依次进行现地手动、现地 PLC、远方自动等不同方式的操作，期间切换主备用开度传感器的开度参数进行控制，启闭机运行正常，无停顿、卡涩等异常现象。试验验证开度信号标定正常，主备用开度信号可以无扰动切换。

5 结语

从经济性考虑，固定卷扬式启闭机增设开度传感器的一次性实施成本相对较低，但其极大地降低了因开度编码器故障造成机组运行过程中事故停机或无法启动的风险，在这方面产生的效益是无法估量的。固定卷扬启闭机中备用开度编码器的安装结构，已获得国家实用新型专利，证书号第 17006678 号，专利号 ZL 2021 2 3214385.0。今后我公司将继续不断深度研究设备控制的优化方案，将当前的先进技术引入到生产工作中，不断提高工作效率，提升设备可靠性。

一起抽水蓄能电站固定卷扬式启闭机卷筒与卷筒轴发生偏移缺陷的分析及处理

卢 彬 路 建 卢沼君 高冠群 陈 波
（河北张河湾蓄能发电有限责任公司，河北省石家庄市 050300）

【摘 要】 本文主要通过对一起抽水蓄能电站尾水事故闸门固定式卷扬机卷筒与卷筒轴发生偏移缺陷的分析及处理，详细介绍该类缺陷出处理的基本思路和方法。机械设备出现问题，不可一蹴而就，可能是很多方面共同造成的结果，需要运维人员在平时对设备进行细致的学习和观察，如此当设备缺陷发生后可以得到及时有效的解决，同时对于该同类重型设备敢于动刀，勇于作为，综合利用机械理论知识，指导实践作业是处理该类缺陷最有效的手段。最终实现运维人员“早发现、早处理”，确保设备运行的安全，提高运维人员对设备缺陷的识别能力和预见性。

【关键词】 偏移 固定装置 配合 间隙

1 设备及其缺陷基本情况介绍

张河湾公司每台机组设置一个尾水事故闸门，布置在机组流道的下水库进出水口处，尾水事故闸门采用固定卷扬式启闭机操作，共安装 4 台 2000kN 固定式卷扬机，闸门及启闭机的主要参数见表 1。操作人员现地落 2 号尾水闸门操作 2 号机组尾水事故闸门启闭机时发现卷筒与启闭机的上层基础板存在剐蹭现象，现地立即排查，直观发现存在以下 3 个异常现象：①卷筒齿轮侧与基础发生剐蹭产生的摩擦点，如图 5 所示；②安装编码器的一次卷筒轴存在明显内凹现象，如图 1 所示；③安装编码器一端的卷筒内侧存在明显的移位现象，如图 3 所示。

表 1 尾水事故闸门及启闭机技术参数

孔口型式	潜孔	总水压力	12562kN
孔口尺寸	4.5m×5.288m	闸门自重	25.6t
底坎高程	435.163m	吊点间距	单吊点
设计水头	52.837m	操作方式	动闭静启
校核水头	52.937m	启闭机型式	2000kN 固定卷扬启闭机
支承跨度	5.2m		
额定启门力	2000kN	滑轮组倍率	6
启闭扬程	58m	启闭速度	4.2/2.1m/min
总传动比	$i=241.7$	减速器型号	QJRS-D560-50Ⅶ
吊点间距	单吊点	钢丝绳缠绕层数	四层绕
卷筒直径	1300mm	开式齿轮规格	$m=25$，$Z_1=18$，$Z_2=87$
工作电源	三相交流，380V，50Hz		
钢丝绳规格	40ZBB6X19（W）+FC-1770 GB8918-88		
制动器型号	YWZ5-400/80（液力推动器 Ed80/6）		
电动机型号	YHD315L-4/8（50/100kW，1470/728r/min）		

图 1 安装编码器一端的卷筒外侧（异常状态）

图 2 安装编码器一端的卷筒外侧（正常状态）

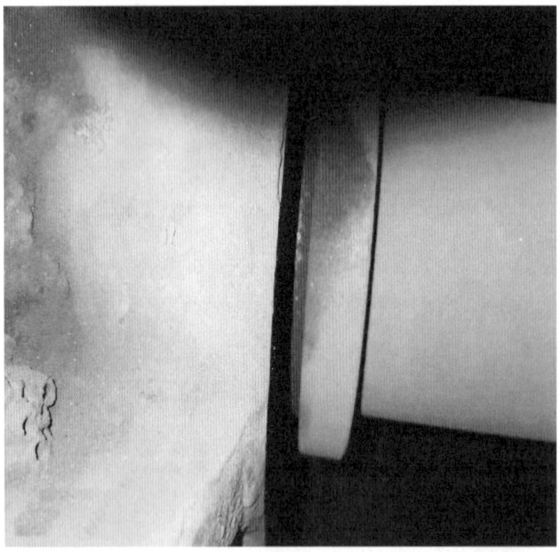

图 3 安装编码器一端的卷筒内侧（异常状态）

图 4 安装编码器一端的卷筒内侧（正常状态）

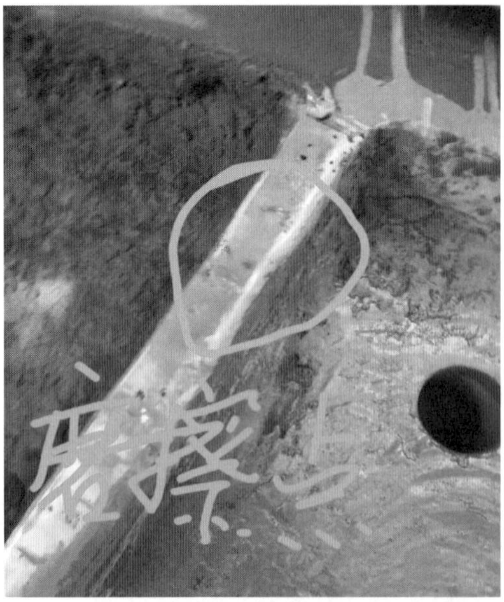

图 5 卷筒齿轮侧与基础发生剐蹭产生的摩擦点 1

图 6 卷筒齿轮侧与基础发生剐蹭产生的摩擦点 2

图 7 摩擦点处理后（保证启闭机的正常运行，临时将摩擦点进行处理，保证设备运行）

查阅装配图纸，结合现场设备情况，初步排查结论：2 号尾水闸门启闭机筒存在轻微偏移剐蹭的现象的直接原因为卷筒和卷筒轴发生了相对位移。两者发生相对位移的原因主要可能有 4 点：①启闭机卷筒长时间运行，造成轴承发生磨损，受力不均，在转动过程中造成卷筒偏移；②轴承和轴的过盈配合尺寸偏小，让运行过程中卷筒和轴存在偏移增大，超出范围，造成剐蹭；③卷筒和轴没有牢固的相对固定装置，造成偏移；④轴承装配后，轴承两侧可移动空间偏大，在卷筒移动过程中造成卷筒偏移。针对 4 个可能存在的问题计划结合启闭机检修进行拆解检查和处理。

2 处理过程

2.1 开度编码器拆除

拆解卷筒前需先将开度编码器拆除，为防止编码器开度数据变化，拆解编码器前使用胶带将螺旋限位轴固定，固定牢靠后拆除螺旋限位轴与卷筒轴连接螺栓（图 8）。

图 8 开度编码器拆除

2.2 卷筒检修支撑吊起支架制作

根据现场实际检修情况，制作底部千斤顶支座、卷筒吊装龙门架及卷筒升起后防止卷筒转动支架。

(1) 底部千斤顶支座（底部垫上胶皮，防护好钢丝绳）(图 9)。

(2) 吊装龙门架制作（两边加入拉杆，增加支撑强度）(图 10)。

(3) 防止卷筒转动的支架（防止起升过程中倾斜）(图 11)。

2.3 卷筒检修

(1) 拆除卷筒两侧轴承座的上端盖，并做好标记。

(2) 将制动器调整至完全打开状态，防止卷筒升起过程中卷筒齿盘与减速机啮合无法转动，而造成损坏。

(3) 将两台 50t 千斤顶分别放置在卷筒两端的焊接好的支架上。

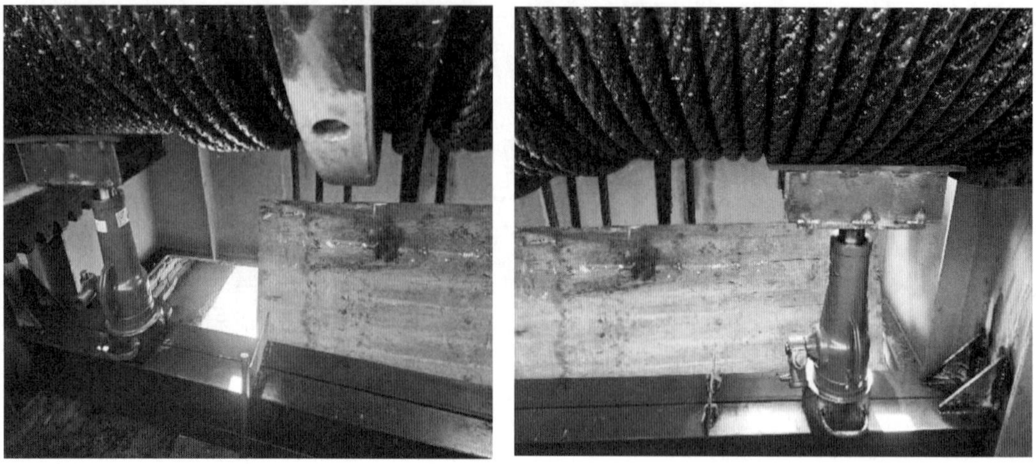

图 9　顶起装置制作

图 10　吊起装置制作

图 11　防倾斜装置制作

（4）将两台 10t 手拉葫芦分别挂在吊装龙门架上，调整重心。

（5）使用 10t 6m 钢丝绳吊索从卷筒底部穿过分别挂在手拉葫芦吊钩处，使用木方隔离钢丝绳吊索与卷筒钢丝绳，防止卷筒钢丝绳受损伤。

（6）由专人统一指挥同时升起两侧手拉葫芦及千斤顶，将卷筒从轴承座上提起，待卷筒轴底部高于轴承座时，将两侧轴承的外通盖取下（图 12）。

图 12　拆除两侧轴承

（7）拆除卷筒两侧轴承，因轴承为热装，使用轴承三爪拉马取不下轴承，制作工装使用千斤顶，并同时使用割枪给轴承加热，将旧轴承拆下。

（8）取下两侧轴承内通盖与通套。

（9）因轴与卷筒产生移位，制作工装使用撞锤将轴敲击至出厂状态，使之复位（图 13、图 14）。

（10）清理卷筒轴与内通盖及通套，清理完成后将通套及内通盖回装。

（11）将同型号新的轴承使用油煮方式加热后装入卷筒轴（图 15）。

（12）轴承装复后，经测量轴承与通盖之间存在较大间隙，采用加工垫片缩小间隙，防止轴向大幅度窜动（图 16）。

（13）回装卷筒两侧外通盖并调整卷筒两侧与启闭机支架间隙。

（14）同时下降两侧手拉葫芦及千斤顶，将卷筒放置在轴承座上。

图 13　对卷筒进行复位

图 14　卷筒轴复位前后对比

（15）将轴承座上端盖清理干净后回装，并将固定螺栓紧固。

（16）将螺旋限位及编码器回装与固定底座，将螺旋限位轴与卷筒轴螺栓紧固，拆除固定胶带，检查开度仪显示开度数据未发生改变。

（17）卷筒轴与卷筒轴孔镶嵌处，齿轮盘一侧在加工上有防止轴向齿轮侧移动的考虑，防止轴轴向窜动装置

（18）为防止轴与卷筒再次产生移位，经过综合考虑，在卷筒轴无锁止装置处采用制作抱箍，对轴与卷筒进行固定（图 17）。

1）将轴上灰尘清理干净后，在抱箍弧面上涂抹 598 密封胶。

2）待抱箍法兰螺栓紧固后，将顶销螺栓固定。

（19）经检修后启闭机全行程试验，暂未发现卷筒轴轴向窜动，卷筒齿盘与启闭机支架产生摩擦的缺陷得到彻底消除。

图 15 新轴承回转到位

图 16（一） 轴承回装过程中加入垫片

图 16（二） 轴承回装过程中加入垫片

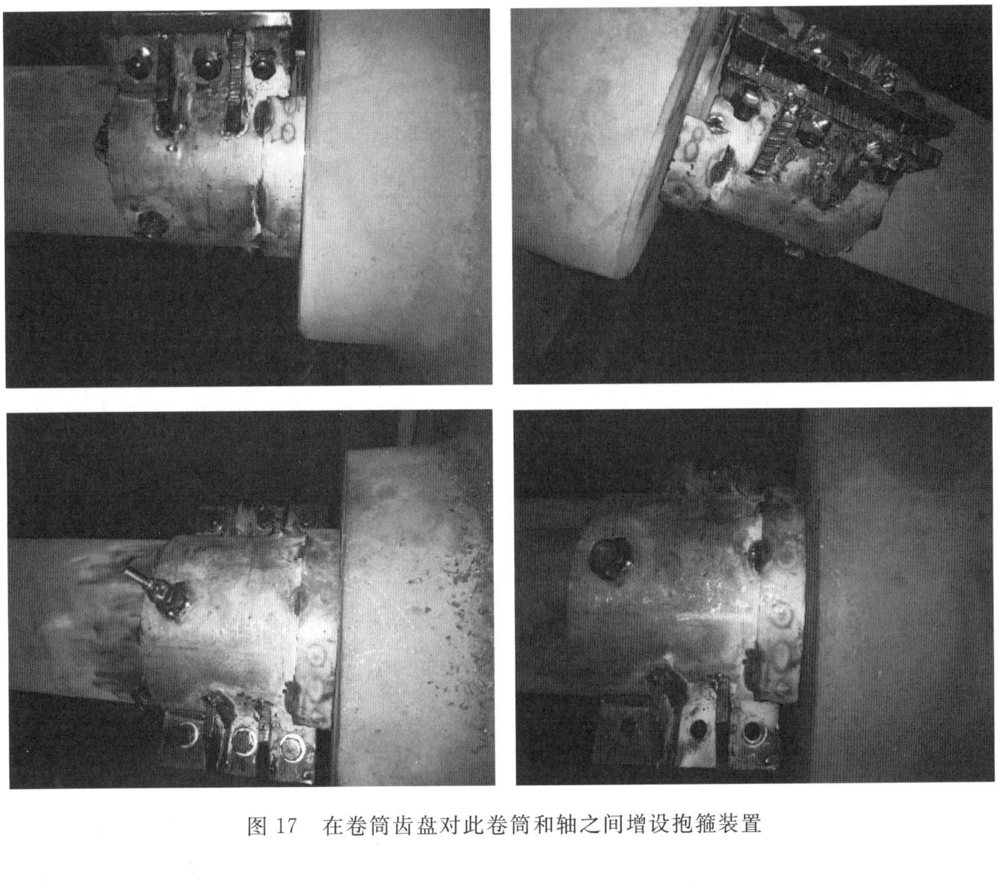

图 17 在卷筒齿盘对此卷筒和轴之间增设抱箍装置

3 总结

通过此次检修发现如下几点：

（1）2 号尾水事故闸门启闭机卷筒轴与卷筒轴孔自出厂装配存在过大余量。

（2）卷筒轴只有卷筒齿盘侧有牢固的防止轴轴向移动的锁止装置，对侧无牢固的锁止装置（从图纸上来看不是没有，是通过卷筒轴和轴承的过盈配合来实现相对静止的，但是装配上应该间隙不够，造成摩擦力不足，从而存在偏移的可能性）。

（3）此次检修，发现两端轴承内部存在摩擦的硬伤，对卷筒轴承进行了同型号更换，同时在轴承侧增加了垫片，可以有效缩小轴承与通盖的间隙，对卷筒和轴可以移动的距离进行限制。

（4）在卷筒齿盘对侧增加抱箍锁止装置，来实现启闭机在运行过程中卷筒轴和卷筒的绝对相对静止，彻底消除卷筒轴和卷筒发现相对移位的可能。完成以上处理后，对启闭机进行全行程启闭试验运行，无异常，设备恢复正常状态。

本次检修圆满完成既定目标，机械设备出现问题，不可一蹴而就，可能是很多方面共同造成的结果，需要维护人员在平时对设备进行细致的学习和观察，如此当设备缺陷发生后可以得到及时有效的解决。同时这次启闭机的检修意义重大，填补了班组没有进行过启闭机大修的空白，让运维人员对设备更加了解，心中有数，极大地增强了班组消除此类重型设备缺陷的信心。班组人员遇到问题想办法，找思路，最终解决了该问题。同时对于该同类重型设备敢于动刀，勇于作为，综合利用机械理论知识，指导实践作业是处理该类缺陷最大的收获。

参考文献

[1] 刘大愷. 水轮机 [M]. 3 版. 北京：中国水利水电出版社，1997.
[2] 梅祖彦. 抽水蓄能发电技术 [M]. 北京：机械工业出版社，2000.

长龙山抽水蓄能电站机电大件设备吊装安全技术吊具校算分析

高 速
（三峡发展有限公司长龙山监理部，浙江省湖州市 313302）

【摘 要】 本文着重就长龙山抽水蓄能电站机电设备吊装的特点进行分析总结，对设备起吊高度、吊具、荷载等进行分析、介绍。主要对电站座环蜗壳、进水球阀、定子、转子等超过100t的设备吊装进行分析总结，对吊装过程中涉及翻身的底环、顶盖也进行分析。各大件设备吊装前，通过对设备吊装工艺步骤、吊具的规格和型号、吊装方法、吊装条件、施工要点等交底，确保每一道工序合格，吊装的安装符合相关技术要求，从而保证吊装设备的安全和质量。

【关键词】 吊装 安全

1 引言

长龙山抽水蓄能电站共安装6台套额定功率350MW的水泵水轮发电电动机组（抽蓄机组），其中1～4号机组由东方电气集团东方电机有限公司设计制造，5～6号机组由上海福伊特水电设备有限公司设计制造。作为囊括三项世界第一、四项中国第一的长龙山抽水蓄能电站每台机组涉及超过100t的大件设备较多，包括座环蜗壳、进水球阀、定子、转子、底环、顶盖等设备，其在众多抽蓄电站中具有独特的吊装特点，吊装风险也较大，且吊前对设备的起吊核算和吊具的选用极其重要。

2 座环蜗壳吊具校核

2.1 起升高度校算

座环蜗壳为整体吊装，抽蓄机组座环蜗壳与常规水电站有很大区别。长龙山电站主厂房桥机主钩上限位时大钩底部高程为154.100m，安装场地面高程为142.250m，桥机的起升高度为$h=11.85$m。座环蜗壳上法兰至底部$h_1=1.4$m，座环下环板底部离地面高$h_2=0.8$m。由于螺栓的分部圆直径$D=6552$mm，钢丝绳长度为13m，重心位置弦不在其圆心所在的直径上，所以钢丝绳与竖直方向夹角最大不超过30°。吊耳至主钩中心的距离$h_3\leqslant 6.5\text{m}\times\cos30°=5.63$m，结合吊具实际尺寸计算，可得座环蜗壳在安装间支墩上的起升净高度$h_4=h-h_1-h_2-h_3=4.02$m，如图1所示，可满足现场吊装要求。

2.2 座环蜗壳吊具选用

吊具受力分析：

座环蜗壳本体重量154t，钢丝绳及吊攀重量取2t，则座环蜗壳吊装最大起重重量$G=156$t。吊点选取按照厂家图纸中所标识的吊点。

根据图纸要求，钢丝绳与竖直方向最大夹角为30°，计算钢丝绳的最大受力F：

$$F=G/(4\times\cos\alpha)=156/(4\times\cos30°)=45.03(\text{t})$$

根据上述要求，厂家提供的ϕ64钢丝绳（$L=13$m）额定荷载为50t>45.03t，所提供的拉力满足座环蜗壳吊装要求。根据厂家供货及图纸所给定吊具，其吊攀及卸扣额定载荷均为50t，满足使用要求。同时选用1根额定荷载20t钢丝绳及20t手拉葫芦根据现场情况进行座环蜗壳水平调整。厂家提供的吊具满足厂房蜗壳吊装作业要求。

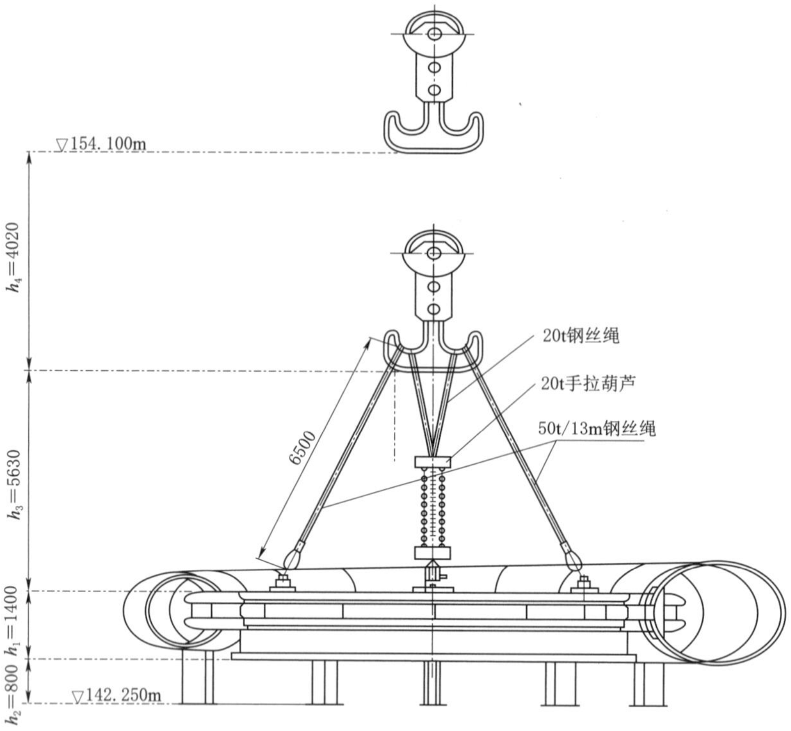

图1 座环蜗壳吊具安装示意图（单位：mm）

3 进水球阀吊具校核

3.1 球阀翻身起升高度核算

球阀本体对角线长度 $L_1 \approx 4300$mm。两吊耳间距离 $A_1=500$mm，钢丝绳长度为 $2L=5$m，结合吊具实际尺寸计算，可得球阀本体翻身在安装间的起升净高度 $\Delta h=h-L_1-L=5.05$m，如图2所示，可满足现场翻身要求。

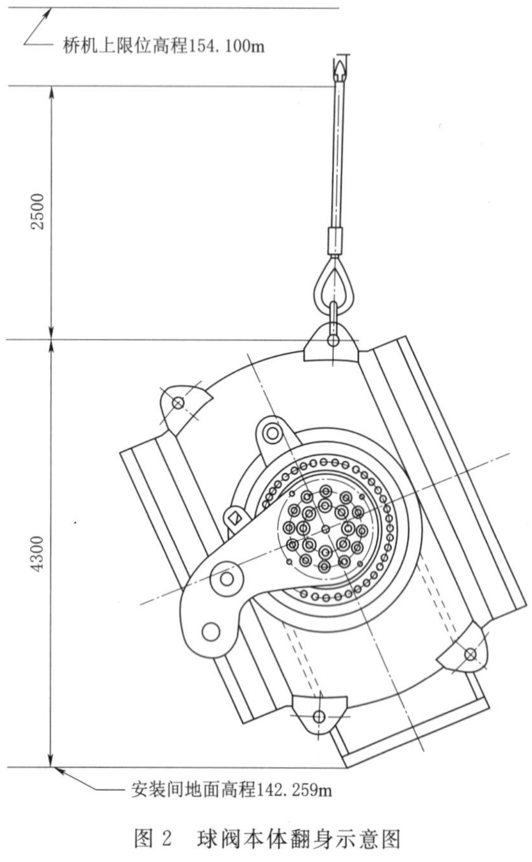

图2 球阀本体翻身示意图

3.2 球阀吊装起升高度核算

球阀本体上法兰至底部 $h=h_1+h_2=3.87$m，球阀中心离地面高 $h_1=2.27$m。两吊耳间距离 $A=1600$mm，钢丝绳长度为 $2L=13$m，吊耳至主钩中心的距离 $h_3=5630$mm，结合吊具实际尺寸计算，可得球阀本体在安装间支墩上的起升净高度 $\Delta h=h-h_1-h_2-h_3=2.35$m，如图3所示，可满足现场吊装要求。

3.3 球阀吊装吊具选用

3.3.1 球阀翻身吊具受力分析

球阀本体重量126t，钢丝绳等吊具重量取2t，则球阀吊装最大起重重量 $G=128$t。球阀翻身吊点为厂家安装在球阀本体上的4个吊耳。钢丝绳处两吊耳距离 $A_1=500$mm，两根5m钢丝绳对折使用，钢丝绳单边长度 $L=2500$mm，则钢丝绳与竖直方向夹角 α：

$$\alpha=\sin^{-1}\left(\frac{A_1}{2L}\right)=\sin^{-1}\left(\frac{500}{2500}\right)=11.54°$$

计算单根钢丝绳的最大受力 F：

$$F = G/(4\times\cos\alpha) = 128/(4\times\cos 11.54°) = 32.66(\text{t})$$

根据上述要求，现场使用的 5m 长 ϕ64 钢丝绳额定荷载为 50t＞32.66t，所提供的拉力满足球阀本体翻身要求。

翻身时右侧每个吊耳承重约 64t，翻身使用的卸扣额定载荷为 80t＞64t，吊耳满足使用要求。

3.3.2 球阀吊装吊具受力分析

球阀本体重量 126t，钢丝绳等吊具重量取 2t，则球阀吊装最大起重重量 $G=128$t。吊点为厂家安装在球阀本体上的 4 个吊耳，图 3 中吊耳距离为 $A=1600$mm，两根 13m 钢丝绳对折使用，钢丝绳单边长度 $L=6500$mm，则钢丝绳与竖直方向夹角 α：

$$\alpha = \sin^{-1}\left(\frac{A}{2L}\right) = \sin^{-1}\left(\frac{1600}{2\times 6500}\right) = 7.07°$$

计算单根钢丝绳的最大受力 F：

$$F = G/(4\times\cos\alpha) = 128/(4\times\cos 7.07°) = 32.25(\text{t})$$

根据上述要求，厂家提供的 ϕ64 钢丝绳额定荷载为 50t＞32.25t，所提供的拉力满足球阀本体吊装要求。厂家提供的卸扣额定载荷为 50t，满足使用要求。

综上所述，现场使用的吊具满足球阀翻身及吊装作业要求。

4 定、转子吊具校核

4.1 定子吊装吊具校核

4.1.1 定子起吊高度核算

用计算机软件模拟，当桥机主钩处于上极限位置时（主钩极限位置对应吊钩横梁孔高程为 155.30m，安装间高程 142.25m），定子离地高度为 3330mm，安装间和机组段围栏高度为 1500mm，因此，吊装时可以不拆除围栏。如图 4 所示，可满足现场吊装要求。

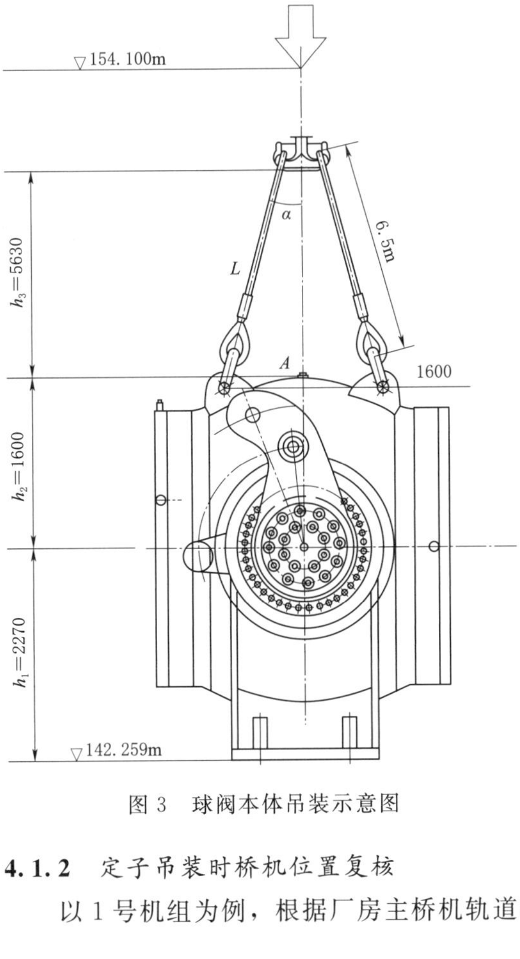

图 3 球阀本体吊装示意图

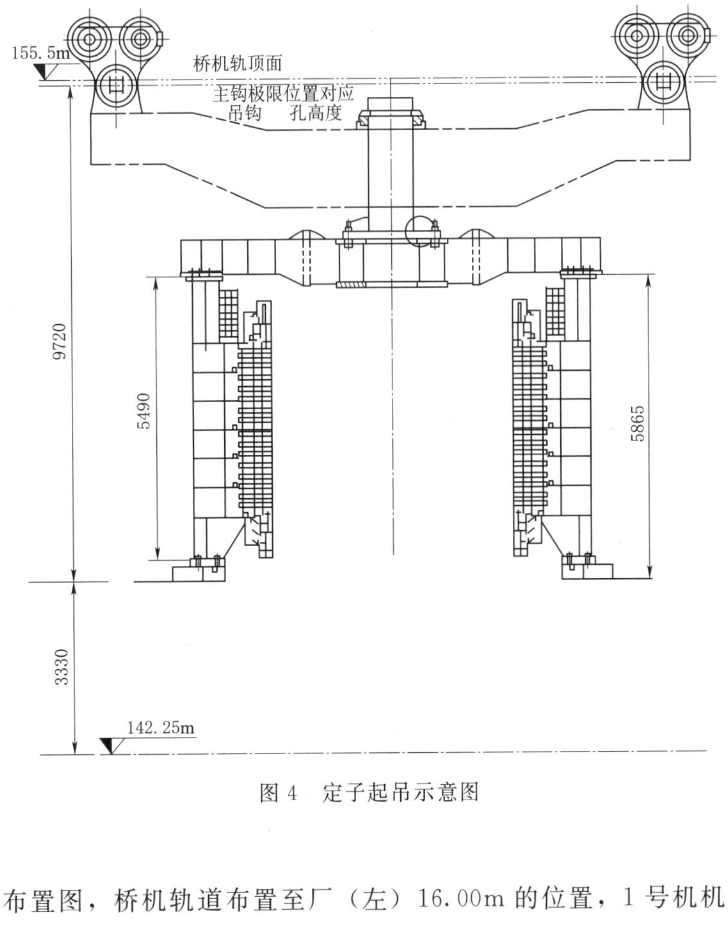

图 4 定子起吊示意图

4.1.2 定子吊装时桥机位置复核

以 1 号机组为例，根据厂房主桥机轨道布置图，桥机轨道布置至厂（左）16.00m 的位置，1 号机机组中心为厂（左）0.00m，平衡梁两吊点的距离为10.9m，桥机主小车中心（即吊钩中心）距离大车缓冲器加长杆末端的距离为5.4m。

在定子吊装时，认为定子中心与1号机机组中心重合，则有：5.4＋10.9/2＝10.85m（桥机末端位置）＜16m（桥机轨道位置），可见并车后的桥机满足1号机定子吊装作业要求。

4.1.3 定子起吊重量核算

定子组装后的重量约368t，定子起装吊具约10t，平衡梁约36t，定子基础板约13.3t（1.66t/个，8个）总重约427.3t。

总重小于两台桥机总起升重量500t，可以满足桥机对定子吊装作业要求。

4.2 转子吊装吊具校核

4.2.1 转子起吊高度核算

根据厂家吊装图《转子起吊图》，并结合现场实际，当桥机主钩处于上极限位置时，转子轴下法兰面离地高度为1700mm（安装间高程142.30m），安装间和机组段围栏高度为1500mm，因此，吊装时可以不拆除围栏。如图5所示，可满足现场吊装要求。

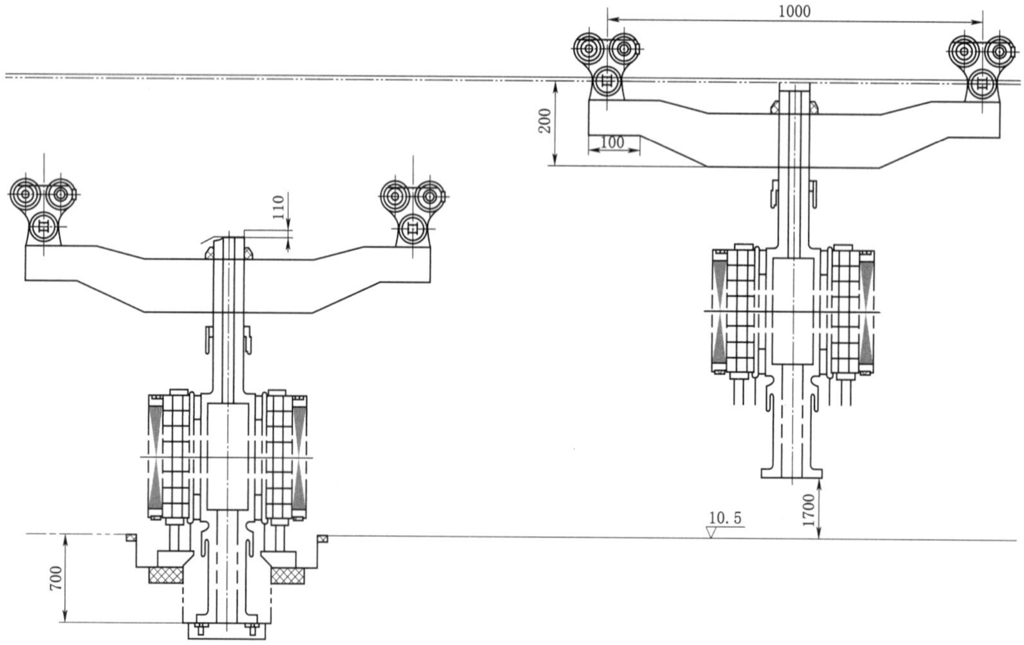

图5 转子起吊示意图

4.2.2 转子起吊重量核算

转子吊装使用厂家提供的专用工具配合两台250t桥机进行吊装，转子组装后的重量约409.34t，转子起吊吊具约25.1155t，整体起吊重量约434.5t。总重小于两台桥机总起升重量500t，可以满足桥机对转子吊装作业要求。

5 底环及顶盖吊具校核

5.1 底环吊装吊具校核

5.1.1 底环吊具尺寸核算

底环吊装属于非常规吊装，涉及翻身过程。桥机250t主钩的起升高度11.85m；副钩的起升高度h_2＝154.850m－142.250m＝12.6m。安装间底环卸车吊具如图6所示，在安装场底环四点起吊时，钢丝绳与水平夹角为77.7°（大于60°），至地面的距离为1.82m（大于护栏高度1.2m）。底环吊入机坑的吊具如图7所示，采用主钩与副钩配合吊装。通过计算机软件模拟所示，底环吊具尺寸满足要求。

5.1.2 底环吊具荷载校核

底环水平状态吊装时，吊具受力为（按水平60°夹角计算）$F_{60°}$＝49.5t/(4×sin60°)＝14.5t。选用直

径 ϕ36mm（强度为 1770MPa）的钢丝绳，额定荷载为 15t＞14.5t，卸扣荷载能力为单个 20t（4 个）。底环吊入机坑时，主钩选用 50t 钢丝绳，副钩选用 20t 钢丝绳，选用 30t 卸扣 4 个，荷载能力远大于 52t。

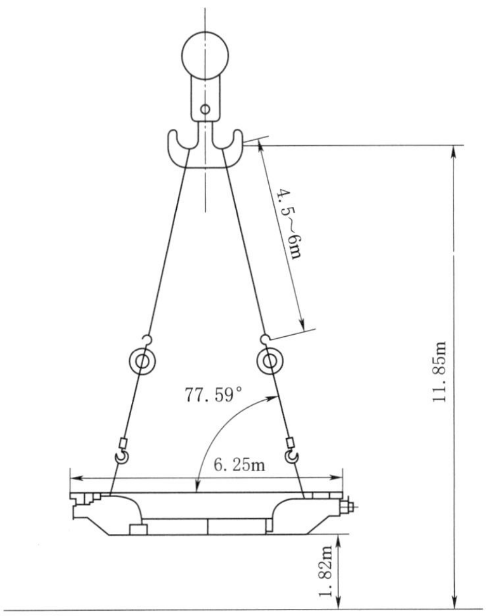

图 6　安装间底环起吊卸车示意图

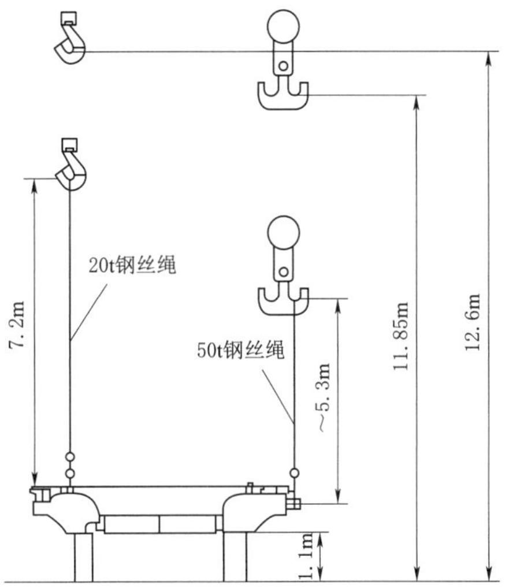

图 7　底环吊入机坑吊具安装示意图

综合上所述，选用的底环吊具满足底环的吊装要求。

5.2　顶盖吊装吊具校核

5.2.1　顶盖吊具尺寸校核

顶盖吊装同属非常规吊装，通过计算机软件模拟顶盖在安装间起升高度，如图 8 所示，顶盖净高度约有 2.51m，大于 1.2m（机坑临时护栏高度），可满足现场吊装要求。

当分瓣顶盖进入水轮机机坑后，通过图纸和计算校核，可知吊具的长度是满足现场使用要求的。

5.2.2　顶盖吊具荷载校核

根据单瓣顶盖吊装过程的受力图（图 9 和图 10）知钢丝绳 1 最大受力为 25.487t，钢丝绳 2 最大受力为 32.627t。

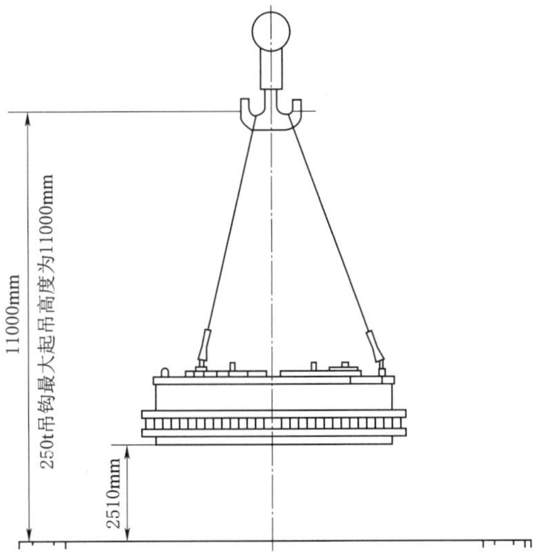

图 8　顶盖起吊高度示意图

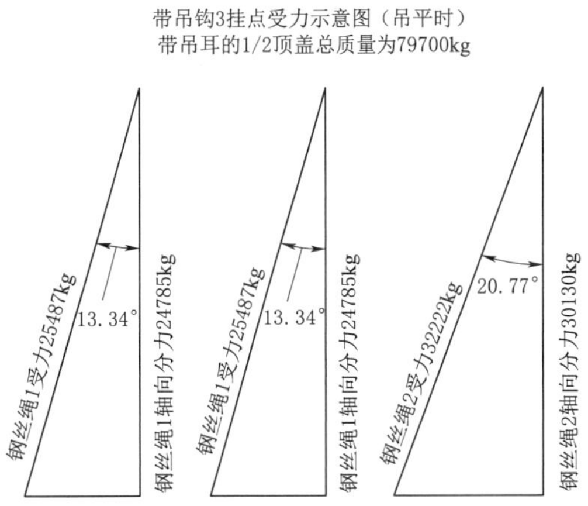

图 9　1/2 顶盖单吊钩受力示意图

根据顶盖整体起吊受力图（图 11），可知钢丝绳 3 最大受力为 41.577t。

根据顶盖不同的吊装阶段，厂家提供对应的钢丝绳和吊具，其中钢丝绳 1（L＝6.45m）额定荷载为

50t＞25.487t，钢丝绳 2（L＝13m）额定荷载为 85t＞32.627t，钢丝绳 3（L＝13m）额定荷载为 50t＞41.577t，所提供钢丝绳能承受的拉力满足顶盖吊装要求。厂家供货和图纸所给定吊具的卸扣、吊耳额定载荷分别为 55t、85t，满足使用要求。

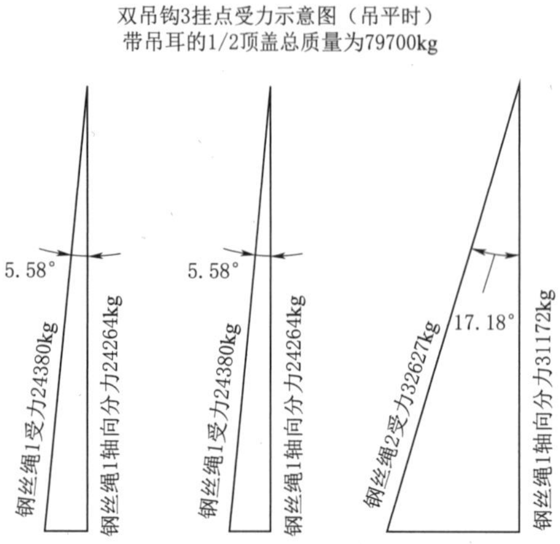

图 10　1/2 顶盖双吊钩受力示意图

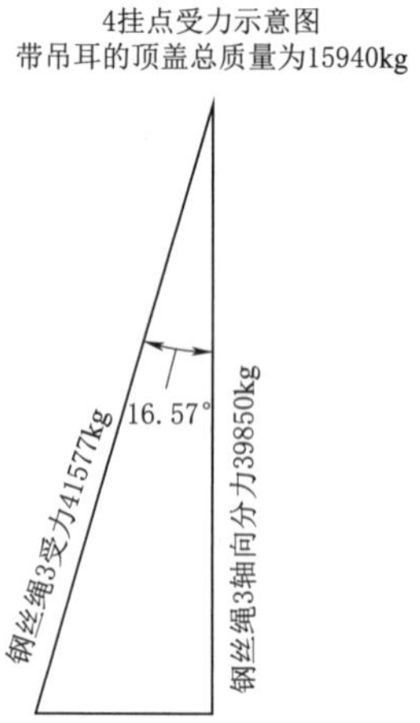

图 11　顶盖整体起吊受力示意图

综合上所述，厂家提供的吊具满足顶盖吊装作业要求。

6　结语

大件设备吊装前，施工单位严格按照施工措施、厂家工艺导则做好安全技术交底，严格要求施工人员遵照执行，确保吊装每一道工序合格后再进行下一步工序，使得每一道吊装工序的规范、安全，进而也能保证后续机组安装质量。同时日常做好安全技术的教育培训工作，提高安全意识。长龙山抽水蓄能电站自 2019 年 3 月 15 日机组安装开工以来，历经多次大件设备吊装，均未出一例安全事故，与吊装前做好对吊具的检查、起吊分析息息相关，并总结出一套成熟的吊装方法，可以减少盲目吊装，在抽水蓄能电站大件设备吊装中具有较高的参考意义。

工 程 施 工

抽水蓄能电站工程防渗、防水技术浅析

贺书财
（中国电建集团北京勘测设计研究院有限公司，北京市 100024）

【摘 要】抽水蓄能电站工程防渗、防水技术是一门综合性、实用性很强的工程技术，本文主要从防渗及防水设计、技术措施等方面探讨了防水工程的质量控制措施。科学研究防水材料特性，合理分析防水问题与原因，采用合理的优化处理技术，对提高工程质量意义非常重大，也便于今后高效地开展此类项目的设计实践工作。

【关键词】抽水蓄能电站 防渗及防水设计 选型 措施

构建清洁低碳，安全高效的现代能源体系和以新能源为主体的新型电力系统，是实现2030年前碳达峰，2060年前碳中和目标的根本途径。由于新能源的大规模发展需要配套灵活性电源和储能建设，以增强电网调节能力，保障新能源消纳和电网安全稳定运行。抽水蓄能电站因其自身优势，是目前支撑新能源发展的重要手段。在国内抽水蓄能电站快速发展的形势下，分析抽水蓄能电站的工程特点，总结设计经验，做好抽水蓄能电站各个环节的施工工作，可以有效地保证抽水蓄能电站工程的质量。接下来从以下几个主要方面进行研究。

1 设计原则、材料选型

（1）设计的原则。抽水蓄能电站工程防渗及防水采取“以排为主，以防为辅，防排结合”的原则。针对工程的特点提出“设计要点”和“细部构造”，根据工程特点、地质、水文条件等，进行防水构造设计。

（2）材料的选型。目前经常使用的防水材料大致分为6类：高聚物改性沥青防水卷材、建筑防水涂料、合成高分子防水卷材、建筑密封材料、刚性防水材料和特种防水材料。而每种材料都各有其特性，根据防水工程的部位、所处的环境、防水等级等，选用合适的防水材料，充分发挥各类材料的特性，以期获得最佳的效果。

2 防渗及防水设计、技术措施

抽水蓄能电站工程的布置主要分为地下厂房洞室群和地面建筑物两部分。地下厂房洞室群主要包括进厂交通洞、通风洞（兼安全洞）、地下厂房、母线洞、主变洞、尾闸洞、出线洞、排风洞等。地面建筑物主要包括开关站，排风机房，上、下库进/出水口闸门启闭机室，泄洪放空洞闸门启闭机房等。防渗及防水设计主要分为以下7个部分，具体如下。

2.1 地下厂房洞室群顶拱防水

（1）地下主厂房发电机层顶拱为喷锚支护，山体地下水会从喷锚层渗出滴落到发电机层，因此通常在发电机层上部设置钢网架屋顶承重构件及屋面防水板来防顶拱渗水。屋面排水方式为上、下游两侧排水，排至上、下游吊顶梁上预留的排水沟内。屋面防水板采用热浸镀锌彩钢板或彩钢岩棉夹心板（岩棉憎水率≥98%）。地下主厂房上、下游侧的拱顶排水排至钢网架小牛腿排水沟，此排水沟每隔4.5m设1根排水管，排至吊车梁排水沟，吊车梁排水沟每隔4.5m设1根排水立管，直至蜗壳层排水沟。

（2）主副厂房、主变室及主变副厂房、尾闸副厂房顶拱为喷锚支护，山体地下水会从喷锚层渗出滴落到顶层混凝土楼板上，排水方式为上、下游两侧排水，排至上、下游预留的地面排水沟内，并且顶层混凝土楼板采用防水玻化地砖或防水混凝土楼面做法的防水处理措施。

（3）母线洞顶拱设置短排水孔，将渗水引排至地面排水沟。母线洞顶拱装修面层目前大多是采用涂料饰面，在找平层和涂料饰面层之间设置防水层，防水层选择聚合物水泥防水砂浆。

2.2 地下厂房洞室群岩壁渗漏及各层地面排水

地下洞室群的岩壁渗漏排水采用以排水廊道及排水幕的“排”为主。在环绕地下厂房、主变洞和尾闸洞周边设置三层排水廊道，并在上下层排水廊道之间设置竖向排水幕，以降低厂房边墙和顶拱的地下水位；在排水幕后厂房边墙和顶拱设置短排水孔，将洞室周围的渗水引排至排水廊道内。厂房渗漏水经底层排水廊道汇集至渗漏集水井，集水井上游侧设有排水支洞与底层排水廊道相接，再经主厂房安装场上游侧设有一条竖井内的 4 根排水钢管用水泵抽至顶层排水廊道。抽至顶层排水廊道后，由自流排水廊道自流至厂外。地下洞室群各层沿岩壁四周设置排水沟，将各层地面排水排入由排水沟、地漏和排水管等组成的排水系统。将渗漏排水与各层地面排水合为一个系统。

（1）地下主厂房岩壁渗漏排水和各层地面排水经排水孔、排水孔集水软管，排水立管至蜗壳层排水沟，引至尾水管层检修排水廊道至下层排水廊道，最终排至尾闸洞渗漏集水井。安装场地面和岩壁排水通过上下游侧排水沟分别排向进厂交通洞内和主厂房发电机层排水沟，进厂交通洞内的排水通过排水孔排向中层排水廊道。

（2）副厂房岩壁渗漏排水和各层地面排水通过排水管排至底部下层排水廊道，下层排水廊道汇集后排到尾闸洞渗漏集水井。

（3）母线洞两侧均设有排水沟。排水沟通过主机间侧排水竖管引至水轮机层，汇入主机间排水通道。

（4）主变洞岩壁渗漏排水和各层地面排水上游侧通过排水立管至母线层排水沟，通过母线洞排至主厂房。下游侧则通过排水立管至发电机层排水沟，最终引至交中层排水廊道。

（5）尾闸室上、下游侧岩壁布置系统排水孔，且均用塑料软管将渗水引至岩壁底脚部位排水沟排走。尾闸副厂房壁渗漏排水和地面排水排至尾水闸门室排水沟，并通过预埋钢管排至渗漏集水井。

2.3 地下厂房洞室群靠岩壁侧房间内防潮

在地下主厂房、主副厂房、主变室及主变副厂房、尾闸副厂房岩壁侧周边均设置 250mm 厚防潮墙，并与顶棚形成封闭的防潮体系。地下洞室群岩壁发生渗水时，不会直接影响设备运行和厂内美观，并且还可以利用防潮隔墙与岩壁之间的空腔布置风道。靠岩壁侧房间防潮墙面的处理措施，一是面层可采用涂料饰面，需要在找平层和涂料饰面层之间设置防水层，可以选择聚合物水泥防水砂浆来制作防水层；二是面层可采用地下防水饰面砂浆，设计等级为一级时，防水饰面砂浆应与卷材或防水涂料复合使用。防水饰面砂浆是集防水、防潮、抗裂防霉和饰面等多功能于一体的新型建筑材料。三是采用石材或铝板幕墙饰面时，保温层可固定在幕墙的水平龙骨之间，因此设置在保温层与找平层之间的防水层可采用聚合物水泥防水砂浆、聚合物水泥防水涂料等防水材料。

2.4 主要人行通道顶拱防渗

进厂交通洞、主变运输洞等主要人行通道洞室的顶拱，首先在开挖阶段布置系统排水孔和随机排水孔，并用塑料管沿侧墙引下将渗水排入排水沟，但一段时间后，有排水孔处不淌水、无排水孔处乱出水的情况较普遍。然后在施工期间做截水槽或漏斗，通过截水槽或漏斗引管将水排至附近的排水沟内。导致顶拱上到处是“吊瓶及输液管”，很不美观。主要人行通道洞室的顶拱防水治理措施可采用顶拱整体防水顶棚，岩壁两侧设排水金属檐沟，经排水立管至岩壁底部位地面排水沟。如采用压型彩钢板置于热浸镀锌钢檩条或钢桁架之上，顶棚迎水面涂抹防水涂料，也可以在热浸镀锌钢檩条或钢桁架之下增加铝合金吊顶。此措施还可以结合照明设计综合考虑装修，具有美观、质轻、高强、防火、防水等特点，既解决了渗水问题又美化了环境。

2.5 地面建筑物外墙防水

外墙渗漏究其根本原因是有水的来源，主要是降雨，雨水可以沿着墙体的裂缝、薄弱的节点缝隙进入墙体内部甚至室内，或是通过墙体非密实的孔隙渗入墙体内部；同时，水的冻融也对墙体产生破坏作用，因此降水量的大小必然是防水的主要依据。风压的增加会增大与墙体接触的雨水量和雨水对墙体的渗透压力，也会加大墙面雨水的爬升高度，致使外墙的渗漏水率增加，加剧渗漏水程度。

在地面建筑物外墙防水设计方面，首先合理的设计外墙防水工程的构造，合理选择防水材料，保证防水材料的质量和规格；然后做好节点密封防水构造的设计。

(1) 在迎水面设置建筑外墙的防水层。对于不同材料的交接处，需要采用耐碱玻璃纤维网或热镀锌电焊网来做必要的抗裂处理，选择的材料需要保证每边在 150mm 以上，这是为了降低不同结构材料交接处产生墙体裂缝的概率。要牢固的黏结外墙相关构造层，界面处理也是必不可少的。要结合构造层的材料来确定界面处理材料的种类和做法。通过界面处理，可以让构造层次之间更加好的黏结，主要选取界面砂浆、界面处理剂来进行界面处理。

(2) 整体防水层设计分为两种：一种是无保温外墙，另一种是有外保温外墙；考虑到节能设计，目前项目都采用有外保温外墙。外墙外保温防水层设置在找平层与保温系统之间，为保证采用涂料或块材饰面的保温系统与基层的黏结性能，防水层材料宜选用聚合物水泥防水砂浆或普通防水砂浆。采用幕墙饰面时，保温层可固定在幕墙的水平龙骨之间，因此设置在保温层与找平层之间的防水层可采用聚合物水泥防水砂浆、聚合物水泥防水涂料、聚合物乳液防水涂料或聚氨酯防水涂料等防水材料。当保温层选用矿物棉保温材料时，宜在保温层与幕墙面板间采用防水透气膜。

(3) 外墙节点防水构造。

1) 在门窗洞口防水设计，需要采用聚合物水泥防水砂浆来填充门窗框与墙体之间的缝隙，也可采用发泡聚氨酯，为了保证雨水不会通过门框四周缝隙内进入到室内，就需要保证门窗框间嵌填的密封材料有效的连续外墙防水层，将断、排措施应用于构造设计上，也就是将滴水线做在门窗上楣的外口，这样门窗上口就不会流入一些顺墙留下的雨水；为了保证雨水不会回流，排外水坡度需要大于 5%。

2) 外墙经常渗水的部位还包括外墙变形缝，这是因为没有将抹灰层设置在外墙变形缝两侧，因为在砌筑的过程中，存在着砌体灰缝，那么就会出现严重的渗漏。针对这个问题，可以将合成高分子防水卷材附加层增设于变形缝部位，卷材两端应满粘于墙体，控制满粘宽度，要在 150mm 以上，并且进行固定，还需要利用密封材料来密封卷材收头。

3) 穿过外墙的管道，由于安装的需要，管道和管道孔壁间会有一定的空隙，雨水在风压作用下会飘入到空隙中，另外孔道上部顺墙流下的雨水也会爬入空隙中，进而渗入墙体中或室内。因此伸出外墙管道宜采用套管的形式，套管周边做好密封处理，并形成内高外低的坡度，使雨水能向外排出。如管道安装完成后固定不动的，可将管道和套管间的空隙用防水砂浆封堵。

2.6 地面建筑物屋面防水

地面建筑物屋面因其长期暴露，阳光、雨雪可直接侵蚀，季节、昼夜的温度变化也会使屋面板产生伸缩，因此应优先选用耐久性好、抗老化性能力强，且具有一定的延伸性、耐热度高的防水材料，如聚酯胎改性沥青防水卷材、PVC 防水卷材等。屋面主要作用就是满足排水、防水、隔热、保温的要求。对容易造成局部损坏的薄弱部，应设置增强层，以提高防水层的整体设防能力。需附加增强层的部位设置，有下述几种作法。

(1) 水落口、漏斗、过水孔。这些部位处在两种材料交接处，由于混凝土和砂浆两种材料的胀缩不同，会使这些部位的周边产生裂缝。另外它也是雨水集中且容易积水的部位，而且所处位置工作面狭小，施工工序多，施工质量难以保证。根据节点设防原则，应进行多道设防和节点密封处理，所以在水落口、漏斗和套管的周边预留 10mm。

(2) 防水层收头。柔性防水层的末端收头处，由于防水层的收缩，再经雨水和风力作用，常常提前翘边、脱层，在大面防水层之前渗漏。因此在卷材收头处必须用压条钉压固定，再用密封材料封口；在砖泛水处预留凹槽，收头压入槽中，再用水泥砂浆保护；混凝土泛水处理，收头上部要用卷材或金属覆盖保护；涂膜的收头，则应分层错开，不可集中于一处。

(3) 屋面天沟檐口。这些部位不但容易变形，而且受雨水严重冲刷，沟中也常常因长期积水、干湿交替而对防水造成严重破坏。沟中或沟沿防水层提早失效而发生渗漏，因此应在这些部位作增强层。由于平面多变，施工工作面小的原因，采用卷材是很不利的，宜采用涂膜防水予以配套。一般都作涂膜增强，在天沟交角处或者整个天沟和檐口先涂涂料，再铺增强胎体，再涂厚1～2mm的涂料层；在檐口处，构件断面形状复杂，可采取增强空铺层处理，或先涂隔离剂或压敏型抗裂胶后再作增强层。

(4) 穿过防水层的管道和预埋件。由于与周围混凝土胀缩系数不同，在管道和预埋件周围会开裂发生渗水。因此抹找平层时管道根部应高出屋面并增设涂膜附加层。

(5) 压顶。压顶处于屋面的最高处，直接暴露于自然环境中，受气候影响大，受整个纵向墙体温差、结构受力变形及墙体混凝土与砂浆干缩变形的影响也很大，因此即使是配筋混凝土压顶，其横向裂缝也是不可避免的。雨水顺裂缝到墙内，绕过防水层漏到室内，所以压顶必须作柔性材料增强层。一是采用聚合物水泥基涂料、聚合物水泥砂浆；二是将防水层作在压顶上面，采取卷材粘贴或用涂料涂刷。

(6) 屋面出入口。屋面出入口因人们活动频繁会造成提早破损，出入口处防水层收头应处理妥帖，应适当做增强层，并要求表面做保护层，如水泥砂浆保护层等。

(7) 阴阳角。屋面的平面与立面交角处、檐口与天沟交接处、天沟转角处、两个立面转角处形成阴阳角。阴阳角的增强层可采用卷材条，即在交角处铺贴一层宽100～150mm的卷材条予以加强。但由于卷材较硬挺，在交角处难以铺平、铺实，往往采用涂料增强胎体布作为增强层，即在交角处涂宽150～200mm、厚1～2mm的加胎体的涂层。胎体铺贴时切忌拉紧，应松弛不皱。在交角处采用涂料增强，效果就更好了。

2.7 卫生间防水

卫生间一般面积不大，但是阴阳角很多，而且各种穿楼板管道也多，防水卷材施工起来比较困难，一般选用防水涂料为宜，施工简便快速，且其涂层可形成整体的无缝涂膜，质量也可以得到保证，如聚合物水泥防水涂料、改性沥青涂料、聚氨酯防水涂料等。

卫生间楼地面漏水的会有两种类型，管口渗漏和楼地面与墙面交接部位的渗漏。采取的处理方法，首先是在沿管根部剔凿出宽度和深度均不小于10mm的沟槽，沟槽填充密封材料，还需要在交接部位涂刷合成高分子防水涂料来进一步提高防水效果。其次，管道与楼地面间漏水并且该裂缝不大于1mm时，需要围绕管道以及在管道的根部地面涂2～3遍防水材料，涂刷管道应注意，其高度及地面水平宽度都应该不小于100mm，涂膜厚度需小于1mm。

3 防渗及防水工程的准备工作

3.1 基层处理

防水层是依附于结构基层的，在防水层施工之前应先对基层进行处理。一般基层应做到坚实、平整、表面无起砂、起皮、裂缝和积水，含水率符合规范的要求，转角部位还应做成圆弧，阴角直径宜大于50mm，阳角直径宜大于10mm。

3.2 防水材料的准备

在防水材料方面，对各种类型的防水材料的技术性能要高标准严要求，只有满足这些标准和要求，才允许在防水工程中使用。为了控制进入“现场”的防水材料质量，还应由施工单位按要求进行抽样复试，复试不合格，禁止使用到建筑防水工程上。

3.3 施工质量方面

施工单位在防水工程施工前应通过图纸会审，掌握施工图中的细部构造及有关技术要求，并应编制好防水工程专项施工方案。防水工程必须由专业的防水队伍施工。防水工程施工中，应按施工工序、层次进行检验，合格后方可进行下道工序、层次的作业。需要强调隐蔽工程部位的检验，隐蔽工程为后续的工序或分项过程覆盖、包裹、遮挡的前一分项工程，应经过检查符合质量要求后方可进行隐蔽，避免因质量问题造成渗漏或不易修复而直接影响防渗及防水效果。

4 结语

(1) 进行防水设计和采取必要的施工措施，可以保证抽水蓄能电站工程建设更科学、更有效，为施工水平有一个质的提高。减少事故发生概率的客观要求，有利于全面落实安全生产责任制，全力营造安全稳定的生产环境。改善运行人员劳动环境，创造方便运行的人性化电站，从而提高企业职工凝聚力和自豪感的氛围，并产生和发挥更高的经济价值和社会效益。

（2）建议今后新建抽水蓄能电站防渗及防水工程应提前策划，全盘考虑，应尽可能在开挖支护期间将排水及抗渗处理一步做到位，或将喷混凝土支护与防渗堵漏处理有机的结合进行，土建主体施工结合装修完工后，机电设备方可进入现场安装。

（3）由于抽水蓄能电站工程布置较为复杂，本文仅从主要部位进行分析，如有未明确部位的防渗及防水措施，可根据工程情况参考类似部位采取相应的措施。

参考文献

[1] 杨辉，杨阔. 黑麋峰抽水蓄能电站地下厂房排水设计 [J]. 中国房地产业，2020 (8)：67-68.

[2] 胡林江，冯树荣，胡育林，等. 溧阳抽水蓄能电站地下厂房洞室群防渗排水设计 [J]. 水力发电，2017 (11)：39-42.

[3] 蔡云林，钟镇. 天荒坪抽水蓄能电站地下洞室岩壁、顶拱防渗处理 [J]. 华东水电技术，2003 (2)：67-70.

[4] 吴有华. 浅析房屋建筑工程中的防水防渗施工技术 [J]. 建材与装饰，2016 (32)：29-30.

敦化抽水蓄能电站GNSS平面施工控制网

顾春丰
（中国电建集团北京勘测设计研究院有限公司，北京市 100024）

【摘 要】以已建成大高差蓄能电站为案例，详细介绍了高寒、深冻土层、密林地区GNSS平面施工控制网在方案设计、外业作业、平差计算等方面的细节，通过定期的复测，及时修正控制网点的坐标，确保了施工放样的准确性，为以后类似项目提供借鉴。

【关键词】敦化 GNSS 平面施工 控制网

1 项目概况

敦化抽水蓄能电站建设区域全部位于吉林省黄泥河国家级自然保护区，保护区处于中温带大陆性湿润季风气候区。年平均气温为2.4℃左右，最冷月为1月，月均温为－19.2℃；最热月7月，均温为20.6℃，极端最高温度为35.6℃，极端最低温度为－39.4℃。电站建设区域森林覆盖率接近100%，主要以针叶林、针阔叶混交林个落叶阔叶林等大型树种为主。

为了满足前期进场道路等各个工程面施工放样的需要，敦化抽水蓄能电站平面施工控制网于2013年初开始设计、选点、埋设，并于同年8月底完成主网所有15座网点的相关测量工作。之后，为满足下水库、中支洞、上支洞、调压井及上水库等其他主要工程部位放样的需要，2014年在主网的基础上，加密了11座网点，并先后于2015—2018年、2020年进行了5期复测。

通过敦化抽水蓄能电站2013—2020年施工控制网的建立、复测和维护等工作，有效地确保了电站建设期对测量基准时效性和准确性方面的要求。同时，也积累了密林、厚覆盖层、深冻土层地区的施工控制网建网、复测等经验，可以作为以后类似项目的参考。

2 设计原则

建立工程施工控制网的作用在于：一是对工程设计的总体布置和施工定位起到宏观的整体控制作用，为建筑物的施工放样提供测量依据，使各类建筑物能够按设计和施工要求，在地面准确标定出建筑物位置、形状、大小和高程；二是限制施工放样时测量误差的累积，保证整个工程的各部建筑物的相互位置关系在平面和竖向能够正确衔接；三是为工程施工提供统一的控制基准，方便不同作业区工程施工的同时展开。因此在技术设计中应把握好以下原则：

（1）施工控制网布网必须考虑工程的整体性，兼顾附属工程及临建工程对施工控制的需要。

（2）充分考虑地形的特征及整体工程的施工的特点，点位的精度指标应满足建筑物各部对施工放样的要求；根据工程规模和特点考虑点位布设的方法、密度及控制的加密与扩展的便利。

（3）平面控制依工程的特点拟采用一次性布设，图形强度要好且结构简单。

（4）控制网布网的优化设计，主要着重于零类设计和一类设计。要使控制网的坐标、高程系统与勘测设计阶段保持一致；二、三类设计可不进行详细的计算比较；各级网点的平面和高程控制在满足精度要求的同时都必须充分考虑其可靠性。

（5）为了保证成果的可靠，不论是平面控制或高程控制，原则上都不允许有支线或支点。

（6）在充分认识蓄能电站的工程特点，把握工程区域地形、地貌特征的同时，积极采用新技术、新方法，制订行之有效的作业方案。

（7）本工程需要控制的范围广，而且高差大线路长，不少方面将不易满足现行规范的要求，因此对特殊问题需要进行专门的论证和计算。

3 方案优化

2013 年建网期间，测区尚未进行地表覆盖的清理，不具备边角网观测的条件，因此，平面施工控制网最终采用 GNSS 观测的方案。但考虑到对空条件极差、不具备林木砍伐等的问题，施工控制网在网点位置的设置、测量设备的选型等方面需进行深度的优化工作。

蓄能电站施工控制网网点选择一般有点位需要设置在征地范围内且尽量不受施工开挖影响的要求。因涉及国家级自然保护区，电站征地范围有限，在确定网点实际位置的过程中，因密林区 RTK 作业时电台传输距离不足 500m，需重复进行“图上设计—实地定位—图上优化—实地再定位”的工作。最终，在克服了密林地区 GNSS - RTK 信号传递问题后，确保了网点实地放样位置。

在 GNSS 实验数据采集期间，分别采用了进口的 Trimble、Leica 以及国产的中海达、南方、华测等多款设备，通过比较，中海达华星系列 GNSS 接收机可以较好地克服现场植被覆盖率高的问题。最终，通过对外业数据的质量检核以及内业的平差计算综合分析，各项指标均达到了设计方案的要求。

4 施工控制网实施

4.1 设计精度

平面控制的精度指标主要是通过工程建筑物施工放样测量的精度指标和设计单位提出的具体精度要求来确定。依据 DL 5173—2012《水电水利工程施工测量规范》的规定，混凝土建筑物轮廓点放样点点位限差（平面）$M \leqslant \pm 20 \sim 30\text{mm}$。取 $M = \pm 20\text{mm}$，而 $M = \pm\sqrt{M_a^2 + M_b^2}$（其中 M_a 为起始点中误差，M_b 为测量误差），当最末级控制点的点位中误差 $M_末 = M_a$ 小于 0.5m 时，控制点对放样点的影响可以忽略不计，亦即：$M \approx M_b$。因此，作为最末级控制点的点位中误差应 $M_a \leqslant \pm 10\text{mm}$。

为了满足后期加密控制的需要，在以最末级控制点精度满足 $M_末 \leqslant \pm 10\text{mm}$ 的前提下，按忽略不计原则，首级施工控制网设计精度应为 $M_a \leqslant \pm 5\text{mm}$，由于测区属林区，山高林密，布点困难，观测条件极差，GNSS 观测质量一定会受很大的影响，要达到 $M_a \leqslant \pm 5\text{mm}$ 的精度要求有一定的困难，故施工控制网的点位精度放大$\sqrt{2}$倍，其点位中误差确定为 $M_a \leqslant \pm 7\text{mm}$，在进行控制网加密时，应采用同精度加密，方可保证最末级控制点精度达到 $M \leqslant \pm 10\text{mm}$ 的精度要求。

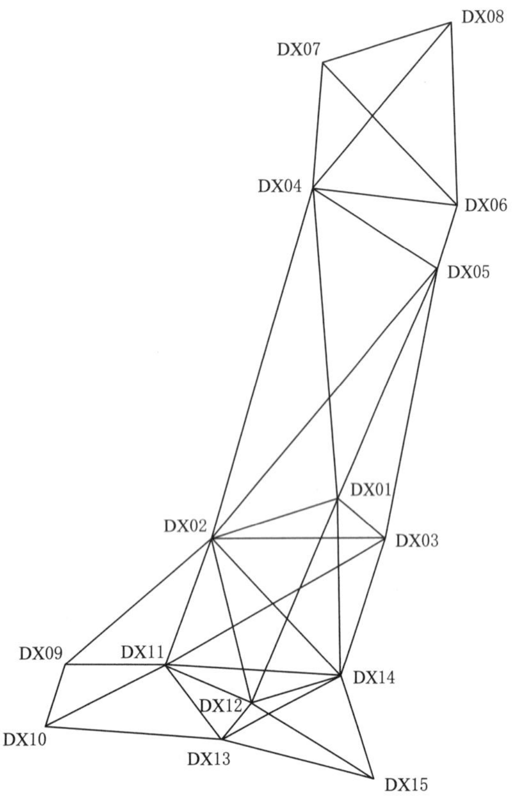

图 1 敦化 GNSS 施工控制网布置图

4.2 坐标系统

为能够充分利用原有各比例尺地形图及其他测绘成果，施工控制网坐标系统应与可行性研究阶段保持一致。投影面应选择在工程区平均高程面上，由于在可行性研究阶段的平面控制投影面选择在 1050m 高程面上，本施工控制网的投影面也选择 1050m。

4.3 平面布置

主网由 15 座网点组成，点名为 DX01 - DX14，其基本设计思路是控制网范围能覆盖整个工程区、点位均匀分布、平面精度≤±7mm，控制网布置见图 1。

4.4 控制网平差

通过观测数据发现，工程区附近 GPS 卫星较多，基本每个点能保证五六颗以上，且分布较好，在经过基线的初步解算后，发现在全部采用 GPS 卫星的情况下，要比采用双星时精度更好，且通过类似工程的经验来看，GPS

比 GLONASS 的可信度更高。因此，本工程的数据解算全部使用 GPS 卫星。建网和后期复测情况基本一致，下面就 2013 年建网数据进行统计。

首先，进行无约束平差，得到 15 个点在 WGS84 下的大地坐标；然后，在建立好工程椭球，确定基准和投影方式后，采取以指定点为起算点的方式投射到工程椭球面上，本工程以位于工程中部的 DX01 为起算点，因此，以 DX01 的大地坐标为投影中心，保持尺度比不变，对其施加一个 DX01 在投影面上的北坐标为北向平移值，东坐标为东向平移值的平移量，在通过七参数改正后，投影到工程面上即可得到。这一步的作用只是把 WGS84 大地坐标以常见的 54 坐标的形式体现，施加两个平移量只是为了让各个点的坐标看起来和前期勘测设计时的坐标“类似”而已，其实加或不加平移量不重要，重要的是保持其尺度比不变，因为后期的平面拟合还会对各个点施加平移量，而不会改变各个点的位置关系；最后，以平面拟合的方式得到各点的最终坐标。

同步环各坐标分量闭合差及环线全长闭合差应满足下式的规定：

$$W_x \leqslant \frac{\sqrt{n}}{5}\sigma, W_y \leqslant \frac{\sqrt{n}}{5}\sigma, W_z \leqslant \frac{\sqrt{n}}{5}\sigma$$

经同步环闭合差检核统计，同步环各坐标分量闭合差均在限差以内，说明整体解算精度满足精度要求，同步环最弱值统计见表 1。

表 1　　同步环最弱值统计表

同步环名	环边数	环长/m	差值类型	闭合差/mm	限差/mm
DX11 - DX12 - DX15	3	3840	dx	13.6	18.5

异步环闭合差检验统计，整个 GNSS 网中选取一组完全的独立基线构成闭合环，各独立环坐标分量闭合差应符合下式计算规定的限差。

$$W_x \leqslant 2\sqrt{n}\sigma, W_y \leqslant 2\sqrt{n}\sigma, W_z \leqslant 2\sqrt{n}\sigma$$

异步环坐标分量闭合差均在限差以内，说明整体解算精度基本能够满足精度要求，异步环最弱值统计见表 2。

表 2　　异步环最弱值统计表

异步环名	环边数	环长/m	差值类型	闭合差/mm	限差/mm
DX11 - DX15 - DX01	3	6204	dy	36.1	37.9

GNSS 同步环闭合差和异步环闭合差的大小可反映 GPS 外业观测质量和基线解算质量的优劣及可靠性。同步环闭合差反映的是一个同步环数据质量的好坏，而异步环闭合差反映的是整个 GNSS 网的外业观测质量和基线解算质量的可靠性，相对于同步环闭合差，异步环闭合差对 GNSS 成果质量更为重要。

无约束平差的最弱点点位中误差见表 3。

表 3　　无约束平差的最弱点点位中误差

点　　名	s (N)	s (E)
DX08	2.6mm	2.3mm

从统计的结果可以看出无约束平差的最弱点为 DX08，其平面点位中误差为 3.5mm，优于设计要求的平面中误差小于±7mm 的精度指标，说明平面施工控制网观测质量优良，满足设计要求。

5　结语

敦化抽水蓄能电站位于国家级森林自然保护区腹地，地表森林覆盖率接近 100%，无法采用边角网的方式建立施工控制网，GNSS 网也很难达到设计精度。最终通过方案优化、设备比选和实验比较等各种方式的结合，确保的施工控制网的建立。同时，通过定期的复测，及时对网点坐标进行修正，确保了施工控制网坐标成果的时效性，为施工期施工放样提供准确的基准。

TBM 施工技术在抽水蓄能电站通风洞交通洞的应用

潘福营　许　力

（国网新源控股有限公司，北京市　100052）

【摘　要】 TBM是目前最先进的洞挖施工设备，但在水电工程较少应用，国网新源公司率先在抽水蓄能电站开展了大直径TBM试点应用工作。TBM实现了隧洞开挖“机械化、工厂化、智能化”作业，本质上提高工程安全和质量。本文就TBM在通风洞交通洞应用中的设计和施工情况进行总结，供交流借鉴。

【关键词】 大直径TBM　抽水蓄能电站　通风洞　交通洞　施工

1　概述

抽水蓄能电站地下厂房系统主要由主厂房、主变室和尾水闸门室以及交通洞、通风洞、排水廊道等辅助隧洞组成。其中交通洞和通风兼安全洞隧洞断面型式相同，一般为城门洞型，但尺寸不一样，各电站长度不等。

通风洞、交通洞传统的施工工艺是人工钻爆法开挖，装载机装自卸汽车出渣。人工钻爆法具有人员投入多、安全风险高、施工工期长、作业面环境差等问题，对人员职业健康及安全存在风险隐患等。

TBM施工具有安全环保、自动化程度高、节约劳动力、施工速度快等优点，可以实现隧洞开挖工程的全机械化施工，是目前最为先进的隧洞施工技术，可显著提升隧洞开挖的施工质量、安全和工期保证率，已在公路、铁路及水利工程的隧洞施工中广泛应用。但TBM具有施工成本高、灵活性差等缺点，制约了TBM在水电工程应用，国网新源公司在建项目40多个，已形成“电站群”的管控模式，TBM可以在多个电站连续应用，降低工程成本，充分发挥其优势。为助力“双碳”目标的实现，国网新源公司在抚宁电站开展了TBM在通风洞交通洞的试点应用工作。

2　TBM 施工通风洞、交通洞洞线布置

抽水蓄能电站交通洞与通风洞洞口布置方案分为洞口分散独立式布置方案和洞口集中并列式布置方案两种。

2.1　洞口分散独立式布置方案

该布置方式是通风洞、交通洞洞口距离较远，该布置方案能满足大直径TBM设备施工要求，优点在于隧洞布置设计时可满足TBM施工需要，缺点是需要在交通洞和通风洞洞口分别设置安装和拆卸场地。该布置方案见图1。

2.2　洞口集中并列式布置方案

该布置方式是通风洞、交通洞洞口布置在一起，共用一个平台，当采用TBM施工时则要考虑TBM设备的工作性能，TBM转弯半径是隧洞洞线布置的制约条件，因此洞口整体并列式的交通洞、通风洞布置方案需要在布置上满足TBM设备转弯半径。抚宁蓄能电站为该种布置方式，该布置方案见图2。

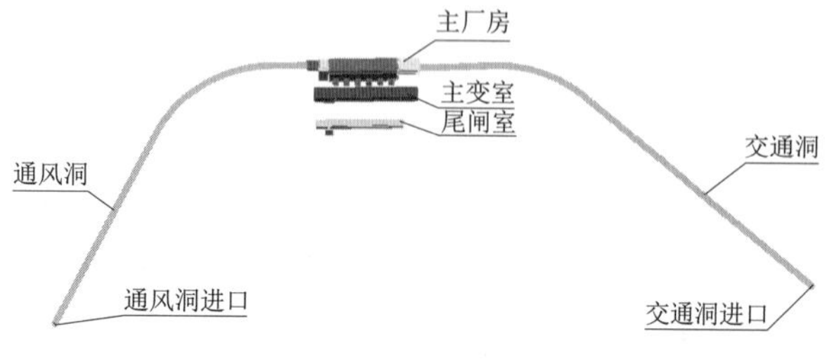

图1　交通洞、通风洞洞口独立式布置示意图

该布置方案优点两洞集中运行管理，TBM在同一场地一次拆装即可完成两条隧道开挖。缺点在于隧洞施工需要TBM机械性能满足隧洞最小转弯半径90m的要求，对TBM的机械性能和工作稳定性要求高，TBM设计制造难度大。

3　TBM 施工通风洞、交通洞洞径确定

TBM 掘进设备从通风洞洞口始发，在交通洞洞口接收拆机，中间从地下厂房顶拱穿过，因此通风洞、地下厂房顶拱中导洞、交通洞需要采用同一直径的 TBM 开挖断面。TBM 开挖交通洞断面需满足机电设备重大件以及输水系统压力钢管运输需要，同时满足施工期物料运输车辆双向通行需要，抽水蓄能电站一般最大件为钢岔管，钢岔管运输过程中与隧洞壁至少保留 50cm 的运输安全距离量，经比选抚宁电站最大件为钢岔管，依据钢岔管确定 TBM 开挖隧洞直径为 9.5m，交通洞断面尺寸确定依据见图 3，该断面尺寸在抽水蓄能电站具有通用性。

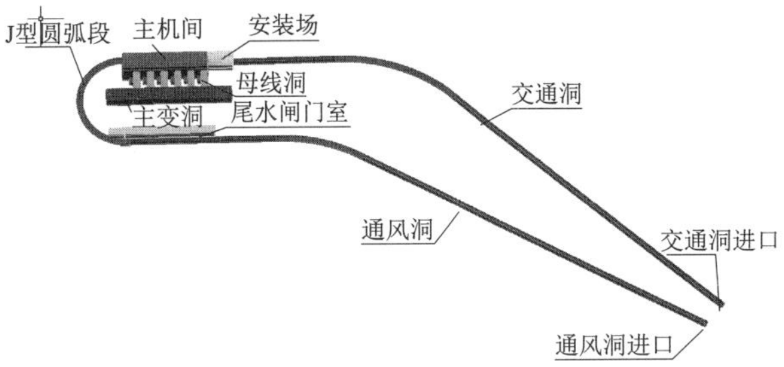

图 2　交通洞、通风洞洞口整体并列式布置示意图

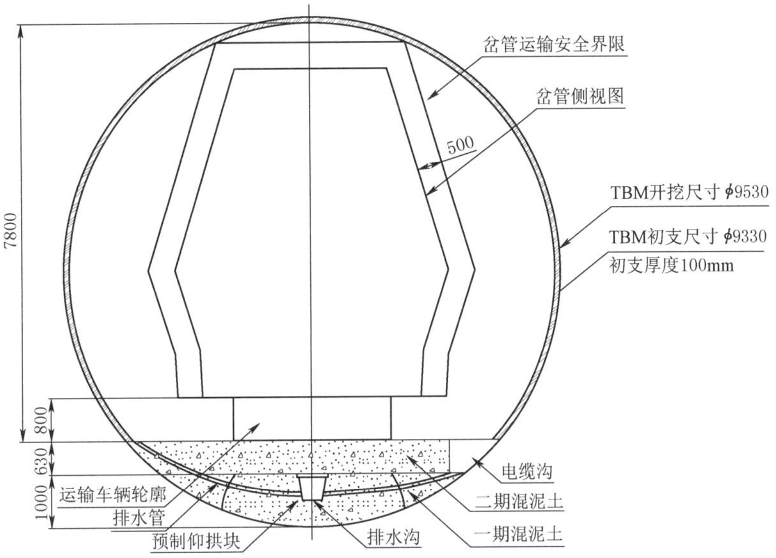

图 3　交通洞 TBM 施工洞室断面图

4　TBM 施工设备

根据抚宁电站交通洞地质条件、洞径、平面布置等特点，抚宁电站 TBM 为 Φ9.53m 敞开式 TBM，其刀盘直径 9.53m，水平最小转弯半径 90m，整机总长约 100m，总重约 1700t，纵向爬坡能力±10%，装机功率 5200kW。TBM 搭载有钢筋排＋钢拱架＋锚杆＋喷混凝土施工支护系统，锚杆钻机钻孔范围为顶拱 270°，单根锚杆的最大钻深 4m，与岩面法线夹角最小为 30°，单循环步进 1.5m。TBM 主要技术参数见表 1，TBM 设备实体照片见图 4。

表 1　Φ9.53TBM 主要性能参数表

项 目 名 称	设 备 参 数	项 目 名 称	设 备 参 数
开挖直径	Φ9.53m	主机总长	约 16m
刀盘转速	0～3.2～6r/min	总重（主机＋后配套）	约 1700t
最大推进速度	100mm/min	装机功率	5200kW
最大推力	2748t	整机最小水平转弯半径	90m
整机总长	约 100m	纵向爬坡能力	±10%

图 4 TBM 组装完成准备始发照片

5 TBM 施工

5.1 TBM 施工需要具备的条件

（1）运输道路。TBM 最大件为主驱动，其重量约 170t，需要提前修筑进场施工道路，满足其运输要求。

（2）组装场地布置。TBM 在通风洞洞口组装，需要最小的场地面积为长 100m×宽 20m＝2000m^2，地面混凝土硬化处理，组装区域配备 200t 龙门吊起重机，再配置一台 50t 汽车吊辅助进行组装作业。组装场地具备条件后 TBM 设备才能安排进场。

（3）施工用电。TBM 设备装机功率约 5200kW，施工用电负荷大，需架设 10kV 专线到通风洞洞口附件。现场应提前安排施工用电项目，具备供电条件后，TBM 才能进行组装调试掘进作业。

（4）施工用水。TBM 正常掘进每小时需要 76m^3 水。需要修建施工供水系统和高位水池，保证施工用水量。

TBM 在应用前，这几项条件必须满足后才能开展掘进作业。

5.2 总体施工安排

TBM 在通风洞口组装、调试、始发，施工路线为通风洞洞口始发→通风洞→地下厂房顶拱→10％斜向下到交通洞→交通洞→交通洞洞口拆机。

5.3 TBM 出渣施工

交通洞、通风洞 TBM 施工为全断面一次性开挖成型，仰拱采用仰拱预制块，开挖的同时进行铺设，仰拱块预制时预留、预埋轨道安装所需位置和埋件，铺设后进行钢轨安装，提供 TBM 设备前进的道路。

在 TBM 通过后进行隧道路基填筑，以满足自卸汽车、材料运输车辆通行。TBM 掘进切削的岩渣从刀盘溜渣槽进入刀盘中心的主机皮带机，经 TBM 后配套皮带机运输到后配套上的双向装车皮带，直接落入自卸汽车内，装车后由自卸汽车运输到渣场。洞内汽车调头采用 TBM 后配套上的旋转平台。

5.4 TBM 施工进度

（1）组装调试工期。TBM 设备在洞口组装、调试、始发共计 2.5 个月。

（2）掘进进度。抽水蓄能电站交通洞、通风洞围岩工程地质类别以Ⅱ～Ⅲ类为主。交通洞及通风洞掘进 3 班制，工作时间 20h 左右，设备维护检修 1 班制，工作时间 4～6h。每天掘进时间 12h，每月有效工作时间 25d。结合 TBM 在不同围岩掘进作业计划，TBM 掘进施工循环时间及月进度见表 2。

（3）拆机工期。TBM 掘进完成后，在交通洞洞口进行拆机，拆机时间 1 个月。

5.5 TBM 施工特点

（1）质量控制方面。TBM 法带有导向系统，它可以根据支导线线路保证 TBM 施工过程中设计轴线与开挖轴线在规定的误差范围内，可以及时调整掘进姿态，保证开挖精准度，且几乎没有超欠挖情况，平整度高、偏差小，开挖质量好，较钻爆法可减少超挖回填混凝土工程量；对隧洞围岩扰动小，有利于工程本质质量。抚宁电站 TBM 通风洞开挖成型效果见图 5。

表 2 交通洞、通风洞 TBM 掘进月进度表

围岩类别	掘进速度 /(mm/min)	日工作时间 /h	月工作天数 /d	TBM 利用率 /%	TBM 月进尺 /m	TBM 综合月进尺 /m
Ⅱ类围岩	19	20	25	35	200	305
Ⅲ类围岩	27	20	25	40	324	
Ⅳ类围岩	50	20	25	27	405	
TBM 转弯段	15	20	25	25	113	
TBM 变坡段	25	20	25	35	253	

图 5 抚宁电站通风洞 TBM 开挖成型效果图

(2) 安全环保文明施工管理方面。TBM 施工建立综合地质预测预报体系，坚持预报在前，最大限度查明地下水状态和不良地质状态，先探后掘，以确保隧洞施工安全。TBM 法较钻爆法减少了爆破作业和火工品管理风险，通过远程操控，减少现场作业人员数量，大大降低了施工安全风险。TBM 法施工现场布置整齐规范，设备本身具有除尘功能，通风散烟好，改善洞内作业环境，保障作业人员身心健康，提升了安全文明施工管理水平，符合绿色环保施工理念。

(3) 施工工期方面。TBM 法施工速度快、受外界干扰小，利于工期控制。抚宁电站为首次试点应用，通风洞月开挖进尺达到了 260m，开挖效率是钻爆法的 3～5 倍，施工效率极大提高。

TBM 施工开挖作业能连续进行，施工速度快，缩短工期，长距离施工时，此特征尤其明显，特别是对围岩的扰动小，几乎不产生松弛、掉块、崩塌的危险，可减轻支护的工作量。同时超挖量减少，也节省了回填混凝土的工程量。

6 结语

TBM 法具有开挖速度快、对围岩扰动小、人员投入少、施工环境好、安全可靠等优点，实现了隧洞机械化施工和工厂化作业，符合“机械化换人，自动化减人，智能化无人”的科技强安战略。缺点是设备成本高、灵活性较差，但通过对抽水蓄能电站隧洞群的优化设计和抽水蓄能电站群的统一管理，实现 TBM 对隧洞“短洞长打、多站连打”的效果，充分发挥 TBM 施工优势，可以降低工程成本，具有极大的推广应用价值。

参考文献

[1] 尚海龙，吴朝月，李冰，等. 基于 TBM 施工的抽水蓄能电站进厂交通洞断面研究 [J]. 隧道建设，2021，41 (4)：620-628.

[2] 李富春，尚海龙，徐艳群，等. TBM 在抽水蓄能电站施工中的应用探讨 [J]. 水电与抽水蓄能，2021 (4)：98-101，111.

[3] 赵修龙，丁兵勇，杨经卿，等. TBM 施工技术在抽水蓄能电站中的应用研究 [C]. 抽水蓄能电站工程建设文集 2021，2021：427-431.

超大规模的抽水蓄能电站坝库填筑工程管理实践

段玉昌　徐剑飞　梁睿斌　徐　祥　洪　磊

（江苏句容抽水蓄能有限公司，江苏省南京市　210000）

【摘　要】 句容抽水蓄能电站上水库填筑达 2850 万 m^3，填筑规模巨大。主坝填筑量 1750 万 m^3，填筑高度 182.3m，为世界最高的抽水蓄能电站大坝；库盆填筑量 1100 万 m^3，填筑高度 120m，为世界最大规模的抽水蓄能库盆填筑。句容电站坝库填筑施工管理重点、难点突出，质量管控难度高。论文就典型的超大规模的抽水蓄能电站坝库填筑施工过程中的重难点、填筑参数、坝基处理方式、质量管控措施、质量检测手段及变形监测手段等进行简要交流。

【关键词】 句容抽水蓄能电站　堆石坝　库盆　填筑　管理

1　概述

江苏句容抽水蓄能电站上水库主坝坝高 182.3m，坝顶长度 810m，坝顶宽度 10m，最大坝宽 600m，主坝填筑量达 1750 万 m^3，库盆最大填筑高度 120m，填筑量达 1100 万 m^3，是世界最高的抽水蓄能电站大坝、最大规模的库盆填筑、最高的沥青混凝土面板堆石坝。上游坝坡坡比为 1∶1.7，下游坝坡坡比不同高程分别为 1∶1.8 和 1∶1.9。主坝坝体填筑材料分成垫层区、特殊垫层料、过渡区、上游堆石区、下游堆石区等，上游堆石料、过渡料采用上水库内开采的新鲜弱、微风化白云岩填筑，下游堆石料采用库内开挖的新鲜弱、微风化白云岩与闪长玢岩混合料填筑；库盆填筑料较杂，有土料、石料、土石混合料等。大坝库盆典型断面图见图 1。

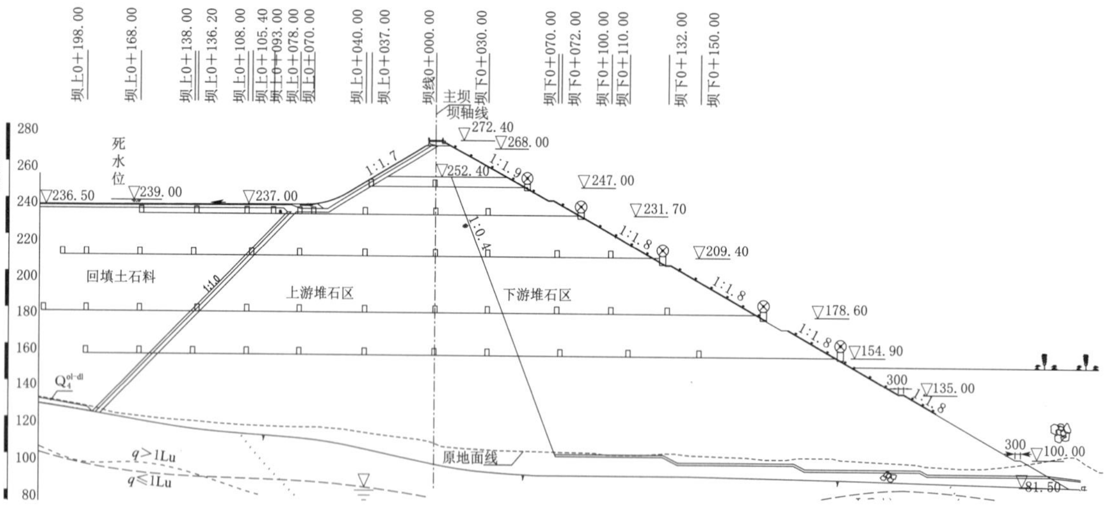

图 1　上水库大坝库盆典型断面图

2　上水库库坝管理重点难点

句容电站上水库大坝、库盆施工难度大：填筑工程量大，施工强度高；库盆、库岸地质条件复杂，料源紧张；坝基条件差，溶槽、石笋石芽表面形态发育。

2.1　填筑工程量大

句容电站上水库位于仑山主峰西南侧一坳沟内，北、东、西三面由山脊及山峰组成，东南侧为坳沟的沟口，库底平台由半挖半填而成，施工场地狭小。主坝填筑量达 1750 万 m^3，填筑量达 1100 万 m^3，大坝库盆填筑量大，填筑工期紧张，为电站建设工期关键性线路。主坝填筑料全部来源于上水库库盆及库岸开挖，在 0.67km^2 内边挖边填，施工道路布置复杂，填筑施工完成需要布置多期施工道路，并根据填筑施工进展及时进行调整。

2.2 填筑料源紧张

上水库库盆及库岸料场以白云岩为主，夹杂闪长玢岩脉，断层较发育，岩性复杂。根据设计招标土石方平衡分析料源紧张平衡，上坝料质量控制困难。

2.3 坝基条件差

坝基揭露后地表石芽在各地层中均有发育，以仑山组灰质白云岩、白云质灰岩地层多见，规模不大，高度不超过 2m，多在 0.5～1.5m，部分区域受构造影响岩溶发育，石芽高度 3～5m，间距 3～5m，地基溶槽、石笋石芽遍布，溶蚀裂隙发育，裂隙内充填黄褐色黏土。若不进行处理，可能导致坝基渗漏、不均匀沉降等情况出现。

3 坝基溶槽、石笋石芽表面形态处理

为保证两岸岸坡部位坝体填筑碾压质量，主坝在进行填筑过程需要对溶槽、石笋突出部位进行处理，邀请以院士、专家组成特别咨询团对坝基溶槽、石笋石芽表面形态处理方式进行相关咨询。

3.1 初步处理

首先对主坝坝基揭露的溶槽、石笋石芽进行初步处理[1]：

大坝填筑基础存在反坡或陡于 1∶0.3 边坡需进行削缓处理。将大坝基础面溶槽内的表土、松散土层及孤石应清除干净，若溶蚀沟槽面积较大时，便于挖除的充填土，原则上全部予以清除；当局部溶槽狭窄难以清除的充填黏土时，其表面进行填筑 30cm 反滤料并压实处理应填筑反滤料进行处理。并将妨碍堆石碾压的反坡削除和陡于 1∶0.3 的陡坡削缓。

初步处理完成后，将坝基表面形态处理分为河床段（指范围从基础面至左右岸 10m 高差内）坝基处理和左右岸坝基处理两类。以下出现的坝基处理回填的反滤料、过渡料及上游堆石料碾压参数与审定的各类坝体填筑料参数一致。

3.2 河床段坝基处理

河床段（范围从基础面至左右岸 10m 高差内）坝基超过 100cm 以上凸起岩体削除处理，岩体坡度修整至不超过 1∶0.3；溶槽内底部先回填 30cm 厚反滤料，上部回填 40cm 厚过渡料，采用小型机械碾压或手持碾夯实；再填筑 80cm 厚上游堆石料（包括溶槽内 30cm 厚），沟槽外部不足 80cm 处控制堆石料粒径大小（见图 2）。

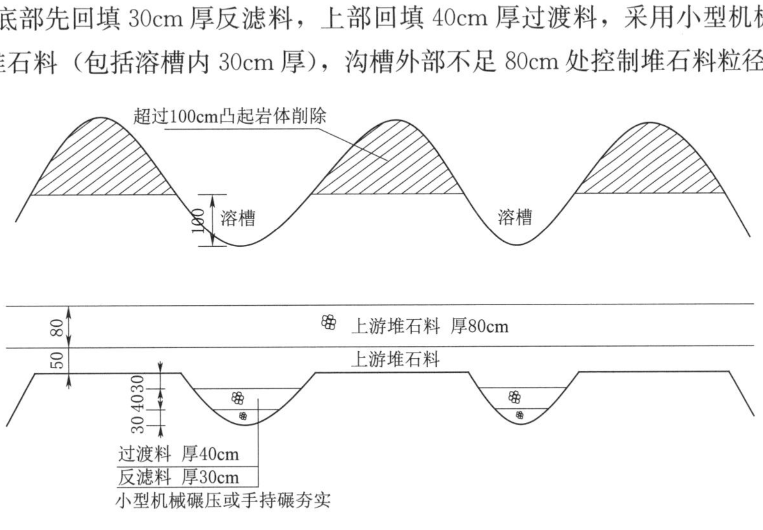

图 2　河床段坝基处理示意图

3.3 左右岸坝基处理

（1）坝轴线上游左右岸坝基超过 100cm 以上凸起岩体削除处理，岩体坡度修整至不超过 1∶0.3，溶

槽内回填两层 40cm 厚过渡料，采用小型机械碾压或手持碾夯实；再填筑 80cm 厚上游堆石料（包括溶槽内 20cm 厚），沟槽外部不足 80cm 处控制堆石料粒径大小（见图 3）。

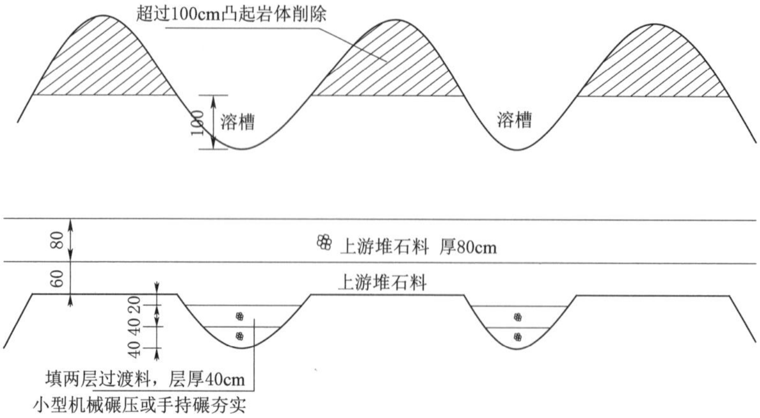

图 3 坝轴线上游左右岸坝基处理示意图

（2）坝轴线下游左右岸坝基溶槽底宽超过 150cm 时，溶槽内直接填筑上游堆石料，逐层按照上游堆石区要求分层压实（见图 4）。

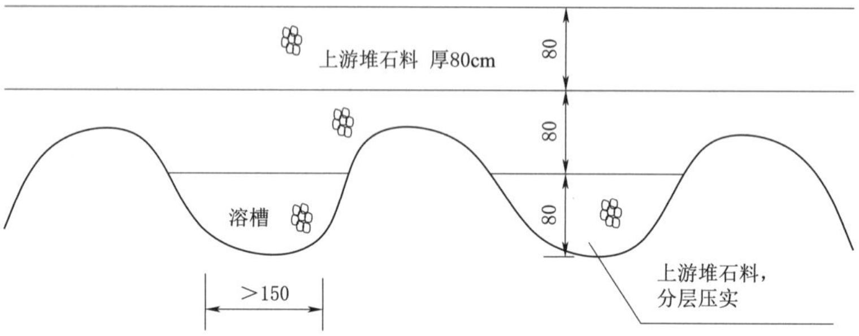

图 4 坝轴线下游左右岸溶槽底宽大于 150cm 坝基处理示意图

（3）坝轴线下游左右岸坝基溶槽底宽小于 150cm。其处理方式按照坝轴线上游左右岸坝基处理。

4 大坝库盆填筑技术参数

句容电站主体土建标在招标前，外委进行上水库大坝、库底回填区及下水库黏土铺盖现场碾压及室内试验研究，初步选定招标阶段碾压试验参数，并为后续碾压工艺试验提供参考。在上库大坝正式开始填筑前，编制了碾压试验实施细则，合理安排各填料碾压试验场次、参数，先后开展了 47 大场、125 小场的碾压试验，组织 24 次专题会，对试验成果进行评审，并邀请以院士、专家组成特别咨询团进行大坝填筑参数咨询，确定各项填筑参数，为施工打下了坚实基础。具体参数见表 1。

表 1　上库大坝填筑参数表

序号	填料种类	料　源	压实厚度/cm	碾压机具	碾压遍数	行走速度/(km/h)	洒水量/%	检测项目	设计指标	检测频次/m^3
1	上游堆石料	弱、微风化、新鲜白云岩石料	80	32t 振动碾	8	0～3	10	孔隙率	≤18%	6 万
								颗分	—	
								渗透系数	自由排水	10 万
2	下游堆石料	弱、微风化白云岩与蚀变闪长玢岩的混合料	80	32t 振动碾	8	0～3	适量	孔隙率	≤17.6%	6 万
								颗分	—	
3	过渡料	弱、微风化、新鲜白云岩石料	40	26t 振动碾	8	0～3	10	孔隙率	≤18%	5000
								颗分	—	
				液压平板夯	8	—		渗透系数	自由排水	10 万

续表

序号	填料种类	料　源	压实厚度/cm	碾压机具	碾压遍数	行走速度/(km/h)	洒水量/%	检测项目	设计指标	检测频次/m^3
4	反滤料	人工轧制新鲜成品骨料	40	20t振动碾	6	0～3	10	相对密度	≥0.85	1000
				液压平板夯	8	—		颗分	—	
				蛙式夯	8	—		渗透系数	自由排水	5000

5　质量管控措施

为保证句容电站上库大坝、库盆施工质量，现场施工采用堆饼控制层厚，应用数字化大坝系统保证施工参数，制定准填证、准压证等一系列制度规范大坝填筑程序。

5.1　严格料源管理

句容电站上水库大坝填筑可利用料较紧张，上水库库盆、库岸部分区域闪长玢岩脉、断层较发育，岩性复杂。为统筹电站工程开挖与填筑，以填定挖，保证电站工程料源合理应用，成立的江苏句容抽水蓄能电站料源管理工作小组，确料源管理流程，扎实开展电站料源管理工作小组，负责协调解决料场料源开挖、鉴定、装运、存放及回采过程中的一系列有关问题。坝体填筑料仓每次爆破后，料源管理小组联合前往掌子面进行查看，确定该炮料源去向，四方现场填写料源去向单，过程中防止有用料浪费，从源头保证大坝填筑质量。

句容电站填筑料源紧张且料源复杂，为保证合理充分利用各种填料，加强料源管控及分析，每月进行统计管控，每季度进行土石方平衡分析，以及不定期复核，保证填筑料源总体可控。

5.2　数字化大坝系统

现场对运输车辆采取分区、挂牌管理，根据料源鉴定结果装运，运输车辆悬挂标识牌，采用北斗/GPS定位技术，实现工地运料车的实时定位，跟踪运料轨迹，对违规操作进行记录，并安排专人指挥运料车辆，防止料源运错。料源运输过程中装设有智能加水站，运输车辆加水自动识别车重，自动称量、自动计算加水量、自动加水，保证运输过程加水量充足，智能精准加水也有效缩短加水时间，提高车辆通行率。填筑碾压过程数字化大坝系统采用北斗RTK高精度定位技术及智能传感技术，实现现场碾压压路机施工过程的数据采集，跟踪施工过程轨迹，实时计算碾压遍数、振动碾压遍数、碾压速度、激振力等关键指标。对相关施工参数实时监控，超标报警，提高现场施工质量。驾驶舱布置有工业平板，实现施工导航，提高工作效率。

5.3　规范填筑程序

现场施工制定填筑前准填证，碾压前准碾证规范填筑施工程序。现场施工推料摊铺采用“堆饼法”进行控制铺料厚度，在大面积填筑施工前，测量人员进行测量控制制作堆饼，严禁饼厚超标。在铺料填筑过程中，现场监理工程师对填料质量、铺料厚度、平整度、加水站加水情况及个别超径石处理等进行全过程管控，发现问题及时督促施工单位整改。

6　填筑质量检测

填筑质量检测以第三方土建试验室现场挖坑检测为主，检测孔隙率及颗分级配。同时，应用附加质量法无损检测对大坝填筑质量进行大规模检测，按照每2000m^2进行一个附加质量法检测的频率进行附加质量法检测，包含挖坑检测点原位检测。附加质量法检测既是对挖坑灌水检测的补充验证，又是对大面积进行质量检测的补充，具有快速、准确、实时和无破坏性等特点，为大坝填筑施工提供了一种便捷实用的重要检测手段[2]。附加质量法检测能够实时、快速测定堆石体密度，发现和揭露堆石体内部缺陷，对不合格部位及时补碾，达到控制大坝填筑碾压施工质量的目的。

7　沉降变形监测

句容电站最大坝高达182m，最大坝宽超过400m，应用多重安全监测技术，及时掌握坝体、库盆变形。布置有电磁式沉降仪、水管式沉降仪，同时布置分布式传感光纤监测上水库主坝及库底填筑区的变形，获取堆石体内部的连续变形情况。

7.1 水管式沉降仪

句容电站在上水库主坝 0＋225、主坝 0＋330、主坝 0＋530 分别布设 1 个水管式沉降仪监测断面，其中主坝 0＋225 和主坝 0＋330 断面均布置 5 层观测条带，依次位于 154.90m 高程（11 个测点）、178.10m 高程（12 个测点）、208.90m 高程（11 个测点）、231.70m 高程（7 个测点）、247.00m 高程（2 个测点），两个断面测点分布相同，均为 47 个测点；主坝 0＋530 断面布置 1 层观测条带，位于 231.70m 高程，8 个测点。

上库主坝坝体沉降随着坝体填筑逐渐增大，呈库盆沉降量最大、次堆石区次之、主堆石区最小的分布规律，分布规律与可研阶段主坝有限元计算成果一致：从各个监测断面变形情况来看，主坝 0＋330 断面沉降量最大，其次为主坝 0＋225，主坝 0＋530 断面沉降量最小（见图 5、图 6）。库盆最大沉降量为 952.9mm，位于主坝 0＋330 断面、高程 178.6m、坝上 0＋228，为目前坝高的 0.91%；主堆石区最大沉降量为 351.9mm，位于主坝 0＋330 断面、高程 178.6m、坝下 0＋30，为目前坝高的 0.21%；次堆石区最大沉降量为 458.7m，位于主坝 0＋330 断面、高程 154.9m、坝下 0＋72，为目前坝高的 0.27%。

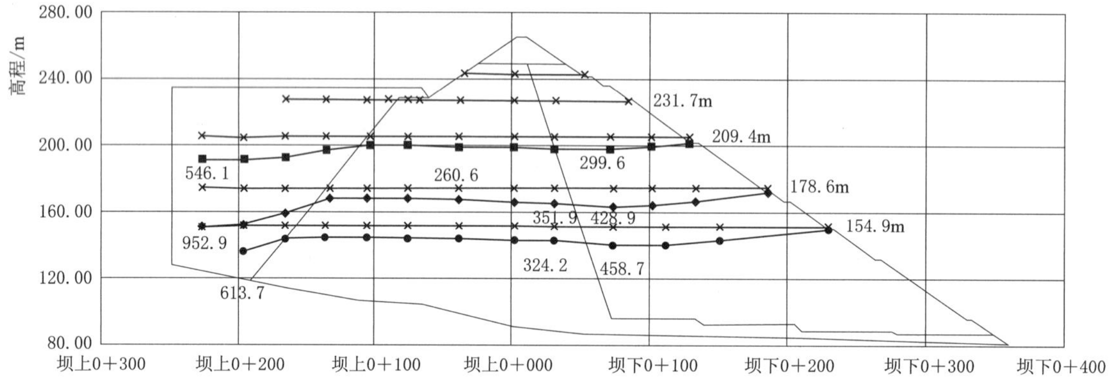

图 5 上库主坝 0＋330 断面水管式沉降仪沉降分布图（沉降量单位：mm）

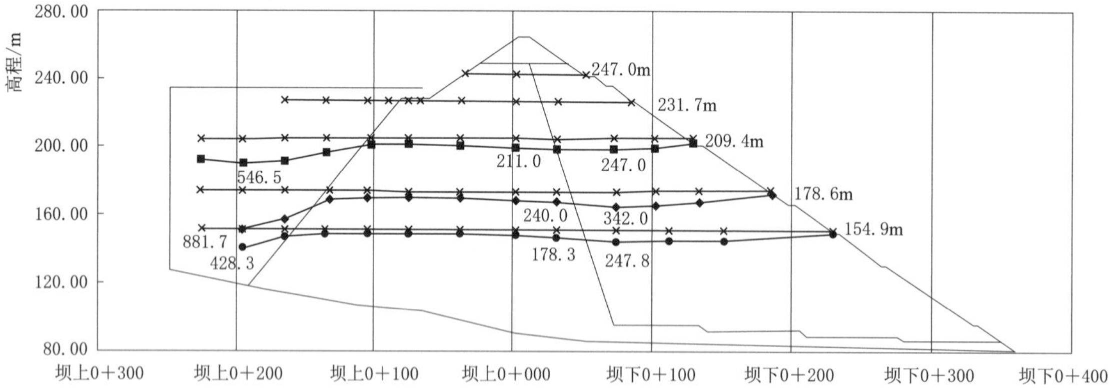

图 6 上库主坝 0＋225 断面水管式沉降仪沉降分布图（沉降量单位：mm）

7.2 分布式光纤监测

针对句容电站坝体及库底填筑量大、填筑高度高，易发生沉降变形等特点，句容电站在主坝 178.6m 高程、0＋330 断面，及主坝 231.7m 高程、平行坝轴线左右岸方向、坝轴线往下游方向布设分布式传感光纤对大坝垂直位移进行监测。将“工”字钢等连续性较好、强度较大的材料埋入堆石料内部，在埋入材料的适当位置固定应变传感光纤，在较高的坝体自重压力下，“工”字钢与光纤可以与坝体堆石料同步变形，故可将测量坝体变形的问题，简化为测量该材料变形问题。通过运用布里渊分布式光纤传感原理（BOTDA），测定脉冲光的后向布里渊散射光的频移实现分布式温度、应变测量，利用解调仪对监测数据进行解析[3]。

传统的水库大坝内部变形安全监测技术存在监测点少、呈点状分布、成本高等局限性，仅能监测点状数据，而分布式传感光纤技术展现出了很好的适用性，能够监测全断面变形数据，测点数量多，施工难度低。

对主坝 178.6m 高程，0＋330 断面分布式传感光纤历次观测数据进行统计分析，近半年沉降分布见图 7。

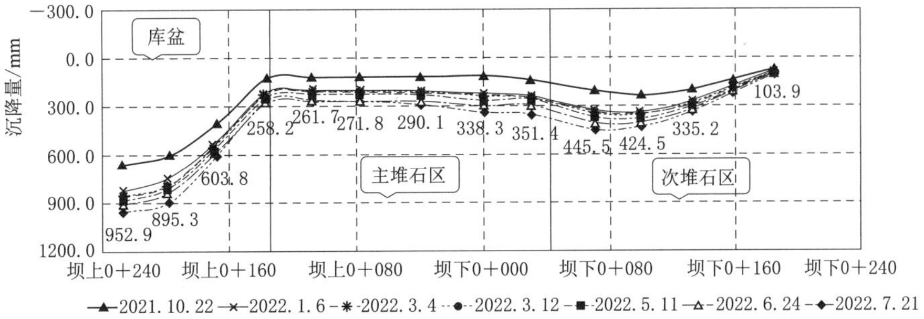

图 7　主坝 0＋330，高程 178.6m 分布式光纤的历次沉降测值

通过与该部位水管式沉降仪监测数据进行对比分析（见图 8），上库主坝 178.6m 高程，0＋330 断面分布式传感光纤各测点沉降量为 258.2～952.9mm，变化量为－17.8～61.8mm；其中库盆各测点沉降量为 603.8～952.9mm、过渡部位 258.2mm、主堆石区为 261.7～351.4mm、次堆石区为 335.2～445.5mm、观测房为 103.9mm。与水管式沉降仪互差为－0.6～20.2mm，数据拟合性较好，符合变化规律。

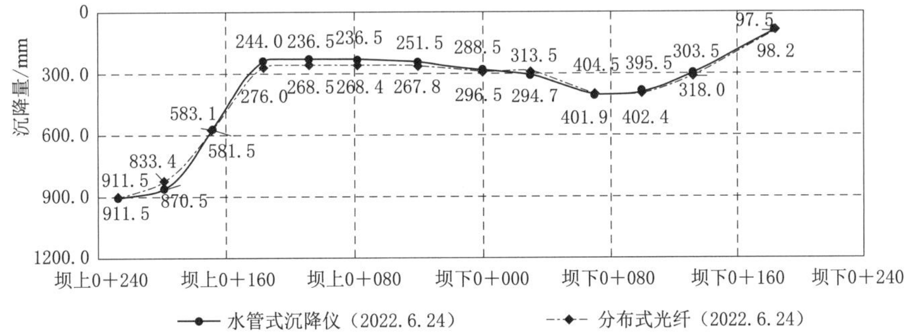

图 8　主坝 0＋330，高程 178.6m 水管式沉降仪与分布式光纤沉降对比分布图

8　结语

句容电站作为典型的超大规模抽水蓄能电站库坝填筑工程，填筑工程量大，施工强度高，库盆、库岸地质条件复杂，料源紧张，坝基条件差，溶槽、石笋石芽表面形态发育，施工管理重点、难点突出，质量管控难度高。通过精心组织，合理安排，克服填筑料源复杂、紧张，坝基条件差等问题，积极稳妥推进上水库填筑施工，曾连续 4 个月单月填筑突破 120 万 m^3，创下单月填筑量 172 万 m^3，创造世界抽蓄施工纪录，对抽蓄大坝、库盆填筑施工具有积极的借鉴意义。

（1）施工过程“以填定挖”，严格执行料源鉴定，合理规划多期填筑施工道路，抢抓有利天气全力推进填筑施工。

（2）招标阶段将“临时道路安全防护费”单独列项，施工过程保证安全防护设施投入，成立交叉作业协调管理小组，应用上下多层安全防护措施，保证工程连续安全作业。

（3）制定并执行料源鉴定、准填证、准碾证、夜巡制度等有效质量管理措施，截至目前验收评定 3045 个单元，其中优良 2993 个单元，优良率 98.3％，工程质量整体优。

（4）工程应用数字化大坝系统（智能加水、车辆定位、碾压监测等）、附加质量法检测、分布式光纤监测等先进技术，以先进技术为抓手保证大坝、库盆建设。

（5）注重技术管理，组建以院士、专家为首的特别咨询团，对大坝、库盆填筑工程遇到的各类难题进行“诊断把脉”。

参考文献

[1] 段玉昌，徐剑飞，梁睿斌，等．句容抽蓄电站上水库堆石坝及库盆基础处理方式介绍［D］．北京：中国电力出版社，2019.

[2] 段玉昌，徐剑飞，梁睿斌，等．附加质量法检测技术在句容抽水蓄能电站堆石坝中的应用［D］．北京：中国电力出版社，2020.

[3] 何斌，徐剑飞，何宁，等．分布式光纤传感技术在高面板堆石坝内部变形监测中的应用［J］．岩土工程学报，2022.

抽水蓄能电站闸阀式尾水闸门门槽制造技术

王 燕 李 宏 王众渊
（郑州水工机械有限公司，河南省郑州市 450000）

【摘 要】 抽水蓄能闸阀式尾水闸门门槽是全封闭式箱型结构，接口多，结构复杂，需加工部位多。整体尺寸偏差要求严格，制造难度大。本书针对封闭性门槽的结构特点提出制造中的关键工艺要点和难点，并制定合理有效的工艺控制措施；采用立式大组装，针对门槽立拼容易出现的问题，提出关键部位的质量控制步骤，保证了门槽整体的制作质量。为抽水蓄能闸阀式尾水门槽的制作积累经验。经过目前的蓄水考验，尾水闸门及门槽运行正常，完全满足设计和规范要求。

【关键词】 封闭式结构 质量控制 制造技术

1 引言

抽水蓄能电站闸阀式尾水事故闸门主要功能是阻断下水库及尾水隧洞的水流，以便于机组维修，防止下库水流淹没厂房[1]。郑州水工机械有限公司承接的丰宁抽水蓄能电站地下厂房采用中部开发方式，尾水隧洞“两机一室一洞”的布置方式，尾水隧洞属长尾水系统，在机组与尾水调压室之间设一道事故闸门。闸门为闸阀式钢闸门，门槽为全封闭箱形结构。尾水闸门在抽水蓄能电站金属结构中是至关重要的环节。而门槽这类封闭式结构，设计和规范要求严格，没有成熟的制造经验可借鉴，制造难度大。如何在满足设计和规范要求的前提下，提出行之有效的制造技术和质量控制措施，是值得研究的课题。

2 制造要点与难点

门槽结构由门槽段、腰箱和顶盖三大部分组成。门槽段总长 7.0m，门前门后各 3.5m，腰箱高约为 7.9m。为便于检修，顶盖上设有进人孔，在门槽设计时在顶盖与腰箱、进人孔盖与腰箱顶盖之间设置有可靠的密封装置。门槽结构见图 1。

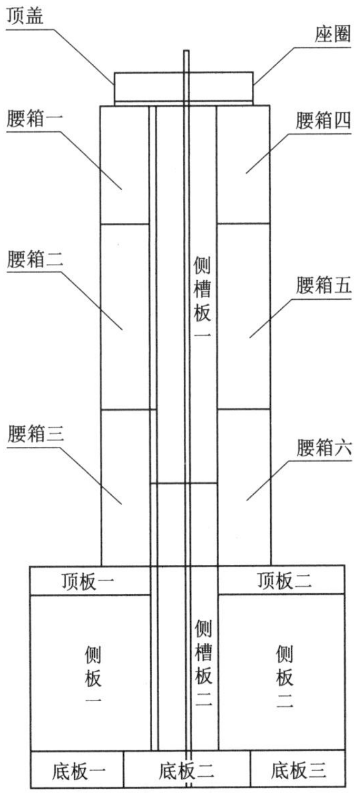

图 1 丰宁抽水蓄能电站尾水闸门门槽结构示意图

（1）门槽所用钢板较厚，布置网络状，焊缝较密，焊接热量集中，变形较大；并且密封性要求严格[2]。

（2）接口数量多，每一个存在装配关系的结合面均需机加工，门槽腰箱与顶盖的结合面、侧板与侧槽板、进人孔盖与顶盖密封面及门槽节间连接面等应进行机加工，水封座面及支撑侧构件应进行整体加工。加工面多，控制各项尺寸累计误差的难度大。

（3）顶盖与底座配合密封要求高，顶盖与底座之间的 O 形密封圈凹槽加工精度高，加工难度大。

（4）门槽总高度超 17m，预组装难度较大且有风险。

3 制造工艺设计

3.1 制造难点分析与控制措施

制造难点分析与控制措施见表 1。

表1 制造难点分析与控制措施

序号	制造难点描述	控制措施
1	二类焊缝多，焊缝密集，焊接位置受限。焊接变形难控制	合理焊接工艺，分解构件，需要二类焊缝的拼板组合、“丁”字梁、π形梁等单独焊接探伤完成后进入门槽部件装配。制定合理装配顺序，从中间向四周，从焊接位置较难的部件开始逐件展开，探伤合格后再组焊相邻部件。 焊接过程中需控制变形，全部加固焊后，对称、间隔、跳焊施焊。每道焊缝每次焊接不能超过焊缝总高度的1/4，焊接过程必须控制焊接速度，多道多层焊接。焊接过程中注意人员对称操作施焊，避免焊接位置不均匀引起收缩不一致。 对容易引起变形前期焊接量合理制定量化标准，因最先焊接的1/3焊接量对构件变形影响最大，因此规定此部分焊接时采用小电流、电压，以及小的焊接速度，并制定一定停顿时间，从而把焊接变形控制到最小范围
2	门槽分片多，接口配合多，加工面多，每个分片和其他分片有不同方向的配合关系，加工面划线难度大	将整个门槽划分为：“底板、侧板、顶板、上库腰箱、下库腰箱、侧槽板、顶盖和底座”几个制造单元，每个单元中的包含2～4个门槽部件，每个单元中门槽部件之间接口在片组阶段完成，减少组合中关联配合。相关单元配对制作，减少制作误差，比如上库腰箱、下库腰箱按一个地样片组，控制总高度和宽度一致
3	轨道加工面和水封座加工面位于不同的分片部件上，单件制作后整体大组要求所有轨道加工面和水封座加工面公差控制2mm以内	制定基准优先次序，首先保证底板和侧板水封座加工面处于同一平面，保证闸门封水需要。水封座面旁的滑道轨道大组时处于下部，可以预先加工，在大组阶段调整位置焊接，保证轨道组装准确
4	顶盖与底座之间的O形圈凹槽加工精度高。顶盖与底座配合密封要求高	顶盖与底座配对加工、钻孔。先加工底座，以底座为基准划顶盖加工线，加工后螺栓把一起检查结合面，修复误差。在平面符合要求的条件下，用百分表以加工面为基准控制精度在龙门铣上刻铣O形圈凹槽
5	顶盖开口多，焊缝多，密封要求高	对于顶盖开口处焊缝重点控制，分阶段组对焊接，规划组装焊接顺序，从焊接位置较难的位置开始逐渐向四周展开，保证焊接空间操作方便。开口处焊缝用煤油＋白垩粉检查水密性
6	门槽整体尺寸大，总高度超过17m。 整体大组尺寸控制难	制定安全措施，布置大组平台，配置22m龙门吊。按顺序从底板、侧板、顶板、侧槽板下段、上库腰箱、下库腰箱、侧槽板上段、底座、顶盖一层层组对，每层加固完善后再进行下一层。 每层加固后测量控制整体尺寸，预判下一层接口误差，及时修正
7	需要消应力部件多	采用退火消应力和时效振动消应力
8	充排气管路布置复杂，接口处尺寸不易确定	三维建模，配合施工中不同方向投影实样，确定管路尺寸及接口点位置

3.2 下料与加工余量

（1）正式下料前，需用喷粉检查下料尺寸，检查无误，方可下料。全部板材零件根据设计图纸尺寸（考虑工艺余量），数控切割机集中下料，刨边机加工焊接坡口；型钢火焰切割或锯切下料。

（2）侧板上轨道座面、水封座面，顶板上不锈钢座面、顶盖和底座结合面、顶盖和进人孔结合面、侧板和侧槽板结合面及其他部件连接面均留加工余量。

3.3 焊缝要求

门槽充排气装置钢管联接焊缝均为一类焊缝，开V形坡口焊透。门槽的面板拼接按二类焊缝焊接和检验，门槽图纸中要求开坡口的焊缝按图开坡口控制焊接质量。联接处端头板开坡口，保证焊接质量，端面铣加工后坡口焊缝强度满足要求。

门槽顶盖孔口处焊缝要求不渗不漏，焊接完成后进行水密试验，试验合格方可进行下道工序。

3.4 焊后应力消除

所有机加工在消应力后进行。门槽构件中的门槽水封座面及支撑侧构件采用振动时效消除应力或退火消应力，腰箱1/2/3、4/5/6、侧板、顶板2等构件可以采用振动时效消除应力，底座焊后对焊缝区域消除应力热处理。侧板与顶板的不锈钢板在消应力处理后焊接。

振动时效消应力工艺过程和振动时效机器及参数选择：采用单件施工；选择机器型号：HK2000K2，设备参数见表2。

表 2　振动时效设备

型　号	HK2000K2
最大激振力	15kN
调速范围	1000～8000r/min
可处理工件重量范围	0.5～20.0t
稳速精度	±1r/min
彩显功能	在线动态显示 $a-n$、$a-t$ 曲线及参数
打印功能	自动打印 $a-n$、$a-t$ 曲线、参数数据及参数数据对比

3.5 门槽装配结合面加工

存在装配关系的结合面均需铣加工，分别为底板三件组成一体的节间连接面。侧板上、下端头加工；腰箱四边均加工；顶板 1/2（各一件）与侧板联接端头加工，端头连接板可以点焊上，与侧板组装配孔后焊死。侧槽板 1/2 的上下端联接面需加工。侧槽板两侧与腰箱和侧板的结合处需按 1mm 平面度修整，保证组对后不留间隙。为保证接触面紧密，顶板 1/2 与腰箱接触面、侧板 2，侧板 1 与侧槽板的接触面也需要留余量加工。

为减少工作量，提高工作效率，底板 1、2 上面连接侧板 2（对称 2 件），侧板 1（对称 2 件）以及侧槽板的接触面可以不加工，接触范围整体按 1mm 平面度修整，保证组对后不留间隙。同样，侧板 2、侧板 1 的 4500mm 以上范围的侧面与顶板 1/2（各一件）相连接的接触面也可以按 1mm 平面度修整，保证组对后不留间隙。

腰箱结合面之间的单件连接板不加工，连接板可以一端钻孔，另一端大组配孔，连接板点焊在构件上，大组顶紧后焊接。腰箱 1、腰箱 4 底部 L 形梁腹板不加工，L 形梁单件组对完成，修复垂直度，直线度，外露面焊缝磨平，L 形梁整体平面度符合要求。腰箱 1、腰箱 4 底边加工，然后以加工面为基准加工与 L 形梁腹板连接的隔板。L 形梁与加工面对齐、顶紧隔板后焊接，焊接过程控制变形，焊后修整垂直度、平面度。

3.6 配孔

为保证孔位置的准确度，对于有配合关系的构件（如顶盖与底座）之间的螺栓孔，对其中一件进行钻孔，另一件采取配钻的方式配孔，必要时可制作钻孔模板。

3.7 大组装流程及控制

门槽为全封闭箱型结构，总高度较高，预组装难度大。“宜兴抽水蓄能电站钢衬制造工艺”文中门槽采取卧组进行分两部分组装[2]，我公司为保证总体尺寸的准确性，减小偏差，全部构件整体立组装，门槽接口多，配合关系复杂，要求节间连接螺栓把紧。门槽分六层进行装配，逐层组装，层层控制质量，每层装配都要严格控制尺寸，全面检查直线度和平面度。并针对门槽立拼容易出现的问题，提出了关键部位的质量控制步骤。详细见表 3。

表 3　大组装质量控制步骤

顺序	组装名称	检查项目	公差及要求/mm	检查方法	备　注
准备	大组平台及地样	门槽中心线垂直 平台平面度 腰箱开口控制线	1 2 ±1	经纬仪、水平仪、盘尺	检查员全面检查，需检查腰箱开口控制线垂直度
第一层	大组底板（三件）	门槽中心线 节间错位、间隙 局部平面度 直线度 工作面局部平面度 工作面直线度	比对地样 1 3 3 1 2	经纬仪、水平仪、粉线、1 米钢板尺、塞尺	节间间隙不超过全长 20%；工作面为水封面和组装结合面。参见小组底板 1、底板 2 要求

续表

顺序	组装名称	检查项目	公差及要求/mm	检查方法	备注
第二层	大组侧板 1、2 （4件）	门槽中心距 孔口宽 3600mm 面板与底板垂直度 工作面垂直度（未加工） 工作面垂直度（加工） 不锈钢整体平面度 轨头整体平面度 顶部高差 反轨面至中心 475mm 不锈钢面至中心 471mm 轨头面至中心 435mm 4600mm 高度以上开口 止水跨度 1870mm 轨头跨度 2110mm 外侧加工面开口 4800mm	±3 ±3 3 2 1 1 2 1 −1～+3 −1～+2 −1～+2 ±0.5 ±1.5 ±2 ±2	线坠、板尺、经纬仪、水平仪、粉线、盘尺、塞尺	结合面间隙最大 1mm 且不超过全长 20%；优先保证不锈钢面，其次保证轨头加工面。以主、反轨道面为基准调整其他面。 外侧加工面开口 4800mm 公差需与腰箱配做一致，此加工面应立组调整尺寸划线加工
第三层	大组顶板 1、2 （2件）	直角面与侧板垂直度 直角面与底板垂直度 不锈钢整体平面度 结合处错位 顶部高差（错牙） 开口尺寸 950mm 不锈钢至底板 4700mm 孔口高度 4600mm	2 2 1 1 1 ±2 ±2 ±3	线坠、板尺、经纬仪、水平仪、粉线、盘尺、塞尺	结合面间隙最大 1mm 且不超过全长 20%；优先保证不锈钢面。以直角面为基准调整其他面。直角面吊线与腰箱控制线吻合
第四层	大组腰箱 123 组合、腰箱 456 组合 （6件）	调整轨头面错位 结合处间隙 竖向垂直 顶部高差 开口尺寸 950mm 开口对角线 4893.1mm	0.3 1 3 1 ±2 2	线坠、板尺、经纬仪、水平仪、粉线、盘尺、塞尺	结合面间隙不超过全长 20%；吊线与腰箱控制线吻合。测顶、底总高尺寸
第五层	大组侧槽板 1、2 组合	间隙	1	塞尺	根据上一步测得总高加工顶面
第六层	大组底座	间隙 整体平面度 与地样中心线	1 2 对齐	经纬仪、水平仪、线坠、塞尺	检查员全面 检查，吊线不准确可以采用经纬仪
第七层	大组顶盖	间隙 整体平面度 孔口与地样中心线	1 2 对齐	经纬仪、水平仪、线坠、塞尺	检查员全面 检查、吊线不准确可以采用经纬仪

注 侧板上的轨头应在大组调整合格后焊接，焊立缝，控制焊接速度不能过快，对称、间隔、多层多道跳焊，交验前焊接完成。大组阶段用经纬仪划顶板开孔十字线，大组解体后开孔。

3.8 解体后工作

大组解体前划安装定位线和标识线，点焊定位板、解体后按施工图开工地坡口。每个接口划两组“卄”形定位线。并设置定位板（定位块）。

4　结语

通过对丰宁抽水蓄能尾水闸门门槽制作过程的工艺要点进行的研究，制定了一套关于封闭式门槽的有效的制造工艺和关键工艺控制措施，严格按规范进行质量检验，确保了门槽的制作质量，为抽水蓄能尾水门槽的制作积累经验。经过目前的蓄水考验，尾水闸门及门槽运行正常，完全满足设计和规范要求。

参考文献

[1]　龚朝晖，徐永新，陈辉春，等. 琼中抽水蓄能电站尾闸室事故闸门设计 [J]. 甘肃水利水电技术，2019，55 (9)：21-24.

[2]　徐海娜. 宜兴抽水蓄能电站钢衬制造工艺 [J]. 水电站设计，2009，25 (4)：67-68.

浅谈抽水蓄能电站工程施工工期管理

李延阳　张学清　茹松楠　韩小鸣　陈小攀
（国网新源控股有限公司，北京市　100052）

【摘　要】本文通过对抽水蓄能电站工程施工工期的统计与分析，分阶段、分专业地阐述了施工进度管理思路及相关管控措施，并充分地进行了探讨，为抽水蓄能电站工程施工工期安排和进度管理提供参考与借鉴。

【关键词】抽水蓄能电站　施工工期　进度管理

1 引言

抽水蓄能电站作为新型电力系统的重要组成部分，对消纳间歇性可再生能源，提高电网供电质量意义重大。随着“双碳”目标的提出，2021 年 9 月，国家能源局发布了《抽水蓄能中长期发展规划(2021—2035 年)》，对我国抽水蓄能电站产业发展提出了新的目标，对抽水蓄能电站建设管理提出了新的考验。

国网新源控股有限公司作为全球最大的调峰调频专业运营公司，自 2005 年成立以来，经过 17 年的发展至今，公司在运抽水蓄能电站 24 座，总装机容量 2467 万 kW；在建抽水蓄能电站 34 个，总装机容量 4813 万 kW。公司在项目建设过程中，积累了丰富的项目建设管理经验。在新的政策环境下，高效推进抽水蓄能电站建设至关重要，工程建设安全、质量、进度、技术、经济等管理力量缺一不可。本文主要结合国网新源公司抽水蓄能电站工程建设实际管理情况，着重讲述在施工工期设置、施工进度管控方面的理解及管理思路，为抽水蓄能电站工程施工工期管理提供参考。

2 抽水蓄能电站建设阶段划分

抽水蓄能电站根据国家选点规划和建设规划开展站点选择研究，经过预可行性研究、项目建设必要性论证和可行性研究，在取得可研批复意见后，按照相关规定向项目所在省级政府上报核准申请，获得核准批复后项目正式进入建设期阶段。

抽水蓄能电站建设期从项目核准开始到工程竣工，期间按照现行水电规范共划分为工程筹建期、主体工程准备期、主体工程施工期、完建期和竣工验收期 5 个阶段。通常抽水蓄能电站工程的主关键线路一般以地下厂房开挖和机电安装为主线，次关键线路一般以引水系统开挖、压力钢管制安和机电安装为主线，有的项目因水库工程量较大也可作为工程的次关键线路。主关键线路不是一成不变的，受不良地质条件等因素影响，次关键线路有可能转变为主关键线路，从而影响发电工期。按地下厂房开挖和机电安装为工程的主关键线路，各阶段工期可按以下原则进行划分。

2.1 筹建期

筹建期是指从项目核准至通风洞开挖完成的工期，主要任务是为主体工程开工创造条件。工程筹建期可进一步划分为筹建工程准备期和筹建工程施工期。筹建工程准备期主要工作内容是开展移民搬迁、用地报批、土地征用、招标设计、招标采购等准备工作。筹建工程施工期主要工作内容是开展场内外道路、施工供电、通风洞、交通洞等前期工程施工。

2.2 主体工程准备期

主体工程准备期是指从主体承包商进场至地下厂房顶拱开工的工期。主要工作内容是地下厂房开挖施工用风、水、电等辅助设施布置。

2.3　主体工程施工期

主体工程施工期是指从地下厂房顶拱开挖开始至首台机发电的工期。主要工作内容是地下厂房和主变洞开挖，厂房混凝土浇筑、机电安装、调试和启动试运行，上下库大坝开挖填筑、输水系统开挖衬砌、压力钢管制安和充排水试验等。

2.4　完建期

完建期是指从首台机投产发电至最后一台机投产发电的工期。主要工作内容是后续机组机电安装、调试和启动试运行。

2.5　竣工验收期

竣工验收期是指从最后一台机投产发电至工程竣工验收完成的阶段期。主要工作内容是工程尾工和工程专项验收、竣工验收等。

2.6　总工期

总工期是指主体工程准备期、主体工程施工期和完建期三项之和。工程建设各阶段的项目工作不能截然分开，相邻两阶段的工作可交叉安排。

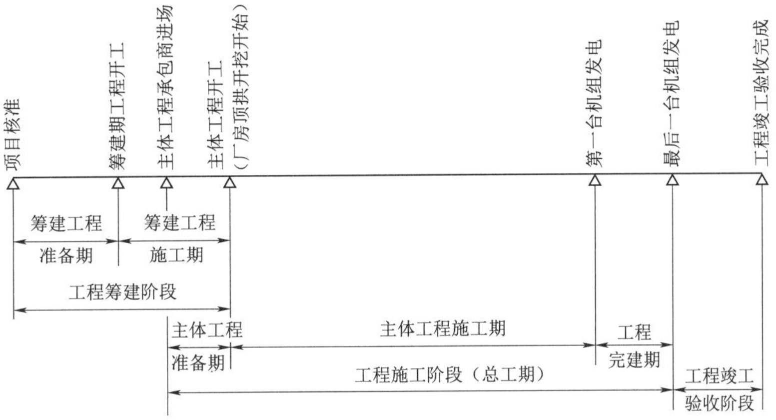

图1　抽水蓄能电站阶段划分建议图

3　抽水蓄能电站各建设阶段工期设置

根据国网新源公司抽水蓄能电站工程建设经验，结合国内已建部分抽水蓄能电站工程建设实际，充分考虑电站项目所处地域的差异性和工程地形、地质、水文、气象以及抽水蓄能电站工程建设周期长的特点，对可研工期及实际工期统计分析，抽水蓄能电站各建设阶段工期设置建议可做以下安排。

筹建工程准备期：项目取得核准后，开展征地和移民安置、用林、用地报批、筹建期工程招标文件编审等通常为9～12个月。

筹建工程施工期：根据电站项目地形地质条件不同，建议以通风兼安全洞开挖支护综合进尺90～120m/月计算。

主体工程准备期：主体工程承包商为开展关键线路上的主体工程施工做好充足准备，建议工期安排3～6个月。

主体工程施工期：以安装有4台机组的电站项目为例，自厂房顶拱开挖开始至厂房开挖全部完成，建议安排工期24个月左右；自厂房底板混凝土浇筑开始至首台机组发电机层混凝土浇筑完成，建议安排工期12个月左右；首台机组机电设备安装建议安排工期12个月左右；首台机组分部调试建议安排工期2个月左右；首台机组整组调试建议安排工期4个月左右；主体工程施工期一般为54个月左右。

完建期：首台机组发电后，后续机组相继安装调试完成并投产发电，建议工期安排9～12个月。

安装有6台机组或更多机组的电站项目，地下厂房开挖支护、地下厂房混凝土浇筑、机电安装的工程量较大，可根据电站建设实际情况，建议在主体工程施工期和完建期分别增加3个月和6个月甚至更多。

4 施工进度管理思路

抽水蓄能电站工程建设周期较长，施工进度管理是工程建设单位和各参建单位在施工过程管控过程中极其重要的一项工作，为全面地讲述工程建设全过程施工进度管理的思路和想法，主要分为工程准备阶段和工程建设阶段两部分，以建设单位视角阐述施工进度管理的看法。具体如下。

4.1 工程准备阶段

（1）应加强与地方林业和土地部门的沟通协调，精准掌握地方政府林地、土地组卷事项清单和工作流程。提前开展使用林地可行性报告编审、土地勘测定界报告编制、征地补偿安置方案确定等建设用林用地组卷，争取项目取得核准即完成林地组卷、林地取得批复即完成土地组卷，压缩用林用地组卷报批"空档期"，尽早取得建设用地批复。如有先行用地政策，应率先办理先行用地手续，提早获得开工用地要素保障。提前开展林地和土地报批准备，争取在核准后第一时间启动林地和先行用地报批，尽快满足先期开工项目用地需求。

（2）应加强与地方政府的沟通协调，在征地移民规划报告审定后，洽商确定征地移民协议条款，尽快完成签订征地移民协议，快速完成房屋、构筑物拆除等工作，争取在取得用地批复前具备净地条件。

（3）在完成可研设计后，积极督促设计单位立即开展招标设计，尽早完成相关专题报告和筹建期工程等招标文件编审，待具备招标条件尽快开启招标工作，为工程开工作有力支撑。

4.2 工程建设阶段

（1）建议在各施工合同签订时，合理设置"进度考核支付费""节点保障措施费"等激励条件，提高施工承包商积极性、主动性，保障资源投入，优化施工组织和工序衔接，保证合同工期按期实现。

（2）应建立完整的工程进度管控机制，例如成立工程进度管理相关的领导小组，建立进度管理周例会或月例会制度等，定期分析统计各项目重点计划执行情况，尽早发现进度滞后实际情况。针对滞后工程项目，施工承包商应开展偏差分析，采取增加资源投入，优化施工技术方案等纠偏措施，针对性地启动干预机制，在保证工程建设安全稳定的前提下，高质效推进工程建设，避免对工程项目发电目标产生影响。

（3）建议加大应用机械化施工技术，例如三臂凿岩台车、湿喷台车、锚杆台车、自行走除尘台车等机械化设备应用，以"机械化换人"缩短关键项目施工工期。还应积极探索新工艺、新技术、新设备应用，提高模块化、数字化建设水平，推进工程安全、优质、高效建设。

（4）建议提前开展主机设备招标，为机组水力研发预留充足时间。推进设备、管理工厂化、模块化制作，提升工厂制造占比，降低现场组装及调整工作量，开展工厂预组装，缩短安装工期。

（5）统筹考虑机电安装工程于主体土建工程的施工组织安排。减少现场交叉作业施工干扰，实现作业面"任务饱和、无缝衔接"，避免因工作交接不当，引起例如管路、桥架"错、漏、碰"的问题，拖延施工工期。

（6）应提前盘点主机设备到货计划及机组调试及试运行安排，合理安排各机组段安装进度，科学确定机组启动方式，结合上下水库蓄水条件，合理安排试验顺序，做好各试验项目的有效衔接，同时还应积极与电网调度部门沟通协调，减少试验等待时间。

（7）建议加快已完工项目收尾。建设过程中着重关注质量管控和成品保护，减少后期消缺和返工。电站项目基本全部建成时，应提前梳理尾工项目，开展尾工工程建设，争取竣工决算前完成所有基建工作，加快全面转入生产运行阶段。

5 结语

抽水蓄能电站工程建设涉及土建施工、设备制造、安装调试等各方面，参与工程建设的工程设计、工程监理、施工单位、装备制造单位以及技术支撑服务单位众多。本文主要分析了抽水蓄能电站工程建设各阶段工期的划分和设置，依据国网新源公司抽水蓄能电站工程建设管理实际情况和经验，提出各建设阶段可采取的管理思路和措施，望能为抽水蓄能电站工程建设管理提供参考价值。

清原抽水蓄能电站地下厂房顶拱层爆破开挖质量控制

余　健　刘　蕊　郭　鹏　姜晓航
（中国电建集团北京勘测设计研究院有限公司，北京市　100024）

【摘　要】清原抽水蓄能电站地下厂房顶拱层周边孔采用光面爆破技术，施工中依据地质条件和爆破效果及时对爆破设计参数动态调整优化，通过测量放样、钻孔工艺、装药结构、爆破联网等质量控制措施，确保了地下厂房顶拱层整体爆破开挖质量达到优良标准，其成果为国内大跨度地下厂房爆破开挖施工提供了工程实例和技术经验。

【关键词】抽水蓄能电站　地下厂房　顶拱层　质量控制

1　工程概况

清原抽水蓄能电站（简称清蓄电站）为大（1）型Ⅰ等工程，规划6台单机容量300MW竖轴单级混流可逆式水泵水轮机组，总装机容量1800MW，枢纽建筑物由上水库、输水系统、地下厂房系统、下水库等组成。电站建成后，在辽宁电网系统中承担调峰、填谷、调频、调相、事故备用及黑启动。地下厂房采用中部布置方式，由主机间、安装间和副厂房组成，呈“一”字形布置，地下厂房开挖尺寸222.5m×27.5m（26m）×55.3m，顶拱层开挖高程为264.8～254.3m，层高为10.5m，最大开挖跨度为27.5m[1]。洞室结构采用喷锚支护：Φ28砂浆锚杆/Φ32预应力树脂锚杆（P=120kN）@1.5m×1.5m，L=6m/9m，间隔布置，入岩5.8m/8.8m；挂网Φ8@20cm×20cm，龙骨钢筋Φ12@1.5m×1.5m，喷射20cm厚C30混凝土。地下厂房顶拱层开挖如图1所示。

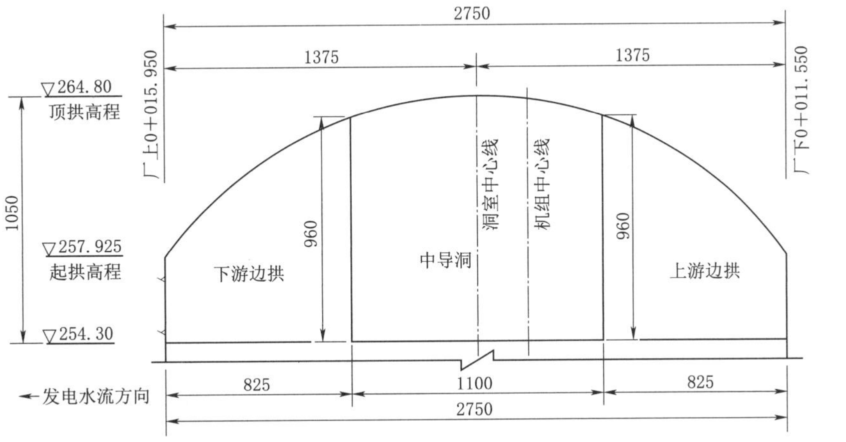

图1　地下厂房顶拱层开挖图（单位：cm）

2　工程地质条件

清蓄电站地下厂房地表高程552～635m，拱顶高程264.8m，洞室顶拱上覆岩体厚度284～371m。围岩主要为微新花岗岩，为硬质岩，岩体结构为次块状～块状结构，岩体较完整，洞室围岩主要以Ⅲ类为主，部分为Ⅱ类，Ⅱ类围岩约占34%、Ⅲ类围岩约占59%、Ⅳ类围岩约占7%。地下厂房顶拱围岩为微新花岗岩，岩体内裂隙轻度～中等发育，主要以陡倾角为主，局部有少量缓倾角裂隙发育，岩体较完整，岩体力学性质较好[2]。

3 地下厂房开挖技术分析

3.1 开挖分区规划

地下厂房顶拱层开挖以水平掘进方式通过厂房顶部通风洞侧贯入，以中导洞延伸进入顶拱层掘进开挖，整体行进方向由左端墙至右端墙单向掘进方式。顶拱层分部位开挖法以中导洞模顶领先并进行永久支护，两侧边拱扩挖渐近错距跟进的施工顺序，分部分区域错距“之”字形推进方式实施。为拓展上、下游两侧边拱开挖作业空间，在厂下厂左 0＋014～厂右 0＋011，厂上厂右 0＋041～厂右 0＋066 进行刻槽开挖，先开挖支护下游侧，再开挖支护上游侧，开槽施工炮孔垂直于中导洞轴线钻设，炮孔自上而下逐排进行测量放线控制钻孔底深度，孔底深度以距离设计开挖轮廓线 1m 进行控制。待开槽结束后，剩余 1m 保护层采用手风钻进行光面爆破开挖修边，达到设计开挖边线后，开始进行正常扩挖进尺。地下厂房左端墙利用中导洞钻爆台车采用从通风洞布设水平孔及顶拱径向辐射孔进行光面爆破；右端墙均采取径向辐射孔进行光面爆破，另副厂房与主机间洞室分界面由大断面向小断面渐变处布设单排光面爆破孔开挖[3]。厂房顶拱层上游侧排水廊道应提前启动施工，为多点位移计安装创造条件。清蓄电站地下厂房顶拱层开挖规划详见表 1。

表 1　地下厂房顶拱层分部开挖规划表

序号	顺序	部位	高程/m	断面（宽×高）/m	施　工　方　法
1	第一序	中导洞	264.8～254.3	11.00×10.5	中导洞模顶领先，进入 30m 后向回扩挖达到设计断面
2	第二序	下游边拱	263.9/256.8～254.3	8.25×9.6/2.5	下游边拱滞后中导洞 30m 错距跟进
3	第三序	上游边拱	263.9/256.8～254.3	8.25×9.6/2.5	上游边拱滞后中导洞 30m 错距跟进

3.2 开挖施工方法

（1）地下厂房开挖中因具有原结构面和开挖后应力重新集中分布两种不利因素，加之厂房顶部受爆破作业影响，形成岩石松散圈，并有向临空面方向滑动的倾向，厂房顶部存在可能塌方的风险。拱座应力集中和拱冠松散岩石圈是比较脆弱的部位，顶拱平缓且开挖跨度大，喷锚支护和监测仪器埋设量大，同时考虑施工机械性能的限制及顶拱开挖安全，在厂房顶拱层实际施工中采取错距并切割若干小跨度断面的开挖方法。

（2）地下厂房顶拱层分部法开挖顺序和断面选取、控制顶拱轮廓爆破成型质量并具有可观性规划是控制要点。为达到地下厂房顶拱爆后具可观性和提高周边轮廓线半孔率、减小排炮错台和缩减两孔之间起伏度的目的，厂房厂纵方向顶拱层周边孔按“一”字线作为控制标准规划，即上循环孔底与下循环孔口在水平方向上为一条线。

（3）顶拱层两侧扩挖后要及时对拱脚进行支护加固，以保证顶拱开挖支护后的整体稳定。整个顶拱层的开挖过程中，严格遵循“新奥法”的隧洞设计和施工理念。针对围岩断层和裂隙组合产生局部不稳定块体，从开挖和支护方式确保围岩稳定，爆破后及时打设锚杆予以锁定断层和裂隙层面。但不排除缓倾角裂隙切割顶拱，以超前锚杆和随机锚杆垂直层面打设予以锁定。

（4）各工序作业衔接对于地下厂房施工作业有序开展尤为重要，每循环施工工序如图 2 所示。地下厂房开挖采用分区全断面开挖方法，单次循环进尺 3.0m 左右，YT－28 手风钻钻孔，自制钻爆台车为作业平台，反铲或装载机装渣，自卸车出渣。

3.3 爆破试验

在实施地下厂房顶拱层开挖中，以中导洞领先主要作用为锻炼施工队伍工艺水平和选取周边轮廓光爆装药结构，以此作为厂房开挖基础爆破数据。合理的爆破参数不仅能提高开挖进度、降低施工成本，而且可以有效减少对围岩扰动，因此确定合理爆破参数是开挖施工的技术核心。通常采用经验公式、工程类比法及爆破试验相结合的方法确定最优爆破参数，用于指导现场施工[4]。通过爆破试验，指导开挖施

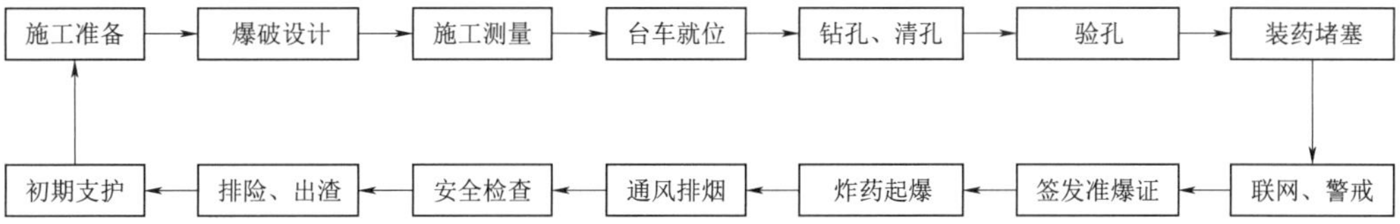

图 2 地下厂房顶拱层开挖爆破流程图

工和爆破参数的优化设计，主要包括炮孔布置、循环尺寸、装药结构、起爆网络及起爆微差时间、周边孔控制爆破参数的选择和优化；地下厂房顶拱层共进行了 6 次爆破生产性试验，试验前进行爆破设计，初拟爆破参数见表 2。

表 2　　地下厂房顶拱层爆破试验光面爆破参数对比表

序 号	孔深 /cm	孔距 /cm	孔径 /mm	药径 /mm	线装药密度 /(g/m)	底部装药 /g	间隔装药 /g	单孔药量 /g	空气间隔 /cm	堵塞长度 /cm
第 1 次爆破	350	40	42	32	114	100	300	400	45	10.0
第 2 次爆破	350	45	42	32	152	133	400	533	30	16.7
第 3 次爆破	350	50	42	32	200	200	500	700	22	10.0
第 4 次爆破	350	45	42	32	152	133	400	533	30	16.7
第 5 次爆破	350	45	42	32	152	133	400	533	30	16.7
第 6 次爆破	350	45	42	23	108	130	250	380	50	37.0

经过对 6 次爆破试验后的爆破效果，包括错台、超欠挖、半孔率、爆震裂隙、岩石完整性、岩面平整度、炮孔痕迹均匀性等各项指标综合对比分析，最终确定采用第 6 次爆破参数组织施工。厂房顶拱层开挖采用 YT－28 手风钻钻爆法施工，钻孔深度 3.5m，预计循环进尺 3.4m，爆破效率为 97.1%，单位岩石消耗炸药量控制在 0.86kg/m^3 左右。周边孔采用 Φ23mm 2 号岩石乳化炸药间隔装药（将 Φ32mm 药卷轴向对半切开，药卷直径变为 Φ23mm），炮孔间距 45cm，线装药密度 108g/m，底部装药 130g，间隔装药 250g，空气间隔 50cm，堵塞长度 37cm。PVC 半管绑扎，导爆索起爆。掏槽孔、崩落孔、底孔采用 Φ32mm 2 号岩石乳化炸药连续装药，掏槽孔装药系数为 0.7～0.75、崩落孔装药系数为 0.4～0.5、底孔装药系数为 0.5～0.6。K、α 值取 6 次平均值作为施工参考依据，$K=141.71$、$\alpha=1.55$，最大单响药量暂定 48kg。装药量、装药系数、K、α 值在施工生产中动态调整，并加强钻工、炮工的监督与培训，增强光面爆破施工工艺水准。施工时，如遇不良地质情况应及时支护并减小进尺，严格控制最大单响药量并增加监测频次。清蓄电站地下厂房试验后开挖爆破技术参数见表 3，间隔装药及连续装药结构如图 3、图 4 所示。

表 3　　地下厂房试验后开挖爆破技术参数表

孔 名	段别	钻孔参数				装药参数			
		孔径 /mm	孔深 /cm	孔距 /cm	孔数 /个	药径 /mm	单孔药量 /(kg/孔)	总装药量 /kg	装药结构
掏槽孔 1	ms1	42	260	80	8	32	1.80	14.4	连续装药
掏槽孔 2	ms3	42	420	60	16	32	3.00	48.0	连续装药
崩落孔	ms5	42	380	80	15	32	1.60	24.0	连续装药
崩落孔	ms7	42	360	80	12	32	1.60	19.2	连续装药
崩落孔	ms9	42	350	80	13	32	1.60	20.8	连续装药
崩落孔	ms10	42	350	80	14	32	1.40	19.6	连续装药
崩落孔	ms11	42	350	80	11	32	1.40	15.4	连续装药
崩落孔	ms12	42	350	80	8	32	1.60	12.8	连续装药

续表

孔名	段别	钻孔参数				装药参数			
		孔径/mm	孔深/cm	孔距/cm	孔数/个	药径/mm	单孔药量/(kg/孔)	总装药量/kg	装药结构
顶拱光爆孔	ms13	42	350	45	23	23	0.38	8.8	间隔装药
边墙光爆孔	ms13	42	350	70	16	32	0.70	11.2	间隔装药
底孔	ms14	42	350	85	9	32	1.80	16.2	连续装药
底角孔	ms15	42	350	—	2	32	2.20	4.4	连续装药

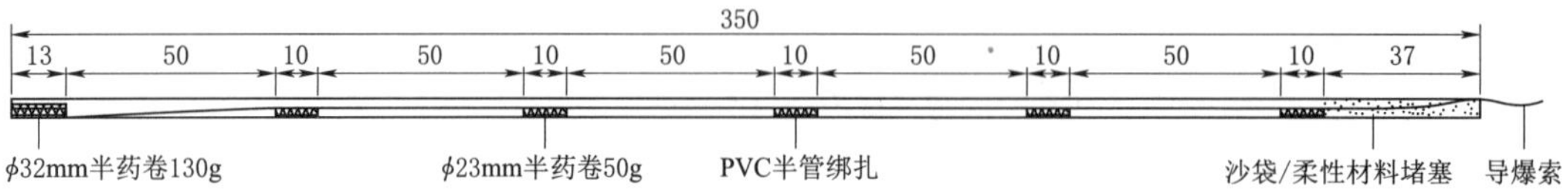

图3　间隔装药结构示意图（单位：cm）

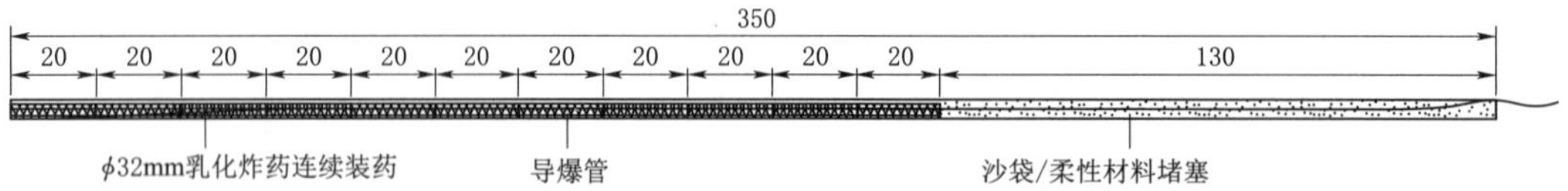

图4　连续装药结构示意图（单位：cm）

4　开挖质量控制

4.1　质量控制目标

清蓄电站地下厂房顶拱层开挖岩面应无欠挖，无松动岩块、陡坎、尖角，开挖面不平整度小于15cm，相邻两茬炮之间的台阶或钻孔的最大偏斜值应小于20cm。炮孔裂痕在开挖轮廓面上均匀分布，炮孔首尾相接，基本处于同一直线上，且孔壁无明显的爆破裂隙[5]。

4.2　爆破质量控制措施

（1）测量放样。开挖掌子面的轮廓线放样主要根据掌子面的桩号计算出洞顶、拱脚及圆弧段圆心等特征点高程，现场放样洞轴线及上述相关特征点高程，根据圆心点位置定出顶拱段轮廓线，根据爆破设计布出相应爆破孔的孔位，周边孔位一孔一测，采用隔孔放点方式给每两个光爆孔点位测设1个后视点，且后视点必须注明实际超挖值，以便钻工参照该值控制钻杆钎尾与设计轮廓线的相对距离，防止出现过大的外插角。

（2）钻孔工艺。钻孔选派熟练的操作手，严格按照测量放样定出的中线、腰线、开挖轮廓线和测量布孔进行钻孔作业。同时根据掌子面的平整度情况，控制钻孔孔深，以保证钻孔孔底均落在同一平面上。钻机固定后，复测开孔孔位、孔斜和孔向三要素，确保开孔准确；开孔进尺1m后检查钻机固定牢靠性，复测孔位、孔斜和孔向有无变化，若发生偏差及时调整钻机。各钻工分区、分部定位施钻，实行严格的钻工作业质量经济责任制。炮孔形成后，为防止孔内岩石碎屑阻隔炸药传爆，应用高压风将炮孔冲洗干净。

（3）装药联网爆破。对于掏槽孔及崩落孔，采用Φ32mm乳化炸药进行连续装药，导爆管非电雷管按规定的段位进行联网；周边孔采用Φ25mm乳化炸药间隔装药，将药卷按设计要求绑扎在竹片上并装进炮孔，竹片应向外侧放置将炸药朝向内侧，孔内采用导爆索进行连接，孔外导爆索与相应段位导爆管相连。孔内非电雷管引爆，孔外由非电毫秒导爆管控制起爆顺序，形成微差毫秒爆破。爆破顺序为掏槽孔→辅助掏槽孔→崩落孔→周边孔→底孔→底角孔。

4.3　质量管理办法

为了确保清蓄电站地下厂房施工质量达到优质工程的标准，施工过程中坚持班组初检、工区复检、工区质检人员终检，关键部位及重要隐蔽单元工程终检合格后由EPC总承包部核验，实行“3+1”质量检验制度。地下厂房开挖施工中，钻孔工艺是开挖成形质量控制的最关键环节，而钻孔质量好坏主要受钻孔位置、钻孔方向、钻孔倾角3个因素的影响，钻孔质量受人为因素的影响较大。因此在开挖爆破施工中实行“三证”和“三定”制度，“三证”即准钻证、终孔证和准爆证，“三定”即定人、定机、定位，把钻孔质量落实到每个钻工，并对各级现场管理人员及施工作业人员实施质量考核，建立质量奖惩激励机制。

4.4 质量控制成果

清蓄电站地下厂房顶拱层于2019年6月11日正式开工，2020年1月15日全部开挖完成，历时7个月。正式开挖前进行了6次爆破生产性试验，并在后续施工中依据地质条件的变化和爆破效果及时对爆破设计参数动态调整优化，确保了地下厂房顶拱层的开挖爆破质量。地下厂房顶拱层岩面无欠挖，超挖值小于15cm的测点占比72.9%，超挖值小于20cm的测点占比93.7%，平均径向超挖值为12.9cm，超挖值满足规范推荐的“地下平洞开挖不宜大于20cm”的技术标准。地下厂房顶拱层测量成果见表4。

表4 地下厂房顶拱层平均超挖值测量成果表

检测部位		检测断面数	总检测点数	≤15cm测点		≤20cm测点		平均超挖值/cm	标准差/cm
				点数	所占比例	点数	所占比例		
地下厂房一层	一层汇总	138	2180	1590	72.9%	2042	93.7%	12.9	5.2
	上游边拱	46	587	432	73.6%	544	92.7%	13.2	5.6
	中导洞	46	997	713	71.5%	935	93.8%	12.7	5.1
	下游边拱	46	596	445	74.7%	563	94.5%	12.8	4.9

5 结论

清蓄电站地下厂房顶拱层周边孔采用精细化光面爆破技术，在确保洞室主体结构安全稳定和开挖施工作业安全条件下，针对工程地质状况选取最合理的开挖施工方法和工艺措施，在爆破施工中进行了生产性爆破试验以确定最优爆破参数，并依据地质变化和爆破效果及时对设计参数动态调整优化。通过测量放样、钻孔工艺、装药结构、爆破网络等质量控制措施，确保了地下厂房顶拱层整体爆破开挖质量达到优良标准和可观性，开挖岩面平整度、半孔率、超欠挖及排炮接茬错台均满足规范要求，具备电站生产期安全稳定运行要求。光面爆破成形质量可加快锚喷支护的施工进度，同时节省大量喷混凝土量，有效降低工程造价成本，提高施工企业经济效益，其成果为国内大跨度地下厂房爆破开挖施工提供了工程实例和技术经验。

参考文献

[1] 刘承训. 水电站竖井式半地下厂房开挖技术 [J]. 江淮水利科技，2014，(3)：24-25.
[2] 王兰普. 复杂地质条件下地下厂房岩锚梁开挖措施 [J]. 工程施工，2018，9 (8)：141-142.
[3] 师锋民，李文华. 溪洛渡左岸地下电站岩锚梁开挖施工 [J]. 人民长江，2008，39 (14)：96-98.
[4] 李善忠，杨天吉，曾浩. 龙滩水电站地下厂房开挖技术 [J]. 水力发电，2005，31 (4)：57-59.
[5] 傅萌. 洛扎渡水电站地下厂房岩锚梁开挖质量控制 [J]. 人民长江，2012，43 (1)：33-35.

坝基减压排水孔对帷幕补强灌浆的重要意义

王 乾 谢富财
（内蒙古呼和浩特抽水蓄能发电有限责任公司，内蒙古自治区呼和浩特市 010020）

【摘 要】抽水蓄能电站水库坝体的可靠性及安全性一直作为水利工作者重点关注的问题，本研究选取地处北方严寒地区的呼和浩特抽水蓄能电站作为研究对象，呼蓄电站拦河坝在运行过程中发现坝基廊道渗水量大、左右岸坡坝段出现绕渗。目前基础廊道量水堰的设置和观测结果无法区分每个坝段的渗漏情况，帷幕补强灌浆的吃浆量及补强的坝段一直作为研究者重点关注的难题，本文对拦河坝基础廊道减压排水管的作用进行详细研究以为帷幕补强灌浆提供参考依据。

【关键词】抽水蓄能电站 坝基减压排水孔 帷幕补强 灌浆 水库坝体

近年来，重力坝坝址地质条件越来越复杂[1]，工程所在坝基岩体中常存在不利于稳定的断层或夹层等软弱结构面，对坝体抗滑稳定产生不利影响，严重威胁大坝安全[2]，因此重力坝深层抗滑稳定分析是保障大坝安全的一个重要条件[3]。目前重力坝深层抗滑稳定性分析常参照 SL 318—2018[4]《混凝土重力坝设计规范》，对于坝下岩体扬压力规范中出于安全考虑，大部分取坝基排水孔处折减系数进行计算。考虑排水孔幕下的坝基渗流场采用有限元法研究表明，排水孔幕具有良好的降压效果；对于防渗帷幕的坝基渗流分析表明，帷幕深度增大时，坝基渗流量得到了削减。对比排水孔幕与防渗帷幕的防渗减压效果，排水孔幕的降压效应远大于防渗帷幕的防渗作用。工程中往往同时设有防渗帷幕及坝基排水孔[5-6]，因此采用单一的折减系数可能对深层抗滑稳定性分析有一定影响，需考虑二者的联合折减作用的。本次研究坝基排水孔对防渗体系的作用提供了参考。

1 工程概况

呼和浩特抽水蓄能电站位于内蒙古自治区呼和浩特市东北部的大青山区，距离呼和浩特市中心约20km，电站装机容量1200MW，工程等别为Ⅰ等大（1）型。电站枢纽主要由上水库、输水系统、地下厂房及下水库组成。

下水库位于哈拉沁沟与大西沟交汇处上游，由拦河坝和拦沙坝围筑形成，拦河坝位于大西沟沟口上游约480m，拦河坝为碾压混凝土重力坝，坝顶高程1401.00m，坝顶宽度6.0m，最大坝高73.00m。下水库正常蓄水位1400.00m，死水位1355.00m，设计洪水位1400.29m，校核洪水位为1400.38m。

2014年4月下水库蓄水以来，呼和浩特抽水蓄能发电有限责任公司（以下简称呼蓄公司）巡查发现下库拦河坝左右两坝肩存在明显出水点；监测成果表明，拦河坝渗流量和部分坝段坝基渗透压力强度系数（以下简称渗压系数）偏大。下水库蓄水以来，左、右岸坝肩在高程1370m和1390m两处有集中渗水点，最大渗漏量分别为0.93L/s和1.46L/s，左、右岸存有明显的渗漏通道；拦河坝渗流量偏大，最大达到9.34L/s，其中坝基廊道内渗流量为7.06L/s；拦河坝6号、8号和11号坝段的渗压系数偏大，在库水位1395.45m以上最大值分别为0.65、0.57和0.37，渗压系数超过设计采用值，为了减少大坝渗流量、绕坝渗漏及坝基渗压，消除大坝隐患和确保大坝安全，对两岸岸坡、渗流量大的坝段及渗压系数偏大的拦河坝段坝基进行帷幕补强灌浆。

2 拦河坝渗漏量分析

拦河坝廊道排水沟内布置有10座量水堰，用于监测坝体渗漏情况，其中上层交通排水廊道2座（布置于6号和10号坝段)、下层基础灌浆排水廊道8座(测点布置于6号、8号、10号坝段),蓄水前排水沟总流量为107L/min(2014年5月31日测值)。设计警戒值为:“①渗流量无突然增大;②最大渗漏量20L/s;③与库水位无相关性。”根据现有可正常观测的量水堰对渗流量进行分区,共划分为9个区域,过程线及分区渗漏量统计与分区图见图1。

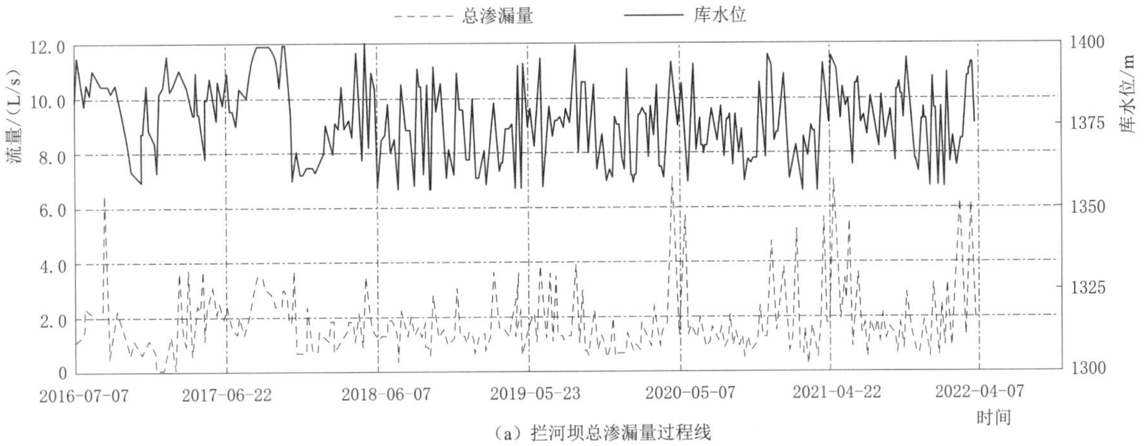

(a)拦河坝总渗漏量过程线

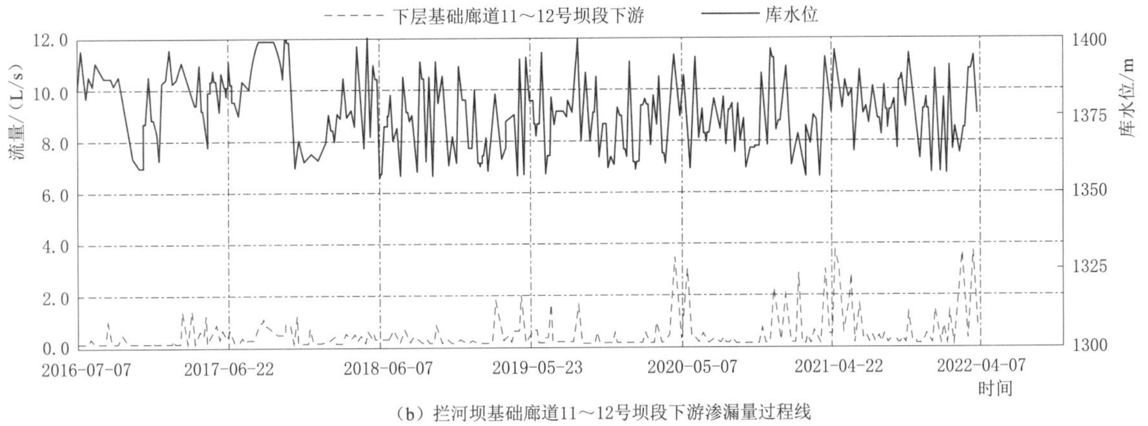

(b)拦河坝基础廊道11～12号坝段下游渗漏量过程线

图1 拦河坝总渗漏量过程线图

根据上图渗流量随时间变化过程线显示,拦河坝渗流量年自2020年4月开始突然增大,由2019年渗流量最大值3.79L/s增加至7.04L/s,2021年与2022年最大测值均超过6.0L/s,分别为6.98L/s与6.14L/s,增加比例分别为85.75%、84.17%与62.01%;11～12号坝段下游区域渗流量占比基础廊道总渗流量约60%,该坝段渗流量同样是2020年4月开始突然增大,由2019年渗流量最大值1.50L/s增加至3.35L/s,2021年与2022年最大测值分别为3.61L/s与3.53L/s,增加比例分别为123.33%、140.67%与135.33%,增加幅度较同期基础廊道总渗流量大。同时过程线图也揭示了基础廊道总渗流量及11～12号坝段区域的渗流量大小与库区水位变化密切相关,与库区水位呈正相关性。观测成果显示,11～12号坝段下游区域渗流量最大,其次为3～5号坝段下游区域,且渗流量大小与库区水位变化密切相关。坝体基础廊道总渗漏量为7.06L/s,WEh8、WEh10两个量水堰合计渗流量为6.53L/s,占坝基总渗流量92.5%。除对6号、8号、11号坝段进行帷幕补强灌浆外,需研究坝基渗流量较大坝段进行帷幕补强灌浆的必要性。

3 减压排水孔

为准确测量各坝段减压排水孔渗漏量,根据现场实际情况,在各坝段存在渗水的减压排水孔安装测量装置(使用ϕ110mm、厚3mm PVC弯头和管将减压排水孔内渗漏水引入排水沟),采用容积法进行渗漏测量,并进行汇总,从而得到各相应坝段的渗漏量,进而论证6号、8号、11号坝段以外的其他坝段帷

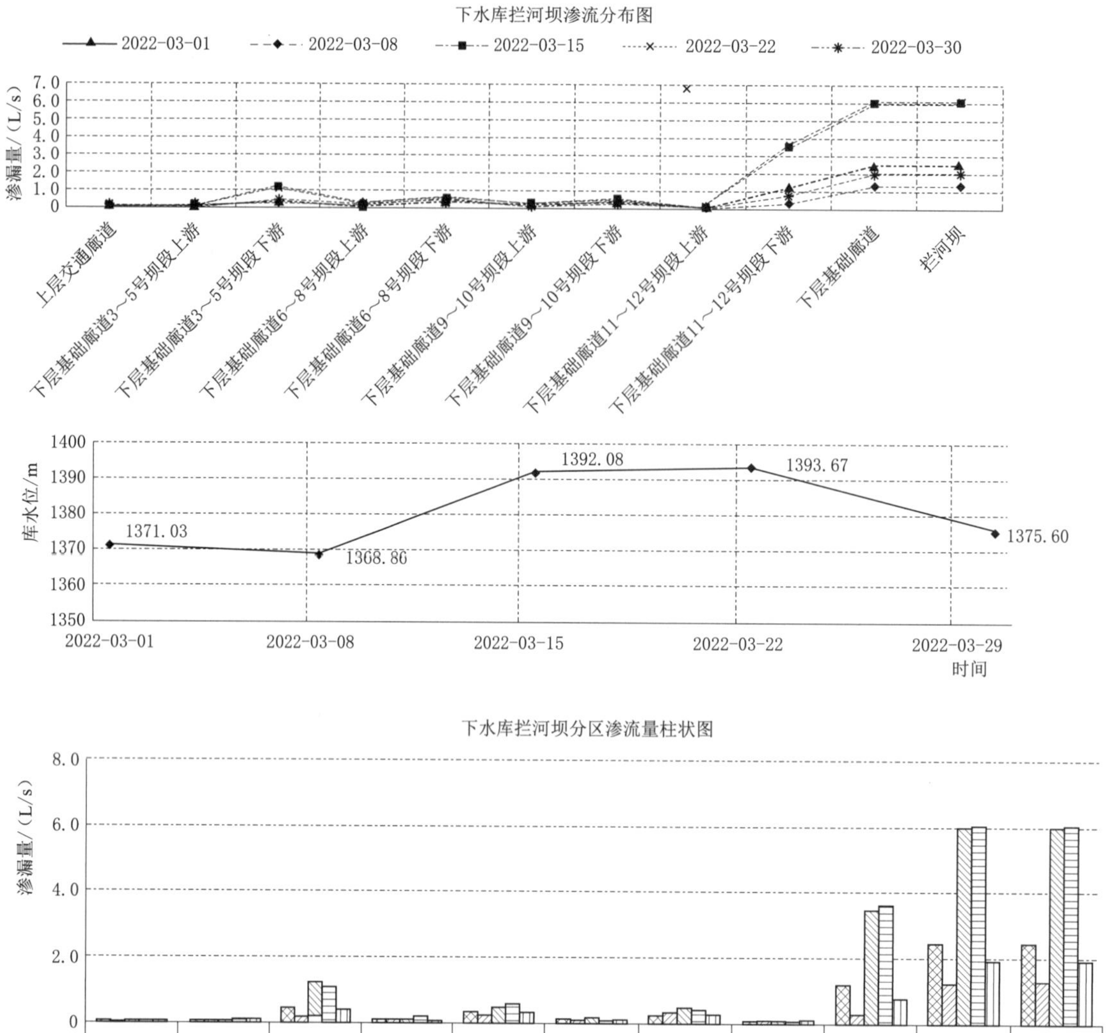

	上层交通廊道	下层基础廊道3～5号坝段上游	下层基础廊道3～5号坝段下游	下层基础廊道6～8号坝段上游	下层基础廊道6～8号坝段下游	下层基础廊道9～10号坝段上游	下层基础廊道9～10号坝段下游	下层基础廊道1～12号坝段上游	下层基础廊道1～12号坝段下游	下层基础廊道	拦河坝
2022-03-01	0.011	0.023	0.441	0.079	0.339	0.113	0.220	0.048	1.192	2.466	2.477
2022-03-08	0.001	0.014	0.175	0.088	0.235	0.085	0.339	0.032	0.304	1.275	1.276
2022-03-15	0.006	0.046	1.229	0.039	0.473	0.164	0.488	0.040	3.476	5.961	5.966
2022-03-22	0.011	0.095	1.083	0.181	0.573	0.001	0.420	0.062	3.636	6.062	6.073
2022-03-30	0.001	0.034	0.377	0.051	0.317	0.105	0.260	0.032	0.762	1.939	1.940

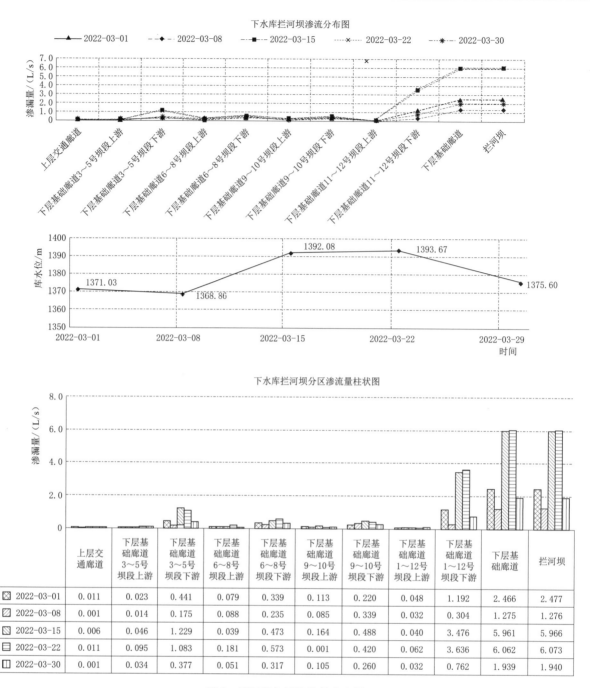

图2 拦河坝各区渗流量分布图

幕补强灌浆的必要性（图3）。同时通过测量掌握帷幕补强灌浆前各坝段渗漏量数据与帷幕补强后渗漏量数据进行对比，可作为帷幕补强灌浆效果和质量的重要评判依据。

分坝段单孔监测结果统计显示，4号、5号、11号、12号坝段渗流量相对较大，占总渗流量的87.43%；11号坝段渗流量明显大于其他坝段，占总渗流量约63.26%，且渗流量的大小与库区水位变化密切相关。

11号坝段各孔渗流量表监测结果显示，孔号7～11与8～11的单孔渗流量明显大于其他各孔，说明这两个排水孔恰好与坝基渗流通道相连，导致该孔渗流量明显大于其他各孔。

从呼蓄下水库拦河坝坝基开挖支护图剖面图可以看出，坝基开挖基本至弱风化岩下限，基岩透水率相对较低，其中河床坝段基岩透水率（6～9号坝段）>10Lu，11号坝段基透水率分3个区域，分别为$q<1$Lu、1Lu$<q<$3Lu与$q>$3Lu，根据11号坝段11～8号减压排水孔位置确定，该孔所在基岩透水率为$q>$3Lu，2022年3月22日单坝段渗流量监测结果显示，库水位为1393.67m时，透水率$q>$10Lu的

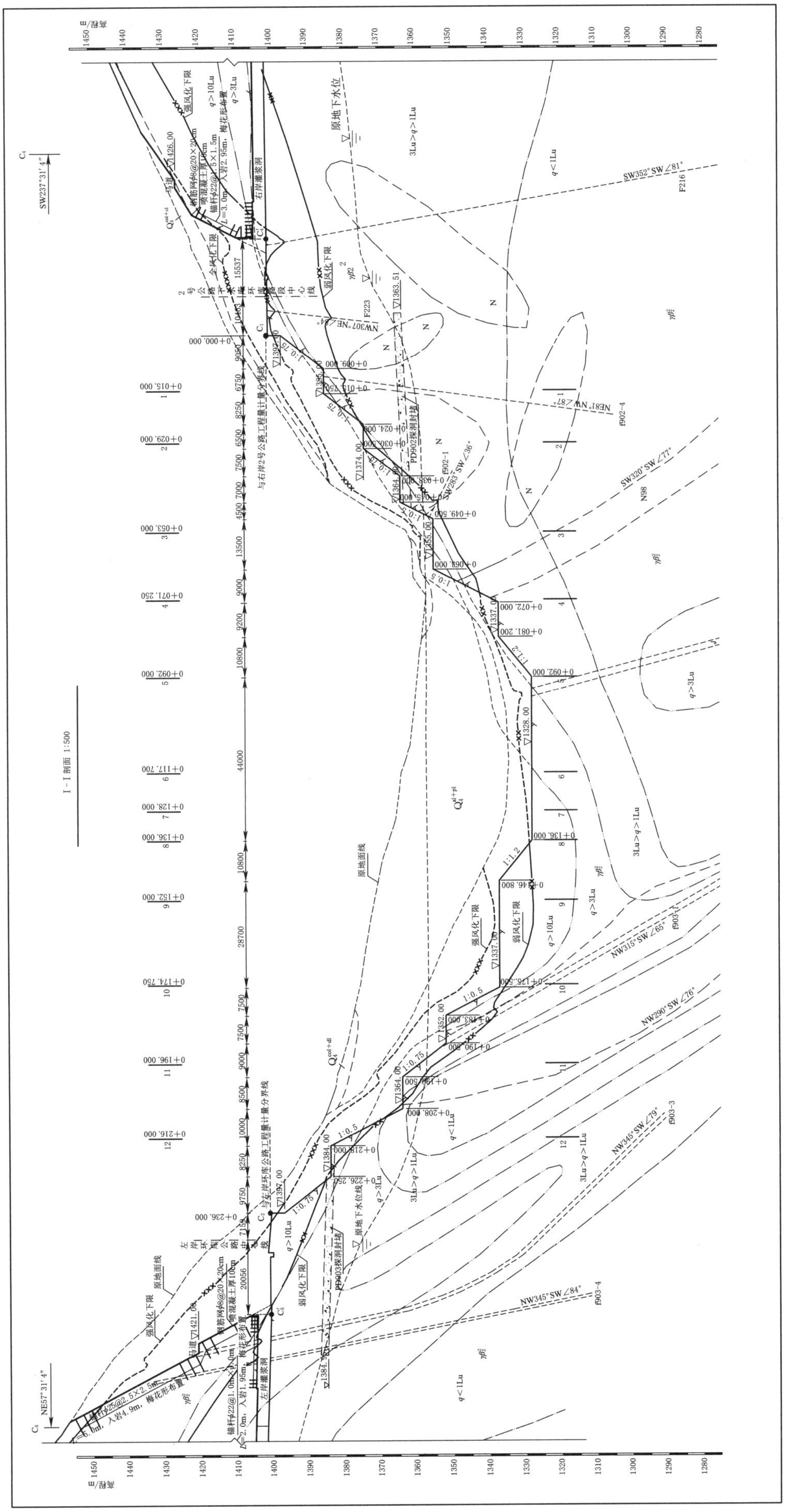

图3 6～12号坝段基础开挖剖面图

河床坝段渗流量测值为0.093～0.358L/s，而11号坝段渗流量测值为4.694L/s，远大于河床坝段渗流量，说明11号坝段的11～8号减压排水孔与库区渗流通道相连，量水堰监测结果11～12号坝段下游区域渗流量多来自11号坝段的减压排水孔。各坝段单孔渗流量监测结果统计表见表1，各坝段渗流量占比图如图4所示。

表1 各坝段单孔渗流量监测结果统计表[1-2]

日　期	4号坝段减压排水孔单孔渗流量测值统计表/(mL/10s)								汇总/(L/s)
	4-1	4-2	4-3	4-4	4-5	4-6	4-7	4-8	
2021-11-26	637.5	115.0	305.0	0	13.0	145.0	195.0	0	0.141
2021-11-29	1000.0	300.0	840.0	215.0	50.0	305.0	200.0	11.0	0.292
2021-12-09	800.0	160.0	455.0	0	0	245.0	210.0	0	0.187
2021-12-16	1800.0	320.0	880.0	390.0	35.0	275.0	185.0	11.0	0.390
2021-12-21	940.0	260.0	760.0	53.0	32.0	202.0	185.0	9.0	0.244
2021-12-29	1360.0	410.0	1340.0	760.0	47.0	330.0	290.0	17.0	0.455
2022-01-07	1000.0	280.0	780.0	85.0	35.0	240.0	210.0	0	0.263
2022-1-11	720.0	340.0	232.0	0	18.0	130.0	220.0	1.0	0.166
2022-1-18	0	0	0	0	0	0	0	0	0.000
2022-2-7	800.0	520.0	510.0	0	80.0	120.0	240.0	50.0	0.232
2022-2-17	1220.0	420.0	1160.0	290.0	27.0	180.0	300.0	10.0	0.361
2022-2-23	1880.0	800.0	1820.0	590.0	50.0	300.0	355.0	11.0	0.581
2022-3-1	1020.0	260.0	800.0	0	22.0	150.0	250.0	0	0.250
2022-3-8	215.0	0	0	0	0	0	0	0	0.022
2022-3-15	2090.0	880.0	2270.0	70.0	45.0	270.0	330.0	0	0.596
2022-3-22	2100.0	800.0	2420.0	240.0	46.0	320.0	330.0	0	0.626
2022-3-30	680.0	125.0	550.0	0	10.0	125.0	180.0	0	0.167

日　期	5号坝段减压排水孔单孔渗流量测值统计表/(mL/10s)										汇总/(L/s)
	5-1	5-2	5-3	5-4	5-5	5-6	5-7	5-8	5-9	5-10	
2021-11-26	0	185.0	107.5	0	1700.0	0	0	170.0	26.0	175.0	0.236
2021-11-29	0	365.0	300.0	3.0	2400.0	23.0	140.0	500.0	100.0	340.0	0.417
2021-12-9	0	335.0	260.0	0	2270.0	0	0	370.0	53.0	295.0	0.358
2021-12-16	13	400.0	265.0	34.0	2560.0	30.0	125.0	540.0	104.0	370.0	0.444
2021-12-21	0	330.0	230.0	0	2240.0	24.0	0	430.0	70.0	340.0	0.366
2021-12-29	135.0	570.0	370.0	165.0	2840.0	23.0	600.0	760.0	200.0	435.0	0.610
2022-1-7	5.0	420.0	260.0	0	2280.0	24.0	0	440.0	35.0	320.0	0.378
2022-1-11	1.0	224.0	170.0	0	1640.0	23.0	0	220.0	3.0	205.0	0.249
2022-1-18	0	0	0	0	780.0	0	0	0	0	77.0	0.086
2022-2-7	30.0	190.0	220.0	0	1280.0	100.0	0	190.0	20.0	170.0	0.220
2022-2-17	160.0	380.0	350.0	20.0	1900.0	0	0	425.0	50.0	250.0	0.354
2022-2-23	690.0	820.0	660.0	230.0	3030.0	0	910.0	840.0	160.0	375.0	0.772
2022-3-1	66.0	380.0	300.0	0	1300.0	0	0	320.0	20.0	200.0	0.259
2022-3-8	0	0	20.0	0	820.0	0	0	135.0	0	100.0	0.108
2022-3-15	695.0	930.0	520.0	325.0	2620.0	30.0	1220.0	870.0	180.0	410.0	0.780
2022-3-22	670.0	920.0	540.0	360.0	3120.0	0	1180.0	860.0	180.0	400.0	0.823
2022-3-30	0	225.0	150.0	0	1400.0	0	0	240.0	50.0	200.0	0.227

续表

日　期	6号坝段减压排水孔单孔渗流量测值统计表/(mL/10s)									汇总/(L/s)
	6-1	6-2	6-3	6-4	6-5	6-6	6-7	6-8	6-9	
2021-11-26	135.0	3.0	320.0	280.0	55.0	0	2.0	125.0	0	0.092
2021-11-29	300.0	10.0	780.0	580.0	165.0	0	5.0	265.0	0	0.211
2021-12-9	205.0	0	620.0	420.0	100.0	0	15.0	175.0	0	0.154
2021-12-16	285.0	10.0	720.0	555.0	155.0	0	20.0	245.0	0	0.199
2021-12-21	240.0	5.0	620.0	500.0	135.0	0	12.0	200.0	0	0.171
2021-12-29	370.0	12.0	900.0	720.0	250.0	0	18.0	350.0	0	0.262
2022-1-7	205.0	0	575.0	440.0	125.0	0	0	177.0	0	0.152
2022-1-11	120.0	0	380.0	290.0	75.0	0	0	120.0	0	0.099
2022-1-18	53.0	0	125.0	195.0	6.0	0	12.0	84.0	0	0.048
2022-2-7	115.0	30.0	370.0	380.0	90.0	10.0	100.0	120.0	100.0	0.132
2022-2-17	180.0	0	620.0	520.0	175.0	0	18.0	210.0	10.0	0.173
2022-2-23	320.0	15.0	1000.0	960.0	290.0	0	28.0	320.0	10.0	0.294
2022-3-1	150.0	0	500.0	430.0	100.0	0	0	150.0	0	0.133
2022-3-8	75.0	0	265.0	300.0	100.0	0	10.0	110.0	0	0.086
2022-3-15	360.0	0	1020.0	1070.0	240.0	0	20.0	380.0	0	0.309
2022-3-22	260.0	0	900.0	1100.0	330.0	0	0	400.0	0	0.299
2022-3-30	115.0	0	390.0	430.0	150.0	0	10.0	115.0	0	0.121

日　期	7号坝段减压排水孔单孔渗流量测值统计表/(mL/10s)												汇总/(L/s)
	7-1	7-2	7-3	7-4	7-5	7-6	7-7	7-8	7-9	7-10	7-11	7-12	
2021-11-26	120.0	42.0	5.0	18.0	17.0	3.0	41.0	0	100.0	400.0	0	0	0.075
2021-11-29	160.0	70.0	10.0	25.0	20.0	5.0	54.0	20.0	145.0	520.0	0	0	0.103
2021-12-9	150.0	55.0	10.0	22.0	10.0	7.0	47.0	32.0	115.0	480.0	0	0	0.093
2021-12-16	180.0	67.0	3.0	24.0	17.0	3.0	55.0	32.0	137.0	535.0	3.0	0	0.106
2021-12-21	155.0	50.0	3.0	23.0	10.0	5.0	30.0	34.0	128.0	507.0	3.0	0	0.095
2021-12-29	220.0	125.0	4.0	30.0	25.0	6.0	65.0	48.0	160.0	600.0	2.0	0	0.129
2022-1-7	145.0	75.0	0	21.0	16.0	2.0	49.0	38.0	120.0	500.0	0	0	0.097
2022-1-11	130.0	105.0	0	180.0	12.0	1.0	51.0	48.0	95.0	440.0	0	0	0.106
2022-1-18	105.0	98.0	5.0	14.0	12.0	10.0	38.0	46.0	74.0	305.0	0	0	0.071
2022-2-7	120.0	120.0	30.0	80.0	20.0	30.0	55.0	50.0	70.0	420.0	0	0	0.100
2022-2-17	145.0	120.0	10.0	20.0	10.0	10.0	20.0	55.0	110.0	490.0	0	0	0.099
2022-2-23	150.0	115.0	10.0	28.0	22.0	0	66.0	0	130.0	550.0	0	0	0.107
2022-3-1	100.0	0	0	20.0	0	0	50.0	40.0	110.0	380.0	0	0	0.070
2022-3-8	105.0	20.0	0	0	10.0	0	40.0	0	90.0	310.0	0	0	0.058
2022-3-15	190.0	120.0	10.0	30.0	30.0	25.0	70.0	25.0	165.0	278.0	0	0	0.094
2022-3-22	190.0	50.0	0	30.0	0	0	60.0	0	165.0	575.0	0	0	0.107
2022-3-30	125.0	20.0	10.0	20.0	10.0	0	20.0	0	100.0	370.0	0	0	0.068

续表

日　期	8号坝段减压排水孔单孔渗流量测值统计表/(mL/10s)											汇总/(L/s)
	8-1	8-2	8-3	8-4	8-5	8-6	8-7	8-8	8-9	8-10	8-11	
2021-11-26	31.0	53.0	21.0	0	35.0	0	0	725.0	25.0	0	100.0	0.099
2021-11-29	30.0	70.0	37.0	18.0	31.0	10.0	0	940.0	31.0	0	125.0	0.129
2021-12-9	30.0	65.0	30.0	25.0	41.0	15.0	0	700.0	41.0	0	107.0	0.105
2021-12-16	24.0	74.0	28.0	22.0	50.0	11.0	0	800.0	40.0	0	120.0	0.117
2021-12-21	46.0	65.0	30.0	10.0	40.0	7.0	0	740.0	35.0	0	120.0	0.107
2021-12-29	45.0	70.0	38.0	15.0	50.0	2.0	0	840.0	30.0	0	125.0	0.122
2022-1-7	35.0	61.0	25.0	14.0	35.0	4.0	0	760.0	30.0	0	110.0	0.107
2022-1-11	45.0	55.0	23.0	12.0	30.0	3.0	0	760.0	27.0	0	90.0	0.105
2022-1-18	0	43.0	0	4.0	21.0	4.0	0	640.0	20.0	0	75.0	0.081
2022-2-7	30.0	50.0	60.0	0	50.0	0	0	720.0	30.0	0	110.0	0.105
2022-2-17	60.0	60.0	29.0	20.0	45.0	0	0	740.0	25.0	0	120.0	0.110
2022-2-23	42.0	64.0	29.0	18.0	45.0	0	0	800.0	34.0	0	134.0	0.117
2022-3-1	0	54.0	80.0	0	60.0	0	0	680.0	0	0	92.0	0.097
2022-3-8	0	30.0	0	0	0	0	0	600.0	0	0	75.0	0.071
2022-3-15	15.0	55.0	70.0	20.0	50.0	0	0	780.0	15.0	0	120.0	0.113
2022-3-22	0	58.0	0	0	45.0	0	0	680.0	0	0	150.0	0.093
2022-3-30	0	45.0	0	10.0	30.0	0	0	740.0	0	0	95.0	0.092

日　期	9号坝段减压排水孔单孔渗流量测值统计表/(mL/10s)													汇总/(L/s)
	9-1	9-2	9-3	9-4	9-5	9-6	9-7	9-8	9-9	9-10	9-11	9-12	9-13	
2021-11-26	10.0	34.0	0	36.0	285.0	105.0	550.0	225.0	1350.0	0	264.0	105.0	13.0	0.298
2021-11-29	12.0	71.0	0	47.0	350.0	135.0	640.0	253.0	1540.0	0	330.0	160.0	20.0	0.356
2021-12-9	11.0	57.0	0	50.0	345.0	120.0	520.0	250.0	1360.0	0	280.0	140.0	11.0	0.314
2021-12-16	18.0	78.0	0	50.0	345.0	130.0	594.0	250.0	1460.0	0	320.0	148.0	5.0	0.340
2021-12-21	10.0	65.0	0	40.0	325.0	125.0	580.0	260.0	1420.0	0	290.0	135.0	0	0.325
2021-12-29	12.0	90.0	0	42.0	365.0	155.0	660.0	260.0	1700.0	0	330.0	155.0	12.0	0.378
2022-1-7	10.0	85.0	0	50.0	320.0	140.0	600.0	225.0	1440.0	0	285.0	160.0	2.0	0.332
2022-1-11	8.0	70.0	0	25.0	282.0	120.0	580.0	215.0	1450.0	0	250.0	125.0	2.0	0.313
2022-1-18	6.0	51.0	0	16.0	225.0	85.0	490.0	180.0	1260.0	0	205.0	90.0	0	0.261
2022-2-7	80.0	50.0	0	10.0	220.0	130.0	640.0	240.0	1500.0	0	225.0	120.0	0	0.322
2022-2-17	10.0	97.0	0	40.0	300.0	125.0	660.0	240.0	1660.0	0	280.0	145.0	0	0.356
2022-2-23	0	110.0	0	46.0	380.0	120.0	660.0	300.0	1100.0	0	320.0	140.0	0	0.318
2022-3-1	30.0	110.0	0	60.0	280.0	105.0	560.0	220.0	1260.0	0	220.0	135.0	30.0	0.301
2022-3-8	10.0	60.0	0	0	225.0	40.0	490.0	195.0	1160.0	0	200.0	100.0	10.0	0.249
2022-3-15	30.0	70.0	0	50.0	355.0	125.0	560.0	280.0	1600.0	0	330.0	170.0	20.0	0.359
2022-3-22	12.0	100.0	0	0	360.0	140.0	640.0	260.0	1560.0	0	330.0	180.0	0	0.358
2022-3-30	10.0	50.0	0	20.0	200.0	100.0	540.0	205.0	1330.0	0	230.0	105.0	0	0.279

续表

日　期	10号坝段减压排水孔单孔渗流量测值统计表/(mL/10s)											汇总/(L/s)
	10-1	10-2	10-3	10-4	10-5	10-6	10-7	10-8	10-9	10-10	10-11	
2021-11-26	16.0	170.0	73.0	0	575.0	50.0	0	11.0	0	8.0	0	0.090
2021-11-29	20.0	200.0	85.0	0	840.0	115.0	0	18.0	0	13.0	0	0.129
2021-12-9	17.0	180.0	75.0	0	400.0	80.0	0	13.0	0	0	0	0.077
2021-12-16	21.0	200.0	80.0	0	760.0	115.0	0	15.0	0	5.0	0	0.120
2021-12-21	17.0	190.0	79.0	0	750.0	85.0	0	10.0	0	3.0	0	0.113
2021-12-29	10.0	225.0	96.0	0	900.0	140.0	0	15.0	0	10.0	0	0.140
2022-1-7	5.0	190.0	79.0	0	720.0	92.0	0	0	0	0	0	0.109
2022-1-11	4.0	170.0	65.0	0	540.0	58.0	0	10.0	0	3.0	0	0.085
2022-1-18	0	150.0	18.0	0	400.0	0	0	0	0	0	0	0.057
2022-2-7	0	180.0	50.0	0	600.0	50.0	0	20.0	0	0	0	0.090
2022-2-17	10.0	220.0	10.0	0	700.0	95.0	0	0	0	0	0	0.104
2022-2-23	0	260.0	10.0	0	840.0	150.0	0	50.0	0	80.0	0	0.139
2022-3-1	40.0	210.0	75.0	0	610.0	0	0	0	0	0	0	0.094
2022-3-8	0	175.0	0	0	420.0	0	0	0	0	0	0	0.060
2022-3-15	20.0	280.0	100.0	0	900.0	125.0	0	40.0	0	100.0	0	0.157
2022-3-22	0	270.0	80.0	0	880.0	120.0	0	0	0	0	0	0.135
2022-3-30	0	100.0	50.0	0	545.0	70.0	0	0	0	0	0	0.077

日　期	11号坝段减压排水孔单孔渗流量测值统计表/(mL/10s)										汇总/(L/s)
	11-1	11-2	11-3	11-4	11-5	11-6	11-7	11-8	11-9	11-10	
2021-11-26	53.0	0	59.0	0	0	25.0	1175.0	300.0	0	160.0	0.177
2021-11-29	69.0	0	170.0	0	0	75.0	3600.0	10750.0	0	540.0	1.520
2021-12-9	0	0	0	0	0	57.0	3100.0	7640.0	0	370.0	1.117
2021-12-16	59.0	5.0	140.0	0	0	75.0	4520.0	12500.0	0	500.0	1.780
2021-12-21	17.0	0	36.0	0	0	65.0	3680.0	9400.0	0	425.0	1.362
2021-12-29	55.0	11.0	265.0	0	0	175.0	9500.0	25000.0	0	980.0	3.599
2022-1-7	28.0	0	170.0	0	0	85.0	4100.0	13100.0	0	450.0	1.793
2022-1-11	255.0	5.0	60.0	0	0	40.0	2480.0	4000.0	0	238.0	0.708
2022-1-18	140.0	0	0	0	0	0	1140.0	0	0	0	0.128
2022-2-7	80.0	10.0	100.0	0	0	80.0	2900.0	2710.0	0	150.0	0.603
2022-2-17	235.0	0	100.0	0	0	115.0	6200.0	15500.0	0	600.0	2.275
2022-2-23	0	0	80.0	0	0	300.0	17500.0	30000.0	0	1160.0	4.904
2022-3-1	130.0	0	720.0	0	0	64.0	8800.0	6200.0	0	212.0	1.548
2022-3-8	130.0	0	0	0	0	50.0	2480.0	1280.0	0	70.0	0.401
2022-3-15	140.0	0	50.0	0	0	270.0	12900.0	28600.0	0	1260.0	4.322
2022-3-22	140.0	0	230.0	0	0	360.0	12000.0	33000.0	0	1220.0	4.695
2022-3-30	150.0	0	28.0	0	0	20.0	3640.0	4220.0	0	210.0	0.827

续表

日期	12号坝段减压排水孔单孔渗流量测值统计表/(mL/10s)												汇总/(L/s)
	12-1	12-2	12-3	12-4	12-5	12-6	12-7	12-8	12-9	12-10	12-11	12-12	
2021-11-26	0	0	0	0	0	0	0	0	0	95.0	170.0	0	0.027
2021-11-29	0	0	0	0	0	30.0	600.0	0	0	450.0	1460.0	550.0	0.309
2021-12-9	0	0	0	0	0	0	0	0	0	215.0	1100.0	420.0	0.174
2021-12-16	0	0	0	0	0	24.0	0	0	0	360.0	1320.0	470.0	0.217
2021-12-21	0	0	0	0	0	0	0	0	0	460.0	1240.0	455.0	0.216
2021-12-29	0	0	0	0	0	180.0	0	0	0	720.0	1960.0	720.0	0.358
2022-1-7	0	0	0	0	0	26.0	0	0	0	390.0	1180.0	560.0	0.216
2022-1-11	0	0	0	0	0	0	0	0	0	195.0	730.0	300.0	0.123
2022-1-18	0	0	0	0	0	0	0	0	0	0	0	0	0.000
2022-2-7	0	0	0	0	0	0	0	0	0	80.0	380.0	280.0	0.074
2022-2-17	0	0	0	0	0	75.0	0	0	0	400.0	1180.0	800.0	0.246
2022-2-23	0	0	0	0	0	760.0	280.0	0	0	740.0	2000.0	1440.0	0.522
2022-3-1	0	0	0	0	0	0	0	0	0	220.0	564.0	480.0	0.126
2022-3-8	0	0	0	0	0	0	0	0	0	100.0	110.0	85.0	0.030
2022-3-15	0	0	0	0	0	520.0	410.0	0	0	760.0	1920.0	1470.0	0.508
2022-3-22	0	0	0	0	0	560.0	440.0	0	0	780.0	1980.0	1620.0	0.538
2022-3-30	0	0	0	0	0	0	0	0	0	105.0	450.0	385.0	0.094

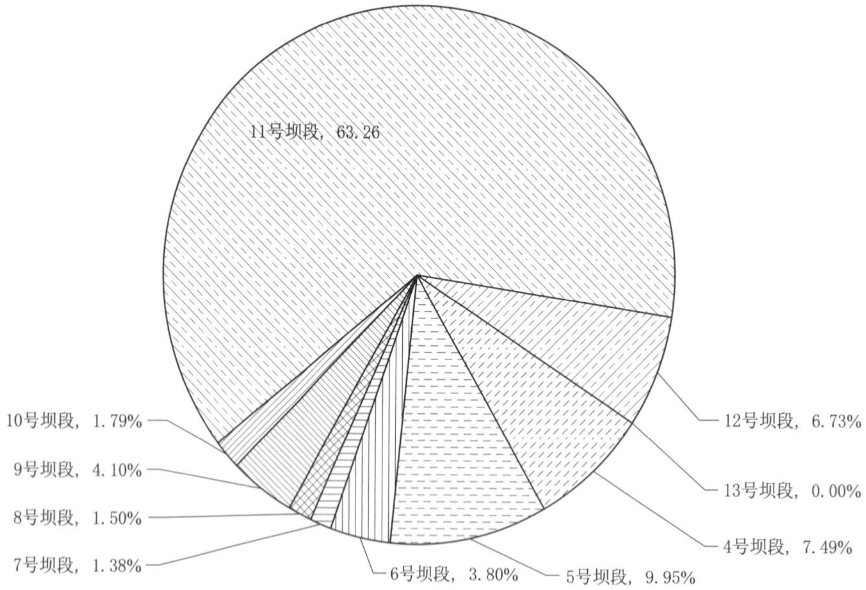

图4 各坝段渗流量占比图

4 结语

（1）通过坝基减压排水孔，可方便地对每个坝段的渗漏量进行观测，从而了解每个坝段的渗漏情况，为帷幕补强灌浆方案制定提供依据，渗漏大的坝段可作为帷幕补强灌浆的重点。

（2）通过每个管排水量的大小，可判断该部位基岩裂隙的发育程度，为帷幕补强灌浆孔点位布置和数量确定提供依据。排水量大的管，其部位基岩裂隙发育，对应上游帷幕防渗效果差，补强灌浆吃浆量大，增加灌浆孔数量，增强帷幕防渗效果。

（3）坝基减压排水孔有效地将坝基渗水排除，降低坝底扬压力，有利于大坝的抗滑稳定，保障大坝的安全运行。

（4）帷幕补强灌浆后，通过坝基减压排水孔继续观测渗漏量，据此可评价各坝段帷幕补强灌浆的效果，对帷幕补强灌浆施工质量起到监督作用。

参考文献

[1] 崔银祥. 碎裂岩体用作高混凝土重力坝坝基的可能性评价 [D]. 成都：成都理工大学，2005.

[2] 周维垣，杨延毅. 节理岩体的损伤断裂力学模型及其在坝基稳定分析中的应用 [J]. 水利学报，1990 (11)：48-54.

[3] 陈祖煜，徐佳成，孙平，等. 重力坝抗滑稳定可靠度分析：（一）相对安全率方法 [J]. 水力发电学报，2012，31 (3)：148-159.

[4] 王化翠，杜威，冉红玉，等.《混凝土重力坝设计规范》修订的关键技术问题 [J]. 水利规划与设计，2017 (12)：93-95，117.

[5] 陈华俊. 岩溶库区帷幕灌浆技术及其工艺参数优化 [J]. 长江科学院院报，2022，39 (7)：144-148，153.

[6] 钱会，席临平，肖莉，等. 宝珠寺水电站坝基排水孔异常逸出物成因分析 [J]. 岩土工程学报，2001 (2)：205-208.

抽水蓄能电站建设期施工废水处理系统的创新与应用

方一鸣[1] 星晓刚[1] 丁 强[1] 龚锦洲[2]
（1. 河北抚宁抽水蓄能有限公司，河北省秦皇岛市 066000；
2. 四川易沁达环保科技有限公司，四川省成都市 610000）

【摘 要】抽水蓄能电站建设过程中产生的施工废水具有废水量大、废水水源多、污染物种类单一等特点，其主要污染物为悬浮物（SS），含量最大可达 100000mg/L，一般由沉淀处理工艺进行处理，其中辐流式沉淀工艺较为常见。本文通过对传统辐流沉淀工艺的缺点进行分析总结，同时引进介绍一种改进型辐流沉淀工艺方案，以河北抚宁抽水蓄能电站建设期施工废水处理系统为例，对改进型辐流沉淀工艺进行深入分析，为其他抽水蓄能工程的废水处理设计应用提供了可行性参考。

【关键词】抽水蓄能 废水处理系统 辐流沉淀

1 引言

2020 年 9 月，习近平总书记在第 75 届联合国大会上作出“我国力争在 2030 年前实现碳达峰、2060 年前实现碳中和”的承诺。构建以新能源为主体的新型电力系统成为助力实现“双碳”战略目标的必经之路，同时也为抽水蓄能产业发展创造了契机。在《关于进一步完善抽水蓄能价格形成机制的意见》《抽水蓄能中长期发展规划（2021—2035 年）》等一系列新政策出台的刺激下，抽水蓄能行业迎来大规模建设。预计“十四五”期间抽水蓄能电站的建设数量将超过 200 个，到 2025 年我国抽水蓄能电站装机容量将达到 6200 万 kW，2035 年将超过 3 亿 kW[1]。另一方面，党的十八大以来，我国以前所未有的力度来抓生态文明建设，生态环境保护的执法力度与标准日趋严格，环境保护形势更加严峻。因此，抽水蓄能电站的大规模建设带来的生态环境保护问题在新形势下变得尤为重要，其中水污染防治作为其重要部分越来越受到行业的关注。因此，本文着眼于抽水蓄能电站建设期施工废水处理，主要分析辐流式沉淀处理工艺，在传统辐流沉淀工艺的基础上进行改进创新，为其他抽水蓄能工程的废水处理设计应用提供可行性参考。

2 抽水蓄能电站建设期施工废水特性

抽水蓄能电站建设期的废水包括施工废水和生活废水两部分。施工废水来源于砂石生产系统冲洗废水、地下洞室施工废水、混凝土拌和站和搅拌车冲洗废水、基坑废水、机修废水等[2]。施工废水中主要污染物为悬浮物（SS），不同部位的废水浓度有较大差异，大体上在 2000～100000mg/L。由此可见，抽水蓄能电站建设期的施工废水具有废水水量大、废水来源分散、悬浮物浓度高等特点[3]。如此类废水不经处理直接排放，会破坏地表生态环境以及水生生态环境，根据研究资料显示，水中 SS 浓度超过 2000mg/L 就会造成龄鱼死亡[4]。因此，抽水蓄能电站环境影响报告书中通常要求“工程建设期产生废水均回用或综合利用，不外排，实现零排放”。施工废水经处理后主要用于砂石料加工系统冲洗、混凝土拌和、施工道路和现场降尘、绿化、车辆冲洗、建筑施工等，因此，废污水处理后的水质应满足相应的回用和再生利用标准要求。其中用于砂石料加工系统冲洗、混凝土拌和的应满足《水电工程施工组织设计规范》（DL/T 5397—2007）的有关规定：“砂石加工、混凝土生产等产生的废水应进行适当处理后回收利用或排放，回收利用水的悬浮物含量不应超过 100mg/L”，即 SS≤100mg/L；用于施工道路和现场降尘、车辆冲洗、绿化、建筑施工，其水质应满足《城市污水再生利用 城市杂用水水质》（GB/T 18920—2002）相应的水质标准要求。

本文主要研讨施工废水处理工艺，生活废水处理本文不做赘述。

3　废水处理一般工艺流程

在上述提到的施工废水中，污染物一般不具有化学污染性，废水处理工艺主要是对其中悬浮物进行处理，目前主流方案是采用物理沉降的方法进行处理，经过预处理、沉淀处理、废浆压滤处理等主要工序，将水澄清，使悬浮物和清水分离，从而使清水达到回用标准。施工废水处理一般工艺流程如图1所示。

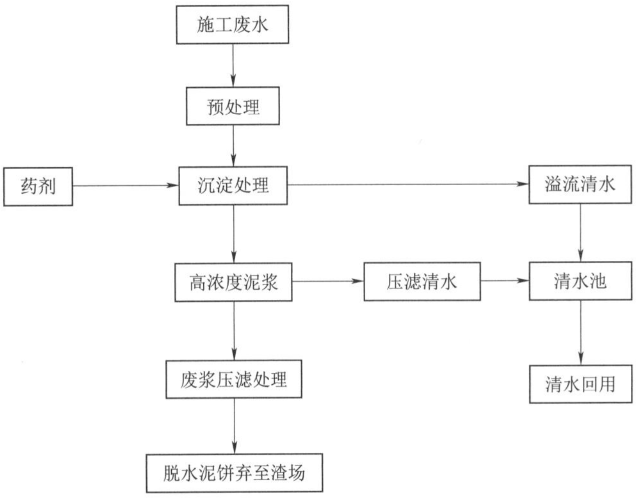

图1　施工废水处理一般工艺流程图

3.1　预处理工艺

预处理工艺主要用于砂石生产系统废水处理工艺中，对冲洗骨料废水中≥0.08mm以上的颗粒进行处理，是对洗砂机和脱水筛生产过程中流失的细砂和石粉等进行回收的工艺处理过程。回收的细砂和石粉可以回掺入成品砂中使用，改善混凝土性能，也可以部分或全部作为弃渣处理。

废水中≥0.08mm以上的颗粒可以在废水流速较缓的情况下大部分沉淀，目前预处理工艺主要有旋流器处理（即石粉回收装置）、平流池配机械螺旋机处理等工艺方案。旋流器处理有国产黑旋风ZX系列石粉回收装置，进口的克莱博斯VDS512等，其最大单台过污水量能达到500t/h，其不仅能回收≥0.16mm以上细砂，也可以回收<0.16mm以下的部分石粉或泥，应用效果较好，但旋流器方案需要废水加压，成本较高；平流池配机械螺旋机处理方案通过安装变频器调速螺旋机，可根据现场细砂情况调整螺旋机转速，只要废水中泥化物或细砂能沉降，则可稳定回收。

3.2　沉淀处理

砂石生产系统废水经过预处理工艺后，废水中的细砂和石粉大部分沉淀弃除，废水进入沉淀处理工艺阶段，对于除砂石生产系统废水以外的施工废水，也可将废水直接进行沉淀处理。沉淀处理主要是对废水中的悬浮物进行处理，处理后的清水循环利用，高浓度废浆进入机械脱水工艺。

沉淀处理工艺方案主要有沉淀池混凝处理、辐流沉淀池处理、旋流净化器水处理、竖流式沉淀罐处理等工艺方案，处理一般需要投加混凝剂（聚氯化铝等）和助凝剂（聚丙烯酰胺等）。

（1）沉淀池混凝处理方案，结构有混凝土结构和钢结构，分别又有地面结构和地上结构型式，其底部一般设计为锥体结构，如无机械排泥设备，较难满足大规模废水处理排泥或排渣需要，目前采用较少。

（2）辐流沉淀处理方案被广泛应用，辐流池配浓密机或者刮泥机，采用底部中心锥斗浓缩泥浆，底部设廊道，通过钢管管道出渣，底部廊道内铺设管道出渣容易堵管，维修困难。

（3）旋流净化器处理方案为成套设备，如DH系列水处理器，使用效果较好，最大单台废水处理可达到250t/h。DH系列水处理器加药相对辐流沉淀方案多，需要废水加压后进入设备，运行费用相对较高。

（4）竖流式沉淀罐处理工艺是利用重力自流的运行方式使水澄清和进行污泥浓缩，泥沙沉降在底部的集泥斗中，通过静压排泥到泥浆搅拌罐中浓缩处理，最大优点是占地面积较小。

3.3　废浆压滤处理

废水经过沉淀处理产生的高浓度废浆一般采用板框压滤方案处理后作为废渣弃掉。板框机整机采用机、电、液一体化设计制造，能够实现自动压紧、过滤、穿流、压榨、松开、拉板等过程，具有自动化程度高，生产能力大，滤饼中含液率低，单位产量高，占地面积小等特点。

4 传统辐流沉淀工艺分析

在上述施工废水处理工艺中，沉淀处理是整套工艺的核心工序，其中辐流式沉淀处理工艺较为常见并被广泛应用。

辐流沉淀池的基本构造是四周圆形，底部锥形，辐流池配浓密机或者刮泥机，采用橡胶轮周边驱动或齿轮周边驱动，有周边进水周边出水、中心进水周边出水两种处理形式。中心进水周边出水方案要比周边进水周边出水方案使用效果好。在中心进水周边出水方案中，废水从池中心上部进水，向四周辐射漫流，废水流速因断面增大而减小，泥沙因重力沉降，在此过程中，通常需要加药沉淀。上部清水溢满，由池周边环形集水槽收集流出辐流沉淀池，辐流池池底沉降的泥沙由浓密机或刮泥机带池底刮泥板旋转一周，刮动积泥滑向池中心积泥池，从底部排泥管中排渣至压滤设备处理。辐流沉淀池结构如图 2 所示。

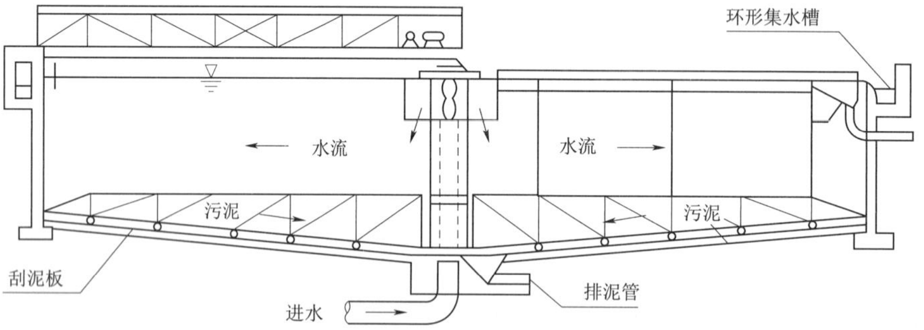

图 2 辐流沉淀池结构图

该系统在实际工程应用中暴露出一些弊病，例如因长时间未排泥使泥沙脱水变硬或短时泥沙大量沉积导致排泥管堵塞，是辐流沉淀池运行中最常见的事故。另外，在处理高含量悬浮物的水质时，可能造成池底积泥太厚浓密机或者刮泥机无法运转出现“压耙”事故（浓密机或者刮泥机由于负荷过大而原地打滑）[5]，如在采取措施后仍无法运转，则需要立即停止辐流沉淀池运行，放空辐流池，人工清理积泥，再恢复进水，极大地增加了时间和人力成本。

5 辐流沉淀工艺的改进创新

为解决传统辐流式沉淀处理工艺的“压耙”“堵管”等运行过程中的问题，本文提出一种改进型辐流式沉淀处理工艺。

5.1 改进型辐流式沉淀处理工艺简介

改进型辐流式沉淀处理工艺辐流池底部设计为平底底板，不再设计为锥形底板，中间设环形泥浆槽，周边出水，配置新型浓密机。该型浓密机废水进管架设在池顶的进出液天桥桁架上，通过中心柱中心孔进辐流池，并设环形钢板导流罩，将废水导流至池底进入，减缓废水冲击，快速稳定水流进入沉淀阶段。

废水进入池底沉淀后，底部污泥通过双向刮泥片刮泥至中间环形泥浆槽，在浓密机旋转大臂下通过钢支架安装可上下调节的潜水泥浆泵，直接抽污泥至中心柱上设置的环形固定不转动储浆池，再通过潜水泥浆泵从进出液天桥倒运至压滤车间泥浆池。辐流池周边安装钢制水槽，溢流清水回收利用。其结构如图 3 所示。

5.2 改进型辐流式沉淀处理工艺与传统辐流式沉淀处理工艺对比

（1）改进型辐流式沉淀处理工艺的辐流池设计池底为平底，只需要在池底设置环形泥浆槽，不再需要将辐流池底部设计为锥形，取消了辐流池中心储泥池和底部出浆廊道。辐流池的结构简单，地基承载力要求小，结构底板荷载要求小，设计简单，施工难度减小，加快施工进度并节约工程量，节省造价。

（2）改进型辐流式沉淀处理工艺采用潜水渣浆泵直接在池底环形泥浆槽中抽排泥浆，取消了底部廊道排浆的方案，管道施工结构简单。同时设置浓密机刮板升降功能，可以随时调整刮板和潜水泥浆泵的

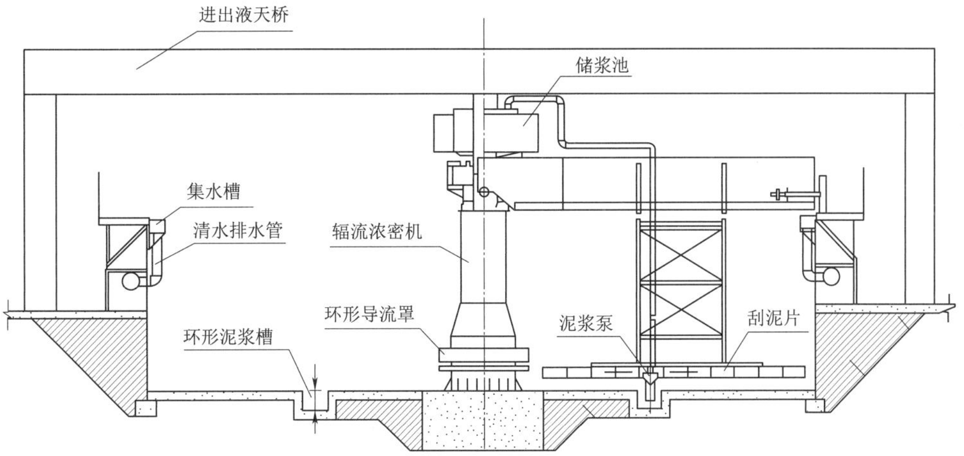

图 3 辐流沉淀池结构图

高度，防止堵泵，有效解决了传统辐流池底部管道出浆容易堵管的问题，同时也增加了池体的库容能力。若遇到突发情况系统停产停摆，物料可在池底堆积一段时间，通过调整刮板下行力度逐步将池底物料清理转运。

(3) 改进型辐流沉淀工艺辐流池底采用环形泥浆槽，浓密机的刮泥板安装为两个相反的方向，将池底中心柱边的泥浆向外刮，池壁底部周边的泥浆向内刮，对比传统辐流池，同样直径可将刮泥的距离减小一半，刮泥效率提高，并且刮泥板设计为可调整高度的机构，防止池底沉淀泥层太厚或刮泥片负荷太大，导致浓密机无法旋转。

(4) 改进型辐流沉淀工艺浓密机为单臂结构，采用双轮胎＋减速机的周边轮胎驱动方式，比常用的橡胶轮驱动保障高，不容易打滑，比常用的周边齿轮轨＋齿轮的驱动形式施工简单，安装难度小，相应费用少。

(5) 改进型辐流沉淀工艺浓密机设计采用泥浆泵抽排泥或悬浮层，泥浆泵设计为变频泵，可以在运行中调整抽取浆液的量，运行方便，效率较高。泵的进液高度可调整，可以有效抽取底部泥浆，防止堵塞。并且泥浆泵也可以随时提出，不需要放空辐流沉淀池维修或更换，维护方便。

6 工程实例

河北抚宁抽水蓄能电站建设期在下库施工区设置一座废水处理厂，其用于处理交通洞通风洞 TBM 施工废水，地下厂房洞室群施工废水及洞室渗水，混凝土拌和站废水和搅拌车洗罐废水等，将各部位分散产生的施工废水集中处理。废水处理厂采用“改进型辐流沉淀池”＋“机械压滤脱水”的处理工艺，设置一座直径 16m、高度 4.26m 的钢构改进型辐流沉淀池，机械压滤脱水设备采用 2 台 $80m^2$ 厢式过滤机。废水处理厂处理能力为 $100m^3/h$，处理前废水悬浮物 SS 值超过 20000mg/L。各部位的施工废水直接被泵送至改进型辐流沉淀池进行沉淀处理，同时在处理过程中添加 PAC（聚氯化铝）与 PAM（聚丙烯酰胺）药剂，沉淀后的高浓度泥浆被泵送至脱水车间脱水，脱水后泥饼由装载车运至弃料堆，辐流沉淀池上部集水渠清液进入清水池，被用于 TBM 施工、混凝土拌和及洒水降尘。考虑处理后的清水回用于 TBM 施工，故对处理后的清水标准要求更高，回用水水质必须符合 GB 50050—2007《工业循环冷却水处理设计规范》中相关要求[6]（见表 1，废水经处理后 SS≤30mg/L）。

表 1　　回用 TBM 设备水质主要控制指标　　单位：mg/L

污染物指标	SS	COD_{Cr}	BOD_5	氨氮	石油类
出水水质	30	100	20	0.1	5

截至目前，抚宁电站废水处理厂已正常运转 6 个月，期间未出现传统辐流沉淀工艺存在的问题，处理后的清水各项指标优秀，经检测，满足 TBM 回用标准，废水检测结果见表 2。

表 2　　废水检测结果

序号	样品描述	检测项目及结果		
		pH	悬浮物/(mg/L)	石油类/(mg/L)
1	淡黄色、无味、无油膜	8.8	26	0.05
2		8.9	28	0.04
3		8.4	18	0.04
4		8.5	16	0.05

7　结语

在抽水蓄能电站大规模建设和生态环境保护要求日趋严格的大背景下，水污染防治必然被引起重视。本文分析了抽水蓄能电站建设期废水处理工艺，针对传统辐流式沉淀处理工艺，总结了其弊病，提出了一种改进型辐流式沉淀处理工艺，很好地解决了传统辐流沉淀工艺的缺点，可以有效节省投资、节约人员设备投入、提高废水处理效率，实现了废水零外排，使电站建设期废水治理集成化、工厂化、自动化，对同类型工程的废水处理设计应用提供了借鉴，具有重要的应用价值。

参考文献

[1]　武魏楠. 抽水蓄能冷与热 [J]. 能源，2022 (7)：10-16.
[2]　殷彤，殷萍. 水利水电工程施工废水处理工艺与实践 [J]. 四川水力发电，2006 (3)：79-81，84，147.
[3]　马萧萧. 抽水蓄能电站建设施工废水处理工艺探讨 [C]//抽水蓄能电站工程建设文集 2016. 2016：461-464.
[4]　杨斌，蒋红梅，吴东国，等. 公路隧道施工废水处理工艺探讨 [J]. 公路交通技术，2008 (6)：162-164.
[5]　贾汝林. 辐流沉淀池运行管理初探 [J]. 城镇供水，2011 (3)：96-98.
[6]　王家福，杜丽娟. 引绰济辽工程隧洞施工废水处理方案研究 [J]. 内蒙古水利，2022 (1)：55-56.

某抽水蓄能工程建设施工期间智能化监控系统的应用

王路遥　胡光平
（重庆蟠龙抽水蓄能电站有限公司，重庆市　401452）

【摘　要】本文针对抽水蓄能工程建设安全管控目标，着重阐述某抽水蓄能电站智能化监控系统在安全管控中的作用，总结性的叙述管理过程中的建设应用情况。

【关键词】抽水蓄能　工程建设　智能化监控

1　引言

大型抽水蓄能工程建设规模较大，施工期较长，洞室开挖工作面较多且复杂，为有效控制现场风险作业，推行智能化监控系统，提升工程安全分析和管控能力势在必行。本文从系统配置、建设、应用等方面介绍某抽水蓄能电站智能化监控系统的管理经验，包括洞室门禁管理系统、人员定位管理系统、视频与安保监控系统、应急广播和通信系统等内容。

2　智能化监控系统配置

智能化监控系统重点包括洞室门禁管理系统、人员定位管理系统、视频与安保监控系统、应急广播和通信系统。智能化监控系统组建统一的主干光纤以太环网，在各个监测区域组建二级星形网络。各现地设备通过光纤收发器使用光缆传输，接入交换机。智能化监控系统与外部系统通过硬件防火墙隔离。智能化监控系统部署安全监测（应急指挥）中心用于系统相关信息汇集、存储、处理，实现人机交互。

2.1　主干网络

主干网络由 4 台千兆主交换机，15 台百兆接入子交换机，140 对光纤收发器，1 台硬件防火墙，ADSS 架空光缆，GYTA53 室外敷设光缆，以太网线，通信电缆、交换机箱等构成。

系统组建统一的主干光纤以太环网，在各个监测区域组建二级星形网络（图 1）。

各现地设备通过光纤收发器使用光缆传输，接入交换机。

系统与外部系统通过硬件防火墙隔离。

2.2　洞室门禁管理系统

洞室门禁系统采用基于以太网的数字式门禁系统，主要设备包括 1 套门禁系统服务器、门禁出入口控制计算机、相应车辆道闸设备、IC 发卡器、人员闸机、门禁控制器、扬声器和室外 LED 显示屏、不锈钢值班岗亭以及 2 套测量测速系统前端等设备。

洞室门禁系统复用智能化监控系统的主干网络，并在网络交换机上划分 VPN，不另外单独组建物理网络。

2.3　人员定位管理系统

人员定位系统采用基于超宽带无线技术和以太网技术的人员定位系统，主要设备包括 1 套人员定位系统服务器、1 套人员定位工作站、现地定位基站、电子标签等设备。

人员定位系统复用智能化监控系统的主干网络，并在网络交换机上划分 VPN，不另外单独组建物理网络。

2.4　视频与安保监控系统

视频与安保监控系统主要设备包括 1 套视频监控工作站、1 套视频管理服务器、1 套流媒体服务器、1 套网络存储服务器、计算机网络设备、网络摄像机等。视频与安保监控系统采用全数字式系统，从摄像

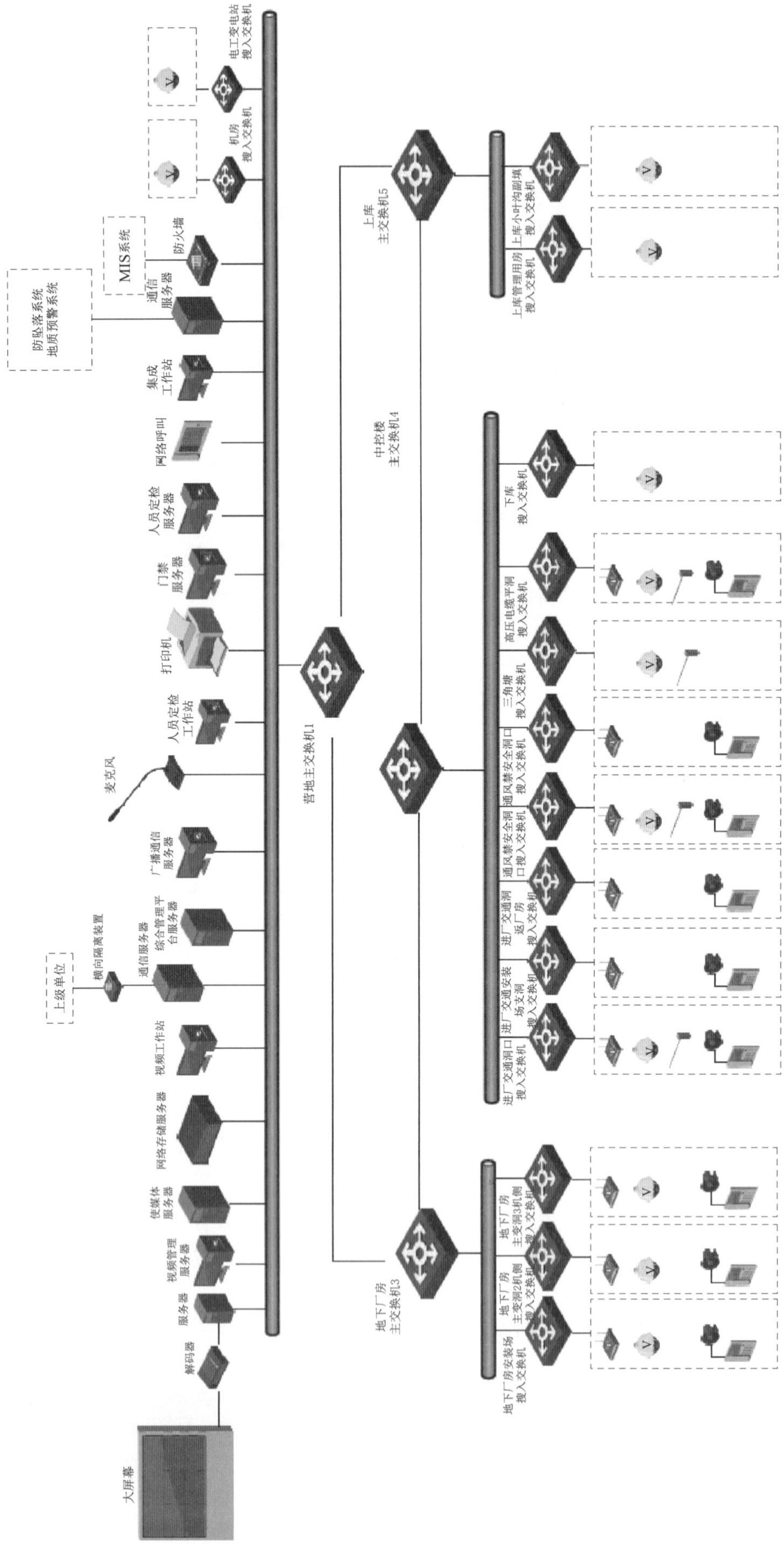
大屏幕
解码器
服务器
视频管理服务器
流媒体服务器
网络存储服务器
视频工作站
通信服务器
横向隔离装置
上级单位
综合管理平台服务器
广播通信服务器
麦克风
人员定检工作站
打印机
门禁服务器
人员定检服务器
网络呼叫
集成工作站
通信服务器
防坠落系统
地质预警系统
MIS系统
防火墙
机房接入交换机
电工变电站接入交换机
营地主交换机1
上库主交换机5
中控楼主交换机4
地下厂房主交换机3
上库管理用房接入交换机
上库小叶沟副坝接入交换机
下库接入交换机
高压电缆平洞接入交换机
三角塘接入交换机
通风禁安全洞口接入交换机
通风禁安全洞接入交换机
进厂交通洞口接入交换机
进厂交通洞返厂房接入交换机
进厂交通安装场支洞接入交换机
进厂交通洞口接入交换机
地下厂房主变洞1机侧接入交换机
地下厂房主变洞2机侧接入交换机
地下厂房安装场接入交换机

图 1 系统网络结构图

机输出信号、视频传输、视频存储、摄像机控制、视频及图像显示均采用数字信号。其中网络摄像机统一选用高清一体化球机。

视频与安保监控系统的传输网络采用分级式的以太网结构，视频与安保监控系统复用智能化监控系统的主干网络，并在网络交换机上划分 VPN，不另外单独组建物理网络。

2.5 应急广播和通信系统

应急广播和通信系统采用基于 IP 网络的数字广播对讲系统，主要设备包括 1 套 IP 网络广播通信服务器、1 套 IP 网络呼叫站以及 21 套现地的 IP 网络广播对讲终端。

应急广播和通信系统复用智能化监控系统的主干网络，并在网络交换机上划分 VPN，不另外单独组建物理网络。

3 智能化监控系统建设

根据“总体规划、分步实施”原则，智能化监控系统及时跟进项目建设进度，建设分期进行，充分了解掌握整套安全体系的共用资源，如骨干光纤、骨干桥架、软件硬件接口、数据接口等，以避免前期投入重复或者浪费。洞室门禁和人员定位系统建成后，能与安全监测（应急指挥）中心和其他系统有机整合在一起，将各环节的工况信息、环境信息、视频、语音在统一平台下进行有效集成，并有效与企业现有管理系统软件进行有机整合实现各子系统的数据的深入挖掘、分析处理以及关联业务数据的综合评估，实现各环节的实时监测和控制及不同厂家系统的有机融合，从而达到“监、管、控一体化”。

4 智能化监控系统应用

4.1 洞室门禁管理系统

利用门禁系统，在进场道路入口、进场交通洞及通风兼安全洞洞口等部位对车辆和人员进出进行管控。洞室门禁系统准确记录人员、车辆的出入时间，识别出入人员所属单位、部门、职务，实时统计洞室内人员数量等功能。既可实现人员统计功能，又能进行精准考勤。

4.2 人员定位管理系统

利用人员定位系统，实现洞室内作业人员精准定位，动态掌握人员身份、位置信息，事故发生时，通过双向信号呼叫、报警功能可以迅速确定相关遇险人员的数量，准确定位事故地点（见图 2）。

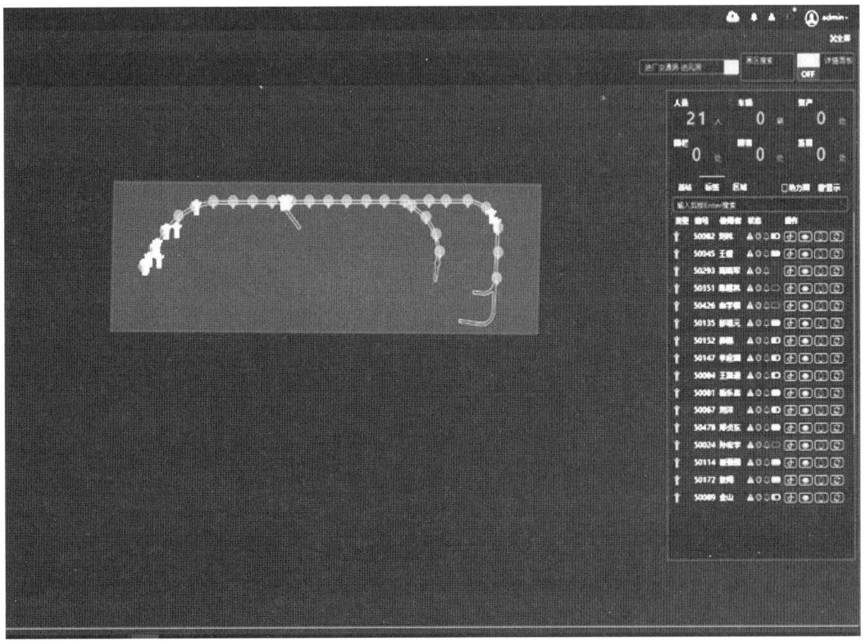

图 2 人员精准定位信息

4.3　视频与安保监控系统

视频与安保监控系统可同时对进场道路入口、进场交通洞及通风兼安全洞洞口等部位进行视频监控，实时掌握现场施工情况。实现摄像机自动控制，图像采集、存储、监视及打印，录像采集、存储、检索、回放及管理等功能（见图 3）。

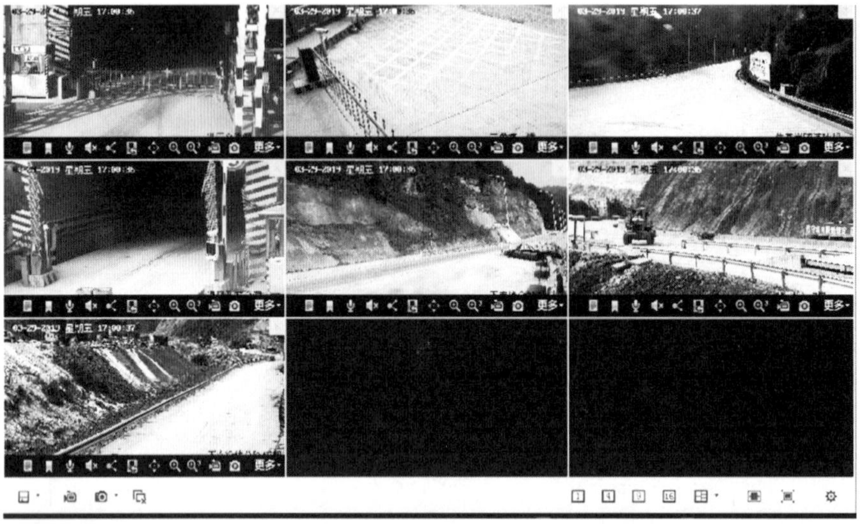

图 3　视频监控信息

4.4　应急广播和通信系统

在进场交通洞及通风兼安全洞中实现应急通信和应急广播功能，满足应急救援要求。在发生险情需要紧急撤离时，安全监测（应急指挥）中心可通过应急广播及通信系统，对洞室内所有作业人员进行应急广播和对讲通信。

5　智能化监控系统管理相关建议

（1）注重系统开发人员与工程建设实际的融合。系统建设过程中，厂家人员不熟悉工程建设实际，不能独立完成系统的调试，造成系统的专用名称信息与工程建设实际不整合，不能向工程建设提供精简有用的信息，影响系统使用效率。建议在系统详细设计过程中，开发人员需与工程建设专业人员加强沟通，保证系统功能设计与施工现场配套不脱节，重视系统报表、信息命名、检索的设计。

（2）针对抽水蓄能电站施工人员多为农民工，对电子新产品使用不熟悉的情况，建议厂家要加强人员定位系统中的定位器的使用设计，确保定位器能正常使用。功能上要求定位器电池电量维持时间不低于两周，电池告警的信息要明显，且充电操作简单，能与普通的手机充电器兼容；定位器的开关的操作要简单，能采用目前手机的开关操作方式最好，利于现场施工人员掌握。

（3）针对施工现场存在推车、渣车等工程车辆的车牌不容易识别，影响门禁系统的使用困难。一方面要求厂家提高识别装置的识别能力，根据车辆高度选择合适的安装高度；另一方面建议针对不容易识别的工程车辆制作专用的车辆识别装置，提高门禁系统的识别效率。

（4）抽水蓄能电站建设周期分为筹建期、主体工程准备期、主体工程建设期等阶段，智能化监控系统建设进度也要考虑这些阶段的功能设计，不能在短时间一次建成。建议加强阶段建设的设计管理，结合施工场地及进度的因素，既要进行总体功能设计，又要考虑工程建设不同阶段的功能设计，与工程建设专业人员沟通确认阶段功能建设任务。在抽水蓄能主体工程开建设期间，一般能实现洞室门禁、辅助洞室人员定位和应急通信、视频监控等功能，随着工程建设施工作业面的增多，逐渐增加监控面积。

（5）针对抽水蓄能电站建设周期长，一般长达 6 年左右，存在边建设边运维的情况，建议在智能化监控系统管理招标设计中，将系统建设和运维单位委托一家单位进行，提高建设效率。

（6）智能化监控系统管理是数字化电站建设的一部分，在智能化监控系统管理设计中，要考虑与电站其他信息系统的接口，包括无线网络通信系统、智能安全帽、地质预报等系统建设，提供系统建设使用率。

6　结语

抽水蓄能电站工程建设规模较大，施工期较长，洞室开挖工作面较多且复杂，洞室施工分开挖、支护、衬砌等多个施工工序，分阶段实施，因工作面变化、施工工序、局部永临结合等因素，智能化监控系统运行维护期也较长。随着工作面的不断推进，系统在施工现场根据工作面的施工进度需要不断进行调整，包括设备的维修、拆除、迁移、二次安装、运输、电缆（光纤）敷设、保管、试验、调试及安全监测（应急指挥）中心运行管理。某抽水蓄能电站智能化监控系统的上述管理经验可为其他抽水蓄能或常规水电站安全管控提供借鉴。

门/栅槽直埋施工技术在抽水蓄能电站中的应用与实践

徐　伟

（成都阿朗科技有限责任公司，四川省成都市　611730）

【摘　要】近年来，门/栅槽直埋施工技术在水电水利行业得到了广泛应用，取得了良好的效果。2020年6月，福建永泰抽水蓄能电站率先在下库进/出水口拦污栅施工中引入了栅槽直埋施工技术。随后在周宁抽水蓄能电站下水库碾压混凝土重力坝泄洪底孔事故门和进/出水口检修门施工中得到运用，且进/出水口检修门闸门井大面模板已复用于宁海抽水电站下库闸门井施工。本文分别对门/栅槽直埋施工技术在3个项目的应用情况进行简单介绍，供同仁参考。

【关键词】门/栅槽直埋　抽水蓄能电站　应用

1　工程概况

（1）永泰抽水蓄能电站位于福州市永泰县白云乡，设计安装4台30万kW可逆式机组，采用两洞四机的布置方式，下水库进/出水口共2孔，每孔各4道拦污栅，孔口尺寸4.5m×11m，单槽长0.8m，宽5.5m，高45.2m。

（2）周宁抽水蓄能电站位于宁德市周宁县七步镇龙溪村，设计安装4台30万kW可逆式机组。下水库挡水建筑物采用碾压混凝土重力坝，最大坝高108m。泄洪建筑物包含2个泄洪底孔和2个溢流表孔。泄洪底孔孔口宽度4m，高4.5m，深71m。事故闸门门槽长1.2m，宽5.4m，高71m。

周宁抽水蓄能电站下库进/出水口检修闸门井布置在山体中，共2座。门槽长1.5m，宽7.1m，高62.502m，顶面坡度10%，闸门井上部变截面。

（3）宁海抽水蓄能电站位于浙江省宁波市宁海县大佳何镇，设计安装4台35万kW可逆式机组，计划2022年底下闸蓄水，2024年首台机组发电。上库进/出水口事故闸门门槽长1.6m，宽7.9m，侧向嵌入深度0.9m，高50.559m（如图1左所示）；下库进/出水口检修闸门门槽长1.5m，宽7.7m，侧向嵌入深度0.8m，高55.561m（如图1右所示）。

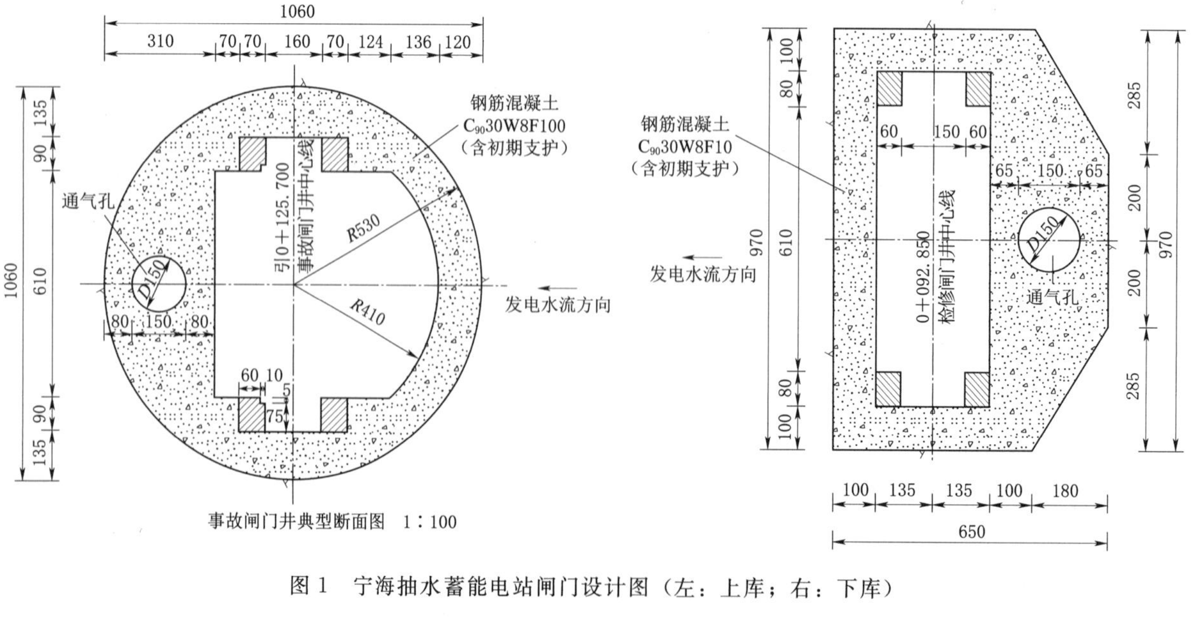

图1　宁海抽水蓄能电站闸门设计图（左：上库；右：下库）

2 门/栅槽直埋施工技术在抽水蓄能电站的参与过程

2.1 永泰抽水蓄能电站

2020 年 4 月，永泰抽水蓄能电站在工期分析中发现下库进/出水口拦污栅工期无法满足蓄水要求，设计单位根据水电行业建设经验建议将拦污栅槽施工由二期改为一期方案。经多方沟通，2020 年 6 月最终确定在拦污栅施工中引入门槽直埋施工技术。

2.2 周宁抽水蓄能电站

由于有永泰抽水蓄能电站下库进/出水口拦污栅二期改一期的论证经验，2020 年 8 月，周宁抽水蓄能电站下水库碾压混凝土重力坝泄洪底孔事故闸门在发现工期无法满足蓄水要求后，施工方立即提出改用门槽直埋施工的方案。此时，泄洪底孔事故闸门门槽下部已经按常规的二期方式施工了 2 个多月；在技术路线确定后，云车提供商在 2 个月内完成了门槽云车的设计和制作，最终实现了上部 55m 采用直埋方式施工。下库进/出水口检修闸门经过反复论证，最终也决定在门槽施工中也采用直埋方案，配孔口大面模板，以求最大程度克服工期问题、确保地下厂房度汛安全及如期蓄水。

2.3 宁海抽水蓄能电站

宁海抽水蓄能电站原计划 2022 年 5 月开始下库闸门井浇筑、7 月 30 日下闸蓄水，按常规的二期方式是无法完成的任务。施工方先是决定引进 2 台门槽云车、配周宁下库的孔口模板施工，确保实现调整后的工期目标。论证过程中发现上库工期也逐渐紧张，最终决定上库也引进 2 台，配套采购孔口大面模板，确保上库工期目标。

由此可见，工期紧张是抽水蓄能电站门（栅）槽施工改用直埋方案的最直接原因。

3 门/栅槽直埋施工技术在抽水蓄能电站的设计及实施方案

3.1 永泰抽水蓄能电站拦污栅直埋施工方案

借鉴常规水电项目门槽施工二期改一期的施工方案，永泰抽水蓄能电站下库进/出水口拦污栅采用外加固方案作为栅槽轨道安装的支撑，即主轨直接依靠在云车定位面上，反轨通过螺杆调整精确定位。云车主轨定位面在工厂通过精加工形成，精度可达 ±0.1mm，完全能满足作为主轨工作面依靠的精度需要。螺杆调节能精确保证在门槽施工期间小跨尺寸满足设计要求。

永泰拦污栅用门槽云车同样采用整拼整吊方案，即首先在塔机吊重范围内寻找合适的场地进行门槽云车的水平拼装，同步完成第一节主轨的安装和加固，经检查验收后将门槽云车吊起，空中翻身后贴着主轨就位，作为后续轨道安装的依靠。门槽云车自带侧面模板封闭主、反轨之间的门槽面，与分流墩墩身模板、主反轨一起构成浇筑封闭面。拦污栅直埋施工流程如图 2 所示。

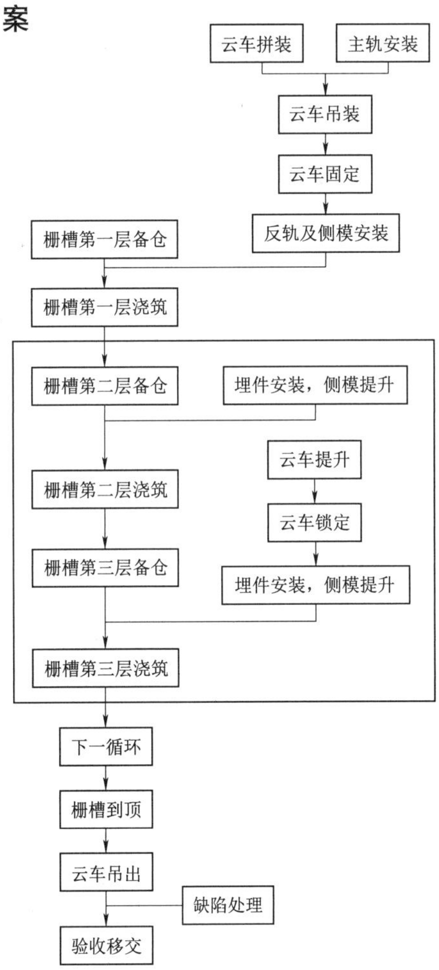

图 2 拦污栅直埋施工流程图

实践证明依托门槽云车进行常规水电拦污栅施工，栅槽精度都能达到 ±1mm 的高标准要求，这种高精度施工对抽水蓄能电站拦污栅槽施工意义更加明显。永泰抽水蓄能电站下库进/出水口拦污栅门槽云车设计图如图 3 所示。整装尺寸长 0.8m，宽 5.5m，高 9m，重量约 13t。

由于永泰抽水蓄能电站下库进/出水口拦污栅尺寸小(800mm)，云车提升只能采用双吊点方案。侧面模板采用丝杆顶缩镶嵌方式，方便就位，通过自提升装置调整上下位置，满足浇筑需要。门槽云车具有自提升能力，可不借助外界起吊设备。

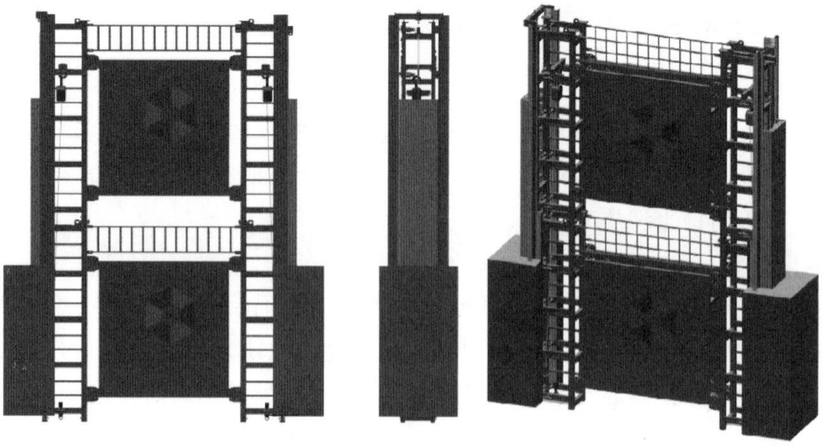

图 3　永泰抽水蓄能电站下库进/出水口拦污栅门槽云车设计图

门槽云车和栅槽埋件相互依托、交替上升，与土建施工同步；门槽云车和栅槽埋件之间通过焊接形成整体，以联合受力的方式抵抗混凝土浇筑时的外力，确保栅槽施工精度。

3.2　周宁抽水蓄能电站门槽直埋施工方案

永泰抽水蓄能电站下库进/出水口拦污栅门槽云车的设计理念同样适用于周宁抽水蓄能电站。由于周宁抽水蓄能电站下水库碾压混凝土重力坝泄洪底孔事故闸门和下水库进出/水口检修闸门门槽尺寸相对较大（1.2m 和 1.5m），有布置 4 吊点的条件，门槽云车的运行更为便捷。周宁抽水蓄能电站下水库进出/水口检修闸门井上部存在断面变化，施工方要求云车提供商配置上下游大面模板，按浇筑层高 6m 设计，相应将门槽侧面模板高度加高到 6m。施工时门楣以下按 3m 层高施工确保精度。因周宁抽水蓄能下库进/出水口检修闸门井顶部安装的桥机升降速度慢，而钢筋、模板多依赖桥机吊装，故云车提供商在云车顶部设置了专门的提升机构吊装孔口上、下游大面模板，以便减轻桥机的施工任务、提高施工进度保证度。周宁抽水蓄能电站下水库碾压混凝土重力坝泄洪底孔事故闸门和下水库进/出水口检修闸门门槽云车设计图如图 4、图 5 所示，整装尺寸分别为 1.2m×5.4m×9m、1.5m×7.1m×9m，重量分别为 15t 和 19t。施工流程图如图 6 和图 7。

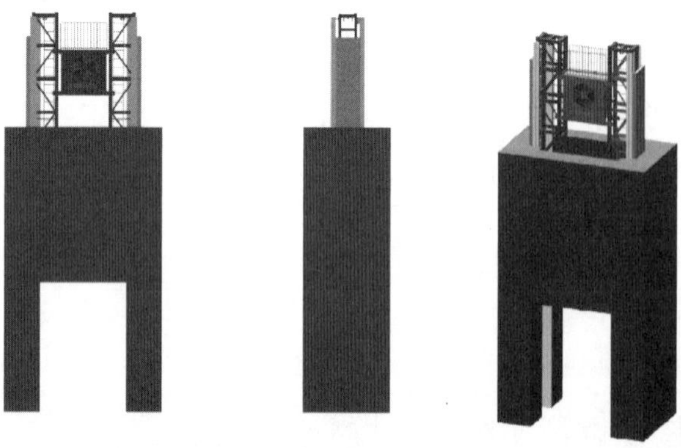

图 4　周宁抽水蓄能电站下水库泄洪底孔事故闸门门槽云车设计图

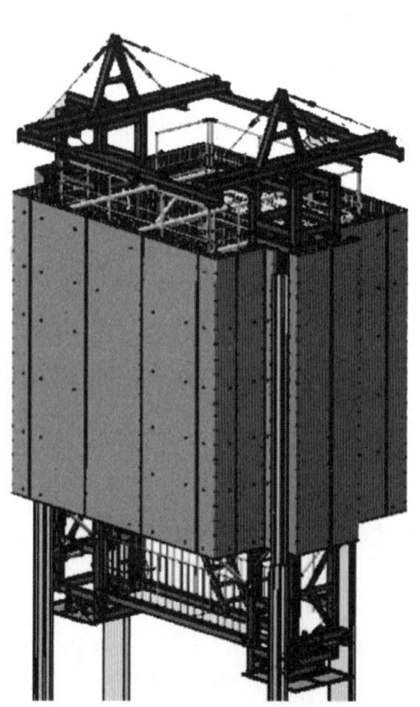

图 5　周宁抽水蓄能电站下库进/出水口检修闸门门槽云车设计图

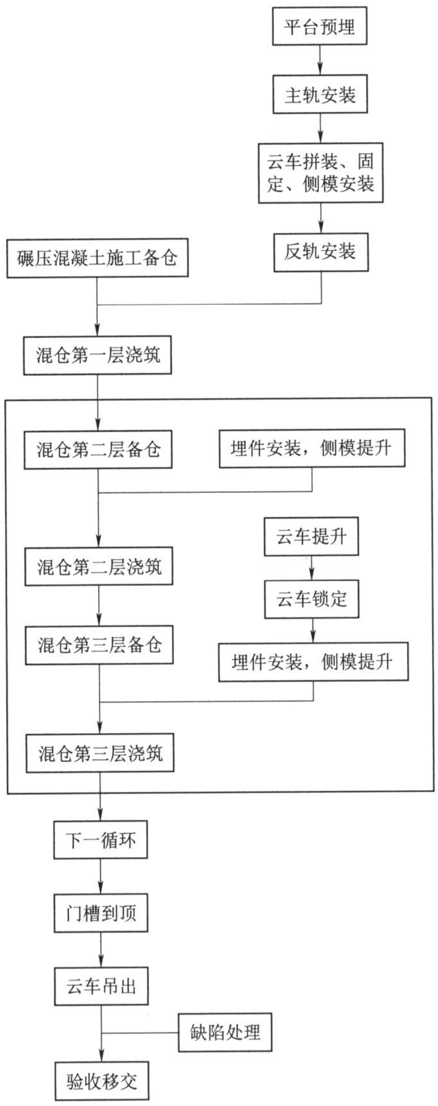

图 6 周宁抽水蓄能电站下库泄洪底孔事故闸门门槽施工流程图

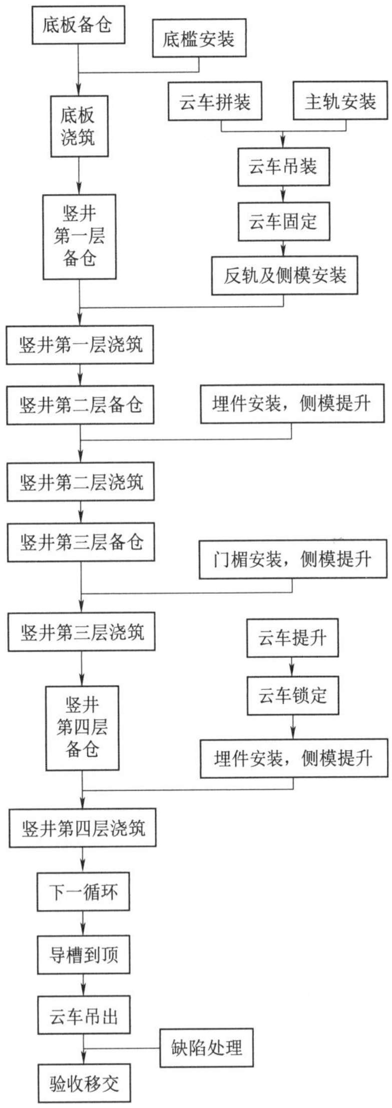

图 7 周宁抽水蓄能电站下库进/出水口检修闸门门槽施工流程图

说明：周宁抽水蓄能电站下库进/出水口检修闸门竖井在 255.022m（发电上游侧）/255.222m（发电下游侧）出现截面扩大，从第五层开始安装孔口上、下游大面模板。

3.3 宁海抽水蓄能电站门槽直埋施工方案

宁海抽水蓄能电站门槽直埋施工基本借鉴周宁抽水蓄能电站下库进/出水口检修闸门竖井门槽施工方案。其中，下库进/出水口检修闸门井孔口模板大部利用周宁抽水蓄能电站下库进/出水口检修闸门井模板，包括门槽侧面模板和上、下游大面模板，不足部分通过新制补齐。上库进/出水口事故闸门孔口大面模板为全新设计和采购。宁海抽水蓄能电站孔口模板配置方案如图 8 所示，模板设计高度均为 6.2m，配合浇筑层高 6m。

因宁海抽水蓄能电站上库事故闸门曲面模板距离远、重量大（单块重量 1.39t），如果再用云车上的专用吊架吊装，该吊架重量和尺寸将会较以往大增。而宁海抽水蓄能电站上库工期相对轻松，故发电方向上游侧的曲面模板采用井口垂直起吊设备拆装，而下游侧的大面模板依然采用云车上的模板专门吊架拆装。

4 门/栅槽直埋施工技术在抽水蓄能电站的实施过程与结果

4.1 永泰抽水蓄能电站拦污栅

永泰抽水蓄能电站下库进/出水口拦污栅云车于 2020 年 8 月 29 日开始拼装，受洞内衬砌施工影响，

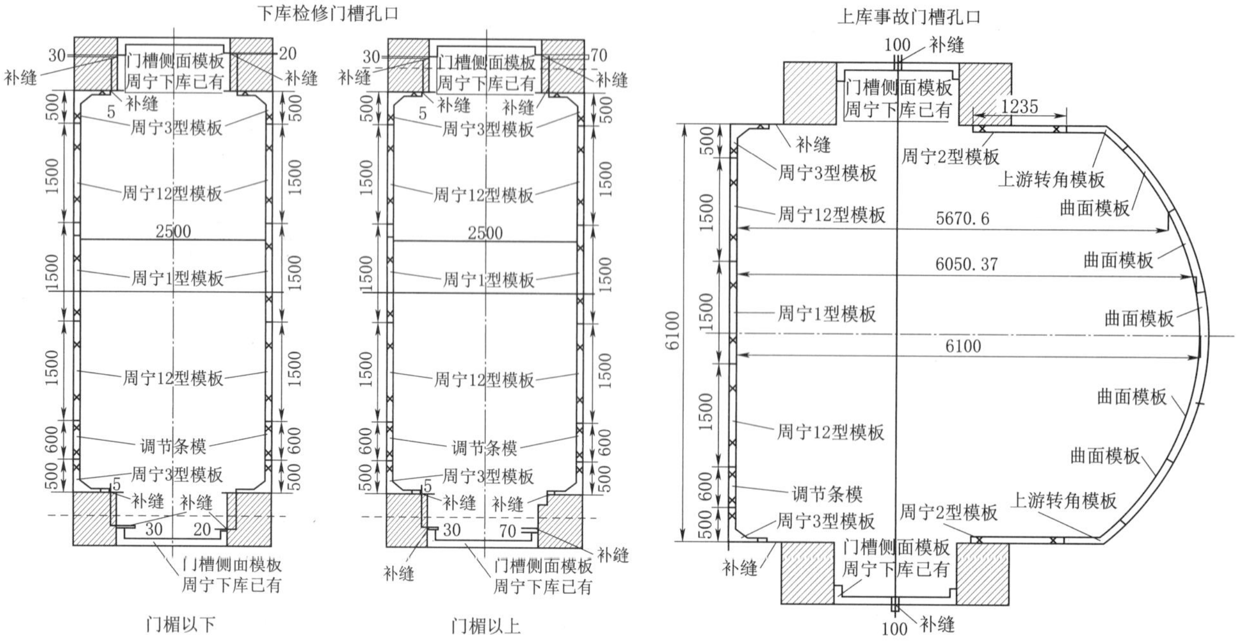

图 8　宁海抽水蓄能电站上、下库闸门井孔口模板拼装图

10 月 17 日安装第一节主轨，10 月 21 日吊入第一套云车，10 月 25 日完成 1 号尾水系统 4 套云车全部就位。至 11 月 11 日开始第二层轨道安装，11 月 27 日进行首次提升。由于现场垂直起吊设备任务比较轻松，从 11 月 29 日开始，云车提升采用汽车吊直接作业，节约了侧模调整时间。云车提供商在示范提升一次后，完全交由从未使用过门槽云车的水电十六局自己运行，2021 年 11 月 23 日拦污栅顺利施工到顶，质量优于预想目标（如图 9 所示），证明该项技术易于掌握。

图 9　永泰抽水蓄能电站下水库进/出水口拦污栅施工到顶

4.2　周宁抽水蓄能电站门槽

因下库挡水建筑物泄洪底孔事故闸门系临时由二期改为一期施工，现场不具备整拼整吊方案，门槽云车运行存在一定的技术协调难度，故周宁抽水蓄能电站门槽云车主要由云车提供商负责运行。下水库碾压混凝土重力坝泄洪底孔事故闸门，通过型钢预埋方式在闸孔中提供门槽云车就位位置，下部 16m 采

用常规的二期施工方式，上部改用直埋施工方案。门槽云车在仓内拼装。第一套门槽云车于2020年11月21日开始拼装，11月26日投入使用，很好地配合了坝体碾压施工，12月15日进行门槽云车首次提升，实现了预期功能。门槽云车提升高度多则6m、少则3m，与土建施工配合很好，总体运用情况良好。2021年5月13日大坝顺利浇筑到顶，7月10日如期下闸蓄水。

下水库进/出水口检修闸门，从底槛即开始直埋施工，2021年2月17日完成第一套云车拼装，2月21日吊入仓中，2月26日开始浇筑。3月4日实现模板提升，3月7日实现云车自提升。尽管施工起始位置是在斜面上，门槽云车依然得到了正常运用。门楣也采用直埋施工，从而实现全程直埋。由于施工方资源配置充分，施工速度达到了预想的4d一层，而且仓面干净，混凝土表面明光可照人（如图10所示），并经简单培训就完全掌握了云车运行技术。两个闸门井分别于2021年5月20日和6月4日浇筑到顶，顺利实现挡水目标，确保洞内施工安全。

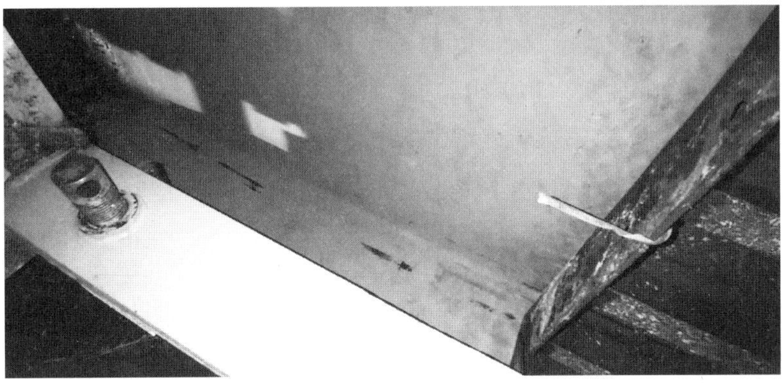

图10 周宁抽水蓄能电站下水库进/出水口检修闸门井施工效果

4.3 宁海抽水蓄能电站门槽

宁海抽水蓄能电站门槽云车于2022年7月16日下订单，8月6日上库两套云车已经运抵施工现场，8月12日开始拼装。目前4套云车（包括侧面模板、上下游大面模板）均已进入配合主体工程正常施工阶段，预计能如期实现工期目标。因水电十二局已经有门槽云车运行经验，云车提供商只负责必要的技术培训和指导。

5 门/栅槽直埋施工技术在抽水蓄能电站的实施效果

从门/栅槽直埋及其配套施工技术在3个抽水蓄能电站项目的使用情况来看，均实现了预期目标。

（1）直接节约了二期施工工期，确保了两个项目的下水库按期蓄水，解除了业主的最大担忧。

（2）门/栅槽施工精度优于常规二期施工。经现场测量，3个项目的埋件安装精度均达到了＋1/0mm的水平，高于设计精度（拦污栅最高，±1mm）。门/栅槽内实外光，对克服门/栅槽施工顽症有很好的预防效果，在水流方向转换频繁、防淘刷防震动要求高的抽水蓄能电站进/出口意义重大。且质量控制过程较常规二期施工方案简单，效果更好。

（3）安全完成任务，安全管理较常规二期施工方案简单、方便。由于拦污栅槽/门槽直埋施工有效地消除了门/栅槽部位质量、安全和进度等卡脖子因素，降低了管理难度，具有潜在的经济价值，完全能补偿采用直埋施工的成本投入。

由此可见，依托门槽云车进行抽水蓄能电站的拦污栅/门槽直埋施工在保证工期、实现如期蓄水和保障后续工程施工安全方面效果明显。门/栅槽与大体积混凝土同步施工，到顶后就基本具备闸门安装条件，混凝土龄期远高于常规二期施工方式，并解决了凿毛工作难以安排、凿毛噪音大粉尘重、二期浇筑容易离析并引起埋件移位变形、拆模安全风险大等问题，减少了排架或吊笼特种作业，符合绿色、环保健康的发展方向，提升了门槽施工的科技含量和标准化水平，并且有早决策、早受益的特点。

6 门/栅槽直埋施工技术在抽水蓄能电站中的应用前景

2020 年 9 月，我国明确提出要在 2030 年达到二氧化碳排放峰值、2060 年前实现碳中和的目标，由此掀起了抽水蓄能电站建设的高潮。门槽云车是集门槽标准化制造安装、门槽部位高精度施工、装置自爬升和数字化测量于一体的安全施工作业平台，可以为抽水蓄能电站标准化、系列化、重视过程管理、绿色环保的发展理念增加新内涵。

由于目前抽水蓄能电站门/栅槽施工还是多采用二期设计方案，轨道分节缺乏相应标准，与混凝土分层之间普遍存在不匹配的现象，孔口尺寸也还有一些差异，给施工管理带来一定的难度，存在进一步优化的空间。随着我国抽水蓄能电站事业的蓬勃发展，门/栅槽直埋施工有在行业里进一步推广的潜力，并可以将直埋设计和轨道分节标准化作为发展方向，最终形成新的设计、施工规范，进一步提高抽水蓄能电站设计施工标准化水平，有效克服抽水蓄能电站门/栅槽部位施工工期紧张、安全和进度易受外界不良天气和地质条件影响等问题，消除成本不可控因素，提高门、栅槽施工质量，获取潜在的经济效益。

此外，门槽云车与滑模的结合已经成功，运用智能化实施自动检测、实时监控和云端管理也已初步实现。已有抽水蓄能电站项目在设计阶段就考虑引入门/栅槽直埋施工技术，也有项目在可研评审中研究用门/栅槽直埋解决现场某些施工难题。门/栅槽直埋施工技术必将能为我国蓬勃发展的抽水蓄能电站事业添砖加瓦！

垣曲抽水蓄能电站施工期地下洞室临时通风分析研究

付 斌 景鹏云 安壮壮
（山西垣曲抽水蓄能有限公司，山西省运城市 043700）

【摘 要】 垣曲抽水蓄能电站地下洞室繁多，施工期会发生氧气浓度不足和产生有害气体等问题，为保证洞室内氧气浓度达标，降低有害气体浓度，结合电站工程实际，对洞室临时通风进行了详细计算研究，根据通风量计算结果以及国内类似工程的施工经验，进行了临时机械通风设施的选用和布置，解决了电站施工期在不具备自然循环通风的条件下洞室内氧气不足和有害气体超标的问题，保证了作业的施工安全。

【关键词】 通风量 通风兼出线洞 交通洞 轴流风机 通风布置

1 引言

地下洞室工程在开挖施工中会聚集很多种类污染源，主要包括爆破产生的有毒气体、工程机械施工产生的废气、岩石内产生的有害气体、喷混凝土施工造成的粉尘、运卸石渣时导致的烟尘等，如不及时通风排出，会对作业人员造成很大伤害。目前常采用的机械通风方法主要包括压入式通风、吸出式通风、混合式通风等通风方式。根据近年来地下洞室施工的工程经验，常采取压入式通风，随着通风设备的发展，现有的新型轴流风机，送风距离已经可以达到近 2000m，可以较好满足独头开挖作业对通风的要求[1-2]，且设备型号多样，可以满足不同洞径开挖的需求。

2 工程概况

垣曲抽水蓄能电站装机容量为 1200MW，工程等别为Ⅰ等，工程规模为大（1）型。永久性建筑物为一级建筑物，永久性次要建筑物为三级建筑物，临时性建筑物为四级建筑物，具体布置详见图 1。施工期地下洞室通风主要涉及的项目有通风兼出线洞、厂房交通洞、自流排水洞、排水廊道、上水库进/出口、下水库进/出口、2 号弃渣场排水洞以及 1 号、2 号、3 号、7 号施工支洞洞口及洞身施工通风，其中尤以通风兼出线洞和交通洞承担的通风任务为甚，主要负责整个厂房施工期的地下通风。

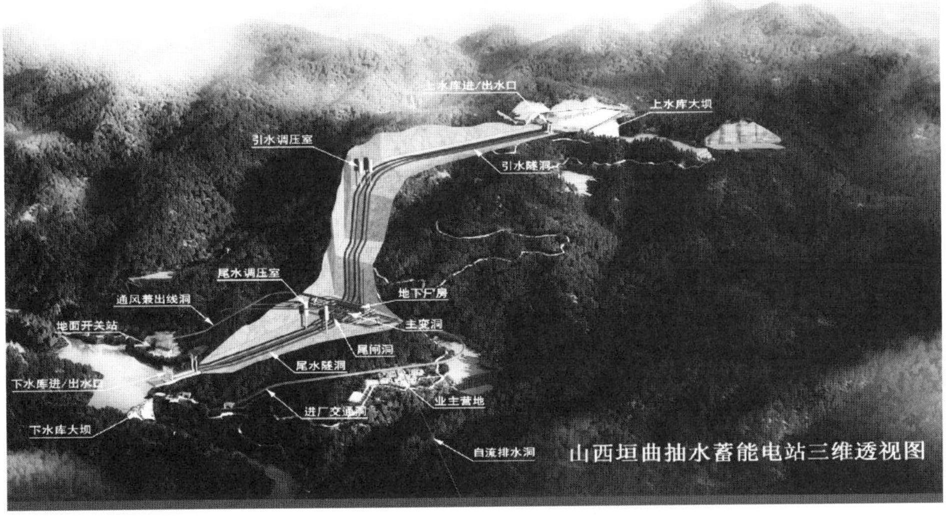

图 1 电站三维透视图

3 通风量计算

电站临时通风设施主要布置在通风兼出线洞、交通洞及施工支洞内，以通风兼出线洞为例进行通风量的计算，其他洞室按此方法进行计算，不再赘述。

3.1 爆破药量所需风量

根据《水利水电施工组织设计手册》第二册，爆破所需风量计算[3] 如下：

$$V_L=\frac{5QB}{t} \tag{1}$$

式中：V_L 为爆破散烟计算风量，m^3/min；Q 为同时爆破的炸药量，kg；B 为爆破时所产生的折成 CO 体积，L/kg；T 为通风时间，min。

通风兼出线洞尺寸为 8m×7.8m，断面面积约为 62.4m^2，根据工程经验，单方耗药量约为 1.3kg/m^3，每循环进尺约为 3m，则每循环耗药量 187.2kg。

根据手册炸药爆破所产生一氧化碳体积为 40L/kg，通风时间取 30min。则计算风量约为 20.8m^3/s。

风机风量根据《水利水电施工组织设计手册》第二册计算如下：

$$V_m=\left(1+\frac{PL}{100}\right)V \tag{2}$$

式中：V_m 为风机工作风量，m^3/min；V 为洞室爆破需要的通风量，m^3/min；L 为风管长度，m；P 为 100m 风管漏风量，取 1.5%。

通风兼出线洞长 1276m，结合类似工程，100m 风管漏风量取 1.5%，则风机通风量约为 24.8m^3/s。

考虑风机可发挥最大效率为 85%，则需要的风机额定风量为 29.2m^3/s。

3.2 柴油机械计算

按《水利水电施工组织设计手册》第二册，使用柴油机械时所需通风量[3] 计算如下：

$$V_c=v_0N \tag{3}$$

式中：V_c 为使用柴油设备时的风量，m^3/min；v_0 为每千瓦所要风量标准，$m^3/(kW\cdot min)$；N 为洞室施工的柴油设备的总共额定功率，kW。

通风兼出线洞开挖使用的柴油机械主要有 NH178 三臂凿岩台车（116kW），3m^3 侧卸式装载机（162kW）和 20t 自卸汽车（186kW）。手册中单位功率需风量指标为 4.1$m^3/(kW\cdot min)$，则每台三臂凿岩台车需风量约为 7.93m^3/s。每台侧卸式装载机需风量约为 11.07m^3/s，每台自卸汽车需风量约为 12.71m^3/s。根据 NB/T 10491—2021《水电工程施工组织设计规范》规定，洞室使用柴油设备工作时，应依照柴油设备用风与施工人员用风求和计算。根据 NB/T 10491 中附录 F.0.1，每人需要约 3m^3/min 新鲜空气，掌子面最多工作人数约为 20 人，当洞、井位于海拔高程 1000m 以上时，通风量需乘以修正系数为 1.3～1.5，本工程海拔高程低于 1000m，本次设计不需乘以修正系数，则人员需风量约为 1m^3/s[3-5]。

通风兼出线洞通风主要供给通风兼出线洞、主变通风洞、尾调补气洞、主副厂房顶部、主变室上部、上部排水廊道开挖，且通风兼出线洞与主变通风洞同时开挖时，所需风量最大，但两工作面可以通过合理安排施工顺序减少所需通风量，即主变通风洞出渣时，通风兼出线洞可进行钻孔工作，通风兼出线洞爆破时，主变通风洞不作业，所以主变通风洞出渣和通风兼出线洞钻孔为所需风量最大工况，即一台 NH178 三臂凿岩台车（116kW），每台需风量约为 7.93m^3/s，一台 3m^3 侧卸式装载机（162kW），每台需风量约为 11.07m^3/s 和一台 20t 自卸汽车（186kW），每台需风量约为 12.71m^3/s。两组人员同时工作，需风量 2m^3/s，设备与人员同时工作，所需风量 33.71m^3/s。

当采用压入式通风时，通风量由柴油机决定，考虑所漏掉的风量仍有冲淡废气的作用，风机风量按下式计算[6]：

$$V_m=\left(1+0.5\times\frac{PL}{100}\right)V \tag{4}$$

式中：V_m 为风机工作风量，m^3/min；V 为洞内施工所需风量，m^3/min；L 为风管长度，m；P 为 100m 风管漏风量，取 1.5%。

根据公式计算，风机通风量为 36.97m^3/s，考虑风机可发挥最大效率为 85%，则需要的风机额定风量为 43.49m^3/s。

根据《水利水电施工组织设计手册》规定，工作风量须满足作业人员的正常呼吸所需，并可稀释、排出作业设备和爆破施工造成的岩尘及有害气体，根据分别计算的所需风量，选取最大值。根据以上计算结果，大型柴油设备所需风量较多，为 43.49m^3/s。

3.3 厂房通风量核算

据类似工程调查，厂房通风量按照厂房内空气被置换一次所需时间控制，通风兼出线洞主要负责主厂房上部及主变中上部的通风，主厂房上部及主变中上部体积约为 12.1 万 m^3，根据以上计算结果，风机出风口通风量为 33.71m^3/s，则主厂房上部及主变中上部空气置换一次所需时间为 1.00h，空气置换情况较理想。

3.4 风速核算

根据 NB/T 10491 规定，工作面附近最小风速不得低于 0.15m/s，洞内最高温度不超过 15℃时，风速不大于 0.5m/s。

根据上述计算结果，风机出口风量为 33.71m^3/s，断面面积为 62.04m^3，掌子面风速 0.54m/s，大于最小风速要求。洞内温度若低于 15℃时，洞内风速要求不大于 0.5m/s，可适当降低风机通风量，将风速控制在要求范围内。

3.5 风机风压计算

根据风压计算公式，计算如下：

$$P_s = v^2\sigma/2L/D\lambda \tag{5}$$

式中：P_s 为静压，Pa；v 为风带内风速，m/s；σ 为空气比重，kg/m^3；L 为风带长度，m；D 为风带直径，m；λ 为摩擦系数。

风带长度略大于通风兼出线洞洞长，约为 1300m，摩擦系数通常钻爆法取 0.017，则静压为 2512Pa，速度风阻约为 170Pa，机器损耗风阻约为 100Pa，则总风阻为 2794Pa。

综上通风兼出线洞通风量及风压计算见表 1，同样的方法，交通洞及施工支洞通风量及风压计算见表 2、表 3。

表 1　通风兼出线洞通风量及风压计算成果

名　称	供风施工段	最大通风量工况	风机风量/(m^3/s)	风压/Pa
通风兼出线洞	通风兼出线洞，主变通风兼出线洞，尾调补气洞，主副厂房顶部，主变室上部，上部排水廊道	通风兼出线洞开挖	43.49	2782

表 2　通风兼出线洞通风量及风压计算成果

名　称	供风施工段	最大通风量工况	风机风量/(m^3/s)	风压/Pa
交通洞	交通洞，6 号支洞，4 号支洞，5 号支洞，主变交通洞，尾闸通风出渣洞，主副厂房中部等	4 号支洞与主变交通洞开挖	47.62	4194

表 3　施工支洞通风量计算

名　称	最大通风量工况	爆破散烟计算结果/(m^3/s)	大功率柴油机械和人员计算结果/(m^3/s)	风机风量选用值/(m^3/s)
1 号施工支洞	两条引水上平洞开挖	18.35	37.05	37.05
2 号施工支洞	两条引水上平洞开挖	18.21	36.90	36.90
3 号施工支洞	两条引水中平洞开挖	18.56	37.28	37.28
7 号施工支洞	7 号施工支洞开挖	9.50	19.10	19.10

3.6 国内类似工程经验

通过调研，收集相同发电容量的抽水蓄能电站通风风机选型参数见表4。

表4 国内抽水蓄能电站通风风机选型

工程名称	位置	风机型号	风机风量/(m^3/s)	风压/Pa
句容抽蓄电站	通风洞	2×135kW，R140	50.4	3550
	交通洞	2×160kW，R160	56.8	4200
宁海抽蓄电站	通风洞	2×132kW，R140	49.4	3508
	交通洞	2×160kW，R160	56.8	4200

根据类似工程经验，本次计算通风兼出线洞和交通洞风压略小，为更好保证洞内施工条件，本次通风风量及风压按工程经验类比选取[7]，可更好保证工作面通风效果，所以通风兼出线洞风机风量取50.4m^3/s，风压为3550Pa，交通洞风风机风量取56.8m^3/s，风压为4200Pa。

4 风机选用

临时通风均选用轴流式风机，通风兼出线洞和交通洞较长，且都为地下厂房的主要通风通道，其中通风兼出线洞为主副厂房顶部及主变室上部开挖时的通风通道，交通洞为主副厂房中部开挖时的通风通道，因此两洞洞口的风机应选用风量大、送风距离远的大功率风机。通过调研，现在国外进口的大功率风机在满足通风风量要求的前提下，送风距离可以达到2～3km，所以本次两洞选用该种风机，则洞内不需要串联风机使用，可以直接从洞口将新鲜空气泵入至掌子面，风管可以选择直径为1.6m的圆形风管[8]。施工支洞断面面积较小，且洞长较短，可以在洞口布置功率较小的风机，每掘进500m加串一组，增加供风距离，风管管径可以选择1.0m。风机机风管选择见表5。

表5 风机及风管选择

序号	名称	规格型号	单位	数量	功能	风管	
						排风管规格	长度/m
1	轴流风机	2×132kW R140	台	1	通风兼出线洞送风	ϕ1.6m	1500
2	轴流风机	2×160kW R160	台	1	交通洞送风	ϕ1.6m	2000
3	轴流风机	88-1型55kW	台	4	1号施工支洞送风	ϕ1.0m	1450
4	轴流风机	88-1型55kW	台	4	2号施工支洞送风	ϕ1.0m	1400
5	轴流风机	88-1型55kW	台	4	3号施工支洞送风	ϕ1.0m	1300
6	轴流风机	88-1型55kW	台	2	7号施工支洞送风	ϕ1.0m	600
7	轴流风机	BKJ66-11-15kW	台	2	自流排水洞送风	ϕ0.5m	1000

5 通风布置

地下工程的通风散烟的优劣直接关系到施工作业人员的健康状况，而且通风效果直接影响地下洞室群的施工速度。根据以往抽水蓄能电站地下工程洞室群的布置特点，结合垣曲抽水蓄能电站实际，通风散烟分三期设置[9-10]：

（1）前期：所有洞室为独头工作面掘进，引水系统、厂房系统及尾水隧洞系统等部分互相不关联。在此期间于交通洞、通风兼出线洞洞口位置布置轴流风机，给工作面供风，施工支洞洞口及洞内每500m左右为一单元布置轴流风机接力通风，具体示意图详见图2。

（2）中期：主体工程的排风洞和排风竖井贯通后，满足利用洞内外温差和压差进行自然通风的条件，采取强制通风与自然通风相结合的通风方式。

（3）后期：洞室开挖结束，进入土建施工和机电安装工程阶段后，排风竖井、引水系统、厂区和尾水系统相互贯通，以自然通风为主、强制式机械通风为辅，低处洞口进风，高处洞口出风，部分风机给予辅助通风。

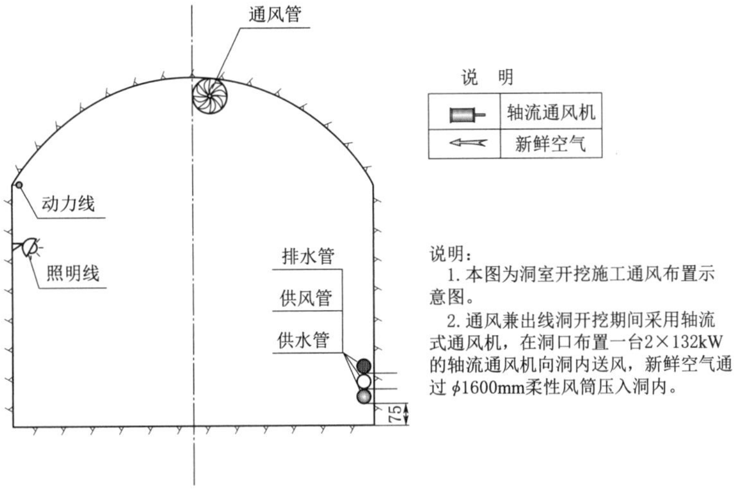

图 2　临时通风布置示意图

6　洞内空气监测措施

地下洞室开挖时应做好洞内空气监测工作，监测工作分为定期检测和爆破后检测两部分。施工单位有害气体专业检测人员使用检测仪器定期对洞内空气进行检测，每两天进行一次，在洞内每 200m 进行一次取样测试，并将检测结果进行公示，如检测结果达不到空气质量标准要求，则应延长通风散尘时间，并进行洒水除尘处理。每次实施爆破后先进行通风和洒水除尘，并由专人佩戴安全设备和检测设备对掌子面空气进行检测，检测结果达标后，方可进行出渣等后续工作。各班组长、现场值班负责人应佩戴移动式检测设备，如遇检测设备报警，则应停止洞内人员工作，及时采取通风除尘和洒水处理，待洞内空气达标后，方可继续工作。

7　结语

结合垣曲电站地下洞室布置的实际情况，通过对各洞室施工期所需风量计算，确定了通风兼出线洞、交通洞及 1 号、2 号、3 号、7 号施工支洞风机的选用和布置，通风兼出线洞、交通洞已开挖 360m，相应临时通风设施已按照上述计算结果及实际情况完成通风前期的布设并投用，并采用上述空气监测措施，目前一切运行正常，洞内空气质量达标，下一步重点做好厂房开挖过程中，临时通风设施的运行及验算工作，并做进一步的深入研究。

参考文献

[1]　国家能源局. NB/T 10491—2021 水电工程施工组织设计规范 [S].

[2]　孙会想，汪海平. 特大型圆筒式尾水调压室穹顶施工通风技术 [J]. 地下空间与工程学报，2019，15 (5)：1519－1527.

[3]　水利电力部水利水电建设总局. 水利水电施工组织设计手册 [M]. 北京：中国水利水电出版社，1990.

[4]　孙东东. 长大隧道通风设计及施工管理措施 [J]. 建筑工程技术与设计，2018 (23)：4183－4184.

[5]　彭震宇. 观音阁水库输水隧洞开挖施工通风设计 [J]. 东北水利水电，2019，37 (8)：8－9，13.

[6]　刘亚进，李友华，常瑞. 溪洛渡水电站左岸地下厂房大型洞室群通风规划 [J]. 水力发电，2008，34 (9)：12－14.

[7]　钟昆. 特长隧道沥青路面施工机械通风系统设计与应用 [J]. 西部交通科技，2021 (9)：104－106，126.

[8]　杨晓峰. 仙游抽水蓄能电站地下厂房空调通风模型试验 [D]. 西安：西安建筑科技大学，2014.

[9]　梁兴亮. 矿井通风风量计算及通风设备选型研究 [J]. 机械管理开发，2022，37 (9)：11－13.

[10]　曹正卯. 长大隧道与复杂地下工程施工通风特性及关键技术研究 [D]. 成都：西南交通大学，2016.

考虑用电遵守及用电检查的抽水蓄能电站基建施工用电博弈研究

金　凯　龙子敬
（国网新源华东开发建设分公司衢江项目部，浙江省衢州市　324000）

【摘　要】 抽蓄电站现场施工用电的管理是优化预算、节约前期资金的重要环节之一，需要重点分析。文章基于Stackelberg博弈分析由业主方和施工方组成的二级管理模型，探究在不同对象主导施工用电量预估的情况下，业主方的检查频率与施工方的遵守制度两种决策变量对业主方与施工方利润的影响。

【关键词】 Stackelberg博弈　电费预估　不定期用电检查　最优策略

1　引言

随着国家“双碳”目标的提出，清洁能源踏上了发展快车道。其中，抽水蓄能电站作为中国电力系统的大型“充电宝”，对改善电能质量、保持电网频率、促进发电资源合理有效配置[1] 有至关重要的作用，是电网安全防御的保安电源[2]。

抽蓄电站建设工程现场用电范围较广，包括施工机械用电、照明、供风、供水、通风、砂石混凝土生产及生活基地用电等，所以用电的安全、合规至关重要，这可以确保企业不会因用电安全问题蒙受损失[3]。在现场施工用电检查过程中，频繁存在施工方存在私拉电线、将电力用于非施工用电设备或场所等违章行为，这无疑增大了实际用电量，严重违反业主方的用电规定，不仅损害了业主方的经济利益，严重者还会造成停电或因违章用电引发火灾等各种安全事故，对现场施工人员和设备的安全造成极大威胁。

因此，合理预估用电量是维护业主方经济利益的前提。基于抽蓄电站工程建设实际情况，本文提出两种不同的模型：由业主方主导施工用电量预估模型（P模型）和由施工方主导施工用电量预估模型（Q模型）。以业主方的检查频率与施工方的遵守度为决策变量，基于Stackelberg博弈模型探究在两种模型下出现的四种不同情况对业主方和施工方利润的影响，并得出优化管理的相关结论。

2　问题描述与符号说明

2.1　问题描述

本文聚焦于一个业主方和一个施工方构成的二级管理系统，其中业主方负责施工现场的施工用电管理，施工方作为现场的用电主体。参考抽水蓄能电站现场施工用电管理办法，业主方根据预估的下月现场总用电量折算为电费。缴纳电费的100%由业主负责。施工方在下月根据预估用电量进行现场施工，最终的电费结算由第三方供电局于下月月末，在给施工现场送电的变电站出线端抄表结算。

施工用电的管理模式可分为以下两种：

（1）由业主方主导电量预估。业主方在当月月末根据历史数据及下月工程量预估下月用电量，施工方在下月施工过程中根据预估电量用电，在月末由供电局抄表扣费。

（2）由施工方主导电量预估。施工方在当月月末根据历史数据及业主方规定的下月工程量预估下月用电量，报送业主方，施工方在下月施工过程中根据预估电量用电，在月末由供电局抄表扣费。

假设施工方在遵守用电规定时10d业主方需向供电局缴费 a，不遵守时10d需缴费 b，遵守概率为 $y(y=0，1)$，不遵守时在现场将产生更大的用电量，业主需要支付更多费用，所以 $b>a$。业主方在施工方用电过程中，可进行不定期用电检查，以此来约束施工方。将10d看作单位1，单位内检查频率为

$x(0<x<1)$。业主在检查前，形成检查办法，规定若存在用电违规问题，则罚款 p，但在检查过程中业主方会消耗成本 c，由业主方承担。若施工方违规用电，其对施工用电检查存在侥幸系数 $\beta(0<\beta<1, \beta b-a\geqslant 0)$，侥幸系数越高，说明施工方的侥幸心理越强，或通过更为隐蔽的方法进行违规用电。在由施工方主导的模型中，由于电量预估由施工方自主完成，为扩大自身的边际收益，其往往会在预估时留出更多的用电空间，比业主方预估的电量更大，此情况用预估扩大系数 $\gamma(\gamma>1)$ 表示。所以在遵守与不遵守两种情况下，业主分别需要缴纳 γ_a、γ_b。

2.2 符号说明

本文在建模过程中涉及的符号见表 1。

表 1 变 量 符 号 含 义

符号	含 义	符号	含 义
a	施工方合规用电 10d 业主方支付费用（$a>0$）	p	业主方检查单次罚款（$p>0$）
b	施工方违规用电 10d 业主方支付费用（$b>0$）	c	业主方施工用电检查单次消耗成本（$c>0$）
x	业主方单位天数检查频率（$0<x<1$）	β	施工方对检查的侥幸系数（$0<\beta<1$）
y	施工方遵守概率（$y=0, 1$）	γ	施工方预估电量扩大系数（$\gamma>1$）

Π_m^n 为在第一种模型，即业主方主导用电预估下业主方的利润，E_m^n 为在第二种模型，即施工方主导用电预估下业主方的利润。其中，m、n 分别代表：

（1）业主方：$m=1$ 实施不定期检查；$m=2$ 不实施检查。

（2）施工方：$n=1$ 遵守用电制度；$n=2$ 不遵守用电制度。

S_1 为在第一种模型下，业主方实施检查、施工方不遵守用电制度时，施工方可以获得的利润；S_2 为在第二种模型下，业主方实施检查、施工方不遵守用电制度时，施工方可以获得的利润。

2.3 基本假设

为了更好地研究两种模型，考虑以下假定条件[4]：

（1）业主方和施工方均为不完全理性经济对象，都追求将自身的利益向最大化推动。

（2）假定监理方与业主方统一称为业主方，监理完全受业主管理监督。

（3）业主方和施工方之间存在信息不对称，且业主方和施工方的决策均独立做出。

（4）业主方若实施不定期施工用电检查，则一定能发现施工方是否遵守用电规则；若不实施检查，则无法判断施工方是否遵守规则。

（5）为简化模型，施工方若选择遵守用电规定，则遵守概率 $y=1$；若不遵守用电规定，则遵守概率 $y=0$。

3 模型建立

3.1 业主方主导模型（P 模型）

在 P 模型中，业主方的策略集合为 {检查，不检查}，施工方的策略集合为 {遵守，不遵守}。业主方先预估电量，并确定是否开展不定期检查；接着，施工方选择遵守或不遵守用电制度。具体博弈顺序及相关决策变量如图 1 所示。

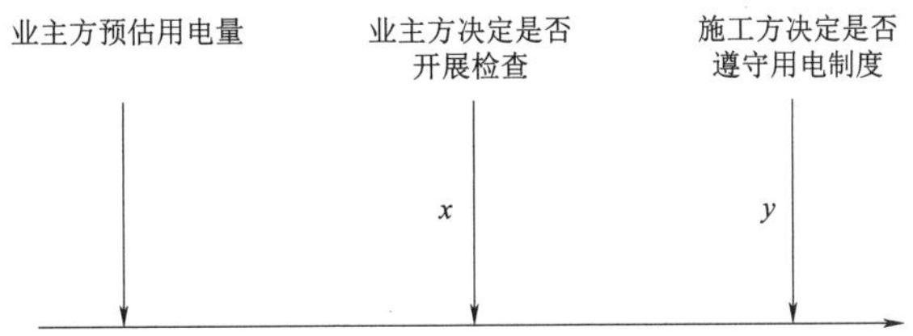

图 1 P 模型成员的博弈顺序及相关决策变量

在 P 模型下，业主方的利润函数为

$$\Pi_m^n=10(p-c)x-(\beta b-a)(1-x) \tag{1}$$

施工方的利润函数为

$$S_1=(\beta b-a)(1-y)-10p(1-y)=(\beta b-a-10p)(1-y) \tag{2}$$

进一步，可以得到在以下 4 种情况时，不同博弈主体的利润函数：

（1）业主方不检查，施工方遵守：

$$\Pi_2^1=10\times(0-c)\times 0-(a-a)\times 1=0 \tag{3}$$

（2）业主方不检查，施工方不遵守：

$$\Pi_2^2=0-(1\times b-a)\times 1=a-b \tag{4}$$

（3）业主方检查，施工方遵守：

$$\Pi_1^1=10(0-c)x-(a-a)(1-x)=-10cx \tag{5}$$

（4）业主方检查，施工方不遵守：

$$\Pi_1^2=10(p-c)x-(\beta b-a)(1-x) \tag{6}$$

此时，施工方的利润函数为

$$S_1=\beta b-a-10p \tag{7}$$

3.2 施工方主导模型（Q 模型）

Q 模型的策略集合与 P 模型相同，具体博弈顺序及相关决策变量如图 2 所示。

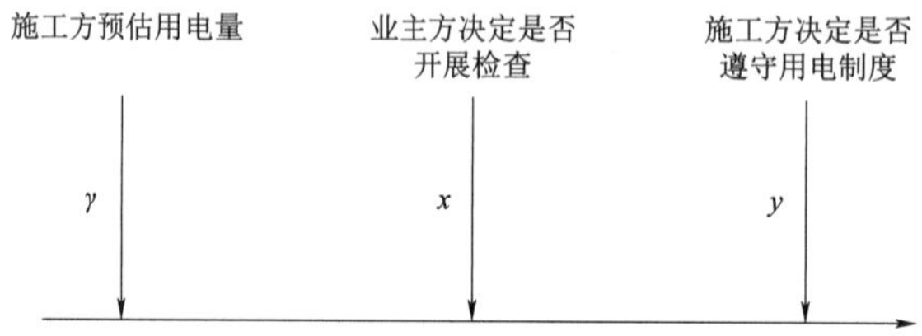

图 2 Q 模型成员的博弈顺序

在 Q 模型下，业主方和施工方的利润函数分别为

$$E_m^n=10(p-c)x-\gamma(\beta b-a)(1-x) \tag{8}$$

$$S_2=\gamma(\beta b-a)(1-y)-10p(1-y)=(\gamma\beta b-\gamma a-10p)(1-y) \tag{9}$$

进一步，可以得到以下几种情况的利润函数：

$$E_2^1=(0-c)\times 0-\gamma(a-a)\times 1=0 \tag{10}$$

$$E_2^2=10(0-c)\times 0-\gamma(1\times b-a)\times 1=\gamma a-\gamma b \tag{11}$$

$$E_1^1=10(0-c)x-(a-a)(1-x)=-10cx \tag{12}$$

$$E_1^2=10(p-c)x-\gamma(\beta b-a)(1-x) \tag{13}$$

$$S_2=\gamma\beta b-\gamma a-10p \tag{14}$$

4 均衡结果分析

4.1 博弈分析

基于以上假设，利用博弈矩阵初步说明各方选择之间的关系见表 2、表 3。

表 2 P 模型博弈矩阵

业主方决策	施工方决策	
	遵守	不遵守
检查	$-10cx$，0	$10(p-c)x-(\beta b-a)(1-x)$，$\beta b-a-10p$
不检查	0，0	$a-b$，$b-a$

表 3 Q 模型博弈矩阵

业主方决策	施工方决策	
	遵守	不遵守
检查	$-10cx$，0	$10(p-c)x-\gamma(\beta b-a)(1-x)$，$\gamma\beta b-\gamma a-10p$
不检查	0，0	$\gamma a-\gamma b$，$\gamma b-\gamma a$

分析两模型的博弈矩阵，若业主方开展施工用电检查的成本要高于罚款额度，则反而得不偿失，增加了无意义的支出，且加剧自身亏损，其将更倾向于选择不检查。所以综合分析可知，业主方对于罚款额度设置的最优策略条件是 $p>c$。以下分析基于业主方决策条件 $p>c$ 进行展开。

4.2 P 模型分析

推论 1 $\Pi_1^1 \leqslant 0$；$\Pi_2^2<0$；$\frac{\partial \Pi_2^2}{\partial x}=0$；$\frac{\partial \Pi_1^1}{\partial x}<0$；$\frac{\partial \Pi_1^2}{\partial x}>0$。

推论 1 表明：在施工方遵守用电制度且业主方开展检查时，业主方无利润，且亏损随不定期检查频率的增加而增加。在施工方不遵守且业主方开展检查时，业主方利润随检查频率的提高而提高，且呈线性变化，同样也可看出，若罚款额度提高或降低检查成本，在检查频率不变时，业主方的利润可更大幅度地上升，但若检查频率过低，则仍然亏损；当 $x=(\beta b-a)/(P-c+\beta b-a)$ 时，检查带来的收益将平衡施工方违规用电带来的亏损；当 $x=1$ 时，达到最优均衡解 $\Pi_1^2=p-c$。这是因为检查频率低会使不遵守规定的施工方找到更多的违规空间，导致现场违规用电如偷电、乱接电线等现象更为严重，从而产生更大的额外用电，业主方的负担更重。提高检查频率可以起到震慑施工方的作用，从而进一步规范其行为。部分证明见附录。

推论 2 $\Pi_2^1>\Pi_2^2$；$\Pi_2^1>\Pi_1^1$；$\Pi_1^2>\Pi_2^2$。

推论 2 表明：业主方不检查且施工方遵守的业主利润总比业主方不检查且施工方不遵守时大，说明在业主方选择信任施工方时，施工方的投机行为会损害业主方的利益，这并不利于两方的关系发展及工程进度，同时更可以说明，进行不定期用电检查在施工方想“钻空子”时是更有用的策略。

推论 3 当 $0<x<\Delta_1$，$\Pi_1^1>\Pi_1^2$；当 $\Delta_1<x<1$，$\Pi_1^1<\Pi_1^2$；当 $x>\Delta_2$，$\Pi_1^2>S_1$。

其中：$\Delta_1=1-\frac{10p}{10p+(\beta b-a)}$；$\Delta_2=\frac{2\beta b-2a-10p}{10p-10c+\beta b-a}$ $(0<\Delta_2<1)$。

推论 3 表明，在业主方组织检查的频率高于 Δ_2 时，可利用罚款来抵消违规用电带来的亏损。且在施工方不遵守、业主方检查的条件下，施工方的利润是随罚款额度的高低波动的，提高罚款额度，可以有效降低施工方的不正当收益，同时提高自身利润，比起其他参数可更快产生效果。且随着罚款 p 的增加，Δ_1 会随之增大，因为较高水平的罚款会让业主方更加安心，认为高额的罚款对施工方起到一定的震慑作用，从而可以适当降低检查频率。部分证明见附录。

4.3 Q 模型分析

推论 4 $E_2^1>E_2^2$；$E_2^1>E_1^1$；$E_1^2>E_2^2$。

推论 4 类比于推论 2 表明，虽然施工方负责预估用电量，但是这只会影响到下月用电量的多少，博弈的顺序并没有改变，施工方仍然在业主方的监管机制下，根据业主方的决策做出符合自身利益的决策。

推论 5 当 $0<x<\Delta_3$ 时，$E_1^1>E_1^2$；当 $\Delta_3<x<1$ 时，$E_1^1<E_1^2$。

其中：$\Delta_3=1-\frac{10p}{10p+\gamma(\beta b-a)}>0$，$\Delta_1<\Delta_3$。

推论 5 表明在业主方决定检查时，检查频率低于 Δ_3 时，与 P 模型结果相同，但是在施工方主导下，业主方组织检查的频率要高于业主方主导时。由于施工方负责估算用电量，考虑到自身的利益和施工舒适度，无论施工方是否遵守用电规范，都会将预估量提高。在这种情况下，业主方会提高检查频率，且随着施工方扩大系数 γ 的增大，Δ_3 也随之增大。

4.4 对比分析

推论 6 $\Pi_2^1 = E_2^1 = 0$；$\Pi_1^1 = E_1^1$；$\Pi_2^2 - E_2^2 = (1-\gamma)(a-b) < 0$；$\Pi_1^2 - E_1^2 = (\gamma - 1)(\beta b - a)(1-x) > 0$；$S_1 - S_2 = (\beta b - a)(1-\gamma) < 0$。

从推论 6 可以看出，在施工方选择严格遵守用电规则时，无论业主是否开展检查，最终的利润在两种模型下都是一样的，但在施工方不遵守、业主方检查时，由业主方主导用电预估可以增大自身利润，业主方利用自身的主导优势，尽可能压低在保证正常施工进度下的用电量，加以不定期检查，严格监督施工方的行为，可以更好地减少额外支出；并且，在此情况下，施工方的利润在自身负责电量预估时，尽量争取己方更大的优势，可以取得更高的利润。分析说明，不同主导预估电量的对象对最终博弈的结果并没有决定性影响，但会影响业主方的施工用电检查频率，由施工方预估时，业主方为平衡利润会检查得更为频繁。

5 结语

本文基于现场施工管理方式，分别从业主方主导预估电量和施工方主导预估电量构建模型，以业主方的检查频率和施工方的遵守度为决策变量，通过研究四种情况的利润函数，得到以下结论：

（1）当施工方严格遵守施工用电管理制度时，业主方的最优决策为取消检查；施工方不遵守时，业主方需要进行检查，并根据罚款额度和检查成本决定检查频率；业主方负责预估用电量时，为自身利益考虑，无论施工方选择遵守规定与否，最优决策都会压紧施工方的用电量，并开展一定频率的用电检查，将风险控制在最小限度内；由施工方预估电量时，业主方的最优决策为开展比前者更高频率的用电检查，以此来尽可能抵消现场违规用电给业主带来的亏损。

（2）有些企业将绝大部分注意力放在自身竞争力和经济效益上，严重忽视了健全安全用电机制，使其安全控制工作无法从根本上发挥其积极作用[3]。无论业主方还是施工方主导施工用电量预估，业主方都应起到监督的作用，仔细审核预估的用电量，确保正常开展工程建设的前提下将支出降到最低，并利用“杠杆效应”，抬高罚款以震慑施工方，对违规用电的乱象进行整治。并且，降低检查成本如使用无人机巡查、装设智能电表等，可有效提高业主方的利润。

（3）加强合规用电宣传，约束施工方的用电行为。违法用电的源头在于施工队伍中部分人员的浅薄意识，这会降低用电安全，产生隐患甚至发生用电事故[5]。业主方可以通过标语、座谈等方式，将合规用电传达至施工方的主要负责人，再通过负责人传达至施工队伍，并通过“业主＋监理＋施工方领导团队”的方式，多方合力约束现场作业人员的行为规范。

（4）博弈的不同情况差异是由于存在着信息不透明的现象。由于业主方和施工方在合作的基础上作为不完全理性经济对象，都想为各自争取到最大的利润，但又会忽略“边际效应”的存在，在追求极致的利润时则会付出更高的成本，最后得不偿失。两方要打开信息共享通道，施工方可定期向业主方报送详细的用电情况，无论哪一方负责预估电量，都可在足够的材料支撑下，做出最贴合实际的估算，加之类似于激励机制的管理办法，一方面可提高施工方的自觉遵守程度；另一方面也可减少业主方的成本，最终优化提高两方的合作水平，形成良性循环。

本文主要从预估电量主导、施工方及业主方决策对两方利润展开研究，未考虑施工方对检查的敏感系数变化、遵守施工用电的随机程度或监理的遵守程度。因此，本文的研究值得从以上几方面进行扩展。

参考文献

[1] 关玉衡，张经纬，张轩，等．美国电力市场环境下抽水蓄能调度模式分析及启示［J］．电力系统自动化，2021，45（13）：11.

[2] 何永秀，关雷，蔡琪，等．抽水蓄能电站在电网中的保安功能与效益分析［J］．电网技术，2004，28（20）：5.

[3] 侯丹丹，李德自．用电检查对企业安全用电的重要性［J］．电子制作，2013（13）：1.

[4] 李宏伟．用电检查博弈分析［J］．内蒙古电力技术，2011，29（1）：3.

[5] 倪晓阳，林金水．规范施工用电确保安全生产［J］．地质勘探安全，1999，6（3）：26-28.

多枪头焊接小车在抽水蓄能电站压力钢管加劲环焊接中的应用

牟 明 李忠崴 孙敏超 徐 磊 宁忠立 李 健

（辽宁清原抽水蓄能有限公司，辽宁省抚顺市 113300）

【摘 要】 针对传统抽水蓄能电站压力钢管加劲环焊接工作多采用人工移动焊接设备的方式进行焊接，存在焊接劳动强度大，投入人员多，焊接效率低、焊接质量控制难的问题。研制了多枪头焊接小车来代替以往的人工焊接，实践证明，该焊接小车操作简便、焊接效率高、节省成本、提质增效效果明显。

【关键词】 加劲环 多枪头 一次性焊接

1 引言

辽宁清原抽水蓄能电站工程位于辽宁省抚顺市清原满族自治县北三家镇境内，电站总装机容量1800MW。电站建成后在系统中承担调峰调频、调相、事故备用和黑启动等任务。电站工程主要由上水库、下水库、输水系统、地下厂房、和地面开关站等建筑物组成，其中输水系统总长3899.2m，安装压力钢管1649节。为了达到抗外压和增加压力钢管的刚度，在压力钢管外壁设有加劲环，加劲环内径与压力钢管外径值相匹配，加劲环环高150mm，板厚24mm。加劲环材质与压力钢管相同，加劲环数量根据引水系统洞内岩石条件每隔1500mm、1000mm、750mm分布，共4516道，总重量约为2700t[1]。

2 存在的问题

如果采用传统的焊接工艺，根据管节的结构形式，需布置4名焊工同时对两道加劲环进行施焊。单道加劲环的每侧角焊缝均需要进行两次焊接，这样不仅会增加焊接过程中的施工强度，焊接质量也不能很好的控制。同时由于本工程的加劲环工程量大，拼装尺寸种类较多，以传统方式进行加劲环焊接，必须投入大量的人力和设备，施工成本高，施工效率低，制约着压力钢管制作进度和成本控制。

3 多枪头焊接小车的原理及组成

3.1 原理

将焊枪固定在小车上，位置和角度相比手持焊枪更稳定可靠，同时能够保证多个焊枪的焊接速度一致，焊接质量可靠性大大提升。

3.2 结构组成

该焊接小车由行走机构、导向机构、支撑机构、高度调节机构、4个焊枪头组成，其中行走机构用于焊接小车的移动行走，导向机构用于控制焊枪头沿着加劲环移动焊接，支撑机构用于固定导向机构和高度调节机构，高度调节机构用于调节焊枪的高度和焊接角度，4个焊枪头分2排间隔前后布置。多枪头焊接小车设计图如图1所示。

3.3 使用方法

操作者焊接前需将多枪头焊接小车放置在压力钢管加劲环中间，接下来进行多枪头焊接小车的调整工作，包括摆正小车位置、调节焊枪高度和角度、焊接参数等，在焊接过程要注意观察，无须其他操作。加劲环焊接时，操作滚轮架使压力钢管转动，多枪头焊接小车静止不动，压力钢管与焊枪产生相对运动，调节滚轮架转动速度即可调整焊接速度。位于焊接小车上的两侧的2个焊枪头，按照先后顺序一次性完成

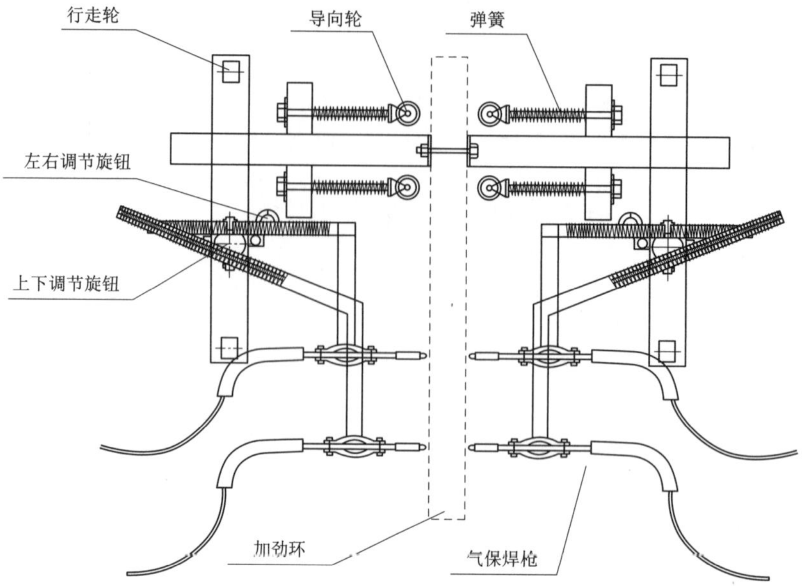

图 1　多枪头焊接小车设计图

1 道加劲环两侧角焊缝的焊接工作。

4　应用效果

压力钢管作为抽水蓄能电站引水隧道中重要的埋件，要求具有极强的抗压和抗冲击性能，采用多枪头焊接小车后，相比传统工艺焊工人数由 4 人降至 2 人，按照日焊接量 8 道，焊接天数 564d，当地焊工工资 260 元/d 计算，可节约成本：564d×260 元/d×2 人＝29.328 万元，同时消除了焊接人员焊接速度不一致、焊接技术差异等难题，降低了对操作人员水平需求，操作方便，焊接效率高，焊接一次合格率达到 99%以上，焊接质量上也大大提高。由此可见，节省施工成本明显，对压力钢管的生产进度非常有利，在水电行业具有极大的实用性和可推广性。

参考文献

[1]　郭华，吴冬. 抽水蓄能电站高压管道加劲环施工工艺改进研究 [J]. 水利水电技术（中英文），2021，52（S2）：296－299.

抽水蓄能机组座环及蜗壳现场组焊工艺浅析

王　雷　李赛男

（国家电网新源公司河北丰宁抽水蓄能有限公司，河北省承德市　068350）

【摘　要】高水头大容量抽水蓄能机组受到多种因素制约，座环及蜗壳均分为两半运输至安装现场，需要在现场进行组焊。座环及蜗壳刚度大，钢板厚度最大可达210mm，采用手工电弧焊（SMAW）方法进行焊接姿势涉及立焊、平焊、仰焊等多种。焊接作业不仅要使焊缝强度满足要求，而且焊接变形量必须控制在0.5mm的范围内，焊接后检测无气孔、裂纹等。本文着重对某蓄能水电厂座环蜗壳焊接工艺的研究，为以后类似焊接工作提供一定的借鉴及指导。

【关键词】座环　蜗壳　手工电弧焊　焊接变形控制

1　背景及意义

某抽水蓄能电站分为一期、二期厂房同期建设，其中一期厂房有6台定速机组、二期厂房有4台定速机组，均为单机容量300MW的立式单级混流可逆式定速水泵水轮机—发电电动机组。机组的座环/基础环、蜗壳为组合结构，重约136t，在厂内制造并预拼装未整体后（除凑合节与延伸段外），分两瓣运输到工地。蜗壳凑合节为第2节和第12节，在厂内装配，单边预留5～10mm余量到工地配割，蜗壳延伸段预留50mm余量到工地配割。在工地组焊后需进行水压试验。

座环最大内径5570mm，最大高度1438.60mm（从座环上环板平面至下法兰底部），座环上、下板材质为S550Q－Z35，固定导叶材质为S550Q，上、下过渡段及蜗壳材质为CA071 610CF高强钢，下围板材质Q345C，下法兰材质Q345C，蜗壳最大板厚为65mm。由于座环及蜗壳并非规则表面，需要应用平焊、仰焊、立焊等多种焊接姿势，同时为了避免应力集中及减少焊接缺陷，焊接过程中对焊接工艺的要求很高。此类设备焊接工艺的研究对其他厚度大、焊接条件复杂、质量要求高的设备焊接工作具有一定的指导和借鉴意义。

2　分瓣座环蜗壳安装场组拼

分瓣座环组合面设有定位销钉，现场组合采用厂家提供的M56工装组合螺栓把紧（不需实施点焊就可开焊）。座环蜗壳示意图如图1所示。技术要求：

组合缝间隙：组合螺栓及销钉周围间隙≤0.04mm，其余最大0.10mm，但深度≤1/3组合面宽度，总长＜20％周长，即评为合格；组合螺栓及销钉周围无间隙，其余最大0.10mm，但深度≤1/5组合面宽度，总长＜10％周长，即评为优良。

焊前安装顶盖和底环的法兰面水平（不平度）、焊前座环上下环板圆度≤0.30mm，即评为合格；≤0.25mm，即评为优良。主要尺寸见图2。

3　座环焊接

3.1　焊接工艺要求

座环组合缝焊接采用的焊接方法为手工电弧焊。为了减少焊接变形，每班由4名焊工以同样的焊接工艺参数（如焊条直径、焊接电流、电弧电压和焊接速度等）实施多层、多道、对称、分段、退步焊接，每层焊缝段间接头处应错开30mm以上，分段长度一般为100～150mm，力求在同一时间内完成同一层焊道的焊接。

焊道宽度：2.3倍焊条直径；

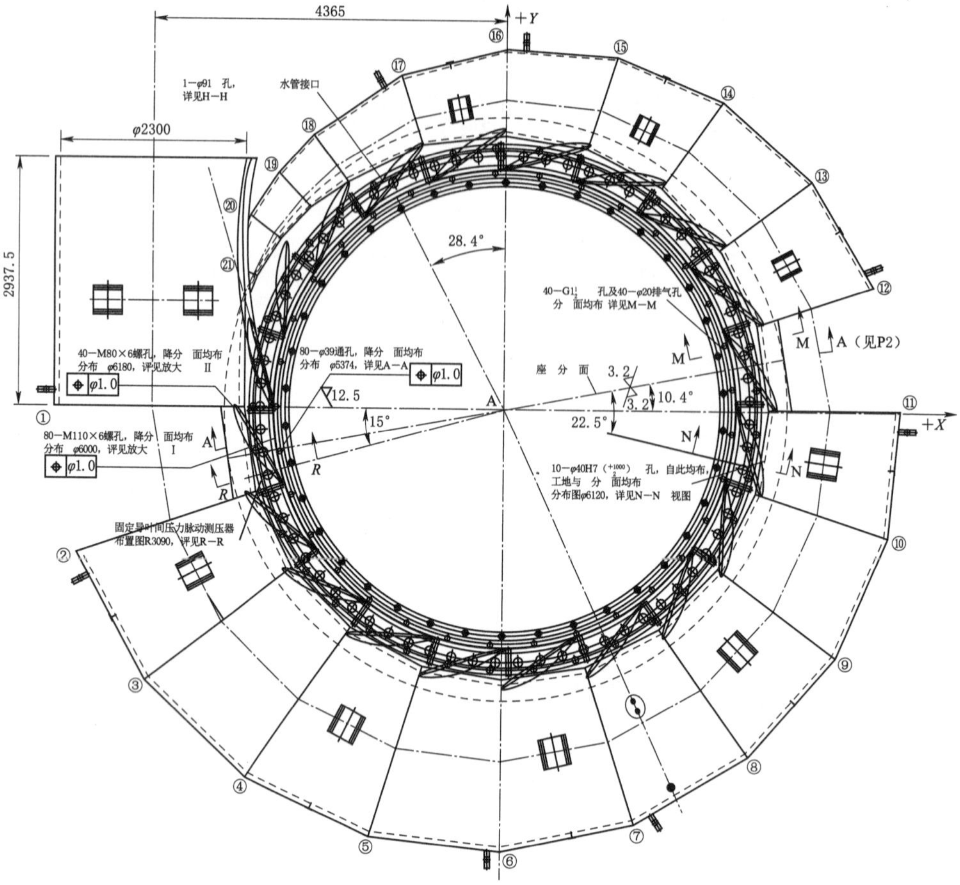

图 1 座环蜗壳示意图

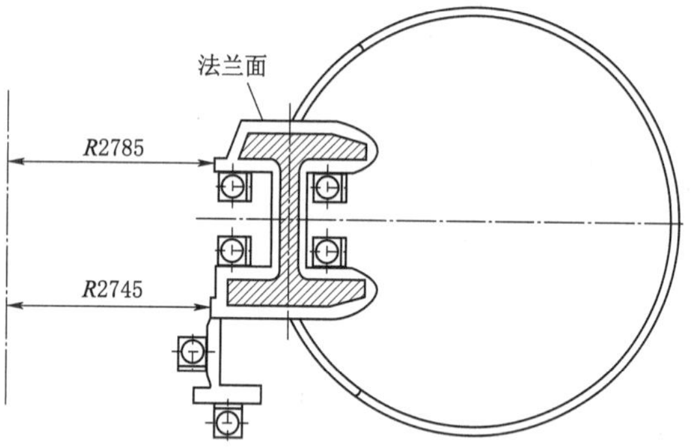

图 2 座环蜗壳组拼尺寸图

焊层厚度：焊条直径的 1～1.2 倍；

应力释放："锤击法"（除底层和盖面层外，每焊一层均应锤击以释放焊接应力）。

3.2 焊接工艺参数

（1）层间温度≤200℃。

（2）手工焊：摆动宽度≤3 倍焊条直径。

（3）单道厚度≤13mm。

（4）最大焊接线能量≤38kJ/cm，或（手工焊）焊接速度：4～20cm/min。

（5）焊接电流、电压见表 1、表 2。

表 1 低合金调质高强钢（S550Q、CA071 610CF）焊接参数

焊接方法	极性	填充金属		焊接电流/A	焊接电压/V
		名称	直径/mm	1G/1F/2G/2F/3G/3F	
SMAW	直流反接	CHE62CFLH	3.2	90～140	20～23
SMAW	直流反接	CHE62CFLH	4.0	130～190	22～25

表 2 低合金钢（Q235C，Q345C）焊接参数

焊接方法	极性	填充金属		焊接电流/A	焊接电压/V
		名称	直径/mm	1G/1F/2G/2F/3G/3F	
SMAW	直流反接	AWS E7015	3.2	90～140	21～24
SMAW	直流反接	AWS E7015	4.0	130～190	21～25

（6）预热温度。加温采用电加热板沿焊缝两侧敷设，采用红外线测温仪在背部测温、监视。待焊区域及其附近 70mm 范围内达到要求的预热温度时再进行焊接，并在整个焊接过程中不低于预热温度。待焊坡口背面的对应区域亦应按前述要求预热，见表 3、表 4。

表 3　低合金调质高强钢（S550Q、CA071 610CF）预热温度

厚度范围/mm	$t<38$	$38\leqslant t\leqslant 70$	$t>70$
最低预热温度/℃	100	110	120

表 4　低合金钢（Q235C，Q345C）预热温度

厚度范围/mm	$t<38$	$38\leqslant t\leqslant 70$	$t>70$
最低预热温度/℃	25	70	100

3.3　变形监测布置

组装工作是在地下厂房安装场内进行的。变形监测以安装场的水准基点为基础，通过水准测量和钢琴线配套千分尺进行监测。具体做法如下：

（1）求心仪挂钢琴线，在座环上、下环板和下法兰配合面沿圆周方向均布各取 20 个点，做上相应标记，用内径千分尺测量直径变化及同心度。每天开工前在座环中心架设水准仪，重点监测座环法兰面的水平（不平度）变形情况。

（2）在座环上下环板上合缝位置对称四个部位距焊缝 100mm 处打上样冲眼，并用游标卡尺测量每个合缝处 A、B、C、D 和 E、F、G、H 值并填写记录表格，测量座环组合焊缝处的收缩变形。

（3）在分瓣合缝两侧及合缝 90°方向焊接 6 个支架测量座环上、下环板水平度、内径变化值，并用精密水准仪测量上法兰加工面监测座环水平变化，如图 3 所示。

3.4　无损检测及焊缝缺陷处理

3.4.1　无损检测

座环无损检测：进行 100%UT、100%MT 探伤。

蜗壳无损检测：进行 100%TOFD、100%MT 探伤。

3.4.2　外观缺陷返修

焊缝的外观检查发现有裂纹、未熔合等超过标准的表面缺陷时，必须用砂轮机将缺陷磨去，经 MT 或 PT 检查确认缺陷已被完全清除后，再对缺陷处进行表面修补。

如发现超标缺陷，可采用砂轮机打磨或碳弧气刨清理，并作（MT 或 PT）探伤，确认无缺陷后，预热，按正常焊缝要求施焊，返修至合格。低合金调质高强度钢母材及焊缝的返修清理，采用碳弧气刨时，应预热≥70℃。

修补焊接参数与同部位盖面层焊接参数相同。修补完毕后，必须重新进行外观检查。

3.4.3　内部缺陷返修

（1）低合金调质高强度钢母材及焊缝的返修清理，采用碳弧气刨时，应预热≥70℃，刨出 U 形槽。在清根过程中查找缺陷，在靠近缺陷位置时刨除要轻一些，直至发现缺陷，拍照确认焊缝缺陷类型，继续进行刨除，直至超过缺陷深度 3～4mm 左右，刨除区域宜向两端扩展 4～5cm 左右。

（2）清根完成后，用砂轮机彻底打磨，清除坡口内的渗碳层使其露出金属光泽。

（3）如缺陷性质属裂纹或未熔合，则需经 PT 或 MT 检查完全清除缺陷后方可施焊。

（4）施焊过程中必须按焊接工艺要求进行预热及焊后消氢处理，返修焊接与正式焊接规范相同。

（5）在焊接过程中注意焊接参数及清渣干净，技术人员全程监护。

3.5　座环焊接

座环采用 U 形坡口，坡口深 55mm 左右；上、下过渡段为 K 形坡口；下围板及下法兰为 X 形坡口；鉴于焊接环境复杂、坡口形式多样，焊接过程中要严格按照焊接工艺执行，并监测座环上、下法兰面水

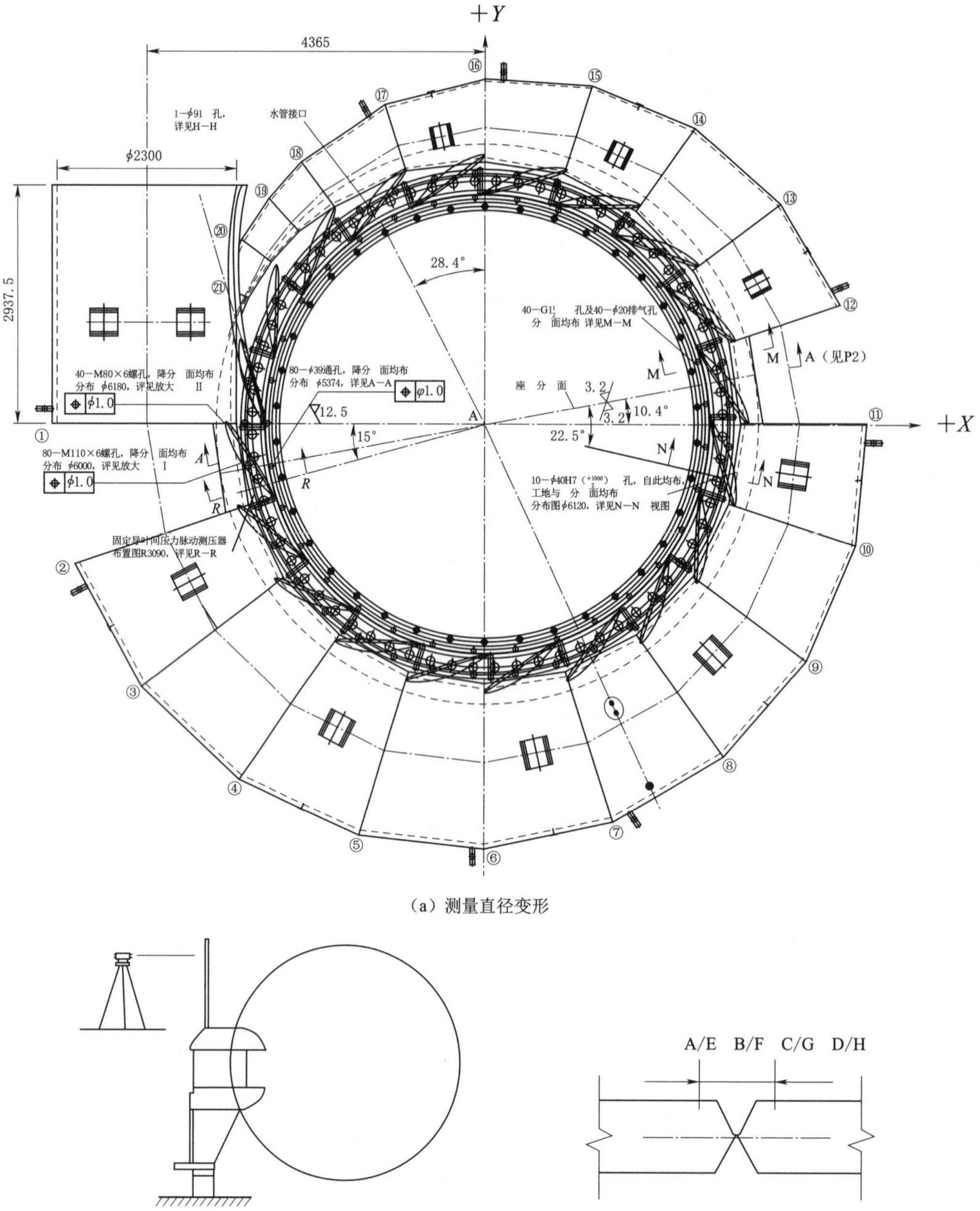

（a）测量直径变形

（b）监测水平变化水准仪（NA2+GPM3）

（c）测量焊接收缩变形

图 3 变形监测布置图

平变形（圆度及水平），如变形过大应及时联系现厂焊接工程师调整焊接顺序，以确保焊后座环上、下法兰面水平度及圆度。焊接顺序，如图 4 所示。

（1）焊缝①～③的焊接（焊接要求见表 1，低合金调质高强钢焊接，焊条 CHE62CFLH）：

1）焊缝①～③坡口打底焊；

2）检查平度，调整；

3）坡口填充：先填充焊缝①坡口一定量后（约厚 20mm），次焊缝②坡口一定量（约厚 20mm），后焊缝③坡口一定量（约厚 20mm），如此交替焊接直至坡口填满。

当坡口填充 2/3 时，可以割除把合法兰。

注意：焊缝①～③相互间接头部位应如图 4 所示，焊成阶梯状（焊缝层间接头错开 40mm），接头部位应打磨、清理；焊缝①向焊缝⑤延伸约 40mm，端头形成约 45°倾角，并打磨、清理；应根据变形情况及时调整各焊缝焊接顺序和焊接量。

（2）焊缝④的焊接（焊接要求见表1，低合金调质高强钢焊接，焊条CHE62CFLH）。内、外两侧焊量同步增长；清根焊透。

（3）焊缝⑤～⑥的焊接（焊接要求见表2，低合金钢焊接，焊条AWSE7015）：

1）完成焊缝⑤，内外两侧焊量同步增长；清根焊透；

2）完成焊缝⑥。先填充仰焊坡口15mm，平焊坡口侧清根，填充20mm，完成仰焊，后完成平焊，最后打磨、清理端部，并封头。

当坡口填充2/3时，可以割除把合法兰。

（4）消氢处理（S550Q，CA071 610CF母材的相关焊缝的焊接需进行消氢处理）。注：低合金钢（Q235C，Q345C）母材焊缝的焊接可不进行消氢处理。

座环上、下环板、过渡段焊缝进行需消氢处理，加热温度为250～300℃，用保温布覆盖在焊缝表面，防止焊缝温度散热过快，保温时间不低于4h。较长焊缝可分段完成施焊及消氢处理。焊缝消氢处理前，保温温度应不小于80℃。用远红外线测温仪监视其温度，通过温控仪控制保温温度，根据温度变化情况，保温时间达到后缓慢冷却至室温。

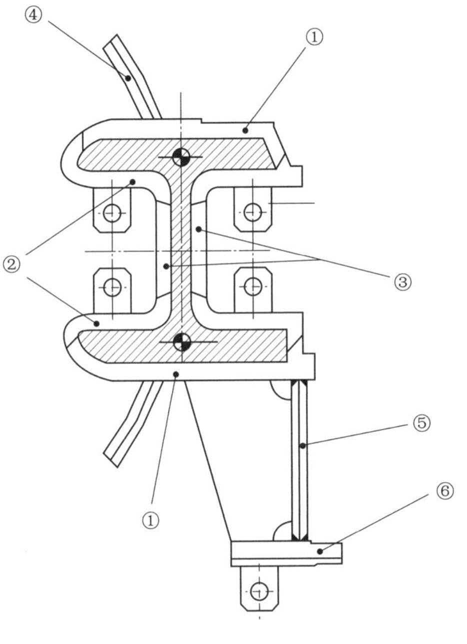

图4 座环焊接顺序图（图中数字表示焊缝编号）

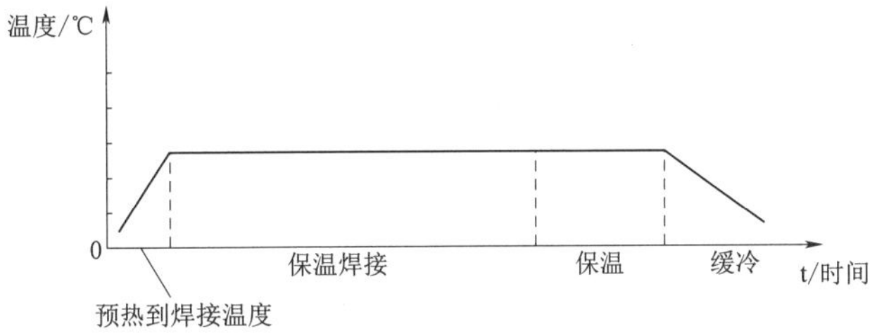

图5 焊后保温消氢图

3.6 变形控制

座环在焊接过程中需监视其变形情况，每天在环板上测量水平变化（水准仪NA2＋测微器GPM3测量），利用内径千分尺检测座环径向变化，监测环板同心度变化情况，利用游标卡尺检查座环焊缝收缩情况。如果出现异常现象立刻停止焊接，调整焊接速度、焊接顺序等。座环焊接完成后重新检查座环上、下环板的水平和上、下镗口半径、同轴度，并将测量结果与座环焊接前做比较，根据此情况在后续机组焊接时将焊接工艺加以完善。

每完成下述工序时，都要对变形进行测量并做记录。

（1）分瓣座环组合成整圆后；

（2）座环定位焊后；

（3）上、下环板打底焊后；

（4）上、下环板焊至坡口深度的1/2后；

（5）固定导叶焊至坡口深度的1/2后；

（6）过渡段背侧清根，并焊至坡口深度 1/2 后；

（7）下围板、法兰焊至坡口深度 1/2；

（8）上、下环板焊完后；

（9）固定导叶焊完后；

（10）过渡段焊接完成后；

（11）下围板、法兰焊接完成后。

过程数据记录见表 5～表 7；测点参见图 6。

表 5　　各工序完成后下环板平面水平度　　单位：mm

工序		分瓣座环组合成整圆后	座环定位焊后	上、下环板打底焊后	上、下环板焊至坡口深度 1/2 后	固定导叶焊至坡口深度 1/2 后	过渡段背侧清根，并焊至坡口深度 1/2 后	下围板、法兰焊至坡口深度 1/2 后	上、下环板焊完后	固定导叶焊完后	过渡段焊接完成后	下围板、法兰焊接完成后	消氢后
温度		室温	120℃	120℃	120℃	120℃	120℃	120℃	120℃	120℃	120℃	120℃	室温
测点	1	5.47	3.65	5.59	4.28	3.94	5.66	5.30	4.86	4.82	4.58	4.25	3.74
	2	5.44	3.53	5.52	4.16	3.82	5.58	5.13	4.93	4.72	4.29	4.22	3.64
	3	5.44	3.33	5.17	4.10	3.71	5.63	5.02	4.69	4.58	4.16	4.00	3.47
	4	5.39	3.11	5.43	4.11	3.60	5.51	4.63	4.29	4.49	3.97	3.61	3.16
	5	5.36	—	—	—	—	—	—	—	—	—	—	—
	6	5.43	—	—	—	—	—	—	—	—	—	—	—
	7	5.43	3.19	5.38	4.19	3.51	5.45	4.71	4.36	4.20	4.00	3.63	3.21
	8	5.45	3.36	5.36	4.04	3.58	5.44	4.88	4.52	4.41	4.05	3.89	3.41
	9	5.47	3.54	5.35	4.06	3.74	5.40	5.07	4.74	4.56	4.21	4.07	3.57
	10	5.51	3.55	5.49	4.09	3.77	5.40	5.24	4.79	4.66	4.31	4.16	3.65
	11	5.44	3.52	5.54	4.07	3.79	5.44	5.29	4.78	4.67	4.33	4.17	3.70
	12	5.49	3.41	5.49	4.11	3.79	5.52	5.22	4.82	4.66	4.36	4.19	3.66
	13	5.50	3.26	5.39	4.18	3.68	5.61	5.12	4.78	4.64	4.26	4.09	3.61
	14	5.46	3.06	5.28	4.18	3.77	5.70	4.94	4.79	4.50	4.26	3.83	3.41
	15	5.44	—	—	—	—	—	—	—	—	—	—	—
	16	5.39	—	—	—	—	—	—	—	—	—	—	—
	17	5.39	3.06	5.28	4.22	3.77	5.74	4.91	4.55	4.46	4.10	3.93	3.45
	18	5.40	3.37	5.40	4.27	3.80	5.72	5.13	4.81	4.43	4.27	4.10	3.64
	19	5.41	3.59	5.54	4.30	3.86	5.70	5.31	4.87	4.72	4.40	4.19	3.74
	20	5.44	3.72	5.51	4.30	3.91	5.79	5.38	4.94	4.81	4.49	4.23	3.71

注　由于测点 5、6、15、16 在焊缝处，测量误差较大，故焊接过程中不测量以上 4 个测点；热态需与热态相比较、冷态与冷态相比较。

表 6　　各工序完成后上环板平面水平度　　单位：mm

工序		分瓣座环组合成整圆后	上、下环板焊至坡口深度 1/2 后	固定导叶焊至坡口深度 1/2 后	过渡段背侧清根，并焊至坡口深度 1/2 后	下围板、法兰焊至坡口深度 1/2 后	上、下环板焊完后	固定导叶焊完后	过渡段焊接完成后	下围板、法兰焊接完成后	消氢后
温度		室温	120℃	120℃	120℃	120℃	120℃	120℃	120℃	120℃	室温
测点	1	7.86	6.63	6.29	8.07	7.76	7.28	7.18	6.85	6.69	6.20
	2	7.91	6.56	6.24	7.99	7.63	7.21	7.11	6.74	6.61	6.10
	3	7.91	6.48	6.27	7.90	7.40	7.01	6.98	6.65	6.42	5.95
	4	7.87	6.01	5.50	7.48	6.68	6.25	6.33	5.88	5.80	5.60
	7	7.90	6.09	5.50	7.52	6.72	6.25	6.30	5.85	5.65	5.60
	8	7.93	6.35	5.91	7.71	7.22	6.83	6.76	6.39	6.24	5.84
	9	7.97	6.42	6.12	7.75	7.49	7.96	6.98	6.61	6.48	5.99
	10	7.98	6.48	6.23	7.82	7.68	7.21	7.09	6.74	6.63	6.11

续表

工序		分瓣座环组合成整圆后	上、下环板焊至坡口深度1/2后	固定导叶焊至坡口深度1/2后	过渡段背侧清根，并焊至坡口深度1/2后	下围板、法兰焊至坡口深度1/2后	上、下环板焊完后	固定导叶焊完后	过渡段焊接完成后	下围板、法兰焊接完成后	消氢后
测点	11	7.94	6.46	6.23	7.85	7.71	7.24	7.09	6.77	6.61	6.12
	12	7.95	6.48	6.18	7.92	7.68	7.21	7.06	6.76	6.57	6.12
	13	7.96	6.48	6.09	7.94	7.56	7.15	7.01	6.65	6.43	6.06
	14	7.92	6.15	5.57	7.65	6.91	6.65	6.56	6.16	6.94	5.85
	17	7.84	6.25	5.73	7.79	6.98	6.63	6.48	6.13	6.00	5.88
	18	7.85	6.63	6.14	8.08	7.54	7.17	6.99	6.64	6.18	6.06
	19	7.85	6.70	6.25	8.16	7.81	7.30	7.16	6.82	6.62	6.20
	20	7.88	6.69	6.32	8.13	7.86	7.34	7.23	6.89	6.72	6.20

表7　　工序完成后座环内膛半径表　　单位：mm

工序		分瓣座环组合成整圆后	座环定位焊后	上、下环板打底焊后	上、下环板焊至坡口深度1/2后	固定导叶焊至坡口深度1/2后	过渡段背侧清根，并焊至坡口深度1/2后	下围板、法兰焊至坡口深度1/2后	上、下环板焊完后	固定导叶焊完后	过渡段焊接完成后	下围板、法兰焊接完成后	消氢后
温度		室温	120℃	120℃	120℃	120℃	120℃	120℃	120℃	120℃	120℃	120℃	室温
测点	1	4.72	5.93	5.93	5.79	5.40	5.45	5.45	5.69	5.69	5.61	5.72	4.81
	4	4.77	4.59	4.63	4.86	4.96	5.00	5.03	4.77	4.71	4.82	4.72	4.75
	7	4.82	4.62	4.62	4.76	4.90	4.93	4.93	4.67	4.67	4.72	4.63	4.70
	11	4.62	6.06	6.06	5.72	5.37	5.40	5.40	6.62	6.62	5.70	5.71	4.85
	14	4.66	4.32	4.25	4.89	5.90	4.83	4.95	4.49	4.55	4.60	4.42	4.72
	17	4.70	4.19	4.19	4.89	4.93	4.90	4.90	4.53	4.53	4.67	4.30	4.76

根据水平度调整焊接位置及顺序的原则［下述高差指：组合缝（高）与其垂直90°方向（低）的差值］：座环组圆后未加温时，下环板高差约为0.15mm，上环板高差约为0.17mm，满足验收合格标准；加温后未开焊前，下环板高差约为0.56mm（经验值），上环板高差约为0.90mm（实际测量），根据此数值进行焊接把控；由于组合缝下无支撑，无反作用力，所以当低于控制值时，对下平面施焊，使环板抬高，当高于于控制值时，对上平面施焊，使环板降低。

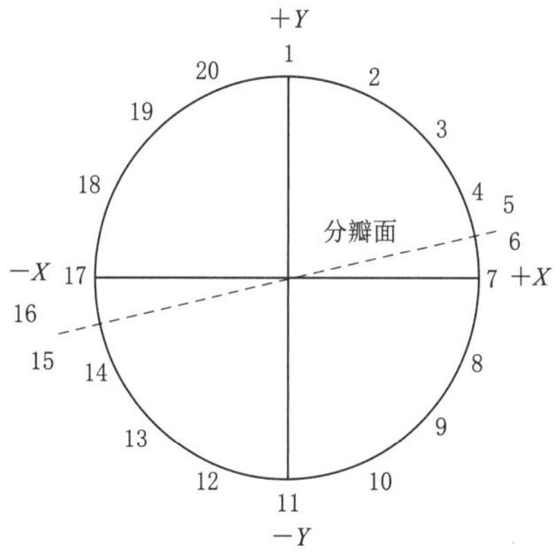

图6　座环测点示意图

经验值：增加100℃，下围板高100cm时，下环板抬高约1.10mm；现场实际情况，增加80℃，下围板高约70cm时，下环板抬高约0.56mm。

当组合缝下部有支撑时，提供一反作用力，使下环板反向运动，应反向控制，即当低于控制值时，应对上平面施焊，使下环板抬高，当高于控制值时，应对下平面施焊，使下环板降低；上环板由于固定导叶较长，反作用力对其控制无影响。

座环焊接完成且消氢后，水平度测量结果：上环板：最高点与最低点高差值为0.60mm。下环板：最高点与最低点高差值为0.58mm；整体+Y侧略低，鉴于座环下支撑千斤顶有下沉情况，水平度可通过整体调平继续调整。

根据厂家意见，在焊接过程中，座环焊缝处直径与90°方向直径比应比焊缝处直径偏大些较好，待座环焊接完成且消氢后，圆度测量结果：1－11 比 7－17 直径大 0.2mm，且同轴度为 0.059。满足设计要求。

4 蜗壳挂装及焊接

两节蜗壳瓦片第 2 节和第 12 节在工厂内粗配。根据图纸两块蜗壳凑合节瓦块单边留有 5～10mm 的切割余量到工地配割。

4.1 凑合节挂装

座环焊缝经无损探伤合格后进行蜗壳凑合节挂装，挂装前须清除坡口周边 100mm 范围内的油污、铁锈并打磨出金属光泽。凑合节挂装后检查装配尺寸，首先检查第 2 节、第 12 节凑合节大小头两侧圆弧周长、断面平面度，第 2 节、第 12 节与蝶形边相接的边长，蜗壳上对应位置断面圆弧周长、蝶形边的长度。间隙超过 3mm 的可在坡口根部堆焊至间隙合格，错牙大于 2mm 的区域须按 1∶5 过渡打磨。

凑合节与蜗壳间坡口形式如图 7、图 8 所示。

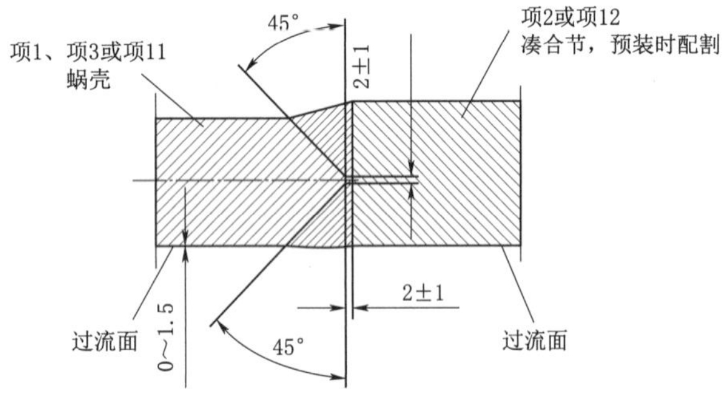

图 7 凑合节与蜗壳间坡口形式（相同板厚）

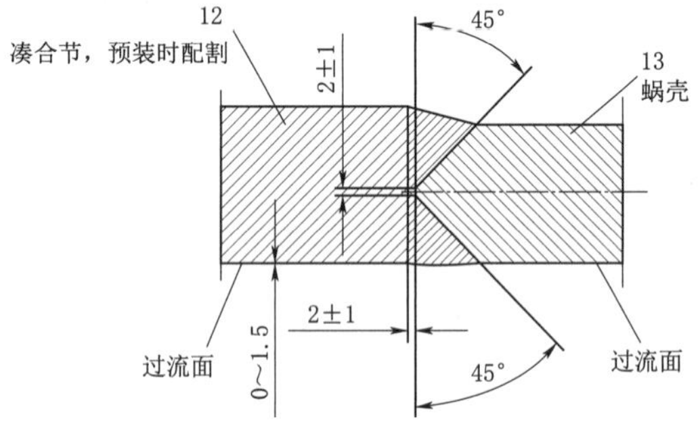

图 8 凑合节与蜗壳间坡口形式（不同板厚）

4.2 蜗壳焊接

蜗壳焊接工艺与座环相同，由四名焊工对称进行，采用多层、多道、分段、退步焊，焊前预热，焊后保温缓冷处理。焊前分别在组合缝两侧设置加强板（骑马板），增强焊缝拘束度，控制焊缝收缩量。

顺序按先环缝①再纵缝②的顺序进行。环缝焊接先焊切片周长大的一边，两凑合节每道环缝焊接各由两名焊工同时施焊。凑合节焊接顺序如图 9 所示。

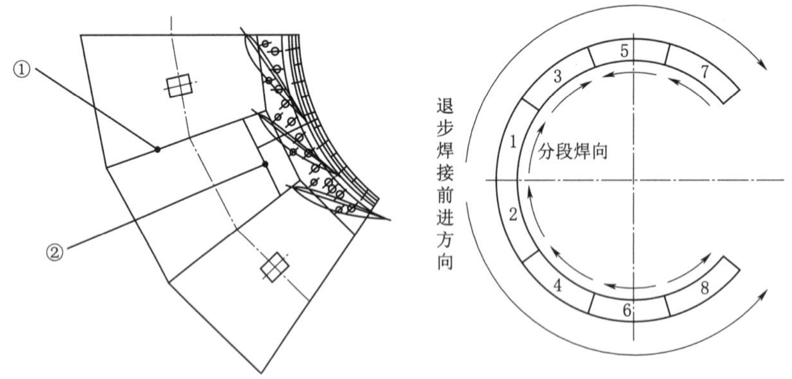

图 9 蜗壳凑合节焊缝焊接示意图

蜗壳焊接变形控制原理与座环不同：座环形同“板材”，蜗壳形同“管材”。变形控制要点是对称、分段、退步（控制层间温度）、控制线能量、同时同步、随时监控调整焊接循序。焊接前检查焊缝对口间隙，对间隙较大部位，在施焊前，先进行镶边堆焊。

实施环缝焊接时按上述焊接顺序，严格按焊接规范控制，其结果座环水平度基本保持不变，但座环焊缝处直径有所收缩；环缝焊接中，两条焊缝加热焊期间，检查测量水平度，其高点随着加热部位变化而变化。两名焊工同时焊接蝶形边过渡段上下仰焊时，对应座环部位有上拱趋势，焊接平焊时向下拱。

由于平焊坡口大，焊接完成后，座环焊缝处呈现下拱状态。

座环蜗壳焊接完成并调整后其直径与座环焊接完成后直径相比，焊缝侧的不圆度由 0.2mm 增加到约 0.3mm，而水平度偏差最大值为 0.37mm，均满足相关要求。数据见表 8。

表 8　　上环板及下环板平面水平度　　单位：mm

工　序		凑合节焊接时数据		凑合节焊接完成		座环调整后水平	
位置		下环板	上环板	下环板	上环板	下环板	上环板
温度		110℃	110℃	室温	室温	室温	室温
测点	1	3.28	6.62	4.94	7.38	6.40	3.89
	2	4.20	6.61	4.92	7.36	6.30	3.95
	3	4.20	6.60	4.91	7.30	6.39	3.93
	4	4.05	6.63	4.78	7.23	6.22	3.93
	7	4.01	6.52	4.67	7.19	6.24	3.88
	8	3.98	6.44	4.76	7.17	6.36	3.89
	9	3.86	6.28	4.78	7.17	6.54	3.98
	10	3.76	6.11	4.74	7.13	6.50	4.03
	11	3.89	6.17	4.75	7.13	6.57	4.08
	12	4.08	6.49	4.83	7.22	6.59	4.10
	13	4.32	6.75	4.83	7.33	6.58	4.12
	14	4.40	6.96	4.98	7.42	6.42	4.05
	17	4.55	6.87	4.99	7.45	6.32	3.96
	18	4.41	6.81	4.99	7.38	6.27	3.82
	19	4.34	6.73	4.95	7.37	6.37	3.84
	20	4.32	6.67	4.93	7.37	6.45	3.90

5 结语

此次某蓄能水电厂蜗壳座环的焊接质量和变形控制达到了较高的水平，验收过程中未发现裂纹、夹渣、汽包等现象，且焊接变形控制在要求范围内，圆度差为 0.3mm、顶盖和底环的法兰面最高点和最低点高程差在 0.4mm 以内，使后期的座环加工量大大减少。此后对蜗壳进行了水压试验，最高压力为 11.2MPa 保压 30min，保压过程中无明显压降，且焊缝处无渗水现象。由此证明此次座环蜗壳采用的焊接工艺及方法完全可以满足大厚度、焊接条件复杂、质量要求高的设备的焊接要求。

吉林敦化抽水蓄能电站上下水库连接路路基涎流冰病害处理方案

刘英伟　汤飞熊
（中国电建集团北京勘测设计研究院有限公司，北京市　100024）

【摘　要】吉林敦化抽水蓄能电站上下水库连接路施工过程中出现多处山坡涎流冰病害，通过对涎流冰产生的原因进行分析后，针对路堤、路堑及低填浅挖路基不同部位特点，拟定相应的处理方案，通过 4 年的运营，效果良好。

【关键词】上下水库连接路　涎流冰

1　概况

涎流冰病害主要分布在我国北方寒冷地区和南方高寒山区以及青藏高原。在寒冷的气候条件下，地下水或者地面水漫溢到地面或者冰面上，从下而上逐层冻结，形成涎流冰。发生涎流冰的季节，一般是在冬季和初春，持续时间一般为 4～5 个月。在冬季封冻前后，气温逐渐降低，涎流冰开始形成；以后气温持续下降，涎流冰不断蔓延加厚并发展到高峰阶段，冬末春初气温回升，在日照及昼夜温差的影响下，涎流冰在白天消融，夜间冻结，处于融冻交替阶段；到春季以后，气温逐渐升高，涎流冰开始融化并逐渐消失。涎流冰的厚度一般为数厘米到数米。

涎流冰分为山坡涎流冰和河谷涎流冰。山坡涎流冰由山坡出露的地下水或由路基挖方边坡上出露的地下水形成的涎流冰。河谷涎流冰由沟谷漫流的泉水、溪水、地面水和融雪水形成的涎流冰，或沿河流浅滩、已冻结的河面上，由承压的或无压的河水形成的涎流冰。

吉林敦化抽水蓄能电站上下水库连接路施工过程中出现多处涎流冰病害，属山坡形涎流冰病害。上下水库连接路设计标准为三级公路，设计速度 30km/h，其中 1 号路至与 2 号渣场段（K0＋000.000～K1＋600.000）路面/路基宽度：8.0m/9.5m，2 号渣场至上水库段（K1＋600.000～K15＋321.784）6.5m/7.5m，水泥混凝土路面，荷载等级为汽车－40 级，路线全长 15.322km。

2　涎流冰病害形成原因分析

涎流冰覆盖道路，会造成行车道光滑、不平或形成冰坎、冰槽等，轻则阻塞交通，重则容易出现翻车事故；涎流冰阻塞桥涵会阻碍融雪洪流在桥下顺畅通过，造成路基与桥涵的水毁；涎流冰消融，水分下渗，还可引起公路翻浆、路基下沉、边坡坍塌等病害。经分析，主要有如下主要原因。

2.1　水

水是酿成涎流冰的主要原因，工程区夏季多雨，冬季多雪，多年平均降水量为 802.9mm，降水量大地下水位高，且多有地表明流，为涎流冰的形成提供了充分的补给水源。

2.2　气温

工程区位于寒冷地区，多年平均气温－2.6℃，10 月至次年 4 月平均气温低于 0℃，为涎流冰发育形成的时期。水在负温度的作用下，逐渐冻结，形成冰层，并逐渐加厚，抬高，形成涎流冰。

2.3　地形地貌

涎流冰主要见于山岭区或重丘陵区。上下库连接路沿线地形坡度约 2°～10°。出露地层为第四系残坡积层和基岩全风化层：残坡积层组成物质为腐殖土、块石、块石土，厚度 2～5m，块石层多具架空结构；

基岩为正长花岗岩，全风化带厚度 5～8m，强风化带厚度 1～3m。

2.4　植被

上下库连接路植被茂密，多为落叶林，落叶经过多年沉积、腐蚀形成良好的保温层，加之块石、孤石的架空，冬季也能够形成流水层，冬季流水流至覆盖层不发达处，或路基开挖导致流水层出露，逐渐冻结形成涎流冰。

3　本项目处理措施

涎流冰地区的道路设计，以预防为主，防止结合为设计原则。一般按照修建桥涵、对地面排水构造物进行保温及设置渗沟、盲沟等地下排水措施等方式进行处理。上下水库连接路受到地质条件特殊、道路投资敏感、征地范围无法突破等因素限制，针对路堤、路堑及低填浅挖路基采用不同的设计方案进行处理。

3.1　填方路段（路基填土高度大于 1.9m）

采用三种路基填料分层进行填筑：

（1）第一层原有孤石、块石地表层，先清表（路基范围内的树木、灌木丛、沉积物等），然后利用挖掘机进行松动，保证孤石、块石形成稳定架构后，空隙利用就近破解块石码实填充，利用重型振动压路机碾压，处理后的表面应无明显孔隙、空洞，基底压实度不小于 90%。

（2）第二层（路堤层）利用开挖砾石土、石渣作为过渡层，粒径不超过 150mm，分层碾压，填至路床底面，压实度不小于 94%。

（3）第三层路床层（80cm），填料采用级配较好、密实的砾石土、粗粒风化砂进行填筑，粒径不超过 100mm，压实度不小于 95%。

3.2　低填（路基填土高度小于 1.9m）及浅挖路段

挖除路床顶面下 1.3m 范围内原有孤石、块石层；对于难以搬运的大孤石就地破解、码实摆放在换填层底面。该路段采用两种路基填料分层回填。

第一层路床层（80cm 以下）利用最大粒径不超过 150mm 的开挖砾石土、石渣进行换填，分层碾压，填至路床底面，压实度不小于 94%。

第二层路床层（80cm），填料采用级配较好、密实的砾石土、粗粒风化砂进行填筑，填料最大粒径不超过 100mm，压实度不小于 95%。

3.3　挖方路段

路基边坡坡顶地表水发育，出露点较多，路基边坡冲刷较严重，路堑挖方边坡采用镀锌钢丝石笼压坡处理。

（1）边沟、路堑挡土墙及首层第一排石笼下路基利用碎石进行换填处理，应与原路基换填部分衔接，形成碎石盲沟层，压实度不小于 95%。

单个石笼为长方体，长度 2m，宽度 1m，高度 0.5m，石笼骨架为 18mm 钢筋，周边采用钢丝网格，网格间距 10cm，内装块（片）石，装填完成后，绑扎封盖。石笼内所填石块应选用容重大，坚硬且不易风化，应达到干砌块（片）石的要求，尺寸不能小于石笼网眼只存，最小尺寸不小于 4cm。外层应用大石块，并使石块棱角突出网孔，以起到保护铅丝网的作用，内层可以使用较小的石块填充。

盲沟碎石应采用洁净的洞室开挖碎石及片石，小于 2.36mm 细粒料含量不得大于 5%。

（2）坡顶及坡面修整后，铺筑石笼进行压坡，石笼的坡率原则不陡于 1∶1，石笼铺筑高度根据边坡开挖高度调整。

（3）首层石笼根据现场边坡的实际情况，设置 2～3 排，其余每层设置一排。各层石笼采用间排布置，层间采用钢丝缠绕固定成整体。

4　结语

上下水库连接路 2013 年 9 月开工建设，2016 年 10 月完工，通过 4 年的运营，效果良好。

西龙池地下厂房围岩支护锚索监测分析

匡开军[1] 赵 磊[2] 戴江鸿[1]
(1. 国网新源控股有限公司检修分公司，北京市 100053；
2. 山西西龙池抽水蓄能电站有限公司，山西省忻州市 035503)

【摘 要】 为探究大型地下洞室围岩支护锚索预应力长期变化规律，为后续同类型工程锚索支护设计施工提供借鉴，对西龙池地下厂房围岩支护锚索运行18年来锚索实测荷载数据进行了统计分析，结果表明：锚索锁定荷载损失率平均为8.29%，最大损失率平均为14.92%，当前损失率平均为10.33%，相对于设计荷载目前尚有15%左右的安全富裕度；锚索实测荷载多数表现为稳定后持续增长，占监测锚索总数的51.02%，表明地下厂房围岩持续处于应力调整状态，围岩变形仍在持续增长，锚索支护对围岩稳定发挥了预期的锚固作用；锚索荷载损失大小与围岩地质条件相关，围岩地质条件越好，岩体蠕变越小，则锚索荷载损失越小；锚索荷载损失主要发生在张拉后锁定阶段，占锚索荷载最大损失率的55.91%；锚索锁定荷载损失与锚索孔孔斜率有关，孔斜率越大孔道摩阻力越大，锚索锁定荷载损失就越大。

【关键词】 围岩支护 锚索监测 预应力损失

1 引言

预应力锚索加固技术自20世纪60年代引入国内以来，在水利水电行业大型地下洞室围岩加固、高边坡加固、滑坡治理、大型弧门闸墩加固等方面得到了广泛的应用。由于预应力锚固作用机理复杂，影响预应力锚固效果的因素较多，预应力随荷载变化的规律一直是国内外工程界关注的焦点，但对锚索预应力损失原理及规律作深入系统分析的文献较少，本文基于西龙池地下厂房围岩支护锚索的长期监测数据，对锚索长期预应力损失进行分析，得出了一般的变化规律，供类似工程参考。

2 工程概况

西龙池电站地下厂房系统主要由主副厂房、主变室、通风机室、出线兼安全洞、母线洞、交通洞、通风兼安全洞、进风洞及排水廊道等组成。地下厂房开挖尺寸（长×宽×高）为149.3m×23.5m×49.0m，安装间位于主机间中部，副厂房布置在主厂房左端。主变室位于主厂房下游侧，与主厂房平行布置，两洞室间净距为44.5m，通过一条交通洞和四条母线洞与主厂房联系。主变室开挖尺寸为130.9m×16.4m×17.5m（长×宽×高），主厂房位于F_{112}和F_{118}断层之间相对较完整的岩体内，上覆岩体厚170～330m。地下厂房轴线方位为NW280°。

地下厂房区围岩地层为寒武系张夏组、崮山组下段岩层，岩性为泥质鲕状灰岩、泥质柱状灰岩、薄层泥条带状灰岩、薄层石英粉砂岩等。地下厂房处于西河—耿家庄宽缓倾伏背斜的轴部及两翼近轴部，岩层产状为NW290°～340°NE∠4°～10°。厂区主要断层有3组：①NE10°～30°NW/SE∠70°～85°；②NE30°～50°NW/SE∠70°～88°；③NW330°～350°SW∠75°～85°，其中以第②组最为发育，规模较大；NW向断层的延伸受NE向断层的控制，其遇软弱岩层尖灭或错位。围岩分类总体为Ⅲ类，桩号厂左0+080～厂左0+040段范围内，裂隙较发育，张开宽度较大，一般3cm左右，且多充泥，局部有滴水，围岩类别属Ⅲc类。桩号厂左0+040～厂右0+010段范围内，裂隙发育，间距平均2.5m，张开宽度一般1～2cm，局部有滴水，围岩类别属Ⅲb类。桩号厂右0+010～厂右0+060段范围内，裂隙发育，间距平均4m，张开宽度一般小于1cm，局部有少许滴水，围岩类别属Ⅲa类。

地下厂房工程地质问题主要是围岩稳定性，由于厂房顶拱岩石呈互层状，岩层很薄，纹理发育，产状平缓，易于发生弯曲与折断，成为地下厂房围岩稳定最为关键的部位，也是地下厂房围岩监测最为重要的部位。针对上述特点，在开挖支护设计时对顶拱采取了特别加强的工程措施，顶拱支护采用预应力树脂锚杆、喷钢纤维混凝土和预应力锚索的综合支护措施。

3 预应力锚索设计与施工

地下厂房围岩支护锚索采用无黏结对穿锚索、内锚锚索两种锚索型式。

主厂房顶拱中央利用锚洞设三排对穿锚索，主厂房边墙利用排水廊道设部分对穿锚索，边墙和顶拱的其他锚索均采用无黏结内锚锚索。内锚式无黏结预应力锚索孔深为 20m，每束锚索由 10 根 ϕ18 的钢绞线组成，设计吨位为 1600kN，拱腰部位张拉锁定吨位为设计吨位的 90%，即 1440kN，边墙部位张拉锁定吨位为设计吨位的 100%，即 1600kN；对穿式预应力锚索孔深分别为 20m、28.5m（顶拱中央）两种，每束锚索由 12 根 ϕ18 的钢绞线组成，设计吨位为 2000kN，顶拱中央部位张拉吨位为设计吨位的 90%，即 1800kN，边墙及拱脚部位张拉吨位为设计吨位的 75%，即 1500kN。锚索工程量为：P_t =1600kN，L=20m（内锚式），683 束；P_t =2000kN，$L\approx$20m（对穿），157 束；P_t =2000kN，L =28.5m（对穿），118 束。

锚索钻孔采用无锡探矿机械厂生产的 MG60 钻机造孔，采用单根预紧、整束张拉的施工工艺，张拉设备采用 YCN－25 千斤顶进行单根预紧，使用 YCW－250 千斤顶进行分级整体张拉，张拉程序为：0→预紧力→25%设计张拉力→50%设计张拉力→75%设计张拉力→90%设计张拉力→超张拉系数（1.15）×90%设计张拉力，预紧之后每一级稳压 5min，最后一级稳压 10min 锁定；工具锚选用与工作锚相同体系和型号的 MVO 锚具；锚索张拉吨位以张拉力控制为主，实施过程中采用张拉力与伸长值同时控制的双控制标准，待厂房全部开挖完成后，确定补偿张拉。

4 锚索测力计的布置

西龙池地下厂房围岩支护锚索共设置 49 束监测锚索，其中对穿锚索 23 束（2000kN），内锚锚索 26 束（1600kN），分别布置在厂右 0+53（Ⅰ-Ⅰ断面）、厂右 0+04.15（Ⅲ-Ⅲ断面）、厂左 0+40（Ⅱ-Ⅱ断面）、厂左 0+78.3（Ⅳ-Ⅳ断面）顶拱及上下游边墙以及母线洞口、厂房左右端墙等部位，监测锚索平面布置展开图及沿厂房剖面布置如图 1 所示。

锚索测力计选用基康 BGK－4900 型测力计，内置 4 个高精度测力传感器，沿圆筒均匀分布；对应设计荷载 1600kN 锚索和 2000kN 锚索，量程分别为 2000kN 和 2400kN，厂房顶部中央的 12 束对穿锚索由厂顶锚洞和厂房顶拱之间实现对穿，两侧均设置钢制墩头，由锚洞端加压实施张拉，锚索测力计安装在厂顶锚洞内，其余 11 台对穿锚索测力计和 26 台内锚锚索测力计均安装在厂房侧。

5 锚索监测成果分析

截至 2021 年年底，西龙池地下厂房围岩支护锚索最长监测时间已达 17 年零 8 个月，共有 41 支测力计传感器损坏失效，155 支完好，传感器完好率 79.08%。其中 29 台测力计 4 支传感器均完好，占比 59.18%；8 台测力计有 1 支传感器损坏，占比 16.33%；6 台测力计有 2 支传感器损坏，占比 12.24%；3 台测力计有 3 支传感器损坏，占比 6.12%；3 台测力计 4 支传感器均已损坏，占比 6.12%。对于部分传感器损坏的测力计，在对该支传感器测值进行修正后计算测力计测值。锚索测力计传感器损坏情况统计见图 2。

从以上统计情况及锚索荷载测值过程线看，共有 3 台锚索测力计传感器全部损坏，5 台锚索测力计存在测值异常情况，其余 41 台锚索测力计测值可靠、监测数据完整。

5.1 锚索荷载变化趋势分析

从长期监测数据看，锚索张拉锁定后初期荷载损失较快，之后荷载损失逐渐趋缓，长期变化趋势总体表现为荷载持续损失、荷载持续增长、荷载稳定后周期性波动三种形态。

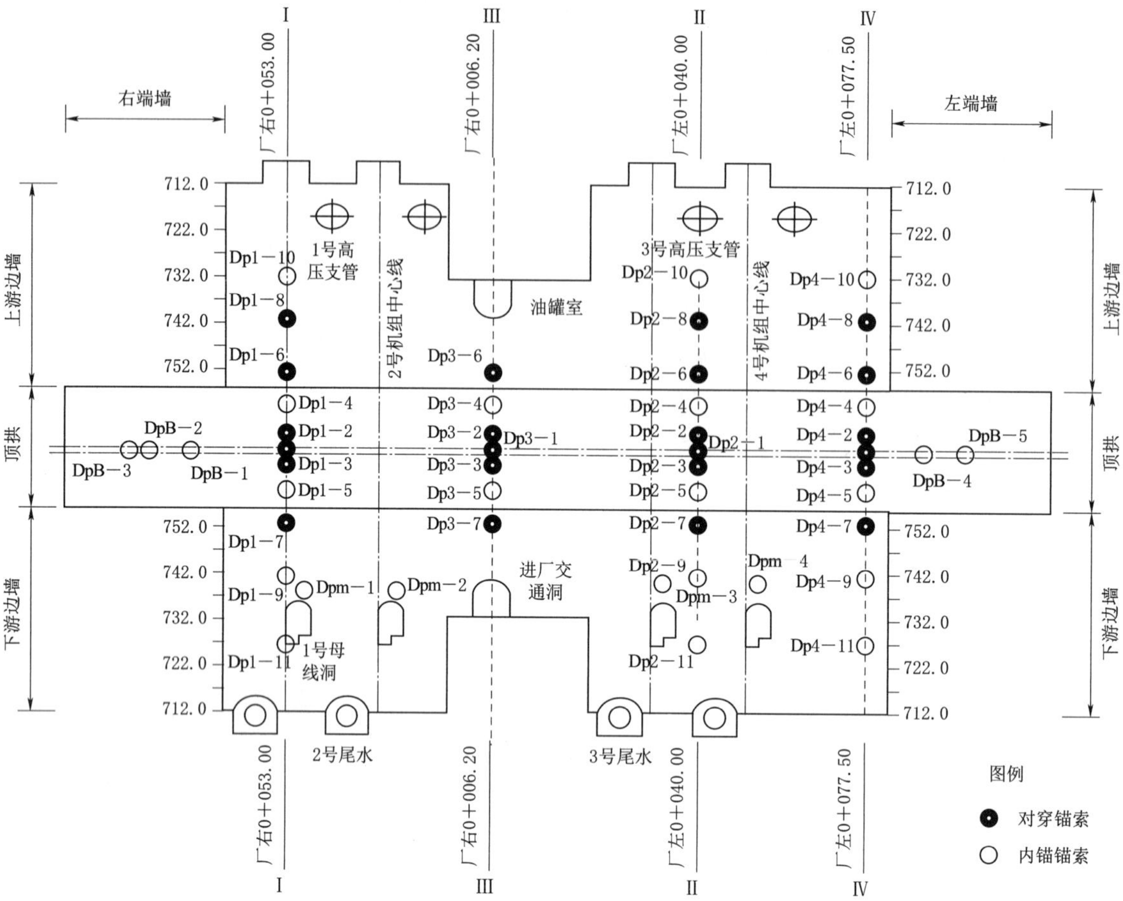

（a）地下厂房围岩支护锚索平面布置展开图

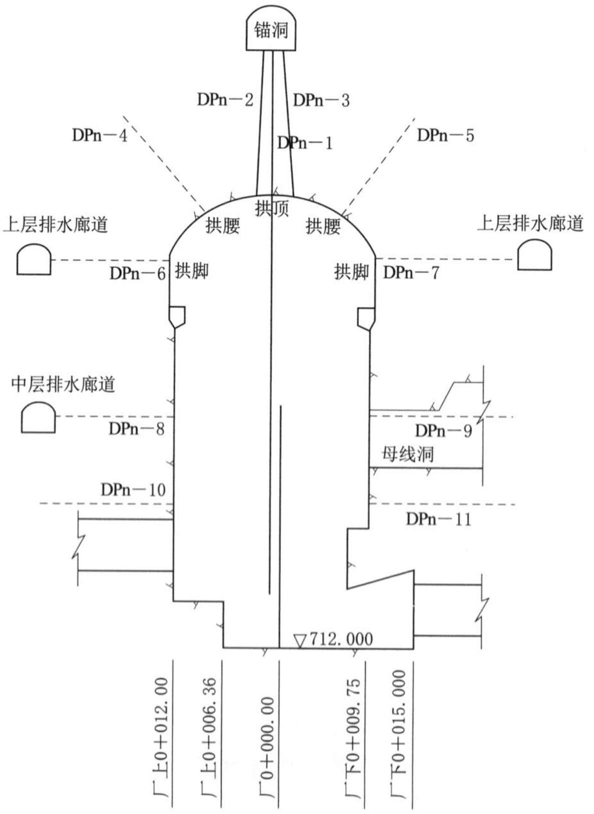

（b）地下厂房围岩支护锚索布置剖面图

图1 监测锚索平面布置展开图及沿厂房剖面布置图

（1）荷载持续损失。影响锚索荷载损失的因素较多也较复杂，主要有钢绞线松弛、锚头夹具回缩、张拉系统摩阻、混凝土收缩与蠕变等。锚索张拉锁定后荷载经过快速损失，锚索荷载的损失速率持续大于围岩变形应力增长速率，锚索荷载变化表现为持续损失状态，如图 3 所示。

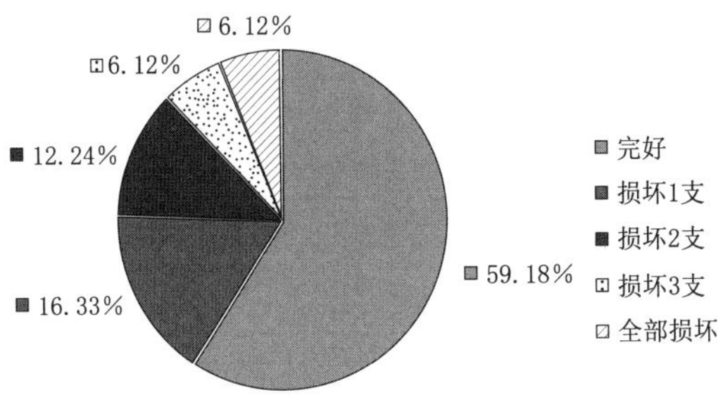

图 2 锚索测力计传感器损坏情况统计图

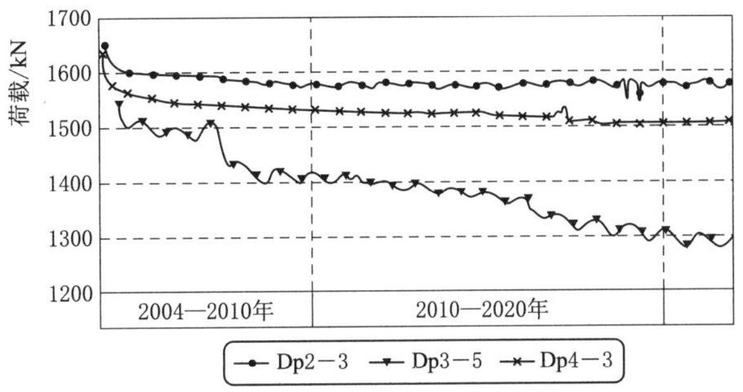

图 3 锚索荷载持续损失过程线

西龙池地下厂房围岩支护锚索共 6 束荷载变化呈持续损失状态，占监测锚索总数（49 束）的 12.2%，主要分布在主厂房厂右段顶拱（4 束）及上下游边墙（各 1 束）。

（2）荷载持续增长。锚索张拉锁定后，初期荷载损失较快，当锚索荷载损失速率与围岩变形应力增长速率达到平衡时，锚索荷载变化呈稳定状态，随着围岩变形进一步发展，围岩变形应力增长速率大于锚索荷载损失速率，锚索荷载表现为持续增长状态，如图 4 所示。

西龙池地下厂房围岩支护锚索共 25 束荷载变化呈稳定后持续增长状态，占监测锚索总数（49 束）的 51.02%，主要分布在围岩变形相对较大的顶拱（9 束，最大变形量 21.15mm）及下游边墙（9 束，最大变形量 10.47mm）部位。

以上变化规律表明地下厂房围岩持续处于应力调整状态。从多点位移计观测成果看，围岩变形仍持续增长，但变形趋势已收敛，变形速率较小（目前年变形量约 0.076mm），锚索支护对围岩稳定发挥了预期的锚固作用。

（3）荷载稳定后周期波动。锚索张拉锁定后，当锚索荷载损失速率与围岩变形应力增长速率相当，或围岩变形已经稳定，锚索荷载损失也趋于稳定，这时锚索荷载变化表现为随外界气温变化持续波动的稳定状态，如图 5 所示。

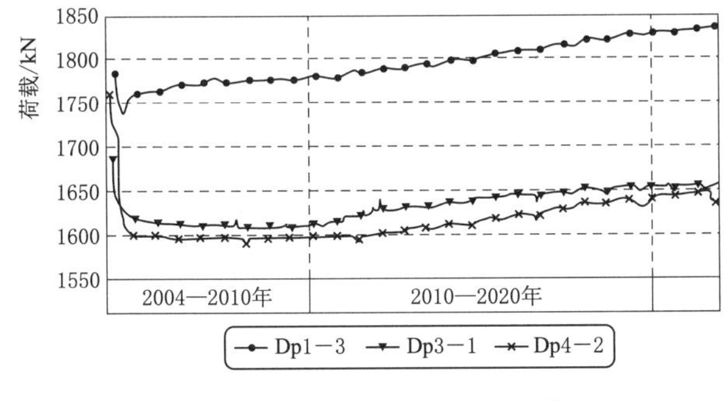

图 4 锚索荷载持续增长过程线

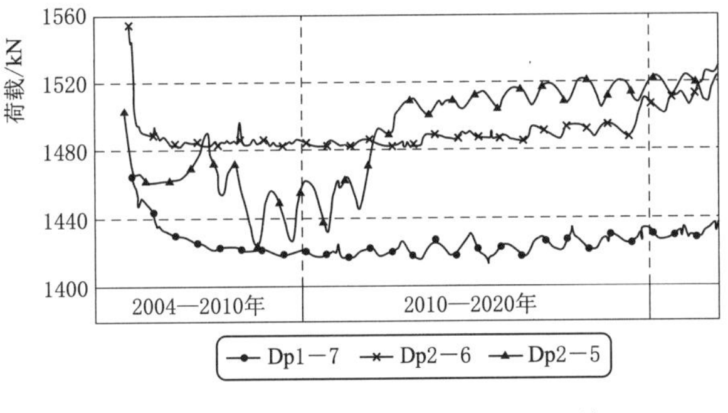

图 5 锚索荷载稳定后周期波动过程线

西龙池地下厂房围岩共 15 束锚索荷载变化呈持续波动的稳定状态，占监测锚索总数（49 束）的 30.6%，主要分布在厂房左右厂段顶拱及上下游边墙部位。

5.2 锚索荷载数值分析

（1）当前荷载。截至 2021 年年底，西龙池地下厂房围岩支护锚索荷载实测最大值为 1848.6kN，位于厂房顶拱厂右 0＋53.65 中央，该束锚索设计荷载 2000kN，锁定荷载 1889.9kN；实测最小值 1168.55kN，位于厂房下游边墙厂左 0＋53.525 母线洞口，该束锚索设计荷载 1600kN，锁定荷载 1655.6kN。锚索当前荷载损失情况统计见表 1。

表1 **锚索当前荷载损失情况统计表**

工程部位	测力计数量/台	当前荷载占锁定荷载比率/%			当前荷载占设计荷载比率/%		
		最大	最小	平均	最大	最小	平均
上游边墙	10	15.42	7.71	11.50	41.42	−2.01	21.50
顶拱	20	22.62	−0.20	8.18	26.95	−5.61	12.59
下游边墙	14	30.70	−15.46	11.76	28.18	−1.64	13.78
左端墙	2	19.43	16.49	17.96	12.46	10.54	11.50
右端墙	3	17.60	−4.12	9.91	15.04	6.14	11.87
合计	49			10.33			14.53

与锁定荷载比较，地下厂房围岩支护锚索共有3束当前荷载超锁定荷载（正值为荷载损失，负值为超载，下同），最大超载率15.46%，位于厂左0+040下游边墙，其余锚索荷载均小于锁定荷载，锚索预应力当前最大损失率30.7%，平均损失率10.33%，顶拱部位损失率小于上下游边墙。

与设计荷载比较，地下厂房围岩支护锚索共有5束锚索当前荷载大于设计荷载，最大超载率5.61%，位于厂左0+78.3拱腰部位，其余锚索当前荷载均小于设计荷载，最大损失率41.42%，平均损失率14.53%，顶拱部位锚索荷载损失率小于上下游边墙。

锚索荷载损失最大部位为厂左0+78.3下游边墙，该部位围岩地质条件较差，围岩类别为Ⅲc类；厂右0+053顶拱锚索预应力损失最小，该部位围岩地质条件相对较好，围岩类别属Ⅲa类，荷载损失率分布见图6。

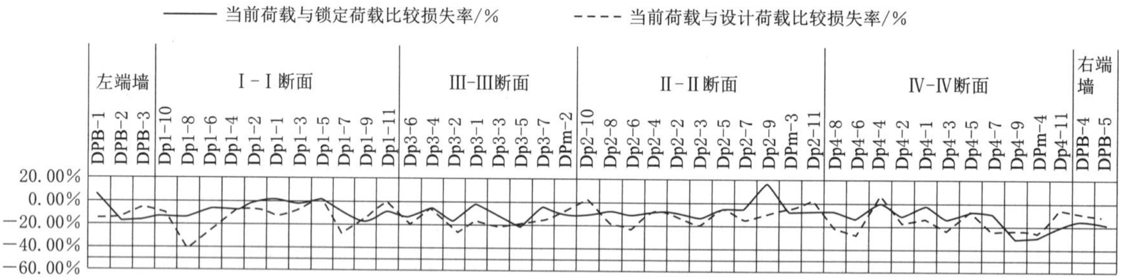

图6 地下厂房围岩支护锚索预应力损失分布图

综上所述，地下厂房围岩支护锚索当前荷载相对于锁定荷载总体损失约10%，相对于设计荷载总体尚有15%左右的富裕度。锚索荷载损失的大小与围岩地质条件相关，围岩地质条件越差，岩体蠕变越大，则损失率越大；反之则损失率越小。

（2）荷载最大损失。为了解锚索荷载最大损失情况，取锚索荷载变化过程中出现的最小值与该束锚索锁定荷载相比较，计算锚索荷载最大损失率如表2所示，最大损失率分布情况如图7所示。

表2 **锚索荷载最大损失率统计表**

工程部位	测力计数量/台	荷载最大损失率/%			监测断面	围岩类别	荷载最大损失率/%		
		最大	最小	平均			最大	最小	平均
上游边墙	10	23.95	9.78	16.24	Ⅰ-Ⅰ	Ⅲa类	23.95	3.63	12.21
顶拱	20	23.72	3.63	11.74	Ⅲ-Ⅲ	Ⅲb类	23.72	5.81	13.39
下游边墙	14	35.17	8.49	17.1	Ⅱ-Ⅱ	Ⅲb类	26.65	8.52	14.32
左端墙	2	22.99	17.78	20.39	Ⅳ-Ⅳ	Ⅲc类	35.17	8.22	17.73
右端墙	3	22.55	10.4	18.36					
合计	49			14.92					14.92

锚索荷载最大损失率平均为14.92%。从工程部位来看，锚索荷载平均最大损失率顶拱为11.74%，边墙及端墙为16.24%～20.39%，顶拱损失率最小，左端墙损失率最大，下游边墙损失率大于上游边墙，端墙部位损失率大于上下游边墙。从围岩地质情况（围岩类别）来看，厂左段Ⅰ-Ⅰ监测断面（Ⅲa类）最大损失率平均为12.21%，厂右段Ⅳ-Ⅳ监测断面（Ⅲc类）最大损失率平均为17.73%，总体表现为随围岩条件变差锚索预应力损失率随之增大的规律。

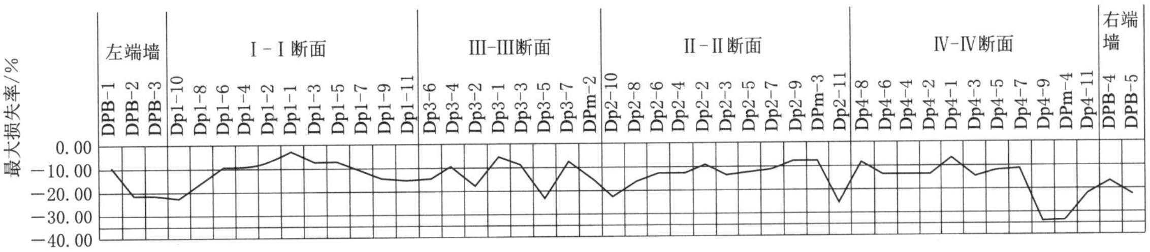

图7　锚索最大荷载损失率分布图

结合地下厂房围岩地质情况及多点位移计实测围岩变形情况可以看出：厂房顶拱围岩类别厂右段优于厂左段，顶拱围岩蠕变厂右段小于厂左段，锚索预应力损失厂右段小于厂左段；厂房上下游边墙及端墙由于围岩变形量很小，约为顶拱围岩变形量的0.27倍，上下游边墙及端墙锚索的预应力损失大于顶拱锚索。

（3）锁定损失。锚索荷载锁定是靠钢绞线与锚具夹片的摩阻力来实现的，当锚索张拉至设计张拉荷载后，在锁定过程中锚具夹片不可避免与钢绞线产生微小的滑动，引起锚索预应力的损失。锚索锁定荷载损失率为荷载锁定后即时实测的荷载与张拉锁定前实测荷载的相差率，西龙池地下厂房围岩支护锚索锁定荷载损失率以及锁定荷载损失占最大损失的比率见表3。

表3　　**锚索锁定荷载损失率统计表**

工程部位	测力计数量/台	锁定荷载损失率/%			锁定荷载损失占最大损失比例/%		
		最大	最小	平均	最大	最小	平均
上游边墙	10	16.50	5.28	10.10	86.69	41.69	62.69
顶拱	20	9.62	0.95	5.66	69.75	20.72	48.61
下游边墙	14	33.51	3.06	10.89	95.28	31.94	60.42
左端墙	2	19.59	11.27	15.43	85.21	63.40	74.30
右端墙	3	13.51	4.00	10.18	59.91	38.43	52.40
合计	49			8.29			55.91

由表3可知，锚索锁定荷载损失率平均为8.29%，占锚索最大损失率的55.91%；其中，上下游边墙及端墙锚索锁定荷载损失率最大，平均为10.10%～15.43%，占边墙及端墙锚索荷载最大损失率的60.42%～74.30%；顶拱锚索荷载锁定损失率最小，平均为5.66%，占顶拱锚索荷载最大损失率的48.61%。顶拱部位锚索锁定荷载损失率明显小于边墙部位锚索，分析认为受锚索孔孔道摩阻影响所致，边墙部位锚索孔孔斜率大于顶拱部位，锚索孔斜率越大孔道摩阻力越大，锚索锁定荷载损失就越大。

6　结论

（1）西龙池地下厂房围岩支护监测锚索运行了将近18年，锚索测力计传感器完好率79.08%；锚索锁定荷载损失率平均为8.29%，最大损失率平均为14.92%，当前损失率平均为10.33%，相对于设计荷载目前总体尚有15%左右的富裕度。

（2）锚索荷载多数表现为稳定后持续增长状态，占监测锚索总数的51.02%；荷载持续损失型锚索占监测锚索总数的12.2%，荷载稳定后周期波动型锚索占监测锚索总数的30.6%；表明地下厂房围岩持续处于应力调整状态，从多点位移计观测成果看，围岩变形仍持续增长，但变形趋势已收敛，变形速率较小（目前年变形量约 0.076mm），锚索支护对围岩稳定发挥了预期的锚固作用。

（3）锚索荷载损失的大小受围岩地质条件因素影响，围岩地质条件越好，岩体蠕变越小，锚索荷载损失越小；反之，则锚索荷载损失越大。

（4）锚索荷载损失主要发生在张拉后锁定阶段，占锚索荷载最大损失率的 55.91%；锚索锁定荷载损失受锚索孔孔斜影响，孔斜率越大孔道摩阻力越大，锚索锁定荷载损失越大。

参考文献

[1] 司永明，安健．西龙池电站地下厂房系统厂房及主变室顶拱无粘结预应力锚索施工 [J]．青海水力发电，2005.

[2] 齐俊修，王连捷，胡五星，等．山西西龙池抽水蓄能电站地下厂房围岩位移应力特性及原因分析 [J]．岩土力学，2008 (11).

[3] 袁培进，吴铭江，陆遐龄，等．长江三峡永久船闸高边坡预应力锚索监测 [J]．岩土力学，2003 (9).

[4] 杨海云．探究水电站右岸边坡的预应力锚索监测 [J]．能源·水利，2013 (9).

花岗岩堆石料32t振动碾碾压试验研究

卢 博[1] 周 华[2] 唐德胜[3] 刘惟轶[1] 杨学超[4]
（1. 中国电建集团中南勘测设计研究院有限公司，湖南省长沙市 410014；
2. 河南新华五岳抽水蓄能发电有限公司，河南省信阳市 465400；
3. 中国水利水电第五工程局有限公司，四川省成都市 610000；
4. 四川省水利水电勘测设计研究院有限公司，四川省成都市 610072）

【摘 要】 32t振动碾在花岗岩地区筑坝应用较少，本文以五岳抽水蓄能电站为依托，开展了主堆石料为花岗岩的32t振动碾碾压试验研究，分析了碾压遍数和洒水率对主堆料干密度、孔隙率和渗透系数的影响。结果表明，堆石料的干密度随碾压遍数的增加而增大，孔隙率和渗透系数随着碾压遍数的增加而减小，增大洒水率有利于堆石料的碾压和干密度的提高。根据试验结果，推荐五岳抽水蓄能电站主堆料碾压参数为：铺料厚度80cm、洒水率10%、碾压8遍。

【关键词】 混凝土面板堆石坝 花岗岩 32t振动碾 碾压试验 五岳抽水蓄能电站

1 引言

面板堆石坝筑坝技术从20世纪80年代引进中国以来，发展迅猛，逐渐积累了大量的设计、施工经验，我国的混凝土面板堆石坝筑坝技术正处于从200m级向300m级的高坝有序推进的进程中[1-4]。面板堆石坝作为一种当地材料料坝，不仅可以就地取材，而且其对坝基的要求较低，适应变形能力强[5-7]。面板堆石坝碾压填筑质量与大坝的变形稳定息息相关，现场施工时，碾压参数是堆石料施工质量的主要控制因素[8-9]。大坝堆石料碾压试验作为一项生产性试验，对工程的质量控制具有重要意义[10]。国内已建、在建面板堆石坝主堆石料振动碾吨位范围一般为16～26t，随着机械制造技术的发展，高坝逐步开始采用32t振动碾进行施工[11]。但32t振动碾的施工经验比较缺乏，目前已建水电站仅猴子岩、江坪河和阿尔塔什水电站采用了32t振动碾[12-13]。大吨位振动碾有利于大坝坝体的变形控制，是未来高坝施工的趋势。目前已采用32t振动碾的水电站，其主堆石料岩性均不是花岗岩，因此在花岗岩地区开展32t振动碾碾压试验研究具有比较重要的科研价值和实践指导作用，可为后续的面板堆石坝建设提供借鉴和参考的作用。

2 工程概况

河南五岳抽水蓄能电站坐落于河南省光山县下辖的殷棚乡，电站共安装4台250MW的混流式发电机组。上水库在牢山寨山顶的天然沟谷内筑坝，库盆形式为环形。上水库采用混凝土面板堆石坝进行挡水，设计使用年限为100年，上水库大坝为1级水工建筑物，最大坝高128.20m，坝顶高程351.00m，上游坝坡1∶1.4，下游坝坡为1∶1.35，下游坝坡每30m高差设置一条马道，马道宽2m。电站运营后，主要服务于河南电网，在河南电网中起调峰、填谷、紧急事故备用等任务。筑坝所用花岗岩的干密度范围为2.56～2.59g/cm^3，弱风化、微风化花岗岩饱和抗压强度范围分别为49.3～75.1MPa、63～122MPa，弱风化、微风化花岗岩的弹性模量范围分别为15～57.1GPa、37～69GPa。

3 碾压试验目的

通过开展碾压试验，研究碾压遍数与干密度、孔隙率、沉降量的关系，分析不同碾压遍数对主堆料碾压效果的影响，推荐合适的碾压遍数；研究不同洒水率的碾压效果，分析洒水率与主堆料干密度的关系，推荐合理的洒水率；对碾压后的主堆料开展原位渗透试验，测定主堆料的渗透参数；复核压实后的主堆石料各项设计参数是否在设计要求值范围内。

4 试验过程及方法

4.1 试验料源

试验所用主堆料采用扩库区爆破开挖出来的微风化～弱风化花岗岩，主堆料最大粒径要求不得大于80cm，并且小于5mm颗粒质量占比要求小于20%，曲率系数 C_c 的范围为1～3，不均匀系数 C_u 值要求大于5。为了消除蓄水后堆石料湿化变形对大坝沉降的影响，在坝料填筑时，需要充分加水，开挖出来的堆石料铺料后，在其表面均匀洒水，研究不同洒水量对试验结果的影响。

4.2 试验场地布置

本试验场地占地面积约2000m^2，场地使用前用选定的碾压设备对场地进行平整压实，要求碾压后的场地沉降量小于2mm，场地高差小于200mm。将平整碾压后的场地地面作为基层，测量基层高程以便计算后续碾压试验的沉降量。碾压试验场分为6个试验区，每块试验区的尺寸为15m×6m。其中，1区和2区碾压6遍；3区和4区碾压8遍；5区和6区碾压10遍，碾压试验的分区如图1所示。在每个试验区上布置27个沉降量测点，其间排距按1.5m×1.5m布置。

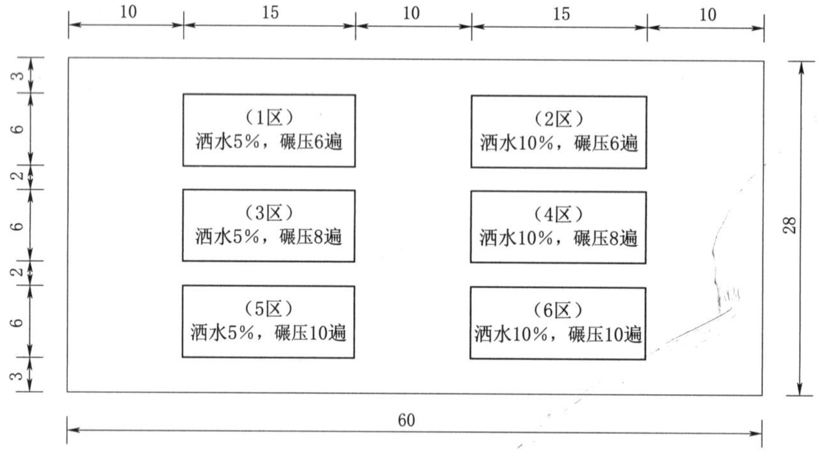

图1 碾压试验分区布置（单位：m）

4.3 试验设备

试验采用32t自行式振动碾，设备型号为YZ32，碾压机具的宽2.2m，振动频率0～28Hz，激振力可达590kN，行进速度为2.5km/h，不同碾压条带之间的搭接宽度为15～20cm。按照“进退法”进行碾压，按拟定的铺料厚度，采用进占法铺料，卸料后，采用推土机对工作面进行摊铺平整。

4.4 碾压试验参数的设置

为满足主堆料的干密度、孔隙率和渗透系数的设计指标，特开展本次碾压试验，并设置碾压遍数和主堆料的洒水率两个试验参数。32t振动碾一般用于高坝，其设计指标要求高，堆石料每层铺料厚度为600～800mm；26t振动碾填筑时，堆石料铺料常用厚度为800mm，综合考虑碾压机械质量和设计要求指标，选定铺料厚度为800mm。结合相关工程经验，本次试验碾压遍数选定为6遍、8遍、10遍三种，堆石料洒水率选择5%和10%。

4.5 碾压试验过程

碾压试验场地平整、碾压合格后，从扩库开挖区利用20t运输汽车将爆破出来的主堆料运送至试验场地，铺料厚度按照800mm控制，铺料方法为进占法，推土机对作业面进行整平后，静碾一遍测量铺料厚度。铺料平整后，根据试验设定的洒水率，在堆石料表面均匀洒水。为使洒水充分渗入堆石料内部，洒水后需要静置一段时间再开始碾压作业。32t振动碾按照设定的行走速度和振动频率对主堆料开展碾压作业。碾压完成后，依次开展沉降测量、干密度试验和原位渗透试验，采集碾压试验结果。

4.6 碾压试验效果检测方法

堆石料碾压后的沉降测量根据每块试验区域上预设的27个沉降点采集场地平整后、铺料平整后和碾压后的高程值，沉降率通过碾压后的沉降量除以铺料厚度得到。堆石料的比重采用室内试验测得，其中粒径≥5mm的比重为2.69；颗粒粒径<5mm的比重为2.67。碾压后的原位密度试验采用灌水法，试坑中挖出的试样按$d<5$mm和$d\geq5$mm测定各自含水率，根据级配进行加权平均，计算含水率。根据测量得到的比重、试坑内挖出堆石料的质量及含水率计算得出碾压后堆石料的干密度和孔隙率。渗透系数采用单环法测量，根据一定面积和时间内的渗透量可以计算得到其渗透系数。

5 碾压试验成果分析

碾压试验完成后观察发现：①表层块石有压碎现象；②试坑坑壁的密实程度与碾压遍数正相关；③试坑坑壁随洒水率的增加而密实；④各试坑没有发现架空现象。碾压试验结果见表1。

表1 花岗岩型堆石料32t振动碾碾压试验结果

分区	碾压遍数	洒水率/%	沉降率/%	含水率/%	干密度/(g/cm^3)	孔隙率/%	渗透系数/(10^{-1}cm/s)
1	6	5	8.8	1.5	2.13	20.9	5.13
2	6	10	9.5	1.6	2.18	20.1	4.85
3	8	5	11.5	1.5	2.14	19.3	4.50
4	8	10	13.0	1.5	2.20	18.5	4.06
5	10	5	12.5	1.6	2.20	18.3	3.88
6	10	10	15.2	1.4	2.21	17.7	3.57

5.1 碾压遍数与沉降率的关系

碾压遍数与沉降率的关系如图2所示。由图2可知，在相同的洒水率条件下，当碾压遍数从6遍增加至10遍时，堆石料的沉降率呈现出逐渐增大的规律，但是增大的幅度逐渐减小。当洒水率为5%时，碾压8遍的沉降率比碾压6遍高2.7%；碾压10遍的沉降率比碾压8遍高1.0%。当洒水率为10%时，碾压8遍的沉降率比碾压6遍高3.5%；碾压10遍的沉降率比碾压8遍高2.2%。这是由于碾压遍数从6遍增加至10遍时，堆石料被压得更密实，因此沉降值会逐渐增大。但是当堆石料被碾压至一定程度后，粗颗粒之间已经咬合得比较密实，再单纯地增加碾压遍数，引起的堆石料变形值会逐渐变小，沉降率的增量会逐渐收敛。

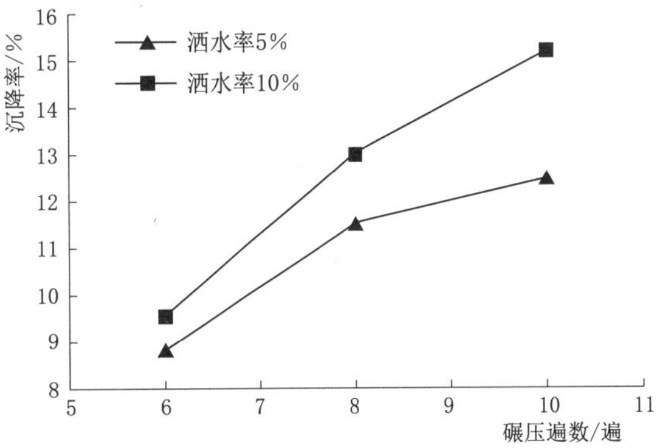

图2 碾压遍数与沉降率的关系

5.2 碾压遍数与干密度的关系

碾压遍数与主堆料干密度的关系如图3所示。由图3可知，本次碾压试验干密度最小值为2.13g/cm^3，满足设计要求（不小于2.05g/cm^3）。在相同的洒水率条件下，当碾压遍数由6遍增加至8遍时，主堆料的干密度逐渐增大。由于洒水率的不同，干密度增量与碾压遍数的变化规律呈现出相反的现象。当洒水率为5%时，随碾压遍数的增加，干密度的增量逐渐增大；当洒水率为10%时，随碾压遍数的增加，干密度的增量逐渐减小。

当洒水率为5%时，碾压8遍的堆石料干密度比碾压6遍增大了0.01g/cm^3；碾压10遍的堆石料干密度比碾压8遍增大了0.06g/cm^3。当碾压遍数从6遍增加至10遍时，干密度的增量呈现出增大的趋势。这可能是由于在洒水量较少的情况下，水膜的润滑作用没有充分发挥，因此在碾压6遍和8遍时，堆石料没有达到一种较为密实的状态。当碾压遍数为10遍时，随着粗颗粒相互咬合状态的调整，粗颗粒之间的孔隙被细颗粒填充，堆石料达到一种更为密实的状态，因此堆石料的干密度增量呈现出增大的趋势。

当洒水率为 10％时，碾压 8 遍的堆石料干密度比碾压 6 遍增大了 0.02g/cm^3；碾压 10 遍的堆石料干密度比碾压 8 遍增大了 0.01g/cm^3。当碾压遍数从 6 遍增加至 10 遍时，干密度的增量呈现出减小的趋势。这是由于在洒水量较多的情况下，颗粒之间的水膜充分地发挥了其润滑作用，因此在碾压 6 遍和 8 遍时，堆石料已经达到一种较为密实的状态。当碾压遍数为 10 遍时，粗颗粒之间的位置调整很小，因此堆石料的干密度增量呈现出减小的趋势。

5.3　碾压遍数与孔隙率的关系

碾压遍数与主堆料孔隙率的关系如图 4 所示。由图 4 可知，本次碾压试验孔隙率的上限值为 20.9％（洒水率 5％、碾压 6 遍），不满足设计指标（不大于 20.5％）。除此之外，在其他洒水率和碾压遍数条件下，主堆料的孔隙率都能够满足设计值。在相同的洒水率条件下，当碾压遍数从 6 遍增加至 10 遍时，孔隙率逐渐减小。这是因为随着碾压遍数的增加，颗粒间的位置不断地进行调整，粗颗粒互相咬合得更紧密，细颗粒充填了粗颗粒之间的空隙，因此孔隙率逐渐减小。

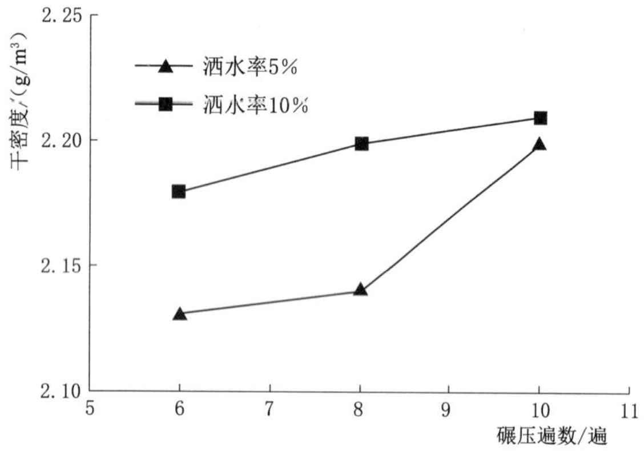

图 3　碾压遍数与主堆料干密度的关系

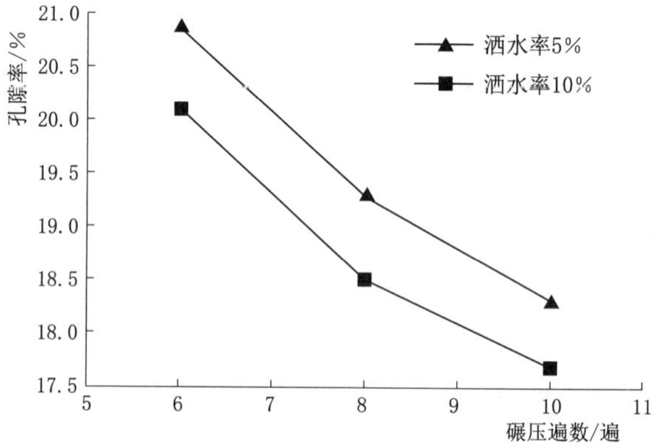

图 4　碾压遍数与孔隙率的关系

5.4　碾压遍数与渗透系数的关系

碾压遍数与主堆料渗透系数的关系如图 5 所示。由图表 5 可知，本次碾压试验得到的堆石料最小渗透系数是 3.57×10^{-1}cm/s，满足设计要求（不小于 1.0×10^{-1}cm/s）。在相同的洒水率条件下，随着碾压遍数的增加，堆石料的渗透系数会逐渐减小。这是因为碾压遍数越多，堆石料的孔隙比逐渐减小，渗流通道减少，因此堆石料的渗透系数会随之减小。

5.5　洒水率与干密度的关系

洒水率与主堆料干密度的关系如图 6 所示。由图 6 可知，当碾压遍数相同时，随着洒水率的增加，主堆料的干密度逐渐减大，这是因为水膜的润滑作用使得粗颗粒在碾压机具作用下的咬合变得更紧密。当碾压遍数为 10 遍时，随着洒水率的增加，干密度增大的幅度有限，这是因为当碾压遍数较多时，即使没有充分得到水膜的润滑作用，颗粒依然能够被碾压得很密实，此时再增大洒水率也很难进一步提高堆石

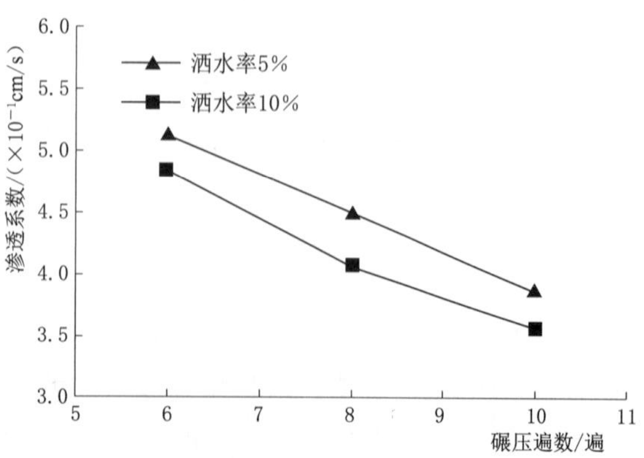

图 5　碾压遍数与主堆料渗透系数的关系

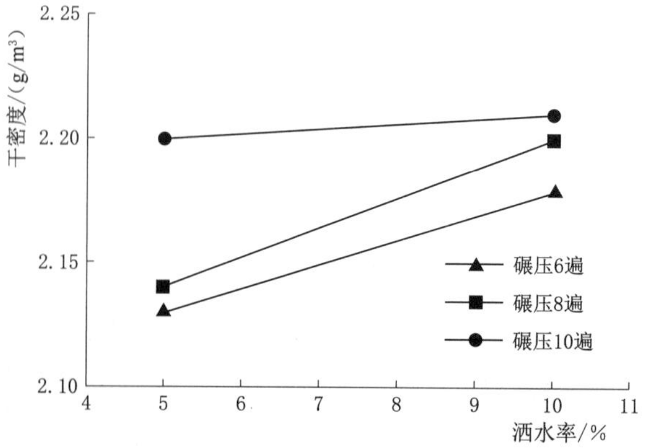

图 6　洒水率与主堆料干密度的关系

料的密实度。通过交叉对比可知，碾压遍数少、洒水率大的堆石料干密度甚至比碾压遍数多、洒水率少的堆石料干密度要大。例如当洒水率为10％、碾压6遍时，堆石料干密度为2.18g/cm^3；当洒水率为5％、碾压8遍时，堆石料干密度为2.14g/cm^3，由此可知，增大洒水率有利于堆石料的碾压及提高其干密度。

6　结论

本次堆石料碾压试验采用32t振动碾，研究了不同碾压遍数、含水率对堆石料碾压设计参数的影响，根据碾压试验结果得出以下结论：

（1）主堆料的沉降率与碾压遍数呈现正相关关系，沉降率的增量逐渐减小。当碾压遍数从6遍增加至10遍时，主堆料的干密度随之增大，当洒水率为5％时，干密度增量与碾压遍数呈现正相关关系；当洒水率为10％时，干密度增量随着碾压遍数的增加而减小。主堆料的孔隙率和渗透系数随着碾压遍数增加而减小。当碾压遍数为6遍和8遍时，主堆料干密度随洒水率的增加呈现出较大幅度的增大，增大洒水率有利于堆石料的碾压及提高其干密度。

（2）当洒水率为5％时，32t振动碾碾压8遍和10遍时，堆石料的干密度、孔隙比和渗透系数能够满足设计指标要求：干密度≥2.05g/cm^3，孔隙比≤20.5％，渗透系数≥1.0×10^{-1}cm/s。

（3）当洒水率为10％时，32t振动碾碾压6遍、8遍、10遍时，堆石料的干密度、孔隙比和渗透系数均能满足设计要求。

（4）根据碾压试验结果，结合抽水蓄能电站水位升降频繁的特点，应严格控制堆石料碾压质量，因此本工程主堆石料推荐碾压参数为，32t振动碾、铺料厚度80cm、洒水率10％、碾压8遍。

参考文献

［1］　杨泽艳，周建平，蒋国澄，等．中国混凝土面板堆石坝的发展［J］．水力发电，2011，37（2）：18－23.

［2］　杨启贵，谭界雄，周晓明，等．关于混凝土面板堆石坝几个问题的探讨［J］．人民长江，2016，47（14）：56－59，89.

［3］　张岩，燕乔，许小东，等．300m级超高混凝土面板堆石坝若干问题探讨［J］．人民黄河，2010，32（11）：128－129，131.

［4］　曹克明，汪易森，徐建军，等．混凝土面板堆石坝［M］．北京：中国水利水电出版社，2008.

［5］　杨泽艳，王富强，吴毅瑾，等．中国堆石坝的新发展［J］．水电与抽水蓄能，2019，5（6）：36－40，45.

［6］　徐泽平．混凝土面板堆石坝关键技术与研究进展［J］．水利学报，2019，50（1）：62－74.

［7］　徐泽平．面板堆石坝应力变形特性研究［D］．北京：中国水利水电科学研究院，2005.

［8］　付军，孙役，蒋涛，等．水布垭面板堆石坝填筑碾压参数的合理选择［J］．水力发电，2005，31（12）：36－38.

［9］　燕乔，吴晓铭，张岩．碾压密实度对高面板堆石坝应力变形的影响［J］．水力发电，2010，36（5）：34－37.

［10］　谭峰屹，陈立博，胡哲猛，等．大坝爆破料填筑施工工艺研究——以阿尔塔什水利枢纽为例［J］．人民长江，2016，47（22）：75－78，82.

［11］　柳莹，李江，杨玉生，等．新疆高混凝土面板堆石坝筑坝填筑标准及变形控制［J］．水利学报，2021，52（2）：182－193.

［12］　李红心，贺如平，李世凯．灰岩筑坝料现场碾压、载荷及直剪试验研究［J］．人民长江，2014，45（8）：92－95.

［13］　王国辉，殷彦高，张嘉明．江坪河水电站高面板堆石坝变形特点及设计研究［J］．水力发电，2020，46（6）：20－25.

长龙山抽水蓄能电站超高水头蜗壳水压试验及保压浇筑技术分析

高　速

（三峡发展公司长龙山监理部，浙江省湖州市　313302）

【摘　要】长龙山抽水蓄能电站位于浙江省安吉县天荒坪镇境内，为日调节抽水蓄能电站。电站装机容量 2100MW，安装有 6 台单机容量为 350MW 的可逆式水泵水轮机/发电电动机组（4 台 500r/min，2 台 600r/min），其机组额定水头 710m，安装高程为 126m。机组安装过程中重要环节之一的蜗壳水压试验是为检查蜗壳、测压座、座环焊缝的焊接质量，消除焊接残余应力和不连续部位的峰值应力及检查蜗壳和座环设计的合理性、结构整体的安全度，确保机组安全可靠的运行，并在机组低水头运行时由蜗壳单独承受水压力，高水头运行时蜗壳与混凝土联合受力情况。作为中国最高、世界第二超高水头的抽水蓄能电站机组长龙山抽水蓄能电站座环/蜗壳水压试验其试验压力、试验难度和危险系数均为国内第一，国内可供参考机型不多，其机组的设计开发难度属世界最高等级，挑战抽水蓄能技术研发的极限。本文着重就长龙山电站蜗壳水压试验的特点，通过分析试验过程、试验要点以及蜗壳保压浇筑关键措施进行介绍，有效解决蜗壳水压试验及保压浇筑相关难题。

【关键词】蜗壳　水压试验　保压浇筑

1　引言

长龙山抽水蓄能电站作为中国最高、世界第二高水头的抽水蓄能电站机组水泵水轮机正常最大、最小毛水头分别为 756/697m，设计额定水头 710m，发电工况下单机设计流量为 $56m^3/s$。1～4 号机组由东方电气集团东方电机有限公司供货，5~6 号机组由上海福伊特水电设备有限公司供货。东电机组座环由上/下环板、16 个固定导叶、座环支撑及其附件组成，蜗壳在厂内焊接在座环上，分 2 瓣运输供货，分瓣面处蜗壳管节在工地焊接，蜗壳座环在工地组圆焊接成整体。蜗壳延伸段在工地与蜗壳座环焊接，座环、蜗壳单台机总重量约为 154t，蜗壳进口直径约为 2.1m，由 22 块 SX780CF 高强钢板卷制的瓦块组焊而成，其蜗壳母材厚度最大为 66mm。福伊特机组座环/蜗壳整体到货，现场只需焊接蜗壳瓦块。两种机型的蜗壳水压试验方式一致，均在工地做打压试验，试验最高压力 17.63MPa，因此对焊缝焊接要求十分严格，试验完成后对蜗壳座环混凝土保压浇筑。长龙山抽蓄电站蜗壳水压试验根据设计步骤需历时 10 多个小时逐步加压和保压等多个步骤，升压、降压速度控制在 0.10MPa/min 内，最高试验压力值高达 17.63MPa，相当于 1800m 水柱产生的压力值，并在此压力下保持 30min，其试验难度、危险系数均为国内外罕见。蜗壳保压浇筑混凝土时需在蜗壳内部压力 5.88MPa 下进行，且在浇筑过程中因混凝土发热会导致内部压力产生变化，故需随时观察监测压力表变化，及时泄压，同时还需监测蜗壳上抬量、位移变化在可控范围内，并确保浇筑过程中混凝土上升速度不超过 300mm/h，每层浇高 1～2m，工序极其复杂。本文着重就东电机组蜗壳水压试验进行分析。

2　蜗壳水压试验前准备

座环蜗壳焊缝验收合格，内部支撑切除完成，焊缝平滑打磨，探伤合格并已按厂家工艺要求涂刷防腐漆。蜗壳内部已清扫干净，无任何杂物、异物。蜗壳延伸管安装后整个水平、中心、高程及进水口法兰面垂直度验收合格，座环基础螺栓已按照要求紧固至设计值。座环蜗壳的测压管路已全部安装，PT 探伤合格；注意蜗壳内部的测压嘴凸出部分不得割除，应在保压浇筑完成后且测压管路整体安装完成验收合格后，方可磨除。与蜗壳连接的管路，如蜗壳排水管、蜗壳平压管、回水排气管等，全部安装完成，PT 探伤合格，管路将全部参与蜗壳水压试验。其中，回水排气管和平压管应做好固定，避免因水压试验压力增大产生变形。

蜗壳水压试验的水源取自副厂房的施工用水，检查水源应充足，满足试验要求。水压试验时水温应在 5℃以上，预计用水量为 $80m^3$，并提前对打压试验装置的部件进行检查，应无遗漏。电动试压泵（厂家配套提供）工作应正常。其蜗壳水压试验布置示意图见图 1。

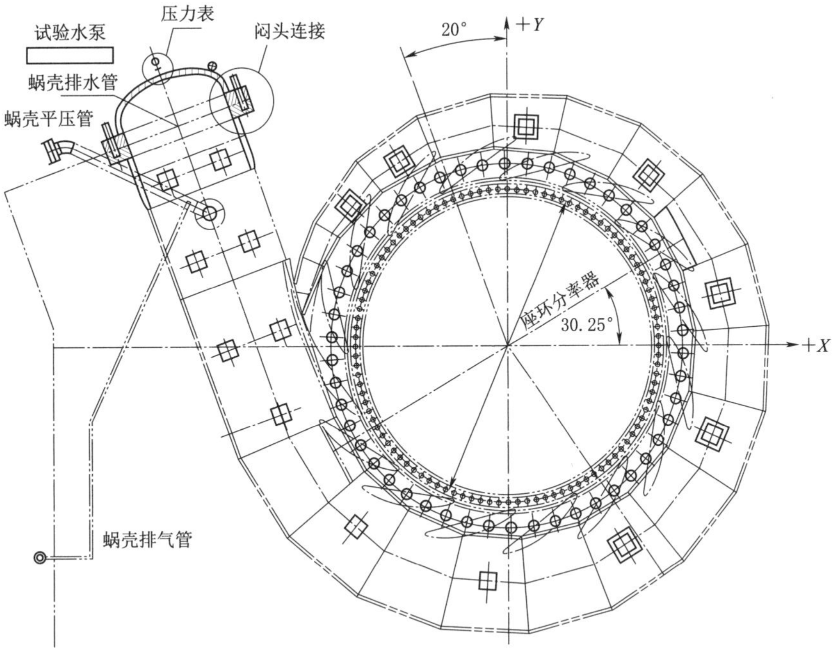

图 1　蜗壳水压试验布置示意图

3　蜗壳水压试验设备安装

3.1　封水环安装

安装封水环吊具，调平后吊入至座环上方，旋转对正与座环 Y、X 标志，缓缓下降就位，再缓缓下降，注意下降过程封水环的螺杆穿入座环螺孔的情况，直至与座环密封面贴合，注意观察封水密封是否有脱落现象。安装就位后按要求均匀对固定螺栓把合二次，检查封水环与座环的组合面良好，检查封水环的固定螺栓 M36（力矩为 2600N·m）符合设计力矩要求。封水环安装示意图见图 2。

3.2　蜗壳闷头安装

对闷头的法兰面清洗，重点检查法兰面和密封槽应无高点、毛刺，检查封水环的密封槽外形尺寸和密封条直径应符合厂家设计要求。机坑内应做好对延伸管法兰面检查，要求表面应无高点、毛刺。提前在延伸管安装把合螺栓 M120×6，过程中宜通过桥机配合进行安装。检查蜗壳延伸管处已搭设施工平台，应平稳、牢靠，经验收合格后方可使用。安装闷头吊具，同时按图纸要求安装密封条，用黄油固定，检查合格方可吊装。闷头重约 11180kg，选取 10t 卸扣（3 个），3 根 ϕ26mm 钢丝绳（荷载 10t/根），安全系数满足要求。闷头螺栓拉伸时先对称预紧 6 颗螺栓，确认紧固到位后，方可拆除吊具。使用螺栓拉紧器预紧剩余螺栓至设计值，螺栓 M120 预紧值为 400MPa±10%，设计拉伸值为 0.72mm，组合缝使用 0.05mm 塞尺不能通过。蜗壳闷头安装示意图见图 3。

3.3　蜗壳打压试验装置组装

注水管路、排气管路、法兰、堵头以及电动试压泵等部件，应布置排列有序，连接可靠，各管路的法兰螺栓均应严格按照图纸力矩要求进行预紧。

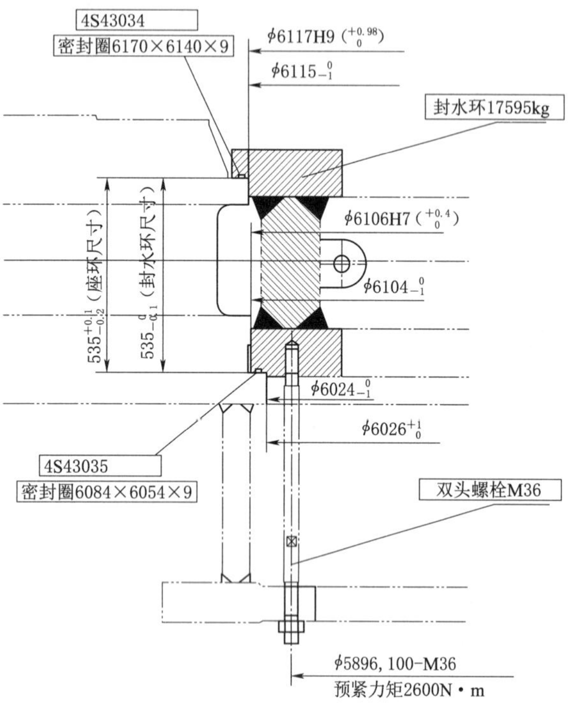

图 2　封水环安装示意图

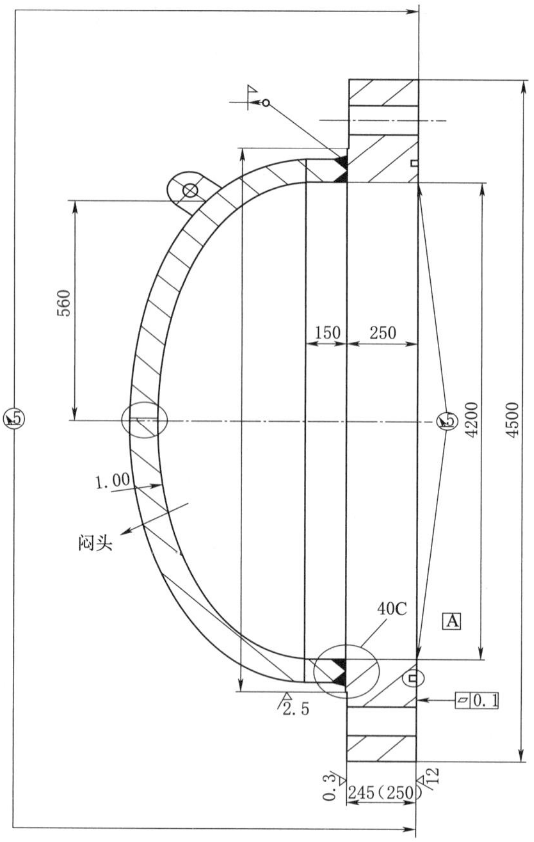

图 3　蜗壳闷头安装示意图

要求电动试压泵布置在延伸管闷头附近区域，方便对其进行操作。逐项检查水压试验装置的各个部件安装合格后，接通电源，对电动试压泵进行试运行检查，检查压力表计、泄压设备等应运行正常。蜗壳打压试验装置组装示意图见图 4。

4　蜗壳水压试验监测仪器安装

蜗壳水压试验变形监测设备布置要求，见图 5 和图 6，共 22 个点。

（1）在座环内部，对座环上法兰水平和中心、基础环中心监测，布置 12 个百分表，监测座环位移情况。

（2）在蜗壳外部，坐标轴对称 4 个方向（$-X$ 蜗壳外侧要偏移 20°）布置 8 个百分表，监测蜗壳膨胀量。

（3）在蜗壳延伸管法兰处，水平与垂直位置布置 2 个百分表，监测法兰位移。

监测设备的支架采用型钢制作，要求固定应牢固、可靠。

5　蜗壳水压试验

5.1　蜗壳水压试验主要技术参数及试验工艺流程图

蜗壳水压试验涉及的主要技术参数：打压设备封水环为整体结构，直径 5896mm，高 625mm，重 17595kg，封水环吊装到位后与座环之间安装有两道密封，封水环与座环上下密封面同心度不大于 1mm，封水环与座环密封面间隙不大于 0.20mm，按设计要求力矩预紧封水环与座环 M36 螺栓预紧力矩 2600N·m；蜗壳试验闷头直径 3000mm，重 11180kg，吊装到位后与蜗壳延伸段安装两道密封，闷头与蜗壳延伸段采用把合螺栓紧固，螺栓为 M120×6，拉伸值为 0.72mm。蜗壳水压试验工艺流程图见图 7。

5.2　蜗壳注水及试验条件核实

注水工作在闷头和封水环安装合格后开始，水源应干净、清洁。蜗壳的注水从蜗壳顶盖的排气管注

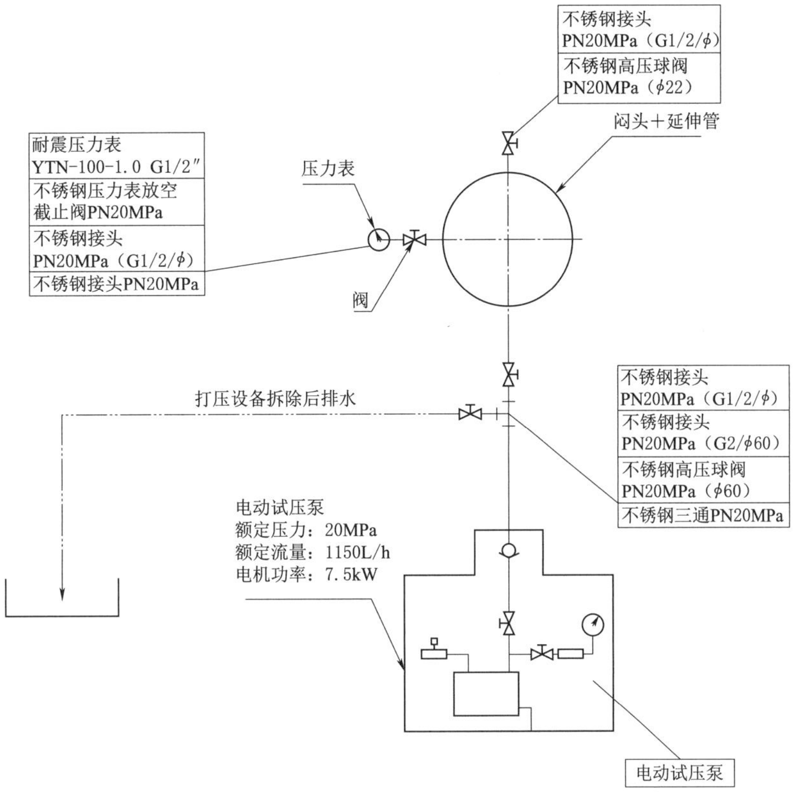

图4　蜗壳打压试验装置组装示意图

入。充水结束后，打压之前应对蜗壳重要部位进行一次有无渗漏水检查。向蜗壳内充水时，若不将排（补）气阀打开排气，或蜗壳内空气尚未排尽，将会在随后的加压中导致水压表指针颤动。注水完成后应复核水压试验前条件具备情况：①试验泵试运行正常。检查水源应充足，满足试验要求；②水压试验各阶段监控记录表已准备齐全；③试验区域的隔离措施已经到位；④复查监测百分表架设情况，并统一指针对"零"。以上条件全部检查无问题后开始蜗壳水压试验。

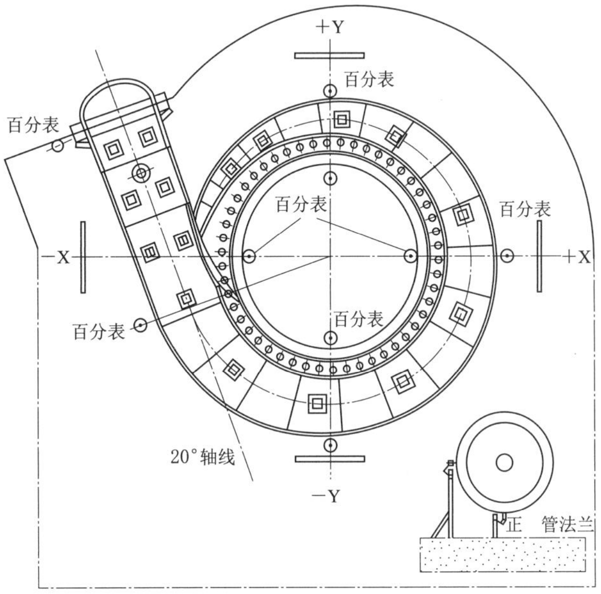

图5　蜗壳水压试验监测百分表布置（俯视）

5.3　蜗壳水压试验

水压试验开始加压至3.68MPa，加压时间40min，保压5min；降至1.84MPa，降压时间20min，保压5min；水压升压至7.35MPa，加压时间60min，保压5min；降至3.68MPa，降压时间40min，保压5min；水压升压至11.75MPa，加压时间80min，保压5min；降至5.88MPa，降压时间60min，保压5min；水压升压至14.70MPa，加压时间90min，保压5min；降至8.32MPa，降压时间70min，保压5min；水压升压至17.63MPa，加压时间100min，保压30min；降压至11.75MPa，降压时间60min，保压30min；降压至5.88MPa，降压时间60min。升压和降压过程控制在0.10MPa/min。蜗壳水压试验压力流程及压力曲线见图8。

5.4　蜗壳水压试验过程注意事项

试验过程中，应详细记录各个时间段的蜗壳内的水压、水温，以及底环的水平和蜗壳变形等数据，并与厂家提供的理论变形数据进行复核，同时检查有无渗漏点。重点实时监控蜗壳各部位的变形情况，

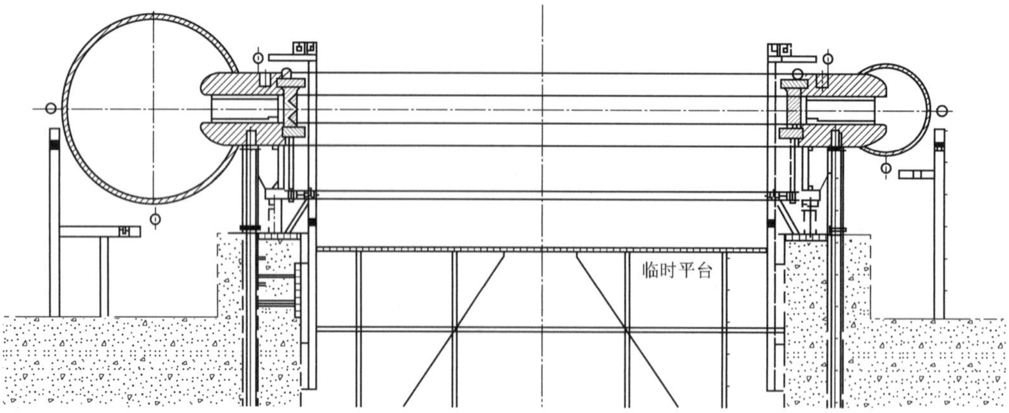

图 6　蜗壳水压试验监测百分表布置（平视）

如发现漏水、蜗壳变形量太大、座环蜗壳整体位移等异常情况要第一时间停止试验，在经过处理并再次验收合格后方可继续进行试验。蜗壳水压试验合格后，再次复测座环高程、水平、轴线等数据。

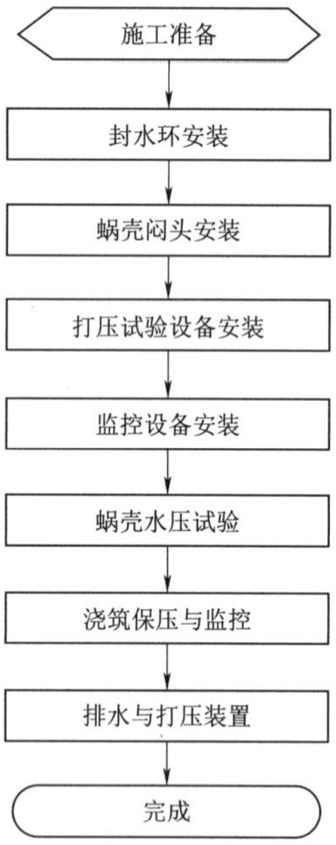

图 7　蜗壳水压试验工艺流程图

6　蜗壳水压试验数据分析

以长龙山抽蓄电站 2 号机为例，2 号机蜗壳水压试验于 2019 年 12 月 4 日下午 13 时 40 分开始加压，12 月 5 日 0 时 0 分升至试验最高压力 17.63MPa，保压 30min 无渗漏，无压降。12 月 5 日凌晨 3 时结束全部试验工作，共持续 13h 升压、降压、保压操作，2 号机蜗壳水压试验顺利完成。

根据监测记录分析，座环水平最大上抬为 0.25mm（17.63MPa，+Y 方向），同压力下的最小上抬为 0.18mm（−X 方向）。水压试验结束时（5.88MPa），测得水平变化最大为上抬 0.09mm。座环径向变化最大值为 1.63mm（17.63MPa，+Y 方向），同压力下的最小值为 0.54mm（−X 方向）。水压试验结束时（5.88MPa），测得径向变化最大为 0.75mm。座环监测曲线见图 9 和图 10。

基础环径向变形主要为带压的扩张，局部受挤压收缩，最大变形为 0.48mm（17.63MPa，−X 方向，即 3 号机侧），最小变形为 0.10mm（17.63MPa，−Y 方向，即下游侧）。水压试验结束时（5.88MPa），最大扩张变形为 0.19mm，最小扩张变形为 0.10mm。基础环监测压力曲线见图 11。

蜗壳的轴向膨胀最大值为 0.71mm（17.63MPa），17.63MPa 压力下的轴向膨胀最大值为 0.71mm（延伸管下部）。水压试验结束时（5.88MPa），最大轴向膨胀为 0.22mm，最小轴向膨胀为

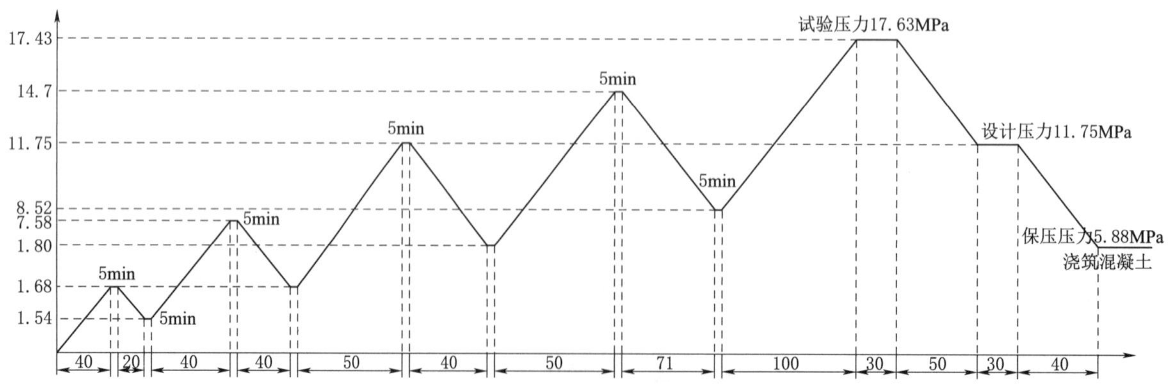

图 8　蜗壳水压试验压力流程及压力曲线图

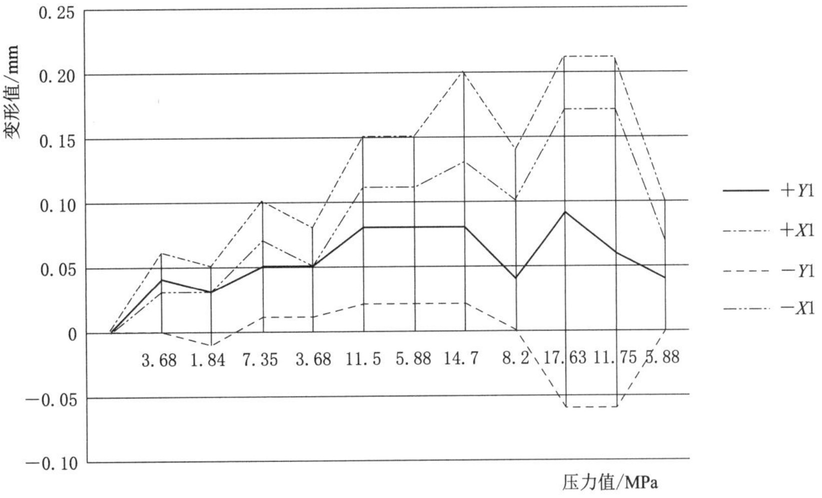

图 9 座环水平监测曲线图

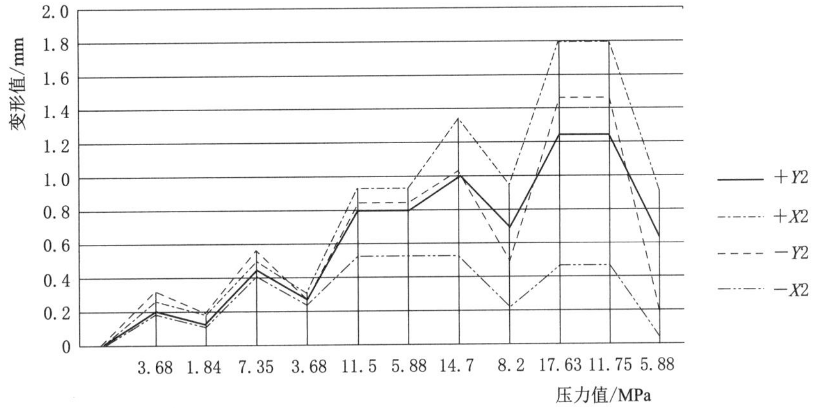

图 10 座环径向监测曲线图

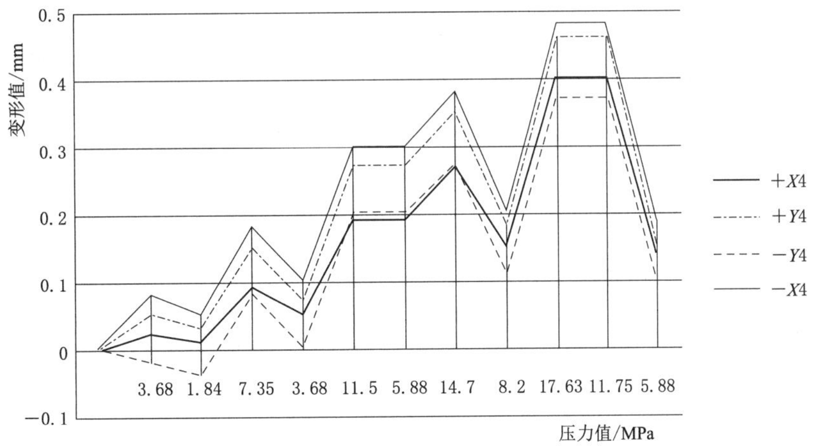

图 11 基础环径向监测曲线图

0.04mm，蜗壳的径向膨胀最大值为 3.76mm（17.63MPa，延伸管腰部），同压力下最小膨胀量为 2.36mm（下游侧腰部），此时延伸管法兰位移监测分别为向 3 号机方向移动 1.86mm（$+X$ 侧，即 1 号机侧）和 1.49mm（$-X$ 侧，即 3 号机侧）。水压试验结束时（5.88MPa），最大径向膨胀为 1.77mm（$-X$ 侧腰部，即 3 号机侧腰部），最小径向膨胀为 0.63mm（$-Y$，即下游侧），此时延伸管法兰位移分别为向 1 号机方向移动 0.23mm（$+X$ 侧，即 1 号机侧）和 0.01mm（$-X$ 侧，即 3 号机侧）。

蜗壳轴向监测压力曲线和蜗壳径向及位移监测见图 12 和图 13。

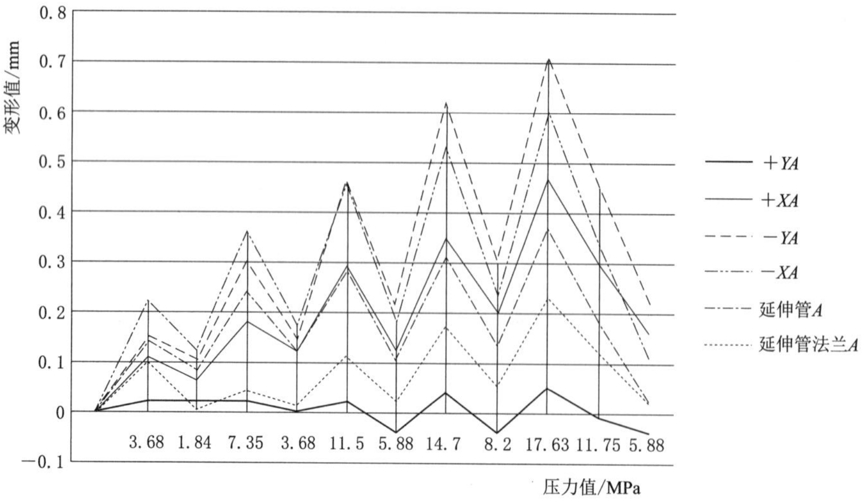

图 12 蜗壳轴向监测压力曲线图

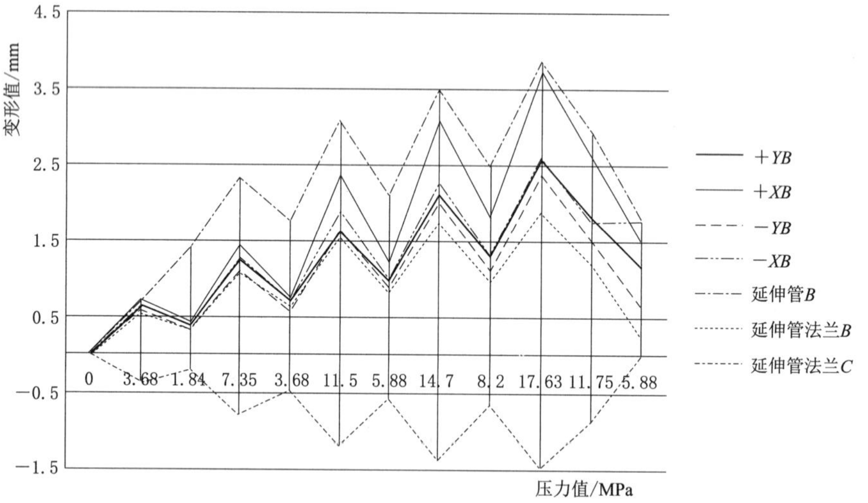

图 13 蜗壳径向和位移监测曲线图

综上所述，2 号机组水压试验过程严格按照厂家技术要求执行，升压、降压速度控制在 0.10MPa/min 内。监控人员详细记录各个时间段蜗壳水压、水温以及蜗壳变形等监测数据，并与理论变形数据（见表 1）进行复核对比，均在可控范围内，同步检查各密封部位无渗漏点，水压试验期间各步骤操作规范。2 号机组与此前已完成 1 号机组蜗壳水压试验过程相比较，工作人员更为熟练，在最高试验压力 17.63MPa 时未出现任何失误，也为后续 4 台机组蜗壳水压试验能否顺利完成积攒经验。

表 1　　蜗壳水压试验理论变形数据

厂家给出的蜗壳水压试验时最大膨胀量（理论变形值），以此作为对比
1. 蜗壳水压试验时的最大综合位移量为 3.651mm
2. 蜗壳水压试验时的蜗壳最大径向膨胀量为 3.5776mm
3. 蜗壳水压试验时的蜗壳最大轴向膨胀量为 1.4891mm

7 蜗壳混凝土保压浇筑及监控

长龙山抽蓄电站蜗壳混凝土保压浇筑前将蜗壳内部压力保持在 5.88MPa，浇筑过程中因混凝土发热会造成蜗壳内部压力升高，所以在浇筑混凝土过程中要及时泄压，同时还应注意混凝土的浇筑速度、方法、方向，同步监控、记录底环的水平变化及对座环、蜗壳的防护。还应重点监测座环法兰的中心、水平变化和座环蜗壳的轴线变化情况，以及蜗壳延伸管法兰的倾斜度。蜗壳混凝土浇筑过程中上升速度不超过 300mm/h，每层浇高 1～2m，浇筑至蜗壳腰线时，对蜗壳外部连接拉锚根部进行切割。待蜗壳下部浇筑完成后，蜗壳已不再存在浇筑位移的可能，因此在浇筑蜗壳上部及灌浆期间，应着重对土建的灌浆压力进行监测检查，避免灌浆压力过大造成蜗壳抬动及位移，确保监测数据在厂家设计值范围内，同时，监控、记录蜗壳的压力变化值和水压变化值，根据实际情况调整灌浆压力和速度。后续在确认蜗壳灌浆工作完成且合格后，经确认后方可进行排水工作。蜗壳混凝土浇筑与灌浆期间的保压示意图见图 14。

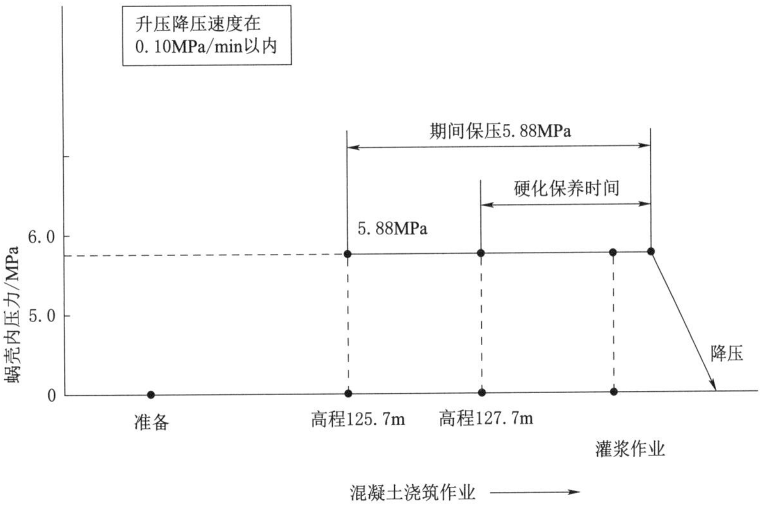

图 14　蜗壳混凝土浇筑与灌浆期间的保压示意图

8　结语

在长龙山抽水蓄能电站超高水头下 6 台机组蜗壳水压试验均一次性打压通过，其试验压力 17.63MPa 国内尚未有机组触及，试验过程中步骤烦琐复杂，具有相当大的操作难度，同时也考验操作人员水平，机组在水压试验过程中若出现任何闪失均会造成不可想象的后果，其危险系数可谓不小，在缺少可参考的国内外超高水头下蜗壳水压试验经验下取得的成果很是难得。在水压试验过程中，施工单位严格按制造厂家的操作规程进行，监理工程师严格过程控制，取得了优秀的成绩。已投产发电的 1～6 号机蜗壳总体安装质量满足长龙山电站质量安装标准要求和厂家技术要求，焊缝探伤一次合格率为 99%，确保了蜗壳水压试验能够一次性通过。通过超高水头下蜗壳水压试验取得的成果，值得后续抽蓄电站机组借鉴和推广。

参考文献

[1]　DL/T 5070—2012 水轮机金属蜗壳现场制造安装及焊接工艺导则 [S].

[2]　GB 50236—2011 现场设备、工业管道焊接工程施工规范 [S].

[3]　东方电气集团东方电机有限公司. 长龙山水泵水轮机安装说明书埋入部分安装说明书 [Z]. 2018.

运行及维护

实景建模技术在抽水蓄能电站中的应用

吴高进 李宁羽
（中国水利水电第八工程局有限公司，湖南省长沙市 410004）

【摘 要】抽水蓄能电站特点明显，季节性、工期长、体积大、占地广，施工区域的划分受到自然条件制约多，如何将整个项目施工现场进行合理的布置成为项目开展的重要组成部分。通过无人机倾斜摄影获取的实景三维模型，结合BIM+GIS技术的集成应用，可以提前形成直观仿真的项目场景和施工场地布置方案，方便工程参与各方理解设计意图，直观真实的感受建成后的工程风貌。

【关键词】场地布置 无人机倾斜摄影 实景模型 BIM

1 引言

我国抽水蓄能电站一般建在山体陡峭、交通不便的地区，对于这些地区，工程开展时，缺少地形地貌数据，并且该地区植被厚，测量人员不方便进行大规模地形测绘，野外工作局限性比较大[1]，干扰因素多，传统的测量手段和方法显然不能适应新的形势。

以往抽水蓄能工程施工方案主要以CAD、Word等二维的形式表达，与监理、业主等外部相关方沟通技术方案时不利于快速表达方案意图，各场地布置，各阶段工作内容难以表述清晰。同时缺乏对现有周边环境及地形地貌的综合展示，许多问题在方案策划阶段无法发现。也无法在施工过程中将策划方案及现场情况进行对比分析，做出及时合理的调整。

而抽水蓄能工程施工方案编制均以地形为基础，特别是施工道路、临建设施的布置、库盆开挖和坝体填筑，如何快速获取大面积准确的地形，以及整合实景模型与BIM模型是本文研究的重点。

本文利用无人机倾斜摄影技术与BIM技术相结合的方式，通过创建分阶段的场地布置、截流方案、面板坝填筑方案及周边环境模型，创建出真实再现自然与施工方案的模型，在这个模型中可评估多种施工方案，并将方案的整体规划以形象逼真的视觉效果传达给相关决策者，为方案和概念的决定提供可视化的数据分析。同时制作涵盖施工全过程的可视化交底方案，形成图文并茂的视频动画，清晰表达方案随进度计划变化的状况，反映各施工阶段工作内容的重点难点，辅助工程管理人员根据周边环境情况，清晰直观的执行设计好的施工方案，从而达到对外加快外部环境协调，对内提高方案一致性、技术交底成功率等目的。

2 实景模型的概念

实景建模技术主要是以倾斜摄影为主，地面近地拍摄、点云数据为辅。通常一个项目实景模型创建外业和内业两个部分，外业通过无人机采集照片，内业利用Bentley体系下Context Capture（以下简称CC）软件进行空三计算，建立各种格式的实景三维模型。实景数据可以作为信息化管控平台的底层数据载体，是各类应用平台中BIM+实景的基础。实景模型具有真三维全信息展示、可量测、可单体化赋予属性、可逆向生成测绘图纸、结合地质模型快速计算土石方量等应用方向，近年来已成为主流的技术手段，已在雄安新区调蓄库工程、珠三角水资源配置工程、前海城市规划等众多大中型项目中使用。

3 实景模型创建流程

（1）外业部分：准备好具有测绘功能的大疆无人机，选择一个天气晴朗、4级风以下的天气。拍摄前先进行试拍，大致确定拍摄范围以及拍摄高度，避免无人机撞上山体或者建筑物。试拍完成后进行无人机航线的规划，设置好飞行路线，为了保证项目实景模型的识别度，拍摄的图片和飞行路径的重合率要在 60%以上。

（2）内业部分：无人机拍摄完成后，在电脑端利用 Master 对拍摄的照片计算空间位置，根据计算量划分为不同的区域，形成不同的任务，然后提交空三计算，进行空三计算涉及各种设置和原始照片的处理量。在实际项目中，空三计算常常由于各种原因造成失败，需通过多次调整像控点，直到空三计算成功。设置好自己需要的输出项后，通过 CC 软件可以得到 fbx、3sm、osgb、s3m、3mx、c3d 等各类数据格式实景模型。

4 技术路径

基于 CC 软件综合优势，本文将以 CC 软件为基础创建实景模型，但是由于 CC 软件对地形曲面无法编辑；而 A 平台旗下的 Civil 3D 具有强大的地形处理能力以及 Infraworks 具有模型整合和方案比选的功能，本技术路线的重点是 CC 软件处理的实景模型数据与 A 平台旗下软件实现数据对接。技术路径见图 1。

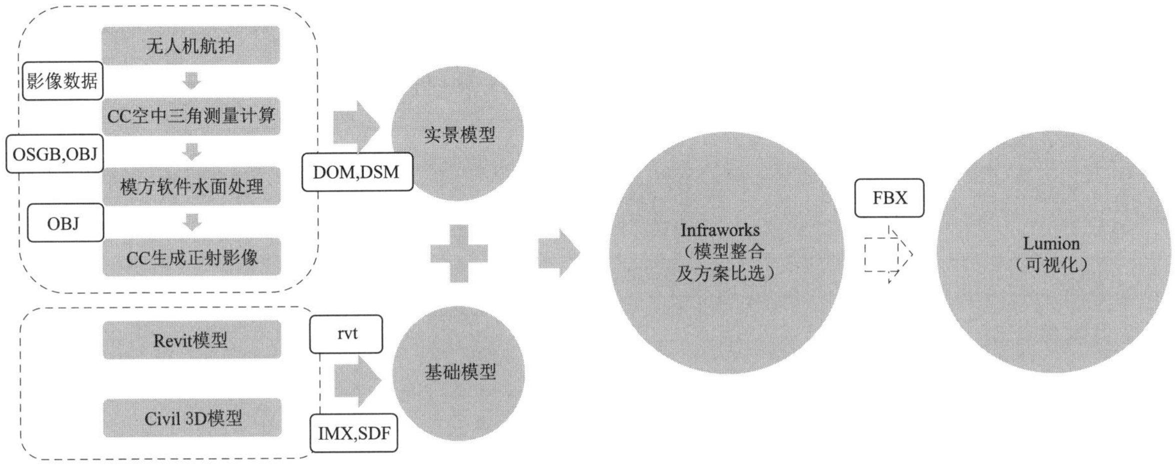

图 1 技术路径

5 项目应用案例

5.1 项目简介

平江抽水蓄能电站位于湖南省平江县境内，上水库位于平江县福寿山大福坪，下水库位于平江县福寿山镇百福村。电站下水库距省会长沙市公路里程约 132km，距平江县城约 39km。紧邻湖南负荷中心，距规划接入的浏阳 500kV 变电站电气距离约 40km。根据湖南电力系统的需求特点和平江抽水蓄能电站的功能特性，确定本工程的开发任务主要是担负湖南电力系统的调峰、填谷，兼有调频、调相、紧急事故备用等任务。

本电站枢纽主要由上水库、下水库、输水系统、地下厂房及开关站等建筑物组成，为Ⅰ等大（1）型工程。电站装机容量为 1400MW（4×350MW），上水库正常蓄水位为 1062.00m，死水位为 1041.00m。下水库正常蓄水位为 415.50m，死水位为 387.00m，上、下水库库容满足日调节特性。

本项目主要应用在项目的施工组织设计中，BIM 技术人员根据实景模型创建了开工仪式场地布置方案、截流场地布置方案、胶带机布置方案、面板坝填筑方案等，一是清楚直观了解到周围环境；二是创新性的将 Revit 模型与实景地形模型相结合，实现 1∶1 实景三维场地布置，并对场地布置进行实景漫游，发现各阶段布置的冲突点，实现了施工场地布置的高效优化与实景展示，使方案整体形象逼真。决策者可快速地进行评估和决策，提高施工效率，增强工程的整体质量。

5.2 硬件配置

本项目外业作业采用大疆精灵 Phantom 4 RTK 无人机[2]，进行野外航拍。

内业作业配备 2 台戴尔 5520 的移动工作站，硬件配置见表 1。

表 1 硬件配置表

硬件名称及型号	主要参数	数量
无人机	大疆精灵 4RTK 中海达 Ubase 基站 UVA 处理	1
戴尔（DELL）Precision 5520 移动工作站	CPU：Intel 酷睿 i5－7300HQ； 内存：8G； 硬盘：256G+1T； 显卡：M1200	2

5.3 软件配置

本项目所有软件均在 Windows 10 位以上操作系统上运行。为更好进行实景模型应用，项目主要采用 Bentley+Autodesk 公司的系列软件进行实景模型搭建、BIM 整合和展示。软件应用见表 2。

表 2 软件配置表

软件名称	功能及用途	数量
Context Capture	实景模型创建	1
Revit	BIM 模型创建，导出等	1
Civil 3D	地质处理、原始坐标整合、基础开挖、道路设计	1
Infraworks	模型整合以及方案比选	1

5.4 项目具体应用

5.4.1 无人机拍摄

航线规划：平江抽水蓄能电站项目涉及区域大，施工范围及影响范围大，根据项目施工总布置，需对以下区域进行航拍：①库区和大坝；②砂石拌和系统；③厂房基坑和围堰；④营地；⑤主要料场渣场；⑥其他工点。考虑施工后的复测，局部考虑飞行 2 次，并将复测范围列入工程量表中。在天气较好的情况下，整个外业需要 5d 左右时间。考虑建模需要大量时间，航拍最先从库区和大坝开始，其他区域实景建模随着项目推进逐步完成。

航拍过程中，每平方千米布设 2～4 个像控点。像控点需要测量人员对其进行测量，得出像控点实际坐标，用于后期对实景模型进行定位。

5.4.2 模型创建

5.4.2.1 实景模型创建

使用 CC 导入航拍影像，此处要注意坐标系的确定，坐标系应修改为 xian80 或者 2000 国家大地坐标系，度带号根据项目具体所在地确定，本项目度带号为 3－degree gauss－kruger zone 33。

然后提交空三计算，计算成功后，新建两个生产项目，分别生成 OBJ 和 OSGB 两种格式的模型数据。

模型编辑修复：模型生成后常常会出现部分破洞及水面不平整等现象，针对模型缺陷我们可以将其导入 3Dmax、ModeFun 等软件中进行处理分析，本项目以 ModeFun 进行模型修复，其在生产过程中选择 OBJ 格式文件，然后导入软件进行模型修复，并将数据导出到 Context Capture 进行模型重生，完成以上步骤，实景模型就创建完成。

模型处理完成之后，使用模方软件导出 DOM（影像）、DSM（高程）数据，实现与 Infraworks 的数据对接。

5.4.2.2 BIM 模型创建

（1）基础开挖模型：使用 Civil 3D 建立工程的三角网数字地面模型，并根据设计坡比及坝基底部轮廓线，创建开挖设计曲面，生成开挖工程量，同时以 IMX 文件形式导出开挖设计曲面，实现与 Infraworks 协同设计。

（2）道路设计模型：Civil 3D 本身具有强大的道路设计功能，使用 Civil 3D 进行场内道路的路线设计，同时以 SDF 文件形式导出设计好的路线，实现与 Infraworks 协同设计。

（3）场平设计模型：根据设计高程，使用 Civil 3D 进行场平设计，同时以 SDF 文件形式导出场平轮廓，实现与 Infraworks 协同设计。

（4）土建结构模型：根据设计图纸，利用 Revit 建立大坝、厂房以及临建设施等模型，同时赋予适当的模型材质，Revit 文件可以直接与 Infraworks 对接。

5.4.3 BIM 模型与实景模型的整合

在分别完成 BIM 模型和实景模型的创建后，利用 Civil 3D、MicroStation 等软件，完成 BIM 模型和实景模型的整合和校对，一是可以基于现实场景的三维场地布置，二是可以上传至相关 GIS 应用平台进行信息化管控应用。

（1）三维场地布置：以拌和系统的场地布置为例进行说明，首先利用 Revit 等主流建模软件创建项目 BIM 模型，导出 SAT 或者 DWG 文件；其次用 Civil 3D 将创建的 BIM 模型进行定位，这里要注意 BIM 模型的单位，如果 BIM 模型单位与 Civil 3D 单位不符合，可以在 Civil 3D 里将 BIM 模型进行缩放；最后用 MicroStation 导入调整后的 BIM 模型[3]，见图 2。在 MicroStation 里，可以看到拌和系统场地布置与现实场景的结合，如果场地布置与地形冲突，可以及时进行调整。

图 2　MicroStation 导入 BIM 模型

根据同样的步骤，创建了项目截流方案、面板坝填筑方案和交通洞洞口的场地布置。

（2）GIS 集成：项目管控平台的 GIS 集成是以平江抽水蓄能项目现实的三维实景模型为基础，以 BIM 主体模型为核心创建的，该平台集成了基础道路、水系、排水管道以及项目方案等信息，形成了一个完整的方案展示数据库，构造了一个信息共享、集成的、综合的工地管理和决策支持平台，实现了安全、质量、工期、合同、资料等方面的数字化管理，提高了工程管理水平和管理效率，为工程全生命周期的智慧管理提供了重要的基础数据支撑。

5.4.4 辅助工程测量

平江抽水蓄能项目处于高山峡谷之中，地形条件复杂，给前期测量人员绘制地形图带来了很多麻烦；而无人机摄影技术可以帮助测量人员获取地形的点云数据，然后导入 Civil 3D 软件中生成地形曲面获取等高线；后续可以与倾斜摄影照片在 Infraworks 软件内无缝整合。

5.4.5 土石方量估算

实景模型可以对某地进行填挖方分析，即可评估出平整一定范围的地表所需要的填、挖方量分别是多少，大大解放了工程测量人员的内外业工作量（图 4）。

图 3　交通洞洞口场地布置模型

图 4　土石方量计算

5.5　应用成果

5.5.1　可以快速获取场地地形

通过无人机倾斜摄影测量技术我们可以快速得到工程区内的三维实景模型，经过模方软件修饰，生成 DOM、DSM 数据，然后 Infraworks 导入 DOM、DSM 数据，生成等高线，最后利用 IMX 文件转化为 DWG 文件的等高线。

5.5.2　可以更真实的反应区域内的地形地貌

传统的测绘方案绘制的等高线，线与线之间经过拟合处理，不能真实反映场地的凹凸变化，比如老虎嘴部位；而倾斜摄影生成的等高线可以真实的反应地形地貌，精度能达到厘米级。

5.5.3　开创了一种施工方案比选与汇报的新模式

传统的施工方案比选与汇报方法就是在二维平面图上进行设计，不仅不直观，有时还会出现错误，本项目通过三维实景模型与 BIM 模型的融合，将建成后的工程 BIM 模型直观地呈现在人们面前，实现施工方案与现实环境相结合，可有效解决工程量估算误差较大问题，保证方案的准确性和一致性[4]。

5.5.4 可以灵活应对方案变更

Civil 3D 强大的道路和曲面设计功能以及与 Infraworks 无缝衔接的能力，可以使项目参与方灵活应对设计方案变更，对于施工方案的一个细节变动，软件将自动进行模型更新，减少技术人员大量工作量[5]。

6 结语

本文以平江抽水蓄能电站为例，介绍了三维实景模型的创建、与 BIM 模型结合进行场地布置、挖填方工程量计算等应用，得到了较好的分析、计算和展示效果。通过此案例，总结了三维实景模型在抽水蓄能工程中的应用主要有以下几方面的优势。

（1）相比于传统平面场地布置，无人机实景模型技术应用到场地布置有以下优点：实景模型技术能够将施工场区内的平面元素立体直观化，通过对实景模型的分析，对景观规划、环境现状、施工配套以及建成后的建筑物对周围环境的影响等各因素进行评价，同时利用 BIM 模型结合实景模型，对场地及拟建构筑物进行三维场地布置，评估规划阶段场地的使用条件和特点，最终做出该项目最理想的场地规划、建筑布局、道路交通组织关系等关键决策，提高了总布置的效率。

（2）在抽水蓄能工程建设中，土石方量的计算是实际施工的重要依据，为施工组织设计和实际施工现场安排提供了参考，传统的计算手段已不能满足水利水电工程复杂的地形状况下的造价计算，会对工程整体决策和经济指标控制造成一定的隐患，实景模型建立与实际地形相吻合的曲面模型，可以快速精确估算某一范围内的挖填方量，便于校核工程量，为经济指标的测算提供了数据基础。

（3）实景模型方式具有远程操作速度快、模型全面准确的特点，通过无人机、航拍等技术实现远程操作，获取的模型非常准确、全面。

（4）三维实景模型技术结合工程测量技术，将各类地形数据采集并录入地形数据库，对原始数据资料进行分析，对河道及地质资料、等高线进行仔细检查，修改错误的等高线，然后根据等高线创建地形模型，模型创建完成后继续检查过低或过高的等高线部分，修正错误，进一步修正最终形成实际地形，提升三维场部的质量，确保工程量计算的精准度。

参考文献

[1] 吴学雷．实测资料缺乏条件下水电工程勘察设计技术应用［J］．云南水力发电，2017，33（5）：74－79．

[2] 侯健，魏明刚，曾淑辉．大疆精灵 4RTK 结合 PPK 技术在潮间带航测中的应用［J］．北京测绘，2020，34（6）：829－832．

[3] 赵顺耐．Bentley BIM 解决方案应用流程［M］．北京：知识产权出版社，2017．

[4] 刘培状，杨秉澍．基于无人机倾斜摄影测量和 BIM 技术的三维实景模型在水利工程设计中的应用研究［J］．地下水，2019，41（6）：206－207．

[5] 刘辉．水利 BIM 从 0 到 1［M］．北京：中国水利水电出版社，2018．

宜兴抽水蓄能电站在行业高速发展背景下运行业务培训的特点及实践方案

蒋 衍 吉俊杰 仲金宝 王闻震 潘 盈
（国网新源华东宜兴抽水蓄能有限公司，江苏省宜兴市 214220）

【摘 要】为适应抽水蓄能行业的高速发展，需要对生产准备期的学员进行全面培训。本文对高速发展背景下宜兴抽蓄运行业务培训的特点进行了分析，并针对性地设计了一套运行业务培训的实践方案。该方案在狠抓安全教育的基础上，协调各方资源以夯实学员的运行理论基础，并建立运行体验室来提高学员的运行实战能力，最后通过多种方式来检验培训的成果。

【关键词】抽水蓄能 运行业务 特点 培训 实践方案

1 引言

“十四五”期间，我国将加快抽水蓄能项目的开发建设[1]，建设的电站数量将超过200个，已建和在建规模将跃升至亿千瓦级。抽蓄电站设备复杂、自动化程度高，为了保障电站建成后的运行效率，处于生产准备期的员工需要提前了解其岗位工作的职责与要求，接受安全、运行、检修等业务的全面培训，以缩短对新环境、新岗位的适应时间。在此背景下，华东宜兴抽水蓄能有限公司（以下简称宜蓄）承担起了本单位及国网新源集团其他兄弟单位的新员工培训任务。

在抽水蓄能电站的各项业务中，运行业务主要包含值守业务与操作组业务，是保障电站安全稳定运行的核心基础业务。运行业务涉及全厂各个系统，其覆盖的范围广、承担的责任重、对安全的要求高，需要运行人员具备系统的理论知识体系、强烈的安全责任意识、严谨的逻辑思维分析以及高度的责任心。为了培养出合格的运行人才，宜蓄运行班组结合本厂实际，统筹全厂人力物力资源，在新源集团全过程全业务培训体系下[2]，设计出了一套切实可行的运行业务培训方案。

2 高速发展背景下抽蓄运行业务培训的特点

2.1 徒弟多与师父少之间的矛盾

学员来到宜蓄后，按照规定与宜蓄员工结为“师徒”关系。近五年在宜蓄接受培训的学员人数如表1所示，可以看出抽蓄行业的高速发展带来了培训学员人数的逐年增加，亦即徒弟人数逐年增加（表1）。相比之下，由于岗位人数的限制，宜蓄运检部具备担任师父资格的员工人数几乎不变。而随着电站运行年限的增加，现场设备不断老化，各种缺陷、故障逐渐增多。师父们在做好现场工作的同时，难以顾及培训工作。

表1 宜蓄近年在厂培训学员人数

年份	2018	2019	2020	2021	2022
人数/个	16	25	31	35	38

2.2 专业性与全面性之间难以平衡

运行业务直接涉及全厂的每个系统，又直接关系到人身、电网、设备的安全。因此，运行人员需要对全厂的每一个系统都要有足够了解，形成全面的知识体系。根据宜蓄最新版本的《运行规程》，其中共有多达51个分册，且大部分分册之间关联性并不强，只是大体上分为电气、机械、水工三个专业。培训学员往往对自己大学本专业相关的系统掌握较好，而对其他专业系统相对陌生，需要下一番苦功，才能做好各系统全面性的学习。

2.3 理论课程与实际工作之间存在差距的矛盾

想要干好电站运行业务，除了要求掌握全面的知识体系，还必须具备以下技能才能真正做好实际工作。一是熟悉专业及安全生产相关的法律法规、制度标准、规范要求等；二是能够规范使用各种工器具对各个设备进行正确操作；三是要学会根据工作实际，灵活运用所学的理论知识。参加运行业务培训是学员由于工作年限较短，不具备担任工作票“四种人”资格，不具备担任“监护人”“操作人”资格，不具备单独进行设备巡检的资格。如何让学员们最大程度地了解实际工作，需要培训单位做好统筹规划。

3 宜蓄运行业务培训的实践方案

为了保证运行业务培训的效果，让学员们掌握必要的运行技能，宜蓄运行班组对上述培训工作中存在的难点进行了攻坚，制定了初步的培训方案。几年以来，随着经验的不断积累，通过逐步完善，得到了以下实践方案。

3.1 狠抓安全教育，树立学员安全意识

宜蓄作为培训主管单位一直狠抓安全教育，构筑安全底线，努力塑造学员的安全意识，将学员的安全工作纳入安全生产目标。

学员入厂后，严格由厂、部门、班组组织三级安全教育，以《电力安全工作规程（变电部分）》和《电力安全工作规程（水电厂动力部分）》为教材进行学习。只有在掌握电力安全生产工作的基本规定并经考试合格后，学员才可以进入生产现场。

接着，学员应结合之后的专业理论培训，逐步知晓厂内各楼层带电、带压设备的地点，清楚地下厂房逃生通道的具体位置。学员还应深入理解并贯彻各种安全规章制度，学会各种安全工器具的使用方法，杜绝各种违章。此外，还要将培训学员纳入全厂性反事故学习范围，参加每季度组织的反事故演习。

总之，严格将安全视为培训工作的底线，将安全工作融合进培训工作的方方面面，贯穿入整个培训流程的始终。

3.2 全面协调各方资源，夯实运行理论基础

为了夯实学员们的运行理论基础，宜蓄运行班对所有可以利用的资源进行梳理。人力方面，在“师徒制”的基础上，由经验丰富的员工作为师父，对学员徒弟的专业培训效果直接负责。物力方面，要整合好本电站以及新源集团已有的培训材料，由点到面、由浅入深，以循序渐进的方式展开对学员的基础理论培训。

（1）规划好工作安排，在保证现场工作有序推进的前提下，组织各设备主人对电站各个系统进行基础性理论讲解。此环节以电站各个系统的重要图纸、运检规程、设备说明书、典型操作票等为重点，通过集中讲解的方式构建学员对于抽水蓄能电站各系统的理论框架，让学员们对电站整体有一个全面的认识。

（2）要合理利用新源集团已有的培训支撑体系，引导学员完成规定的自学任务。新源集团已经组织开发了覆盖全业务的培训教材[2]，学员可在网络大学上自主完成对不同系统相关的教材、课件、案例分析的学习。由于各家抽水蓄能电站的设备不尽相同，该项学习也是学员拓宽眼界、提升独立思考能力的重要途径。

（3）要推进学员深入现场，培养理论联系实际的工作思维。在运行培训过程中，学员被分为两大组，分别进入操作组和值守组，两组人员定期轮换。操作组的学员在厂房中可以观看巡检、操作与消缺。值守组的学员在值守人员的带领下在备用操作员站电脑进行监盘。通过这种培训形式，让学员们亲身体会

实际工作，通过实际工作体验进一步夯实运行理论基础。

3.3 设立运行体验室，提升运行实战能力

为了让学员们掌握各种工器具的使用方法，获得实际操作设备的机会，宜蓄目前正按计划有序推进运行体验室的建设。运行体验室分为三部分：安全体验室、操作体验室、值守体验室。

安全体验室参考新源丰满培训基地的安全体验项目，主要包含：防护用品展示及教学、标识牌使用体验、安全带使用体验、安全帽撞击体验、安全鞋冲击体验、梯子使用体验。学员通过参与这些项目，可以充分认识安全事故的危害和正确佩戴及使用安全工器具的重要性，学会各种工器具的使用方法，树立正确的安全观念。

操作体验室将厂房中常见的操作设备囊括在内，主要包含：工作/检修旁通阀机械螺栓锁定、球阀本体机械锁定、导叶全关机械锁定、ABB公司15.75kV闸刀/地刀设备、抽屉式开关、手车式开关、验电器、地线、绝缘手套、五防锁、各类机械锁，等等。学员通过对设备进行练习操作，掌握各种设备的操作方法，从而规避操作过程中的行为违章。

值守体验室复制了宜蓄中控室，但其操作员站电脑不具备操作权限。值守体验室的设立可以在不影响正常值守工作的条件下，对值守业务进行针对性培训。根据公司编制的《值守说明书》，学员应熟悉监控系统的各个画面，读懂界面上的各条报警信息，分析众数据的运行趋势，掌握白班、中班、夜班的各项业务。

3.4 多种考察方式并举，检验运行培训效果

为了检验培训效果，宜蓄公司对学员采用多种考察方式，主要包括：理论考试、现场拷问与值守拷问、图纸讲解、操作及值守能力测试等。电站可根据自身的工作安排，灵活调整和使用各种考察方式。

每月月底由运行班组组织理论考试，考试的重点为当月所学系统的基础理论知识及安规。以此了解学员对该系统相关的运行参数、报警条、常见故障的原因及处理方法的掌握情况。通过考试查找到自身存在的薄弱点后，再由师父对这些薄弱点进行针对性补强。

现场拷问与值守拷问以口头提问的方式开展，可以了解学员对当前工作的熟悉程度。在现场操作组工作中，学员应了解本班所要进行的各项工作，清楚各工作的地点与任务、危险点与安全措施。值守拷问则针对值守工作中当班的运行薄弱环节，分析可能出现的紧急状况，提出应急措施。

图纸讲解，顾名思义是要求学员对当月所学的图纸进行讲解。针对机械设备图纸，学员应掌握设备的结构、原理、作用；针对电气设备图纸，学员应掌握各段母线的电压等级、所带的重要负荷、备自投逻辑。此外，图纸中设备运行时的注意点、现场所在的位置等也应当了然于胸。

操作及值守能力测试属于综合性考察的方式，其包含的项目更加全面，对学员的综合性素养要求更高，考察所需要的时间也更长，通常用于阶段性考察。操作能力测试完全模拟厂房操作，学员拿到任务后依据图纸拟写操作票，分析危险点，随后挑选操作工具、标识牌进行模拟操作。值守能力测试则是值守工作的实战演习，学员要根据要求分析本班危险点、找到并分析指定的运行参数、完成相关数据的上报工作，等等。

4 结语

伴随着全球能源结构转型和能源消费革命，抽水蓄能在我国发挥了越来越重要的作用[3]。运行业务作为抽水蓄能的核心基础业务，对员工的培训效果将直接影响到电站的运行效率。在当前行业高速发展的背景下，运行业务培训想要取得良好的效果，需要解决徒弟多与师父少之间的矛盾，协调学员专业性与全面性之间不平衡，弥补理论课程与实际工作间的差别。

在宜蓄制定的实践方案中，安全教育贯穿于培训的始终，理论基础与实战能力是培训过程中的重中之重，并通过多种考察方式可检验培训的效果。未来，宜蓄还将对学员们返回本公司后的工作情况展开跟踪调查，根据调查结果进一步完善培训方案中的众多细节。

参考文献

[1] 国家能源局. 国家发展改革委、国家能源局部署加快“十四五”时期抽水蓄能项目开发建设［J］. 新能源科技，2022（5）：1.

[2] 李浩良. 天荒坪抽水蓄能电站在运维一体化模式下生产人员岗位成长路径设计与实践［J］. 水电与抽水蓄能，2019，3（5）：2-4.

[3] 林铭山. 抽水蓄能发展与技术应用综述［J］. 水电与抽水蓄能，2018，4（1）：5.

张河湾抽水蓄能电站之运行业务浅析

侯婷婷　王金龙
（河北张河湾蓄能发电有限责任公司，河北省石家庄市　050300）

【摘　要】 抽水蓄能电站的安全稳定运行是电网安全的重要依托，做好运行业务又是保证抽水蓄能电站的安全稳定运行的根本，所以做好运行业务对电网安全来说尤为重要。张河湾电站作为抽水蓄能电站中的一员，其运行业务主要有两票三制、交接班、运维钥匙管理等。

【关键词】 交接班　运维　钥匙　工作票　操作票

1　引言

抽水蓄能电站作为电网的事故紧急启动源，抽水蓄能机组的安全稳定运行尤为重要，所以如何做好抽水蓄能机组的运行业务至关重要。为了确保电站的设备设施可以安全稳定的运行，预防因设备设施的功能退化造成机组的非稳定运行的情况，抽水蓄能电站应依据自身情况及上级文件制定相关制度，例如交接班、运维钥匙、工作票、操作票等。

2　运行业务

2.1　交接班

交接班分为值守交接班和操作/ONCALL 交接班。交接班占据电厂连续生产的一个很重要的位置，交接班是指相关人员之间按照排班表进行工作交接，确保工作的连贯性。操作/ONCALL 交接班由运维负责人负责组织，值守交接班由当班值长负责组织。交接班双方确认签名后，交接班结束。

2.1.1　交接班准备

交班人员在交班前半小时应做好全面检查设备的运行情况包括设备状况、主要缺陷等；全面检查运行日志记录情况，确保记录准确、齐全；检查运维钥匙是否齐全，借出的钥匙登记清楚，去向明确；当班期间操作票、工作票执行情况；使用中的工器具、地线、录音笔等登记清楚，去向明确；收集当班其他人员需交代的信息，在生产管理信息系统内生成交接班记录等工作。

2.1.2　交接班内容

在交班过程中交班人员需要交代：设备状态及工作情况；设备运维记事，包括升压站设备、发变组、SFC、气系统、厂用电及直流系统及其他公用设备运行及检修情况；系统内本轮值班所发生的所有缺陷以及未关闭的缺陷情况；期间两票执行情况；操作过程中出现的问题及其他交代；目前未拆除的接地线及接地刀闸；领导及其他交代；危险点及薄弱环节；钥匙及物品借出情况；临时措施、异动情况；隐患情况；临时电源接入情况等内容。

2.1.3　交接班注意事项

交班人员要悉知机组目前的运行方式，设备启停、试验、检修情况，设备目前存在的缺陷，安全措施，调度上级的指示、命令、布置的任务及完成情况，当前存在的危险点及安全注意事项等并要全部向接班人员交代清楚；接班人员要对上述内容尽数知悉并且若有疑问要当场提出，如果认为有去现场核实的必要去现场交接清楚。

遇下列情况之一时，不得交接班：在事故处理和重要操作进行过程中；在重要试验关键步骤正在进行过程中；接班人员出现精神异常或醉酒，不能胜任值班工作时；交接班准备工作未做好；上级命令、指示交代不明确或有关技术记录、异动情况交代不清楚。

2.2 运维钥匙

运维钥匙分为4类：一类钥匙、二类钥匙、三类钥匙及门禁卡。

(1) 一类钥匙是指五防防误装置解锁钥匙，以及打开后容易触及高压带电部位且未设五防装置的单一锁具钥匙。

(2) 二类钥匙是指当机械设备检修过程中，在工作地点与危险源（如高压水、气、油等）之间的隔离装置上加装的移动式机械锁具钥匙。

(3) 三类钥匙是指一般设备钥匙，例如，设备运行方式切换钥匙、重要设备房间门钥匙。

(4) 门禁卡是指设备房间门禁系统所配置的门禁卡。

2.2.1 运维钥匙命名原则

一类钥匙编码命名由中文名称、钥匙类型、钥匙编号3部分组成；二类钥匙编码命名由钥匙编号组成；三类钥匙编码命名由中文名称、钥匙类型、钥匙编号3部分组成；门禁卡按照区域或使用用途来命名。

2.2.2 运维钥匙存放原则

运维钥匙均存放在地下厂房中控室内。一类钥匙存放在运维值班室一类钥匙管理柜内，供运维人员使用；二类钥匙存放在运维值班室二类钥匙管理柜内，供运维人员在执行操作时使用；三类钥匙存放在运维值班室三类钥匙管理柜内，供运维人员巡检、操作使用，以及外来工作人员使用；门禁卡存放在运维值班室，供运维人员巡检、操作使用，以及外来工作人员使用。门禁卡可发放给个人，由运维检修部根据用户工作需要办理临时权限开通；新增或更换的钥匙应由相关部门及时移交给运维检修部。

2.2.3 钥匙使用管理原则

运维检修部安全专工全面负责运维钥匙保管、使用、维护等管理工作，明确运维钥匙的借出、收回和门禁卡权限开通等流程，定期组织检查维护。运维钥匙的借用和归还，由当班操作/ONCALL组负责，经当班运维负责人同意后方可执行。

运维钥匙按值班班次移交，对于一类、二类钥匙的使用必须纳入交接班内容，操作/ONCALL组交接班后须全面核对运维钥匙使用情况。除二类钥匙只有编号外，所有运维钥匙均需有双重命名。运维钥匙使用中，发现钥匙命名标签脱落、损坏，必须及时通知运维检修部钥匙维护管理人员更新。

一类、二类钥匙仅供操作/ONCALL人员使用，三类钥匙可以借给相关人员使用，相关人员门禁卡权限的开通参照三类钥匙借用规定。

2.3 工作票

工作票是进行工作时所使用的票据，它能保证工作人员在电力设备或系统上进行检修作业的安全，也是运行人员执行安全措施的依据。工作票有两份，一份运行联，一份检修联，分别由工作许可人与工作负责人持有，双方必须强制遵守工作票面上所列内容。

2.3.1 工作票的填写与签发

工作负责人或工作票签发人根据工作任务来拟写工作票，确定工作票的安全措施及应装设围栏等，工作票签发人一般由班组长担任，工作票签发人检查工作票上内容不存在错误后进行签发，并将全部内容向工作负责人交代清楚。

2.3.2 工作票的接收

工作负责人将工作票流程走至运维负责人处，运维负责人收到工作票后，审核工作票所列内容及安全措施是否正确完善。接票后告知值守人员。第一种工作票和水力机械工作票要在工作前一日送达运行，第二种工作票可在工作当天预先交给运行，临时工作可在工作开始前直接交给运行。

2.3.3 安全措施的布置

运维负责人根据工作票上所列安全措施及现场设备实际情况等，确定操作任务，安排人员填写操作票，告知值守人员后方可进行隔离操作。工作票内所列的全部安全措施必须在开工前一次做完。

2.3.4 工作票的许可

安全措施执行后，工作许可人手持工作票与工作负责人共同检查现场的安全措施。双方确认无误后，分别在运行联和检修联相应位置打“√”并填写许可工作时间，双方签名确认后许可完成。许可完成后，检修联工作票应保存在工作现场，运行联工作票由工作许可人收执，按班次移交。

2.3.5 工作票的终结

检修工作结束后，工作负责人对现场进行清扫整理后，所有人员撤离现场；向工作许可人递交检修交代，并共同到现场验收，验收合格后，在工作票上填写终结时间并签名确认。

2.4 操作票

操作票是指为保证设备操作遵守正确的顺序填写操作的内容和顺序的票据。当电站内的设备设施无法正常运行或者需要定期维护时，需要将其从电力网络中剥离出来，此时就需要将其隔离，为了确保人身、电网、设备的安全，操作人不能盲目操作，要先去现场实地勘察拟写出一份顺序、内容、隔离范围正确的操作票。

2.4.1 操作人拟票

操作人根据运维负责人确定操作票的操作任务拟写操作票。拟票人应根据操作任务要求，核对设备实际运行方式、系统图，认真填写操作项目，操作人应按照操作顺序填写操作票的操作内容。

2.4.2 监护人审核

监护人负责对操作票的正确性进行审核，核实操作项目内容是否正确，确认操作顺序正确，确认危险点分析及预控措施是否恰当。电气设备倒闸操作票模拟预演无误后，危险点预控分析及预控措施检查恰当后，方可在生产管理系统中签名确认，并交给审批人。原则上，监护人不得修改操作票，一旦发现错误或异常，应退回操作人重新修改。

2.4.3 运维负责人审批

运维负责人是操作票审批人，运维负责人对操作票的必要性和安全性负责，应对操作票操作任务是否与操作指令一致、操作项目内容是否正确、危险点预控分析及预控措施是否恰当等再次检查、审核。当班运维负责人审批操作票，无误后正式生成纸质的操作票（含对应的危险点分析控制单），对照危险点分析控制单逐项告知操作人和监护人，在相应栏打“√”确认并录音，在纸质操作票的操作项目最后一栏下方、“危险点”栏和“预控措施”栏第一个空余行中部起向下划终止符，符号占两空行，若危险点分析和预控措施到该页的最后一行，则终止符划在备注栏内，确认无误后在操作票和危险点控制单相应位置分别签名确认，在正式操作开始应当告知值守人员操作任务信息。

2.4.4 操作票执行

操作人在操作开始前应准备必要的安全工器具、操作工具、隔离链条、钥匙、挂锁、标示牌等，检查所用的安全工器具合格并符合现场实际操作要求。操作人在执行过程中要严格遵守监护人的要求，双方严格遵守操作票监护复诵制度并按照操作票的顺序及内容操作，严禁跳项漏项，监护人在每完成一项后在相应位置打“√”认真检查操作质量，全部执行完毕后复查。对500kV开关的分合操作，应在相应步骤栏记录操作时间，若操作项目还涉及上锁或悬挂接地线，则应在“锁号（地线编号）”栏内填写相应的锁号或接地线编号。

3 结语

本文主要是对张河湾电站的交接班、运维钥匙、工作票及操作票四项运行业务进行了介绍，这四项运行业务是较为重要的，对张河湾电站设备设施安全稳定运行起着相当大的作用，所以应该尽善尽美地做好这4个方面的工作。

雄安抽水蓄能电站运行期含油废水产生及处理研究

崔小红　金　弈　张沙龙

（中国电建集团北京勘测设计研究院有限公司，北京市　100024）

【摘　要】本文分析了水电站运行期机组含油废水的来源、特点及处理方法，并对雄安抽水蓄能电站运行期含油废水水量、浓度进行了估算，确定了含油废水处理后的处置方案，对含油废水的处理方法和工艺进行了比较研究，提出采用“旋流分离法＋吸附法”的组合工艺。

【关键词】雄安调蓄库　抽水蓄能电站　含油废水　处理工艺

1　引言

水电工程为非污染生态影响工程，对于水电站的机电设备而言，正常运行期间基本没有污染物排放。但在特殊情况下，仍存在污染物不正常排放的可能，尤其是含油废水，如：机组轴承密封磨损、油管路破损、事故维修、火灾消防等，会产生一定量含油废水，若不能得到有效处理就直接排放到水体，将造成水体污染。随着人类环境意识的提高和对环境保护的重视，水电站机电设备运行中的含油废水进行处理已成为水电工程设计的一项重要工作内容[1-2]。

南水北调中线雄安调蓄库工程位于河北省保定市徐水区境内，调蓄上库位于徐水区义王庄村所在沟谷处；调蓄下库位于保定市徐水区崖儿峪附近，距南水北调中线干渠西黑山节制闸左岸约200m。工程区与保定市直线距离约35km，距雄安新区50km，距北京市直线距离约175km。结合上下库建设条件，建设雄安抽水蓄能电站，缓解河北南网调峰压力，降低运行成本。

本工程主要由调蓄上库、调蓄下库、联通工程、输水系统、地下厂房系统和调蓄上库主坝下游环境整治工程组成。其中输水系统和地下厂房系统属于徐水抽水蓄能的主体工程，该蓄能电站装机600MW。本工程有4台大机组（单机150MW）和1台小机组（单机30MW），大机组（单机150MW）作为正常的蓄能机组应用，变频小机组（单机30MW）平常基本闲置，只有在雄安调蓄上库初期充水及水库极限发电最低水位（205m）以下放水时运行，即小机组既可作为雄安调蓄上库补水水泵使用，也可作为供水时水轮机工况发电消能使用。

2　含油废水来源及特点

水电站运行期的油系统分为透平油系统和绝缘油系统。透平油系统为机组的调速系统、发电机推力轴承及导轴承、水轮机导轴承的冷却润滑用油。绝缘油系统为主变压器提供绝缘用油。水电站渗漏排水系统的管路接口复杂，管路系统贯穿厂房的各角落，有来自机组顶盖自流排水，有来自厂房各层排水沟的渗漏排水，这些水源均可能带来设备和管路的污油，其主要的油源如下：

（1）水轮机水导轴承，发电机上、下导轴承及推力轴承的润滑油。无论是反击式还是冲击式、立式还是卧式水轮发电机组，水电站机电设备在运行中，存在一定的甩油、渗油、漏油、滴油等现象。

（2）厂房各部位的设备及管道渗漏出的操作油或润滑油。如调速系统设备及管路、水轮机进水阀液压操作系统、机组液压操作系统、有油润滑的空压机排污系统。

（3）发电机消防水及事故排油。

（4）主变压器消防水及事故排油。

上述（3）、（4）情况是特殊情况，发生概率较低，不予考虑，仅考虑（1）、（2）情况。（1）、（2）主要是管路及设备跑、冒、滴、漏产生的地面冲洗含油废水，其水质水量较为稳定，含油量相对较低，主

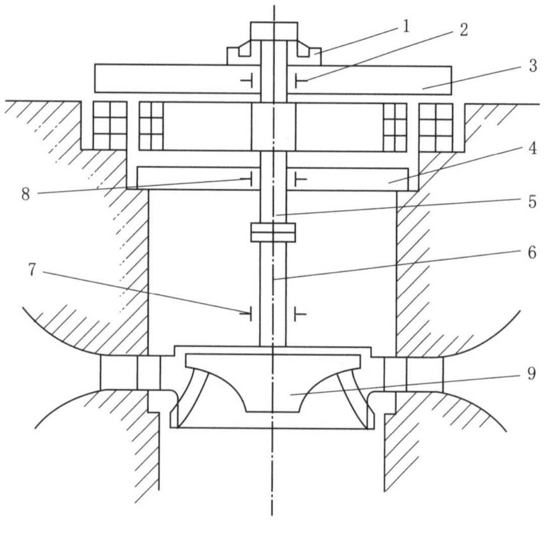

图 1 立式水轮机发电机机组简图

1—发电机推力轴承；2，8—发电机导轴承；3—发电机上机架；4—发电机下机架；5—发电机转轴；6—水轮机转轴；7—水轮机导轴承；9—顶盖

要污染物为：COD、油类、SS、重金属等。发电机机坑排水、水轮机机坑排水为主要的含油废水来源。图 1 为立式水轮机发电机机组简图，正常工况下机组高速旋转，推力轴承与导轴承冷却润滑油无法做到完全密封，因而会有油雾泄漏。泄漏油雾的一部分被吸雾设备吸收，一部分在机组顶盖处结露并与顶盖处渗排水汇入废水管道。如磨损严重或设备密封性能差漏油量加大，甚至出现甩油滴油的情况。王环东在研究石龙水电站漏油问题时发现自 2010 年投运水轮机和发电机的联轴法兰漏油严重，漏油量每天约 16kg，随着机组运行时间的增加，漏油量有明显上升趋势，因此可以初步判断密封条已严重失效，2011 年通过一系列措施最终解决了漏油问题[3]。周其彬等发现水牛家水电站由于设备设计及安装不合理出现电机导轴承存在甩油的问题，一般情况下每天漏油量 1.87kg，最终经过设备改造解决了漏油问题[4]。曾均和等发现瓜洲水电站在试运行后的数月有较严重的漏油问题，一天漏油量近 100kg，经排查分析发现是由于安装及运行管理不当，管路接头法兰漏油 16.7kg，停机状态轴承漏油 33.3kg，空载状态机组导轴承、主轴罩及主轴溢油 50kg，经处理后基本解决漏油问题[5]。

3 含油废水浓度估算

由于电站运行中漏油量及漏水量无法准确统计，本文采用从相对不利角度出发，运行期按照 2 台机组同时发生故障的情况估算废水产生量，与其他工程类比设定每日漏油量限额估算漏油量，在限额内按正常工况处理，超限额时需停机检修漏油。

3.1 水量估算

渗漏排水系统用于排除厂房水工建筑物的渗水、水轮机顶盖排水、空压机冷却水、各阀门的漏水、SFC 冷却排水、变压器空载冷却排水等。每台机组含油废水的事故排水量约 $20m^3/h$，大机组与小机组不同时工作。根据工程任务和供水对象，从相对不利角度出发，通过概率分析，运行期按照 2 台大机组同时发生故障的情况考虑，事故排水量为 $40m^3/h$，与机组设备事故漏油形成含油废水。因此，地下厂房事故含油废水处理系统规模为 $40m^3/h$，不含油废水水量为 $375.5m^3/h$。雄安调蓄库排水量估算见表 1。

表 1 雄安调蓄库排水量估算

废水种类	含油废水	不含油废水
废水来源	机组顶盖排水；接力器、油室地漏排水；机修车间等	地下厂房、引水系统渗水；空压机、SFC 及主变空载运行冷却排水等
水量/(m^3/h)	40	375.5

3.2 漏油量估算

表 2 统计了我国水电站自投产以来发生的机组漏油情况，中寨、石龙、水牛家与瓜州电站 4 个水电站单台机组漏油量在 0.088～4.17kg/h，经过维修处理后漏油问题得到了解决，有数据记载的中寨水电站漏油问题解决后的漏油量由 1.5kg/h 降为 0.06kg/h，达到了满意的效果。雄安调蓄库设置 4 台单级混流可逆式水泵水轮机，单机容量 150MW，1 台单级混流可逆式小容量的变速机组（或变极）机组，额定容量 30MW。根据其他水电站漏油情况类比，2 台机组同时漏油时，雄安抽水蓄能电站机组漏油量约为 0.176～8.34kg/h，当对漏油问题维修处理后，漏油量约为 0.12kg/h。

表 2 水电站漏油情况统计

水电站名称（机组）	投产时间	单台机组处理前漏油量/(kg/h)	处理后漏油量/(kg/h)	漏油位置
中寨水电站（1×25MW）	2004年	1.5	0.06	水导轴承
石龙水电站（2×35MW）	2010年	0.76	—	机组连轴法兰漏油
水牛家水电站（2×35MW）	2007年	0.088	—	电机上、下导轴承甩油
瓜洲水电站（3×3.35MW）	1997年	4.17	—	管道泄漏（0.69）机组及轴承（3.13）

3.3 油类污染物浓度估算

类比上述水电站的漏油强度，由 2.1 节可知，雄安调蓄库含油废水量为 $40m^3/h$，漏油量约为 0.176～8.34kg/h，因此，含油废水油类污染物浓度为 5～210mg/L，漏油问题经维修处理后，含油废水油类污染物浓度约为 3mg/L。

3.4 废水排放去向及排放标准

考虑到雄安调蓄库给雄安新区供生活用水，含油废水不能进入调蓄上库、调蓄下库，需明确含油废水的处理地点达标后的合理去向。为确保下库、上库水质不受影响，经研究确定，运行期地下厂房的含油废水收集后输送到地面的废水处理站进行处理，处理后输送到调蓄上库主坝下游环境整治工程的拦水坝中作为景观用水。鉴于 GB/T 18921—2019《城市污水再生利用　景观环境用水水质》无油类相关指标要求，按照 GB 18918—2002《城镇污水处理厂污染物排放标准》及其修改单的一级 A 标准要求，即油类指标为 1mg/L。

4 含油废水的存在形态及处理方法

4.1 水中油类的形态及特性

油类物质在废水中主要有四种形态：悬浮态、分散态、乳化态和溶解态。其中悬浮油占总含油量的70%～80%，油滴粒径较大，一般大于 100μm；分散油以微小油粒形状分散于水中，不稳定，静置一段时间后，往往变成浮油，其油粒径一般为 25～100μm；乳化油在废水中呈乳浊状，细小的油珠外边包着一层水化膜并具有一定量的负电荷，且水中往往含有一定量的表面活性剂，使乳化物呈稳定状态，油粒径一般在 0.1～25μm，长期保持稳定，难以分离；溶解油以化学方式溶解于水中，粒径比乳化油还要小，有时可以小到几纳米，极难分离。

4.2 含油废水的处理方法

含油废水的处理按其机理分为生物法、电化学法和物理化学法。

（1）生物法。目前，生物处理方法主要是应用微生物吸附、降解作用，将水中的油类和 COD 分解为水和二氧化碳，而实现净化废水的过程。一般生活污水的可生化性在 0.5 以上，难以处理的含氰废水的可生化性也在 0.34 左右，而含油废水的可生化性在 0.15～0.25。可见，含油废水生化处理的难度极大，需要进行深入研究。郝超磊等通过厌氧-好氧（A/O）工艺处理油田废水，对废水中石油类物质、COD、硫化物去除效果明显，石油类物质去除率分别为 90.6%和 96.0%；COD 去除率分别为 86.0%和 91.6%；硫化物去除率分别为 94.8%和 98.2%，处理后的废水均达到一级排放标准[6]。

（2）电化学氧化法。电化学氧化法的主要原理是用铱锰锡钛多元氧化物涂层作阳极，钛作阴极，欲处理的废水作电解液进行电解反应。该工艺处理废水的效果较高，基本上可将 COD 降低到 100mg/L 以下，比较适用于深度处理。缺点是能耗较高，而且尚停留在实验室阶段，成功的工程经验较少。

（3）物理化学法。物理化学法主要通过重力分离法、旋流分离法、气浮法、絮凝沉淀法、过滤法、吸附法、膜分离法等使污染物得到去除。目前物理化学法应用于实际的案例较多，市面上设备较成熟，比较适合水电站含油废水的处理。

重力分离法根据油和水的密度不同、油和水的不相容性，利用油和水的密度差使油上浮，达到油水分离的目的。重力沉降是一种最常见、最简单易行的除油方法，一般作为油水分离的预处理操作单元。

沉降分离除油的主要设施有自然除油罐和隔油池。30μm 左右的油颗粒在处理装置中只要有水流状态，就不会自由上浮；30～1μm 的高分散态，即使在静止状态下，由于布朗运动的存在促使溶液长时间保持均质状态；20μm 以下的乳化液极难自然分层。停留时间在 2～4h 的平流沉淀隔油池，可有效去除 50μm 以上油颗粒。某炼油厂废水处理站使用平流式隔油池，停留时间为 90～120min，原废水中的含油质量浓度为 400～1000mg/L，出水含油量 150mg/L，除油率 70%。

气浮法是在含油废水中通入空气或其他气体产生微细气泡，使水中的一些细小悬浮油珠及固体颗粒附着在气泡上，随气泡一起上浮到水面形成浮渣（含油泡沫层），然后使用适当的撇油器将油撇去。废水中的油类是疏水性杂质，当其粒径很小，用重力沉降不能有效分离时，可用气浮法强化分离过程。气浮法能去除的最小油滴直径可达 10μm。王大华采用斜板气浮法处理含油废水，在进水含油量 300mg/L 时，出水含油量可控制在 10mg/L 以下[7]。

旋流分离法利用油与水的密度差，在水力旋流器内进行离心分离。由于旋流油水分离器具有体积小、安装方便、效率高、能耗低等独特优点，在油/水分理领域具有很大的市场潜力。汪华林等对分析了几种旋流分离器对含油废水的处理效果，认为旋流分离技术处理平均油滴粒径大于 30μm、含油浓度大于 30mg/L 的含油废水效果较好，对于处理平均油滴粒径小于 15μm 的含油废水处理能力有限，同时与隔油池、气浮和机械离心机相比水力旋流器有较大的技术经济优势[8]。周宁玉等在进口流速为 10.46m/s，分流比为 10%，油浓度为 0.5%（V/V）时，该旋流分离器可将 15μm 的油去除 80%以上，油的分离界限粒径 $d50$（50%的分离效率）为 9.2μm[9]。

絮凝沉淀法为通过向水中投加絮凝剂，利用絮凝剂的吸附电中和、压缩双电层、吸附架桥、卷扫和网捕来去除水中的乳化油。此法适合于靠重力沉降不能分离的乳化状油滴，絮凝法常作为辅助方法与气浮法、重力分离法等结合使用。常用的絮凝剂有聚合氯化铝、聚合硫酸铁、聚丙烯酰胺等。曾科等选用聚合硫酸铁与聚丙烯酰胺复配的方法处理含油废水，原水 COD 664.6mg/L，含油浓度 121mg/L；出水 COD 浓度 116.96mg/L，含油量 5.88mg/L[10]。

过滤法，即是指通过滤膜的作用，拦截含油废水当中的颗粒物，从而进一步将油水分离，达到理想化的净化成效。通常而言，过滤法这种含油废水处理技术，应当是气浮法、混凝法的下一步处理工序，就是当形成较为稳定的混合体以及絮状的聚合物时，应用过滤法将含油废水当中胶装油渍取出来，通过这种处理措施，最后完成含油废水处理工作，将含油废水的含油量控制在 10mg/L 范围之内。

吸附法是用含有多孔的固体物质，使水中油分和其他污染物被吸附在固体孔隙内而去除的方法。依据吸附物和被吸附物之间的作用力，分为 3 种不同类型的吸附：物理吸附、化学吸附、交换吸附。常用的吸附剂有活性炭和大孔吸附树脂等。由于活性炭具有非常大的比表面积（通常可达 5×10^5～$2.5\times10^6m^2/kg$），使其具有较强的吸附能力，其对油的吸附容量为 30～80mg/g，但活性炭成本较高，再生困难。陈晓玲用活性炭作为吸附过滤材料，对含油废水进行处理，其中 COD 的去除率在 90%以上，油类的去除率在 88%以上[11]。周珊等通过 $AlCl_3$ 和 $FeCl_3$ 改性处理的粉煤灰，在室温，pH=10，搅拌时间为 30min，灰水的质量比为 1∶10 条件下，含油废水经粉煤灰吸附处理后，出水含油量由 256mg/L 降至 9.3mg/L，除油率为 96.36%[12]。

膜分离法是对含油废水进行深度处理的可行而有效的方法。膜分离法处理含油废水时，膜易受油质的污染，膜表面生成油层，甚至还会造成膜孔的堵塞。王立国等采用核桃壳过滤，在原水油浓度小于 120mg/L 时出水油浓度 10mg/L 左右，后续增加超滤膜过滤，使粒径大于 1μm 的颗粒平均去除率为 99.09%，出水油浓度为 0.33mg/L[13]。根据已有工程分析，处理后废水回用要求较高时采用膜过滤技术作为深度处理方法，运行效果良好，但膜过滤处理成本较大，在辽河油田某采油厂曾经有应用膜处理工艺处理 2 万 t 外排水用于锅炉软化水的大胆实践，运行费用约为 6.8 元/t 废水[14]。一般情况，采用活性炭吸附基本能满足排放要求。

4.3　含油废水处理工艺

在处理含油废水中往往是几种工艺的组合使用，根据不同的条件选择不同的工艺组合，各工艺特点对比见表3。

表3 含油废水主要处理方法对比

方法名称	去除对象	去除粒径/μm	特　点
生物法	全部油类	<10	费用低，去除范围广，耐冲击能力小，需驯化特殊微生物，实际应用较少
电化学法	全部油类	<10	去除效果好，能耗高，设备易腐蚀，工艺不够成熟
重力分离法	悬浮油及分散油	>50	工艺设备成熟，运行稳定，费用低，一般作为预处理
气浮法	分散油及乳化油	>10	工艺成熟，效果好，需曝气，有浮渣
旋流分离法	分散油及乳化油	>10	工艺设备成熟，占地面积小运行费用低，可替代重力分离及气浮法
絮凝沉淀法	乳化油	>10	效果好，需投加药剂，产生污泥，可配合其他工艺使用
过滤法	分散油及乳化油	>10	工艺设备成熟，无浮渣，需反冲洗
吸附法	溶解油	<10	工艺设备成熟，处理效果好，投资高，吸附剂再生困难
膜分离法	全部油类	<10	处理效果好，投资高，膜易污染，运行成本高

经工艺比较，最终采用“旋流分离法＋吸附法”的组合工艺。含油废水处理站在进水管、出水管上均设置自动在线水质监测仪器（测量石油、COD、SS水质指标），进行实时监测，及时反映水质变化情况。根据监测结果，当运行期间进水水质含油量较低，达标排放标准时，同时考虑水质变化人员操作需要反应时间，在调节池后的管道上设置超越管，直接排放；当运行期间进水水质含油量不能达到排放标准时，自动关闭超越管上的阀门，同时开启进水管阀门，经含油废水处理站处理达标后排放。

5 结语

针对抽水蓄能电站含油废水的来源及特点，以雄安抽水蓄能电站为例，估算了含油废水水量、漏油量及油类污染物浓度，并提出了含油废水处理的工艺。运行期，地下厂房的含油废水收集后输送到地面的废水处理站进行处理，处理后输送到调蓄上库主坝下游环境整治工程的拦水坝中作为景观用水，防止油泄漏和污染对蓄能电站水体、南水北调水体水质造成影响，具有显著的保护水质作用。

本文对雄安抽水蓄能电站运行期含油废水的产生和处理研究，主要得到了以下结论：

（1）发电机机坑排水、水轮机机坑排水为主要的含油废水来源。

（2）运行期，按照2台大机组同时发生故障的情况考虑，地下厂房事故含油废水处理系统规模为$40m^3/h$。

（3）根据其他水电站漏油情况类比，雄安抽水蓄能电站机组漏油量为0.176～8.34kg/h；含油废水油类污染物浓度为5～210mg/L。

（4）经工艺比较，含油废水采用“旋流分离法＋吸附法”的组合工艺来处理。

参考文献

［1］ 马雪梅．观音岩水电站油混水处理系统设计［J］．云南水力发电，2016，32（6）：174－176.

［2］ 姚建国，王秀花．水电站机电设备运行汇总的含油污水处理系统设计初探［J］．2012，31（3）：12－16.

［3］ 王环东．石龙水电站轴流转桨机组联轴法兰渗油处理方法［J］．水电自动化与大坝监测，2011，35（4）：43－44.

［4］ 周其彬，刘峰．水牛家水电站发电机导轴承甩油处理［J］．水电厂自动化，2010（3）：48－50.

［5］ 曾均和，林环兴．瓜洲水电站机组漏油漏水的分析与处理［J］．中国农村水利水电，2001（S1）：154－154.

［6］ 郝超磊，宣美菊，宋有文，等．厌氧-好氧工艺在含油废水生化处理中的应用［J］．油气田环境保护，2005（1）：25－27，63－64.

［7］ 王大华．斜板溶气气浮装置处理油田污水实验［J］．油气田地面工程，2016（3）：31－33.

［8］ 汪华林，侯天明．油—水旋流分离技术及其在含油污水处理中的应用［J］．石油化工环境保护，1998（3）：8－17.

［9］ 周宁玉，高迎新，安伟，等．旋流分离器油水分离效率的模拟研究［J］．环境工程学报，2012，6（9）：2953－2957.

[10] 曾科，王松，任强．PFS与改性PAM复合絮凝剂处理油田污水试验研究［J］．精细石油化工进展，2007，8（3）：10－12．
[11] 陈晓玲．活性炭处理含油废水技术试验［J］．实验科学与技术，2006（5）：35－36．
[12] 周珊，杜冬云．改性粉煤灰处理含油废水的实验研究［J］．化学与生物工程，2005（6）：46－48．
[13] 王立国，高从堦，王琳，等．核桃壳过滤-超滤工艺处理油田含油污水［J］．石油化工高等学校学报，2006，19（2）：23－26．
[14] 王怀林，王亿川．陶瓷微滤膜用于油田采出水处理的研究［J］．膜科学与技术，1998，18（2）：21－24．

远控室在抽水蓄能电站中的实际应用

王金龙 任 刚 任 帅 李金研 梁晓龙
（河北张河湾蓄能发电有限责任公司，河北省石家庄市 050300）

【摘 要】中控室作为电站的大脑、核心，是保证电站安全稳定运行极其重要的工作场所，值守各项工作（包括：机组启停操作、工况转换、有功及无功调整、负荷调整、运行监视及设备操作、调度业务联系、运行记录填报、发电计划报送、电量数据报送等）均在中控室进行。因此，中控室内工作环境的改善会使值守人员的精力更加饱满、工作效率更加高效，对机组安全稳定运行起到极大的辅助作用，而远控室的应用则恰恰满足以上需求。

【关键词】中控室 远控室 抽水蓄能 设施

1 引言

国网新源张河湾电站地处于河北省石家庄市井陉县测鱼镇，是一座安装了4台可逆式水泵水轮电动发电机组，单机容量25万kW，总装机容量100万kW的日调节纯抽水蓄能电站。电站是以一回500kV输电线路接入河北南部电网的唯一一座抽水蓄能电站，在电网中承担调峰、调频、调相和事故备用等作用。

张河湾电站自投产以来中控室一直设置在地下厂房副厂房六层。随着时间的推移，张河湾电站完成了1～4号机组大修、电调柜改造、500kV保护系统改造、监控系统国产化改造等一系列工作，极大地提升了设备健康水平。自2021年9月推行单人值守模式以来，值守各项工作推进平稳顺利，从时间的维度上论证了单人值守模式完全满足工作需求。为保证电站设备安全稳定运行并提高职工工作效率、工作时的精力来保证安全生产工作的同时提升职工的幸福感，电站决定启用远控室，在生产值班办公楼进行值守工作，由地下厂房内值守转移至地下厂房外值守。

2 可行性方案研究

在张河湾电站领导的部署下，运维检修部开展了由地下厂房中控室迁移至生产值班区办公楼远控室的可行性研究工作。

张河湾电站在结合监控系统上位机改造期间，在生产值班区办公楼远控室布置了3号操作员站、4号操作员站，并于2018年9月3日在生产值班区办公楼远控室首次开机，机组平稳并网成功。在地下厂房中控室改造装修时，曾将中控室暂时搬至生产值班区办公楼远控室，远控室具备远方启停控制、负荷调整、开关操作等功能，具备与地下厂房中控室1号操作员站、2号操作员站的所有功能，同时，可以实现网调、省调的调度业务联系，内网电脑及内线电话可以正常使用，具备完成值守各项工作的条件。

2.1 硬件配置方面

（1）地下厂房中控室硬件配置。操作员工作站1号操作员站、2号操作员站，电气五防主机、网/省调度OMS、抄电量、公用系统控制、风洞红外成像、主变在线监测、工业电视、网调调度直通电话、省调调度直通电话、全厂消防控制主机、电话两部、工业电视大屏幕、中控室紧急操作按钮箱、调度录音电话、复印/打印一体机、空调一台、中控台、座椅等。

（2）生产值班区办公楼远控室硬件配置。操作员工作站3号操作员站、4号操作员站、远控室紧急操作按钮箱、远程图像监控系统服务器、内部电话、工业电视大屏幕、空调、文件柜等。

（3）硬件配置对比清单见表1。

表1 硬件配置对比清单表

设施位置	地下厂房中控室	生产值班区办公楼远控室	备注
操作员工作站	1号操作员站、2号操作员站	3号操作员站、4号操作员站	
电气五防主机	供操作人员使用	不需要	
网/省调度OMS	有	可迁移	
抄电量	有	可迁移	后续增加主机，两地均具备此功能
公用系统控制	有	可迁移	
风洞红外成像	有	可迁移	
主变在线监测	有	可迁移	
工业电视	有	有	
网调调度直通电话	4部	可设置分机	远控室设置分机，两地均可进行调度电话业务联系
省调调度直通电话	1部	可设置分机	
全厂消防控制主机	有	无	消防人员24小时值班，后续增加
内部电话	有	有	
内网电脑	1台	无	可增设
工业电视大屏幕	有	有	
紧急操作按钮箱	有	有	
调度录音电话	有	可迁移	
复印/打印一体机	有	无	可增设
空调	1台	1台	
中控台	1台	1台	
座椅	4把	4把	

2.2 限制条件及应对解决措施

限制条件与应对解决措施见表2。

表2 限制条件与应对解决措施表

序号	限制条件	应对解决措施	备注
1	机组管路出现“跑、冒、滴、漏、渗”等情况时，现场巡视人员可将现场情况第一时间汇报值守长，值守长可根据现场情况作出初步判断，再汇报运维负责人，看是否需要采取进一步的措施，机组继续运行还是向调度申请转移负荷	我厂工业电视经过全面升级改造，智能化和清晰度方面都有了质的飞越，在全厂重要的主机、辅机、管路等部位均安装了视频监控，新工业电视系统摄像头可以实现360°无死角监视，现场巡视人员汇报值守长可第一时间查看工业电视，可以准确判断缺陷的程度，决定是否进一步采取措施	
2	SFC拖动抽水，励磁或SFC故障时机组执行电气事故停机流程，需及时到SFC室确认报警，复归报警后方能拖动另一台机组	SFC控制盘柜上有复归SFC报警的操作说明，按照说明操作即可，可以充分利用智能终端，将现场情况第一时间发给值守长，便于做进一步的判断，此项工作暂可由辅助值守人员完成	后续考虑增设远方报警复归功能。远控室即可复归报警
3	机组运行过程中opu油泵不能自动转空载，会存在持续打压的情况，若不进行手动干预，压力油罐压力会一直上升，将导致油罐安全阀动作	opu油泵系统组合阀及opu压力油罐均设置了安全阀，出现持续打压情况时，安全阀会优先动作保护设备。且2021年全年未出现此情况，发生此情况概率较低。若监盘发现油罐压力和液位一直在上升时立刻通知厂房值班人员，将油泵切除，现地时刻监视油压、油位的变化，压力降至6.0MPa时可手动启泵打压，保证机组正常运行	
4	调度OMS系统死机、电量采集系统主机死机	值守长派辅助值守人员到计算机室重启电脑主机（目前主机均为新更换设备，运行稳定、可靠，故障率较低）	
5	出现水淹厂房事故	远控室紧急按钮操作箱具备与中控室紧急按钮操作箱相同功能，若出现紧急事故，可在远控室直接完成远方紧急落闸门等操作	

续表

序号	限 制 条 件	应 对 解 决 措 施	备 注
	辅助值守人员管理		
6	巡检不到位	巡检使用智能作业终端，记录机组及主辅设备的运行参数，巡检结束及时上传生产管理系统，由值守长对巡检质量及频次进行审核，巡检中发现缺陷及时汇报值守长	
7	联系不畅通	使用手机沟通，保持手机音量调至最大且振动，若通信质量不好时，可就近使用固定电话（目前厂房电信4G信号良好，已实现全覆盖，具备随时视频的条件）	
8	辅助值守人员对设备不熟悉	充分利用学习班时间，由值守长带领辅助值守人员认真学习设备的基本原理，提升业务水平	

综上分析，目前不存在无法处理的地下厂房中控室迁移限制因素。且我厂设备运行稳定，智能化水平较高，人员配置合理，工作思路清晰，生产值班区办公楼远控室软硬件配置可通过简单的调整、增设即可满足需求远控室值班需求。

2.3 人员配置方面

地下厂房中控室值班期间值守采用五班三倒方式，每个班两个人：一个值守长，一个辅助值守人员。生产值班区办公楼远控室值班期间值守长在远控室值班，辅助值守人员在地下厂房对全厂设备进行巡视，机组启动、运行、停机时重点巡视主辅设备，发生异常时及时汇报、处置，避免事故进一步扩大。

操作/ONCALL人员由机电三班、机电一班、机电二班值班人员组成，正常上班时间，操作/ONCALL人员厂房办公，强化厂房人员配置，随时应对可能发生的异常情况。每天夜晚期间，操作/ONCALL人员随时待命，发生异常或事故时可立即出发至地下厂房进行事故处理。

值守工作由两人（值守长、辅助值守人员）即可完成，可以节省人力、物力、财力。辅助值守人员与远控室值守长做好沟通，值班期间保证通信的畅通，发现异常及时汇报处理，充分利用移动终端优势，充分发挥工业电视的功能。值守长应定期通过工业电视对全厂主辅设备进行巡视，掌握好主辅设备的运行情况，记录机组运行时的重要参数。

综上分析，目前人员配置满足中控室迁移条件。

3 实施过程

2022年经公司决定实施远控室启用工作。运维检修部积极响应公司决策，组织人员积极推进工作进程，完成了生产值班区办公楼远控室各项工作所需设备的迁移或增设。2022年4月14日，值守人员搬离地下厂房，生产值班区办公楼远控室正式启用。电站地下厂房中控室及远控室见图1、图2。

运维检修部在紧锣密鼓中完成了以下工作，为远控室的成功启用做出了巨大贡献。

（1）网/省调度OMS系统的迁移及调试。

（2）抄电量系统的迁移及调试。

（3）公用系统的迁移及调试。

（4）网/省调度直通电话的分机增设及调试。

（5）监控系统语音报警站系统的迁移及调试。

（6）内网电脑的增设及相应功能的下载安装。

（7）复印/打印一体机的增设及连接调试。

（8）工业电视系统的转接及专线增设，保证工业电视系统的清晰快速。

（9）厂房内安排消防人员值班，保证厂房内的消防安全。

（10）值守人员所需工作资料的搬运。

（11）值守人员日常所需用品（如饮水机）的增设等。

图 1　地下厂房中控室

图 2　生产值班区办公楼远控室

4　结语

远控室启用后取得了明显的效果：

（1）远控室设备先进，装修整齐，宽敞明亮，通风性良好，噪声小，工作环境优越，能够保持足够的精力来进行值班工作。

（2）值班人员可以享受阳光，新风充足，不易产生疲惫感，保证了良好的工作状态，增加了工作效率，既提高工作的准确性，又能提高个人能力。

（3）白昼分明，适合自然人的作息时间，保证了值班人员的身心健康，因此就能专心监盘，保证了电站设备安全稳定运行。

（4）远控室紧邻两个班组，有问题时各专业人员可随时支援，提升了事故处理效率，更保证了电站的安全生产工作。

（5）远控室值班期间，值班人员可统一着装、精神焕发，充分展现出张河湾公司员工的精神面貌，为公司树立良好的企业形象。

频率协控系统在长龙山抽蓄电厂的应用

荆成明　王春明　楼荣武
（华东天荒坪抽水蓄能有限责任公司，浙江省湖州市　313302）

【摘　要】为了提升华东电网整体频率稳定水平，同时为华东电网直流大功率来电时稳定运行提供必要的控制手段，华东电网于 2016 年 3 月开始建设集成了直流调升、抽蓄切泵和快速切除可中断负荷的综合安全稳定控制系统。其中长龙山抽蓄电厂频率协控系统是华东电网频率协控系统的抽蓄控制执行子站，本文详细介绍了此系统在长龙山抽蓄电厂的应用。

【关键词】切泵　频率协控系统　抽蓄子站

1　华东电网抽蓄切泵控制系统概述

1.1　华东电网抽蓄切泵控制系统结构

华东电网抽蓄切泵控制系统（图 1）主要由抽蓄主站和抽蓄子站两大部分组成，长龙山抽蓄电站是抽蓄子站之中的重要一环。

当华东电网发生大规模的频率缺失或特高压直流系统故障时，频率紧急协控总站会将故障信息和切泵数量等信息发送给抽蓄控制主站，抽蓄控制主站按照不同的故障对应的水泵控制顺序，向抽蓄子站发送切除指定水泵的命令。

1.2　抽蓄切泵控制系统通信架构及信息交互

抽蓄子站至抽蓄主站之间的通道采用双复用 2M 接口方式，即每套装置之间设有 2 个通道，采用"双主"运行模式。如图 2 所示。

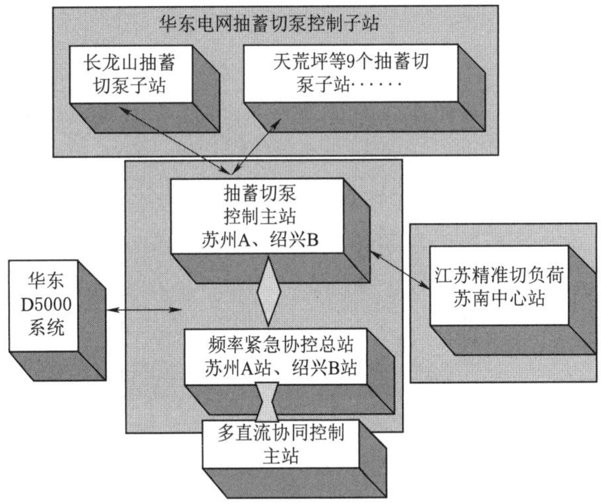

图 1　华东电网抽蓄切泵控制系统结构图

2　安控切泵工作原理

2.1　最大功率缺额的确定

（1）在华东电网系统中，低频减载装置通过快速切断负荷功率的办法来制止系统频率的大幅下降。因此必须考虑在系统发生最严重事故的情况下，可能出现的最大功率缺额，在最大功率缺额情况下，系统也能恢复正常稳定运行。

（2）低频减载装置是一种反事故措施，并不要求系统频率恢复至额定值，一般希望它的恢复频率 f_h 低于额定值，约为 49.5～50Hz，所以接到低频减载装置最大可能的切除功率 $\Delta P_{L\max}$ 可小于最大功率缺额 $\Delta P_{h\max}$。设正常运行时系统负荷为 P_{LN}，额定频率与恢复频率之差为 Δf，可得公式（1）：

$$\frac{\Delta P_{h\max}-\Delta P_{L\max}}{\Delta P_{LN}-\Delta P_{L\max}}=K_L\Delta f \quad \Delta P_{L\max}=\frac{\Delta P_{h\max}-K_L\Delta f P_L}{1-K_L\Delta f} \tag{1}$$

式中：$\Delta P_{L\max}$ 为最大可能切除功率，kW；$\Delta P_{h\max}$ 为最大功率缺额，kW；P_{LN} 为系统负荷，kW。

上式表明，当系统负荷 P_{LN}、系统最大功率缺额 $\Delta P_{h\max}$ 已知后，只要系统恢复频率 f_h 确定，即可知接到低频减载装置的功率总数 $\Delta P_{L\max}$。

2.2　低频减载装置动作顺序

低频减载装置是在电力系统发生事故时系统频率下降过程中，按照频率的不同数值按顺序的切除负

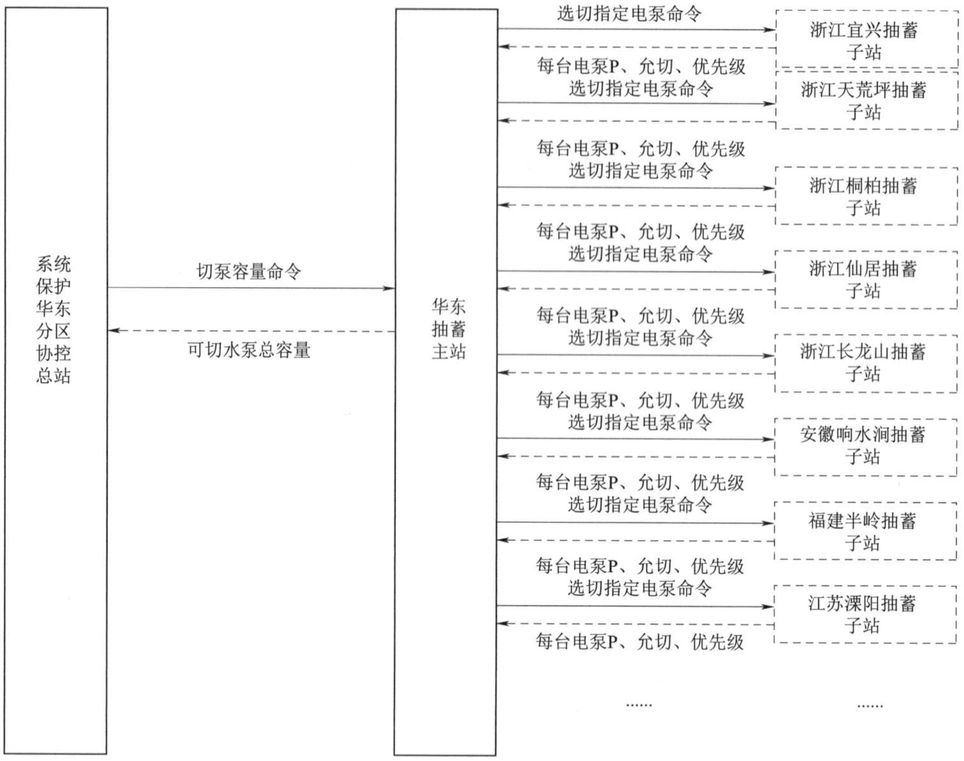

图 2　抽蓄切泵控制系统站间信息交互

荷。也就是将接至低频减载装置的总功率 $\Delta P_{L\max}$ 分配在不同的启动频率值来分批地切除，以适应不同功率缺额的需要。根据启动频率的不同，低频减载分为若干级，也称为若干轮。

2.3　第一级启动频率 f_1 的选择

一般来说，在事故初期如能及早切除负荷功率，这对延缓频率下降过程是有利的。因此，第一级的启动频率值宜选择的高些，但在水电厂的电力系统中，由于水轮机调速系统动作较慢，所以第一级启动频率宜设置相对较低，如图 3 中曲线 c 所示。

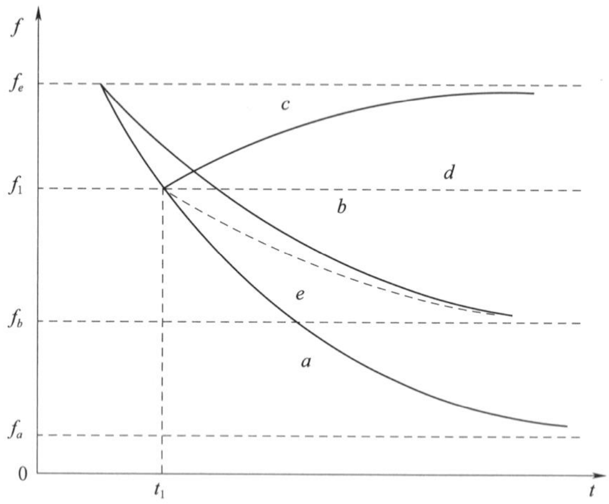

图 3　电力系统频率的动态特性

2.4　末级启动频率 f_n 的选择

电力系统允许最低频率受“频率崩溃”或“电压崩溃”的限制，对于高温高压的火电厂，频率低于 46Hz 时，厂用电已不能正常工作。在频率低于 45Hz 时，就有“电压崩溃”的危险。

当 f_1 和 f_n 确定后，就可在该频率范围内按频率级差 Δf 分成 n 级断开负荷，即：$n=\dfrac{f_1-f_n}{\Delta f}+1$，级数 n 越多，每级断开的负荷就越小，这样装置所切除的负荷量就越有可能接近于实际功率缺额，具有较好的适应性。

3　PCS－992 稳定控制装置配置

（1）功能：监测长妙 5P01 线和龙妙 5P02 线 2 回出线及 1～4 号机组的运行情况；将本站 1～4 号机组有功功率（功率为正表示抽水，功率为负表示发电）、允切及优先级信息上送至抽蓄主站，接收抽蓄主站切除指定水泵命令；本站检测 2 回线路电压（频率），实现低频切泵功能。

长龙山抽蓄电厂现有6台机组，只参与前两轮切泵动作，动作优先级见表1。

表1　动作优先级

序号	名　称	整定值
1	1号机组切除优先级定值	1
2	1号机组切除优先级定值	4
3	1号机组切除优先级定值	2
4	1号机组切除优先级定值	5
5	1号机组切除优先级定值	3
6	1号机组切除优先级定值	6

（2）配置：长龙山抽蓄电站频率协调控制系统设备配置有：2面升压站主机屏（安装在继保室）、2面地下厂房从机屏（安装在地下厂房发电机层1号、5号发电机组）和1面PMUX2MD-08型通信接口柜（安装在中控楼通讯机房），配备2套南京南瑞继保电气有限公司的PCS-992稳定控制装置，采取双主运行模式，由华东分部调控分中心调度管辖。

3.1　上送水泵运行信息

（1）采集机组高压侧。长龙山抽蓄电站主机A/B柜位于开关站继保室内，其电压信号分别采集于长妙5P01线压变PT551、龙妙5P02线压变PT552，其电流信号分别采集于长妙5P01线CT（5051开关侧T3和T4）、龙妙5P02线CT（5052开观侧T3和T4）。

（2）采集机组低压侧。长龙山抽蓄电站从机A/B柜位于地下厂房发电机层1号、5号发电机组，其电压信号分别采集于1～6号主变低压侧压变4PT和5PT，其电流信号分别采集于1～6号主变低压侧CT（T1和T2）。

（3）在上送机组运行状态至抽蓄切泵主站时，抽蓄子站稳控装置根据机组运行有功功率正负判断机组运行状态，如有功功率为负（即此时机组在抽水工况）且允切压板投入，则上送实际功率值、但功率方向取正，并置可切；如有功功率为正（即此时机组在发电工况）或允切压板退出，则上送实际功率值、但功率方向取负，并置不可切。

（4）只有在机组允切压板投入，处于抽水工况且达到功率门槛值时，才可以切除。见图4。

机组投运：机组检修压板退出&任意一相电流大于投运电流定值I_{ty}。

机组已处于稳定运行状态：有功功率大于投运功率定值P_{ty}。

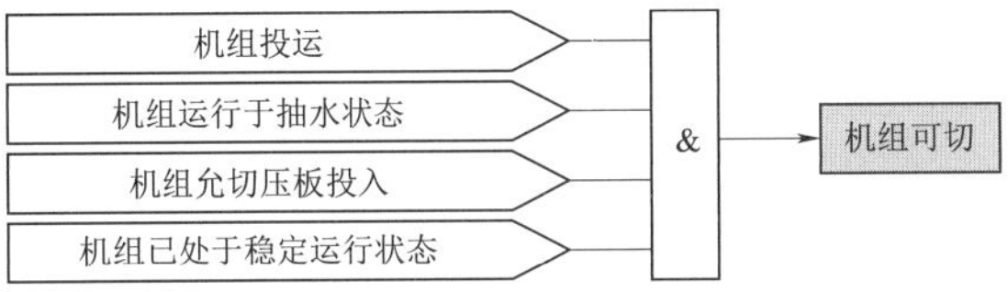

图4　机组可切条件

（5）元件PT断线。即电压互感器的三相电压负序分量（U_2）大于0.14倍额定相电压，延时5s发PT断线异常信号；三相电压负序分量（U_2）小于0.14倍额定相电压，但最大相电压小于0.2倍额定电压，同时电流大于0.06ln，延时5s发PT断线异常信号；异常消失后，延时5s自动返回。

（6）元件CT断线。装置对输入电流回路进行CT断线判别，本判据带比率制动功能，可以灵敏判别CT断线。当装置判出CT断线时，闭锁装置部分逻辑并告警。CT断线判别依据为

$$3I_0 \geqslant 0.04I_n + 0.25I_{max} \tag{2}$$

式中：$3I_0$为零序电流，A；I_n为CT一次额定电流，A；I_{max}为三相电流的最大电流，A。

当同时满足上述两式延时5s后发CT断线报警信号；异常消失后，延时5s自动返回。

3.2　收指定切水泵命令

（1）抽蓄切泵主站收到子站上送的水泵运行状态、有功功率、允切信息及切除优先级，由主站统一决策本地切除哪台水泵。本地收到抽蓄切泵主站切除指定××水泵命令，结合本地频率确认，切除相应水泵，若收到命令后，在规定时间内频率确认不满足，则认为命令无效，不再执行。

（2）当“远方命令切泵功能压板”退出时，上送机组允切状态全部置为不允切。

3.3 低频切泵功能

（1）低频功能的判别元件为长妙5P01线和龙妙5P02线的三相电压，根据其电压判断电网是否发生低频，如电网发生低频，且功能压板投入，则低频各轮次按照台数及优先级切除相应水泵。

（2）判据如下：

$f \leqslant$ Flqs　$t \geqslant$ Tflqs　　低频启动

$f \leqslant$ Fls1　$t \geqslant$ Tfls1　　低频第1轮动作

$f \leqslant$ Fls2　$t \geqslant$ Tfls2　　低频第2轮动作

（3）低频功能闭锁条件及逻辑框图如下：

1）闭锁条件。

（a）$U \leqslant K_2 * U_n$ 是指在检修压板退出的条件下，天瓶5405线、天瓶5406线任一线路有电流无电压。

（b）频差≥0.2Hz是指取自一条线路A/B两相PT之间频差≥0.2Hz。

（c）$-\mathrm{d}f/\mathrm{d}t \geqslant \mathrm{d}(f/t)b_1$ 是指滑差闭锁，若频率变化率 $-\mathrm{d}f/\mathrm{d}t \geqslant \mathrm{d}(f/t)b_1 \geqslant 5\mathrm{Hz/s}$，则认为由于负荷反馈，高次谐波，电压回路接触不良等原因引起频率变化异常，闭锁低频功能。

（d）$f<35$Hz或 $f>65$Hz。

2）低频动作逻辑框图如图5所示。

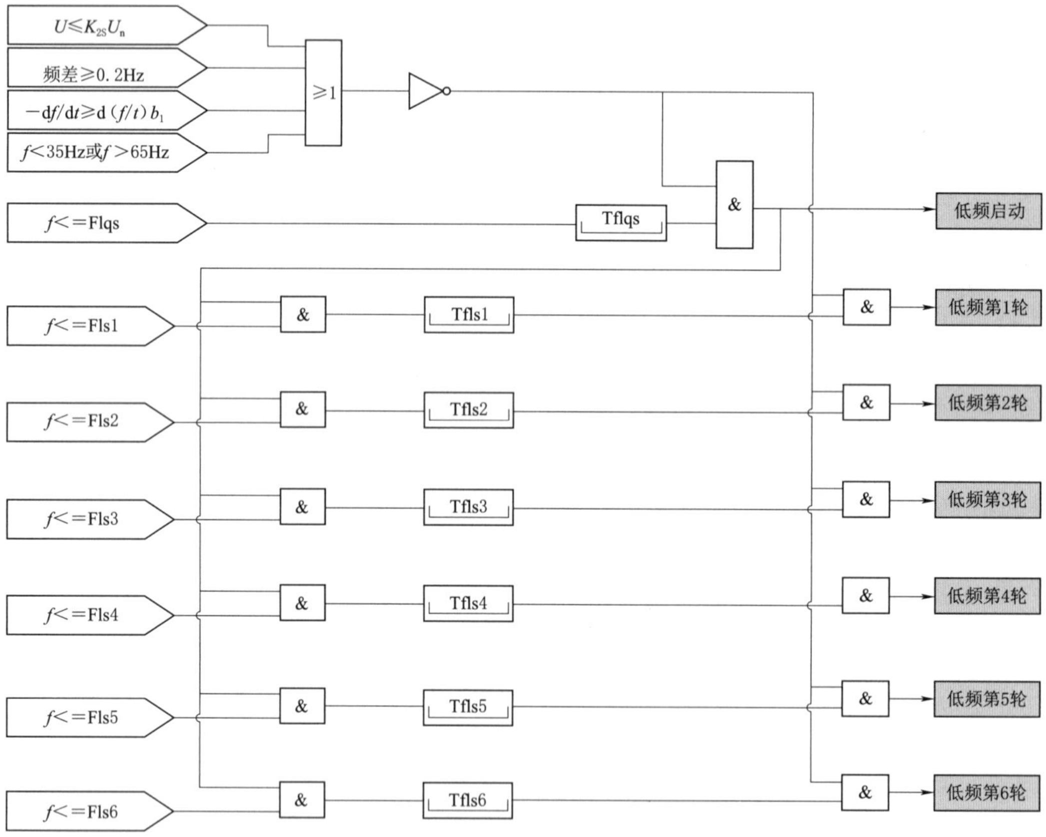

图5　低频动作逻辑框图

（4）低频功能判断原则。

1）两回出线低频判断取与逻辑，需同时满足动作条件。

2）一回出线检修则只以另一回判断低频。

3.4 收命令切泵与低频切泵的配合原则

（1）在不同的启动周期内，收命令切泵与低频切泵为两次独立的事件，控制措施独立。

（2）在同一启动周期内，若先收命令切泵，再低频切泵动作，则按照“叠加控制”的原则，即总的切泵台数为“收命令切泵台数＋低频切泵台数”。

（3）在同一启动周期内，若本地低频切泵先动作，再收远方命令切泵，直接切除远方命令指定水泵。

（4）在同一启动周期内，收远方命令切泵动作后，再次收到远方指定切泵命令，追加切除，主站逻辑不会重复切除同一台机。

4 结语

本文详细介绍了长龙山抽蓄电站频率协控系统的原理和配置，分析了频率协控系统对于华东电网稳定运行的重要意义，为该系统后续的运行管理提供了宝贵的参考资料，水平有限，文中有失偏颇之处，还望各位读者多多指正。

参考文献

［1］ 张小亮．华东频率紧急协调控制系统概述［J］．科技创业月刊，2017，30（8）：2.

［2］ 宋小明．浅谈电力系统稳定运行的方法分析及对策［J］．科技咨询，2017，15（5）：2.

长龙山抽水蓄能电站电缆线保护的两次故障处理及分析

顾佳欣　胡行健　赵　明　方军民
（华东天荒坪抽水蓄能有限责任公司，浙江省湖州市　313302）

【摘　要】本文通过详细介绍电缆线保护的两次不同的事件经过，故障处理和原因分析，为同类型电缆线保护的运行和维护提供一定经验。

【关键词】电缆线保护　卡件故障　线芯破损

1 引言

长龙山电站安装6台单机容量为350MW的可逆式发电电动机组。500kV系统主接线采用双母线接线方式，以500kV电压等级接入华东电网，通过两回500kV输电线路接入妙西变电所。500kV 1/2/3号电缆线分别双重化配置2套差动保护，均采用南瑞继保PCS－915分布式母线保护装置。该装置可由一台主站（PSC－915M）和多台子站（PCS－915S）构成，主站与子站间通过光纤完成点对点连接。

2 长龙山电站电缆线保护原理

2.1 电缆线保护配置

长龙山电站所用每套电缆线保护由一台主站和两台子站构成，分为地面柜和地下柜，地面柜有一台主站和一台子站，地下柜有一台子站。如图1所示。

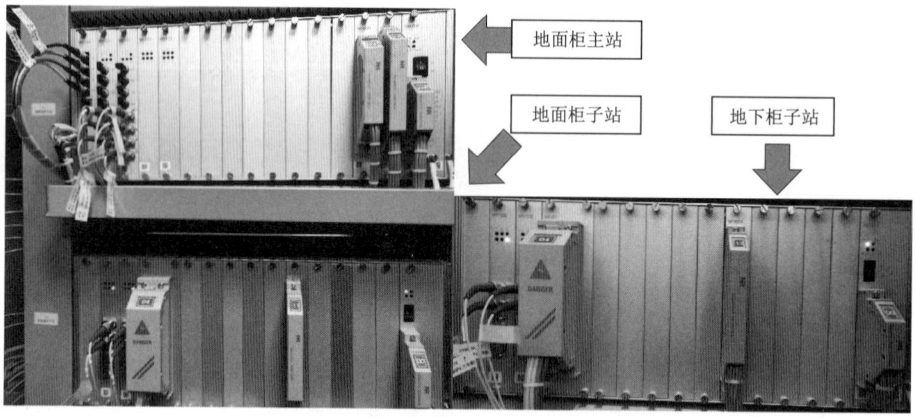

图1　电缆线保护地面柜、地下柜装置背视图

主站配有CPU板、保护元件光纤收发板、起动元件光纤收发板、保护计算板、起动计算板、开入板、开出板、电源与信号处理板。

子站配有保护元件板、起动元件板、CT采样板、开出板、电源与信号处理板。

地下柜子站和地面柜子站卡件配置完全相同。

2.2 电缆线保护原理

以2号电缆线保护为例，对电缆线保护的采样与跳闸回路进行介绍，地面柜子站起动板和保护板从5003开关母线侧CT进行采样，地下柜子站起动板和保护板分别从3/4号主变高压侧CT进行采样，如图2所示。

主站与子站间通过光纤完成点对点连接，主站接收地面子站和地下子站的采样数据后，主站保护计

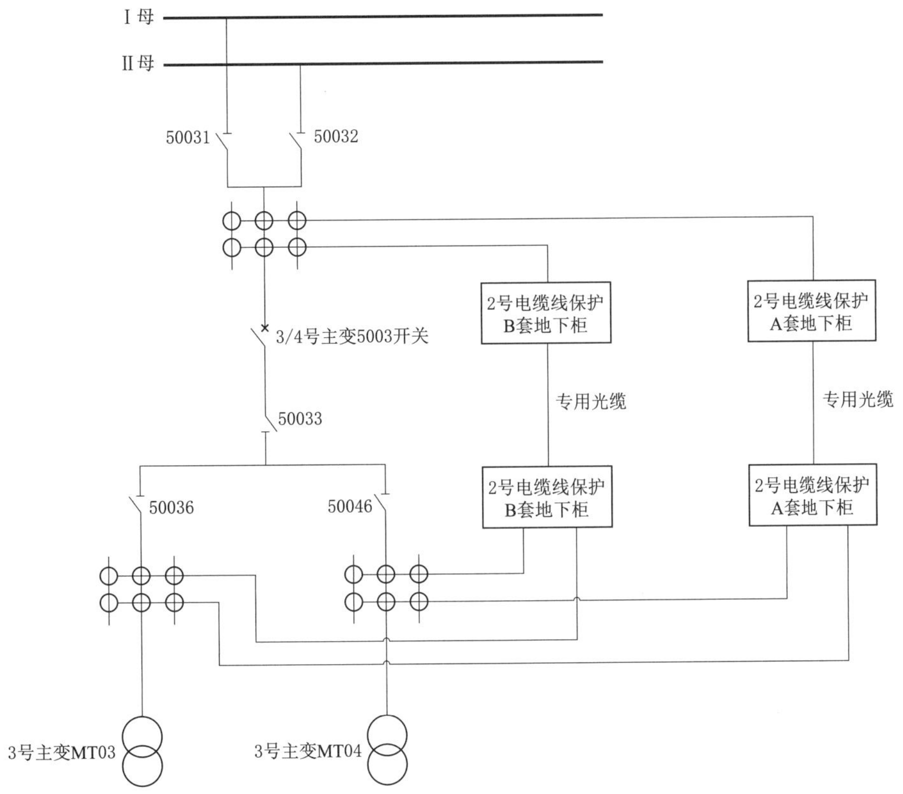

图 2　2 号电缆线保护采样回路简图

算板和起动计算板完成保护计算和保护启动逻辑处理后，分别又通过保护元件光纤收发板和起动元件光纤收发板分别向子站保护板和起动板发送起动信号和跳闸信号。

子站起动板接收起动信号后接通开出板跳闸出口继电器 TJ 的正电源，保护板接收跳闸信号后，励磁继电器 TJ 将跳闸命令送出。如图 3 所示。

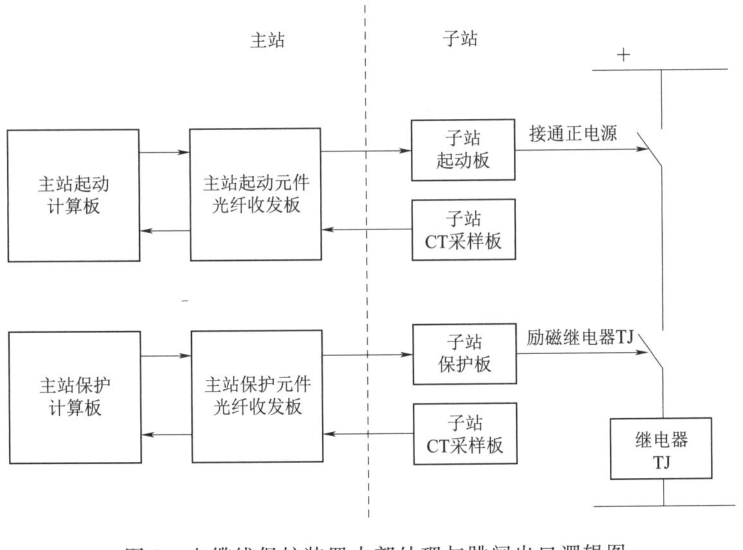

图 3　电缆线保护装置内部处理与跳闸出口逻辑图

子站跳闸出口继电器 TJ 动作后，（通过励磁操作箱跳闸锁存继电器）沟通相应开关跳闸线圈、启动开关失灵保护、启动母差保护解除复压闭锁、闭锁 500kV 开关合闸等。

此外，主站开入板完成保护压板等开入信号的处理；主站开出板不仅完成上述跳闸信号的输出，还完成“保护动作”“交流电流断线”等信号的输出；主站电源板完成“主站装置异常”“主站装置告警”等信号的输出。

子站开出板完成上述跳闸信号的输出；子站电源板完成“子站装置异常”“子站装置告警”等信号的输出。

2.3 电缆线保护动作后果

以 2 号电缆线保护为例，如图 4 所示，2 号电缆线保护动作后，地面子站收到主站信号，将跳开 5003 开关；地下子站收到主站信号，将去 3 号、4 号机组监控停 3 号、4 号机并且同时去 3 号、4 号机组 GCB 等各个开关跳圈，跳开相应开关。

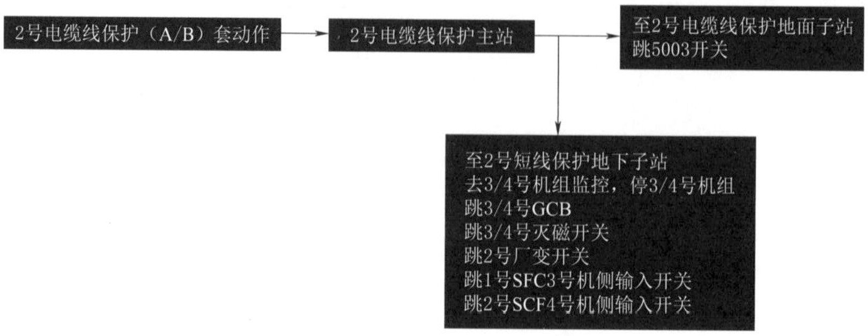

图 4　2 号电缆线保护动作后果

3　2 号电缆线保护子站卡件故障

3.1 故障现象

2022 年 1 月 11 日凌晨，监控系统出现 500kV 2 号电缆线保护 B 套主站装置告警。监控报警信息如下：

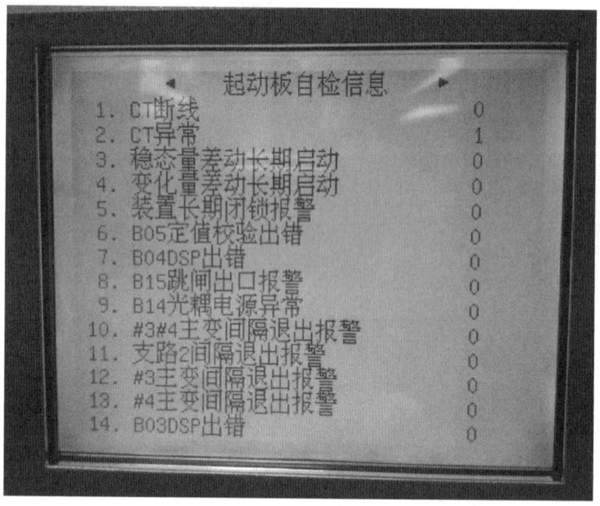

图 5　2 号电缆线保护 B 套起动板 CT 异常

01－11 00：34：00：861　　开关站短线 2 保护 B-主站装置告警（短线保护即电缆线保护）。

01－11 00：50　　现地查看保护装置，检查发现 2 号电缆线保护 B 套起动板报 CT 异常，如图 5 所示。

现地检查采样电流，2 号电缆线保护 B 套起动板 3 号主变采样电流为 0.18A，5003 开关侧 3、4 号主变采样总电流为 0.13A，差动电流达 0.05A，其他起动和保护板采样电流值为 0.13A。

当日 15：00，4 号主变带 75%负载时，2 号电缆线保护 B 套起动板 4 号主变采样电流为 0.15A，5003 开关侧 3 号、4 号主变采样总电流为 0.10A，差动电流达 0.05A，其他起动和保护板采样电流值为 0.10A。

3.2 故障原因排查

经分析，存在下述三种故障的可能，逐一排查情况如下：

（1）主站或子站装置回路接线故障。检查地面主站与地下子站之间回路接线以及地下子站与 3 号、4 号主变高压侧 CT 回路接线，确认接线完好。排除主站或子站装置回路接线故障的可能。

（2）主站装置卡件故障。主站装置面板上显示的保护板电流值与起动板电流值由子站分别以点对点方式采样而来，并经主站装置数据处理后显示。出现保护板电流值正常而起动板电流值异常的情况，而且仅出现“主站装置告警”。从逻辑上分析，存在主站起动元件光纤收发板故障等可能。

（3）子站装置卡件故障。由上述故障现象可知，3 号主变和 4 号主变分别带负载时，保护板采样值均正常，而起动板相应主变电流采样值均异常偏大了 0.05A。故与 3/4 号主变电流采样直接相关的地下子站起动板存在故障的可能。

综上所述，对比分析，地下子站起动板故障的可能性较大，且考虑更换该卡件以排除故障的工作量较小，故决定先更换 2 号电缆线保护 B 套地下柜子站起动板。

3.3 处理过程

(1) 现场工作首先将 500kV 2 号电缆线保护 B 套改为停用，短接该保护在 3/4 号主变高压侧用 CT 二次侧端子。

故障处理时，保护 CT 二次侧端子短接点的选择非常关键。以 3 号主变高压侧 CT 二次侧端子短接为例，如图 6 所示，可以短接 1 处或 2 处端子，1 处端子在地下 GIS 控制柜，2 处端子在 500kV 2 号电缆线保护 B 套地下柜。

若短接 1 处，由于地下 GIS 控制柜内部接线复杂，存在误短接其他 CT 二次侧端子并造成保护误动的风险；若短接 2 处，则可避免上述误接线的风险。因此，最后决定在 2 处（即 2 号电缆线保护 B 套地下柜）短接。

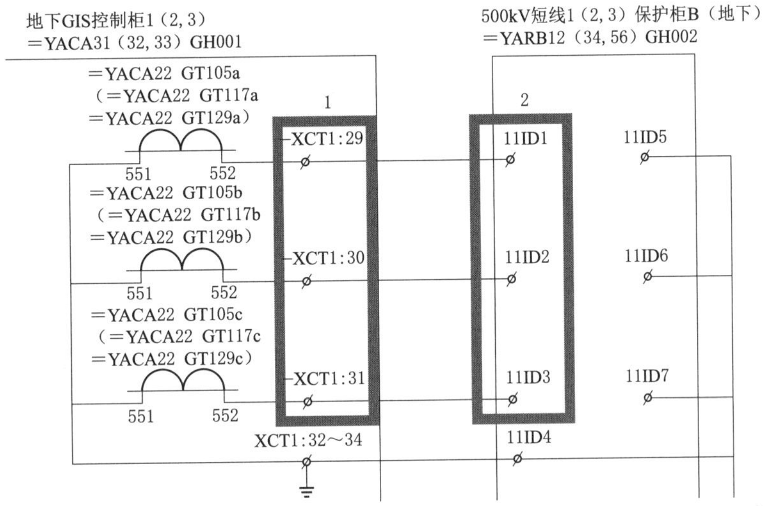

图 6 3 号主变高压侧保护 CT 二次侧端子短接点

(2) 更换 500kV 2 号电缆线保护 B 套地下柜起动板。

(3) 将该保护从停用改为信号，对该保护地下柜进行二次侧通流试验，查看保护板和起动板的采样数据均正常。

(4) 进行保护启动与跳闸功能试验，保护正确动作。

(5) 恢复临时措施后，将该保护从信号改为跳闸。

3.4 对策与建议

子站装置卡件更换后，数据采样正常，说明该卡件的确存在问题。因此应要求设备厂家对此故障卡件进行检测分析并出具报告，以便明确该故障属于卡件偶然性故障还是家族性缺陷。

4 电缆线保护至监控柜线芯破损导致电气停机故障

4.1 故障现象

2022 年 7 月 14 日 14 时 20—25 分监控报“1 号机组短线保护 B 套停机”，并反复动作与复归（但未达到监控防扰动判断确认所需延时 0.1s），如图 7 所示，此处“1 号机组短线保护 B 套停机”指 1 号机组监控系统收到 1 号短线保护跳 1 号机信号，该回路作用仅为短线保护动作后启动机组监控电气事故停机流程，与短线保护直跳 GCB 等出口回路为并列关系，不会影响到其他直跳回路（所述短线保护即电缆线保护）。

14 时 25 分，监控系统报 1 号机组电气事故停机等相关信号，1 号机组电气事故停机。

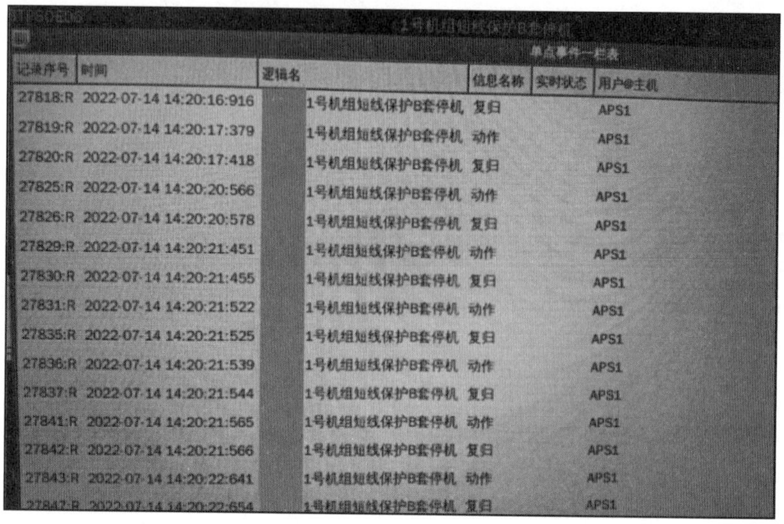

1号机组短线保护B套停机

单点事件一栏表

记录序号	时间	逻辑名	信息名称	实时状态	用户@主机
27818:R	2022-07-14 14:20:16:916	1号机组短线保护B套停机	复归		APS1
27819:R	2022-07-14 14:20:17:379	1号机组短线保护B套停机	动作		APS1
27820:R	2022-07-14 14:20:17:418	1号机组短线保护B套停机	复归		APS1
27825:R	2022-07-14 14:20:20:566	1号机组短线保护B套停机	动作		APS1
27826:R	2022-07-14 14:20:20:578	1号机组短线保护B套停机	复归		APS1
27829:R	2022-07-14 14:20:21:451	1号机组短线保护B套停机	动作		APS1
27830:R	2022-07-14 14:20:21:455	1号机组短线保护B套停机	复归		APS1
27831:R	2022-07-14 14:20:21:522	1号机组短线保护B套停机	动作		APS1
27835:R	2022-07-14 14:20:21:525	1号机组短线保护B套停机	复归		APS1
27836:R	2022-07-14 14:20:21:539	1号机组短线保护B套停机	动作		APS1
27837:R	2022-07-14 14:20:21:544	1号机组短线保护B套停机	复归		APS1
27841:R	2022-07-14 14:20:21:565	1号机组短线保护B套停机	动作		APS1
27842:R	2022-07-14 14:20:21:566	1号机组短线保护B套停机	复归		APS1
27843:R	2022-07-14 14:20:22:641	1号机组短线保护B套停机	动作		APS1
27847:R	2022-07-14 14:20:22:654	1号机组短线保护B套停机	复归		APS1

图 7 监控报文"1 号机组短线保护 B 套停机"

14：25：35：992 1 号机组短线保护 B 套停机 动作

14：25：36：417 1 号机组短线保护 B 套停机事故 动作

14：25：36：417 1 号机组电气事故停机信号 动作

4.2 故障原因分析

（1）1 号电缆线保护 B 套正确动作（排除）。对 500kV 1 号电缆线保护 A/B 套、1 号发电电动机保护、1 号主变保护、500kV 母差保护、500kV 线路保护及开关保护进行初步检查，均未发现异常情况，保护面板和液晶显示屏无任何保护动作及告警信号；对 1 号机组监控系统进行初步检查，均未发现异常；对 1 号发变组故障录波装置波形进行检查，未发现异常情况。双重化保护本身均无动作信号，且事件相关的 B 套保护其他出口回路均未动作，可初步得出结论：1 号电缆线保护 A/B 套均未动作。

（2）1 号电缆线保护 B 套与 1 号机组 LCU 柜内相应端子短路（排除）。对 1 号电缆线保护 B 套端子（＝YARB12GH002－11CD13/11KD13）与 1 号机组 LCU 柜内相关回路端子（＝YCJA01GH020－X303：21/10）进行检查（如图 8 所示），未发现端子接线异常情况。

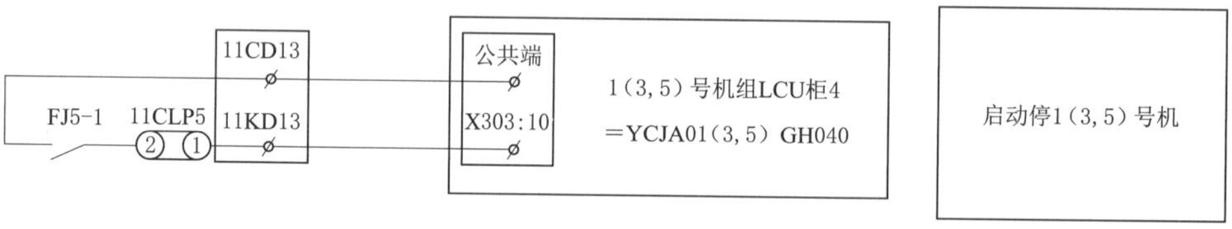

图 8 500kV 1 号短线保护 B 套停 1 号机接口图

（3）1 号电缆线保护 B 套操作继电器箱跳 1 号机组的 DO 卡故障（排除）。经中控室值班员向调度申请，将 1 号电缆线保护 B 套从跳闸改为信号，对 1 号电缆线保护 B 套操作继电器箱跳 1 号机组的 DO 卡进行检查，未发现异常情况，为保险起见，替换 1 号电缆线保护 B 套地下从机跳 1 号机组操作继电器箱卡件，替换后传动试验正常。

（4）1 号机监控系统 LCU DI 卡 R2S3 故障（排除）。对 1 号机监控系统 LCU DI 卡 R2S3 回路和端子进行检查，未发现异常。

（5）1 号电缆线保护 B 套至机组 LCU 柜的电缆进线绝缘损坏（确认）。对 500kV 1 号电缆线保护 B 套至机组 LCU 柜的电缆进线绝缘检查，绝缘情况良好，数据见表 1。

后续进一步对电缆槽进行检查，发现 1 号电缆线保护 B 套跳 1 号机回路近机组 LCU 柜的电缆尾部线芯裸露且有绝缘破损露铜现象，如图 9 所示。该破损处铜线颜色较亮，未被氧化，说明绝缘破损时间较

表 1　　电缆绝缘检查情况

检 查 项 目	电压等级/V	绝缘电阻/GΩ	是否合格
21 号端子对地	500	20.3	合格
10 号端子对地	500	41.8	合格
21 号/10 号端子线间	500	24.7	合格

短，且绝缘破损位置与形状非人为造成，判断为故障发生时正在被小动物破坏，使得该跳机回路电缆线芯绝缘损坏并短接，跨过保护出口接点导致 1 号机跳机。

图 9　槽盒内电缆绝缘破损线芯（左）与监控侧排查到问题线芯（右）

综上所述，判断为该跳闸回路电缆线芯绝缘破损并短接（如图 10 所示），导致机组跳闸停机。

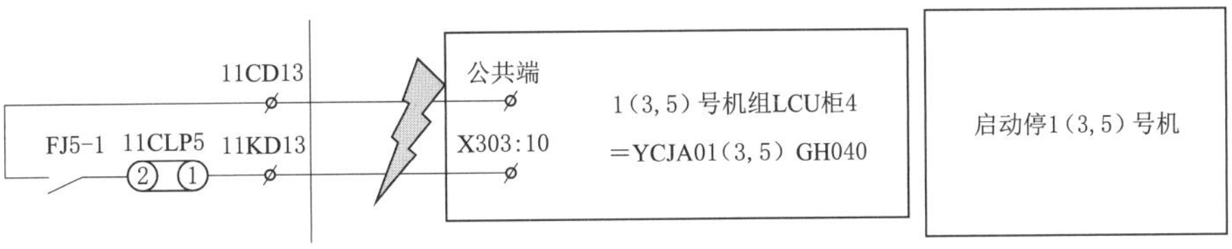

图 10　故障点示意图

4.3　处理过程

现场临时对 1 号电缆线 B 套保护跳 1 号机组电缆绝缘破损的位置进行重新包扎，后于 7 月 15 日凌晨安排人员在 1 号电缆线保护 B 柜至 1 号机组 LCU2 柜间重新敷设了一根电缆，于 7 月 15 日上午向调度申请将新敷设的电缆进行接入，替换原绝缘破损电缆，新电缆接入完成后传动试验正常，12 时 38 分经调度批准 1 号电缆线保护 B 套从信号改为跳闸。

4.4　对策与建议

（1）定期开展“防四害”行动，组织对生产区域老鼠等小动物消杀工作，同时，加强生产区域就餐管理，杜绝在生产区域进行就餐。

（2）强化各级人员责任心，提高施工人员工艺水平，加强过程验收管理，对履职不到位的单位和人员进行严肃处理，防止电缆线芯裸露的情况再次发生。

（3）开展全厂范围内各区域及设备封堵情况排查，及时组织对封堵不到位的位置进行整改，完善各区域挡鼠板设置。

（4）对重要回路电缆进行全面排查，发现不符合规范要求的电缆及时组织进行更换。

5 结语

本文首先对长龙山电缆线保护的原理进行介绍，再分享了两个电缆线保护故障的案例。从中可以看到，一方面我们应当关注保护装置本身可能出现的问题，另一方面设备封堵，施工工艺，验收管理等其他多方面的因素也均会影响到机组最终的正常运行。因此，要从实际出发，加强思考和关注设备缺陷隐患，尤其是刚过基建期的电站，更要全方面地考虑各种因素，确保机组、电网安全稳定运行。

参考文献

[1] 李浩良，孙华平．抽水蓄能电站运行与管理［M］．杭州：浙江大学出版社，2013.

探讨新条例下如何优化结算流程保障民工工资及时足额支付

李海超　陈　聪　安文瑞
（内蒙古赤峰抽水蓄能有限公司，内蒙古自治区赤峰市　024300）

【摘　要】2019年12月30日国务院公布了《保障民工工资支付条例》，该条例对民工工资具体的支付方式、时间等都做出了详细的规定，对建筑领域民工工资支付做了特别规定。新的规定对相关的工程管理模式都产生了不同程度的影响，特别是对公司系统内各项目的结算支付流程的影响较大。本文就如何在新的规定下，优化原结算流程，以满足相关规定，规避法律风险，保证及时、足额支付农民工工资，最大程度保障农民工合法权益进行论述。

【关键词】优化　结算流程　农民工　工资　足额　支付

1　背景与问题

1.1　《保障民工工资支付条例》颁布情况

2019年12月30日，国务院总理李克强签署第724号国务院令，颁布了《保障民工工资支付条例》（以下简称《条例》），自2020年5月1日起实施。根据统计局发布的《农民工调查监测报告》，我国目前有近3亿农民工，他们常年在外打工，广泛存在于我国经济建设的各个领域，已成为我国产业工人的主体，是国家现代化建设的重要力量。广大农民工为国家改革开放取得的巨大成就做出了巨大的贡献。但由于长期以来形成的行业组织管理模式，特别是建筑行业，存在一定程度的拖薪、欠薪情况，拖欠民工工资问题屡治不绝。

多年来，特别是党的十八以来，党和国家花大力气，多措并举，在治理拖欠民工工资方面取得了显著成效。《条例》的颁布实施更是贯彻落实习近平总书记关于根治农民工欠薪问题的重要批示精神，聚焦工程建设领域，压实工程建设领域各相关主体责任，强化政府部门监管职责，以法治手段推动根治农民工欠薪问题的重要举措。根治农民工欠薪问题，彰显了党和国家以人为本、保民生的决心。

1.2　《保障民工工资支付条例》中对工程建设领域影响较大的要求

《条例》要求实行实名制、代发制、分账制、工资保证金、人工费拨付周期不超过30d、建设单位提供工程款支付担保等能够保证农民工资及时、足额支付的多项关键性措施。特别是第四章，对工程建设领域进行特别规定，对工程建设领域的规定更加严格、更加细致、更加全面。《条例》全方位、多维度、多举措地对工程建设领域农民工工资支付管理进行了更加深入的要求，最大限度保障了农民工的合法权益。上述要求在保障民工合法权益的同时，对工程建设领域的相关管理流程也产生较大的影响，特别是对结算流程影响较大。

1.3　《保障民工工资支付条例》对结算流程的影响

对于《条例》要求的实名制、代发制、工资保证金等可以通过加强对施工单位的督促、监督来实现。分账制和人工费拨付周期不超过30d两项对具体的结算流程有以下影响：

1. 分账制对结算流程的影响

人工费与工程款分账支付，是保证及时、足额支付农民工工资的前提条件，实行分账支付人工费非常必要。要实现分账支付，就需要对传统的结算流程进行调整。实际工作中的具体操作方法基本有两种方式：一是人工费按预付款流程操作，实现人工费分账单独支付，但该方法需要每月都进行预付款支付、扣回流程，操作比较烦琐；二是人工费与当月工程款同步结算、各自单独支付，在月度结算报表中体现人工费，只需调整支付审批的格式，具有较强的实际操作性。无论采用哪种方式进行人工费分账支付，都需要对原有的结算流程进行适当的调整。

2. 人工费支付不超过 30d 对结算流程的影响

对人工费支付时间做出不超过 30d 的明确规定，为农民工工资支付提供了重要的资金保障。同时，该项规定对原有结算流程有较大影响。

对于上述第 2 项规定，按原有结算流程，对上月工程款的核定，最快能够在下月下旬（工程量签证监理单位、建设单位审核各自需要约 1 周时间，结算报表编制、审批需要约 1 周时间）完成，一般能够在下月 20 日左右进行预算上报，财务部门按规定走完预算、融资等流程，时间会超过下月 25 日，已到财务部门封账时段，不具备付款条件，最早只能到下下月初开账后进行支付。对于上月工程款整个支付时长在 35～45d，过程中，如遇不可控因素影响，支付时长则会更长，无法满足人工费支付不超过 30d 的要求。相应结算支付流程时长见图 1。

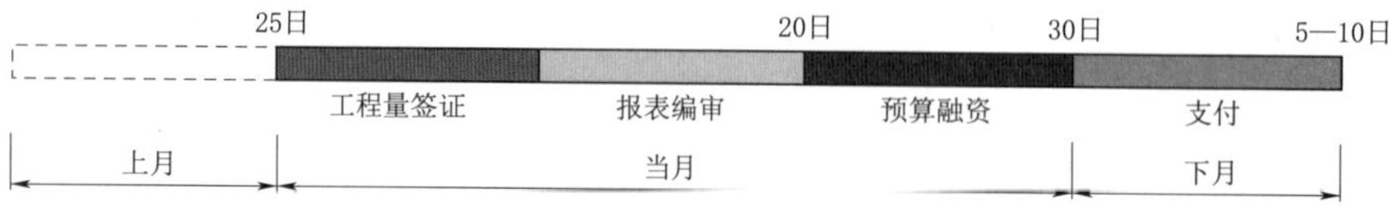

图 1 上月完成产值支付时长

想要做到人工费支付不超过 30d，就需要考虑对原有结算流程进行调整、优化，寻找新的途径。

2 过程与结果

2019 年 12 月 30 日《条例》颁布以后，就开始如何将国家政策落地进行研究、讨论。经过与施工单位、监理单位、建设单位相关部门进行多次商讨，最终就实名制、代发制、分账制、结算流程周期等方面达成一致。至 2020 年 5 月 1 日，《条例》正式实施时，本公司已具备落实上述要求的条件，并逐步落实。

2.1 优化结算流程的探索

国家政策需要不打折扣地落实，新的问题也摆在眼前。需要以更高的政治站位、更加坚定的决心，坚决落实国家政策，做好农民工工资的资金保障工作。需多个部门协调配合，就工程量签证、结算报表、预算报送及融资、支付时段、时点等进行讨论。集中讨论的方案主要有以下两种：

一是调整结算时段。将结算时段由上月 26 日至当月 25 日，调整为上月 6 日至当月 5 日或调整为上月 16 日至当月 15 日。这种方法满足当月 20 日左右上报预算的要求，但实际支付时间仍需到下月月初，未实现真正意义上人工费支付时间不超 30d。且这种方法，会造成工程计划月与结算月的时段不一致的情况，对计划、产值等完成情况统计造成一定困难。

二是考虑结算流程相关环节采用搭接的方式。保持结算时段不变，将工程量签证、结算报表编制、预算报送、融资、支付审批等环节进行调整，时间上采取适当的平行搭接的方式。以此优化结算环节，实现缩短结算流程总时长，实现真正意义上的人工费支付不超 30d。

经过多次讨论、比选、广泛征求施工单位和监理单位意见，最终决定采用第二种方式。

2.2 优化后的结算流程

在初步比选方案确定后，相关职能部门对新的结算流程进行了细化，形成了优化后的结算流程。

(1) 将工程量签证工作时间放至当月 15—20 日进行。15—25 日的产值，按施工单位正常劳动生产效率进行合理估计。对于这个时段内能够确定完成的项目和工程量放入本月结算中，例如混凝土等需要待强的项目，能够确定在这个时段内取得试验检测报告的，即可放入本月结算中；对于把握性不大的项目和工程量放入以后的结算时段内结算。为了避免工程量签证中各单位、部门意见不一致而出现反复、耗费时间的情况，工程量实行施工单位、监理单位、建设单位联合审查制度，有不同意见或错误当场就可以进行调整或改正，实现“一遍成活”。工程量签证的高效进行，为后续其他结算环节奠定了坚实的基础，当月 20 日之前便可以将当月的完成的产值统计出来。

(2) 施工单位合同管理部门根据签证工程量进行结算报表电子版的编制工作，编制完成后监理单位、建设单位同步对结算报表电子版进行审核。审核无误后，当月上报资金需求预算。财务管理部门根据上报预算金额，走公司内部决策流程和融资流程，实现预算、融资与结算流程平行进行，缩短了总时长。

(3) 下月 5 日前，施工单位根据农民工出勤或工作量完成情况，计算农民工工资，由本人签字确认后，确定人工费需分账支付金额，该项工作与结算报表编制工作同步进行。

(4) 下月 10 日左右，施工单位基本能够将正式的结算报表、人工费分账金额完成。由于各单位对电子版已进行过审核，正式结算报表只需进行核对、复核上个月农民工资发放情况即可。一般 5 日内各单位能够完成签字。

(5) 下月 15 日左右，完成支付流程，一般 1～2 日即可完成，也就是当月的工程款、人工费可以在 25d 以内完成支付。

调整后结算支付流程时长见图 2。

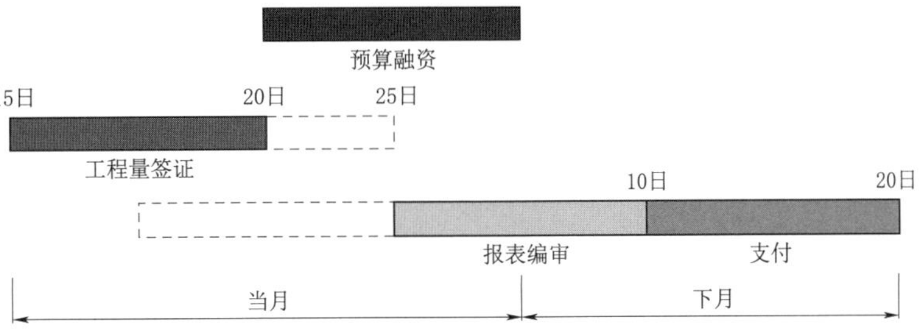

图 2 当月完成产值支付时长

2.3 新的结算流程达到的效果

新的结算流程，经 1 年多的实施，收到了诸多良好的效果。

(1) 规避了建设单位的法律风险。当月工程款、人工费支付可以控制在 25d 以内，实现了真正意义上的人工费支付不超 30d，规避了建设单位的法律风险。

(2) 为农民工工资支付提供了强有力的资金保障。人工费在 25d 以内分账支付给施工单位，为施工单位及时、足额支付农民工工资提供了强有力的资金保障，使得施工单位有足够的资金来支付民工工资。

(3) 有效缓解了施工单位的资金压力。当月工程款支付控制在 25d 内支付，施工单位完成的、具备结算条件的工程量，可以及时进行结算。保证施工单位具有足够的资金，施工单位可以及时进行材料采购、设备租赁等工作，保证工程进展的连续性。进而保证工程的进度、质量、安全，保障工程建设顺利进行。

(4) 对施工进度计划、工程验收评定工作起到促进作用。传统的结算方式，产值统计滞后进度计划统计 1～2 个月，两者不相匹配，容易造成进度分析的混淆。新的结算方式产值统计与进度计划统计时段保持了一致，为工程进度分析提供了更加准确的基础性数据。同时，施工单位为了能够早日拿到工程款，也会加强工程验收评定工作。

(5) 资金预算执行准确率高。由于新的结算流程是各单位、各部门联动操作，在资金预算申报后，除少数特殊情况，调整较少，资金预算执行准确率高。实施新的结算流程以来，各月的资金预算偏差率如图 3 所示。

3 评析与启示

3.1 提高政治站位，履行社会责任是实现流程优化的前提

一是提高政治站位，着眼大局。改革开放 40 年，特别是党的十八大以来，我国在各个行业、领域都发生了深刻的变革。人民的生活越来越好，我们消灭了绝对贫困，实现了全面小康，这些成果来之不易，要巩固这些成果更加不易。农民工是我国建筑领域中的重要力量，人数占比大，其中也不乏较为贫困的人口。因此，保证农民工工资及时、足额支付，有利于巩固消灭绝对贫困、全面小康来之不易的成果。

二是履行社会责任，严格落实。做好农民工工资支付工作，对于巩固脱贫成果，保持社会和谐，维

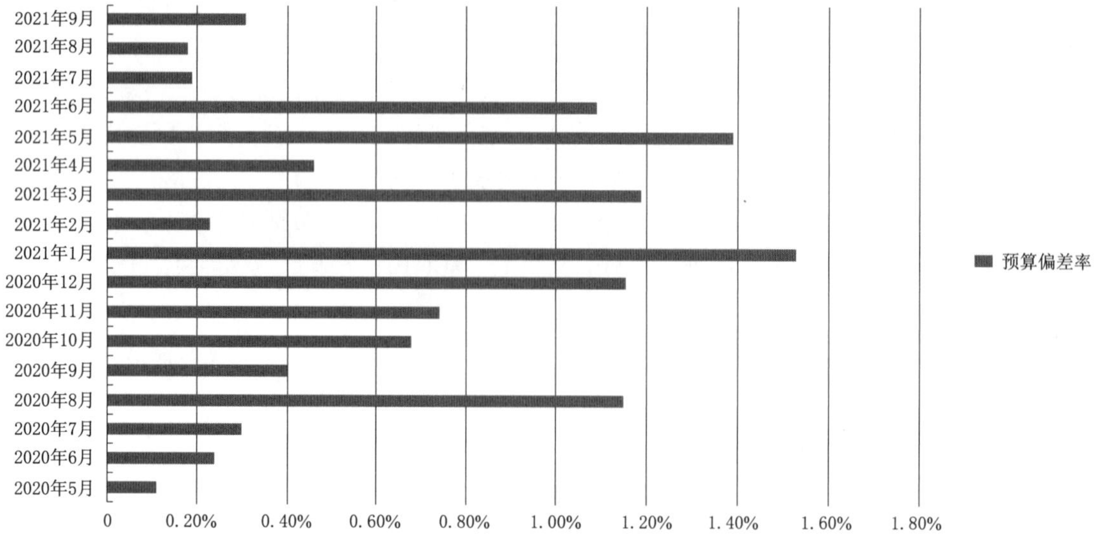

图 3 预算偏差率图

护社会稳定有着重要的作用。建设单位作为工程建设的管理单位，特别是作为国有企业，有责任、有义务、有能力做好，也应该做好农民工工资支付工作，这是必须履行的社会责任。

3.2 团队协作，勇于担当是实现流程优化的必要条件

一是团队协作，通力配合。公司合同部、工程部、财务部等部门联合研究工程量签证、结算报表编制时点、预算申报及融资时点等结算支付全流程环节，梳理出能够满足各个专业、部门要求的时点控制时间，又对施工单位、监理单位做了大量的沟通工作，取得了他们的大力支持和配合，实现流程全链条优化。

二是勇于担当，控制风险。由于预算上报时间前置，在没有正式结算报表时进行预算申报，确实存在可变因素，对预算执行的准确会有一定影响，存在一定的风险因素。但相对人工费支付不超过30d的法律风险来说，前者是我们应当也是必须要承担的风险。相关部门没有推诿扯皮，而是勇敢地担当起了这个责任。并且在实际操作过程中，采用有效的风险控制手段，保证了预算执行的准确率。

在后续工作中仍需持续深化结算流程优化和提高结算效率，控制人工费支付周期。做好农民工工资分账制、实名制、代发制的管理。加强民工工资的日常监督和检查。配合政府职能部门的检查，接受政府职能部门的监督。以更高的政治站位、更有效的措施，最大限度地保障民工的合法权益。

雄安调蓄库综合利用项目调度运行方式研究

张珮纶　王婷婷　赵杰君　能锋田

（中国电建集团北京勘测设计研究院有限公司，北京市　100024）

【摘　要】 南水北调中线干渠河北沿线无大型调蓄工程，雄安新区、天津市和河北省沿线受水区的应急供水保障面临挑战。雄安调蓄库作为综合利用调蓄工程，主要承担调蓄、供水、应急保障、沉藻等工程任务，同时配套600MW装机容量抽水蓄能电站，保障雄安新区和下游受水区供水安全的同时，进一步保障河北南部电网安全稳定运行、促进新能源电力消纳。本书基于“电调服务水调、水调支持电调”的原则，研究提出了不同来水条件下雄安调蓄库的供水与抽水蓄能联合调度运行方式，以期最大限度提升工程综合利用效益。

【关键词】 雄安调蓄工程　供水安全　应急保障　调度运行　综合效益

1　雄安调蓄库工程概述

南水北调中线干线工程，是国家南水北调工程的重要组成部分，是缓解我国黄淮海平原水资源严重短缺、优化配置水资源的重大战略性基础设施[1]。南水北调中线干渠长1432km[2]，沿线建筑物交叉多、地形地质条件复杂、无大型调蓄工程，尤其是位于中线干渠与天津干渠交叉口附近的雄安、天津和河北省沿线地区，一旦发生自然或人为灾害造成的断水紧急事故，将严重影响受水区的供水安全。中线工程规划设计年供水规模95亿m^3，水量指标在规划阶段已分解到各个省市，未考虑雄安新区用水需求。因此，在中线干渠与天津干渠交汇处附近建设调蓄库工程，可有效提升雄安新区和下游受水区供水安全。

雄安调蓄库工程位于河北省保定市徐水区境内，毗邻南水北调中线干渠，总库容2.56亿m^3、总兴利库容为2.34亿m^3，其中调蓄上库正常蓄水位234m，死水位155m，兴利库容1.57亿m^3，调蓄下库正常蓄水位75m，死水位20m，兴利库容0.77亿m^3。抽水蓄能电站装机容量600MW（4×150MW），沉藻池有效工作面积约36万m^2，有效容积约320万m^3。工程主要任务是优化配置北调水量，满足雄安新区正常稳定供水要求，保障新区在总干渠停水检修、突发事故停水期间的应急供水，为提高总干渠冰期输水能力创造条件，同时兼顾抽水蓄能功能保障河北南部电网供电安全，配套沉藻池实现总干渠在线沉藻保护供水水质。

2　工程运行调度规则

雄安调蓄库作为总干渠和受水区最主要的桥梁，工程的充水和放水首先要满足总干渠运行调度安全和受水区供水安全稳定，须按照“电调服务水调、水调支持电调”原则调度运行，优先保障新区供水安全，其次提升电网安全稳定运行的质量。

（1）调蓄供水：基于满足河北省其他用水户生活供水保障率的前提下，在当地水较丰时段，雄安调蓄库蓄水，以备向雄安新区调剂供水，同时抽水蓄能机组开机运行保障电网调峰运行（见图1）。

（2）应急保障：雄安调蓄库上游总干渠停水检修或突发水事件停水期间，以雄安新区应急供水保障为根本，在满足雄安新区应急供水保障基础上，可通过回补总干渠向下游其他用水户进行应急供水。

（3）冰期输水：在总干渠冰期输水流量受限时，首先保障雄安新区冰期供水安全，视情保证抽水蓄能正常发电，利用雄安调蓄库水量向总干渠补水，调节总干渠水温、增加总干渠输水量，保障下游用水户的冰期供水安全。

（4）沉藻：在满足总干渠供水安全条件下，将总干渠水全部经过调蓄下库的沉藻池进行在线沉藻，降低总干渠水体中藻类含量，保障总干渠运行安全和输水水质。

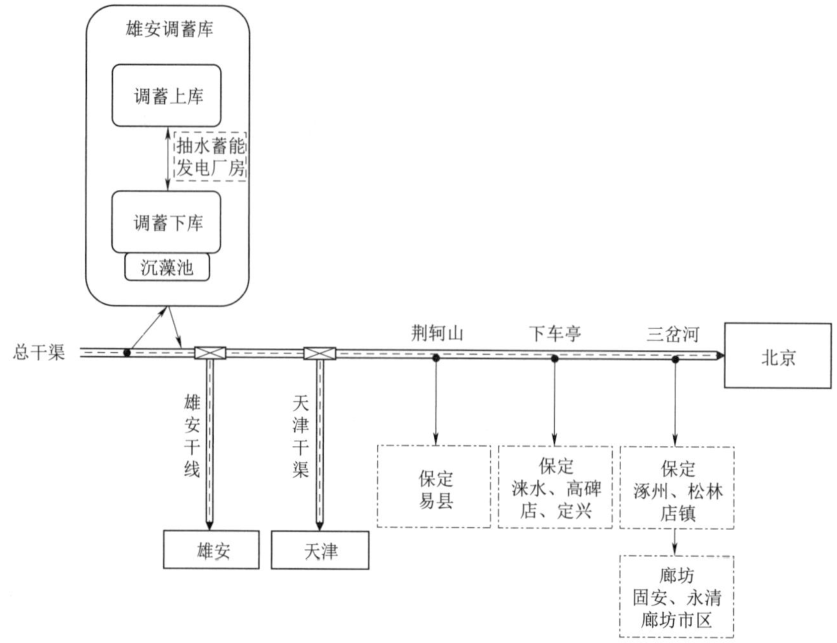

图1 雄安调蓄库与总干渠受水区联通输水关系

3 供水与抽水蓄能联合运行

3.1 抽水蓄能调度工况

雄安抽水蓄能电站装机容量600MW，电站建成后在河北南网中将主要承担调峰、填谷、储能、调频、调相和紧急事故备用任务。电站4×150MW的大机组在上库的运行水位区间为205～234m，在下库的运行水位区间为60～75m。

（1）调峰、填谷、储能运行。根据预测的河北南部电网2030年负荷特性曲线，2030年河北南网夏季早高峰在9：00—12：00，午后高峰出现在15：00—20：00，早高峰比较集中、突出；冬季早高峰在9：00—12：00，晚高峰出现在16：00—20：00，早高峰不太明显，晚高峰比较集中、突出。从平衡成果来看，夏季雄安抽水蓄能电站10：00—13：00和15：00—21：00参与早高峰和午后高峰系统调峰运行，夜晚11：00—早晨07：00填谷运行；冬季雄安抽水蓄能电站9：00—13：00和15：00—21：00参与早高峰和午后高峰系统调峰运行，夜晚0：00—早晨07：00填谷运行。

（2）调频运行。由于雄安抽水蓄能电站运行灵活，增减负荷速度快，投入运行后可根据系统频率的变化情况跟踪负荷运行，保证系统的周波在允许的范围之内，提高整个电力系统供电质量。

（3）调相运行。抽水蓄能电站不仅可以发出有功，还具有调相功能，不论在哪种工况下运行，都可以通过改变励磁电流来调节系统的无功出力。既可以弥补系统无功功率的不足，又可消除系统无功的过剩。特别是在系统无功过剩时，抽水蓄能电站可以调相运行，吸收系统内无功，从而降低系统电压，保证系统电压在正常范围之内，使系统安全运行，提高供电质量。

（4）紧急事故备用。雄安抽水蓄能电站在上下库正常运行水位范围内进行正常发电或抽水运行时，如遇电力系统事故，在发电工况可利用未带满负荷的机组发事故出力，顶替系统中因故障而停运的机组；在抽水工况则可按系统需要以整台机组退出水泵运行以减轻电网负荷，起到事故备用作用，并可在短时间内转发电运行，并承担事故备用；在静止工况可紧急启动发电。

3.2 蓄水与蓄能联合运行

当中线来水丰富，雄安新区及中线干渠下游用水户不需要雄安调蓄库补充供水时，在优先满足下游用水户供水需求前提下，尽可能地将中线富余水量补充调蓄库备用：

当调蓄上库水位在205m以下时，抽水蓄能机组停机不运行，启动30MW小机组抽水向上库补水，

最大抽水流量为 $30m^3/s$，调蓄下库水位低于南水北调干渠设计水位 65.28m，位于 60～65.28m 工作区间，总干渠补水量经沉藻池自流至调蓄下库。

当调蓄上库水位在 205m 以上时，抽水蓄能机组正常运行，下库水位在 60～75m 循环波动。当调蓄下库水位高于沉藻池水位时，启用泵站从沉藻池提水进入调蓄下库；当调蓄下库水位低于沉藻池水位时，开启多功能连通闸，从沉藻池向调蓄下库自流补水；同时，利用抽水蓄能机组视情将调蓄下库水量抽提至调蓄上库备用，见图 2。

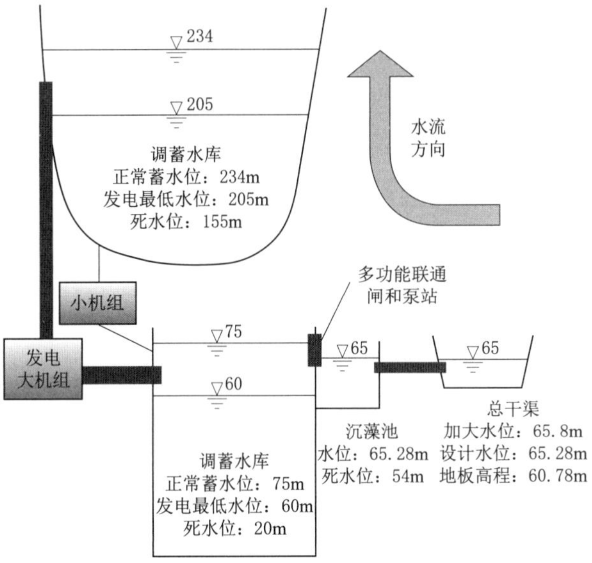

图 2　蓄水与蓄能联合运行示意图

3.3　抽水蓄能独立运行

当中线可供水量与各用水户蓄水量供需平衡时，中线来水全部供给受水区用水户，无富余水量可充入雄安调蓄库，且不需要雄安调蓄库补充供水，沉藻池和调蓄下库之间多功能联通闸不工作，总干渠沉藻池和抽水蓄能机组维持现状独立运行，见图 3。

3.4　供水与蓄能联合运行

中线来水较枯，可供水量不满足用水需求，为满足雄安新区供水保障要求，调蓄库向总干渠补充供水：

当调蓄上库水位在 205m 以上时，抽水蓄能电站正常运行。此时可由调蓄上库通过大机组发电将水放至调蓄下库，若下库水位低于中线干渠设计水位 65.28m，可启用多功能联通泵站向干渠补水；若下库水位由于蓄能发电高于中线干渠设计水位 65.28m，调蓄下库可通过自流向总干渠补水。

当调蓄上库水位在 205m 以下时，抽水蓄能机组停机不运行，启动 30MW 小机组发电运行由上库向下库放水，放水规模根据雄安新区缺水确定，最大放水规模为 $30m^3/s$；同时，蓄能电站的大机组还可以空载放水，放水能力约为额定流量的 10%，四台机组合计流量为 $46m^3/s$，上库向下库的最大放水能力约为 $76m^3/s$。调蓄上库放水进入调蓄下库后，调蓄下池水位高于沉藻池时，利用多功能联通闸自流进入沉藻池向总干渠补水；调蓄下池水位低于沉藻池时，利用多功能联通泵站经水利抽提至沉藻池向总干渠补水，见图 4。

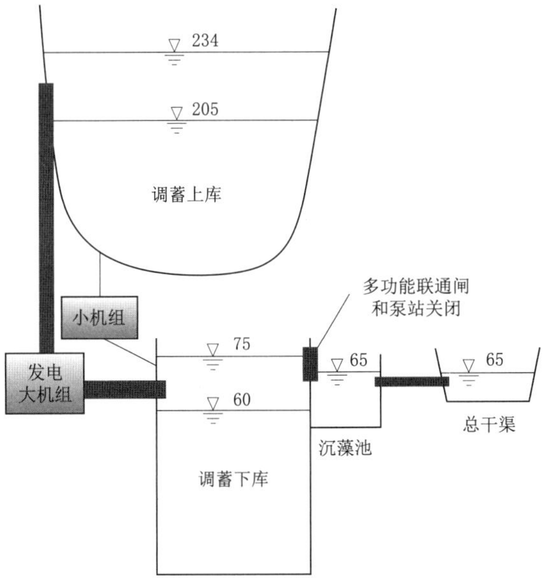

图 3　抽水蓄能独立运行示意图

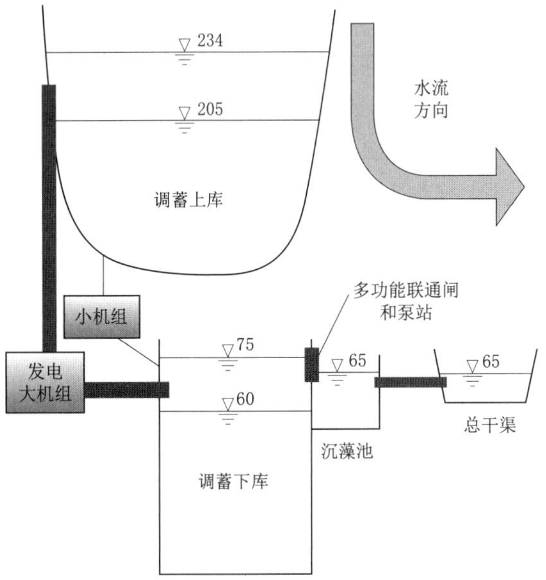

图 4　供水与蓄能联合运行示意图

4 停水检修和突发事件运行调度

在南水北调中线总干渠上游进行停水检修或突发水事件期间，需利用雄安调蓄库向雄安新区应急供水以保障用水安全，同时，视情向下游其他用水户应急供水，运行调度方案建议如下：

（1）总干渠停水检修前期，根据检修工况初步预估检修时间，结合雄安新区分水流量，估算检修期间应急供水规模；对雄安调蓄库实施提前蓄水，确保停水检修前雄安调蓄库需水量满足检修应急供水规模。停水检修期间，调蓄上库通过抽水蓄能发电机组将应急供水量下泄至调蓄下库，调蓄下库水量通过多功能联通闸均匀进入沉藻池回补总干渠向雄安新区供水；当停水检修前雄安调蓄库蓄水量超过雄安新区应急供水规模条件下，调蓄库可视情向下游其他用水户应急供水。

（2）总干渠突发水事件导致停水期间，调蓄上库通过抽水蓄能发电机组将生活应急供水量下泄至调蓄下库，调蓄下库水量通过多功能联通闸均匀进入沉藻池补充总干渠向雄安新区生活应急供水；当蓄水量超过雄安新区生活应急供水规模条件下，调蓄库可视情向下游其他用水户生活应急供水。

（3）应急供水期间，当雄安调蓄上库蓄水位高于 205m 时，抽水蓄能机组仍可正常运行发电，在保障抽水蓄能正常发电抽水和泄水的同时，通过抽水蓄能机组向调蓄下库下泄应急供水量；当雄安调蓄上库蓄水位低于 205m 时，抽水蓄能机组停止工作，通过小机组向调蓄下库补充应急供水量；调蓄下库均可通过多功能联通闸自流进入沉藻池。

（4）应急供水结束以后，利用总干渠输水能力将丹江口水量快速补充入库，已备调蓄库正常稳定运行，恢复调蓄库应急保障供水能力。

5 冰期输水运行调度

冰期总干渠输水能力受限，在满足雄安新区供水保障的前提下，尽量维持发电要求水位和蓄水规模，若有多余蓄水量，可向总干渠补水，调节总干渠输水水温，增加总干渠供水量，有利于保障下游用水户供水安全，运行调度方案建议如下：

（1）根据总干渠当年水量调度计划，结合雄安调蓄库汛末蓄水量以及当年冰情预报，分析确定中线总干渠西黑山节制闸（调蓄库上游）闸前流量过程，制定调蓄库冰期水量调度计划。

（2）冰期供水期间，优先满足冰期新区供水安全保障，尽量维持发电要求水位和蓄水规模，根据调蓄库冰期水量调度计划，结合总干渠来水流量和水温、调蓄库蓄水量和水温实测值等，视情按照一定比例向总干渠补水，使得混合流量满足下游用户供水需求，且混合水温不低于 0.7℃。

（3）随着调蓄库持续向雄安新区冰期输水，调蓄库水位降低至发电水位以下，预留雄安新区冰期需供水水量后，向总干渠补水。

（4）随着调蓄库持续冰期输水，当调蓄库蓄水量仅能满足雄安新区冰期供水安全时，停止调蓄库向总干渠补水调节水温，仅补充雄安新区供水量。

6 结语

雄安调蓄库为综合利用调蓄工程，优先保障中线干渠的调蓄及应急保障等任务，同时配套抽水蓄能电站承担电网调峰需求。本文基于“电调服从水调、水调支持电调”的原则，研究提出了不同工况下雄安调蓄库的供水与蓄能联合调度运行方式，保障雄安新区和下游受水区供水安全，同时提升电网安全稳定运行保障率，充分发挥工程综合利用效益。综合利用抽水蓄能电站存在机遇的同时，也面临着众多挑战[3]，当抽水蓄能电站工程任务以保障供水为主时，极端来水条件下抽水蓄能发电破坏时段较长，因此，开发综合利用抽水蓄能电站还需结合开发任务、综合利用效益等因素进一步开展优化调度策略研究。

参考文献

[1] 韩亦方. 也谈南水北调中线一期工程供水调度 [J]. 南水北调与水利科技，2006.

[2] 李乾. 南水北调中线总干渠临时用地管理方式研究 [D]. 郑州：华北水利水电学院.

[3] 卢锟明，赵文发，黄晓华. 综合利用抽水蓄能电站初步探讨 [J]. 水电与抽水蓄能，2017，3 (6)：5.

浅析抽水蓄能电站危险性较大的分部分项工程安全管理

刘佩琳

（中国电建集团北京勘测设计研究院有限公司，北京市　100024）

【摘　要】 近年来，建筑施工质量安全事故时有发生，其中很多都与危险性较大的分部分项工程有关。抽水蓄能电站建设爆破、高边坡、隧洞、地下洞室、高处作业、带电作业、大件运输、大型施工设备安装及拆除作业相当多，面临的质量和安全问题非常复杂。本文在总结危险性较大的分部分项工程管理的常见问题基础上，结合《建设工程安全生产管理条例》《危险性较大的分部分项工程安全管理规定》《电力建设工程施工安全管理导则》的相关规定，提出了提升危险性较大的分部分项工程管理水平的建议，给抽水蓄能电站建设危险性较大的分部分项工程管理提供借鉴。

【关键词】 抽水蓄能电站　危大工程　建议

当前抽水蓄能开发建设进入快速增长期，确保工程建设质量安全非常重要。抽水蓄能电站包括上、下水库，输水系统，厂房等的建设，建设周期长，施工条件复杂。爆破、高边坡、地下洞室、高处作业、带电作业、大件运输、大型施工设备安装及拆除作业相当多，面临的质量和安全问题非常复杂。

1　加强危险性较大的分部分项工程安全管理的必要性

1.1　工程安全管理的必要性

从危险性较大的分部分项工程的角度分析，施工单位项目部未按规定将筒壁工程定义为危险性较大的分部分项工程，施工方案在危险源辨识及环境辨识与控制部分，对模板工程和混凝土工程可能发生的坍塌仅辨识出1项危险源，即“在未充分加固的模板上作业”。施工单位项目部于2016年9月14日编制了《7号冷却塔筒壁施工方案》，施工方案在强制性条文部分列入了《双曲线冷却塔施工与质量验收规范》（GB 50573—2010）第6.3.15条“采用悬挂式脚手架施工筒壁，拆模时其上节混凝土强度应达到6MPa以上”，但未制定拆模时保证上节混凝土强度不低于6MPa的针对性管理控制措施。

1.2　危险性较大的分部分项工程定义及危害

2018年3月8日发布的《危险性较大的分部分项工程安全管理规定》（住房和城乡建设部令第37号）第3条对危险性较大的分部分项工程（简称危大工程）做出定义，是指房屋建筑和市政基础设施工程在施工过程中，容易导致人员群死群伤或者造成重大经济损失的分部分项工程。国家能源局于2018年10月29日发布的《电力建设工程施工安全管理导则》（NB/T 10096）将危险性较大的分部分项工程定义为：建设工程在施工过程中存在的、可能导致作业人员群死群伤或造成重大经济损失的分部分项工程。两者的定义是一样的。

据统计，2017年、2018年和2019年全国建筑行业分别发生了23起、22起和23起较大及以上事故，危大工程类分别占事故总数的73.91％、63.7％和82.61％，是风险防控的重点和难点。2019年全国房屋市政工程生产安全较大及以上事故按照类型划分，土方、基坑坍塌事故9起，占事故总数的39.13％；起重机械伤害事故7起，占总数的30.43％；建筑改建、维修、拆除坍塌事故3起，占总数的13.04％；模板支撑体系坍塌、附着升降脚手架坠落、高处坠落以及其他类型事故各1起、各占总数的4.35％。

建筑施工领域发生的较大以上安全事故中，大多数发生在基坑工程、模板工程及支撑体系、高边坡开挖、起重吊装及安装拆卸等危大工程范围内。危大工程具有数量多、分布广、管控难、危害大等特征，一旦发生事故，会造成严重后果和不良社会影响。因此，一定要做好危大工程管理，减少群死群伤事故发生。

2 危大工程管理常见问题

2.1 危大工程的识别不到位

项目人员掌握的知识有限，工程经验不足，对危大工程识别不到位。未能采取有效控制措施，减少乃至规避事故的发生。

2.2 设计产品对涉及危大工程的方面未加以说明

设计单位未在设计文件中注明涉及危大工程的重点部位和环节，未提出保障工程周边环境安全和工程施工安全的意见。

2.3 《专项施工方案》编制、审批不规范

编制的《专项施工方案》内容不全，与工程实际情况不对应，可操作性不强，未进行相应的计算，未明确施工作业人员的分工，未包含验收要求，等等。

《专项施工方案》未经施工单位的技术负责人审批并签字，未盖单位公章。特种设备安装、拆除方案编制单位不是设备的具有资格的安装单位。建筑起重机械安装进行了分包，未提供安装单位编写的安装、拆除方案，或者无安装单位的审批，也未盖章；未提供安装、拆除分包合同、安全协议，收集的安装单位资质已过期。

2.4 超过一定规模的危大工程专家论证不规范

超过一定规模的危大工程（简称超危大工程）未进行专家论证。专家未明确具体单位，不能证明不属于五大责任主体。专家论证的意见为修改后通过，修改后的《专项施工方案》未重新经施工单位技术负责人审核签字、加盖单位公章，总监理工程师审查签字。

2.5 《施工临时用电方案》的编制、审批普遍存在问题

《电力建设工程施工安全管理导则》（NB/T 10096）明确了用电设备在5台及以上或设备总容量在50kW及以上的临时用电工程属于危大工程。大多数项目《施工临时用电施工方案》编制、审核均不是电气工程技术人员；未进行负荷计算，未附用电工程总平面图、配电装置布置图、配电系统接线图、接地装置设计图；未对临电设施进行验收。不符合《施工现场临时用电安全技术规范》（JGJ 46—2005）的规定。

2.6 交底不到位

《专项施工方案》交底人既不是方案编制人，也不是项目技术负责人，也没有专职安全生产管理人员参加交底的证据。交底内容泛泛，针对性不强；交底代签字，等等。

2.7 现场管理不到位

施工单位未在施工现场显著位置公告危大工程的名称、施工时间和具体责任人，并在危险区域设置安全警示标志。施工单位未对危大工程施工作业人员进行登记。项目专职安全生产管理人员未对专项施工方案实施情况进行现场监督。

2.8 监理单位履职不到位

监理单位未结合危大工程专项施工方案编制监理实施细则，审核专项施工方案时把关不严，实施过程中未进行专项巡视检查。

3 危大工程管理相关规定

3.1 国家层面的规定

《建设工程安全生产管理条例》（国务院令第393号）第13条规定：设计单位应当按照法律、法规和工程建设强制性标准进行设计，防止因设计不合理导致生产安全事故的发生。设计单位应当考虑施工安全操作和防护的需要，对涉及施工安全的重点部位和环节在设计文件中注明，并对防范生产安全事故提

出指导意见。

第 26 条规定施工单位应当在施工组织设计中编制安全技术措施和施工现场临时用电方案，对达到一定规模的危险性较大的分部分项工程编制专项施工方案，并附具安全验算结果，经施工单位技术负责人、总监理工程师签字后实施，由专职安全生产管理人员进行现场监督。对工程中涉及深基坑、地下暗挖工程、高大模板工程的专项施工方案，施工单位还应当组织专家进行论证、审查。

3.2 住房和城乡建设部的规定

住房和城乡建设部发布的《危险性较大的分部分项工程安全管理规定》（第 37 号令）和《关于实施“危险性较大的分部分项工程安全管理规定”有关问题的通知》（建办质〔2018〕31 号）明确了建设单位、勘察单位、设计单位、施工单位和监理单位的责任，危大、超危大工程的范围，专项施工方案的主要内容和审批要求，专家论证相关要求，现场安全管理，危大工程的验收等。

规定所明确的直接适用范围为房屋建筑和市政基础设施工程，那么抽水蓄能电站的建设是否可以参照使用？《建筑法》第 2 条规定：“本法所称建筑活动，是指各类房屋建筑及其附属设施的建造和与其配套的线路、管道、设备的安装活动。”但是《建筑法》第 81 条同时规定：“本法关于施工许可、建筑施工企业资质审查和建筑工程发包、承包、禁止转包，以及建筑工程监理、建筑工程安全和质量管理的规定，适用于其他专业建筑工程的建筑活动，具体办法由国务院规定。”全国人大法工委在《建筑法》释义解释原因时称：“……由于房屋建筑涉及千家万户和社会各个方面，实际中存在的问题也比较突出，针对性强，管理体制上也比较顺。至于铁路、公路、机场、港口、矿井、水库、通信线路等各项专业建设工程的建筑活动，可以依照本法规定的有关原则，根据各专业建筑活动的特点，由国务院另行制定具体适用办法……”根据全国人大法工委的释义，笔者认为抽水蓄能电站的建设可以参照适用。

3.3 国家能源局的规定

国家能源局发布的《电力建设工程施工安全管理导则》（NB/T 10096），该导则的附录 A、附录 B 列明了电力建设工程施工现场常见的危大、超危大工程，12.4 节规定了专项施工方案管理。危大工程参与方的责任见表 1。

表 1　　危大工程参与方的责任表

	施　工　前	施工准备	施工过程
建设单位	应建立和制定安全风险分级管控制度，根据风险等级组织编制危大工程清单并发布		
勘察设计单位	在可行性研究阶段应对涉及电力建设工程安全的重大问题进行分析和评价，初步设计应当提出相应的专项方案和安全防护措施		
施工单位	识别、建立危大清单，并报建设单位、监理单位确认、备案，依据清单编制相应的专项施工方案。实行工程总承包的，危大清单、专项施工方案在上报建设单位和监理单位前，应经总承包单位技术负责人审核确认。超危大工程专项施工方案，由施工单位组织召开审查论证会（审查论证会前专项施工方案应通过施工单位审核和总监理工程师审查）。施工单位应当根据论证报告修改完善专项施工方案，经施工单位本部技术负责人、总监理工程师、建设单位技术负责人审核签字后，方可组织实施。实行工程总承包的，修改后的专项施工方案报监理单位和建设单位前，应经工程总承包单位本部技术负责人审核签字	编制人员或技术负责人应向现场管理人员和作业人员进行安全技术交底。班组长应向作业人员进行安全技术交底。交底应有书面记录，交底双方签字确认	严格按照专项施工方案组织实施，不得擅自修改、调整，并明确专人对专项施工方案的实施进行指导。专项施工方案如因设计、结构、外部环境等因素发生变化确需修改的，应征得建设单位、监理单位同意，修改后的专项施工方案应当重新审核
监理单位	针对危大工程清单，编制监理实施细则。专业监理工程师审查专项施工方案，总监理工程师审核并签署意见后，报建设单位批准		对危大工程实施专项巡视检查。发现未按专项施工方案实施的，应责令整改。危大工程完成后，监理单位组织有关人员进行验收

4 提升危大工程管理水平的建议

4.1 大力宣贯危大工程的管理规定，提升员工的质量安全意识

上文所述的《建设工程安全生产管理条例》《危险性较大的分部分项工程安全管理规定》和《电力建设工程施工安全管理导则》等明确了危大工程参与方的责任，各参建单位应该加强对规定的宣贯和学习，开展质量安全事故的警示教育，提升员工的质量安全意识。

4.2 建立健全危大工程的制度建设，落实危大工程管理责任、规范作业流程

大部分的建筑企业都建立了质量安全管理制度，但制度缺乏可操作性和针对性，尤其是关于危大工程的管理制度普遍流于形式。建设五方责任主体应根据相关规定建立健全危大工程制度，落实危大工程管理责任，规范作业流程，防范质量安全风险。

4.3 提升人员技术能力和管理水平，规范专项施工方案的编制与审批

危大工程的识别和专项施工方案的编制需要编制人员和项目管理人员具备相应的专业积累和丰富的管理经验。应加强人员的相关知识培训，提升人员技术能力和管理水平。

专项施工方案的编制与审批是危大工程管理中的工作核心，也是重要抓手。专项施工方案的编制与审批必须要遵循规定，这是管理红线不可突破。实行分包的，施工分包单位应按规定编制和审核《专项施工方案》，经施工分包单位技术负责人审核签字、加盖单位公章后，报总承包项目部。

2021年，住房和城乡建设部印发了《危险性较大的分部分项工程专项施工方案编制指南》（建办质〔2021〕48号)。《指南》包括基坑工程、模板支撑体系工程、起重吊装及安装拆卸工程、脚手架工程、拆除工程、暗挖工程、建筑幕墙安装工程、人工挖孔桩工程和钢结构安装工程共9类危大工程。明确细化了危大工程专项施工方案的主要内容、验收内容、应急处置措施。五方参建责任主体应结合实际情况，推进落实该《指南》，提升专项施工方案的编制水平。

专项施工方案的主要内容应包括工程概况、编制依据、施工计划、施工工艺技术、施工安全保证措施、施工管理及作业人员配备和分工、验收要求、应急处置措施、计算书及相关施工图纸。方案编制应符合现行相关技术标准的要求，尤其是强制性条文的规定。方案要针对项目的实际情况，具有指导性和可操作性。

4.4 加强超危大工程的管理

对于超危大工程，施工单位应当组织召开专家论证会对专项施工方案进行论证。专家不应为与本工程有利害关系的人员，项目参建各方的人员不得以专家身份参加专家论证会。

对专项施工方案提出修改的，施工单位则应根据专家论证的意见报告组织技术人员对施工方案进行调整和修改，并重新履行审批程序。专项施工方案经论证不通过的，施工分包单位修改后应重新组织专家论证会。

4.5 切实做好安全技术交底工作

危大工程施工工艺通常较为复杂，在正式施工之前，应做好安全技术交底工作。专项施工方案编制人员或者项目技术负责人应当向施工现场管理人员进行方案交底。施工现场管理人员应当向作业人员进行安全技术交底，并由双方和项目专职安全生产管理人员共同签字确认。交底记录应归档。

4.6 加强危大工程的现场管理工作

危大工程的现场管理是一项系统的工作，一定要引起足够的重视。施工单位应严格落实危大工程责任制度；严格按照专项施工方案进行施工；依照有关要求加强现场检查；确保员工持证上岗。加强监理单位的管理力度。监理单位应严格落实总监责任制；提升工程监理人员的专业素养；要求监理人员认真履行巡视和验收的职责。

5 结语

抽水蓄能电站建设面临的危大工程较多，建设五方责任主体应积极履行危大工程管理责任。建设单

位应确保有效识别危大工程，建立清单；设计单位设计应提出相应的专项方案和安全防护措施；施工单位作业前先编制《专项施工方案》，超危大工程要进行专家论证，根据专家论证的意见进行修改；施工前切实做好安全技术交底；施工中按照专项施工方案施工，加强巡查、监测；施工完成后监理单位组织验收。只有加强危大工程管理，才能保证工程建设的顺利实施。

参考文献

[1] 朱树英，曹珊，韩如波. 房屋建筑和市政基础设施项目工程总承包管理办法理解与适用［M］. 2020：49-50.
[2] 许仁科，钟友强，王成军. 施工单位危大工程现场安全管理初探［J］. 建筑安全，2021（8）：68-71.
[3] 提升施工方案编制水平 防范化解重大安全风险——住房和城乡建设部工程质量安全监管司相关负责人解读《危险性较大的分部分项工程专项施工方案编制指南》［J］. 城市道桥与防洪，2022（3）：260-261.

基于 Cesium 的安全监测模型可视化研究

韩继宗[1] 孙铭泽[2] 冯 源[3]

（1. 中国电建集团贵阳勘测设计研究院有限公司，贵州省贵阳市 550081；
2. 山东文登抽水蓄能有限公司，山东省威海市 264200；
3. 贵州中水股份能源有限公司遵义分公司，贵州省遵义市 563000）

【摘 要】 水利工程可视化技术主要应用于本地客户端，在网页端的应用较少，为了进一步提升 Web 端口的水利工程安全监测信息可视化的直观性，利用基于 WebGL 框架的 Cesium 技术特点，实现了大坝安全监测模型的 Web 端口展示。结合数据调整后的轻量化 BIM 模型，增强了水利模型的展示效果，同时对可视化端口的模型交互功能进行研究，验证了以监测数据驱动三维可视化模型的技术可行性。

【关键词】 Cesium 三维可视化 BIM 模型轻量化 安全监测

1 引言

近年来，数字孪生技术愈发成熟，在市政、工业领域应用广泛，但在水利工程安全监测领域的应用尚处于初始阶段。通常水利工程 BIM 模型体量大、信息要素繁杂，BIM 的实质又是结构工程的数字图形与相关信息融合集成及动态关联[1]，所以如何展示模型，展示模型之后所如何将模型信息进行表达是关键。为了更好发展安全监测信息可视化问题，业内人士对此展开了深入研究，并取得一定成果：撒文奇等[2] 针对水闸的安全监控问题研发了 BIM＋GIS 的预警处置系统，实现了监测信息的可视化展示效果；文富勇[3] 对 BIM＋GIS 的安全监测可视化平台进行了开发，实现了模型与监测数据的基础展示；乐世华等[4] 对基于 Cesium 的水利业务可视化进行了探讨，系统地介绍了相关技术的原理与实现方法。从目前已有研究成果来看，针对安全监测的信息管理云平台系统研究已较为成熟，并且对于相应的三维可视化工作有了一定的探索，但是对于数据与模型之间的关联问题没有更好的解决方案，为了使监测数据能够更直观，且更多维度的展示，本文将以开源技术 Cesium 为基础，通过 Web 端对 GIS 地形中的轻量化的 BIM 模型显示问题进行探讨。

2 研究背景与技术路线

2.1 Cesium 简介

Cesium 是一款 JavaScript 开源的产品，是主要面向 GIS 领域，为用户提供搭建虚拟地形的 Web 应用[5]，通过 WebGL 技术的进行实现，通常加载的 BIM 模型格式为 3D Tiles 切片数据。3D Tiles 是在 glTF 的基础上，加入了分层 LOD 的结构后得到的产品，专门为大量 3D 数据流式传输和海量渲染而设计的一种格式[6]。在 Cesium 框架下，GIS 数据可使用倾斜摄影对 Cesium 中的基础地形进行贴图，精度与模型渲染有较高质量的保证，但是无法满足展示监测模型细节、获取监测数据等需求，这一缺陷可由原始 BIM 数据进行处理后补齐：通过多种 BIM 数据的转换，并轻量化 BIM 模型，最后在 Cesium 环境下调用 .json 索引文件进行加载，实现 BIM＋GIS 融合。

2.2 技术路线

Cesium 的体系结构主要由四个层级组成：基础要素层（Primitives）、场景层（Scene）、渲染器层（Render）和核心层（Core）[7]，每一层的上层模块依赖于下层所提供功能的同时，也对下层模块进行了更高层次的封装[8]。Cesium 应用的技术路线如下所示：

步骤 1 配置 Node. js 运行环境，引入 npm 包管理器，并获取 access token。

步骤 2 在引入 CesiumJS 库后，创建 HTML 元素容纳地形与建筑模型数据，利用 access token 获取基础地形，并调用相应数据。

步骤 3 配置场景：①加载公用地图与服务器中的影像数据，并叠加影像服务；②设置光线强度与跳转视角；③创建加载器加载模型，设置模型大小、旋转角以及定位。

步骤 4 创建属性监视器，查看 BIM 模型的属性、编号等信息。

步骤 5 添加功能性插件。

3 实现流程

安全监测的三维模型可视化最重要的组成要素可以分为三类：场景配置、模型加载以及监测功能设计。

3.1 场景配置

Cesium 框架下的场景是容纳现实世界所有内容的“容器”，要实现视角（相机）、光线、地形、模型在网页端的展示，就需要将所有元素添加至场景中。与 ThreeJS 不同的是，在 Cesium 中，可以直接创建一个 HTML 元素来容纳 CesiumJS 里包含的所有小部件，不需要单独对光线、视角和视角的移动进行设置，而 ThreeJS 需要对每一个部件进行定义[9]，相关代码如下：

```
Cesium. Ion. defaultAccessToken = “调用 Cesium 部件的访问令牌”;
window. viewer = new Cesium. Viewer(“cesiumContainer”,{装入定义的小部件});
VarterrainProvider = Cesium. CesiumTerrainProvider(加载卫星影像的相对地址或链接);
VarimgMap = new Cesium. UrlTemplateImageryProvider({‘输入需要加载卫星影像 url’})//叠加影像服务
```

3.2 模型加载

在处理完模型数据后，调用 Cesium3DTileset 索引 tileset. json 文件实现模型加载，并调整模型外观、朝向等，最后将其定位于工程所在处，代码为：

```
VarBIMTileset = new Cesium. Cesium3DTileset({url:‘Cesium/0/tileset. json‘,show:true})//相对路径加载模型
BIMTileset. style = new Cesium. Cesium3DTileStyle({color:{conditions:[['true','rgb(102,71,151)']]}});//调整模型外观属性
var params = {tx:0,ty:0,tz:0,rx:0,ry:0,rz:0;//分别表示模型坐标与方向旋转角度
```

3.3 模型信息查看

为了更好地浏览模型中的详细信息，可以添加对模型属性的监听器、添加剖切面展示功能、高亮展示部位等便于浏览的功能。

首先将工程结构进行整体分组，方法是合并模型数据到一起，代码为：

```
var DATA={'0':{name:'溢流面',models:["16_0_0_0","16_0_−1_0"]},…}//根据 id 添加;
隐藏或是突出显示选择的元素,代码为:
BIMTileset. tileLoad. addEventListener(function(tile){
processTileFeatures(tile,loadFeature);});//事件监听
functionselectFeature(feature,color){
var element=feature. getProperty("名称");
onsole. log(element)//遍历元素
f(selectedFeatures. indexOf(element)==−1){
setElementColor(element,color||Cesium. Color. YELLOW);}
else{setElementColor(element,Cesium. Color. YELLOW);}
selectedFeature=feature;}//筛选元素
添加剖切面:
functionloadClip(){
clippingPlanes=new Cesium. ClippingPlaneCollection({
planes:[newCesium. ClippingPlane(new Cesium. Cartesian3(−1,1,0),0),],
edgeColor:Cesium. Color. WHITE,
```

```
edgeWidth:1.0,
unionClippingRegions:true,})
eturn clippingPlanes}
```

3.4 以监测数据为核心的模型驱动

利用边界框属性，提取监测仪器所属块体的特征值，并对周围相邻块进行粗略计算关联[10]，这种类型的选择方法与 LOD 层级相关，可以用作进行可视化预警模块。这种块体在提取后，可以对相应部位的监测数据进行判定，如超过 1MPa 显示红色（数据异常），介于 0～1MPa 显示橙色（监测部位预警值，需重点关注），低于 0MPa（正常值），如图 1 所示。

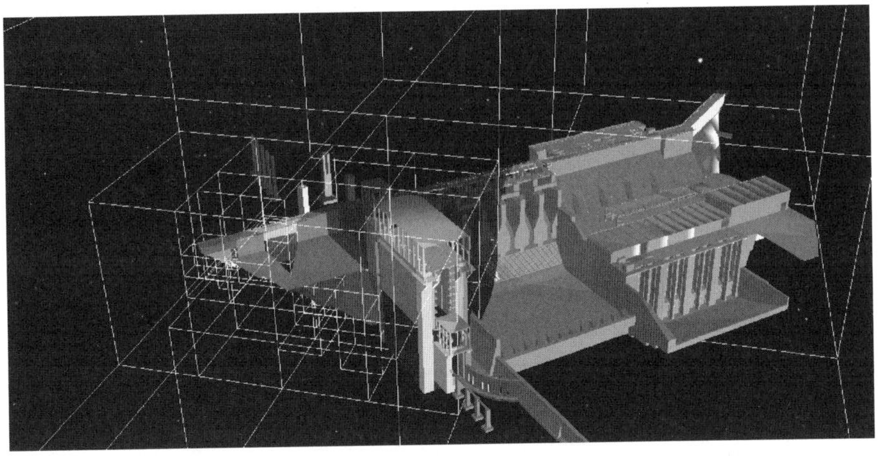

图 1　外部数据源定义模型外观

这种显示效果，可以让模型表现出类似于有限元分析云图的效果，让浏览者在看到色块的同时即明白此处监测数据对坝体结构的影响。这种展示不需要像专业有限元分析软件一样将物体整体 Mesh，通过有限元节点计算得出云图，只通过提前设置好判定数值，即可将数值转换为 RGB 值进行渲染，可以更直观地显示监测数值对工程结构的影响。代码如下：

```
constclassificationStyle=new Cesium.Cesium3DTileStyle({
color:"color(${color})",});//设置样式:通过外部数据源对特征点染色
const Shader=newCesium.CustomShader({fragmentShaderText:`;//创建多个着色器,按设定的文本进行设置,从着色器中读取 ID,并为
输出变量分配值;
```

最后对类别进行定义，并调用着色器进入类别。

4　实例应用

4.1　数据支撑

传统监测信息的储存与分析，更多的是依靠独立工程项目部自主进行，所以监测信息也非常分散，并且各个工程各不相同，不同项目之间的数据格式也不统一，导致对安全监控和危害预警的安全管理缺乏支撑[11]，所以搭建一个可以进行统一管理的云平台服务中心十分关键。而在智慧化管理的云平台中，不仅需要提供对监测资料的收集、分析、预警、等传统功能，还需要提升监测数据在浏览者眼中的直观认知效果，这仅通过数据过程线是不易做到的，所以需要三维可视化对这一短板进行提升。可视化模块与监测云平台的关系如图 2 所示。

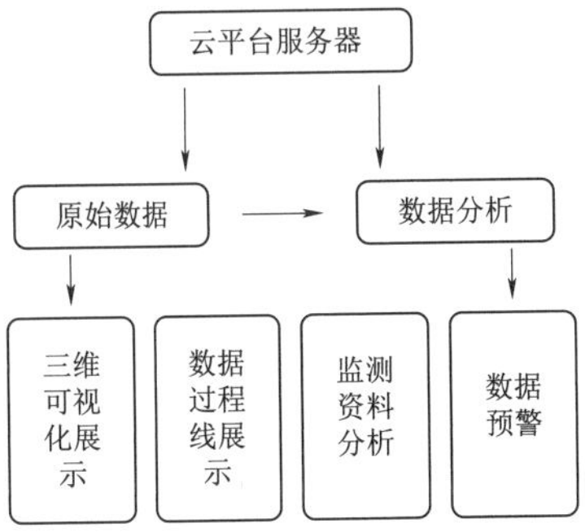

图 2　监测云平台数据分析模块架构

4.2　监测模型轻量化

在基础框架搭建完成后，需要对原始的 BIM 模型数据进行预处理，由于水利大坝的 BIM 模型通常结构比较复杂，监测仪器也较多，为了使 Web 端的模型加载更快速，需要对 BIM 模型进行轻量化处理。

通常轻量化的处理方式是通过删除或者合并对视觉影响较小的点、边线、面等结构[12]，使模型的复杂程度降低，但这无法避免的会在一定程度上导致三维渲染模型“失真”。所以在尽可能地保留原始模型结构的同时，还可以通过修改 Cesium 的渲染层级来提升可视化模型的清晰度。

在 3D Tlies 多层级 HLOD 格式的数据结构树中，存在一个影响切换 LOD 层级的属性——几何误差（geometric Error），渲染引擎通常根据几何误差对模型进行判定，选择是否对当前场景进行高精度渲染。我们在屏幕中看到的三维模型，实质是二维图形在屏幕中的投影映射，存在着屏幕空间误差，而 Cesium 正是通过对比模型误差（主要因素）与屏幕空间误差来进行判定[13]，最终决定输出两个值——“REPLACE（移除本级并渲染下一级）”或是“ADD（增加下一级显示内容）”。

在一个 Tile 的数据结构里：根节点的几何误差最大，显示精度低；叶节点的几何误差为 0，显示精度高。这也意味着想要在屏幕中看到更精细的三维渲染模型，可以通过对几何误差进行调整，使得模型精度提高。结构代码处理如图 3 所示，同等屏幕距离下高、低几何误差显示效果对比如图 4、图 5 所示。

```
"geometricError": 9.55462853564703,
"refine": "REPLACE",
"root": {
    "boundingVolume": {
        "box": [
            152.874056570353,-152.874056570353,152.874056570353,
            152.874056570353,0,0,
            0,152.874056570353,0,
            0,0,152.874056570353]},
    "children": [
        {"boundingVolume": {
            "box": [
                    76.4370282851763,-229.311084855529,76.4370282851763,
                    76.4370282851763,0,0,
                    0,76.4370282851763,0,
                    0,0,76.4370282851763]},
            "content": {
                "uri": "17_0_-2_0.json"},

            "refine": "REPLACE" },
```

图 3　3D Tiles 数据处理

图 4　高几何误差显示效果

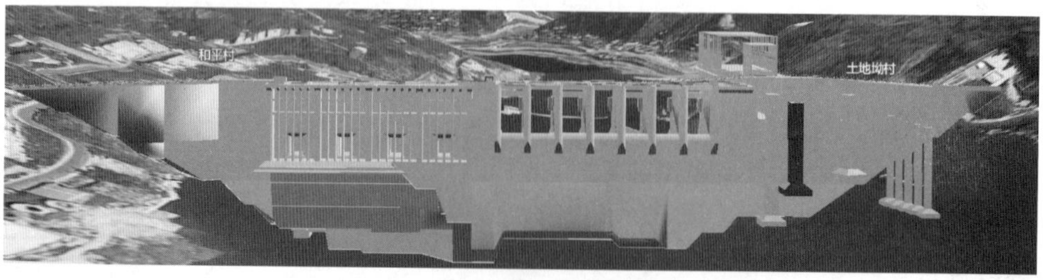

图 5　低几何误差显示效果

4.3　成果展示

以某混凝土大坝为例，在模型预处理、载入框架与需求配置完成后，将项目中模型与对应的仪器进行关联，并叠加倾斜摄影，并可以自由开关显示模式，通过滑动控制剖切面的指针，控制剖面移动，以展示结构内部测点埋设信息，点击仪器即可跳转至监测信息云平台查看监测信息历史数据，如图6、图7所示。

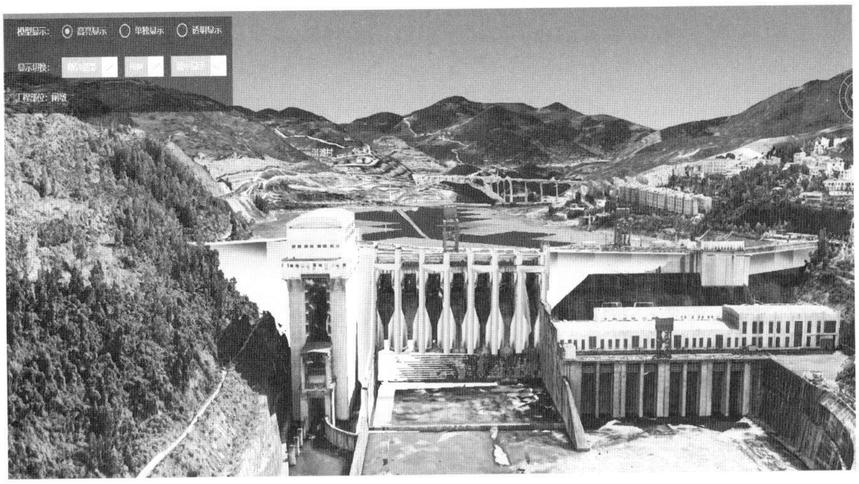

图6　倾斜摄影与BIM模型结合展示效果

图7　剖切面展示模型内部信息

5　结语

工程实例表明，本文通过对基于Cesium框架的加载、显示原理等关键节点研究，提升了安全监测模型在BIM+GIS的Web端口显示效果；同时也验证了以数据驱动模型显示效果的技术可行性，使大坝安全监测的预警功能更加直观与便捷。随着对模型数据、加载节点等技术的更深入研究，三维可视化技术也能更好地服务于水利工程安全监测领域。

参考文献

[1]　赵继伟，魏群，张国新．水利工程信息模型的构建及其应用[J]．水利水电技术，2016，47(4)：29-33.

[2]　撒文奇，次旦央吉，于伦创，等．基于BIM+GIS的水闸安全监控与预警处置系统研发[J]．水利水电技术，2020，51(S1)：202-207.

[3]　文富勇．基于BIM+GIS的大坝安全监测信息可视化展示技术研究[J]．水力发电，2021，47(3)：94-97.

[4]　乐世华，董静，张煦，等．基于Cesium的数据可视化技术在水利上的应用[J]．人民珠江，2021，42(3)：111-119.

[5] 任明阳，任福，贺彪，宋志浩. 融合潜在可视集预加载的 Cesium 优化方法 [J/OL]. 测绘地理信息：1-6 [2022-04-14]. DOI：10.14188/j.2095-6045.2021312.

[6] 窦世卿，梁富翔，徐勇，等. 基于 Cesium 的地下三维管网 3D Tiles 模型构建与可视化 [J]. 科学技术与工程，2021，21 (18)：7439-7446.

[7] 孙晓鹏，张芳，应国伟，等. 基于 Cesium.JS 和天地图的三维场景构建方法 [J]. 地理空间信息，2018，16 (1)：65-67，8.

[8] 袁伟. 基于 Cesium 的海量 3DMax 模型的加载方法 [J]. 北京测绘，2018，32 (12)：1522-1526.

[9] 晁阳，牛志伟，齐慧君. 基于 WebGL 的 BIM 模型可视化研究 [J]. 水电能源科学，2020，38 (9)：79-82.

[10] Yang Z，Liu S，Hu H，et al. RepPoints：Point Set Representation for Object Detection [J]. 2019.

[11] 叶复萌，陈辉，向正林，等. 蓄能电站群水工安全监测信息监控平台研发 [J/OL]. 水利水电技术（中英文）：1-12 [2022-04-14]. http：//kns.cnki.net/kcms/detail/10.1746.TV.20211126.1355.010.html.

[12] 陈科，张力，管林杰，等. 考虑几何特征的 BIM 模型轻量化方法研究 [J]. 人民长江，2022，53 (2)：209-213.

[13] 徐明瑞，肖桂荣. 基于 Cesium 时空三维可视化的数据调度与缓存机制 [J]. 科学技术与工程，2021，21 (35)：14918-14926.